단기간 마무리 학습을 위한

7개년 과년도 토목기사 필기

Engineer Civil Engineering

박영태 · 고영주 · 송낙원 · 송용희 · 김효성 · 박재성 지음

"이 책을 선택한 당신, 당신은 이미 위너입니다!"

BM (주)도서출판 성안당

독자 여러분께 알려드립니다

토목기사 [필기]시험을 본 후 그 문제 가운데 10여 문제를 재구성해서 성안당 출판사로 보내주시면, 채택된 문제에 대해서 성안당 도서 중 "핵심 토목시리즈"에서 1부를 증정해 드립니다. 독자 여러분이 보내주시는 기출문제는 더 나은 책을 만드는 데 큰 도움이 됩니다. 감사합니다.

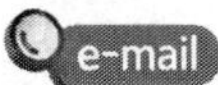

coh@cyber.co.kr (최옥현)

★ 메일을 보내주실 때 성명, 연락처, 주소를 기재해 주시기 바랍니다.
★ 보내주신 기출문제는 집필자가 검토한 후에 도서를 증정해 드립니다.

도서 A/S 안내

성안당에서 발행하는 모든 도서는 저자와 출판사, 그리고 독자가 함께 만들어 나갑니다.

좋은 책을 펴내기 위해 많은 노력을 기울이고 있습니다. 혹시라도 내용상의 오류나 오탈자 등이 발견되면 "좋은 책은 나라의 보배"로서 우리 모두가 함께 만들어 간다는 마음으로 연락주시기 바랍니다. 수정 보완하여 더 나은 책이 되도록 최선을 다하겠습니다.

성안당은 늘 독자 여러분들의 소중한 의견을 기다리고 있습니다. 좋은 의견을 보내주시는 분께는 성안당 쇼핑몰의 포인트(3,000포인트)를 적립해 드립니다.

잘못 만들어진 책이나 부록 등이 파손된 경우에는 교환해 드립니다.

저자 문의 홈페이지 : http://www.pass100.co.kr(게시판 이용)
본서 기획자 e-mail : coh@cyber.co.kr(최옥현)
홈페이지 : http://www.cyber.co.kr 전화 : 031) 950-6300

머리말

PREFACE

토목기사 시험은 1995년부터는 상하수도공학이 새롭게 시험과목으로 추가되는 등의 과정을 거치면서 오늘날 토목분야의 중추적인 자격시험으로 자리 잡았다.

따라서 저자는 좀 더 쉽고 빠른 시간 내에 공부할 수 있는 자격검정 대비서를 집필하게 되었다. 이 책은 최근 7년간 출제된 문제들을 수록하여 가장 능률적으로 토목기사 자격증을 취득할 수 있도록 한 수험서이다.

이 책의 특징은 다음과 같다.

1. 최근 7년간 출제된 문제를 연도별로 수록함으로써 쉽게 자격증 취득의 문을 열 수 있도록 하였다.
2. 매년 과거 1개년 문제를 빼고 최근 7년간 출제된 문제로만 엮어 최근의 출제경향을 파악할 수 있도록 하였다.
3. CBT 대비 실전 모의고사를 수록하였다.
4. 각 문제마다 상세한 해설을 하였으므로 혼자 공부하기에 어려움이 없도록 하였다.
5. 이와 같은 제반 특성들은 단기에 자격검정에 합격해야 하는 수험생이나 마지막 정리가 필요한 수험생에게 최적의 지침서가 될 것이다.

덧붙여 이 책을 보면서 이론서나 기타 관련 서적을 참고한다면 더 좋은 결실을 맺을 수 있을 것이다.

저자의 의도와 달리 많은 부족함이 독자들의 눈에 띄일 것이다. 독자들의 욕구를 만족시키지 못한 미흡한 사항은 계속적인 수정과 개선을 통해 보상하려 한다.

이 책을 기술하면서 참고한 많은 저서와 논문의 저자들께 지면으로나마 감사드리며, 항상 좋은 책 편찬에 애쓰시는 성안당 관계자 여러분께 진심으로 감사드린다.

저자 씀

출제기준

직무 분야	건설	중직무 분야	토목	자격 종목	토목기사	적용 기간	2022.1.1~2025.12.31
직무내용	도로, 공항, 철도, 하천, 교량, 댐, 터널, 상하수도, 사면, 항만 및 해양시설물 등 다양한 건설사업을 계획, 설계, 시공, 관리 등을 수행하는 직무이다.						
필기검정방법	객관식	문제수	120	시험시간	3시간		

과목	주요 항목	세부항목	세세항목
응용역학	1. 역학적인 개념 및 건설구조물의 해석	(1) 힘과 모멘트	① 힘 ② 모멘트
		(2) 단면의 성질	① 단면 1차 모멘트와 도심 ② 단면 2차 모멘트 ③ 단면 상승모멘트 ④ 회전반경 ⑤ 단면계수
		(3) 재료의 역학적 성질	① 응력과 변형률 ② 탄성계수
		(4) 정정보	① 보의 반력 ② 보의 전단력 ③ 보의 휨모멘트 ④ 보의 영향선 ⑤ 정정보의 종류
		(5) 보의 응력	① 휨응력 ② 전단응력
		(6) 보의 처짐	① 보의 처짐 ② 보의 처짐각 ③ 기타 처짐 해법
		(7) 기둥	① 단주 ② 장주
		(8) 정정트러스(Truss), 라멘(Rahmen), 아치(Arch), 케이블(Cable)	① 트러스 ② 라멘 ③ 아치 ④ 케이블
		(9) 구조물의 탄성변형	① 탄성변형
		(10) 부정정구조물	① 부정정구조물의 개요 ② 부정정구조물의 판별 ③ 부정정구조물의 해법
측량학	1. 측량학 일반	(1) 측량기준 및 오차	① 측지학의 개요 ② 좌표계와 측량원점 ③ 측량의 오차와 정밀도
		(2) 국가기준점	① 국가기준점의 개요 ② 국가기준점의 현황

과목	주요 항목	세부항목	세세항목
측량학	2. 평면기준점 측량	(1) 위성측위시스템(GNSS)	① 위성측위시스템(GNSS)의 개요 ② 위성측위시스템(GNSS)의 활용
		(2) 삼각측량	① 삼각측량의 개요 ② 삼각측량의 방법 ③ 수평각 측정 및 조정 ④ 변장의 계산 및 좌표 계산 ⑤ 삼각수준측량 ⑥ 삼변측량
		(3) 다각측량	① 다각측량의 개요 ② 다각측량의 외업 ③ 다각측량의 내업 ④ 측점 전개 및 도면 작성
	3. 수준점측량	(1) 수준측량	① 정의, 분류, 용어 ② 야장기입법 ③ 종·횡단측량 ④ 수준망 조정 ⑤ 교호수준측량
	4. 응용측량	(1) 지형측량	① 지형도 표시법 ② 등고선의 일반개요 ③ 등고선의 측정 및 작성 ④ 공간정보의 활용
		(2) 면적 및 체적 측량	① 면적 계산 ② 체적 계산
		(3) 노선측량	① 중심선 및 종횡단측량 ② 단곡선 설치와 계산 및 이용방법 ③ 완화곡선의 종류별 설치와 계산 및 이용방법 ④ 종곡선의 설치와 계산 및 이용방법
		(4) 하천측량	① 하천측량의 개요 ② 하천의 종횡단측량
수리학 및 수문학	1. 수리학	(1) 물의 성질	① 점성계수 ② 압축성 ③ 표면장력 ④ 증기압
		(2) 정수역학	① 압력의 정의 ② 정수압분포 ③ 정수력 ④ 부력

과목	주요 항목	세부항목	세세항목
수리학 및 수문학	1. 수리학	(3) 동수역학	① 오일러방정식과 베르누이식 ② 흐름의 구분 ③ 연속방정식 ④ 운동량방정식 ⑤ 에너지방정식
		(4) 관수로	① 마찰손실 ② 기타 손실 ③ 관망 해석
		(5) 개수로	① 전수두 및 에너지방정식 ② 효율적 흐름 단면 ③ 비에너지 ④ 도수 ⑤ 점변부등류 ⑥ 오리피스 ⑦ 위어
		(6) 지하수	① Darcy의 법칙 ② 지하수흐름방정식
		(7) 해안수리	① 파랑 ② 항만구조물
	2. 수문학	(1) 수문학의 기초	① 수문순환 및 기상학 ② 유역 ③ 강수 ④ 증발산 ⑤ 침투
		(2) 주요 이론	① 지표수 및 지하수 유출 ② 단위유량도 ③ 홍수추적 ④ 수문통계 및 빈도 ⑤ 도시수문학
		(3) 응용 및 설계	① 수문모형 ② 수문조사 및 설계
철근콘크리트 및 강구조	1. 콘크리트 및 강구조	(1) 철근콘크리트	① 설계 일반 ② 설계하중 및 하중조합 ③ 휨과 압축 ④ 전단과 비틀림 ⑤ 철근의 정착과 이음 ⑥ 슬래브, 벽체, 기초, 옹벽, 라멘, 아치 등의 구조물설계

과목	주요 항목	세부항목	세세항목
철근콘크리트 및 강구조	1. 콘크리트 및 강구조	(2) 프리스트레스트 콘크리트	① 기본개념 및 재료 ② 도입과 손실 ③ 휨부재설계 ④ 전단설계 ⑤ 슬래브설계
		(3) 강구조	① 기본개념 ② 인장 및 압축부재 ③ 휨부재 ④ 접합 및 연결
토질 및 기초	1. 토질역학	(1) 흙의 물리적 성질과 분류	① 흙의 기본성질 ② 흙의 구성 ③ 흙의 입도분포 ④ 흙의 소성특성 ⑤ 흙의 분류
		(2) 흙 속에서의 물의 흐름	① 투수계수 ② 물의 2차원 흐름 ③ 침투와 파이핑
		(3) 지반 내의 응력분포	① 지중응력 ② 유효응력과 간극수압 ③ 모관현상 ④ 외력에 의한 지중응력 ⑤ 흙의 동상 및 융해
		(4) 압밀	① 압밀이론 ② 압밀시험 ③ 압밀도 ④ 압밀시간 ⑤ 압밀침하량 산정
		(5) 흙의 전단강도	① 흙의 파괴이론과 전단강도 ② 흙의 전단특성 ③ 전단시험 ④ 간극수압계수 ⑤ 응력경로
		(6) 토압	① 토압의 종류 ② 토압이론 ③ 구조물에 작용하는 토압 ④ 옹벽 및 보강토옹벽의 안정
		(7) 흙의 다짐	① 흙의 다짐특성 ② 흙의 다짐시험 ③ 현장다짐 및 품질관리

과목	주요 항목	세부항목	세세항목
토질 및 기초	1. 토질역학	(8) 사면의 안정	① 사면의 파괴거동 ② 사면의 안정 해석 ③ 사면안정대책공법
		(9) 지반조사 및 시험	① 시추 및 시료채취 ② 원위치시험 및 물리탐사 ③ 토질시험
	2. 기초공학	(1) 기초 일반	① 기초 일반 ② 기초의 형식
		(2) 얕은 기초	① 지지력 ② 침하
		(3) 깊은 기초	① 말뚝기초지지력 ② 말뚝기초침하 ③ 케이슨기초
		(4) 연약지반개량	① 사질토지반개량공법 ② 점성토지반개량공법 ③ 기타 지반개량공법
상하수도공학	1. 상수도계획	(1) 상수도시설계획	① 상수도의 구성 및 계통 ② 계획급수량의 산정 ③ 수원 ④ 수질기준
		(2) 상수관로시설	① 도수, 송수계획 ② 배수, 급수계획 ③ 펌프장계획
		(3) 정수장시설	① 정수방법 ② 정수시설 ③ 배출수처리시설
	2. 하수도계획	(1) 하수도시설계획	① 하수도의 구성 및 계통 ② 하수의 배제방식 ③ 계획하수량의 산정 ④ 하수의 수질
		(2) 하수관로시설	① 하수관로계획 ② 펌프장계획 ③ 우수조정지계획
		(3) 하수처리장시설	① 하수처리방법 ② 하수처리시설 ③ 오니(Sludge)처리시설

차례

CONTENTS

핵심 요점노트

2016 과년도 출제문제

2017 과년도 출제문제

2018 과년도 출제문제

2019 과년도 출제문제

2020 과년도 출제문제

2021 과년도 출제문제

2022 과년도 출제문제

부록 CBT 대비 실전 모의고사

※ 2011~2015년 기출문제는 성안당 홈페이지(http://www.cyber.co.kr) '자료실'에서 다운로드할 수 있습니다.

Engineer Civil Engineering

- 응용역학
- 측량학
- 수리수문학
- 철근콘크리트 및 강구조
- 토질 및 기초
- 상하수도공학

응용역학

APPLIED MECHANICS

CHAPTER 01 정역학의 기초

01 | 힘의 합성

① 합력 : $R = \sqrt{P_1^{\ 2} + P_2^{\ 2} + 2P_1 P_2 \cos\alpha}$

② 합력방향 : $\tan\theta = \dfrac{P_2 \sin\alpha}{P_1 + P_2 \cos\alpha}$

02 | 힘의 분해

$$\frac{R}{\sin\theta} = \frac{P_1}{\sin\beta} = \frac{P_2}{\sin\alpha}$$

03 | 힘의 평형조건

$\Sigma H = 0,\ \Sigma V = 0,\ \Sigma M = 0$

04 | 바리뇽(Varignon)의 정리

합력에 의한 모멘트＝분력들의 모멘트의 합

$M_O = Rl = P_v x + P_h y$ (합력M＝Σ분력M)

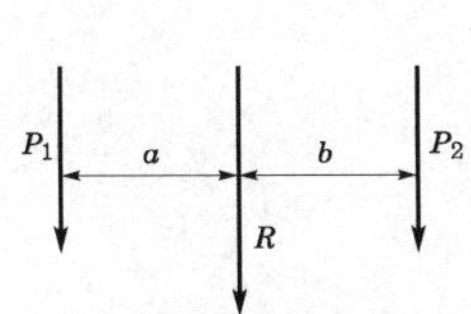

▲합력의 작용위치

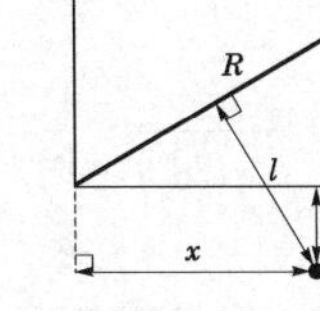

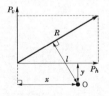

▲합력과 분력의 모멘트

CHAPTER 02 단면의 기하학적 성질

01 | 단면 1차 모멘트

$G_x = \int_A y dA = A\bar{y},\ G_y = \int_A x dA = A\bar{x}$

02 | 각종 단면의 도심(G)

① 사다리꼴 : 네 삼각형의 도심을 연결한 선분의 교차점

$y_1 = \dfrac{h}{3}\left(\dfrac{a+2b}{a+b}\right),\ y_2 = \dfrac{h}{3}\left(\dfrac{2a+b}{a+b}\right)$

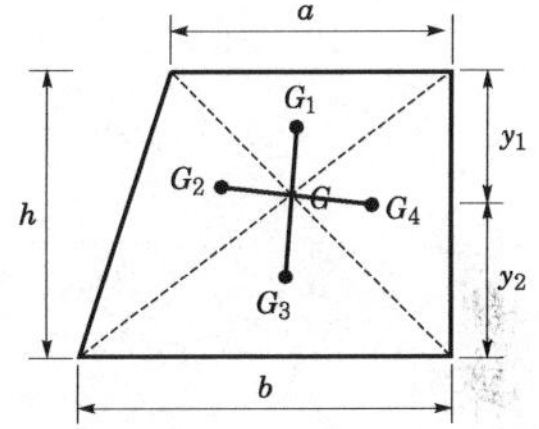

② 원 및 원호 : 원, 원호의 중심

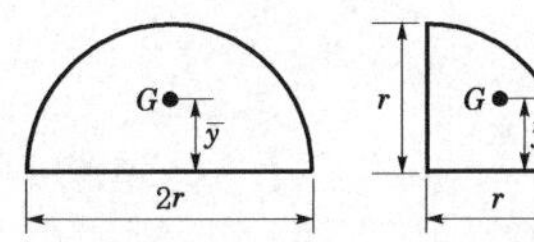

[참고] 반원의 도심

$V = A\bar{y} \times 2\pi$

$\dfrac{\pi D^3}{6} = 2\pi \times \dfrac{\pi D^2}{8} \times \bar{y}$

$\therefore\ \bar{y} = \dfrac{2D}{3\pi} = \dfrac{4r}{3\pi}$

여기서, $V = \dfrac{\pi D^2}{4} \times D \times \dfrac{2}{3} = \dfrac{\pi D^3}{6}$

$A = \dfrac{\pi D^2}{4} \times \dfrac{1}{2} = \dfrac{\pi D^2}{8}$

③ 포물선 단면의 도심 : $A_1 = \dfrac{1}{3}bh,\ A_2 = \dfrac{2}{3}bh$

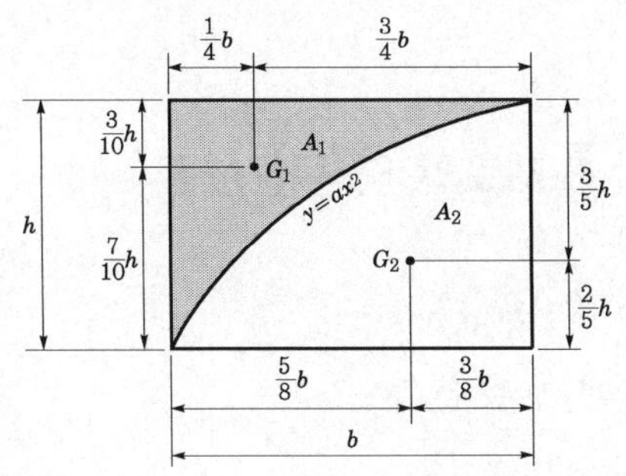

03 | 단면 2차 모멘트

$I_x = \int_A y^2 dA = I_X + A\bar{y}^2$, $I_y = \int_A x^2 dA = I_Y + A\bar{x}^2$

① 사각형 : $I_x = \frac{bh^3}{12}$, $I_y = \frac{hb^3}{12}$

② 원형 : $I_x = I_y = \frac{\pi D^4}{64} = \frac{\pi r^4}{4}$

③ 삼각형 : $I_x = \frac{bh^3}{36}$, $I_y = \frac{hb^3}{48}$

04 | 단면 회전반경(회전반지름)

$r_X = \sqrt{\frac{I_X}{A}}$, $r_Y = \sqrt{\frac{I_Y}{A}}$

① 사각형 : $r_X = \frac{h}{2\sqrt{3}}$, $r_Y = \frac{b}{2\sqrt{3}}$

② 원형 : $r_X = r_Y = \frac{d}{4}$

③ 삼각형 : $r_X = \frac{h}{3\sqrt{2}}$

05 | 단면계수

$Z_1 = \frac{I_X}{y_1}$, $Z_2 = \frac{I_X}{y_2}$

① 사각형 : $Z_1 = Z_2 = \frac{bh^2}{6}$

② 원형 : $Z_1 = Z_2 = \frac{\pi D^3}{32}$

③ 삼각형 : $Z_1 = \frac{I_X}{y_1} = \frac{bh^2}{24}$, $Z_2 = \frac{I_X}{y_2} = \frac{bh^2}{12}$

06 | 단면 2차 극모멘트

$I_P = \int_A \rho^2 dA = \int_A (x^2 + y^2) dA = I_X + I_Y$

03 CHAPTER 재료의 역학적 성질

01 | 응력(stress)

① 봉에 작용하는 응력

㉠ 압축응력 : $\sigma_c = -\frac{P}{A}$

㉡ 인장응력 : $\sigma_t = +\frac{P}{A}$

② 보(휨부재)에 작용하는 응력

㉠ 전단응력 : $\tau = \frac{SG_X}{Ib}$

㉡ 휨응력 : $\sigma = \pm\frac{M}{I}y = \pm\frac{M}{Z}$

③ 비틀림응력 : $\tau = \frac{Tr}{J} = \frac{Tr}{I_P}$

02 | 변형률(strain)

① 세로변형률 : $\varepsilon_l = \frac{\Delta l}{l}$

② 가로변형률 : $\varepsilon_d = \frac{\Delta d}{d}$

③ 단위 : 무차원

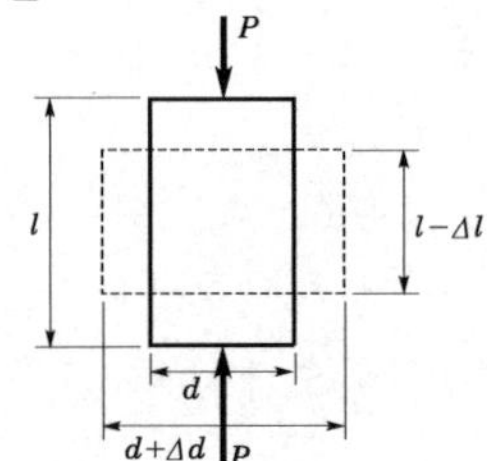

④ 푸아송 비(Poisson's ratio)

$\nu = \frac{\text{가로변형도}(\varepsilon_d)}{\text{세로변형도}(\varepsilon_l)} = \frac{l\,\Delta d}{d\,\Delta l}$

⑤ 전단변형률

$\tan\gamma \fallingdotseq \gamma = \frac{\lambda}{l}[\text{rad}]$

$\therefore \varepsilon = \frac{\frac{\lambda}{\sqrt{2}}}{\sqrt{2}\,l} = \frac{\lambda}{2l} = \frac{\gamma}{2}$

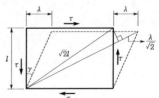

⑥ 비틀림변형률 : $\gamma = \rho\theta = \rho\left(\frac{\phi}{l}\right)$

⑦ 온도변형률 : $\varepsilon_t = \pm\frac{\Delta l}{l} = \frac{\alpha\,\Delta T l}{l} = \alpha\,\Delta T$

⑧ 휨변형률 : $\varepsilon = \frac{y}{\rho} = ky = \frac{\Delta dx}{dx}$

03 | 응력-변형률도($\sigma-\varepsilon$ 관계도)

① 훅의 법칙(Hook's law) : $\Delta l = \dfrac{Pl}{AE}$

② 탄성계수(E, G, K)와 푸아송수(m)와의 관계

$E = 2G(1+\nu)$

$\therefore\ G = \dfrac{E}{2(1+\nu)} = \dfrac{mE}{2(m+1)} \fallingdotseq \dfrac{2}{5}E$

04 | 축하중 부재

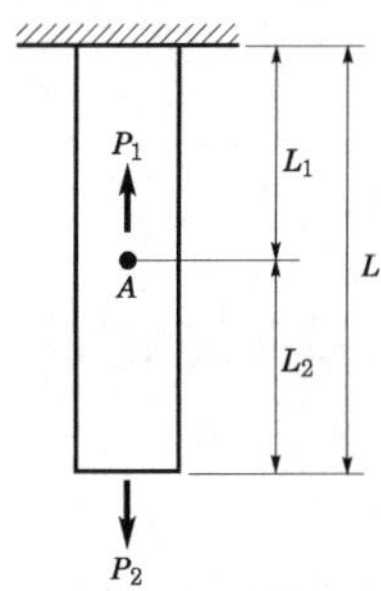

① 균일 단면봉의 변위 : $\delta = \dfrac{P_2 L}{AE} - \dfrac{P_1 L_1}{AE}$

여기서, AE : 축강성

(+) : 인장

(−) : 압축

② 합성부재의 분담하중과 응력(변위가 일정한 경우)

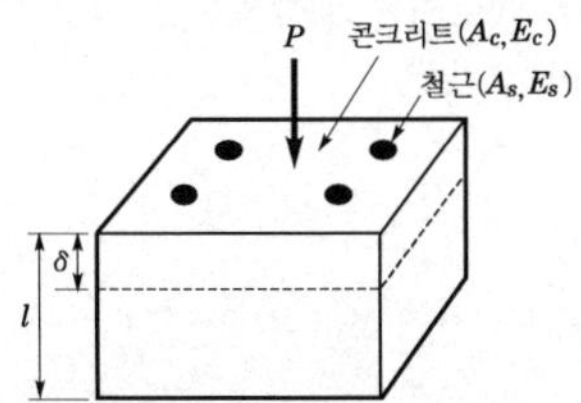

㉠ 철근이 받는 하중(P_s)과 응력(σ_s)

$$P_s = \left(\frac{A_s E_s}{A_c E_c + A_s E_s}\right) P$$

$$\sigma_s = \frac{P_s}{A_s} = \left(\frac{E_s}{A_c E_c + A_s E_s}\right) P$$

㉡ 콘크리트가 받는 하중(P_c)과 응력(σ_c)

$$P_c = \left(\frac{A_c E_c}{A_c E_c + A_s E_s}\right) P$$

$$\sigma_c = \frac{P_c}{A_c} = \left(\frac{E_c}{A_c E_c + A_s E_s}\right) P$$

05 | 조합응력

① 1축 응력

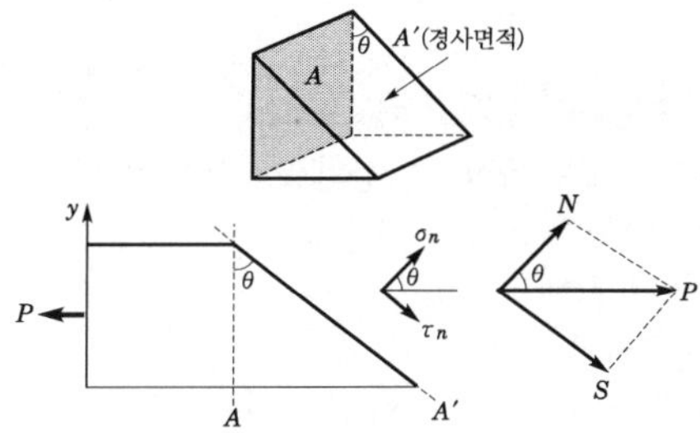

㉠ 수직응력(법선응력)

$$\sigma_n = \frac{N}{A'} = \frac{P\cos\theta}{A/\cos\theta} = \frac{P}{A}\cos^2\theta = \sigma_x \cos^2\theta$$

㉡ 전단응력

$$\tau_n = \frac{S}{A'} = \frac{P\sin\theta}{A/\cos\theta} = \frac{P}{A}\sin\theta\cos\theta$$

$$= \frac{1}{2}\sigma_x \sin 2\theta = \sigma_x \sin\theta\cos\theta$$

② 평면응력

㉠ 주응력

$$\sigma_{\substack{\max \\ \min}} = \frac{1}{2}(\sigma_x + \sigma_y) \pm \frac{1}{2}\sqrt{(\sigma_x - \sigma_y)^2 + 4{\tau_{xy}}^2}$$

$$\tan 2\theta_P = \frac{2\tau_{xy}}{\sigma_x - \sigma_y}$$

㉡ 주전단응력

$$\tau_{\substack{\max \\ \min}} = \pm\frac{1}{2}\sqrt{(\sigma_x - \sigma_y)^2 + 4{\tau_{xy}}^2}$$

$$\tan 2\theta_S = \frac{-(\sigma_x - \sigma_y)}{2\tau_{xy}}$$

04 CHAPTER 구조물 일반

01 | 단층 구조물의 판별식

$N = r - 3 - h$

여기서, r : 반력수

h : 힌지절점수

02 | 모든 구조물에 적용 가능한 판별식(공통 판별식)

① $N = r + m + s - 2k$

② 외적 판별식(N_o) $= r - 3$

③ 내적 판별식(N_i) $= N_t - N_o = m + s + 3 - 2k$

여기서, m : 부재수
s : 강절점수
k : 절점 및 지점수(자유단 포함)

03 | 트러스의 판별식

① 절점이 모두 활절로 가정되므로 일반해법에서 강절점수(P_3)=0

② $N=m_1+r-2P_2$

③ 외적 판별식(N_o)$=r-3$

④ 내적 판별식(N_i)$=N_t-N_o=m_1+3-2P_2$

정정보

01 | 단순보의 해석

① 임의점에 집중하중이 작용

• 지점반력

㉠ $\Sigma M_B=0$; $R_A=\dfrac{Pb}{l}$

㉡ $\Sigma M_A=0$; $R_B=\dfrac{Pa}{l}$

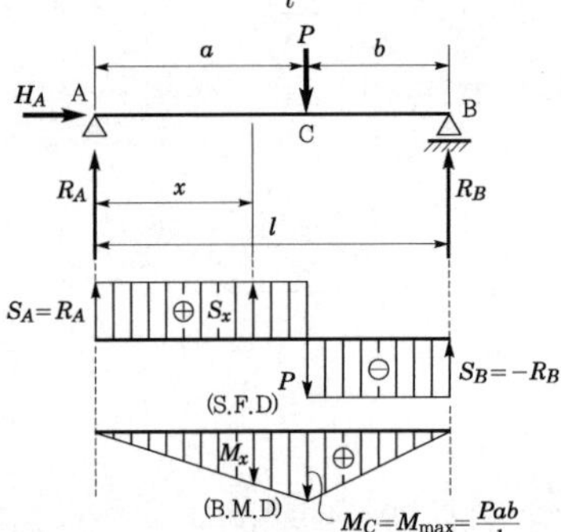

② 보 중앙에 집중하중이 작용

• 지점반력 : $\Sigma V=0$; $R_A=R_B=\dfrac{P}{2}$

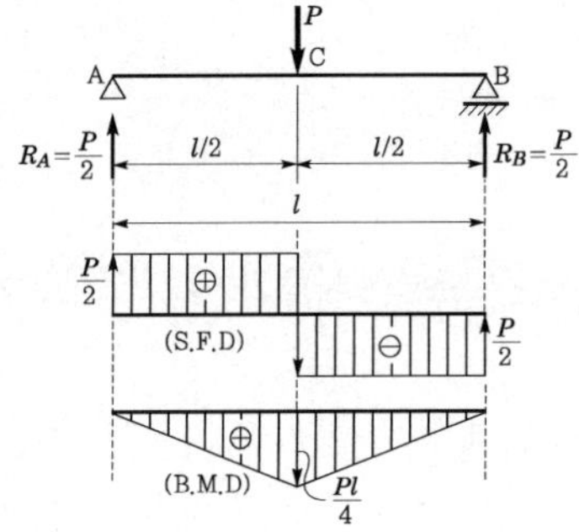

③ 분포하중이 작용

㉠ 등분포하중 작용

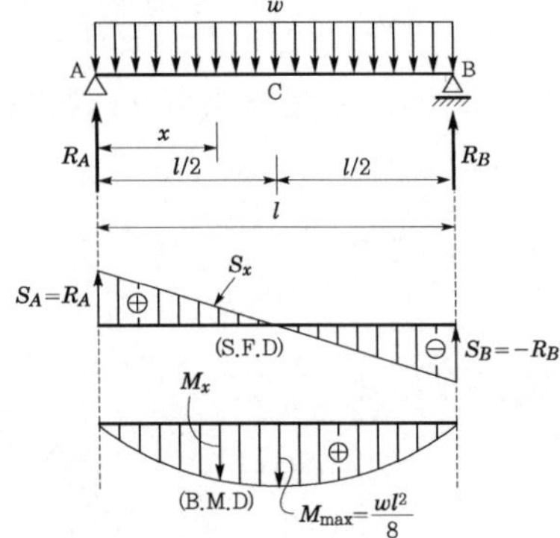

㉡ 등변분포하중 작용

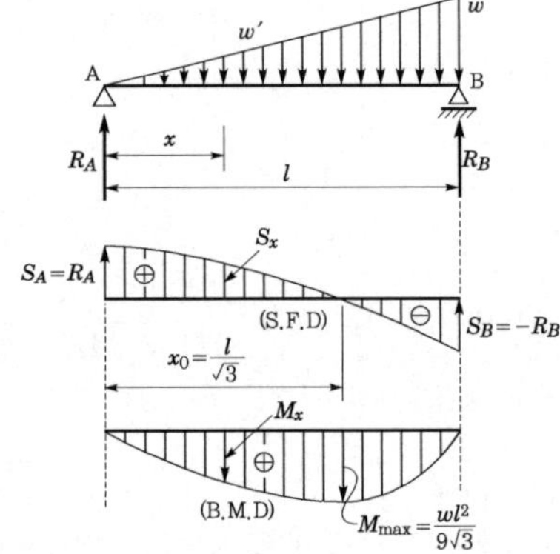

④ 지점에 모멘트하중이 작용

• 지점반력

㉠ $\Sigma M_B=0$; $R_A=\dfrac{M}{l}(\downarrow)$

㉡ $\Sigma V=0$; $R_B=\dfrac{M}{l}(\uparrow)$

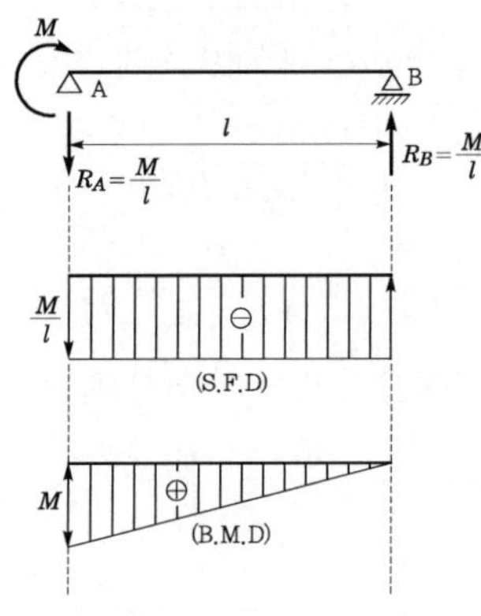

02 | 캔틸레버보의 해석

① 집중하중이 작용

- 지점반력

㉠ $\Sigma H=0$; $H_A=0$

㉡ $\Sigma V=0$; $V_A=P(\uparrow)$

㉢ $\Sigma M=0$; $M_A=Pl(\circlearrowleft)$

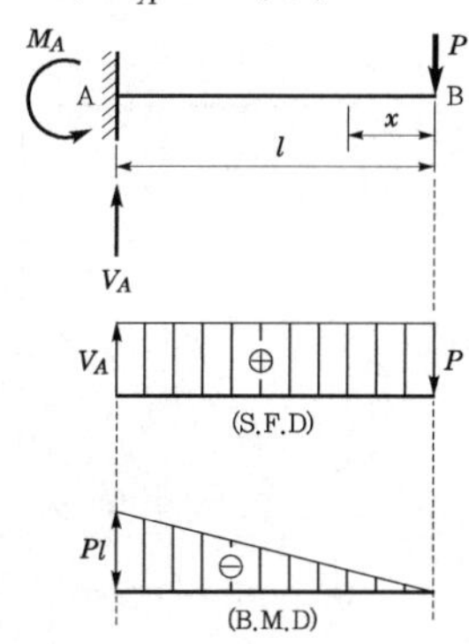

② 모멘트하중이 작용

- 지점반력 : $\Sigma M_A=0$; $M_A=M$

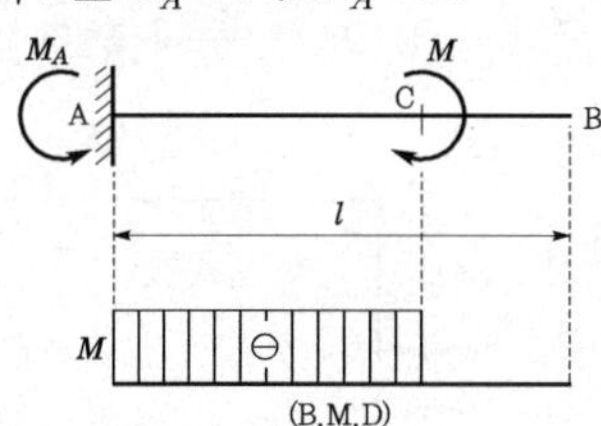

③ 등분포하중이 작용

- 지점반력

㉠ $\Sigma V=0$; $V_A=wl(\uparrow)$

㉡ $\Sigma M_A=0$; $M_A=\dfrac{wl^2}{2}(\circlearrowright)$

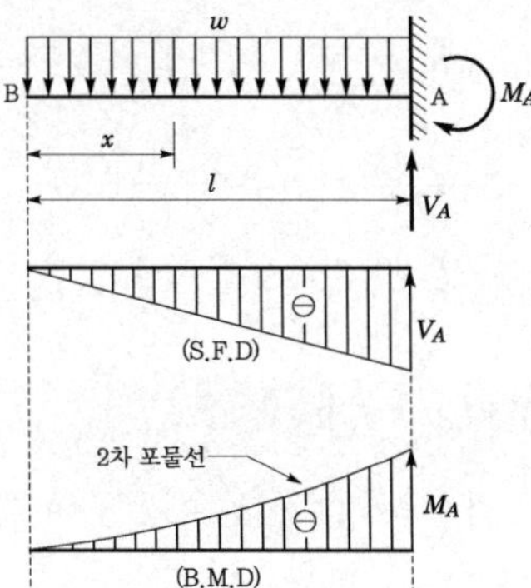

03 | 내민보의 해석

① 유형 Ⅰ(등분포하중+집중하중 작용 : 한쪽 내민보)

- 지점반력(단순보와 동일)

㉠ $\Sigma M_B=0$; $R_A=\dfrac{wl}{2}-P$

㉡ $\Sigma V=0$; $R_B=\dfrac{wl}{2}+2P$

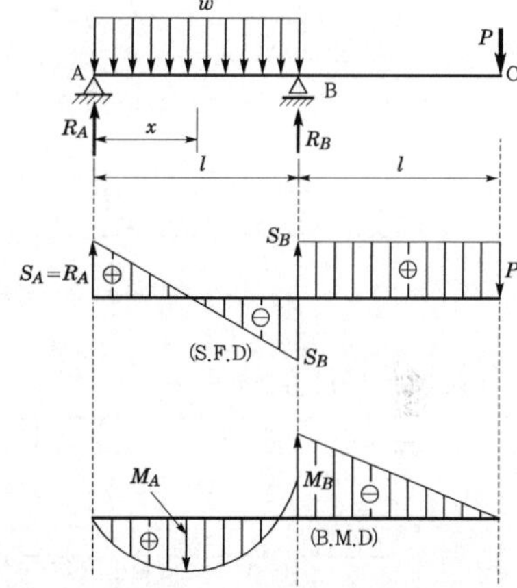

② 유형 Ⅱ(양쪽 내민보)

- 지점반력

㉠ $\Sigma M_B=0$; $R_A=P$

㉡ $\Sigma V=0$; $R_B=P$

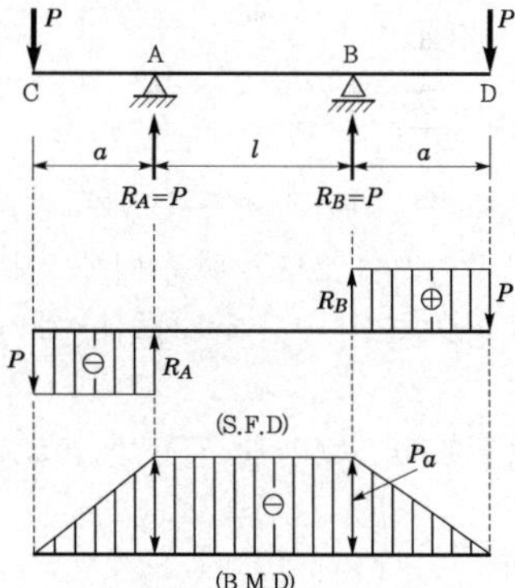

04 | 게르버보의 해석

- 지점반력

㉠ 하중대칭 : $R_B=R_D=\dfrac{P}{2}$

㉡ $\Sigma V=0$; $V_A=wl+\dfrac{P}{2}$

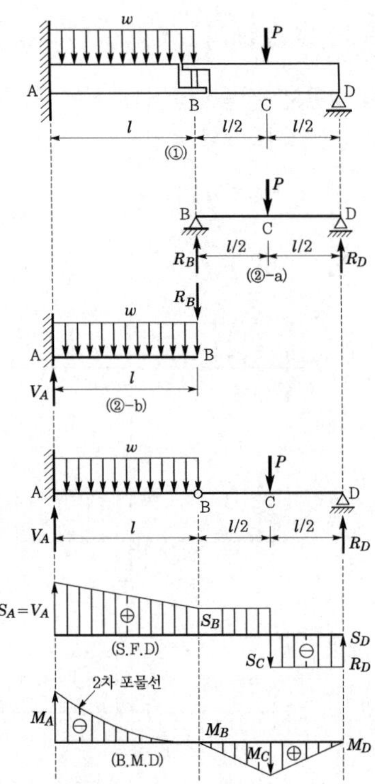

05 | 단순보의 최대 단면력

집중하중 2개 작용할 때

① 합력 : $R=P_1+P_2$

② 합력위치 : $x=\dfrac{P_2 d}{R}$

③ 합력과 가장 가까운 하중과의 거리 1/2 되는 곳을 보의 중앙점에 오도록 하중 이동

④ 최대 휨모멘트는 중앙점에서 가장 가까운 하중에서 발생

⑤ 최대 휨모멘트($M_{\max}$) : $\Sigma M_B=0$; R_A 구함

$$M_{\max}=R_A\left(\frac{l}{2}-\frac{x}{2}\right)$$

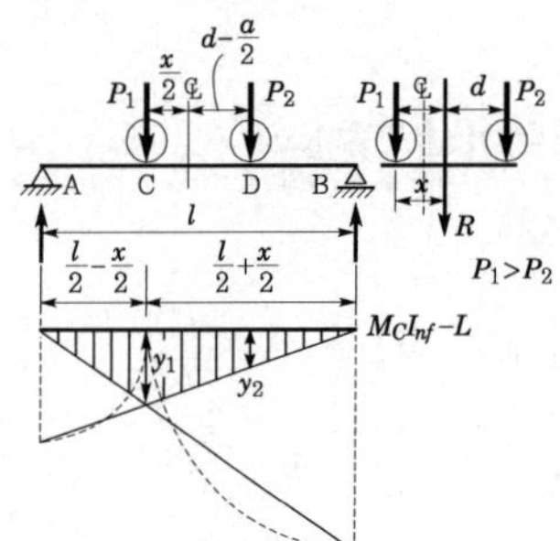

CHAPTER 06 정정 라멘, 아치, 케이블

01 | 단순보형 라멘

집중하중이 작용

① 수직하중 작용

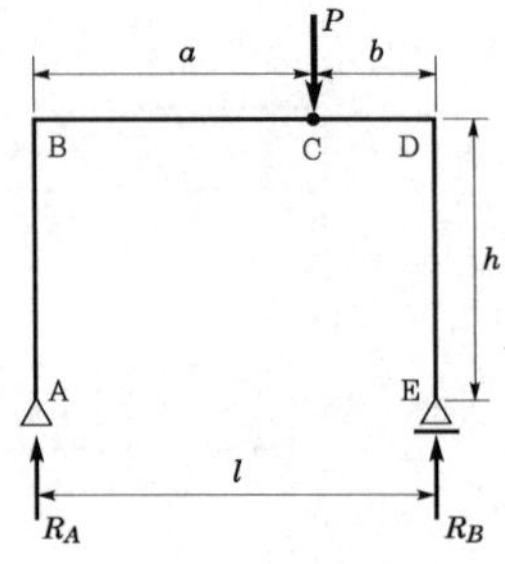

- 지점반력

㉠ $\Sigma M_E=0$; $R_A l-Pb=0$

$\therefore\ R_A=\dfrac{Pb}{l}(\uparrow)$

㉡ $\Sigma M_A=0$; $R_E=\dfrac{Pa}{l}(\uparrow)$

② 수평하중 작용

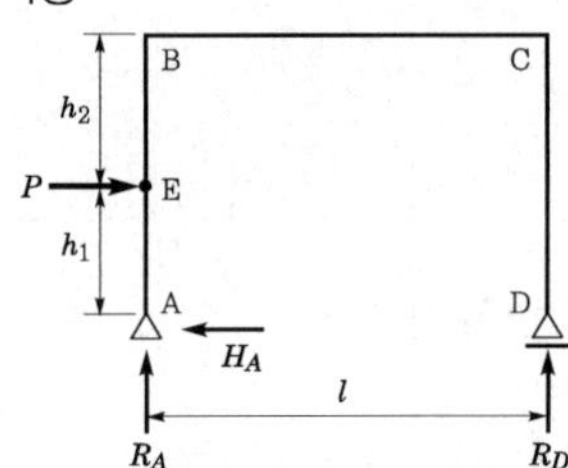

- 지점반력

㉠ $\Sigma M_D=0$; $R_A l+Ph_1=0$

$\therefore\ R_A=-\dfrac{Ph_1}{l}(\downarrow)$

㉡ $\Sigma M_A=0$; $R_D=\dfrac{Ph_1}{l}(\uparrow)$

㉢ $\Sigma H=0$; $H_A=P(\leftarrow)$

02 | 아치의 단면력

① 축력 : $A_D=-V_A\sin\theta-H_A\cos\theta$(압축)

② 전단력 : $S_D=V_A\cos\theta-H_A\sin\theta$

③ 휨모멘트 : $M_D=V_A x-H_A y$

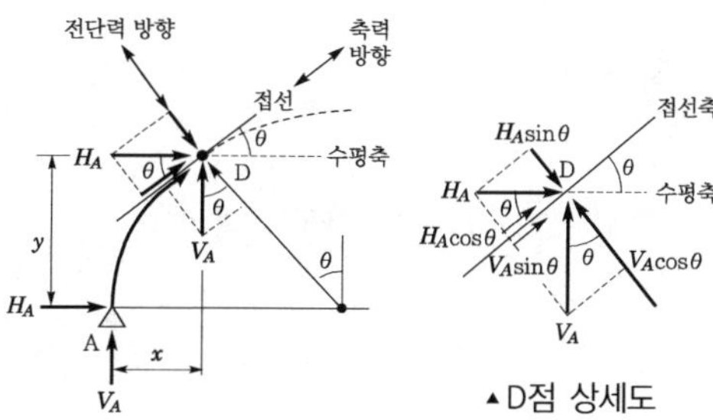

▲D점 상세도

07 보의 응력
CHAPTER

01 | 휨응력(bending stress)

① 휨응력 일반식

㉠ 휨모멘트만 작용 : $\sigma = \dfrac{M}{I}y$, $\sigma = \dfrac{E}{R}y$

㉡ 축방향력과 휨모멘트 작용 : $\sigma = \dfrac{N}{A} \pm \dfrac{M}{I}y$

② 축방향력이 중립축에 편심작용할 때(축방향력+휨모멘트+편심모멘트) 조합응력

$$\sigma = -\frac{P}{A} \mp \frac{M}{I}y \pm \frac{M_e}{I}y$$

$$= -\frac{P}{A} \mp \frac{M}{Z} \pm \frac{M_e}{Z}$$

02 | 전단응력(휨 – 전단응력, shear stress)

$$\tau = \frac{SG}{Ib}$$

① 구형 단면

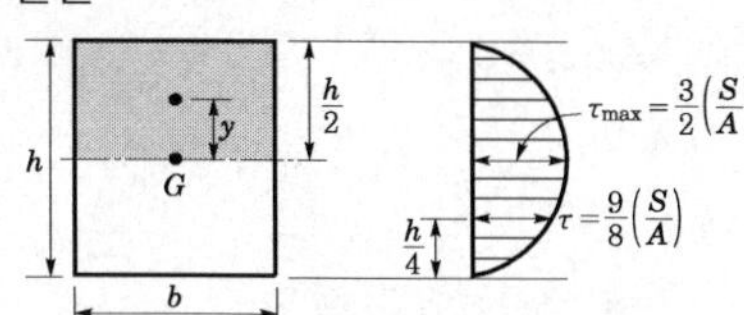

② 원형 단면

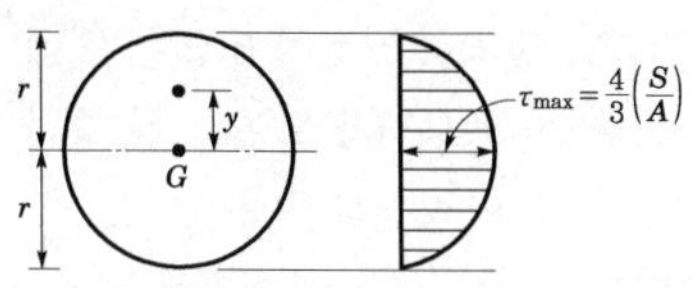

③ 삼각형 단면

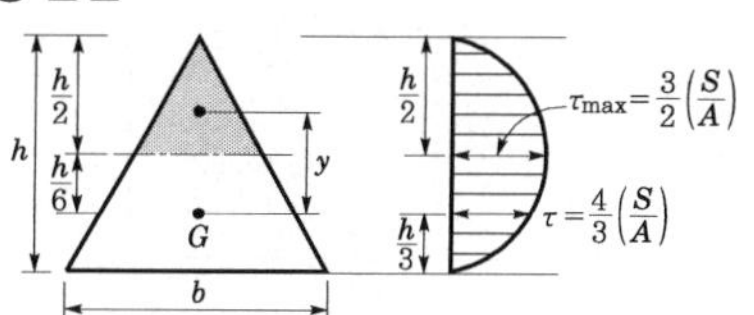

08 기둥
CHAPTER

01 | 세장비에 따른 분류

$$\lambda(\text{세장비}) = \frac{l_r(\text{좌굴길이})}{r_{\min}(\text{최소 회전반경})} = \frac{kl}{r_{\min}}$$

02 | 1축 편심축하중을 받는 단주

① x축상에 편심작용($e_y = 0$)

$$\sigma = \frac{P}{A} \pm \left(\frac{M_x}{I_y}\right)x = \frac{P}{A} \pm \left(\frac{Pe_x}{I_y}\right)x$$

② y축상에 편심작용($e_x = 0$)

$$\sigma = \frac{P}{A} \pm \left(\frac{M_y}{I_x}\right)y = \frac{P}{A} \pm \left(\frac{Pe_y}{I_x}\right)y$$

03 | 2축 편심축하중을 받는 단주

$$\sigma = \frac{P}{A} \pm \left(\frac{M_x}{I_y}\right)x \pm \left(\frac{M_y}{I_x}\right)y$$

$$= \frac{P}{A} \pm \left(\frac{Pe_x}{I_y}\right)x \pm \left(\frac{Pe_y}{I_x}\right)y$$

04 | 각 단면의 핵거리

① 구형 단면

㉠ $e_x = \dfrac{Z_y}{A} = \dfrac{\frac{b^2h}{6}}{bh} = \dfrac{b}{6}$

㉡ $e_y = \dfrac{Z_x}{A} = \dfrac{\frac{bh^2}{6}}{bh} = \dfrac{h}{6}$

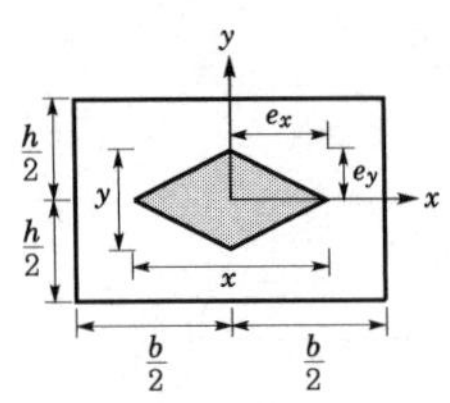

② 원형 단면

$$e_x = e_y = \frac{Z}{A} = \frac{\frac{\pi D^3}{32}}{\frac{\pi D^2}{4}}$$

$$\therefore \frac{D}{8} = \frac{r}{4}$$

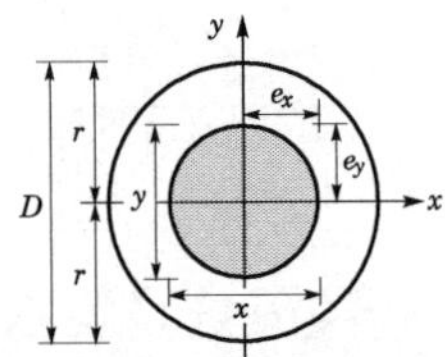

③ 삼각형 단면

㉠ $e_x = \frac{I_y}{Ax} = \frac{b}{8}$

㉡ $e_{y1} = \frac{I_x}{Ay_2} = \frac{h}{6}$

㉢ $e_{y2} = \frac{I_x}{Ay_1} = \frac{bh}{12}$

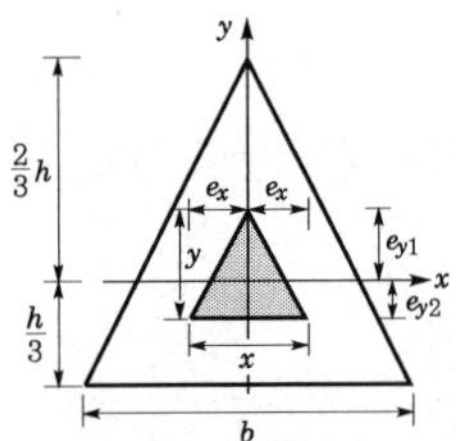

05 | 오일러(Euler)의 장주공식(탄성이론공식)

① 좌굴하중 : $P_{cr} = \frac{n\pi^2 EI}{l^2} = \frac{\pi^2 EI}{{l_r}^2}$

② 좌굴응력 : $\sigma_{cr} = \frac{P_{cr}}{A} = \frac{n\pi^2 E}{\lambda^2}$

09 CHAPTER 트러스

01 | 트러스의 해석상 가정사항

① 모든 부재는 직선재이다.

② 각 부재는 마찰이 없는 핀(pin)이나 힌지로 연결되어 있다.

③ 부재의 축은 각 절점에서 한 점에 모인다.

④ 모든 외력의 작용선은 트러스와 동일 평면 내에 있고, 하중과 반력은 절점(격점)에만 작용한다.

⑤ 각 부재의 변형은 미소하여 2차 응력은 무시한다. 따라서 단면 내력은 축방향력만 존재한다.

⑥ 하중이 작용한 후에도 절점(격점)의 위치는 변하지 않는다.

02 | 트러스의 해석법

① 격점법(절점법) : 자유물체도를 절점단위로 표현한 후 힘의 평형방정식을 이용하여 미지의 부재력을 구하는 방법

$\Sigma H = 0$, $\Sigma V = 0$

② 단면법(절단법) : 자유물체도를 단면단위로 표현한 후 힘의 평형방정식을 적용하여 미지의 부재력을 구하는 방법

㉠ 모멘트법(Ritter법) : $\Sigma M = 0$

㉡ 전단력법(Culmann법) : $\Sigma H = 0$, $\Sigma V = 0$

03 | 영(0)부재

① 영부재 설치이유

㉠ 변형 방지

㉡ 처짐 방지

㉢ 구조적으로 안정 유지

② 영부재 판별법

㉠ 외력과 반력이 작용하지 않는 절점 주시

㉡ 3개 이하의 부재가 모이는 점 주시

㉢ 트러스의 응력원칙 적용

㉣ 영부재로 판정되면 이 부재를 제외하고 다시 위의 과정 반복

10 탄성변형의 정리

CHAPTER

01 | 보의 탄성변형에너지

종류	하중작용상태	단면력	탄성에너지(U)	
축하중		축방향력 $P_x = P$	$U = \int_0^l \frac{P^2}{2EA} dx = \int_0^l \frac{P_x l}{EA} dP_x = \boxed{\frac{P^2 l}{2EA}}$	
모멘트하중		휨모멘트 $M_x = M$ 전단력 $S_x = 0$	휨모멘트에 의한 탄성에너지 $U = \int_0^l \frac{M^2}{2EI} dx = \boxed{\frac{M^2 l}{2EI}}$	전단력에 의한 탄성에너지 $U = \int_0^l K\left(\frac{S^2}{2GA}\right) dx = 0$
집중하중·등분포하중		$M_x = -Px$ $S_x = P$	$U = \boxed{\frac{P^2 l^3}{6EI}}$	$U = \boxed{\frac{KP^2 l}{2GA}}$
		$M_x = -\frac{wx^2}{2}$ $S_x = wx$	$U = \boxed{\frac{w^2 l^5}{40EI}}$	$U = \boxed{\frac{Kw^2 l^3}{6GA}}$
		$M_x = R_A r = \frac{Px}{2}$ $S_x = R_A = \frac{P}{2}$	$U = \boxed{\frac{P^2 l^3}{96EI}}$	$U = \boxed{\frac{KP^2 l}{8GA}}$
		$M_x = \left(\frac{wl}{2}\right)x - \frac{wx^2}{2}$ $S_x = \frac{wl}{2} - wx$	$U = \boxed{\frac{w^2 l^5}{240EI}}$	$U = \boxed{\frac{Kw^2 l^2}{24GA}}$
		$M_x = \frac{P}{2}x - \frac{Pl}{8}$ $S_x = \frac{P}{2}$	$U = \boxed{\frac{P^2 l^3}{384EI}}$	$U = \frac{KP^2 l}{8GA}$
		$M_x = \frac{wl}{2}x - \frac{w}{2}x^2 - \frac{wl^2}{12}$ $S_x = \frac{wl}{2} - wx$	$U = \boxed{\frac{w^2 l^5}{1,440EI}}$	$U = \frac{Kw^2 l^3}{24GA}$

02 | 상반일의 정리(Betti의 상반작용 정리)

$P_1 \delta_{12} = P_2 \delta_{21}$

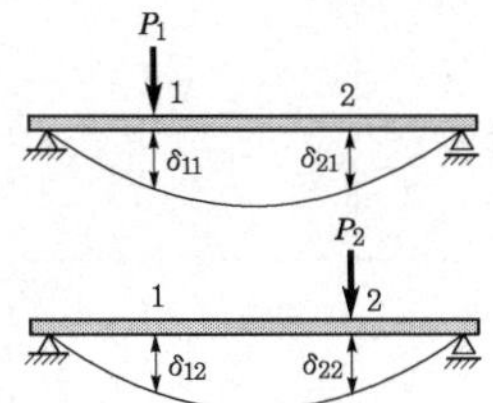

11 CHAPTER 구조물의 처짐과 처짐각

01 | 보의 종류별 처짐각 및 처짐

종류		하중작용상태	처짐각(θ)	최대 처짐($y_{\max}$)
단순보	1	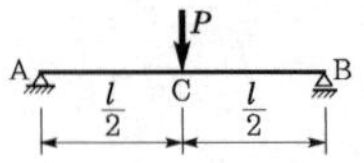	$\theta_A = -\theta_B = \boxed{\dfrac{Pl^2}{16EI}}$	$y_C = \boxed{\dfrac{Pl^3}{48EI}}$
	2	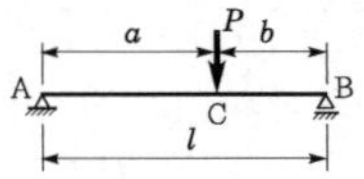	$\theta_A = -\dfrac{Pb}{16EIl}(l^2 - b^2)$ $\theta_B = -\dfrac{Pa}{16EIl}(l^2 - a^2)$	$y_C = \boxed{\dfrac{Pa^2b^2}{3EIl}}$
	3	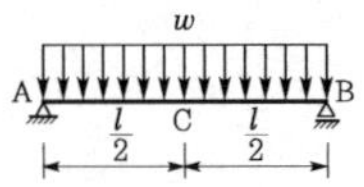	$\theta_A = -\theta_B = \boxed{\dfrac{wl^3}{24EI}}$	$y_C = \boxed{\dfrac{5wl^4}{384EI}}$
	4	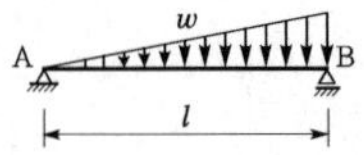	$\theta_A = \dfrac{7wl^3}{360EI}$ $\theta_B = -\dfrac{8wl^3}{360EI}$	$y_{\max} = 0.00652 \times \dfrac{wl^4}{EI} = \dfrac{wl^4}{153EI}$
	5	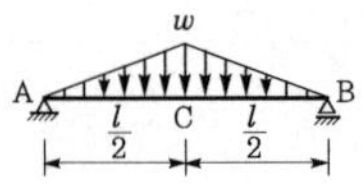	$\theta_A = -\theta_B = \dfrac{5wl^3}{192EI}$	$y_C = \dfrac{wl^4}{120EI}$
	6	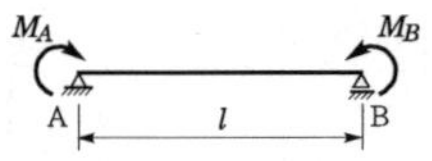	$\theta_A = \boxed{\dfrac{l}{6EI}(2M_A + M_B)}$ $\theta_B = \boxed{-\dfrac{l}{6EI}(M_A + 2M_B)}$	$M_A = M_B = M$ $y_{\max} = \boxed{\dfrac{Ml^2}{8EI}}$
	7	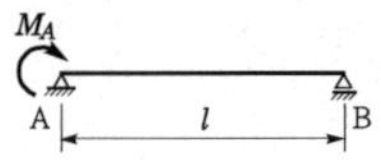	$\theta_A = \boxed{\dfrac{M_A l}{3EI}}$ $\theta_B = \boxed{-\dfrac{M_A l}{6EI}}$	$y_{\max} = 0.064 \times \dfrac{Ml^2}{EI} = \dfrac{Ml^2}{9\sqrt{3}EI}$
	8	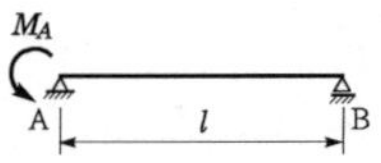	$\theta_A = \boxed{-\dfrac{M_A l}{3EI}}$ $\theta_B = \boxed{\dfrac{M_A l}{6EI}}$	$y_{\max} = -0.064 \times \dfrac{Ml^2}{EI} = -\dfrac{Ml^2}{9\sqrt{3}EI}$
캔틸레버보	9	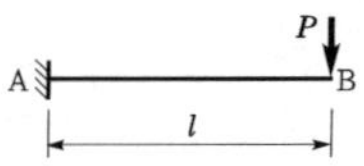	$\theta_B = \boxed{\dfrac{Pl^2}{2EI}}$	$y_B = \boxed{\dfrac{Pl^3}{3EI}}$

종류		하중작용상태	처짐각(θ)	최대 처짐(y_{max})
캔틸레버보	10	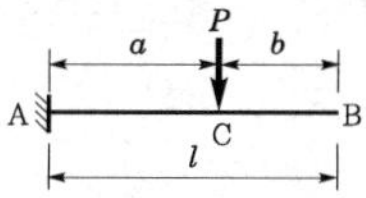	$\theta_C = \theta_B = \frac{Pa^2}{2EI}$	$y_B = \frac{Pa^3}{6EI}(3l-a)$
	11	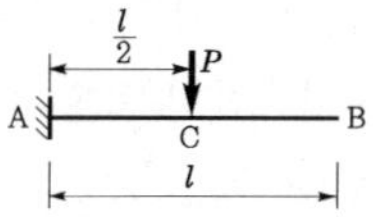	$\theta_C = \theta_B = \boxed{\frac{Pl^2}{8EI}}$	$y_B = \boxed{\frac{5Pl^3}{48EI}}$
	12	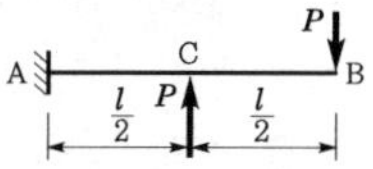	$\theta_B = \frac{3Pl^2}{8EI}$	$y_B = \frac{11Pl^3}{48EI}$
	13	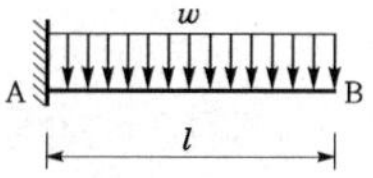	$\theta_B = \boxed{\frac{wl^3}{6EI}}$	$y_B = \boxed{\frac{wl^4}{8EI}}$
	14	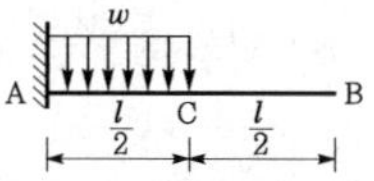	$\theta_C = \theta_B = \boxed{\frac{wl^3}{48EI}}$	$y_B = \frac{7wl^4}{384EI}$
	15	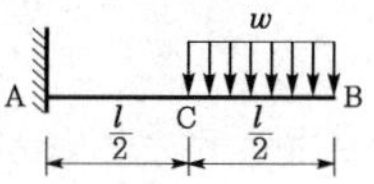	$\theta_B = \boxed{\frac{7wl^3}{48EI}}$	$y_B = \frac{41wl^4}{384EI}$
	16	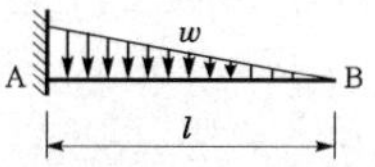	$\theta_B = \frac{wl^3}{24EI}$	$y_B = \frac{wl^4}{30EI}$
	17	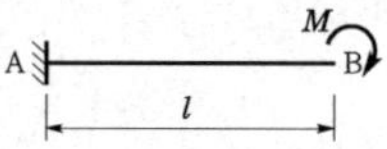	$\theta_B = \boxed{\frac{Ml}{EI}}$	$y_B = \boxed{\frac{Ml^2}{2EI}}$
	18	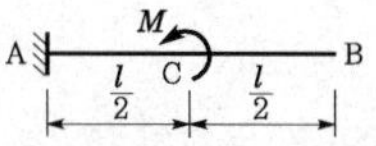	$\theta_B = \boxed{\frac{Ml}{2EI}}$	$y_B = \boxed{\frac{3Ml^2}{8EI}}$
부정정보	19	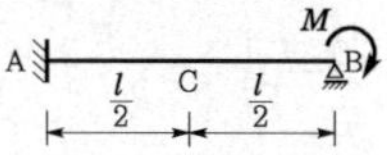	$\theta_B = -\frac{Ml}{4EI}$	
	20	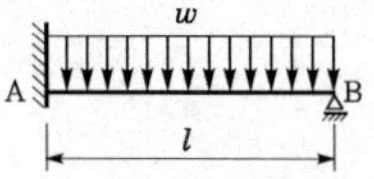	$\theta_B = -\frac{wl^3}{8EI}$	$y_{max} = \frac{wl^4}{185EI}$
	21	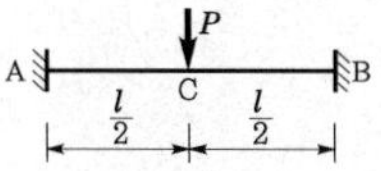		$y_C = \boxed{\frac{Pl^3}{192EI}}$
	22	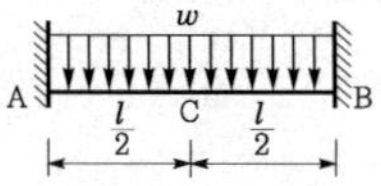		$y_C = \boxed{\frac{wl^4}{384EI}}$

CHAPTER 12 부정정 구조물

01 | 부정정 구조물의 장단점

① 장점

㉠ 휨모멘트 감소로 단면을 작게 할 수 있다. → 재료절감 → 경제적이다.

㉡ 같은 단면일 때 정정 구조물보다 더 큰 하중을 받을 수 있다. → 지간길이를 길게 할 수 있다. → 교각수가 줄고 외관상 아름답다.

㉢ 강성이 크므로 변형이 작게 발생한다.

㉣ 과대한 응력을 재분배하므로 안정성이 좋다.

② 단점

㉠ 해설과 설계가 복잡하다(E, I, A값을 알아야 해석 가능).

㉡ 온도변화, 지점침하 등으로 인해 큰 응력이 발생하게 된다.

㉢ 응력교체가 정정 구조물보다 많이 발생하여 부가적인 부재가 필요하다.

02 | 부정정 구조물의 해법

① 응력법(유연도법, 적합법) : 부정정 반력이나 부정정 내력을 미지수로 취급하고, 적합조건을 유연도계수와 부정정력의 항으로 표시하여 미지의 부정정력을 계산하는 방법

㉠ 변위일치법(변형일치법) : 부정정 차수가 낮은 단지간 고정보에 적용

㉡ 3연모멘트법 : 연속보에 적용(라멘에는 적용되지 않는다)

㉢ 가상일의 방법(단위하중법) : 부정정 트러스와 아치에 적용

㉣ 최소일의 방법(카스틸리아노의 제2정리 응용) : 변형에너지를 알 때 부정정 트러스와 아치에 적용

㉤ 처짐곡선(탄성곡선)의 미분방정식법

㉥ 기둥유사법 : 연속보, 라멘에 적용

② 변위법(강성도법, 평형법) : 절점의 변위를 미지수로 하여 절점변위와 부재의 내력을 구하는 방법

㉠ 처짐각법(요각법) : 직선재의 모든 부정정 구조물에 적용(간단한 직사각형 라멘에 적용)

㉡ 모멘트분배법 : 직선재의 모든 부정정 구조물에 적용(고층 다경간 라멘에 적용)

㉢ 최소일의 방법(카스틸리아노의 제1정리 응용)

㉣ 모멘트면적법(모멘트면적법 제1정리 응용)

03 | 3연모멘트

① 해법순서

㉠ 고정단은 → 힌지지점으로 가상지간을 만든다($I=\infty$ 가정).

㉡ 단순보 지간별로 하중에 의한 처짐각, 침하에 의한 부재각을 계산한다.

㉢ 왼쪽부터 2지간씩 중복되게 묶어 공식에 대입한다.

㉣ 연립하여 내부 휨모멘트를 계산한다.

㉤ 지간을 하나씩 구분하여 계산된 휨모멘트를 작용시키고 반력을 계산한다.

② 기본방정식($I_1=I_2=I$, $E=$일정)

㉠ 하중에 대한 처짐각 고려

$$M_A\left(\frac{l_1}{I_1}\right)+2M_B\left(\frac{l_1}{I_1}+\frac{l_2}{I_2}\right)+M_C\left(\frac{l_2}{I_2}\right)$$
$$=6E(\theta_{BA}-\theta_{BC})$$

㉡ 하중과 지점의 부등침하 고려

- $M_A\left(\frac{l_1}{I_1}\right)+2M_B\left(\frac{l_1}{I_1}+\frac{l_2}{I_2}\right)+M_C\left(\frac{l_2}{I_2}\right)$
  $=6E(\theta_{BA}-\theta_{BC})+6E(R_{AB}-R_{BC})$
- $R_{AB}=\frac{\delta_1}{l_1}$
- $R_{BC}=\frac{\delta_2}{l_2}$

04 | 처짐각법(요각법)

① 해법순서

㉠ 하중항과 감비 계산

㉡ 처짐각 기본식(재단모멘트식) 구성

㉢ 평형방정식(절점방정식, 층방정식) 구성

㉣ 미지수(처짐각, 부재각) 결정

㉤ 미지수를 처짐각 기본식에 대입하여 재단모멘트 M 계산

㉥ 지점반력과 단면력 계산

② 양단 고정절점(고정지점)

$$M_{AB} = 2EK_{AB}(2\theta_A + \theta_B - 3R) - C_{AB}$$

$$M_{BA} = 2EK_{BA}(\theta_A + 2\theta_B - 3R) + C_{BA}$$

05 | 모멘트분배법

① 해석순서

㉠ 강도(K), 강비(k) 계산

㉡ 분배율($D.F$) 계산

㉢ 하중항($F.E.M$) 계산

㉣ 불균형모멘트($U.M$) 계산

㉤ 분배모멘트($D.M$) 계산

㉥ 전달모멘트($C.M$) 계산

㉦ 적중(지단)모멘트 계산

② 부재강도 : $K = \dfrac{\text{단면 2차 모멘트}(I)}{\text{부재길이}(l)}$

③ 강비 : $k = \dfrac{\text{해당 부재강도}(K)}{\text{기준강도}(K_0)}$

④ 분배율(D.F) : 유효강비 사용

$$D.F = \frac{\text{해당 부재강비}(k)}{\text{전체 강비}(\sum k)}$$

㉠ $(D.F)_{OA} = \dfrac{k_{OA}}{k_{OA} + k_{OB} + \dfrac{3}{4}k_{OC}}$

㉡ $(D.F)_{OB} = \dfrac{k_{OB}}{k_{OA} + k_{OB} + \dfrac{3}{4}k_{OC}}$

㉢ $(D.F)_{OC} = \dfrac{\dfrac{3}{4}k_{OC}}{k_{OA} + k_{OB} + \dfrac{3}{4}k_{OC}}$

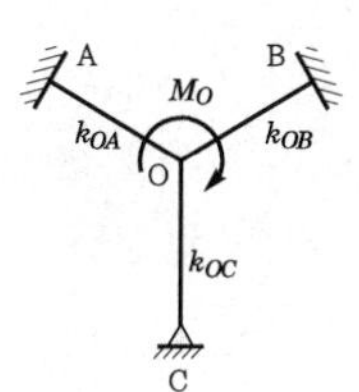

측량학

SURVEYING

총 론

01 | 측량면적에 따른 분류

① **대지측량(측지측량)** : 지구의 곡률을 고려한 측량으로 정밀도 1/1,000,000일 경우 거리로 반경 11km 이상 또는 면적 400km^2 이상의 넓은 지역측량이다.

② **소지측량(평면측량)** : 지구의 곡률을 고려하지 않은 측량으로 정밀도 1/1,000,000일 경우 거리로 반경 11km 이하 또는 면적 400km^2 이하의 작은 지역측량이다(측량하는 지역을 평면으로 간주).

③ **대지측량 및 소지측량의 범위**

$$\frac{\Delta l}{l}=\frac{L-l}{l}=\frac{l^2}{12R^2}=\frac{1}{M}$$

여기서, L : 지평선
l : 수평선
R : 지구의 곡률반경
$\frac{1}{M}$: 정밀도

02 | 기하학적 측지학과 물리학적 측지학의 비교

기하학적 측지학	물리학적 측지학
• 길이 및 시간의 결정	• 지구의 형상 해석
• 수평위치의 결정	• 중력측정
• 높이의 결정	• 지자기의 측정
• 측지학의 3차원 위치결정	• 탄성파의 측정
• 천문측량	• 지구의 극운동 및 자전운동
• 위성측지	• 지각변동 및 균형
• 하해측지	• 지구의 열측정
• 면적 및 체적의 산정	• 대륙의 부동
• 지도제작(지도학)	• 해양의 조류
• 사진측량	• 지구의 조석측량

03 | 타원체

① **회전타원체** : 한 타원의 지축을 중심으로 회전하여 생기는 입체타원체

② **지구타원체** : 부피와 모양이 실제의 지구와 가장 가까운 회전타원체를 지구의 형으로 규정한 타원체

③ **준거타원체** : 어느 지역의 대지측량계의 기준이 되는 타원체

④ **국제타원체** : 전세계적으로 대지측량계의 통일을 위해 제정한 지구타원체

04 | 위도

① **측지위도(φ_g)** : 지구상의 한 점에서 회전타원체의 법선이 적도면과 이루는 각

② **천문위도(φ_a)** : 지구상의 한 점에서 연직선이 적도면과 이루는 각

③ **지심위도(φ_c)** : 지구상의 한 점과 지구 중심을 맺는 직선이 적도면과 이루는 각

④ **화성위도(φ_r)** : 지구 중심으로부터 장반경(a)을 반경으로 하는 원과 지구상의 한 점을 지나는 종선의 연장선과 지구 중심을 연결한 직선이 적도면과 이루는 각

05 | 지오이드

정지된 평균해수면을 육지까지 연장하여 지구 전체를 둘러쌌다고 가상한 곡면을 지오이드라 한다.

① 지오이드면은 평균해수면과 일치하는 등퍼텐셜면으로 일종의 수면이다.

② 지오이드는 어느 점에서나 중력방향에 수직이다.

③ 주변 지형의 영향이나 국부적인 지각밀도의 불균일로 인하여 타원체면에 대하여 다소의 기복이 있는 불규칙한 면이다.

④ 고저측량은 지오이드면을 표고 Zero로 하여 측량한다.

⑤ 지오이드면은 높이가 0m이므로 위치에너지($E=mgh$)가 Zero이다.

⑥ 지구상 어느 한 점에서 타원체의 법선과 지오이드법선은 일치하지 않게 되며 두 법선의 차, 즉 연직선편차가 생긴다.

⑦ 지오이드면은 대륙에서는 지오이드면 위에 있는 지각의 인력 때문에 지구타원체보다 높으며, 해양에서는 지구타원체보다 낮다.

06 | 구과량

① 구과량은 구면삼각형의 면적 F에 비례하고, 구의 반경 R의 제곱에 반비례한다.

② 구면삼각형의 한 정점을 지나는 변은 대원이다.

③ 일반측량에서 구과량은 미소하므로 구면삼각형의 면적 대신에 평면삼각형의 면적을 사용해도 크게 지장 없다.

④ 소규모 지역에서는 르장드르정리를, 대규모 지역에서는 슈라이버정리를 이용한다.

07 | 평면직각좌표원점

명칭	경도	위도
동해원점	동경 131°00′00″	북위 38°
동부원점	동경 129°00′00″	북위 38°
중부원점	동경 127°00′00″	북위 38°
서부원점	동경 125°00′00″	북위 38°

08 | UTM좌표

좌표계의 간격은 경도 6°마다 60지대(1~60번 180°W 자오선부터 동쪽으로 시작), 위도 8°마다 20지대(c~x까지 20개 알파벳으로 표시. 단, I, O 제외)로 나누고 각 지대의 중앙자오선에 대하여 횡메르카토르도법으로 투영하였다.

02 CHAPTER 거리측량

01 | 광파거리측정기와 전파거리측정기의 비교

구분	광파거리측정기	전파거리측정기
최소 조작인원	1명 (목표물에 반사경 설치)	2명 (주국, 종국 각각 1명)
기상조건	안개, 비, 눈 등 기후에 영향을 받는다.	기후의 영향을 받지 않는다.
방해물	두 지점 간의 시준만 되면 가능하다.	장애물(송전소, 자동차, 고압선)의 영향을 받는다.
관측가능거리	단거리용(1m~2km)	장거리용 100m~80km
한 변 조작시간	10~20분	20~30분
정밀도	±(5mm+5ppm$D$) 높다.	±(15mm+5ppm$D$) 낮다.

02 | 거리측량의 오차보정(정오차)

① 표준테이프에 대한 보정 : $L_0 = L\left(1 \pm \dfrac{\Delta l}{l}\right)$

② 온도에 대한 보정 : $C_t = \alpha L(t - t_0)$

③ 경사에 대한 보정 : $C_h = -\dfrac{h^2}{2L}$

④ 표고에 대한 보정 : $C = -\dfrac{LH}{R}$

⑤ 장력에 대한 보정 : $C_p = \left(\dfrac{P - P_0}{AE}\right)L$

⑥ 처짐에 대한 보정 : $C_s = -\dfrac{L}{24}\left(\dfrac{wl}{P}\right)^2$

03 | 실제 거리, 도상거리, 축척, 면적과의 관계

① 축척과 거리와의 관계 : $\dfrac{1}{m} = \dfrac{\text{도상거리}}{\text{실제 거리}}$ 또는 $\dfrac{1}{m} = \dfrac{l}{L}$

② 축척과 면적과의 관계 : $\left(\dfrac{1}{m}\right)^2 = \dfrac{\text{도상면적}}{\text{실제 면적}}$ 또는 $\left(\dfrac{1}{m}\right)^2 = \dfrac{a}{A}$

04 | 오차의 전파법칙

① 구간거리가 다르고 평균제곱근오차가 다를 때

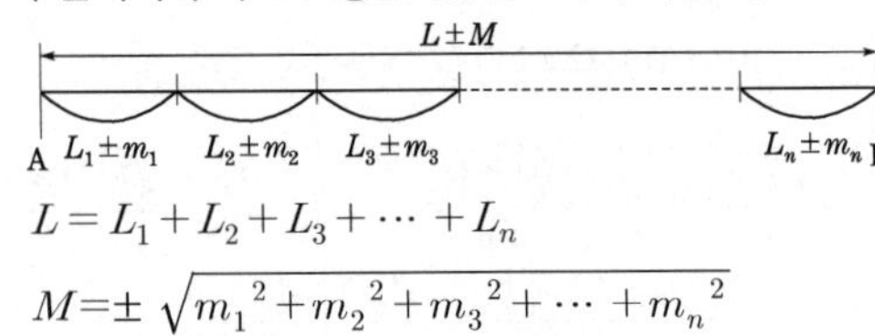

$$L = L_1 + L_2 + L_3 + \cdots + L_n$$

$$M = \pm \sqrt{{m_1}^2 + {m_2}^2 + {m_3}^2 + \cdots + {m_n}^2}$$

② 평균제곱근오차를 같다고 가정할 때

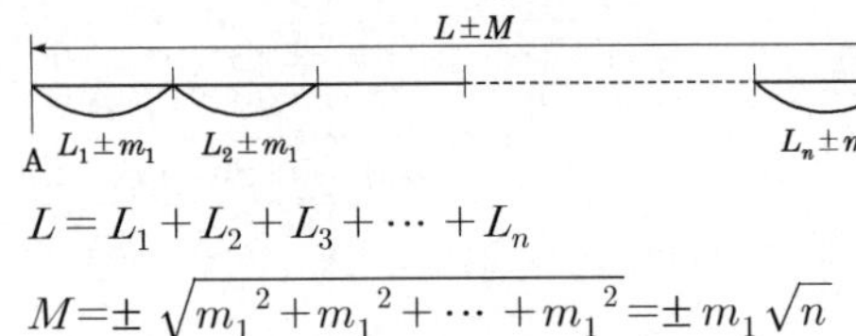

$$L = L_1 + L_2 + L_3 + \cdots + L_n$$

$$M = \pm \sqrt{{m_1}^2 + {m_1}^2 + \cdots + {m_1}^2} = \pm m_1 \sqrt{n}$$

③ 면적관측 시 최확값 및 평균제곱근오차의 합

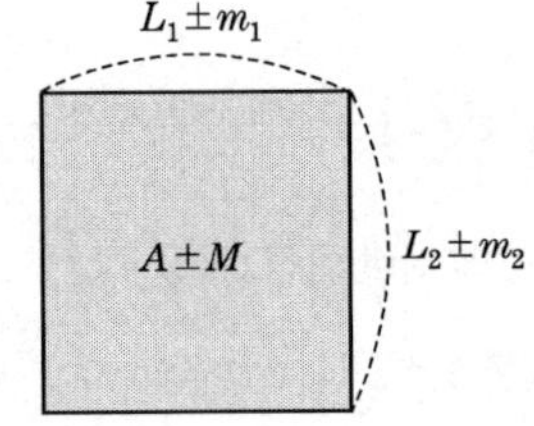

$$A = L_1 L_2$$

$$M = \pm \sqrt{(L_2 m_1)^2 + (L_1 m_2)^2}$$

05 | 정밀도

① 경중률을 고려하지 않은 경우 최확치

$$L_0 = \frac{[l]}{n} = \frac{l_1 + l_2 + l_3 + \cdots + l_n}{n}$$

② 경중률을 고려한 경우 최확치

$$L_0 = \frac{[Pl]}{P} = \frac{P_1 l_1 + P_2 l_2 + P_3 l_3 + \cdots + P_n l_n}{P_1 + P_2 + P_3 + \cdots + P_n}$$

수준측량

01 | 교호수준측량

① 기계오차(시준축오차) : 기포관축과 시준선이 나란하지 않기 때문에 생기는 오차

② 구차(지구의 곡률에 의한 오차)

③ 기차(광선의 굴절에 의한 오차)

02 | 기포관의 감도

$$\theta'' = 206{,}265'' \frac{l}{nD} = \frac{l}{nD}\rho''$$

03 | 수준측량방법

① 후시(B.S : Back Sight) : 알고 있는 점(기지점)에 표척을 세워 읽는 값

② 전시(F.S : Fore Sight) : 구하고자 하는 점(미지점)에 표척을 세워 읽는 값

㉠ 중간점(I.P : Intermediate Point) : 그 점에 표고만 구하기 위해 전시만 취한 점

㉡ 이기점(T.P : Turning Point) : 기계를 옮기기 위한 점으로 전시와 후시를 동시에 취하는 점

③ 기계고(I.H : Hight of Instrument) : 기준면에서부터 망원경 시준선까지의 높이

④ 지반고(G.H : Hight of Grovne) : 지점의 표고

⑤ 전시와 후시의 거리를 같게 하는 이유(기계오차 소거)

㉠ 레벨조정의 불안정으로 생기는 오차(시준축오차) 소거

㉡ 구차(지구의 곡률에 의한 오차) 소거

㉢ 기차(광선의 굴절에 의한 오차) 소거

※ 시준축오차 : 기포관축≠시준선

04 | 야장기입법

① 고차식 : 2점의 높이를 구하는 것이 목적이고 도중에 있는 측점의 지반고를 구할 필요가 없을 때 사용하는 방법이다.

② 기고식 : 중간점이 많을 경우에 사용하는 방법으로 완전한 검산을 할 수 없다는 게 단점이다.

③ 승강식 : 완전한 검산을 할 수 있어 정밀한 측량에 적합하나, 중간점이 많을 때에는 불편한 단점이 있다.

각측량

01 | 배각법(반복법)

① 1각에 생기는 배각법의 오차

$$M=\pm\sqrt{{m_1}^2+{m_2}^2}=\pm\sqrt{\frac{2}{n}\left(\alpha^2+\frac{\beta^2}{n}\right)}$$

② 특징

㉠ 눈금을 계산할 수 없는 미량값은 계적하여 반복 횟수로 나누면 구할 수 있다.

㉡ 시준오차가 많이 발생한다.

㉢ 눈금의 부정에 의한 오차를 최소로 하기 위해 n회의 반복결과가 360°에 가까워야 한다.

㉣ 방향수가 많은 삼각측량과 같은 경우 적합하지 않다.

㉤ 읽음오차의 영향을 적게 받는다(방향각법에 의해).

02 | 각관측법

① 측각총수$=\frac{1}{2}N(N-1)$

② 조건식총수$=\frac{1}{2}(N-1)(N-2)$

03 | 기계오차(정오차)

① 조정이 완전하지 않기 때문에 생긴 오차

㉠ 연직축오차 : 연직축이 연직하지 않기 때문에 생기는 오차는 소거가 불가능하나, 시준고저차가 연직각으로 5° 이하일 때에는 큰 오차가 생기지 않는다.

㉡ 시준축오차 : 시준선이 수평축과 직각이 아니기 때문에 생기는 오차로, 이것은 망원경을 정위와 반위로 관측한 값의 평균을 구하면 소거 가능하다.

㉢ 수평축오차 : 수평축이 수평이 아니기 때문에 생기는 오차로 망원경을 정위와 반위로 관측한 값의 평균값을 사용하면 소거 가능하다.

② 기계의 구조상의 결점에 따른 오차

㉠ 분도원의 눈금오차 : 눈금의 간격이 균일하지 않기 때문에 생기는 오차이며, 이것을 없애려면 버니어의 0의 위치를 $\frac{180°}{n}$씩 옮겨가면서 대회관측을 하여 분도원 전체를 이용하도록 한다.

㉡ 회전축의 편심오차(내심오차) : 분도원의 중심 및 내외측이 일치하지 않기 때문에 생기는 오차로 A·B 두 버니어의 평균값을 취하면 소거 가능하다.

㉢ 시준선의 편심오차(외심오차) : 시준선이 기계의 중심을 통과하지 않기 때문에 생기는 오차로 망원경을 정위와 반위로 관측한 다음 평균값을 취하면 소거 가능하다.

트래버스측량

01 | 교각법

① 서로 이웃하는 측선이 이루는 각을 교각이라 한다.

② 각 측선이 그 전측선과 이루는 각이다.

③ 내각, 외각, 우회각, 좌회각, 우측각, 좌측각이 있다.

④ 각각 독립적으로 관측하므로 오차 발생 시 다른 각에 영향을 주지 않는다.

⑤ 반복법에 의해서 정밀도를 높일 수 있다.

⑥ 계산이 복잡한 단점이 있다.

⑦ 우측각(−), 좌측각(+)

02 | 위거 및 경거

① 위거 : 측선에서 NS선의 차이

$L_{AB}=\overline{\mathrm{AB}}\cos\theta$

② 경거 : 측선에서 EW선의 차이

$D_{AB}=\overline{\mathrm{AB}}\sin\theta$

③ 위거와 경거를 알 경우 거리와 방위각

㉠ AB의 거리

$\overline{\mathrm{AB}}=\sqrt{(X_B-X_A)^2+(Y_B-Y_A)^2}$

㉡ AB의 방위각 : $\tan\theta = \dfrac{Y}{X} = \dfrac{Y_B - Y_A}{X_B - X_A}$

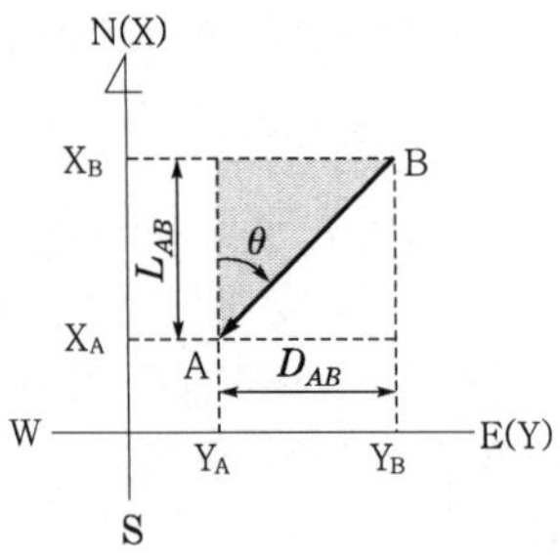

03 | 폐합오차, 폐합비

① 폐합오차 : $E = \sqrt{(\Sigma L)^2 + (\Sigma D)^2}$

② 폐합비(정도)

$$\frac{1}{M} = \frac{\text{폐합오차}}{\text{총길이}} = \frac{\sqrt{(\Sigma L)^2 + (\Sigma D)^2}}{\Sigma l}$$

여기서, ΣL : 위거오차
ΣD : 경거오차

04 | 폐합오차의 조정

① **컴퍼스법칙** : 각관측과 거리관측의 정밀도가 같을 때 조정하는 방법으로 각측선길이에 비례하여 폐합오차를 배분한다.

② **트랜싯법칙** : 각관측의 정밀도가 거리관측의 정밀도보다 높을 때 조정하는 방법으로 위거, 경거의 크기에 비례하여 폐합오차를 배분한다.

05 | 좌표법에 의한 면적계산

$$A = \frac{1}{2}\{y_n(x_{n-1} - x_{n+1})\}$$

또는 $A = \dfrac{1}{2}\{x_n(y_{n-1} - y_{n+1})\}$

06 CHAPTER 삼각측량

01 | 삼각망의 종류

① 단열삼각망
㉠ 폭이 좁고 길이가 긴 지역에 적합하다.
㉡ 노선・하천・터널측량 등에 이용한다.
㉢ 거리에 비해 관측수가 적다.
㉣ 측량이 신속하고 경비가 적게 든다.
㉤ 조건식이 적어 정도가 낮다.

② 유심삼각망
㉠ 동일 측점에 비해 포함면적이 가장 넓다.
㉡ 넓은 지역에 적합하다.
㉢ 농지측량 및 평탄한 지역에 사용된다.
㉣ 정도는 단열삼각망보다 좋으나 사변형보다 적다.

③ 사변형삼각망
㉠ 조정이 복잡하고 시간과 비용이 많이 든다.
㉡ 조건식의 수가 가장 많아 정도가 가장 높다.
㉢ 기선삼각망에 이용된다.

02 | 삼각측량의 오차

① **구차** : 지구의 곡률에 의한 오차이며, 이 오차만큼 높게 조정을 한다.

$$h_1 = +\frac{D^2}{2R}$$

② **기차** : 지표면에 가까울수록 대기의 밀도가 커지므로 생기는 오차(굴절오차)를 말하며, 이 오차만큼 낮게 조정한다.

$$h_2 = -\frac{KD^2}{2R}$$

③ **양차** : 구차와 기차의 합을 말하며 연직각관측값에서 이 양차를 보정하여 연직각을 구한다.

양차 $= h_1 + h_2$
$=$ 구차 $+$ 기차
$$= \frac{D^2}{2R} + \left(-\frac{KD^2}{2R}\right) = \frac{D^2}{2R}(1-K)$$

07 지형측량

CHAPTER

01 | 등고선의 간격 및 종류

구분	표시	등고선의 간격(m)			
		1 : 5,000, 1 : 10,000	1 : 25,000	1 : 50,000	1 : 250,000
주곡선	가는 실선	5	10	20	100
계곡선	굵은 실선	25	50	100	500
간곡선	가는 파선	2.5	5	10	50
조곡선	가는 짧은 파선	1.25	2.5	5	25

02 | 등고선의 성질

① 동일 등고선상에 있는 모든 점은 같은 높이이다.

② 등고선은 도면 안이나 밖에서 폐합하는 폐합곡선이다.

③ 도면 내에서 등고선이 폐합하는 경우 폐합된 등고선 내부에는 산꼭대기(산정) 또는 분지가 있다.

④ 두 쌍의 등고선 볼록부가 마주하고 다른 한 쌍의 등고선이 바깥쪽으로 향할 때 그곳은 고개(안부)이다.

⑤ 높이가 다른 두 등고선은 동굴이나 절벽의 지형이 아닌 곳에서는 교차하지 않는다. 동굴이나 절벽은 반드시 두 점에서 교차한다.

⑥ 동등한 경사의 지표에서 양 등고선의 수평거리는 같다.

⑦ 최대 경사의 방향은 등고선과 직각으로 교차한다.

⑧ 등고선은 경사가 급한 곳에서는 간격이 좁고, 완만한 경사에서는 넓다.

03 | 좌표점고법

① 측량하는 지역을 종횡으로 나누어 각 점의 표고를 기입해서 등고선을 삽입하는 방법이다.

② 토지의 정지작업, 정밀한 등고선이 필요할 때 많이 쓴다.

04 | 등고선을 그리는 방법

$D : H = x : h$

$\therefore x = \dfrac{D}{H}h$

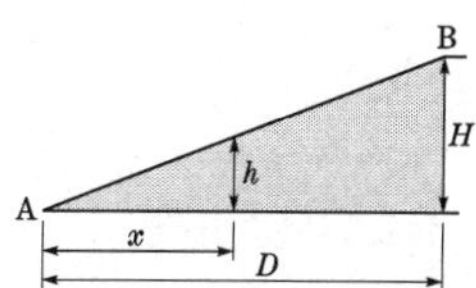

05 | 등고선의 이용

① 종단면도의 이용 및 횡단면도 만들기

② 노선의 도면상 선정

③ 터널의 도상 선정

④ 용지경계의 측정

⑤ 토공량 산정

⑥ 유역면적의 결정

⑦ 배수면적 및 정수량 산정

08 노선측량

CHAPTER

01 | 단곡선의 공식

① 접선길이 : $\text{T.L} = R\tan\dfrac{I}{2}$

② 곡선길이 : $\text{C.L} = \dfrac{\pi}{180°}RI$

③ 외할 : $E = R\left(\sec\dfrac{I}{2} - 1\right)$

④ 중앙종거 : $M = R\left(1 - \cos\dfrac{I}{2}\right)$

⑤ 장현 : $C = 2R\sin\dfrac{I}{2}$

⑥ 편각 : $\delta = \dfrac{l}{2R}\left(\dfrac{180°}{\pi}\right) = \dfrac{l}{R}\left(\dfrac{90°}{\pi}\right)$

⑦ 곡선시점 : B.C=I.P−T.L

⑧ 곡선종점 : E.C=B.C+C.L

⑨ 시단현 : l_1 = B.C부터 B.C 다음 말뚝까지의 거리

⑩ 종단현 : l_2 =E.C부터 E.C 바로 앞말뚝까지의 거리

02 | 편각

① 시단편각 : $\delta_1 = \dfrac{l_1}{R}\left(\dfrac{90°}{\pi}\right)$

② 종단편각 : $\delta_2 = \dfrac{l_2}{R}\left(\dfrac{90°}{\pi}\right)$

③ 20m 편각 : $\delta = \dfrac{l}{R}\left(\dfrac{90°}{\pi}\right)$

03 | 완화곡선

① 정의 : 차량을 안전하게 통과시키기 위하여 직선부와 원곡선 사이에 반지름이 무한대로부터 차차 작아져서 원곡선의 반지름이 R이 되는 곡선을 넣고, 이 곡선 중의 캔트 및 슬랙이 0에서 차차 커져 원곡선에서 정해진 값이 되도록 곡선부와 원곡선 사이에 넣는 특수곡선을 말한다.

② 캔트(Cant) : 곡선부를 통과하는 열차가 원심력으로 인한 낙차를 고려하여 바깥레일을 안쪽보다 높이는 것을 말한다.

$$C = \frac{SV^2}{Rg}$$

③ 완화곡선의 성질

㉠ 곡선반경은 완화곡선의 시점에서 무한대, 종점에서 원곡선 R로 된다.

㉡ 완화곡선의 접선은 시점에서 직선에, 종점에서 원호에 접한다.

㉢ 완화곡선에 연한 곡선반경의 감소율은 캔트의 증가율과 같다.

04 | 종단곡선

① 원곡선에 의한 종단곡선 설치(철도)

㉠ 접선길이$(l) = \dfrac{R}{2}(m-n)$

여기서, m, n : 종단경사(‰)(상향경사(+), 하향경사(−))

㉡ 종거$(y) = \dfrac{x^2}{2R}$

② 2차 포물선에 의한 종단곡선 설치(도로)

㉠ 종곡선길이$(L) = \left(\dfrac{m-n}{3.6}\right)V^2$

여기서, V : 속도(km/h)

㉡ 종거$(y) = \left(\dfrac{m-n}{2L}\right)x^2$

여기서, x : 횡거

③ 계획고$(H) = H' - y(H' = H_0 + mx)$

여기서, H' : 제1경사선 $\overline{\text{AF}}$ 위의 점 P′의 표고
H_0 : 종단곡선시점 A의 표고
H : 점 A에서 x만큼 떨어져 있는 종단곡선 위의 점 P의 계획고

09 CHAPTER 면적측량 및 체적측량

01 | 삼변법(헤론의 공식)

세 변의 길이를 알 때

$$A = \sqrt{S(S-a)(S-b)(S-c)}$$

여기서, $S = \dfrac{1}{2}(a+b+c)$

02 | 심프슨(Simpson)의 제1법칙(1/3법칙)

지거간격(d)을 일정하게 나눈다.

$$A = \frac{d}{3}(y_1 + y_n + 4\Sigma y_{\text{짝수}} + 2\Sigma y_{\text{홀수}})$$

여기서, n : 지거의 수이며 홀수이어야 한다(만일 마지막 지거(n)의 수가 짝수일 때는 따로 사다리꼴공식으로 계산하여 합산한다).

03 | 삼각형의 분할

① 한 변에 평행한 직선에 따른 분할 : △ABC를 $m:n$으로 BC∥DE로 분할할 때

$$\frac{\triangle ADE}{\triangle ABC} = \frac{m}{m+n} = \left(\frac{DE}{BC}\right)^2 = \left(\frac{AD}{AB}\right)^2 = \left(\frac{AE}{AC}\right)^2$$

$$\therefore AD = AB\sqrt{\frac{m}{m+n}}$$

② 한 변의 임의의 정점을 통하는 분할 : △ABC를 $m:n$으로 정점 D를 통하여 분할할 때

$$\frac{\triangle ADE}{\triangle ABC} = \frac{m}{m+n} = \frac{AD \cdot AE}{AB \cdot AC}$$

$$\therefore AD = \frac{AB \cdot AC}{AE}\left(\frac{m}{m+n}\right)$$

③ 삼각형의 꼭짓점(정점)을 통하는 분할 : △ABC를 $m:n$으로 정점 A를 통하여 분할할 때

$$\frac{\triangle ABD}{\triangle ABC}=\frac{m}{m+n}=\frac{BD}{BC}$$

$$\left(\frac{\triangle ABD}{\triangle ABC}=\frac{\frac{BD\times h}{2}}{\frac{BC\times h}{2}}\right)$$

$$\therefore \overline{BD}=\overline{BC}\left(\frac{m}{m+n}\right)$$

04 | 체적측량

① 단면법

㉠ 양단면평균법 : $V=\frac{1}{2}(A_1+A_2)l$

여기서, A_1, A_2 : 양끝 단면적
A_m : 중앙 단면적
l : A_1에서 A_2까지의 길이

㉡ 중앙 단면법 : $V=A_m l$

㉢ 각주공식 : $V=\frac{l}{6}(A_1+4A_m+A_2)$

② 점고법

㉠ 직사각형으로 분할하는 경우

- 토량

$$V_o=\frac{A}{4}(\Sigma h_1+2\Sigma h_2+3\Sigma h_3+4\Sigma h_4)$$

단, $A=ab$

- 계획고 : $h=\frac{V_o}{nA}$

단, n : 사각형의 분할개수

㉡ 삼각형으로 분할하는 경우

- 토량

$$V_o=\frac{A}{3}(\Sigma h_1+2\Sigma h_2+3\Sigma h_3+4\Sigma h_4+5\Sigma h_5+6\Sigma h_6+7\Sigma h_7+8\Sigma h_8)$$

단, $A=\frac{1}{2}ab$

- 계획고 : $h=\frac{V_o}{nA}$

③ 등고선법 : 토량, 댐과 저수지의 저수량 산정

$$V_0=\frac{h}{3}\{A_0+A_n+4(A_1+A_3+\cdots)+2(A_2+A_4+\cdots)\}$$

여기서, $A_0, A_1, A_2, \cdots$: 각 등고선의 높이에 따른 면적
n : 등고선의 간격

CHAPTER 10 하천측량

01 | 평면측량

① 유제부에서는 제외지 전부와 제내지 300m 이내

② 무제부에서는 물이 흐르는 곳 전부와 홍수 시 도달하는 물가선으로부터 100m 정도

02 | 유량측정장소

① 하저의 변화가 없는 곳

② 상·하류 수면구배가 일정한 곳

③ 잠류, 역류되지 않고 지천에 불규칙한 변화가 없는 곳

④ 부근에 급류가 없고 유수의 상태가 균일하며 장애물이 없는 곳

⑤ 윤변의 성질이 균일하고 상·하류를 통하여 횡단면의 형상이 급변하지 않는 곳

⑥ 가능한 폭이 좁고 충분한 수심과 적당한 유속을 가질 것이며 유속계를 사용할 때에 유속이 0.3~2.0m/s 되는 곳

03 | 평균유속을 구하는 방법

① 1점법 : 수면에서 $0.6H$ 되는 곳의 유속으로 평균유속을 구하는 방법

$$V_m=V_{0.6}$$

② 2점법 : 수면에서 $0.2H$, $0.8H$ 되는 곳의 유속을 측정하여 평균유속을 구하는 방법

$$V=\frac{1}{2}(V_{0.2}+V_{0.8})$$

③ 3점법 : 수면에서 $0.2H$, $0.6H$, $0.8H$ 되는 곳의 유속을 측정하여 평균유속을 구하는 방법

$$V_m=\frac{1}{4}(V_{0.2}+2V_{0.6}+V_{0.8})$$

CHAPTER 11 위성측위시스템

01 | GPS의 장단점

① 장점

㉠ 고정밀측량이 가능하다.

㉡ 장거리를 신속하게 측량할 수 있다.

㉢ 관측점 간의 시통이 필요하지 않다.

㉣ 기상조건에 영향을 받지 않으며 야간관측도 가능하다.

㉤ x, y, z(3차원) 측정이 가능하며 움직이는 대상물도 측정이 가능하다.

② 단점

㉠ 위성의 궤도정보가 필요하다.

㉡ 전리층 및 대류권에 관한 정보를 필요로 한다.

㉢ 우리나라 좌표계에 맞도록 변환하여야 한다.

02 | GPS의 특징

구분	내용
위치측정원리	전파의 도달시간, 3차원 후방교회법
고도 및 주기	• 고도 : 20,183km • 주기 : 12시간(0.5항성일) 주기
신호	• L_1파 : 1,575.422MHz • L_2파 : 1,227.60MHz
궤도경사각	55°
궤도방식	위도 60°의 6개 궤도면을 도는 34개 위성이 운행 중에 있으며, 궤도방식은 원궤도이다.
사용좌표계	WGS84

03 | DOP의 종류 및 특징

① 종류

㉠ GDOP : 기하학적 정밀도 저하율

㉡ PDOP : 위치정밀도 저하율

㉢ HDOP : 수평정밀도 저하율

㉣ VDOP : 수직정밀도 저하율

㉤ RDOP : 상대정밀도 저하율

㉥ TDOP : 시간정밀도 저하율

② 특징

㉠ DOP는 위성의 기하학적 배치상태가 정확도에 어떻게 영향을 주는가를 추정할 수 있는 척도이다.

㉡ 정확도를 나타내는 계수로서 수치로 표시된다.

㉢ 수치가 작을수록 정밀하다.

㉣ 지표에서 가장 배치상태가 좋을 때의 DOP수치는 1이다.

㉤ 위성의 위치, 높이, 시간에 대한 함수관계가 있다.

CHAPTER 12 지형공간정보체계(GSIS)

01 | 스캐너와 디지타이저의 비교

구분	스캐너	디지타이저
입력방식	자동방식	수동방식
결과물	래스터	벡터
비용	고가	저렴
시간	신속	시간이 많이 소요
도면상태	영향을 받음	영향을 적게 받음

02 | 데이터베이스의 장단점

① 장점

㉠ 중앙제어 가능

㉡ 효율적인 자료호환

㉢ 데이터의 독립성

㉣ 새로운 응용프로그램 개발의 용이성

㉤ 반복성의 제거

㉥ 많은 사용자의 자료공유

㉦ 다양한 응용프로그램에서 다른 목적으로 편집 및 저장

② 단점

㉠ 초기 구축비용과 유지비용이 고가

㉡ 초기 구축 시 관련 전문가 필요

㉢ 시스템의 복잡성

㉣ 자료의 공유로 인해 자료의 분실이나 잘못된 자료가 사용될 가능성이 있어 보완조치 마련

㉤ 통제의 집중화에 따른 위험성 존재

수리수문학

HYDRAULICS AND HYDROLOGY

물의 기본성질

01 | 단위중량(비중량)

$$w = \frac{W}{V} = \frac{mg}{V} = \rho g$$

02 | 비중

$$비중 = \frac{물체의\ 단위중량}{물의\ 단위중량}$$

03 | 점성

① Newton의 점성법칙 : $\tau = \mu \frac{dv}{dy}$

② 동점성계수 : $\nu = \frac{\mu}{\rho}$

04 | 모세관현상

$$h_c = \frac{4T\cos\theta}{wd}$$

05 | 차원

LMT계와 LFT계의 상호변환

$F = ma$

$[\mathrm{F}] = [\mathrm{M}][\mathrm{LT}^{-2}] = [\mathrm{MLT}^{-2}]$

정수역학

01 | 수면에서 깊이 h의 정수압강도

① 절대압력 : 수면에 작용하는 대기압을 고려한 압력

$p = p_a + wh$

여기서, p_a : 국지대기압

② 계기압력 : 국지대기압을 기준($p_a = 0$)으로 한 압력으로 공학에서는 주로 계기압력을 사용

$p = wh$

02 | 수압기의 원리

$$\frac{P_1}{A_1} = \frac{P_2}{A_2}$$

03 | 연직평면에 작용하는 정수압

① 압력 : $P = w\int_A h dA = wh_G A$

② 작용점 위치 : $h_C = h_G + \frac{I_X}{h_G A}$

04 | 폭이 b인 AB곡면에 작용하는 수압

① $P_H = wh_G A$

② $P_V = wV$

여기서, A : 연직투영면적($= \mathrm{A'B'} \times b$)

h_G : 연직투영면적의 도심까지 거리

V : 물기둥 CABD의 체적(=CABD의 면적$\times b$)

05 | 원관의 벽에 작용하는 동수압

$$\sigma t = \frac{pD}{2}$$

$$\therefore t = \frac{pD}{2\sigma_{ta}}$$

06 | 부력

$B = wV$

여기서, B : 부력

w : 물의 단위중량

V : 수중 부분의 체적

07 | 수평등가속도를 받는 액체

$$\tan\theta = \frac{H-h}{\frac{l}{2}} = \frac{\alpha}{g}$$

08 | 연직등가속도를 받는 액체

① 연직상향의 가속도를 받는 수압

$$p = wh\left(1+\frac{\alpha}{g}\right)$$

② 연직하향의 가속도를 받는 수압

$$p = wh\left(1-\frac{\alpha}{g}\right)$$

03 CHAPTER 동수역학

01 | 정류

$$\frac{\partial Q}{\partial t}=0,\ \frac{\partial V}{\partial t}=0,\ \frac{\partial \rho}{\partial t}=0$$

02 | 부정류

$$\frac{\partial Q}{\partial t}\neq 0,\ \frac{\partial V}{\partial t}\neq 0,\ \frac{\partial \rho}{\partial t}\neq 0$$

03 | 3등류

$$\frac{\partial V}{\partial t}=0,\ \frac{\partial V}{\partial l}=0$$

04 | 부등류

$$\frac{\partial V}{\partial t}=0,\ \frac{\partial V}{\partial l}\neq 0$$

05 | 유선

어느 시각에 있어서 각 입자의 속도벡터가 접선이 되는 가상적인 곡선을 말한다.

① 하나의 유선은 다른 유선과 교차하지 않는다.

② 정류 시 유선과 유적선은 일치한다.

06 | 비압축성 유체일 때 정류의 연속방정식

$$Q=A_1V_1=A_2V_2$$

07 | 베르누이정리(Bernoulli's theorem)

① $H_t=\dfrac{V^2}{2g}+\dfrac{P}{w}+Z=\text{const}$

여기서, $\dfrac{V^2}{2g}$: 유속수두

$\dfrac{P}{w}$: 압력수두

Z : 위치수두

H_t : 총수두

② 가정

㉠ 흐름은 정류이다.

㉡ 임의의 두 점은 같은 유선상에 있어야 한다.

㉢ 마찰에 의한 에너지손실이 없는 비점성, 비압축성 유체인 이상유체의 흐름이다.

③ 에너지선 : 기준수평면에서 $Z+\dfrac{P}{w}+\dfrac{V^2}{2g}$의 점들을 연결한 선

④ 동수경사선 : 기준수평면에서 $Z+\dfrac{P}{w}$의 점들을 연결한 선

⑤ 피토관

㉠ 유속 : $V_1=\sqrt{2gh}$

㉡ 총압력(정체압력) : $P=wh+\dfrac{1}{2}\rho v^2$

⑥ U자형 액주계 사용 시의 유량

$$Q=\frac{A_1A_2}{\sqrt{{A_1}^2-{A_2}^2}}\sqrt{2gh\left(\frac{w'-w}{w}\right)}$$

08 | 레이놀즈수(Reynolds number)

$$R_e=\frac{VD}{\nu}$$

① $R_e \le 2{,}000$: 층류($R_{ec}=2{,}000$)

② $2{,}000 < R_e < 4{,}000$: 층류와 난류가 공존한다(천이영역, 불안정층류).

③ $R_e \ge 4{,}000$: 난류

09 | 역적-운동량방정식

$$F=\frac{w}{g}Q(V_2-V_1)$$

10 | 유체의 저항

$$D=C_D A\frac{\rho V^2}{2}$$

여기서, D : 유체의 전저항력
C_D : 저항계수
A : 흐름방향의 물체투영면적

04 CHAPTER 오리피스

01 | 작은 오리피스의 유량

① 실제 유량
$Q=C_a a C_v\sqrt{2gh}=C_a C_v a\sqrt{2gh}=Ca\sqrt{2gh}$

② 접근유속 V_a를 고려했을 때의 유량
$Q=Ca\sqrt{2g(h+h_a)}$
여기서, h_a : 접근유속수두$\left(=\alpha\dfrac{{V_a}^2}{2g}\right)$

③ 수축계수 : $C_a=\dfrac{a}{A}$

④ 유량계수 : $C=C_a C_v$

02 | 완전 수중오리피스의 유량

$$Q=Ca\sqrt{2g(h+h_a)}$$

03 | 보통 오리피스의 배수시간

$$t=\frac{2A}{Ca\sqrt{2g}}\left(h_1^{\frac{1}{2}}-h_2^{\frac{1}{2}}\right)$$

04 | 수중오리피스의 배수시간

$$t=\frac{2A_1A_2}{Ca\sqrt{2g}(A_1+A_2)}\left(h_1^{\frac{1}{2}}-h_2^{\frac{1}{2}}\right)$$

05 CHAPTER 위어

01 | 예연위어

① 구형 위어(Francis공식) : $Q=1.84b_o h^{\frac{3}{2}}$

여기서, b_o : 유효폭$(=b-0.1nh)$
n : 단수축의 수
h : 월류수심

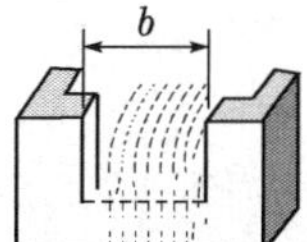

(a) 양쪽이 수축되는 경우 $n=2$

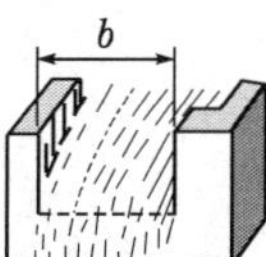

(b) 한쪽만 수축되는 경우 $n=1$

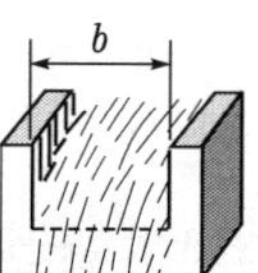

(c) 양쪽에 수축이 없는 경우 $n=0$

▲단수축의 형태

② 삼각위어 : $Q=\dfrac{8}{15}C\tan\dfrac{\theta}{2}\sqrt{2g}\,h^{\frac{5}{2}}$

02 | 광정위어

완전 월류 시 $Q=1.7CbH^{\frac{3}{2}}$

03 | 위어의 수위와 유량의 관계

① 직사각형 위어 : $\dfrac{dQ}{Q}=\dfrac{3}{2}\dfrac{dh}{h}$

② 삼각형 위어 : $\dfrac{dQ}{Q}=\dfrac{5}{2}\dfrac{dh}{h}$

06 CHAPTER 관수로

01 | 관수로 내 층류

① 최대 유속 : $\dfrac{V_{\max}}{V_m}=2$

② 유속분포 : V는 r의 2승에 비례하므로 중심축에서는 $V_{\max}$이며, 관벽에서는 $V=0$인 포물선이다.

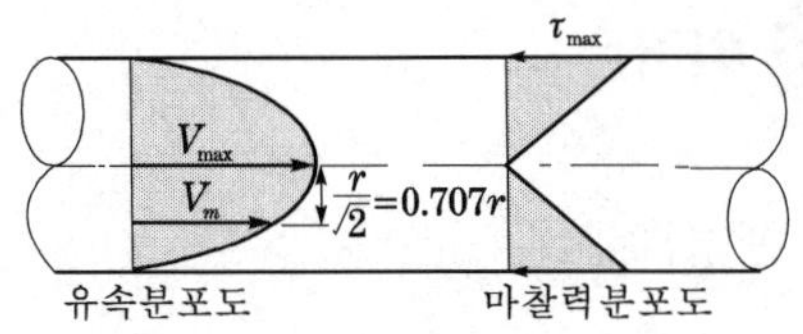

▲원관 층류 시의 유속분포도 및 마찰력분포도

③ 마찰력 : $\tau=\mu\frac{dV}{dr}=\mu\frac{wh_L}{4\mu l}\cdot 2r=\frac{wh_L}{2l}r$

④ 마찰력분포 : τ는 r에 비례하므로 중심축에서는 $\tau=0$이며, 관벽에서는 $\tau_{\max}$인 직선이다.

02 | 마찰손실수두

$$h_L=f\frac{l}{D}\frac{V^2}{2g}$$

03 | 마찰손실계수

$$f=\phi''\left(\frac{1}{R_e},\ \frac{e}{D}\right)$$

여기서, $\frac{e}{D}$: 상대조도
D : 관의 지름
e : 조도(관벽 요철의 높이차)

① $R_e\leq 2{,}000$: $f=\frac{64}{R_e}$

② $R_e>2{,}000$

㉠ 매끈한 관일 때 f는 R_e만의 함수이다.

㉡ 거친 관일 때 f는 R_e에는 관계없고 $\frac{e}{D}$만의 함수이다.

04 | 마찰속도

$$U^*=\sqrt{\frac{\tau}{\rho}}=V\sqrt{\frac{f}{8}}$$

05 | 평균유속공식

① Chézy의 평균유속공식 : $V=C\sqrt{RI}$ [m/s]

㉠ 평균유속계수 : $C=\sqrt{\frac{8g}{f}}$ 혹은 $f=\frac{8g}{C^2}$

㉡ 경심(동수반경) : $R=\frac{A}{S}$

여기서, A : 통수 단면적
S : 윤변(물이 접촉하는 관의 주변 길이)

② Manning의 평균유속공식 : $V=\frac{1}{n}R^{\frac{2}{3}}I^{\frac{1}{2}}$ [m/s]

㉠ C와 n과의 관계 : $C=\frac{1}{n}R^{\frac{1}{6}}$

㉡ f와 n과의 관계 : $f=124.5n^2D^{-\frac{1}{3}}$

06 | 미소손실수두

단면급확대 시 $h_{se}=\left(1-\frac{A_1}{A_2}\right)^2\frac{{V_1}^2}{2g}$

07 | 두 수조를 연결하는 등단면 관수로

① 관 속의 평균유속

$$V=\sqrt{\frac{2gH}{f_e+f\frac{l}{D}+f_0}}$$

② 관 속을 흐르는 유량

$$Q=AV=\frac{\pi D^2}{4}\sqrt{\frac{2gH}{f_e+f\frac{l}{D}+f_o}}$$

08 | 관수로의 유수에 의한 동력

① 수차의 동력

$$E=9.8Q(H-\Sigma h_L)\eta\text{[kW]}$$
$$=\frac{1{,}000}{75}Q(H-\Sigma h_L)\eta\text{[HP]}$$

② 펌프의 동력

$$E=9.8\frac{Q(H+\Sigma h_L)}{\eta}\text{[kW]}$$
$$=\frac{1{,}000}{75}\frac{Q(H+\Sigma h_L)}{\eta}\text{[HP]}$$

개수로

01 | 수리수심

$D=\dfrac{A}{B}$

여기서, B : 수로의 폭

02 | 등류의 에너지관계

$\tau_0=wRI$

03 | 평균유속

① 유속계에 의한 평균유속측정

㉠ 표면법 : $V_m=0.85\,V_s$

여기서, V_s : 표면유속

㉡ 1점법 : $V_m=V_{0.6}$

㉢ 2점법 : $V_m=\dfrac{V_{0.2}+V_{0.8}}{2}$

② 평균유속공식

㉠ Chézy공식 : $V=C\sqrt{RI}$ [m/s]

㉡ Manning공식 : $V=\dfrac{1}{n}R^{\frac{2}{3}}I^{\frac{1}{2}}$ [m/s]

04 | 수리상 유리한 단면

① 직사각형 단면수로 : $h=\dfrac{B}{2}$, $R_{max}=\dfrac{h}{2}$

② 사다리꼴 단면수로 : $l=\dfrac{B}{2}$, $R_{max}=\dfrac{h}{2}$

05 | 비에너지

① 수로 바닥을 기준으로 한 단위무게의 물이 가지는 흐름의 에너지를 말한다.

$H_e=h+\alpha\dfrac{V^2}{2g}$

② 수심에 따른 비에너지의 변화

㉠ 비에너지 H_{e1}에 대한 수심은 2개(h_1, h_2)이고, 이 두 수심을 대응수심이라 한다.

㉡ h_1에 대한 유속수두는 크고, h_2에 대한 유속수두는 작다.

㉢ $H_{e\,min}$일 때 수심은 1개이고, 이 수심 h_c를 한계수심이라 하고, 이때의 평균유속을 한계유속 V_c이라 한다.

③ 수심에 따른 유량의 변화

㉠ 비에너지가 일정할 때 한계수심에서 유량이 최대이다.

㉡ 유량이 최대일 때를 제외하면 1개의 유량에 대응하는 수심은 항상 2개이다.

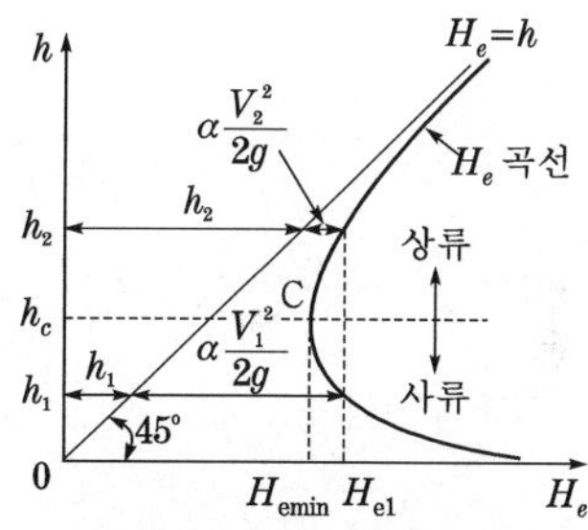

▲ 비에너지와 수심과의 관계

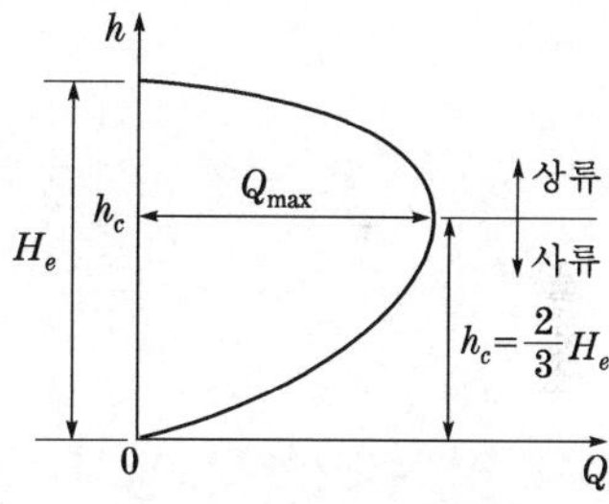

▲ 유량과 수심과의 관계

06 | 한계수심

① 직사각형 단면 : $h_c=\left(\dfrac{\alpha Q^2}{gb^2}\right)^{\frac{1}{3}}$

② 포물선 단면 : $h_c=\left(\dfrac{1.5\alpha Q^2}{ga^2}\right)^{\frac{1}{4}}$

07 | 한계경사

$I_c=\dfrac{g}{\alpha C^2}$

08 | 한계유속

$$V_c = \sqrt{\frac{gh_c}{\alpha}}$$

09 | 상류와 사류의 구분

$$F_r = \frac{V}{\sqrt{gh}}$$

① 상류 : $F_r < 1,\ h > h_c,\ I < I_c,\ V < V_c$

② 사류 : $F_r > 1,\ h < h_c,\ I > I_c,\ V > V_c$

10 | 도수

① 충력치(비력) : $M = \eta \frac{Q}{g} V + h_G A = \text{const}$(일정)

② 도수 후의 상류의 수심(도수고)

$$\frac{h_2}{h_1} = \frac{1}{2}(-1 + \sqrt{1 + 8{F_{r1}}^2})$$

$$F_{r1} = \frac{V_1}{\sqrt{gh_1}}$$

③ 도수에 의한 에너지손실 : $\Delta H_e = \frac{(h_2 - h_1)^3}{4h_1h_2}$

08 CHAPTER 유사 및 수리학적 상사

01 | 소류력

$$\tau_o = wRI$$

02 | 속도비

$$V_r = \frac{L_r}{T_r}$$

03 | 유량비

$$Q_r = \frac{{L_r}^3}{T_r}$$

09 CHAPTER 지하수

01 | Darcy의 법칙

① 평균유속

$$V = K\frac{\Delta h}{\Delta l} = KI$$

② 3대 가정

㉠ 다공층 물질의 특성이 균일하고 동질이다.

㉡ 대수층 내에 모관수대가 존재하지 않는다.

㉢ 흐름이 정류이다.

③ 적용 범위

Darcy의 법칙은 지하수가 층류인 경우 실측치와 잘 일치하지만 유속이 크게 되어 난류가 되면 실측치와 일치하지 않는다. 실험에 의하면 대략 $R_e < 4$에서 Darcy법칙이 성립한다고 한다.

02 | 실제 침투유속

$$V_s = \frac{V}{n}$$

03 | 집수정의 방사상 정류

① 굴착정 : $Q = \dfrac{2\pi ck(H - h_o)}{2.3\log\dfrac{R}{r_o}}$

② 깊은 우물(심정) : $Q = \dfrac{\pi k(H^2 - {h_o}^2)}{2.3\log\dfrac{R}{r_o}}$

04 | 불투수층에 달하는 집수암거

$$Q = \frac{kl}{R}(H^2 - {h_o}^2)$$

05 | Dupuit의 침윤선공식

$$q = \frac{k}{2l}({h_1}^2 - {h_2}^2)$$

해안수리

01 | 파랑의 제원

① 파장 : 파봉에서 다음 파봉까지의 거리

② 파고 : 파봉부터 파골까지의 수직거리

③ 주기 : 한 점에 있어서 수면이 1회 승강하는 데 필요한 시간

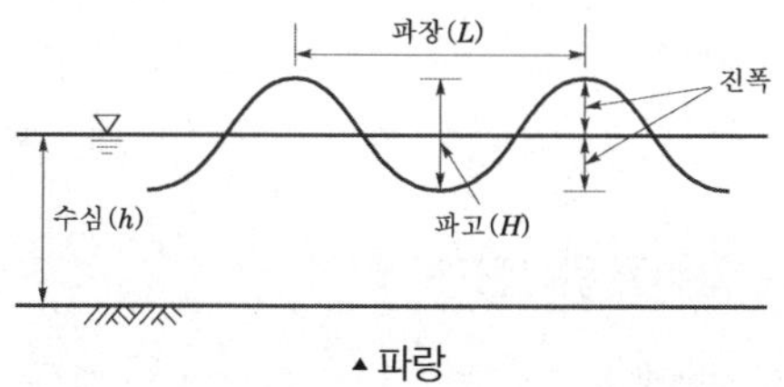

▲ 파랑

02 | $\frac{1}{3}$ 최대파(유의파)

파의 기록 중 파고가 큰 쪽부터 세어서 $\frac{1}{3}$ 이내에 있는 파의 파고를 산술평균한 것으로 실제 파랑에서 파고라고 하는 것은 유의파고를 의미한다.

03 | 수심과 파장에 의한 분류

① 천해파 : $\frac{h}{L} < 0.05$

② 천이파(중간 수심파) : $0.05 \le \frac{h}{L} \le 0.5$

③ 심해파 : $\frac{h}{L} > 0.5$

강수

01 | 이중누가우량분석

수십 년에 걸친 장기간 동안의 강수자료는 일관성에 대한 검사가 필요하다. 우량계의 위치, 노출상태, 우량계의 교체, 주위 환경에 변화가 생기면 전반적인 자료의 일관성이 없어져 무의미한 기록치가 된다. 이를 교정하기 위한 한 방법을 2중누가우량분석이라 한다.

02 | 정상연강우량비율법

$$P_x = \frac{N_x}{3}\left(\frac{P_A}{N_A} + \frac{P_B}{N_B} + \frac{P_C}{N_C}\right)$$

03 | Thiessen법

$$P_m = \frac{A_1P_1 + A_2P_2 + \cdots + A_NP_N}{A}$$

12 CHAPTER

증발과 증산, 침투와 침루

01 | 침투(infiltration)

물이 흙표면을 통해 흙 속으로 스며드는 현상이다.

02 | 침루(percolation)

침투한 물이 중력 때문에 계속 지하로 이동하여 지하수면까지 도달하는 현상이다.

03 | SCS의 초과강우량 산정방법

① 어떤 호우로 인한 유출량자료가 없는 경우에는 직접유출량의 결정이 불가능하여 $\phi-$index 혹은 $W-$index를 구할 수 없으므로 초과강우량을 구할 수 없게 된다. 이와 같이 유출량자료가 없는 경우에 유역의 토양특성과 식생피복상태 등에 대한 상세한 자료만으로서 총우량으로부터 초과강우량을 산정하는 방법을 SCS(미국토양보존국)방법이라 한다.

② 초과강우량계산법 : $\phi-$index법, $W-$index법, SCS법

③ SCS의 고려사항 : 흙의 종류, 토지의 사용용도, 흙의 초기 함수상태

13 유출
CHAPTER

01 | 직접유출(direct runoff)

① 강수 후 비교적 단시간 내에 하천으로 흘러들어가는 유출

② 구성
㉠ 지표면유출
㉡ 침투된 물이 지표면으로 나와 지표면유출과 합하게 되는 복류수유출
㉢ 하천, 호수 등의 수면에 직접 떨어지는 수로상 강수

02 | 기저유출(base flow)

① 비가 오기 전의 건조 시 유출

② 구성
㉠ 지하수유출수
㉡ 지표하유출수 중에서 시간적으로 지연되어 하천으로 유출되는 지연지표하유출

03 | 수위-유량관계곡선(stage-discharge relatior curve)

① 수위관측 단면에서 하천수위와 유량을 동시에 측정하여 자료를 수집하면 수위와 유량 간의 관계를 표시하는 곡선을 얻을 수 있으며, 이를 수위-유량관계곡선 혹은 rating curve라 한다.

② 수위-유량관계곡선의 연장 : 실측된 홍수위의 유량을 가지고 유량측정이 되지 않은 예비설계를 위한 고수위의 유량을 수위-유량관계곡선을 연장하여 추정한다.
㉠ 전대수지법
㉡ Stevens법 : Chezy의 평균유속공식을 이용하는 방법
㉢ Manning공식에 의한 방법

04 | 수문곡선의 분리

① 지하수감수곡선법
② 수평직선분리법
③ N-day법
④ 수정N-day법

05 | 단위도의 가정

① 일정기저시간가정
② 비례가정
③ 중첩가정

06 | 합성단위유량도

① Snyder방법
② SCS방법

07 | 첨두홍수량

$Q = 0.2778\,CIA\,[\mathrm{m^3/s}]$

철근콘크리트 및 강구조

REINFORCED AND STEEL STRUCTURE

01 CHAPTER 철근콘크리트의 기본개념

01 | 철근콘크리트의 성립이유

① 철근과 콘크리트 사이의 부착강도가 크다.
② 콘크리트가 알칼리성이므로 철근은 부식되지 않는다.
③ 철근과 콘크리트의 열팽창계수는 거의 같다.
④ 철근은 인장에 강하고, 콘크리트는 압축에 강하다.

02 | 콘크리트의 휨인장강도(휨파괴계수)

$f_r = 0.63\lambda\sqrt{f_{ck}}$ [MPa]

여기서, λ : 경량콘크리트계수

03 | 콘크리트의 탄성계수(시컨트계수, E_c)

① 응력-변형률곡선의 기울기($f = E\varepsilon$)
② 설계 시 콘크리트의 탄성계수 적용 : 할선탄성계수 사용
③ 콘크리트 탄성계수 일반식

$E_c = 0.077\,m_c^{\ 1.5}\sqrt[3]{f_{cu}}$ [MPa]

④ 콘크리트 단위질량 : $m_c = 2{,}300\text{kg/m}^3$인 경우

$E_c = 8{,}500\sqrt[3]{f_{cm}}$ [MPa]

여기서, f_{cm} : 재령 28일 콘크리트 평균압축강도

04 | 철근의 항복강도

① 휨설계 : $f_y \le$ 600MPa
② 전단설계 : $f_y \le$ 500MPa

05 | 배력철근의 역할

① 응력 분배
② 주철근간격 유지
③ 건조수축 등의 억제

06 | 철근의 간격규정

① 보(주철근)

수평 순간격	연직 순간격
• 25mm 이상 • $\frac{4}{3}G_{max}$ 여기서, G_{max} : 굵은 골재 최대 치수 • 철근의 공칭지름 이상	• 25mm 이상 • 동일 연직면 내에 위치

② 기둥

축방향 철근	띠철근	나선철근
• 40mm 이상 • $\frac{4}{3}G_{max}$ 여기서, G_{max} : 굵은 골재 최대 치수 • (1.5×철근의 공칭지름) 이상	• 부재 최소 치수 이하 • (16×축방향 철근지름) 이하 • (48×띠철근지름) 이하	• 25~75mm 이하

③ 슬래브(주철근)

㉠ 최대 휨모멘트 발생 단면 : $2t$ 이하 또는 30cm 이하
㉡ 기타 단면 : $3t$ 이하 또는 45cm 이하
여기서, t : 슬래브두께

※ 수축 및 온도철근(배력철근) : $5t$ 이하 또는 45cm 이하

[참고]
① 주철근
- 위험 단면 : 슬래브두께 2배, 30cm 이하
- 기타 단면 : 슬래브두께 3배, 45cm 이하

② 배력철근 : 슬래브두께 5배, 45cm 이하

07 | 현장타설 콘크리트의 최소 피복두께

① 슬래브, 벽체, 장선구조에서 D35 이하 철근 : 20mm
② 흙에 접하는 콘크리트에서 D25 이하 철근 : 50mm
③ 영구히 흙에 묻혀 있는 콘크리트 : 75mm

CHAPTER 02 철근콘크리트의 설계법(강도설계법)

01 | 휨부재의 강도설계법 기본가정

① 철근과 콘크리트의 변형률은 중립축부터 거리에 비례한다(단, 깊은 보는 비선형변형률분포 또는 스트럿-타이모델 고려).

② 압축연단콘크리트의 극한변형률 ε_{cu}는 $f_{ck} \le 40$MPa인 경우 0.0033, $f_{ck} > 40$MPa인 경우 매 10MPa의 강도 증가 시 0.0001씩 감소시킨다(단, $f_{ck} > 90$MPa인 경우 성능실험 등으로 선정근거 명시).

$$\varepsilon_{cu} = 0.0033 - \left(\frac{f_{ck} - 40}{100{,}000}\right) \le 0.0033$$

③ 철근의 변형률 ε_s와 항복변형률 ε_y의 관계에 따라 다음과 같이 적용한다.
   ㉠ $\varepsilon_s \le \varepsilon_y$인 경우 : $f_s = E_s \varepsilon_s$(Hook의 법칙)
   ㉡ $\varepsilon_s > \varepsilon_y$인 경우 : $f_s = f_y$

④ 콘크리트의 인장강도는 부재 단면의 축강도와 휨강도 계산에서 무시한다.

⑤ 콘크리트의 압축응력-변형률관계는 직사각형, 사다리꼴, 포물선형 등 어떤 형상으로도 가정할 수 있다.

02 | 등가직사각형 압축응력블록으로 가정한 경우

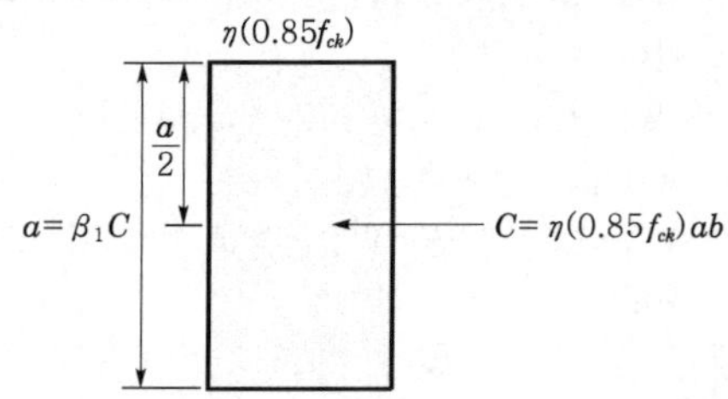

여기서, a : 등가직사각형 압축응력블록의 깊이($=\beta_1 c$)
b : 보의 폭
c : 중립축~압축연단까지 거리(mm)
β_1 : 압축응력블록깊이지수
η : 압축응력블록크기지수

f_{ck}[MPa]	≤40	50	60	70	80	90
η	1.00	0.97	0.95	0.91	0.87	0.84

03 | 계수 β_1 결정법

① $f_y \le 40$MPa인 경우 $\beta_1 = 0.80$

②

f_{ck}[MPa]	≤40	50	60	70	80	90
β_1	0.80	0.80	0.76	0.74	0.72	0.70

04 | 강도감소계수(ϕ) 적용 목적

① 재료공칭강도와 실제 강도와의 차이
② 부재를 제작·시공할 때 설계도와의 차이
③ 부재강도의 추정과 해석 시 불확실성을 고려

05 | 강도감소계수(ϕ)

① 출제된 ϕ값
   ㉠ 나선철근 : $\phi=0.70$, 띠철근 : $\phi=0.65$
   ㉡ 전단력과 비틀림모멘트 : $\phi=0.75$
   ㉢ 포스트텐션 정착구역 : $\phi=0.85$
   ㉣ 무근콘크리트 : $\phi=0.55$

② ϕ 적용이 필요한 설계강도 : 휨강도, 전단강도, 비틀림강도, 기둥 축하중강도
   ※ 철근 정착길이 계산 : ϕ 불필요

06 | 하중계수(α) 적용 목적

① 하중의 이론값과 실제 하중 간의 불가피한 차이
② 하중을 외력으로 고려할 때 해석상의 불확실성
③ 환경작용 등의 변동요인 고려
④ 예기치 않은 초과하중

07 | 하중계수 적용 하중조합

① 고정하중 D, 활하중 L, 집중하중 작용 시 계수하중(가장 큰 값)
   ㉠ $U=1.2D+1.6L$
   ㉡ $U=1.4D$

② 고정하중 w_d, 활하중 w_l 등분포하중 작용 시 계수하중
$w_u = 1.2w_d + 1.6w_l$

③ 계수모멘트 : $M_u = \frac{w_u l^2}{8}$

08 | 순인장변형률(ε_t)

$c : \varepsilon_{cu} = (d_t - c) : \varepsilon_t$

$\therefore\ \varepsilon_t = \varepsilon_{cu}\left(\dfrac{d_t - c}{c}\right)$

여기서, $c = \dfrac{a}{\beta_1} = \dfrac{1}{\beta_1}\left(\dfrac{f_y A_s}{\eta(0.85 f_{ck}) b}\right)$

09 | 변화구간 단면 강도감소계수

① 띠철근(기타) : $\phi = 0.65 + 0.2\left(\dfrac{\varepsilon_t - \varepsilon_y}{0.005 - \varepsilon_y}\right)$

② 나선철근 : $\phi = 0.70 + 0.15\left(\dfrac{\varepsilon_t - \varepsilon_y}{0.005 - \varepsilon_y}\right)$

CHAPTER 03 RC보의 휨 해석과 설계

01 | 단철근 직사각형 보

① 균형보의 중립축위치

㉠ $c_b = \left(\dfrac{\varepsilon_{cu}}{\varepsilon_{cu} + \varepsilon_y}\right) d \rightarrow \dfrac{c_b}{d} = \dfrac{\varepsilon_{cu}}{\varepsilon_{cu} + \varepsilon_y}$

㉡ $c_b = \left(\dfrac{660}{660 + f_y}\right) d$

㉢ $c_b = \left(\dfrac{0.0033}{0.0033 + f_y / E_s}\right) d$

② 균형철근비

$\rho_b = \underset{①}{\underline{\eta}}\ \underset{②}{\underline{0.85\beta_1}}\ \underset{③}{\underline{\left(\dfrac{f_{ck}}{f_y}\right)}}\ \underset{④}{\underline{\left(\dfrac{\varepsilon_{cu}}{\varepsilon_{cu} + \varepsilon_y}\right)}}$

여기서, ④는 여러 형태로 표현된다.

$\dfrac{\varepsilon_{cu}}{\varepsilon_{cu} + \varepsilon_y} = \dfrac{c_b}{d} = \dfrac{660}{660 + f_y}$

③ 균형철근량 : $A_{sb} = \rho_b b\, d$

④ 최소 철근비 : $\rho_{\min} = 0.178 \dfrac{\lambda \sqrt{f_{ck}}}{\phi f_y}$ (사각형 단면의 경우)

⑤ 최소 철근량 : $A_{s,\min} = \rho_{\min} b d$

※ 최소 철근량 규정이유 : 취성파괴 방지목적

⑥ 최대 철근비

$\rho_{\max} = \eta(0.85\beta_1)\left(\dfrac{f_{ck}}{f_y}\right)\left(\dfrac{\varepsilon_{cu}}{\varepsilon_{cu} + \varepsilon_{t,\min}}\right)\left(\dfrac{d_t}{d}\right)$

⑦ 등가응력사각형 깊이 : $a = \dfrac{f_y A_s}{\eta(0.85 f_{ck}) b}$

⑧ 중립축위치 : $a = \beta_1 c \rightarrow c = \dfrac{a}{\beta_1}$

⑨ 공칭휨강도(모멘트)

$M_n = f_y A_s\left(d - \dfrac{a}{2}\right)$ 또는 $M_n = \eta(0.85 f_{ck})\, ab\left(d - \dfrac{a}{2}\right)$

여기서, $a = \beta_1 c$

⑩ 설계휨강도(모멘트)

$M_d = \phi M_n = \phi\left[f_y A_s\left(d - \dfrac{a}{2}\right)\right]$

⑪ 철근량

$M_u = \phi M_n = \phi f_y A_s\left(d - \dfrac{a}{2}\right)$

$\therefore\ A_s = \dfrac{M_u}{\phi f_y\left(d - \dfrac{a}{2}\right)}$

02 | 복철근 직사각형 보

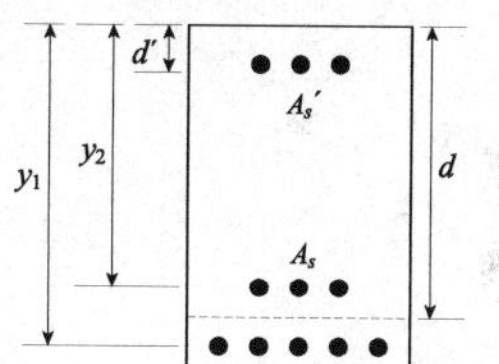

① 유효깊이 : $d = \dfrac{5y_1 + 3y_2}{8}$

② 등가사각형 깊이

$a = \dfrac{f_y(A_s - A_s')}{\eta(0.85 f_{ck}) b} = \dfrac{f_y d(\rho - \rho')}{\eta(0.85 f_{ck})}$

여기서, $\rho = \dfrac{A_s}{bd}$, $\rho' = \dfrac{A_s'}{bd}$

③ 중립축위치

$a = \beta_1 c$

$\therefore\ c = \dfrac{a}{\beta_1} = \dfrac{f_y(A_s - A_s')}{\eta(0.85 f_{ck}) b \beta_1}$

④ 공칭휨강도(모멘트)

$M_n = M_{n1} + M_{n2}$

$= f_y(A_s - A_s')\left(d - \dfrac{a}{2}\right) + f_y A_s'(d - d')$

⑤ 설계휨강도(모멘트)

$$M_d = \phi M_n$$
$$= \phi\left[f_y(A_s - A_s')\left(d - \frac{a}{2}\right) + f_y A_s'(d - d')\right]$$

⑥ 균형철근비

㉠ 압축철근 항복(O) : $\bar{\rho_b} = \rho_b + \rho'$

㉡ 압축철근 항복(×) : $\bar{\rho_b} = \rho_b + \rho'\left(\frac{f_s'}{f_y}\right)$

여기서, ρ_b : 단철근 직사각형 보의 균형철근비

f_s' : 압축철근의 응력

ρ' : 압축철근비$\left(= \frac{A_s'}{bd}\right)$

⑦ 최대 철근비

㉠ 압축철근 항복(O) : $\bar{\rho}_{\max} = \rho_{\max} + \rho'$

㉡ 압축철근 항복(×) : $\bar{\rho}_{\max} = \rho_{\max} + \rho'\left(\frac{f_s'}{f_y}\right)$

여기서, $\rho_{\max}$: 단철근 직사각형 보의 최대 철근비

03 | T형보

① 유효폭(b_e) 결정

㉠ T형보(가장 작은 값)

- $16t_f + b_w$
- b_c(양쪽 슬래브의 중심 간 거리)
- $\frac{1}{4}l$

여기서, l : 보 경간

㉡ 반T형보(가장 작은 값)

- $6t_f + b_w$
- $\frac{1}{12}l + b_w$
- $\frac{1}{2}b_n + b_w$

여기서, b_n : 보의 내측 거리

b_w : 복부폭

② 등가응력사각형 깊이 : $a = \frac{f_y(A_s - A_{sf})}{\eta(0.85f_{ck})b}$

③ 중립축거리 : $c = \frac{a}{\beta_1}$

④ 플랜지철근량 : $A_{sf} = \frac{\eta(0.85f_{ck})t(b - b_w)}{f_y}$

⑤ 공칭휨강도(모멘트)

$$M_n = f_y A_{sf}\left(d - \frac{t}{2}\right) + f_y(A_s - A_{sf})\left(d - \frac{a}{2}\right)$$

⑥ 설계휨강도(모멘트)

$$M_d = \phi\left[f_y A_{sf}\left(d - \frac{t}{2}\right) + f_y(A_s - A_{sf})\left(d - \frac{a}{2}\right)\right]$$

CHAPTER 04 전단과 비틀림 해석

01 | 전단위험 단면

① 보, 1방향 슬래브 : d

② 2방향 슬래브(확대기초) : $d/2$

02 | 전단철근의 종류

① 수직스터럽(|||)

② 45° 이상 경사스터럽(///)

③ 30° 이상 굽힘철근(__/)

④ 스터럽+굽힘철근

03 | 전단철근 공칭전단강도

$$V_n = V_c + V_s$$

여기서, $V_c = \frac{1}{6}\lambda\sqrt{f_{ck}}\,b_w d$

$V_s = \frac{d}{s}A_v f_y$(수직스터럽)

04 | 전단철근 최대 전단강도

$$V_s \le \frac{1}{5}\left(1 - \frac{f_{ck}}{250}\right)\sqrt{f_{ck}}\,b_w d\,[\mathrm{N}]$$

05 | 전단철근 불필요 시 단면($b_w d$)

$$V_u = \frac{1}{2}\phi V_c = \frac{1}{2}\phi\left(\frac{1}{6}\lambda\sqrt{f_{ck}}\,b_w d\right)$$

$$\therefore\ b_w d = \frac{12V_u}{\phi\lambda\sqrt{f_{ck}}}$$

06 | 최소 전단철근량(가장 큰 값)

① $A_{s,\ \min} = 0.0625\sqrt{f_{ck}}\,\dfrac{b_w s}{f_{yt}}$

② $A_{s,\ \min} = 0.35\,\dfrac{b_w s}{f_{yt}}$

07 | 전단철근간격(s)

① $V_s = \dfrac{d}{s}A_v f_y = \dfrac{V_u}{\phi} - V_c$

② $\dfrac{1}{3}\lambda\sqrt{f_{ck}}\,b_w d$

∴ ①과 ②의 값을 비교하여 s 결정

08 | $V_s \le \frac{1}{3}\lambda\sqrt{f_{ck}}\,b_w d$ 인 경우(수직스터럽)

① $s = \dfrac{d}{2}$ 이하

② $s = 600\text{mm}$ 이하

③ $s = \dfrac{d}{V_s}A_v f_y$

∴ 가장 작은 값

09 | $V_s > \frac{1}{3}\lambda\sqrt{f_{ck}}\,b_w d$ 인 경우(수직스터럽)

① $s = \dfrac{d}{4}$ 이하

② $s = 300\text{mm}$ 이하

③ $s = \dfrac{d}{V_s}A_v f_y$

∴ 가장 작은 값

10 | 균열비틀림모멘트

$$T_{cr} = \frac{1}{3}\lambda\sqrt{f_{ck}}\,\frac{{A_{cp}}^2}{p_{cp}}$$

여기서, p_{cp} : 콘크리트 단면의 둘레길이
A_{cp} : 콘크리트 단면의 면적

05 CHAPTER 철근의 정착과 이음

01 | 인장이형철근의 기본정착길이

$$l_{db} = \frac{0.6 d_b f_y}{\lambda\sqrt{f_{ck}}}$$

여기서, λ : 경량콘크리트계수

02 | 압축이형철근의 기본정착길이

$$l_{db} = \left[\frac{0.25 d_b f_y}{\lambda\sqrt{f_{ck}}},\ 0.043 d_b f_y\right]_{\max}$$

∴ 두 값 중 큰 값 사용

03 | 표준갈고리의 기본정착길이

$$l_{db} = \frac{0.24\beta d_b f_y}{\lambda\sqrt{f_{ck}}}$$

단, $f_y = 400\text{MPa}$

04 | 인장이형철근의 겹침이음길이

① A급 이음 : $1.0 l_d$ 이상 ≥ 300mm(겹침이음길이 최소값)

㉠ 겹침이음철근량 ≤ 총철근량 × $\dfrac{1}{2}$

㉡ 배근철근량 ≥ 소요철근량 × 2

∴ 위 2개의 조건을 충족하는 이음

② B급 이음 : $1.3 l_d$ 이상 ≥ 300mm(겹침이음길이 최소값)

여기서, l_d : 인장이형철근의 정착길이(보정계수는 적용하지 않음)

06 CHAPTER 보의 처짐과 균열(사용성 및 내구성)

01 | 최종처짐

$\delta_t = \delta_i + \delta_l$

여기서, δ_i : 탄성처짐
δ_l : 장기처짐

02 | 장기처짐

① $\delta_l = \delta_i \lambda_\Delta$

여기서, λ_Δ : 장기처짐계수$\left(=\dfrac{\xi}{1+50\rho'}\right)$

ρ' : 압축철근비$\left(=\dfrac{A_s'}{bd}\right)$

ξ : 시간경과계수

② 재하기간에 따른 시간경과계수(ξ)

㉠ 3개월 : 1.0

㉡ 6개월 : 1.2

㉢ 1년 : 1.4

㉣ 5년 이상 : 2.0

03 | 균열모멘트

$$M_{cr} = 0.63\lambda\sqrt{f_{ck}}\,\frac{I_g}{y_t}$$

04 | 처짐을 계산하지 않는 보 또는 1방향 슬래브의 최소 두께(h)

① $f_y = 400\text{MPa}$ 철근을 사용한 경우

부재	캔틸레버지지	단순 지지
1방향 슬래브	$\dfrac{l}{10}$	$\dfrac{l}{20}$
보	$\dfrac{l}{8}$	$\dfrac{l}{16}$

② $f_y \neq 400\text{MPa}$인 경우

계산된 $h\left(0.43+\dfrac{f_y}{700}\right)$

05 | 표피철근의 간격 및 배치

① 표피철근간격 s(가장 작은 값)

㉠ $s = 375\dfrac{k_{cr}}{f_s} - 2.5c_c$

㉡ $s = 300\dfrac{k_{cr}}{f_s}$

여기서, $k_{cr} = 280$(건조)

$k_{cr} = 210$(기타)

$f_s = \dfrac{2}{3}f_y$(근사값)

② 표피철근배치 : 보의 깊이가 900mm 초과 시 $h/2$까지 배치

CHAPTER 07 기둥(휨+압축부재)

01 | 축방향 철근간격(가장 큰 값)

① $s = 40\text{mm}$ 이상

② $s = \dfrac{4}{3}G_{\max}$ 이상

③ $s = 1.5\,d_b$ 이상

02 | 띠철근의 수직간격(가장 작은 값)

① 축방향 철근지름×16 이하

② 띠철근지름×48 이하

③ 기둥 단면 최소 치수 이하

03 | 나선철근간격

$$s = \frac{4A_s}{D_c \rho_s}$$

여기서, ρ_s : 나선철근비$\left(=0.45\left(\dfrac{D^2}{D_c^{\,2}}-1\right)\dfrac{f_{ck}}{f_{yt}}\right)$

D_c : 심부지름

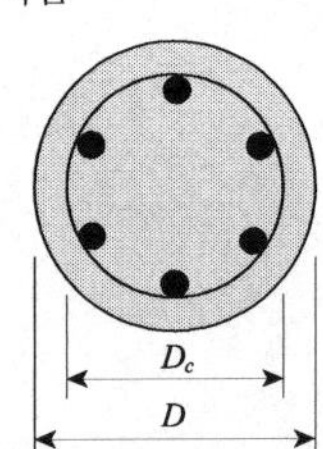

04 | 공칭축강도

① 나선철근

$P_n = \alpha P_n' = 0.85\,[0.85 f_{ck} A_c + f_y A_{st}]$

여기서, $A_c = A_g - A_{st}$

② 띠철근

$P_n = \alpha P_n' = 0.80\,[0.85 f_{ck} A_c + f_y A_{st}]$

여기서, A_c : 콘크리트 단면적

05 | 설계축강도

① $P_d = \phi P_n = P_{\max}$

② α, ϕ 값

구분	나선철근	띠철근
α	0.85	0.80
ϕ	0.70	0.65

08 CHAPTER 슬래브, 옹벽, 확대기초의 설계

01 | 1방향 슬래브 정철근 및 부철근 중심간격

① 최대 휨모멘트 발생 단면 : 슬래브두께 2배 이하, 300mm 이하

② 기타 단면 : 슬래브두께 3배 이하, 450mm 이하

02 | 2방향 슬래브의 직접설계법 제한사항

① 각 방향으로 3경간 이상 연속

② 기둥이탈은 경간의 최대 10%까지 허용

③ 모든 하중은 연직하중으로 슬래브판 전체에 등분포

④ 활하중은 고정하중의 2배 이하

⑤ 경간길이의 차이는 긴 경간의 1/3 이하

⑥ 슬래브 판들은 직사각형으로 단변과 장변의 비가 2 이하

03 | 옹벽의 설계

① 저판

㉠ 캔틸레버옹벽 : 수직벽(전면벽)으로 지지된 캔틸레버

㉡ 부벽식 옹벽 : 부벽 간 거리를 경간으로 고정보(연속보)

② 전면벽

㉠ 캔틸레버옹벽 : 저판에 지지된 캔틸레버

㉡ 부벽식 옹벽 : 3변이 지지된 2방향 슬래브

③ 뒷부벽 : T형보(인장철근)

④ 앞부벽 : 직사각형 보(압축철근)

04 | 확대기초

① 위험 단면의 휨모멘트 : $M_u = \frac{1}{8} q_u S(L-t)^2$

여기서, S : 짧은 변

L : 긴 변

t : 기둥두께

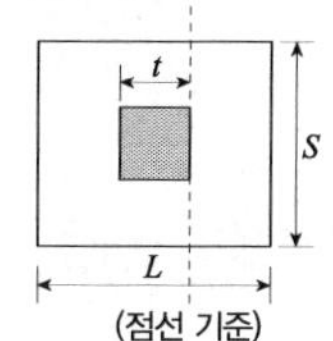

(점선 기준)

② 1방향 기초위험 단면 전단력

V = 응력 × 단면적

$= q_u SG = q_u S\left(\frac{L-t}{2} - d\right)$

기둥 전면

$G = \frac{L-t}{2} - d$, d, t, d, c, q_u, S, L

③ 2방향 기초위험 단면 전단력

$V_u = q_u(SL - B^2)$

여기서, $q_u = \frac{P}{A}$

$B = t + d$

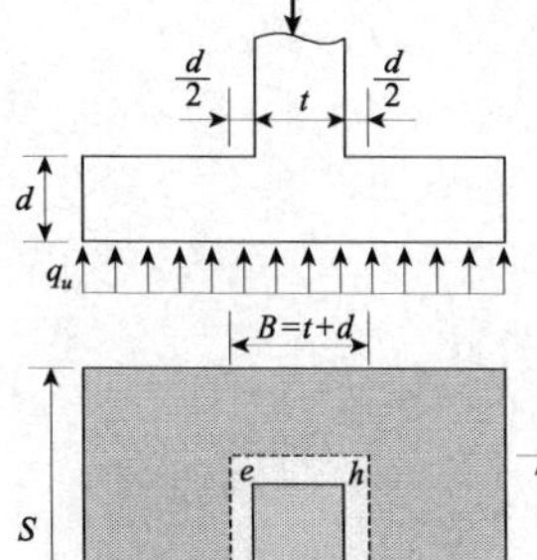

L

09 CHAPTER 프리스트레스트 콘크리트(PSC)

01 | PSC의 3대 기본개념

① 응력개념(탄성이론, 균등질보의 개념)
② 강도개념(RC와 동일, 내력모멘트개념)
③ 하중평형개념(등가하중개념)

02 | 하중평형개념의 상향력(u)

① 긴장재 포물선배치

$$u=\frac{8Ps}{l^2}$$

여기서, P : 프리스트레스 힘
s : 보 중앙에서 콘크리트, 도심 ~ 긴장재 도심거리
l : 보 경간

② 긴장재 절곡배치
㉠ 상향력 : $u=2P\sin\theta$
㉡ 하향력 : $F=$ 상향력 u인 경우

$$u=2P\sin\theta=F$$

$$\therefore P=\frac{F}{2\sin\theta}$$

03 | 프리스트레스 손실원인

① 도입 시 손실 = 즉시 손실(loss)
= 즉시 감소(reduction)
㉠ 콘크리트의 탄성수축(변형)
㉡ 강재와 시스(덕트) 사이의 마찰(포스트텐션방식에만 해당)
㉢ 정착장치의 활동(sliding)
② 도입 후 손실 = 시간적 손실 = 시간적 감소
㉠ 콘크리트의 크리프
㉡ 콘크리트의 건조수축(프리텐션방식 > 포스트텐션방식)
㉢ PS강재의 릴랙세이션

04 | 프리스트레스 손실응력

① 정착장치의 활동

$$\Delta f_{pa}=E_p\varepsilon=E_p\frac{\Delta l}{l}\text{(1단 정착)}=E_p\frac{2\Delta l}{l}\text{(2단 정착)}$$

② 콘크리트의 탄성변형(탄성수축) : 프리텐션공법일 때

$$\Delta f_{pe}=nf_{ci}$$

$$\therefore f_{ci}=\frac{P_i}{A}=\frac{f_{pi}A_P}{A}$$

여기서, f_{pi} : 초기 프리스트레스 응력
A_P : 강선 단면적

③ PS강재와 시스 사이의 마찰(곡률, 파상) 손실률 : 포스트텐션공법만 해당
㉠ 근사식 적용조건 : $l<40m$, $\alpha<30$, $u\alpha+kl\le 0.3$
㉡ 마찰 손실률 $=(kl+u\alpha)\times 100[\%]$

여기서, u : 곡률마찰계수
α : 각변화(radian)
k : 파상마찰계수
l : 긴장재길이

05 | PS강재의 허용응력

① 긴장할 때 긴장재의 허용인장응력

$$[0.8f_{pu},\ 0.94f_{py}]_{\min}$$

여기서, f_{pu} : PS강재의 구조기준 인장강도(극한응력)
f_{py} : PS강재의 구조기준 항복강도

② 프리스트레스 도입 직후의 허용인장응력
㉠ 프리텐셔닝 : $[0.74f_{pu},\ 0.82f_{py}]_{\min}$
㉡ 포스트텐셔닝 : $0.70f_{pu}$

06 | 보의 휨 해석과 설계

① (PS강선 편심배치) 상 · 하연응력

$$f_{\substack{ci\\ti}}=\frac{P_i}{A_g}\mp\frac{P_ie}{I}y\pm\frac{M}{I}y$$

② (PS강선 도심배치) 상 · 하연응력

$$f_{\substack{ci\\ti}}=\frac{P_i}{A_g}\pm\frac{M}{I}y$$

③ (PS강선 도심배치) 하연응력=0

$$f_{ti}=0 \ ; f_{ti}=\frac{P_i}{A_g}-\frac{M}{I}y=0$$

$$\therefore P_i=\frac{6M}{h}$$

$$\therefore M=\frac{P_i h}{6}$$

여기서, 손실률이 발생하면 P_e 사용

$$M=\frac{wl^2}{8}$$

$$P_e=P_i R$$

강구조 및 교량

01 | 리벳강도

① 1면 전단(단전단)

㉠ $P_s=v_a\left(\frac{\pi d^2}{4}\right)$

㉡ $P_b=f_{ba}(dt)$

∴ ㉠과 ㉡ 중 작은 값이 리벳강도

② 2면 전단(복전단)

$$P_s=2Av_a=\left(\frac{\pi d^2}{2}\right)v_a$$

02 | 판의 강도

① (인장부재) 축방향 인장강도

$P_t=f_{ta}A_n$

② 순단면적 : $A_n=b_n t$

③ 순폭(b_n) 결정

㉠ 일렬배열된 강판 : $b_n=b_g-nd$

여기서, d : 리벳구멍의 지름
ϕ : 리벳(볼트)의 지름
b_g : 부재 총폭
n : 부재의 폭방향 동일 선상의 리벳(볼트) 구멍수

리벳지름(mm)	리벳구멍지름(mm)
$\phi < 20$ $\phi \geq 20$	$d=\phi+1.0$ $d=\phi+1.5$

② 지그재그배열된 강판

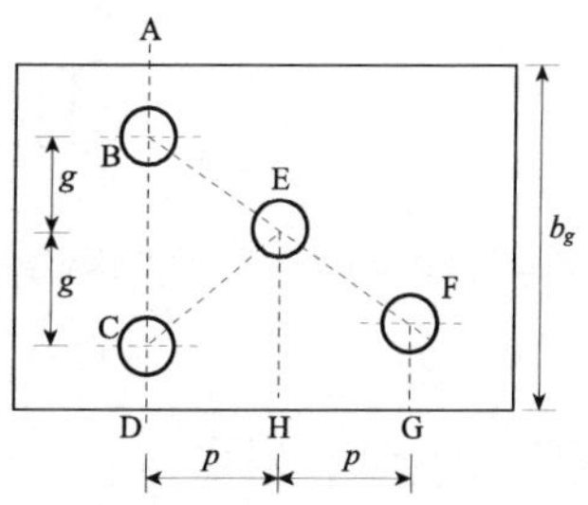

㉠ ABCD 단면 : $b_{n1}=b_g-2d$

㉡ ABEH 단면 : $b_{n2}=b_g-d-w$

㉢ ABECD 단면 : $b_{n3}=b_g-d-2w$

㉣ ABEFG 단면 : $b_{n3}=b_g-d-2w$

여기서, $w=d-\frac{p^2}{4g}$
p : 피치
g : 리벳응력의 직각방향인 리벳선간길이

03 | 필릿용접 목두께

$$\sin 45°=\frac{a}{s}$$

$$\therefore a=\sin 45° s=0.7s$$

보강 덧붙이
목두께(a)
모살치수(필릿사이즈)

04 | 용접부 응력

$$f_a=\frac{P}{\Sigma a l_e}$$

여기서, $\Sigma a l_e$: 용접부 유효 단면적의 합
P : 이음부에 작용하는 힘

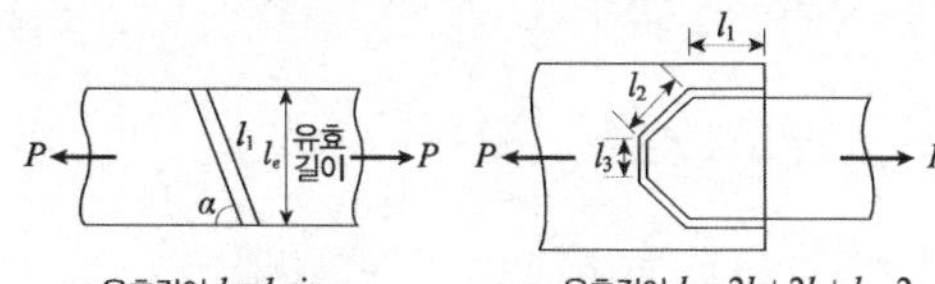

(a) 홈용접 유효길이

(b) 필릿용접 유효길이 I

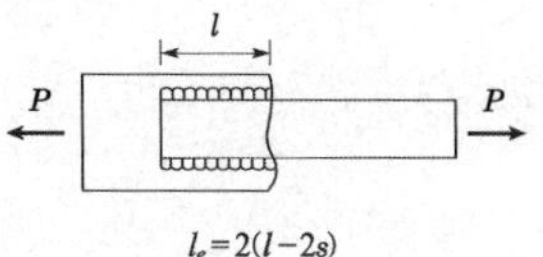

(c) 필릿용접 유효길이 II

※ 필릿용접 유효길이는 2가지 타입이 있다.
여기서, s : 모살치수(필릿사이즈)

토질 및 기초

SOIL MECHANICS FOUNDATION

01 CHAPTER 흙의 기본적 성질

01 | 흙의 상태정수

① 공극비 : $e=\dfrac{V_v}{V_s}$

② 공극률 : $n=\dfrac{V_v}{V}\times 100$

③ 공극비와 공극률의 상호관계 : $n=\dfrac{e}{1+e}\times 100$

④ 함수비 : $w=\dfrac{W_w}{W_s}\times 100$

⑤ 체적과 중량의 상관관계 : $Se=wG_s$

⑥ 습윤밀도 : $\gamma_t=\dfrac{G_s+Se}{1+e}\gamma_w$

⑦ 건조밀도 : $\gamma_d=\dfrac{W_s}{V}=\dfrac{G_s}{1+e}\gamma_w$

$$\therefore \gamma_d=\frac{\gamma_t}{1+\dfrac{w}{100}}$$

⑧ 포화밀도 : $\gamma_{\text{sat}}=\dfrac{G_s+e}{1+e}\gamma_w$

⑨ 수중밀도 : $\gamma_{\text{sub}}=\dfrac{G_s-1}{1+e}\gamma_w$

⑩ 상대밀도 : $D_\gamma=\dfrac{e_{\max}-e}{e_{\max}-e_{\min}}\times 100$

$$=\frac{\gamma_{d\max}}{\gamma_d}\frac{\gamma_d-\gamma_{d\min}}{\gamma_{d\max}-\gamma_{d\min}}\times 100$$

02 | 흙의 연경도

① 소성지수 : $I_p=W_L-W_p$

② 수축지수 : $I_s=W_p-W_s$

③ 액성지수 : $I_L=\dfrac{W_n-W_p}{I_p}$

02 CHAPTER 흙의 분류

01 | 입도분포곡선

① 균등계수 : $C_u=\dfrac{D_{60}}{D_{10}}$

② 곡률계수 : $C_g=\dfrac{{D_{30}}^2}{D_{10}D_{60}}$

02 | 통일분류법

구분	제1문자		제2문자	
	기호	설명	기호	설명
조립토	G S	자갈 모래	W P M C	양립도 빈립도 실트질 점토질
세립토	M C O	실트 점토 유기질토	L H	저압축성 고압축성
고유기질토	Pt	이탄		

03 | 군지수

$GI=0.2a+0.005ac+0.01bd$

여기서, a =No.200체 통과율−35(a : 0~40의 정수)
b =No.200체 통과율−15(b : 0~40의 정수)
$c=W_L-40$(c : 0~20의 정수)
$d=I_p-10$(d : 0~20의 정수)

03 CHAPTER 흙의 투수성과 침투

01 | Darcy의 법칙

① 유출속도 : $V=Ki$

② 실제 침투속도 : $V_s = \dfrac{V}{n}$

③ t시간 동안 면적 A를 통과하는 전투수량 : $Q = KiAt$

02 | 투수계수

$$K = {D_s}^2 \frac{\gamma_w}{\mu} \frac{e^3}{1+e} C$$

03 | 비균질 흙에서의 평균투수계수

① 수평방향 평균투수계수

$$K_h = \frac{1}{H}(K_{h1}H_1 + K_{h2}H_2 + \cdots + K_{hn}H_n)$$

② 수직방향 평균투수계수

$$K_v = \frac{H}{\dfrac{H_1}{K_{v1}} + \dfrac{H_2}{K_{v2}} + \cdots + \dfrac{H_n}{K_{vn}}}$$

04 | 이방성 투수계수

$$K = \sqrt{K_h K_v}$$

05 | 유선망

① 특징

㉠ 각 유로의 침투유량은 같다.

㉡ 인접한 등수두선 간의 수두차는 모두 같다.

㉢ 유선과 등수두선은 서로 직교한다.

㉣ 유선망으로 되는 사각형은 이론상 정사각형이므로 유선망의 폭과 길이는 같다.

㉤ 침투속도 및 동수구배는 유선망의 폭에 반비례한다.

② 침투수량

㉠ 등방성 흙인 경우($K_h = K_v$)

$$q = KH\frac{N_f}{N_d}$$

여기서, q : 단위폭당 제체의 침투유량(cm^3/s)
K : 투수계수(cm/s)
N_f : 유로의 수
N_d : 등수두면의 수
H : 상하류의 수두차(cm)

㉡ 이방성 흙인 경우($K_h \neq K_v$)

$$q = \sqrt{K_h K_v}\, H\frac{N_f}{N_d}$$

③ 간극수압

㉠ 간극수압$(U_p) = \gamma_w \times$압력수두

㉡ 압력수두 = 전수두 − 위치수두

㉢ 전수두 $= \dfrac{n_d}{N_d}H$

여기서, n_d : 구하는 점에서의 등수두면의 수
N_d : 등수두면의 수
H : 수두차

06 | 모관현상

① 모관상승고 : $h_c = \dfrac{4T\cos\alpha}{\gamma_w D}$ [cm]

② 흙 속 물의 모관상승고 : $h_c = \dfrac{C}{eD_{10}}$ [cm]

CHAPTER 04 유효응력

01 | 흙의 자중으로 인한 응력

① 연직방향 응력 : $\sigma_v = \gamma Z$

② 수평방향 응력 : $\sigma_h = K\sigma_v$

여기서, K : 토압계수

02 | 전응력

$$\sigma = \bar{\sigma} + u$$

03 | 단위면적당 침투수압

$$F = i\gamma_w Z$$

04 | 한계동수경사

$$i_{cr} = \frac{\gamma_{\text{sub}}}{\gamma_w} = \frac{G_s - 1}{1+e}$$

05 | 안전율

$$F_s = \frac{i_c}{i} = \frac{\frac{G_s - 1}{1+e}}{\frac{h}{L}}$$

05 CHAPTER 지중응력

01 | Boussinesq이론

① A점에서의 법선응력 : $\Delta\sigma_Z = \frac{P}{Z^2} I$

② 영향계수 : $I = \frac{3Z^5}{2\pi R^5}$

02 | 구형(직사각형) 등분포하중에 의한 지중응력

① 연직응력 증가량 : $\Delta\sigma_Z = q_s I$

② 영향계수 : $I = f(m, n)$

03 | 지중응력의 약산법(2 : 1분포법, $\tan\theta = \frac{1}{2}$법, Kogler간편법)

$$\Delta\sigma_Z = \frac{P}{(B+Z)(L+Z)} = \frac{q_s BL}{(B+Z)(L+Z)}$$

04 | 기초지반에 대한 접지압분포

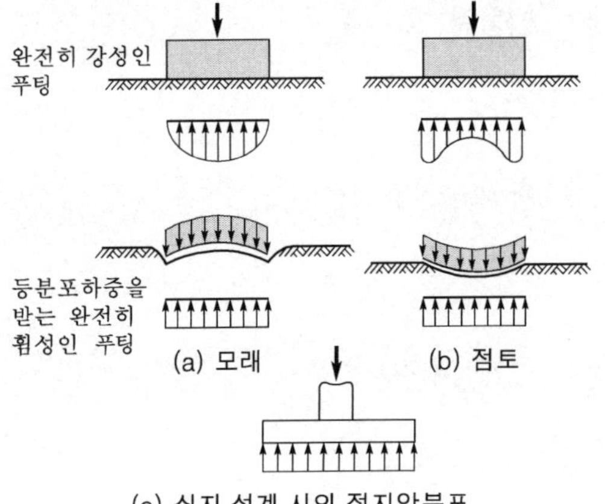

(c) 실지 설계 시의 접지압분포

06 CHAPTER 흙의 동해

01 | 동결심도

$Z = C\sqrt{F}$ [cm]

02 | 동상 방지대책

① 배수구를 설치하여 지하수위를 낮춘다.

② 모관수의 상승을 방지하기 위해 지하수위보다 높은 곳에 조립의 차단층(모래, 콘크리트, 아스팔트)을 설치한다.

③ 동결심도보다 위에 있는 흙을 동결하기 어려운 재료(자갈, 쇄석, 석탄재)로 치환한다.

④ 지표면 근처에 단열재료(석탄재, 코크스)를 넣는다.

⑤ 지표의 흙을 화학약품처리($CaCl_2$, NaCl, $MgCl_2$)하여 동결온도를 낮춘다.

07 CHAPTER 흙의 압축성

01 | Terzaghi의 1차원 압밀가정

① 흙은 균질하고 완전히 포화되어 있다.

② 토립자와 물은 비압축성이다.

③ 압축과 투수는 1차원적(수직적)이다.

④ Darcy의 법칙이 성립한다.

⑤ 투수계수는 일정하다.

02 | 압축지수

① 교란된 시료 : $C_c = 0.007(W_L - 10)$

② 불교란시료 : $C_c = 0.009(W_L - 10)$

03 | 압축계수

$a_v = \frac{e_1 - e_2}{P_2 - P_1}$ [cm²/kg]

04 | 체적변화계수

$$m_v = \frac{a_v}{1+e}\,[\mathrm{cm^2/kg}]$$

05 | 압밀계수

① $\sqrt{t}$ 법(Taylor) : $C_v = \dfrac{0.848H^2}{t_{90}}$

② $\log t$ 법(Casagrande & Fadum) : $C_v = \dfrac{0.197H^2}{t_{50}}$

06 | 압밀침하량

정규압밀점토일 때

$$\Delta H = m_v \Delta P H = \frac{e_1 - e_2}{1+e_1} H = \frac{C_c}{1+e_1} \log \frac{P_2}{P_1} H$$

07 | 압밀도

$$U_Z = \frac{u_i - u}{u_i} \times 100$$

08 CHAPTER 흙의 전단강도

01 | Mohr – Coulomb의 파괴규준

$$\tau_f = c + \bar{\sigma} \tan\phi$$

02 | Mohr응력원 파괴면에 작용

① 수직응력 : $\sigma_f = \dfrac{\sigma_1 + \sigma_3}{2} + \dfrac{\sigma_1 - \sigma_3}{2} \cos 2\theta$

② 전단응력 : $\tau_f = \dfrac{\sigma_1 - \sigma_3}{2} \sin 2\theta$

03 | 일축압축시험

① 일축압축강도 : $q_u = 2c\tan\left(45° + \dfrac{\phi}{2}\right)$

② 예민비 : $S_t = \dfrac{q_u}{q_{ur}}$

04 | 삼축압축시험

- 최대주응력 : $\sigma_1 = (\sigma_1 - \sigma_3) + \sigma_3$

05 | 표준관입시험(SPT)

① N, ϕ의 관계(Dunham공식)

㉠ 토립자가 모나고 입도가 양호 :
$\phi = \sqrt{12N} + 25$

㉡ 토립자가 모나고 입도가 불량, 토립자가 둥글고 입도가 양호 : $\phi = \sqrt{12N} + 20$

㉢ 토립자가 둥글고 입도가 불량 :
$\phi = \sqrt{12N} + 15$

② 면적비 : $A_r = \dfrac{{D_w}^2 - {D_e}^2}{{D_e}^2} \times 100$

06 | 베인시험

- 전단강도 : $C_u = \dfrac{M_{\max}}{\pi D^2 \left(\dfrac{H}{2} + \dfrac{D}{6}\right)}$

07 | A 계수(삼축압축 시의 간극수압계수)

$$\Delta U = B[\Delta\sigma_3 + A(\Delta\sigma_1 - \Delta\sigma_3)]$$

09 CHAPTER 토압

01 | 토압계수(Rankine)

① 주동토압계수 : $K_a = \tan^2\left(45° - \dfrac{\phi}{2}\right)$

② 수동토압계수 : $K_p = \tan^2\left(45° + \dfrac{\phi}{2}\right)$

02 | 지표면이 수평인 경우 연직벽에 작용하는 토압(Rankine)

① 점성이 없는 흙의 주동 및 수동토압($c=0,\ i=0$)

$$P_a=\frac{1}{2}\gamma H^2 K_a$$

$$P_p=\frac{1}{2}\gamma H^2 K_p$$

② 점성토의 주동 및 수동토압($c\neq 0,\ i=0$)

$$P_a=\frac{1}{2}\gamma H^2 K_a-2c\sqrt{K_a}\,H$$

$$P_p=\frac{1}{2}\gamma H^2 K_p+2c\sqrt{K_p}\,H$$

③ 등분포재하 시의 토압($c=0,\ i=0$)

$$P_a=\frac{1}{2}\gamma H^2 K_a+q_s K_a H$$

$$P_p=\frac{1}{2}\gamma H^2 K_p+q_s K_p H$$

CHAPTER 10 흙의 다짐

01 | 다짐도

$$C_d=\frac{\text{현장의 }\gamma_d}{\text{실내다짐시험에 의한 }\gamma_{d\max}}\times 100$$

02 | 표준다짐시험으로 다진 여러 종류의 흙에 대한 다짐곡선

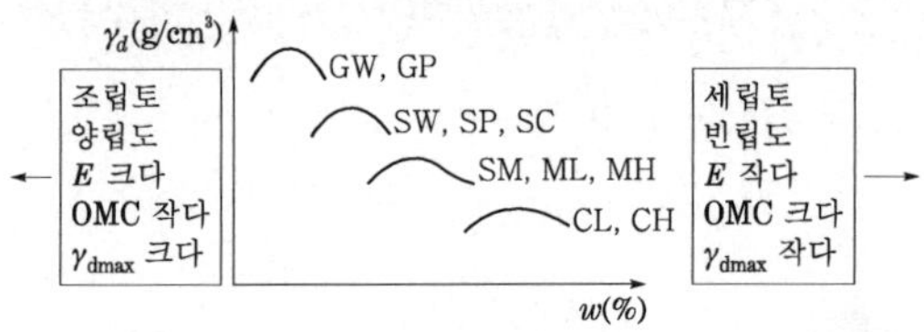

03 | 다짐한 점성토의 공학적 특성

① 흙의 구조 : 건조측에서 다지면 면모구조가 되고, 습윤측에서 다지면 이산구조가 된다. 이러한 경향은 다짐에너지가 클수록 더 명백하게 나타난다.

② 투수계수 : 최적함수비보다 약간 습윤측에서 투수계수가 최소가 된다.

04 | 평판재하시험(PBT) [KS F 2310]

① 지반반력계수 : $K=\dfrac{q}{y}$

② 재하판의 크기에 따른 지지력계수

$K_{30}=2.2K_{75},\ K_{40}=1.7K_{75}$

③ 지지력

㉠ 점토지반일 때 재하판의 폭에 무관하다.

$$q_{u(\text{기초})}=q_{u(\text{재하판})}$$

㉡ 모래지반일 때 재하판의 폭에 비례한다.

$$q_{u(\text{기초})}=q_{u(\text{재하판})}\frac{B_{(\text{기초})}}{B_{(\text{재하판})}}$$

④ 침하량

㉠ 점토지반일 때 재하판의 폭에 비례한다.

$$S_{(\text{기초})}=S_{(\text{재하판})}\frac{B_{(\text{기초})}}{B_{(\text{재하판})}}$$

㉡ 모래지반일 때 재하판의 크기가 커지면 약간 커지긴 하지만 폭 B에 비례하는 정도는 못된다.

$$S_{(\text{기초})}=S_{(\text{재하판})}\left[\frac{2B_{(\text{기초})}}{B_{(\text{기초})}+B_{(\text{재하판})}}\right]^2$$

CHAPTER 11 사면의 안전

01 | 유한사면의 안정해석법

① 평면파괴면을 갖는 사면의 안정해석(Culmann의 도해법)

㉠ 한계고 : $H_c=\dfrac{4c}{\gamma_t}\left[\dfrac{\sin\beta\cos\phi}{1-\cos(\beta-\phi)}\right]$

㉡ 직립면의 한계고

$$H_c=\frac{4c}{\gamma_t}\tan\left(45°+\frac{\phi}{2}\right)=\frac{2q_u}{\gamma_t}=2Z_c$$

② 안정도표에 의한 사면의 안정해석

㉠ 한계고 : $H_c = \dfrac{N_s c}{\gamma_t}$

㉡ 안전율 : $F_s = \dfrac{H_c}{H}$

③ 원호파괴면을 갖는 사면의 안정해석

- 질량법의 $\phi = 0$ 해석법의 안전율

$$F_s = \frac{M_r}{M_d} = \frac{c_u \gamma L_a}{Wd}$$

02 | 무한사면의 안정해석법

① 지하수위가 파괴면 아래에 있을 경우 안전율($c \neq 0$)

$$F_s = \frac{c}{\gamma_t Z \cos i \sin i} + \frac{\tan\phi}{\tan i}$$

② 지하수위가 지표면과 일치할 경우 안전율($c \neq 0$)

$$F_s = \frac{c}{\gamma_{\text{sat}} Z \cos i \sin i} + \frac{\gamma_{\text{sub}}}{\gamma_{\text{sat}}} \frac{\tan\phi}{\tan i}$$

12 CHAPTER 얕은 기초

01 | Terzaghi의 수정지지력공식

$$q_{ult} = \alpha c N_c + \beta \gamma_1 B N_\gamma + \gamma_2 D_f N_q$$

여기서, N_c, N_γ, N_q : 지지력계수로서 ϕ의 함수

c : 기초저면흙의 점착력(t/m^2)

B : 기초의 최소폭(m)

γ_1 : 기초저면보다 하부에 있는 흙의 단위중량(t/m^3)

γ_2 : 기초저면보다 상부에 있는 흙의 단위중량(t/m^3) 단, γ_1, γ_2는 지하수위 아래에서는 수중단위중량(γ_{sub})을 사용한다.

D_f : 근입깊이(m)

α, β : 기초모양에 따른 형상계수

02 | 허용지지력

$$q_a = \frac{q_u}{F_s}$$

여기서, $F_s = 3$

13 CHAPTER 깊은 기초

01 | 정역학적 지지력공식

- 극한지지력 : $R_u = R_p + R_f = q_p A_p + f_s A_s$

02 | 동역학적 지지력공식

① Engineering-News공식

㉠ 극한지지력

- Drop hammer : $R_u = \dfrac{W_r h}{S + 2.54}$
- 단동식 steam hammer : $R_u = \dfrac{W_r h}{S + 0.254}$

㉡ 허용지지력 : $R_a = \dfrac{R_u}{F_s}$ $(F_s = 6)$

② Sander공식

㉠ 극한지지력 : $R_u = \dfrac{W_h h}{S}$

㉡ 허용지지력 : $R_a = \dfrac{R_u}{F_s}$ $(F_s = 8)$

03 | 부마찰력

① 정의 : 주면마찰력은 보통 상향으로 작용하여 지지력에 가산되었으나 말뚝 주위의 지반이 말뚝보다 더 많이 침하하게 되면 주면마찰력이 하향으로 발생하여 하중역할을 하게 된다. 이러한 주면마찰력을 부마찰력이라 한다. 부마찰력이 발생하는 경우는 압밀침하를 일으키는 연약점토층을 관통하여 지지층에 도달한 지지말뚝의 경우나 연약점토지반에 말뚝을 항타한 다음 그 위에 성토를 한 경우 등이다.

② 부마찰력의 크기 : $R_{nf} = f_n A_s$

04 | 군항(무리말뚝)

① 판정기준 : $D = 1.5\sqrt{rL}$

② 허용지지력 : $R_{ag} = ENR_a$

③ 효율 : $E=1-\frac{\phi}{90}\left[\frac{(m-1)n+m(n-1)}{mn}\right]$

④ 각도 : $\phi=\tan^{-1}\frac{D}{S}$

14 CHAPTER 연약지반개량공법

01 | Sand drain의 설계

① sand drain의 배열

㉠ 정삼각형 배열 : $d_e=1.05d$

㉡ 정사각형 배열 : $d_e=1.13d$

여기서, d_e : drain의 영향원지름
d : drain의 간격

② 수평, 연직방향 투수를 고려한 전체적인 평균압밀도

$U=1-(1-U_h)(1-U_v)$

여기서, U_h : 수평방향의 평균압밀도
U_v : 연직방향의 평균압밀도

02 | Paper drain의 설계

$$D=\alpha\frac{2A+2B}{\pi}$$

여기서, D : drain paper의 등치환산원의 지름
α : 형상계수(=0.75)
A, B : drain의 폭과 두께(cm)

상하수도공학

ENGINEER GENERAL MACHINERY & ENGINEER CONSTRUCTION EQUIPMENT

00 CHAPTER 기본 암기사항

01 | 계산문제 풀이를 위한 단위환산

무게	ton	$\underset{10^{-3}}{\overset{10^3}{\rightleftarrows}}$	kg	$\underset{10^{-3}}{\overset{10^3}{\rightleftarrows}}$	g	$\underset{10^{-3}}{\overset{10^3}{\rightleftarrows}}$	mg		
	∥		∥		∥				
부피	m^3	$\underset{10^{-3}}{\overset{10^3}{\rightleftarrows}}$	L	$\underset{10^{-3}}{\overset{10^3}{\rightleftarrows}}$	mL	=	cm^3	=	cc

02 | 농도

C[ppm=mg/L]

$$1\text{mg/L}=\frac{10^{-9}\text{ton}}{10^{-3}\text{m}^3}=10^{-6}\text{ton/m}^3=\frac{1}{1{,}000{,}000}$$

03 | Lpcd=L/인 · day

01 CHAPTER 상수도시설 계획

01 | 상수도시설의 기본계획

① 계획연차 : 5~15년

② 계획 1인 1일 최대 급수량 : 300~400Lpcd

③ 급수보급률$=\dfrac{\text{급수인구}}{\text{총인구}}\times 100[\%]$

④ 계획급수인구추정 : 과거 20년 자료

02 | 상수도계통도

수원 → 취수 → 도수 → 정수 → 송수 → 배수 → 급수

03 | 인구추정

① 등차급수법 : $P_n = P_0 + na,\ a = \dfrac{P_0 - P_t}{t}$

② 등비급수법 : $P_n = P_0(1+r)^n,\ r = \left(\dfrac{P_o}{P_t}\right)^{\frac{1}{t}} - 1$

③ 논리곡선법=이론곡선법=S곡선법

$$P_n = \frac{K}{1+e^{a-bn}}$$

여기서, K : 포화인구

04 | 계획급수량 산정

① 계획급수량=급수인구×Lpcd×급수보급률

② 급수량의 종류 : 농업용수는 급수량이 아니다.

③ 급수량의 특징

㉠ 대도시일수록, 공업이 발달할수록 높다.

㉡ 기온이 높을수록 높다.

㉢ 정액급수일 때 높다.

㉣ 하루 중 물 사용패턴이 다르다.

④ 계획급수량의 종류

㉠ 계획 1일 평균급수량 : 각종 요금 산정의 지표

㉡ 계획 1일 최대 급수량 : 상수도시설설계기준

㉢ 계획시간 최대 급수량 : 배수관구경, 배수펌프 용량 결정

05 | 수원

① 수원의 종류 : 천수, 지표수(하천수, 호소수, 저수지수), 지하수(천층수, 심층수, 용천수, 복류수)

② 성층현상 : 여름과 겨울

③ 전도현상 : 봄과 가을

④ 수원의 구비조건

㉠ 상수소비자에 가까울 것

㉡ 가급적 자연유하로 도수할 수 있을 것

㉢ 평수위 : 연중 185일보다 저하하지 않는 수위

㉣ 저수위 : 연중 275일보다 저하하지 않는 수위

㉤ 갈수위 : 연중 355일보다 저하하지 않는 수위

06 | 취수

① 계획취수량=계획 1일 최대 급수량×1.05~1.1

② 하천수 취수방법

㉠ 취수관 : 수위변동이 적은 하천, 중규모 취수에 적용

㉡ 취수문 : 농업용수 취수에 적합

㉢ 취수탑 : 대량취수 가능, 좋은 수질의 물로 선택 취수 가능, 연간 안정적인 취수 가능, 건설비가 많이 소요

③ 저수지용량 결정

㉠ 경험식

- 강수량이 많은 경우 : 120일
- 강수량이 적은 경우 : 200일

㉡ 가정법 : $C=\dfrac{5,000}{\sqrt{0.8R}}$

㉢ 유출량누가곡선법(Ripple법) : 유효저수량, 필요저수량, 저수시작일

④ 지하수 취수방법

㉠ 천층수 : 천정, 심정

㉡ 심층수 : 굴착정

㉢ 용천수 : 집수매거

㉣ 복류수 : 집수매거

⑤ 상수침사지 제원

내용	침사지의 제원
계획취수량	10~20분
침사지 내의 유속	2~7cm/s
유효수심	3~4m

02 CHAPTER 수질관리 및 수질기준

01 | 수질용어

① $\text{pH}=-\log[\text{H}^+]=\log\dfrac{1}{[\text{H}^+]}$

㉠ 산성과 알칼리성을 구분할 수 있어야 한다.

㉡ 조류가 많은 하천수는 알칼리성이다.

② DO(용존산소)를 높이기 위한 조건과 자정계수를 높이기 위한 조건 : 온도 ↓, 수심 ↓, 수압 ↓, 경사 ↑, 유속 ↑

③ BOD

㉠ 잔존BOD : $L_t=L_a\cdot 10^{-k_1t}$, $L_t=L_ae^{-k_1t}$

㉡ 소비BOD

- $\text{BOD}_t=L_a-L_t=L_a(1-10^{-k_1t})$
- $\text{BOD}_t=L_a-L_t=L_a(1-e^{-k_1t})$

④ 경도(물의 세기)

㉠ 유발물질 : Ca, Mg

㉡ 음용수 수질기준 : 1,000mg/L를 넘지 않을 것(수돗물의 경우 300mg/L)

㉢ 경수의 연수법 : 비등법, 이온교환법(Zeolite법), 석회소다법

⑤ 색도 제거법 : 전염소처리, 오존처리, 활성탄처리

⑥ 하천의 자정작용(생물학적 작용) : 용존산소부족곡선(임계점, 변곡점)

⑦ 확산에 의한 오염물질의 희석 : $C_m=\dfrac{C_1Q_1+C_2Q_2}{Q_1+Q_2}$

⑧ 부영양화

㉠ 원인물질 : 질소(N), 인(P)

㉡ 부영양화 결과 : 조류 발생

㉢ 방지대책 : $CuSO_4$(황산구리) 살포

02 | 수질기준

① 미생물에 관한 기준 : 1mL 중 100CFU를 넘지 않을 것

② 대장균 검출이유

㉠ 병원균 추정의 간접지표 이용

㉡ 타 세균의 존재 유무 추정

㉢ 검출방법 용이

③ 건강상 유해영향 무기물질에 관한 기준

㉠ 수은 : 0.001mg/L를 넘지 아니할 것

㉡ 카드뮴 0.005mg/L를 넘지 아니할 것

㉢ 암모니아성 질소, 질산성 질소

④ 건강상 유해영양 유기물질에 관한 기준 : 페놀 0.005mg/L를 넘지 아니할 것

⑤ 소독부산물에 관한 기준 : THM 0.1mg/L를 넘지 아니할 것(염소 과다주입 시 발생)

⑥ 심미적 영향물질에 관한 기준 : 철, 구리, 아연, 알루미늄

⑦ 소독제 및 소독부산물, 방사능에 관한 기준은 신설되었음

CHAPTER 03 상수관로시설

01 | 도수 및 송수시설

① 계획도수량 : 계획취수량기준
② 계획송수량 : 계획 1일 최대 급수량기준
③ 도·송수관로 결정 시 고려사항
  ㉠ 관로 도중에 감압을 위한 접합정을 설치
  ㉡ 최소 동수경사선 이하가 되도록 설계
④ 수로의 평균유속
  ㉠ 도수관, 송수관 : 0.3~3m/s
  ㉡ 원형관 : 유속 최대 81~84%, 유량 최대 91~94%
  ㉢ 관두께 : $t=\dfrac{pD}{2\sigma_w}$
  ㉣ 관수로 계산공식(h_L, f, V, R_h, I 구하기)
⑤ 상수도 밸브
  ㉠ 제수밸브(gate valve) : 사고 시 통수량 조절
  ㉡ 역지밸브(check valve) : 물의 역류 방지
  ㉢ 안전밸브(safety valve) : 수격작용, 이상수압

02 | 배수시설

① 계획배수량 : 계획시간 최대 급수량기준
② 배수지의 위치 : 배수구역의 중앙
③ 배수지의 용량
  ㉠ 표준 : 8~12시간
  ㉡ 최소 : 6시간 이상
④ 배수관의 수압 : 1.5~4.0kgf/cm^2
  • 최소 동수압 150kPa, 최대 정수압 700kPa
⑤ 배수관 배치방식(격자식)
  ㉠ 제수밸브가 많다.
  ㉡ 사고 시 단수구간이 좁다.
  ㉢ 건설비가 많이 소요된다.
⑥ 관망 해석
  ㉠ 등가길이관법=등치관법

$$L_2=L_1\left(\frac{D_2}{D_1}\right)^{4.87}$$

  ㉡ Hardy cross법의 가정
    • 들어간 유량은 모두 나간다.
    • 각 폐합관의 마찰손실은 약 0이다.
    • 미소손실은 무시한다.
  ㉢ $h_L=KQ^{1.85}$(Hazen-Williams공식)

03 | 급수시설

① 탱크식 급수방식을 적용하는 경우
  ㉠ 배수관의 수압이 소요수압에 비해 부족할 경우
  ㉡ 일시에 많은 수량을 필요로 하는 경우
  ㉢ 단수 시에도 어느 정도의 급수를 지속시킬 필요가 있는 경우
  ㉣ 재해 시, 단수 시, 강수 시 물을 반드시 확보해야 할 경우
② 교차연결 : 음료수를 공급하는 수도와 음용수로 사용될 수 없는 다른 계통의 수도 사이에 관이 서로 물리적으로 연결된 것

CHAPTER 04 정수장시설

01 | 응집제

① 명반(황산반토, 황산알루미늄) : 가볍고 pH폭이 좁다.
② 응집제 주입량$=CQ\times\dfrac{1}{순도}$[kg/day]
③ Jar-test(약품교반실험, 응집교반실험) : 응집제의 적정량 및 적정 농도 결정
④ 급속교반 후 완속교반하는 이유 : 플록을 깨뜨리지 않고 크기를 증가시키기 위하여

02 | 침전

① Stokes의 법칙(중력)

$$V_s=\frac{(\rho_s-\rho_w)gd^2}{18\mu}=\frac{(s-1)gd^2}{18\nu}$$

> [참고] 가정 3조건
> • 입자의 크기는 일정하다.
> • 입자의 모양은 구형(원형)이다.
> • 물의 흐름은 층류상태($R_e<0.5$)이다.

② 침전지에서 100% 제거할 수 있는 입자의 최소 침강속도 : $V_0 = \frac{Q}{A} = \frac{h}{t}$

③ 침전속도가 V_0보다 작은 입자의 평균 제거율(침전효율, 침전효과)

$$E = \frac{V_s}{V_0} \times 100 = \frac{V_s}{Q/A} \times 100 = \frac{V_s}{h/t} \times 100[\%]$$

④ 표면부하율=수면적부하=SLR

⑤ 평균제거율=침전효율=침전효과

⑥ 고속응집침전

03 | 여과

① 여과면적 : $A = \frac{Q}{Vn}$

② 완속여과와 급속여과

구분	완속여과	급속여과
여과속도	4~5m/day	120~150m/day
모래층두께	70~90cm	60~70cm
모래유효경	0.3~0.45mm	0.45~1.0mm
균등계수	2.0 이하	1.7 이하

③ Micro-floc여과 : 직접여과법으로 응집침전을 행하지 않고 급속여과를 행하는 것

04 | 소독

① 염소소독과 전염소처리

구분	염소소독	전염소처리
색도 제거	안 된다	된다
잔류염소	생성	비생성
THM	발생	발생

② 유리잔류염소 : HOCl, OCl^-

③ 결합잔류염소 : Chloramine(클로라민)

④ 살균력세기 : 오존 > HOCl > OCl^- > 클로라민

⑤ 염소요구량=(염소주입량-잔류염소량)× $Q \times \frac{1}{순도}$

05 | 배출수처리시설

① 처리순서 : 조정 → 농축 → 탈수 → 건조 → 최종처분

② 조정시설 : 슬러지균등화시설

③ 농축시설 : 부피감소시설

④ 탈수(건조)시설 : 함수율감소시설

CHAPTER 05 하수도시설 계획

01 | 하수도의 개요

① 하수도의 계획목표연도 : 20년

② 계획오수량 : 180~250L/인 · day(계획급수량의 60~70%)

02 | 계획오수량 산정

① 계획오수량=생활오수량+공장폐수량+지하수량

② 생활오수량=1인 1일 최대 오수량×계획배수인구

③ 지하수량

㉠ 1인 1일 최대 오수량의 10~20%

㉡ 하수관의 길이 1km당 0.2~0.4L/s

㉢ 1인 1일당 17~25L로 가정

④ 계획오수량의 종류

㉠ 계획 1일 평균오수량 : 하수도요금 산정의 지표

㉡ 계획 1일 최대 오수량 : 하수처리장의 설계기준

㉢ 계획 1일 시간 최대 오수량 : 오수관의 구경, 오수펌프의 용량 결정

03 | 계획우수량 산정(합리식 적용)

① A가 km^2일 경우 : $Q = \frac{1}{3.6} CIA$

② A가 ha일 경우 : $Q = \frac{1}{360} CIA$

③ 유달시간 : $T = t_1 + t_2 \frac{L}{V}$

04 | 하수배제방식

① 분류식

㉠ 오수와 우수를 따로 배제

㉡ 위생적인 관점에서 유리

② 합류식
  ㉠ 오수와 우수를 하나의 관으로 배제
  ㉡ 경제적인 관점에서 유리

05 | 하수관거배치방식

① 직각식(수직식) : 하천유량이 풍부할 때, 하천이 도시의 중심을 지나갈 때 적당한 방식
② 선형식(선상식) : 지형이 한쪽 방향으로 경사되어 있을 때 전 하수를 1개의 간선으로 모아 배제하는 방식

06 CHAPTER 하수관로시설

01 | 계획하수량

① 오수관거 : 계획시간 최대 오수량
② 우수관거 : 계획우수량
③ 합류식 관거 : 계획시간 최대 오수량+계획우수량
④ 차집관거 : 우천 시 계획오수량 또는 계획시간 최대 오수량의 3배 이상

02 | 하수관로시설

① 유속과 경사 : 유속은 하류로 갈수록 빠르게, 경사는 완만하게
② 유속범위
  ㉠ 오수관거, 차집관거 : 0.6~3m/s
  ㉡ 우수관거, 합류관거 : 0.8~3m/s
  ㉢ 이상적인 유속 : 1~1.8m/s
③ 하수관거의 경사
  ㉠ 평탄지 경사 : $\frac{1}{\text{관경(mm)}}$
  ㉡ 적당한 경사 : $\frac{1}{\text{관경(mm)}} \times 1.5$
  ㉢ 급경사 : $\frac{1}{\text{관경(mm)}} \times 2.0$
④ 최소 관경
  ㉠ 오수관 : 200mm
  ㉡ 우수관 : 250mm
⑤ 최소 토피 : 1m

03 | 하수관거의 특성

① 관거 내면이 매끈하여 조도계수가 작아야 한다.
② 수밀성과 신축성이 높아야 한다.

04 | 하수관거의 단면형상

① 원형 : 대구경인 경우 운반비 ↑, 지하수침투량 ↑
② 직사각형=장방형=구형 : 대규모 공사에 가장 많이 이용
③ 마제형=제형=말굽형 : 대구경 관거에 유리

05 | 하수관거의 접합

① 수면접합 : 수리학적으로 가장 유리한 방법, 관거의 연결부, 합류, 분기관에 적합
② 관정접합 : 굴착깊이 증가, 토공량 증가
③ 관저접합 : 가장 부적절한 방법, 가장 많이 이용하는 방법, 굴착깊이 감소, 공사비 감소, 토공량 감소, 펌프를 이용한 하수배제 시 적합

06 | 관정부식

① 관련 물질 : 황화합물(S)
② 생성물질
  ㉠ 환원 : H_2S(황화수소가스) 발생
  ㉡ 산화 : H_2SO_4(황산) 발생
③ 관정부식 방지대책 : 유속 증가, 폭기장치 설치, 염소 살포, 관내 피복

07 | 부대시설

① 맨홀의 직선부 설치간격

관경(mm)	300 이하	600 이하
최대 간격(m)	50	75

② 역사이펀 : 하수관거 시공 중 장애물 횡단방법

08 | 우수조정지(유수지)

① 우수를 임시로 저장하여 유량을 조절함으로써 하류 지역의 우수유출이나 침수를 방지하는 시설

② 설치장소
㉠ 하수관거의 유하능력(용량)이 부족한 곳
㉡ 하류지역의 펌프장능력이 부족한 곳
㉢ 방류수역의 유하능력이 부족한 곳

CHAPTER 07 하수처리장시설

01 | 물리적 처리시설

① 하수침사지
㉠ 평균유속 : 0.3m/s
㉡ 체류시간 : 30~60초
㉢ 오수의 수면적부하 : 1,800$m^3/m^2 \cdot$ day
② 유량조정조 : 유량 및 수질 균등화

02 | 화학적 처리시설

① 중화 : pH 조절
② 산화와 환원 : 중금속 제거
③ 응집 : 용해성 물질 제거
④ 이온교환 : 특정 이온 제거
⑤ 흡착 : 일반적으로 활성탄 사용

03 | 하수고도처리

① 3차 처리대상 : 영양염류(N, P)
② 생물학적 제거방법
㉠ 질소 제거법 : A/O법(Anoxic Oxic, 무산소호기법)
㉡ 인 제거법 : A/O법(Anaerobic Oxic, 혐기호기법)
㉢ 질소, 인 동시 제거법 : A^2/O법(혐기무산소호기법)

04 | 생물학적 처리시설

① 생물학적 처리를 위한 운영조건(호기성 처리 시)
㉠ 영양물질 : BOD : N : P=100 : 5 : 1
㉡ pH : 6.5~8.5로 유지
㉢ 수온 : 높게 유지
② 활성슬러지법
㉠ BOD 용적부하$= \dfrac{\text{BOD} \cdot Q}{V} = \dfrac{\text{BOD}}{t}$
㉡ BOD 슬러지부하$= \dfrac{\text{BOD} \cdot Q}{\text{MLSS} \cdot V} = \dfrac{\text{BOD}}{\text{MLSS} \cdot t}$
㉢ 슬러지 팽화현상(sludge bulking) : 사상균의 과도한 성장, 활성슬러지가 최종 침전지로 넘어갈 때 잘 침전되지 않고 부풀어 오르는 현상
※ 원인 : 높은 C/N비(과도한 질산화)
㉣ 슬러지 용적지수

$$\text{SVI} = \frac{30\text{분간 침전 후 슬러지부피(mL/L)}}{\text{MLSS농도(mg/L)}} \times 1{,}000$$

$$\text{SDI} = \frac{100}{\text{SVI}} \rightarrow \text{SDI} \times \text{SV} = 100$$

㉤ 슬러지 반송율

$$r = \frac{\text{MLSS농도} - \text{유입수의 SS}}{\text{반송슬러지의 SS} - \text{MLSS농도}} \times 100[\%]$$

㉥ 활성슬러지변법 : 산화구법≠산화지법, 계단식 폭기법, 장시간 폭기법
③ 살수여상법, 회전원판법, 생물막법
㉠ 슬러지 반송이 없다.
㉡ 폭기장치가 필요 없다.
㉢ 슬러지 팽화가 없다.

05 | 하수슬러지 처리시설

① 슬러지 처리목적
㉠ 생화학적 안정화(유기물 → 무기물)
㉡ 병원균 제거(위생적으로 안정화)
㉢ 부피의 감량화
㉣ 부패와 악취냄새의 감소 및 제거
② 슬러지 함수율과 부피와의 관계 : $\dfrac{V_2}{V_1} = \dfrac{100 - W_1}{100 - W_2}$
③ 슬러지 처리계통
㉠ 농축(부피가 1/3 감소) → 소화(부피가 1/6 감소) → 개량 → 탈수 → 건조 → 최종 처분
㉡ 소화 : 안정화시설
㉢ 최종 처분의 소각 : 가장 안전한 처리
㉣ 퇴비화 : 가장 바람직한 처리

④ 호기성과 혐기성 슬러지 소화방법의 비교

구분	호기성
BOD	처리수의 BOD가 낮다.
동력	동력이 소요된다.
냄새	없다.
비료	비료가치가 크다.
생성물	가치 있는 부산물이 없다.
시설비	적게 든다.
운전	운전이 쉽다.
질소	질소가 산화되어 NO_2로 방출된다.
규모	소규모 활성슬러지에 좋다.
병원균	사멸률이 낮다.

※ 혐기성은 호기성과 반대이다.

08 CHAPTER 펌프장시설

01 | 펌프의 결정기준

① 펌프대수는 줄여 사용한다(단, 2지 이상).
② 동일 용량의 것을 사용한다.
③ 대용량의 것을 사용한다.
④ 펌프의 특성 : 양정, 효율, 동력

02 | 펌프의 종류

① 원심력펌프 : 상하수도에 주로 많이 사용하는 펌프이다.
② 축류펌프 : 가장 저양정용이고 비교회전도가 가장 크다.
③ 사류펌프 : 양정, 수위의 변화가 큰 곳에 적합하다.

03 | 펌프의 계산

① 펌프의 구경 : $D=146\sqrt{\dfrac{Q}{V}}$

② 펌프의 축동력

$$P=\frac{13.33QH}{\eta}[\text{HP}],\ P=\frac{9.8QH}{\eta}[\text{kW}]$$

③ 비교회전도 : $N_s=N\dfrac{Q^{1/2}}{H^{3/4}}$

04 | 펌프의 토출량(양수량) 조절방법

① 펌프의 회전수와 운전대수를 조절
② 토출측 밸브의 개폐 정도를 변경
③ 토출구로부터 흡입구로 일부를 변경
④ 왕복펌프 플랜지의 스트로크(stroke)를 변경

05 | 운전방식

① 직렬운전 : 양정 2배 증가
② 병렬운전 : 양수량 2배 증가

06 | 수격작용

① 펌프의 급정지, 급가동으로 관로 내 유속의 급격한 변화가 생기고 관로 내 압력이 급상승 또는 급강하하는 현상
② 수격작용의 방지대책
  ㉠ 관내 유속을 저하시킨다.
  ㉡ 펌프의 급정지를 피한다.
  ㉢ 압력조정수조(surge tank)를 설치한다.
  ㉣ 안전밸브를 설치한다.

07 | 공동현상

① 압력의 저하가 포화증기압 이하로 하강하면 양수되는 액체가 기화하여 공동이 생기는 현상
② 공동현상 방지방법
  ㉠ 펌프의 설치위치를 되도록 낮게 한다.
  ㉡ 흡입양정을 작게 한다.
  ㉢ 흡입관의 길이를 짧게 한다.
  ㉣ 흡입관의 직경을 크게 한다.
  ㉤ 펌프의 회전수를 작게 한다.
  ㉥ 임펠러를 수중에 위치시켜 잠기도록 한다.

과년도 출제문제

1. 2016년 3월 6일 시행
2. 2016년 5월 8일 시행
3. 2016년 10월 1일 시행

국가기술자격검정 필기시험문제

2016년도 토목기사(2016년 3월 6일)

자격종목	시험시간	문제형별	수험번호	성 명
토목기사	**3시간**	**A**		

제1과목 : 응용역학

1 변의 길이 a인 정사각형 단면의 장주(長柱)가 있다. 길이가 L이고 최대 임계축하중이 P이고 탄성계수가 E라면 다음 설명 중 옳은 것은?

① P는 E에 비례, a의 3제곱에 비례, 길이 L^2에 반비례
② P는 E에 비례, a의 3제곱에 비례, 길이 L^3에 반비례
③ P는 E에 비례, a의 4제곱에 비례, 길이 L^2에 반비례
④ P는 E에 비례, a의 4제곱에 비례, 길이 L에 반비례

해설

$I=\dfrac{a^4}{12}$

$\therefore P=\dfrac{n\pi^2 EI}{L^2}=\dfrac{n\pi^2 Ea^4}{12L^2}$

2 다음 그림과 같은 구조물에서 B점의 수평변위는? (단, EI는 일정하다.)

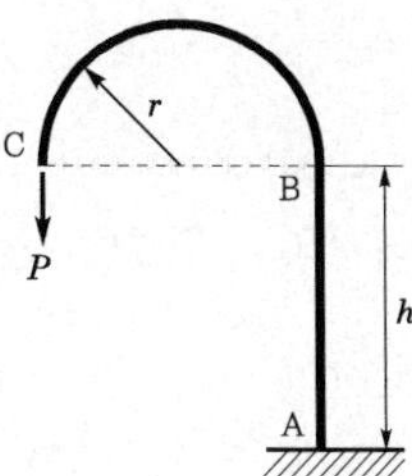

① $\dfrac{Prh^2}{4EI}$　② $\dfrac{Prh^2}{3EI}$
③ $\dfrac{Prh^2}{2EI}$　④ $\dfrac{Prh^2}{EI}$

정답 1. ③ 2. ④

해설 B점에 자유물체도로 표시하면

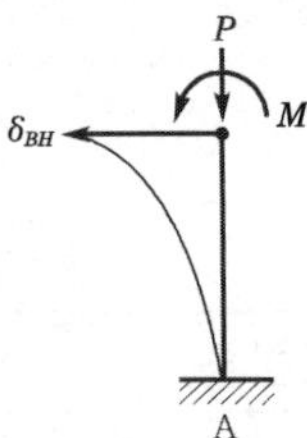

$M = P \times 2r = 2Pr$

$\therefore \delta_{BH} = \dfrac{Mh^2}{2EI} = \dfrac{2Prh^2}{2EI} = \dfrac{Prh^2}{EI}$

3 다음 그림과 같이 속이 빈 직사각형 단면의 최대 전단응력은? (단, 전단력은 2t)

① 2.125kg/cm^2
② 3.22kg/cm^2
③ 4.125kg/cm^2
④ 4.22kg/cm^2

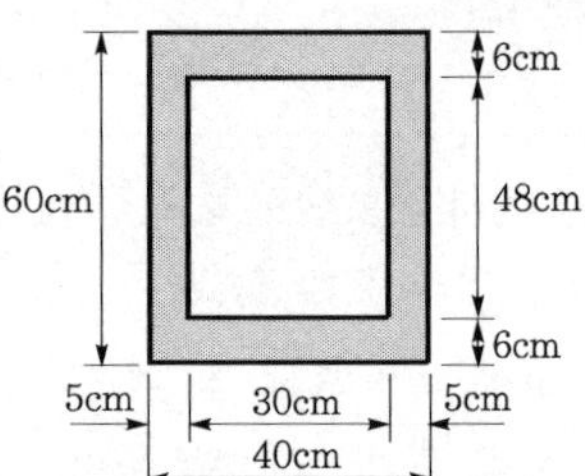

해설

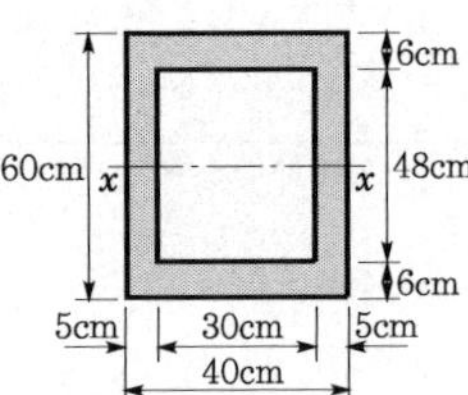

$G_x = (6 \times 40 \times 27) + (5 \times 24 \times 12 \times 2) = 9{,}360\text{cm}^3$

$I_x = \dfrac{40 \times 60^3}{12} - \dfrac{30 \times 48^3}{12} = 443{,}520\text{cm}^4$

$b = 10\text{cm}$

$\therefore \tau_{\max} = \dfrac{SG}{Ib} = \dfrac{2{,}000 \times 9{,}360}{443{,}520 \times 10} = 4.22\text{kgf/cm}^2$

4 다음 그림과 같은 3활절 포물선아치의 수평반력(H_A)은?

① 0

② $\dfrac{wL^2}{8h}$

③ $\dfrac{3wL^2}{8h}$

④ $\dfrac{5wL^2}{8h}$

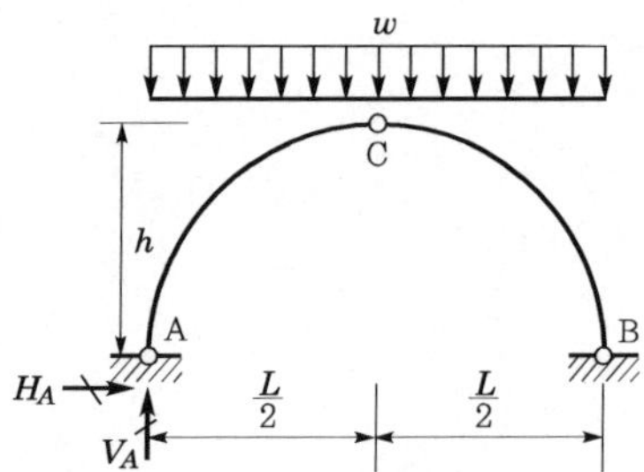

해설 $\Sigma M_B = 0(\oplus)$

$$\left(-w \times L \times \frac{L}{2}\right) + R_A \times L = 0$$

$$\therefore R_A = \frac{wL}{2}$$

$$\Sigma M_{C(\text{hinge})} = 0(\oplus)$$

$$\left(-w \times \frac{L}{2} \times \frac{L}{4}\right) - (H_A \times h) + \frac{wL}{2} \times \frac{L}{2} = 0$$

$$\therefore H_A = \frac{wL^2}{8h}(\rightarrow)$$

5 다음 그림과 같은 보에서 휨모멘트에 의한 탄성변형에너지를 구한 값은? (단, EI : 일정)

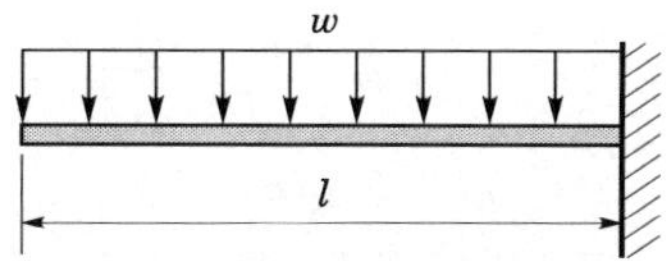

① $\dfrac{w^2 l^5}{8EI}$　② $\dfrac{w^2 l^5}{24EI}$

③ $\dfrac{w^2 l^5}{40EI}$　④ $\dfrac{w^2 l^5}{48EI}$

해설

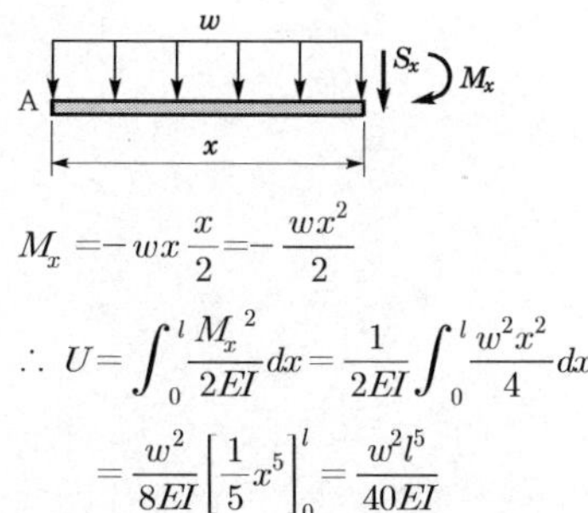

$$M_x = -wx\frac{x}{2} = -\frac{wx^2}{2}$$

$$\therefore U = \int_0^l \frac{{M_x}^2}{2EI}dx = \frac{1}{2EI}\int_0^l \frac{w^2x^2}{4}dx$$

$$= \frac{w^2}{8EI}\left[\frac{1}{5}x^5\right]_0^l = \frac{w^2l^5}{40EI}$$

6 다음 그림과 같은 2경간 연속보에서 B점이 5cm 아래로 침하하고 C점이 2cm 위로 상승하는 변위를 각각 취했을 때 B점의 휨모멘트로서 옳은 것은?

① $20EI/L^2$

② $18EI/L^2$

③ $15EI/L^2$

④ $12EI/L^2$

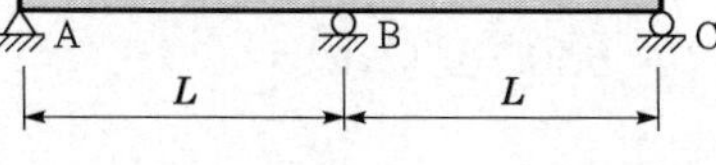

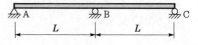

해설 3연모멘트정리 이용

경계조건 $M_A = M_C = 0$, $\theta_{BA} = \theta_{BC} = 0$

$$\beta_{21} = \frac{\delta_2 - \delta_1}{L_1} = \frac{5-0}{L} = \frac{5}{L}$$

$$\beta_{23} = \frac{\delta_3 - \delta_2}{L_2} = \frac{-2-5}{L} = -\frac{7}{L}$$

$$0 + 2M_B\left(\frac{L}{I} + \frac{L}{I}\right) + 0 = 0 + 6E\left(\frac{5}{L} - \left(-\frac{7}{L}\right)\right)$$

$$4M_B\left(\frac{L}{I}\right) = \frac{72E}{L}$$

$$\therefore M_B = \frac{18EI}{L^2}$$

7 무게 1kgf의 물체를 두 끈으로 늘어뜨렸을 때 한 끈이 받는 힘의 크기순서가 옳은 것은?

① B > A > C
② C > A > B
③ A > B > C
④ C > B > A

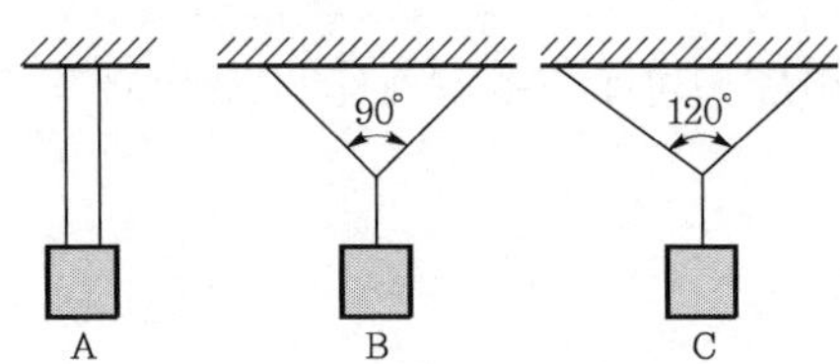

해설 (A)

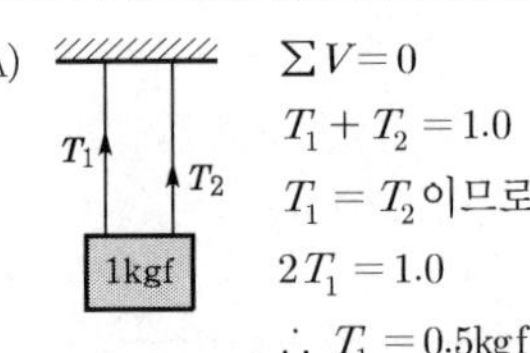

$\Sigma V = 0$
$T_1 + T_2 = 1.0$
$T_1 = T_2$이므로
$2T_1 = 1.0$
$\therefore T_1 = 0.5\text{kgf}$

(B)

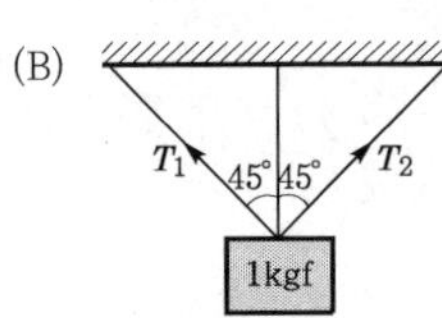

$\Sigma V = 0$
$T_1 \cos 45° + T_2 \cos 45° = 1$
$T_1 = T_2$이므로
$2T_1 \cos 45° = 1$
$\therefore T_1 = 0.707\text{kgf}, \; T_2 = 0.707\text{kgf}$

(C)

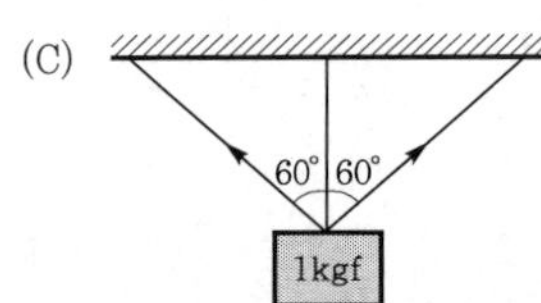

$\Sigma V = 0$
$T_1 \cos 60° + T_2 \cos 60° = 1$
$2T_1 \cos 60° = 1$
$\therefore T_1 = 1\text{kgf}, \; T_2 = 1\text{kgf}$

$\therefore$ C>B>A

8 다음 그림과 같은 캔틸레버보에서 B점의 연직변위(δ_B)는? (단, M_o =0.4t·m, P=1.6t, L= 2.4m, EI=600t·m^{2}이다.)

① 1.08cm(↓)
② 1.08cm(↑)
③ 1.37cm(↓)
④ 1.37cm(↑)

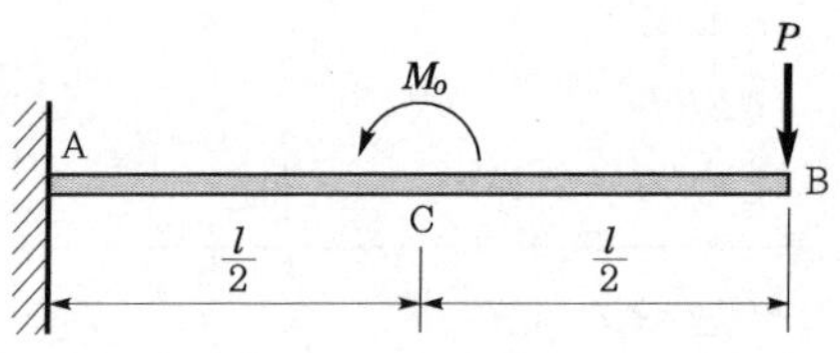

 정답 ▸▸▸ 7. ④ 8. ①

해설

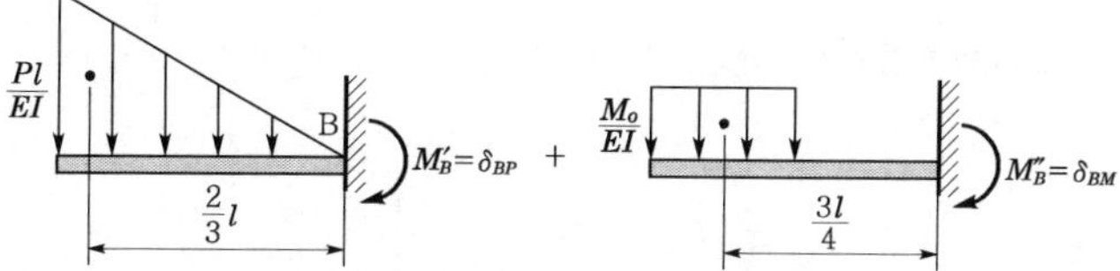

$$\delta_{BP}=\frac{l}{2}\times\frac{Pl}{EI}\times\frac{2l}{3}=\frac{Pl^3}{3EI}=\frac{1.6\times2.4^3}{3\times600}\times100=1.2288\text{cm}(\downarrow)$$

$$\delta_{BM}=\frac{M_o l}{2EI}\times\frac{3l}{4}=\frac{3M_o l^2}{8EI}=\frac{3\times0.4\times2.4^2}{8\times600}\times100=0.144\text{cm}(\uparrow)$$

$$\therefore\ \delta_B=\delta_{BP}-\delta_{BM}=1.2288-0.144=1.0848\text{cm}(\downarrow)$$

9 다음 트러스에서 CD부재의 부재력은?

① 5.542t(인장)
② 6.012t(인장)
③ 7.211t(인장)
④ 6.242t(인장)

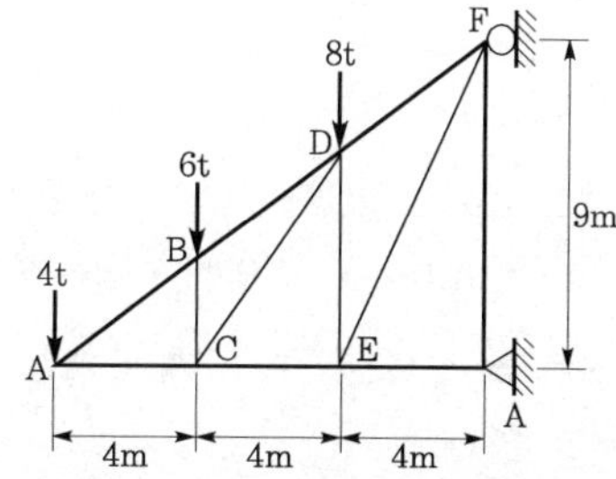

해설

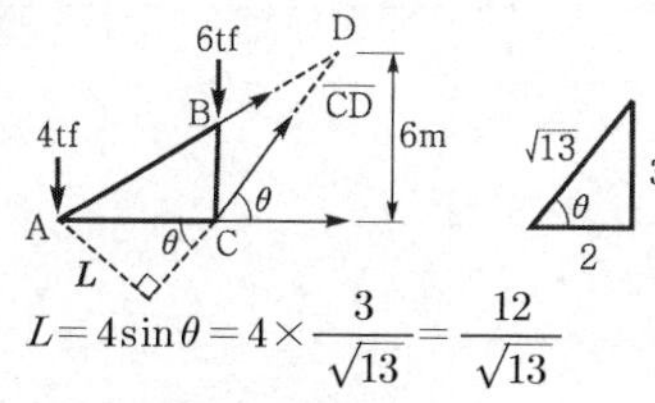

$$L=4\sin\theta=4\times\frac{3}{\sqrt{13}}=\frac{12}{\sqrt{13}}$$

$$\Sigma M_A=0$$

$$-\overline{CD}\times\frac{12}{\sqrt{13}}+6\times4=0$$

$$\therefore\ \overline{CD}=24\times\frac{\sqrt{13}}{12}=7.2111\text{tf}(\text{인장})$$

10 직경 d인 원형 단면의 단면 2차 극모멘트 I_P의 값은?

① $\frac{\pi d^4}{64}$ ② $\frac{\pi d^4}{32}$

③ $\frac{\pi d^4}{16}$ ④ $\frac{\pi d^4}{4}$

해설 $I_P=I_x+I_y=2I_x=2\times\frac{\pi\times d^4}{64}=\frac{\pi d^4}{32}$

정답 ▸▸▸ 9. ③ 10. ②

11 다음 그림과 같은 세 힘이 평형상태에 있다면 점 C에서 작용하는 힘 P와 BC 사이의 거리 x로 옳은 것은?

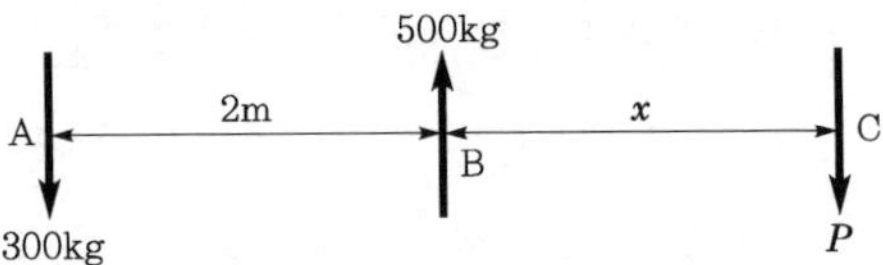

① P=200kg, x=3m
② P=300kg, x=3m
③ P=200kg, x=2m
④ P=300kg, x=2m

해설 $\Sigma V=0$

$\therefore P=200\text{kgf}(\downarrow)$

$\Sigma M_A=0$

$(-500\times2.0)+[200\times(2+x)]=0$

$-1{,}000+400+200x=0$

$\therefore x=300\text{cm}=3\text{m}$

12 평균지름 d=1,200mm, 벽두께 t=6mm를 갖는 긴 강제수도관(鋼製水道管)이 P=10kg/cm^{2}의 내압을 받고 있다. 이 관벽 속에 발생하는 원환응력(圓環應力)의 크기는?

① 16.6kg/cm^2 ② 450kg/cm^2
③ 900kg/cm^2 ④ 1,000kg/cm^2

해설

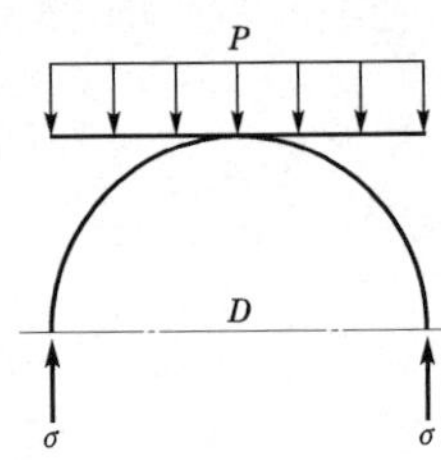

$\Sigma F_Y=0(\uparrow\oplus)$

$2\sigma t-PD=0$

$$\therefore \sigma=\frac{PD}{2t}=\frac{10\times100}{2\times0.6}=1{,}000\text{kgf/cm}^2$$

13 다음 그림과 같은 캔틸레버보에서 최대 처짐각(θ_B)은? (단, EI는 일정하다.)

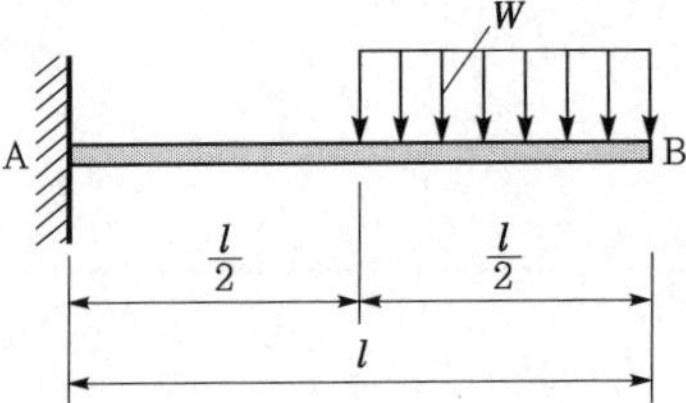

① $\dfrac{3Wl^3}{48EI}$

② $\dfrac{7Wl^3}{48EI}$

③ $\dfrac{9Wl^3}{48EI}$

④ $\dfrac{5Wl^3}{48EI}$

 정답 ▶▶▶ 11. ① 12. ④ 13. ②

해설

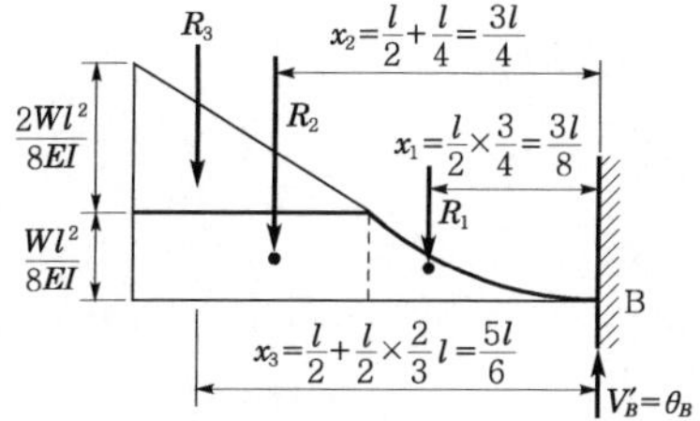

$$R_1=\frac{1}{3}\times\frac{l}{2}\times\frac{Wl^2}{8EI}=\frac{Wl^3}{48EI}$$

$$R_2=\frac{l}{2}\times\frac{Wl^2}{8EI}=\frac{Wl^3}{16EI}$$

$$R_3=\frac{1}{2}\times\frac{l}{2}\times\frac{2Wl^2}{8EI}=\frac{Wl^3}{16EI}$$

$\Sigma F_Y=0(\uparrow\oplus)$

$$\therefore\ V_B'=\theta_B=R_1+R_2+R_3$$

$$=\frac{Wl^3}{48EI}+\frac{Wl^3}{16EI}+\frac{Wl^3}{16EI}=\frac{7Wl^3}{48EI}$$

14 다음 그림과 같은 보에서 B지점의 반력이 $2P$가 되기 위해서 $\frac{b}{a}$는 얼마가 되어야 하는가?

① 0.50
② 0.75
③ 1.00
④ 1.25

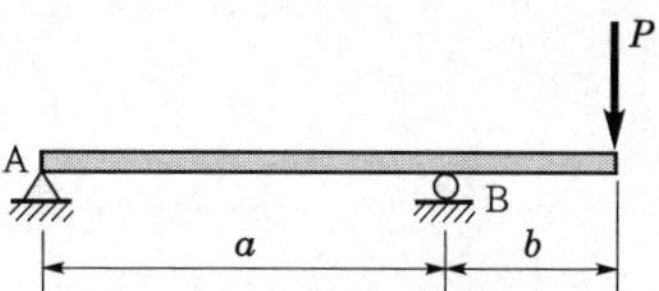

해설 $\Sigma M_A=0(\oplus\!\!\curvearrowright)$

$-2Pa+P(a+b)=0$

$2a=a+b$

$a=b$

$\therefore\ \frac{b}{a}=1.0$

15 B점의 수직변위가 1이 되기 위한 하중의 크기 P는? (단, 부재의 축강성은 EA로 동일하다.)

① $\frac{E\cos^3\alpha}{AH}$

② $\frac{2E\cos^3\alpha}{AH}$

③ $\frac{EA\cos^3\alpha}{H}$

④ $\frac{2EA\cos^3\alpha}{H}$

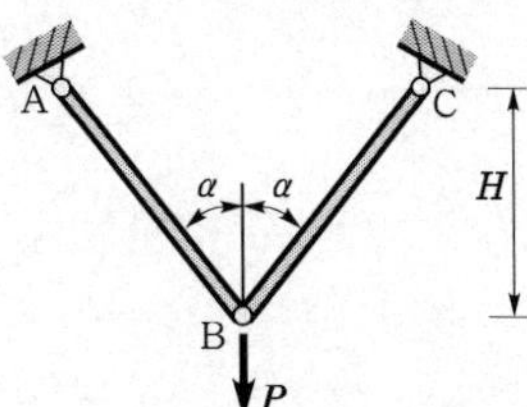

해설 변위선도 이용

$L\cos\alpha = H$

$L = \dfrac{H}{\cos\alpha}$

$\sum V = 0$

$2T\cos\alpha = P$

$T = \dfrac{P}{2\cos\alpha}$

$\cos\alpha = \dfrac{\delta}{\Delta}$

$\delta = \dfrac{TL}{EA} = \dfrac{PH}{2EA\cos^2\alpha}$

$\Delta = \dfrac{\delta}{\cos\alpha} = \dfrac{PH}{2EA\cos^3\alpha} = 1$

$\therefore\ P = \dfrac{2EA\cos^3\alpha}{H}$

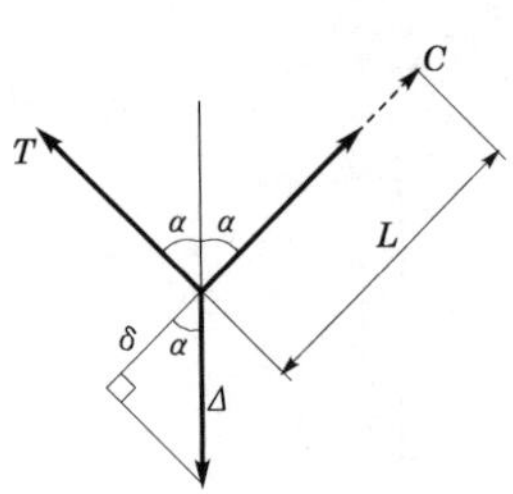

16 다음 그림과 같은 단순보의 B점에 하중 5t이 연직방향으로 작용하면 C점에서의 휨모멘트는?

① 3.33t·m
② 5.4t·m
③ 6.67t·m
④ 10.0t·m

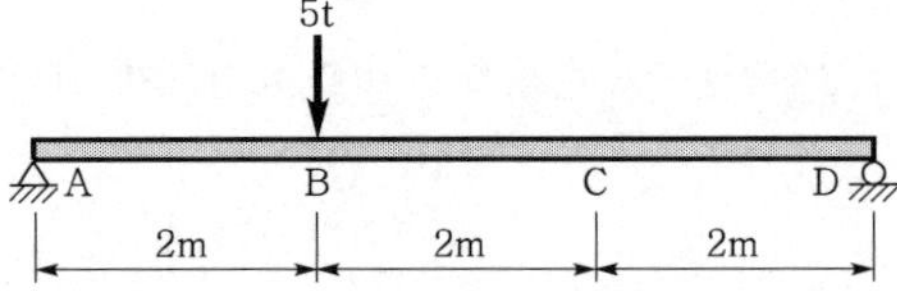

해설

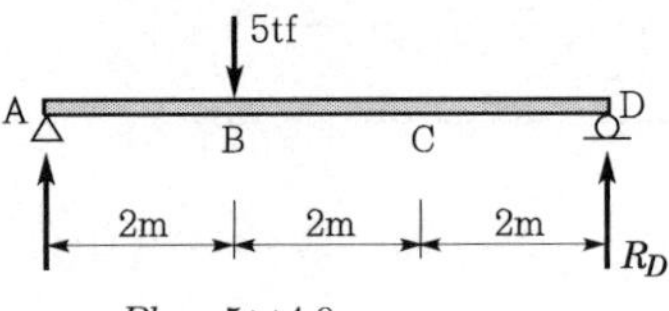

$R_A = \dfrac{Pb}{l} = \dfrac{5\times4.0}{6.0} = 3.33\text{tf}$

$R_D = 5 - 3.33\text{t} = 1.67\text{tf}$

$\therefore\ M_C = -1.67\times2.0 = 3.34\text{tf}\cdot\text{m}$

17 다음 그림에서 빗금 친 부분의 x축에 관한 단면 2차 모멘트는?

① 56.2cm^4
② 58.5cm^4
③ 61.7cm^4
④ 64.4cm^4

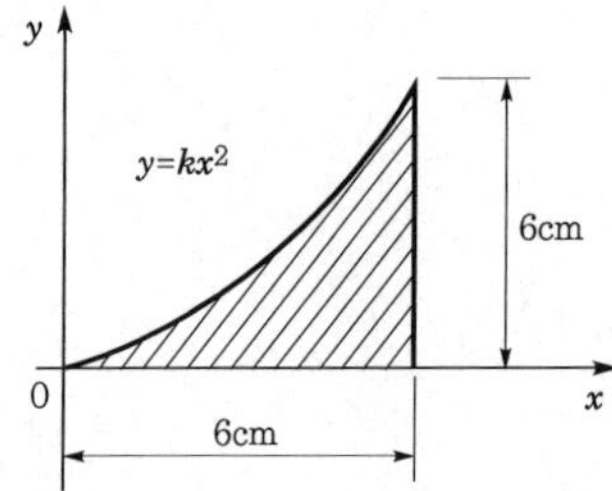

해설

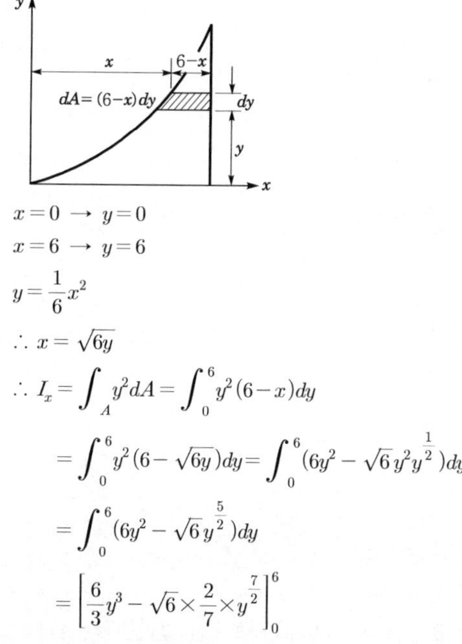

$x=0 \rightarrow y=0$

$x=6 \rightarrow y=6$

$y=\frac{1}{6}x^2$

$\therefore x=\sqrt{6y}$

$$\therefore I_x=\int_A y^2 dA=\int_0^6 y^2(6-x)dy$$

$$=\int_0^6 y^2(6-\sqrt{6y})dy=\int_0^6 (6y^2-\sqrt{6}y^2y^{\frac{1}{2}})dy$$

$$=\int_0^6 (6y^2-\sqrt{6}y^{\frac{5}{2}})dy$$

$$=\left[\frac{6}{3}y^3-\sqrt{6}\times\frac{2}{7}\times y^{\frac{7}{2}}\right]_0^6$$

$$=432-370.28=61.72\text{cm}^4$$

18 길이 10m, 폭 20cm, 높이 30cm인 직사각형 단면을 갖는 단순보에서 자중에 의한 최대 휨응력은? (단, 보의 단위중량은 25kN/m³로 균일한 단면을 갖는다.)

① 6.25MPa ② 9.375MPa
③ 12.25MPa ④ 15.275MPa

해설 $W=0.2\times0.3\times25=1.5\text{kN/m}$

$$M_{\max}=\frac{Wl^2}{8}=\frac{1.5\times10^2}{8}=18.75\text{kN}\cdot\text{m}$$

$$I=\frac{0.2\times0.3^3}{12}=4.5\times10^{-5}$$

$$\therefore \sigma_{\max}=\frac{M}{I}y=\frac{18.75}{4.5\times10^{-5}}\times0.15=6.25\text{MPa}$$

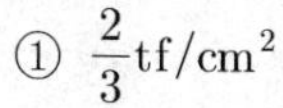

19 다음에서 부재 BC에 걸리는 응력의 크기는?

① $\frac{2}{3}\text{tf/cm}^2$

② 1tf/cm^2

③ $\frac{3}{2}\text{tf/cm}^2$

④ 2tf/cm^2

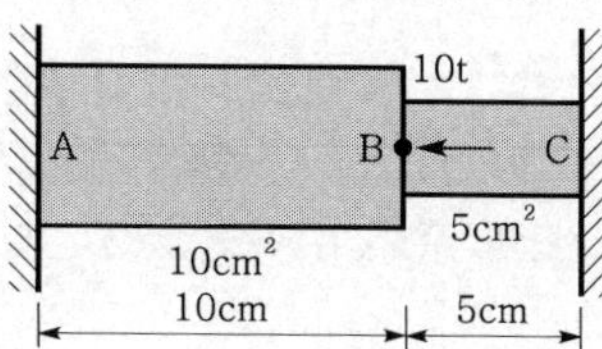

해설 R_C를 부정정력으로 선택

$$\Delta_{C1}=\frac{10\times10}{EA_1}=\frac{10\times10}{E\times10}=\frac{10}{E}(\leftarrow)$$

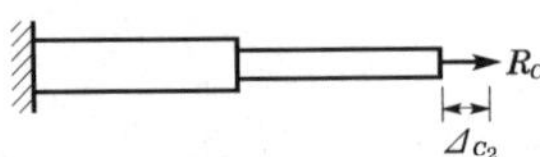

$$\Delta_{C2}=\frac{R_C\times10}{EA_1}+\frac{R_C\times5}{EA_2}=\frac{R_C\times10}{E\times10}+\frac{R_C\times5}{E\times5}=\frac{2R_C}{E}(\rightarrow)$$

$$\Delta_{C1}=\Delta_{C2}$$

$$\frac{10}{E}=\frac{2R_C}{E}$$

$$\therefore R_C=5\text{tf}(\rightarrow)$$

$$\therefore \sigma_{BC}=\frac{R_C}{A_2}=\frac{5,000}{5}=1,000\text{kgf/cm}^2=1\text{tf/cm}^2$$

20 절점 O는 이동하지 않으며 재단 A, B, C가 고정일 때 M_{CO}의 크기는 얼마인가? (단, k는 강비이다.)

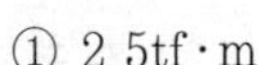

① 2.5tf·m
② 3tf·m
③ 3.5tf·m
④ 4tf·m

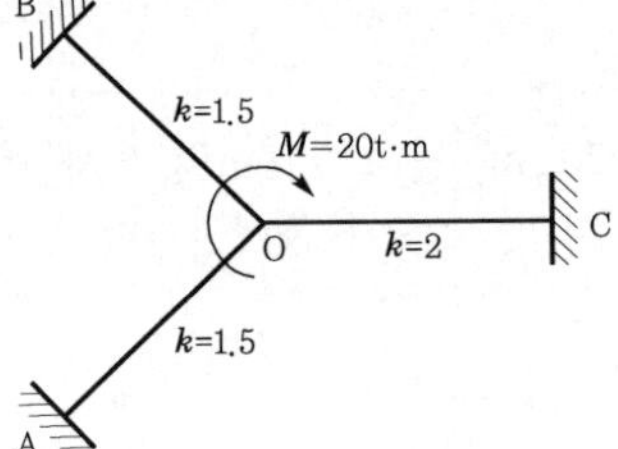

해설 모멘트분배법에 의해 C점의 휨모멘트는 O점의 분배모멘트(M_{OC})가 1/2 전달된다.

$$\therefore M_{CO}=\frac{1}{2}M_{OC}=\frac{1}{2}\left(MT\frac{k_{DC}}{\sum k}\right)$$
$$=\frac{1}{2}\times\left(20\times\frac{2}{1.5+1.5+2}\right)=4\text{tf}\cdot\text{m}$$

제2과목 : 측량학

21 종단면도에 표기하여야 하는 사항으로 거리가 먼 것은?

① 흙깎기 토량과 흙쌓기 토량
② 거리 및 누가거리
③ 지반고 및 계획고
④ 경사도

해설 종단면도의 기재사항은 측점, 추가거리, 지반고, 계획고, 성토고, 절토고, 구배이다.

 정답 ▸▸▸ 20. ④ 21. ①

22 다음 그림과 같은 복곡선(compound curve)에서 관계식으로 틀린 것은?

① $\varDelta_1 = \varDelta - \varDelta_2$

② $t_2 = R_2 \tan\dfrac{\varDelta_2}{2}$

③ $VG = \sin\varDelta_2\left(\dfrac{GH}{\sin\varDelta}\right)$

④ $VB = \sin\varDelta_1\left(\dfrac{GH}{\sin\varDelta}\right) + t_2$

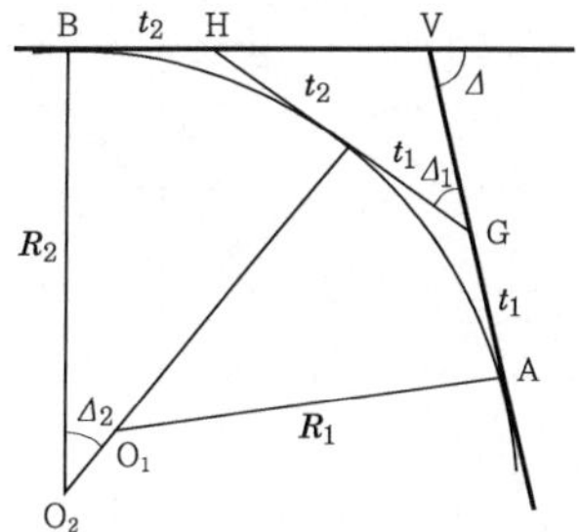

해설 $VB = \left(\dfrac{GH}{\sin\varDelta}\right)\sin\varDelta_1 + t_2$

23 지구의 곡률에 의하여 발생하는 오차를 $1/10^6$까지 허용한다면 평면으로 가정할 수 있는 최대 반지름은? (단, 지구곡률반지름 R=6,370km)

① 약 5km ② 약 11km

③ 약 22km ④ 약 110km

해설 $\dfrac{1}{m} = \dfrac{L^2}{12R^2}$

$\dfrac{1}{1{,}000{,}000} = \dfrac{L^2}{12 \times 6{,}370^2}$

$L^2 = 22\text{km}$(직경)

∴ 반경 = 11km

24 3차 중첩내삽법(cubic convolution)에 대한 설명으로 옳은 것은?

① 계산된 좌표를 기준으로 가까운 3개의 화소값의 평균을 취한다.

② 영상분류와 같이 원영상의 화소값과 통계치가 중요한 작업에 많이 사용된다.

③ 계산이 비교적 빠르며 출력영상이 가장 매끄럽게 나온다.

④ 보정 전 자료와 통계치 및 특성의 손상이 많다.

해설 3차 중첩내삽법은 구하고자 하는 최소값을 둘러싸는 16개의 입력화소의 가중치를 적용하여 화소값을 구하는 방법으로 보정 전 자료와 통계치 및 특성의 손상이 많다.

정답 ▸▸▸ 22. ④ 23. ② 24. ④

25 다음 그림과 같은 유토곡선(mass curve)에서 하향구간이 의미하는 것은?

① 성토구간
② 절토구간
③ 운반토량
④ 운반거리

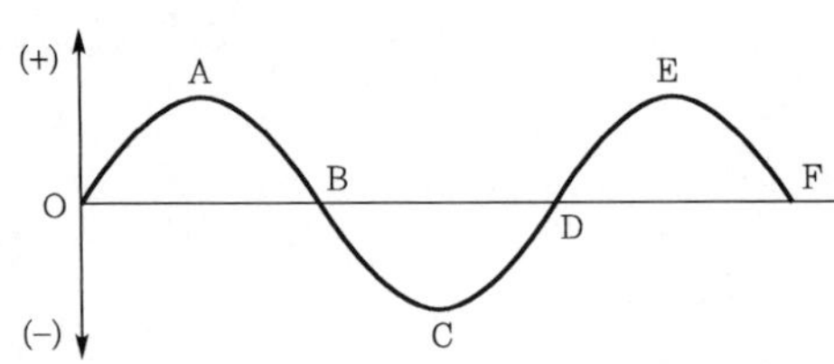

 유토곡선에서 상향구간은 절토구간이며, 하향구간은 성토구간이다.

26 높이 2,774m인 산의 정상에 위치한 저수지의 가장 긴 변의 거리를 관측한 결과 1,950m이었다면 평균해수면으로 환산한 거리는? (단, 지구반지름 R=6,370km)

① 1,949.152m ② 1,950.849m
③ −0.848m ④ +0.848m

해설 ㉠ 평균해수면 보정

$$C_h = -\frac{L}{R}H = -\frac{1,950}{6,370,000} \times 2,774 = -0.848\text{m}$$

㉡ 환산거리

$$L_o = 1,950 - 0.848 = 1,949.152\text{m}$$

27 축척 1 : 2,000 도면상의 면적을 축척 1 : 1,000으로 잘못 알고 면적을 관측하여 24,000m^{2}를 얻었다면 실제 면적은?

① 6,000m^2 ② 12,000m^2
③ 48,000m^2 ④ 96,000m^2

해설

$$a_2 = \left(\frac{m_2}{m_1}\right)^2 a_1 = \left(\frac{2,000}{1,000}\right)^2 \times 24,000 = 96,000\text{m}^2$$

28 촬영고도 1,000m로부터 초점거리 15cm의 카메라로 촬영한 중복도 60%인 2장의 사진이 있다. 각각의 사진에서 주점기선장을 측정한 결과 124mm와 132mm이었다면 비고 60m인 굴뚝의 시차차는?

① 8.0mm ② 7.9mm
③ 7.7mm ④ 7.4mm

해설

$$\Delta P = \frac{h}{H}b_o = \frac{60}{1,000} \times \left(\frac{124+132}{2}\right) = 7.7\text{mm}$$

 정답 ▶▶▶ 25. ① 26. ① 27. ④ 28. ③

29 다음 그림과 같이 수준측량을 실시하였다. A점의 표고는 300m이고, B와 C구간은 교호수준측량을 실시하였다면 D점의 표고는? (표고차 : A → B : +1.233m, B → C : +0.726m, C → B : −0.720m, C → D : −0.926m)

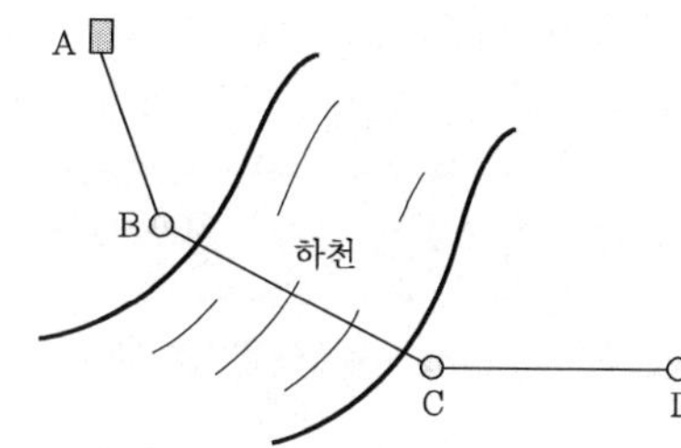

① 300.310m
② 301.030m
③ 302.153m
④ 302.882m

해설

$$H_D = 300 + 1.233 + \left(\frac{0.726 + 0.720}{2}\right) - 0.926 = 301.03\text{m}$$

30 지표면상의 A, B 간의 거리가 7.1km라고 하면 B점에서 A점을 시준할 때 필요한 측표(표척)의 최소 높이로 옳은 것은? (단, 지구의 반지름은 6,370km이고 대기의 굴절에 의한 요인은 무시한다.)

① 1m ② 2m
③ 3m ④ 4m

최소 높이 $= \dfrac{D^2}{2R} = \dfrac{7.1^2}{2 \times 6{,}370} = 0.004\text{km} = 4\text{m}$

31 다음 그림과 같이 $\triangle P_1P_2C$ 는 동일 평면상에서 $\alpha_1 = 62°8'$, $\alpha_2 = 56°27'$, $B = 60.00$m이고 연직각 $\nu_1 = 20°46'$일 때 C로부터 P까지의 높이 H는?

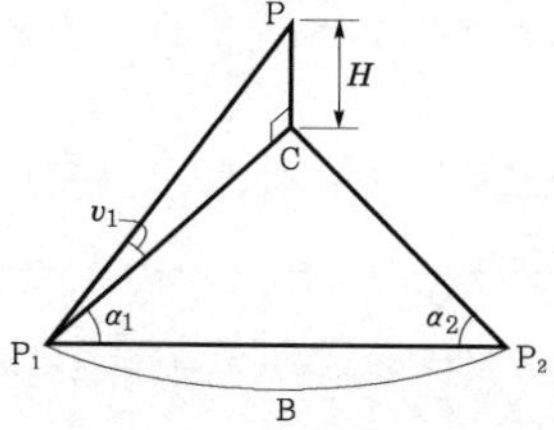

① 24.23m
② 22.90m
③ 21.59m
④ 20.58m

㉠ $\dfrac{\overline{CP_1}}{\sin 56°27'} = \dfrac{60}{\sin 61°25'}$

$\therefore \overline{CP_1} = 56.94\text{m}$

㉡ $H = 56.94 \times \tan 20°46' = 21.59\text{m}$

32 확폭량이 S인 노선에서 노선의 곡선반지름(R)을 두 배로 하면 확폭량(S')은?

① $S' = \dfrac{1}{4}S$ ② $S' = \dfrac{1}{2}S$
③ $S' = 2S$ ④ $S' = 4S$

해설

확폭 $= \dfrac{L^2}{2R}$ 이므로 반지름(R)을 2배로 하면 확폭량은 $\dfrac{1}{2}$배가 된다.

정답 ▸▸▸ 29. ② 30. ④ 31. ③ 32. ②

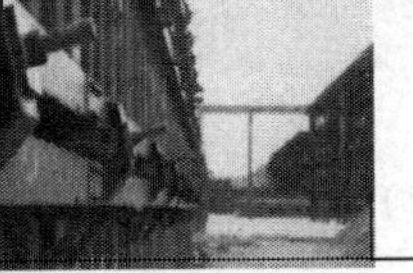

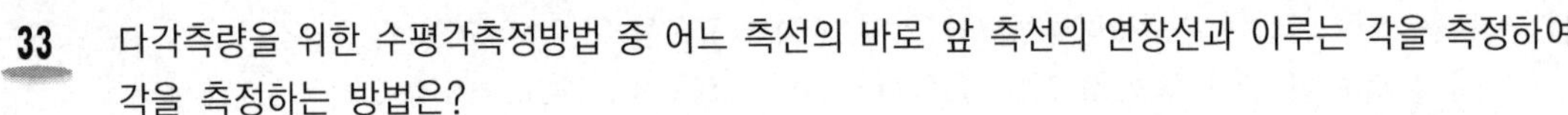

33 다각측량을 위한 수평각측정방법 중 어느 측선의 바로 앞 측선의 연장선과 이루는 각을 측정하여 각을 측정하는 방법은?

① 편각법 ② 교각법
③ 방위각법 ④ 전진법

해설 ㉠ 편각 : 어느 측선의 바로 앞 측선의 연장선과 이루는 각
㉡ 교각 : 서로 이웃하는 측선이 이루는 각
㉢ 방위각 : 진북을 기준으로 시계방향으로 잰 각

34 수준측량과 관련된 용어에 대한 설명으로 틀린 것은?

① 수준면(level surface)은 각 점들이 중력방향에 직각으로 이루어진 곡면이다.
② 지구곡률을 고려하지 않는 범위에서는 수준면(level surface)을 평면으로 간주한다.
③ 지구의 중심을 포함한 평면과 수준면이 교차하는 선이 수준선(level line)이다.
④ 어느 지점의 표고(elevation)라 함은 그 지역 기준타원체로부터의 수직거리를 말한다.

해설 표고라 함은 기준면(평균해수면)으로부터 어느 지점까지의 연직거리를 말한다.

35 하천에서 2점법으로 평균유속을 구할 경우 관측하여야 할 두 지점의 위치는?

① 수면으로부터 수심의 $\frac{1}{5}$, $\frac{3}{5}$지점
② 수면으로부터 수심의 $\frac{1}{5}$, $\frac{4}{5}$지점
③ 수면으로부터 수심의 $\frac{2}{5}$, $\frac{3}{5}$지점
④ 수면으로부터 수심의 $\frac{2}{5}$, $\frac{4}{5}$지점

해설 2점법에 의한 평균유속은 수면으로부터 $\frac{1}{5}$, $\frac{4}{5}$지점의 유속을 평균하여 계산한다.

36 직사각형의 두 변의 길이를 $\frac{1}{100}$ 정밀도로 관측하여 면적을 산출할 경우 산출된 면적의 정밀도는?

① $\frac{1}{50}$ ② $\frac{1}{100}$
③ $\frac{1}{200}$ ④ $\frac{1}{300}$

해설 $\frac{\Delta A}{A}=2\frac{\Delta L}{L}=2\times\frac{1}{100}=\frac{1}{50}$

 정답 ▸▸▸ 33. ① 34. ④ 35. ② 36. ①

37 삼각측량을 위한 삼각망 중에서 유심다각망에 대한 설명으로 틀린 것은?

① 농지측량에 많이 사용된다.
② 방대한 지역의 측량에 적합하다.
③ 삼각망 중에서 정확도가 가장 높다.
④ 동일 측점수에 비하여 포함면적이 가장 넓다.

해설 삼각망 중 가장 정확도가 높은 것은 사변형 삼각망이다.

38 사진측량의 특수 3점에 대한 설명으로 옳은 것은?

① 사진상에서 등각점을 구하는 것이 가장 쉽다.
② 사진의 경사각이 0°인 경우에는 특수 3점이 일치한다.
③ 기복변위는 주점에서 0이며 연직점에서 최대이다.
④ 카메라의 경사에 의한 사선방향의 변위는 등각점에서 최대이다.

39 등경사인 지성선 상에 있는 A, B표고가 각각 43m, 63m이고 AB의 수평거리는 80m이다. 45m, 50m, 등고선과 지성선 AB의 교점을 각각 C, D라고 할 때 AC의 도상길이는? (단, 도상축척은 1 : 100이다.)

① 2cm
② 4cm
③ 8cm
④ 12cm

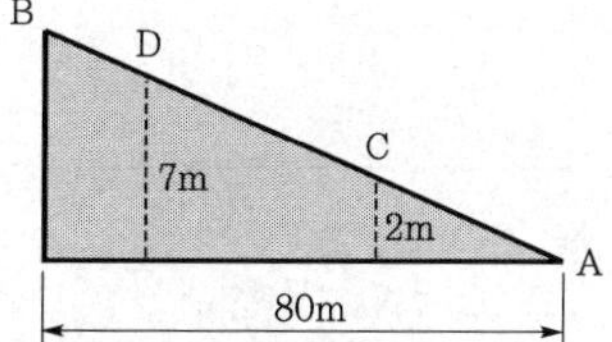

해설 ㉠ AC의 실제 거리

$80 : 20 = \overline{AC} : 2$

$\therefore \overline{AC} = 8m$

㉡ AC의 도상거리

$\frac{1}{100} = \frac{도상거리}{8}$

∴ 도상거리=8cm

40 트래버스측량에 관한 일반적인 사항에 대한 설명으로 옳지 않은 것은?

① 트래버스종류 중 결합트래버스는 가장 높은 정확도를 얻을 수 있다.
② 각관측방법 중 방위각법은 한번 오차가 발생하면 그 영향은 끝까지 미친다.
③ 폐합오차조정방법 중 컴퍼스법칙은 각관측의 정밀도가 거리관측의 정밀도보다 높을 때 실시한다.
④ 폐합트래버스에서 편각의 총합은 반드시 360°가 되어야 한다.

해설 컴퍼스법칙은 각과 거리의 정밀도가 같은 경우 사용된다.

정답 37. ③ 38. ② 39. ③ 40. ③

제3과목 : 수리수문학

41 개수로 지배 단면의 특성으로 옳은 것은?

① 하천흐름이 부정류인 경우에 발생한다.
② 완경사의 흐름에서 배수곡선이 나타나면 발생한다.
③ 상류흐름에서 사류흐름으로 변화할 때 발생한다.
④ 사류인 흐름에서 도수가 발생할 때 발생한다.

해설 상류에서 사류로 변화할 때의 단면을 지배 단면(control section)이라 한다.

42 다음 그림과 같은 액주계에서 수은면의 차가 10cm이었다면 A, B점의 수압차는? (단, 수은의 비중=13.6, 무게 1kg=9.8N)

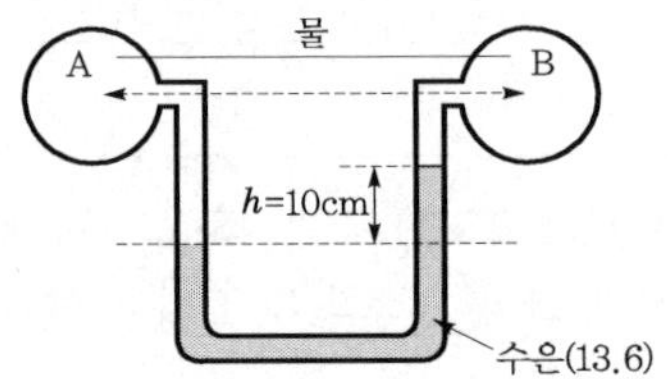

① 133.5kPa　② 123.5kPa
③ 13.35kPa　④ 12.35kPa

해설 $P_a + w_1 h - w_2 h - P_b = 0$

$P_a - P_b = (w_2 - w_1)h = (13.6-1)\times 0.1 = 1.26\text{t/m}^2 = 1.26\times 9.8\text{kN/m}^2$
$= 12.35\text{kPa}(\because\ 1\text{Pa} = 1\text{N/m}^2)$

43 도수(hydraulic jump) 전후의 수심 h_1, h_2의 관계를 도수 전의 Froude수 F_{r1}의 함수로 표시한 것으로 옳은 것은?

① $\dfrac{h_1}{h_2} = \dfrac{1}{2}\left(\sqrt{8{F_{r1}}^2+1}-1\right)$

② $\dfrac{h_1}{h_2} = \dfrac{1}{2}\left(\sqrt{8{F_{r1}}^2+1}+1\right)$

③ $\dfrac{h_2}{h_1} = \dfrac{1}{2}\left(\sqrt{8{F_{r1}}^2+1}-1\right)$

④ $\dfrac{h_2}{h_1} = \dfrac{1}{2}\left(\sqrt{8{F_{r1}}^2+1}+1\right)$

해설 $\dfrac{h_2}{h_1} = \dfrac{1}{2}\left(-1+\sqrt{1+8{F_{r1}}^2}\right)$

 정답 ▸▸ 41. ③ 42. ④ 43. ③

44 관로길이 100m, 안지름 30cm의 주철관에 0.1m^3/s의 유량을 송수할 때 손실수두는? (단, $v=C\sqrt{RI}$, C=63m$^{\frac{1}{2}}$/s이다.)

① 0.54m ② 0.67m
③ 0.74m ④ 0.88m

해설

㉠ $f=\dfrac{8g}{C^2}=\dfrac{8\times 9.8}{63^2}=0.02$

㉡ $Q=AV$

$0.1=\dfrac{\pi\times 0.3^2}{4}\times V$

$\therefore\ V=1.41\text{m/sec}$

㉢ $h_L=f\dfrac{l}{D}\dfrac{V^2}{2g}=0.02\times\dfrac{100}{0.3}\times\dfrac{1.41^2}{2\times 9.8}=0.68\text{m}$

45 안지름 2m의 관내를 20℃의 물이 흐를 때 동점성계수가 0.0101cm^2/s이고, 속도가 50cm/s라면 이때의 레이놀즈수(Reynolds number)는?

① 960,000 ② 970,000
③ 980,000 ④ 990,000

해설

$R_e=\dfrac{VD}{\nu}=\dfrac{50\times 200}{0.0101}=990{,}099$

46 관 벽면의 마찰력 τ_o, 유체의 밀도 ρ, 점성계수를 μ라 할 때 마찰속도(U^*)는?

① $\dfrac{\tau_o}{\rho\mu}$ ② $\sqrt{\dfrac{\tau_o}{\rho\mu}}$
③ $\sqrt{\dfrac{\tau_o}{\rho}}$ ④ $\sqrt{\dfrac{\tau_o}{\mu}}$

해설

$U^*=\sqrt{\dfrac{\tau_o}{\rho}}$

47 저수지의 물을 방류하는 데 1 : 225로 축소된 모형에서 4분이 소요되었다면 원형에서의 소요시간은?

① 60분 ② 120분
③ 900분 ④ 3,375분

해설

$T_r=\dfrac{T_m}{T_p}=\sqrt{\dfrac{L_r}{g_r}}$

$\dfrac{4}{T_p}=\sqrt{\dfrac{\frac{1}{225}}{1}}$

$\therefore\ T_p=60$분

정답 ▸▸▸ 44. ② 45. ④ 46. ③ 47. ①

48 강우강도(I), 지속시간(D), 생기빈도(F)의 관계를 표현하는 식 $I=\dfrac{kT^x}{t^n}$에 대한 설명으로 틀린 것은?

① t : 강우의 지속시간(min)으로서, 강우가 계속 지속될수록 강우강도(I)는 커진다.
② I : 단위시간에 내리는 강우량(mm/hr)인 강우강도이며 각종 수문학적 해석 및 설계에 필요하다.
③ T : 강우의 생기빈도를 나타내는 연수(年數)로 재현기간(년)을 의미한다.
④ k, x, n : 지역에 따라 다른 값을 가지는 상수이다.

해설 지속시간(t)이 클수록 강우강도(I)는 작아진다.

49 지속기간 2hr인 어느 단위유량도의 기저시간이 10hr이었다. 강우강도가 각각 2.0, 3.0 및 5.0cm/hr이고, 강우지속기간은 똑같이 모두 2hr인 3개의 유효강우가 연속해서 내릴 경우 이로 인한 직접유출수문곡선의 기저시간은?

① 2hr ② 10hr
③ 14hr ④ 16hr

해설 기저시간 = 10 + 2 + 2 = 14시간

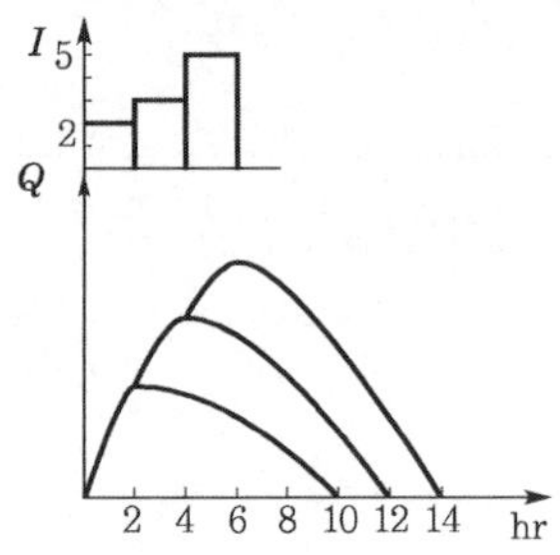

50 직사각형의 단면(폭 4m×수심 2m) 개수로에서 Manning공식의 조도계수 n=0.017이고, 유량 Q=15m^3/s일 때 수로의 경사(I)는?

① 1.016×10^{-3} ② 4.548×10^{-3}
③ 15.365×10^{-3} ④ 31.875×10^{-3}

해설
㉠ $R=\dfrac{A}{S}=\dfrac{4\times2}{4+2\times2}=1\text{m}$

㉡ $Q=A\dfrac{1}{n}R^{\frac{2}{3}}I^{\frac{1}{2}}$

$$15=(4\times2)\times\frac{1}{0.017}\times1^{\frac{2}{3}}\times I^{\frac{1}{2}}$$

$\therefore\ I=1.016\times10^{-3}$

 정답 48. ① 49. ③ 50. ①

51 하상계수(河狀係數)에 대한 설명으로 옳은 것은?

① 대하천의 주요 지점에서의 강우량과 저수량의 비
② 대하천의 주요 지점에서의 최소 유량과 최대 유량의 비
③ 대하천의 주요 지점에서의 홍수량과 하천유지유량의 비
④ 대하천의 주요 지점에서의 최소 유량과 갈수량의 비

해설 $하상계수=\frac{최대\ 유량}{최소\ 유량}$

52 어떤 유역에 다음 표와 같이 30분간 집중호우가 발생하였다. 지속시간 15분인 최대 강우강도는?

시간(분)	우량(mm)	시간(분)	우량(mm)
0~5	2	15~20	4
5~10	4	20~25	8
10~15	6	25~30	6

① 80mm/hr ② 72mm/hr
③ 64mm/hr ④ 50mm/hr

해설 $I=(6+4+8)\times\frac{60}{15}=72\text{mm/hr}$

53 수평으로 관 A와 B가 연결되어 있다. 관 A에서 유속은 2m/s, 관 B에서의 유속은 3m/s이며 관 B에서의 유체압력이 9.8kN/m^{2}이라 하면 관 A에서의 유체압력은? (단, 에너지 손실은 무시한다.)

① 2.5kN/m^2 ② 12.3kN/m^2
③ 22.6kN/m^2 ④ 37.6kN/m^2

해설 $w=1\text{t/m}^3=9.8\text{kN/m}^3$

$$\frac{{V_1}^2}{2g}+\frac{P_1}{w}+Z_1=\frac{{V_2}^2}{2g}+\frac{P_2}{w}+Z_2$$

$$\frac{2^2}{2\times9.8}+\frac{P_1}{9.8}+0=\frac{3^2}{2\times9.8}+\frac{9.8}{9.8}+0$$

$$\therefore\ P_1=12.3\text{kN/m}^2$$

54 연직오리피스에서 일반적인 유량계수 C의 값은?

① 대략 1.00 전후이다.
② 대략 0.80 전후이다.
③ 대략 0.60 전후이다.
④ 대략 0.40 전후이다.

해설 C=0.6~0.64 정도이다.

정답 51. ② 52. ② 53. ② 54. ③

55 직사각형 단면의 수로에서 최소 비에너지가 1.5m라면 단위폭당 최대 유량은? (단, 에너지보정계수 $\alpha = 1.0$)

① $2.86\text{m}^3/\text{s/m}$ ② $2.98\text{m}^3/\text{s/m}$
③ $3.13\text{m}^3/\text{s/m}$ ④ $3.32\text{m}^3/\text{s/m}$

㉠ $h_c = \frac{2}{3}H_e = \frac{2}{3} \times 1.5 = 1\text{m}$

㉡ $h_c = \left(\frac{\alpha Q^2}{gb^2}\right)^{\frac{1}{3}}$

$1 = \left(\frac{Q^2}{9.8 \times 1^2}\right)^{\frac{1}{3}}$

$\therefore Q = Q_{\max} = 3.13\text{m}^3/\text{sec/m}$

56 부피가 4.6m^3인 유체의 중량이 51.548kN일 때 이 유체의 비중은?

① 1.14 ② 5.26
③ 11.40 ④ 1,143.48

㉠ $M = wV$

$51.548 = w \times 4.6$

$\therefore w = 11.21\text{kN/m}^3$

㉡ 비중$= \frac{11.21}{9.8} = 1.14$

57 여과량이 $2\text{m}^3/\text{s}$이고 동수경사가 0.2, 투수계수가 1cm/s일 때 필요한 여과지면적은?

① $2,500\text{m}^2$ ② $2,000\text{m}^2$
③ $1,500\text{m}^2$ ④ $1,000\text{m}^2$

$Q = KiA$

$2 = 0.01 \times 0.2 \times A$

$\therefore A = 1,000\text{m}^2$

58 베르누이정리를 $\frac{\rho}{2}V^2 + wZ + P = H$로 표현할 때 이 식에서 정체압(stagnation pressure)은?

① $\frac{\rho}{2}V^2 + wZ$로 표시한다. ② $\frac{\rho}{2}V^2 + P$로 표시한다.
③ $wZ + P$로 표시한다. ④ P로 표시한다.

$\frac{V^2}{2g} + \frac{P}{w} + Z = H$

$\frac{wV^2}{2g} + P + wZ = H_p$

동압력+정압력+위치압력=총압력

정답 ▸▸▸ 55. ③ 56. ① 57. ④ 58. ②

59 2개의 불투수층 사이에 있는 대수층의 두께 a, 투수계수 k인 곳에 반지름 r_0인 굴착정(artesian well)을 설치하고 일정 양수량 Q를 양수하였더니 양수 전 굴착정 내의 수위 H가 h_0로 하강하여 정상흐름이 되었다. 굴착정의 영향원반지름을 R이라 할 때 $(H-h_0)$의 값은?

① $\dfrac{2Q}{\pi ak}\ln\left(\dfrac{R}{r_0}\right)$ ② $\dfrac{Q}{2\pi ak}\ln\left(\dfrac{R}{r_0}\right)$

③ $\dfrac{2Q}{\pi ak}\ln\left(\dfrac{r_0}{R}\right)$ ④ $\dfrac{Q}{2\pi ak}\ln\left(\dfrac{r_0}{R}\right)$

해설

$$Q=\frac{2\pi ak(H-h_o)}{\ln\dfrac{R}{r_o}}$$

60 합성단위유량도의 모양을 결정하는 인자가 아닌 것은?

① 기저시간 ② 첨두유량

③ 지체시간 ④ 강우강도

해설 미계측지역에서는 다른 유역에서 얻은 기저시간, 첨두유량, 지체시간 등 3개의 매개변수로서 단위도를 합성할 수 있다. 이러한 방법에 의하여 구한 단위도를 합성단위유량도라 한다.

제4과목 : 철근콘크리트 및 강구조

61 다음 그림과 같은 복철근 직사각형 보에서 공칭모멘트강도(M_n)는? (단, f_{ck}=24MPa, f_y=350MPa, A_s=5,730mm², A_s'=1,980mm²)

① 947.7kN·m

② 886.5kN·m

③ 805.6kN·m

④ 725.3kN·m

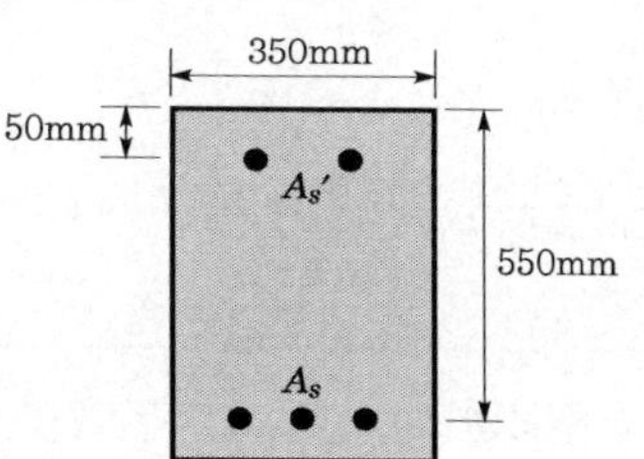

해설

$$a=\frac{f_y(A_s-A_s')}{\eta(0.85f_{ck})b}=\frac{350\times(5,730-1,980)}{1.0\times0.85\times24\times350}=183.82\text{mm}$$

$$\therefore M_n=f_y(A_s-A_s')\left(d-\frac{a}{2}\right)+f_yA_s'(d-d')$$

$$=350\times(5,730-1,980)\times\left(550-\frac{183.8}{2}\right)+350\times1,980\times(550-50)\times10^{-6}$$

$$=947.7\text{kN}\cdot\text{m}$$

정답 59. ② 60. ④ 61. ①

62 다음 그림의 빗금 친 부분과 같은 단철근 T형보의 등가응력의 깊이(a)는? (단, A_s =6,354mm^2, f_{ck} =24MPa, f_y =400MPa)

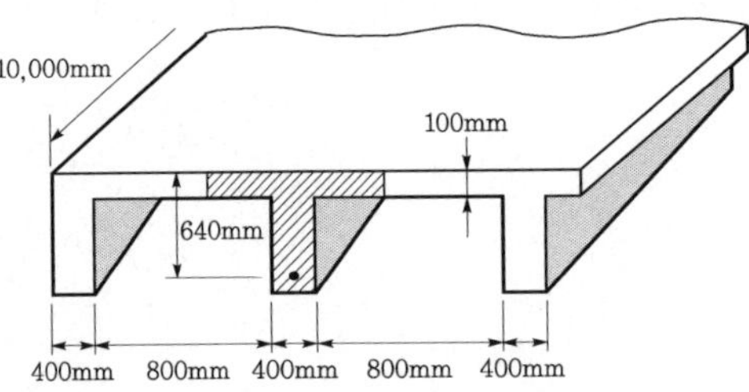

① 96.7mm
② 111.5mm
③ 121.3mm
④ 128.6mm

해설 ㉠ T형보의 유효폭(b_e) 결정

- $16t+b_w=16\times100+400=2,000\text{mm}$
- $b_c=400+400+400=1,200\text{mm}$
- $\frac{1}{4}l=\frac{1}{4}\times10,000=2,500\text{mm}$

∴ 이 중 작은 값 $b_e=1,200\text{mm}$

㉡ T형보 판별

$$a=\frac{A_sf_y}{\eta(0.85f_{ck})b}=\frac{400\times6,354}{1.0\times0.85\times24\times1,200}=103.8>t_f(=100)$$

∴ T형보로 해석

㉢ $$A_{sf}=\frac{\eta(0.85f_{ck})t(b-b_w)}{f_y}$$
$$=\frac{1.0\times0.85\times24\times100\times(1,200-400)}{400}=4,080\text{mm}^2$$

$$\therefore\ a=\frac{f_y(A_s-A_{sf})}{\eta(0.85f_{ck})b_w}$$
$$=\frac{400\times(6,354-4,080)}{1.0\times0.85\times24\times400}=111.47\text{mm}$$

63 다음 단면의 균열모멘트 M_{cr}의 값은? (단, 보통중량콘크리트로서 f_{ck} =25MPa, f_y =400MPa)

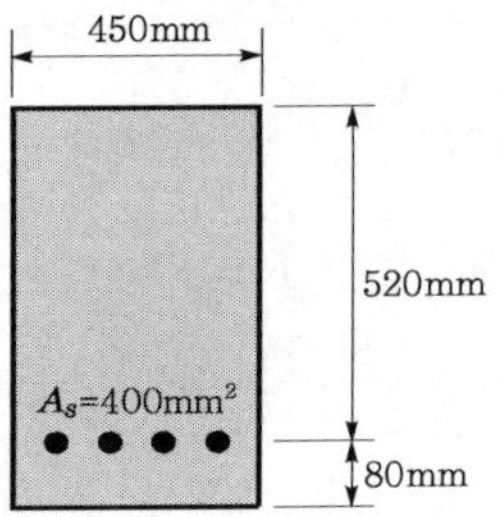

① 16.8kN·m
② 41.58kN·m
③ 63.88kN·m
④ 85.05kN·m

 정답 ▸▸▸ 62. ② 63. ④

해설 $f_r = 0.63\lambda\sqrt{f_{ck}}$

$$\therefore\ M_{cr} = \frac{I_g}{y_t} f_r = \frac{\frac{1}{12}\times 450\times 600^3}{300}\times 0.63\times 1.0\sqrt{25}$$
$$= 85,050,000\text{N}\cdot\text{mm}$$
$$= 85.05\text{kN}\cdot\text{m}$$

64 다음과 같은 옹벽의 각 부분 중 직사각형 보로 설계해야 할 부분은?

① 앞부벽
② 부벽식 옹벽의 전면벽
③ 캔틸레버식 옹벽의 전면벽
④ 부벽식 옹벽의 저판

해설 ㉠ 뒷부벽식 옹벽 뒷부벽 : T형보, 인장철근
㉡ 앞부벽식 옹벽 앞부벽 : 직사각형 보, 압축철근

65 콘크리트설계기준강도가 28MPa, 철근의 항복강도가 350MPa로 설계된 내민길이 4m인 캔틸레버보가 있다. 처짐을 계산하지 않는 경우의 최소 두께는?

① 340mm
② 465mm
③ 512mm
④ 600mm

해설 캔틸레버형태는 $\frac{l}{8}$이다.

$$\therefore\ h = \frac{l}{8}\left(0.43 + \frac{f_y}{700}\right) = \frac{4,000}{8}\times\left(0.43 + \frac{350}{700}\right) = 465\text{mm}$$

66 2방향 슬래브 설계 시 직접설계법을 적용할 수 있는 제한사항에 대한 설명으로 틀린 것은?

① 각 방향으로 3경간 이상 연속되어야 한다.
② 슬래브 판들은 단변경간에 대한 장변경간의 비가 2 이하인 직사각형이어야 한다.
③ 연속한 기둥 중심선을 기준으로 기둥의 어긋남은 그 방향 경간의 15% 이하이어야 한다.
④ 각 방향으로 연속한 받침부 중심 간 경간차이는 경간의 1/3 이하이어야 한다.

해설 ③의 경우 경간의 10%까지 허용한다.

67 깊은 보에 대한 전단설계의 규정내용으로 틀린 것은? (단, l_n : 받침부 내면 사이의 순경간, λ : 경량콘크리트계수, b_w : 복부의 폭, d : 유효깊이, s : 종방향 철근에 평행한 방향으로 전단철근의 간격, s_h : 종방향 철근에 수직방향으로 전단철근의 간격)

① l_n이 부재깊이의 3배 이상인 경우 깊은 보로서 설계한다.
② 깊은 보의 V_n은 $(5\lambda\sqrt{f_{ck}}/6)b_w d$ 이하이어야 한다.
③ 휨인장철근과 직각인 수직전단철근의 단면적 A_v를 $0.0025b_w s$ 이상으로 하여야 한다.
④ 휨인장철근과 평행한 수평전단철근의 단면적 A_{vh}를 $0.0015b_w s_h$ 이상으로 하여야 한다.

해설 깊은 보에서 $l_n \le 4d$이므로 4배 이상이어야 한다.

정답 ▸▸▸ 64. ① 65. ② 66. ③ 67. ①

68 PS콘크리트의 균등질보의 개념(homogeneous beam concept)을 설명한 것으로 가장 적당한 것은?

① 콘크리트에 프리스트레스가 가해지면 PSC부재는 탄성재료로 전환되고, 이의 해석은 탄성이론으로 가능하다는 개념
② PSC보를 RC보처럼 생각하여 콘크리트는 압축력을 받고 긴장재는 인장력을 받게 하여 두 힘의 우력모멘트로 외력에 의한 휨모멘트에 저항시킨다는 개념
③ PS콘크리트는 결국 부재에 작용하는 하중의 일부 또는 전부를 미리 가해진 프리스트레스와 평행이 되도록 하는 개념
④ PS콘크리트는 강도가 크기 때문에 보의 단면을 강재의 단면으로 가정하여 압축 및 인장을 단면 전체가 부담할 수 있다는 개념

해설 응력개념=균등질보의 개념=탄성이론에 의한 해석

69 다음 그림과 같은 나선철근단주의 공칭중심축하중(P_n)은? (단, f_{ck}=24MPa, f_y=400MPa, 축방향 철근은 8-D25(A_{st}=4,050mm^2)를 사용)

① 2,125.2kN
② 2,734.3kN
③ 3,168.6kN
④ 3,485.8kN

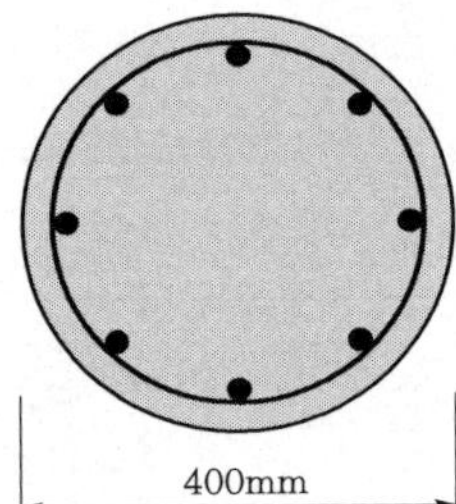

해설 $P_n = \alpha[0.85 f_{ck}(A_g - A_{st}) + f_y A_{st}]$

$= 0.85 \times [0.85 \times 24 \times (\pi \times 400^2/4) - 4{,}050 + 400 \times 4{,}050] \times 10^{-3}$

$= 3{,}485.78\text{kN}$

70 폭 b=300mm, 유효깊이 d=500mm, 철근 단면적 A_s=2,200mm^{2}를 갖는 단철근콘크리트 직사각형 보를 강도설계법으로 휨설계할 때 설계휨모멘트강도(ϕM_n)는? (단, 콘크리트설계기준강도 f_{ck}=27MPa, 철근항복강도 f_y=400MPa)

① 186.6kN·m
② 234.7kN·m
③ 284.5kN·m
④ 326.2kN·m

해설

$$a = \frac{f_y A_s}{\eta(0.85 f_{ck}) b} = \frac{400 \times 2{,}200}{1.0 \times 0.85 \times 27 \times 300} = 127.8\text{mm}$$

$$\therefore \phi M_n = \phi\left[f_y A_s\left(d - \frac{a}{2}\right)\right]$$

$$= 0.85 \times \left[400 \times 2{,}200 \times \left(500 - \frac{127.8}{2}\right)\right] \times 10^{-6}$$

$$= 326.2\text{kN·m}$$

 정답 ▸▸▸ 68. ① 69. ④ 70. ④

71 용접이음에 관한 설명으로 틀린 것은?

① 리벳구멍으로 인한 단면 감소가 없어서 강도 저하가 없다.
② 내부검사(X선검사)가 간단하지 않다.
③ 작업의 소음이 적고 경비와 시간이 절약된다.
④ 리벳이음에 비해 약하므로 응력집중현상이 일어나지 않는다.

해설 용접이음의 단점
㉠ 부분적으로 가열되므로 잔류응력과 변형이 남게 된다.
㉡ 용접부 내부의 검사가 쉽지 않다.
㉢ 응력집중현상이 발생하기 쉽다.

72 다음 그림과 같이 활하중(w_L)은 30kN/m, 고정하중(w_D)은 콘크리트의 자중(단위무게 23kN/m^3)만 작용하고 있는 캔틸레버보가 있다. 이 보의 위험 단면에서 전단철근이 부담해야 할 전단력은? (단, 하중은 하중조합을 고려한 소요강도(U)를 적용하고 f_{ck}=24MPa, f_y=300MPa이다.)

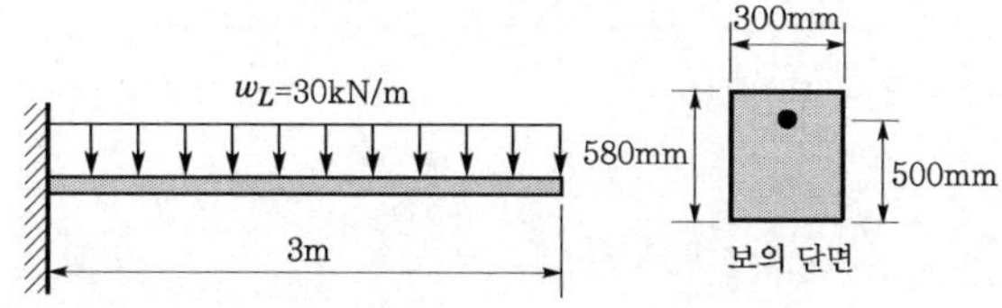

① 88.7kN
② 53.5kN
③ 21.3kN
④ 9.5kN

해설 ㉠ 계수하중

$U = 1.2w_D + 1.6w_L$
$= (0.3 \times 0.58) \times 23 + (1.6 \times 30)$
$= 52.8\text{kN/m}$

㉡ 계수전단력

$V_u = R_A - wd$
$= wl - wd$
$= 52.8 \times 3 - 52.8 \times 0.5$
$= 132\text{kN}$

㉢ $V_u = \phi V_n = \phi(V_c + V_s)$

$\therefore V_s = \dfrac{V_u}{\phi} - V_c = \dfrac{132 \times 10^3}{0.75} - \dfrac{1}{6}\sqrt{24} \times 300 \times 500$
$= 53,525.5\text{N} \fallingdotseq 53.5\text{kN}$

73 b=350mm, d=550mm인 직사각형 단면의 보에서 지속하중에 의한 순간처짐이 16mm였다. 1년 후 총처짐량은 얼마인가? (단, A_s=2,246mm^2, A_s'=1,284mm^2, ξ=1.4)

① 20.5mm
② 32.8mm
③ 42.1mm
④ 26.5mm

정답 71. ④ 72. ② 73. ②

해설 $\rho' = \frac{A_s'}{bd} = \frac{1,284}{350 \times 550} = 0.00667$

$\lambda_\triangle = \frac{\xi}{1+50\rho'} = \frac{1.4}{1+50 \times 0.00667} = 1.0487$

$\therefore$ 총처짐$(\delta_t) = \delta_i + \delta_l = \delta_i + \delta_i \lambda_\triangle = 16 + (16 \times 1.0487) = 32.8\text{mm}$

74 다음 그림과 같은 두께 12mm 평판의 순단면적을 구하면? (단, 구멍의 직경은 23mm이다.)

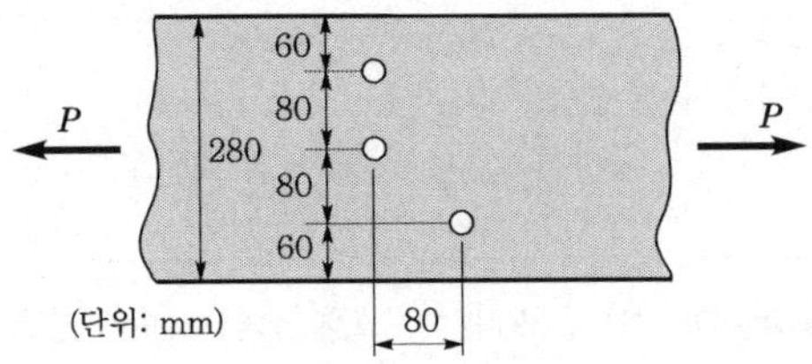

① 2,310mm²　　② 2,340mm²
③ 2,772mm²　　④ 2,928mm²

해설 ㉠ $b_n = b_g - 2d = 280 - 2 \times 23 = 234\text{mm}$

㉡ $b_n = b_g - 2d - \left(d - \frac{p^2}{4g}\right) = 280 - 2 \times 23 - \left(23 - \frac{80^2}{4 \times 80}\right) = 231\text{mm}$

$\therefore$ 이 중 작은 값 $b_n = 231\text{mm}$

$\therefore A_n = b_n t = 231 \times 12 = 2,772\text{mm}^2$

75 다음 그림과 같은 단면의 도심에 PS강재가 배치되어 있다. 초기프리스트레스힘을 1,800kN 작용시켰다. 30%의 손실을 가정하여 콘크리트의 하연응력이 0이 되도록 하려면 이때의 휨모멘트값은? (단, 자중은 무시)

① 120kN·m
② 126kN·m
③ 130kN·m
④ 150kN·m

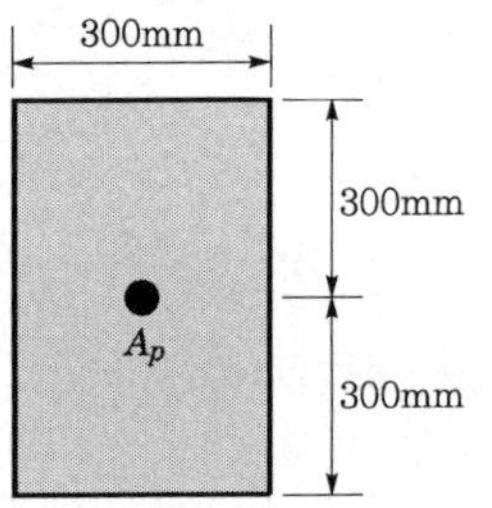

해설 $P_e = 1,800 \times 0.7 = 1,260\text{kN}$

$\therefore M = \frac{P_e h}{6} = \frac{1,260 \times 0.6}{6} = 126\text{kN}\cdot\text{m}$

76 초기프리스트레스가 1,200MPa이고 콘크리트의 건조 수축변형률 $\varepsilon_{sh} = 1.8 \times 10^{-4}$일 때 긴장재의 인장응력의 감소는? (단, PS강재의 탄성계수 $E_p = 2.0 \times 10^5$MPa)

① 12MPa　　② 24MPa
③ 36MPa　　④ 48MPa

 정답 ▸▸▸ 74. ③ 75. ② 76. ③

해설 $\Delta f_p = E_p \varepsilon_{sh} = 2\times10^5 \times 1.8\times10^{-4} = 36\text{MPa}$

77 설계기준압축강도(f_{ck})가 24MPa이고, 쪼갬인장강도(f_{sp})가 24MPa인 경량골재콘크리트에 적용하는 경량콘크리트계수(λ)는?

① 0.75 ② 0.85
③ 0.87 ④ 0.92

해설 f_{sp}가 주어진 경우

$$\lambda = \frac{f_{sp}}{0.56\sqrt{f_{ck}}} = \frac{2.4}{0.56\sqrt{24}} = 0.874 \le 1.0$$

78 철골압축재의 좌굴 안정성에 대한 설명으로 틀린 것은?

① 좌굴길이가 길수록 유리하다.
② 힌지지지보다 고정지지가 유리하다.
③ 단면 2차 모멘트값이 클수록 유리하다.
④ 단면 2차 반지름이 클수록 유리하다.

해설 ㉠ 세장비가 작을수록(단주) 좌굴 안정성이 높다.
㉡ 좌굴길이가 길면 세장비가 크고 좌굴 안정성이 낮다.

79 유효깊이(d)가 500mm인 직사각형 단면보에 f_y=400MPa인 인장철근이 1열로 배치되어 있다. 중립축(c)의 위치가 압축연단에서 200mm인 경우 강도감소계수(ϕ)는?

① 0.804 ② 0.817
③ 0.834 ④ 0.847

해설 $\varepsilon_t = \varepsilon_{cu}\left(\frac{d_t - c}{c}\right) = 0.0033\times\left(\frac{500-200}{200}\right) = 0.00495$(변화구간 단면)

$\therefore\ \phi = 0.65 + 0.2\times\frac{0.00495-0.002}{0.05-0.02} = 0.847$

80 사용고정하중(D)과 활하중(L)을 작용시켜서 단면에서 구한 휨모멘트는 각각 M_D=30kN·m, M_L=3kN·m이었다. 주어진 단면에 대해서 현행 콘크리트구조설계기준에 따라 최대 소요강도를 구하면?

① 80kN·m ② 40.8kN·m
③ 42kN·m ④ 48.2kN·m

해설 ㉠ $M_u = 1.4M_D = 1.4\times30 = 42\text{kN}\cdot\text{m}$
㉡ $M_u = 1.2M_D + 1.6M_L = 1.2\times30 + 1.6\times3 = 40.8\text{kN}\cdot\text{m}$
∴ 이 중 큰 값 $M_u = 42\text{kN}\cdot\text{m}$

정답 77. ③ 78. ① 79. ④ 80. ③

제5과목 : 토질 및 기초

81 다음 그림에서 흙의 저면에 작용하는 단위면적당 침투수압은?

① $8t/m^2$
② $5t/m^2$
③ $4t/m^2$
④ $3t/m^2$

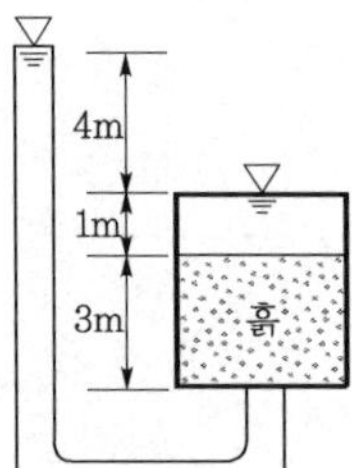

해설 $F=\gamma_w h = 1\times 4 = 4t/m^2$

82 다음 그림에서 안전율 3을 고려하는 경우 수두차 h를 최소 얼마로 높일 때 모래시료에 분사현상이 발생하겠는가?

① 12.75cm
② 9.75cm
③ 4.25cm
④ 3.25cm

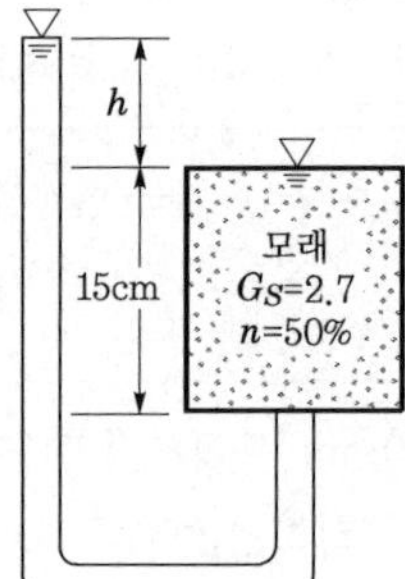

해설
㉠ $e=\dfrac{n}{100-n}=\dfrac{50}{100-50}=1$

㉡ $F_s=\dfrac{i_c}{i}=\dfrac{\dfrac{G_s-1}{1+e}}{\dfrac{h}{L}}=\dfrac{\dfrac{2.7-1}{1+1}}{\dfrac{h}{15}}=\dfrac{25.5}{2h}=3$

$\therefore\ h=4.25\text{cm}$

83 내부마찰각이 30°, 단위중량이 $1.8t/m^3$인 흙의 인장균열깊이가 3m일 때 점착력은?

① $1.56t/m^2$
② $1.67t/m^2$
③ $1.75t/m^2$
④ $1.81t/m^2$

해설

$$Z_c=\frac{2c\tan\left(45°+\dfrac{\phi}{2}\right)}{\gamma_t}$$

$$3=\frac{2c\times\tan\left(45°+\dfrac{30°}{2}\right)}{1.8}$$

$\therefore\ c=1.56t/m^2$

 정답 81. ③ 82. ③ 83. ①

84 다져진 흙의 역학적 특성에 대한 설명으로 틀린 것은?

① 다짐에 의하여 간극이 작아지고 부착력이 커져서 역학적 강도 및 지지력은 증대하고, 압축성, 흡수성 및 투수성은 감소한다.
② 점토를 최적 함수비보다 약간 건조측의 함수비로 다지면 면모구조를 가지게 된다.
③ 점토를 최적 함수비보다 약간 습윤측에서 다지면 투수계수가 감소하게 된다.
④ 면모구조를 파괴시키지 못할 정도의 작은 압력으로 점토시료를 압밀할 경우 건조측 다짐을 한 시료가 습윤측 다짐을 한 시료보다 압축성이 크게 된다.

해설 낮은 압력에서는 건조측에서 다진 흙이 압축성이 작아진다.

85 사면안정 계산에 있어서 Fellenius법과 간편Bishop법의 비교설명으로 틀린 것은?

① Fellenius법은 간편Bishop법보다 계산은 복잡하지만 계산결과는 더 안전측이다.
② 간편Bishop법은 절편의 양쪽에 작용하는 연직방향의 합력은 0(zero)이라고 가정한다.
③ Fellenius법은 절편의 양쪽에 작용하는 합력은 0(zero)이라고 가정한다.
④ 간편Bishop법은 안전율을 시행착오법으로 구한다.

해설 Fellenius법은 정밀도가 낮고 계산결과는 과소한 안전율(불안전측)이 산출되지만 계산이 매우 간편한 이점이 있다.

86 점착력이 $5t/m^2$, $\gamma_t=1.8t/m^3$의 비배수상태($\phi=0$)인 포화된 점성토지반에 직경 40cm, 길이 10m의 PHC말뚝이 항타시공되었다. 이 말뚝의 선단지지력은? (단, Meyerhof방법을 사용)

① 1.57t ② 3.23t
③ 5.65t ④ 45t

해설

$$R_p = q_p A_p = cN_c^* A_p = 9cA_p = 9\times5\times\frac{\pi\times0.4^2}{4} = 5.65t$$

87 사질토에 대한 직접전단시험을 실시하여 다음과 같은 결과를 얻었다. 내부마찰각은 약 얼마인가?

수직응력(t/m^2)	3	6	9
최대 전단응력(t/m^2)	1.73	3.46	5.19

① 25° ② 30°
③ 35° ④ 40°

해설 $\tau=c+\bar{\sigma}\tan\phi$에서

$3.46=c+6\tan\phi$ ······················ ㉠
$1.73=c+3\tan\phi$ ······················ ㉡
㉠과 ㉡을 연립해서 풀면
$\therefore\ \phi=30°$

88 다음 그림과 같은 점토지반에 재하 순간 A점에서의 물의 높이가 그림에서와 같이 점토층의 윗면으로부터 5m이었다. 이러한 물의 높이가 4m까지 내려오는 데 50일이 걸렸다면 50% 압밀이 일어나는 데는 며칠이 더 걸리겠는가? (단, 10% 압밀 시 압밀계수 T_v=0.008, 20% 압밀 시 T_v=0.031, 50% 압밀 시 T_v=0.197이다.)

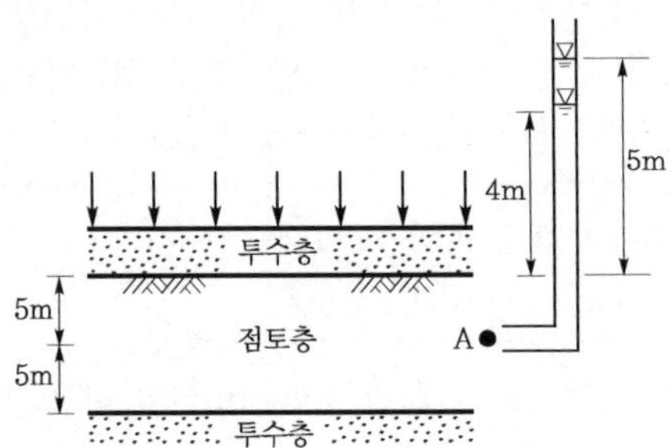

① 268일
② 618일
③ 1,181일
④ 1,231일

㉠ $u_i = 1\times 5 = 5\text{t/m}^2$, $u = 1\times 4 = 4\text{t/m}^2$

㉡ $u_z = \dfrac{u_i - u}{u_i}\times 100 = \dfrac{5-4}{5}\times 100 = 20\%$

㉢ $t_{20} = \dfrac{0.031\left(\dfrac{H}{2}\right)^2}{C_v} = 50$일

$\therefore \dfrac{H^2}{C_v} = 6{,}451.6$

㉣ $t_{50} = \dfrac{0.197\left(\dfrac{H}{2}\right)^2}{C_v} = \dfrac{0.197}{4}\times 6{,}451.6 = 317.74$일

㉤ 추가일수$= 317.74 - 50 = 267.74 = 268$일

89 다음 그림과 같은 지반에 널말뚝을 박고 기초굴착을 할 때 A점의 압력수두가 3m이라면 A점의 유효응력은?

① 0.1t/m^2
② 1.2t/m^2
③ 4.2t/m^2
④ 7.2t/m^2

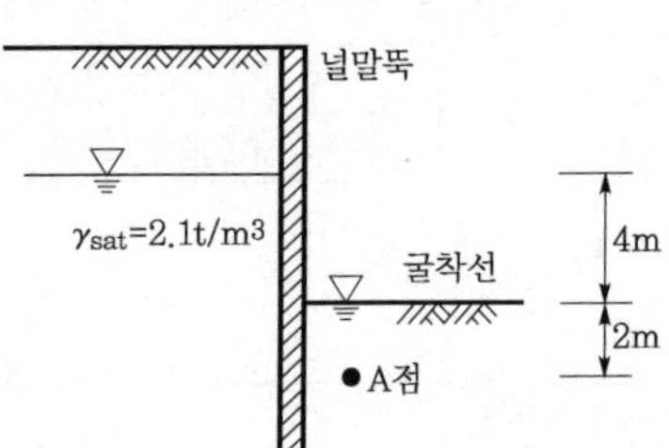

해설

$\sigma = 2.1\times 2 = 4.2\text{t/m}^2$

$u = 1\times 3 = 3\text{t/m}^2$

$\therefore \bar{\sigma} = 4.2 - 3 = 1.2\text{t/m}^2$

 정답 88. ① 89. ②

90 일반적인 기초의 필요조건으로 틀린 것은?

① 동해를 받지 않는 최소한의 근입깊이를 가져야 한다.
② 지지력에 대해 안정해야 한다.
③ 침하를 허용해서는 안 된다.
④ 사용성, 경제성이 좋아야 한다.

해설 기초의 구비조건
㉠ 최소한의 근입깊이를 가질 것(동해에 대한 안정)
㉡ 지지력에 대해 안정할 것
㉢ 침하에 대해 안정할 것(침하량이 허용값 이내에 들어야 한다.)
㉣ 시공이 가능할 것(경제적, 기술적)

91 흙 속에서 물의 흐름에 대한 설명으로 틀린 것은?

① 투수계수는 온도에 비례하고, 점성에 반비례한다.
② 불포화토는 포화토에 비해 유효응력이 작고, 투수계수가 크다.
③ 흙 속의 침투수량은 Darcy법칙, 유선망, 침투해석프로그램 등에 의해 구할 수 있다.
④ 흙 속에서 물이 흐를 때 수두차가 커져 한계동수구배에 이르면 분사현상이 발생한다.

해설 불포화토는 포화토에 비해 유효응력이 크고, 투수계수는 작다.

92 모래지반의 현장상태 습윤단위중량을 측정한 결과 1.8t/m^3로 얻어졌으며 동일한 모래를 채취하여 실내에서 가장 조밀한 상태의 간극비를 구한 결과 $e_{\min}=0.45$, 가장 느슨한 상태의 간극비를 구한 결과 $e_{\max}=0.92$를 얻었다. 현장상태의 상대밀도는 약 몇 %인가? (단, 모래의 비중 $G_s=2.7$이고, 현장상태의 함수비 $w=10\%$이다.)

① 44%　　② 57%
③ 64%　　④ 80%

해설
㉠ $\gamma_d=\dfrac{\gamma_t}{1+\dfrac{w}{100}}=\dfrac{1.8}{1+\dfrac{10}{100}}=1.64\text{t/m}^3$

㉡ $\gamma_d=\left(\dfrac{G_s}{1+e}\right)\gamma_w$

$1.64=\dfrac{2.7}{1+e}\times 1$

$\therefore\ e=0.65$

㉢ $D_r=\dfrac{e_{\max}-e}{e_{\max}-e_{\min}}\times 100$

$=\dfrac{0.92-0.65}{0.92-0.45}\times 100=57.45\%$

93 다음 표의 식은 3축압축시험에 있어서 간극수압을 측정하여 간극수압계수 A를 계산하는 식이다. 이 식에 대한 설명으로 틀린 것은?

$$\Delta u = B[\Delta\sigma_3 + A(\Delta\sigma_1 - \Delta\sigma_3)]$$

① 포화된 흙에서는 $B=1$이다.
② 정규압밀점토에서는 A값이 1에 가까운 값을 나타낸다.
③ 포화된 점토에서 구속압력을 일정하게 할 경우 간극수압의 측정값과 축차응력을 알면 A값을 구할 수 있다.
④ 매우 과압밀된 점토의 A값은 언제나 (+)의 값을 갖는다.

해설 A계수의 일반적인 범위

점토의 종류	A계수
정규압밀점토	0.5~1
과압밀점토	−0.5~0

94 포화된 점토지반 위에 급속하게 성토하는 제방의 안정성을 검토할 때 이용해야 할 강도정수를 구하는 시험은?

① CU−test
② UU−test
③ $\overline{\text{CU}}$−test
④ CD−test

해설 UU−test를 사용하는 경우
㉠ 성토 직후에 급속한 파괴가 예상되는 경우
㉡ 점토지반에 제방을 쌓거나 기초를 설치할 때 등 급격한 재하가 된 경우에 초기안정 해석에 사용

95 흙의 비중이 2.60, 함수비 30%, 간극비 0.80일 때 포화도는?

① 24.0%
② 62.4%
③ 78.0%
④ 97.5%

해설 $Se = wG_s$
$S \times 0.8 = 30 \times 2.6$
$\therefore S = 97.5\%$

96 시료가 점토인지 아닌지를 알아보고자 할 때 다음 중 가장 거리가 먼 사항은?

① 소성지수
② 소성도 A선
③ 포화도
④ 200번(0.075mm)체 통과량

 정답 ▸▸▸ 93. ④ 94. ② 95. ④ 96. ③

97 다음 그림과 같은 20×30m 전면기초인 부분보상기초(partially compensated foundation)의 지지력파괴에 대한 안전율은?

① 3.0
② 2.5
③ 2.0
④ 1.5

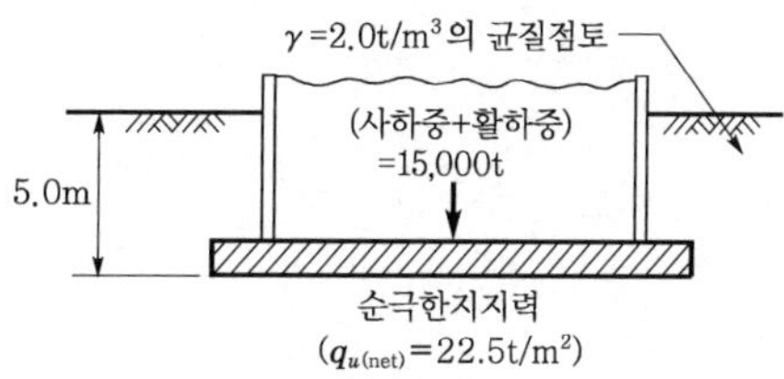

해설

$$q_a = \frac{P}{A} - \gamma D_f = \frac{15,000}{20\times30} - 2\times5 = 15\text{t/m}^2$$

$$\therefore\ F_s = \frac{q_{u(\text{net})}}{q_a} = \frac{22.5}{15} = 1.5$$

98 지름 d=20cm인 나무말뚝을 25본 박아서 기초상판을 지지하고 있다. 말뚝의 배치를 5열로 하고 각 열은 등간격으로 5본씩 박혀있다. 말뚝의 중심간격 S=1m이고 1본의 말뚝이 단독으로 10t의 지지력을 가졌다고 하면 이 무리의 말뚝은 전체로 얼마의 하중을 견딜 수 있는가? (단, Converse-Labbarre식을 사용한다.)

① 100t　② 200t
③ 300t　④ 400t

해설

$$\phi = \tan^{-1}\frac{D}{S} = \tan^{-1}\frac{0.2}{1} = 11.31°$$

$$E = 1 - \phi\left[\frac{(m-1)n + m(n-1)}{90mn}\right] = 1 - 11.31\times\frac{4\times5+5\times4}{90\times5\times5} = 0.8$$

$$\therefore\ R_{ag} = ENR_a = 0.8\times25\times10 = 200\text{t}$$

99 시험종류와 시험으로부터 얻을 수 있는 값의 연결이 틀린 것은?

① 비중계분석시험 – 흙의 비중(G_s)
② 삼축압축시험 – 강도정수(c, ϕ)
③ 일축압축시험 – 흙의 예민비(S_t)
④ 평판재하시험 – 지반반력계수(k_s)

해설 흙의 비중은 비중시험을 해서 얻는다.

100 현장 도로토공에서 모래치환법에 의한 흙의 밀도시험을 하였다. 파낸 구멍의 체적이 V=1,960cm³, 흙의 질량이 3,390g이고, 이 흙의 함수비는 10%이었다. 실험실에서 구한 최대 건조밀도 $\gamma_{d\max}$=1.65g/cm³일 때 다짐도는?

① 85.6%　② 91.0%
③ 95.3%　④ 98.7%

정답 ▸▸▸ 97. ④ 98. ② 99. ① 100. ③

해설

㉠ $\gamma_t = \frac{W}{V} = \frac{3,390}{1,960} = 1.73\text{g/cm}^3$

㉡ $\gamma_d = \frac{\gamma_t}{1+\frac{w}{100}} = \frac{1.73}{1+\frac{10}{100}} = 1.57\text{g/cm}^3$

㉢ $C_d = \frac{\gamma_d}{\gamma_{d\max}} \times 100 = \frac{1.57}{1.65} \times 100 = 95.15\%$

제6과목 : 상하수도공학

101 자연유하식인 경우 도수관의 평균유속의 최소 한도는?

① 0.01m/s ② 0.1m/s
③ 0.3m/s ④ 3m/s

해설 도·송수관에서의 유속범위는 0.3~3m/s이다.

102 완속여과지의 구조와 형상의 설명으로 틀린 것은?

① 여과지의 총깊이는 4.5~5.5m를 표준으로 한다.
② 형상은 직사각형을 표준으로 한다.
③ 배치는 1열이나 2열로 한다.
④ 주위벽 상단은 지반보다 15cm 이상 높인다.

해설 여과지의 깊이는 하부집수장치의 높이에 자갈층두께, 모래층두께, 모래면 위의 수심과 여유고를 더해 2.5~3.5m를 표준으로 한다.

103 상수도계획 설계단계에서 펌프의 공동현상(cavitation)대책으로 옳지 않은 것은?

① 펌프의 회전속도를 낮게 한다.
② 흡입 쪽 밸브에 의한 손실수두를 크게 한다.
③ 흡입관의 구경은 가능하면 크게 한다.
④ 펌프의 설치위치를 가능한 한 낮게 한다.

104 관거의 보호 및 기초공에 대한 설명으로 옳지 않은 것은?

① 관거의 부등침하는 최악의 경우 관거의 파손을 유발할 수 있다.
② 관거가 철도 밑을 횡단하는 경우 외압에 대한 관거보호를 고려한다.
③ 경질염화비닐관 등의 연성관거는 콘크리트기초를 원칙으로 한다.
④ 강성관거의 기초공에서는 지반이 양호한 경우 기초를 생략할 수 있다.

해설 경질염화비닐관 등의 연성관거는 자유받침의 모래기초를 원칙으로 하며, 조건에 따라 말뚝기초 등을 설치한다.

 정답 ▸▸▸ 101. ③ 102. ① 103. ② 104. ③

105 수중의 질소화합물의 질산화 진행과정으로 옳은 것은?

① NH_3-N → NO_2-N → NO_3-N
② NH_3-N → NO_3-N → NO_2-N
③ NO_2-N → NO_3-N → NH_3-N
④ NO_3-N → NO_2-N → NH_3-N

해설 질산화균에 의해 암모니아성 질소(NH_3-N) → 아질산성 질소(NO_2-N) → 질산성 질소(NO_3-N)의 과정을 거쳐 산화된다.

106 하수관거설계 시 계획하수량에서 고려하여야 할 사항으로 옳은 것은?

① 오수관거에서는 계획 최대 오수량으로 한다.
② 우수관거에서는 계획시간 최대 우수량으로 한다.
③ 합류식 관거에서는 계획시간 최대 오수량에 계획우수량을 합한 것으로 한다.
④ 지역의 실정에 따른 계획수량의 여유는 고려하지 않는다.

해설 오수관거에서는 계획시간 최대 오수량, 우수관거에서는 계획우수량으로 설계한다.

107 하천, 수로, 철도 및 이설이 불가능한 지하매설물의 아래에 하수관을 통과시킬 경우 필요한 하수관로시설은?

① 간선 ② 관정접합
③ 맨홀 ④ 역사이펀

108 관의 길이가 1,000m이고 직경 20cm인 관을 직경 40cm의 등치관으로 바꿀 때 등치관의 길이는? (단, Hazen-Williams공식 이용)

① 2,924.2m ② 5,924.2m
③ 19,242.6m ④ 29,242.6m

해설

$$L_2 = L_1\left(\frac{D_2}{D_1}\right)^{4.87} = 1{,}000\times\left(\frac{0.4}{0.2}\right)^{4.87} = 29{,}242.6\text{m}$$

109 하수관로 내의 유속에 대한 설명으로 옳은 것은?

① 유속은 하류로 갈수록 점차 작아지도록 설계한다.
② 관거의 경사는 하류로 갈수록 점차 커지도록 설계한다.
③ 오수관거는 계획 1일 최대 오수량에 대하여 유속을 최소 1.2m/s로 한다.
④ 우수관거 및 합류관거는 계획우수량에 대하여 유속을 최대 3m/s로 한다.

해설 도·송수관 0.3~3m/s, 오수·차집관 0.6~3m/s, 우수·합류관 0.8~3m/s이다.

정답 105. ① 106. ③ 107. ④ 108. ④ 109. ④

110 슬러지의 처분에 관한 일반적인 계통도로 알맞은 것은?

① 생슬러지－개량－농축－소화－탈수－최종 처분
② 생슬러지－농축－소화－개량－탈수－최종 처분
③ 생슬러지－농축－탈수－개량－소각－최종 처분
④ 생슬러지－농축－탈수－소각－개량－최종 처분

111 하수배제방식 중 분류식의 특성에 해당되는 것은?

① 우수를 신속하게 배수하기 위해서 지형조건에 적합한 관거망이 된다.
② 대구경관거가 되면 좁은 도로에서의 매설에 어려움이 있다.
③ 시공 시 철저한 오접 여부에 대한 검사가 필요하다.
④ 대구경관거가 되면 1계통으로 건설되어 오수관거와 우수관거의 2계통을 건설하는 것보다는 저렴하지만 오수관거만을 건설하는 것보다는 비싸다.

해설 합류식은 오수와 우수를 한 개의 관으로 배제하므로 관경이 비교적 크다. 따라서 우수의 신속한 배제가 가능하고 대구경관거가 된다.

112 하수도의 구성 및 계통도에 관한 설명으로 옳지 않은 것은?

① 하수의 집·배수시설은 가압식을 원칙으로 한다.
② 하수처리시설은 물리적, 생물학적, 화학적 시설로 구별된다.
③ 하수의 배제방식은 합류식과 분류식으로 대별된다.
④ 분류식은 합류식보다 방류하천의 수질보전을 위한 이상적 배제방식이다.

해설 하수의 집·배수시설은 가급적 자연유하식을 원칙으로 하며, 필요시 가압식을 도입할 수 있다.

113 호수의 부영양화에 대한 설명으로 옳지 않은 것은?

① 조류의 이상증식으로 인하여 물의 투명도가 저하된다.
② 부영양화의 주된 원인물질은 질소와 인이다.
③ 조류의 발생이 과다하면 정수공정에서 여과지를 폐색시킨다.
④ 조류 제거약품으로는 주로 황산알루미늄을 사용한다.

해설 조류의 제거에는 Micro－strainer법을 이용한다.

114 하천 및 저수지의 수질 해석을 위한 수학적 모형을 구성하고자 할 때 가장 기본이 되는 수학적 방정식은?

① 에너지보존의 식 ② 질량보존의 식
③ 운동량보존의 식 ④ 난류의 운동방정식

정답 110. ② 111. ③ 112. ① 113. ④ 114. ②

115 슬러지의 호기성 소화를 혐기성 소화법과 비교설명한 것으로 옳지 않은 것은?

① 상징수의 수질이 양호하다.
② 폭기에 드는 동력비가 많이 필요하다.
③ 악취 발생이 감소한다.
④ 가치 있는 부산물이 생성된다.

해설 상기의 4가지 모두 혐기성 소화법과 비교하여 호기성 소화가 갖는 특징이다. 옳지 않은 것이라기보다는 가장 거리가 먼 것을 의미한다면 가치 있는 부산물 생성이 된다. 가치 있는 부산물(퇴비화)의 순서로 보면 화학비료 > 호기성 > 혐기성 순으로 소화단계 자체가 퇴비화의 목적이라 볼 수 없다.

116 저수시설의 유효저수량 결정방법이 아닌 것은?

① 물수지 계산
② 합리식
③ 유량도표에 의한 방법
④ 유량누가곡선도표에 의한 방법

해설 합리식은 우수유출량을 산출하는 식이다.

117 침전지의 표면부하율이 $19.2m^3/m^2 \cdot day$이고, 체류시간이 5시간 일 때 침전지의 유효수심은?

① 2.5m
② 3.0m
③ 3.5m
④ 4.0m

해설

$$V_0 = \frac{Q}{A} = \frac{h}{t}$$

$$\therefore\ h = V_0 t = 19.2\text{m}^3/\text{m}^2 \cdot \text{day} \times 5 \times \frac{1}{24}\text{day} = 4\text{m}$$

118 상수도에서 배수지의 용량으로 기준이 되는 것은?

① 계획시간 최대 급수량의 12시간분 이상
② 계획시간 최대 급수량의 24시간분 이상
③ 계획 1일 최대 급수량의 12시간분 이상
④ 계획 1일 최대 급수량의 24시간분 이상

해설 배수지의 유효용량은 계획 1일 최대 급수량의 8~12시간분을 표준으로 한다.

119 정수처리 시 정수유량이 $100m^3/day$이고 정수지의 용량이 $10m^3$, 잔류소독제농도가 0.2mg/L일 때 소독능(CT, mg·min/L)값은? (단, 장폭비에 따른 환산계수는 1로 함)

① 28.8
② 34.4
③ 48.8
④ 54.4

정답 ▸▸▸ 115. ④ 116. ② 117. ④ 118. ③ 119. ①

 정수지의 용량이 $10m^3$이고 정수처리유량이 $100m^3$/day이므로 $10m^3$/2.4hr이다. 따라서 $10m^3$을 처리하는 데는 144분이 소요되므로

∴ 144min×0.2mg/L=28.8mg·min/L

120 계획 1일 최대 급수량을 시설기준으로 하지 않는 것은?

① 배수시설 ② 정수시설

③ 취수시설 ④ 송수시설

해설 모든 시설은 계획 1일 최대 급수량을 설계의 기준으로 한다. 배수시설 중 배수관의 구경 결정과 배수펌프의 용량 결정 시에는 시간 최대 급수량을 기준으로 한다. 따라서 상기의 문제 중 가장 근접한 답은 배수시설이 된다.

 정답 ▸▸▸ 120. ①

국가기술자격검정 필기시험문제

2016년도 토목기사(2016년 5월 8일)

자격종목	시험시간	문제형별	수험번호	성 명
토목기사	**3시간**	**A**		

제1과목 : 응용역학

1 다음 그림과 같은 양단 고정보에서 지점 B를 반시계방향으로 1rad만큼 회전시켰을 때 B점에 발생하는 단모멘트의 값이 옳은 것은?

① $\dfrac{2EI}{L^2}$

② $\dfrac{4EI}{L}$

③ $\dfrac{2EI}{L}$

④ $\dfrac{4EI^2}{L}$

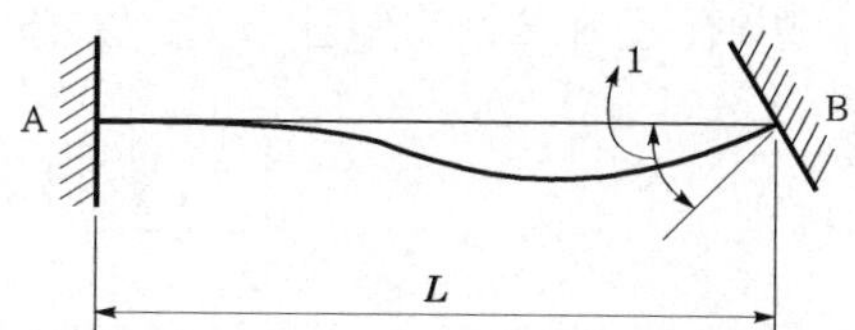

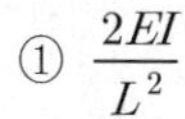해설 처짐각법 이용

$\theta_A = 0,\ \theta_B = 1$

$M_{AB} = \dfrac{2EI}{L}(2\theta_A + \theta_B)$

$\therefore M_{BA} = \dfrac{2EI}{L}(\theta_A + 2\theta_B) = \dfrac{2EI}{L}(0 + 2\times 1) = \dfrac{4EI}{L}$

2 아치축선이 포물선인 3활절아치가 다음 그림과 같이 등분포하중을 받고 있을 때 지점 A의 수평 반력은?

① $\dfrac{wL^2}{8h}(\leftarrow)$

② $\dfrac{wh^2}{8L}(\leftarrow)$

③ $\dfrac{wL^2}{8h}(\rightarrow)$

④ $\dfrac{wh^2}{8L}(\rightarrow)$

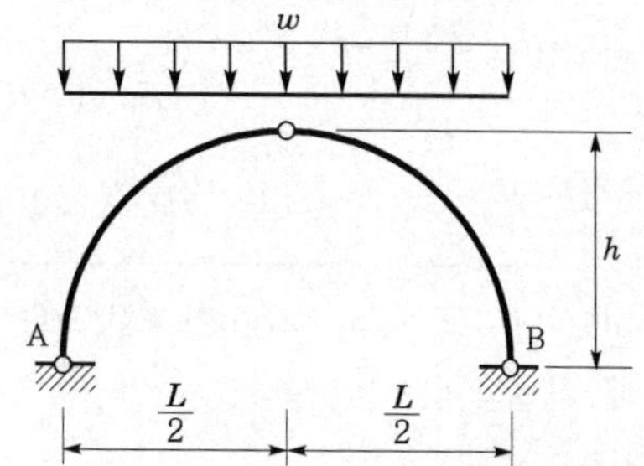

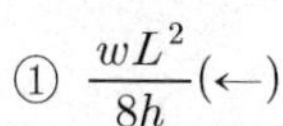

해설 $\Sigma M_B = 0(\oplus)$

$$V_A \times L - w \times L \times \frac{L}{2} = 0$$

$$\therefore\ V_A = \frac{wL}{2}$$

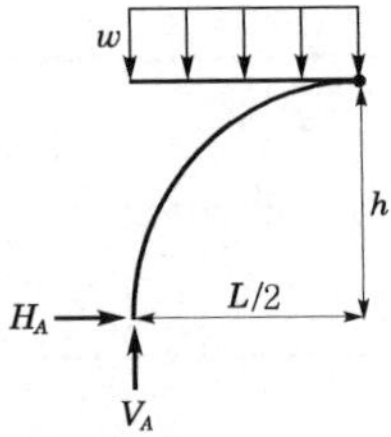

$\Sigma M_C = 0(\oplus)$

$$V_A \times \frac{L}{2} - w \times \frac{L}{2} \times \frac{L}{4} - H_A \times h = 0$$

$$\therefore\ H_A = \frac{1}{h}\left(\frac{wL^2}{4} - \frac{wL^2}{8}\right) = \frac{wL^2}{8h}(\rightarrow)$$

3 다음 그림과 같은 양단 고정인 보가 등분포하중 w를 받고 있다. 모멘트가 0이 되는 위치는 지점 A부터 약 얼마 떨어진 곳에 있는가? (단, EI는 일정하다.)

① $0.112L$
② $0.212L$
③ $0.332L$
④ $0.412L$

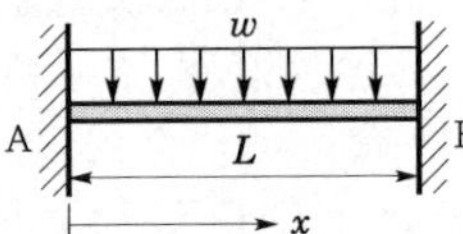

$$M_x - \frac{wL^2}{12} + \left(\frac{wL}{2}\right)x - \left(\frac{wx^2}{2}\right) = 0$$

x에 대해 2차 함수를 풀면

$$\frac{w}{2}x^2 - \frac{wL}{2}x + \frac{wL^2}{12} = 0$$

$$\therefore\ x = \frac{-\frac{wL}{2} \pm \sqrt{\left(-\frac{wL}{2}\right)^2 - 4 \times \frac{w}{2} \times \frac{wL^2}{12}}}{2 \times \frac{w}{2}} = 0.212L$$

4 길이가 8m이고 단면이 3cm×4cm인 직사각형 단면을 가진 양단 고정인 장주의 중심축에 하중이 작용할 때 좌굴응력은 약 얼마인가? (단, $E = 2 \times 10^6$kg/cm^{2}이다.)

① 74.7kg/cm^2
② 92.5kg/cm^2
③ 143.2kg/cm^2
④ 195.1kg/cm^2

 정답 ▸▸▸ 3. ② 4. ②

해설

$$P=\frac{n\pi^2 EI}{l^2}$$

$$r=\sqrt{\frac{I}{A}}=\frac{h}{\sqrt{12}}=\frac{3}{\sqrt{12}}=0.866$$

$$\lambda=\frac{l}{r}=\frac{800}{0.866}=923.79$$

$$n=4$$

$$\therefore \sigma=\frac{P}{A}=\frac{n\pi^2 EI}{l^2 A}=\frac{n\pi^2 E}{l^2}\left(\frac{I}{A}\right)=\frac{n\pi^2 E}{l^2}r^2$$

$$=\frac{n\pi^2 E}{\left(\frac{l}{r}\right)^2}=\frac{n\pi^2 E}{\lambda^2}=\frac{4\times\pi^2\times 2\times 10^6}{923.79^2}$$

$$=92.43\text{kgf/cm}^2$$

5 직경 d인 원형 단면기둥의 길이가 4m이다. 세장비가 100이 되도록 하려면 이 기둥의 직경은? (단, 지지상태는 양단 힌지이다.)

① 9cm ② 13cm
③ 16cm ④ 25cm

해설

$$r=\sqrt{\frac{I}{A}}=\frac{D}{4}$$

$$\lambda=\frac{l}{r}$$

$$100=\frac{400}{\frac{D}{4}}$$

$$\therefore D=16\text{cm}$$

6 다음 그림과 같은 단순보에서 휨모멘트에 의한 탄성변형에너지는? (단, EI는 일정하다.)

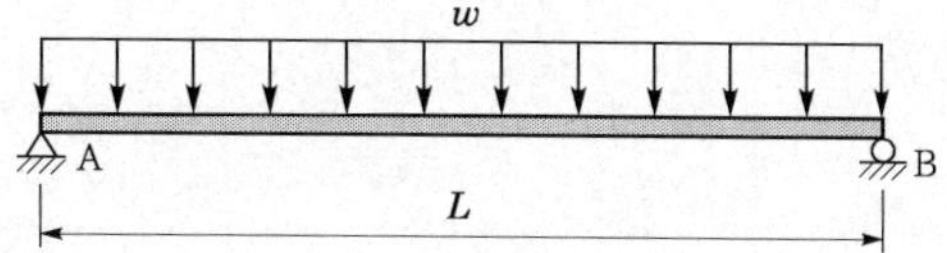

① $\dfrac{w^2L^5}{40EI}$ ② $\dfrac{w^2L^5}{96EI}$
③ $\dfrac{w^2L^5}{240EI}$ ④ $\dfrac{w^2L^5}{384EI}$

해설

$$M_x=R_A x-wx\frac{x}{2}=\frac{wL}{2}x-\frac{wL^2}{2}=\frac{w}{2}(Lx-x^2)$$

$$\therefore U=\int_0^L\frac{M_x^2}{2EI}dx=\int_0^L\frac{M_x^2}{2EI}dx=\int_0^L\frac{\left[\frac{w}{2}(Lx-x^2)\right]^2}{2EI}dx$$

$$=\frac{w^2}{8EI}\int_0^L(L^2x^2-2Lx^3+x^4)\,dx=\frac{w^2}{8EI}\left[\frac{L^2x^3}{3}-\frac{2Lx^4}{4}+\frac{x^5}{5}\right]_0^L=\frac{w^2L^5}{240EI}$$

정답 ▸▸▸ 5. ③ 6. ③

7 다음 그림과 같은 봉에 작용하는 힘들에 의한 봉 전체의 수직처짐의 크기는?

① $\dfrac{PL}{A_1E_1}$

② $\dfrac{2PL}{3A_1E_1}$

③ $\dfrac{4PL}{3A_1E_1}$

④ $\dfrac{3PL}{2A_1E_1}$

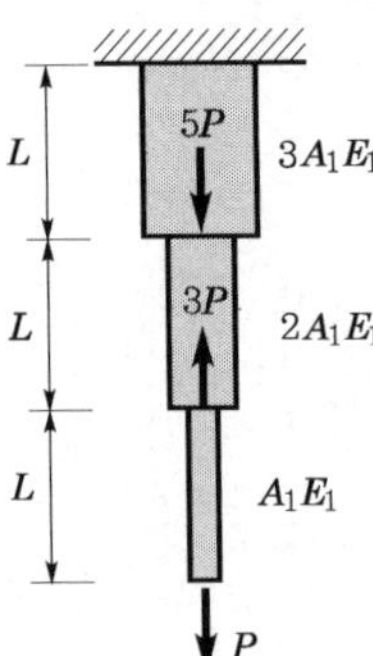

해설

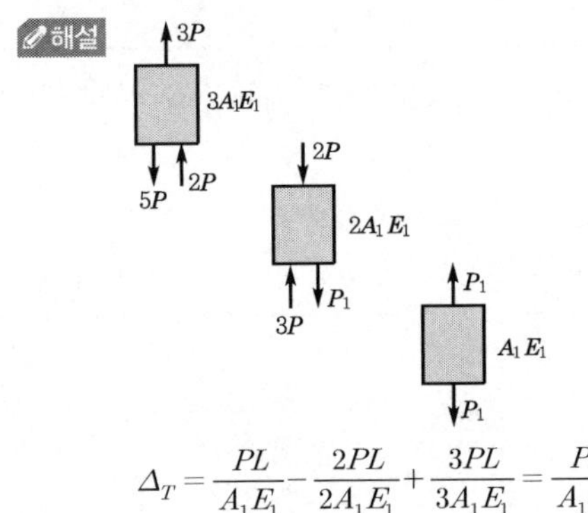

$$\Delta_T = \frac{PL}{A_1E_1} - \frac{2PL}{2A_1E_1} + \frac{3PL}{3A_1E_1} = \frac{PL}{A_1E_1}$$

8 다음 그림과 같은 보에서 A점의 휨모멘트는?

① $\dfrac{PL}{8}$(시계방향)

② $\dfrac{PL}{2}$(시계방향)

③ $\dfrac{PL}{2}$(반시계방향)

④ PL(시계방향)

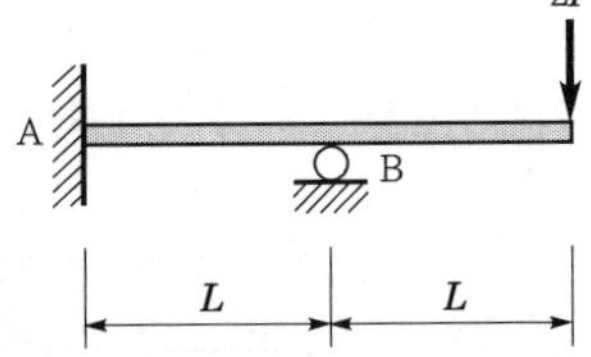

해설

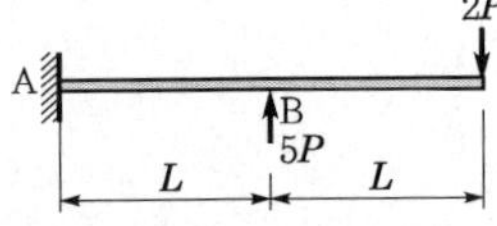

B절점에 모멘트 $2PL$이 A고정단이므로 1/2이 절단된다.

$M_A = PL$

$\Sigma M_A = 0$

$PL - LR_B + 4PL = 0$

$R_B = 5P$

$\therefore M_A = -(2P \times 2L) + (5P \times L)$

$= -4PL + 5PL = PL$

 정답 ▸▸▸ 7. ① 8. ④

9 다음 그림과 같은 사다리꼴의 도심 G의 위치 $\bar{y}$로 옳은 것은?

① $\bar{y}=\frac{h}{3}\left(\frac{a+b}{a+2b}\right)$

② $\bar{y}=\frac{h}{3}\left(\frac{a+b}{2a+b}\right)$

③ $\bar{y}=\frac{h}{3}\left(\frac{a+2b}{a+b}\right)$

④ $\bar{y}=\frac{h}{3}\left(\frac{2a+b}{a+b}\right)$

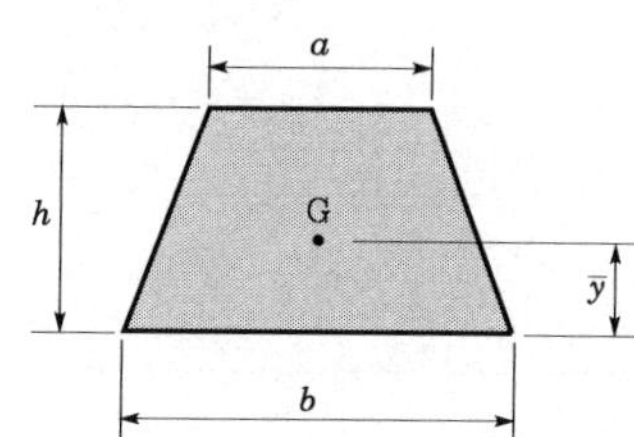

해설

i	A_i	y_i	$A_i y_i$
1	$\frac{1}{2}ah$	$\frac{2}{3}h$	$\frac{1}{3}ah^2$
2	$\frac{1}{2}bh$	$\frac{1}{3}h$	$\frac{1}{6}bh^2$

$$\bar{y}=\frac{\frac{1}{3}ah^2+\frac{1}{6}bh^2}{\frac{1}{2}ah+\frac{1}{2}bh}=\frac{h^2(2a+b)}{3h(a+b)}=\frac{h(2a+b)}{3(a+b)}$$

10 다음 그림과 같은 구조물에 하중 W가 작용할 때 P의 크기는? (단, $0° < \alpha < 180°$이다.)

① $P=\frac{W}{2\cos\frac{\alpha}{2}}$

② $P=\frac{W}{2\cos\alpha}$

③ $P=\frac{W}{\cos\frac{\alpha}{2}}$

④ $P=\frac{2W}{\cos\frac{\alpha}{2}}$

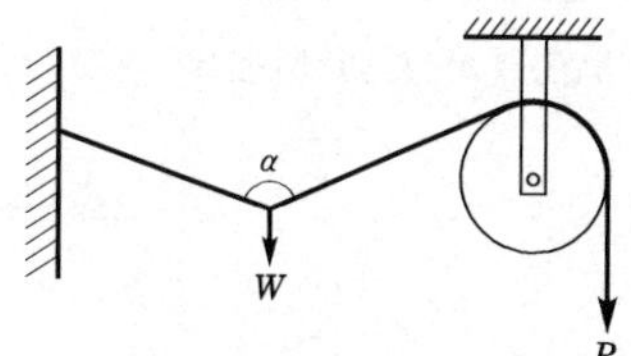

해설 줄의 장력을 T로 하면 $\Sigma V=0$에서

$$2\left(T\cos\frac{\alpha}{2}\right)-W=0$$

$$2T\cos\frac{\alpha}{2}=W$$

$$\therefore\ T=P=\frac{W}{2\cos\frac{\alpha}{2}}=\frac{W}{2}\sec\frac{\alpha}{2}$$

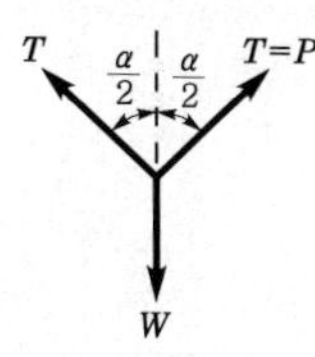

정답 ▸▸▸ 9. ④ 10. ①

11 다음 그림과 같은 게르버보의 E점(지점 C에서 오른쪽으로 10m 떨어진 점)에서의 휨모멘트값은?

① 600kg·m
② 640kg·m
③ 1,000kg·m
④ 1,600kg·m

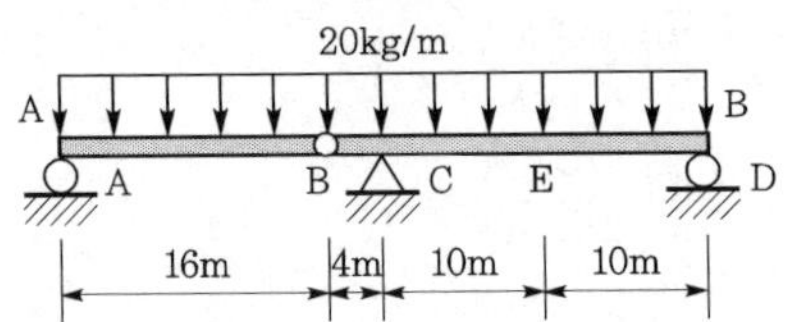

해설

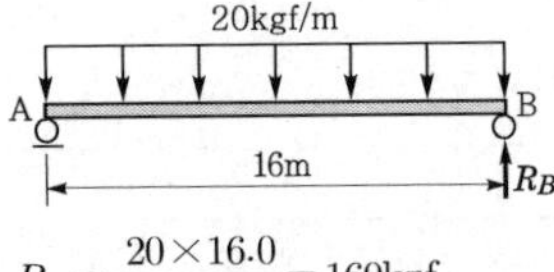

$R_B = \dfrac{20 \times 16.0}{2} = 160\text{kgf}$

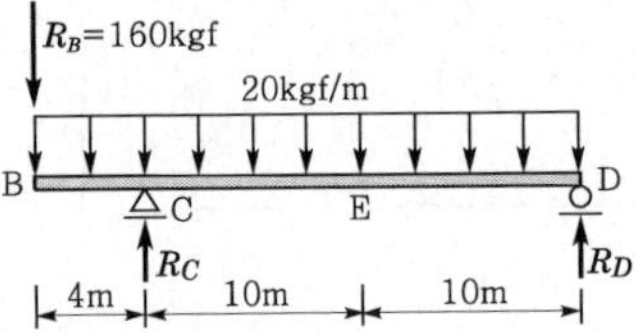

$\Sigma M_C = 0$

$(-160 \times 4.0) - (20 \times 4 \times 2) + (20 \times 20 \times 10)$

$-(R_D \times 20) = 0$

$\therefore R_D = 160\text{kgf}$

$\therefore M_E = -160 \times 10 + (20 \times 10 \times 5) = -600\text{kgf} \cdot \text{m}$

12 다음 그림에서 지점 A와 C에서의 반력을 각각 R_A와 R_C라고 할 때 R_A의 크기는?

① 20t
② 17.32t
③ 10t
④ 8.66t

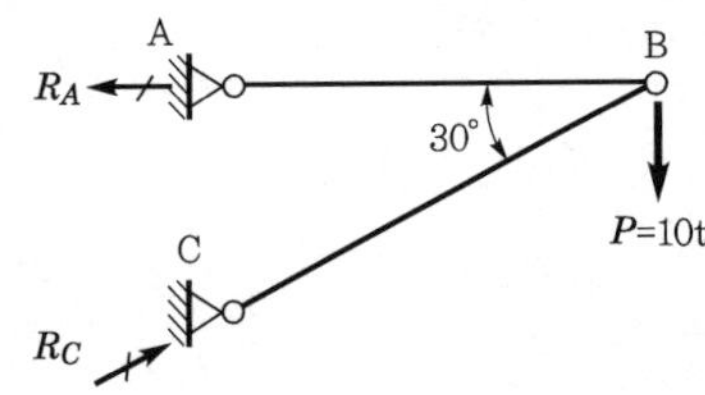

해설 절점법 이용

$\Sigma H = 0$

$F_{AB} + F_{BC} \times \cos 30° = 0$ ……………… ㉠

$\Sigma V = 0$

$F_{BC} \times \sin 30° + 10 = 0$ ……………… ㉡

$\therefore F_{BC} = -20\text{tf}$(압축)

$F_{AB} - 20 \times \cos 30° = 0$

$\therefore F_{AB} = 17.32\text{tf}$(인장)

정답 ▶▶ 11. ① 12. ②

13 평면응력을 받는 요소가 다음과 같이 응력을 받고 있다. 최대 주응력은?

① $640kg/cm^2$
② $360kg/cm^2$
③ $1,360kg/cm^2$
④ $1,640kg/cm^2$

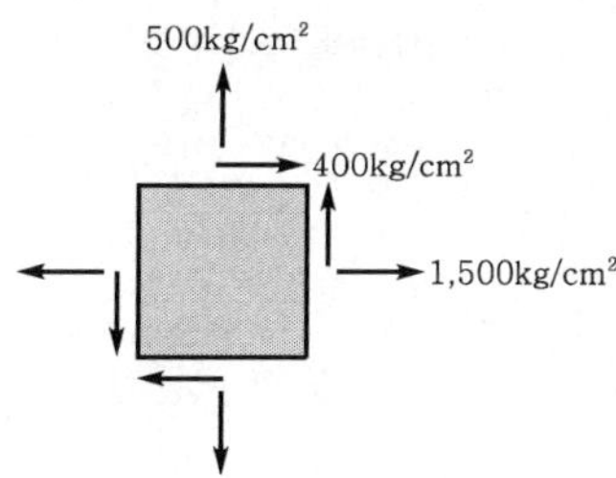

해설

$$\sigma_1 = \frac{\sigma_x + \sigma_y}{2} + \sqrt{\left(\frac{\sigma_x + \sigma_y}{2}\right)^2 + \tau_{xy}^{\ 2}}$$
$$= \frac{1,500 + 500}{2} + \sqrt{\left(\frac{1,500 - 500}{2}\right)^2 + 400^2}$$
$$= 1,000 + 640.3124 = 1,640.31kgf/cm^2$$

14 다음 그림과 같이 속이 빈 원형 단면(음영 부분)의 도심에 대한 극관성모멘트는?

① $460cm^4$
② $760cm^4$
③ $840cm^4$
④ $920cm^4$

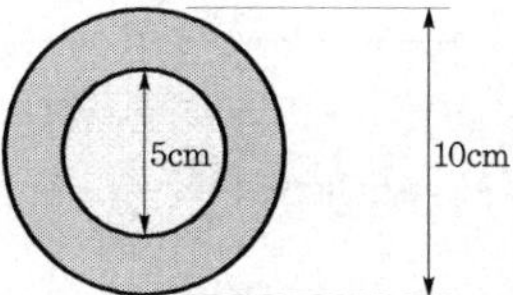

해설 $I_p = I_x + I_y = 2I_x$

$$= 2 \times \frac{\pi}{64}(D^4 - d^4)$$
$$= 2 \times \frac{\pi}{64} \times (10^4 - 5^4)$$
$$= 920.38cm^4$$

15 다음 그림과 같은 정정트러스에서 D_1부재($\overline{AC}$)의 부재력은?

① 0.625t(인장력)
② 0.625t(압축력
③ 0.75t(인장력)
④ 0.75t(압축력)

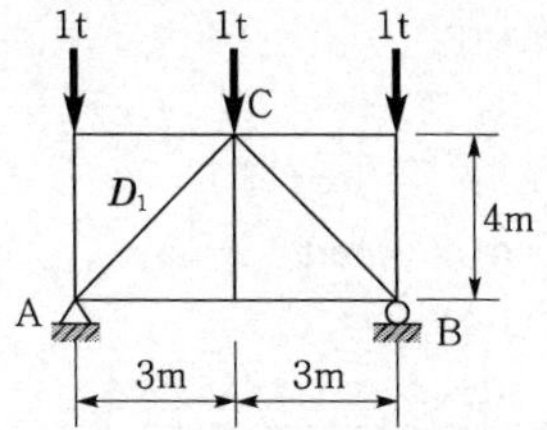

해설

$$R_A = \frac{3}{2} = 1.5tf(\uparrow)$$
$$\Sigma V = 0$$
$$D_1 \sin\theta + 1.5 - 1 = 0$$
$$\therefore D_1 = -0.5 \times \frac{5}{4} = -0.625tf(\text{압축})$$

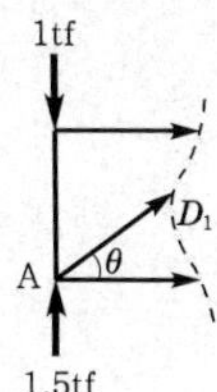

16 다음 그림과 같이 길이 20m인 단순보의 중앙점 아래 1cm 떨어진 곳에 지점 C가 있다. 이 단순보가 등분포하중 w=1t/m를 받는 경우 지점 C의 수직반력 R_{cy}는? (단, EI=2.0×10^{12}kg·cm^2 이다.)

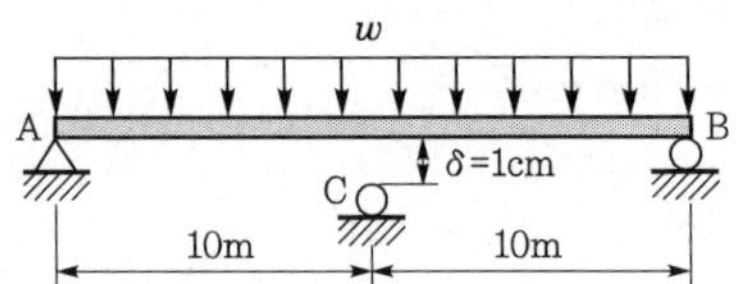

① 200kg
② 300kg
③ 400kg
④ 500kg

해설 $\delta_c = \delta_{c_1} + \delta_{c_2}$

$$1 = \frac{5wL^4}{384EI} - \frac{R_c L^3}{48EI}$$

$$\therefore R_{cy} = \frac{240wL}{384} - \frac{48EI}{L^3}$$

$$= \frac{240\times10\times2,000}{384} - \frac{48\times2\times10^{12}}{2,000^3}$$

$$= 500\text{kgf}$$

17 다음 그림과 같은 T형 단면을 가진 단순보가 있다. 이 보의 지간은 3m이고 지점으로부터 1m 떨어진 곳에 하중 P=450kg이 작용하고 있다. 이 보에 발생하는 최대 전단응력은?

① 14.8kg/cm^2
② 24.8kg/cm^2
③ 34.8kg/cm^2
④ 44.8kg/cm^2

7cm, 3cm, 7cm, 3cm

해설 ㉠ 최대 전단력 산정

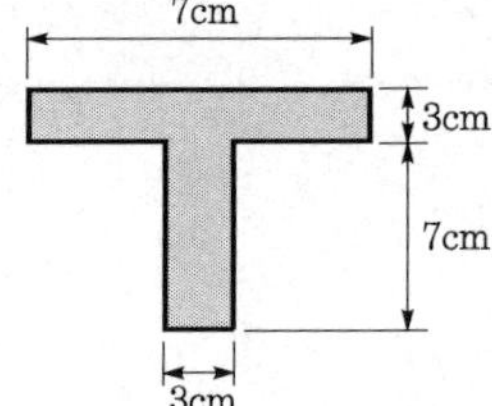

$$\Sigma M_B = 0$$

$$R_A\times3 - 450\times2 = 0$$

$$\therefore R_A = 300\text{kgf}(\uparrow)$$

$$\Sigma V = 0$$

$$R_B = 450 - 300 = 150\text{kgf}(\uparrow)$$

$$\therefore V_{\max} = R_A = 300\text{kgf}$$

㉡ 도심축과 단면특성

$$y_0 = \frac{G_x}{A} = \frac{(7\times3\times8.5)+(3\times7\times3.5)}{(7\times3)+(7\times3)} = \frac{252}{42} = 6\text{cm}$$

$$G_x = Ay = 3\times6\times3 = 54\text{cm}^3$$

$$I_x = \frac{7\times3^3}{12} + 7\times3\times(1.5+1)^2 + \frac{3\times7^3}{12} + 3\times7\times(3.5-1)^2 = 364\text{cm}^4$$

㉢ 최대 전단응력

$$\tau_{\max} = \frac{SG}{Ib} = \frac{300\times54}{364\times3} = 14.84\text{kgf/cm}^2$$

 정답 ▸▸ 16. ④ 17. ①

18 탄성계수는 2.3×10^6kg/cm², 푸아송비는 0.35일 때 전단탄성계수의 값을 구하면?

① 8.1×10^5kg/cm²
② 8.5×10^5kg/cm²
③ 8.9×10^5kg/cm²
④ 9.3×10^5kg/cm²

해설

$$G=\frac{E}{2(1+\nu)}=\frac{2.1\times10^6}{2\times(1+0.25)}$$
$$=8.4\times10^5\text{kgf/cm}^2$$

19 다음 그림과 같은 보에서 최대 처짐이 발생하는 위치는? (단, 부재의 EI는 일정하다.)

① A점으로부터 5.00m 떨어진 곳
② A점으로부터 6.18m 떨어진 곳
③ A점으로부터 8.82m 떨어진 곳
④ A점으로부터 10.00m 떨어진 곳

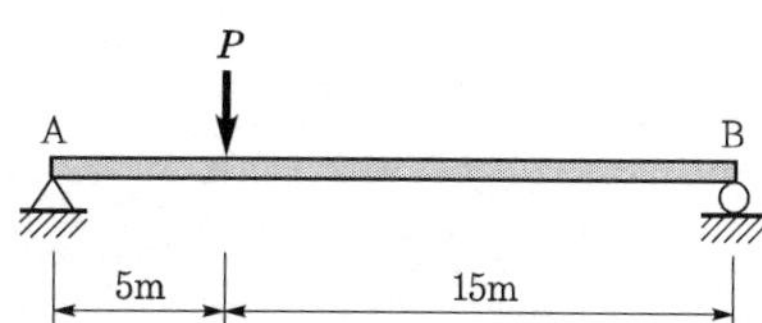

해설

$$R_1=\frac{1}{2}\times5\times\frac{15P}{4EI}=\frac{9.375P}{EI}$$
$$R_2=\frac{1}{2}\times15\times\frac{15P}{4EI}=\frac{28.125P}{EI}$$
$$\Sigma M_B=0(\oplus)$$
$$V_A'\times20-\frac{9.375P}{EI}\times1,667-\frac{28.125P}{EI}\times10=0$$
$$\therefore V_A'=\frac{21.876P}{EI}$$
$$\Sigma F_Y=0(\uparrow\oplus)$$
$$V_A'+V_B'-R_1-R_2=0$$
$$\therefore V_B'=\frac{9.375P}{EI}+\frac{28.125P}{EI}-\frac{21.876P}{EI}$$
$$=\frac{15.624P}{EI}$$

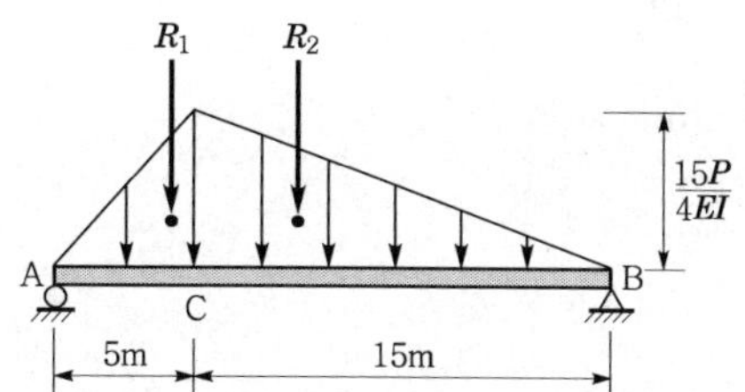

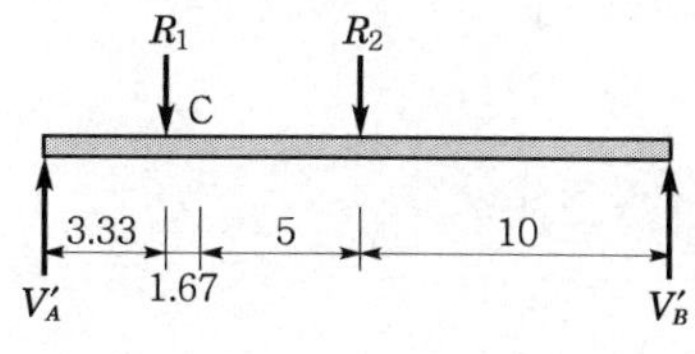

$$15:\frac{15P}{4EI}=x:y$$
$$\therefore y=\frac{Px}{4EI}$$
$$\Sigma F_Y=0(\downarrow\oplus)$$
$$V_x'+\frac{1}{2}\times\frac{Px}{4EI}\times x-\frac{15.624P}{EI}=0$$
$$\therefore V_x'=\frac{15.624P}{EI}-\frac{Px^2}{8EI}$$
$$V_x'=0$$
$$\frac{Px^2}{8EI}=\frac{15.624P}{EI}$$
$$x^2=15.624\times8=124.992$$
$\therefore x=11.179$m(B점 기준)

∴ A점으로부터의 거리 $x_o=20-11.179=8.821$m

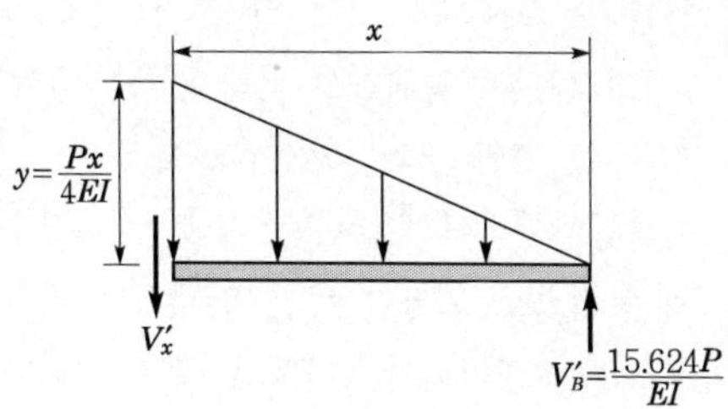

정답 18. ② 19. ③

20 다음 그림과 같은 단순보의 최대 전단응력 τ_{max}를 구하면? (단, 보의 단면은 지름이 D인 원이다.)

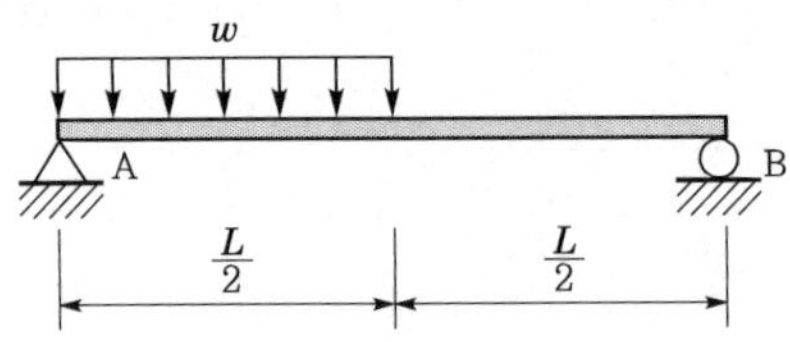

① $\dfrac{wL}{2\pi D^2}$ ② $\dfrac{9wL}{4\pi D^2}$

③ $\dfrac{3wL}{2\pi D^2}$ ④ $\dfrac{2wL}{\pi D^2}$

해설 $\Sigma M_B = 0$

$(R_A \times L) - \left(w \times \dfrac{L}{2} \times \dfrac{3L}{4}\right) = 0$

$\therefore R_A = \dfrac{3wL}{8}$

$\Sigma V = 0$

$R_A = \dfrac{wL}{2} + R_B = 0$

$\therefore R_B = \dfrac{wL}{8}$

$$\therefore \tau_{max} = \frac{4}{3}\frac{S_{max}}{A} = \frac{4}{3} \times \frac{\frac{3wL}{8}}{\frac{\pi D^2}{4}} = \frac{2wL}{\pi D^2}$$

제 2 과목 : 측량학

21 사진측량의 입체시에 대한 설명으로 틀린 것은?

① 2매의 사진이 입체감을 나타내기 위해서는 사진축척이 거의 같고 촬영한 카메라의 광축이 거의 동일 평면 내에 있어야 한다.

② 여색입체사진이 오른쪽은 적색, 왼쪽은 청색으로 인쇄되었을 때 오른쪽에 청색, 왼쪽에 적색의 안경으로 보아야 바른 입체시가 된다.

③ 렌즈의 초점거리가 길 때가 짧을 때보다 입체상이 더 높게 보인다.

④ 입체시과정에서 본래의 고저가 반대가 되는 현상을 역입체시라고 한다.

해설 입체상의 변화는 기선고도비에 영향을 받는다. 따라서 렌즈의 초점거리가 길 때가 짧을 때보다 입체상이 더 낮게 보인다.

22 다음 설명 중 틀린 것은?

① 측지학이란 지구 내부의 특성, 지구의 형상 및 운동을 결정하는 측량과 지구표면상 모든 점들 간의 상호위치관계를 산정하는 측량을 위한 학문이다.
② 측지측량은 지구의 곡률을 고려한 정밀측량이다.
③ 지각변동의 관측, 항로 등의 측량은 평면측량으로 한다.
④ 측지학의 구분은 물리측지학과 기하측지학으로 크게 나눌 수 있다.

해설 지각변동의 관측, 항로 등의 측량은 측지측량으로 한다.

23 GPS구성부문 중 위성의 신호상태를 점검하고 궤도위치에 대한 정보를 모니터링하는 임무를 수행하는 부문은?

① 우주부문　② 제어부문
③ 사용자부문　④ 개발부문

해설 GPS의 구성요소
㉠ 우주부문 : 전파신호발사
㉡ 사용자부문 : 전파신호수신, 사용자위치 결정
㉢ 제어부문 : 궤도와 시각 결정을 위한 위성의 추적 및 작동상태 점검

24 표고 h=326.42m인 지대에 설치한 기선의 길이가 L=500m일 때 평균해면상의 보정량은? (단, 지구반지름 R=6,370km이다.)

① −0.0156m　② −0.0256m
③ −0.0356m　④ −0.0456m

해설 $C_h = -\frac{L}{R}H = -\frac{500}{6,370,000} \times 326.42 = -0.0256\text{m}$

25 지오이드(geoid)에 대한 설명으로 옳은 것은?

① 육지와 해양의 지형면을 말한다.
② 육지 및 해저의 요철(凹凸)을 평균한 매끈한 곡면이다.
③ 회전타원체와 같은 것으로 지구의 형상이 되는 곡면이다.
④ 평균해수면을 육지 내부까지 연장했을 때의 가상적인 곡면이다.

해설 지오이드란 평균해수면으로 전 지구를 덮었다고 가정할 때 가상적인 곡면이다.

26 GNSS위성측량시스템으로 틀린 것은?

① GPS　② GSIS
③ GZSS　④ GALILEO

정답 22. ③ 23. ② 24. ② 25. ④ 26. ②

 GSIS는 위성을 이용한 위치결정시스템이 아니며 국토계획, 지역계획, 자원개발계획, 공사계획 등의 계획은 성공적으로 수행하기 위해 그에 필요한 각종 정보를 컴퓨터에 의해 종합적, 연계적으로 처리하는 정보처리체계이다.

27 삼각측량에서 시간과 경비가 많이 소요되나 가장 정밀한 측량성과를 얻을 수 있는 삼각망은?

① 유심망 ② 단삼각형
③ 단열삼각망 ④ 사변형망

해설 사변형 삼각망은 조건식의 수가 많아 시간과 비용이 많이 소요되나 가장 정밀한 측량성과를 얻을 수 있다.

28 수평 및 수직거리를 동일한 정확도로 관측하여 육면체의 체적을 3,000m^{3}으로 구하였다. 체적계산의 오차를 0.6m^3 이하로 하기 위한 수평 및 수직거리관측의 최대 허용정확도는?

① $\frac{1}{15,000}$ ② $\frac{1}{20,000}$
③ $\frac{1}{25,000}$ ④ $\frac{1}{30,000}$

$$\frac{\Delta V}{V} = 3\frac{\Delta L}{L}$$

$$\frac{0.6}{3,000} = 3 \times \frac{\Delta L}{L}$$

$$\therefore \frac{\Delta L}{L} = \frac{1}{15,000}$$

29 축척 1 : 5,000의 지형도 제작에서 등고선 위치오차가 ±0.3mm, 높이관측오차가 ±0.2mm로 하면 등고선간격은 최소한 얼마 이상으로 하여야 하는가?

① 1.5m ② 2.0m
③ 2.5m ④ 3.0m

해설 $H = 2(dh + dL\tan\alpha) = 2 \times (0.2 + 0.3 \times \tan 60°) = 1.5\text{m}$

30 클로소이드곡선에 관한 설명으로 옳은 것은?

① 곡선반지름 R, 곡선길이 L, 매개변수 A와의 관계식은 $RL = A$이다.
② 곡선반지름에 비례하여 곡선길이가 증가하는 곡선이다.
③ 곡선길이가 일정할 때 곡선반지름이 커지면 접선각은 작아진다.
④ 곡선반지름과 곡선길이가 매개변수 A의 1/2인 점($R = L = A/2$)을 클로소이드 특성점이라 한다.

① 곡률반지름 R, 곡선길이 L, 매개변수 A와의 관계식은 $RL = A^2$이다.
② 곡률이 곡선장에 비례하는 곡선이다.
④ 곡선반지름과 곡선길이와 매개변수가 같은 점($R = L = A$)을 클로소이드 특성점이라고 한다.

정답 27. ④ 28. ① 29. ① 30. ③

31 지형도의 이용법에 해당되지 않는 것은?

① 저수량 및 토공량 산정 ② 유역면적의 도상측정
③ 간접적인 지적도 작성 ④ 등경사선관측

해설 지형도의 이용법
㉠ 종·횡단면도 제작
㉡ 저수량 및 토공량 산정
㉢ 유역면적의 도상측정
㉣ 등경사선관측
㉤ 터널의 도상 선정
㉥ 노선의 도상 선정

32 수면으로부터 수심(H)의 $0.2H$, $0.4H$, $0.6H$, $0.8H$지점의 유속($V_{0.2}$, $V_{0.4}$, $V_{0.6}$, $V_{0.8}$)을 관측하여 평균유속을 구하는 공식으로 옳지 않은 것은?

① $V = V_{0.6}$

② $V = \frac{1}{2}(V_{0.2} + V_{0.8})$

③ $V = \frac{1}{3}(V_{0.2} + V_{0.6} + V_{0.8})$

④ $V = \frac{1}{4}(V_{0.2} + V_{0.6} + V_{0.8})$

해설 평균유속 산정방법
㉠ 1점법$(V_m) = V_{0.6}$
㉡ 2점법$(V_m) = \frac{1}{2}(V_{0.2} + V_{0.8})$
㉢ 3점법$(V_m) = \frac{1}{4}(V_{0.2} + 2V_{0.6} + V_{0.8})$

33 직사각형 토지를 줄자로 측정한 결과가 가로 37.8m, 세로 28.9m이었다. 이 줄자는 표준길이 30m당 4.7cm가 늘어있었다면 이 토지의 면적 최대 오차는?

① 0.03m^2 ② 0.36m^2
③ 3.42m^2 ④ 3.53m^2

해설 ㉠ 면적$= 37.8 \times 28.9 = 1{,}092.42\text{m}^2$
㉡ $L_o(\text{가로}) = 37.8 \times \left(1 + \frac{0.047}{30}\right) = 37.859\text{m}$
$L_o(\text{세로}) = 28.9 \times \left(1 + \frac{0.047}{30}\right) = 28.945\text{m}$
$\therefore A_o = 37.859 \times 28.945 = 1{,}095.83\text{m}^2$
㉢ 면적 최대 오차$= 1{,}095.83 - 1{,}092.42 = 3.41\text{m}^2$

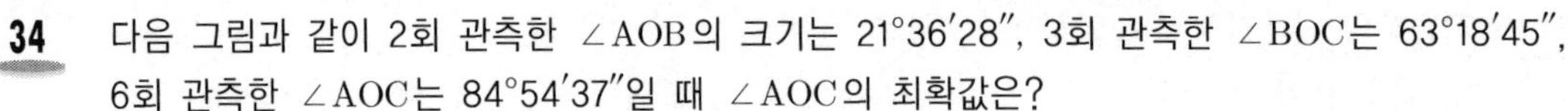

34 다음 그림과 같이 2회 관측한 ∠AOB의 크기는 21°36′28″, 3회 관측한 ∠BOC는 63°18′45″, 6회 관측한 ∠AOC는 84°54′37″일 때 ∠AOC의 최확값은?

① 84°54′25″
② 84°54′31″
③ 84°54′43″
④ 84°54′49″

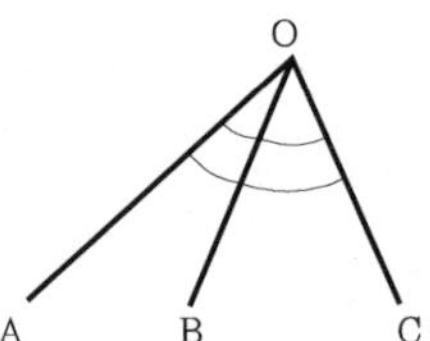

해설 ㉠ ∠AOB + ∠BOC − ∠AOC=0이어야 한다. 21°36′28″+63°18′45″−84°54′37″=+37″이므로 ∠AOB, ∠BOC에는 (−)보정을 ∠AOC에는 (+)보정을 한다.

㉡ 경중률 계산

$$P_1 : P_2 : P_3 = \frac{1}{N_1} : \frac{1}{N_2} : \frac{1}{N_3} = \frac{1}{2} : \frac{1}{3} : \frac{1}{6} = 15 : 10 : 5$$

㉢ ∠AOC의 최확값

$$\angle AOC = 84°54'37'' + \frac{5}{15+10+5} \times 36 = 84°54'43''$$

35 다음 그림과 같은 반지름=50m인 원곡선을 설치하고자 할 때 접선거리 $\overline{AI}$ 상에 있는 $\overline{HC}$의 거리는? (단, 교각=60°, α=20°, ∠AHC =90°)

① 0.19m
② 1.98m
③ 3.02m
④ 3.24m

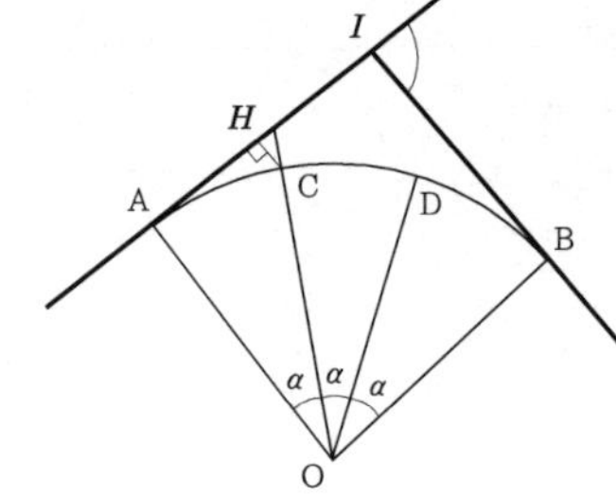

해설 $\overline{HC} = \frac{50}{\cos 20°} \times (53.21 - 50) \times \cos 20° = 3.02\text{m}$

36 항공사진상에 굴뚝의 윗부분이 주점으로부터 80mm 떨어져 나타났으며 굴뚝의 길이는 10mm이었다. 실제 굴뚝의 높이가 70m라면 이 사진의 촬영고도는?

① 490m
② 560m
③ 630m
④ 700m

해설

$$\Delta r = \frac{h}{H} r$$

$$10 = \frac{70}{H} \times 80$$

$$\therefore H = 560\text{m}$$

 정답 ▸▸ 34. ③ 35. ③ 36. ②

37 수준측량에서 전·후시의 거리를 같게 취해도 제거되지 않는 오차는?

① 지구곡률오차 ② 대기굴절오차
③ 시준선오차 ④ 표척눈금오차

해설 표척의 0눈금오차는 레벨을 세우는 횟수를 짝수로 해서 관측하여 소거한다.

38 노선에 곡선반지름 $R=600$m인 곡선을 설치할 때 현의 길이 $L=20$m에 대한 편각은?

① 54′18″ ② 55′18″
③ 56′18″ ④ 57′18″

해설 편각$(\delta)=\frac{L}{R}\left(\frac{90°}{\pi}\right)=\frac{20}{600}\times\frac{90°}{\pi}=57'18''$

39 거리 2.0km에 대한 양차는? (단, 굴절계수 K는 0.14, 지구의 반지름은 6,370km이다.)

① 0.27m ② 0.29m
③ 0.31m ④ 0.33m

해설 양차$=\frac{D^2}{2R}(1-K)=\frac{2^2}{2\times6,370}\times(1-0.14)=0.27\text{m}$

40 다각측량에서 토털스테이션의 구심오차에 관한 설명으로 옳은 것은?

① 도상의 측점과 지상의 측점이 동일 연직선상에 있지 않음으로써 발생한다.
② 시준선이 수평분도원의 중심을 통과하지 않음으로써 발생한다.
③ 편심량의 크기에 반비례한다.
④ 정반관측으로 소거된다.

해설 구심오차란 도상의 측점과 지상의 측점이 동일 연직선상에 있지 않음으로써 발생한다.

제3과목 : 수리수문학

41 단위유량도에 대한 설명 중 틀린 것은?

① 일정 기저시간가정, 비례가정, 중첩가정은 단위도의 3대 기본가정이다.
② 단위도의 정의에서 특정단위시간은 1시간을 의미한다.
③ 단위도의 정의에서 단위유효우량은 유역 전 면적상의 우량을 의미한다.
④ 단위유효우량은 유출량의 형태로 단위도상에 표시되며, 단위도 아래의 면적은 부피의 차원을 가진다.

해설 특정 단위시간은 강우의 지속시간이 특정 시간으로 표시됨을 의미한다.

정답 37. ④ 38. ④ 39. ① 40. ① 41. ②

42 물의 순환과정인 증발에 관한 설명으로 옳지 않은 것은?

① 증발량은 물수지방정식에 의하여 산정될 수 있다.
② 증발은 자유수면뿐만 아니라 식물의 엽면 등을 통하여 기화되는 모든 현상을 의미한다.
③ 증발접시계수는 저수지증발량의 증발접시증발량에 대한 비이다.
④ 증발량은 수면온도에 대한 공기의 포화증기압과 수면에서 일정 높이에서의 증기압의 차이에 비례한다.

해설 ㉠ 증발 : 수표면 또는 습한 토양면의 물분자가 태양열에너지에 의해 액체에서 기체로 변하는 현상
㉡ 증산 : 식물의 엽면을 통해 지중의 물이 수증기의 형태로 대기 중에 방출되는 현상

43 관망(pipe network) 계산에 대한 설명으로 옳지 않은 것은?

① 관내의 흐름은 연속방정식을 만족한다.
② 가정유량에 대한 보정을 통한 시산법(trial and error method)으로 계산한다.
③ 관내에서는 Darcy−Weisbach공식을 만족한다.
④ 임의의 두 점 간의 압력강하량은 연결하는 경로에 따라 다를 수 있다.

해설 관망상의 임의의 두 교차점 사이에서 발생되는 손실수두의 크기는 두 교차점을 연결하는 경로에 관계없이 일정하다($\Sigma h_L = 0$).

44 강우강도 $I=\dfrac{5,000}{t+40}$[mm/hr]로 표시되는 어느 도시에 있어서 20분간의 강우량 R_{20}은? (단, t의 단위는 분이다.)

① 17.8mm ② 27.8mm
③ 37.8mm ④ 47.8mm

해설

$$I=\frac{5,000}{20+40}=83.33\text{mm/hr}$$

$$\therefore\ R_{20}=\frac{83.33}{60}\times 20=27.78\text{mm}$$

45 다음 그림과 같은 수로의 단위폭당 유량은? (단, 유출계수 C=1이며, 이외 손실은 무시함)

① $2.5\text{m}^3/\text{s/m}$
② $1.6\text{m}^3/\text{s/m}$
③ $2.0\text{m}^3/\text{s/m}$
④ $1.2\text{m}^3/\text{s/m}$

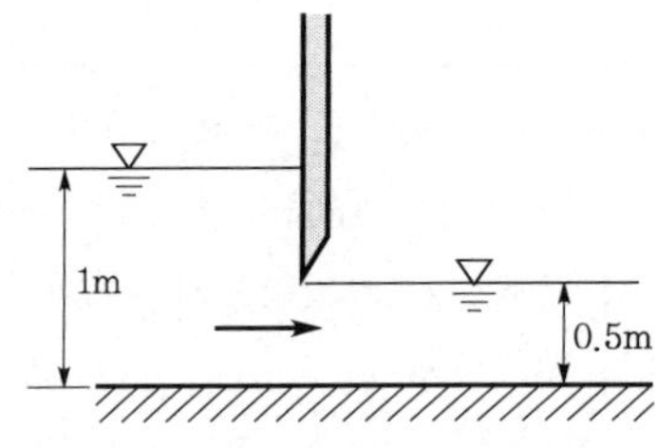

해설 $Q=Ca\sqrt{2gh}=1\times(0.5\times1)\times\sqrt{2\times9.8\times(1-0.5)}=1.57\text{m}^3/\text{sec/m}$

 정답 42. ② 43. ④ 44. ② 45. ②

46 경심이 5m이고 동수경사가 1/200인 관로에서 Reynolds수가 1,000인 흐름의 평균유속은?

① 0.70m/s
② 2.24m/s
③ 5.00m/s
④ 5.53m/s

해설
㉠ $f=\dfrac{64}{R_e}=\dfrac{64}{1,000}=0.064$

㉡ $f=\dfrac{8g}{C^2}$

$0.064=\dfrac{8\times 9.8}{C^2}$

$\therefore\ C=35\text{m}^{\frac{1}{2}}/\text{sec}$

㉢ $V=C\sqrt{RI}=35\sqrt{5\times\dfrac{1}{200}}=5.53\text{m/sec}$

47 다음 그림과 같이 물속에 수직으로 설치된 2m×3m 넓이의 수문을 올리는 데 필요한 힘은? (단, 수문의 물속 무게는 1,960N이고, 수문과 벽면 사이의 마찰계수는 0.25이다.)

① 5.45kN
② 53.4kN
③ 126.7kN
④ 271.2kN

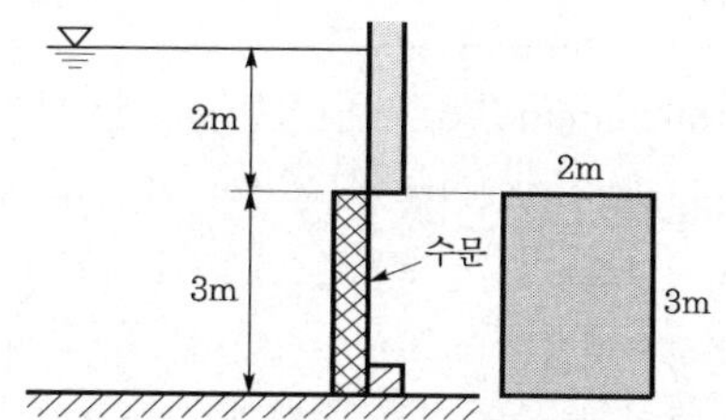

해설
㉠ $P=wh_G A=9.8\times 3.5\times(2\times 3)=205.8\text{kN}$

㉡ $T=205.8\times 0.25+1.96=53.41\text{kN}$

48 강수량자료를 해석하기 위한 DAD 해석 시 필요한 자료는?

① 강우량, 단면적, 최대 수심
② 적설량, 분포면적, 적설일수
③ 강우량, 집수면적, 강우기간
④ 수심, 유속 단면적, 홍수기간

해설 최대 평균우량깊이－유역면적－지속기간의 관계를 수립하는 작업을 DAD 해석이라 한다.

49 단위무게 5.88kN/m^3, 단면 40cm×40cm, 길이 4m인 물체를 물속에 완전히 가라앉히려 할 때 필요한 최소힘은?

① 2.51kN
② 3.76kN
③ 5.88kN
④ 6.27kN

해설 $5.88\times(0.4\times 0.4\times 4)+P=9.8\times(0.4\times 0.4\times 4)$

$\therefore\ P=2.51\text{kN}$

정답 ▶▶▶ 46. ④ 47. ② 48. ③ 49. ①

50 원형관의 중앙에 피토관(Pitot tube)을 넣고 관벽의 정수압을 측정하기 위하여 정압관과의 수면차를 측정하였더니 10.7m이었다. 이때의 유속은? (단, 피토관 상수 C=1이다.)

① 8.4m/s ② 11.7m/s
③ 13.1m/s ④ 14.5m/s

해설 $V=C\sqrt{2gh}=1\times\sqrt{2\times9.8\times10.7}=14.48\text{m/sec}$

51 위어(weir)에 관한 설명으로 옳지 않은 것은?

① 위어를 월류하는 흐름은 일반적으로 상류에서 사류로 변한다.
② 위어를 월류하는 흐름이 사류일 경우(완전월류) 유량은 하류 수위의 영향을 받는다.
③ 위어는 개수로의 유량측정, 취수를 위한 수위 증가 등의 목적으로 설치된다.
④ 작은 유량을 측정할 경우 삼각위어가 효과적이다.

해설 완전월류일 때 위어 정부의 흐름은 사류가 되므로 월류량은 하류수심의 영향을 받지 않는다.

52 유선(streamline)에 대한 설명으로 옳지 않은 것은?

① 유선이란 유체입자가 움직인 경로를 말한다.
② 비정상류에서는 시간에 따라 유선이 달라진다.
③ 정상류에서는 유적선(pathline)과 일치한다.
④ 하나의 유선은 다른 유선과 교차하지 않는다.

해설 ㉠ 유선 : 어느 시각에 있어서 각 입자의 속도벡터가 접선이 되는 가상적인 곡선
㉡ 유적선 : 유체입자의 운동경로

53 다음의 손실계수 중 특별한 형상이 아닌 경우 일반적으로 그 값이 가장 큰 것은?

① 입구손실계수(f_e) ② 단면 급확대 손실계수(f_{se})
③ 단면 급축소 손실계수(f_{sc}) ④ 출구손실계수(f_o)

해설 손실계수 중 가장 큰 것은 유출손실계수로서 $f_o=1$이다.

54 다음 설명 중 기저유출에 해당되는 것은?

- 유출은 유수의 생기원천에 따라 (A) 지표면유출, (B) 지표하(중간)유출, (C) 지하수유출로 분류되며, 지표하유출은 (B_1) 조기지표하유출(prompt subsurface runoff), (B_2) 지연지표하유출(delayed subsurface runoff)로 구성된다.
- 또한 실용적인 유출 해석을 위해 하천수로를 통한 총유출은 직접유출과 기저유출로 분류된다.

① (A)+(B)+(C) ② (B)+(C)
③ (A)+(B_1) ④ (C)+(B_2)

 정답 ▶▶▶ 50. ④ 51. ② 52. ① 53. ④ 54. ④

해설 유출의 분류

㉠ 직접유출
- 강수 후 비교적 단시간 내에 하천으로 흘러 들어가는 유출
- 지표면유출, 복류수유출, 수로상 강수

㉡ 기저유출
- 비가 오기 전의 건조 시의 유출
- 지하수유출, 지연지표하유출

55 개수로에서 일정한 단면적에 대하여 최대 유량이 흐르는 조건은?

① 수심이 최대이거나 수로폭이 최소일 때
② 수심이 최소이거나 수로폭이 최대일 때
③ 윤변이 최소이거나 경심이 최대일 때
④ 윤변이 최대이거나 경심이 최소일 때

해설 주어진 단면적과 수로의 경사에 대하여 경심이 최대 혹은 윤변이 최소일 때 최대 유량이 흐르고, 이러한 단면을 수리상 유리한 단면이라 한다.

56 폭이 1m인 직사각형 개수로에서 $0.5m^3/s$의 유량이 80cm의 수심으로 흐르는 경우 이 흐름을 가장 잘 나타낸 것은? (단, 동점성계수는 $0.012cm^2/s$, 한계수심은 29.5cm이다.)

① 층류이며 상류　② 층류이며 사류
③ 난류이며 상류　④ 난류이며 사류

해설
㉠ $V=\dfrac{Q}{A}=\dfrac{0.5}{1\times0.8}=0.625\text{m/sec}=62.5\text{cm/sec}$

㉡ $R=\dfrac{A}{S}=\dfrac{1\times0.8}{1+0.8\times2}=0.31\text{m}$

㉢ $R_e=\dfrac{VR}{\nu}=\dfrac{62.5\times0.31}{0.012}=1{,}614{,}58>500$이므로 난류이다.

㉣ $h(=80\text{cm})>h_c(=29.5\text{cm})$이므로 상류이다.

57 직각삼각형 위어에서 월류수심의 측정에 1%의 오차가 있다고 하면 유량에 발생하는 오차는?

① 0.4%　② 0.8%
③ 1.5%　④ 2.5%

해설 $\dfrac{dQ}{Q}=\dfrac{5}{2}\dfrac{dh}{h}=\dfrac{5}{2}\times1\%=2.5\%$

58 다음 중 부정류흐름의 지하수를 해석하는 방법은?

① Theis방법　② Dupuit방법
③ Thiem방법　④ Laplace방법

해설 피압대수층 내 부정류흐름의 지하수 해석법 : Theis법, Jacob법, Chow법

정답 ▸▸ 55. ③ 56. ③ 57. ④ 58. ①

59 Darcy의 법칙에 대한 설명으로 옳은 것은?

① 지하수흐름이 층류일 경우 적용된다.
② 투수계수는 무차원의 계수이다.
③ 유속이 클 때에만 적용된다.
④ 유속이 동수경사에 반비례하는 경우에만 적용된다.

해설 ㉠ Darcy법칙은 $R_e < 4$인 층류인 경우에 적용된다.
㉡ K의 차원은 $[LT^{-1}]$이다.
㉢ $V=Ki$이므로 V는 i에 비례한다.

60 흐르는 유체 속에 물체가 있을 때 물체가 유체로부터 받는 힘은?

① 장력(張力)
② 충력(衝力)
③ 항력(抗力)
④ 소류력(掃流力)

제4과목 : 철근콘크리트 및 강구조

61 철근콘크리트 1방향 슬래브의 설계에 대한 설명 중 틀린 것은?

① 1방향 슬래브의 두께는 최소 100mm 이상으로 하여야 한다.
② 4변에 의해 지지되는 2방향 슬래브 중에서 단변에 대한 장변의 비가 2배를 넘으면 1방향 슬래브로 해석한다.
③ 슬래브의 정모멘트 및 부모멘트철근의 중심간격은 위험 단면에서는 슬래브두께의 3배 이하이어야 하고, 또한 450mm 이하로 하여야 한다.
④ 슬래브의 단변방향 보의 상부에 부모멘트로 인해 발생하는 균열을 방지하기 위하여 슬래브의 장변방향으로 슬래브 상부에 철근을 배치하여야 한다.

해설 슬래브의 단변방향으로 슬래브 상부에 철근을 배치한다.

62 다음과 같은 맞대기 이음부에 발생하는 응력의 크기는? (단, P=360kN, 강판두께 12mm)

① 압축응력 f_c=14.4MPa
② 인장응력 f_t=3,000MPa
③ 전단응력 τ=150MPa
④ 압축응력 f_c=120MPa

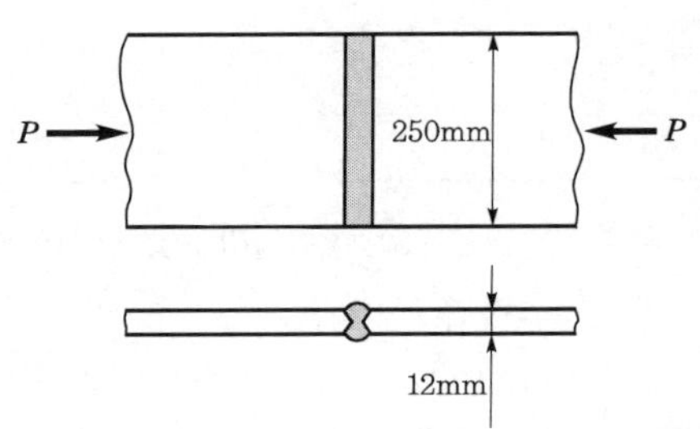

 정답 59. ① 60. ③ 61. ④ 62. ④

해설

$$f_c = \frac{P}{A} = \frac{360 \times 10^3}{12 \times 250} = 120\text{MPa}$$

63 다음 그림과 같은 복철근 직사각형 보의 공칭휨모멘트강도 M_n은? (단, f_{ck} =28MPa, f_y = 350MPa, A_s =4,500mm^2, $A_s{}'$ =1,800mm^{2}이며 압축, 인장철근 모두 항복한다고 가정한다.)

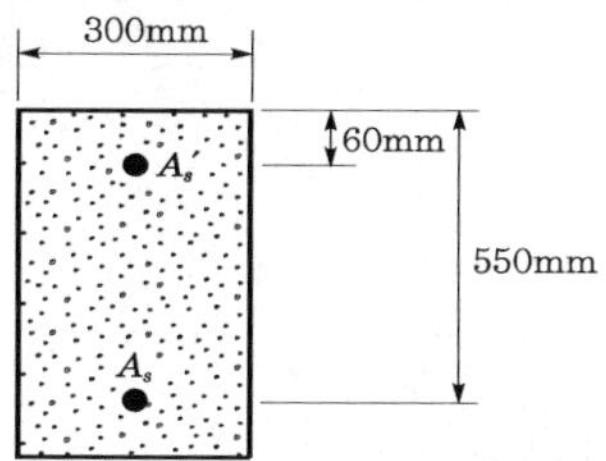

① 724.3kN·m
② 765.9kN·m
③ 792.5kN·m
④ 831.8kN·m

해설

$$a = \frac{f_y(A_s - A_s{}')}{\eta(0.85 f_{ck})b}$$

$$= \frac{350 \times (4,500 - 1,800)}{1.0 \times 0.85 \times 28 \times 300}$$

$$= 132.35\text{mm}$$

$$\therefore \ M_n = f_y(A_s - A_s{}')\left(d - \frac{a}{2}\right) + f_y A_s{}'(d - d')$$

$$= \left[350 \times (4,500 - 1,800) \times \left(550 - \frac{132.35}{2}\right) + 350 \times 1,800 \times (550 - 60)\right] \times 10^{-6}$$

$$= 765.9\text{kN} \cdot \text{m}$$

64 다음 표와 같은 조건에서 처짐을 계산하지 않는 경우의 보의 최소 두께는 약 얼마인가?

[조건]
- 경간 12m인 단순지지보
- 보통중량콘크리트(m_c=2,300kg/m^3)를 사용
- 설계기준항복강도 350MPa 철근을 사용

① 680mm
② 700mm
③ 720mm
④ 750mm

해설

$$h = \frac{l}{16}\left(0.43 + \frac{f_y}{700}\right)$$

$$= \frac{12 \times 10^3}{16} \times \left(0.43 + \frac{350}{700}\right)$$

$$= 697.5 \fallingdotseq 700\text{mm}$$

정답 ▸▸▸ 63. ② 64. ②

65 다음 그림과 같은 띠철근단주의 균형상태에서 축방향 공칭하중(P_b)은 얼마인가? (단, f_{ck} =27MPa, f_y =400MPa, A_{st} =4－D35=3,800mm^2)

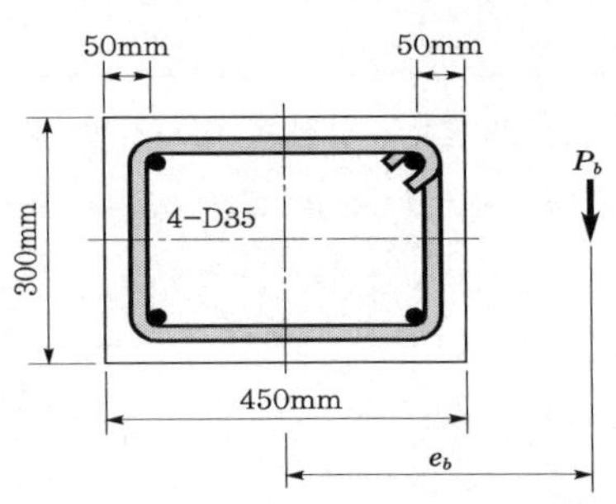

① 1,416.0kN
② 1,520.0kN
③ 3,645.2kN
④ 5,165.3kN

해설

$$C_b = \frac{0.0033d}{0.0033+f_y/E_s} = \frac{0.0033\times(450-50)}{0.0033+0.002} = 249\text{mm}$$

$$a = \beta_1 C_b = 0.85\times 249 = 212\text{mm}$$

$$C_c = \eta(0.85 f_{ck})ab = 1.0\times 0.85\times 27\times 212\times 300 = 1,459,620\text{N} = 1,459.6\text{kN}$$

$$T_s = f_y A_s = 400\times 3,800\times \frac{1}{2}\times 10^{-3} = 760\text{kN}$$

$$\varepsilon_s{}' = 0.0033\left(\frac{C_b - d'}{C_b}\right) = 0.0033\times\frac{249-50}{249} = 0.0026 > \varepsilon_y(=0.002)$$

∴ 압축철근이 항복한다.

$$C_s = f_y A_s{}' - \eta(0.85 f_{ck})A_s{}'$$
$$= 400\times 1,900 - 1.0\times 0.85\times 27\times 1,900$$
$$= 716,395\text{N} = 716.4\text{kN}$$

$$\therefore\ P_b = C_c + C_s - T_s = 1,459.6 + 716.4 - 760 = 1,416\text{kN}$$

66 직사각형 단면의 보에서 계수전단력 V_u =40kN을 콘크리트만으로 지지하고자 할 때 필요한 최소 유효깊이(d)는? (단, f_{ck} =25MPa, b_w =300mm이다.)

① 320mm
② 348mm
③ 384mm
④ 427mm

해설

$$V_u \le \frac{1}{2}\phi V_c = \frac{1}{2}\phi\left(\frac{1}{6}\lambda\sqrt{f_{ck}}\, b_w d\right)$$

$$\therefore\ d = \frac{12 V_u}{\phi\lambda\sqrt{f_{ck}}\, b_w} = \frac{12\times 40\times 10^3}{0.75\times 1.0\sqrt{25}\times 300} = 426.66\text{mm}$$

67 압축철근비가 0.01이고 인장철근비가 0.003인 철근콘크리트보에서 장기추가처짐에 대한 계수(λ_Δ)의 값은? (단, 하중재하기간은 5년 6개월이다.)

① 0.80
② 0.933
③ 2.80
④ 1.333

해설

$$\lambda_\Delta = \frac{\xi}{1+50\rho'} = \frac{2.0}{1+50\times 0.01} = 1.333$$

 정답 65. ① 66. ④ 67. ④

68 다음 그림과 같이 W=40kN/m일 때 PS강재가 단면 중심에서 긴장되며 인장측의 콘크리트 응력이 "0"이 되려면 PS강재에 얼마의 긴장력이 작용하여야 하는가?

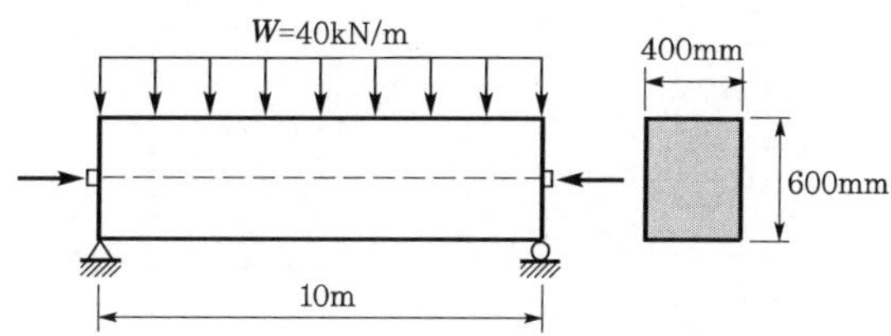

① 4,605kN ② 5,000kN
③ 5,200kN ④ 5,625kN

해설

$$M=\frac{WL^2}{8}=\frac{40\times10^2}{8}=500\text{kN}\cdot\text{m}$$

$$\therefore\ P=\frac{6M}{h}=\frac{6\times500}{0.6}=5{,}000\text{kN}$$

69 강도설계법에서 인장철근 D29(공칭직경 d_b =28.6mm)을 정착시키는 데 소요되는 기본정착길이는? (단, f_{ck} =24MPa, f_y =300MPa로 한다.)

① 682mm ② 785mm
③ 827mm ④ 1,051mm

해설

$$l_{db}=\frac{0.6d_bf_y}{\lambda\sqrt{f_{ck}}}=\frac{0.6\times28.6\times300}{1.0\times\sqrt{24}}=1{,}050.8\text{mm}$$

70 다음 그림과 같은 직사각형 단면의 균열모멘트(M_{cr})는? (단, 보통중량콘크리트를 사용한 경우로서 f_{ck} =21MPa, A_s =4,800mm²)

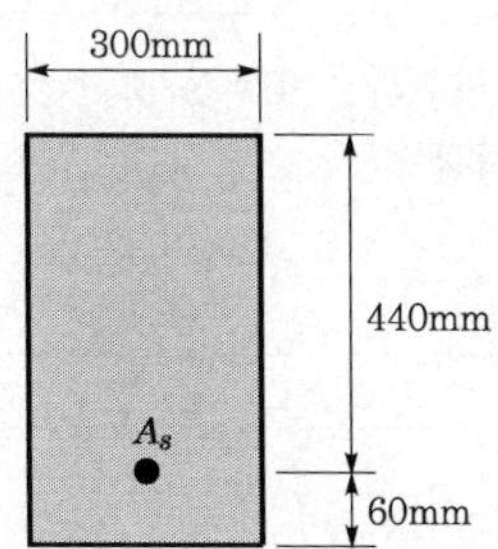

① 36.13kN·m ② 31.25kN·m
③ 27.98kN·m ④ 23.65kN·m

해설

$$f_r=0.63\lambda\sqrt{f_{ck}}$$

$$\therefore\ M_{cr}=\frac{I_g}{y_t}f_r=\frac{\frac{1}{12}\times300\times500^3}{250}\times0.63\sqrt{21}=36.1\text{kN}\cdot\text{m}$$

정답 ▸▸▸ 68. ② 69. ④ 70. ①

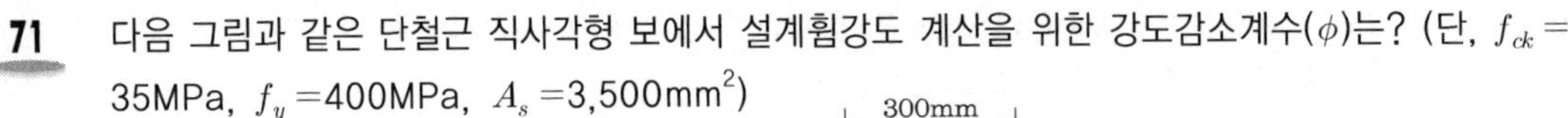

71 다음 그림과 같은 단철근 직사각형 보에서 설계휨강도 계산을 위한 강도감소계수(ϕ)는? (단, f_{ck} = 35MPa, f_y =400MPa, A_s =3,500mm^2)

① 0.806
② 0.813
③ 0.827
④ 0.850

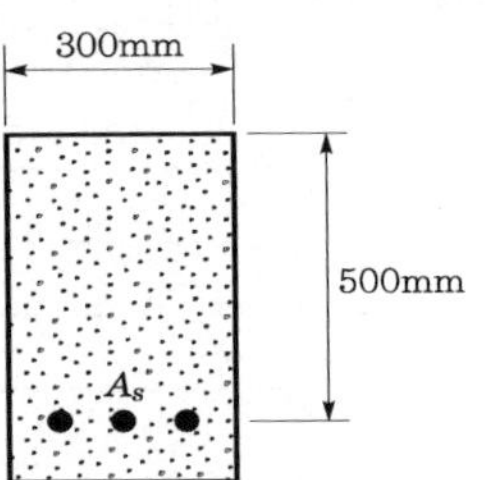

해설 $\beta_1 = 0.80(f_{ck} \leq 40\text{MPa}$일 때)

$$c = \frac{a}{\beta_1} = \frac{f_y A_s}{\eta(0.85 f_{ck}) b \beta_1} = \frac{400 \times 3,500}{1.0 \times 0.85 \times 35 \times 300 \times 0.80} = 196\text{mm}$$

$$\therefore \varepsilon_t = \varepsilon_{cu}\left(\frac{d_t - c}{c}\right) = 0.0033 \times \frac{500-196}{196} = 0.0051 > 0.005$$

∴ 인장지배 단면이므로 $\phi = 0.850$

72 인장이형철근의 정착길이 산정 시 필요한 보정계수에 대한 설명으로 틀린 것은? (단, f_{sp}는 콘크리트 쪼갬인장강도)

① 상부철근(정착길이 또는 겹침이음부 아래 300mm를 초과되게 굳지 않은 콘크리트를 친 수평철근)인 경우 철근배근위치에 따른 보정계수 1.3을 사용한다.
② 에폭시 도막철근인 경우 피복두께 및 순간격에 따라 1.2나 2.0의 보정계수를 사용한다.
③ f_{sp}가 주어지지 않은 전 경량콘크리트의 경우 보정계수(λ)는 0.75를 사용한다.
④ 에폭시 도막철근이 상부철근인 경우에 상부철근의 위치계수와 철근도막계수의 곱이 1.7보다 클 필요는 없다.

해설 ②의 경우 에폭시 도막철근에서 피복두께 및 순간격에 따라 보정계수는 1.5를 사용한다.

73 경간 25m인 PS콘크리트보에 계수하중 40kN/m가 작용하고 P=2,500kN의 프리스트레스가 주어질 때 등분포상향력 u를 하중평형(balanced load)개념에 의해 계산하여 이 보에 작용하는 순수하향 분포하중을 구하면?

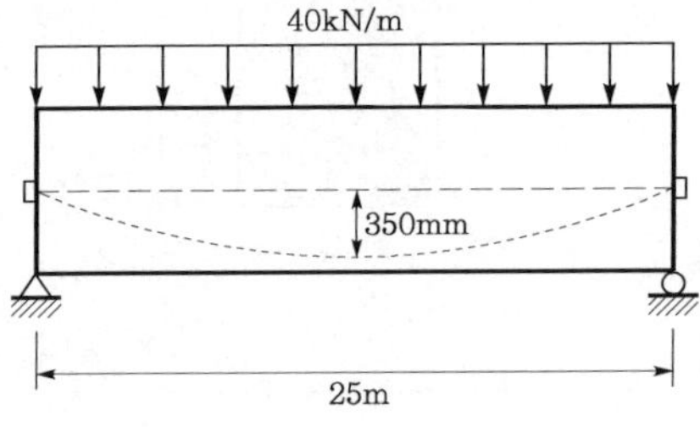

① 26.5kN/m
② 27.3kN/m
③ 28.8kN/m
④ 29.6kN/m

 정답 ▸▸▸ 71. ④ 72. ② 73. ③

해설 $u = \frac{8Ps}{l^2} = \frac{8 \times 2{,}500 \times 350}{25^2} = 11.2\text{kN/m}$

∴ 순하향하중 $= w - u = 40 - 11.2 = 28.8\text{kN/m}$

74 PSC보를 RC보처럼 생각하여 콘크리트는 압축력을 받고 긴장재는 인장력을 받게 하여 두 힘의 우력모멘트로 외력에 의한 휨모멘트에 저항시킨다는 생각은 다음 중 어느 개념과 같은가?

① 응력개념(stress concept)
② 강도개념(strength concept)
③ 하중평형개념(load balancing concept)
④ 균등질보의 개념(homogeneous beam concept)

해설 강도개념=내력모멘트개념=RC구조와 동일한 개념

75 직접설계법에 의한 슬래브설계에서 전체 정적계수 휨모멘트 M_o=340kN·m로 계산되었을 때 내부경간의 부계수 휨모멘트는 얼마인가?

① 102kN·m ② 119kN·m
③ 204kN·m ④ 221kN·m

해설 정역학적 계수 휨모멘트의 분배
㉠ 정계수 휨모멘트 : $0.35M_o$
㉡ 부계수 휨모멘트 : $0.65M_o$
여기서, M_o : 전체 정적계수 휨모멘트
∴ 부계수 휨모멘트$= 0.65 \times 340 = 221\text{kN·m}$

76 직사각형 단면(300×400mm)인 프리텐션부재에 550mm²의 단면적을 가진 PS강선을 콘크리트 단면도심에 일치하도록 배치하였다. 이때 1,350MPa의 인장응력이 되도록 긴장한 후 콘크리트에 프리스트레스를 도입한 경우 도입 직후 생기는 PS강선의 응력은? (단, n=6, 단면적은 총 단면적 사용)

① 371MPa ② 398MPa
③ 1,313MPa ④ 1,321MPa

해설 $\Delta f_p = nf_{ci} = 6 \times \frac{550 \times 1{,}350}{300 \times 400} = 37.125\text{MPa}$

∴ $f_p = f_i - \Delta f_p = 1{,}350 - 37.13 = 1{,}312.9\text{MPa}$

77 인장응력 검토를 위한 L−150×90×12인 형강(angle)의 전개총폭 b_g는 얼마인가?

① 228mm ② 232mm
③ 240mm ④ 252mm

해설 $b_g = b_1 + b_2 - t = 150 + 90 - 12 = 228\text{mm}$

정답 74. ② 75. ④ 76. ③ 77. ①

78 프리스트레스트 콘크리트구조물의 특징에 대한 설명으로 틀린 것은?

① 철근콘크리트의 구조물에 비해 진동에 대한 저항성이 우수하다.
② 설계하중 하에서 균열이 생기지 않으므로 내구성이 크다.
③ 철근콘크리트구조물에 비하여 복원성이 우수하다.
④ 공사가 복잡하여 고도의 기술을 요한다.

해설 PSC는 RC보다 단면이 작아 진동이 발생하기 쉽다.

79 1방향 철근콘크리트 슬래브의 전체 단면적이 2,000,000mm^{2}이고 사용한 이형철근의 설계기준 항복강도가 500MPa인 경우 수축 및 온도철근량의 최소값은?

① 1,800mm^2
② 2,400mm^2
③ 3,200mm^2
④ 3,800mm^2

해설 슬래브

수축 및 온도철근비(ρ) ≥ 0.0014

㉠ $f_y \leq 400\text{MPa}$: $\rho = 0.0020$

㉡ $f_y > 400\text{MPa}$: $\rho = 0.0020\dfrac{400}{f_y} = 0.0020 \times \dfrac{400}{500} = 0.0016$

∴ 이 중 작은 값 $\rho = 0.0016$

$\rho = \dfrac{A_s}{bd}$ 에서

∴ $A_s = \rho bd = 0.0016 \times 2 \times 10^6\text{mm}^2 = 3{,}200\text{mm}^2$

80 다음 그림과 같은 원형 철근기둥에서 콘크리트구조설계기준에서 요구하는 최대 나선철근의 간격은 약 얼마인가? (단, f_{ck} =24MPa, f_{yt} =400MPa, D10 철근의 공칭단면적은 71.3mm^{2}이다.)

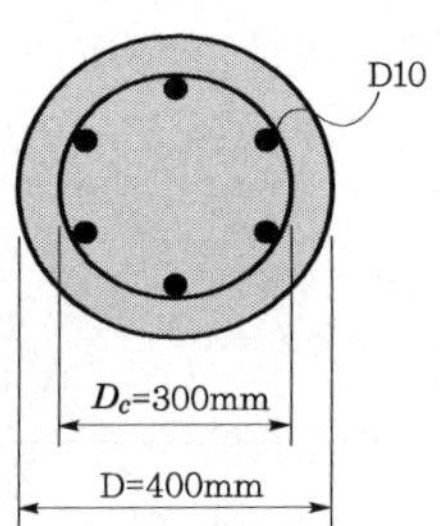

① 35mm
② 38mm
③ 42mm
④ 45mm

해설

$\rho_s = 0.45\left(\dfrac{D^2}{{D_c}^2} - 1\right)\dfrac{f_{ck}}{f_y} = 0.45 \times \left(\dfrac{400^2}{300^2} - 1\right) \times \dfrac{24}{400} = 0.021$

∴ $S = \dfrac{4A_s}{D_c \rho_s} = \dfrac{4 \times 71.3}{300 \times 0.021} = 45.3\text{mm}$

 정답 ▸▸▸ 78. ① 79. ③ 80. ④

제5과목 : 토질 및 기초

81 두께가 4m인 점토층이 모래층 사이에 끼어있다. 점토층에 3t/m^{2}의 유효응력이 작용하여 최종 침하량이 10cm가 발생하였다. 실내압밀시험결과 측정된 압밀계수(C_v)=2×10^{-4}cm^2/sec라고 할 때 평균압밀도 50%가 될 때까지 소요일수는?

① 288일　　② 312일
③ 388일　　④ 456일

해설

$$t_{50}=\frac{0.197H^2}{C_v}=\frac{0.197\times\left(\frac{400}{2}\right)^2}{2\times10^{-4}}=39,400,000\text{초}=456.02\text{일}$$

82 다음 그림과 같은 지반에서 유효응력에 대한 점착력 및 마찰각이 각각 c'=1.0t/m^2 ϕ'=20°일 때 A점에서의 전단강도(t/m^2)는?

① 3.4t/m^2
② 4.5t/m^2
③ 5.4t/m^2
④ 6.6t/m^2

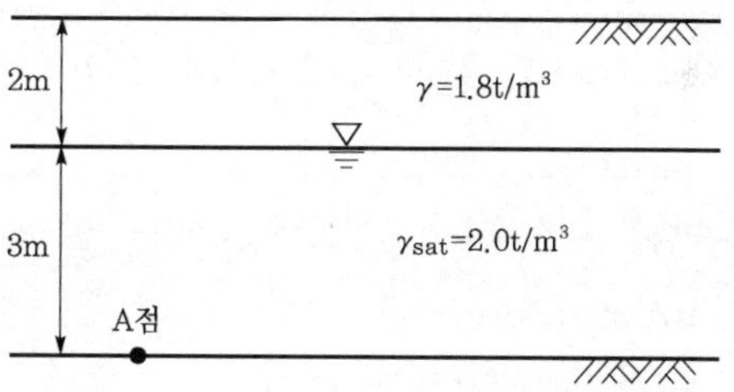

해설 ㉠ $\sigma=1.8\times2+2\times3=9.6\text{t/m}^2$
$u=1\times3=3\text{t/m}^2$
$\therefore\ \bar{\sigma}=9.6-3=6.6\text{t/m}^2$
㉡ $\tau=c+\bar{\sigma}\tan\phi=1+6.6\times\tan20°=3.4\text{t/m}^2$

83 연약한 점성토의 지반특성을 파악하기 위한 현장조사시험방법에 대한 설명 중 틀린 것은?

① 현장베인시험은 연약한 점토층에서 비배수 전단강도를 직접 산정할 수 있다.
② 정적콘관입시험(CPT)은 콘지수를 이용하여 비배수 전단강도추정이 가능하다.
③ 표준관입시험에서의 N값은 연약한 점성토지반특성을 잘 반영해 준다.
④ 정적콘관입시험(CPT)은 연속적인 지층분류 및 전단강도추정 등 연약점토특성분석에 매우 효과적이다.

해설 ㉠ 정적콘관입시험(CPT : Dutch Cone Penetration Test)
- 콘을 땅속에 밀어 넣을 때 발생하는 저항을 측정하여 지반의 강도를 추정하는 시험으로 점성토와 사질토에 모두 적용할 수 있으나 주로 연약한 점토지반의 특성을 조사하는 데 적합하다.
- SPT와 달리 CPT는 시추공 없이 지표면에서부터 시험이 가능하므로 신속하고 연속적으로 지반을 파악할 수 있는 장점이 있고, 단점으로는 시료채취가 불가능하고 자갈이 섞인 지반에서는 시험이 어렵고 시추하는 것보다는 저렴하나 시험을 위해 특별히 CPT장비를 조달해야 하는 것이다.

㉡ 표준관입시험
- 사질토에 가장 적합하고 점성토에도 시험이 가능하다.
- 특히 연약한 점성토에서는 SPT의 신뢰성이 매우 낮기 때문에 N값을 가지고 점성토의 역학적 특성을 추정하는 것은 옳지 않다.

정답 ▸▸▸ 81. ④ 82. ① 83. ③

84 흙의 다짐에 있어 래머의 중량이 2.5kg, 낙하고 30cm, 3층으로 각 층의 다짐횟수가 25회일 때 다짐에너지는? (단, 몰드의 체적은 1,000cm³이다.)

① 5.63kg·cm/cm³ ② 5.96kg·cm/cm³
③ 10.45kg·cm/cm³ ④ 0.66kg·cm/cm³

해설
$$E=\frac{W_R H N_L N_B}{V}=\frac{2.5\times30\times3\times25}{1,000}=5.6\text{kg}\cdot\text{cm/cm}^3$$

85 흙의 분류에 사용되는 Casagrande소성도에 대한 설명으로 틀린 것은?

① 세립토를 분류하는 데 이용된다.
② U선은 액성한계와 소성지수의 상한선으로 U선 위쪽으로는 측점이 있을 수 없다.
③ 액성한계 50%를 기준으로 저소성(L) 흙과 고소성(H) 흙으로 분류한다.
④ A선 위의 흙은 실트(M) 또는 유기질토(O)이며, A선 아래의 흙은 점토(C)이다.

해설 A선 위의 흙은 점토(C)이고, A선 아래의 흙은 실트(M) 또는 유기질토(O)이다.

86 수평방향 투수계수가 0.12cm/sec이고 연직방향 투수계수가 0.03cm/sec일 때 1일 침투유량은?

① 970m³/day/m
② 1,080m³/day/m
③ 1,220m³/day/m
④ 1,410m³/day/m

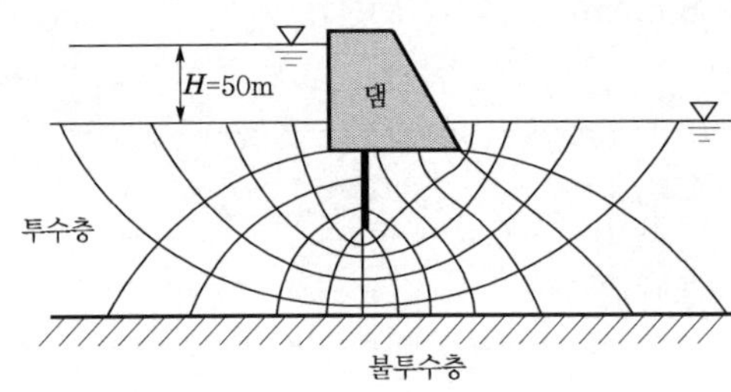

해설 ㉠ $K=\sqrt{K_H K_V}=\sqrt{0.12\times0.03}=0.06\text{cm/sec}$

㉡ $Q=KH\frac{N_f}{N_d}=(0.06\times10^{-2})\times50\times\frac{5}{12}=0.0125\text{m}^3/\text{sec}$

$=0.0125\times(24\times60\times60)=1,080\text{m}^3/\text{day}$

87 다음 그림과 같이 흙입자가 크기가 균일한 구(직경 : d)로 배열되어 있을 때 간극비는?

① 0.91
② 0.71
③ 0.51
④ 0.35

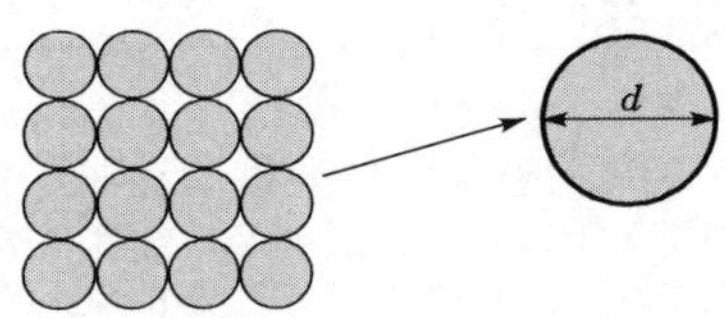

해설
$$e=\frac{V_V}{V_S}=\frac{V-V_S}{V_S}=\frac{(4d)^3-\frac{\pi d^3}{6}\times64}{\frac{\pi d^3}{6}\times64}=0.91$$

 정답 84. ① 85. ④ 86. ② 87. ①

88 다음 그림에서 C점의 압력수두 및 전수두값은 얼마인가?

① 압력수두 3m, 전수두 2m
② 압력수두 7m, 전수두 0m
③ 압력수두 3m, 전수두 3m
④ 압력수두 7m, 전수두 4m

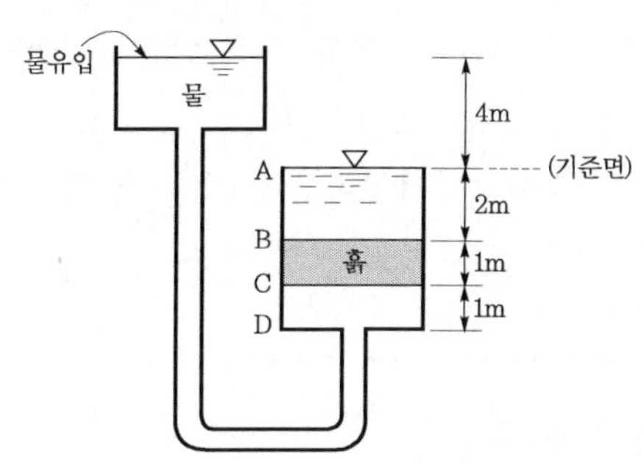

 해설

구분	압력수두	위치수두	전수두
C	7m	−3m	7−3=4m

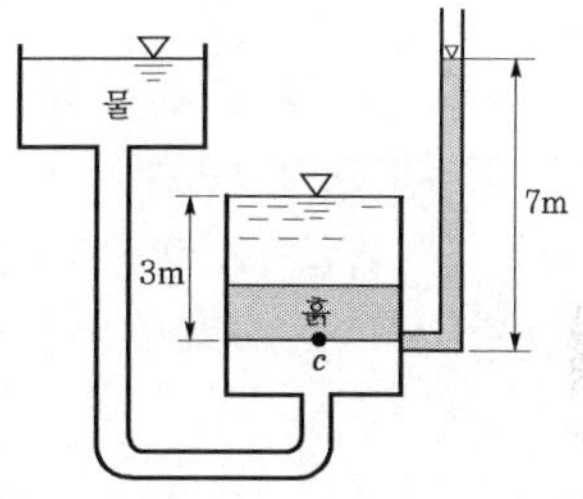

89 표준관입시험(S.P.T)결과 N치가 25이었고, 그때 채취한 교란시료로 입도시험을 한 결과 입자가 둥글고 입도분포가 불량할 때 Dunham공식에 의해서 구한 내부마찰각은?

① 32.3°
② 37.3°
③ 42.3°
④ 48.3°

해설 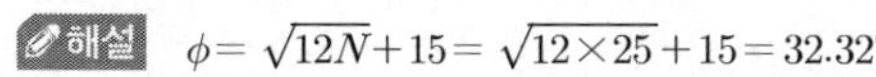
$\phi=\sqrt{12N}+15=\sqrt{12\times 25}+15=32.32°$

90 콘크리트말뚝을 마찰말뚝으로 보고 설계할 때 총연직하중을 200ton, 말뚝 1개의 극한지지력을 89ton, 안전율을 2.0으로 하면 소요말뚝의 수는?

① 6개
② 5개
③ 3개
④ 2개

 해설

㉠ $R_a=\dfrac{R_u}{F_s}=\dfrac{89}{2}=44.5\text{t}$

㉡ $R_a'=NR_a$

$200=N\times 44.5$

$\therefore\ N=4.5 \fallingdotseq 5$개

91 다음 중 사면의 안정 해석방법이 아닌 것은?

① 마찰원법
② 비숍(Bishop)의 방법
③ 펠레니우스(Fellenius)방법
④ 테르자기(Terzaghi)의 방법

정답 ▸▸▸ 88. ④ 89. ① 90. ② 91. ④

유한사면의 안정 해석(원호파괴)

㉠ 질량법 : $\phi=0$ 해석법, 마찰원법

㉡ 분할법 : Fellenius방법, Bishop방법, Spencer방법

92 점착력이 1.4t/m², 내부마찰각이 30°, 단위중량이 1.85t/m³인 흙에서 인장균열깊이는 얼마인가?

① 1.74m ② 2.62m

③ 3.45m ④ 5.24m

$$Z_c = \frac{2c\tan\left(45° + \frac{\phi}{2}\right)}{\gamma_t} = \frac{2 \times 1.4 \times \tan\left(45° + \frac{30°}{2}\right)}{1.85} = 2.62\text{m}$$

93 간극률 50%이고 투수계수가 9×10^{-2}cm/sec인 지반의 모관 상승고는 대략 어느 값에 가장 가까운가? (단, 흙입자의 형상에 관련된 상수 C=0.3cm², Hazen공식 : $k=c_1 D_{10}^2$에서 c_1=100으로 가정)

① 1.0cm ② 5.0cm

③ 10.0cm ④ 15.0cm

㉠ $e = \frac{n}{100-n} = \frac{50}{100-50} = 1$

㉡ $k = c_1 D_{10}^{\ 2}$

$9\times10^{-2} = 100 \times D_{10}^{\ 2}$

$\therefore\ D_{10} = 0.03\text{cm}$

㉢ $h_c = \frac{C}{eD_{10}} = \frac{0.3}{1\times0.03} = 10\text{cm}$

94 다음 그림과 같은 지층 단면에서 지표면에 가해진 5t/m²의 상재하중으로 인한 점토층(정규압밀점토)의 1차 압밀 최종 침하량(S)을 구하고 침하량이 5cm일 때 평균압밀도(U)를 구하면?

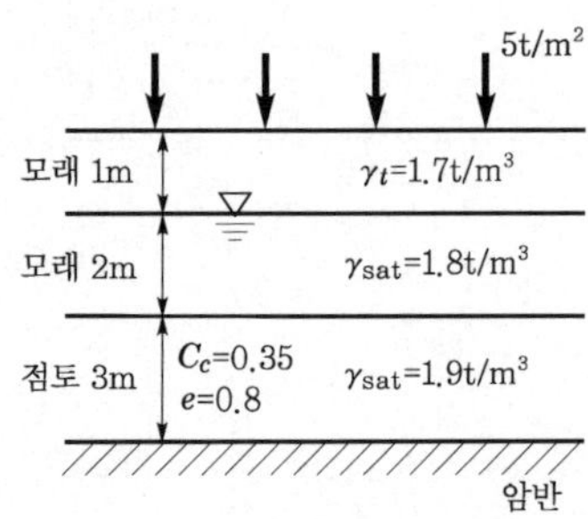

① S=18.5cm, U=27% ② S=14.7cm, U=22%

③ S=18.5cm, U=22% ④ S=14.7cm, U=27%

 정답 92. ② 93. ③ 94. ①

해설 ㉠ 최종 침하량

$$P_1 = 1.7\times1+0.8\times2+0.9\times\frac{3}{2} = 4.65\text{t/m}^2$$

$$P_2 = P_1 + \Delta P = 4.65+5 = 9.65\text{t/m}^2$$

$$\therefore\ S = \Delta H = \frac{C_c}{1+e_1}\left(\log\frac{P_2}{P_1}\right)H = \frac{0.35}{1+0.8}\times\log\frac{9.65}{4.65}\times3 = 0.185\text{m} = 18.5\text{cm}$$

㉡ 평균압밀도

$\Delta H' = (\Delta H)U$

$5 = 18.5\times U$

$\therefore\ U = 0.27 = 27\%$

95 흙의 다짐에 대한 설명으로 틀린 것은?

① 다짐에너지가 증가할수록 최대 건조단위중량은 증가한다.
② 최적 함수비는 최대 건조단위중량을 나타낼 때의 함수비이며, 이때 포화도는 100%이다.
③ 흙의 투수성 감소가 요구될 때에는 최적 함수비의 습윤측에서 다짐을 실시한다.
④ 다짐에너지가 증가할수록 최적 함수비는 감소한다.

해설 최적 함수비는 최대 건조단위중량을 나타낼 때의 함수비이다.

96 동일한 등분포하중이 작용하는 다음 그림과 같은 (A)와 (B) 두 개의 구형기초판에서 A와 B점의 수직 Z되는 깊이에서 증가되는 지중응력을 각각 σ_A, σ_B라 할 때 다음 중 옳은 것은? (단, 지반흙의 성질은 동일함)

① $\sigma_A = \frac{1}{2}\sigma_B$
② $\sigma_A = \frac{1}{4}\sigma_B$
③ $\sigma_A = 2\sigma_B$
④ $\sigma_A = 4\sigma_B$

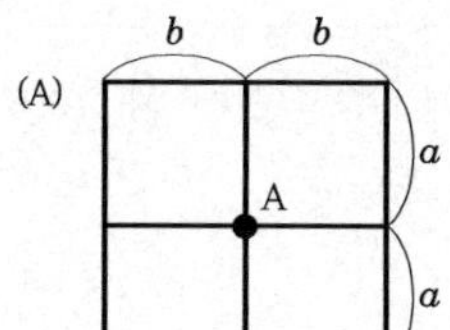

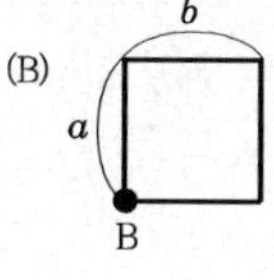

해설 그림 (A)는 그림 (B)의 4배이므로 $\sigma_A = 4\sigma_B$이다.

97 말뚝재하시험 시 연약점토지반인 경우는 pile의 타입 후 20여 일이 지난 다음 말뚝재하시험을 한다. 그 이유는?

① 주면마찰력이 너무 크게 작용하기 때문에
② 부마찰력이 생겼기 때문에
③ 타입 시 주변이 교란되었기 때문에
④ 주위가 압축되었기 때문에

해설 ㉠ 재성형한 시료를 함수비의 변화 없이 그대로 방치하여 두면 시간이 경과하면서 강도가 회복되는데, 이러한 현상을 딕소트로피현상이라 한다.
㉡ 말뚝 타입 시 말뚝 주위의 점토지반이 교란되어 강도가 작아지게 된다. 그러나 점토는 딕소트로피현상이 생겨서 강도가 되살아나기 때문에 말뚝재하시험은 말뚝 타입 후 며칠이 지난 후 행한다.

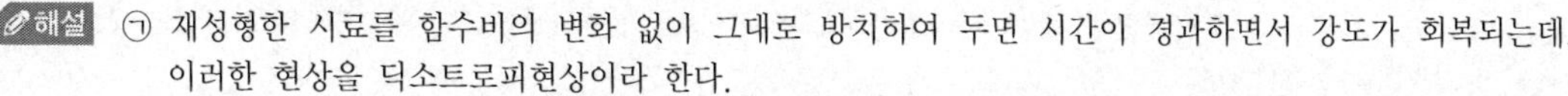

정답 95. ② 96. ④ 97. ③

98 최대 주응력이 $10t/m^2$, 최소 주응력이 $4t/m^2$일 때 최소 주응력면과 45°를 이루는 평면에 일어나는 수직응력은?

① $7t/m^2$ ② $3t/m^2$
③ $6t/m^2$ ④ $4\sqrt{2}\,t/m^2$

해설 ㉠ $\theta+\theta'=90°$

$\theta+45°=90°$

$\therefore\ \theta=45°$

㉡ $\sigma=\frac{\sigma_1+\sigma_3}{2}+\left(\frac{\sigma_1-\sigma_3}{2}\right)\cos 2\theta=\frac{10+4}{2}+\frac{10-4}{2}\times\cos(2\times45°)=7t/m^2$

99 Mohr응력원에 대한 설명 중 옳지 않은 것은?

① 임의 평면의 응력상태를 나타내는 데 매우 편리하다.
② 평면기점(origin of plane, O_p)은 최소 주응력을 나타내는 원호상에서 최소 주응력면과 평행선이 만나는 점을 말한다.
③ σ_1, σ_3의 차의 벡터를 반지름으로 해서 그린 원이다.
④ 한 면에 응력이 작용하는 경우 전단력이 0이면 그 연직응력을 주응력으로 가정한다.

해설 Mohr응력원은 $\frac{\sigma_1-\sigma_3}{2}$를 반지름으로 해서 그린 원이다.

100 폭 10cm, 두께 3mm인 Paper Drain설계 시 Sand Drain의 직경과 동등한 값(등치환산원의 지름)으로 볼 수 있는 것은?

① 2.5cm ② 5.0cm
③ 7.5cm ④ 10.0cm

해설 $D=\alpha\left(\frac{2A+2B}{\pi}\right)=0.75\times\frac{2\times10+2\times0.3}{\pi}=4.92\text{cm}$

제6과목 : 상하수도공학

101 혐기성 소화공정의 영향인자가 아닌 것은?

① 체류시간 ② 메탄함량
③ 독성물질 ④ 알칼리도

해설 메탄은 혐기성 소화공정의 과정에서 발생하는 인자이며, 영향인자는 C/N비, C/P비로 탄소, 질소, 인의 영향을 받는다.

 정답 ▸▸▸ 98. ① 99. ③ 100. ② 101. ②

102 합류식 하수도의 시설에 해당되지 않는 것은?

① 오수받이　　② 연결관
③ 우수토실　　④ 오수관거

해설 합류식 하수관거는 단일관으로 우수와 오수를 배제하므로 오수관거가 없다.

103 막여과시설의 약품세척에서 무기물질 제거에 사용되는 약품이 아닌 것은?

① 염산　　② 치아염소산나트륨
③ 구연산　　④ 황산

104 하수도시설에 관한 설명으로 옳지 않은 것은?

① 하수도시설은 관거시설, 펌프장시설 및 처리장시설로 크게 구별할 수 있다.
② 하수배제는 자연유하를 원칙으로 하고 있으며 펌프시설도 사용할 수 있다.
③ 하수처리장시설은 물리적 처리시설을 제외한 생물학적, 화학적 처리시설을 의미한다.
④ 하수배제방식은 합류식과 분류식으로 대별할 수 있다.

105 맨홀에 인버트(invert)를 설치하지 않았을 때의 문제점이 아닌 것은?

① 맨홀 내에 퇴적물이 쌓이게 된다.
② 맨홀 내에 물기가 있어 작업이 불편하다.
③ 환기가 되지 않아 냄새가 발생한다.
④ 퇴적물이 부패되어 악취가 발생한다.

해설 환기가 되지 않아 냄새가 발생하는 것은 환기장치가 없을 때이다.

106 상수원수에 포함된 색도 제거를 위한 단위조작으로 거리가 먼 것은?

① 폭기처리　　② 응집침전처리
③ 활성탄처리　　④ 오존처리

해설 색도 제거방법으로는 전염소처리, 오존처리, 활성탄처리가 있으며, 부유물질 등에 의한 색도 발생의 경우 응집침전을 통해 처리할 수 있다.

107 BOD_5가 155mg/L인 폐수에서 탈산소계수(k_1)가 0.2day일 때 4일 후 남아있는 BOD는? (단, 탈산소계수는 상용대수기준)

① 27.3mg/L　　② 56.4mg/L
③ 127.5mg/L　　④ 172.2mg/L

정답 102. ④ 103. ② 104. ③ 105. ③ 106. ① 107. ①

해설 $BOD_t = L_a(1-10^{-k_1 t})$

$155 = L_a \times (1-10^{-0.2\times5})$

$\therefore L_a = 172.2\text{mg/L}$

$\therefore$ 4일 후 잔존 BOD $L_4 = L_a(10^{-k_1 t}) = 172.2\times10^{-0.2\times4} = 27.3\text{mg/L}$

108 금속이온 및 염소이온(염화나트륨 제거율 93% 이상)을 제거할 수 있는 막여과공법은?

① 역삼투법 ② 정밀여과법
③ 한외여과법 ④ 나노여과법

109 하수관거의 단면에 대한 설명으로 옳지 않은 것은?

① 계란형은 유량이 적은 경우 원형거에 비해 수리학적으로 유리하다.
② 말굽형은 상반부의 아치작용에 의해 역학적으로 유리하다.
③ 원형, 직사각형은 역학 계산이 비교적 간단하다.
④ 원형은 주로 공장제품이므로 지하수의 침투를 최소화할 수 있다.

해설 원형관은 연결부가 많아 지하침투량이 많으며 구경이 클 경우에 운반비가 많이 소요된다.

110 급수용 저수지의 필요수량을 결정하기 위한 유량누가곡선도에 대한 설명으로 틀린 것은?

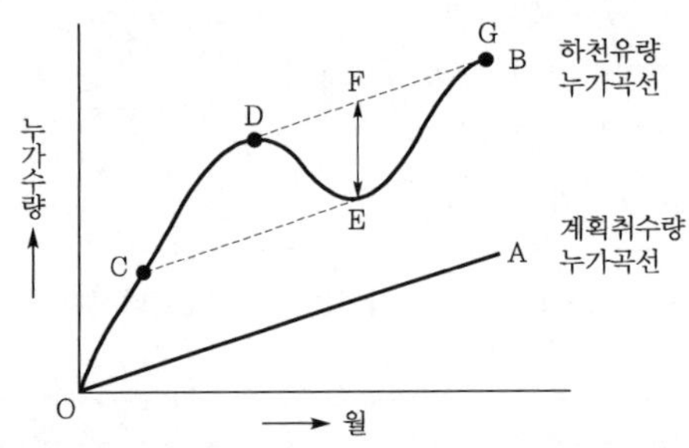

① 필요(유효)저수량은 $\overline{EF}$ 이다.
② 저수 시작점은 C이다.
③ $\overline{DE}$ 구간에서는 저수지의 수위가 상승한다.
④ 이론적 산출방법으로 Ripple's method라 한다.

111 배수관을 다른 지하매설물과 교차 또는 인접하여 부설할 경우에는 최소 몇 cm 이상의 간격을 두어야 하는가?

① 10cm ② 30cm
③ 80cm ④ 100cm

 정답 108. ① 109. ④ 110. ③ 111. ②

112 BOD 250mg/L의 폐수 30,000m^3/day를 활성슬러지법으로 처리하고자 한다. 반응조 내의 MLSS 농도가 2,500mg/L, F/M비가 0.5kg BOD/kg MLSS·day로 처리하고자 하면 BOD용적부하는?

① 0.5kg BOD/m^3·day
② 0.75kg BOD/m^3·day
③ 1.0kg BOD/m^3·day
④ 1.25kg BOD/m^3·day

해설

$$\text{F/M비} = \text{BOD} \cdot \frac{Q}{\text{MLSS}} \cdot \cancel{V}$$

$$0.5 = \frac{250 \times 30{,}000}{2{,}500 \times \cancel{V}}$$

$$\therefore \cancel{V} = 6{,}000\text{m}^3$$

$$\therefore \text{BOD 용적부하} = \frac{\text{BOD} \cdot Q}{\cancel{V}} = \frac{250\text{mg/L} \times 30{,}000\text{m}^3/\text{day}}{6{,}000\text{m}^3} = 1.25\text{kg BOD/m}^3 \cdot \text{day}$$

113 계획인구 150,000명인 도시의 수도계획에서 계획급수인구가 142,500명일 때 1인 1일의 최대 급수량을 450L로 하면 1일 최대 급수량은?

① 6,750,000m^3/day
② 67,500m^3/day
③ 333,333m^3/day
④ 64,125m^3/day

해설 1인 1일의 최대 급수량=450L=450L/인·day

∴ 1일 최대 급수량=1인 1일 최대 급수량×계획급수인구=450L/인·day×142,500인
=64,125,000L/day=64,125m^3/day

114 상수의 완속여과방식 정수과정으로 옳은 것은?

① 여과 → 침전 → 살균
② 살균 → 침전 → 여과
③ 침전 → 여과 → 살균
④ 침전 → 살균 → 여과

해설 완속여과방식은 착수정 → 보통침전 → 완속여과 → 소독의 순서로 정수처리를 한다.

115 상수도계통의 수도시설에 관한 설명으로 옳은 것은?

① 적당한 수질의 물을 수원지에서 모아서 취하는 시설을 말한다.
② 수원에서 취한 물을 정수장까지 운반하는 시설을 말한다.
③ 정수처리된 물을 수용가에서 공급하는 시설을 말한다.
④ 정수장에서 정수처리된 물을 배수지까지 보내는 시설을 말한다.

해설 ①은 취수시설, ③은 급수시설, ④는 송수시설을 말한다.

116 장기폭기법에 관한 설명으로 옳은 것은?

① F/M비가 크다.
② 슬러지 발생량이 적다.
③ 부지가 적게 소요된다.
④ 대규모 처리장에 많이 이용된다.

정답 112. ④ 113. ④ 114. ③ 115. ② 116. ②

해설 장기폭기법은 잉여슬러지량을 최소화할 수 있으므로 슬러지의 발생량이 적다.

117 다음 그림은 펌프특성곡선이다. 펌프의 양정을 나타내는 곡선형태는?

① A
② B
③ C
④ D

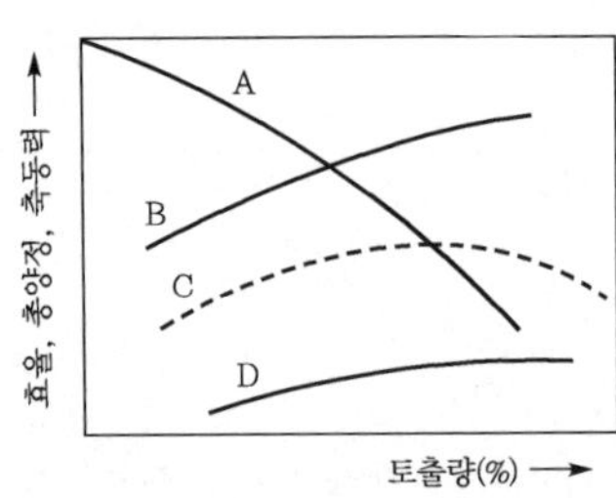

118 합류식 하수도는 강우 시에 처리되지 않은 오수의 일부가 하천 등의 공공수역에 방류되는 문제점을 갖고 있다. 이에 대한 대책으로 적합하지 않은 것은?

① 차집관거의 축소
② 실시간 제어방법
③ 스월조절조(swirl regulator) 설치
④ 우수저류지 설치

해설 합류식 하수관거는 오수와 우수 모두 하수종말처리장에서 처리하기 때문에 우수의 완전처리까지 가능하지만, 우천 시 계획우수량을 넘게 되면 우수토실을 통하여 방류하게 되므로 실시간 제어를 통하여 오수의 유입을 최소화할 수 있으며, 스월조절조(swirl regulator)를 통하여 방류되는 오수의 오물를 수거할 수 있다. 또한 우수저류지를 통하여 오수의 농도를 완화할 수 있다.

119 관로시설의 설계 시 계획하수량으로 옳지 않은 것은?

① 우수관거 : 계획우수량
② 오수관거 : 계획 1일 최대 오수량
③ 차집관거 : 우천 시 계획오수량
④ 합류식 관거 : 계획시간 최대 오수량+계획우수량

해설 오수관거의 설계는 계획시간 최대 오수량으로 한다.

120 분말활성탄과 입상활성탄의 비교설명으로 틀린 것은?

① 분말활성탄은 재생사용이 용이하다.
② 분말활성탄은 기존시설을 사용하여 처리할 수 있다.
③ 입상활성탄은 누출에 의한 흑수현상(검은 물 발생) 우려가 거의 없다.
④ 입상활성탄은 비교적 장기간 처리하는 경우에 유리하다.

해설 입상활성탄은 고형물형태이고, 여과와 소독 중간에 실시하며, 분말활성탄은 입자형태이므로 응집침전 전에 실시한다. 따라서 분말활성탄은 재사용이 어렵다.

 정답 117. ① 118. ① 119. ② 120. ①

국가기술자격검정 필기시험문제

2016년도 토목기사(2016년 10월 1일)

자격종목	시험시간	문제형별	수험번호	성 명
토목기사	**3시간**	**A**		

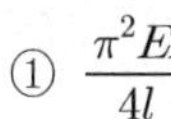

제1과목 : 응용역학

1 바닥은 고정, 상단은 자유로운 기둥의 좌굴형상이 다음 그림과 같을 때 임계하중은 얼마인가?

① $\dfrac{\pi^2 EI}{4l}$

② $\dfrac{9\pi^2 EI}{4l^2}$

③ $\dfrac{13\pi^2 EI}{4l^2}$

④ $\dfrac{25\pi^2 EI}{4l^2}$

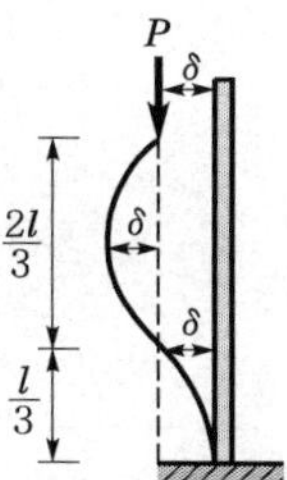

해설 캔틸레버구조일 때

$$P_{cr} = \frac{\pi^2 EI}{(kl)^2} = \frac{\pi^2 EI}{\left(\frac{2}{3}l\right)^2} = \frac{\pi^2 EI}{\frac{4l^2}{9}} = \frac{9\pi^2 EI}{4l^2}$$

여기서, 좌굴유효길이$(kl) = \dfrac{2l}{3}$

2 다음 그림에서 직사각형의 도심축에 대한 단면 상승모멘트 I_{xy}의 크기는?

① 576cm^4

② 256cm^4

③ 142cm^4

④ 0cm^4

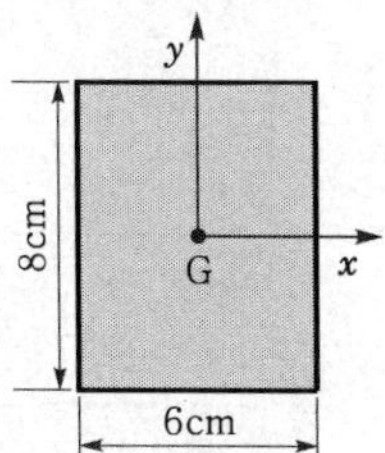

해설 $I_{xy} = 0$

정답 ▸▸▸ 1. ② 2. ④

3 다음 그림의 트러스에서 a부재의 부재력은?

① 13.5t(인장)
② 17.5t(인장)
③ 13.5t(압축)
④ 17.5t(압축)

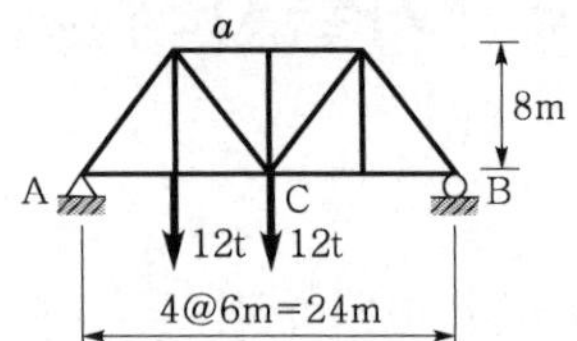

해설

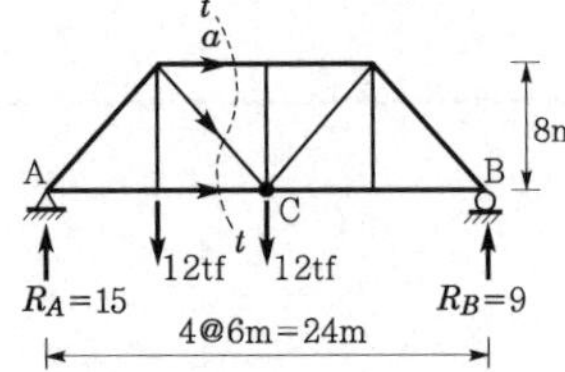

$\Sigma M_B = 0$

$(R_A \times 24) - (12 \times 18) - (12 \times 12) = 0$

$\therefore R_A = 15\text{tf},\ R_B = 9\text{tf}$

절단면 $t-t$에서

$\Sigma M_C = 0$

$(15 \times 12) + (F_a \times 8) - (12 \times 6) = 0$

$8F_a = -108 + 72$

$\therefore F_a = -13.5\text{tf}$(압축)

4 다음 구조물의 변형에너지의 크기는? (단, E, I, A는 일정하다.)

① $\dfrac{2P^2L^3}{3EI} + \dfrac{P^2L}{2EA}$

② $\dfrac{P^2L^3}{3EI} + \dfrac{P^2L}{EA}$

③ $\dfrac{P^2L^3}{3EI} + \dfrac{P^2L}{2EA}$

④ $\dfrac{2P^2L^3}{3EI} + \dfrac{P^2L}{EA}$

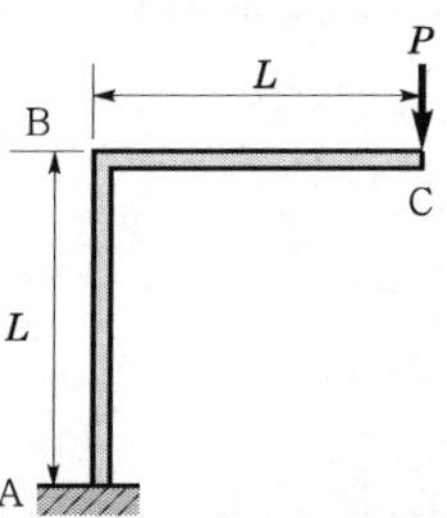

해설 자유물체도(F.B.D)

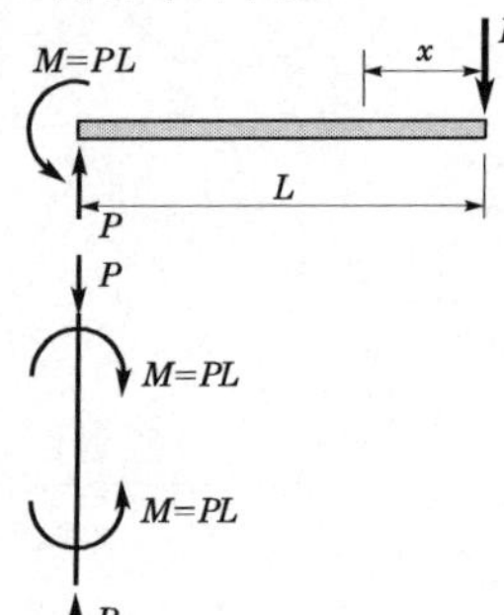

부재	L	$x=0$	M_x	F
CB	L	C	Px	–
BA	L	A	PL	P

 정답 3. ③ 4. ①

$$U = \int_0^L \frac{P_x^{\ 2}}{2EA}dx + \int_0^L \frac{M_x^{\ 2}}{2EI}dx$$

$$= \frac{1}{2EA}\int_0^L P^2 dx + \frac{1}{2EI}\int_0^L (Px)^2 + \frac{1}{2EI}\int_0^L (PL)^2 dx$$

$$= \frac{P^2}{2EA}[x]_0^L + \frac{P^2}{2EI}\left[\frac{1}{3}x^3\right]_0^L + \frac{P^2L^2}{2EI}[x]_0^L$$

$$= \frac{P^2L}{2EA} + \frac{P^2L^3}{6EI} + \frac{P^2L^3}{2EI} = \frac{P^2L}{2EA} + \frac{2P^2L^3}{3EI}$$

5 균질한 단면봉이 다음 그림과 같이 P_1, P_2, P_3의 하중을 B, C, D점에서 받고 있다. 각 구간의 거리 a=1.0m, b=0.5m, c=0.5m이고 P_2=10t, P_3=4t의 하중이 작용할 때 D점에서의 수직방향 변위가 일어나지 않기 위한 하중 P_1은?

① 21tf
② 22tf
③ 23tf
④ 24tf

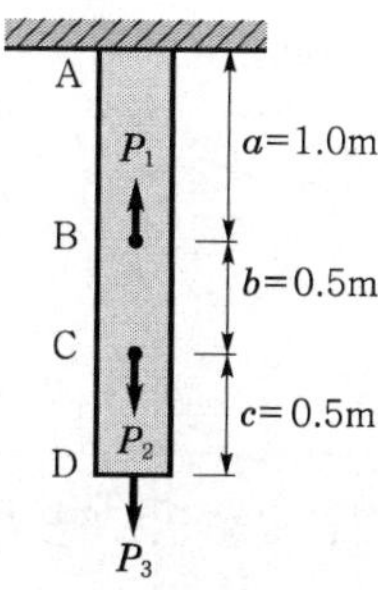

해설

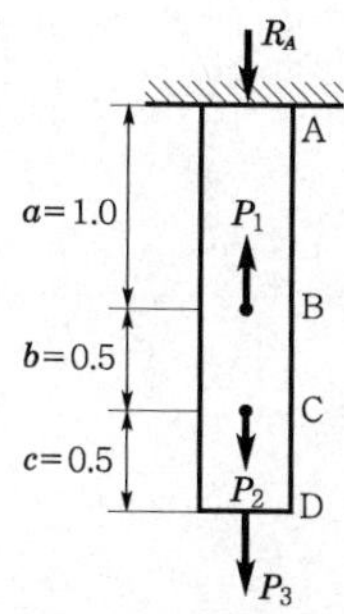

$\Sigma F_Y = 0(\downarrow \oplus)$

$R_A - P_1 + P_2 + P_3 = 0$

$\therefore R_A = P_1 - P_2 - P_3 = P_1 - 14$

㉠ AB부재의 처짐량 산정 $\Delta l_{AB} = -\dfrac{R_A \times 1}{EA} = -\dfrac{R_A}{EA}$

㉡ BC부재의 처짐량 산정 $\Delta l_{BC} = \dfrac{14 \times 0.5}{EA} = \dfrac{7}{EA}$

㉢ CD부재의 처짐량 산정 $\Delta l_{CD} = \dfrac{4 \times 0.5}{EA} = \dfrac{2}{EA}$

㉣ D점의 수직변위가 0이므로

$\Delta D = 0$

$-\dfrac{R_A}{EA} + \dfrac{7}{EA} + \dfrac{2}{EA} = 0$

$\therefore R_A = 9\text{tf}$

㉤ P_1 산정 $P_1 = R_A + 14 = 9 + 14 = 23\text{tf}$

정답 ▸▸▸ 5. ③

6 길이가 3m이고 가로 20cm, 세로 30cm인 직사각형 단면의 기둥이 있다. 좌굴응력을 구하기 위한 이 기둥의 세장비는?

① 34.6 ② 43.3
③ 52.0 ④ 60.7

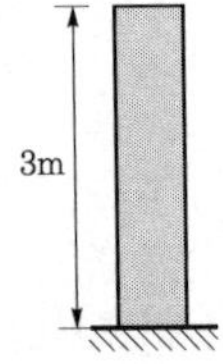

$A = 20 \times 30 = 600\text{cm}^2$

$I_{min} = \dfrac{30 \times 20^3}{12} = 20{,}000\text{cm}^4$

$r_{min} = \sqrt{\dfrac{I_{min}}{A}} = \sqrt{\dfrac{20{,}000}{600}} = 5.77\text{cm}$

$\therefore \lambda = \dfrac{l}{r_{min}} = \dfrac{300}{5.77} = 51.99 \fallingdotseq 52$

7 다음 그림의 AC, BC에 작용하는 힘 F_{AC}, F_{BC}의 크기는?

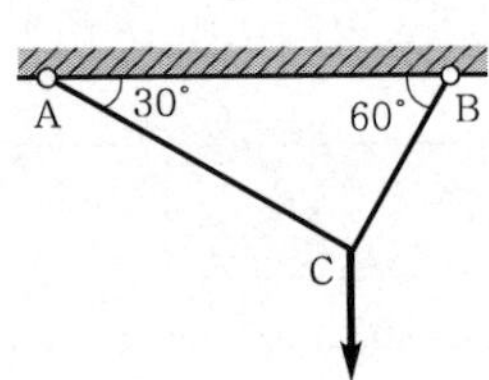

① F_{AC}=10t, F_{BC}=8.66t
② F_{AC}=8.66t, F_{BC}=5t
③ F_{AC}=5t, F_{BC}=8.66t
④ F_{AC}=5t, F_{BC}=17.32t

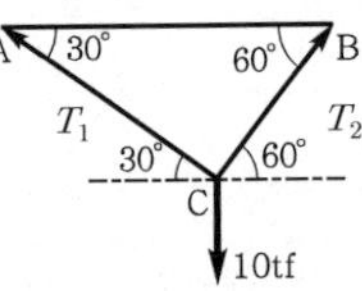

$\Sigma F_Y = 0(\uparrow \oplus)$

$T_1 \sin 30° + T_2 \sin 60° = 0$ ………………………… ㉠

$\Sigma F_X = 0(\rightarrow \oplus)$

$-T_1 \cos 30° + T_2 \cos 60° = 0$

$\therefore T_2 = \dfrac{\cos 30°}{\cos 60°} T_1 = 1.732 T_1$ …………………… ㉡

㉠에 ㉡을 대입하면

$T_1 \times (\sin 30° + 1.732 \times \sin 60°) = 10$

$\therefore T_1 = 5\text{tf},\ T_2 = 8.66\text{tf}$

8 다음 중에서 정(+)과 부(-)의 값을 모두 갖는 것은?

① 단면계수 ② 단면 2차 모멘트
③ 단면 상승모멘트 ④ 단면회전반지름

 정답 ▸▸▸ 6. ③ 7. ③ 8. ③

9 다음의 그림에 있는 연속보의 B점에서의 반력을 구하면? (단, E=2.1×10^{6}kg/cm^2, I=1.6×10^{4}cm^4)

① 6.3t
② 7.5t
③ 9.7t
④ 10.1t

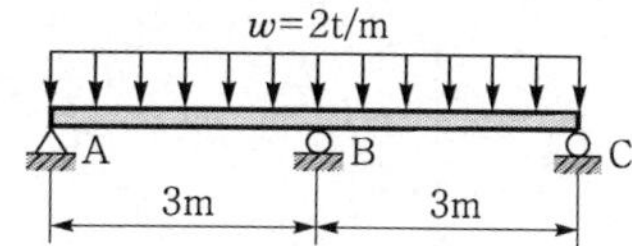

해설 변형일치법 이용

$$\frac{5wl^4}{384} = \frac{R_B l^3}{48}$$

$$\frac{5\times2\times6^4}{384} = \frac{R_B\times6^3}{48}$$

$$33.75 = 4.5R_B$$

$$\therefore R_B = 7.5\text{tf}$$

10 다음의 표에서 설명하는 것은?

> 탄성체에 저장된 변형에너지 U를 변위의 함수로 나타내는 경우에 임의의 변위 Δ_i에 관한 변형에너지 U의 1차 편도함수는 대응되는 하중 P_i와 같다.
> 즉 $P_i = \dfrac{\partial U}{\partial \Delta_i}$이다.

① Castigliano의 제1정리
② Castigliano의 제2정리
③ 가상일의 원리
④ 공액보법

11 다음 그림과 같은 라멘구조물에서 A점의 반력 R_A는?

① 3t
② 4.5t
③ 6t
④ 9t

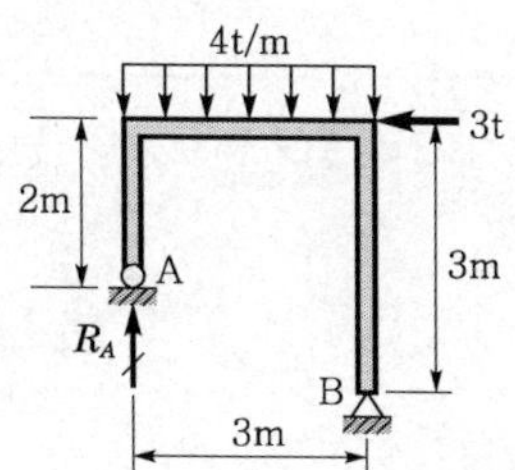

해설 $\Sigma M_B = 0(\oplus↻)$

$$(R_A\times3)-(4\times3\times1.5)-(3\times3)=0$$

$$\therefore R_A = 9\text{tf}(\uparrow)$$

12 다음 그림과 같은 단순보에 이동하중이 작용하는 경우 절대 최대 휨모멘트는 얼마인가?

① 17.64t·m
② 16.72t·m
③ 16.20t·m
④ 12.51t·m

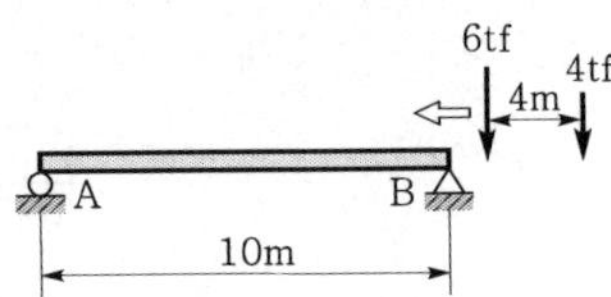

해설 바리뇽의 정리 이용

$10 \times x = 4 \times 4$

$\therefore x = 1.6\text{m}$

$\Sigma M_B = 0$

$R_A \times 10 - (6 \times 5.8) - (4 \times 1.8) = 0$

$\therefore R_A = 4.2\text{tf},\ R_B = 5.8\text{tf}$

<S.F.D>

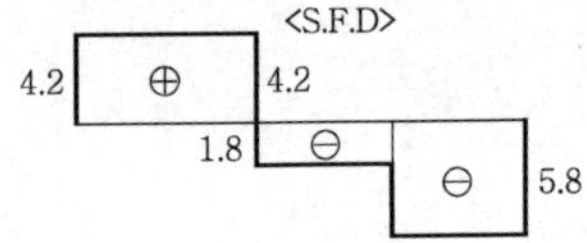

<B.M.D>

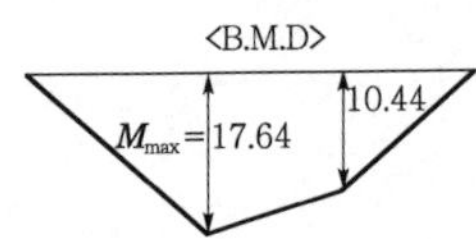

$\therefore |M_{\max}| = |M_D| = (5.8 \times 5.8) + (4 \times 4) = 17.64\text{tf} \cdot \text{m}$

13 다음 그림의 보에서 지점 B의 휨모멘트는? (단, EI는 일정하다.)

① −6.75t·m
② −9.75t·m
③ −12t·m
④ −16.5t·m

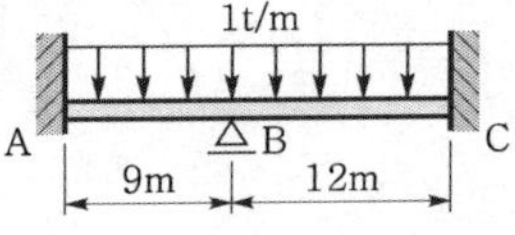

해설 모멘트분배법 이용

㉠ 하중항

$M_{FAB} = -\dfrac{wl^2}{12} = -6.75\text{tf} \cdot \text{m}$

$M_{FBA} = 6.75\text{tf} \cdot \text{m}$

$M_{FBC} = -\dfrac{1 \times 12^2}{12} = -12\text{tf} \cdot \text{m}$

$M_{FCB} = 12\text{tf} \cdot \text{m}$

 정답 12. ① 13. ②

㉡ 강비

$$K_{AB}=\frac{I}{L}=\frac{I}{9}=4K$$

$$K_{BC}=\frac{I}{L}=\frac{I}{12}=3K$$

㉢ 분배율

$$DF_{BA}=\frac{K_{AB}}{\sum K}=\frac{4}{4+3}=0.571$$

$$DF_{BC}=0.429$$

㉣ 모멘트분배

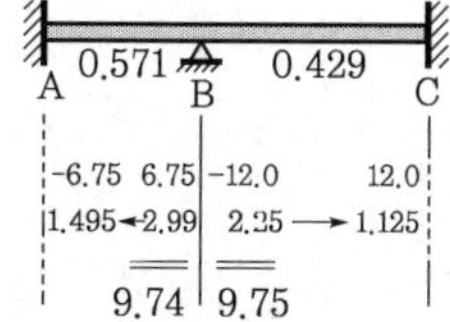

[별해]

㉠ 처짐각법 이용

$$\theta_A=\theta_C=0$$

$$M_{AB}=\frac{2EI}{9}(2\theta_A+\theta_B)-\frac{9^2}{12}$$

$$M_{BA}=\frac{2EI}{9}(\theta_A+2\theta_B)+\frac{9^2}{12}$$

$$M_{BC}=\frac{2EI}{12}(2\theta_B+\theta_C)-\frac{12^2}{12}$$

$$M_{CB}=\frac{2EI}{12}(\theta_B+2\theta_C)+\frac{12^2}{12}$$

㉡ 절점방정식

$$M_{BA}=M_{BC}$$

$$\frac{4EI\theta_B}{9}+\frac{9^2}{12}+\frac{4EI\theta_B}{12}-12=0$$

$$\therefore EI\theta_B=6.75$$

㉢ 재단모멘트 산정

$$M_{BA}=\frac{4}{9}\times 6.75+\frac{9^2}{12}=9.75$$

$$M_{BC}=\frac{4}{12}\times 6.75-12=-9.75$$

14 다음 단순보의 지점 B에 모멘트 M_B가 작용할 때 지점 A에서의 처짐각(θ_A)은? (단, EI는 일정하다.)

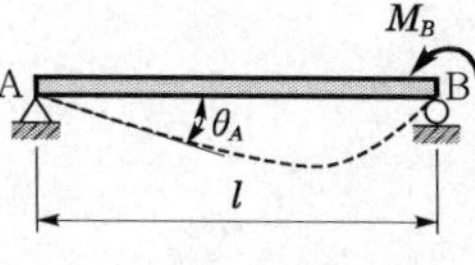

① $\frac{M_B l}{2EI}$

② $\frac{M_B l}{3EI}$

③ $\frac{M_B l}{6EI}$

④ $\frac{M_B l}{8EI}$

정답 ▸▸▸ 14. ③

해설 공액보법 이용

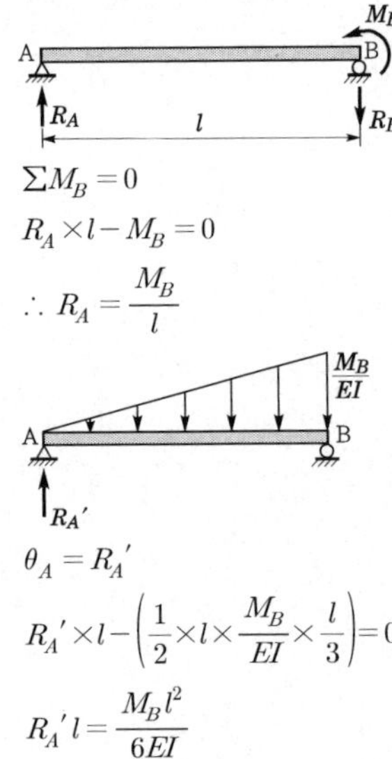

$\Sigma M_B = 0$

$R_A \times l - M_B = 0$

$\therefore R_A = \dfrac{M_B}{l}$

$\theta_A = R_A'$

$R_A' \times l - \left(\dfrac{1}{2} \times l \times \dfrac{M_B}{EI} \times \dfrac{l}{3}\right) = 0$

$R_A' l = \dfrac{M_B l^2}{6EI}$

$\therefore R_A' = \theta_A = \dfrac{M_B l}{6EI}$

15 반지름이 r인 중실축(中實軸)과 바깥 반지름이 r이고 안쪽 반지름이 $0.6r$인 중공축(中空軸)이 동일 크기의 비틀림모멘트를 받고 있다면 중실축(中實軸) : 중공축(中空軸)의 최대 전단응력비는?

① 1 : 1.28
② 1 : 1.24
③ 1 : 1.20
④ 1 : 1.15

해설

$\tau_T = \dfrac{Tr}{I_P}$ 에서

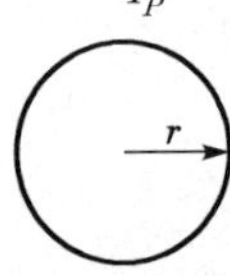

[중실 단면]

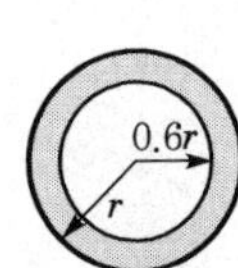

[중공 단면]

㉠ 중실 단면

$I_P = \dfrac{\pi r^4}{2}$

$\therefore \tau_{T_1} = \dfrac{Tr}{\dfrac{\pi r^4}{2}} = \dfrac{2\,Tr}{\pi r^4} = \dfrac{2T}{\pi r^3}$

㉡ 중공 단면

$I_P = \dfrac{\pi\left(r^4 - 0.6r^4\right)}{2} = \dfrac{0.8704\,r^4}{2}$

$\therefore \tau_{T_2} = \dfrac{Tr}{\dfrac{0.87r^4}{2}} = \dfrac{2\,Tr}{0.87r^4} = \dfrac{2.298\,T}{r^3}$

$\therefore \tau_{T_1} : \tau_{T_2} = 1 : 1.15$

16 다음 그림과 같은 $r=4\text{m}$인 3힌지 원호아치에서 지점 A에서 2m 떨어진 E점의 휨모멘트의 크기는 약 얼마인가?

① 0.613t·m
② 0.732t·m
③ 0.827t·m
④ 0.916t·m

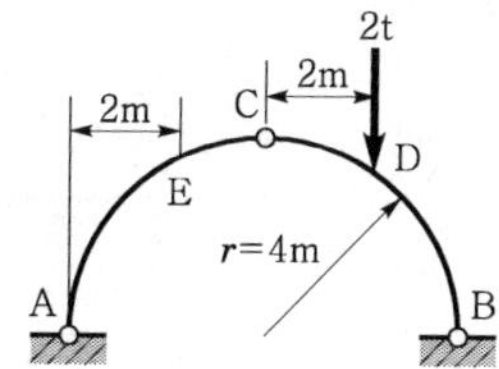

해설 $\Sigma M_B=0(\oplus\circlearrowright)$

$V_A\times8-2\times2=0$

$\therefore\ V_A=0.5\text{tf}(\uparrow)$

$\Sigma M_C=0(\oplus\circlearrowright)$

$V_A\times4-H_A\times4=0$

$\therefore\ H_A=V_A=0.5\text{tf}(\rightarrow)$

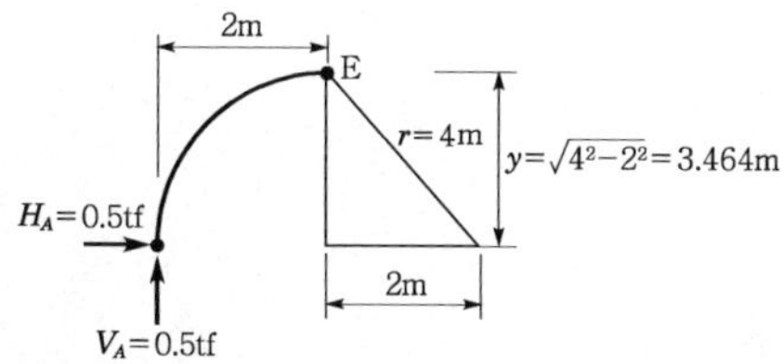

$\Sigma M_E=0(\oplus\circlearrowright)$

$0.5\times2-0.5\times3.464+M_E=0$

$\therefore\ M_E=0.732\text{tf}\cdot\text{m}(\circlearrowright)$

17 다음 그림과 같은 캔틸레버보에서 자유단 A의 처짐은? (단, EI는 일정함)

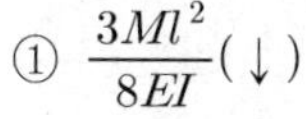

① $\dfrac{3Ml^2}{8EI}(\downarrow)$

② $\dfrac{13Ml^2}{32EI}(\downarrow)$

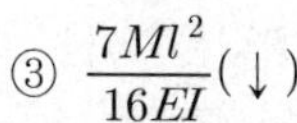

③ $\dfrac{7Ml^2}{16EI}(\downarrow)$

④ $\dfrac{15Ml^2}{32EI}(\downarrow)$

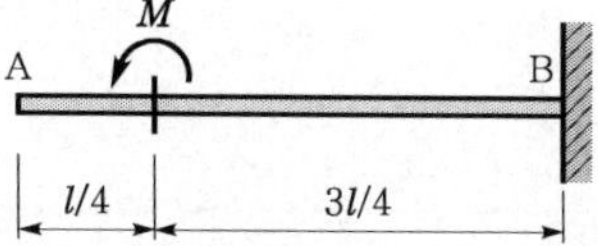

해설 공액보법 이용

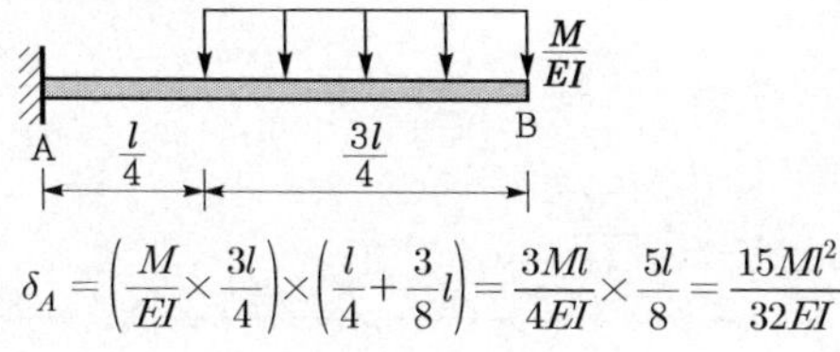

$$\delta_A=\left(\frac{M}{EI}\times\frac{3l}{4}\right)\times\left(\frac{l}{4}+\frac{3}{8}l\right)=\frac{3Ml}{4EI}\times\frac{5l}{8}=\frac{15Ml^2}{32EI}$$

정답 ▶▶▶ 16. ② 17. ④

18 다음의 단순보에서 A점의 반력이 B점의 반력의 3배가 되기 위한 거리 x는 얼마인가?

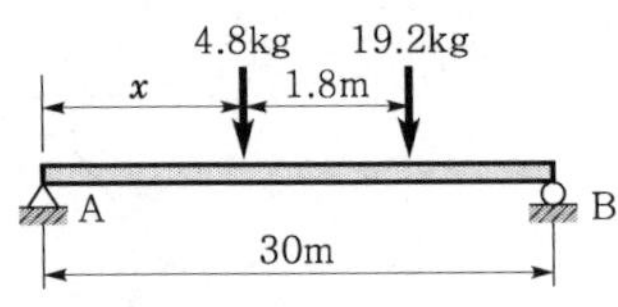

① 3.75m ② 5.04m
③ 6.06m ④ 6.66m

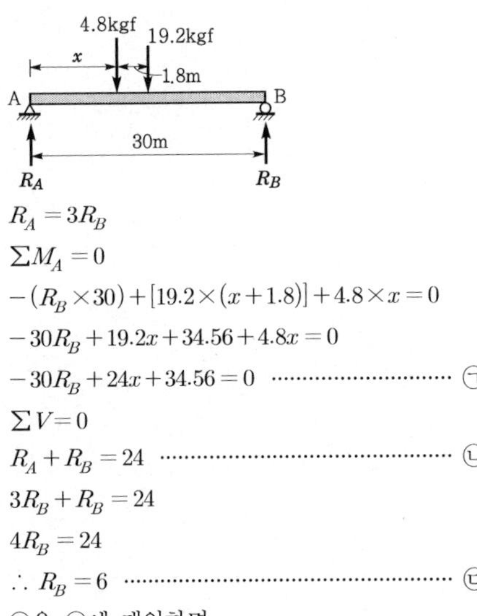

$R_A = 3R_B$

$\Sigma M_A = 0$

$-(R_B \times 30) + [19.2 \times (x+1.8)] + 4.8 \times x = 0$

$-30R_B + 19.2x + 34.56 + 4.8x = 0$

$-30R_B + 24x + 34.56 = 0$ ………………………… ㉠

$\Sigma V = 0$

$R_A + R_B = 24$ ……………………………………… ㉡

$3R_B + R_B = 24$

$4R_B = 24$

$\therefore R_B = 6$ ……………………………………… ㉢

㉢을 ㉠에 대입하면

$(-30 \times 6) + 24x + 34.56 = 0$

$-180 + 24x + 34.56 = 0$

$\therefore x = 6.06\text{m}$

19 다음 그림과 같은 트러스에서 A점에 연직하중 P가 작용할 때 A점의 연직처짐은? (단, 부재의 축강도는 모두 EA이고, 부재의 길이는 AB= $3l$, AC= $5l$이며, 지점 B와 C의 거리는 $4l$이다.)

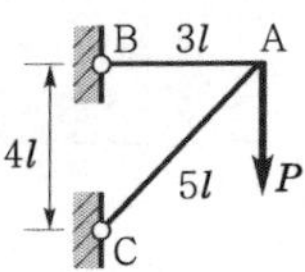

① $8.0\dfrac{Pl}{AE}$ ② $8.5\dfrac{Pl}{AE}$
③ $9.0\dfrac{Pl}{AE}$ ④ $9.5\dfrac{Pl}{AE}$

 정답 ▸▸▸ 18. ③ 19. ④

해설 단위하중법 이용

$1 \times \Delta = \Sigma \frac{FfL}{EA}$ 로부터

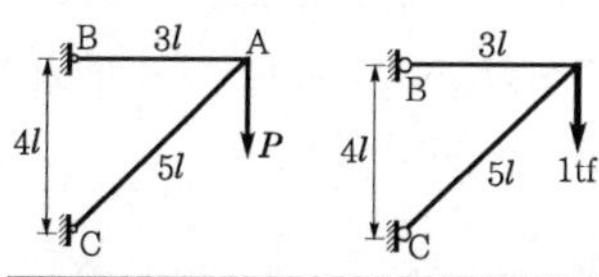

부재	F	f	L	FfL
AB	$0.75P$	0.75	$3l$	$1.6875Pl$
AC	$-1.25P$	−1.25	$5l$	$7.813Pl$

$\Sigma V = 0$

$P + \frac{4}{5}F_{AC} = 0$

$\therefore F_{AC} = -1.25P$(압축)

$\Sigma H = 0$

$F_{AB} + \frac{3}{5}F_{AC} = 0$

$\therefore F_{AB} = -\frac{3}{5}F_{AC} = -\frac{3}{5} \times (-1.25P) = 0.75P$(인장)

$\therefore \Delta = \frac{1.6875Pl}{EA} + \frac{7.813Pl}{EA} = \frac{9.5Pl}{EA}$

20 다음 그림과 같이 두 개의 나무판이 못으로 조립된 T형보에서 단면에 작용하는 전단력(V)이 155kg이고 한 개의 못이 전단력 70kg을 전달할 경우 못의 허용 최대 간격은 약 얼마인가? (단, I=11,354.0cm^4)

① 7.5cm
② 8.2cm
③ 8.9cm
④ 9.7cm

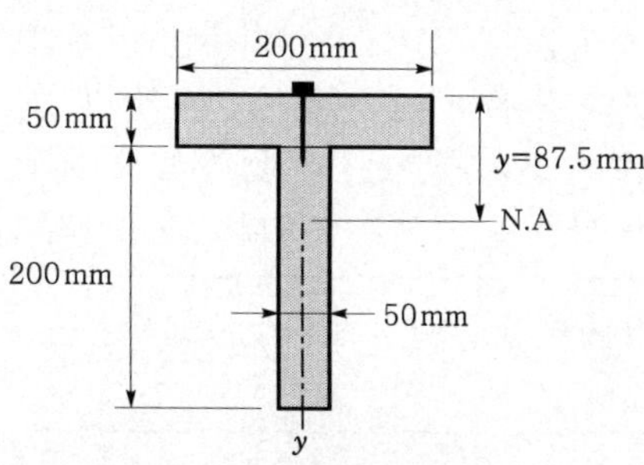

해설

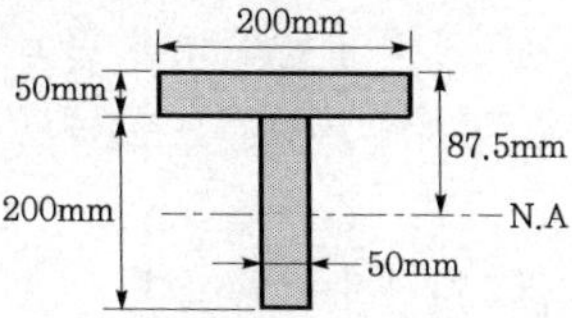

$G = 200 \times 50 \times (87.5 - 25) = 625\text{cm}^3$

$f = \frac{VG}{I} = \frac{155 \times 625}{11,354} = 8.532\text{kgf/cm}$

$\frac{F}{s} = f$

$\therefore s = \frac{F}{f} = \frac{70}{8.532} = 8.204\text{cm}$

정답 ▸▸▸ 20. ②

제2과목 : 측량학

21 초점거리 20cm인 카메라로 경사 30°로 촬영된 사진상에서 연직점 m과 등각점 j와의 거리는?

① 33.6mm ② 43.6mm
③ 53.6mm ④ 63.6mm

$$mj = f\tan\frac{i}{2} = 200\times\tan\frac{30°}{2} = 53.6\text{mm}$$

22 하천측량에 대한 설명 중 옳지 않은 것은?

① 하천측량 시 처음에 할 일은 도상조사로서 유로상황, 지역면적, 지형지물, 토지이용상황 등을 조사하여야 한다.
② 심천측량은 하천의 수심 및 유수 부분의 하저사항을 조사하고 횡단면도를 제작하는 측량을 말한다.
③ 하천측량에서 수준측량을 할 때의 거리표는 하천의 중심에 직각방향으로 설치한다.
④ 수위관측소의 위치는 지천의 합류점 및 분류점으로서 수위의 변화가 뚜렷한 곳이 적당하다.

해설 수위관측소의 위치를 선정할 경우 지천의 합류점이나 분류점 등 수위가 변하는 곳은 가급적 피해야 한다.

23 등고선의 성질에 대한 설명으로 옳지 않은 것은?

① 동일 등고선상의 모든 점은 기준면으로부터 같은 높이에 있다.
② 지표면의 경사가 같을 때는 등고선의 간격은 같고 평행하다.
③ 등고선은 도면 내 또는 밖에서 반드시 폐합한다.
④ 높이가 다른 두 등고선은 절대로 교차하지 않는다.

해설 등고선의 경우 동굴이나 절벽에서는 교차한다.

24 수준측량에 관한 설명으로 옳은 것은?

① 수준측량에서는 빛의 굴절에 의하여 물체가 실제로 위치하고 있는 곳보다 더욱 낮게 보인다.
② 삼각수준측량은 토털스테이션을 사용하여 연직각과 거리를 동시에 관측하므로 레벨측량보다 정확도가 높다.
③ 수평한 시준선을 얻기 위해서는 시준선과 기포관 축은 서로 나란하여야 한다.
④ 수준측량의 시준오차를 줄이기 위하여 기준점과의 구심작업에 신중을 기하여야 한다.

해설 ① 수준측량에서는 빛의 굴절에 의하여 물체가 실제로 위치하고 있는 곳보다 더 높게 보인다.
② 토털스테이션보다는 레벨이 더 정확도가 높다.
④ 수준측량 시 시준오차를 줄이기 위해서는 전시와 후시를 같게 취하여야 한다.

 정답 ▸▸ 21. ③ 22. ④ 23. ④ 24. ③

25 수준측량에서 발생할 수 있는 정오차에 해당하는 것은?

① 표척을 잘못 뽑아 발생되는 읽음오차
② 광선의 굴절에 의한 오차
③ 관측자의 시력 불완전에 의한 오차
④ 태양의 광선, 바람, 습도 및 온도의 순간변화에 의해 발생되는 오차

해설 ① 표척을 잘못 뽑아 발생되는 읽음오차 : 착오
③ 관측자의 시력 불안전에 의한 오차 : 우연오차
④ 태양의 광선, 바람, 습도 및 온도의 순간변화에 의해 발생되는 오차 : 우연오차

26 완화곡선에 대한 설명으로 틀린 것은?

① 단위클로소이드란 매개변수 A가 1인, 즉 $RL=1$의 관계에 있는 클로소이드이다.
② 완화곡선의 접선은 시점에서 직선에, 종점에서 원호에 접한다.
③ 클로소이드의 형식 중 S형은 복심곡선 사이에 클로소이드를 삽입한 것이다.
④ 캔트(cant)는 원심력 때문에 발생하는 불리한 점을 제거하기 위해 두는 편경사이다.

해설 클로소이드의 형식 중 S형은 반향곡선 사이에 설치한다.

27 다음 그림과 같은 도로 횡단면도의 단면적은? (단, 0을 원점으로 하는 좌표(x, y)의 단위 : m)

① 94m^2
② 98m^2
③ 102m^2
④ 106m^2

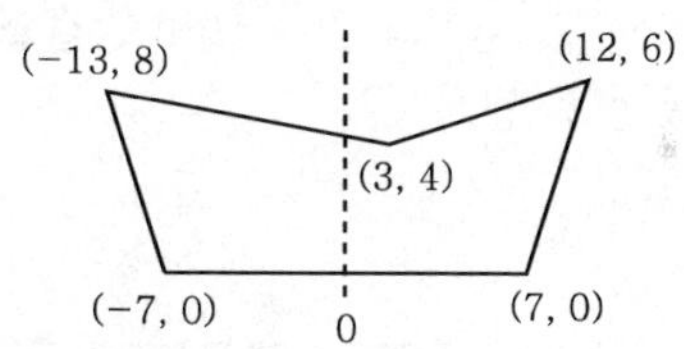

해설

측점	X	Y	$(X_{i-1}-X_{i+1})Y_i$
A	−7	0	$(7-(-13)\times0=0$
B	−13	8	$(-7-3)\times8=-80$
C	3	4	$(-13-12)\times4=-100$
D	12	6	$(3-7)\times6=-24$
E	7	0	$(12-(-7)\times0=0$
			$\Sigma=204(=2A)$ $\therefore A=102\text{m}^2$

28 지리정보시스템(GIS) 데이터의 형식 중에서 벡터형식의 객체자료유형이 아닌 것은?

① 격자(cell)
② 점(point)
③ 선(line)
④ 면(polygon)

해설 벡터자료구조는 현실세계를 점, 선, 면으로 표현된다.

정답 25. ② 26. ③ 27. ③ 28. ①

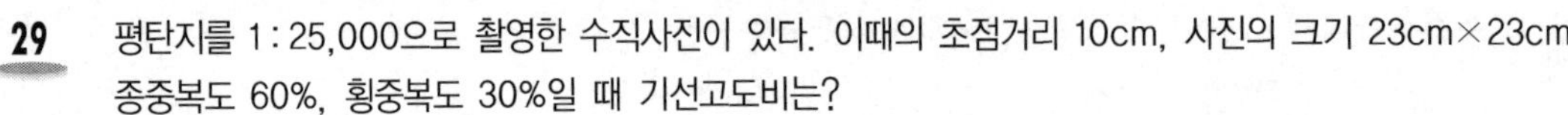

29 평탄지를 1 : 25,000으로 촬영한 수직사진이 있다. 이때의 초점거리 10cm, 사진의 크기 23cm×23cm, 종중복도 60%, 횡중복도 30%일 때 기선고도비는?

① 0.92 ② 1.09
③ 1.21 ④ 1.43

해설 기선고도비$=\dfrac{B}{H}$

$$=\frac{25{,}000\times0.23\times\left(1-\dfrac{60}{100}\right)}{25{,}000\times0.10}=0.92$$

30 대단위 신도시를 건설하기 위한 넓은 지형의 정지공사에서 토량을 계산하고자 할 때 가장 적당한 방법은?

① 점고법
② 비례중앙법
③ 양 단면평균법
④ 각주공식에 의한 방법

해설 대단위 신도시를 건설하기 위한 넓은 지형의 정지공사에서 토량을 산정할 때에는 점고법이 적합하다.

31 표준길이보다 5mm가 늘어나 있는 50m 강철줄자로 250m×250m인 정사각형 토지를 측량하였다면 이 토지의 실제 면적은?

① 62,487.50m^2 ② 62,493.75m^2
③ 62,506.25m^2 ④ 62,512.52m^2

해설 ㉠ 표준척 보정

$$L_0=250\times\left(1+\frac{0.005}{50}\right)=250.025\text{m}$$

㉡ 정확한 면적

$$A_0=250.025^2=62{,}512.50\text{m}^2$$

32 A와 B의 좌표가 다음과 같을 때 측선 AB의 방위각은?

- A점의 좌표=(179,847.1m, 76,614.3m)
- B점의 좌표=(179,964.5m, 76,625.1m)

① 5°23′15″ ② 185°15′23″
③ 185°23′15″ ④ 5°15′22″

해설 $\theta=\tan^{-1}\left(\dfrac{76{,}625.1-76{,}614.3}{179{,}964.5-179{,}847.1}\right)=5°12'22''$

 정답 ▶▶ 29. ① 30. ① 31. ④ 32. ④

33 정확도 1/5,000을 요구하는 50m 거리측량에서 경사거리를 측정하여도 허용되는 두 점 간의 최대 높이차는?

① 1.0m ② 1.5m
③ 2.0m ④ 2.5m

34 어느 각을 관측한 결과가 다음과 같을 때 최확값은? (단, 괄호 안의 숫자는 경중률)

73°40′ 12″(2), 73°40′ 10″(1), 73°40′ 15″(3), 73°40′ 18″(1),
73°40′ 09″(1), 73°40′ 16″(2), 73°40′ 14″(4), 73°40′ 13″(3)

① 73°40′10.2″ ② 73°40′110.6″
③ 73°40′13.7″ ④ 73°40′15.1″

해설

$$\alpha_0 = \frac{2\times12''+1\times10''+3\times15''+1\times18''+1\times9''+2\times16''+2\times14''+3\times13''}{2+1+3+1+1+2+2+3} = 13.7$$

∴ 최확값 = 73°40′13.7″

35 단곡선 설치에 있어서 교각 I=60°, 반지름 R=200m, 곡선의 시점 B.C.= No.8+15m일 때 종단현에 대한 편각은? (단, 중심말뚝의 간격은 20m이다.)

① 0°38′10″ ② 0°42′58″
③ 1°16′20″ ④ 2°51′53″

해설 ㉠ 곡선장

$$\text{C.L} = 200\times60\times\frac{\pi}{180} = 209.44\text{m}$$

㉡ 곡선의 종점
E.C = B.C + C.L = 175 + 209.44 = 384.44m

㉢ 종단현의 길이
l = 384.4 − 380 = 4.44m

㉣ 종단편각

$$\delta = \frac{4.44}{200}\times\frac{90}{\pi} = 0°38'10''$$

36 지형을 표시하는 방법 중에서 짧은 선으로 지표의 기복을 나타내는 방법은?

① 점고법 ② 영선법
③ 단채법 ④ 등고선법

해설 지형의 표시법 중 선의 굵기와 길이로 지형을 표시하는 방법을 영선법(우모법)이라 하며, 급경사는 굵고 짧게, 완경사는 가늘고 길게 표시된다.

정답 ▸▸▸ 33. ① 34. ③ 35. ① 36. ②

37 수심이 H인 하천의 유속을 3점법에 의해 관측할 때 관측위치로 옳은 것은?

① 수면에서 $0.1H$, $0.5H$, $0.9H$가 되는 지점
② 수면에서 $0.2H$, $0.6H$, $0.8H$가 되는 지점
③ 수면에서 $0.3H$, $0.5H$, $0.7H$가 되는 지점
④ 수면에서 $0.4H$, $0.5H$, $0.6H$가 되는 지점

해설 하천측량에서 평균유속을 구하는 방법 중 3점법은 $0.2H$, $0.6H$, $0.8H$의 지점에서 유속을 관측하여 이를 이용하여 평균유속을 계산한다.

38 GNSS측량에 대한 설명으로 옳지 않은 것은?

① 3차원 공간계측이 가능하다.
② 기상의 영향을 거의 받지 않으며 야간에도 측량이 가능하다.
③ Bessel타원체를 기준으로 경위도좌표를 수집하기 때문에 좌표 정밀도가 높다.
④ 기선결정의 경우 두 측점 간의 시통에 관계가 없다.

해설 GPS에서 사용되는 좌표계는 WGS 84이다.

39 완화곡선 중 클로소이드에 대한 설명으로 틀린 것은?

① 클로소이드는 나선의 일종이다.
② 매개변수를 바꾸면 다른 무수한 클로소이드를 만들 수 있다.
③ 모든 클로소이드는 닮은꼴이다.
④ 클로소이드요소는 모두 길이의 단위를 갖는다.

해설 클로소이드곡선은 단위가 있는 것도 있고, 없는 것도 있다.

40 삼각측량을 위한 기준점성과표에 기록되는 내용이 아닌 것은?

① 점번호 ② 천문경위도
③ 평면직각좌표 및 표고 ④ 도엽명칭

해설 삼각점성과표에는 도엽명칭은 등록되어 있지 않다.

제3과목 : 수리수문학

41 직경 10cm인 연직관 속에 높이 1m만큼 모래가 들어있다. 모래면 위의 수위를 10cm로 일정하게 유지시켰더니 투수량 Q=4L/hr이었다. 이때 모래의 투수계수 K는?

① 0.4m/hr ② 0.5m/hr
③ 3.8m/hr ④ 5.1m/hr

해설 $Q = KiA$

$4 \times 10^{-3} = K \times \frac{0.1}{1} \times \frac{\pi \times 0.1^2}{4}$

$\therefore K = 5.09\text{m/hr}$

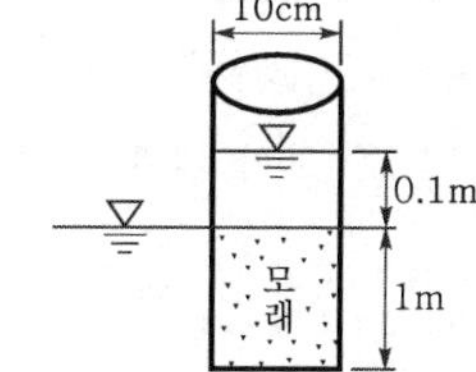

42 개수로의 흐름에 대한 설명으로 옳지 않은 것은?

① 사류(supercritical flow)에서는 수면변동이 일어날 때 상류(上流)로 전파될 수 없다.
② 상류(subcritical flow)일 때는 Froude수가 1보다 크다.
③ 수로경사가 한계경사보다 클 때 사류(supercritical flow)가 된다.
④ Reynolds수가 500보다 커지면 난류(turbulent flow)가 된다.

해설 개수로의 흐름
㉠ $F_r < 1$이면 상류, $F_r > 1$이면 사류이다.
㉡ $R_e < 500$이면 층류, $R_e > 500$이면 난류이다.

43 유효강수량과 가장 관계가 깊은 유출량은?

① 지표하유출량
② 직접유출량
③ 지표면유출량
④ 기저유출량

해설 유효강수량은 지표면유출과 복류수유출을 합한 직접유출에 해당하는 강수량이다.

44 반지름($\overline{OP}$)이 6m이고 $\theta' = 30°$인 수문이 다음 그림과 같이 설치되었을 때 수문에 작용하는 전수압(저항력)은?

① 185.5kN/m
② 179.5kN/m
③ 169.5kN/m
④ 159.5kN/m

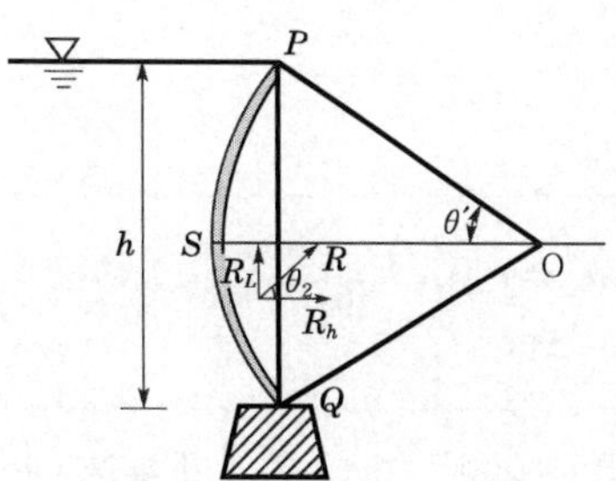

해설 ㉠ $P_H = wh_G A = 1 \times 6 \times \sin 30° \times (12 \times \sin 30° \times 1) = 18\text{t}$

㉡ $P_V = w$ ◖ b

$= 1 \times \left(\pi \times 6^2 \times \frac{60°}{360°} - \frac{6 \times \sin 30° \times 6 \times \cos 30°}{2} \times 2\right) \times 1 = 3.26\text{t}$

㉢ $P = \sqrt{18^2 + 3.26^2} = 18.29\text{t} = 18.29 \times 9.8 = 179.24\text{kN}$

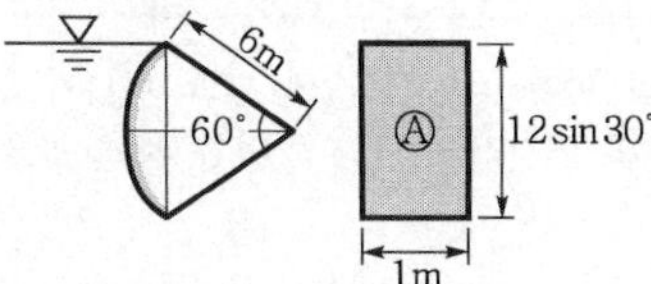

정답 ▸▸▸ 42. ② 43. ② 44. ②

45 강우강도공식에 관한 설명으로 틀린 것은?

① 강우강도(I)와 강우지속시간(D)과의 관계로서 Talbot, Sherman, Japanese형의 경험공식에 의해 표현될 수 있다.
② 강우강도공식은 자기우량계의 우량자료로부터 결정되며 지역에 무관하게 적용 가능하다.
③ 도시지역의 우수거, 고속도로 암거 등의 설계 시에 기본자료로서 널리 이용된다.
④ 강우강도가 커질수록 강우가 계속되는 시간은 일반적으로 작아지는 반비례관계이다.

해설 ㉠ 강우강도와 지속기간 간의 관계는 지역에 따라 다르다.
㉡ 강우강도가 크면 클수록 그 강우가 계속되는 기간은 짧다.

46 하천의 임의 단면에 교량을 설치하고자 한다. 원통형 교각 상류(전면)에 2m/s의 유속으로 물이 흘러간다면 교각에 가해지는 항력은? (단, 수심은 4m, 교각의 직경은 2m, 항력계수는 1.5이다.)

① 16kN ② 24kN
③ 43kN ④ 62kN

해설 $D = C_D A \frac{1}{2}\rho V^2 = 1.5\times(4\times2)\times\frac{1}{2}\times\frac{1}{9.8}\times2^2 = 2.45\text{t} = 2.45\times9.8 = 24.01\text{kN}$

47 원형 단면의 수맥이 다음 그림과 같이 곡면을 따라 유량 0.018m^3/s가 흐를 때 x방향의 분력은? (단, 관내의 유속은 9.8m/s, 마찰은 무시한다.)

① −18.25N
② 37.83N
③ −64.56N
④ 17.64N

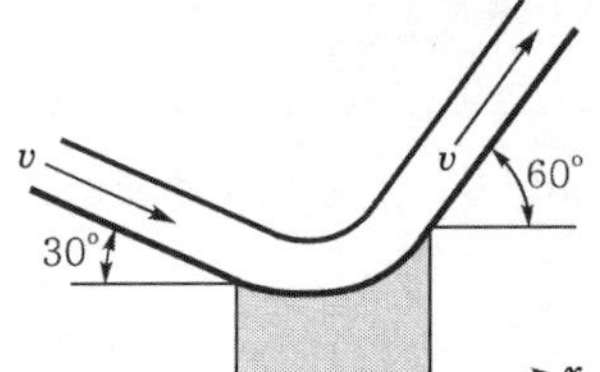

해설 $P_x = \frac{wQ}{g}(V_{1x} - V_{2x}) = \frac{1\times0.018}{9.8}\times(9.8\times\cos60^\circ - 9.8\times\cos30^\circ) = -6.59\times10^{-3}\text{t} = -64.57\text{N}$

48 강수량자료를 분석하는 방법 중 이중누가 해석(double mass analysis)에 대한 설명으로 옳은 것은?

① 강수량자료의 일관성을 검증하기 위하여 이용한다.
② 강수의 지속기간을 알기 위하여 이용한다.
③ 평균강수량을 계산하기 위하여 이용한다.
④ 결측자료를 보완하기 위하여 이용한다.

해설 우량계의 위치, 노출상태, 우량계의 교체, 주위환경의 변화 등이 생기면 전반적인 자료의 일관성이 없어지기 때문에 이것을 교정하여 장기간에 걸친 강수자료의 일관성을 얻는 방법을 2중누가우량분석이라 한다.

 정답 45. ② 46. ② 47. ③ 48. ①

49 지름 D인 원관에 물이 반만 차서 흐를 때 경심은?

① $D/4$
② $D/3$
③ $D/2$
④ $D/5$

해설

$$R=\frac{A}{S}=\frac{\frac{\pi D^2}{4}\times\frac{1}{2}}{\frac{\pi D}{2}}=\frac{D}{4}$$

50 SCS방법(NRCS유출곡선번호방법)으로 초과강우량을 산정하여 유출량을 계산할 때에 대한 설명으로 옳지 않은 것은?

① 유역의 토지이용형태는 유효우량의 크기에 영향을 미친다.
② 유출곡선지수(runoff curve number)는 총우량으로부터 유효우량의 잠재력을 표시하는 지수이다.
③ 투수성지역의 유출곡선지수는 불투수성지역의 유출곡선지수보다 큰 값을 갖는다.
④ 선행토양함수조건(antecedent soil moisture condition)은 1년을 성수기와 비성수기로 나누어 각 경우에 대하여 3가지 조건으로 구분하고 있다.

해설 유출곡선지수(runoff curve number : CN)

㉠ SCS에서 흙의 종류, 토지의 사용용도, 흙의 초기함수상태에 따라 총우량에 대한 직접유출량(혹은 유효우량)의 잠재력을 표시하는 지표이다.
㉡ 불투수성지역일수록 CN의 값이 크다.
㉢ 선행토양함수조건은 성수기와 비성수기로 나누어 각 경우에 대하여 3가지 조건으로 구분한다.

51 xy 평면이 수면에 나란하고 질량력의 x, y, z축방향 성분을 X, Y, Z라 할 때 정지평형상태에 있는 액체 내부에 미소육면체의 부피를 dx, dy, dz라 하면 등압면(等壓面)의 방정식은?

① $Xdx+Ydy+Zdz=0$
② $\frac{X}{dx}+\frac{Y}{dy}+\frac{Z}{dz}=0$
③ $\frac{dx}{X}+\frac{dy}{Y}+\frac{dz}{Z}=0$
④ $\frac{X}{x}dx+\frac{Y}{y}dy+\frac{Z}{z}dz=0$

해설 $Xdx+Ydy+Zdz=0$

52 다음 그림에서 A와 B의 압력차는? (단, 수은의 비중=13.50)

① 32.85kN/m^2
② 57.50kN/m^2
③ 61.25kN/m^2
④ 78.94kN/m^2

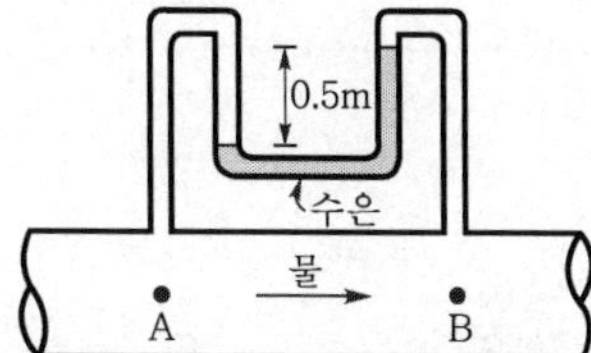

해설 $P_a + 1\times 0.5 - 13.5\times 0.5 - P_b = 0$

$\therefore P_a - P_b = 6.25\text{t/m}^2 = 61.25\text{kN/m}^2$

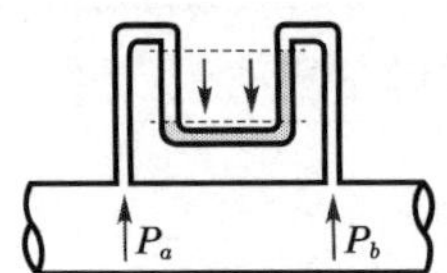

53 오리피스에서 C_c를 수축계수, C_v를 유속계수라 할 때 실제 유량과 이론유량과의 비(C)는?

① $C = C_c$
② $C = C_v$
③ $C = C_c / C_v$
④ $C = C_c C_v$

해설 $C = C_a C_v$

54 유역 내의 DAD 해석과 관련된 항목으로 옳게 짝지어진 것은?

① 우량, 유역면적, 강우지속시간
② 우량, 유출계수, 유역면적
③ 유량, 유역면적, 강우강도
④ 우량, 수위, 유량

해설 최대 평균우량깊이－유역면적－지속기간의 관계를 수립하는 작업을 DAD 해석이라 한다.

55 사각형 개수로 단면에서 한계수심(h_c)과 비에너지(H_e)의 관계로 옳은 것은?

① $h_c = \frac{2}{3}H_e$
② $h_c = H_e$
③ $h_c = \frac{3}{2}H_e$
④ $h_c = 2H_e$

해설 $h_c = \frac{2}{3}H_e$

56 폭 35cm인 직사각형 위어(weir)의 유량을 측정하였더니 0.03m³/s이었다. 월류수심의 측정에 1mm의 오차가 생겼다면 유량에 발생하는 오차(%)는? (단, 유량 계산은 프란시스(Francis)공식을 사용하되 월류 시 단면 수축은 없는 것으로 가정한다.)

① 1.84%
② 1.67%
③ 1.50%
④ 1.16%

해설

㉠ $Q = 1.84 b_o h^{\frac{3}{2}}$

$0.03 = 1.84 \times 0.35 \times h^{\frac{3}{2}}$

$\therefore h = 0.129\text{m} = 12.9\text{cm}$

㉡ $\frac{dQ}{Q} = \frac{3}{2}\frac{dh}{h} = \frac{3}{2} \times \frac{0.1}{12.9} \times 100 = 1.16\%$

 정답 ▶▶ 53. ④ 54. ① 55. ① 56. ④

57 매끈한 원관 속으로 완전발달상태의 물이 흐를 때 단면의 전단응력은?

① 관의 중심에서 0이고, 관벽에서 가장 크다.
② 관벽에서 변화가 없고, 관의 중심에서 가장 큰 직선변화를 한다.
③ 단면의 어디서나 일정하다.
④ 유속분포와 동일하게 포물선형으로 변화한다.

해설 $\tau = \frac{wh_L}{2l} r$ 이므로 중심축에서는 $\tau = 0$이며, 관벽에서는 τ_{max}인 직선이다.

58 폭 9m의 직사각형 수로에 16.2m³/s의 유량이 92cm의 수심으로 흐르고 있다. 장파의 전파속도 C와 비에너지 E는? (단, 에너지보정계수 α =1.0)

① $C = 2.0\text{m/s},\ E = 1.015\text{m}$
② $C = 2.0\text{m/s},\ E = 1.115\text{m}$
③ $C = 3.0\text{m/s},\ E = 1.015\text{m}$
④ $C = 3.0\text{m/s},\ E = 1.115\text{m}$

해설 ㉠ $C = \sqrt{gh} = \sqrt{9.8 \times 0.92} = 3\text{m/sec}$

㉡ $E = H_e = h + \alpha\frac{V^2}{2g} = 0.92 + 1 \times \frac{\left(\frac{16.2}{9 \times 0.92}\right)^2}{2 \times 9.8} = 1.115\text{m}$

59 관수로에서 미소손실(Minor Loss)은?

① 위치수두에 비례한다.
② 압력수두에 비례한다.
③ 속도수두에 비례한다.
④ 레이놀즈수의 제곱에 반비례한다.

해설 미소손실은 유속수두에 비례한다.

60 동해의 일본 측으로부터 300km 파장의 지진해일이 발생하여 수심 3,000m의 동해를 가로질러 2,000km 떨어진 우리나라 동해안에 도달하다고 할 때 걸리는 시간은? (단, 파속 $C = \sqrt{gh}$, 중력가속도는 9.8m/s²이고 수심은 일정한 것으로 가정)

① 약 150분　　② 약 194분
③ 약 274분　　④ 약 332분

해설 ㉠ $C = \sqrt{gh} = \sqrt{9.8 \times 3{,}000} = 171.46\text{m/sec}$

㉡ 시간 $= \frac{2{,}000{,}000}{171.46} = 11{,}664.53$초 $= 194.41$분

정답 ▶▶▶ 57. ① 58. ④ 59. ③ 60. ②

제4과목 : 철근콘크리트 및 강구조

61 다음 그림과 같은 캔틸레버보에 활하중 w_L=25kN/m가 작용할 때 위험 단면에서 전단철근이 부담해야 할 전단력은? (단, 콘크리트의 단위무게=25kN/m^3, f_{ck}=24MPa, f_y=300MPa이고 하중계수와 하중조합을 고려한다.)

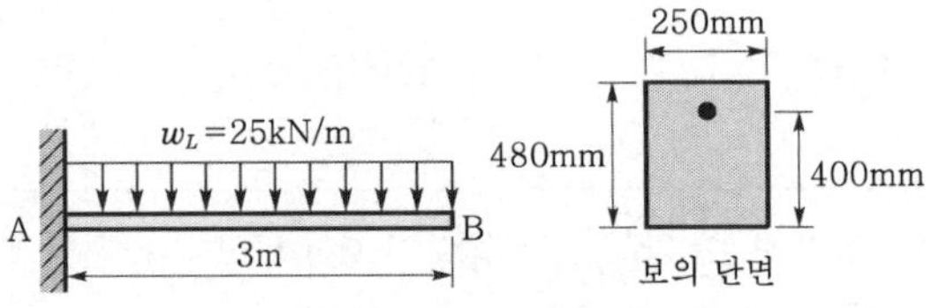

① 69.5kN　　② 73.7kN
③ 84.8kN　　④ 92.7kN

해설 ㉠ 계수하중

$U=1.2w_D+1.6w_L$

$=1.2\times(0.25+0.48)\times25+(1.6\times25)$

$=43.6\text{kN/m}$

㉡ 계수전단력

$V_u=R_A-wd$

$=wl-wd$

$=43.6\times3-43.6\times0.4$

$=130.8-17.44$

$=113.36\text{kN}$

$V_u=\phi V_n=\phi(V_c+V_s)$에서

$$\therefore\ V_s=\frac{V_u}{\phi}-V_c=\frac{113.4\times10^3}{0.75}-\frac{1}{6}\sqrt{24}\times250\times400=69{,}550\text{N}≒69.5\text{kN}$$

62 다음 그림과 같은 단면의 균열모멘트 M_{cr}은? (단, f_{ck}=24MPa, f_y=400MPa)

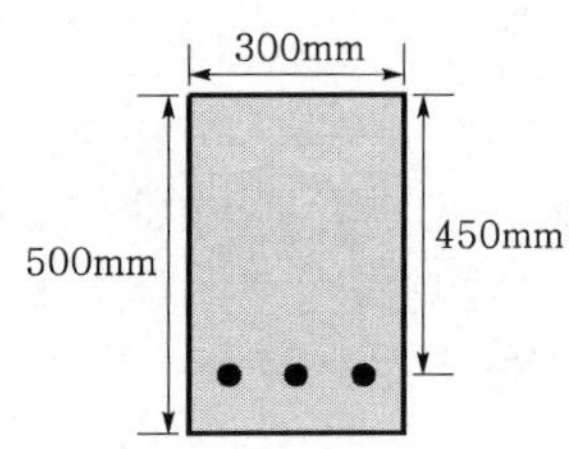

① 30.8kN·m　　② 38.6kN·m
③ 28.2kN·m　　④ 22.4kN·m

해설 $f_r=0.63\lambda\sqrt{f_{ck}}=0.63\times1.0\sqrt{24}=3.08\text{MPa}$

$$\therefore\ M_{cr}=\frac{I_g}{y_t}f_r=\frac{\frac{1}{12}\times300\times500^3}{250}\times3.08=38{,}500{,}000\text{N}\cdot\text{mm}=38.5\text{kN}\cdot\text{m}$$

 정답 ▸▸▸ 61. ① 62. ②

63 강도설계법에 의해서 전단철근을 사용하지 않고 계수하중에 의한 전단력 V_u =50kN을 지지하려면 직사각형 단면보의 최소 면적($b_w d$)은 약 얼마인가? (단, f_{ck} =28MPa, 최소 전단철근도 사용하지 않는 경우)

① 151,190mm²
② 123,530mm²
③ 97,840mm²
④ 49,320mm²

해설

$$V_u = \frac{1}{2}\phi V_c = \frac{1}{2}\phi\left(\frac{1}{6}\sqrt{f_{ck}}\, b_w d\right)$$

$$\therefore\ b_w d = \frac{2\times 6 V_u}{\phi\sqrt{f_{ck}}} = \frac{12\times 50{,}000}{0.75\times\sqrt{28}} = 151{,}186\text{mm}^2$$

64 프리스트레스트 콘크리트에 대한 설명 중 잘못된 것은?

① 프리스트레스트 콘크리트는 외력에 의하여 일어나는 응력을 소정의 한도까지 상쇄할 수 있도록 미리 인공적으로 내력을 가한 콘크리트를 말한다.
② 프리스트레스트 콘크리트부재는 설계하중 이상으로 약간의 균열이 발생하더라도 하중을 제거하면 균열이 폐합되는 복원성이 우수하다.
③ 프리스트레스트를 가하는 방법으로 프리텐션방식과 포스트텐션방식이 있다.
④ 프리스트레스트 콘크리트부재는 균열이 발생하지 않도록 설계되기 때문에 내구성(耐久性) 및 수밀성(水密性)이 좋으며 내화성(耐火性)도 우수하다.

해설 프리스트레스트 콘크리트부재는 내화성이 불리하다.

65 옹벽의 구조 해석에 대한 설명으로 잘못된 것은?

① 부벽식 옹벽 저판은 정밀한 해석이 사용되지 않는 한 부벽 간의 거리를 경간으로 가정한 고정보 또는 연속보로 설계할 수 있다.
② 저판의 뒷굽판은 정확한 방법이 사용되지 않는 한 뒷굽판 상부에 재하되는 모든 하중을 지지하도록 설계하여야 한다.
③ 캔틸레버식 옹벽의 전면벽은 저판에 지지된 캔틸레버로 설계할 수 있다.
④ 뒷부벽식 옹벽의 뒷부벽은 직사각형 보로 설계하여야 한다.

해설 부벽식 옹벽의 부벽설계

㉠ 뒷부벽식 옹벽의 뒷부벽 : T형보
㉡ 앞부벽식 옹벽의 앞부벽 : 직사각형 보

66 철근콘크리트보에 배치하는 복부철근에 대한 설명으로 틀린 것은?

① 복부철근은 사인장응력에 대하여 배치하는 철근이다.
② 복부철근은 휨모멘트가 가장 크게 작용하는 곳에 배치하는 철근이다.
③ 굽힘철근은 복부철근의 한 종류이다.
④ 스트럽은 복부철근의 한 종류이다.

정답 63. ① 64. ④ 65. ④ 66. ②

해설 복부철근은 전단력이 크게 작용하는 곳에 배치하는 철근이다.

67 다음 그림과 같은 복철근 직사각형 단면에서 응력사각형의 깊이 a의 값은 얼마인가? (단, $f_{ck}=$ 24MPa, $f_y=$350MPa, $A_s=$5,730mm², $A_s'=$1,980mm²)

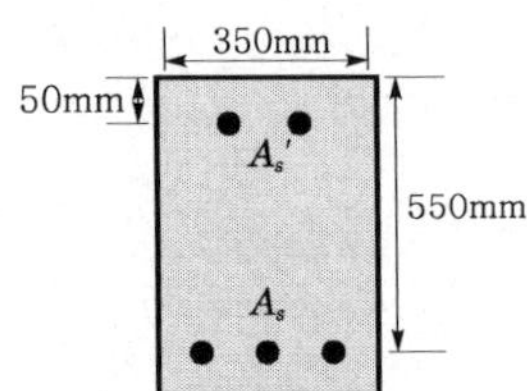

① 227.2mm ② 199.6mm
③ 217.4mm ④ 183.8mm

해설

$$a=\frac{f_y(A_s-A_s')}{\eta(0.85f_{ck})b}=\frac{350\times(5,730-1,980)}{1.0\times0.85\times24\times350}=183.82\text{mm}$$

68 다음 그림의 단면을 갖는 저보강 PSC보의 설계휨강도(ϕM_n)는 얼마인가? (단, 긴장재 단면적 $A_p=$ 600mm², 긴장재 인장응력 $f_{ps}=$1,500MPa, 콘크리트설계기준강도 $f_{ck}=$35MPa)

① 187.5kN·m
② 225.3kN·m
③ 267.4kN·m
④ 293.1kN·m

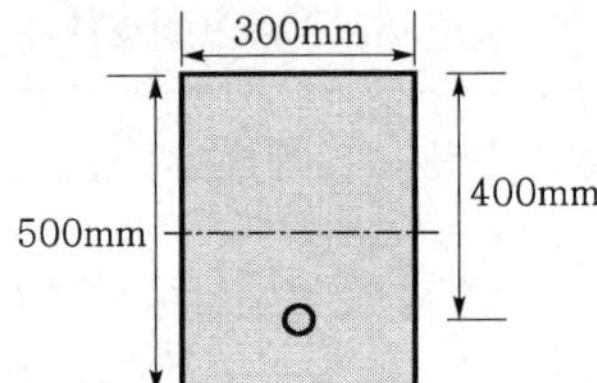

해설 $C=T$에서

$$\therefore\ a=\frac{f_{ps}A_p}{\eta(0.85f_{ck})b}=\frac{1,500\times600}{1.0\times0.85\times35\times300}=100.84\text{mm}$$

$$M_d=\phi M_n=\phi f_{ps}A_p\left(d-\frac{a}{2}\right)$$

$$=0.85\times1,500\times600\times\left(400-\frac{100.84}{2}\right)$$

$$=267.4\text{kN}\cdot\text{m}$$

69 강도설계법에서 휨부재의 등가직사각형 압축응력분포의 깊이 $a=\beta_1 c$로서 구할 수 있다. 이때 f_{ck}가 60MPa인 고강도 콘크리트에서 β_1의 값은?

① 0.850 ② 0.760
③ 0.650 ④ 0.626

해설

f_{ck}[MPa]	≤40	50	60
β_1	0.80	0.80	0.76

$\therefore\ f_{ck}\le$60MPa이면 $\beta_1=$0.76이다.

 정답 ▸▸▸ 67. ④ 68. ③ 69. ③

70 다음 그림과 같이 직경 25mm의 구멍이 있는 판(plate)에서 인장응력검토를 위한 순폭은 약 얼마인가?

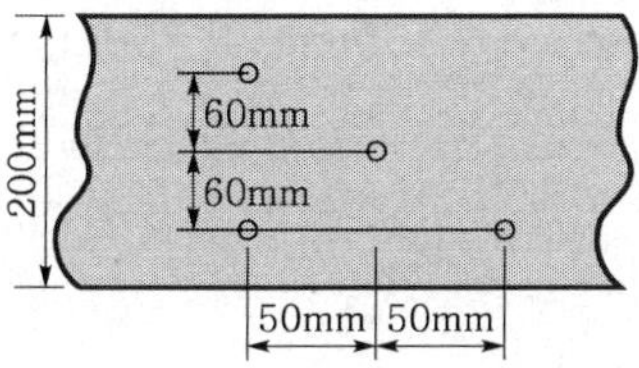

① 160.4mm ② 150mm
③ 145.8mm ④ 130mm

해설 ㉠ $b_n = b_g - 2d = 200 - 2 \times 25 = 150\text{mm}$

㉡ $b_n = b_g - d - \left(d - \dfrac{p^2}{4g}\right)$

$= 200 - 25 - \left(25 - \dfrac{50^2}{4 \times 60}\right) = 160.4\text{mm}$

㉢ $b_n = b_g - d - 2\left(d - \dfrac{p^2}{4g}\right)$

$= 200 - 25 - 2\left(25 - \dfrac{50^2}{4 \times 60}\right) = 145.8\text{mm}$

∴ 이 중 작은 값 $b_n = 145.8\text{mm}$

71 연속보 또는 1방향 슬래브의 철근콘크리트구조를 해석하고자 할 때 근사 해법을 적용할 수 있는 조건에 대한 설명으로 틀린 것은?

① 부재의 단면크기가 일정한 경우
② 인접 2경간의 차이가 짧은 경간의 50% 이하인 경우
③ 등분포하중이 작용하는 경우
④ 활하중이 고정하중의 3배의 초과하지 않는 경우

해설 인접경간의 차이가 짧은 경간의 20% 이하인 경우

72 지름 450mm인 원형 단면을 갖는 중심축하중을 받는 나선철근기둥에서 강도설계법에 의한 축방향 설계강도(ϕP_n)는 얼마인가? (단, 이 기둥은 단주이고 f_{ck} =27MPa, f_y =350MPa, A_{st} = 8-D22=3,096mm^2, 압축지배 단면이다.)

① 1,166kN ② 1,299kN
③ 2,425kN ④ 2,774kN

해설 $P_d' = \phi \alpha P_n$

$= 0.70 \times 0.85(0.85 f_{ck} A_c + f_y A_{st})$

$= 0.85 \times 0.70 \times \left[0.85 \times 27 \times \left(\dfrac{\pi \times 450^2}{4} - 3,096\right) + 350 \times 3,096\right]$

$= 2,773,183\text{MPa}\cdot\text{mm}^2 = 2,773\text{kN}$

정답 ▸▸▸ 70. ③ 71. ② 72. ④

73 전단철근이 부담하는 전단력 V_s =150kN일 때 수직스터럽으로 전단보강을 하는 경우 최대 배치 간격은 얼마 이하인가? (단, f_{ck} =28MPa, 전단철근 1개 단면적=125mm^2, 횡방향 철근의 설계기준항복강도(f_{yt}) =400MPa, b_w =300mm, d =500mm)

① 600mm ② 333mm
③ 250mm ④ 167mm

$$\frac{1}{3}\sqrt{f_{ck}}\,b_w\,d = \frac{1}{3}\sqrt{28}\times 300\times 500 = 683.1\text{kN}$$

$V_s \le \frac{1}{3}\sqrt{f_{ck}}\,b_w\,d$이므로

㉠ $s = \frac{d}{2} = 250\text{mm}$

㉡ $s = 600\text{mm}$

㉢ $s = \frac{d}{V_s}A_v f_y = \frac{500}{150\times 10^3}\times 2\times 125\times 400 = 333\text{mm}$

∴ 이 중 작은 값 $s = 250\text{mm}$

74 주어진 T형 단면에서 전단에 대해 위험 단면에서 $V_u d/M_u$ =0.28이었다. 휨철근인장강도의 40% 이상의 유효프리스트레스트힘이 작용할 때 콘크리트의 공칭전단강도(V_c)는 얼마인가? (단, f_{ck} = 45MPa, V_u : 계수전단력, M_u : 계수휨모멘트, d : 압축측 표면에서 긴장재 도심까지의 거리)

① 185.7kN
② 230.5kN
③ 321.7kN
④ 462.7kN

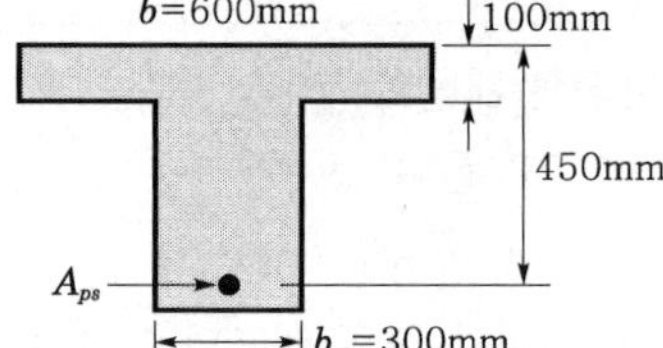

$$V_c = \left(0.05\sqrt{f_{ck}} + 4.9\frac{V_u d}{M_u}\right)b_w d$$
$$= (0.05\sqrt{45} + 4.9\times 0.28)\times 300\times 450\times 10^{-3} = 230.5\text{kN}$$

75 b =300mm, d =450mm, A_s =3－D25=1,520mm^{2}가 1열로 배치된 단철근 직사각형 보의 설계 휨강도(ϕM_n)는 약 얼마인가? (단, f_{ck} =28MPa, f_y =400MPa이고 과소철근보이다.)

① 192.4kN·m ② 198.2kN·m
③ 204.7kN·m ④ 210.5kN·m

해설

$$a = \frac{f_y A_s}{\eta(0.85 f_{ck})b} = \frac{400\times 1,520}{1.0\times 0.85\times 28\times 300} = 85.1\text{mm}$$

$$M_d = \phi M_n = \phi\left\{f_y A_s\left(d - \frac{a}{2}\right)\right\}$$
$$= 0.85\times\left\{400\times 1,520\times\left(450 - \frac{85.1}{2}\right)\right\}$$
$$= 210,570,160\text{N}\cdot\text{mm} = 210.5\text{kN}\cdot\text{m}$$

정답 73. ③ 74. ② 75. ④

76 압축이형철근의 겹침이음길이에 대한 다음 설명으로 틀린 것은? (단, d_b는 철근의 공칭지름)

① 겹침이음길이는 300mm 이상이어야 한다.
② 철근의 항복강도(f_y)가 400MPa 이하인 경우의 겹침이음길이는 $0.072f_yd_b$보다 길 필요가 없다.
③ 서로 다른 크기의 철근을 압축부에서 겹침이음하는 경우 이음길이는 크기가 큰 철근의 정착길이와 크기가 작은 철근의 겹침이음길이 중 큰 값 이상이어야 한다.
④ 압축철근의 겹침이음길이는 인장철근의 겹침이음길이보다 길어야 한다.

해설 인장철근의 겹침이음길이가 압축철근의 겹침이음길이보다 길어야 한다.

77 다음 그림과 같은 용접이음에서 이음부의 응력은 얼마인가?

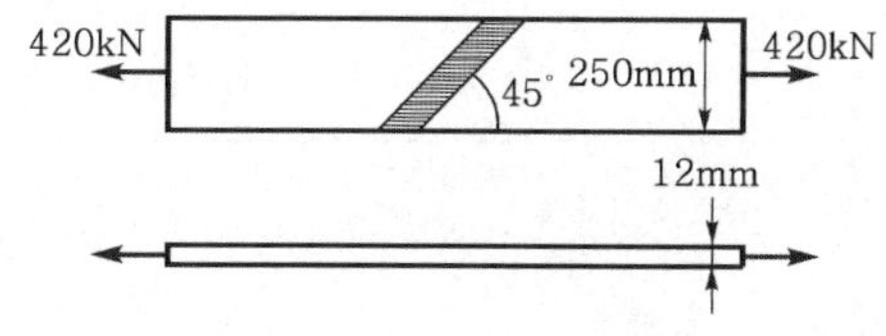

① 140MPa ② 152MPa
③ 168MPa ④ 180MPa

해설 $f=\dfrac{P}{\Sigma al_e}=\dfrac{420,000}{250\times 12}=140\text{MPa}$

78 설계기준항복강도가 400MPa인 이형철근을 사용한 철근콘크리트구조물에서 피로에 대한 안전성을 검토하지 않아도 되는 철근응력범위로 옳은 것은? (단, 충격을 포함한 사용활하중에 의한 철근의 응력범위)

① 150MPa ② 170MPa
③ 180MPa ④ 200MPa

해설 기둥에서 피로에 대한 검토가 필요 없는 철근의 응력범위는 130~150MPa이다.

79 다음 그림과 같은 PSC보에 활하중(w_l) 18kN/m가 작용하고 있을 때 보의 중앙 단면 상연에서 콘크리트응력은? (단, 프리스트레스트힘(P)은 3,375kN이고, 콘크리트의 단위중량은 25kN/m^{3}를 적용하여 자중을 선정하며, 하중계수와 하중조합은 고려하지 않는다.)

① 18.75MPa
② 23.63MPa
③ 27.25MPa
④ 32.42MPa

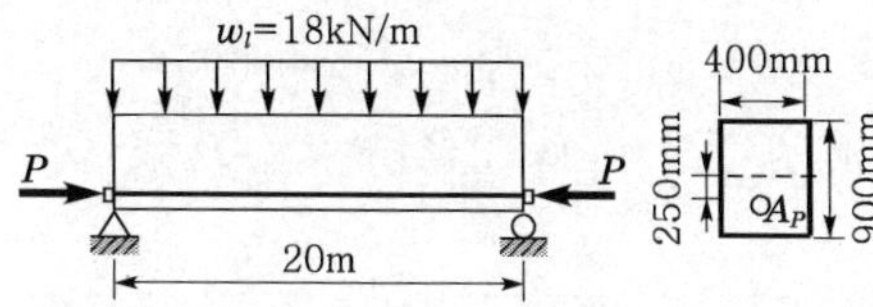

해설 $w=w_d+w_l=(25\times 0.4\times 0.9)+18=27\text{kN/m}$

$$M=\frac{wl^2}{8}=\frac{27\times 20^2}{8}=1{,}350\text{kN}\cdot\text{m}$$

$$f_c=\frac{P}{A}-\frac{Pe}{I}y+\frac{M}{I}y$$

$$=\frac{3{,}375}{0.4\times 0.9}-\frac{12\times 3{,}375\times 0.25}{0.4\times 0.9^3}\times 0.45+\frac{12\times 1{,}350}{0.4\times 0.9^3}\times 0.45$$

$$=9{,}375-15{,}625+25{,}000$$

$$=18{,}750\text{kN/m}^2=18.75\text{MPa}$$

80 처짐을 계산하지 않는 경우 단순지지된 보의 최소 두께(h)로 옳은 것은? (단, 보통콘크리트(m_c=2,300kg/m^3) 및 f_y=300MPa인 철근을 사용한 부재의 길이가 10m인 보)

① 429mm　② 500mm
③ 537mm　④ 625mm

해설 단순지지보의 최소 두께 $h=\frac{l}{16}=\frac{1{,}000}{16}=62.5\text{cm}$

$f_y \neq 400\text{MPa}$이므로 보정계수 적용

$$\alpha=0.43+\frac{f_y}{700}=0.43+\frac{300}{700}=0.86$$

∴ 최소 두께 $h=0.86\times 62.5=53.7\text{cm}=537\text{mm}$

제5과목 : 토질 및 기초

81 다음은 정규압밀점토의 삼축압축시험결과를 나타낸 것이다. 파괴 시의 전단응력 τ와 수직응력 σ를 구하면?

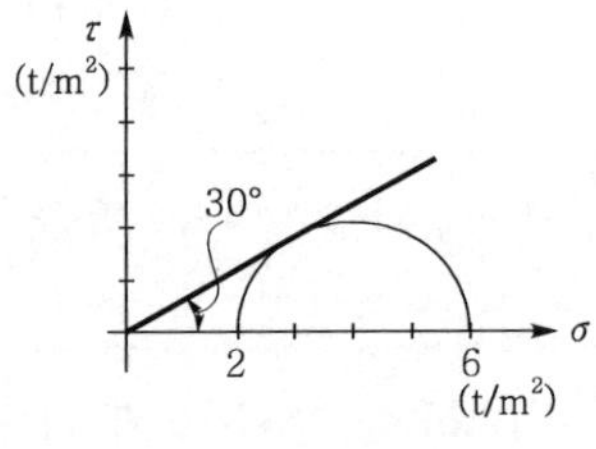

① $\tau=1.73\text{t/m}^2$, $\sigma=2.50\text{t/m}^2$　② $\tau=1.41\text{t/m}^2$, $\sigma=3.00\text{t/m}^2$
③ $\tau=1.41\text{t/m}^2$, $\sigma=2.50\text{t/m}^2$　④ $\tau=1.73\text{t/m}^2$, $\sigma=3.00\text{t/m}^2$

해설 Mohr원에서 $\sigma_3=2\text{t/m}^2$, $c=0$, $\phi=30°$이다.

㉠ $\theta=45°+\frac{\phi}{2}=45°+\frac{30°}{2}=60°$

㉡ $\sigma=\frac{\sigma_1+\sigma_3}{2}+\frac{\sigma_1-\sigma_3}{2}\cos 2\theta=\frac{6+2}{2}+\frac{6-2}{2}\times\cos(2\times 60°)=3\text{t/m}^2$

㉢ $\tau=\frac{\sigma_1-\sigma_3}{2}\sin 2\theta=\frac{6-2}{2}\times\sin(2\times 60°)=1.73\text{t/m}^2$

 정답 ▸▸ 80. ③ 81. ④

82 다음 그림과 같은 조건에서 분사현상에 대한 안전율을 구하면? (단, 모래의 $\gamma_{sat} = 2.0 t/m^3$이다)

① 1.0
② 2.0
③ 2.5
④ 3.0

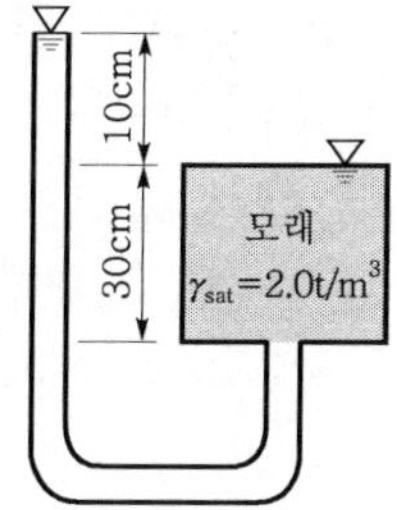

해설

$$F_s = \frac{i_c}{i} = \frac{i_c}{\frac{h}{L}} = \frac{1}{\frac{10}{30}} = 3$$

83 3층 구조로 구조결합 사이에 치환성 양이온이 있어서 활성이 크고 시트 사이에 물이 들어가 팽창, 수축이 크고 공학적 안정성은 약한 점토광물은?

① Kaolinite
② Illite
③ Montmorillonite
④ Sand

해설 몬모릴로나이트

㉠ 2개의 실리카판과 1개의 알루미나판으로 이루어진 3층 구조로 이루어진 층들이 결합한 것이다.
㉡ 결합력이 매우 약해 물이 침투하면 쉽게 팽창한다.
㉢ 공학적 안정성이 제일 작다.

84 다음 중 일시적인 지반개량공법에 속하는 것은?

① 다짐모래말뚝공법
② 약액주입공법
③ 프리로딩공법
④ 동결공법

해설 일시적 지반개량공법

well point공법, deep well공법, 대기압공법, 동결공법

85 강도정수가 $c=0$, $\phi=40°$인 사질토지반에서 Rankine이론에 의한 수동토압계수는 주동토압계수의 몇 배인가?

① 4.6
② 9.0
③ 12.3
④ 21.1

해설

$$K_p = \tan^2\left(45° + \frac{\phi}{2}\right) = \tan^2\left(45° + \frac{40°}{2}\right) = 4.6$$

$$K_a = \tan^2\left(45° - \frac{\phi}{2}\right) = \tan^2\left(45° - \frac{40°}{2}\right) = 0.217$$

$$\therefore \frac{K_p}{K_a} = \frac{4.6}{0.217} = 21.2$$

정답 82. ④ 83. ③ 84. ④ 85. ④

86 다음 그림과 같이 6m 두께의 모래층 밑에 2m 두께의 점토층이 존재한다. 지하수면은 지표 아래 2m 지점에 존재한다. 이때 지표면에 ΔP=5.0t/m^{2}의 등분포하중이 작용하여 상당한 시간이 경과한 후 점토층의 중간높이 A점에 피에조미터를 세워 수두를 측정한 결과 h=4.0m로 나타났다면 A점의 압밀도는?

① 20%
② 30%
③ 50%
④ 80%

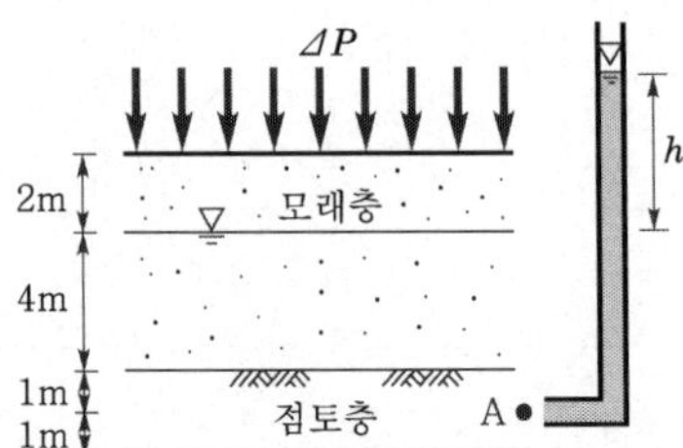

해설 $u=\gamma_w h=1\times 4=4\text{t/m}^2$

$$\therefore\ U_Z=\frac{P-u}{P}\times 100=\frac{5-4}{5}\times 100=20\%$$

87 다짐에 대한 다음 설명 중 옳지 않은 것은?

① 세립토의 비율이 클수록 최적 함수비는 증가한다.
② 세립토의 비율이 클수록 최대 건조단위중량은 증가한다.
③ 다짐에너지가 클수록 최적 함수비는 감소한다.
④ 최대 건조단위중량은 사질토에서 크고 점성토에서 작다.

해설 세립토가 많을수록 최대 건조단위중량은 감소하고 최적 함수비는 증가한다.

88 암반층 위에 5m 두께의 토층이 경사 15°의 자연사면으로 되어 있다. 이 토층은 c=1.5t/m^2, ϕ=30°, γ_{sat}=1.8t/m^{3}이고 지하수면은 토층의 지표면과 일치하고 침투는 경사면과 대략 평행이다. 이때의 안전율은?

① 0.8 ② 1.1
③ 1.6 ④ 2.0

해설

$$F_s=\frac{c}{\gamma_{sat}Z\cos i\sin i}+\frac{\gamma_{sub}}{\gamma_{sat}}\left(\frac{\tan\phi}{\tan i}\right)$$
$$=\frac{1.5}{1.8\times 5\times\cos 15°\times\sin 15°}+\frac{0.8}{1.8}\times\frac{\tan 30°}{\tan 15°}=1.624$$

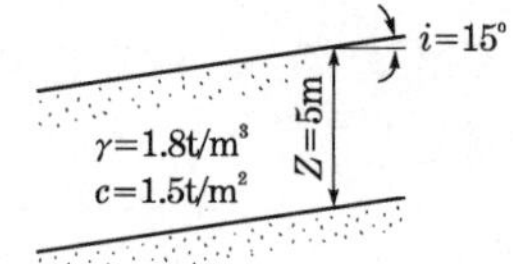

89 어느 지반에 30cm×30cm 재하판을 이용하여 평판재하시험을 한 결과 항복하중이 5t, 극한하중이 9t이었다. 이 지반의 허용지지력은?

① 55.6t/m^2 ② 27.8t/m^2
③ 100t/m^2 ④ 33.3t/m^2

 정답 86. ① 87. ② 88. ③ 89. ②

해설
㉠ $q_y = \frac{P_y}{A} = \frac{5}{0.3 \times 0.3} = 55.56\text{t/m}^2$

㉡ $q_u = \frac{P_u}{A} = \frac{9}{0.3 \times 0.3} = 100\text{t/m}^2$

㉢ $\frac{q_y}{2} = \frac{55.56}{2} = 27.78\text{t/m}^2$

$\frac{q_u}{3} = \frac{100}{3} = 33.33\text{t/m}^2$

∴ 이 중 작은 값 $q_a = 27.78\text{t/m}^2$

90 연약점토층을 관통하여 철근콘크리트파일을 박았을 때 부마찰력(negative friction)은? (단, 지반의 일축압축강도 q_u =2t/m^2, 파일직경 D=50cm, 관입깊이 l=10m이다.)

① 15.71t
② 18.53t
③ 20.82t
④ 24.24t

해설
$R_{nf} = f_n A_s = \frac{q_u}{2} \pi D l = \frac{2}{2} \times \pi \times 0.5 \times 10 = 15.71\text{t}$

91 4m×4m 크기인 정사각형 기초를 내부마찰각 ϕ=20°, 점착력 c=3t/m^{2}인 지반에 설치하였다. 흙의 단위중량(γ)=1.9t/m^{3}이고 안전율을 3으로 할 때 기초의 허용하중을 Terzaghi지지력공식으로 구하면? (단, 기초의 깊이는 1m이고 전반전단파괴가 발생한다고 가정하며 N_c=17.69, N_q=7.44, N_r=4.97이다.)

① 478t
② 524t
③ 567t
④ 621t

해설
㉠ 정사각형 기초이므로 $\alpha = 1.3$, $\beta = 0.4$이다.

$q_u = \alpha c N_c + \beta B \gamma_1 N_r + D_f \gamma_2 N_q = 1.3 \times 3 \times 17.69 + 0.4 \times 4 \times 1.9 \times 4.97 + 1 \times 1.9 \times 7.44 = 98.24\text{t/m}^2$

㉡ $q_a = \frac{q_u}{F_s} = \frac{98.24}{3} = 32.75\text{t/m}^2$

㉢ $q_a = \frac{P}{A}$

$32.75 = \frac{P}{4 \times 4}$

∴ $P = 524\text{t}$

92 어떤 퇴적층에서 수평방향의 투수계수는 4.0×10^{-4}cm/sec이고, 수직방향의 투수계수는 3.0×10^{-4}cm/sec이다. 이 흙을 등방성으로 생각할 때 등가의 평균투수계수는 얼마인가?

① 3.46×10^{-4}cm/sec
② 5.0×10^{-4}cm/sec
③ 6.0×10^{-4}cm/sec
④ 6.93×10^{-4}cm/sec

해설
$K = \sqrt{K_h K_v} = \sqrt{(4 \times 10^{-4}) \times (3 \times 10^{-4})} = 3.46 \times 10^{-4}\text{cm/sec}$

정답 ▸▸▸ 90. ① 91. ② 92. ①

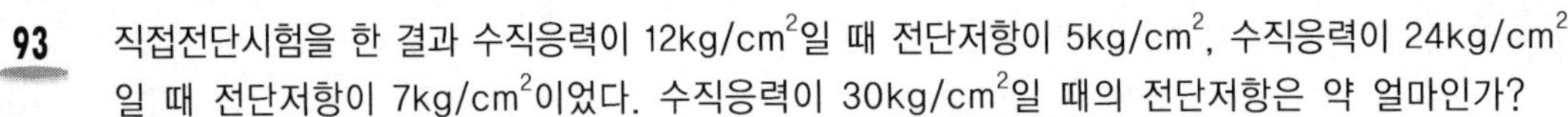

93 직접전단시험을 한 결과 수직응력이 $12kg/cm^2$일 때 전단저항이 $5kg/cm^2$, 수직응력이 $24kg/cm^2$일 때 전단저항이 $7kg/cm^2$이었다. 수직응력이 $30kg/cm^2$일 때의 전단저항은 약 얼마인가?

① $6kg/cm^2$ ② $8kg/cm^2$
③ $10kg/cm^2$ ④ $12kg/cm^2$

해설 ㉠ $\tau = c + \bar{\sigma}\tan\phi$에서

$5 = c + 12\tan\phi$ ………………………… ⓐ

$7 = c + 24\tan\phi$ ………………………… ⓑ

식 ⓐ, ⓑ를 풀면 $c = 3kgf/cm^2$, $\phi = 9.46°$

㉡ $\tau = c + \bar{\sigma}\tan\phi = 3 + 30 \times \tan 9.46° = 8kgf/cm^2$

94 크기가 1m×2m인 기초에 $10t/m^2$의 등분포하중이 작용할 때 기초 아래 4m인 점의 압력 증가는 얼마인가? (단, 2 : 1분포법을 이용한다.)

① $0.67t/m^2$ ② $0.33t/m^2$
③ $0.22t/m^2$ ④ $0.11t/m^2$

해설 $\Delta\sigma_v = \dfrac{BLq_s}{(B+Z)(L+Z)} = \dfrac{1 \times 2 \times 10}{(1+4) \times (2+4)} = 0.67t/m^2$

95 두께 5m의 점토층을 90% 압밀하는 데 50일이 걸렸다. 같은 조건 하에서 10m의 점토층을 90% 압밀하는 데 걸리는 시간은?

① 100일 ② 160일
③ 200일 ④ 240일

해설 ㉠ $t_{90} = \dfrac{0.848H^2}{C_v}$

$50 = \dfrac{0.848 \times 5^2}{C_v}$

$\therefore C_v = 0.424m^2/day$

㉡ $t_{90} = \dfrac{0.848 \times 10^2}{0.424} = 200$일

96 흙의 내부마찰각(ϕ)은 20°, 점착력(c)이 $2.4t/m^2$이고, 단위중량(γ_t)은 $1.93t/m^3$인 사면의 경사각이 45°일 때 임계높이는 약 얼마인가? (단, 안정수 m =0.06)

① 15m ② 18m
③ 21m ④ 24m

해설 $H_c = \dfrac{N_s c}{\gamma_t} = \dfrac{\frac{1}{m}c}{\gamma_t} = \dfrac{\frac{1}{0.06} \times 2.4}{1.93} = 20.73m$

 정답 ▸▸▸ 93. ② 94. ① 95. ③ 96. ③

97 다음 현장시험 중 Sounding의 종류가 아닌 것은?

① Vane시험
② 표준관입시험
③ 동적 원추관입시험
④ 평판재하시험

해설 Sounding의 종류

㉠ 정적 sounding : 단관 원추관입시험, 화란식 원추관입시험, 베인시험, 이스키미터
㉡ 동적 sounding : 동적 원추관입시험, SPT

98 Paper Drain설계 시 Drain Paper의 폭이 10cm, 두께가 0.3cm일 때 Drain Paper의 등치환산원의 직경이 얼마이면 Sand Drain과 동등한 값으로 볼 수 있는가? (단, 형상계수=0.75)

① 5cm ② 8cm
③ 10cm ④ 15cm

$$D=\alpha\left(\frac{2A+2B}{\pi}\right)=0.75\times\frac{2\times10+2\times0.3}{\pi}=4.92\text{cm}$$

99 흙의 연경도(consistency)에 관한 설명으로 틀린 것은?

① 소성지수는 점성이 클수록 크다.
② 터프니스지수는 Colloid가 많은 흙일수록 값이 작다.
③ 액성한계시험에서 얻어지는 유동곡선의 기울기를 유동지수라 한다.
④ 액성지수와 컨시스턴시지수는 흙지반의 무르고 단단한 상태를 판정하는 데 이용된다.

해설 콜로이드가 많은 흙일수록 I_t가 크고, 활성도가 크다.

100 암질을 나타내는 항목과 직접 관계가 없는 것은?

① N치 ② RQD값
③ 탄성파속도 ④ 균열의 간격

해설 암반의 분류법

㉠ RQD분류
㉡ RMR분류
- 암석의 강도
- RQD
- 불연속면의 간격
- 불연속면의 상태
- 지하수상태 등 5개의 매개변수에 의해 각각 등급을 두어 암반을 분류하는 방법이다.

제6과목 : 상하수도공학

101 다음 하수량 산정에 관한 설명 중 틀린 것은?

① 계획오수량은 생활오수량, 공장폐수량 및 지하수량으로 구분된다.
② 계획오수량 중 지하수량은 1인 1일 최대 오수량의 10~20% 정도로 한다.
③ 우수량의 산정공식 중 합리식($Q=CIA$)에서 I는 동수경사이다.
④ 계획 1일 최대 오수량은 처리시설의 용량을 결정하는데 기초가 된다.

해설 우수유출량의 산정공식인 합리식에서 Q는 우수유출량, C는 유출계수, I는 강우강도, A는 유역면적을 나타낸다.

102 정수시설 중 급속여과지에서 여과모래의 유효경이 0.45~0.7mm의 범위에 있는 경우에 대한 모래층의 표준두께는?

① 60~70cm
② 70~90cm
③ 150~200cm
④ 300~450cm

해설 급속여과지의 모래층 표준두께는 60~70cm이다.

103 합류식 하수도에 대한 설명으로 옳은 것은?

① 관거 내의 퇴적이 적다.
② 강우 시 오수의 일부가 우수와 희석되어 공공용수의 수질보전에 유리하다.
③ 합류식 방류부하량대책은 폐쇄성 수역에서 특히 요구된다.
④ 관거오접의 철저한 감시가 요구된다.

해설 합류식 하수관의 경우 우수로 인한 퇴적이 발생할 수 있으며, 오수와 우수 모두 하수종말처리장에서 처리하여 방류한다. 오수와 우수를 한번에 처리하기 때문에 분류식에 비하여 관거오접의 영향을 덜 받는다.

104 정수처리 시 생성되는 발암물질인 트리할로메탄(THM)에 대한 대책으로 적합하지 않은 것은?

① 오존, 이산화염소 등의 대체소독제 사용
② 염소소독의 강화
③ 중간 염소처리
④ 활성탄 흡착

해설 THM은 염소의 과다 주입으로 인하여 발생한다.

105 다음 중 일반적으로 적용하는 펌프의 특성곡선에 포함되지 않는 것은?

① 토출량 – 양정곡선
② 토출량 – 효율곡선
③ 토출량 – 축동력곡선
④ 토출량 – 회전도곡선

해설 펌프의 특성곡선은 양정, 효율, 축동력과의 관계를 나타내는 곡선이다.

 정답 101. ③ 102. ① 103. ③ 104. ② 105. ④

106 반송슬러지의 SS농도가 6,000mg/L이다. MLSS농도를 2,500mg/L로 유지하기 위한 슬러지 반송비는?

① 25% ② 55%
③ 71% ④ 100%

해설
$$r = \frac{\text{MLSS}}{\text{SS} - \text{MLSS}} = \frac{2,500}{6,000 - 2,500} = 71.4\%$$

107 상수도 취수시설 중 침사지에 관한 시설기준으로 틀린 것은?

① 침사지의 체류시간은 계획취수량의 10~20분을 표준으로 한다.
② 침사지의 유효수심은 3~4m를 표준으로 한다.
③ 길이는 폭의 3~8배를 표준으로 한다.
④ 침사지 내의 평균유속은 20~30cm/s로 유지한다.

해설 침사지 내의 평균유속은 2~7cm/sec이다.

108 활성슬러지공법의 설계인자가 아닌 것은?

① 먹이/미생물의 비 ② 고형물 체류시간
③ 비회전도 ④ 유기물질부하

해설 비회전도는 펌프의 비교회전도를 의미한다.

109 하수량 1,000m^3/day, BOD 200mg/L인 하수를 250m^3 유효용량의 포기조로 처리할 경우 BOD 용적부하는?

① 0.8kg BOD/m^3·day ② 1.25kg BOD/m^3·day
③ 8kg BOD/m^3·day ④ 12.5kg BOD/m^3·day

$$\text{BOD용적부하} = \frac{\text{BOD} \cdot Q}{V} = \frac{200 \times 10^{-3} \times 1,000}{250} = 0.8\text{kg BOD/m}^3 \cdot \text{day}$$

110 배수 및 급수시설에 관한 설명으로 틀린 것은?

① 배수지의 건설에는 토압, 벽체의 균열, 지하수의 부상, 환기 등을 고려한다.
② 배수본관은 시설의 신뢰성을 높이기 위해 2개열 이상으로 한다.
③ 급수관 분기지점에서 배수관의 최대 정수압은 1,000kPa 이상으로 한다.
④ 관로공사가 끝나면 시공의 적합 여부를 확인하기 위하여 수압시험 후 통수한다.

해설 배수관의 최소 동수압은 150kPa 이상, 최대 정수압은 700kPa 이하를 기본으로 한다.

정답 ▸▸▸ 106. ③ 107. ④ 108. ③ 109. ① 110. ③

111 취수탑(intake tower)의 설명으로 옳지 않은 것은?

① 일반적으로 다단수문형식의 취수구를 적당히 배치한 철근콘크리트구조이다.
② 갈수 시에도 일정 이상의 수심을 확보할 수 있으면 연간의 수위변화가 크더라도 하천, 호소, 댐에서의 취수시설로 적합하다.
③ 제내지에의 도수는 자연유하식으로 제하되기 때문에 제내지의 지형에 제약을 받는 단점이 있다.
④ 특히 수심이 깊은 경우에는 철골구조의 부자(float)식의 취수탑이 사용되기도 한다.

해설 취수탑으로의 도수는 가급적 자연유하식으로 하는 것이 좋으나 경우에 따라서는 지형적 조건을 고려하여 관수로를 이용한다.

112 하수처리 재이용 기본계획에 대한 설명으로 틀린 것은?

① 하수처리 재이용수는 용도별 요구되는 수질기준을 만족하여야 한다.
② 하수처리수 재이용지역은 가급적 해당 지역 내의 소규모 지역범위로 한정하여 계획한다.
③ 하수처리수 재이용량은 해당 지역 하수도정비 기본계획의 물순환이용계획에서 제시된 재이용량 이상으로 계획하여야 한다.
④ 하수처리 재이용수의 용도는 생활용수, 공업용수, 농업용수, 유지용수를 기본으로 계획한다.

해설 하수처리수 재이용지역은 해당 지역뿐만 아니리 인근지역을 포함하는 광역적 범위로 검토·계획한다.

113 착수정의 체류시간 및 수심에 대한 표준으로 옳은 것은?

① 체류시간 : 1분 이상, 수심 : 3~5m
② 체류시간 : 1분 이상, 수심 : 10~12m
③ 체류시간 : 1.5분 이상, 수심 : 3~5m
④ 체류시간 : 1.5분 이상, 수심 : 10~12m

114 펌프의 분류 중 원심펌프의 특징에 대한 설명으로 옳은 것은?

① 일반적으로 효율이 높고 적용범위가 넓으며 적은 유량을 가감하는 경우 소요동력이 적어도 운전에 지장이 없다.
② 양정변화에 대하여 수량의 변동이 적고, 또 수량변동에 대해 동력의 변화도 적으므로 우수용 펌프 등 수위변동이 큰 곳에 적합하다.
③ 회전수를 높게 할 수 있으므로 소형으로 되며 전양정이 4m 이하인 경우에 경제적으로 유리하다.
④ 펌프와 전동기를 일체로 펌프흡입실 내에 설치하며 유입수량이 적은 경우 및 펌프장의 크기에 제한을 받는 경우 등에 사용한다.

해설 원심력펌프는 상하수도용으로 가장 많이 쓰이며 적용범위가 넓다.

정답 ▸▸▸ 111. ③ 112. ② 113. ③ 114. ①

115 상수도의 배수관 직경을 2배로 증가시키면 유량은 몇 배로 증가되는가? (단, 관은 가득 차서 흐른다고 가정한다.)

① 1.4배　　② 1.7배
③ 2배　　④ 4배

해설 $Q=\frac{\pi d^2}{4}V$이므로 직경이 2배로 증가하면 d^2이므로 4배 증가한다.

116 부영양화로 인한 수질변화에 대한 설명으로 옳지 않은 것은?

① COD가 증가한다.
② 탁도가 증가한다.
③ 투명도가 증가한다.
④ 물에 맛과 냄새를 발생시킨다.

해설 부영양화가 되면 조류가 발생하여 투명도는 저하된다.

117 다음 중 하수도시설의 목적과 가장 거리가 먼 것은?

① 하수의 배제와 이에 따른 생활환경의 개선
② 슬러지 처리 및 자원화
③ 침수 방지
④ 지속 발전 가능한 도시구축에 기여

해설 슬러지 처리는 하수 처리 후 발생하는 것이므로 자원화의 목적이 될 수 없다.

118 급수량에 관한 설명으로 옳은 것은?

① 계획 1일 최대 급수량은 계획 1일 평균급수량에 계획첨두율을 곱해 산정한다.
② 계획 1일 평균급수량은 시간 최대 급수량에 부하율을 곱해 산정한다.
③ 시간 최대 급수량은 일 최대 급수량보다 작게 나타난다.
④ 소화용수는 일 최대 급수량에 포함되므로 별도로 산정하지 않는다.

해설 계획 1일 평균급수량은 최대 급수량에 부하율을 곱해 산정하며 '시간 최대 급수량 > 최대 급수량 > 평균급수량'의 크기순서로 나타나고 소화용수는 별도로 산정한다.

119 인구 15만의 도시에 급수계획을 하려고 한다. 계획 1인 1일 최대 급수량이 400L/인·day이고 보급률이 95%라면 계획 1일 최대 급수량은?

① $57,000m^3/day$　　② $59,000m^3/day$
③ $61,000m^3/day$　　④ $63,000m^3/day$

해설 $150,000$인$\times 400\times 10^{-3}m^3/$인$\cdot day\times 0.95=57,000m^3/day$

정답 115. ④ 116. ③ 117. ② 118. ① 119. ①

120 우수유출량이 크고 하류시설의 유하능력이 부족한 경우에 필요한 우수저류형 시설은?

① 우수받이
② 우수조정지
③ 우수침투트랜치
④ 합류식 하수관거 월류수 처리장치

해설 우수조정지 또는 유수지는 하류시설의 유하능력이 부족한 경우에 설치하는 시설이다.

 정답 ▸▸▸ 120. ②

과년도 출제문제

1. 2017년 3월 5일 시행
2. 2017년 5월 7일 시행
3. 2017년 9월 23일 시행

국가기술자격검정 필기시험문제

2017년도 토목기사(2017년 3월 5일)

자격종목	시험시간	문제형별	수험번호	성 명
토목기사	**3시간**	**A**		

제1과목 : 응용역학

1 외반경 R_1, 내반경 R_2인 중공(中空)원형 단면의 핵은? (단, 핵의 반경을 e로 표시한다.)

① $e=\dfrac{{R_1}^2+{R_2}^2}{4R_1}$　② $e=\dfrac{{R_1}^2+{R_2}^2}{4{R_1}^2}$

③ $e=\dfrac{{R_1}^2-{R_2}^2}{4R_1}$　④ $e=\dfrac{{R_1}^2-{R_2}^2}{4{R_1}^2}$

해설

$$e=\frac{I}{Ay}=\frac{\dfrac{\pi {R_1}^4-\pi {R_2}^4}{4}}{(\pi {R_1}^2-\pi {R_2}^2)R_1}$$

$$=\frac{\pi {R_1}^4-\pi {R_2}^4}{4R_1(\pi {R_1}^2-\pi {R_2}^2)}=\frac{\pi({R_1}^4-{R_2}^4)}{4R_1\pi({R_1}^2-{R_2}^2)}$$

$$=\frac{{R_1}^4-{R_2}^4}{4R_1({R_1}^2-{R_2}^2)}=\frac{{R_1}^2+{R_2}^2}{4R_1}$$

여기서, $A=\pi({R_1}^2-{R_2}^2)$, $y=R_1$

$$I=\frac{\pi({R_1}^4-{R_2}^4)}{4}$$

2 다음 그림의 단순보에서 최대 휨모멘트가 발생되는 위치는 지점 A로부터 얼마나 떨어진 곳인가?

① $\dfrac{4}{5}l$

② $\dfrac{2}{3}l$

③ $\dfrac{1}{\sqrt{3}}l$

④ $\dfrac{1}{\sqrt{2}}l$

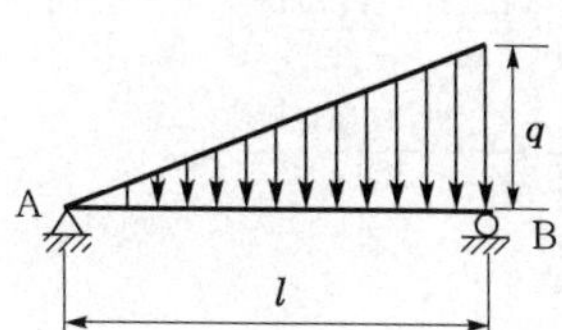

정답 1. ① 2. ③

해설 전단력이 0이 되는 곳에서 모멘트 최대값이 발생하므로

$$S_x = R_A - \frac{qx^2}{2l} = \frac{ql}{6} - \frac{qx^2}{2l} = 0$$

$$x^2 = \frac{l^2}{3}$$

$$\therefore\ x = \frac{1}{\sqrt{3}}l$$

3 다음 그림과 같은 2부재 트러스의 B에 수평하중 P가 작용한다. B절점의 수평변위 δ_B는 몇 m인가? (단, EA는 두 부재가 모두 같다.)

① $\delta_B = \dfrac{0.45P}{EA}$

② $\delta_B = \dfrac{2.1P}{EA}$

③ $\delta_B = \dfrac{4.5P}{EA}$

④ $\delta_B = \dfrac{21P}{EA}$

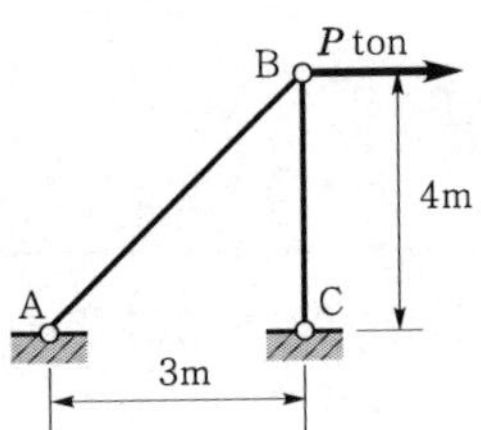

해설 $\Sigma V = 0$

$$-F_{AB}\frac{4}{5} - F_{BC} = 0$$

$$\Sigma H = 0$$

$$-F_{AB}\frac{3}{5} + P = 0$$

$$F_{AB} = \frac{5P}{3}$$

$$-\frac{5P}{3}\times\frac{4}{5} - F_{BC} = 0$$

$$F_{BC} = -\frac{20P}{15}$$

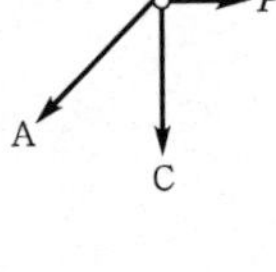

$$f_{AB} = \frac{5}{3}$$

$$f_{BC} = -\frac{20}{15}$$

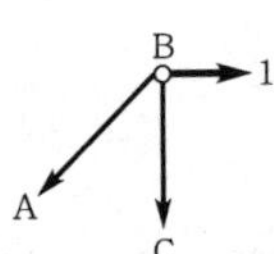

$$\therefore\ \delta_B = \Sigma\frac{FfL}{EA}$$

$$= \frac{1}{EA}\left[\left\{\frac{5P}{3}\times\frac{5}{3}\times 5\right\} + \left\{\left(-\frac{20P}{15}\right)\times\left(-\frac{20}{15}\right)\times 4\right\}\right]$$

$$= \frac{1}{EA}\left(\frac{125P}{9} + \frac{1,600P}{225}\right)$$

$$= \frac{1}{EA}\left(\frac{3,125P + 1,600P}{225}\right)$$

$$= \frac{21P}{EA}$$

 정답 ▶▶▶ 3. ④

4 다음 그림과 같은 속이 찬 직경 6cm의 원형축이 비틀림 T=400kg·m를 받을 때 단면에서 발생하는 최대 전단응력은?

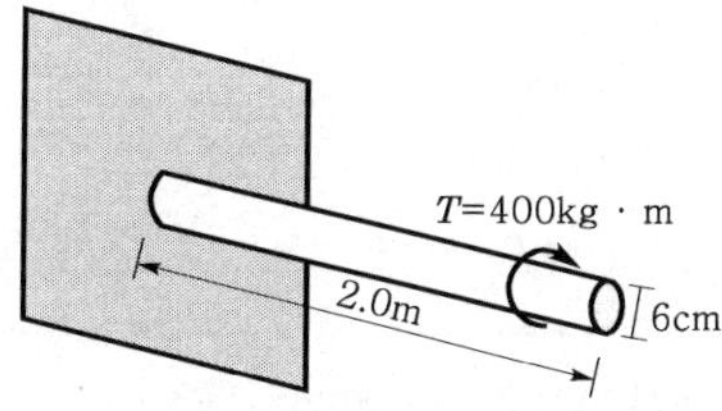

① 926.5kg/cm^2
② 932.6kg/cm^2
③ 943.1kg/cm^2
④ 950.2kg/cm^2

$$I_P = \frac{\pi \times 6^4}{64} \times 2 = 127.23\text{cm}^4$$

$$\tau_{\max} = \left(\frac{T}{I_P}\right) r = \frac{400 \times 100}{127.23} \times 3$$

$$= 943.173 \fallingdotseq 943.1\text{kgf/cm}^2$$

5 다음 그림과 같은 단순보에 등분포하중 w가 작용하고 있을 때 이 보에서 휨모멘트에 의한 변형 에너지는? (단, 보의 EI는 일정하다.)

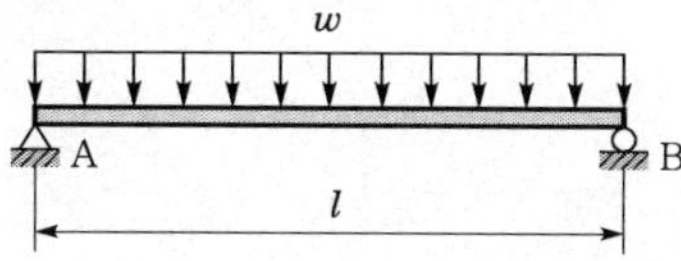

① $\dfrac{w^2 l^5}{384EI}$
② $\dfrac{w^2 l^5}{240EI}$
③ $\dfrac{7w^2 l^5}{384EI}$
④ $\dfrac{w^2 l^5}{48EI}$

해설 A점에서 임의의 거리를 x라 하면

$$M_x = \frac{wl}{2}x - \frac{w}{2}x^2$$

$$\therefore U = \int_0^l \frac{M^2}{2EI} dx$$

$$= \frac{1}{2EI} \int_0^l \left(\frac{wl}{2}x - \frac{w}{2}x^2\right)^2 dx$$

$$= \frac{w^2 l^5}{240EI}$$

6 15cm×25cm의 직사각형 단면을 가진 길이 5m인 양단 힌지기둥이 있다. 세장비는?

① 139.2
② 115.5
③ 93.6
④ 69.3

정답 ▸▸▸ 4. ③ 5. ② 6. ②

해설

$$I_{min} = \frac{25 \times 15^3}{12} = 7{,}031.25\text{cm}^4$$

$$A = 15 \times 25 = 375\text{cm}^2$$

$$r = \sqrt{\frac{I_{min}}{A}} = \sqrt{\frac{7{,}031.25}{375}} = 4.33$$

$$\therefore \lambda = \frac{l}{r} = \frac{500}{4.33} = 115.5$$

7 다음 그림과 같은 트러스에서 AC부재의 부재력은?

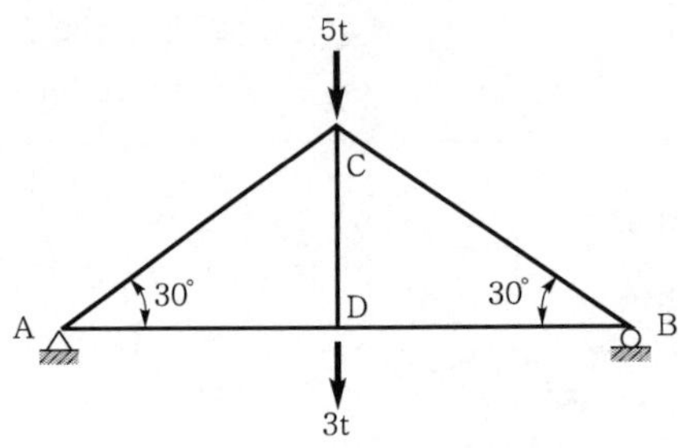

① 인장 4tf ② 압축 4tf

③ 인장 8tf ④ 압축 8tf

$\Sigma V = 0$

$F_{AC} \times \sin 30° + 4 = 0$

$$\therefore F_{AC} = -\frac{4}{\sin 30°}$$

$= -8.0\text{tf}$(압축)

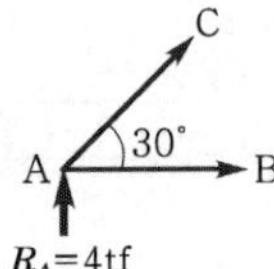

8 다음 그림과 같이 강선 A와 B가 서로 평형상태를 이루고 있다. 이때 각도 θ의 값은?

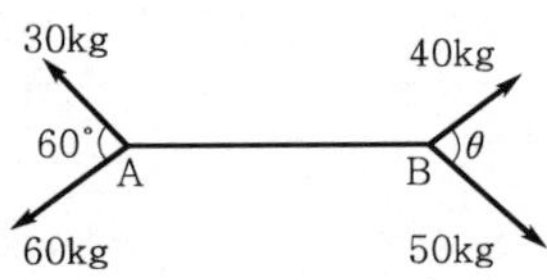

① 67.84° ② 56.63°

③ 42.26° ④ 28.35°

해설 A, B점의 합력이 크기가 같아야 하므로

$$\sqrt{30^2 + 60^2 + 2 \times 30 \times 60 \times \cos 60°} = \sqrt{40^2 + 50^2 + 2 \times 40 \times 50 \times \cos\theta}$$

$$79.37 = \sqrt{40^2 + 50^2 + 4{,}000 \times \cos\theta}$$

$$79.37^2 = 40^2 + 50^2 + 4{,}000 \times \cos\theta$$

$$\therefore \theta = \cos^{-1}\left(\frac{2{,}199.59}{4{,}000}\right) = 56.64°$$

 정답 ▸▸▸ 7. ④ 8. ②

9 단면 2차 모멘트의 특성에 대한 설명으로 옳지 않은 것은?

① 도심축에 대한 단면 2차 모멘트는 0이다.
② 단면 2차 모멘트는 항상 정(+)의 값을 갖는다.
③ 단면 2차 모멘트가 큰 단면은 휨에 대한 강성이 크다.
④ 정다각형의 도심축에 대한 단면 2차 모멘트는 축이 회전해도 일정하다.

해설 도심축에 대한 단면 2차 모멘트는 0이 아니다. 단면 1차 모멘트값이 0이다.

10 다음 그림과 같은 내민보에서 D점에 집중하중 P=5t이 작용할 경우 C점의 휨모멘트는 얼마인가?

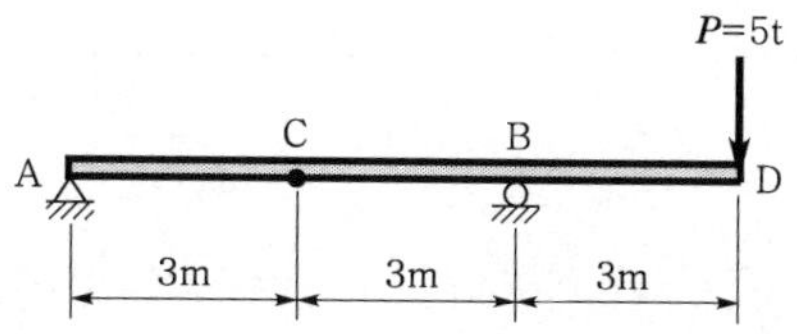

① −2.5tf·m
② −5tf·m
③ −7.5tf·m
④ −10tf·m

$\Sigma M_B = 0$

$-R_A \times 6 + 5 \times 3.0 = 0$

$\therefore R_A = 2.5\text{tf}(\downarrow)$

$\therefore M_C = -2.5 \times 3 = -7.5\text{tf}\cdot\text{m}$

11 다음 그림과 같은 양단 고정보에 등분포하중이 작용할 경우 지점 A의 휨모멘트 절대값과 보 중앙에서의 휨모멘트 절대값의 합은?

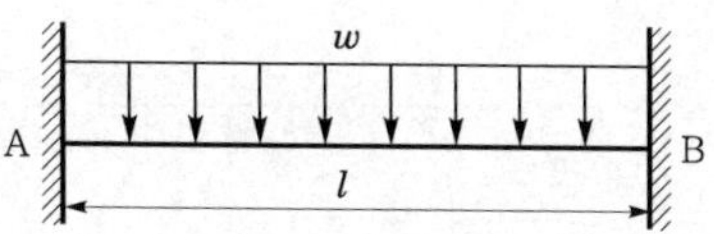

① $\dfrac{wl^2}{8}$
② $\dfrac{wl^2}{12}$
③ $\dfrac{wl^2}{24}$
④ $\dfrac{wl^2}{36}$

해설
㉠ A점 모멘트 : $\dfrac{wl^2}{12}$

㉡ 중앙점의 모멘트 : $\dfrac{wl^2}{24}$

$\therefore \dfrac{wl^2}{12} + \dfrac{wl^2}{24} = \dfrac{wl^2}{8}$

정답 ▸▸▸ 9. ① 10. ③ 11. ①

12 다음 그림 (a)와 (b)의 중앙점의 처짐이 같아지도록 그림 (b)의 등분포하중 w를 그림 (a)의 하중 P의 함수로 나타내면?

① $1.6\dfrac{P}{l}$

② $2.4\dfrac{P}{l}$

③ $3.2\dfrac{P}{l}$

④ $4.0\dfrac{P}{l}$

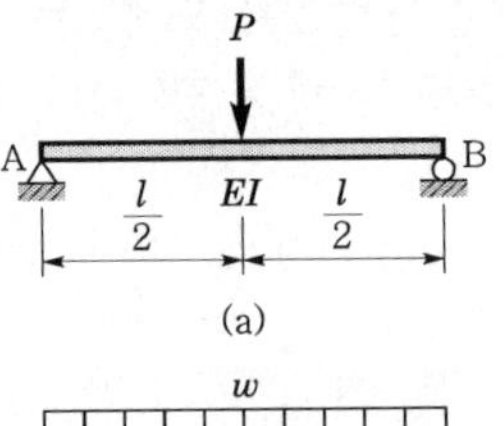

(a)

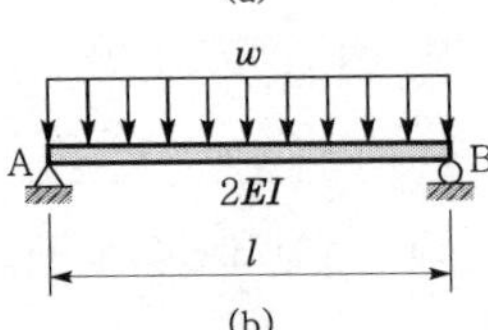

(b)

해설

$$y_{(a)}=\frac{Pl^3}{48EI}$$

$$y_{(b)}=\frac{5wl^4}{384\times 2EI}=\frac{5wl^4}{768EI}$$

$$\frac{Pl^3}{48EI}=\frac{5wl^4}{768EI}$$

$$\therefore\ w=3.2\frac{P}{l}$$

13 다음 그림과 같은 사다리꼴 단면에서 x축에 대한 단면 2차 모멘트값은?

① $\dfrac{h^3}{12}(b+2a)$

② $\dfrac{h^3}{12}(3b+a)$

③ $\dfrac{h^3}{12}(2b+a)$

④ $\dfrac{h^3}{12}(b+3a)$

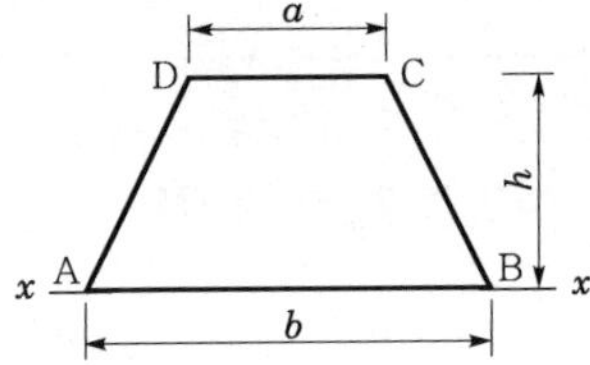

해설

$$I_x=\frac{ah^3}{36}+\left\{\frac{ah}{2}\times\left(\frac{2h}{3}\right)^2\right\}+\frac{bh^3}{36}+\left\{\frac{bh}{2}\times\left(\frac{h}{3}\right)^2\right\}$$

$$=\frac{ah^3}{36}+\frac{2ah^3}{9}+\frac{bh^3}{36}+\frac{bh^3}{18}$$

$$=\frac{h^3}{36}(a+8a+b+2b)$$

$$=\frac{h^3}{36}(9a+3b)=\frac{h^3}{12}(3a+b)$$

 정답 ▸▸▸ 12. ③ 13. ④

14 다음 그림과 같은 하중을 받는 단순보에 발생하는 최대 전단응력은?

① 44.8kg/cm²
② 34.8kg/cm²
③ 24.8kg/cm²
④ 14.8kg/cm²

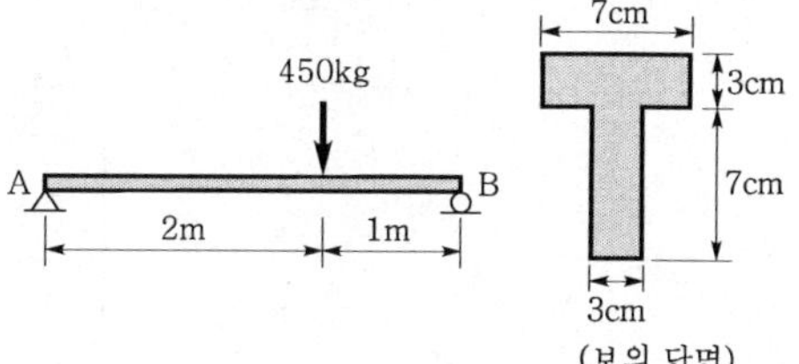

해설

$R_A = \frac{1}{3} \times 450 = 150\text{kgf}$

$R_B = \frac{2}{3} \times 450 = 300\text{kgf}$

$S_{\max} = R_B = 300\text{kgf}$

$G = 3 \times 7 \times 3.5 + 7 \times 3 \times 8.5 = 252\text{cm}^3$ (단면 하단기준)

$y_c = \frac{G}{A} = \frac{252}{(3 \times 7) + (7 \times 3)} = 6\text{cm}$

$I_c = \left(\frac{7 \times 3^3}{12} + 7 \times 3 \times 2.5^2\right) + \left(\frac{3 \times 7^3}{12} + 3 \times 7 \times 2.5^2\right) = 364\text{cm}^4$

$G_c = 3 \times 6 \times 3 = 54\text{cm}^3$

$\therefore \ \tau_{\max} = \frac{SG_c}{I_c b} = \frac{300 \times 54}{364 \times 3} = 14.8\text{kgf/cm}^2$

15 캔틸레버보에서 보의 끝 B점에 집중하중 P와 우력모멘트 M_o가 작용하고 있다. B점에서의 연직 변위는 얼마인가? (단, 보의 EI는 일정하다.)

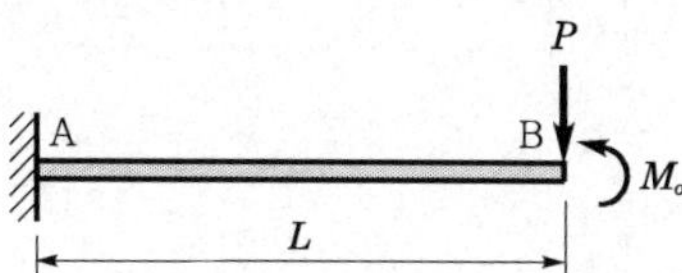

① $\delta_B = \frac{PL^3}{4EI} - \frac{M_o L^2}{2EI}$

② $\delta_B = \frac{PL^3}{3EI} + \frac{M_o L^2}{2EI}$

③ $\delta_B = \frac{PL^3}{3EI} - \frac{M_o L^2}{2EI}$

④ $\delta_B = \frac{PL^3}{4EI} + \frac{M_o L^2}{2EI}$

해설

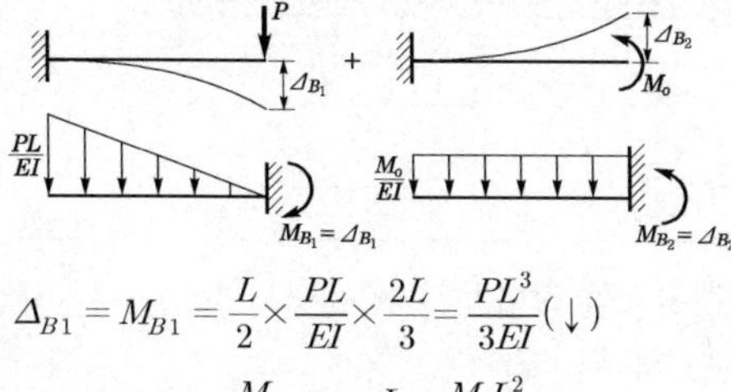

$\Delta_{B1} = M_{B1} = \frac{L}{2} \times \frac{PL}{EI} \times \frac{2L}{3} = \frac{PL^3}{3EI} (\downarrow)$

$\Delta_{B2} = M_{B2} = \frac{M_o}{EI} \times L \times \frac{L}{2} = \frac{M_o L^2}{2EI} (\uparrow)$

$\therefore \ \delta_B = \Delta_{B1} + \Delta_{B2} = \frac{PL^3}{3EI} - \frac{M_o L^2}{2EI}$

정답 ▸▸▸ 14. ④ 15. ③

16 다음 그림과 같은 3힌지 라멘의 휨모멘트선도(B.M.D)는?

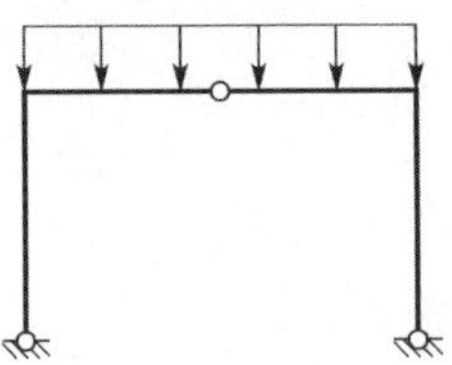

① 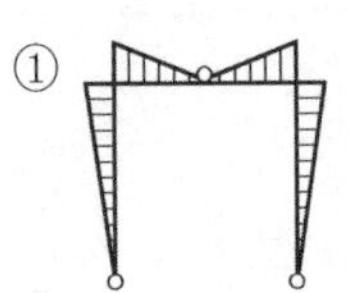

② 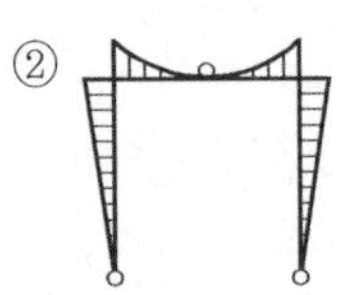

③ 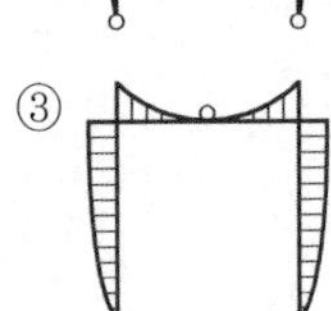

④ 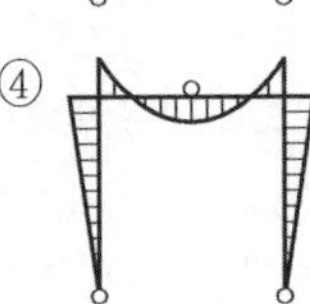

해설 힌지점 휨모멘트 0, 수평반력에 의해서 수직부재모멘트 직선, 수평부재 등분포하중에 의해 2차 곡선형태이다.

17 다음 보의 C점의 수직처짐량은?

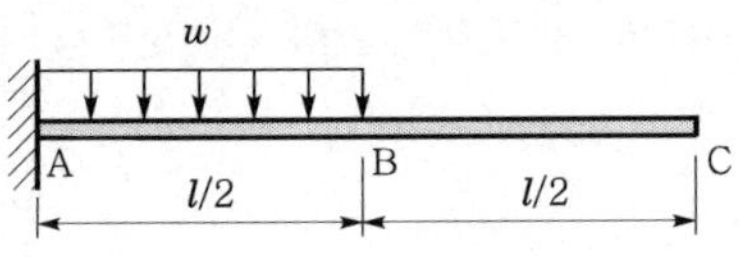

① $\dfrac{7wl^4}{384EI}$　② $\dfrac{5wl^4}{384EI}$

③ $\dfrac{7wl^4}{192EI}$　④ $\dfrac{5wL^4}{192EI}$

해설 공액보법 이용

$$y_C = \frac{M_{C'}}{EI} = \frac{1}{EI}\left(\frac{wl^2}{8}\times\frac{l}{2}\times\frac{1}{3}\times\frac{7}{8}l\right) = \frac{7wl^4}{384EI}$$

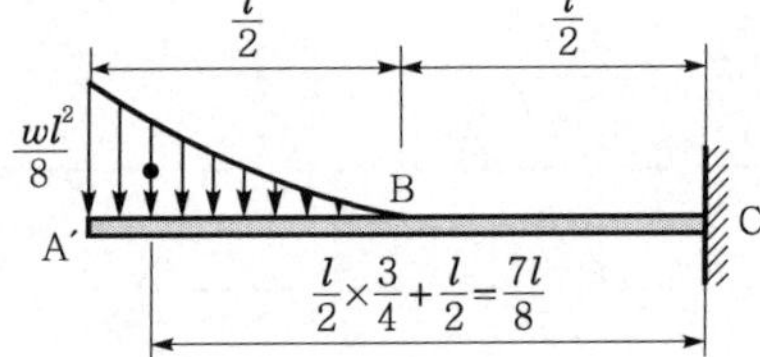

18 지름 2cm, 길이 2m인 강봉에 3,000kg의 인장하중을 작용시킬 때 길이가 1cm가 늘어났고 지름이 0.002cm 줄어들었다. 이때 전단탄성계수는 약 얼마인가?

① 6.24×10^4kg/cm²　② 7.96×10^4kg/cm²

③ 8.71×10^4kg/cm²　④ 9.67×10^4kg/cm²

해설

$$\nu = \frac{\beta}{\varepsilon} = \frac{\frac{0.002}{2}}{\frac{1}{200}} = 0.2$$

$$E = \frac{Pl}{\Delta l A} = \frac{3,000 \times 200}{1 \times \frac{\pi \times 2^2}{4}} = 190,985.9\text{kgf/cm}^2$$

$$\therefore G = \frac{E}{2(1+\nu)} = \frac{190,985.9}{2 \times (1+0.2)} = 7.96 \times 10^4\text{kgf/cm}^2$$

19 다음 그림과 같은 3활절아치에서 D점에 연직하중 20t이 작용할 때 A점에 작용하는 수평반력 H_A는?

① 5.5t
② 6.5t
③ 7.5t
④ 8.5t

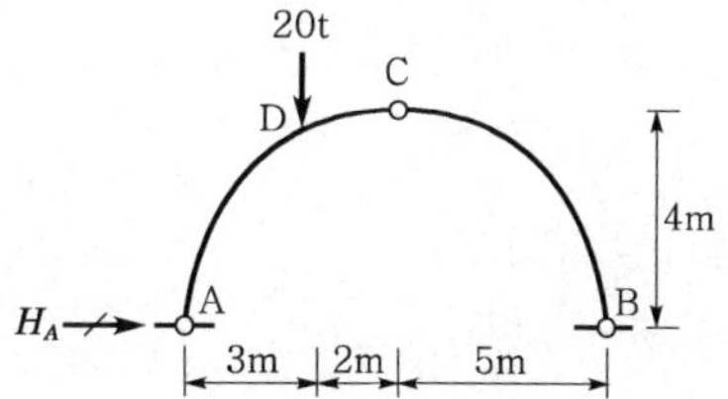

해설 $\Sigma M_B = 0(\oplus)$

$V_A \times 10 - 20 \times 7 = 0$

$\therefore V_A = 14\text{tf}$

$\Sigma M_C = 0(\oplus)$

$-H_A \times 4 + 14 \times 5 - 20 \times 2 = 0$

$\therefore H_A = 7.5\text{tf}$

20 다음 그림과 같이 길이가 $2L$인 보에 w의 등분포하중이 작용할 때 중앙지점을 δ만큼 낮추면 중간지점의 반력(R_B)값은 얼마인가?

① $R_B = \frac{wL}{4} - \frac{6\delta EI}{L^3}$

② $R_B = \frac{3wL}{4} - \frac{6\delta EI}{L^3}$

③ $R_B = \frac{5wL}{4} - \frac{6\delta EI}{L^3}$

④ $R_B = \frac{7wL}{4} - \frac{6\delta EI}{L^3}$

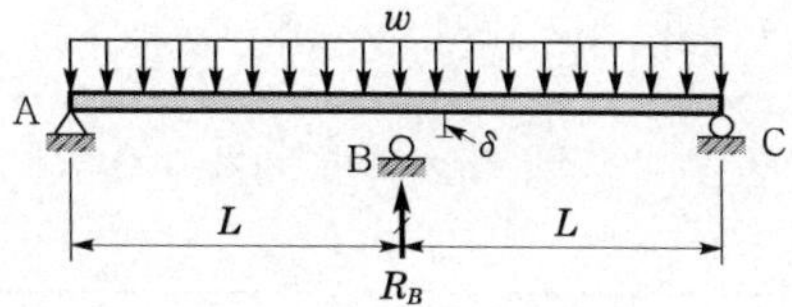

해설

$$\delta_{B_1} = \frac{5w(2L)^4}{384EI}(\downarrow)$$

$$\delta_{B_2} = \frac{R_B(2L)^3}{48EI}(\uparrow)$$

$$\delta_B = \delta = \delta_{B_1} + \delta_{B_2}$$

$$\delta = \frac{80wL^4}{384EI} - \frac{R_B \times 8L^3}{48EI} = \frac{80wL^4 - 64R_B L^3}{384EI}$$

$$\therefore R_B = \frac{5wL}{4} - \frac{6\delta EI}{L^3}$$

정답 19. ③ 20. ③

제2과목 : 측량학

21 노선측량에서 교각이 32°15′00″, 곡선반지름이 600m일 때의 곡선장(C.L)은?

① 355.52m ② 337.72m
③ 328.75m ④ 315.35m

$$C.L = RI\frac{\pi}{180°} = 600 \times 32°15'00'' \times \frac{\pi}{180°} = 337.72\text{m}$$

22 삼각형 A, B, C의 내각을 측정하여 다음과 같은 결과를 얻었다. 오차를 보정한 각 B의 최확값은?

- ∠A=59°59′27″(1회 관측)
- ∠B=60°00′11″(2회 관측)
- ∠C=59°59′49″(3회 관측)

① 60°00′20″ ② 60°00′22″
③ 60°00′33″ ④ 60°00′44″

㉠ 오차 $= 179°59'27'' - 180° = 33''$

㉡ B각의 배부량 $= \frac{3}{6+3+2} \times 33 = 9''$

㉢ B각의 최확값 $= 60°00'11'' + 9'' = 60°00'20''$

23 답사나 홍수 등 급하게 유속관측을 필요로 하는 경우에 편리하여 주로 이용하는 방법은?

① 이중부자
② 표면부자
③ 스크루(screw)형 유속계
④ 프라이스(price)식 유속계

해설 홍수 시 유속측정에는 표면부자가 적합하다.

24 완화곡선에 대한 설명으로 옳지 않은 것은?

① 완화곡선의 곡선반지름은 시점에서 무한대, 종점에서 원곡선의 반지름 R로 된다.
② 클로소이드의 형식에는 S형, 복합형, 기본형 등이 있다.
③ 완화곡선의 접선은 시점에서 원호에, 종점에서 직선에 접한다.
④ 모든 클로소이드는 닮은꼴이며, 클로소이드요소에는 길이의 단위를 가진 것과 단위가 없는 것이 있다.

해설 완화곡선은 시점에서는 직선에 접하고, 종점에서는 원호에 접한다.

 정답 21. ② 22. ① 23. ② 24. ③

25 촬영고도 800m의 연직사진에서 높이 20m에 대한 시차차의 크기는? (단, 초점거리는 21cm, 사진크기는 23×23cm, 종중복도는 60%이다.)

① 0.8mm ② 1.3mm
③ 1.8mm ④ 2.3mm

해설

$$\Delta p = \frac{b_0 h}{H}$$
$$= \frac{0.23 \times \left(1 - \frac{60}{100}\right) \times 20}{800}$$
$$= 0.0023\text{m} = 2.3\text{mm}$$

26 한 변의 길이가 10m인 정사각형 토지를 축척 1 : 600 도상에서 관측한 결과 도상의 변관측오차가 0.2mm씩 발생하였다면 실제 면적에 대한 오차비율(%)은?

① 1.2% ② 2.4%
③ 4.8% ④ 6.0%

해설

㉠ $\frac{1}{600} = \frac{1.2}{\text{실제 거리}}$

∴ 실제 거리 = 120mm = 0.12m

㉡ 한 변의 길이 = 10 + 0.12 = 10.12m

㉢ 면적 = 10.12 × 10.12 = 102.4m^2

㉣ 면적오차비율 = $\frac{2.4}{100} \times 100 = 2.4\%$

27 다음 그림과 같은 수준망을 각각의 환(Ⅰ～Ⅳ)에 따라 폐합오차를 구한 결과가 표와 같다. 폐합오차의 한계가 ±1.0 $\sqrt{S}$[cm]일 때 우선적으로 재관측할 필요가 있는 노선은? (단, S : 거리(km))

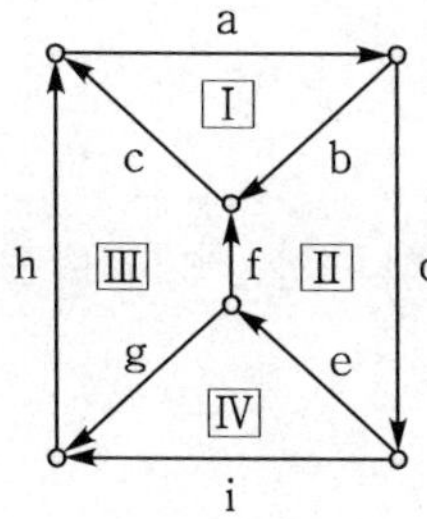

노선	거리(km)	노선	거리(km)
a	4.1	f	4.0
b	2.2	g	2.2
c	2.4	h	2.3
d	6.0	i	3.5
e	3.6		

환	폐합오차(m)
Ⅰ	−0.017
Ⅱ	0.048
Ⅲ	−0.026
Ⅳ	−0.083
외주	−0.031

① e노선 ② f노선
③ g노선 ④ h노선

해설 폐합오차가 Ⅱ와 Ⅳ에서 가장 많이 발생하므로 Ⅱ와 Ⅳ에서 중부되는 e도선을 재관측하여야 한다.

정답 ▸▸▸ 25. ④ 26. ② 27. ①

28 지구의 형상에 대한 설명으로 틀린 것은?

① 회전타원체는 지구의 형상을 수학적으로 정의한 것이고, 어느 하나의 국가에 기준으로 채택한 타원체를 기준타원체라 한다.
② 지오이드는 물리적인 형상을 고려하여 만든 불규칙한 곡면이며 높이측정의 기준이 된다.
③ 지오이드상에서 중력퍼텐셜의 크기는 중력이상에 의하여 달라진다.
④ 임의지점에서 회전타원체에 내린 법선이 적도면과 만나는 각도를 측지위도라 한다.

 지오이드상에서 중력퍼텐셜의 크기는 같다.

29 하천의 유속측정결과 수면으로부터 깊이의 2/10, 4/10, 6/10, 8/10되는 곳의 유속(m/s)이 각각 0.662, 0.552, 0.442, 0.332이었다면 3점법에 의한 평균유속은?

① 0.4603m/s ② 0.4695m/s
③ 0.5245m/s ④ 0.5337m/s

$$v_m = \frac{v_{0.2} + 2v_{0.6} + v_{0.8}}{4}$$
$$= \frac{0.662 + 2 \times 0.442 + 0.332}{4} = 0.4695\text{m/s}$$

30 25cm×25cm인 항공사진에서 주점기선의 길이가 10cm일 때 이 항공사진의 중복도는?

① 40% ② 50%
③ 60% ④ 70%

$$b_0 = a\left(1 - \frac{p}{100}\right)$$
$$10 = 25 \times \left(1 - \frac{p}{100}\right)$$
$\therefore$ 종중복도$(p) = 60\%$

31 토털스테이션으로 각을 측정할 때 기계의 중심과 측점이 일치하지 않아 0.5mm의 오차가 발생하였다면 각관측오차를 2″ 이하로 하기 위한 변의 최소 길이는?

① 82.501m ② 51.566m
③ 8.250m ④ 5.157m

해설

$$\frac{\Delta l}{l} = \frac{\theta''}{\rho''}$$
$$\frac{0.5}{l} = \frac{2''}{206265''}$$
$\therefore\ l = 51.566\text{m}$

 정답 ▸▸▸ 28. ③ 29. ② 30. ③ 31. ②

32 토적곡선(mass curve)을 작성하는 목적으로 가장 거리가 먼 것은?

① 토량의 운반거리 산출
② 토공기계의 선정
③ 토량의 배분
④ 교통량 산정

해설 토적곡선을 작성하는 목적
㉠ 토량의 운반거리 산출
㉡ 토공기계의 선정
㉢ 토량의 배분

33 등고선의 성질에 대한 설명으로 옳지 않은 것은?

① 등고선은 분수선(능선)과 평행하다.
② 등고선은 도면 내외에서 폐합하는 폐곡선이다.
③ 지도의 도면 내에서 폐합하는 경우 등고선의 내부에는 산꼭대기 또는 분지가 있다.
④ 절벽에서 등고선이 서로 만날 수 있다.

해설 등고선은 분수선(능선)과 직각으로 교차한다.

34 노선설치방법 중 좌표법에 의한 설치방법에 대한 설명으로 틀린 것은?

① 토털스테이션, GPS 등과 같은 장비를 이용하여 측점을 위치시킬 수 있다.
② 좌표법에 의한 노선의 설치는 다른 방법보다 지형의 굴곡이나 시통 등의 문제가 적다.
③ 좌표법은 평면곡선 및 종단곡선의 설치요소를 동시에 위치시킬 수 있다.
④ 평면적인 위치의 측설을 수행하고 지형표고를 관측하여 종단면도를 작성할 수 있다.

해설 좌표법에 의한 노선설치는 평면곡선에만 적용되며, 종단곡선의 경우 별도의 측량을 필요로 한다.

35 삼각수준측량에서 정밀도 10^{-5}의 수준차를 허용할 경우 지구곡률을 고려하지 않아도 되는 최대 시준거리는? (단, 지구곡률반지름 R=6,370km이고, 빛의 굴절계수는 무시)

① 35m
② 64m
③ 70m
④ 127m

36 국토지리정보원에서 발급하는 기준점성과표의 내용으로 틀린 것은?

① 삼각점이 위치한 평면좌표계의 원점을 알 수 있다.
② 삼각점 위치를 결정한 관측방법을 알 수 있다.
③ 삼각점의 경도, 위도, 직각좌표를 알 수 있다.
④ 삼각점의 표고를 알 수 있다.

해설 기준점성과표에는 위치결정에 대한 관측방법은 기록되지 않는다.

정답 32. ④ 33. ① 34. ③ 35. ④ 36. ②

37 다음 설명 중 옳지 않은 것은?

① 측지학적 3차원 위치결정이란 경도, 위도 및 높이를 산정하는 것이다.
② 측지학에서 면적이란 일반적으로 지표면의 경계선을 어떤 기준면에 투영하였을 때의 면적을 말한다.
③ 해양측지는 해양상의 위치 및 수심의 결정, 해저지질조사 등을 목적으로 한다.
④ 원격탐사는 피사체와의 직접 접촉에 의해 획득한 정보를 이용하여 정량적 해석을 하는 기법이다.

해설 원격탐사는 피사체와의 직접 접촉에 의해 획득한 정보를 이용하여 정성적 해석을 하는 기법이다.

38 다음 중 다각측량의 순서로 가장 적합한 것은?

① 계획 – 답사 – 선점 – 조표 – 관측
② 계획 – 선점 – 답사 – 조표 – 관측
③ 계획 – 선점 – 답사 – 관측 – 조표
④ 계획 – 답사 – 선점 – 관측 – 조표

해설 다각측량의 순서
계획 – 답사 – 선점 – 조표 – 관측 – 계산 – 정리

39 측점 M의 표고를 구하기 위하여 수준점 A, B, C로부터 수준측량을 실시하여 다음 표와 같은 결과를 얻었다면 M의 표고는?

① 13.09m
② 13.13m
③ 13.17m
④ 13.22m

측점	표고(m)	관측방향	고저차(m)	노선길이
A	11.03	A → M	+2.10	2km
B	13.60	B → M	−0.30	4km
C	11.64	C → M	+1.45	1km

해설 ㉠ 경중률 계산

$$P_A : P_B : P_C = \frac{1}{2} : \frac{1}{4} : \frac{1}{1} = 2 : 1 : 4$$

㉡ 표고 계산
- A → M = 11.03 + 2.10 = 13.13m
- B → M = 13.60 − 0.30 = 13.30m
- C → M = 11.64 + 1.45 = 13.09m

㉢ 최확값 계산

$$H_0 = 13 + \left(\frac{2\times0.13+1\times0.30+4\times0.09}{2+1+4}\right) = 13.13\text{m}$$

40 지성선에 해당하지 않는 것은?

① 구조선
② 능선
③ 계곡선
④ 경사변환선

해설 지성선에 능선(분수선), 곡선(합수선), 경사변환선, 최대 경사선이 해당된다.

 정답 37. ④ 38. ① 39. ② 40. ①

제3과목 : 수리수문학

41 수심 h, 단면적 A, 유량 Q로 흐르고 있는 개수로에서 에너지보정계수를 α라고 할 때 비에너지 H_e를 구하는 식은? (단, h=수심, g=중력가속도)

① $H_e = h + \alpha\left(\frac{Q}{A}\right)$　② $H_e = h + \alpha\left(\frac{Q}{A}\right)^2$

③ $H_e = h + \alpha\left(\frac{Q^2}{A}\right)$　④ $H_e = h + \frac{\alpha}{2g}\left(\frac{Q}{A}\right)^2$

해설 비에너지 $H_e = h + \alpha\frac{V^2}{2g}$

42 두 수조가 관길이 L=50m, 지름 D=0.8m, Manning의 조도계수 n=0.013인 원형관으로 연결되어 있다. 이 관을 통하여 유량 Q=1.2m³/s의 난류가 흐를 때 두 수조의 수위차(H)는? (단, 마찰, 단면 급확대 및 급축소손실만을 고려한다.)

① 0.98m　② 0.85m

③ 0.54m　④ 0.36m

해설
㉠ $V = \frac{Q}{A} = \frac{1.2}{\frac{\pi \times 0.8^2}{4}} = 2.39\text{m/sec}$

㉡ $f = 124.5n^2 D^{-\frac{1}{3}} = 124.5 \times 0.013^2 \times 0.8^{-\frac{1}{3}} = 0.023$

㉢ $H = \left(f_e + f\frac{l}{D} + f_o\right)\frac{V^2}{2g} = \left(0.5 + 0.023 \times \frac{50}{0.8} + 1\right) \times \frac{2.39^2}{2 \times 9.8} = 0.86\text{m}$

43 어떤 유역에 내린 호우사상의 시간적 분포가 다음 표와 같고 유역의 출구에서 측정한 지표유출량이 15mm일 때 ϕ지표는?

① 2mm/hr
② 3mm/hr
③ 5mm/hr
④ 7mm/hr

시간(hr)	0~1	1~2	2~3	3~4	4~5	5~6
강우강도(mm/hr)	2	10	6	8	2	1

해설
㉠ 총강우량=유출량+침투량
29=15+침투량
∴ 침투량=14mm

㉡ 침투량 14mm를 구분하는 수평선에 대응하는 강우강도가 3mm/hr이므로
∴ ϕ−index=3mm/hr

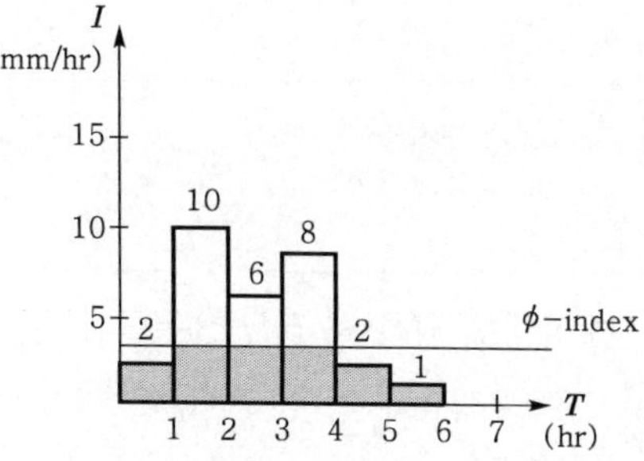

44 DAD(Depth–Area–Duration) 해석에 관한 설명으로 옳은 것은?

① 최대 평균우량깊이, 유역면적, 강우강도와의 관계를 수립하는 작업이다.
② 유역면적을 대수축(logarithmic scale)에, 최대 평균강우량을 산술축(arithmetic scale)에 표시한다.
③ DAD 해석 시 상대습도자료가 필요하다.
④ 유역면적과 증발산량과의 관계를 알 수 있다.

해설 ㉠ 최대 평균우량깊이–유역면적–지속기간의 관계를 수립하는 작업을 DAD 해석이라 한다.
㉡ DAD곡선은 유역면적을 대수눈금으로 되어 있는 종축에, 최대 우량을 산술눈금으로 되어 있는 횡축에 표시하고, 지속기간을 제3의 변수로 표시한다.

45 정상류(steady flow)의 정의로 가장 적합한 것은?

① 수리학적 특성이 시간에 따라 변하지 않는 흐름
② 수리학적 특성이 공간에 따라 변하지 않는 흐름
③ 수리학적 특성이 시간에 따라 변하는 흐름
④ 수리학적 특성이 공간에 따라 변하는 흐름

해설 수류의 한 단면에서 유량이나 속도, 압력, 밀도 등이 시간에 따라 변하지 않는 흐름을 정류라 한다.

46 개수로 내 흐름에 있어서 한계수심에 대한 설명으로 옳은 것은?

① 상류 쪽의 저항이 하류 쪽의 조건에 따라 변한다.
② 유량이 일정할 때 비력이 최대가 된다.
③ 유량이 일정할 때 비에너지가 최소가 된다.
④ 비에너지가 일정할 때 유량이 최소가 된다.

해설 ㉠ 유량이 일정할 때 $H_{e\,min}$이 되는 수심이다.
㉡ H_e가 일정할 때 Q_{max}이 되는 수심이다.

47 컨테이너부두 안벽에 입사하는 파랑의 입사파고가 0.8m이고, 안벽에서 반사된 파랑의 반사파고가 0.3m일 때 반사율은?

① 0.325 ② 0.375
③ 0.425 ④ 0.475

$$\text{반사율} = \frac{\text{반사파고}}{\text{입사파고}} = \frac{0.3}{0.8} = 0.375$$

48 단위유량도 작성 시 필요 없는 사항은?

① 유효우량의 지속시간 ② 직접유출량
③ 유역면적 ④ 투수계수

 정답 ▸▸▸ 44. ② 45. ① 46. ③ 47. ② 48. ④

해설 단위도의 유도
㉠ 수문곡선에서 직접유출과 기저유출을 분리한 후 직접유출수문곡선을 얻는다.
㉡ 유효강우량을 구한다.
㉢ 직접유출수문곡선의 유량을 유효강우량으로 나누어 단위도를 구한다.

49 댐의 여수로에서 도수를 발생시키는 목적 중 가장 중요한 것은?

① 유수의 에너지 감세
② 취수를 위한 수위 상승
③ 댐 하류부에서의 유속의 증가
④ 댐 하류부에서의 유량의 증가

해설 도수현상은 고속흐름의 감세에 의해 세굴을 방지함으로써 하천구조물을 보호하거나 오염물질을 강제혼합시키는 등의 수단으로 많이 이용되고 있다.

50 강우계의 관측분포가 균일한 평야지역의 작은 유역에 발생한 강우에 적합한 유역평균강우량 산정법은?

① Thiessen의 가중법
② Talbot의 강도법
③ 산술평균법
④ 등우선법

해설 산술평균법
㉠ 평야지역에서 강우분포가 비교적 균일한 경우
㉡ 우량계가 비교적 등분포되어 있고 유역면적이 500km^2 미만인 지역에 사용

51 흐름에 대한 설명 중 틀린 것은?

① 흐름이 층류일 때는 뉴턴의 점성법칙을 적용할 수 있다.
② 등류란 모든 점에서의 흐름의 특성이 공간에 따라 변하지 않는 흐름이다.
③ 유관이란 개개의 유체입자가 흐르는 경로를 말한다.
④ 유선이란 각 점에서 속도벡터에 접하는 곡선을 연결한 선이다.

해설 ㉠ 유관이란 폐합된 곡선을 통과하는 외측 유선으로 이루어진 가상적인 관을 말한다.
㉡ 유적선은 유체입자의 움직이는 경로를 말한다.

52 우량관측소에서 측정된 5분 단위 강우량자료가 다음 표와 같을 때 10분 지속 최대 강우강도는?

시각(분)	0	5	10	15	20
누가우량(mm)	0	2	8	18	25

① 17mm/hr
② 48mm/hr
③ 102mm/hr
④ 120mm/hr

해설

시각(분)	0	5	10	15	20
우량(mm)	0	2	6	10	7

$$I=(10+7)\times\frac{60}{10}=102\text{mm/hr}$$

53 흐르는 유체 속에 잠겨있는 물체에 작용하는 항력과 관계가 없는 것은?

① 유체의 밀도 ② 물체의 크기
③ 물체의 형상 ④ 물체의 밀도

항력 $D = C_D A \frac{1}{2} \rho V^2$

54 다음 그림과 같이 반지름 R인 원형관에서 물이 층류로 흐를 때 중심부에서의 최대 속도를 V라 할 경우 평균속도 V_m은?

① $V_m = \frac{V}{2}$

② $V_m = \frac{V}{3}$

③ $V_m = \frac{V}{4}$

④ $V_m = \frac{V}{5}$

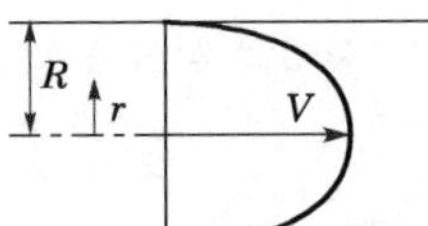

$\frac{V_{max}}{V_m} = 2$

$\therefore V_m = \frac{V_{max}}{2}$

55 관수로의 흐름이 층류인 경우 마찰손실계수(f)에 대한 설명으로 옳은 것은?

① 조도에만 영향을 받는다.
② 레이놀즈수에만 영향을 받는다.
③ 항상 0.2778로 일정한 값을 갖는다.
④ 조도와 레이놀즈수에 영향을 받는다.

$R_e \leq 2{,}000$일 때 $f = \frac{64}{R_e}$

56 중량이 600N, 비중이 3.0인 물체를 물(담수)속에 넣었을 때 물속에서의 중량은?

① 100N ② 200N
③ 300N ④ 400N

해설 ㉠ $M = wV$

$0.6 = (3 \times 9.8) \times V$

$\therefore V = 0.02\text{m}^3$

㉡ $M = B + T$

$0.6 = 9.8 \times 0.02 + T$

$\therefore T = 0.404\text{kN} = 404\text{N}$

 정답 ▸▸▸ 53. ④ 54. ① 55. ② 56. ④

57 물속에 존재하는 임의의 면에 작용하는 정수압의 작용방향은?

① 수면에 대하여 수평방향으로 작용한다.
② 수면에 대하여 수직방향으로 작용한다.
③ 정수압의 수직압은 존재하지 않는다.
④ 임의의 면에 직각으로 작용한다.

해설 정수압은 임의의 면에 직각으로 작용한다.

58 저수지의 측벽에 폭 20cm, 높이 5cm의 직사각형 오리피스를 설치하여 유량 200L/s를 유출시키려고 할 때 수면으로부터의 오리피스 설치위치는? (단, 유량계수 C=0.62)

① 33m ② 43m
③ 53m ④ 63m

해설 $Q = Ca\sqrt{2gh}$

$0.2 = 0.62\times(0.2\times0.05)\times\sqrt{2\times9.8\times h}$

$\therefore\ h = 53.1\text{m}$

59 대수층에서 지하수가 2.4m의 투과거리를 통과하면서 0.4m의 수두손실이 발생할 때 지하수의 유속은? (단, 투수계수=0.3m/s)

① 0.01m/s ② 0.05m/s
③ 0.1m/s ④ 0.5m/s

해설 $V = Ki = K\dfrac{h}{L} = 0.3\times\dfrac{0.4}{2.4} = 0.05\text{m/sec}$

60 삼각위어에 있어서 유량계수가 일정하다고 할 때 유량변화율(dQ/Q)이 1% 이하가 되기 위한 월류수심의 변화율(dh/h)은?

① 0.4% 이하 ② 0.5% 이하
③ 0.6% 이하 ④ 0.7% 이하

해설 $\dfrac{dQ}{Q} = \dfrac{5}{2}\dfrac{dh}{h} = 1\%$

$\therefore\ \dfrac{dh}{h} = \dfrac{2}{5} = 0.4\%$

정답 ▸▸▸ 57. ④ 58. ③ 59. ② 60. ①

제4과목 : 철근콘크리트 및 강구조

61 나선철근으로 둘러싸인 압축부재의 축방향 주철근의 최소 개수는?

① 3개　② 4개
③ 5개　④ 6개

해설 나선철근기둥의 축방향 철근은 16mm로 6개 이상 배치한다.

62 순단면이 볼트의 구멍 하나를 제외한 단면(A-B-C 단면)과 같도록 피치(s)를 결정하면? (단, 구멍의 직경은 18mm이다.)

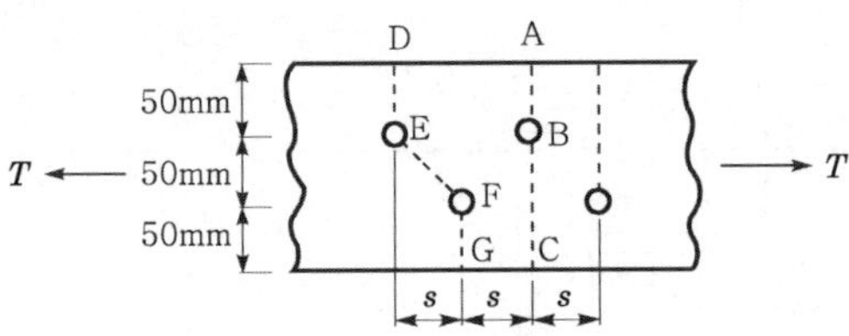

① 50mm　② 55mm
③ 60mm　④ 65mm

 ㉠ $b_n = b_g - d$

㉡ $b_n = b_g - d - \left(d - \dfrac{s^2}{4g}\right)$

$\therefore\ s = 2\sqrt{gd} = 2\sqrt{50 \times 18} = 60\text{mm}$

63 옹벽의 구조 해석에 대한 설명으로 틀린 것은?

① 뒷부벽은 직사각형 보로 설계하여야 하며, 앞부벽은 T형보로 설계하여야 한다.
② 저판의 뒷굽판은 정확한 방법이 사용되지 않는 한 뒷굽판 상부에 재하되는 모든 하중을 지지하도록 설계하여야 한다.
③ 캔틸레버식 옹벽의 저판은 전면벽과의 접합부를 고정단으로 간주한 캔틸레버로 가정하여 단면을 설계할 수 있다.
④ 부벽식 옹벽의 전면벽은 3변 지지된 2방향 슬래브로 설계할 수 있다.

해설 옹벽의 설계

㉠ 뒷부벽식 옹벽의 뒷부벽 : T형보로 설계
㉡ 앞부벽식 옹벽의 앞부벽 : 직사각형 보로 설계

64 프리스트레스의 손실을 초래하는 요인 중 포스트텐션방식에서만 두드러지게 나타나는 것은?

① 마찰　② 콘크리트의 탄성 수축
③ 콘크리트의 크리프　④ 정착장치의 활동

해설 포스트텐션방식에서 시스에 의한 마찰이 발생한다.

정답 ▸▸▸ 61. ④ 62. ③ 63. ① 64. ①

65 다음 그림과 같은 보의 단면에서 표피철근의 간격 s는 약 얼마인가? (단, 습윤환경에 노출되는 경우로서 표피철근의 표면에서 부재측면까지 최단거리(c_c)는 50mm, f_{ck}=28MPa, f_y=400MPa이다.)

① 170mm
② 190mm
③ 220mm
④ 240mm

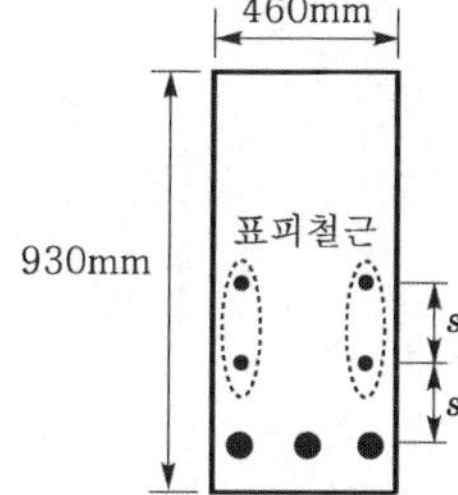

해설

$f_s = \frac{2}{3} f_y = \frac{2}{3} \times 400 = 267\text{MPa}$

$k_{cr} = 210$(습윤환경)

㉠ $s = 375 \frac{k_{cr}}{f_s} - 2.5c_c = 375 \times \frac{210}{267} - 2.5 \times 50 = 170\text{mm}$

㉡ $s = 300 \frac{k_{cr}}{f_s} = 300 \times \frac{210}{267} = 236\text{mm}$

∴ 이 중 작은 값 $s = 170\text{mm}$

66 b_w=250mm, d=500mm, f_{ck}=21MPa, f_y=400MPa인 직사각형 보에서 콘크리트가 부담하는 설계전단강도(ϕV_c)는?

① 71.6kN
② 76.4kN
③ 82.2kN
④ 91.5kN

해설

$\phi V_c = \phi\left(\frac{1}{6}\lambda\sqrt{f_{ck}}\,b_w\,d\right)$

$= 0.75 \times \frac{1}{6} \times 1.0\sqrt{21} \times 250 \times 500$

$= 71{,}602\text{N}$

$= 71.6\text{kN}$

67 설계기준압축강도(f_{ck})가 35MPa인 보통중량콘크리트로 제작된 구조물에서 압축이형철근으로 D29(공칭지름 28.6mm)를 사용한다면 기본정착길이는? (단, f_y=400MPa)

① 483mm
② 492mm
③ 503mm
④ 512mm

해설

㉠ $l_{db} = \frac{0.25 d_b f_y}{\lambda\sqrt{f_{ck}}} = \frac{0.25 \times 28.6 \times 400}{\sqrt{28}} = 540.49\text{mm}$

㉡ $l_{db} = 0.043 d_b f_y = 0.043 \times 28.6 \times 400 = 491.92\text{mm}$

∴ 이 중 큰 값 $l_{db} = 540\text{mm}$

정답 ▸▸▸ 65. ① 66. ① 67. ②

68 다음 그림에서 빗금 친 대칭 T형보의 공칭모멘트강도(M_n)는? (단, 경간은 3,200mm, A_s = 7,094mm^2, f_{ck} =28MPa, f_y =400MPa)

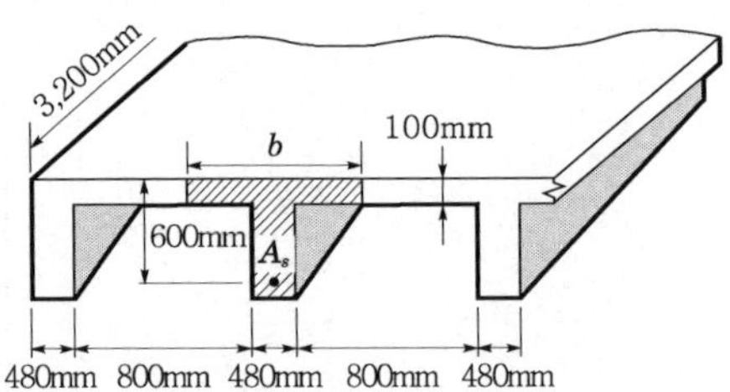

① 1,475.9kN·m ② 1,583.2kN·m
③ 1,648.4kN·m ④ 1,721.6kN·m

해설 플랜지 유효폭 b 결정

㉠ $16t+b_w=16\times100+480=2{,}080\text{mm}$

㉡ $b_c=400+480+400=1{,}280\text{mm}$

㉢ $\frac{1}{4}l=\frac{1}{4}\times3{,}200=800\text{mm}$

∴ 이 중 작은 값 $b=800\text{mm}$

$$A_{sf}=\frac{\eta(0.85f_{ck})(b-b_w)t}{f_y}=\frac{1.0\times0.85\times28\times(800-480)\times100}{400}=1{,}904\text{mm}^2$$

$$\therefore\ a=\frac{f_y(A_s-A_{sf})}{\eta(0.85f_{ck})b_w}=\frac{400\times(7{,}094-1{,}904)}{1.0\times0.85\times28\times480}=181.7\text{mm}$$

$$\therefore\ M_n=f_yA_{sf}\left(d-\frac{t}{2}\right)+f_y(A_s-A_{sf})\left(d-\frac{a}{2}\right)$$

$$=400\times1{,}904\times\left(600-\frac{100}{2}\right)+400\times(7{,}094-1{,}904)\times\left(600-\frac{181.7}{2}\right)$$

$$=1{,}475{,}875{,}400\times10^{-6}$$

$$=1{,}475\text{kN}\cdot\text{m}$$

69 플레이트보(plate girder)의 경제적인 높이는 다음 중 어느 것에 의해 구해지는가?

① 전단력 ② 지압력
③ 휨모멘트 ④ 비틀림모멘트

해설 ㉠ I형교의 높이 : $h=1.1\sqrt{\frac{M}{ft}}$

㉡ 판형교의 경제적 높이 : $h=\sqrt{\frac{3}{2}\left(\frac{M}{f_{ba}t_w}\right)}$

∴ 강판형교의 높이는 휨모멘트 M에 좌우된다.

70 지간이 4m이고 단순지지된 1방향 슬래브에서 처짐을 계산하지 않는 경우 슬래브의 최소 두께로 옳은 것은? (단, 보통중량콘크리트를 사용하고 f_{ck} =28MPa, f_y =400MPa인 경우)

① 100mm ② 150mm
③ 200mm ④ 250mm

 정답 ▸▸▸ 68. ① 69. ③ 70. ③

해설 1방향 slab의 최소 두께(단순지지)

$$\frac{l}{20} = \frac{1}{20} \times 4{,}000 = 200\text{mm}$$

71 M_u =170kN·m의 계수모멘트하중을 지지하기 위한 단철근 직사각형 보의 필요한 철근량(A_s)을 구하면? (단, b_w =300mm, d=450mm, f_{ck} =28MPa, f_y =350MPa, ϕ=0.85이다.)

① 1,070mm²　　② 1,175mm²
③ 1,280mm²　　④ 1,375mm²

해설

$$M_u = \phi M_n = \phi\left\{\eta(0.85 f_{ck})ab\left(d - \frac{a}{2}\right)\right\}$$

$$170 \times 10^6 = 0.85 \times 1.0 \times 0.85 \times 28 \times a \times 300 \times \left(450 - \frac{a}{2}\right)$$

$$3{,}034.5a^2 - 2{,}731{,}050a + 170 \times 10^6 = 0$$

따라서 근의 공식을 적용하면

$\therefore\ a = 68.8\text{mm}$

$$\therefore\ A_s = \frac{M_u}{\phi f_y\left(d - \frac{a}{2}\right)} = \frac{170 \times 10^6}{0.85 \times 350 \times \left(450 - \frac{68.8}{2}\right)} = \frac{170 \times 10^6}{123{,}641} = 1{,}374.9\text{mm}^2$$

72 다음 중 최소 전단철근을 배치하지 않아도 되는 경우가 아닌 것은? (단, $\frac{1}{2}\phi V_c < V_u$인 경우)

① 슬래브나 확대기초의 경우
② 전단철근이 없어도 계수휨모멘트와 계수전단력에 저항할 수 있다는 것을 실험에 의해 확인할 수 있는 경우
③ T형보에서 그 깊이가 플랜지두께의 2.5배 또는 복부폭의 1/2 중 큰 값 이하인 보
④ 전체 깊이가 450mm 이하인 보

해설 전체 보의 높이가 250mm 이하인 보

73 처짐과 균열에 대한 다음 설명 중 틀린 것은?

① 처짐에 영향을 미치는 인자로는 하중, 온도, 습도, 재령, 함수량, 압축철근의 단면적 등이다.
② 크리프, 건조 수축 등으로 인하여 시간의 경과와 더불어 진행되는 처짐이 탄성처짐이다.
③ 균열폭을 최소화하기 위해서는 적은 수의 굵은 철근보다는 많은 수의 가는 철근을 인장측에 잘 분포시켜야 한다.
④ 콘크리트표면의 균열폭은 피복두께의 영향을 받는다.

해설 크리프, 건조 수축 등으로 인하여 시간의 경과와 더불어 진행되는 처짐은 장기처짐이다.

정답 71. ④ 72. ④ 73. ②

74 다음 그림과 같은 맞대기 용접이음에서 이음의 응력을 구하면?

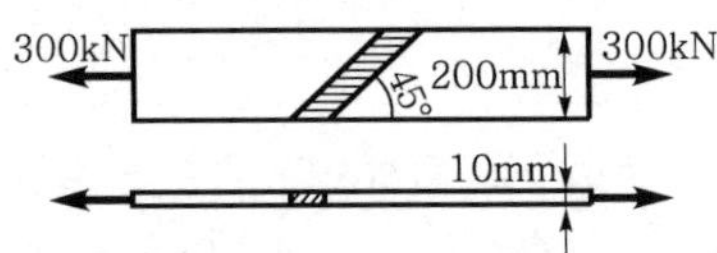

① 150.0MPa
② 106.1MPa
③ 200.0MPa
④ 212.1MPa

$$f=\frac{P}{\Sigma a l_e}=\frac{300\times10^3}{200\times10}=150\text{MPa}$$

75 폭(b_w) 300m, 유효깊이(d) 450mm, 전체 높이(h) 550mm, 철근량(A_s) 4,800mm^{2}인 보의 균열모멘트 M_{cr}의 값은? (단, f_{ck}가 21MPa인 보통중량콘크리트 사용)

① 24.5kN·m
② 28.9kN·m
③ 35.6kN·m
④ 43.7kN·m

$$M_{cr}=\frac{I_g}{y_t}f_r=\frac{I_g}{y_t}(0.63\lambda\sqrt{f_{ck}})=\frac{\frac{1}{12}\times300\times550^3}{275}\times0.63\times1.0\times\sqrt{21}$$

$$=43,666,218.15\times10^{-6}=43.7\text{kN}\cdot\text{m}$$

76 다음 그림과 같은 단면을 갖는 지간 10m의 PSC보에 PS강재가 100mm의 편심거리를 가지고 직선배치되어 있다. 자중을 포함한 계수등분포하중 16kN/m가 보에 작용할 때 보 중앙 단면 콘크리트 상연응력은 얼마인가? (단, 유효프리스트레스힘 P_e=2,400kN)

① 11.2MPa
② 12.8MPa
③ 13.6MPa
④ 14.9MPa

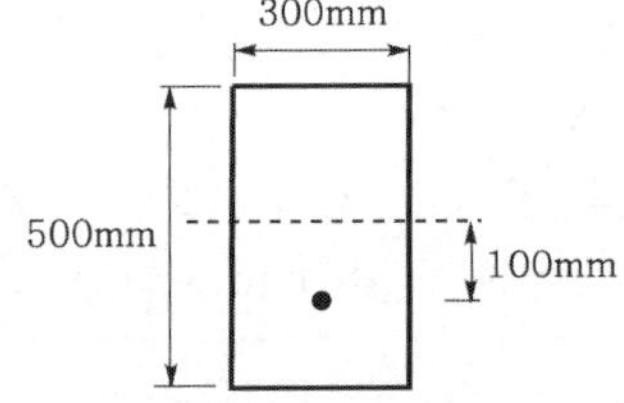

해설

$$M=\frac{wl^2}{8}=\frac{16\times10^2}{8}=200\text{kN}\cdot\text{m}$$

$$f_c=\frac{P}{A}-\frac{Pe}{I}y+\frac{M}{I}y$$

$$=\frac{2,400}{0.3\times0.5}-\frac{12\times2,400\times0.1}{0.3\times0.5^3}\times0.25+\frac{12\times200}{0.3\times0.5^3}\times0.25$$

$$=12,800\text{kN/m}^2=12.8\text{N/mm}^2$$

$$=12.8\text{MPa}$$

 정답 ▸▸▸ 74. ① 75. ④ 76. ②

77 폭(b_w)이 400mm, 유효깊이(d)가 500mm인 단철근 직사각형 보의 단면에서 강도설계법에 의한 균형철근량은 약 얼마인가? (단, f_{ck}=35MPa, f_y=400MPa)

① 6,135mm²
② 6,623mm²
③ 7,400mm²
④ 7,841mm²

해설 $\beta_1 = 0.80(f_{ck} \le 40\text{MPa}$일 때$)$

$$\rho_b = \eta(0.85\beta_1)\left(\frac{f_{ck}}{f_y}\right)\left(\frac{660}{660+f_y}\right)$$

$$= 1.0 \times 0.85 \times 0.80 \times \frac{35}{400} \times \left(\frac{660}{660+400}\right) = 0.0370$$

$$\therefore A_s = \rho_b bd$$

$$= 0.0370 \times 400 \times 500 = 7{,}400\text{mm}^2$$

78 정착구와 커플러의 위치에서 프리스트레스 도입 직후 포스트텐션 긴장재의 응력은 얼마 이하로 하여야 하는가? (단, f_{pu}는 긴장재의 설계기준인장강도)

① $0.60f_{pu}$
② $0.74f_{pu}$
③ $0.70f_{pu}$
④ $0.85f_{pu}$

해설 PS강재 프리스트레스 도입 직후의 허용인장응력
㉠ 프리텐션 : $f_{pa} = 0.74f_{pu}$와 $0.84f_{py}$ 중 작은 값
㉡ 포스트텐션 : $f_{pa} = 0.7f_{pu}$

79 다음 그림과 같은 단면을 가지는 단철근 직사각형 보에서 최외단 인장철근의 순인장변형률(ε_t)이 0.0045일 때 설계휨강도를 구할 때 적용하는 강도감소계수(ϕ)는? (단, f_{ck}=28MPa, f_y=400MPa)

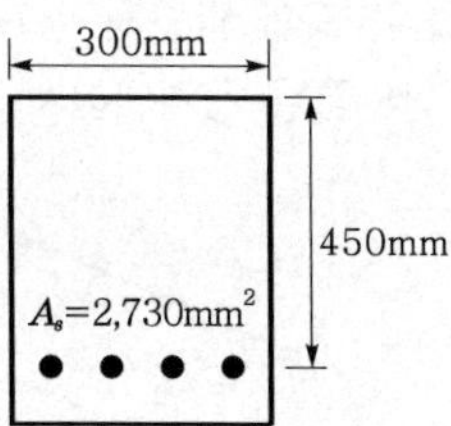

① 0.804
② 0.817
③ 0.826
④ 0.839

해설

$$\varepsilon_y = \frac{E_s}{f_y} = \frac{2\times10^5}{400} = 0.002$$

$$\therefore \phi = 0.65 + 0.2\left(\frac{\varepsilon_t - \varepsilon_y}{0.005 - \varepsilon_y}\right)$$

$$= 0.65 + 0.2 \times \frac{0.0045 - 0.002}{0.005 - 0.002}$$

$$= 0.8167$$

80 철근콘크리트 휨부재에서 최소 철근비를 규정한 이유로 가장 적당한 것은?

① 부재의 경제적인 단면설계를 위해서
② 부재의 사용성을 증진시키기 위해서
③ 부재의 시공편의를 위해서
④ 부재의 급작스런 파괴를 방지하기 위해서

해설 철근이 먼저 항복하여 부재의 연성파괴를 유도하기 위해 철근비의 상한치를 규정하고 있으며 최소 철근비규정을 통해 시공과 동시에 갑작스런 파괴를 방지한다.

제5과목 : 토질 및 기초

81 어떤 흙의 습윤단위중량이 2.0t/m^3, 함수비 20%, 비중 G_s =2.7인 경우 포화도는 얼마인가?

① 84.1% ② 87.1%
③ 95.6% ④ 98.5%

해설
㉠ $\gamma_t = \left(\dfrac{G_s + Se}{1+e}\right)\gamma_w = \left(\dfrac{G_s + wG_s}{1+e}\right)\gamma_w$

$2 = \dfrac{2.7+0.2\times2.7}{1+e}\times1$

$\therefore\ e = 0.62$

㉡ $Se = wG_s$

$S\times0.62 = 20\times2.7$

$\therefore\ S = 87.1\%$

82 다음 그림과 같은 무한사면이 있다. 흙과 암반의 경계면에서 흙의 강도정수 c=1.8t/m^2, ϕ=25° 이고 흙의 단위중량 γ=1.9t/m^{3}인 경우 경계면에서 활동에 대한 안전율을 구하면?

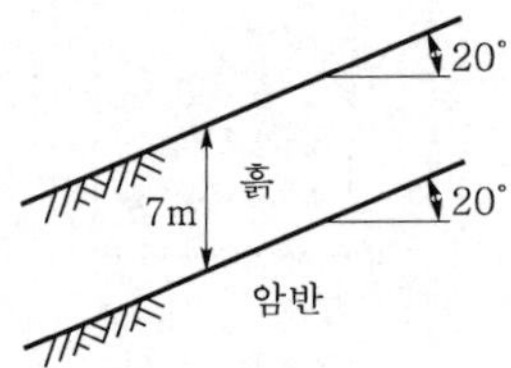

① 1.55 ② 1.60
③ 1.65 ④ 1.70

해설
$F_s = \dfrac{c}{\gamma_t Z\cos i\sin i} + \dfrac{\tan\phi}{\tan i}$

$= \dfrac{1.8}{1.9\times7\times\cos20°\times\sin20°} + \dfrac{\tan25°}{\tan20°} = 1.7$

83 말뚝기초의 지반거동에 관한 설명으로 틀린 것은?

① 연약지반상에 타입되어 지반이 먼저 변형하고, 그 결과 말뚝이 저항하는 말뚝을 주동말뚝이라 한다.
② 말뚝에 작용한 하중은 말뚝 주변의 마찰력과 말뚝선단의 지지력에 의하여 주변 지반에 전달된다.
③ 기성말뚝을 타입하면 전단파괴를 일으키며 말뚝 주위의 지반은 교란된다.
④ 말뚝타입 후 지지력의 증가 또는 감소현상을 시간효과(time effect)라 한다.

해설 ㉠ 주동말뚝 : 말뚝이 지표면에서 수평력을 받는 경우 말뚝이 변형함에 따라 지반이 저항하는 말뚝
㉡ 수동말뚝 : 지반이 먼저 변형하고, 그 결과 말뚝이 저항하는 말뚝

84 지반 내 응력에 대한 다음 설명 중 틀린 것은?

① 전응력이 커지는 크기만큼 간극수압이 커지면 유효응력은 변화 없다.
② 정지토압계수 K_0는 1보다 클 수 없다.
③ 지표면에 가해진 하중에 의해 지중에 발생하는 연직응력의 증가량은 깊이가 깊어지면서 감소한다.
④ 유효응력이 전응력보다 클 수도 있다.

해설 정지토압계수(K_0)
㉠ 실용적인 개략치 : $K_0 \fallingdotseq 0.5$
㉡ 과압밀점토 : $K_0 \geq 1$

85 흐트러지지 않은 연약한 점토시료를 채취하여 일축압축시험을 실시하였다. 공시체의 직경이 35mm, 높이가 100mm이고, 파괴 시의 하중계의 읽음값이 2kg, 축방향의 변형량이 12mm일 때 이 시료의 전단강도는?

① 0.04kg/cm²　② 0.06kg/cm²
③ 0.09kg/cm²　④ 0.12kg/cm²

해설

$$A_o = \frac{A}{1-\varepsilon} = \frac{\frac{\pi D^2}{4}}{1-\frac{\Delta l}{l}} = \frac{\frac{\pi \times 3.5^2}{4}}{1-\frac{1.2}{10}} = 10.93\text{cm}^2$$

$$q_u = \frac{P}{A_o} = \frac{2}{10.93} = 0.18\text{kg/cm}^2$$

$$\therefore \tau = c = \frac{q_u}{2} = \frac{0.18}{2} = 0.09\text{kg/cm}^2$$

86 다음의 연약지반개량공법에서 일시적인 개량공법은?

① well point공법　② 치환공법
③ paper drain공법　④ sand compaction pile공법

해설 일시적 지반개량공법
well point공법, deep well공법, 대기압공법, 동결공법

87 흐트러지지 않은 시료를 이용하여 액성한계 40%, 소성한계 22.3%를 얻었다. 정규압밀점토의 압축지수(C_c)값을 Terzaghi와 Peck이 발표한 경험식에 의해 구하면?

① 0.25 ② 0.27
③ 0.30 ④ 0.35

해설 $C_c = 0.009(W_L - 10) = 0.009 \times (40 - 10) = 0.27$

88 간극비 e_1 =0.80인 어떤 모래의 투수계수 K_1 =8.5×10^{-2}cm/sec일 때 이 모래를 다져서 간극비를 e_2 =0.57로 하면 투수계수 K_2는?

① 8.5×10^{-3}cm/sec ② 3.5×10^{-2}cm/sec
③ 8.1×10^{-2}cm/sec ④ 4.1×10^{-1}cm/sec

해설

$$K_1 : K_2 = \frac{e_1^{\ 3}}{1+e_1} : \frac{e_2^{\ 3}}{1+e_2}$$

$$8.5\times10^{-2} : K_2 = \frac{0.8^3}{1+0.8} : \frac{0.57^3}{1+0.57}$$

$$\therefore K_2 = 3.52\times10^{-2}\text{cm/sec}$$

89 흙막이 벽체의 지지 없이 굴착 가능한 한계굴착깊이에 대한 설명으로 옳지 않은 것은?

① 흙의 내부마찰각이 증가할수록 한계굴착깊이는 증가한다.
② 흙의 단위중량이 증가할수록 한계굴착깊이는 증가한다.
③ 흙의 점착력이 증가할수록 한계굴착깊이는 증가한다.
④ 인장응력이 발생되는 깊이를 인장균열깊이라고 하며, 보통 한계굴착깊이는 인장균열깊이의 2배 정도이다.

해설

한계고 $H_c = 2Z_c = \dfrac{4c\tan\left(45° + \dfrac{\phi}{2}\right)}{\gamma_t}$

90 중심간격이 2.0m, 지름 40cm인 말뚝을 가로 4개, 세로 5개씩 전체 20개의 말뚝을 박았다. 말뚝 한 개의 허용지지력이 15ton이라면 이 군항의 허용지지력은 약 얼마인가? (단, 군말뚝의 효율은 Converse-Labarre공식을 사용)

① 450.0t ② 300.0t
③ 241.5t ④ 114.5t

 정답 ▸▸▸ 87. ② 88. ② 89. ② 90. ③

해설

$$\phi = \tan^{-1}\left(\frac{D}{S}\right) = \tan^{-1}\left(\frac{0.4}{2}\right) = 11.31°$$

$$E = 1 - \phi\left[\frac{(m-1)n + m(n-1)}{90mn}\right] = 1 - 11.31 \times \frac{3\times5+4\times4}{90\times4\times5} = 0.805$$

$$\therefore\ R_{ag} = ENR_a = 0.805\times20\times15 = 241.5\text{t}$$

91 연속기초에 대한 Terzaghi의 극한지지력공식은 $q_u = cN_c + 0.5\gamma_1 BN_\gamma + \gamma_2 D_f N_q$로 나타낼 수 있다. 다음 그림과 같은 경우 극한지지력공식의 두 번째 항의 단위중량 γ_1의 값은?

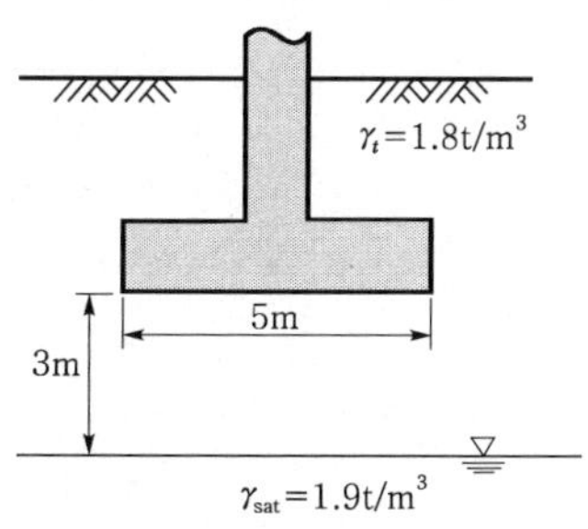

① 1.44t/m^3　② 1.60t/m^3
③ 1.74t/m^3　④ 1.82t/m^3

해설

$$\gamma_1 = \gamma_{\text{sub}} + \frac{d}{B}(\gamma_t - \gamma_{\text{sub}}) = 0.9 + \frac{3}{5}\times(1.8-0.9) = 1.44\text{t/m}^3$$

92 흙의 다짐에 관한 설명 중 옳지 않은 것은?

① 조립토는 세립토보다 최적 함수비가 작다.
② 최대 건조단위중량이 큰 흙일수록 최적 함수비는 작은 것이 보통이다.
③ 점성토지반을 다질 때는 진동롤러로 다지는 것이 유리하다.
④ 일반적으로 다짐에너지를 크게 할수록 최대 건조단위중량은 커지고, 최적 함수비는 줄어든다.

해설 현장다짐기계
㉠ 점성토지반 : sheeps foot roller
㉡ 사질토지반 : 진동roller

93 표준관입시험에 관한 설명 중 옳지 않은 것은?

① 표준관입시험의 N값으로 모래지반의 상대밀도를 추정할 수 있다.
② N값으로 점토지반의 연경도에 관한 추정이 가능하다.
③ 지층의 변화를 판단할 수 있는 시료를 얻을 수 있다.
④ 모래지반에 대해서도 흐트러지지 않은 시료를 얻을 수 있다.

해설 표준관입시험은 동적인 사운딩으로서 교란된 시료가 얻어진다.

정답 ▸▸▸ 91. ① 92. ③ 93. ④

94 유선망은 이론상 정사각형으로 이루어진다. 동수경사가 가장 큰 곳은?

① 어느 곳이나 동일함
② 땅속 제일 깊은 곳
③ 정사각형이 가장 큰 곳
④ 정사각형이 가장 작은 곳

해설 동수경사는 유선망의 폭에 반비례한다.

95 다음 그림과 같은 점성토지반의 토질시험결과 내부마찰각(ϕ)은 30°, 점착력(c)은 1.5t/m^{2}일 때 A점의 전단강도는?

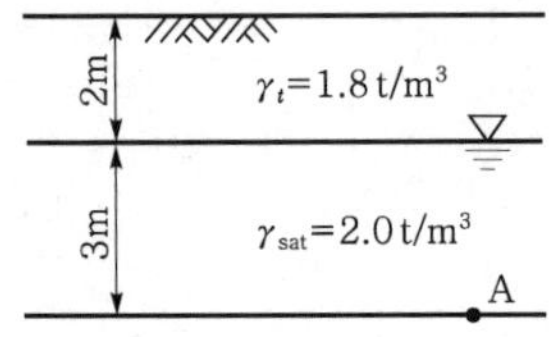

① 3.84t/m^2
② 4.27t/m^2
③ 4.83t/m^2
④ 5.31t/m^2

해설
㉠ $\sigma = 1.8\times2+2\times3 = 9.6\text{t/m}^2$
$u = 1\times3 = 3\text{t/m}^2$
$\therefore\ \bar{\sigma} = 9.6-3 = 6.6\text{t/m}^2$
㉡ $\tau = c+\bar{\sigma}\tan\phi = 1.5+6.6\times\tan30° = 5.31\text{t/m}^2$

96 침투유량(q) 및 B점에서의 간극수압(u_B)을 구한 값으로 옳은 것은? (단, 투수층의 투수계수는 3 ×10^{-1}cm/sec이다.)

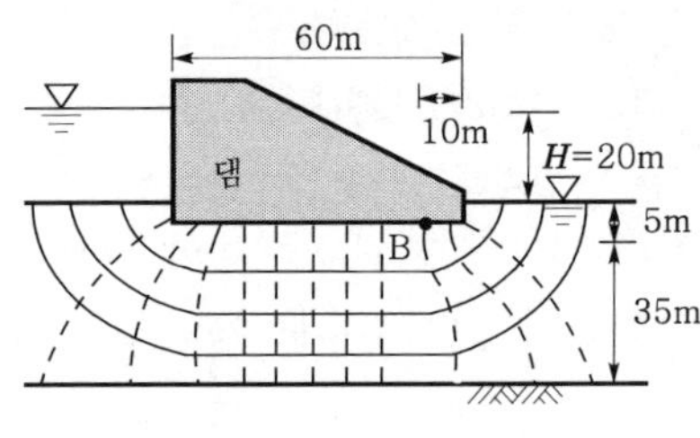

불투수층

① q=100cm^3/sec/cm, u_B=0.5kg/cm^2
② q=100cm^3/sec/cm, u_B=1.0kg/cm^2
③ q=200cm^3/sec/cm, u_B=0.5kg/cm^2
④ q=200cm^3/sec/cm, u_B=1.0kg/cm^2

해설
㉠ $q = KH\dfrac{N_f}{N_d} = (3\times10^{-1})\times2{,}000\times\dfrac{4}{12} = 200\text{cm}^3/\text{sec/cm}$
㉡ B점의 간극수압
- 전수두 $= \dfrac{n_d}{N_d}H = \dfrac{3}{12}\times20 = 5\text{m}$
- 위치수두 $= -5\text{m}$
- 압력수두 = 전수두 − 위치수두 $= 5-(-5) = 10\text{m}$
- 간극수압 $= \gamma_w\times$ 압력수두 $= 1\times10 = 10\text{t/m}^2 = 1\text{kg/cm}^2$

 정답 ▸▸ 94. ④ 95. ④ 96. ④

97 베인전단시험(vane shear test)에 대한 설명으로 옳지 않은 것은?

① 베인전단시험으로부터 흙의 내부마찰각을 측정할 수 있다.
② 현장 원위치시험의 일종으로 점토의 비배수 전단강도를 구할 수 있다.
③ 십자형의 베인(vane)을 땅속에 압입한 후 회전모멘트를 가해서 흙이 원통형으로 전단파괴될 때 저항모멘트를 구함으로써 비배수전단강도를 측정하게 된다.
④ 연약점토지반에 적용된다.

해설 Vane test는 연약한 점토지반의 점착력을 지반 내에서 직접 측정하는 현장시험이다.

98 정규압밀점토에 대하여 구속응력 1kg/cm^{2}로 압밀배수시험한 결과 파괴 시 축차응력이 2kg/cm^{2}이었다. 이 흙의 내부마찰각은?

① 20° ② 25°
③ 30° ④ 40°

해설 ㉠ $\sigma_1 = (\sigma_1 - \sigma_3) + \sigma_3 = 2 + 1 = 3\text{kg/cm}^2$

㉡ $\sin\phi = \dfrac{\sigma_1 - \sigma_3}{\sigma_1 + \sigma_3} = \dfrac{3-1}{3+1} = \dfrac{1}{2}$

$\therefore\ \phi = 30°$

99 다음과 같은 조건에서 군지수는?

• 흙의 액성한계 : 49%
• 흙의 소성지수 : 25%
• 10번체 통과율 : 96%
• 40번체 통과율 : 89%
• 200번체 통과율 : 70%

① 9 ② 12
③ 15 ④ 18

해설 ㉠ $a = P_{\text{No.200}} - 35 = 70 - 35 = 35$

㉡ $b = P_{\text{No.200}} - 15 = 70 - 15 = 55 \rightarrow 40$

㉢ $c = W_L - 40 = 49 - 40 = 9$

㉣ $d = I_p - 10 = 25 - 10 = 15$

㉤ $GI = 0.2a + 0.005ac + 0.01bd$
$= 0.2 \times 35 + 0.005 \times 35 \times 9 + 0.01 \times 40 \times 15$
$= 14.575 \fallingdotseq 15$

100 사질토지반에서 직경 30cm의 평판재하시험결과 30t/m^{2}의 압력이 작용할 때 침하량이 10mm라면 직경 1.5m의 실제 기초에 30t/m^{2}의 하중이 작용할 때 침하량의 크기는?

① 14mm ② 25mm
③ 28mm ④ 35mm

정답 97. ① 98. ③ 99. ③ 100. ③

해설

$$S_{(기초)} = S_{(재하판)}\left(\frac{2B_{(기초)}}{B_{(기초)}+B_{(재하판)}}\right)^2$$

$$= 10\times\left(\frac{2\times1.5}{1.5+0.3}\right)^2 = 27.78\text{mm}$$

제6과목 : 상하수도공학

101 하수도시설에서 펌프장시설의 계획하수량과 설치대수에 대한 설명으로 옳지 않은 것은?

① 오수펌프의 용량은 분류식의 경우 계획시간 최대 오수량으로 계획한다.
② 펌프의 설치대수는 계획오수량과 계획우수량에 대하여 각 2대 이하를 표준으로 한다.
③ 합류식의 경우 오수펌프의 용량은 우천 시 계획오수량으로 계획한다.
④ 빗물펌프는 예비기를 설치하지 않는 것을 원칙으로 하지만 필요에 따라 설치를 검토한다.

해설 펌프의 설치대수는 2대 이상을 표준으로 한다.

102 지하수를 취수하기 위한 시설이 아닌 것은?

① 취수틀
② 집수매거
③ 얕은 우물
④ 깊은 우물

해설 취수관, 취수탑, 취수틀, 취수문, 취수언 등은 하천수의 취수방법이다.

103 상수취수시설인 집수매거에 관한 설명으로 틀린 것은?

① 철근콘크리트조의 유공관 또는 권선형 스크린관을 표준으로 한다.
② 집수매거의 경사는 수평 또는 흐름방향으로 향하여 완경사로 설치한다.
③ 집수매거의 유출단에서 매거 내의 평균유속은 3m/s 이상으로 한다.
④ 집수매거는 가능한 직접 지표수의 영향을 받지 않도록 매설깊이는 5m 이상으로 하는 것이 바람직하다.

해설 집수매거의 거내 평균유속은 1m/s이다.

104 BOD가 200mg/L인 하수를 1,000m^{3}의 유효용량을 가진 포기조로 처리할 경우 유량이 20,000m^3/day이면 BOD용적부하량은?

① 2.0kg/m^3·day
② 4.0kg/m^3·day
③ 5.0kg/m^3·day
④ 8.0kg/m^3·day

해설

$$\text{BOD용적부하} = \frac{\text{BOD}\cdot Q}{V}$$

$$= \frac{200\text{mg/L}\times 20{,}000\text{m}^3/\text{day}}{1{,}000\text{m}^3} = 4.0\text{kg/m}^3\cdot\text{day}$$

 정답 ▸▸▸ 101. ② 102. ① 103. ③ 104. ②

105 급수관의 배관에 대한 설비기준으로 옳지 않은 것은?

① 급수관을 부설하고 되메우기를 할 때에는 양질토 또는 모래를 사용하여 적절하게 다짐한다.
② 동결이나 결로의 우려가 있는 급수장치의 노출부에 대해서는 적절한 방한장치가 필요하다.
③ 급수관의 부설은 가능한 한 배수관에서 분기하여 수도미터보호통까지 직선으로 배관한다.
④ 급수관을 지하층에 배관할 경우에는 가급적 지수밸브와 역류 방지장치를 설치하지 않는다.

해설 급수관을 지하층 또는 2층 이상에 배관할 경우에는 각 층마다 지수밸브와 함께 진공파괴기 등의 역류 방지밸브를 설치하고, 배관이 노출되는 부분에는 적당한 간격으로 건물에 고정시킨다.

106 상수도의 펌프설비에서 캐비테이션(공동현상)의 대책에 대한 설명으로 옳은 것은?

① 펌프의 설치위치를 높게 한다.
② 펌프의 회전속도를 낮게 선정한다.
③ 펌프를 운전할 때 흡입측 밸브를 완전히 개방하지 않도록 한다.
④ 동일한 토출량과 회전속도이면 한쪽 흡입펌프가 양쪽 흡입펌프보다 유리하다.

해설 동일한 토출량과 동일한 회전속도이면 일반적으로 양쪽 흡입펌프가 한쪽 흡입펌프보다 캐비테이션현상에서 유리하다. 흡입측 밸브를 완전히 개방하고 펌프를 운전한다.

107 고도정수처리단위공정 중 하나인 오존처리에 관한 설명으로 옳지 않은 것은?

① 오존은 철·망간의 산화능력이 크다.
② 오존의 산화력은 염소보다 훨씬 강하다.
③ 유기물의 생분해성을 증가시킨다.
④ 오존의 잔류성이 우수하므로 염소의 대체소독제로 쓰인다.

해설 오존은 가격이 비싸고 소독의 지속성, 즉 잔류성이 없고 암모니아 제거가 되지 않는다.

108 하수도시설기준에 의한 관거별 계획하수량에 대한 설명으로 틀린 것은?

① 오수관거에서는 계획 1일 최대 오수량으로 한다.
② 우수관거에서는 계획우수량으로 한다.
③ 합류식 관거에서는 계획시간 최대 오수량에 계획우수량을 합한 것으로 한다.
④ 차집관거에서는 우천 시 계획오수량으로 한다.

해설 오수관거는 계획시간 최대 오수량으로 한다.

109 강우강도 $I=\dfrac{3,500}{t[분]+10}$[mm/hr], 유입시간 7분, 유출계수 C=0.7, 유역면적 2.0km^2, 관내 유속이 1m/s인 경우 관의 길이 500m인 하수관에서 흘러나오는 우수량은?

① 35.8m^3/s　② 45.7m^3/s
③ 48.9m^3/s　④ 53.7m^3/s

정답 105. ④ 106. ② 107. ④ 108. ① 109. ④

해설 $Q=\frac{1}{3.6}CIA=\frac{1}{3.6}\times0.7\times\frac{3,500}{\left(7+\frac{500}{1\times60}\right)+10}\times2=53.7\text{m}^3/\text{s}$

110 하수의 처리방법 중 생물막법에 해당되는 것은?

① 산화구법　② 심층포기법
③ 회전원판법　④ 순산소활성슬러지법

해설 살수여상법과 회전원판법은 생물막법이다.

111 저수지를 수원으로 하는 원수에서 맛과 냄새를 유발할 경우 기존 정수장에서 취할 수 있는 가장 바람직한 조치는?

① 적정 위치에 활성탄 투여　② 취수탑 부근에 펜스 설치
③ 침사지에 모래 제거　④ 응집제의 다량 주입

해설 활성탄은 이취미 제거, 즉 맛과 냄새를 좋게 한다.

112 우수조정지에 대한 설명으로 틀린 것은?

① 하류관거의 유하능력이 부족한 곳에 설치한다.
② 하류지역의 펌프장능력이 부족한 곳에 설치한다.
③ 우수의 방류방식은 펌프가압식을 원칙으로 한다.
④ 구조형식은 댐식, 굴착식 및 지하식으로 한다.

해설 우수의 방류는 청천 시 자연유하식을 원칙으로 한다.

113 오수 및 우수의 배제방식인 분류식과 합류식에 대한 설명으로 틀린 것은?

① 합류식은 관의 단면적이 크기 때문에 폐쇄의 염려가 적다.
② 합류식은 일정량 이상이 되면 우천 시 오수가 월류할 수 있다.
③ 분류식은 2계통을 건설하는 경우 합류식에 비하여 일반적으로 관거의 부설비가 많이 든다.
④ 분류식은 별도의 시설 없이 오염도가 높은 초기우수를 처리장으로 유입시켜 처리한다.

해설 분류식은 강우 초기에 강이나 하천에 비점오염원을 유입시켜 오염시킬 우려가 있다.

114 하천수의 5일간 BOD(BOD_5)에서 주로 측정되는 것은?

① 탄소성 BOD　② 질소성 BOD
③ 산소성 BOD 및 질소성 BOD　④ 탄소성 BOD 및 산소성 BOD

해설 1단계 BOD는 탄소계 BOD이고, 2단계 BOD는 질소계 BOD이다.

 정답 110. ③ 111. ① 112. ③ 113. ④ 114. ①

115 계획우수량 산정에 있어서 하수관거의 확률연수는 원칙적으로 몇 년으로 하는가?

① 2~3년
② 3~5년
③ 10~30년
④ 30~50년

해설 계획하수량은 20년을 원칙으로 하므로 계획우수량 산정에 있어 하수관거의 확률연수는 10~30년으로 보는 것이 합리적이다.

116 하수처리재이용계획의 계획오수량에 대한 설명으로 틀린 것은?

① 계획시간 최대 오수량은 계획 1일 최대 오수량의 1시간당 수량의 1.3~1.8배를 표준으로 한다.
② 계획오수량은 생활오수량, 공장폐수량 및 지하수량으로 구분할 수 있다.
③ 지하수량은 1인 1일 평균오수량의 5% 이하로 한다.
④ 계획 1일 평균오수량은 계획 1일 최대 오수량의 70~80%를 표준으로 한다.

해설 지하수량은 1인 1일 최대 오수량의 10~20%로 한다.

117 접합정(junction well)에 대한 설명으로 옳은 것은?

① 수로에 유입한 토사류를 침전시켜서 이를 제거하기 위한 시설
② 종류가 다른 도수관 또는 도수거의 연결 시 도수관 또는 도수거의 수압을 조정하기 위하여 그 도중에 설치하는 시설
③ 양수장이나 배수지에서 유입수의 수위조절과 양수를 위하여 설치한 작은 우물
④ 배수지의 유입지점과 유출지점의 부근에 수질을 감시하기 위하여 설치하는 시설

118 1인 1일 평균급수량에 대한 일반적인 특징으로 옳지 않은 것은?

① 소도시는 대도시에 비해서 수량이 크다.
② 공업이 번성한 도시는 소도시보다 수량이 크다.
③ 기온이 높은 지방이 추운 지방보다 수량이 크다.
④ 정액급수의 수도는 계량급수의 수도보다 소비수량이 크다.

해설 대도시일수록, 공업이 번성할수록, 기온이 높을수록, 정액급수일수록 급수량은 크다.

119 깊이 3m, 폭(너비) 10m, 길이 50m인 어느 수평류 침전지에 1,000m³/hr의 유량이 유입된다. 이상적인 침전지임을 가정할 때 표면부하율은?

① 0.5m/hr
② 1.0m/hr
③ 2.0m/hr
④ 2.5m/hr

해설

$$V_0 = \frac{Q}{A} = \frac{h}{t} = \frac{1{,}000\text{m}^3/\text{hr}}{10\text{m} \times 50\text{m}} = 2.0\text{m/hr}$$

정답 115. ③ 116. ③ 117. ② 118. ① 119. ③

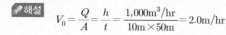

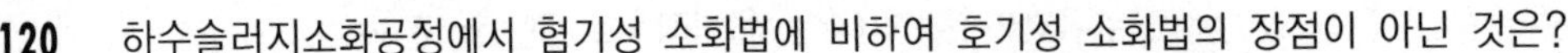

120 하수슬러지소화공정에서 혐기성 소화법에 비하여 호기성 소화법의 장점이 아닌 것은?

① 유효부산물 생성　　② 상징수 수질 양호
③ 악취 발생 감소　　④ 운전 용이

해설 혐기성 소화법과 비교한 호기성 소화법의 장단점

구분	호기성 소화법	
장점	• 최초 시공비 절감 • 운전 용이	• 악취 발생 감소 • 상징수의 수질 양호
단점	• 소화슬러지의 탈수 불량 • 유기물 감소율 저조 • 저온 시의 효율 저하	• 포기에 드는 동력비 과다 • 건설부지 과다 • 가치 있는 부산물이 생성되지 않음

 정답 ▸▸▸ 120. ①

국가기술자격검정 필기시험문제

2017년도 토목기사(2017년 5월 7일)

자격종목	시험시간	문제형별	수험번호	성 명
토목기사	**3시간**	**A**		

제1과목 : 응용역학

1 다음 그림과 같은 2경간 연속보에 등분포하중 w=400kg/m가 작용할 때 전단력이 "0"이 되는 위치는 지점 A로부터 얼마의 거리(x)에 있는가?

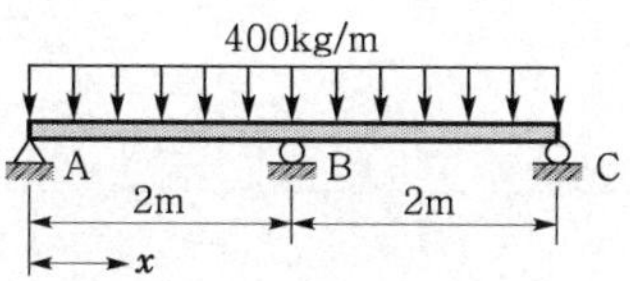

① 0.75m ② 0.85m
③ 0.95m ④ 1.05m

해설 ㉠ V_B 산정

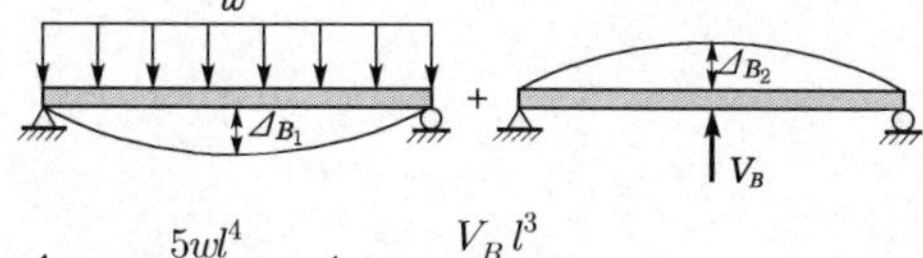

$$\Delta_{B1}=\frac{5wl^4}{384EI},\quad \Delta_{B2}=\frac{V_B l^3}{48EI}$$

$$\Delta_{B1}=\Delta_{B2}$$

$$\frac{5wl^4}{384EI}=\frac{V_B l^3}{48EI}$$

$$\therefore V_B=\frac{5wl}{8}$$

㉡ V_A 산정

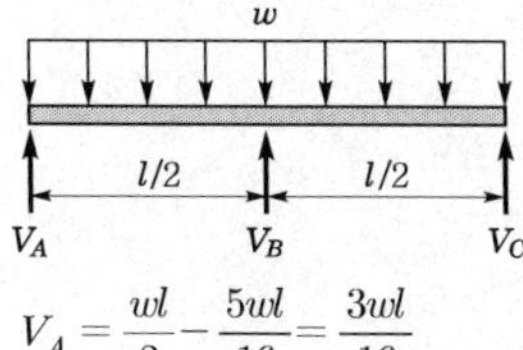

$$V_A=\frac{wl}{2}-\frac{5wl}{16}=\frac{3wl}{16}$$

정답 ▸▸▸ 1. ①

㉢ $V_x=0$ 산정

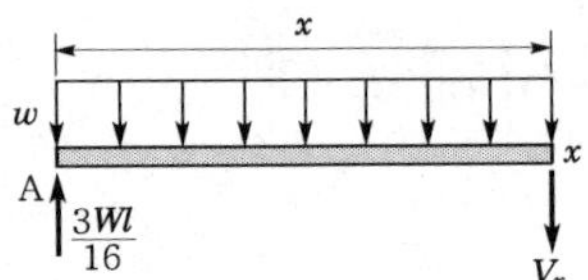

$$V_x=\frac{3wl}{16}-wx=0$$

$$wx=\frac{3wl}{16}$$

$$\therefore\ x=\frac{3l}{16}=\frac{3\times4}{16}=0.75\text{m}$$

2 다음 그림과 같은 강재(steel)구조물이 있다. AC, BC부재의 단면적은 각각 10cm^2, 20cm^{2}이고 연직하중 P=9t이 작용할 때 C점의 연직처짐을 구한 값은? (단, 강재의 종탄성계수는 2.0×10^{6}kg/cm^{2}이다.)

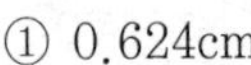

① 0.624cm
② 0.785cm
③ 0.834cm
④ 0.945cm

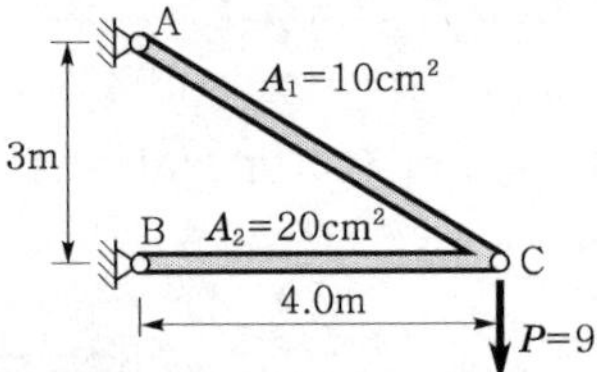

 해설 단위하중법 이용

$$\Delta=\Sigma\frac{FfL}{EA}$$

$\Sigma V=0$

$$\frac{3}{5}F_{AC}-9=0$$

$\therefore\ F_{AC}=15\text{tf}$

$\Sigma H=0$

$$-\frac{4}{5}F_{AC}-F_{BC}=0$$

$$\therefore\ F_{BC}=-\frac{4}{5}F_{AC}=-12\text{tf}$$

$\Sigma V=0$

$$\frac{3}{5}f_{AC}-1=0$$

$$\therefore\ f_{AC}=\frac{5}{3}$$

$\Sigma H=0$

$$-\frac{4}{5}f_{AC}-f_{BC}=0$$

$$\therefore\ f_{BC}=-\frac{4}{5}f_{AC}=-\frac{4}{3}$$

$$\therefore\ y_C=\Sigma\frac{FfL}{EA}$$

$$=\frac{(15\times10^3)\times\frac{5}{3}\times500}{10\times(2\times10^6)}+\frac{(-12\times10^3)\times\left(-\frac{4}{3}\right)\times400}{20\times(2\times10^6)}=0.785\text{cm}$$

 정답 ▸▸▸ 2. ②

3 주어진 단면의 도심을 구하면?

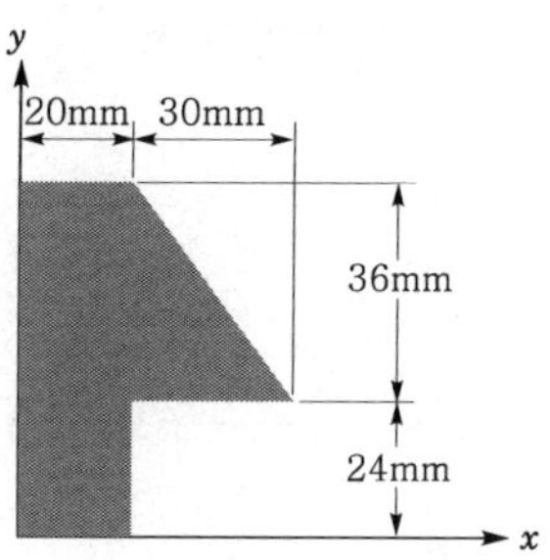

① $\bar{x}$=16.2mm, $\bar{y}$=31.9mm ② $\bar{x}$=31.9mm, $\bar{y}$=16.2mm

③ $\bar{x}$=14.2mm, $\bar{y}$=29.9mm ④ $\bar{x}$=29.9mm, $\bar{y}$=14.2mm

해설

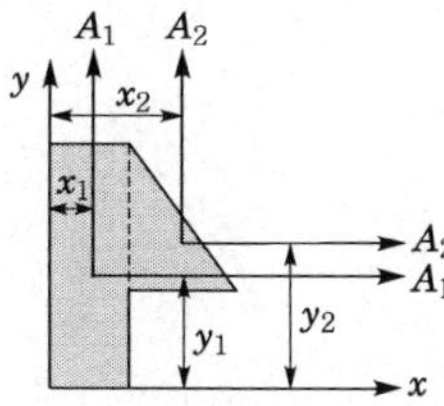

$$A_1 = 20 \times (36+24) = 1,200\text{mm}^2$$

$$A_2 = \frac{1}{2} \times 36 \times 30 = 540\text{mm}^2$$

$$x_1 = 10\text{mm},\ x_2 = 30\text{mm}$$

$$y_1 = 30\text{mm},\ y_2 = 36\text{mm}$$

$$\therefore\ \bar{x} = \frac{A_1 y_1 + A_2 y_2}{A_1 + A_2} = \frac{1,200 \times 30 + 540 \times 36}{1,200 + 540} = 31.862\text{mm}$$

$$\bar{y} = \frac{A_1 x_1 + A_2 x_2}{A_1 + A_2} = \frac{1,200 \times 10 + 540 \times 30}{1,200 + 540} = 16.2\text{mm}$$

4 다음 그림과 같은 직육면체의 윗면에 전단력 V=540kg이 작용하여 그림 (b)와 같이 상면이 옆으로 0.6cm만큼의 변형이 발생되었다. 이 재료의 전단탄성계수(G)는 얼마인가?

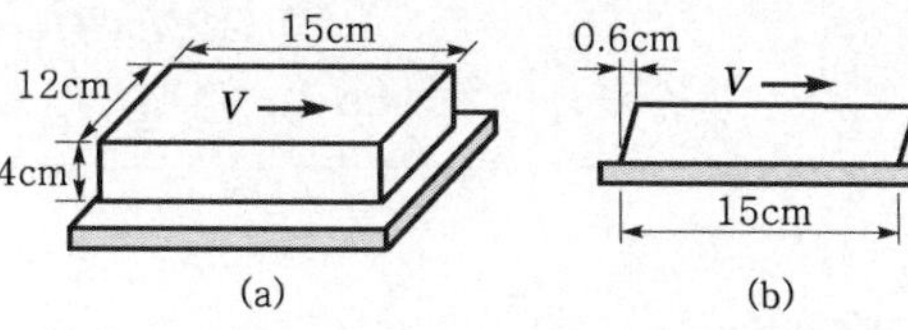

① 10kg/cm^2 ② 15kg/cm^2

③ 20kg/cm^2 ④ 25kg/cm^2

해설

$$\tau = \frac{S}{A} = G\gamma = \frac{540}{15 \times 12} = 3$$

$$\gamma = \frac{0.6}{4} = 0.15$$

$$\therefore\ G = \frac{\tau}{\gamma} = \frac{3}{0.15} = 20\text{kgf/cm}^2$$

정답 ▶▶▶ 3. ① 4. ③

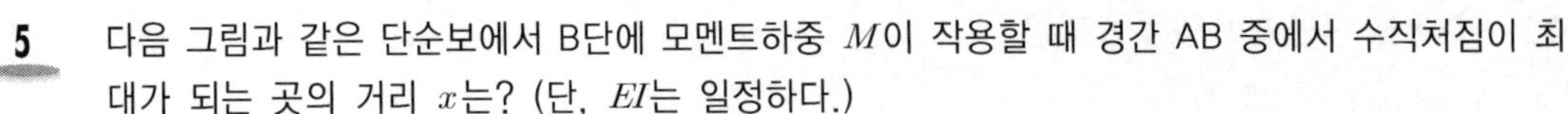

5 다음 그림과 같은 단순보에서 B단에 모멘트하중 M이 작용할 때 경간 AB 중에서 수직처짐이 최대가 되는 곳의 거리 x는? (단, EI는 일정하다.)

① $x=0.500l$
② $x=0.577l$
③ $x=0.667l$
④ $x=0.750l$

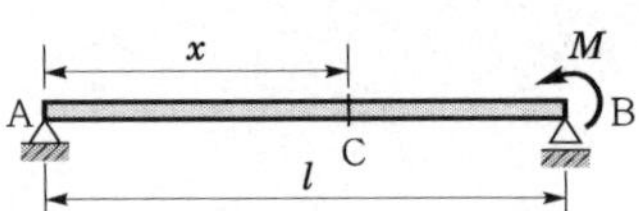

해설 공액보 이용

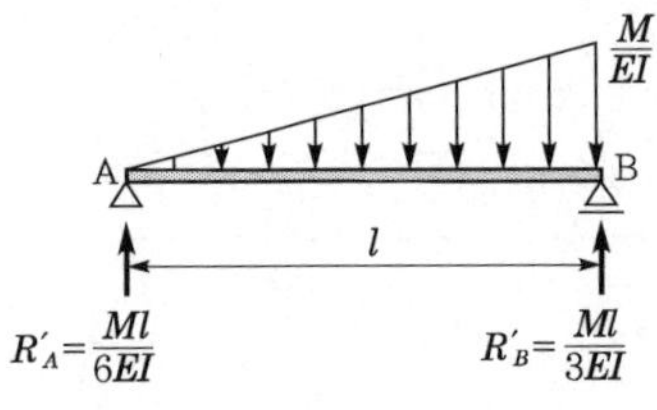

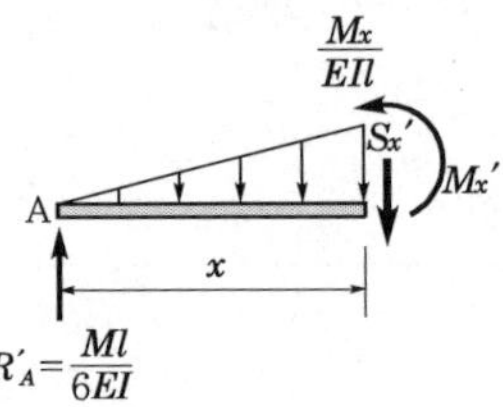

$\Sigma V=0$

$\dfrac{Ml}{6EI}-\dfrac{1}{2}\times\dfrac{Mx}{EIl}\times x-S_x{}'=0$

$S_x{}'=\theta_x=\dfrac{Ml}{6EIl}-\dfrac{Mx^2}{EI}$

$S_x{}'=\theta_x=0$에서 최대 처짐이 발생한다.

$S_x{}'=\theta_x=\dfrac{Ml}{6EI}-\dfrac{Mx^2}{2EIl}=0$

$\therefore\ x=\dfrac{l}{\sqrt{3}}=0.577l$

6 다음 그림과 같이 C점이 내부힌지로 구성된 게르버보에서 B지점에 발생하는 모멘트의 크기는?

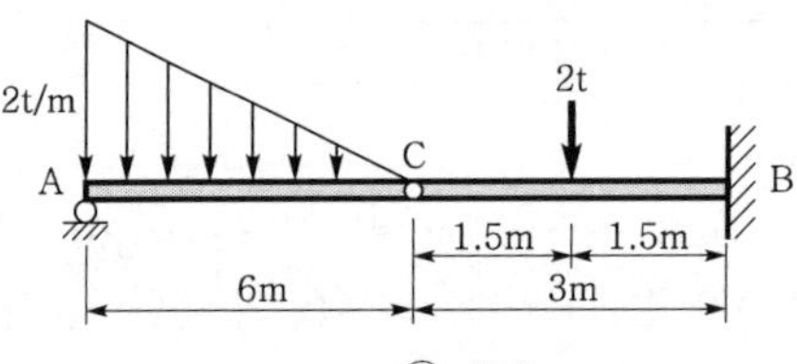

① 9tf·m
② 6tf·m
③ 3tf·m
④ 1tf·m

해설

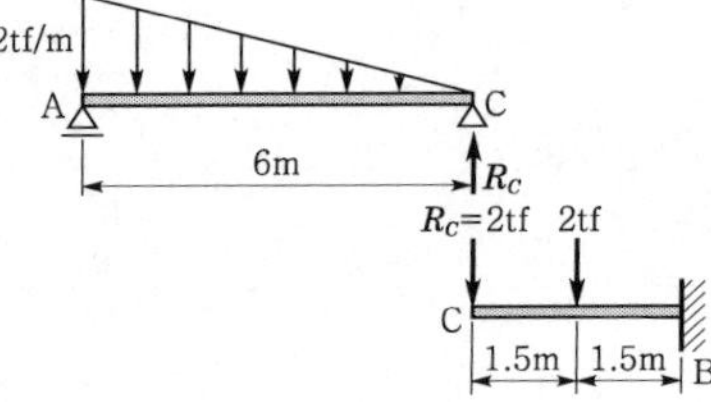

$\Sigma M_A=0$

$-(R_C\times 6)+\left(\dfrac{1}{2}\times 2\times 6\times\dfrac{6}{3}\right)=0$

$\therefore\ R_C=2\text{tf}$

$\therefore\ M_B=-(2\times 3)-(2\times 1.5)=-9\text{tf}\cdot\text{m}$

 정답 ▸▸▸ 5. ② 6. ①

7 다음 그림과 같은 2개의 캔틸레버보에 저장되는 변형에너지를 각각 $U_{(1)}$, $U_{(2)}$라고 할 때 $U_{(1)}$: $U_{(2)}$의 비는?

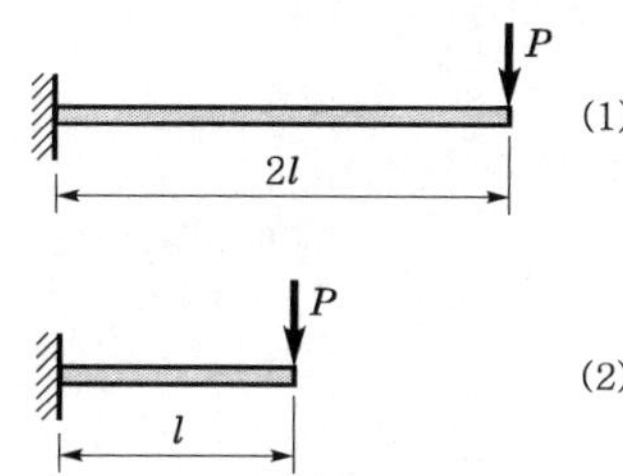

① 2 : 1　　② 4 : 1
③ 8 : 1　　④ 16 : 1

해설

$$W_{e(1)}=U_{(1)}=\frac{1}{2}P\delta_1=\frac{P}{2}\times\frac{P(2l)^3}{3EI}=\frac{4P^2l^3}{3EI}$$

$$W_{e(2)}=U_{(2)}=\frac{1}{2}P\delta_2=\frac{P}{2}\times\frac{Pl^3}{3EI}=\frac{P^2l^3}{6EI}$$

$$\therefore U_{(1)} : U_{(2)}=\frac{4}{3} : \frac{1}{6}=8 : 1$$

8 지간 10m인 단순보 위를 1개의 집중하중 P=20t이 통과할 때 이 보에 생기는 최대 전단력 S와 최대 휨모멘트 M이 옳게 된 것은?

① S=10tf, M=50tf·m　　② S=10tf, M=100tf·m
③ S=20tf, M=50tf·m　　④ S=20tf, M=100tf·m

해설 ㉠ 영향선을 이용하면 최대 전단력은 지점에서 반력영향선

$S_{\max}=20\times1.0=20\text{tf}$

㉡ 휨모멘트 영향선

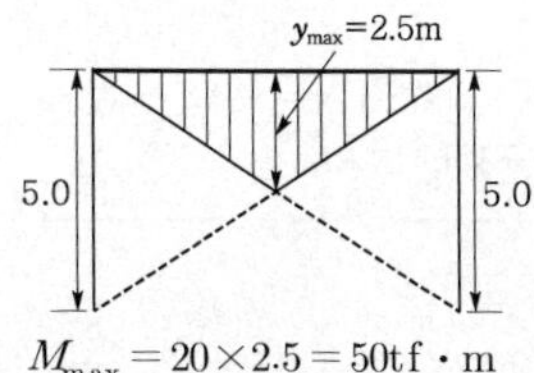

$M_{\max}=20\times2.5=50\text{tf}\cdot\text{m}$

9 다음 그림과 같은 부정정보에서 B점의 연직반력(R_B)은?

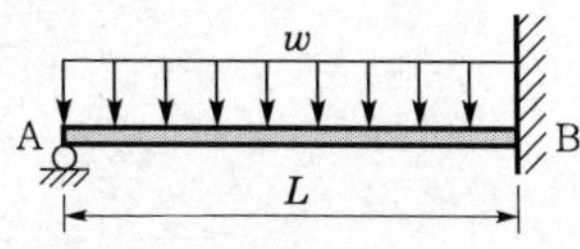

① $\frac{3}{8}wL$　　② $\frac{1}{2}wL$
③ $\frac{5}{8}wL$　　④ $\frac{6}{8}wL$

정답 7. ③ 8. ③ 9. ③

해설 ㉠ V_B 산정

$$\Delta_{A1} = \frac{wL^4}{8EI},\ \Delta_{A2} = \frac{V_B L^3}{3EI}$$

$$\Delta_{A1} = \Delta_{A2}$$

$$\frac{wL^4}{8EI} = \frac{V_B L^3}{3EI}$$

$$\therefore\ V_B = \frac{3wL}{8}$$

㉡ V_A 산정

$$\Sigma F_Y = 0(\uparrow \oplus)$$

$$\therefore\ V_B = wL - \frac{3wL}{8} = \frac{5wL}{8}(\uparrow)$$

10 장주의 탄성좌굴하중(elastic buckling load) P_{cr}은 다음과 같다. 기둥의 각 지지조건에 따른 n의 값으로 틀린 것은? (단, E : 탄성계수, I : 단면 2차 모멘트, l : 기둥의 높이)

$$\frac{n\pi^2 EI}{l^2}$$

① 양단 힌지 : $n=1$
② 양단 고정 : $n=4$
③ 일단 고정 타단 자유 : $n=1/4$
④ 일단 고정 타단 힌지 : $n=1/2$

해설 일단 고정 타단 힌지의 좌굴계수 $n=2$이다.

11 다음 중 정(+)의 값뿐만 아니라 부(−)의 값도 갖는 것은?

① 단면계수
② 단면 2차 모멘트
③ 단면 2차 반경
④ 단면 상승모멘트

해설 단면 상승모멘트는 $I_{xy} = Ax_o y_o$이므로 부(−)값을 가질 수 있다.

12 다음 그림과 같은 단면에 전단력 V=60t이 작용할 때 최대 전단응력은 약 얼마인가?

① 127kg/cm^2
② 160kg/cm^2
③ 198kg/cm^2
④ 213kg/cm^2

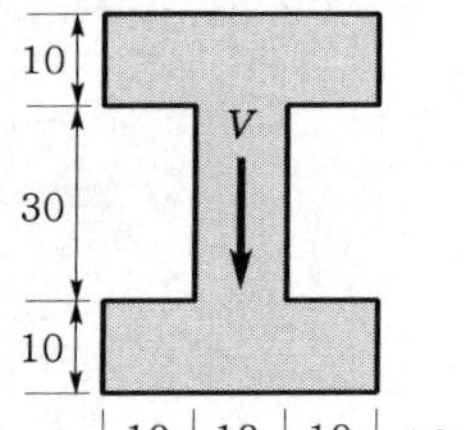

 정답 10. ④ 11. ④ 12. ②

해설

$$I=\frac{1}{12}\times(30\times50^3-20\times30^3)=267{,}500\text{cm}^4$$

$$b=10\text{cm}$$

$$G_x=(10\times30\times20)+(10\times15\times7.5)=7{,}125\text{cm}^3$$

$$\therefore\ \tau=\frac{SG_x}{Ib}=\frac{7{,}125\times60{,}000}{267{,}500\times10}=159.8\text{kgf/cm}^2$$

13 단면이 20cm×30cm인 압축부재가 있다. 그 길이가 2.9m일 때 이 압축부재의 세장비는 약 얼마인가?

① 33　② 50
③ 60　④ 100

해설

$$I_{\min}=\frac{30\times20^3}{12}=20{,}000\text{cm}^4$$

$$r_{\min}=\sqrt{\frac{I_{\min}}{A}}=\sqrt{\frac{20{,}000}{20\times30}}=5.774$$

$$l=2.9\text{m}=290\text{cm}$$

$$\therefore\ \lambda=\frac{l}{r_{\min}}=\frac{290}{5.774}=50.225\fallingdotseq50$$

14 다음 그림과 같이 케이블(cable)에 500kg의 추가 매달려 있다. 이 추의 중심을 수평으로 3m 이동시키기 위해 케이블길이 5m 지점인 A점에 수평력 P를 가하고자 한다. 이때 힘 P의 크기는?

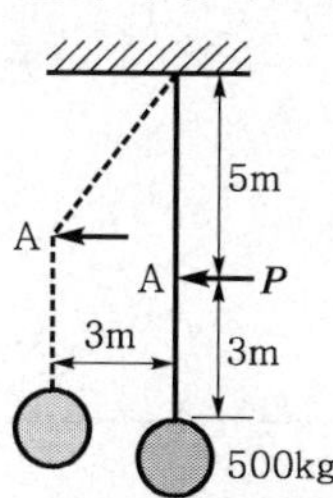

① 375kg　② 400kg
③ 425kg　④ 450kg

해설

$$\Sigma F_X=0(\leftarrow\oplus)$$

$$P-\frac{3}{5}T=0$$

$$\therefore\ P=\frac{3}{5}\times625=375\text{kgf}$$

$$\Sigma F_Y=0(\uparrow\oplus)$$

$$\frac{4}{5}T-500=0$$

$$\therefore\ T=625\text{kgf}$$

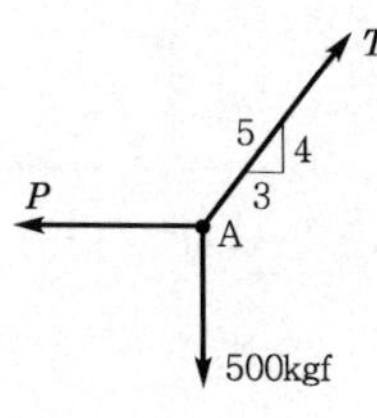

정답 ▸▸▸ 13. ② 14. ①

15 다음 그림과 같은 양단 고정보에 3t/m의 등분포하중과 10t의 집중하중이 작용할 때 A점의 휨모멘트는?

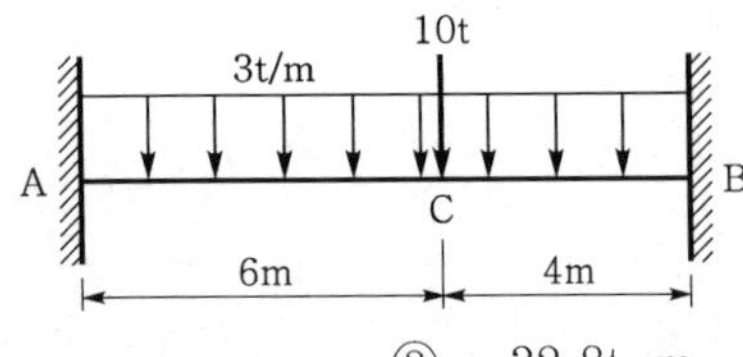

① $-31.6t \cdot m$
② $-32.8t \cdot m$
③ $-34.6t \cdot m$
④ $-36.8t \cdot m$

$$M_A = -\left(\frac{wl^2}{12} + \frac{Pab^2}{l^2}\right)$$
$$= -\left(\frac{3\times10^2}{12} + \frac{10\times6\times4^2}{10^2}\right)$$
$$= -34.6tf \cdot m$$

16 다음 그림과 같은 3힌지아치에 집중하중 P가 가해질 때 지점 B에서의 수평반력은?

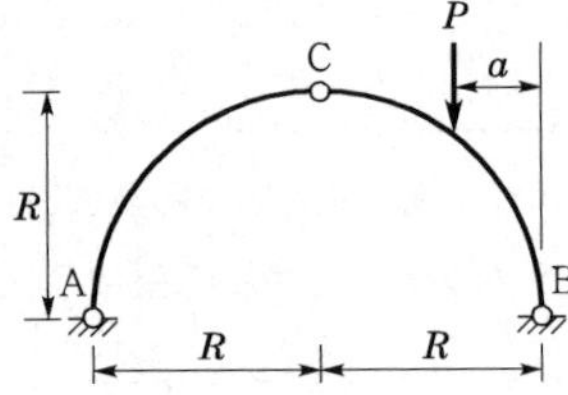

① $\dfrac{Pa}{4R}$
② $\dfrac{P(R-a)}{2R}$
③ $\dfrac{P(R-a)}{4R}$
④ $\dfrac{Pa}{2R}$

해설

$$R_B = \frac{P(2R-a)}{2R}$$
$$\Sigma M_C = 0$$
$$-\frac{P(2R-a)R}{2R} + H_B R - P(R-a) = 0$$
$$\therefore\ H_B = \frac{Pa}{2R}$$

17 다음 그림과 같은 트러스에서 부재 AB의 부재력은?

① 10.625tf(인장)
② 15.05tf(인장)
③ 15.05tf(압축)
④ 10.625tf(압축)

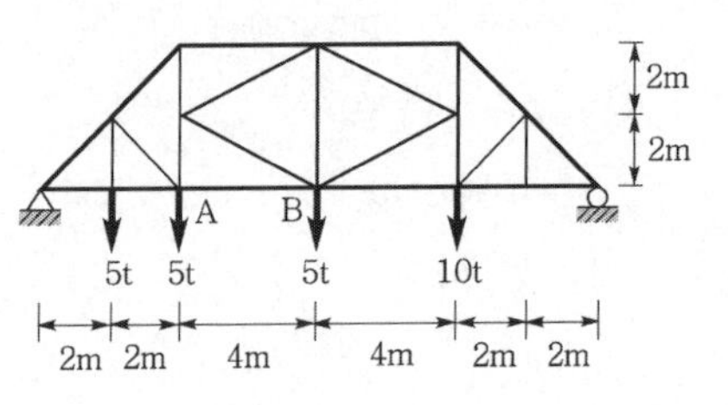

 정답 ▸▸▸ 15. ③ 16. ④ 17. ①

해설

$\Sigma M_D = 0$

$R_C \times 16 - 5 \times 14 - 5 \times 12 - 5 \times 8 - 10 \times 4 = 0$

$\therefore R_C = \dfrac{210}{16} = 13.125\text{tf}(\uparrow)$

$\Sigma M_E = 0$

$13.125 \times 4 - 5 \times 2 - \overline{AB} \times 4 = 0$

$\therefore \overline{AB} = 10.625\text{tf}$(인장)

18 다음 그림과 같은 내민보에 발생하는 최대 휨모멘트를 구하면?

① $-8\text{tf}\cdot\text{m}$

② $-12\text{tf}\cdot\text{m}$

③ $-16\text{tf}\cdot\text{m}$

④ $-20\text{tf}\cdot\text{m}$

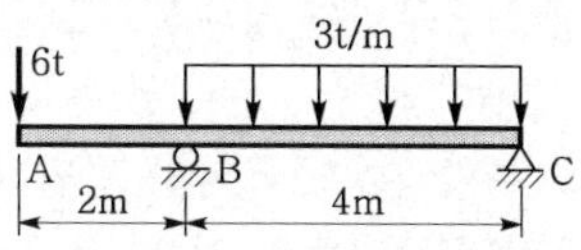

해설 $M_B = -(6 \times 2) = -12\text{tf}\cdot\text{m}$

19 다음 그림에서 블록 A를 뽑아내는 데 필요한 힘 P는 최소 얼마 이상이어야 하는가? (단, 블록과 접촉면과의 마찰계수 $\mu = 0.3$)

① 3kgf 이상

② 6kgf 이상

③ 9kgf 이상

④ 12kgf 이상

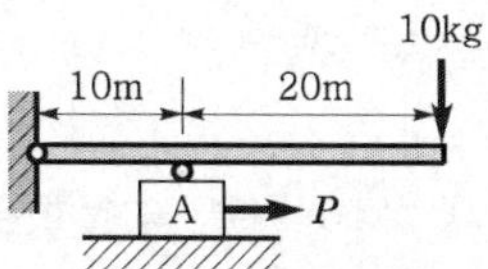

해설

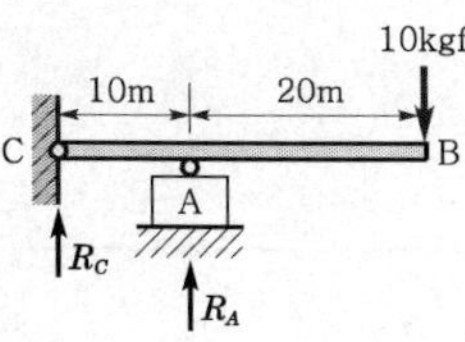

$\Sigma V = 0$

$R_C + R_A = 10$

$\Sigma M_C = 0$

$(10 \times 30) - (R_A \times 10) = 0$

$\therefore R_A = 30\text{kgf}$

$\therefore$ 저항력 $= 30 \times 0.3 = 9\text{kgf}$

정답 ▸▸▸ 18. ② 19. ③

20 탄성계수가 E, 푸아송비가 ν인 재료의 체적탄성계수 K는?

① $K=\dfrac{E}{2(1-\nu)}$　　② $K=\dfrac{E}{2(1-2\nu)}$

③ $K=\dfrac{E}{3(1-\nu)}$　　④ $K=\dfrac{E}{3(1-2\nu)}$

 $K=\dfrac{E}{3(1-2\nu)}$

제2과목 : 측량학

21 측량의 분류에 대한 설명으로 옳은 것은?

① 측량구역이 상대적으로 협소하여 지구의 곡률을 고려하지 않아도 되는 측량을 측지측량이라 한다.
② 측량정확도에 따라 평면기준점측량과 고저기준점측량으로 구분한다.
③ 구면삼각법을 적용하는 측량과 평면삼각법을 적용하는 측량과의 근본적인 차이는 삼각형의 내각의 합이다.
④ 측량법에는 기본측량과 공공측량의 두 가지로만 측량을 분류한다.

해설 ① 지구의 곡률을 고려하여 실시하는 측량을 측지측량이라 한다.
② 측량정확도에 따라 기준점측량과 세부측량으로 구분한다.
④ 공간정보의 구축 및 관리 등에 관한 법률에 의한 측량은 기본측량, 일반측량, 공공측량, 지적측량, 수로측량 등으로 구분한다.

22 수준측량에서 시준거리를 같게 함으로써 소거할 수 있는 오차에 대한 설명으로 틀린 것은?

① 기포관축과 시준선이 평행하지 않을 때 생기는 시준선오차를 소거할 수 있다.
② 시준거리를 같게 함으로써 지구곡률오차를 소거할 수 있다.
③ 표척시준 시 초점나사를 조정할 필요가 없으므로 이로 인한 오차인 시준오차를 줄일 수 있다.
④ 표척의 눈금 부정확으로 인한 오차를 소거할 수 있다.

해설 표척의 눈금 부정확으로 인한 오차는 표준척과 비교하여 오차를 조정할 수 있다.

23 UTM좌표에 대한 설명으로 옳지 않은 것은?

① 중앙자오선의 축척계수는 0.9996이다.
② 좌표계는 경도 6°, 위도 8° 간격으로 나눈다.
③ 우리나라는 40구역(ZONE)과 43구역(ZONE)에 위치하고 있다.
④ 경도의 원점은 중앙자오선에 있으며, 위도의 원점은 적도상에 있다.

해설 UTM좌표계상의 우리나라의 위치는 51구역과 52구역에 위치하고 있다,

정답 ▸▸▸ 20. ④ 21. ③ 22. ④ 23. ③

24 1,600m^{2}의 정사각형 토지면적을 0.5m^{2}까지 정확하게 구하기 위해서 필요한 변길이의 최대 허용 오차는?

① 2.25mm ② 6.25mm
③ 10.25mm ④ 12.25mm

해설

$$\frac{\Delta A}{A}=2\frac{\Delta l}{l}$$

$$\frac{0.5}{1,600}=2\times\frac{\Delta l}{40}$$

$$\therefore\ \Delta l=6.25\text{mm}$$

25 도로공사에서 거리 20m인 성토구간에 대하여 시작 단면 A_1=72m^2, 끝단면 A_2=182m^2, 중앙단면 A_m=132m^{2}라고 할 때 각주공식에 의한 성토량은?

① 2,540.0m^3 ② 2,573.3m^3
③ 2,600.0m^3 ④ 2,606.7m^3

해설

$$V=\frac{l}{6}(A_1+4A_m+A_2)=\frac{20}{6}\times(72+4\times132+182)=2,606.7\text{m}^3$$

26 도로기점으로부터 교점(I.P)까지의 추가거리가 400m, 곡선반지름 R=200m, 교각 I=90°인 원곡선을 설치할 경우 곡선시점(B.C)은? (단, 중심말뚝거리=20m)

① No.9 ② No.9+10m
③ No.10 ④ No.10+10m

해설

$$\text{B.C}=\text{I.P}-\text{T.L}=400-200\times\tan\frac{90°}{2}=200\text{m}$$

$$\therefore\ \text{B.C}=\text{No.10}$$

27 수평각관측방법에서 다음 그림과 같이 각을 관측하는 방법은?

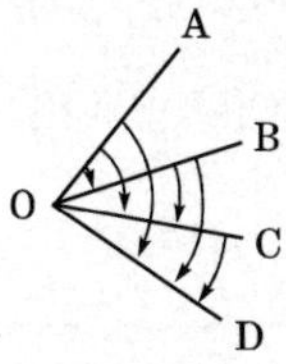

① 방향각관측법 ② 반복관측법
③ 배각관측법 ④ 조합각관측법

해설 수평각관측법 중 가장 정밀도가 높으며 여러 개의 방향선의 각을 차례로 방향각법으로 관측하여 얻어진 여러 개의 각을 최소 제곱법에 의하여 최확값을 산정하는 방법이다.

28 곡선설치에서 교각 I=60°, 반지름 R=150m일 때 접선장(T.L)은?

① 100.0m
② 86.6m
③ 76.8m
④ 38.6m

 해설

$$T.L = R\tan\frac{I}{2} = 150 \times \tan\frac{60°}{2} = 86.6\text{m}$$

29 수치지형도(digital map)에 대한 설명으로 틀린 것은?

① 우리나라는 축척 1 : 5,000 수치지형도를 국토기본도로 한다.
② 주로 필지정보와 표고자료, 수계정보 등을 얻을 수 있다.
③ 일반적으로 항공사진측량에 의해 구축된다.
④ 축척별 포함사항이 다르다.

해설 수치지형도를 이용하여 필지정보는 얻을 수 없다. 필지정보는 지적도와 임야도를 통해서 알 수 있다.

30 수준측량의 야장기입방법 중 가장 간단한 방법으로 전시(F.S)와 후시(B.S)만 있으면 되는 방법은?

① 고차식
② 교호식
③ 기고식
④ 승강식

해설 고차식 야장기입법은 두 점 간의 고저차를 구하는 것이 주목적이며, 전시(F.S)와 후시(B.S)만 있을 경우 사용하는 야장기입방식이다.

31 수면으로부터 수심의 $\frac{2}{10}$, $\frac{4}{10}$, $\frac{6}{10}$, $\frac{8}{10}$인 곳에서 유속을 측정한 결과가 각각 1.2m/s, 1.0m/s, 0.7m/s, 0.3m/s이었다면 평균유속은? (단, 4점법 이용)

① 1.095m/s
② 1.005m/s
③ 0.895m/s
④ 0.775m/s

 해설

$$\begin{aligned}V_m &= \frac{1}{5}\left[V_{0.2} + V_{0.4} + V_{0.6} + V_{0.8} + \frac{1}{2}\left(V_{0.2} + \frac{1}{2}V_{0.8}\right)\right] \\ &= \frac{1}{5}\times\left[1.2+1.0+0.7+0.3+\frac{1}{2}\times\left(1.2+\frac{1}{2}\times0.3\right)\right] \\ &= 0.775\text{m/s}\end{aligned}$$

32 삼각망 조정에 관한 설명으로 옳지 않은 것은?

① 임의 한 변의 길이는 계산경로에 따라 달라질 수 있다.
② 검기선은 측정한 길이와 계산된 길이가 동일하다.
③ 1점 주위에 있는 각의 합은 360°이다.
④ 삼각형의 내각의 합은 180°이다.

해설 삼각망 중의 임의의 한 변의 길이는 계산해가는 순서와 관계없이 같은 값이어야 한다.

 정답 ▸▸▸ 28. ② 29. ② 30. ① 31. ④ 32. ①

33 비고 65m의 구릉지에 의한 최대 기복변위는? (단, 사진기의 초점거리 15cm, 사진의 크기 23cm ×23cm, 축척 1 : 20,000이다.)

① 0.14cm ② 0.35cm
③ 0.64cm ④ 0.82cm

해설
$$\Delta r = \frac{h}{H} r_{\max} = \frac{65}{20,000 \times 0.15} \times \frac{\sqrt{2}}{2} \times 0.23 = 0.35\text{cm}$$

34 클로소이드곡선(clothoid curve)에 대한 설명으로 옳지 않은 것은?

① 고속도로에 널리 이용된다.
② 곡률이 곡선의 길이에 비례한다.
③ 완화곡선(緩和曲線)의 일종이다.
④ 클로소이드요소는 모두 단위를 갖지 않는다.

해설 클로소이드곡선은 단위가 있는 것도 있고 없는 것도 있다.

35 항공사진측량의 입체시에 대한 설명으로 옳은 것은?

① 다른 조건이 동일할 때 초점거리가 긴 사진기에 의한 입체상이 짧은 사진기의 입체상보다 높게 보인다.
② 한 쌍의 입체사진은 촬영코스방향과 중복도만 유지하면 두 사진의 축척이 30% 정도 달라도 무관하다.
③ 다른 조건이 동일할 때 기선의 길이를 길게 하는 것이 짧은 경우보다 과고감이 크게 된다.
④ 입체상의 변화는 기선고도비에 영향을 받지 않는다.

해설 입체상의 변화
㉠ 입체상의 변화는 기선고도비의 영향을 받는다.
㉡ 촬영기선장이 긴 쪽이 짧은 쪽보다 더 높게 보인다.
㉢ 촬영고도가 높은 쪽이 낮은 쪽보다 더 낮게 보인다.
㉣ 초점거리가 긴 쪽이 짧은 쪽보다 더 낮게 보인다.

36 측점 A에 각관측장비를 세우고 50m 떨어져 있는 측점 B를 시준하여 각을 관측할 때 측선 AB에 직각방향으로 3cm의 오차가 있었다면 이로 인한 각관측오차는?

① 0°1′13″ ② 0°1′22″
③ 0°2′04″ ④ 0°2′45″

해설
$$\frac{\Delta l}{l} = \frac{\theta''}{\rho''}$$
$$\frac{0.03}{50} = \frac{\theta''}{206,265}$$
$\therefore\ \theta'' = 124$초 $= 0°2'04''$

37 직접법으로 등고선을 측정하기 위하여 A점에 레벨을 세우고 기계고 1.5m를 얻었다. 70m 등고선 상의 P점을 구하기 위한 표척(staff)의 관측값은? (단, A점 표고는 71.6m이다.)

① 1.0m ② 2.3m
③ 3.1m ④ 3.8m

 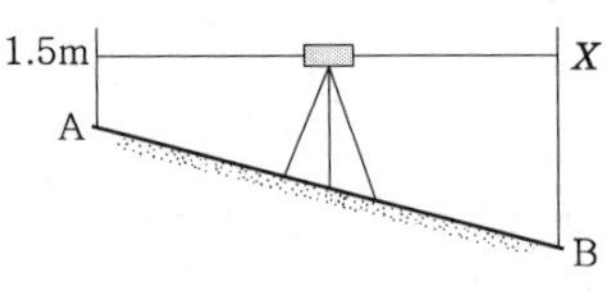

$71.6 + 1.5 - X = 70\text{m}$

$\therefore\ X = 3.1\text{m}$

38 하천에서 수애선 결정에 관계되는 수위는?

① 갈수위(DWL)
② 최저 수위(HWL)
③ 평균 최저 수위(NLWL)
④ 평수위(OWL)

해설 평균 최저 수위는 하천의 수위 중에서 어떤 기간 중 연 또는 월의 최저 수위의 평균값이다. 수력발전, 관개 등의 이수목적에 이용된다.

39 20m 줄자로 두 지점의 거리를 측정한 결과가 320m이었다. 1회 측정마다 ±3mm의 우연오차가 발생한다면 두 지점 간의 우연오차는?

① ±12mm ② ±14mm
③ ±24mm ④ ±48mm

 $e = \pm m\sqrt{n} = \pm 3\sqrt{16} = \pm 12\text{mm}$

40 시가지에서 5개의 측점으로 폐합트래버스를 구성하여 내각을 측정한 결과 각관측오차가 30″이었다. 각관측의 경중률이 동일할 때 각오차의 처리방법은? (단, 시가지의 허용오차범위=$20''\sqrt{n} \sim 30''\sqrt{n}$)

① 재측량한다.
② 각의 크기에 관계없이 등배분한다.
③ 각의 크기에 비례하여 배분한다.
④ 각의 크기에 반비례하여 배분한다.

해설 시가지의 허용오차는 $20''\sqrt{5} \sim 30''\sqrt{5} = 45'' \sim 67''$범위이다. 따라서 각오차가 30″가 발생하였다면 허용범위 안에 들어가므로 각의 크기와 상관없이 등배분한다.

 정답 37. ③ 38. ④ 39. ① 40. ②

제3과목 : 수리수문학

41 삼각위어에서 수두를 H라 할 때 위어를 통해 흐르는 유량 Q와 비례하는 것은?

① $H^{-1/2}$　　② $H^{1/2}$
③ $H^{3/2}$　　④ $H^{5/2}$

해설
$$Q=\frac{8}{15}C\tan\frac{\theta}{2}\sqrt{2g}\,H^{\frac{5}{2}}$$
$$\therefore\ Q\propto H^{\frac{5}{2}}$$

42 도수(hydraulic jump)에 대한 설명으로 옳은 것은?

① 수문을 급히 개방할 경우 하류로 전파되는 흐름
② 유속이 파의 전파속도보다 작은 흐름
③ 상류에서 사류로 변할 때 발생하는 현상
④ Froude수가 1보다 큰 흐름에서 1보다 작아질 때 발생하는 현상

해설 사류에서 상류로 변할 때 불연속적으로 수면이 뛰는 현상을 도수라 한다.

43 어떤 계속된 호우에 있어서 총유효우량 ΣR_e[mm], 직접유출의 총량 ΣQ_e[m^3], 유역면적 A [km^2] 사이에 성립하는 식은?

① $\Sigma R_e = A\Sigma Q_e$　　② $\Sigma R_e = \dfrac{10^3 A}{\Sigma Q_e}$
③ $\Sigma R_e = 10^3 A\Sigma Q_e$　　④ $\Sigma R_e = \dfrac{\Sigma Q_e}{10^3 A}$

해설
$$\text{유효우량}=\frac{(\Sigma q)t}{A}$$
$$\therefore\ \Sigma R_e=\frac{\Sigma Q_e\times 10^7}{A\times 10^{10}}=\frac{\Sigma Q_e}{A\times 10^3}$$

44 DAD 해석에 관계되는 요소로 짝지어진 것은?

① 강우깊이, 면적, 지속기간
② 적설량, 분포면적, 적설일수
③ 수심, 하천 단면적, 홍수기간
④ 강우량, 유수 단면적, 최대 수심

해설 최대 평균우량깊이 - 유역면적 - 지속기간의 관계를 수립하는 작업을 DAD 해석이라 한다.

정답 ▸▸▸ 41. ④ 42. ④ 43. ④ 44. ①

45 다음 그림과 같이 원형관 중심에서 V의 유속으로 물이 흐르는 경우에 대한 설명으로 틀린 것은? (단, 흐름은 층류로 가정한다.)

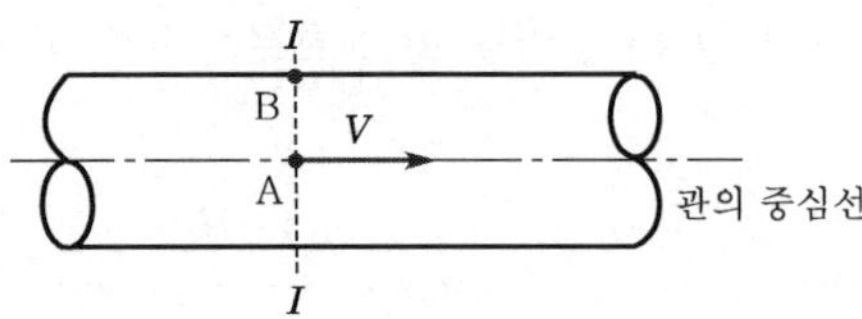

① A점에서의 유속은 단면 평균유속의 2배이다.
② A점에서의 마찰력은 V^2에 비례한다.
③ A점에서 B점으로 갈수록 마찰력은 커진다.
④ 유속은 A점에서 최대인 포물선분포를 한다.

해설 A점의 마찰력은 0이다.

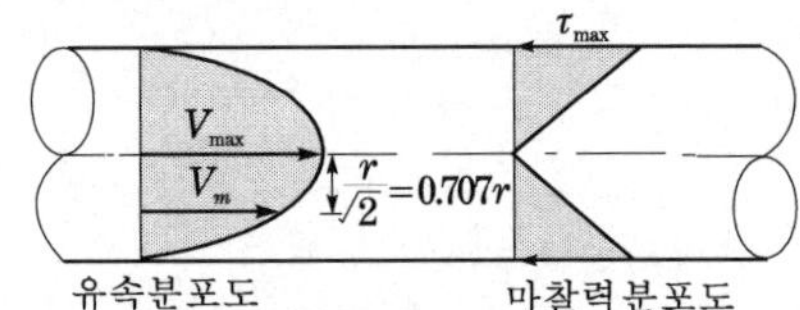

46 두 개의 수평한 판이 5mm 간격으로 놓여있고 점성계수 0.01N·s/cm^{2}인 유체로 채워져 있다. 하나의 판을 고정시키고 다른 하나의 판을 2m/s로 움직일 때 유체 내에서 발생되는 전단응력은?

① 1N/cm^2　② 2N/cm^2
③ 3N/cm^2　④ 4N/cm^2

해설 $\tau=\mu\frac{dV}{dy}=0.01\times\frac{200}{0.5}=4\text{N/cm}^2$

47 유역의 평균폭 B, 유역면적 A, 본류의 유로연장 L인 유역의 형상을 양적으로 표시하기 위한 유역형상계수는?

① $\frac{A}{L}$　② $\frac{A}{L^2}$
③ $\frac{B}{L}$　④ $\frac{B}{L^2}$

해설 유역형상계수
㉠ Horton은 유역의 형상을 양적으로 표현하기 위해 유역면적과 본류길이의 비인 무차원값의 형상계수를 제시하였다.
㉡ $R=\frac{A}{L^2}$
여기서, L : 본류의 길이

 정답 ▸▸▸ 45. ② 46. ④ 47. ②

48 관내의 손실수두(h_L)와 유량(Q)과의 관계로 옳은 것은? (단, Darcy-Weisbach공식을 사용)

① $h_L \propto Q$ ② $h_L \propto Q^{1.85}$
③ $h_L \propto Q^2$ ④ $h_L \propto Q^{2.5}$

해설

$$h_L = f\frac{l}{D}\left(\frac{V^2}{2g}\right) = f\frac{l}{D}\left(\frac{Q^2}{2gA^2}\right)$$

$\therefore\ h_L \propto Q^2$

49 지하수흐름과 관련된 Dupuit의 공식으로 옳은 것은? (단, q=단위폭당의 유량, l=침윤선길이, k=투수계수)

① $q = \frac{k}{2l}({h_1}^2 - {h_2}^2)$ ② $q = \frac{k}{2l}({h_1}^2 + {h_2}^2)$
③ $q = \frac{k}{l}({h_1}^{\frac{3}{2}} - {h_2}^{\frac{3}{2}})$ ④ $q = \frac{k}{l}({h_1}^{\frac{3}{2}} + {h_2}^{\frac{3}{2}})$

해설

$$q = \frac{k}{2l}({h_1}^2 - {h_2}^2)$$

50 강우자료의 변화요소가 발생한 과거의 기록치를 보정하기 위하여 전반적인 자료의 일관성을 조사하려고 할 때 사용할 수 있는 가장 적절한 방법은?

① 정상연강수량비율법 ② Thiessen의 가중법
③ 이중누가우량분석 ④ DAD분석

해설 장기간에 걸친 강수자료의 일관성을 얻는 방법을 이중누가우량분석이라 한다.

51 수면폭이 1.2m인 V형 삼각수로에서 2.8m^3/s의 유량이 0.9m 수심으로 흐른다면 이때의 비에너지는? (단, 에너지보정계수 α=1로 가정한다.)

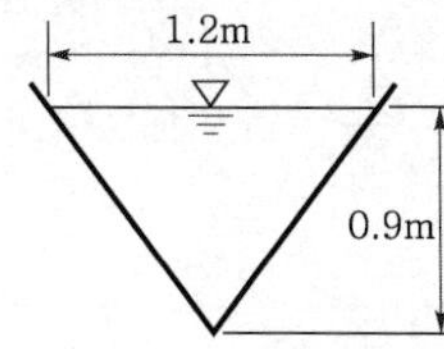

① 0.9m ② 1.14m
③ 1.84m ④ 2.27m

해설

$$V = \frac{Q}{A} = \frac{2.8}{\frac{1.2\times0.9}{2}} = 5.19\text{m/sec}$$

$$\therefore\ H_e = h + \alpha\frac{V^2}{2g} = 0.9 + 1\times\frac{5.19^2}{2\times9.8} = 2.27\text{m}$$

정답 48. ③ 49. ① 50. ③ 51. ④

52 층류영역에서 사용 가능한 마찰손실계수의 산정식은? (단, R_e : Reynolds수)

① $\frac{1}{R_e}$ ② $\frac{4}{R_e}$
③ $\frac{24}{R_e}$ ④ $\frac{64}{R_e}$

해설 $R_e \leq 2{,}000$일 때 $f = \frac{64}{R_e}$이다.

53 수심 10.0m에서 파속(C_1)이 50.0m/s인 파랑이 입사각(β_1) 30°로 들어올 때 수심 8.0m에서 굴절된 파랑의 입사각(β_2)은? (단, 수심 8.0m에서 파랑의 파속(C_2)=40.0m/s)

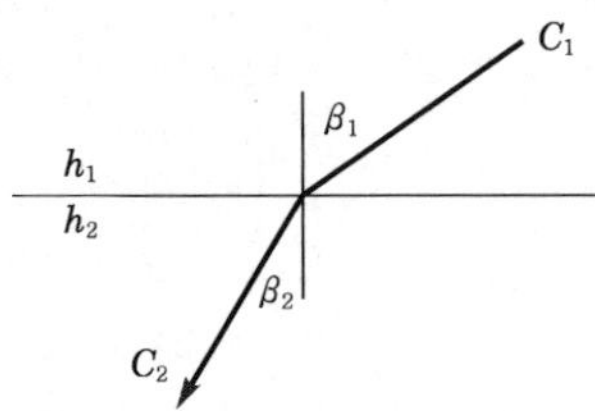

① 20.58° ② 23.58°
③ 38.68° ④ 46.15°

해설 $\frac{\sin\beta_1}{\sin\beta_2} = \frac{C_1}{C_2}$

$\frac{\sin 30°}{\sin\beta_2} = \frac{50}{40}$

$\therefore \ \beta_2 = 23.58°$

54 벤투리미터(venturi meter)의 일반적인 용도로 옳은 것은?

① 수심측정 ② 압력측정
③ 유속측정 ④ 단면측정

해설 벤투리미터는 관내의 유량 혹은 유속을 측정할 때 사용하는 기구이다.

55 단면적 20cm^{2}인 원형 오리피스(orifice)가 수면에서 3m의 깊이에 있을 때 유출수의 유량은? (단, 유량계수는 0.6이라 한다.)

① 0.0014m^3/s ② 0.0092m^3/s
③ 0.0119m^3/s ④ 0.1524m^3/s

해설 $Q = Ca\sqrt{2gh} = 0.6 \times (20 \times 10^{-4}) \times \sqrt{2 \times 9.8 \times 3} = 0.0092\text{m}^3/\text{sec}$

 정답 ▸▸ 52. ④ 53. ② 54. ③ 55. ②

56 다음 그림과 같은 관로의 흐름에 대한 설명으로 옳지 않은 것은? (단, h_1, h_2는 위치 1, 2에서의 수두, h_{LA}, h_{LB}는 각각 관로 A 및 B에서의 손실수두이다.)

① $h_{LA}=h_{LB}$
② $Q=Q_A+Q_B$
③ $Q_A=Q_B$
④ $h_2=h_1-h_{LA}$

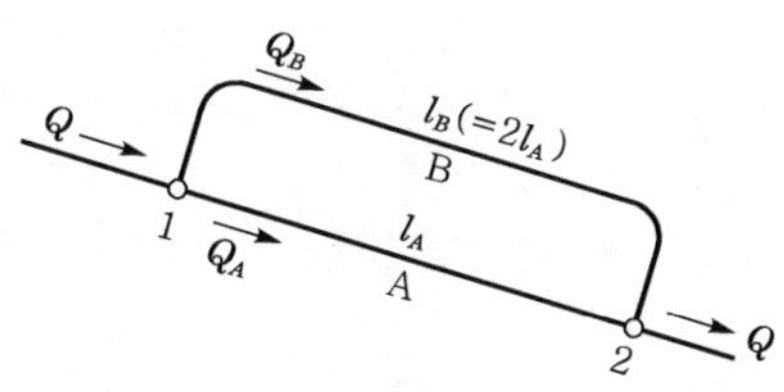

해설 병렬관수로
㉠ $Q=Q_A+Q_B$
㉡ $h_1-h_2=h_{LA}=h_{LB}$
$\therefore\ h_2=h_1-h_{LA}$
㉢ $h_{LA}=L_{LB}$

57 1시간 간격의 강우량이 15.2mm, 25.4mm, 20.3mm, 7.6mm이고, 지표유출량이 47.9mm일 때 ϕ-index는?

① 5.15mm/hr ② 2.58mm/hr
③ 6.25mm/hr ④ 4.25mm/hr

해설 총강우량=유출량+침투량
68.5=47.9+침투량
∴ 침투량=20.6mm
침투량 20.6mm를 구분하는 수평선에 대응하는 강우도가 5.15mm/h이므로
∴ ϕ−index=5.15mm/hr

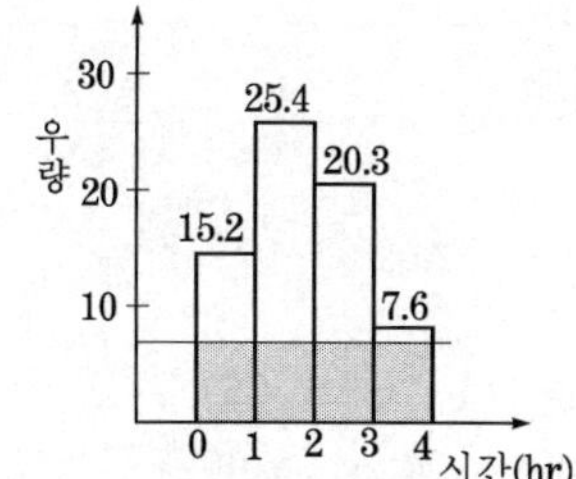

58 비중 γ_1의 물체가 비중 $\gamma_2(\gamma_2>\gamma_1)$의 액체에 떠 있다. 액면 위의 부피($V_1$)와 액면 아래의 부피($V_2$)의 비$\left(\dfrac{V_1}{V_2}\right)$는?

① $\dfrac{V_1}{V_2}=\dfrac{\gamma_2}{\gamma_1}+1$ ② $\dfrac{V_1}{V_2}=\dfrac{\gamma_2}{\gamma_1}-1$
③ $\dfrac{V_1}{V_2}=\dfrac{\gamma_1}{\gamma_2}$ ④ $\dfrac{V_1}{V_2}=\dfrac{\gamma_2}{\gamma_1}$

해설 $M=B$에서 $\gamma_1(V_1+V_2)=\gamma_2 V_2$
$\gamma_1 V_1+\gamma_1 V_2=\gamma_2 V_2$
$\gamma_1 V_1=(\gamma_2-\gamma_1)V_2$
$\therefore\ \dfrac{V_1}{V_2}=\dfrac{\gamma_2-\gamma_1}{\gamma_1}=\dfrac{\gamma_2}{\gamma_1}-1$

정답 ▶▶▶ 56. ③ 57. ① 58. ②

59 기계적 에너지와 마찰손실을 고려하는 베르누이정리에 관한 표현식은? (단, E_P 및 E_T는 각각 펌프 및 터빈에 의한 수두를 의미하며, 유체는 점 1에서 점 2로 흐른다.)

① $\frac{{v_1}^2}{2g}+\frac{p_1}{\gamma}+z_1=\frac{{v_2}^2}{2g}+\frac{p_2}{\gamma}+z_2+E_P+E_T+h_L$

② $\frac{{v_1}^2}{2g}+\frac{p_1}{\gamma}+z_1=\frac{{v_2}^2}{2g}+\frac{p_2}{\gamma}+z_2-E_P-E_T-h_L$

③ $\frac{{v_1}^2}{2g}+\frac{p_1}{\gamma}+z_1=\frac{{v_2}^2}{2g}+\frac{p_2}{\gamma}+z_2-E_P+E_T+h_L$

④ $\frac{{v_1}^2}{2g}+\frac{p_1}{\gamma}+z_1=\frac{{v_2}^2}{2g}+\frac{p_2}{\gamma}+z_2+E_P-E_T+h_L$

해설

$$\frac{{v_1}^2}{2g}+\frac{p_1}{\gamma}+z_1+E_P=\frac{{v_2}^2}{2g}+\frac{p_2}{\gamma}+z_2+E_T+h_L$$

$$\therefore \frac{{v_1}^2}{2g}+\frac{p_1}{\gamma}+z_1=\frac{{v_2}^2}{2g}+\frac{p_2}{\gamma}+z_2-E_P+E_T+h_L$$

60 수심 2m, 폭 4m, 경사 0.0004인 직사각형 단면수로에서 유량 14.56m^3/s가 흐르고 있다. 이 흐름에서 수로표면조도계수(n)는? (단, Manning공식 사용)

① 0.0096 ② 0.01099
③ 0.02096 ④ 0.03099

해설

㉠ $R=\frac{bh}{b+2h}=\frac{4\times2}{4+2\times2}=1\text{m}$

㉡ $Q=A\frac{1}{n}R^{\frac{2}{3}}I^{\frac{1}{2}}$

$14.56=(2\times4)\times\frac{1}{n}\times1^{\frac{2}{3}}\times0.004^{\frac{1}{2}}$

$\therefore n=0.01099$

제4과목 : 철근콘크리트 및 강구조

61 다음 그림과 같은 용접부에 작용하는 응력은?

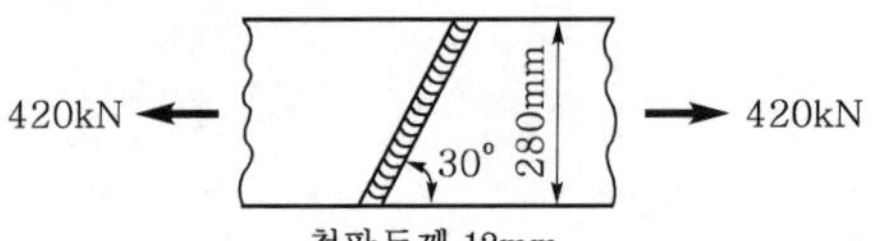

① 112.7MPa ② 118.0MPa
③ 120.3MPa ④ 125.0MPa

해설

$f=\frac{P}{\Sigma al_e}=\frac{420,000}{280\times12}=125\text{MPa}$

 정답 ▸▸▸ 59. ③ 60. ② 61. ④

62 인장이형철근의 정착길이 산정 시 필요한 보정계수(α, β)에 대한 설명으로 틀린 것은?

① 피복두께가 $3d_b$ 미만 또는 순간격이 $6d_b$ 미만인 에폭시 도막철근일 때 철근도막계수(β)는 1.5를 적용한다.
② 상부철근(정착길이 또는 겹침이음부 아래 300mm를 초과되게 굳지 않은 콘크리트를 친 수평철근)인 경우 철근배치위치계수(α)는 1.3을 사용한다.
③ 아연도금철근은 철근도막계수(β)를 1.0으로 적용한다.
④ 에폭시 도막철근이 상부철근인 경우 상부철근의 위치계수(α)와 철근도막계수(β)의 곱 $\alpha\beta$가 1.6보다 크지 않아야 한다.

해설 상부철근의 위치계수(α)와 철근도막계수(β)의 곱 $\alpha\beta$가 1.7보다 클 필요는 없다.

63 T형 PSC보에 설계하중을 작용시킨 결과 보의 처짐은 0이었으며, 프리스트레스 도입단계부터 부착된 계측장치로부터 상부탄성변형률 $\varepsilon=3.5\times10^{-4}$를 얻었다. 콘크리트탄성계수 $E_c=$ 26,000MPa, T형보의 단면적 $A_g=$150,000mm^2, 유효율 $R=$0.85일 때 강재의 초기긴장력 P_i를 구하면?

① 1,606kN
② 1,365kN
③ 1,160kN
④ 2,269kN

해설

$$P_e = fA = E\varepsilon A$$
$$= 26{,}000\times3.5\times10^{-4}\times150{,}000$$
$$= 1{,}365{,}000\text{N} = 1{,}365\text{kN}$$
$$P_e = 0.85P_i$$
$$\therefore\ P_i = \frac{1{,}365}{0.85} = 1{,}605.88\text{kN}$$

64 강도설계에서 $f_{ck}=$29MPa, $f_y=$300MPa일 때 단철근 직사각형 보의 균형철근비(ρ_b)는?

① 0.034
② 0.045
③ 0.051
④ 0.067

해설

$$\rho_b = \eta(0.85\beta_1)\left(\frac{f_{ck}}{f_y}\right)\left(\frac{660}{660+f_y}\right)$$
$$= 1.0\times0.85\times0.80\times\frac{29}{300}\times\frac{660}{660+300}$$
$$= 0.045$$

65 보의 활하중은 1.7t/m, 자중은 1.1t/m인 등분포하중을 받는 경간 12m인 단순지지보의 계수휨모멘트(M_u)는?

① 68.4tf·m
② 72.7tf·m
③ 74.9tf·m
④ 75.4tf·m

정답 ▸▸▸ 62. ④ 63. ① 64. ② 65. ②

해설 $w_u = 1.2w_D + 1.6w_L = 1.2\times1.1 + 1.6\times1.7 = 4.04\text{kN}$

$\therefore\ M_u = \dfrac{w_u l^2}{8} = \dfrac{4.04\times12^2}{8} = 72.72\text{t}\cdot\text{m}$

66 다음 그림과 같은 보에서 계수전단력 V_u =225kN에 대한 가장 적당한 스터럽간격은? (단, 사용된 스터럽은 철근 D13이며, 철근 D13의 단면적은 127mm^2, f_{ck} =24MPa, f_y =350MPa이다.)

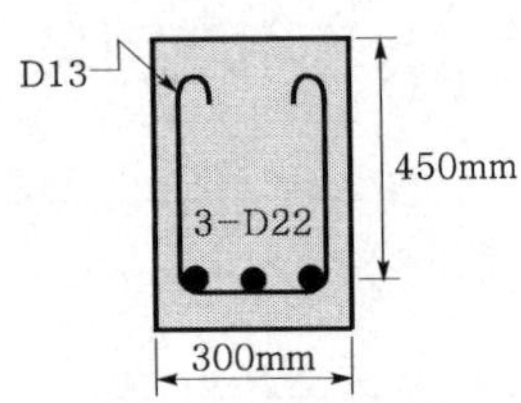

① 110mm
② 150mm
③ 210mm
④ 225mm

$V_u = \phi(V_c + V_s)$에서 $V_s = \dfrac{V_u}{\phi} - V_c$이다.

$V_c = \dfrac{1}{6}\lambda\sqrt{f_{ck}}\,b_w d = \dfrac{1}{6}\times1.0\times\sqrt{24}\times300\times450 = 110{,}227.04\text{N} = 110\text{kN}$

㉠ $V_s = \dfrac{225}{0.75} - 110 = 190\text{kN}$

㉡ $\dfrac{1}{3}\sqrt{f_{ck}}\,b_w d = \dfrac{1}{3}\sqrt{24}\times300\times450 = 220\text{kN}$

$V_s \le \dfrac{1}{3}\sqrt{f_{ck}}\,b_w d$이므로 스터럽간격은 다음 3가지 값 중에서 최소값이다.

$s = \left[\dfrac{d}{2}\ \text{이하},\ 600\text{mm 이하},\ s = \dfrac{A_v f_y d}{V_s}\right]_{\min}$

$= \left[\dfrac{450}{2},\ 600\text{mm},\ \dfrac{127\times2\times350\times450}{190\times10^3}\right]_{\min}$

$\therefore\ s = 210\text{mm}$

67 철근콘크리트의 강도설계법을 적용하기 위한 기본가정으로 틀린 것은?

① 철근의 변형률은 중립축으로부터의 거리에 비례한다.
② 콘크리트의 변형률은 중립축으로부터의 거리에 비례한다.
③ 인장측 연단에서 철근의 극한변형률은 0.0033으로 가정한다.
④ 항복강도 f_y 이하에서 철근의 응력은 그 변형률의 E_s배로 본다.

해설 압축측 연단에서 콘크리트의 극한변형률은 0.0033이고, 인장측 연단에서 철근의 극한변형률 $\varepsilon_y = \dfrac{f_y}{E_s}$로 구한다.

 정답 66. ③ 67. ③

68 b_w =300mm, d=500mm인 단철근 직사각형 보가 있다. 강도설계법으로 해석할 때 최소 철근량은 얼마인가? (단, f_{ck} =35MPa, f_y =400MPa이다.)

① $465mm^2$ ② $525mm^2$
③ $505mm^2$ ④ $485mm^2$

해설

$$\rho_{\min} = 0.178\frac{\lambda\sqrt{f_{ck}}}{\phi f_y} = 0.178 \times \frac{1.0\sqrt{35}}{0.85 \times 400} = 0.0031$$

$$\therefore\ A_{s,\min} = \rho_{\min} bd = 0.0031 \times 300 \times 500 = 465mm^2$$

69 다음 그림과 같은 복철근보의 탄성처짐이 15mm라면 5년 후 지속하중에 의해 유발되는 전체 처짐은? (단, A_s =3,000mm^2, $A_s{'}$ =1,000mm^2, ξ=2.0)

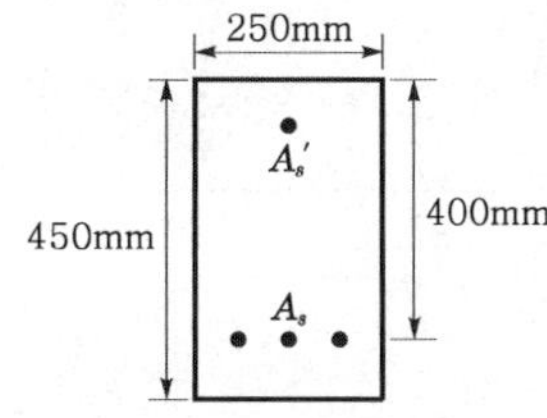

① 35mm ② 38mm
③ 40mm ④ 45mm

해설

$$\rho' = \frac{A_s{'}}{bd} = \frac{1,000}{250 \times 400} = 0.01$$

$$\lambda_\Delta = \frac{\xi}{1+50\rho'} = \frac{2.0}{1+60 \times 0.01} = 1.333$$

$$\therefore\ \delta_t = \text{탄성처짐}(\delta_e) + \text{장기처짐}(\delta_l)$$
$$= \delta_e + \delta_e \lambda_\Delta$$
$$= 15 + 15 \times 1.333 = 35mm$$

70 철근콘크리트부재의 철근이음에 관한 설명 중 옳지 않은 것은?

① D35를 초과하는 철근은 겹침이음을 하지 않아야 한다.
② 인장이형철근의 겹침이음에서 A급 이음은 $1.3l_d$ 이상, B급 이음은 $1.0l_d$ 이상 겹쳐야 한다 (단, l_d는 규정에 의해 계산된 인장이형철근의 정착길이이다).
③ 압축이형철근의 이음에서 콘크리트의 설계기준압축강도가 21MPa 미만인 경우에는 겹침이음 길이를 1/3 증가시켜야 한다.
④ 용접이음과 기계적 이음은 철근의 항복강도의 125% 이상을 발휘할 수 있어야 한다.

해설 인장이형철근의 겹침이음에서 A급 이음은 $1.0l_d$ 이상, B급 이음은 $1.3l_d$ 이상 겹쳐야 한다.

정답 ▸▸▸ 68. ① 69. ① 70. ②

71 프리스트레스의 손실을 초래하는 원인 중 프리텐션방식보다 포스트텐션방식에서 크게 나타나는 것은?

① 콘크리트의 탄성 수축
② 강재와 시스의 마찰
③ 콘크리트의 크리프
④ 콘크리트의 건조 수축

해설 강재와 시스의 마찰은 포스트텐션공법에서 고려한다.

72 다음은 L형강에서 인장응력 검토를 위한 순폭 계산에 대한 설명이다. 틀린 것은?

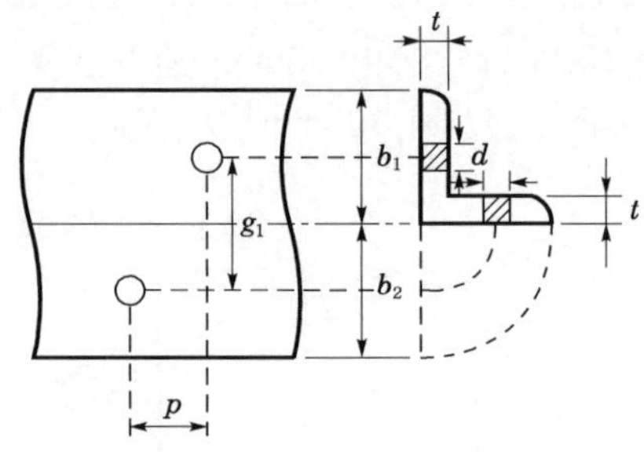

① 전개총폭$(b)=b_1+b_2-t$ 이다.

② $\frac{P^2}{4g} \geq d$인 경우 순폭$(b_n)=b-d$이다.

③ 리벳선간거리$(g)=g_1-t$이다.

④ $\frac{P^2}{4g} < d$인 경우 순폭$(b_n)=b-d-\frac{P^2}{4g}$이다.

해설 $\frac{P^2}{4g} < d$인 경우 $b_n=b_g-d-w=b_g-d-\left(d-\frac{P^2}{4g}\right)$이다.

73 철근콘크리트구조물의 전단철근에 대한 설명으로 틀린 것은?

① 이형철근을 전단철근으로 사용하는 경우 설계기준항복강도 f_y는 550MPa를 초과하여 취할 수 없다.
② 전단철근으로서 스터럽과 굽힘철근을 조합하여 사용할 수 있다.
③ 주인장철근에 45° 이상의 각도로 설치되는 스터럽은 전단철근으로 사용할 수 있다.
④ 경사스터럽과 굽힘철근은 부재 중간높이인 $0.5d$에서 반력점방향으로 주인장철근까지 연장된 45° 선과 한 번 이상 교차되도록 배치하여야 한다.

해설 전단설계 시 철근의 항복강도 $f_y \leq 500$MPa, 휨설계 $f_y \leq 600$MPa

 정답 ▸▸▸ 71. ② 72. ④ 73. ①

74 직사각형 단순보에서 계수전단력 V_u =70kN을 전단철근 없이 지지하고자 할 경우 필요한 최소 유효깊이 d는? (단, b=400mm, f_{ck}=24MPa, f_y=350MPa)

① 426mm　　② 572mm
③ 611mm　　④ 751mm

해설

$$V_u \le \frac{1}{2}\phi V_c = \frac{1}{2}\phi\left(\frac{1}{6}\lambda\sqrt{f_{ck}}\,b_w d\right)$$

$$\therefore\ d = \frac{12V_u}{\phi\lambda\sqrt{f_{ck}}\,b_w} = \frac{12\times 70,000}{0.75\times 1.0\times\sqrt{24}\times 400} = 571.54\text{mm}$$

75 경간이 8m인 직사각형 PSC보(b=300mm, h=500mm)에 계수하중 w=40kN/m가 작용할 때 인장측의 콘크리트응력이 0이 되려면 얼마의 긴장력으로 PS강재를 긴장해야 하는가? (단, PS강재는 콘크리트 단면도심에 배치되어 있다.)

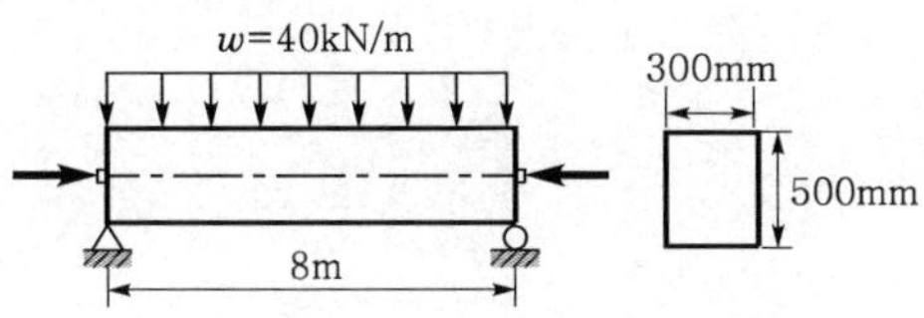

① P=1,250kN　　② P=1,880kN
③ P=2,650kN　　④ P=3,840kN

해설

$$M = \frac{wl^2}{8} = \frac{40\times 8^2}{8} = 320\text{kN}\cdot\text{m}$$

$$f = \frac{P}{A} - \frac{M}{I}y = \frac{P}{bh} - \frac{6M}{bh^2} = 0$$

$$\therefore\ P = \frac{6M}{h} = \frac{6\times 320}{0.5} = 3,840\text{kN}$$

76 b=300mm, d=500mm, A_s=3-D25=1,520mm^{2}가 1열로 배치된 단철근 직사각형 보의 설계 휨강도 ϕM_n은 얼마인가? (단, f_{ck}=28MPa, f_y=400MPa이고 과소철근보이다.)

① 132.5kN·m　　② 183.3kN·m
③ 236.4kN·m　　④ 307.7kN·m

해설

$$a = \frac{f_y A_s}{\eta(0.85 f_{ck})b} = \frac{400\times 1,520}{1.0\times 0.85\times 28\times 300} = 85.15\text{mm}$$

$$M_d = \phi M_n = \phi\left\{f_y A_s\left(d - \frac{a}{2}\right)\right\} = 0.85\times\left\{400\times 1,520\times\left(500 - \frac{85.15}{2}\right)\right\} = 236,397,240\text{N} = 236.4\text{kN}$$

정답 ▸▸▸ 74. ② 75. ④ 76. ③

77 슬래브와 보가 일체로 타설된 비대칭 T형보(반T형보)의 유효폭은 얼마인가? (단, 플랜지두께=100mm, 복부폭=300mm, 인접보와의 내측거리=1,600mm, 보의 경간=6.0m)

① 800mm ② 900mm
③ 1,000mm ④ 1,100mm

해설 ㉠ $6t+b_w=6\times100+300=900\text{mm}$

㉡ $\dfrac{l}{12}+b_w=\dfrac{1}{12}\times6{,}000+300=800\text{mm}$

㉢ $\dfrac{1}{2}b_n+b_w=\dfrac{1}{2}\times1{,}600+300=1{,}100\text{mm}$

∴ 이 중 가장 작은 값 $b_e=800\text{mm}$

78 강도설계법에서 다음 그림과 같은 T형보의 응력사각형 블록의 깊이(a)는 얼마인가? (단, A_s=14-D25=7,094mm^2, f_{ck}=21MPa, f_y=300MPa)

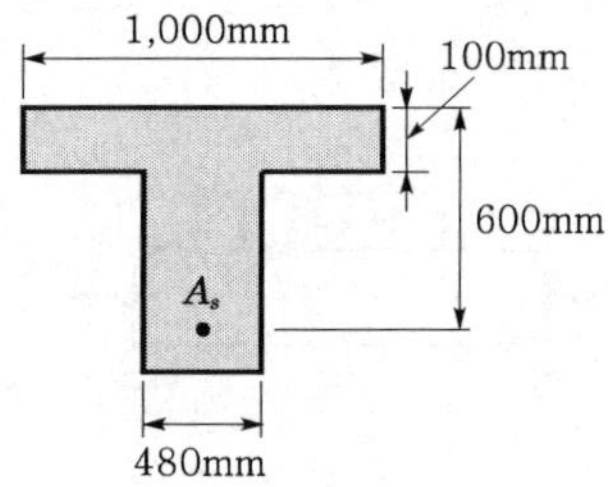

① 120mm ② 130mm
③ 140mm ④ 150mm

㉠ $A_{sf}=\dfrac{\eta(0.85f_{ck})t_f(b-b_w)}{f_y}$

$=\dfrac{1.0\times0.85\times21\times100\times(1{,}000-480)}{300}$

$=3{,}094\text{mm}^2$

㉡ $a=\dfrac{f_y(A_s-A_{sf})}{\eta(0.85f_{ck})b_w}=\dfrac{300\times(7{,}094-3{,}094)}{1.0\times0.85\times21\times480}=140.06\text{mm}$

79 프리스트레스트콘크리트 중 포스트텐션방식의 특징에 대한 설명으로 틀린 것은?

① 부착시키지 않은 PSC부재는 부착시킨 PSC부재에 비하여 파괴강도가 높고 균열폭이 작아지는 등 역학적 성능이 우수하다.
② PS강재를 곡선상으로 배치할 수 있어서 대형 구조물에 적합하다.
③ 프리캐스트 PSC부재의 결합과 조립에 편리하게 이용된다.
④ 부착시키지 않은 PSC부재는 그라우팅이 필요하지 않으며 PS강재의 재긴장도 가능하다.

해설 포스트텐션방식에서 부착시킨 PSC부재가 비부착PSC부재에 비해 파괴강도가 높고 균열폭이 작아지는 등 역학적 성능이 우수하다.

 정답 77. ① 78. ③ 79. ①

80 A_g =180,000mm², f_{ck} =24MPa, f_y =350MPa이고 종방향 철근의 전체 단면적(A_{st})= 4,500mm²인 나선철근기둥(단주)의 공칭축강도(P_n)는?

① 2,987.7kN
② 3,067.4kN
③ 3,873.2kN
④ 4,381.9kN

해설
$$P_n = 0.85\{0.85 f_{ck}(A_g - A_{st}) + f_y A_{st}\}$$
$$= 0.85 \times \{0.85 \times 24 \times (180{,}000 - 4{,}500) + 350 \times 4{,}500\}$$
$$= 4{,}381{,}920\text{N} = 4{,}381.9\text{kN}$$

제5과목 : 토질 및 기초

81 Vane Test에서 Vane의 지름 5cm, 높이 10cm, 파괴 시 토크가 590kg·cm일 때 점착력은?

① 1.29kg/cm²
② 1.57kg/cm²
③ 2.13kg/cm²
④ 2.76kg/cm²

해설
$$c = \frac{M_{max}}{\pi D^2\left(\frac{H}{2} + \frac{D}{6}\right)}$$
$$= \frac{590}{\pi \times 5^2 \times \left(\frac{10}{2} + \frac{5}{6}\right)} = 1.29\text{kg/cm}^2$$

82 단면적 20cm², 길이 10cm의 시료를 15cm의 수두차로 정수위투수시험을 한 결과 2분 동안에 150cm³의 물이 유출되었다. 이 흙의 비중은 2.67이고, 건조중량이 420g이었다. 공극을 통하여 침투하는 실제 침투유속 V_s는 약 얼마인가?

① 0.018cm/sec
② 0.296cm/sec
③ 0.437cm/sec
④ 0.628cm/sec

해설
㉠ $Q = KiA$

$$\frac{150}{2 \times 60} = Ki \times 20$$

$\therefore V = Ki = 0.0625\text{cm/sec}$

㉡ $\gamma_d = \frac{W_s}{V} = \left(\frac{G_s}{1+e}\right)\gamma_w$

$$\frac{420}{20 \times 10} = \frac{2.67}{1+e} \times 1$$

$\therefore e = 0.27$

㉢ $n = \frac{e}{1+e} = \frac{0.27}{1+0.27} = 0.21$

㉣ $V_s = \frac{V}{n} = \frac{0.0625}{0.21} = 0.298\text{cm/sec}$

정답 ▸▸▸ 80. ④ 81. ① 82. ②

83 단위중량이 1.8t/m^{3}인 점토지반의 지표면에서 5m 되는 곳의 시료를 채취하여 압밀시험을 실시한 결과 과압밀비(over consolidation ratio)가 2임을 알았다. 선행압밀압력은?

① 9t/m^2　② 12t/m^2
③ 15t/m^2　④ 18t/m^2

해설

$$OCR = \frac{P_c}{P}$$

$$2 = \frac{P_c}{1.8\times5}$$

$$\therefore\ P_c = 18\text{t/m}^2$$

84 연약지반에 구조물을 축조할 때 피조미터를 설치하여 과잉간극수압의 변화를 측정했더니 어떤 점에서 구조물 축조 직후 10t/m^{2}이었지만, 4년 후는 2t/m^{2}이었다. 이때의 압밀도는?

① 20%　② 40%
③ 60%　④ 80%

해설

$$u_z = \frac{u_i - u}{u_i}\times100 = \frac{10-2}{10}\times100 = 80\%$$

85 다음 그림과 같은 $p-q$다이어그램에서 K_f선이 파괴선을 나타낼 때 이 흙의 내부마찰각은?

① 32°
② 36.5°
③ 38.7°
④ 40.8°

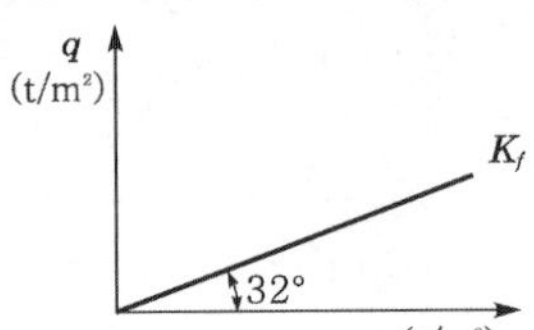

해설 $\sin\phi = \tan\alpha = \tan32°$

$\therefore\ \phi = 38.67°$

86 다음 그림에서 A점의 간극수압은?

① 4.87t/m^2

② 7.67t/m^2
③ 12.31t/m^2
④ 4.65t/m^2

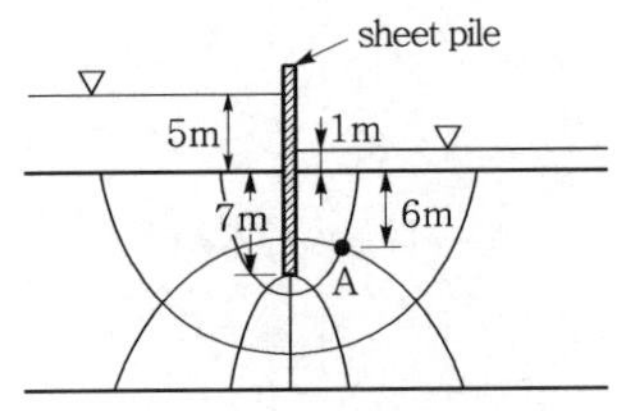

해설

㉠ 전수두 $= \frac{n_d}{N_d}H = \frac{1}{6}\times4 = 0.67\text{m}$

㉡ 위치수두 $= -(1+6) = -7\text{m}$

㉢ 압력수두 = 전수두 − 위치수두 $= 0.67-(-7) = 7.67\text{m}$

㉣ 간극수압 $= \gamma_w \times$ 압력수두 $= 1\times7.67 = 7.67\text{t/m}^2$

 정답 ▸▸▸ 83. ④ 84. ④ 85. ③ 86. ②

87 연약지반 위에 성토를 실시한 다음 말뚝을 시공하였다. 시공 후 발생될 수 있는 현상에 대한 설명으로 옳은 것은?

① 성토를 실시하였으므로 말뚝의 지지력은 점차 증가한다.
② 말뚝을 암반층 상단에 위치하도록 시공하였다면 말뚝의 지지력에는 변함이 없다.
③ 압밀이 진행됨에 따라 지반의 전단강도가 증가되므로 말뚝의 지지력은 점차 증가된다.
④ 압밀로 인해 부의 주면마찰력이 발생되므로 말뚝의 지지력은 감소된다.

해설 ㉠ 부마찰력은 압밀침하를 일으키는 연약점토층을 관통하여 지지층에 도달한 지지말뚝의 경우나 연약점토지반에 말뚝을 항타한 다음 그 위에 성토를 한 경우 등일 때 발생한다.
㉡ 부마찰력이 발생하면 말뚝의 지지력은 감소한다.

88 얕은 기초에 대한 Terzaghi의 수정지지력공식은 다음과 같다. 4m×5m의 직사각형 기초를 사용할 경우 형상계수 α와 β의 값으로 옳은 것은?

$$q_u = \alpha c N_c + \beta \gamma_1 B N_\gamma + \gamma_2 D_f N_q$$

① $\alpha=1.2,\ \beta=0.4$
② $\alpha=1.28,\ \beta=0.42$
③ $\alpha=1.24,\ \beta=0.42$
④ $\alpha=1.32,\ \beta=0.38$

해설 직사각형 기초
㉠ $\alpha=1+0.3\dfrac{B}{L}=1+0.3\times\dfrac{4}{5}=1.24$
㉡ $\beta=0.5-0.1\dfrac{B}{L}=0.5-0.1\times\dfrac{4}{5}=0.42$

89 다짐되지 않은 두께 2m, 상대밀도 40%의 느슨한 사질토지반이 있다. 실내시험결과 최대 및 최소 간극비가 0.80, 0.40으로 각각 산출되었다. 이 사질토를 상대밀도 70%까지 다짐할 때 두께의 감소는 약 얼마나 되겠는가?

① 12.4cm ② 14.6cm
③ 22.7cm ④ 25.8cm

해설 ㉠ $D_r=\dfrac{e_{\max}-e}{e_{\max}-e_{\min}}\times 100$에서
$40=\dfrac{0.8-e_1}{0.8-0.4}\times 100$
$\therefore\ e_1=0.64$
$70=\dfrac{0.8-e_2}{0.8-0.4}\times 100$
$\therefore\ e_2=0.52$
㉡ $\Delta H=\left(\dfrac{e_1-e_2}{1+e_1}\right)H=\dfrac{0.64-0.52}{1+0.64}\times 200=14.63\text{cm}$

정답 87. ④ 88. ③ 89. ②

90 $\phi=33°$인 사질토에 25° 경사의 사면을 조성하려고 한다. 이 비탈면의 지표까지 포화되었을 때 안전율을 계산하면? (단, 사면흙의 $\gamma_{sat}=1.8t/m^3$)

① 0.62 ② 0.70
③ 1.12 ④ 1.41

해설

$$F_s=\frac{\gamma_{sub}}{\gamma_{sat}}\left(\frac{\tan\phi}{\tan i}\right)=\frac{0.8}{1.8}\times\frac{\tan 33°}{\tan 25°}=0.62$$

91 사질토지반에 축조되는 강성기초의 접지압분포에 대한 설명 중 맞는 것은?

① 기초모서리 부분에서 최대 응력이 발생한다.
② 기초에 작용하는 접지압분포는 토질에 관계없이 일정하다.
③ 기초의 중앙 부분에서 최대 응력이 발생한다.
④ 기초밑면의 응력은 어느 부분이나 동일하다.

해설 ㉠ 강성기초

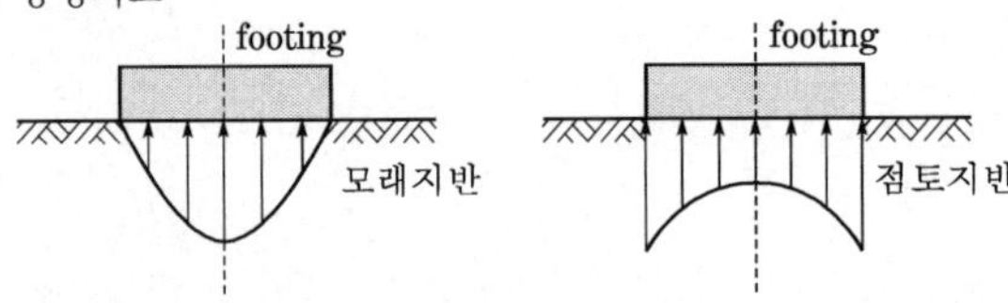

㉡ 연성기초

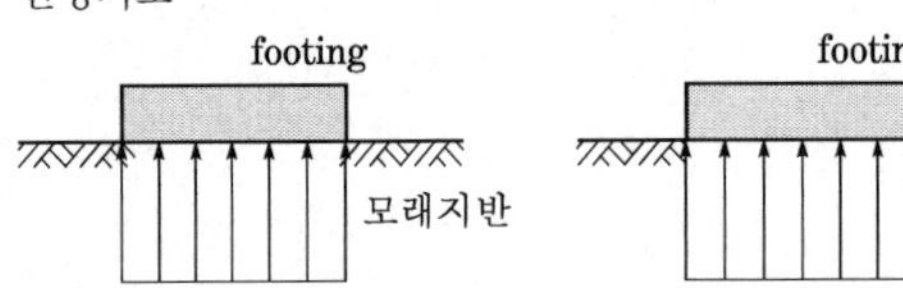

92 말뚝지지력에 관한 여러 가지 공식 중 정역학적 지지력공식이 아닌 것은?

① Dörr의 공식 ② Terzaghi의 공식
③ Meyerhof의 공식 ④ Engineering－news공식

해설 말뚝의 지지력공식
㉠ 정역학적 공식 : Terzaghi공식, Dörr공식, Meyerhof공식, Dunham공식
㉡ 동역학적 공식 : Hiley공식, Engineering－new공식, Sander공식, Weisbach공식

93 평판재하실험결과로부터 지반의 허용지지력값은 어떻게 결정하는가?

① 항복강도의 $\frac{1}{2}$, 극한강도의 $\frac{1}{3}$ 중 작은 값 ② 항복강도의 $\frac{1}{2}$, 극한강도의 $\frac{1}{3}$ 중 큰 값
③ 항복강도의 $\frac{1}{3}$, 극한강도의 $\frac{1}{2}$ 중 작은 값 ④ 항복강도의 $\frac{1}{3}$, 극한강도의 $\frac{1}{2}$ 중 큰 값

해설 $\frac{q_y}{2}$, $\frac{q_u}{3}$ 중에서 작은 값을 q_a라 한다.

 정답 ▸▸▸ 90. ① 91. ③ 92. ④ 93. ①

94 흙의 다짐에 관한 설명으로 틀린 것은?

① 다짐에너지가 클수록 최대 건조단위중량(γ_{dmax})은 커진다.
② 다짐에너지가 클수록 최적 함수비(w_{opt})는 커진다.
③ 점토를 최적 함수비(w_{opt})보다 작은 함수비로 다지면 면모구조를 갖는다.
④ 투수계수는 최적 함수비(w_{opt}) 근처에서 거의 최소값을 나타낸다.

해설 다짐에너지가 클수록 $\gamma_{d\max}$는 커지고, OMC(w_{opt})는 작아진다.

95 다음 그림에서 A점 흙의 강도정수가 c=3t/m², ϕ=30°일 때 A점의 전단강도는?

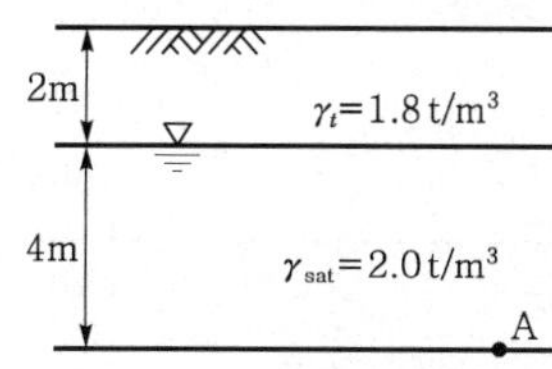

① 6.93t/m²
② 7.39t/m²
③ 9.93t/m²
④ 10.39t/m²

해설 ㉠ $\sigma = 1.8\times2+2\times4 = 11.6\text{t/m}^2$

$u = 1\times4 = 4\text{t/m}^2$

$\therefore\ \bar{\sigma} = 11.6-4 = 7.6\text{t/m}^2$

㉡ $\tau = c+\bar{\sigma}\tan\phi = 3+7.6\times\tan30° = 7.39\text{t/m}^2$

96 점토지반으로부터 불교란시료를 채취하였다. 이 시료는 직경 5cm, 길이 10cm이고, 습윤무게는 350g이고 함수비가 40%일 때 이 시료의 건조단위무게는?

① 1.78g/cm³
② 1.43g/cm³
③ 1.27g/cm³
④ 1.14g/cm³

해설

$$\gamma_t = \frac{W}{V} = \frac{350}{\dfrac{\pi\times5^2}{4}\times10} = 1.78\text{g/cm}^3$$

$$\therefore\ \gamma_d = \frac{\gamma_t}{1+\dfrac{w}{100}} = \frac{1.78}{1+\dfrac{40}{100}} = 1.27\text{g/cm}^3$$

97 γ_t=1.9t/m³, ϕ=30°인 뒤채움모래를 이용하여 8m 높이의 보강토 옹벽을 설치하고자 한다. 폭 75mm, 두께 3.69mm의 보강띠를 연직방향 설치간격 S_v=0.5m, 수평방향 설치간격 S_h=1.0m로 시공하고자 할 때 보강띠에 작용하는 최대힘 $T_{\max}$의 크기를 계산하면?

① 1.53t
② 2.53t
③ 3.53t
④ 4.53t

정답 94. ② 95. ② 96. ③ 97. ②

해설

$$K_a = \tan^2\left(45° - \frac{\phi}{2}\right)$$
$$= \tan^2\left(45° - \frac{30°}{2}\right) = \frac{1}{3}$$
$$\therefore\ T_{\max} = \gamma H K_a (S_v S_h)$$
$$= 1.9 \times 8 \times \frac{1}{3} \times 0.5 \times 1 = 2.533\text{t}$$

98 다음의 설명과 같은 경우 강도정수 결정에 적합한 삼축압축시험의 종류는?

최근에 매립된 포화점성토지반 위에 구조물을 시공한 직후의 초기안정 검토에 필요한 지반강도정수 결정

① 압밀배수시험(CD)
② 압밀비배수시험(CU)
③ 비압밀비배수시험(UU)
④ 비압밀배수시험(UD)

해설 UU-test를 사용하는 경우
㉠ 성토 직후에 급속한 파괴가 예상되는 경우
㉡ 점토지반에 제방을 쌓거나 기초를 설치할 때 등 급격한 재하가 된 경우에 초기안정 해석에 사용

99 두 개의 규소판 사이에 한 개의 알루미늄판이 결합된 3층 구조가 무수히 많이 연결되어 형성된 점토광물로서 각 3층 구조 사이에는 칼륨이온(K^+)으로 결합되어 있는 것은?

① 몬모릴로나이트(montmorillonite)
② 할로이사이트(halloysite)
③ 고령토(kaolinite)
④ 일라이트(illite)

해설 일라이트(illite)
㉠ 2개의 실리카판과 1개의 알루미나판으로 이루어진 3층 구조가 무수히 많이 연결되어 형성된 점토광물이다.
㉡ 3층 구조 사이에 칼륨(K^+)이온이 있어서 서로 결속되며 카올리나이트의 수소결합보다는 약하지만 몬모릴로나이트의 결합력보다는 강하다.

100 두께 2m인 투수성 모래층에서 동수경사가 $\frac{1}{10}$이고, 모래의 투수계수가 5×10^{-2}cm/sec라면 이 모래층의 폭 1m에 대하여 흐르는 수량은 매 분당 얼마나 되는가?

① 6,000cm³/min
② 600cm³/min
③ 60cm³/min
④ 6cm³/min

해설 $Q = KiA = (5\times10^{-2})\times\frac{1}{10}\times(200\times100)\times60 = 6{,}000\text{cm}^3/\text{분}$

 정답 ▸▸▸ 98. ③ 99. ④ 100. ①

제6과목 : 상하수도공학

101 다음 그림은 급속여과지에서 시간경과에 따른 여과유량(여과속도)의 변화를 나타낸 것이다. 정압여과를 나타내고 있는 것은?

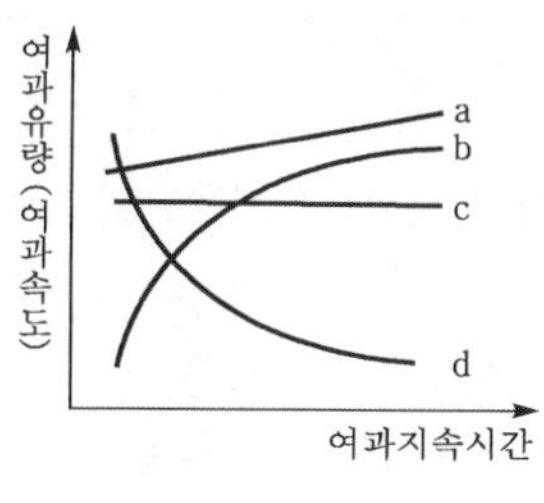

① a
② b
③ c
④ d

해설 정압여과인 경우에는 여과속도의 변화폭이 크며, 여과지속시간이 길어질수록 여과속도는 급속히 작아진다.

102 유입하수의 유량과 수질변동을 흡수하여 균등화함으로써 처리시설의 효율화를 위한 유량조정조에 대한 설명으로 옳지 않은 것은?

① 조의 유효수심은 3~5m를 표준으로 한다.
② 조의 형상은 직사각형 또는 정사각형을 표준으로 한다.
③ 조 내에는 오염물질의 효율적 침전을 위하여 난류를 일으킬 수 있는 교반시설을 하지 않도록 한다.
④ 조의 용량은 유입하수량 및 유입부하량의 시간변동을 고려하여 설정수량을 초과하는 수량을 일시 저류하도록 정한다.

해설 유량조정조는 유입하수의 유량과 수질의 변동을 균등화함으로써 처리시설의 처리효율을 높이고 처리수질의 향상을 도모할 목적으로 설치하는 것이므로 난류를 일으킬 수 있는 교반시설을 설치한다.

103 관망에서 등치관에 대한 설명으로 옳은 것은?

① 관의 직경이 같은 관을 말한다.
② 유속이 서로 같으면서 관의 직경이 다른 관을 말한다.
③ 수두손실이 같으면서 관의 직경이 다른 관을 말한다.
④ 수원과 수질이 같은 주관과 지관을 말한다.

104 하수도계획의 원칙적인 목표연도로 옳은 것은?

① 10년
② 20년
③ 50년
④ 100년

정답 ▸▸▸ 101. ④ 102. ③ 103. ③ 104. ②

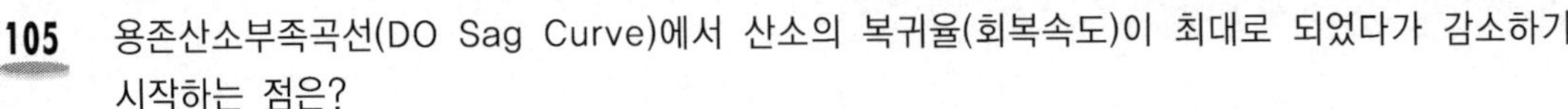

105 용존산소부족곡선(DO Sag Curve)에서 산소의 복귀율(회복속도)이 최대로 되었다가 감소하기 시작하는 점은?

① 임계점
② 변곡점
③ 오염 직후 점
④ 포화 직전 점

106 도수 및 송수관로 중 일부분이 동수경사선보다 높은 경우 조치할 수 있는 방법으로 옳은 것은?

① 상류측에 대해서는 관경을 작게 하고, 하류측에 대해서는 관경을 크게 한다.
② 상류측에 대해서는 관경을 작게 하고, 하류측에 대해서는 접합정을 설치한다.
③ 상류측에 대해서는 관경을 크게 하고, 하류측에 대해서는 관경을 작게 한다.
④ 상류측에 대해서는 접합정을 설치하고, 하류측에 대해서는 관경을 크게 한다.

해설 상류측 관경을 크게 한다. 접합정을 설치한다. 감압밸브를 설치한다.

107 슬러지지표(SVI)에 대한 설명으로 옳지 않은 것은?

① SVI는 침전슬러지양 100mL 중에 포함되는 MLSS를 그램(g)수로 나타낸 것이다.
② SVI는 활성슬러지의 침강성을 보여주는 지표로 광범위하게 사용된다.
③ SVI가 50~150일 때 침전성이 양호하다.
④ SVI가 200 이상이면 슬러지 팽화가 의심된다.

해설 SVI는 폭기조혼합액 1L를 30분간 침전시킨 후 1g의 MLSS가 슬러지로 형성될 때 차지하는 부피를 단위 부피(mL)당으로 나타낸 값을 말한다.

108 유량이 100,000m^3/d이고, BOD가 2mg/L인 하천으로 유량 1,000m^3/d, BOD 100mg/L인 하수가 유입된다. 하수가 유입된 후 혼합된 BOD의 농도는?

① 1.97mg/L
② 2.97mg/L
③ 3.97mg/L
④ 4.97mg/L

해설

$$C = \frac{C_1Q_1 + C_2Q_2}{Q_1 + Q_2} = \frac{2\text{mg/L} \times 100{,}000\text{m}^3/\text{d} + 100\text{mg/L} \times 1{,}000\text{m}^3/\text{d}}{100{,}000\text{m}^3/\text{d} + 1{,}000\text{m}^3/\text{d}} = 2.97\text{mg/L}$$

109 80%의 전달효율을 가진 전동기에 의해서 가동되는 85% 효율의 펌프가 300L/s의 물을 25.0m 양수할 때 요구되는 전동기의 출력(kW)은? (단, 여유율 α=0으로 가정)

① 60.0kW
② 73.3kW
③ 86.3kW
④ 107.9kW

해설

kW일 경우 출력$= \frac{9.8QH}{\eta} = \frac{9.8 \times 300\text{L/s} \times 25\text{m}}{0.85 \times 0.8} = \frac{9.8 \times 300 \times 10^{-3}\text{m}^3/\text{s} \times 25\text{m}}{0.85 \times 0.8} = 108.1\text{kW}$

 정답 105. ② 106. ③ 107. ① 108. ② 109. ④

110 계획급수인구를 추정하는 이론곡선식이 $y = \frac{K}{1+e^{a-bx}}$로 표현될 때 식 중의 K가 의미하는 것은? (단, y : x년 후의 인구, x : 기준년부터의 경과연수, e : 자연대수의 밑, a, b : 상수)

① 현재인구　② 포화인구
③ 증가인구　④ 상주인구

111 호수나 저수지에서 발생되는 성층현상의 원인과 가장 관계가 깊은 요소는?

① 적조현상　② 미생물
③ 질소(N), 인(P)　④ 수온

해설 성층현상은 수온과 관련이 깊으며 겨울철과 여름철에 주로 나타나고, 특히 여름철에 두드러지게 나타난다.

112 하수관거 직선부에서 맨홀(man hole)의 관경에 대한 최대 간격의 표준으로 옳은 것은?

① 관경 600mm 이하의 경우 최대 간격 50m
② 관경 600mm 초과 1,000mm 이하의 경우 최대 간격 100m
③ 관경 1,000mm 초과 1,500mm 이하의 경우 최대 간격 125m
④ 관경 1,650mm 이상의 경우 최대 간격 150m

해설 관거 직선부에서 맨홀의 최대 간격은 600mm 이하 관에서 최대 간격 75m, 600mm 초과 1,000mm 이하에서 100m, 1,000mm 초과 1,500mm 이하에서 150m, 1,650mm 이상에서 200m를 표준으로 하며, 관거 곡선부에서도 현장여건에 따라 곡률반경을 고려하여 맨홀을 설치한다.

113 정수장에서 1일 50,000m³의 물을 정수하는데 침전지의 크기가 폭 10m, 길이 40m, 수심 4m인 침전지 2개를 가지고 있다. 2지의 침전지가 이론상 100% 제거할 수 있는 입자의 최소 침전속도는? (단, 병렬연결기준)

① 31.25m/d　② 62.5m/d
③ 125m/d　④ 625m/d

해설

$$V_0 = \frac{Q}{A} = \frac{50{,}000\text{m}^3/\text{d}}{10\text{m} \times 40\text{m} \times 2\text{지}} = 62.5\text{m/d}$$

114 급수방법에는 고가수조식과 압력수조식이 있다. 압력수조식을 고가수조식과 비교한 설명으로 옳지 않은 것은?

① 조작상에 최고·최저의 압력차가 적고 급수압의 변동폭이 적다.
② 큰 설비에는 공기압축기를 설치해서 때때로 공기를 보급하는 것이 필요하다.
③ 취급이 비교적 어렵고 고장이 많다.
④ 저수량이 비교적 적다.

해설 압력수조식은 저수조에 물을 받은 다음 펌프로 압력수조에 넣고, 그 내부압력에 의하여 급수하는 방식이므로 공기압축기를 필요로 하지 않는다. 단, 큰 설비에는 공기압축기를 설치하여 때때로 공기를 보급하는 것이 필요하다.

115 하수의 배제방식 중 분류식 하수도에 대한 설명으로 틀린 것은?

① 우수관 및 오수관의 구별이 명확하지 않은 곳에서는 오접의 가능성이 있다.
② 강우 초기의 오염된 우수가 직접 하천 등으로 유입될 수 있다.
③ 우천 시에 수세효과가 있다.
④ 우천 시 월류의 우려가 없다.

해설 분류식은 오수관과 우수관을 따로 배제하므로 강우 초기에 오염된 물질이 하천에 직접 유입될 우려가 있으므로 수세효과보다는 하천의 오염 우려가 있다.

116 우수조정지의 설치장소로 적당하지 않은 곳은?

① 토사의 이동이 부족한 장소
② 하수관거의 유하능력이 부족한 장소
③ 방류수로의 유하능력이 부족한 장소
④ 하류지역 펌프장능력이 부족한 장소

117 어떤 지역의 강우지속시간(t)과 강우강도 역수($1/I$)와의 관계를 구해보니 다음 그림과 같이 기울기가 1/3,000, 절편이 1/150이 되었다. 이 지역의 강우강도를 Talbot형$\left(I=\dfrac{a}{t+b}\right)$으로 표시한 것으로 옳은 것은?

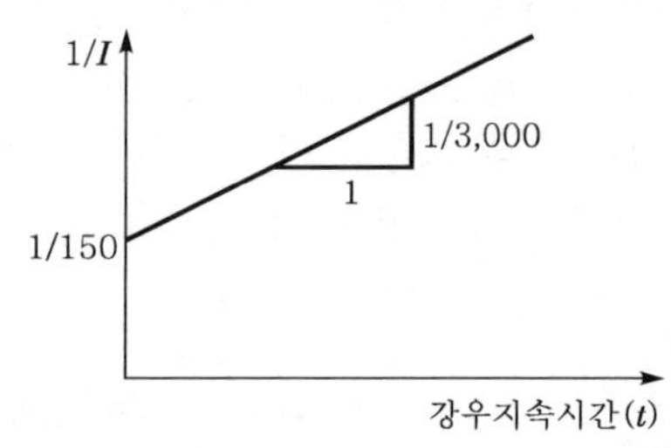

① $\dfrac{3,000}{t+20}$
② $\dfrac{20}{t+3,000}$
③ $\dfrac{10}{t+1,500}$
④ $\dfrac{1,500}{t+10}$

해설 강우강도는 Talbot형, Sherman형, Japaness형의 세 가지 형태가 있다.

118 특정 오염물의 제거가 필요하여 활성탄 흡착으로 제거하고자 한다. 연구결과 수량 대비 5%의 활성탄을 사용할 때 오염물질의 75%가 제거되며, 10%의 활성탄을 사용할 때는 96.5%가 제거되었다. 이 특정 오염물의 잔류농도를 처음 농도의 0.5% 이하로 처리하기 위해서는 활성탄을 수량 대비 몇 %로 처리하여야 하는가? (단, 흡착과정은 Freundlich방정식 $\dfrac{X}{M}=KC^{1/n}$을 만족한다.)

① 약 10%
② 약 12%
③ 약 14%
④ 약 16%

 정답 ▸▸▸ 115. ③ 116. ① 117. ① 118. ④

해설 $\frac{X}{M}=KC^{1/n}$의 양변에 log를 취하면 $\log\frac{X}{M}=\frac{1}{n}\log C+\log K$이다.

여기서, 직선의 방정식을 수립한다.

$Y=AX+B$, $Y=\log\frac{X}{M}$, $A=\frac{1}{n}$, $X=\log C$, $B=\log K$

주어진 data를 이용, 직선의 방정식을 구하여 K와 n값을 구한 후 $\frac{X}{M}=KC^{1/n}$을 완성한다.

잔류농도 0.5% 이하로 처리한다는 의미는 반대로 특정 오염물질의 잔류농도를 99.5% 제거하기 위한 활성탄사용량을 구하면 된다.

$\frac{75}{5}=K\times 25^{1/n}$과 $\frac{96.5}{10}=K\times 3.5^{1/n}$을 $Y=AX+B$로 대입, 직선의 방정식으로 계산하여 K와 n을 구하면 $n=4.47$, $K=7.3$을 구할 수 있다. 따라서 $\frac{X}{M}=KC^{1/n}=7.3\times C^{1/4.47}$이 된다.

흡착과정이 본 식을 만족하므로 오염물질의 잔류농도를 0.5% 이하로 처리하려면 $\frac{99.5}{M}=7.3\times 0.5^{\frac{1}{4.47}}$

∴ 흡착제의 중량 $M=15.9\%$

119 수질시험항목에 관한 설명으로 옳지 않은 것은?

① DO(용존산소)는 물속에 용해되어 있는 분자상의 산소를 말하며, 온도가 높을수록 DO농도는 감소한다.
② COD(화학적 산소요구량)는 수중의 산화 가능한 유기물이 일정 조건에서 산화제에 의해 산화되는 데 요구되는 산소량을 말한다.
③ 잔류염소는 처리수를 염소소독하고 남은 염소로 차아염소산이온과 같은 유리잔류염소와 클로라민 같은 결합잔류염소를 말한다.
④ BOD(생물화학적 산소요구량)는 수중 유기물이 혐기성 미생물에 의해 3일간 분해될 때 소비되는 산소량을 ppm으로 표시한 것이다.

해설 BOD는 생물학적 산소요구량이며 5일간 분해될 때의 소비되는 산소량을 ppm으로 표시한 것이다.

120 계획오수량 산정 시 고려사항에 대한 설명으로 옳지 않은 것은?

① 지하수량은 1인 1일 최대 오수량의 10~20%로 한다.
② 계획 1일 평균오수량은 계획 1일 최대 오수량의 70~80%를 표준으로 한다.
③ 계획시간 최대 오수량은 계획 1일 평균오수량의 1시간당 수량의 0.9~1.2배를 표준으로 한다.
④ 계획 1일 최대 오수량은 1인 1일 최대 오수량에 계획인구를 곱한 후 공장폐수량, 지하수량 및 기타 배수량을 더한 값으로 한다.

해설 계획시간 최대 오수량은 계획 1일 최대 오수량의 1시간당 수량의 1.3~1.8배를 표준으로 한다.

정답 119. ④ 120. ③

국가기술자격검정 필기시험문제

2017년도 토목기사(2017년 9월 23일)

자격종목	시험시간	문제형별	수험번호	성 명
토목기사	**3시간**	**A**		

제1과목 : 응용역학

1 다음 그림과 같이 강선과 동선으로 조립되어 있는 구조물에 200kg의 하중이 작용하면 강선에 발생하는 힘은? (단, 강선과 동선의 단면적은 같고, 강선의 탄성계수는 2.0×10^6kg/cm^2, 동선의 탄성계수는 1.0×10^6kg/cm^{2}이다.)

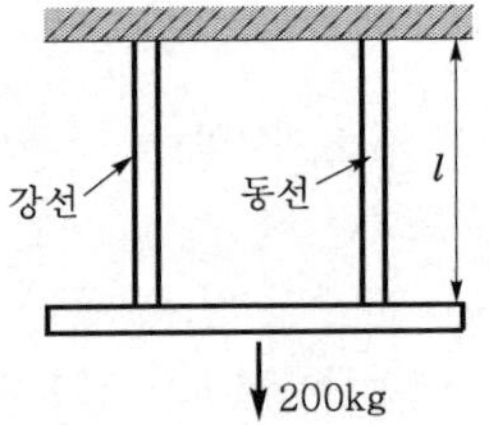

① 66.7kgf
② 133.3kgf
③ 166.7kgf
④ 233.3kgf

해설 ㉠ 강선과 동선의 변형률이 같다.

$\varepsilon = \varepsilon_s = \varepsilon_c$

㉡ 강선과 동선은 각각 힘을 분담한다.

$P = P_s + P_c$

㉢ 훅의 법칙 이용

$$\frac{P}{A} = E\varepsilon$$

$$P = E_s\varepsilon_s A_s + E_c\varepsilon_c A_c = (E_s A_s + E_c A_c)\varepsilon$$

$$\therefore \varepsilon = \frac{P}{E_s A_s + E_c A_c}$$

㉣ 강선의 응력 산정

$$\varepsilon = \varepsilon_s = \frac{\sigma_s}{E_s} = \frac{P}{E_s A_s + E_c A_c}$$

$$\therefore \sigma_s = \frac{PE_s}{E_s A_s + E_c A_c}$$

㉤ $A_s = A_c$

$$\therefore P_s = \sigma_s A_s = \frac{PE_s}{E_s + E_c}$$

$$= \frac{2{,}000\times2.0\times10^6}{2.0\times10^6 + 1.0\times10^6} = 133.3\text{kgf}$$

 정답 ▸▸▸ 1. ②

2 다음 그림과 같이 밀도가 균일하고 무게가 W인 구(球)가 마찰이 없는 두 벽면 사이에 놓여있을 때 반력 R_B의 크기는?

① $0.5\,W$
② $0.577\,W$
③ $0.866\,W$
④ $1.155\,W$

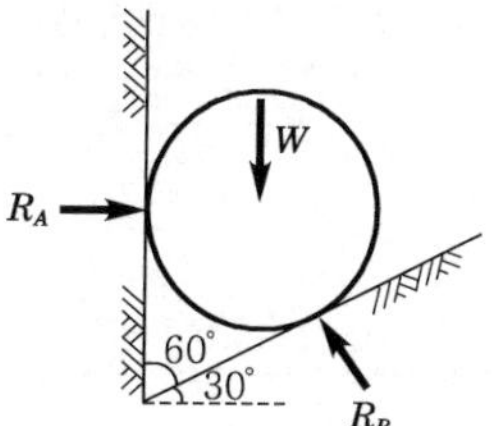

해설 힘의 평형방정식 이용

$\sum V = 0$

$-W + R_A \cos 30° = 0$

$\therefore\ R_B = 1.155\,W$

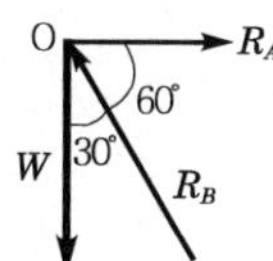

3 지름 D인 원형 단면보에 휨모멘트 M이 작용할 때 최대 휨응력은?

① $\dfrac{64M}{\pi D^3}$ ② $\dfrac{32M}{\pi D^3}$
③ $\dfrac{16M}{\pi D^3}$ ④ $\dfrac{8M}{\pi D^3}$

$$\sigma = \frac{M}{I}y = \frac{M}{\frac{\pi D^4}{64}} \times \frac{D}{2} = \frac{32M}{\pi D^3}$$

4 주어진 T형 단면의 캔틸레버보에서 최대 전단응력을 구하면? (단, T형보 단면의 $I_{N.A} = 86.8\text{cm}^4$이다.)

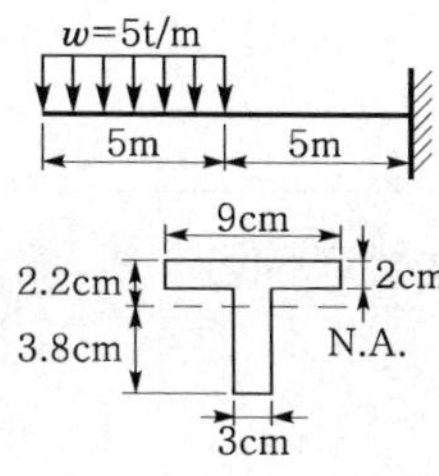

① $1{,}256.8\text{kgf/cm}^2$ ② $1{,}797.2\text{kgf/cm}^2$
③ $2{,}079.5\text{kgf/cm}^2$ ④ $2{,}433.2\text{kgf/cm}^2$

$S = 5 \times 5 = 25\text{tf}$

$G = (9 \times 2 \times 1.2) + (3 \times 0.2 \times 0.1) = 21.66\text{cm}^3$

$$\therefore\ \tau_{\max} = \frac{SG}{Ib} = \frac{25 \times 10^3 \times 21.66}{86.8 \times 3} = 2{,}079.49\text{kgf/cm}^2$$

정답 ▸▸▸ 2. ④ 3. ② 4. ③

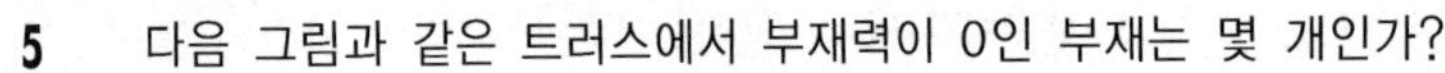

5 다음 그림과 같은 트러스에서 부재력이 0인 부재는 몇 개인가?

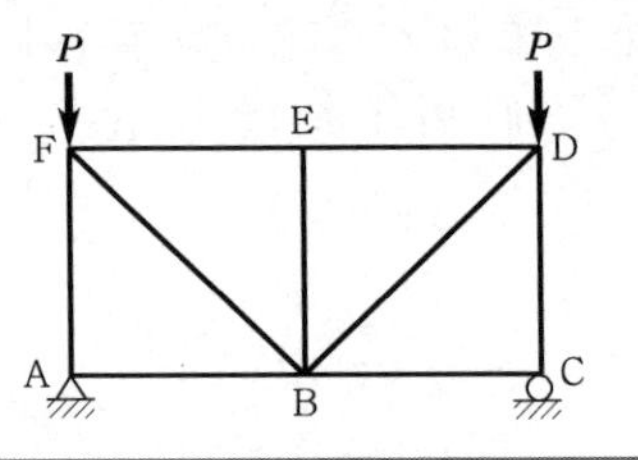

① 3개
② 4개
③ 5개
④ 7개

해설 부재력이 0인 부재는 7개이다.

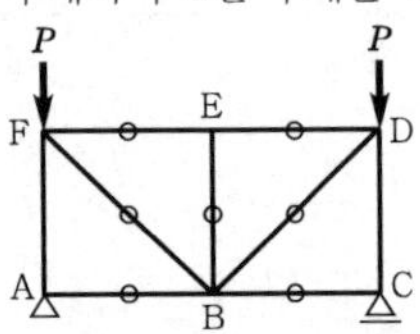

6 다음 그림과 같은 연속보가 있다. B점과 C점 중간에 10t의 하중이 작용할 때 B점에서의 휨모멘트는? (단, EI는 전 구간에 걸쳐 일정하다.)

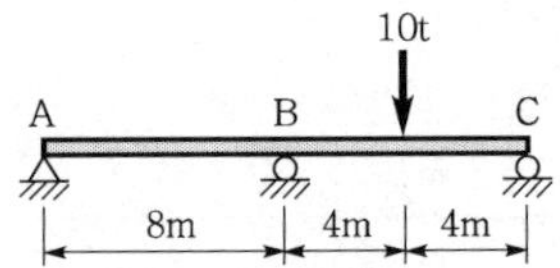

① $-5\text{tf}\cdot\text{m}$
② $-7.5\text{tf}\cdot\text{m}$
③ $-10\text{tf}\cdot\text{m}$
④ $-12.5\text{tf}\cdot\text{m}$

해설 $M_A = M_C = 0$

$$2M_B\left(\frac{L_1}{I_1}+\frac{L_2}{I_2}\right)=6E(\theta_{BA}-\theta_{BC})$$

$$2M_B\times\frac{2L}{I}=6E(\theta_{BA}-\theta_{BC})$$

$$\therefore\ M_B=\frac{6EI}{4L}\left(0-\frac{Pl^2}{16EI}\right)=-\frac{3PL}{32}=-\frac{3\times10\times8}{32}=-7.5\text{tf}\cdot\text{m}$$

7 보의 탄성변형에서 내력이 한 일을 그 지점의 반력으로 1차 편미분한 것은 "0"이 된다는 정리는 다음 중 어느 것인가?

① 중첩의 원리
② 맥스웰베티의 상반원리
③ 최소일의 원리
④ 카스틸리아노의 제1정리

8 다음 그림과 같은 구조물에서 부재 AB가 받는 힘의 크기는?

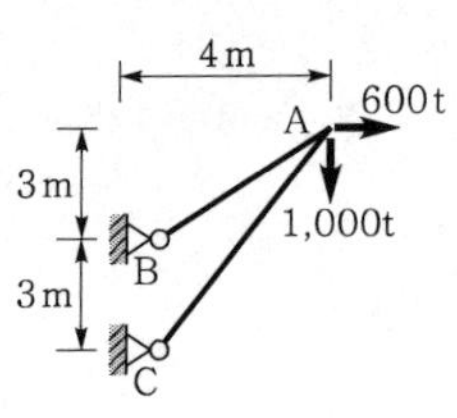

① 3,166.7ton
② 3,274.2ton
③ 3,368.5ton
④ 3,485.4ton

 정답 ▸▸▸ 5. ④ 6. ② 7. ③ 8. ①

해설

$\sum H = 0$

$-\frac{4}{5}F_{AB} - \frac{4}{\sqrt{52}}F_{AC} + 600 = 0$ ················ ㉠

$\sum V = 0$

$-\frac{3}{5}F_{AB} - \frac{6}{\sqrt{52}}F_{AC} - 1{,}000 = 0$ ············· ㉡

㉠과 ㉡을 연립해서 풀면

$F_{AB} = 3{,}166.7\text{tf}$(인장), $F_{AC} = -3{,}485.4\text{tf}$(압축)

9 다음과 같은 라멘에서 휨모멘트도(B.M.D)를 옳게 나타낸 것은?

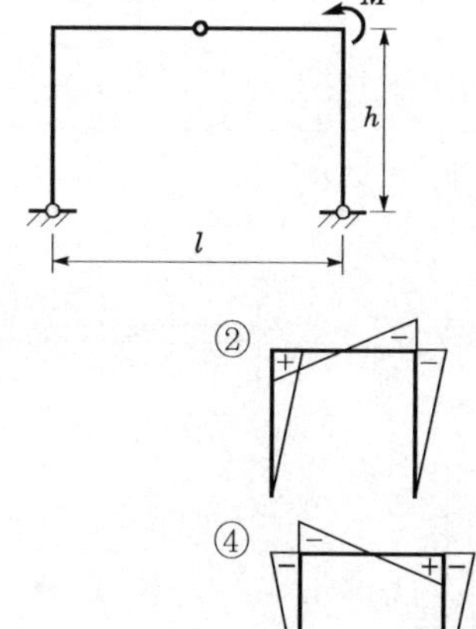

①

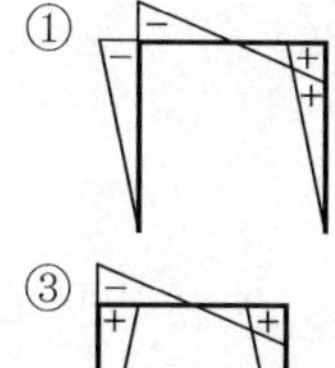

②

③

④

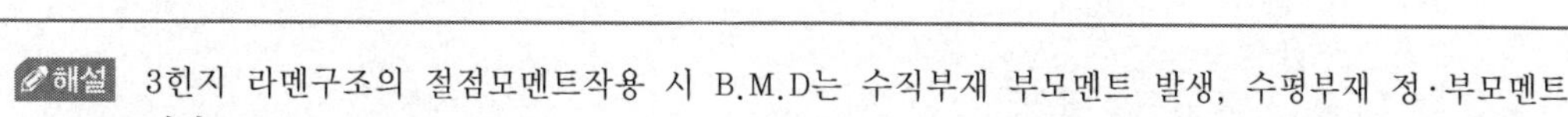

해설 3힌지 라멘구조의 절점모멘트작용 시 B.M.D는 수직부재 부모멘트 발생, 수평부재 정·부모멘트 교차이다.

10 중앙에 집중하중 P를 받는 다음 그림과 같은 단순보에서 지점 A로부터 $l/4$인 지점(점 D)의 처짐각(θ_D)과 수직처짐량(δ_D)은? (단, EI는 일정)

① $\theta_D = \frac{5Pl^2}{64EI}$, $\delta_D = \frac{3Pl^3}{768EI}$

② $\theta_D = \frac{3Pl^2}{128EI}$, $\delta_D = \frac{5Pl^3}{384EI}$

③ $\theta_D = \frac{3Pl^2}{64EI}$, $\delta_D = \frac{11Pl^3}{768EI}$

④ $\theta_D = \frac{3Pl^2}{128EI}$, $\delta_D = \frac{11Pl^3}{384EI}$

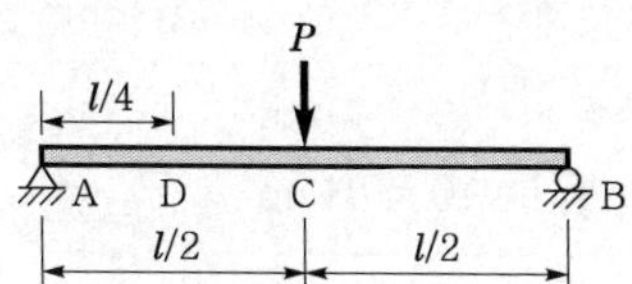

해설

$$R_A' = \frac{1}{2} \times \frac{Pl}{4EI} \times \frac{l}{2} = \frac{Pl^2}{16EI}$$

$$\therefore \theta_D = \frac{Pl^2}{16EI} - \left(\frac{1}{2} \times \frac{l}{4} \times \frac{Pl}{8EI}\right)$$

$$= \frac{Pl^2}{16EI} - \frac{Pl^2}{64EI} = \frac{3Pl^2}{64EI}$$

$$\therefore \delta_D = \left(\frac{Pl^2}{16EI} \times \frac{l}{4}\right) - \left(\frac{Pl^2}{64EI} \times \frac{1}{3} \times \frac{l}{4}\right)$$

$$= \frac{Pl^3}{64EI} - \frac{Pl^3}{768EI} = \frac{11Pl^3}{768EI}$$

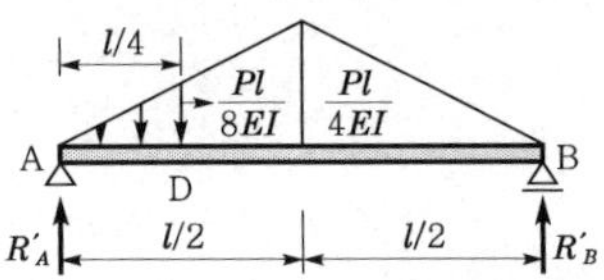

11 다음 그림과 같은 부정정보에 집중하중이 작용할 때 A점의 휨모멘트 M_A를 구한 값은?

① −5.7tf·m

② −3.6tf·m

③ −4.2ft·m

④ −2.6tf·m

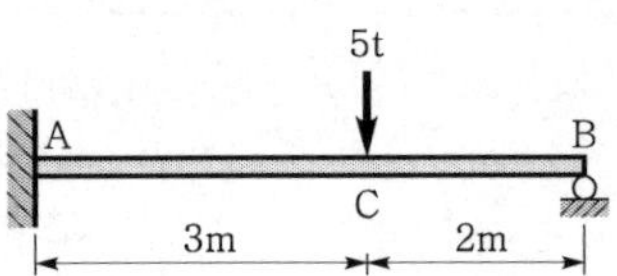

해설 ㉠ V_B를 부정정력으로 선택, $\Delta_B = 0$ 이용

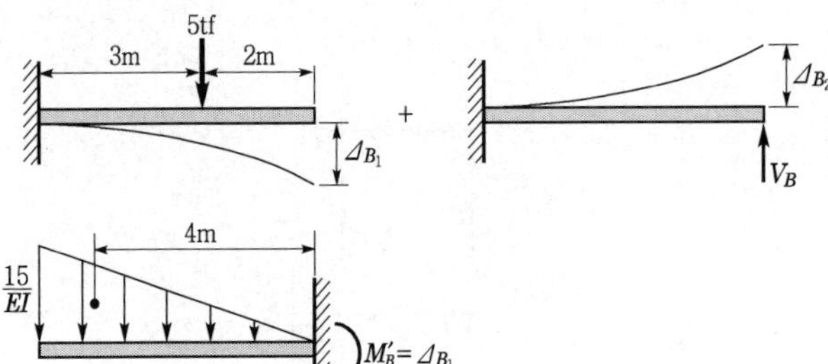

$$\Delta_{B1} = \frac{1}{2} \times \frac{15}{EI} \times 3 \times 4 = \frac{90}{EI}$$

$$\Delta_{B2} = \frac{V_B L^3}{3EI} = \frac{V_B \times 5^3}{3EI} = \frac{41.7 V_B}{EI}$$

$$\Delta_{B1} = \Delta_{B2}$$

$$\therefore V_B = \frac{90}{41.7} = 2.158\text{tf}$$

㉡ M_A 산정

$M_A = 5 \times 3 - 2.158 \times 5 = 4.21\text{tf} \cdot \text{m}$

12 탄성계수 E=2.1×10⁶kg/cm², 푸아송비 ν=0.25일 때 전단탄성계수는?

① 8.4×10^5kgf/cm²

② 1.1×10^6kgf/cm²

③ 1.7×10^6kgf/cm²

④ 2.1×10^6kgf/cm²

해설

$$G = \frac{E}{2(1+\nu)} = \frac{2.1 \times 10^6}{2 \times (1+0.25)} = 8.4 \times 10^5 \text{kgf/m}^2$$

 정답 11. ③ 12. ①

13 양단이 고정된 기둥에 축방향력에 의한 좌굴하중 P_{cr}을 구하면? (단, E : 탄성계수, I : 단면 2차 모멘트, L : 기둥의 길이)

① $P_{cr}=\dfrac{\pi^2 EI}{L^2}$　　② $P_{cr}=\dfrac{\pi^2 EI}{2L^2}$

③ $P_{cr}=\dfrac{\pi^2 EI}{4L^2}$　　④ $P_{cr}=\dfrac{4\pi^2 EI}{L^2}$

해설 양단 고정일 때 $n=4$

$\therefore P_{cr}=\dfrac{n\pi^2 EI}{L^2}=\dfrac{4\pi^2 EI}{L^2}$

14 다음과 같은 단순보의 지점 A에 모멘트 M_a가 작용할 경우 A점과 B점의 처짐각비$\left(\dfrac{\theta_a}{\theta_b}\right)$의 크기는?

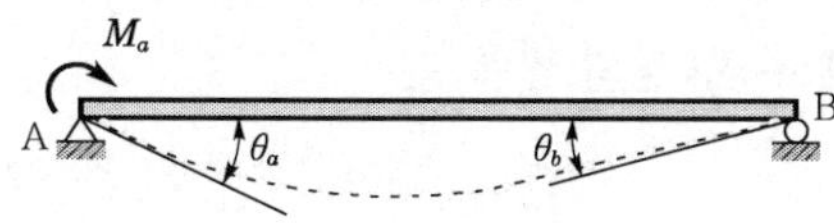

① 1.5　　② 2.0

③ 2.5　　④ 3.0

해설 공액보 이용

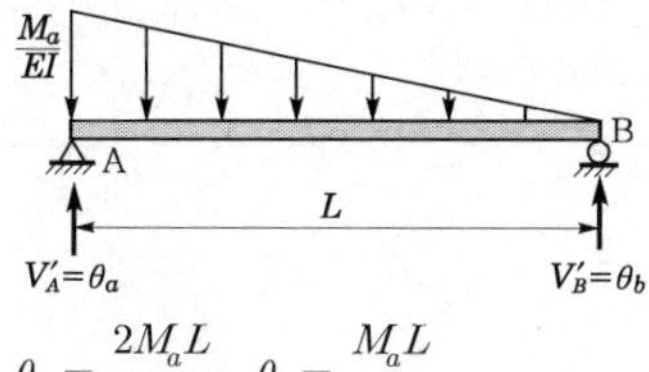

$\theta_a=\dfrac{2M_aL}{6EI}$, $\theta_b=\dfrac{M_aL}{6EI}$

$\therefore \dfrac{\theta_a}{\theta_b}=\dfrac{2}{1}=2.0$

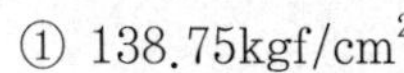

15 다음 그림과 같은 단주에 편심하중이 작용할 때 최대 압축응력은

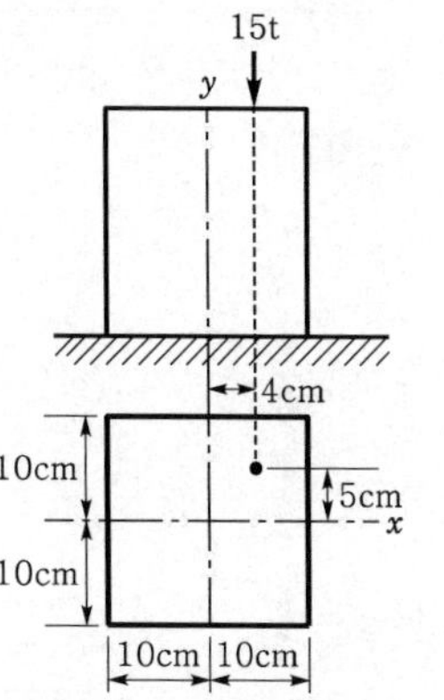

① 138.75kgf/cm^2

② 172.65kgf/cm^2

③ 245.75kgf/cm^2

④ 317.65kgf/cm^2

정답 ▸▸▸ 13. ④　14. ②　15. ①

해설

$$I_x = I_z = \frac{20 \times 20^3}{12} = 13{,}333.3\text{cm}^4$$

$$A = 20 \times 20 = 400\text{cm}^2$$

$$\sigma = \frac{P}{A} + \frac{Pe_y}{I_x}y + \frac{Pe_x}{I_z}x$$

$$= \frac{15 \times 10^3}{400} + \frac{15 \times 10^3 \times 5 \times 10}{13{,}333.3} + \frac{15 \times 10^3 \times 4 \times 10}{13{,}333.3}$$

$$= 37.5 + 56.25 + 45 = 138.75\text{kgf/cm}^2$$

16 다음 그림과 같은 보에서 A지점의 반력은?

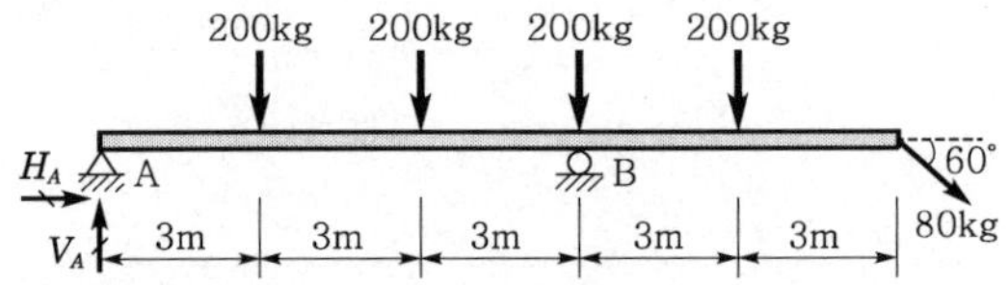

① H_A =87.1kg(←), V_A =40kg(↑)
② H_A =40kg(←), V_A =87.1kg(↑)
③ H_A =69.3kg(→), V_A =87.1kg(↑)
④ H_A =40kg(→), V_A =69.3kg(↑)

해설 $\Sigma H = 0$

$H_A - 80 \times \cos 60° = 0$

$\therefore\ H_A = 40\text{kgf}(\leftarrow)$

$\Sigma M_B = 0$

$(V_A \times 9.0) - (200 \times 6) - (200 \times 3) + (200 \times 3) + (80 \times \sin 60° \times 6) = 0$

$\therefore\ V_A = 87.14\text{kgf}$

17 다음 그림과 같은 내민보에서 C점의 휨모멘트가 영(零)이 되게 하기 위해서는 x가 얼마가 되어야 하는가?

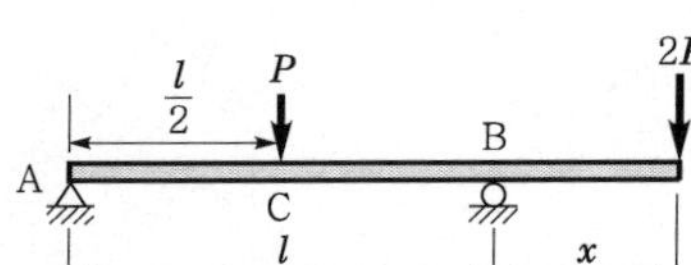

① $x = \frac{l}{4}$

② $x = \frac{l}{3}$

③ $x = \frac{l}{2}$

④ $x = \frac{2l}{3}$

해설 $\Sigma M_B = 0$

$R_A l - P\frac{l}{2} + 2Px = 0$

$R_A l = -2Px + \frac{Pl}{2}$

$\therefore R_A = \frac{-2Px}{l} + \frac{P}{2}$

$M_C = \left(\frac{-2Px}{l} + \frac{P}{2}\right)\frac{l}{2} = 0$

$-Px + \frac{Pl}{4} = 0$

$\therefore x = \frac{l}{4}$

18 단순보 AB 위에 다음 그림과 같은 이동하중이 지날 때 A점으로부터 10m 떨어진 C점의 최대 휨모멘트는?

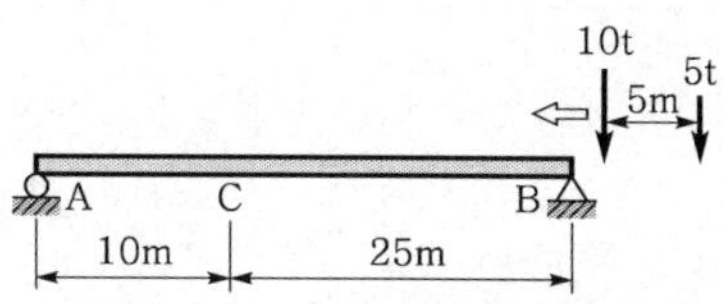

① 85tf·m
② 95tf·m
③ 100tf·m
④ 115tf·m

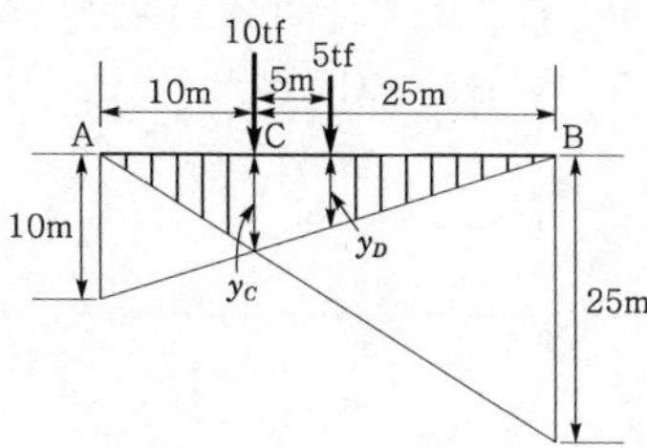

$y_C = 7.142\text{m}$

$y_D = 5.714\text{m}$

$\therefore M_C = (10 \times 7.142) + (5 \times 5.714) = 99.99\text{tf} \cdot \text{m}$

19 다음 그림과 같은 단면의 단면 상승모멘트(I_{xy})는?

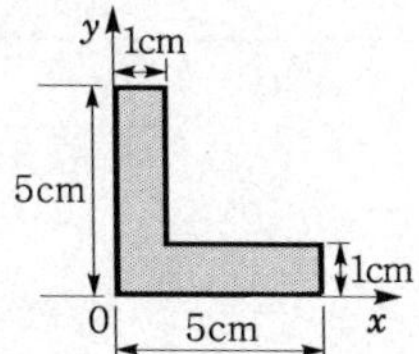

① 7.75cm^4
② 9.25cm^4
③ 12.26cm^4
④ 15.75cm^4

정답 18. ③ 19. ③

해설

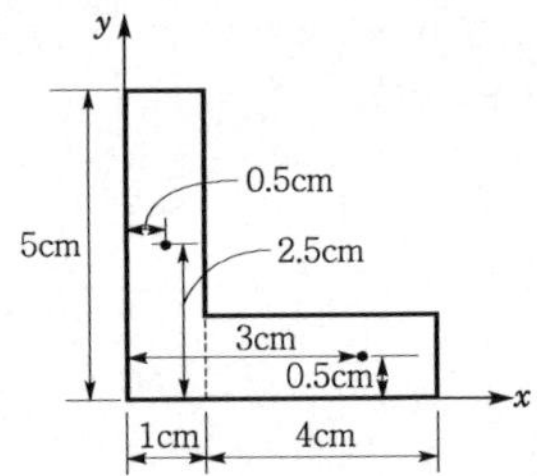

$I_{xy} = Ax_o y_o = (5\times1\times0.5\times2.5)+(4\times1\times0.5\times3)=12.25\text{cm}^4$

20 단면적이 A이고 단면 2차 모멘트가 I인 단면의 단면 2차 반경(r)은?

① $r=\dfrac{A}{I}$
② $r=\dfrac{I}{A}$
③ $r=\dfrac{\sqrt{I}}{A}$
④ $r=\sqrt{\dfrac{I}{A}}$

해설 단면 2차 반경(r) $=\sqrt{\dfrac{I}{A}}$

제2과목 : 측량학

21 측점 A에 토털스테이션을 정치하고 B점에 설치한 프리즘을 관측하였다. 이때 기계고 1.7m, 고저각 +15°, 시준고 3.5m, 경사거리가 2,000m이었다면 두 측점의 고저차는?

① 495.838m
② 515.838m
③ 535.838m
④ 555.838m

해설 $h=I+H-S$

$=1.7+2{,}000\times\sin15°-3.5$

$=515.838\text{m}$

22 100m²의 정사각형 토지면적을 0.2m²까지 정확하게 계산하기 위한 한 변의 최대 허용오차는?

① 2mm
② 4mm
③ 5mm
④ 10mm

해설 $\dfrac{\Delta A}{A}=2\dfrac{\Delta l}{l}$

$\dfrac{0.2}{100}=2\times\dfrac{\Delta l}{10}$

$\therefore\ \Delta l=10\text{mm}$

23 트래버스측량의 결과로 위거오차 0.4m, 경거오차 0.3m를 얻었다. 총측선의 길이가 1,500m이었다면 폐합비는?

① 1/2,000 ② 1/3,000
③ 1/4,000 ④ 1/5,000

해설 $\dfrac{1}{m}=\dfrac{\sqrt{0.4^2+0.3^2}}{1,500}=\dfrac{1}{3,000}$

24 측량에 있어 미지값을 관측할 경우에 나타나는 오차와 관련된 설명으로 틀린 것은?

① 경중률은 분산에 반비례한다.
② 경중률은 반복관측일 경우 각 관측값 간의 편차를 의미한다.
③ 일반적으로 큰 오차가 생길 확률은 작은 오차가 생길 확률보다 매우 작다.
④ 표준편차는 각과 거리가 같은 1차원의 경우에 대한 정밀도의 척도이다.

해설 경중률이란 관측값의 신뢰도를 나타내는 척도이다.

25 도면에서 곡선에 둘러싸여 있는 부분의 면적을 구하기에 가장 적합한 방법은?

① 좌표법에 의한 방법
② 배횡거법에 의한 방법
③ 삼사법에 의한 방법
④ 구적기에 의한 방법

해설 면적 계산방법

㉠ 경계선이 직선으로 둘러싸인 경우 : 좌표법, 배횡거법, 삼사법, 이변법
㉡ 경계선이 곡선으로 둘러싸인 경우 : 구적기법, 심프슨 제1, 2법칙, 방안지법

26 하천측량에 대한 설명으로 옳지 않은 것은?

① 수위관측소의 위치는 지천의 합류점 및 분류점으로서 수위의 변화가 일어나기 쉬운 곳이 적당하다.
② 하천측량에서 수준측량을 할 때의 거리표는 하천의 중심에 직각방향으로 설치한다.
③ 심천측량은 하천의 수심 및 유수 부분의 하저상황을 조사하고 횡단면도를 제작하는 측량을 말한다.
④ 하천측량 시 처음에 할 일은 도상조사로서 유로상황, 지역면적, 지형, 토지이용상황 등을 조사하여야 한다.

해설 수위관측소의 위치는 지천의 합류점 및 분류점으로서 수위의 변화가 일어나기 쉬운 곳은 피한다.

정답 23. ② 24. ② 25. ④ 26. ①

27 캔트가 C인 노선에서 설계속도와 반지름을 모두 2배로 할 경우 새로운 캔트 C'는?

① $\frac{C}{2}$　　② $\frac{C}{4}$

③ $2C$　　④ $4C$

해설 $C=\frac{SV^2}{Rg}$이므로 설계속도(V)와 반지름(R)을 2배로 하면 새로운 캔트(C')는 $2C$가 된다.

28 다음 그림과 같은 수준환에서 직접수준측량에 의하여 표와 같은 결과를 얻었다. D점의 표고는? (단, A점의 표고는 20m, 경중률은 동일)

구분	거리(km)	표고(m)
A→B	3	B=12.401
B→C	2	C=11.275
C→D	1	D=9.780
D→A	2.5	A=20.044

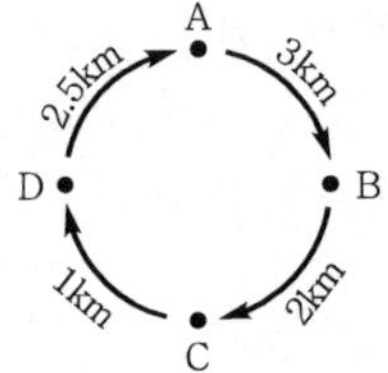

① 6.877m　　② 8.327m

③ 9.749m　　④ 10.586m

해설 ㉠ 오차 $=20.000-20.044=-0.044$

㉡ D점의 표고

$$D=9.780-\frac{6}{8.5}\times 0.044=9.749\text{m}$$

29 지형측량에서 등고선의 성질에 대한 설명으로 옳지 않은 것은?

① 등고선은 절대 교차하지 않는다.
② 등고선은 지표의 최대 경사선방향과 직교한다.
③ 동일 등고선상에 있는 모든 점은 같은 높이이다.
④ 등고선 간의 최단거리의 방향은 그 지표면의 최대 경사의 방향을 가리킨다.

해설 등고선은 절벽이나 동굴에서는 교차한다.

30 지오이드(geoid)에 대한 설명 중 옳지 않은 것은?

① 평균해수면을 육지까지 연장한 가상적인 곡면을 지오이드라 하며, 이것은 지구타원체와 일치한다.
② 지오이드는 중력장의 등퍼텐셜면으로 볼 수 있다.
③ 실제로 지오이드면은 굴곡이 심하므로 측지측량의 기준으로 채택하기 어렵다.
④ 지구타원체의 법선과 지오이드의 법선 간의 차이를 연직선편차라 한다.

해설 지오이드와 준거타원체는 거의 일치한다. 따라서 일치한다라는 표현은 틀리다.

 정답 ▸▸▸ 27. ③ 28. ③ 29. ① 30. ①

31 노선측량으로 곡선을 설치할 때에 교각(I) 60°, 외선길이(E) 30m로 단곡선을 설치할 경우 곡선 반지름(R)은?

① 103.7m ② 120.7m
③ 150.9m ④ 193.9m

해설

$$외선길이(E) = R\left(\sec\frac{I}{2} - 1\right)$$

$$30 = R \times \left(\sec\frac{60°}{2} - 1\right)$$

$$\therefore\ R = 193.9\text{m}$$

32 홍수 때 급히 유속을 측정하기에 가장 알맞은 것은?

① 봉부자 ② 이중부자
③ 수중부자 ④ 표면부자

해설 하천측량에서 홍수 시 유속을 측정하는 방법에는 표면부자가 가장 적합하다.

33 트래버스측량의 각관측방법 중 방위각법에 대한 설명으로 틀린 것은?

① 진북을 기준으로 어느 측선까지 시계방향으로 측정하는 방법이다.
② 험준하고 복잡한 지역에서는 적합하지 않다.
③ 각이 독립적으로 관측되므로 오차 발생 시 개별 각의 오차는 이후의 측량에 영향이 없다.
④ 각 관측값의 계산과 제도가 편리하고 신속히 관측할 수 있다.

해설 방위각법은 한 번 오차가 발생하면 끝까지 영향을 준다.

34 삼각측량과 삼변측량에 대한 설명으로 틀린 것은?

① 삼변측량은 변길이를 관측하여 삼각점의 위치를 구하는 측량이다.
② 삼각측량의 삼각망 중 가장 정확도가 높은 망은 사변형삼각망이다.
③ 삼각점의 선점 시 기계나 측표가 동요할 수 있는 습지나 하상은 피한다.
④ 삼각점의 등급을 정하는 주된 목적은 표석 설치를 편리하게 하기 위함이다.

해설 삼각점의 등급을 정하는 주된 목적은 정확도의 정도를 나타내기 위함이다.

35 수준측량의 부정오차에 해당되는 것은?

① 기포의 순간이동에 의한 오차 ② 기계의 불완전조정에 의한 오차
③ 지구곡률에 의한 오차 ④ 빛의 굴절에 의한 오차

해설 기포가 순간이동하는 것은 소거를 할 수 없으므로 우연오차에 해당한다.

정답 31. ④ 32. ④ 33. ③ 34. ④ 35. ①

36 촬영고도 3,000m에서 초점거리 153mm의 카메라를 사용하여 고도 600m의 평지를 촬영할 경우의 사진축척은?

① $\frac{1}{14,865}$
② $\frac{1}{15,686}$
③ $\frac{1}{16,766}$
④ $\frac{1}{17,568}$

해설 $\frac{1}{m}=\frac{f}{H-h}=\frac{0.153}{3,000-600}=\frac{1}{15,686}$

37 표고 300m의 지역(800km²)을 촬영고도 3,300m에서 초점거리 152mm의 카메라로 촬영했을 때 필요한 사진매수는? (단, 사진크기 23cm×23cm, 종중복도 60%, 횡중복도 30%, 안전율 30%임)

① 139매
② 140매
③ 181매
④ 281매

해설 ㉠ 축척

$\frac{1}{m}=\frac{0.152}{3,300-300}=\frac{1}{19,737}$

㉡ 유효면적

$A_0=(19,737\times0.23)^2\times\left(1-\frac{60}{100}\right)\times\left(1-\frac{30}{100}\right)=5.77\text{km}^2$

㉢ 사진매수

$\text{매수}=\frac{F}{A_0}(1+\text{안전율})=\frac{800}{5.77}\times(1+0.3)=181\text{매}$

38 GNSS측량에 대한 설명으로 틀린 것은?

① 다양한 항법위성을 이용한 3차원 측위방법으로 GPS, GLONASS, Galileo 등이 있다.
② VRS측위는 수신기 1대를 이용한 절대측위방법이다.
③ 지구질량 중심을 원점으로 하는 3차원 직교좌표체계를 사용한다.
④ 정지측량, 신속정지측량, 이동측량 등으로 측위방법을 구분할 수 있다.

해설 가상기준점방식(VRS)은 수신기 1대를 이용한 상대측위방식이다.

39 노선측량에 관한 설명으로 옳은 것은?

① 일반적으로 단곡선 설치 시 가장 많이 이용하는 방법은 지거법이다.
② 곡률이 곡선길이에 비례하는 곡선을 클로소이드곡선이라 한다.
③ 완화곡선의 접선은 시점에서 원호에, 종점에서 직선에 접한다.
④ 완화곡선의 반지름은 종점에서 무한대이고, 시점에서는 원곡선의 반지름이 된다.

정답 ▸▸▸ 36. ② 37. ③ 38. ② 39. ②

해설 ① 일반적으로 단곡선 설치 시 가장 많이 이용하는 방법은 편각설치법이다.
③ 완화곡선의 접선은 시점에서 직선에, 종점에서는 원호에 접한다.
④ 완화곡선의 반지름은 시점에서 무한대이고, 종점에서는 원곡선의 반지름과 같다.

40 지형측량의 순서로 옳은 것은?

① 측량계획－골조측량－측량원도 작성－세부측량
② 측량계획－세부측량－측량원도 작성－골조측량
③ 측량계획－측량원도 작성－골조측량－세부측량
④ 측량계획－골조측량－세부측량－측량원도 작성

해설 지형측량의 순서
측량계획－골조측량－세부측량－측량원도 작성

제 3 과목 : 수리수문학

41 미소진폭파(small－amplitude wave)이론을 가정할 때 일정 수심 h의 해역을 전파하는 파장 L, 파고 H, 주기 T의 파랑에 대한 설명 중 틀린 것은?

① h/L이 0.05보다 작을 때 천해파로 정의한다.
② h/L이 1.0보다 클 때 심해파로 정의한다.
③ 분산 관계식은 L, h 및 T 사이의 관계를 나타낸다.
④ 파랑의 에너지는 H^2에 비례한다.

해설 ㉠ 파랑의 종류

- 천해파 : $\frac{h}{L} < 0.05$
- 전이파 : $0.05 \le \frac{h}{L} \le 0.5$
- 심해파 : $\frac{h}{L} > 0.5$

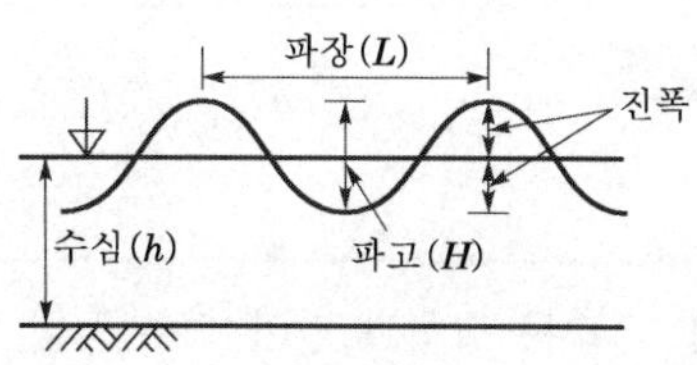

㉡ 분산방정식 : 파수와 각 주파수의 관계를 나타내는 식이다.

$\sigma^2 - gk\tan hkh = 0$

여기서, k : 파수, σ : 각 주파수

$\sigma^2 = gk\tan hkh$

$k = \frac{2\pi}{L}$, $\sigma = \frac{2\pi}{T}$를 대입하여 정리하면

$\therefore\ L = \frac{gT^2}{2\pi}\tan h\frac{2\pi h}{L}$

따라서 분산방정식은 L, h, T 사이의 관계를 나타낸다.

㉢ 파랑에너지 : $E = \frac{\rho g H^2}{8}$

42 개수로에서 단면적이 일정할 때 수리학적으로 유리한 단면에 해당되지 않는 것은? (단, H : 수심, R_h : 동수반경, l : 측면의 길이, B : 수면폭, P : 윤변, θ : 측면의 경사)

① H를 반지름으로 하는 반원에 외접하는 직사각형 단면
② R_h가 최대 또는 P가 최소인 단면
③ $H=B/2$이고 $R_h=B/2$인 직사각형 단면
④ $l=B/2$, $R_h=H/2$, $\theta=60°$인 사다리꼴 단면

해설 수리상 유리한 단면

㉠ 직사각형 단면 : $B=2h$, $R=\dfrac{h}{2}$

㉡ 사다리꼴 단면 : $B=2l$, $R=\dfrac{h}{2}$, $\theta=60°$

43 밀도가 ρ인 유체가 일정한 유속 V_0로 수평방향으로 흐르고 있다. 이 유체 속에 지름 d, 길이 l인 원주가 다음 그림과 같이 놓였을 때 원주에 작용되는 항력(抗力)을 구하는 공식은? (단, C_D는 항력계수)

① $C_D\dfrac{\pi d^2}{4}\left(\dfrac{\rho V_0}{2}\right)$

② $C_D dl\left(\dfrac{\rho V_0^2}{2}\right)$

③ $C_D\dfrac{\pi d^4}{4}l\left(\dfrac{\rho V_0}{2}\right)$

④ $C_D\pi dl\left(\dfrac{\rho V_0}{2}\right)$

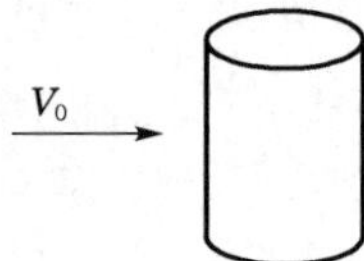

해설 $D=C_D A\dfrac{1}{2}\rho V^2=C_D dl\left(\dfrac{\rho V_0^2}{2}\right)$

44 다음 그림과 같이 정수 중에 있는 판에 작용하는 전수압을 계산하는 식은?

① $P=\gamma S_G A$

② $P=\gamma\left(\dfrac{h_1+h_2}{2}\right)A$

③ $P=\gamma h_G A$

④ $P=\gamma h_G A\sin\theta$

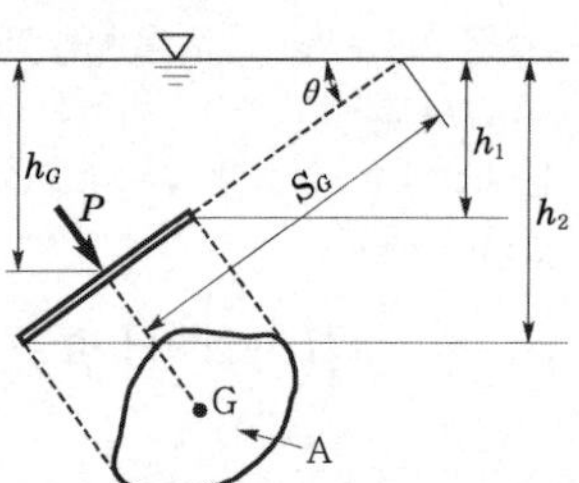

해설 $P=\gamma h_G A$

 정답 42. ③ 43. ② 44. ③

45 정상류의 흐름에 대한 설명으로 옳은 것은?

① 흐름특성이 시간에 따라 변하지 않는 흐름이다.
② 흐름특성이 공간에 따라 변하지 않는 흐름이다.
③ 흐름특성이 단면에 관계없이 동일한 흐름이다.
④ 흐름특성이 시간에 따라 일정한 비율로 변하는 흐름이다.

해설 수류의 한 단면에서 유량이나 속도, 압력, 밀도 등이 시간에 따라 변하지 않는 흐름을 정류라 한다.

46 지름이 4cm인 원형관 속에 물이 흐르고 있다. 관로길이 1.0m 구간에서 압력강하가 0.1N/m²이었다면 관벽의 마찰응력은?

① 0.001N/m^2 ② 0.002N/m^2
③ 0.01N/m^2 ④ 0.02N/m^2

$$\tau = \frac{wh_L}{2l}r = \frac{\Delta p}{2l}r = \frac{0.1}{2\times1}\times0.02 = 0.001\text{N/m}^2$$

47 다음 그림에서 배수구의 면적이 5cm²일 때 물통에 작용하는 힘은? (단, 물의 높이는 유지되고, 손실은 무시한다.)

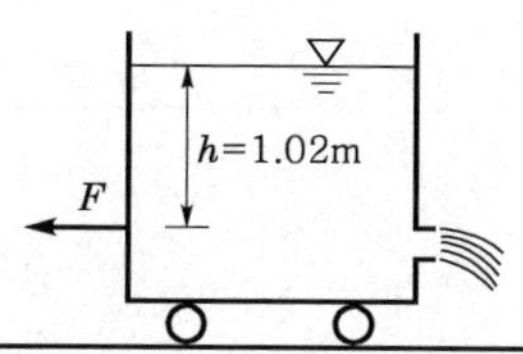

① 1N ② 10N
③ 100N ④ 102N

해설 $V = \sqrt{2gh} = \sqrt{2\times980\times102} = 447.12\text{cm/sec}$

$Q = aV = 5\times447.12 = 2{,}235.6\text{cm}^3/\text{sec}$

$$\therefore F = \frac{wQ}{g}(V_2 - V_1) = \frac{1\times2{,}235.6}{980}\times(447.12-0) = 1{,}019.98\text{g} = 1.02\text{kg} = 10\text{N}$$

48 지하수의 투수계수에 영향을 주는 인자로 거리가 먼 것은?

① 토양의 평균입경
② 지하수의 단위중량
③ 지하수의 점성계수
④ 토양의 단위중량

$$K = {D_s}^2\frac{\gamma_w}{\mu}\left(\frac{e^3}{1+e}\right)C$$

정답 ▸▸▸ 45. ① 46. ① 47. ② 48. ④

49 두께가 10m인 피압대수층에서 우물을 통해 양수한 결과 50m 및 100m 떨어진 두 지점에서 수면강하가 각각 20m 및 10m로 관측되었다. 정상상태를 가정할 때 우물의 양수량은? (단, 투수계수는 0.3m/hr)

① $7.6\times10^{-2}\text{m}^3/\text{s}$
② $6.0\times10^{-3}\text{m}^3/\text{s}$
③ $9.4\text{m}^3/\text{s}$
④ $21.6\text{m}^3/\text{s}$

$$Q=\frac{2\pi ck(H-h_o)}{2.3\log\frac{R}{r_o}}=\frac{2\pi\times10\times\frac{0.3}{3,600}\times(20-10)}{2.3\times\log\frac{100}{50}}=0.076\text{m}^3/\text{sec}$$

50 폭이 넓은 하천에서 수심이 2m이고 경사가 $\frac{1}{200}$인 흐름의 소류력(tractive force)은?

① 98N/m^2
② 49N/m^2
③ 196N/m^2
④ 294N/m^2

$$\tau=wRI\fallingdotseq whI=1\times2\times\frac{1}{200}=0.01\text{t/m}^2=10\text{kg/m}^2=98\text{N/m}^2$$

51 다음 중에서 차원이 다른 것은?

① 증발량
② 침투율
③ 강우강도
④ 유출량

해설

물리량	단위	LMT계
증발량	mm/day	$[LT^{-1}]$
침투율(=침투능)	mm/hr	$[LT^{-1}]$
강우강도	mm/hr	$[LT^{-1}]$
유출량	m^3/sec	$[L^3T^{-1}]$

52 Thiessen다각형에서 각각의 면적이 20km^2, 30km^2, 50km^2이고, 이에 대응하는 강우량이 각각 40mm, 30mm, 20mm일 때 이 지역의 면적평균강우량은?

① 25mm
② 27mm
③ 30mm
④ 32mm

해설

$$P_m=\frac{A_1P_1+A_2P_2+A_3P_3}{A}$$
$$=\frac{20\times40+30\times30+50\times20}{20+30+50}=27\text{mm}$$

 정답 ▸▸▸ 49. ① 50. ① 51. ④ 52. ②

53 관수로흐름에서 난류에 대한 설명으로 옳은 것은?

① 마찰손실계수는 레이놀즈수만 알면 구할 수 있다.
② 관벽조도가 유속에 주는 영향은 층류일 때보다 작다.
③ 관성력의 점성력에 대한 비율이 층류의 경우보다 크다.
④ 에너지 손실은 주로 난류효과보다 유체의 점성 때문에 발생된다.

해설
$R_e = \frac{VD}{\nu} = \frac{관성력}{점성력}$
㉠ 층류 : $R_e \leq 2,000$
㉡ 난류 : $R_e \geq 4,000$

54 수면높이차가 항상 20m인 두 수조가 지름 30cm, 길이 500m, 마찰손실계수가 0.03인 수평관으로 연결되었다면 관내의 유속은? (단, 마찰, 단면 급확대 및 급축소에 따른 손실을 고려한다.)

① 2.76m/s ② 4.72m/s
③ 5.76m/s ④ 6.72m/s

해설
$H = \left(f_e + f\frac{l}{D} + f_o\right)\frac{V^2}{2g}$

$20 = \left(0.5 + 0.03 \times \frac{500}{0.3} + 1\right) \times \frac{V^2}{2 \times 9.8}$

$\therefore\ V = 2.76\text{m/sec}$

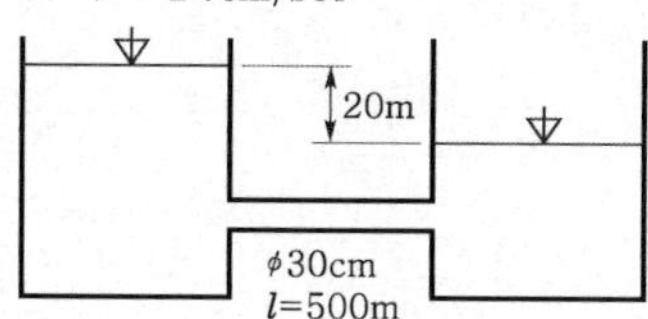

55 폭 3.5m, 수심 0.4m인 직사각형 수로의 Francis공식에 의한 유량은? (단, 접근유속을 무시하고 양단 수축이다.)

① $1.59\text{m}^3/\text{s}$ ② $2.04\text{m}^3/\text{s}$
③ $2.19\text{m}^3/\text{s}$ ④ $2.34\text{m}^3/\text{s}$

해설
$Q = 1.84 b_o h^{\frac{3}{2}} = 1.84(b - 0.1nh)h^{\frac{3}{2}} = 1.84 \times (3.5 - 0.1 \times 2 \times 0.4) \times 0.4^{\frac{3}{2}} = 1.59\text{m}^3/\text{sec}$

56 수심 H에 위치한 작은 오리피스(orifice)에서 물이 분출할 때 일어나는 손실수두(Δh)의 계산식으로 틀린 것은? (단, V_a는 오리피스에서 측정된 유속이며, C_v는 유속계수이다.)

① $\Delta h = H - \frac{V_a^2}{2g}$ ② $\Delta h = H(1 - C_v^2)$
③ $\Delta h = \frac{V_a^2}{2g}\left(\frac{1}{C_v^2} - 1\right)$ ④ $\Delta h = \frac{V_a^2}{2g}\left(\frac{1}{C_v^2 + 1}\right)$

정답 ▸▸▸ 53. ③ 54. ① 55. ① 56. ④

해설 ㉠ $V=C_v\sqrt{2gH}$

$V^2=C_v{}^2gH$

$\therefore\ H=\left(\dfrac{1}{C_v{}^2}\right)\dfrac{V^2}{2g}$

㉡ $h_L=H-\dfrac{V^2}{2g}=\left(\dfrac{1}{C_v{}^2}\right)\dfrac{V^2}{2g}-\dfrac{V^2}{2g}$

$=\left(\dfrac{1}{C_v{}^2}-1\right)\dfrac{V^2}{2g}=\left(\dfrac{1}{C_v{}^2}-1\right)\dfrac{(C_vV_t)^2}{2g}=\left(\dfrac{1-C_v{}^2}{C_v{}^2}\right)\dfrac{2gHC_v{}^2}{2g}=(1-C_v{}^2)H$

여기서, 이론유속 $V_t=\sqrt{2gH}$

실제 유속 $V=C_v\sqrt{2gH}=C_vV_t$

57 개수로흐름에 대한 설명으로 틀린 것은?

① 한계류상태에서는 수심의 크기가 속도수두의 2배가 된다.
② 유량이 일정할 때 상류에서는 수심이 작아질수록 유속은 커진다.
③ 비에너지는 수평기준면을 기준으로 한 단위무게의 유수가 가진 에너지를 말한다.
④ 흐름이 사류에서 상류로 바뀔 때에는 도수와 함께 큰 에너지 손실을 동반한다.

해설 비에너지는 수로 바닥을 기준으로 한 단위중량의 물이 가지고 있는 흐름의 에너지이다.

58 강우량자료를 분석하는 방법 중 이중누가곡선법에 대한 설명으로 옳은 것은?

① 평균강수량을 산정하기 위하여 사용한다.
② 강수의 지속기간을 구하기 위하여 사용한다.
③ 결측자료를 보완하기 위하여 사용한다.
④ 강수량자료의 일관성을 검증하기 위하여 사용한다.

해설 우량계의 위치, 노출상태, 우량계의 교체, 주위환경의 변화 등이 생기면 전반적인 자료의 일관성이 없어지기 때문에 이것을 교정하여 장기간에 걸친 강수자료의 일관성을 얻는 방법을 이중누가우량분석이라 한다.

59 면적 $10km^2$인 저수지의 수면으로부터 2m 위에서 측정된 대기의 평균온도가 25℃, 상대습도가 65%, 풍속이 4m/s일 때 증발률이 1.44mm/day이었다면 저수지 수면에서 일증발량은?

① $9,360m^3/day$ ② $3,600m^3/day$
③ $7,200m^3/day$ ④ $14,400m^3/day$

해설 증발량=증발률×수표면적$=(1.44\times10^{-3})\times(10\times10^6)=14,400m^3/day$

60 차원계를 [MLT]에서 [FLT]로 변환할 때 사용하는 식으로 옳은 것은?

① $[M]=[LFT]$ ② $[M]=[L^{-1}FT^2]$
③ $[M]=[LFT^2]$ ④ $[M]=[L^2FT]$

 정답 ▸▸▸ 57. ③ 58. ④ 59. ④ 60. ②

해설 $[F]=[MLT^{-2}]$이므로 $[M]=[L^{-1}FT^2]$이다.

제4과목 : 철근콘크리트 및 강구조

61 활하중 20kN/m, 고정하중 30kN/m를 지지하는 지간 8m의 단순보에서 계수모멘트(M_u)는? (단, 하중계수와 하중조합을 고려할 것)

① 512kN·m ② 544kN·m
③ 576kN·m ④ 605kN·m

해설 $w_u=1.2w_D+1.6w_L$

$=1.2\times30+1.6\times20=68\text{kN/m}$

$\therefore\ M_u=\dfrac{w_u l^2}{8}=\dfrac{68\times8^2}{8}=544\text{kN/m}$

62 A_s=3,600mm², A_s'=1,200mm²로 배근된 다음 그림과 같은 복철근보의 탄성처짐이 12mm라 할 때 5년 후 지속하중에 의해 유발되는 추가장기처짐은 얼마인가?

① 36mm
② 18mm
③ 12mm
④ 6mm

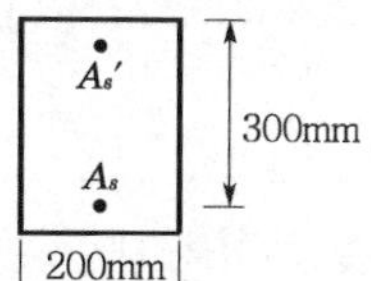

해설 $\rho'=\dfrac{A_s'}{bd}=\dfrac{1,200}{200\times300}=0.02$

$\lambda_\Delta=\dfrac{\xi}{1+50\rho'}=\dfrac{2.0}{1+50\times0.02}=1$

$\therefore$ 장기처짐(δ_l)=탄성처짐(δ_c)×보정계수(λ_Δ)$=12\times1=12\text{mm}$

63 순단면이 볼트의 구멍 하나를 제외한 단면(즉 A－B－C 단면)과 같도록 피치(s)를 결정하면? (단, 구멍의 직경은 22mm이다.)

① 114.9mm
② 90.6mm
③ 66.3mm
④ 50mm

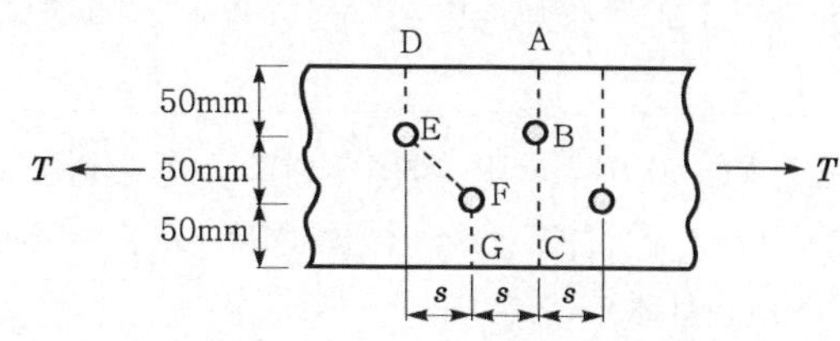

해설 ㉠ $b_n=b_g-d$

㉡ $b_n=b_g-d-\left(d-\dfrac{s^2}{4g}\right)$

$\therefore\ s=2\sqrt{gd}=2\sqrt{50\times22}=66.33\text{mm}$

정답 61. ② 62. ③ 63. ③

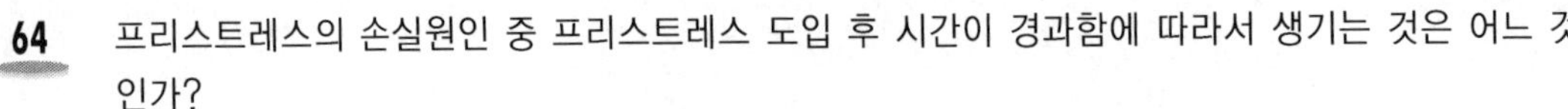

64 프리스트레스의 손실원인 중 프리스트레스 도입 후 시간이 경과함에 따라서 생기는 것은 어느 것인가?

① 콘크리트의 탄성 수축　② 콘크리트의 크리프
③ PS강재와 시스의 마찰　④ 정착단의 활동

해설 ㉠ 도입 시(즉시) 손실 : 탄성변형, 마찰(포스트텐션공법), 활동
㉡ 도입 후(시간적) 손실 : 건조 수축, 크리프, 릴랙세이션

65 다음과 같은 조건의 경량콘크리트를 사용할 경우 경량콘크리트계수(λ)로 옳은 것은?

[조건]
- 콘크리트 설계기준압축강도(f_{ck}) : 24MPa
- 콘크리트 인장강도(f_{sp}) : 2.17MPa

① 0.72　② 0.75
③ 0.79　④ 0.85

해설 f_{sp}가 주어진 경우 경량콘크리트계수

$$\lambda = \frac{f_{sp}}{0.56\sqrt{f_{ck}}} = \frac{2.17}{0.56\sqrt{24}} = 0.79 \le 1.0$$

66 옹벽의 설계 및 해석에 대한 설명으로 틀린 것은?

① 옹벽 저판의 설계는 슬래브의 설계방법규정에 따라 수행하여야 한다.
② 앞부벽식 옹벽에서 앞부벽은 직사각형 보로 설계한다.
③ 부벽식 옹벽의 전면벽은 3변 지지된 2방향 슬래브로 설계할 수 있다.
④ 옹벽은 상재하중, 뒤채움 흙의 중량, 옹벽의 자중 및 옹벽에 작용하는 토압, 필요에 따라 수압에도 견디도록 설계하여야 한다.

해설 저판 설계
㉠ 캔틸레버식 옹벽 저판 : 수직벽(전면벽)을 지지된 캔틸레버
㉡ 부벽식 옹벽 저판 : 부벽 간 거리를 경간으로 고정보(연속보)

67 유효깊이(d)가 910mm인 다음 그림과 같은 단철근 T형보의 설계휨강도(ϕM_n)를 구하면? (단, 인장철근량(A_s)은 7,652mm^2, f_{ck}=21MPa, f_y=350MPa, 인장지배 단면으로 ϕ=0.85, 경간은 3,040mm이다.)

① 1,803kN·m
② 1,845kN·m
③ 1,883kN·m
④ 1,981kN·m

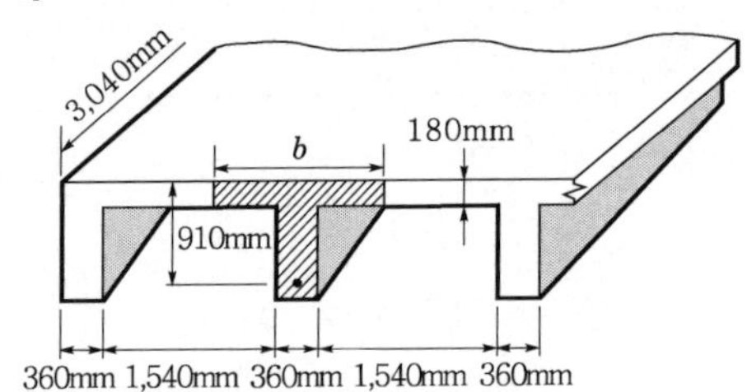

 정답 64. ② 65. ③ 66. ① 67. ②

해설

$$M_d=\phi M_n=\phi\left\{f_yA_{sf}\left(d-\frac{t_f}{2}\right)+f_y(A_s-A_{sf})\left(d-\frac{a}{2}\right)\right\}$$

㉠ 유효폭 b 결정

- $16t_f+b_w=16\times180+360=3,240\text{mm}$
- $b_c=1,900\text{mm}$
- $\frac{l}{4}=\frac{1}{4}\times3,040=760\text{mm}$

∴ 이 중 작은 값 $b=760\text{mm}$

㉡ $A_{sf}=\frac{\eta(0.85f_{ck})t_f(b-b_w)}{f_y}$

$=\frac{1.0\times0.85\times21\times180\times(760-360)}{350}$

$=3,672\text{mm}^2$

㉢ $a=\frac{f_y(A_s-A_{sf})}{\eta(0.85f_{ck})b_w}$

$=\frac{350\times(7,652-3,672)}{1.0\times0.85\times21\times360}=216.8\text{mm}$

㉣ $M_d=\phi M_n$

$=0.85\times\left\{350\times3,672\times\left(910-\frac{180}{2}\right)+350\times(7,652-36,72)\times\left(910-\frac{216.8}{2}\right)\right\}$

$=1,844,918,880\times10^{-6}$

$\fallingdotseq1,845\text{kN}\cdot\text{m}$

68 다음 그림과 같은 단철근 직사각형 보에서 최외단 인장철근의 순인장변형률(ε_t)은? (단, $A_s=2,028\text{mm}^2$, $f_{ck}=35\text{MPa}$, $f_y=400\text{MPa}$)

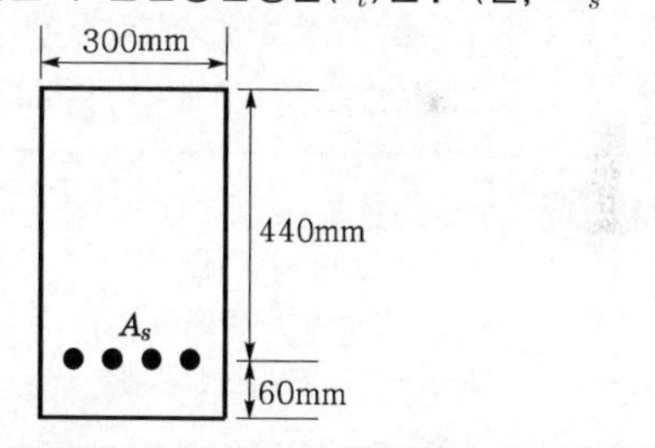

① 0.00432
② 0.00648
③ 0.00863
④ 0.00948

해설

$a=\frac{f_yA_s}{\eta(0.85f_{ck})b}$

$=\frac{400\times2,028}{1.0\times0.85\times35\times300}=90.89\text{mm}$

$\beta_1=0.80(f_{ck}\le40\text{MPa}$일 때)

$c=\frac{a}{\beta_1}=\frac{90.89}{0.80}=113.61\text{mm}$

$\therefore\ \varepsilon_t=\left(\frac{d_t-c}{c}\right)\varepsilon_{cu}$

$=\left(\frac{440-113.61}{113.61}\right)\times0.0033$

$=9.48\times10^{-3}=0.00948$

69 다음 그림과 같은 복철근보의 유효깊이(d)는? (단, 철근 1개의 단면적은 250mm^{2}이다.)

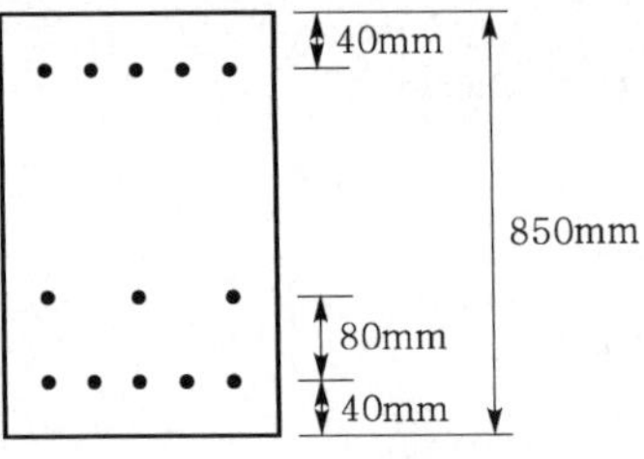

① 730mm ② 740mm
③ 760mm ④ 780mm

해설 바리뇽의 정리 이용

$f_y(8A_s)d=(f_y\times 5A_s\times 810)+(f_y\times 3A_s)$

$\therefore\ d=\dfrac{(5\times 810)+(3\times 730)}{8}=780\text{mm}$

70 계수전단력(V_u)이 콘크리트에 의한 설계전단강도(ϕV_c)의 1/2을 초과하는 철근콘크리트 휨부재에는 최소 전단철근을 배치하도록 규정하고 있다. 다음 중 이 규정에서 제외되는 경우에 대한 설명으로 틀린 것은?

① 슬래브와 기초판
② 전체 깊이가 400mm 이하인 보
③ I형보, T형보에서 그 깊이가 플랜지두께의 2.5배 또는 복부폭의 1/2 중 큰 값 이하인 보
④ 교대벽체 및 날개벽, 옹벽의 벽체, 암거 등과 같이 휨이 주거동인 판부재

해설 최소 전단철근보강의 예외규정

㉠ 슬래브와 확대기초판
㉡ 보의 높이(h)≤250mm
㉢ 휨이 주거동인 판부재
㉣ 보의 높이(h)≤$2.5t_f$와 $\dfrac{1}{2}b_w$ 중 큰 값

71 폭(b)이 250mm이고 전체 높이(h)가 500mm인 직사각형 철근콘크리트보의 단면에 균열을 일으키는 비틀림모멘트 T_{cr}는 약 얼마인가? (단, f_{ck}=28MPa이다.)

① 9.8kN·m ② 11.3kN·m
③ 12.5kN·m ④ 18.4kN·m

해설

$$T_{cr}=0.33\sqrt{f_{ck}}\frac{{A_{cp}}^2}{p_{cp}}$$
$$=0.33\sqrt{28}\times\frac{(250\times 500)^2}{2\times(500+250)}$$
$$=18,189,540\text{N}\cdot\text{mm}=18.2\text{kN}\cdot\text{m}$$

 정답 69. ④ 70. ② 71. ④

72 다음 그림과 같은 맞대기 용접의 용접부에 발생하는 인장응력은?

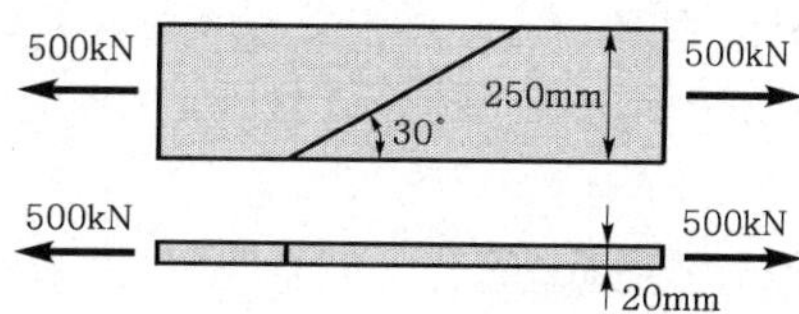

① 100MPa ② 150MPa
③ 200MPa ④ 220MPa

해설 $f=\dfrac{P}{\sum al}=\dfrac{500,000}{250\times20}=100\text{MPa}$

73 다음 그림과 같은 포스트텐션보에서 마찰에 의한 B점의 프리스트레스 감소량(ΔP)의 크기는? (단, 긴장단에서 긴장재의 긴장력(P_{pj})=1,000kN, 근사식을 사용하며 곡률마찰계수(μ_P)=0.3/rad, 파상마찰계수(K)=0.004/m)

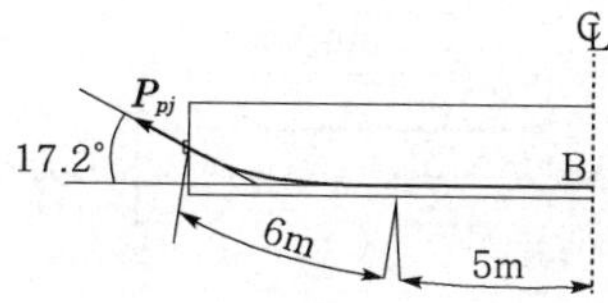

① 54.68kN ② 81.23kN
③ 118.17kN ④ 141.74kN

해설 $\mu\alpha+Kl=0.3\times17.2\times\dfrac{\pi}{180}+0.004\times11=0.1341$

(근사식 사용) $P_x=\dfrac{P_o}{1+u\alpha+Kl}=\dfrac{P_o}{1+0.1341}=0.8818P_o$

$\therefore\ \Delta P=P_o-P_x$

$=0.1182P_o=0.1182\times1,000$

$=118.2\text{kN}$

74 이형철근의 정착길이에 대한 설명으로 틀린 것은? (단, d_b : 철근의 공칭지름)

① 표준갈고리가 있는 인장이형철근 : $10d_b$ 이상, 또한 200mm 이상
② 인장이형철근 : 300mm 이상
③ 압축이형철근 : 200mm 이상
④ 확대머리 인장이형철근 : $8d_b$ 이상, 또한 150mm 이상

해설 표준갈고리가 있는 이형철근의 정착길이 : $8d_b$ 이상, 또한 150mm 이상

정답 ▸▸▸ 72. ① 73. ③ 74. ①

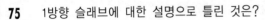

75 1방향 슬래브에 대한 설명으로 틀린 것은?

① 1방향 슬래브의 두께는 최소 80mm 이상으로 하여야 한다.
② 4변에 의해 지지되는 2방향 슬래브 중에서 단변에 대한 장변의 비가 2배를 넘으면 1방향 슬래브로서 해석한다.
③ 슬래브의 정모멘트철근 및 부모멘트철근의 중심간격은 위험 단면에서는 슬래브두께의 2배 이하이어야 하고, 또한 300mm 이하로 하여야 한다.
④ 슬래브의 정모멘트철근 및 부모멘트철근의 중심간격은 위험 단면을 제외한 단면에서는 슬래브두께의 3배 이하이어야 하고, 또한 450mm 이하로 하여야 한다.

해설 1방향 슬래브의 두께는 최소 100mm 이상으로 한다.

76 다음 그림과 같이 단면의 중심에 PS강선이 배치된 부재에 자중을 포함한 계수하중(w) 30kN/m가 작용한다. 부재의 연단에 인장응력이 발생하지 않으려면 PS강선에 도입되어야 할 긴장력(P)은 최소 얼마 이상인가?

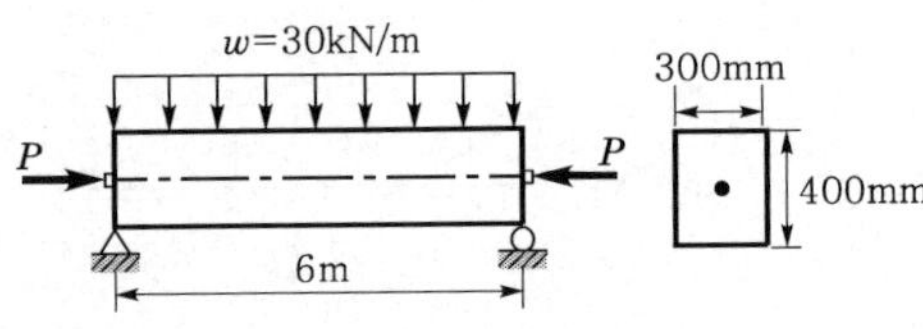

① 2,005kN
② 2,025kN
③ 2,045kN
④ 2,065kN

$$M=\frac{wl^2}{8}=\frac{30\times 6^2}{8}=135\text{kN}\cdot\text{m}$$

$$f=\frac{P}{A}-\frac{M}{I}y=\frac{P}{bh}-\frac{6M}{bh^2}=0$$

$$\therefore\ P=\frac{6M}{h}=\frac{6\times 135}{0.4}=2{,}025\text{kN}$$

77 철근콘크리트구조물에서 연속휨부재의 모멘트재분배를 하는 방법에 대한 다음 설명 중 틀린 것은?

① 근사 해법에 의하여 휨모멘트를 계산한 경우에는 연속휨부재의 모멘트재분배를 할 수 없다.
② 휨모멘트를 감소시킬 단면에서 최외단 인장철근의 순인장변형률 ε_t가 0.0075 이상인 경우에만 가능하다.
③ 경간 내의 단면에 대한 휨모멘트 계산은 수정된 부모멘트를 사용하여야 한다.
④ 재분배량은 산정된 부모멘트의 $20\left(1-\dfrac{\rho-\rho'}{\rho_b}\right)$[%]이다.

해설 부모멘트는 20% 이내에서 $1{,}000\varepsilon_t$[%]만큼 증가 또는 감소시킬 수 있다.

 정답 ▸▸ 75. ① 76. ② 77. ④

78 다음과 같은 띠철근 단주 단면의 공칭축하중강도(P_n)는? (단, 종방향 철근(A_{st})=4-D29=2,570mm^2, f_{ck}=21MPa, f_y=400MPa)

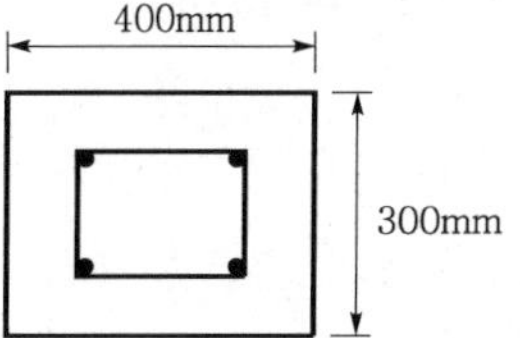

① 3,331.7kN
② 3,070.5kN
③ 2,499.3kN
④ 2,187.2kN

해설 $P_n = \alpha\{0.85f_{ck}(A_g - A_{st}) + f_y A_{st}\}$
$= 0.80 \times \{0.85 \times 21 \times (400 \times 300 - 2,570) + 400 \times 2,570\}$
$= 2,499,300\text{N} = 2,499.3\text{kN}$

79 리벳으로 연결된 부재에서 리벳이 상·하 두 부분으로 절단되었다면 그 원인은?

① 연결부의 인장파괴
② 리벳의 압축파괴
③ 연결부의 지압파괴
④ 리벳의 전단파괴

해설 리벳의 전단파괴는 리벳의 절단면과 평행하게 발생하는 파괴이다.

80 강도설계법에 대한 기본가정 중 옳지 않은 것은?

① 철근 및 콘크리트의 변형률은 중립축으로부터의 거리에 비례한다.
② 콘크리트의 인장강도는 휨 계산에서 무시한다.
③ 압축측 연단에서 콘크리트의 극한변형률은 0.0033으로 가정한다.
④ 항복강도 f_y 이하에서 철근의 응력은 그 변형률에 관계없이 f_y와 같다고 가정한다.

해설 항복강도 f_y 이하에서 철근의 응력 f_s는 변형률에 E_s배로 취한다($f_s = E_s \varepsilon_s$).

제5과목 : 토질 및 기초

81 기초폭 4m인 연속기초에서 기초면에 작용하는 합력의 연직성분은 10t이고 편심거리가 0.4m일 때 기초지반에 작용하는 최대 압력은?

① 2t/m^2
② 4t/m^2
③ 6t/m^2
④ 8t/m^2

해설
$e(=0.4\text{m}) < \dfrac{B}{6}\left(=\dfrac{4}{6}=0.67\text{m}\right)$이므로

$\therefore\ q_{max} = \dfrac{Q}{BL}\left(1+\dfrac{6e}{B}\right) = \dfrac{10}{4\times1}\times\left(1+\dfrac{6\times0.4}{4}\right) = 4\text{t/m}^2$

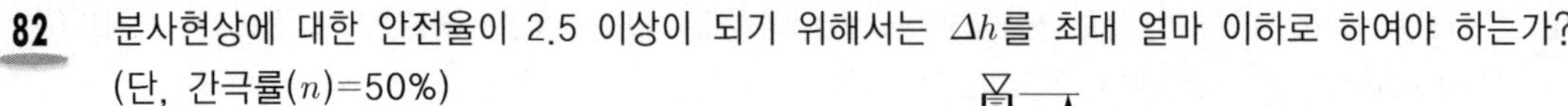

82 분사현상에 대한 안전율이 2.5 이상이 되기 위해서는 Δh를 최대 얼마 이하로 하여야 하는가? (단, 간극률(n)=50%)

① 7.5cm
② 8.9cm
③ 13.2cm
④ 16.5cm

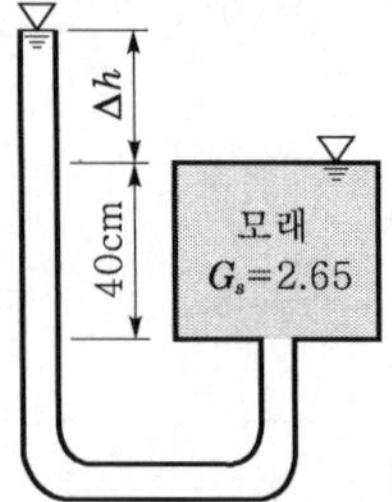

해설

$$e=\frac{n}{100-n}=\frac{50}{100-50}=1$$

$$F_s=\frac{i_c}{i}=\frac{\dfrac{G_s-1}{1+e}}{\dfrac{\Delta h}{L}}=\frac{\dfrac{2.65-1}{1+1}}{\dfrac{\Delta h}{40}}=\frac{33}{\Delta h}\geq 2.5$$

$\therefore\ \Delta h \leq 13.2\text{cm}$

83 10m 두께의 점토층이 10년 만에 90% 압밀이 된다면 40m 두께의 동일한 점토층이 90% 압밀에 도달하는 데에 소요되는 기간은?

① 16년
② 80년
③ 160년
④ 240년

해설

㉠ $t_{90}=\dfrac{0.848H^2}{C_v}$

$10=\dfrac{0.848\times10^2}{C_v}$

$\therefore\ C_v=8.48\text{m}^2/\text{yr}$

㉡ $t_{90}=\dfrac{0.848\times40^2}{8.48}=160$년

84 테르자기(Terzaghi)의 얕은 기초에 대한 지지력공식 $q_u=\alpha cN_c+\beta\gamma_1 BN_\gamma+\gamma_2 D_f N_q$에 대한 설명으로 틀린 것은?

① 계수 α, β를 형상계수라 하며 기초의 모양에 따라 결정된다.
② 기초의 깊이 D_f가 클수록 극한지지력도 이와 더불어 커진다고 볼 수 있다.
③ N_c, N_γ, N_q는 지지력계수라 하는데 내부마찰각과 점착력에 의해서 정해진다.
④ γ_1, γ_2는 흙의 단위중량이며, 지하수위 아래에서는 수중단위중량을 써야 한다.

해설 ㉠ N_c, N_r, N_q는 지지력계수로서 ϕ의 함수이다(점착력과는 무관하다).
㉡ γ_1, γ_2는 흙의 단위중량이며, 지하수위 아래에서는 수중단위중량(γ_{sub})을 사용한다.

 정답 82. ③ 83. ③ 84. ③

85 다음 그림과 같은 지표면에 2개의 집중하중이 작용하고 있다. 3t의 집중하중작용점 하부 2m 지점 A에서의 연직하중의 증가량은 약 얼마인가? (단, 영향계수는 소수점 이하 넷째 자리까지 구하여 계산하시오.)

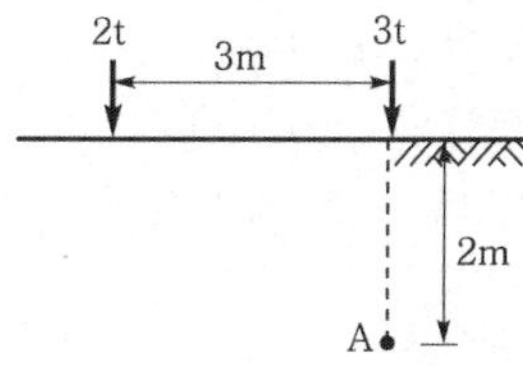

① $0.37t/m^2$　② $0.89t/m^2$
③ $1.42t/m^2$　④ $1.94t/m^2$

해설 ㉠ 3t의 연직하중 증가량

$$\Delta\sigma_{z_1} = \frac{P}{Z^2}I = \frac{P}{Z^2}\times\frac{3}{2\pi} = \frac{3}{2^2}\times\frac{3}{2\pi} = 0.36t/m^2$$

㉡ 2t의 연직하중 증가량

$$R = \sqrt{3^2+2^2} = 3.6056$$

$$I = \frac{3Z^5}{2\pi R^5} = \frac{3\times2^5}{2\pi\times3.6056^5} = 0.0251$$

$$\therefore\ \Delta\sigma_{z_2} = \frac{P}{Z^2}I = \frac{2}{2^2}\times0.0251 = 0.01t/m^2$$

㉢ $\Delta\sigma_z = \Delta\sigma_{z_1} + \Delta\sigma_{z_2} = 0.36 + 0.01 = 0.37t/m^2$

86 다음 중 연약점토지반개량공법이 아닌 것은?

① Preloading공법　② Sand drain공법
③ Paper drain공법　④ Vibro floatation공법

해설 점성토의 지반개량공법
치환공법, Preloading공법(사전압밀공법), Sand drain, Paper drain공법, 전기침투공법, 침투압공법(MAIS공법), 생석회 말뚝(Chemico pile)공법

87 간극비(e)와 간극률(n, %)의 관계를 옳게 나타낸 것은?

① $e = \dfrac{1-n/100}{n/100}$　② $e = \dfrac{n/100}{1-n/100}$

③ $e = \dfrac{1+n/100}{n/100}$　④ $e = \dfrac{1+n/100}{1-n/100}$

해설

$$n = \frac{e}{1+e}\times100$$

$$\therefore\ e = \frac{n}{100-n} = \frac{\frac{n}{100}}{1-\frac{n}{100}}$$

88 옹벽배면의 지표면경사가 수평이고, 옹벽배면벽체의 기울기가 연직인 벽체에서 옹벽과 뒤채움흙 사이의 벽면마찰각(δ)을 무시할 경우 Rankine토압과 Coulomb토압의 크기를 비교하면?

① Rankine토압이 Coulomb토압보다 크다.
② Coulomb토압이 Rankine토압보다 크다.
③ Rankine토압과 Coulomb토압의 크기는 항상 같다.
④ 주동토압은 Rankine토압이 더 크고, 수동토압은 Coulomb토압이 더 크다.

해설 Rankine토압에서는 옹벽의 벽면과 흙의 마찰을 무시하였고, Coulomb토압에서는 고려하였다. 문제에서 옹벽의 벽면과 흙의 마찰각을 0°라 하였으므로 Rankine토압과 Coulomb토압은 같다.

89 수직방향의 투수계수가 4.5×10^{-8}m/sec이고, 수평방향의 투수계수가 1.6×10^{-8}m/sec인 균질하고 비등방(非等方)인 흙댐의 유선망을 그린 결과 유로(流路)수가 4개이고 등수두선의 간격수가 18개이었다. 단위길이(m)당 침투수량은? (단, 댐의 상하류의 수면차는 18m이다.)

① $1.1\times10^{-7}\text{m}^3/\text{sec}$
② $2.3\times10^{-7}\text{m}^3/\text{sec}$
③ $2.3\times10^{-8}\text{m}^3/\text{sec}$
④ $1.5\times10^{-8}\text{m}^3/\text{sec}$

$$K=\sqrt{K_h K_v}=\sqrt{(1.6\times10^{-8})\times(4.5\times10^{-8})}=2.68\times10^{-8}\text{m}^3/\text{sec}$$
$$\therefore\ Q=KH\frac{N_f}{N_d}=2.68\times10^{-8}\times18\times\frac{4}{18}=1.07\times10^{-7}\text{m}^3/\text{sec}$$

90 사면안정 해석방법에 대한 설명으로 틀린 것은?

① 일체법은 활동면 위에 있는 흙덩어리를 하나의 물체로 보고 해석하는 방법이다.
② 절편법은 활동면 위에 있는 흙을 몇 개의 절편으로 분할하여 해석하는 방법이다.
③ 마찰원방법은 점착력과 마찰각을 동시에 갖고 있는 균질한 지반에 적용된다.
④ 절편법은 흙이 균질하지 않아도 적용이 가능하지만 흙 속에 간극수압이 있을 경우 적용이 불가능하다.

해설 절편법(분할법)은 파괴면 위의 흙을 수 개의 절편으로 나눈 후 각각의 절편에 대해 안정성을 계산하는 방법으로 이질토층과 지하수위가 있을 때 적용한다.

91 샘플러(sampler)의 외경이 6cm, 내경이 5.5cm일 때 면적비(A_r)는?

① 8.3%
② 9.0%
③ 16%
④ 19%

해설
$$A_r=\frac{{D_w}^2-{D_e}^2}{{D_e}^2}\times100=\frac{6^2-5.5^2}{5.5^2}\times100=19.01\%$$

 정답 ▶▶ 88. ③ 89. ① 90. ④ 91. ④

92 다음 그림에서 투수계수 $K=4.8\times10^{-3}$cm/sec일 때 Darcy유출속도(v)와 실제 물의 속도(침투속도, v_s)는?

① $v=3.4\times10^{-4}$cm/sec, $v_s=5.6\times10^{-4}$cm/sec
② $v=3.4\times10^{-4}$cm/sec, $v_s=9.4\times10^{-4}$cm/sec
③ $v=5.8\times10^{-4}$cm/sec, $v_s=10.8\times10^{-4}$cm/sec
④ $v=5.8\times10^{-4}$cm/sec, $v_s=13.2\times10^{-4}$cm/sec

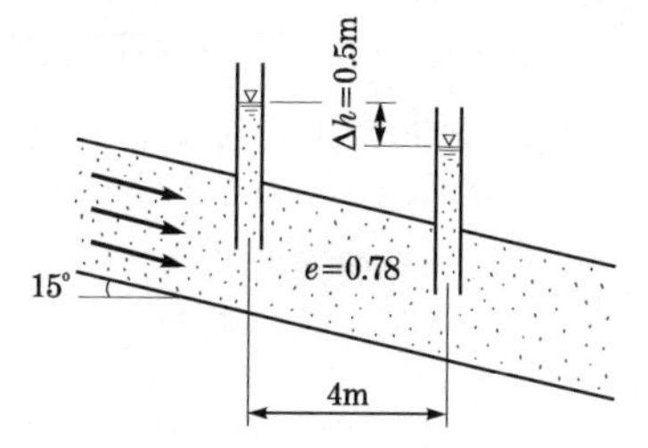

해설

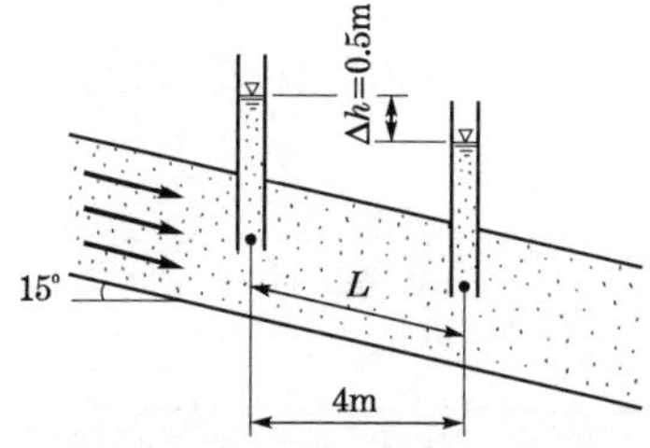

㉠ $v=Ki=K\dfrac{h}{L}=(4.8\times10^{-3})\times\dfrac{5}{\dfrac{400}{\cos15^\circ}}=5.8\times10^{-4}$cm/sec

㉡ $n=\dfrac{e}{1+e}=\dfrac{0.78}{1+0.78}=0.438$

$\therefore\ v_s=\dfrac{v}{n}=\dfrac{5.8\times10^{-4}}{0.438}=13.2\times10^{-4}$cm/sec

93 흙의 다짐에 대한 설명으로 틀린 것은?

① 조립토는 세립토보다 최대 건조단위중량이 커진다.
② 습윤측 다짐을 하면 흙구조가 면모구조가 된다.
③ 최적 함수비로 다질 때 최대 건조단위중량이 된다.
④ 동일한 다짐에너지에 대해서는 건조측이 습윤측보다 더 큰 강도를 보인다.

해설 습윤측 다짐을 하면 흙의 구조가 분산(이산)구조가 된다.

94 다음 중 시료채취에 대한 설명으로 틀린 것은?

① 오거보링(Auger Boring)은 흐트러지지 않은 시료를 채취하는데 적합하다.
② 교란된 흙은 자연상태의 흙보다 전단강도가 작다.
③ 액성한계 및 소성한계시험에서는 교란시료를 사용하여도 괜찮다.
④ 입도분석시험에서는 교란시료를 사용하여도 괜찮다.

해설 오거보링

㉠ 굴착토의 배출방법에 따라 포스트홀오거(post hole auger)와 헬리컬 또는 스크루오거(helical or screw auger)로 구분되며, 오거의 동력기구에 따라 분류하면 핸드오거, 머신오거, 파워핸드오거로 구분된다.
㉡ 특징 : 공 내에 송수하지 않고 굴진하여 연속적으로 흙의 교란된 대표적인 시료를 채취할 수 있다.

정답 92. ④ 93. ② 94. ①

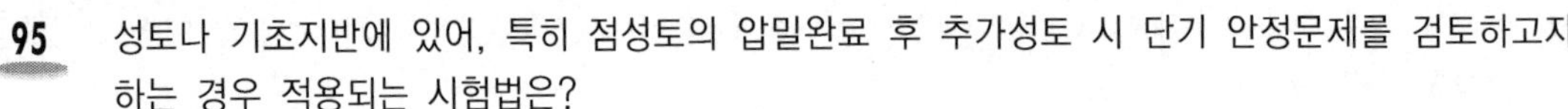

95 성토나 기초지반에 있어, 특히 점성토의 압밀완료 후 추가성토 시 단기 안정문제를 검토하고자 하는 경우 적용되는 시험법은?

① 비압밀비배수시험
② 압밀비배수시험
③ 압밀배수시험
④ 일축압축시험

해설 압밀비배수시험(CU-test)

㉠ 프리로딩(pre-loading)공법으로 압밀된 후 급격한 재하 시의 안정 해석에 사용
㉡ 성토하중에 의해 어느 정도 압밀된 후에 갑자기 파괴가 예상되는 경우

96 도로연장 3km 건설구간에서 7개 지점의 시료를 채취하여 다음과 같은 CBR을 구하였다. 이때의 설계CBR은 얼마인가?

7개의 CBR : 5.3, 5.7, 7.6, 8.7, 7.4, 8.6, 7.2

[설계CBR 계산용 계수]

개수(n)	2	3	4	5	6	7	8	9	10 이상
d_2	1.41	1.91	2.24	2.48	2.67	2.83	2.96	3.08	3.18

① 4
② 5
③ 6
④ 7

해설 설계CBR

㉠ 각 지점의 CBR 평균$=(5.3+5.7+7.6+8.7+7.4+8.6+7)\times\dfrac{1}{7}=7.19$

㉡ 설계CBR$=$각 지점의 CBR 평균$-\dfrac{\text{CBR 최대치}-\text{CBR 최소치}}{d_2}=7.19-\dfrac{8.7-5.3}{2.83}=6$

97 어떤 굳은 점토층을 깊이 7m까지 연직절토하였다. 이 점토층의 일축압축강도가 1.4kg/cm^2, 흙의 단위중량이 2t/m^{3}라 하면 파괴에 대한 안전율은? (단, 내부마찰각은 30°)

① 0.5
② 1.0
③ 1.5
④ 2.0

해설

$$H_c=\frac{4c\tan\left(45°+\dfrac{\phi}{2}\right)}{\gamma_t}=\frac{2q_u}{\gamma_t}=\frac{2\times14}{2}=14$$

$$\therefore F_s=\frac{H_c}{H}=\frac{14}{7}=2$$

98 어떤 지반의 미소한 흙요소에 최대 및 최소 주응력이 각각 1kg/cm^2 및 0.6kg/cm^{2}일 때 최소 주응력면과 60°를 이루는 면상의 전단응력은?

① 0.10kg/cm^2
② 0.17kg/cm^2
③ 0.20kg/cm^2
④ 0.27kg/cm^2

 정답 95. ② 96. ③ 97. ④ 98. ②

해설 ㉠ $\theta+\theta'=90°$
$\theta+60°=90°$
$\therefore\ \theta=30°$
㉡ $\tau=\left(\frac{\sigma_1-\sigma_3}{2}\right)\sin 2\theta=\left(\frac{1-0.6}{2}\right)\times\sin(2\times 30°)=0.17\text{kg/cm}^2$

99 자연상태의 모래지반을 다져 e_{min}에 이르도록 했다면 이 지반의 상대밀도는?

① 0%
② 50%
③ 75%
④ 100%

해설 $D_r=\frac{e_{max}-e}{e_{max}-e_{min}}\times 100=\frac{e_{max}-e_{min}}{e_{max}-e_{min}}\times 100=100\%$

100 Sand drain공법의 지배영역에 관한 Barron의 정사각형 배치에서 사주(Sand pile)의 간격을 d, 유효원의 지름을 d_e라 할 때 d_e를 구하는 식으로 옳은 것은?

① $d_e=1.13d$
② $d_e=1.05d$
③ $d_e=1.03d$
④ $d_e=1.50d$

해설 sand pile의 배열과 유효원의 지름
㉠ 정삼각형 배열 : $d_e=1.05d$
㉡ 정사각형 배열 : $d_e=1.13d$

제6과목 : 상하수도공학

101 활성탄 흡착공정에 대한 설명으로 옳지 않은 것은?

① 활성탄은 비표면적이 높은 다공성의 탄소질입자로, 형상에 따라 입상활성탄과 분말활성탄으로 구분된다.
② 분말활성탄의 흡착능력이 떨어지면 재생공정을 통해 재활용한다.
③ 활성탄 흡착을 통해 소수성의 유기물질을 제거할 수 있다.
④ 모래여과공정 전단에 활성탄 흡착공정을 두게 되면 탁도부하가 높아져서 활성탄 흡착효율이 떨어지거나 역세척을 자주 해야 할 필요가 있다.

해설 입상활성탄의 경우 재생하여 재사용하나, 분말활성탄의 경우 사용 후 버리기 때문에 미생물 번식의 우려가 없다.

102 취수보의 취수구에서의 표준유입속도는?

① 0.3~0.6m/s
② 0.4~0.8m/s
③ 0.5~1.0m/s
④ 0.6~1.2m/s

정답 ▶▶▶ 99. ④ 100. ① 101. ② 102. ②

103 인구 30만의 도시에 급수계획을 하고자 한다. 계획 1인 1일 최대 급수량을 350L로 하고 계획급수보급률을 80%라 할 때 계획 1일 평균급수량은? (단, 이 도시는 중소도시로 계획첨두율은 1.5로 가정한다.)

① 126,000m^3/day
② 84,000m^3/day
③ 73,500m^3/day
④ 56,000m^3/day

해설 계획 1일 평균급수량=300,000인×350×10^{-3}m^3/인 · day×0.8÷1.5=56,000m^3 · day

104 배수면적 2km^{2}인 유역 내 강우의 하수관거유입시간이 6분, 유출계수가 0.70일 때 하수관거 내 유속이 2m/s인 1km길이의 하수관에서 유출되는 우수량은? (단, 강우강도 $I=\dfrac{3{,}500}{t+25}$[mm/h], t의 단위 : 분)

① 0.3m^3/s
② 2.6m^3/s
③ 34.6m^3/s
④ 43.9m^3/s

해설

$$T=t_1+\frac{L}{V}=6+\frac{1{,}000}{2\times60}=14.3\text{분}$$

$$\therefore\ Q=\frac{1}{3.6}CIA=\frac{1}{3.6}\times0.7\times\frac{3{,}500}{14.3+25}\times2=34.6\text{m}^3/\text{s}$$

105 하수도계획의 목표연도는 원칙적으로 몇 년으로 설정하는가?

① 5년
② 10년
③ 15년
④ 20년

해설 상수도시설계획은 5~15년, 하수도시설계획은 20년이다.

106 활성슬러지법과 비교하여 생물막법의 특징을 옳지 않은 것은?

① 운전조작이 간단하다.
② 다량의 슬러지 유출에 따른 처리수 수질 악화가 발생하지 않는다.
③ 반응조를 다단화하여 반응효율과 처리 안정성 향상이 도모된다.
④ 생물종분포가 단순하여 처리효율을 높일 수 있다.

해설 생물막법은 다양한 미생물의 생물종을 여재층 또는 회전원판 등에 표식하여 처리하는 방식이다.

107 하수관거의 설계기준에 대한 설명으로 틀린 것은?

① 경사는 상류에서 크게 하고, 하류로 갈수록 감소시켜야 한다.
② 유속은 하류로 갈수록 작게 하여야 한다.
③ 오수관거의 최소 관경은 200mm를 표준으로 한다.
④ 관거의 최소 흙두께는 원칙적으로 1m로 한다.

 정답 ▸▸▸ 103. ④ 104. ③ 105. ④ 106. ④ 107. ②

해설 하수관거의 유속은 하류로 갈수록 빠르게, 경사는 완만하게 하여야 한다.

108 펌프대수 결정을 위한 일반적인 고려사항에 대한 설명으로 옳지 않은 것은?

① 건설비를 절약하기 위해 예비는 가능한 대수를 적게 하고 소용량으로 한다.
② 펌프의 설치대수는 유지관리상 가능한 적게 하고 동일 용량의 것으로 한다.
③ 펌프는 가능한 최고 효율점 부근에서 운전하도록 대수 및 용량을 정한다.
④ 펌프는 용량이 작을수록 효율이 높으므로 가능한 소용량의 것으로 한다.

해설 펌프를 결정 시에는 가능한 한 대수를 줄이고 동일 용량의 것을 사용하며 대용량을 선택한다.

109 양수량이 $8m^3/min$, 전양정이 4m, 회전수 1,160rpm인 펌프의 비교회전도는?

① 316 ② 985
③ 1,160 ④ 1,436

해설 $N_s = N\left(\frac{Q^{1/2}}{H^{3/4}}\right) = 1,160 \times \frac{8^{1/2}}{4^{3/4}} = 1,160$

110 물의 맛·냄새의 제거방법으로 식물성 냄새, 생선비린내, 황화수소냄새, 부패한 냄새의 제거에 효과가 있지만, 곰팡이 냄새 제거에는 효과가 없으며 페놀류는 분해할 수 있지만, 약품냄새 중에는 아민류와 같이 냄새를 강하게 할 수도 있으므로 주의가 필요한 처리방법은?

① 폭기방법 ② 염소처리법
③ 오존처리법 ④ 활성탄처리법

해설 염소소독의 단점
㉠ 색도 제거가 안 된다.
㉡ THM이 발생한다.
㉢ 곰팡이 냄새 제거에 효과가 없다.
㉣ 바이러스 제거에 효과가 없다.

111 Ripple's method에 의하여 저수지용량을 결정하려고 할 때 다음 그림에서 최대 갈수량을 대비한 저수개시시점은? (단, $\overline{AB}$, $\overline{CD}$, $\overline{EF}$, $\overline{GH}$는 $\overline{OX}$와 평행)

① ㉠시점
② ㉡시점
③ ㉢시점
④ ㉣시점

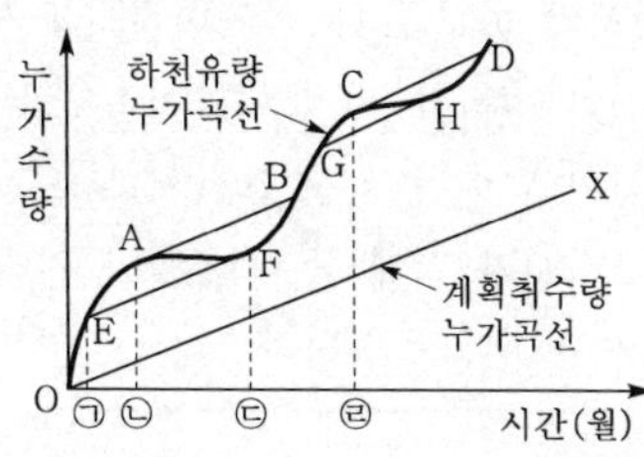

112 상수도계획에서 계획연차 결정에 있어서 일반적으로 고려해야 할 사항으로 틀린 것은?

① 장비 및 시설물의 내구연한
② 시설확장 시 난이도와 위치
③ 도시발전상황과 물사용량
④ 도시급수지역의 전염병 발생상황

113 합류식과 분류식에 대한 설명으로 옳지 않은 것은?

① 합류식의 경우 관경이 커지기 때문에 2계통인 분류식보다 건설비용이 많이 든다.
② 분류식의 경우 오수와 우수를 별개의 관로로 배제하기 때문에 오수의 배제계획이 합리적이 된다.
③ 분류식의 경우 관거 내 퇴적은 적으나 수세효과는 기대할 수 없다.
④ 합류식의 경우 일정량 이상이 되면 우천 시 오수가 월류한다.

해설 합류식은 하나의 관을 매설하기 때문에 건설비용이 감소한다.

114 상수도 배수관에 사용하는 관의 종류와 특징으로 옳지 않은 것은?

① 경질폴리염화비닐(PVC)관은 내식성이 크고 유기용제, 열 및 자외선에 강하다.
② 덕타일주철관은 강도가 커서 충격에 강하나 비교적 무겁다.
③ 강관은 내압 및 충격에 강하나 부식에 약하며 처짐이 크다.
④ 스테인리스강관은 강도가 크지만 다른 금속과의 절연처리가 필요하다.

해설 수도용 경질폴리염화비닐(PVC)관 또는 폴리에틸렌관을 매설하는 경우에는 자외선의 영향을 받을 우려가 있는 부분, 높은 온도를 받는 부분 또는 온도 저하가 현저한 곳은 피하는 것이 바람직하다.

115 다음 중 하수고도처리의 주요 처리대상물질에 해당되는 것은?

① 질소, 인
② 유기물
③ 소독부산물
④ 미생물

116 완속여과지와 비교할 때 급속여과지에 대한 설명으로 옳지 않은 것은?

① 유입수가 고탁도인 경우에 적합하다.
② 세균처리에 있어 확실성이 적다.
③ 유지관리비가 적게 들고 특별한 관리기술이 필요치 않다.
④ 대규모 처리에 적합하다.

해설 급속여과지는 빠르게 처리하므로 여과면적을 많이 필요로 하지 않으며 고탁도처리가 가능하고 대규모 처리에 적합하다. 그러나 빠른 처리로 인하여 세균처리율을 떨어지며 유지관리비 및 관리기술이 필요하다.

 정답 ▶▶ 112. ④ 113. ① 114. ① 115. ① 116. ③

117 하수처리 재이용계획의 계획오수량에 대한 설명 중 옳지 않은 것은?

① 계획 1일 최대 오수량은 1인 1일 최대 오수량에 계획인구를 곱한 후 공장폐수량, 지하수량 및 기타 배수량을 더한 것으로 한다.
② 계획오수량은 생활오수량, 공장폐수량, 지하수량으로 구분한다.
③ 지하수량은 1인 1일 최대 오수량의 10~20%로 한다.
④ 계획시간 최대 오수량은 계획 1일 평균오수량의 1시간당 수량의 2~3배를 표준으로 한다.

해설 계획시간 최대 오수량은 계획 1일 최대 오수량의 1시간당 수량의 1.3~1.8배를 표준으로 한다.

118 펌프의 토출량이 $0.94m^3$/min이고 흡입구의 유속이 2m/s라 가정할 때 펌프의 흡입구경은?

① 100mm　② 200mm
③ 250mm　④ 300mm

해설 펌프의 구경 $d = 146\sqrt{\frac{Q}{V}} = 146 \times \sqrt{\frac{0.94}{2}} = 100.1\text{mm}$

119 하수처리장 유입수의 SS농도는 200mg/L이다. 1차 침전지에서 30% 정도가 제거되고, 2차 침전지에서 85%의 제거효율을 갖고 있다. 하루처리용량이 $3,000m^3$/day일 때 방류되는 총SS량은?

① 6,300kg/day　② 6,300mg/day
③ 63kg/day　④ 2,800g/day

해설 ㉠ 1차 침전지 처리 후 잔류SS농도 : 200mg/L−200mg/L×0.3＝140mg/L
㉡ 2차 침전지 처리 후 잔류SS농도 : 140mg/L−140mg/L×0.85＝21mg/L
∴ 방류되는 총SS량＝$21\times10^{-3}kg/m^3\times3,000m^3/day = 63kg/day$

120 도수거에 대한 설명으로 틀린 것은?

① 개거나 암거인 경우에는 대개 30~50m 간격으로 시공조인트를 겸한 신축조인트를 설치한다.
② 개수로의 평균유속공식은 Manning공식을 주로 사용한다.
③ 도수거에서 평균유속의 최대 한도는 5m/s로 한다.
④ 도수거의 최소 유속은 0.3m/s로 한다.

해설 도수관의 유속범위는 0.3~3m/sec이다.

정답 ▸▸▸ 117. ④ 118. ① 119. ③ 120. ③

과년도 출제문제

1 2018년 3월 4일 시행

2 2018년 4월 28일 시행

3 2018년 8월 19일 시행

국가기술자격검정 필기시험문제

2018년도 토목기사(2018년 3월 4일)

자격종목	시험시간	문제형별	수험번호	성 명
토목기사	**3시간**	**A**		

제1과목 : 응용역학

1 탄성변형에너지는 외력을 받는 구조물에서 변형에 의해 구조물에 축적되는 에너지를 말한다. 탄성체이며 선형거동을 하는 길이 L인 켄틸레버보의 끝단에 집중하중 P가 작용할 때 굽힘모멘트에 의한 탄성변형에너지는? (단, EI는 일정)

① $\dfrac{P^2L^2}{6EI}$　② $\dfrac{P^2L^2}{2EI}$

③ $\dfrac{P^2L^3}{6EI}$　④ $\dfrac{P^2L^3}{2EI}$

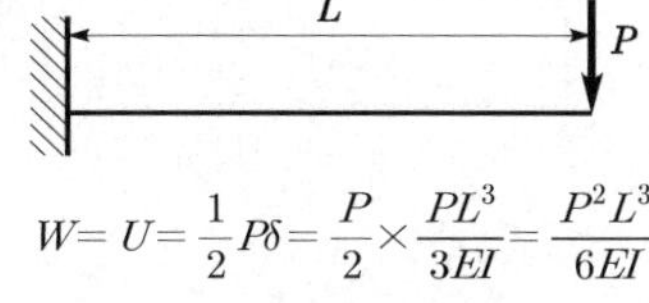

$$W = U = \frac{1}{2}P\delta = \frac{P}{2} \times \frac{PL^3}{3EI} = \frac{P^2L^3}{6EI}$$

여기서, $\delta = \dfrac{PL^3}{3EI}$

2 다음 그림과 같은 구조물의 BD부재에 작용하는 힘의 크기는?

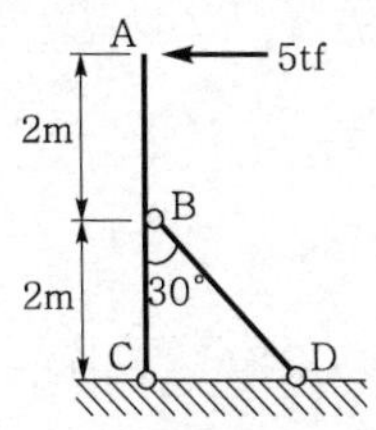

① 10tf　② 12.5tf

③ 15tf　④ 20tf

해설

A 5tf
2m
B $T\sin30^\circ$
T
2m $T\cos30^\circ$
C

$\Sigma M_C = 0(\oplus)$

$5\times4 - T\times\sin30^\circ\times2 = 0$

$\therefore\ T = \dfrac{5\times4}{2\times\sin30^\circ} = 20\text{tf}(\rightarrow)$

3 다음 그림과 같이 A지점이 고정이고 B지점이 힌지(hinge)인 부정정보가 어떤 요인에 의하여 B지점이 B′로 Δ만큼 침하하게 되었다. 이때 B′의 지점반력은? (단, EI는 일정)

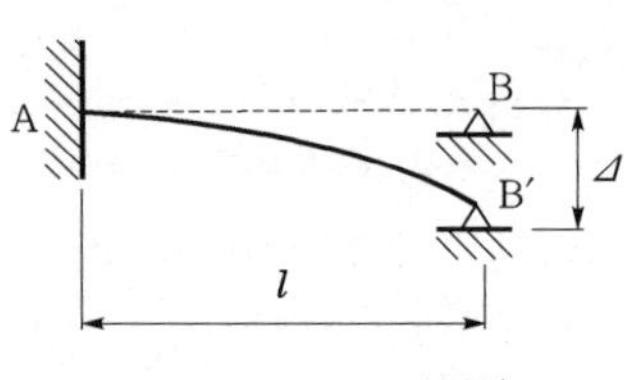

① $\dfrac{3EI\Delta}{l^3}$ ② $\dfrac{4EI\Delta}{l^3}$

③ $\dfrac{5EI\Delta}{l^3}$ ④ $\dfrac{6EI\Delta}{l^3}$

해설 B점의 최종 처짐이 Δ이므로 V_B에 의한 처짐도 Δ이다.

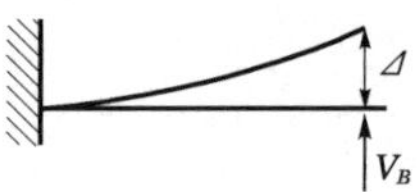

$\Delta = \dfrac{V_B l^3}{3EI}$

$\therefore\ V_B = \dfrac{3EI\Delta}{l^3}$

4 다음 그림과 같은 구조물에서 C점의 수직처짐을 구하면? (단, $EI = 2\times10^9$kgf · cm^{2}이며 자중은 무시한다.)

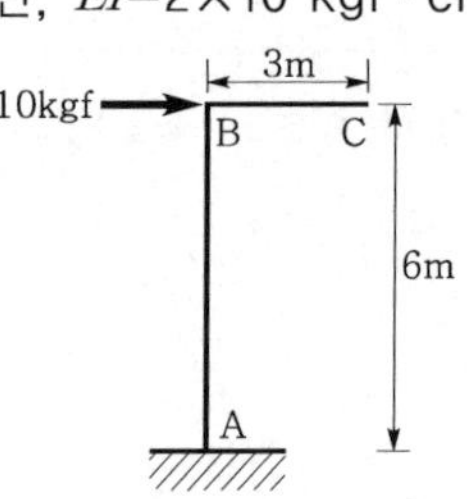

① 2.7mm
② 3.6mm
③ 5.4mm
④ 7.2mm

해설

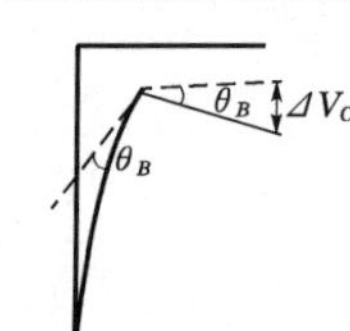

$\theta_B = \dfrac{Pl^2}{2EI} = \dfrac{10\times600^2}{2\times2\times10^9} = 0.0009$

$\therefore\ \Delta V_C = \overline{BC}\theta_B$

$= 3{,}000\times0.0009$

$= 2.7\text{mm}$

 정답 ▸▸▸ 3. ① 4. ①

5 단면이 원형(반지름 r)인 보에 휨모멘트 M이 작용할 때 이 보에 작용하는 최대 휨응력은?

① $\dfrac{2M}{\pi r^3}$ ② $\dfrac{4M}{\pi r^3}$

③ $\dfrac{8M}{\pi r^3}$ ④ $\dfrac{16M}{\pi r^3}$

해설

$$I_X = \frac{\pi D^4}{64} = \frac{\pi(2r)^4}{64} = \frac{\pi r^4}{4}$$

$$y = r$$

$$\therefore\ \sigma = \left(\frac{M}{I}\right)y = \left(\frac{M}{\frac{\pi r^4}{4}}\right)r = \frac{4M}{\pi r^3}$$

6 다음 그림과 같은 보에서 두 지점의 반력이 같게 되는 하중의 위치(x)를 구하면?

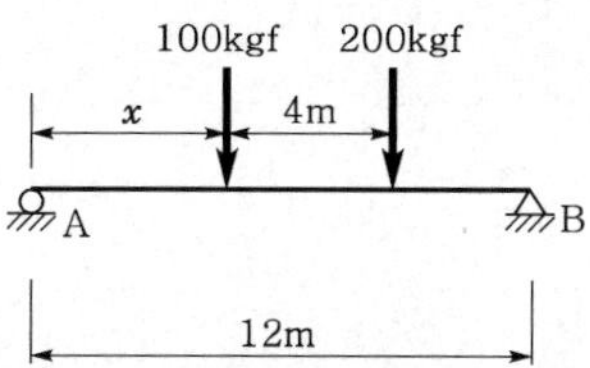

① 0.33m ② 1.33m

③ 2.33m ④ 3.33m

해설

$$V_A = V_B = 150\text{kgf}$$

$$\Sigma M_A = 0(\oplus)$$

$$V_B \times 12 - 100 \times x - 200 \times (x+4) = 0$$

$$1{,}800 - 100x - 200x - 800 = 0$$

$$300x = 1{,}000$$

$$\therefore\ x = \frac{1{,}000}{300} = 3.33\text{m}$$

7 반지름이 25cm인 원형 단면을 가지는 단주에서 핵의 면적은 약 얼마인가?

① 122.7cm^2 ② 168.4cm^2

③ 254.4cm^2 ④ 336.8cm^2

해설

$$e = \frac{d}{4} = \frac{50}{4} = 12.5\text{mm}$$

$$\therefore\ A_e = \frac{\pi e^2}{4} = \frac{\pi \times 12.5^2}{4} = 122.7\text{cm}^2$$

정답 ▶▶▶ 5. ② 6. ④ 7. ①

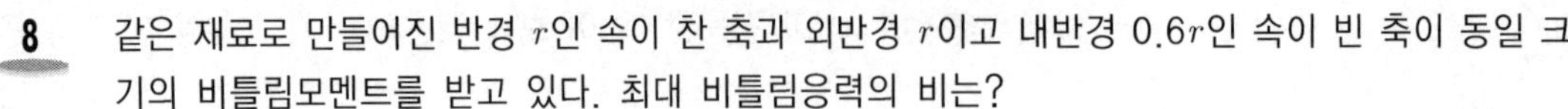

8 같은 재료로 만들어진 반경 r인 속이 찬 축과 외반경 r이고 내반경 $0.6r$인 속이 빈 축이 동일 크기의 비틀림모멘트를 받고 있다. 최대 비틀림응력의 비는?

① 1 : 1 ② 1 : 1.15
③ 1 : 2 ④ 1 : 2.15

해설

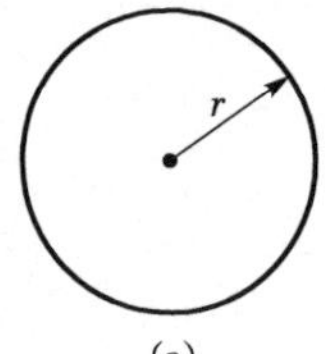

(a)

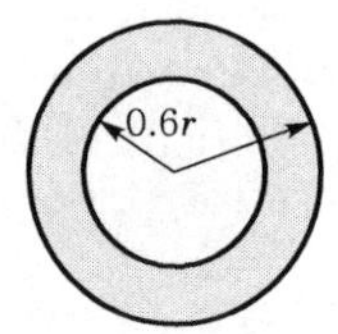

(b)

$$\tau = \frac{Tr}{I_P}$$

$$I_{P(a)} = \frac{\pi D^4}{64} + \frac{\pi D^4}{64} = \frac{\pi D^4}{32} = \frac{\pi r^4}{2}$$

$$I_{P(b)} = \frac{\pi}{2}(r^4 - (0.6r)^4) = \frac{\pi}{2}(0.87r^4)$$

$$\therefore \tau_1 : \tau_2 = \frac{Tr}{\frac{\pi r^4}{2}} : \frac{Tr}{\frac{\pi r^4}{2} \times 0.87} = \frac{1}{1} : \frac{1}{0.87}$$

$$= 1 : 1.15$$

9 다음 그림과 같은 단순보에서 최대 휨모멘트가 발생하는 위치 x(A지점으로부터의 거리)와 최대 휨모멘트 M_x는?

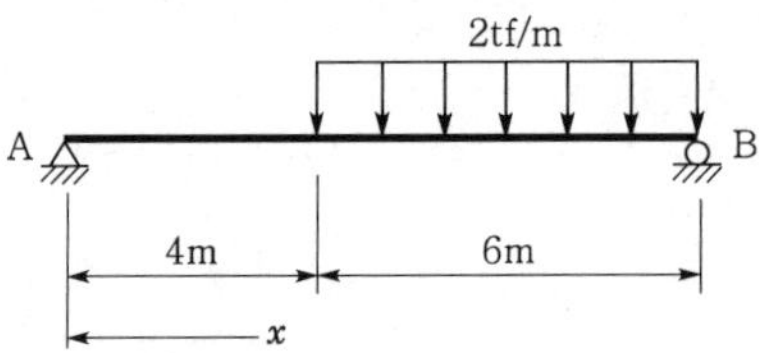

① $x = 4.0\text{m}$, $M_x = 18.02\text{tf} \cdot \text{m}$ ② $x = 4.8\text{m}$, $M_x = 9.6\text{tf} \cdot \text{m}$
③ $x = 5.2\text{m}$, $M_x = 23.04\text{tf} \cdot \text{m}$ ④ $x = 5.8\text{m}$, $M_x = 17.64\text{tf} \cdot \text{m}$

해설 $\Sigma M_A = 0(\oplus)$

$V_B \times 10 - 12 \times 7 = 0$

$\therefore V_B = 8.4\text{tf}(\uparrow)$

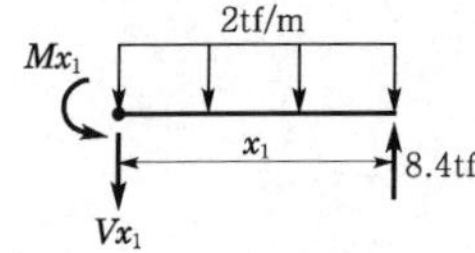

$\Sigma F_Y = 0(\downarrow \oplus)$

$V_{x_1} + 2x_1 - 8.4 = 0$

$V_{x_1} = 8.4 - 2x_1$

$V_{x_1} = 0$이므로

 정답 ▸▸▸ 8. ② 9. ④

$2x_1 = 8.4$

$\therefore\ x_1 = 4.2\text{m}$

㉠ 최대 모멘트 발생위치

$x = 10 - 4.2 = 5.8\text{m}$

㉡ 최대 모멘트 산정

$M_{x_1} = M_{\max}$

$\Sigma M_{x_1} = 0(\oplus)$

$4.2 \times 4.2 \times \dfrac{2}{2} - 8.4 \times 4.2 + M_{\max} = 0$

$\therefore\ M_{\max} = 8.4 \times 4.2 - 4.2^2 = 17.64\text{tf}\cdot\text{m}$

10 다음 그림과 같은 트러스의 상현재 U의 부재력은?

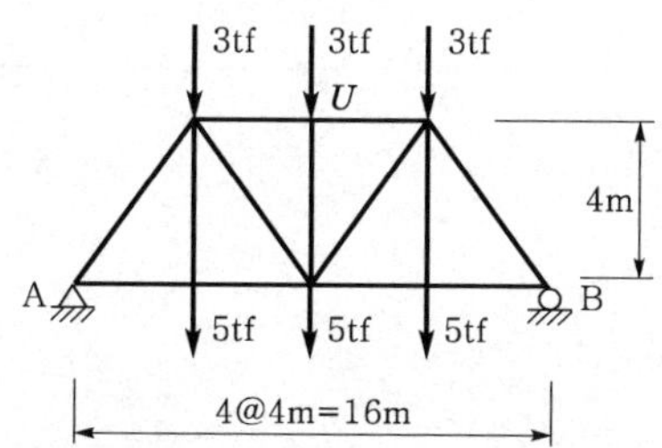

① 인장을 받으며 그 크기는 16tf이다.
② 압축을 받으며 그 크기는 16tf이다.
③ 인장을 받으며 그 크기는 12tf이다.
④ 압축을 받으며 그 크기는 12tf이다.

해설 $\Sigma M_B = 0(\oplus)$

$V_A \times 16 - 8 \times (12 + 8 + 4) = 0$

$\therefore\ V_A = 12\text{tf}(\uparrow)$

$\Sigma F_y = 0(\uparrow\oplus)$

$V_A + V_B = 24$

$\therefore\ V_B = 12\text{tf}(\uparrow)$

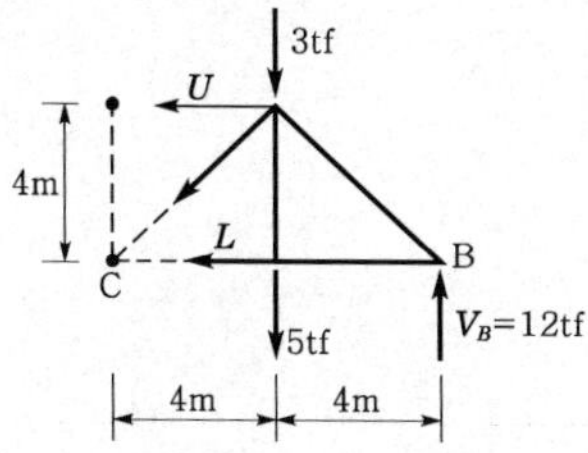

$\Sigma M_C = 0(\oplus)$

$U \times 4 + 12 \times 8 - (3 + 5) \times 4 = 0$

$\therefore\ U = \dfrac{32 - 96}{4} = -16\text{tf}(\text{압축})$

정답 ▶▶▶ 10. ②

11 다음 단면에서 y축에 대한 회전반지름은?

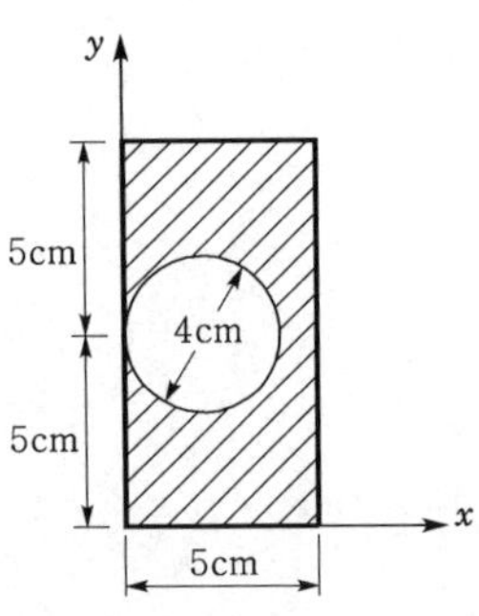

① 3.07cm ② 3.20cm

③ 3.81cm ④ 4.24cm

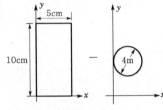

$$I_{y_1}=\frac{b^3h}{3}=\frac{5^3\times 10}{3}=416.7$$

$$I_{y_2}=\frac{5\pi D^4}{64}=\frac{5\pi\times 4^4}{64}=62.83$$

$$I_y=I_{y_1}-I_{y_2}=353.87\text{cm}^4$$

$$A=10\times 5-\frac{\pi\times 4^2}{4}=37.43\text{cm}^2$$

$$\therefore r_y=\sqrt{\frac{I_y}{A}}=\sqrt{\frac{353.87}{37.43}}=3.074 \fallingdotseq 3.07\text{cm}$$

12 다음 그림과 같은 단면적 A, 탄성계수 E인 기둥에서 줄음량을 구한 값은?

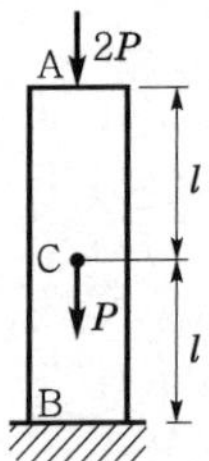

① $\frac{2Pl}{AE}$ ② $\frac{3Pl}{AE}$

③ $\frac{4Pl}{AE}$ ④ $\frac{5Pl}{AE}$

해설 훅의 법칙 이용

$$\frac{P}{A}=E\varepsilon=E\left(\frac{\Delta l}{l}\right)$$

$$\therefore \Delta l=\frac{Pl}{AE}$$

$$\Delta l_{AB}=\frac{2Pl}{AE},\ \Delta l_{CD}=\frac{3Pl}{AE}$$

$$\therefore \Delta l=\Delta l_{AB}+\Delta l_{CD}=\frac{5Pl}{AE}$$

13 다음과 같은 3활절아치에서 C점의 휨모멘트는?

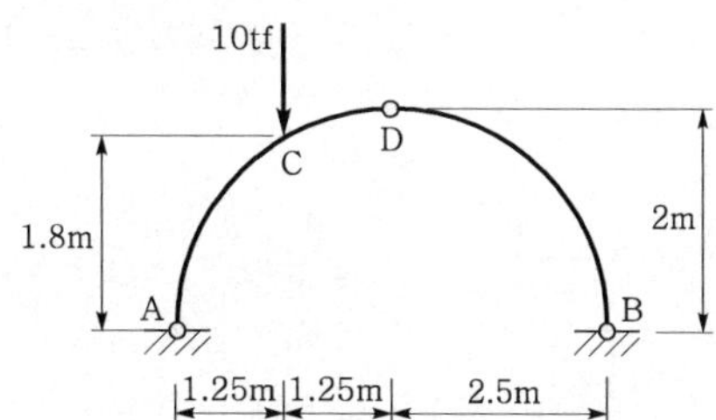

① 3.25tf·m
② 3.50tf·m
③ 3.75tf·m
④ 4.00tf·m

해설 $\Sigma M_A=0(\oplus)$

$V_B\times5-10\times1.25=0$

$\therefore V_B=2.5\text{tf}(\uparrow)$

$\Sigma M_D=0(\oplus)$

$V_B\times2.5-H_B\times2=0$

$\therefore H_B=\frac{2.5\times2.5}{2}=3.125\text{tf}(\leftarrow)$

$\therefore M_C=V_B\times3.75-H_B\times1.8=2.5\times3.75-3.125\times1.8=3.75\text{tf}\cdot\text{m}$

14 다음 그림과 같은 보에서 다음 중 휨모멘트의 절대값이 가장 큰 곳은?

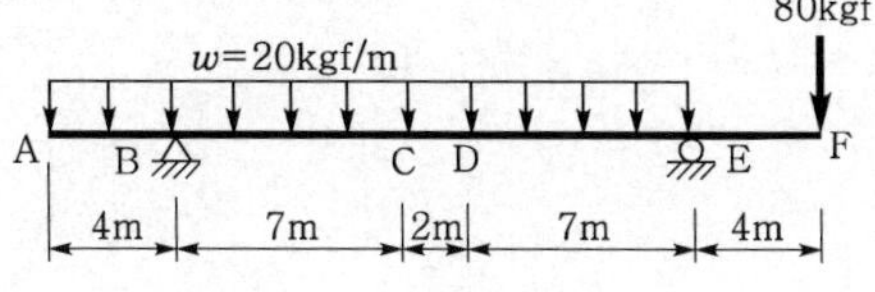

① B점
② C점
③ D점
④ E점

해설 $\Sigma M_E = 0(\oplus\curvearrowright)$

$V_B \times 16 - 20 \times 20 \times 10 + 80 \times 4 = 0$

$\therefore\ V_B = 230\text{kgf}(\uparrow)$

$\Sigma F_Y = 0(\uparrow\oplus)$

$V_B + V_E = 480$

$\therefore\ V_E = 480 - 230 = 250\text{kgf}(\uparrow)$

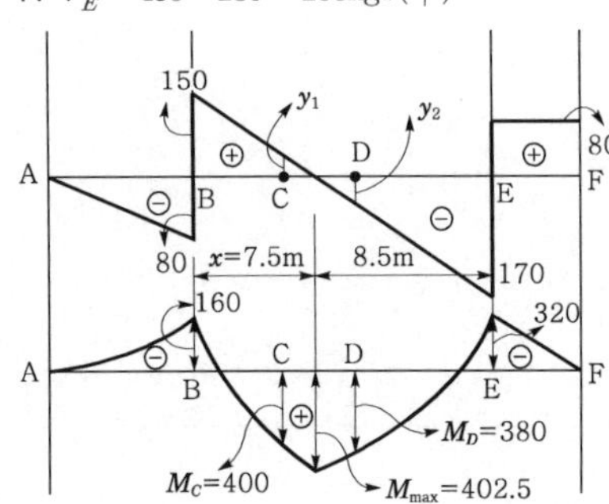

$320 : 16 = 150 : x$

$\therefore\ x = 7.5\text{m}$

$150 : 7.5 = y_1 : 0.5$

$\therefore\ y_1 = 10\text{kgf}$

$170 : 8.5 = y_2 : 1.5$

$\therefore\ y_2 = 30\text{kgf}$

$$M_C = \left(\frac{150 + y_1}{2}\right) \times 7 - 160 = \left(\frac{150 + 10}{2}\right) \times 7 - 160 = 400$$

$$M_{\max} = -\frac{1}{2} \times 80 \times 4 + 150 \times 7.5 \times \frac{1}{2} = 402.5$$

$$M_D = 402.5 - \frac{1}{2} \times 1.5 \times 30 = 380$$

$$\therefore\ M_B = -\frac{1}{2} \times 4 \times 80 = -160\text{kgf} \cdot \text{m}$$

$M_C = 400\text{kgf} \cdot \text{m}$

$M_D = 380\text{kgf} \cdot \text{m}$

$M_E = -80 \times 4 = -320\text{kgf} \cdot \text{m}$

15 다음 그림과 같은 뼈대구조물에서 C점의 수직반력(↑)을 구한 값은? (단, 탄성계수 및 단면은 전 부재가 동일)

① $\dfrac{9wl}{16}$

② $\dfrac{7wl}{16}$

③ $\dfrac{wl}{8}$

④ $\dfrac{wl}{16}$

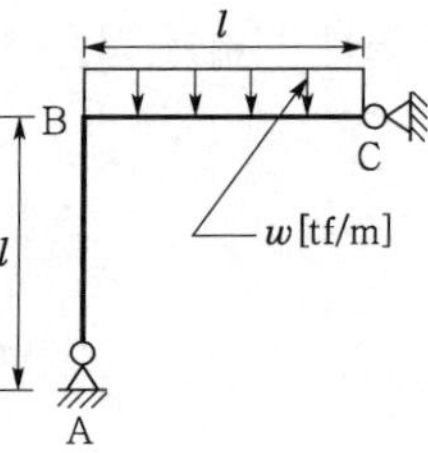

 정답 ▸▸▸ 15. ②

해설 $\Sigma M_A = 0(\oplus)$

$H_C \times l + V_C \times l - \dfrac{wl^2}{2} = 0$

$\therefore H_C = \dfrac{wl}{2} - V_C$

$\Sigma F_x = 0(\rightarrow \oplus)$

$H_A = H_C = \dfrac{wl}{2} - V_C$

$\Sigma F_y = 0(\uparrow \oplus)$

$V_A = wl - V_C$

• 최소 일의 이용(과잉력 V_C 선택)

부재	$x=0$	M_x	$\dfrac{\partial M_x}{\partial V_c}$	$M_x \dfrac{\partial M_x}{\partial V_c}$
AB	A	$-\dfrac{wl}{2}x + V_C x$	x	$-\dfrac{wl}{2}x^2 + V_C x^2$
BC	C	$V_C x - \dfrac{w}{2}x^2$	x	$V_C x^2 - \dfrac{w}{2}x^3$

$\Delta_C = 0$이므로

$\dfrac{1}{EI}\displaystyle\int_0^l M_x \left(\dfrac{\partial M_x}{\partial V_c}\right) dx = 0$

$\displaystyle\int_0^l \left(-\dfrac{wl}{2}x^2 + V_C x^2\right) dx + \int_0^l \left(V_C x^2 - \dfrac{w}{2}x^3\right) dx = 0$

$\left[-\dfrac{wl}{6}x^3 + \dfrac{V_C}{3}x^3\right]_0^l + \left[\dfrac{V_C}{3}x^3 - \dfrac{w}{8}x^4\right]_0^l = 0$

$-\dfrac{wl^4}{6} + \dfrac{V_C l^3}{3} + \dfrac{V_C l^3}{3} - \dfrac{wl^4}{8} = 0$

$\dfrac{2}{3}V_C l^3 = \dfrac{4wl^4}{24} + \dfrac{3wl^4}{24}$

$\therefore V_C = \dfrac{7wl^4}{24} \times \dfrac{3}{2l^3} = \dfrac{7wl}{16}$

16 정육각형 틀의 각 절점에 다음 그림과 같이 하중 P가 작용할 때 각 부재에 생기는 인장응력의 크기는?

① P

② $2P$

③ $\dfrac{P}{2}$

④ $\dfrac{P}{\sqrt{2}}$

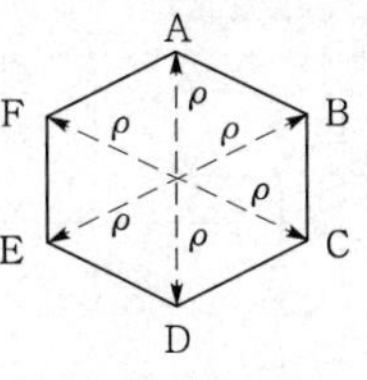

해설

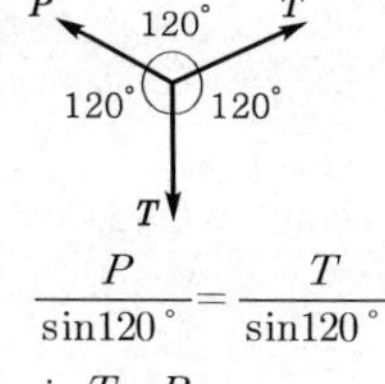

$\dfrac{P}{\sin 120^\circ} = \dfrac{T}{\sin 120^\circ}$

$\therefore T = P$

17 다음 그림과 같은 단면에 1,000kgf의 전단력이 작용할 때 최대 전단응력의 크기는?

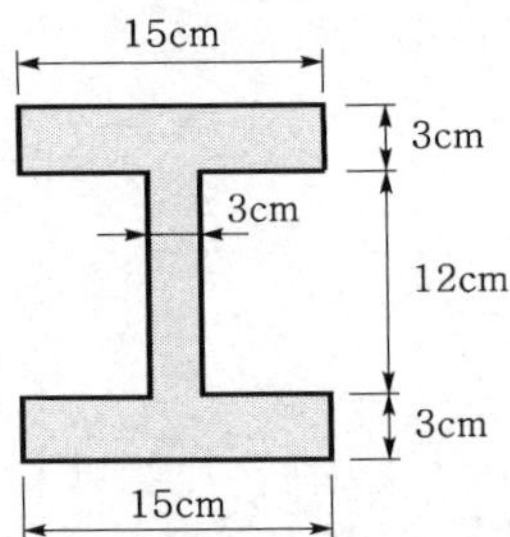

① 23.5kgf/cm^2
② 28.4kgf/cm^2
③ 35.2kgf/cm^2
④ 43.3kgf/cm^2

$$I_x = \frac{15\times18^3}{12} - \frac{12\times12^3}{12} = 5{,}562\text{cm}^4$$

$$Q_x = (15\times3\times7.5) + (3\times6\times3) = 391.5\text{cm}^3$$

$$\therefore \tau = \frac{VQ_x}{Ib} = \frac{1{,}000\times391.5}{5{,}562\times3}$$

$$= 23.46 \fallingdotseq 23.5\text{kgf/cm}^2$$

18 다음 그림과 같은 T형 단면에서 도심축 $C-C$축의 위치 x는?

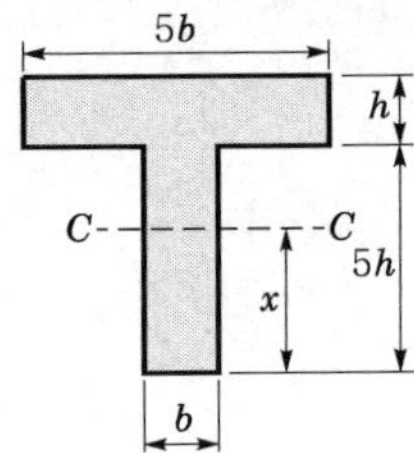

① $2.5h$
② $3.0h$
③ $3.5h$
④ $4.0h$

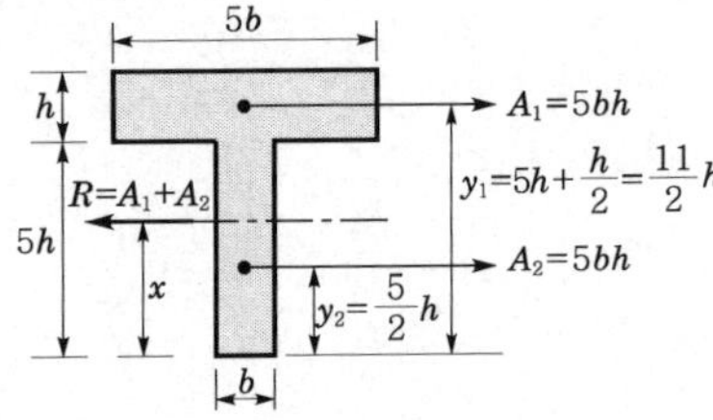

$$\bar{y} = \frac{A_1y_1 + A_2y_2}{A_1 + A_2}$$

$$= \frac{5bh\times\frac{11}{2}h + 5bh\times\frac{5}{2}h}{10bh} = \frac{\frac{55}{2}h + \frac{25}{2}h}{10}$$

$$= \frac{80h}{20} = 4h$$

 정답 17. ① 18. ④

19 다음 그림과 같은 게르버보에서 하중 P에 의한 C점의 처짐은? (단, EI는 일정하고 $EI=2.7\times10^{11}$kgf·cm^{2}이다.)

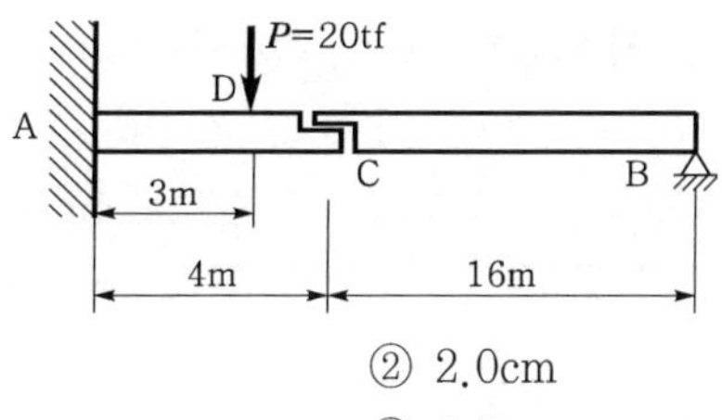

① 2.7cm ② 2.0cm
③ 1.0cm ④ 0.7cm

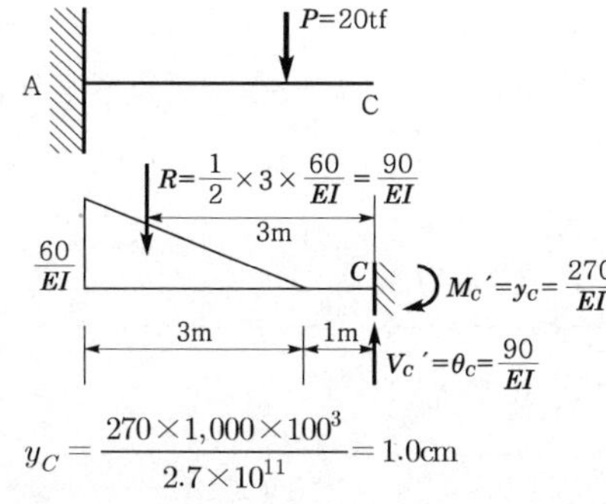

$$y_C=\frac{270\times1{,}000\times100^3}{2.7\times10^{11}}=1.0\text{cm}$$

20 중공원형 강봉에 비틀림력 T가 작용할 때 최대 전단변형율 $\gamma_{max}=750\times10^{-6}$rad으로 측정되었다. 봉의 내경은 60mm이고 외경은 75mm일 때 봉에 작용하는 비틀림력 T를 구하면? (단, 전단탄성계수 $G=8.15\times10^5$kgf/cm^2)

① 29.9tf·cm ② 32.7tf·cm
③ 35.3tf·cm ④ 39.2tf·cm

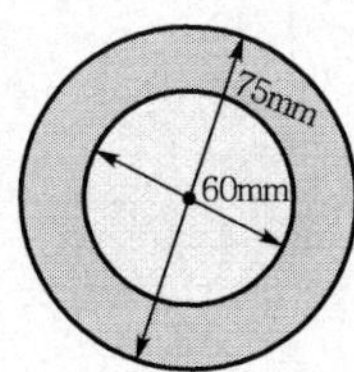

$$I_P=\frac{\pi}{32}\times(7.5^4-6^4)=183.4\text{cm}^4$$

$$r=\frac{7.5}{2}=3.75\text{cm}$$

$$\tau=\gamma_{max}G=750\times10^{-6}\times8.15\times10^5=611.25$$

$$\therefore\ T=\frac{\tau I_P}{r}=\frac{611.25\times183.4}{3.75}$$

$$=29{,}894.2\text{kgf}\cdot\text{cm}=29.9\text{tf}\cdot\text{cm}$$

제2과목 : 측량학

21 클로소이드곡선에서 곡선반지름(R) 450m, 매개변수(A) 300m일 때 곡선길이(L)는?

① 100m ② 150m
③ 200m ④ 250m

해설 $A=\sqrt{RL}$

$300^2=450\times L$

$\therefore\ L=200\text{m}$

22 축척 1 : 25,000 지형도에서 거리가 6.73cm인 두 점 사이의 거리를 다른 축척의 지형도에서 측정한 결과 11.21cm이었다면 이 지형도의 축척은 약 얼마인가?

① 1 : 20,000 ② 1 : 18,000
③ 1 : 15,000 ④ 1 : 13,000

㉠ $\dfrac{1}{m}=\dfrac{\text{도상거리}}{\text{실제 거리}}$

$\dfrac{1}{25{,}000}=\dfrac{0.0673}{x}$

$\therefore\ x=1{,}682.5\text{m}$

㉡ $\dfrac{1}{m}=\dfrac{0.1121}{1{,}682.5}=\dfrac{1}{15{,}000}$

23 다음은 폐합트래버스측량성과이다. 측선 CD의 배횡거는?

측선	위거(m)	경거(m)
AB	65.39	83.57
BC	−34.57	19.68
CD	−65.43	−40.60
DA	34.61	−62.65

① 60.25m ② 115.90m
③ 135.45m ④ 165.90m

해설 ㉠ AB측선의 배횡거=첫 측선의 경거=83.57m

㉡ BC측선의 배횡거=83.57+83.57+19.68=186.82m

㉢ CD측선의 배횡거=186.82+19.68−40.60=165.90m

24 어떤 횡단면의 도상면적이 40.5cm^{2}이었다. 가로축척이 1 : 20, 세로축척이 1 : 60이었다면 실제 면적은?

① 48.6m^2 ② 33.75m^2
③ 4.86m^2 ④ 3.375m^2

 정답 ▸▸▸ 21. ③ 22. ③ 23. ④ 24. ③

해설 $\dfrac{1}{20\times60}=\dfrac{40.5}{\text{실제 면적}}$

$\therefore$ 실제 면적 $=4.86\text{m}^2$

25 수심 H인 하천의 유속측정에서 수면으로부터 깊이 $0.2H$, $0.6H$, $0.8H$인 점의 유속이 각각 0.663m/s, 0.532m/s, 0.467m/s이었다면 3점법에 의한 평균유속은?

① 0.565m/s
② 0.554m/s
③ 0.549m/s
④ 0.543m/s

해설
$$V_m=\frac{1}{4}(V_{0.2}+2V_{0.6}+V_{0.8})$$
$$=\frac{1}{4}\times(0.663+2\times0.532+0.467)$$
$$=0.549\text{m/s}$$

26 동일한 지역을 같은 조건에서 촬영할 때 비행고도만을 2배로 높게 하여 촬영할 경우 전체 사진매수는?

① 사진매수는 1/2만큼 늘어난다.
② 사진매수는 1/2만큼 줄어든다.
③ 사진매수는 1/4만큼 늘어난다.
④ 사진매수는 1/4만큼 줄어든다.

해설 $\dfrac{1}{m}=\dfrac{f}{H}$이므로 비행고도($H$)를 두 배로 하면 축척이 두 배로 되므로 사진의 매수는 1/4만큼 줄어든다.

27 교점(I.P)은 도로기점에서 500m의 위치에 있고 교각 I=36°일 때 외선길이(외할) 5.00m라면 시단현의 길이는? (단, 중심말뚝거리는 20m이다.)

① 10.43m
② 11.57m
③ 12.36m
④ 13.25m

해설
㉠ $5.00=R\times\left(\sec\dfrac{36°}{2}-1\right)$

$\therefore R=97.16\text{m}$

㉡ 접선장(T.L) $=97.16\times\tan\dfrac{36°}{2}$
$=31.57\text{m}$

㉢ 곡선의 시점(B.C) $=\text{I.P}-\text{T.L}$
$=500-31.57$
$=468.43\text{m}$

㉣ 시단현의 길이 $=480-468.43$
$=11.57\text{m}$

정답 ▶▶▶ 25. ③ 26. ④ 27. ②

28 단일삼각형에 대해 삼각측량을 수행한 결과 내각이 α=54°25′32″, β=68°43′23″, γ=56°51′14″이었다면 β의 각조건에 의한 조정량은?

① −4″ ② −3″

③ +4″ ④ +3″

해설 ㉠ 오차$(E)=(\alpha+\beta+\gamma)-180°$

$=(54°25'32''+68°43'23''+56°51'14'')-180°$

$=9''$

㉡ β의 보정량$=\dfrac{E}{3}=\dfrac{9}{3}=-3''$

29 30m당 0.03m가 짧은 줄자를 사용하여 정사각형 토지의 한 변을 측정한 결과 150m이었다면 면적에 대한 오차는?

① 41m^2 ② 43m^2

③ 45m^2 ④ 47m^2

해설 $\dfrac{\Delta A}{A}=2\dfrac{\Delta l}{l}$

$\dfrac{\Delta A}{22,500}=2\times\dfrac{0.03}{30}$

$\therefore\ \Delta A=45\text{m}^2$

30 사진측량의 특징에 대한 설명으로 옳지 않은 것은?

① 기상조건에 상관없이 측량이 가능하다.

② 정량적 관측이 가능하다.

③ 측량의 정확도가 균일하다.

④ 정성적 관측이 가능하다.

해설 사진측량은 기상조건에 영향을 받는다.

31 직사각형의 가로, 세로의 거리가 다음 그림과 같다. 면적 A의 표현으로 가장 적절한 것은?

75±0.003m

A

100±0.008m

① 7,500±0.67m^2 ② 7,500±0.41m^2

③ 7,500.9±0.67m^2 ④ 7,500.9±0.41m^2

해설 ㉠ $A=ab=75\times100=7,500\text{m}^2$

㉡ $\Delta A=\pm\sqrt{(75\times0.008)^2+(100\times0.003)^2}=\pm0.67\text{m}^2$

 정답 ▸▸ 28. ② 29. ③ 30. ① 31. ①

32 중심말뚝의 간격이 20m인 도로구간에서 각 지점에 대한 횡단면적을 표시한 결과가 다음 그림과 같을 때 각주공식에 의한 전체 토공량은?

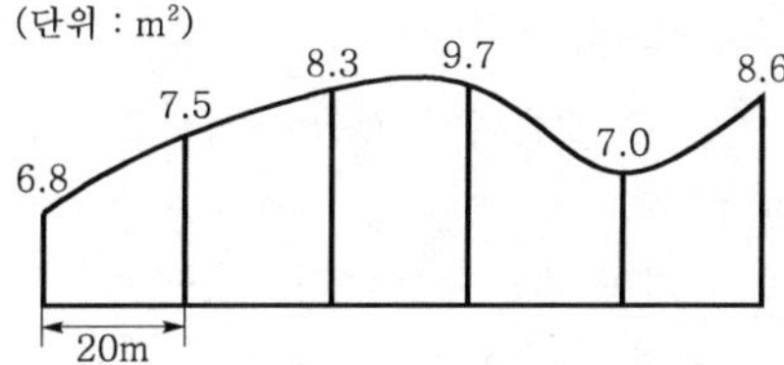

① $156m^3$
② $672m^3$
③ $817m^3$
④ $920m^3$

해설

$$V=\left[\frac{20}{3}\times(6.8+7.0+4\times(7.5+9.7)+2\times8.3)\right]+\frac{7.0+8.6}{2}\times20$$
$$=817m^3$$

33 다음 그림과 같이 4개의 수준점 A, B, C, D에서 각각 1km, 2km, 3km, 4km 떨어진 P점의 표고를 직접수준측량한 결과가 다음과 같을 때 P점의 최확값은?

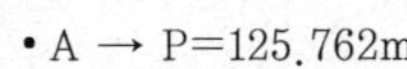

- A → P=125.762m
- B → P=125.750m
- C → P=125.755m
- D → P=125.771m

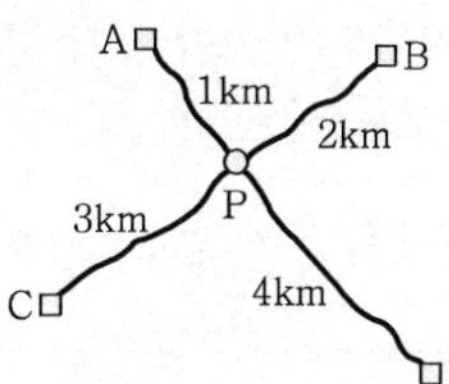

① 125.755m
② 125.759m
③ 125.762m
④ 125.765m

해설 ㉠ 경중률 계산

$$P_A : P_B : P_C : P_D = \frac{1}{1} : \frac{1}{2} : \frac{1}{3} : \frac{1}{4} = 12 : 6 : 4 : 3$$

㉡ 최확값 계산

$$H_o = 125+\frac{12\times0.762+6\times0.750+4\times0.755+3\times0.771}{12+6+4+3}=125.759m$$

34 GNSS관측성과로 틀린 것은?

① 지오이드모델
② 경도와 위도
③ 지구중심좌표
④ 타원체고

해설 GNSS측위를 이용할 경우 경도와 위도는 알 수 없다.

정답 32. ③ 33. ② 34. ①

35 삼각망의 종류 중 유심삼각망에 대한 설명으로 옳은 것은?

① 삼각망 가운데 가장 간단한 형태이며 측량의 정확도를 얻기 위한 조건이 부족하므로 특수한 경우 외에는 사용하지 않는다.

② 가장 높은 정확도를 얻을 수 있으나 조정이 복잡하고 포함된 면적이 작으며, 특히 기선을 확대할 때 주로 사용한다.

③ 거리에 비하여 측점수가 가장 적으므로 측량이 간단하며 조건식의 수가 적어 정확도가 낮다.

④ 광대한 지역의 측량에 적합하며 정확도가 비교적 높은 편이다.

해설 유심삼각망의 경우 평탄한 지역 또는 광대한 지역의 측량에 적합하며 정확도가 비교적 높다.

36 노선측량에 대한 용어설명 중 옳지 않은 것은?

① 교점 : 방향이 변하는 두 직선이 교차하는 점

② 중심말뚝 : 노선의 시점, 종점 및 교점에 설치하는 말뚝

③ 복심곡선 : 반지름이 서로 다른 두 개 또는 그 이상의 원호가 연결된 곡선으로 공통접선의 같은 쪽에 원호의 중심이 있는 곡선

④ 완화곡선 : 고속으로 이동하는 차량이 직선부에서 곡선부로 진입할 때 차량의 원심력을 완화하기 위해 설치하는 곡선

해설 노선측량에서 중심말뚝 간의 거리는 일반적으로 20m 또는 10m 간격으로 설치한다.

37 트래버스측량(다각측량)에 관한 설명으로 옳지 않은 것은?

① 트래버스 중 가장 정밀도가 높은 것은 결합트래버스로서 오차점검이 가능하다.

② 폐합오차조정에서 각과 거리측량의 정확도가 비슷한 경우 트랜싯법칙으로 조정하는 것이 좋다.

③ 오차의 배분은 각 관측의 정확도가 같을 경우 각의 대소에 관계없이 등분하여 배분한다.

④ 폐합트래버스에서 편각을 관측하면 편각의 총합은 언제나 360°가 되어야 한다.

해설 다각측량에서 폐합오차의 조정 시 거리의 정밀도와 각의 정밀도가 동일한 경우 컴퍼스법칙을 사용하며, 거리의 정밀도보다 각의 정밀도가 클 경우 트랜싯법칙을 사용하여 조정한다.

38 등고선의 성질에 대한 설명으로 옳지 않은 것은?

① 등고선은 도면 내외에서 폐합하는 폐곡선이다.

② 등고선은 분수선과 직각으로 만난다.

③ 동굴지형에서 등고선은 서로 만날 수 있다.

④ 등고선의 간격은 경사가 급할수록 넓어진다.

해설 등고선의 간격은 경사가 급할수록 좁고, 경사가 완만할수록 넓어진다.

 정답 35. ④ 36. ② 37. ② 38. ④

39 하천측량을 실시하는 주목적에 대한 설명으로 가장 적합한 것은?

① 하천 개수공사나 공작물의 설계, 시공에 필요한 자료를 얻기 위하여
② 유속 등을 관측하여 하천의 성질을 알기 위하여
③ 하천의 수위, 기울기, 단면을 알기 위하여
④ 평면도, 종단면도를 작성하기 위하여

해설 하천측량은 하천 개수공사나 공작물의 설계, 시공에 필요한 자료를 얻기 위해 실시한다.

40 지반의 높이를 비교할 때 사용하는 기준면은?

① 표고(elevation)
② 수준면(level surface)
③ 수평면(horizontal plane)
④ 평균해수면(mean sea level)

해설 우리나라 높이측정의 기준은 인천만의 평균해수면을 기준으로 한다.

제3과목 : 수리수문학

41 누가우량곡선(Rainfall mass curve)의 특성으로 옳은 것은?

① 누가우량곡선의 경사가 클수록 강우강도가 크다.
② 누가우량곡선의 경사는 지역에 관계없이 일정하다.
③ 누가우량곡선으로 일정 기간 내의 강우량을 산출할 수는 없다.
④ 누가우량곡선은 자기우량기록에 의하여 작성하는 것보다 보통우량계의 기록에 의하여 작성하는 것이 더 정확하다.

해설 누가우량곡선
㉠ 누가우량곡선의 경사가 급할수록 강우강도가 크다.
㉡ 자기우량계에 의해 측정된 우량을 기록지에 누가우량의 시간적 변화상태를 기록한 것을 누가우량곡선이라 한다.

42 비에너지와 한계수심에 관한 설명으로 옳지 않은 것은?

① 비에너지가 일정할 때 한계수심으로 흐르면 유량이 최소가 된다.
② 유량이 일정할 때 비에너지가 최소가 되는 수심이 한계수심이다.
③ 비에너지는 수로바닥을 기준으로 하는 단위무게당 흐름에너지이다.
④ 유량이 일정할 때 직사각형 단면수로 내 한계수심은 최소 비에너지의 $\frac{2}{3}$이다.

해설 비에너지가 일정할 때 한계수심으로 흐르면 유량은 최대가 된다.

정답 ▸▸ 39. ① 40. ④ 41. ① 42. ①

43 폭이 b인 직사각형 위어에서 접근유속이 작은 경우 월류수심이 h일 때 양단 수축조건에서 월류수맥에 대한 단수축폭(b_o)은? (단, Francis공식을 적용)

① $b_o = b - \frac{h}{5}$　　② $b_o = 2b - \frac{h}{5}$

③ $b_o = b - \frac{h}{10}$　　④ $b_o = 2b - \frac{h}{10}$

해설 $b_o = b - 0.1nh = b - 0.1 \times 2h = b - 0.2h$

44 하천의 모형실험에 주로 사용되는 상사법칙은?

① Reynolds의 상사법칙　　② Weber의 상사법칙

③ Cauchy의 상사법칙　　④ Froude의 상사법칙

해설 Froude의 상사법칙

중력이 흐름을 주로 지배하고 다른 힘들은 영향이 작아서 생략할 수 있는 경우의 상사법칙으로 수심이 비교적 큰 자유표면을 가진 개수로 내 흐름, 댐의 여수토흐름 등이 해당된다.

45 수리학에서 취급되는 여러 가지 양에 대한 차원이 옳은 것은?

① 유량$=[L^3T^{-1}]$　　② 힘$=[MLT^{-3}]$

③ 동점성계수$=[L^3T^{-1}]$　　④ 운동량$=[MLT^{-2}]$

해설

물리량	단위	차원
유량(Q)	cm^3/sec	$[L^3T^{-1}]$
힘($F=ma$)	$g_0 \cdot cm/sec^2$	$[MLT^{-2}]$
동점성계수(ν)	cm^2/sec	$[L^2T^{-1}]$
운동량(역적)	$g_0 \cdot cm/sec$	$[MLT^{-1}]$

46 A저수지에서 200m 떨어진 B저수지로 지름 20cm, 마찰손실계수 0.035인 원형관으로 $0.0628m^3/s$의 물을 송수하려고 한다. A저수지와 B저수지 사이의 수위차는? (단, 마찰손실, 단면 급확대 및 급축소손실을 고려한다.)

① 5.75m　　② 6.94m

③ 7.14m　　④ 7.45m

해설

㉠ $V = \frac{Q}{A} = \frac{0.0628}{\frac{\pi \times 0.2^2}{4}} = 2m/sec$

㉡ $H = \left(f_e + f\frac{l}{D} + f_o\right)\frac{V^2}{2g}$

$= \left(0.5 + 0.035 \times \frac{200}{0.2} + 1\right) \times \frac{2^2}{2 \times 9.8}$

$= 7.45m$

 정답 43. ① 44. ④ 45. ① 46. ④

47 배수곡선(backwater curve)에 해당하는 수면곡선은?

① 댐을 월류할 때의 수면곡선
② 홍수 시의 하천의 수면곡선
③ 하천 단락부(段落部) 상류의 수면곡선
④ 상류상태로 흐르는 하천에 댐을 구축했을 때 저수지의 수면곡선

해설 상류로 흐르는 수로에 댐, weir 등의 수리구조물을 만들면 수리구조물의 상류에 흐름방향으로 수심이 증가하는 수면곡선이 나타나는데, 이러한 수면곡선을 배수곡선이라 한다.

48 비력(special force)에 대한 설명으로 옳은 것은?

① 물의 충격에 의해 생기는 힘의 크기
② 비에너지가 최대가 되는 수심에서의 에너지
③ 한계수심으로 흐를 때 한 단면에서의 총에너지크기
④ 개수로의 어떤 단면에서 단위중량당 운동량과 정수압의 합계

해설 충격치(비력)는 물의 단위중량당 정수압과 운동량의 합이다.

$M=\eta\frac{Q}{g}V+h_GA=$일정

49 오리피스(orifice)의 이론유속 $V=\sqrt{2gh}$ 이 유도되는 이론으로 옳은 것은? (단, V : 유속, g : 중력가속도, h : 수두차)

① 베르누이(Bernoulli)의 정리
② 레이놀즈(Reynolds)의 정리
③ 벤투리(Venturi)의 이론식
④ 운동량방정식이론

50 폭 4.8m, 높이 2.7m의 연직직사각형 수문이 한쪽 면에서 수압을 받고 있다. 수문의 밑면은 힌지로 연결되어 있고 상단은 수평체인(Chain)으로 고정되어 있을 때 이 체인에 작용하는 장력(張力)은? (단, 수문의 정상과 수면은 일치한다.)

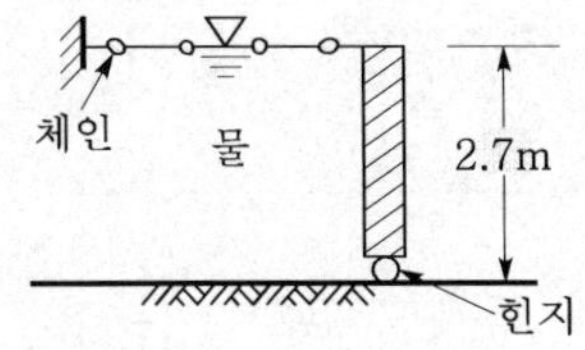

① 29.23kN
② 57.15kN
③ 7.87kN
④ 0.88kN

해설

㉠ $P = wh_G A = 1 \times \frac{2.7}{2} \times (4.8 \times 2.7) = 17.5\text{t}$

㉡ $h_c = \frac{2}{3}h = \frac{2}{3} \times 2.7 = 1.8\text{m}$

㉢ $P \times (2.7 - 1.8) = T \times 2.7$

$17.5 \times (2.7 - 1.8) = T \times 2.7$

$\therefore \ T = 5.83\text{t} = 57.17\text{kN}$

51 어느 소유역의 면적이 20ha, 유수의 도달시간이 5분이다. 강수자료의 해석으로부터 얻어진 이 지역의 강우강도식이 다음과 같을 때 합리식에 의한 홍수량은? (단, 유역의 평균유출계수는 0.6이다.)

강우강도식 : $I = \frac{6,000}{t+35}[\text{mm/hr}]$

여기서, t : 강우지속시간(분)

① $18.0\text{m}^3/\text{s}$ ② $5.0\text{m}^3/\text{s}$

③ $1.8\text{m}^3/\text{s}$ ④ $0.5\text{m}^3/\text{s}$

㉠ $I = \frac{6,000}{t+35} = \frac{6,000}{5+35} = 150\text{mm/hr}$

㉡ $1\text{ha} = 10^4\text{m}^2 = 10^{-2}\text{km}^2$

㉢ $Q = 0.2778CIA$

$= 0.2778 \times 0.6 \times 150 \times (20 \times 10^{-2})$

$= 5\text{m}^3/\text{sec}$

52 다음 중 단위유량도이론에서 사용하고 있는 기본가정이 아닌 것은?

① 일정 기저시간가정 ② 비례가정

③ 푸아송분포가정 ④ 중첩가정

해설 단위도의 가정

일정 기저시간가정, 비례가정, 중첩가정

53 3차원 흐름의 연속방정식을 다음과 같은 형태로 나타낼 때 이에 알맞은 흐름의 상태는?

$$\frac{\partial u}{\partial x} + \frac{\partial v}{\partial y} + \frac{\partial w}{\partial z} = 0$$

① 비압축성 정상류 ② 비압축성 부정류

③ 압축성 정상류 ④ 압축성 부정류

 정답 ▸▸▸ 51. ② 52. ③ 53. ①

해설 ㉠ 압축성 유체(정류의 연속방정식)

$$\frac{\partial \rho u}{\partial x}+\frac{\partial \rho v}{\partial y}+\frac{\partial \rho w}{\partial z}=0$$

㉡ 비압축성 유체(정류의 연속방정식)

$$\frac{\partial u}{\partial x}+\frac{\partial v}{\partial y}+\frac{\partial w}{\partial z}=0$$

54 토양면을 통해 스며든 물이 중력의 영향 때문에 지하로 이동하여 지하수면까지 도달하는 현상은?

① 침투(infiltration) ② 침투능(infiltration capacity)
③ 침투율(infiltration rate) ④ 침루(percolation)

해설 ㉠ 침투 : 물이 흙표면을 통해 흙 속으로 스며드는 현상
㉡ 침루 : 침투한 물이 중력에 의해 계속 지하로 이동하여 지하수면까지 도달하는 현상

55 레이놀즈(Reynolds)수에 대한 설명으로 옳은 것은 어느 것인가?

① 중력에 대한 점성력의 상대적인 크기
② 관성력에 대한 점성력의 상대적인 크기
③ 관성력에 대한 중력의 상대적인 크기
④ 압력에 대한 탄성력의 상대적인 크기

해설 $R_e=\dfrac{\text{관성력}}{\text{점성력}}=\dfrac{VD}{\nu}$

56 동력 20,000kW, 효율 88%인 펌프를 이용하여 150m 위의 저수지로 물을 양수하려고 한다. 손실수두가 10m일 때 양수량은?

① 15.5m³/s ② 14.5m³/s
③ 11.2m³/s ④ 12.0m³/s

해설

$$E=9.8\frac{Q(H+\Sigma h_L)}{\eta}$$

$$20{,}000=9.8\times\frac{Q\times(150+10)}{0.88}$$

$\therefore\ Q=11.22\text{m}^3/\text{sec}$

57 Darcy의 법칙에 대한 설명으로 옳지 않은 것은?

① Darcy의 법칙은 지하수의 흐름에 대한 공식이다.
② 투수계수는 물의 점성계수에 따라서도 변화한다.
③ Reynolds수가 클수록 안심하고 적용할 수 있다.
④ 평균유속이 동수경사와 비례관계를 가지고 있는 흐름에 적용될 수 있다.

해설 Darcy법칙은 $R_e<4$인 층류의 흐름과 대수층 내에 모관수대가 존재하지 않는 흐름에만 적용된다.

정답 ▸▸▸ 54. ④ 55. ② 56. ③ 57. ③

58 항만을 설계하기 위해 관측한 불규칙 파랑의 주기 및 파고가 다음 표와 같을 때 유의파고($H_{1/3}$)는?

연번	파고(m)	주기(s)	연번	파고(m)	주기(s)
1	9.5	9.8	6	5.8	6.5
2	8.9	9.0	7	4.2	6.2
3	7.4	8.0	8	3.3	4.3
4	7.3	7.4	9	3.2	5.6
5	6.5	7.5			

① 9.0m ② 8.6m
③ 8.2m ④ 7.4m

해설 유의파고(significant wave height)

특정 시간주기 내에 일어나는 모든 파고 중 가장 높은 파고부터 $\frac{1}{3}$에 해당하는 파고의 높이들을 평균한 높이를 유의파고라 하며 $\frac{1}{3}$ 최대 파고라고도 한다.

$\therefore$ 유의파고$=\frac{9.5+8.9+7.4}{3}=8.6\text{m}$

59 지름이 20cm인 관수로에 평균유속 5m/s로 물이 흐른다. 관의 길이가 50m일 때 5m의 손실수두가 나타났다면 마찰속도(U^*)는?

① $U^*=0.022\text{m/s}$ ② $U^*=0.22\text{m/s}$
③ $U^*=2.21\text{m/s}$ ④ $U^*=22.1\text{m/s}$

㉠ $h_L=f\frac{l}{D}\frac{V^2}{2g}$

$5=f\times\frac{50}{0.2}\times\frac{5^2}{2\times9.8}$

$\therefore f=0.016$

㉡ $U^*=V\sqrt{\frac{f}{8}}=5\sqrt{\frac{0.016}{8}}=0.22\text{m/sec}$

60 측정된 강우량자료가 기상학적 원인 이외에 다른 영향을 받았는지의 여부를 판단하는, 즉 일관성(consistency)에 대한 검사방법은?

① 순간단위유량도법 ② 합성단위유량도법
③ 이중누가우량분석법 ④ 선행강수지수법

해설 우량계의 위치, 노출상태, 우량계의 교체, 주위환경의 변화 등이 생기면 전반적인 자료의 일관성이 없어지기 때문에 이것을 교정하여 장기간에 걸친 강수자료의 일관성을 얻는 방법을 이중누가우량분석이라 한다.

제4과목 : 철근콘크리트 및 강구조

61 강도설계법에서 사용하는 강도감소계수(ϕ)의 값으로 틀린 것은?

① 무근콘크리트의 휨모멘트 : $\phi=0.55$
② 전단력과 비틀림모멘트 : $\phi=0.75$
③ 콘크리트의 지압력 : $\phi=0.70$
④ 인장지배 단면 : $\phi=0.85$

해설 콘크리트의 지압력 : $\phi=0.65$

62 철근콘크리트보에 배치되는 철근의 순간격에 대한 설명으로 틀린 것은?

① 동일 평면에서 평행한 철근 사이의 수평순간격은 25mm 이상이어야 한다.
② 상단과 하단에 2단 이상으로 배치된 경우 상·하철근의 순간격은 25mm 이상으로 하여야 한다.
③ 철근의 순간격에 대한 규정은 서로 접촉된 겹침이음철근과 인접된 이음철근 또는 연속철근 사이의 순간격에도 적용하여야 한다.
④ 벽체 또는 슬래브에서 휨 주철근의 간격은 벽체나 슬래브두께의 2배 이하로 하여야 한다.

해설 벽체 또는 슬래브에서 휨 주철근간격
㉠ 최대 휨모멘트 발생 단면 : 슬래브두께 2배 이하, 300mm 이하
㉡ 기타 단면 : 슬래브두께 3배 이하, 450mm 이하

63 다음 그림과 같은 단철근 직사각형 보가 공칭휨강도(M_n)에 도달할 때 인장철근의 변형률은 얼마인가? (단, 철근 D22 4개의 단면적 1,548mm^2, f_{ck}=35MPa, f_y=400MPa)

① 0.0102
② 0.0138
③ 0.0186
④ 0.0198

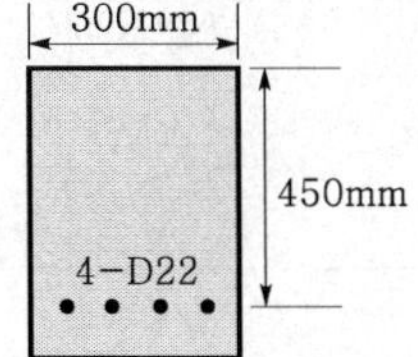

해설 $\beta_1=0.80(f_{ck}\le 40\text{MPa}$일 때)

$$c=\frac{a}{\beta_1}=\frac{1}{\beta_1}\left(\frac{f_yA_s}{\eta(0.85f_{ck})b}\right)=\frac{1}{0.80}\times\frac{400\times1{,}548}{1.0\times0.85\times35\times300}=86.7\text{mm}$$

$$\therefore\ \varepsilon_t=\varepsilon_{cu}\left(\frac{d-c}{c}\right)$$

$$=0.0033\times\left(\frac{450-86.7}{86.7}\right)$$

$$\fallingdotseq 0.0138$$

64 다음 그림의 PSC 콘크리트보에서 PS강재를 포물선으로 배치하여 프리스트레스 P=1,000kN이 작용할 때 프리스트레스의 상향력은? (단, 보 단면은 b=300mm, h=600mm이고 S=250mm이다.)

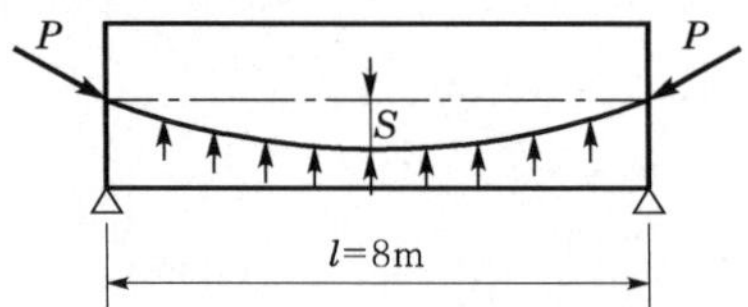

① 51.65kN/m ② 41.76kN/m
③ 31.25kN/m ④ 21.38kN/m

$$u=\frac{8Ps}{l^2}=\frac{8\times1{,}000\times0.25}{8^2}=31.25\text{kN/m}$$

65 다음 그림의 T형보에서 f_{ck}=28MPa, f_y=400MPa일 때 공칭모멘트강도(M_n)를 구하면? (단, A_s=5,000mm^2)

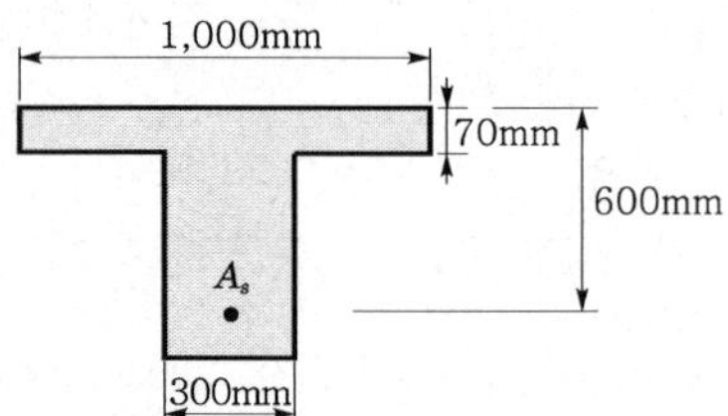

① 1,110.5kN·m ② 1,251.0kN·m
③ 1,372.5kN·m ④ 1,434.0kN·m

㉠ T형보 판별

$$a=\frac{f_y A_s}{\eta(0.85f_{ck})b}=\frac{400\times5{,}000}{1.0\times0.85\times28\times1{,}000}=84.0\text{mm}$$

∴ T형보로 해석

㉡ a 계산

$$A_{sf}=\frac{\eta(0.85f_{ck})t(b-b_w)}{f_y}=\frac{1.0\times0.85\times28\times70\times(1{,}000-300)}{400}=2{,}915.5\text{mm}^2$$

$$\therefore\ a=\frac{f_y(A_s-A_{sf})}{\eta(0.85f_{ck})b_w}=\frac{400\times(5{,}000-2{,}915.5)}{1.0\times0.85\times28\times300}=116.8\text{mm}$$

㉢ M_n 계산

$$M_n=f_yA_{sf}\left(d-\frac{t}{2}\right)+f_y(A_s-A_{sf})\left(d-\frac{a}{2}\right)$$

$$=400\times2{,}915.5\times\left(600-\frac{70}{2}\right)+400\times(5{,}000-2{,}915.5)\times\left(600-\frac{116.8}{2}\right)$$

$$=1{,}110{,}489{,}080\text{N·mm}$$

$$=1{,}110.5\text{kN·m}$$

 정답 ▸▸▸ 64. ③ 65. ①

66 다음 중 적합비틀림에 대한 설명으로 옳은 것은?

① 균열의 발생 후 비틀림모멘트의 재분배가 일어날 수 없는 비틀림
② 균열의 발생 후 비틀림모멘트의 재분배가 일어날 수 있는 비틀림
③ 균열의 발생 전 비틀림모멘트의 재분배가 일어날 수 없는 비틀림
④ 균열의 발생 전 비틀림모멘트의 재분배가 일어날 수 있는 비틀림

해설 적합비틀림은 균열 발생 후 비틀림모멘트의 재분배가 일어날 수 있는 비틀림이다.

67 용접 시의 주의사항에 관한 설명 중 틀린 것은?

① 용접의 열을 될 수 있는 대로 균등하게 분포시킨다.
② 용접부의 구속을 될 수 있는 대로 적게 하여 수축변형을 일으키더라도 해로운 변형이 남지 않도록 한다.
③ 평행한 용접은 같은 방향으로 동시에 용접하는 것이 좋다.
④ 주변에서 중심으로 향하여 대칭으로 용접해 나간다.

해설 용접은 중심에서 주변을 향해 대칭으로 용접하여 변형을 적게 한다.

68 콘크리트의 강도설계에서 등가직사각형 응력블록의 깊이 $a=\beta_1 c$로 표현할 수 있다. f_{ck}가 60MPa인 경우 β_1의 값은 얼마인가?

① 0.85　② 0.760
③ 0.65　④ 0.626

해설

f_{ck}[MPa]	≤40	50	60
β_1	0.80	0.80	0.76

$\therefore f_{ck} \le 60$MPa이면 $\beta_1=0.76$이다.

69 $A_s=4{,}000\text{mm}^2$, $A_s'=1{,}500\text{mm}^2$로 배근된 다음 그림과 같은 복철근보의 탄성처짐이 15mm이다. 5년 이상의 지속하중에 의해 유발되는 장기처짐은 얼마인가?

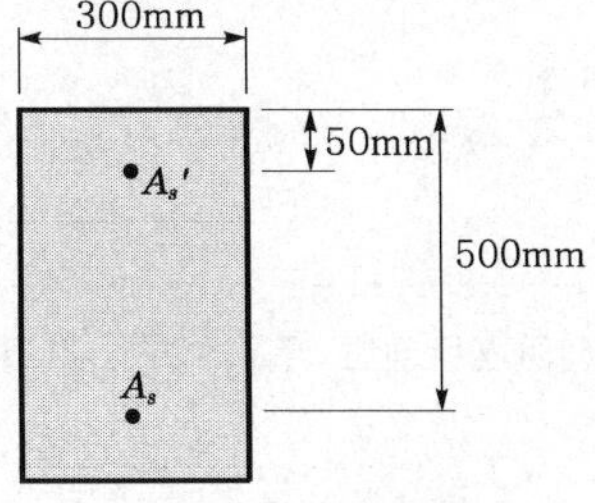

① 15mm　② 20mm
③ 25mm　④ 30mm

해설

$$\rho' = \frac{1,500}{300 \times 500} = 0.01$$

$$\lambda_\Delta = \frac{\xi}{1+50\rho'} = \frac{2.0}{1+50\times 0.01} = 1.33$$

$$\therefore\ \delta_l = \delta_e \lambda_\Delta = 15 \times 1.33 = 19.95 \fallingdotseq 20\text{mm}$$

70 M_u =200kN · m의 계수모멘트가 작용하는 단철근 직사각형 보에서 필요한 철근량(A_s)은 약 얼마인가? (단, b=300mm, d=500mm, f_{ck}=28MPa, f_y=400MPa, ϕ=0.85이다.)

① 1,072.7mm^2 ② 1,266.3mm^2
③ 1,524.6mm^2 ④ 1,785.4mm^2

해설

$$M_u = \phi M_n = \phi\left[\eta(0.85 f_{ck})ab\left(d-\frac{a}{2}\right)\right]$$

$$= 0.85 \times 1.0 \times 0.85 \times 28 \times a \times 300 \times \left(500 - \frac{a}{2}\right)$$

$$= 3,034,500a - 3,034.5a^2 = 200 \times 10^6$$

$$3,034.5a^2 - 3,034,500a + 200 \times 10^6 = 0$$

근의 공식을 적용하면 $a = 71\text{mm}$

$$\therefore\ A_s = \frac{M_u}{\phi f_y\left(d-\frac{a}{2}\right)} = \frac{200 \times 10^6}{0.85 \times 400 \times \left(500 - \frac{71}{2}\right)} = 1,266.38\text{mm}^2$$

71 다음 그림과 같은 보통중량콘크리트 직사각형 단면의 보에서 균열모멘트(M_{cr})는? (단, f_{ck}=24MPa이다.)

① 46.7kN·m
② 52.3kN·m
③ 56.4kN·m
④ 62.1kN·m

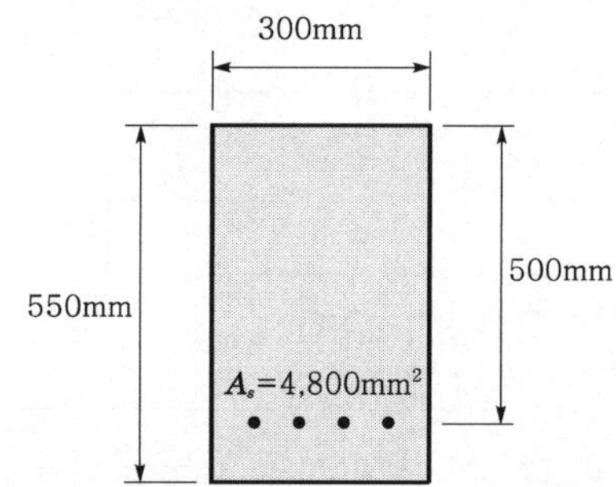

해설 $f_r = 0.63\lambda\sqrt{f_{ck}} = 0.63 \times 1.0\sqrt{24} = 3.086\text{MPa}$

$$\therefore\ M_{cr} = \frac{I_g}{y_t} f_r = \frac{\frac{1}{12} \times 300 \times 550^3}{275} \times 3.086 = 46,675,750\text{N}\cdot\text{mm} \fallingdotseq 46.7\text{kN}\cdot\text{m}$$

72 프리스트레스 감소원인 중 프리스트레스 도입 후 시간의 경과에 따라 생기는 것이 아닌 것은?

① PC강재의 릴랙세이션 ② 콘크리트의 건조 수축
③ 콘크리트의 크리프 ④ 정착장치의 활동

해설 정착장치의 활동은 프리스트레스 도입 시의 손실이다.

 정답 ▸▸▸ 70. ② 71. ① 72. ④

73 서로 다른 크기의 철근을 압축부에서 겹침이음하는 경우 이음길이에 대한 설명으로 옳은 것은?

① 이음길이는 크기가 큰 철근의 정착길이와 크기가 작은 철근의 겹침이음길이 중 큰 값 이상이어야 한다.

② 이음길이는 크기가 작은 철근의 정착길이와 크기가 큰 철근의 겹침이음길이 중 작은 값 이상이어야 한다.

③ 이음길이는 크기가 작은 철근의 정착길이와 크기가 큰 철근의 겹침이음길이의 평균값 이상이어야 한다.

④ 이음길이는 크기가 큰 철근의 정착길이와 크기가 작은 철근의 겹침이음길이를 합한 값 이상이어야 한다.

해설 겹침이음길이는 큰 값을 사용하여야 안전측이다.

74 주어진 T형 단면에서 부착된 프리스트레스트 보강재의 인장응력(f_{ps})은 얼마인가? (단, 긴장재의 단면적 A_{ps} =1,290mm^{2}이고, 프리스트레싱 긴장재의 종류에 따른 계수 γ_p =0.4, 긴장재의 설계기준 인장강도 f_{pu} =1,900MPa, f_{ck} =35MPa)

① 1,900MPa
② 1,861MPa
③ 1,804MPa
④ 1,752MPa

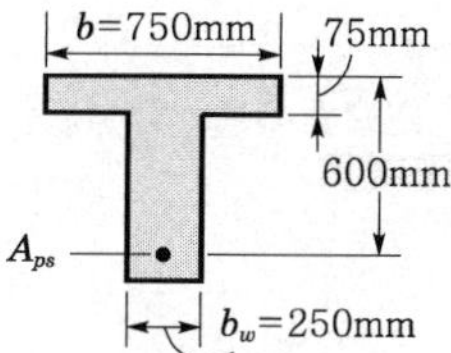

해설

PS강재비 $\delta_p = \dfrac{A_p}{bd_p} = \dfrac{1,290}{750 \times 600} = 0.00287$

$\beta_1 = 0.80 (f_{ck} \le 40\text{MPa}$일 때)

$\therefore f_{ps} = f_{pu}\left(1 - \dfrac{\gamma_p}{\beta_1}\delta_p \dfrac{f_{pu}}{f_{ck}}\right)$

$= 1,900 \times \left(1 - \dfrac{0.4}{0.8} \times 0.00287 \times \dfrac{1,900}{35}\right)$

$= 1,752\text{MPa}$

75 다음 그림과 같은 복철근보의 유효깊이(d)는? (단, 철근 1개의 단면적은 250mm^{2}이다.)

① 810mm
② 780mm
③ 770mm
④ 730mm

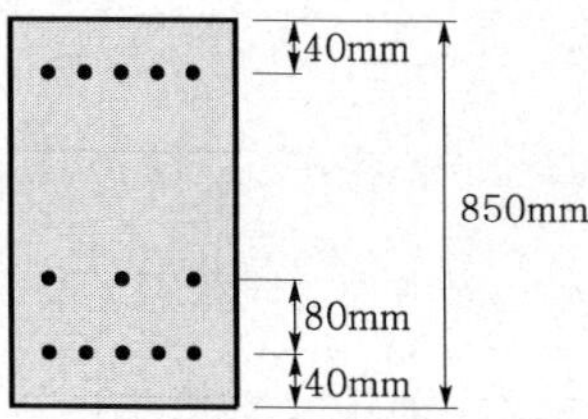

해설 바리뇽의 정리 이용

$f_y(8A_s)d = f_y \times 5A_s \times 810 + f_y \times 3A_s \times 730$

$\therefore\ d = \dfrac{(5\times810)+(3\times730)}{8} = 780\text{mm}$

76 철근의 부착응력에 영향을 주는 요소에 대한 설명으로 틀린 것은?

① 경사인장균열이 발생하게 되면 철근이 균열에 저항하게 되고, 따라서 균열면 양쪽의 부착응력을 증가시키기 때문에 결국 인장철근의 응력을 감소시킨다.

② 거푸집 내에 타설된 콘크리트의 상부로 상승하는 물과 공기는 수평으로 놓인 철근에 의해 가로막히게 되며, 이로 인해 철근과 철근 하단에 형성될 수 있는 수막 등에 의해 부착력이 감소될 수 있다.

③ 전단에 의한 인장철근의 장부력(dowel force)은 부착에 의한 쪼갬응력을 증가시킨다.

④ 인장부철근이 필요에 의해 절단되는 불연속지점에서는 철근의 인장력변화 정도가 매우 크며 부착응력 역시 증가한다.

해설 경사인장균열이 발생하면 균열면을 따라 부착응력이 증가하여 인장철근의 응력은 증가한다.

77 계수전단력(V_u)이 262.5kN일 때 다음 그림과 같은 보에서 가장 적당한 수직스터럽의 간격은? (단, 사용된 스터럽은 D13을 사용하였으며, D13 철근의 단면적은 127mm^2, f_{ck}=28MPa, f_y=400MPa이다.)

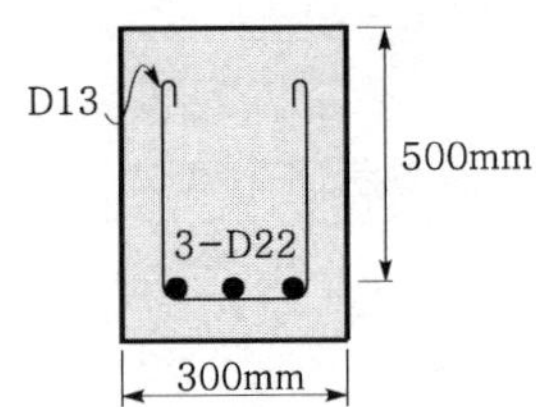

① 195mm ② 201mm
③ 233mm ④ 265mm

해설

㉠ $V_c = \dfrac{1}{6}\lambda\sqrt{f_{ck}}\,b_w d = \dfrac{1}{6}\times1.0\sqrt{28}\times300\times500 = 132,287.6\text{N} = 132\text{kN}$

㉡ $V_u = \phi(V_c + V_s)$

$\therefore\ V_s = \dfrac{V_u}{\phi} - V_c = \dfrac{262.5}{0.75} - 132 = 218\text{kN}$

㉢ $\dfrac{1}{3}\sqrt{f_{ck}}\,b_w d = \dfrac{1}{3}\sqrt{28}\times300\times500 = 264.6\text{kN}$

㉣ $V_s \le \dfrac{1}{3}\sqrt{f_{ck}}\,b_w d$이므로 스터럽간격은 다음 세 값 중 최소값이다.

$\left[\dfrac{d}{2}\ \text{이하},\ 600\text{mm 이하},\ s=\dfrac{A_v f_y d}{V_s}\right]_{min} = \left[\dfrac{500}{2},\ 600,\ \dfrac{127\times2\times400\times500}{218\times10^3}\right]_{min} = (250,\ 600,\ 233)_{min}$

$\therefore$ 233mm

 정답 76. ① 77. ③

78 다음 그림과 같은 용접부의 응력은?

① 115MPa
② 110MPa
③ 100MPa
④ 94MPa

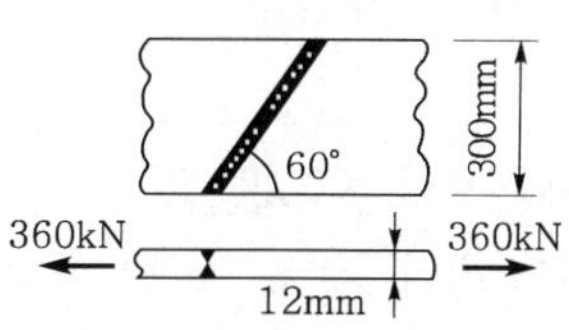

$$f=\frac{P}{\sum a l_e}=\frac{360\times10^3}{12\times300}=100\text{MPa}$$

79 다음 그림의 지그재그로 구멍이 있는 판에서 순폭을 구하면? (단, 구멍직경은 25mm)

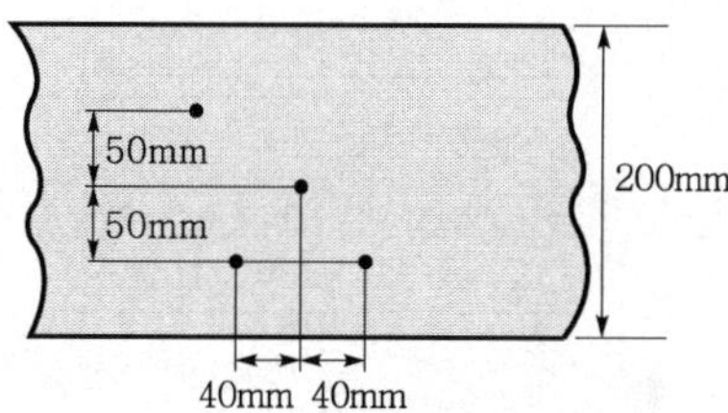

① 187mm
② 141mm
③ 137mm
④ 125mm

$$w=d-\frac{p^2}{4g}=25-\frac{40^2}{4\times50}=17$$

$$\therefore\ b_n=b_g-d-2w=200-25-2\times17=141\text{mm}$$

80 다음의 표와 같은 조건의 경량콘크리트를 사용하고 설계기준항복강도가 400MPa인 D25(공칭직경 : 25.4mm) 철근을 인장철근으로 사용하는 경우 기본정착길이(l_{db})는?

[조건]

- 콘크리트 설계기준압축강도(f_{ck}) : 24MPa
- 콘크리트 인장강도(f_{sp}) : 2.17MPa

① 1,430mm
② 1,515mm
③ 1,535mm
④ 1,575mm

해설

$$\lambda=\frac{f_{sp}}{0.56\sqrt{f_{ck}}}=\frac{2.17}{0.56\sqrt{24}}=0.79$$

$$\therefore\ l_{db}=\frac{0.6d_bf_y}{\lambda\sqrt{f_{ck}}}=\frac{0.6\times25.4\times400}{0.79\sqrt{24}}=1{,}575\text{mm}$$

정답 ▸▸▸ 78. ③ 79. ② 80. ④

제5과목 : 토질 및 기초

81 어떤 흙에 대해서 일축압축시험을 한 결과 일축압축강도가 1.0kg/cm^{2}이고, 이 시료의 파괴면과 수평면이 이루는 각이 50°일 때 이 흙의 점착력(c)과 내부마찰각(ϕ)은?

① $c=0.60\text{kg/cm}^2$, $\phi=10°$
② $c=0.42\text{kg/cm}^2$, $\phi=50°$
③ $c=0.60\text{kg/cm}^2$, $\phi=50°$
④ $c=0.42\text{kg/cm}^2$, $\phi=10°$

해설

㉠ $\theta = 45° + \dfrac{\phi}{2}$

$50° = 45° + \dfrac{\phi}{2}$

$\therefore\ \phi = 10°$

㉡ $q_u = 2c\tan\left(45° + \dfrac{\phi}{2}\right)$

$1 = 2c \times \tan\left(45° + \dfrac{10°}{2}\right)$

$\therefore\ c = 0.42\text{kg/cm}^2$

82 피조콘(piezocone)시험의 목적이 아닌 것은?

① 지층의 연속적인 조사를 통하여 지층분류 및 지층변화분석
② 연속적인 원지반 전단강도의 추이분석
③ 중간 점토 내 분포한 sand seam 유무 및 발달 정도 확인
④ 불교란시료채취

해설 피조콘

㉠ 콘을 흙 속에 관입하면서 콘의 관입저항력, 마찰저항력과 함께 간극수압을 측정할 수 있도록 다공질 필터와 트랜스듀서(transducer)가 설치되어 있는 전자콘을 피조콘이라 한다.

㉡ 결과의 이용
- 연속적인 토층상태 파악
- 점토층에 있는 sand seam의 깊이, 두께 판단
- 지반개량 전후의 지반변화 파악
- 간극수압측정

83 포화된 지반의 간극비를 e, 함수비를 w, 간극률을 n, 비중을 G_s라 할 때 다음 중 한계동수경사를 나타내는 식으로 적절한 것은?

① $\dfrac{G_s+1}{1+e}$
② $\dfrac{e-w}{w(1+e)}$
③ $(1+n)(G_s-1)$
④ $\dfrac{G_s(1-w+e)}{(1+G_s)(1+e)}$

해설 ㉠ $Se = wG_s$

$1 \times e = wG_s$

정답 ▸▸▸ 81. ④ 82. ④ 83. ②

$$\therefore\ G_s = \frac{e}{w}$$

㉡ $i_c = \dfrac{G_s - 1}{1+e} = \dfrac{\dfrac{e}{w} - 1}{1+e} = \dfrac{\dfrac{e-w}{w}}{1+e} = \dfrac{e-w}{w(1+e)}$

84 다음 중 투수계수를 좌우하는 요인이 아닌 것은?

① 토립자의 비중　　② 토립자의 크기
③ 포화도　　④ 간극의 형상과 배열

해설

$$K = D_s^{\ 2}\frac{\gamma_w}{\mu}\left(\frac{e^3}{1+e}\right)C$$

85 어떤 점토의 압밀계수는 $1.92\times10^{-3}\text{cm}^2/\text{sec}$, 압축계수는 $2.86\times10^{-2}\text{cm}^2/\text{g}$이었다. 이 점토의 투수계수는? (단, 이 점토의 초기간극비는 0.8이다.)

① $1.05\times10^{-5}\text{cm}^2/\text{sec}$　　② $2.05\times10^{-5}\text{cm}^2/\text{sec}$
③ $3.05\times10^{-5}\text{cm}^2/\text{sec}$　　④ $4.05\times10^{-5}\text{cm}^2/\text{sec}$

해설

$$K = C_v m_v \gamma_w = C_v\left(\frac{a_v}{1+e_1}\right)\gamma_w$$
$$= 1.92\times10^{-3}\times\frac{2.86\times10^{-2}}{1+0.8}\times1$$
$$= 3.05\times10^{-5}\text{cm/sec}$$

86 반무한지반의 지표상에 무한길이의 선하중 q_1, q_2가 다음의 그림과 같이 작용할 때 A점에서의 연직응력 증가는?

① 3.03kg/m^2
② 12.12kg/m^2
③ 15.15kg/m^2
④ 18.18kg/m^2

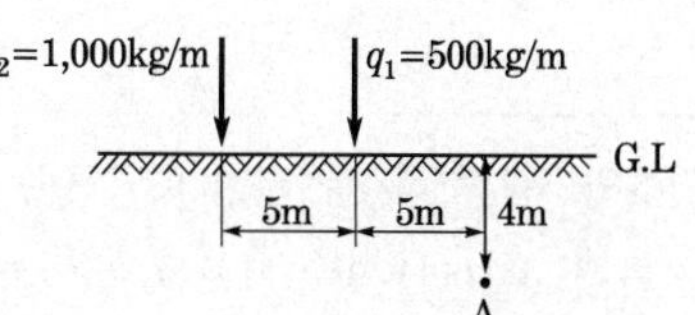

해설

$$\Delta\sigma_Z = \frac{2qZ^3}{\pi(x^2+z^2)^2}\text{에서}$$

㉠ $q_1 = 500\text{kg/m} = 0.5\text{t/m}$

$$\Delta\sigma_{Z1} = \frac{2\times0.5\times4^3}{\pi\times(5^2+4^2)^2} = 0.012\text{t/m}^2$$

㉡ $q_2 = 1{,}000\text{kg/m} = 1\text{t/m}$

$$\Delta\sigma_{Z2} = \frac{2\times1\times4^3}{\pi\times(10^2+4^2)^2} = 0.003\text{t/m}^2$$

㉢ $\Delta\sigma_Z = \Delta\sigma_{Z1} + \Delta\sigma_{Z2}$
$= 0.012 + 0.003$
$= 0.015\text{t/m}^2$
$= 15\text{kg/m}^2$

정답 ▸▸▸ 84. ① 85. ③ 86. ③

87 크기가 30cm×30cm의 평판을 이용하여 사질토 위에서 평판재하시험을 실시하고 극한지지력 20t/m^{2}를 얻었다. 크기가 1.8m×1.8m인 정사각형 기초의 총허용하중은 약 얼마인가? (단, 안전율 3을 사용)

① 22ton ② 66ton
③ 130ton ④ 150ton

해설 ㉠ 정사각형 기초의 극한지지력

$$q_{u(\text{기초})} = q_{u(\text{재하판})}\frac{B_{(\text{기초})}}{B_{(\text{재하판})}} = 20\times\frac{1.8}{0.3} = 120\,\text{t/m}^2$$

㉡ $q_a = \dfrac{q_u}{F_s} = \dfrac{120}{3} = 40\,\text{t/m}^2$

㉢ $q_a = \dfrac{P}{A}$

$$40 = \frac{P}{1.8\times1.8}$$

$\therefore\ P = 129.6\text{t}$

88 γ_{sat}=2.0t/m^{3}인 사질토가 20°로 경사진 무한사면이 있다. 지하수위가 지표면과 일치하는 경우 이 사면의 안전율이 1 이상이 되기 위해서는 흙의 내부마찰각이 최소 몇 도 이상이어야 하는가?

① 18.21° ② 20.52°
③ 36.06° ④ 45.47°

$$F_s = \frac{\gamma_{sub}}{\gamma_{sat}}\left(\frac{\tan\phi}{\tan i}\right)$$

$$= \frac{1}{2}\times\frac{\tan\phi}{\tan 20°} \geq 1$$

$\therefore\ \phi = 36°$

89 깊은 기초의 지지력평가에 관한 설명으로 틀린 것은?

① 현장타설 콘크리트말뚝기초는 동역학적 방법으로 지지력을 추정한다.
② 말뚝항타분석기(PDA)는 말뚝의 응력분포, 경시효과 및 해머효율을 파악할 수 있다.
③ 정역학적 지지력추정방법은 논리적으로 타당하나 강도정수를 추정하는데 한계성을 내포하고 있다.
④ 동역학적 방법은 항타장비, 말뚝과 지반조건이 고려된 방법으로 해머효율의 측정이 필요하다.

해설 현장타설 콘크리트말뚝기초의 지지력은 말뚝기초의 지지력을 구하는 정역학적 공식과 같은 방법으로 구한다.

 정답 ▸▸▸ 87. ③ 88. ③ 89. ①

90 Terzaghi의 극한지지력공식에 대한 설명으로 틀린 것은?

① 기초의 형상에 따라 형상계수를 고려하고 있다.
② 지지력계수 N_c, N_q, N_γ는 내부마찰각에 의해 결정된다.
③ 점성토에서의 극한지지력은 기초의 근입깊이가 깊어지면 증가된다.
④ 극한지지력은 기초의 폭에 관계없이 기초하부의 흙에 의해 결정된다.

해설 극한지지력은 기초의 폭과 근입깊이에 비례한다.

91 흙의 다짐시험에서 다짐에너지를 증가시킬 때 일어나는 결과는?

① 최적 함수비는 증가하고, 최대 건조단위중량은 감소한다.
② 최적 함수비는 감소하고, 최대 건조단위중량은 증가한다.
③ 최적 함수비와 최대 건조단위중량이 모두 감소한다.
④ 최적 함수비와 최대 건조단위중량이 모두 증가한다.

해설 다짐에너지를 증가시키면 최적 함수비는 감소하고, 최대 건조단위중량은 증가한다.

92 유선망(Flow Net)의 성질에 대한 설명으로 틀린 것은?

① 유선과 등수두선은 직교한다.
② 동수경사(i)는 등수두선의 폭에 비례한다.
③ 유선망으로 되는 사각형은 이론상 정사각형이다.
④ 인접한 두 유선 사이, 즉 유로를 흐르는 침투수량은 동일하다.

해설 유선망의 특징
㉠ 각 유로의 침투유량은 같다.
㉡ 인접한 등수두선 간의 수두차는 모두 같다.
㉢ 유선과 등수두선은 서로 직교한다.
㉣ 유선망으로 되는 사각형은 정사각형이다.
㉤ 침투속도 및 동수구배는 유선망의 폭에 반비례한다.

93 다음 그림에서 토압계수 K=0.5일 때의 응력경로는 어느 것인가?

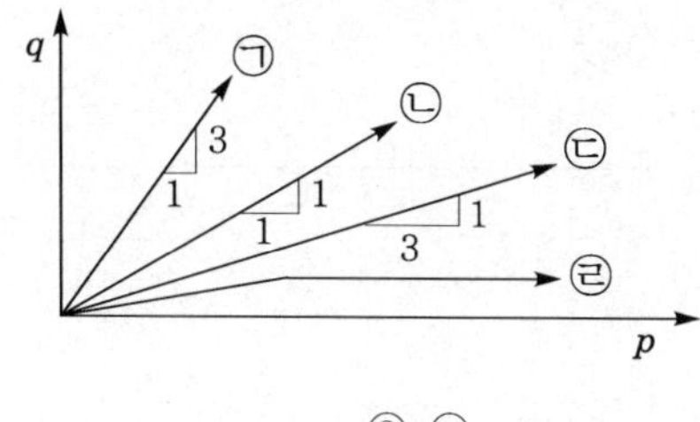

① ㉠　　② ㉡
③ ㉢　　④ ㉣

해설 $\tan\beta=\frac{q}{p}=\frac{1-K}{1+K}=\frac{1-0.5}{1+0.5}=\frac{1}{3}$

94 다음 중 부마찰력이 발생할 수 있는 경우가 아닌 것은?

① 매립된 생활쓰레기 중에 시공된 관측정
② 붕적토에 시공된 말뚝기초
③ 성토한 연약점토지반에 시공된 말뚝기초
④ 다짐된 사질지반에 시공된 말뚝기초

95 흙시료의 전단파괴면을 미리 정해놓고 흙의 강도를 구하는 시험은?

① 직접전단시험
② 평판재하시험
③ 일축압축시험
④ 삼축압축시험

96 4.75mm체(4번체) 통과율이 90%이고, 0.075mm체(200번체) 통과율이 4%, D_{10}=0.25mm, D_{30}=0.6mm, D_{60}=2mm인 흙을 통일분류법으로 분류하면?

① GW ② GP
③ SW ④ SP

해설 ㉠ $P_{No.200}(=4\%)<50\%$이고 $P_{No.4}(=90\%)>50\%$이므로 모래(S)이다.

㉡ $C_u=\frac{D_{60}}{D_{10}}=\frac{2}{0.25}=8>6$이고 $C_g=\frac{{D_{30}}^2}{D_{10}D_{60}}=\frac{0.6^2}{0.25\times2}=0.72\neq1\sim3$이므로 빈립도(P)이다.

∴ SP

97 표준관입시험에서 N치가 20으로 측정되는 모래지반에 대한 설명으로 옳은 것은?

① 내부마찰각이 약 30°~40° 정도인 모래이다.
② 유효상재하중이 20t/m^{2}인 모래이다.
③ 간극비가 1.2인 모래이다.
④ 매우 느슨한 상태이다.

해설 $\phi=\sqrt{12N}+(25\sim15)$
$=\sqrt{12\times20}+(25\sim15)$
$=15+(25\sim15)$
$=40°\sim30°$

 정답 ▸▸▸ 94. ④ 95. ① 96. ④ 97. ①

98 다음 그림과 같은 지반에서 하중으로 인하여 수직응력($\Delta\sigma_1$)이 1.0kg/cm^2 증가되고, 수평응력($\Delta\sigma_3$)이 0.5kg/cm^2 증가되었다면 간극수압은 얼마나 증가되었는가? (단, 간극수압계수 A=0.5이고 B=1이다.)

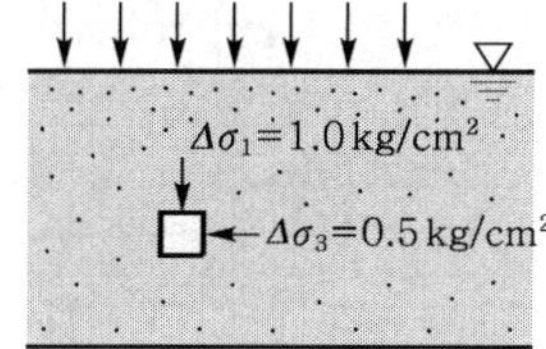

① 0.50kg/cm^2 ② 0.75kg/cm^2
③ 1.00kg/cm^2 ④ 1.25kg/cm^2

해설

$$\Delta U = B\Delta\sigma_3 + D(\Delta\sigma_1 - \Delta\sigma_3)$$
$$= B[\Delta\sigma_3 + A(\Delta\sigma_1 - \Delta\sigma_3)]$$
$$= 1\times[0.5+0.5\times(1.0-0.5)]$$
$$= 0.75\text{kg/cm}^2$$

99 다음 그림과 같은 폭(B) 1.2m, 길이(L) 1.5m인 사각형 얕은 기초에 폭(B)방향에 대한 편심이 작용하는 경우 지반에 작용하는 최대 압축응력은?

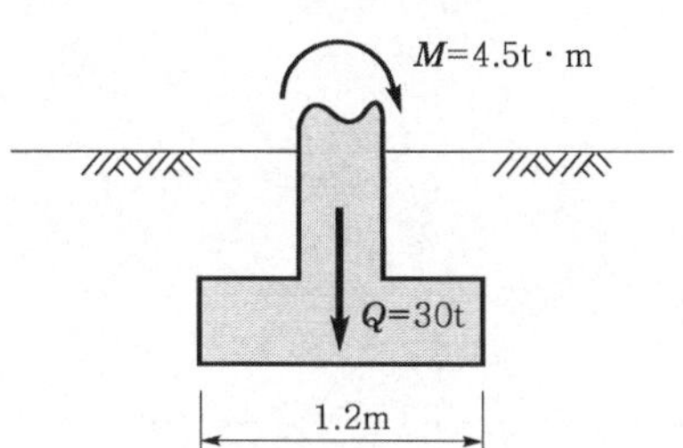

① 29.2t/m^2 ② 38.5t/m^2
③ 39.7t/m^2 ④ 41.5t/m^2

해설

㉠ $M = Pe$

$4.5 = 30\times e$

$\therefore\ e = 0.15\text{m}$

㉡ $e(=0.15\text{m}) < \dfrac{B}{6}\left(=\dfrac{1.2}{6}=0.2\text{m}\right)$이므로

$$q_{\max} = \frac{Q}{BL}\left(1+\frac{6e}{B}\right)$$
$$= \frac{30}{1.2\times1.5}\times\left(1+\frac{6\times0.15}{1.2}\right)$$
$$= 29.17\text{t/m}^2$$

100 다음 그림과 같이 옹벽 배면의 지표면에 등분포하중이 작용할 때 옹벽에 작용하는 전체 주동토압의 합력(P_a)과 옹벽 저면으로부터 합력의 작용점까지의 높이(y)는?

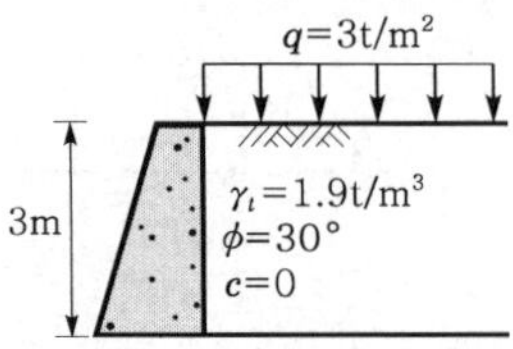

① $P_a=2.85\text{t/m}$, $y=1.26\text{m}$ ② $P_a=2.85\text{t/m}$, $y=1.38\text{m}$
③ $P_a=5.85\text{t/m}$, $y=1.26\text{m}$ ④ $P_a=5.85\text{t/m}$, $y=1.38\text{m}$

해설

㉠ $K_a=\tan^2\left(45°-\frac{\phi}{2}\right)$

$=\tan^2\left(45°-\frac{30°}{2}\right)=\frac{1}{3}$

㉡ $P_a=P_{a1}+P_{a2}=\frac{1}{2}\gamma_t h^2K_a+q_sK_ah$

$=\frac{1}{2}\times1.9\times3^2\times\frac{1}{3}+3\times\frac{1}{3}\times3=5.85\text{t/m}$

㉢ $P_{a1}\frac{h}{3}+P_{a2}\frac{h}{2}=P_ay$

$2.85\times\frac{3}{3}+3\times\frac{3}{2}=5.85\times y$

$\therefore\ y=1.26\text{m}$

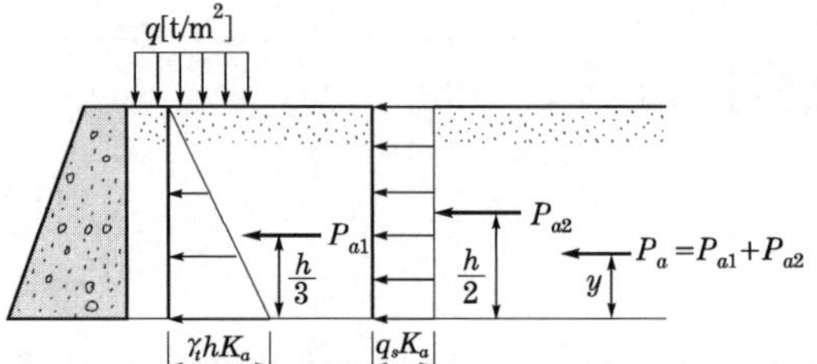

제6과목 : 상하수도공학

101 일반적인 상수도계통도를 바르게 나열한 것은?

① 수원 및 저수시설 → 취수 → 배수 → 송수 → 정수 → 도수 → 급수
② 수원 및 저수시설 → 취수 → 도수 → 정수 → 급수 → 배수 → 송수
③ 수원 및 저수시설 → 취수 → 도수 → 정수 → 송수 → 배수 → 급수
④ 수원 및 저수시설 → 취수 → 배수 → 정수 → 급수 → 도수 → 송수

102 하수도의 목적에 관한 설명으로 가장 거리가 먼 것은?

① 하수도는 도시의 건전한 발전을 도모하기 위한 필수시설이다.
② 하수도는 공중위생의 향상에 기여한다.
③ 하수도는 공공용 수역의 수질을 보전함으로써 국민의 건강보호에 기여한다.
④ 하수도는 경제발전과 산업기반의 정비를 위하여 건설된 시설이다.

해설 하수도의 목적은 공공수역의 수질, 공중위생, 건전한 도시발전을 위한 것이며, 하수도설비를 통하여 부차적으로 경제발전과 산업기반의 정비가 이루어지는 것이지 정비를 위하여 하수도시설을 하는 것은 아니다.

 정답 ▸▸▸ 100. ③ 101. ③ 102. ④

103 고도처리를 도입하는 이유와 거리가 먼 것은?

① 잔류용존유기물의 제거 ② 잔류염소의 제거
③ 질소의 제거 ④ 인의 제거

해설 고도처리의 목적은 영양염류 제거이며, 영양염류는 질소와 인이다. 잔류염소는 소독의 지속성과 관련이 있으므로 해당되지 않는다.

104 어느 도시의 인구가 200,000명, 상수보급률이 80%일 때 1인 1일 평균급수량이 380L/인·일이라면 연간 상수수요량은?

① $11.096 \times 10^6 m^3$/년 ② $13.874 \times 10^6 m^3$/년
③ $22.192 \times 10^6 m^3$/년 ④ $27.742 \times 10^6 m^3$/년

해설 200,000명×380L/인·일×0.8=60,8000,000L/일
=$60,800,000 \times 365 \times 10^{-3} m^3$/년
=$22,192,000,000 \times 10^{-3} m^3$/년
=$22.192 \times 10^6 m^3$/년

105 계획시간 최대 배수량 $q = K\dfrac{Q}{24}$에 대한 설명으로 틀린 것은?

① 계획시간 최대 배수량은 배수구역 내의 계획급수인구가 그 시간대에 최대량의 물을 사용한다고 가정하여 결정한다.
② Q는 계획 1일 평균급수량의 단위는 m^3/day이다.
③ K는 시간계수로 주·야간의 인구변동, 공장, 사업소 등에 의한 사용형태, 관광지 등의 계절적 인구이동에 의하여 변한다.
④ 시간계수 K는 1일 최대 급수량이 클수록 작아지는 경향이 있다.

해설 Q는 계획 1일 최대 급수량(m^3/day)이고, K는 시간계수로써 계획시간 최대 배수량의 시간평균배수량에 대한 비율이다.

106 호기성 소화의 특징을 설명한 것으로 옳지 않은 것은?

① 처리된 소화슬러지에서 악취가 나지 않는다.
② 상징수의 BOD농도가 높다.
③ 폭기를 위한 동력 때문에 유지관리비가 많이 든다.
④ 수온이 낮을 때에는 처리효율이 떨어진다.

해설 호기성 처리수의 BOD농도가 낮다.

107 정수장으로부터 배수지까지 정수를 수송하는 시설은?

① 도수시설 ② 송수시설
③ 정수시설 ④ 배수시설

정답 ▸▸▸ 103. ② 104. ③ 105. ② 106. ② 107. ②

108 합류식 하수도에 대한 설명으로 옳지 않은 것은?

① 청천 시에는 수위가 낮고 유속이 적어 오물이 침전하기 쉽다.
② 우천 시에 처리장으로 다량의 토사가 유입되어 침전지에 퇴적된다.
③ 소규모 강우 시 강우 초기에 도로나 관로 내에 퇴적된 오염물이 그대로 강으로 합류할 수 있다.
④ 단일관로로 오수와 우수를 배제하기 때문에 침수피해의 다발지역이나 우수배제시설이 정비되지 않은 지역에서는 유리한 방식이다.

해설 합류식은 강우 초기에 수세효과가 있다.

109 Jar-Test는 적정 응집제의 주입량과 적정 pH를 결정하기 위한 시험이다. Jar-Test 시 응집제를 주입한 후 급속교반 후 완속교반을 하는 이유는?

① 응집제를 용해시키기 위해서
② 응집제를 고르게 섞기 위해서
③ 플록이 고르게 퍼지게 하기 위해서
④ 플록을 깨뜨리지 않고 성장시키기 위해서

110 정수지에 대한 설명으로 틀린 것은?

① 정수지란 정수를 저류하는 탱크로 정수시설로는 최종 단계의 시설이다.
② 정수지 상부는 반드시 복개해야 한다.
③ 정수지의 유효수심은 3~6m를 표준으로 한다.
④ 정수지의 바닥은 저수위보다 1m 이상 낮게 해야 한다.

해설 정수지의 바닥은 저수위보다 15cm 이상 낮게 해야 한다.

111 상수시설 중 가장 일반적인 장방형 침사지의 표면부하율의 표준으로 옳은 것은?

① 50~150mm/min　　② 200~500mm/min
③ 700~1,000mm/min　　④ 1,000~1,250mm/min

해설 표면부하율은 200~500mm/min을 표준으로 한다.

112 펌프의 회전수 N=3.000rpm, 양수량 Q=1.7m^3/min, 전양정 H=300m인 6단 원심펌프의 비교회전도 N_s는?

① 약 100회　　② 약 150회
③ 약 170회　　④ 약 210회

해설

$$N_s = N\frac{Q^{1/2}}{H^{3/4}} = 3{,}000\times\frac{1.7^{1/2}}{(300/6)^{3/4}} = 208 ≒ 210회$$

여기서, H : 전양정(다단펌프인 경우는 1단당 전양정으로 한다.)

정답 108. ③ 109. ④ 110. ④ 111. ② 112. ④

113 주요 관로별 계획하수량으로서 틀린 것은?

① 우수관로 : 계획우수량+계획오수량
② 합류식 관로 : 계획시간 최대 오수량+계획우수량
③ 차집관로 : 우천 시 계획오수량
④ 오수관로 : 계획시간 최대 오수량

해설 우수관은 계획우수량이다.

114 계획하수량을 수용하기 위한 관로의 단면과 경사를 결정함에 있어 고려할 사항으로 틀린 것은?

① 우수관로는 계획우수량에 대하여 유속을 최소 0.8m/s, 최대 3.0m/s로 한다.
② 오수관로의 최소 관경은 200mm를 표준으로 한다.
③ 관로의 단면은 수리적 특성을 고려하여 선정하되 원형 또는 직사각형을 표준으로 한다.
④ 관로경사는 하류로 갈수록 점차 급해지도록 한다.

해설 유속은 빠르게, 경사는 완만하게이다.

115 계획급수인구가 5,000명, 1인 1일 최대 급수량을 150L/인 · day, 여과속도는 150m/day로 하면 필요한 급속여과지의 면적은?

① $5.0m^2$　　② $10.0m^2$
③ $15.0m^2$　　④ $20.0m^2$

해설

$$A=\frac{Q}{Vn}=\frac{750}{1\times150}=5m^2$$

여기서, Q=5,000인×150L/인 · day=750,000L/day=$750m^3$/day

116 지름 15cm, 길이 50m인 주철관으로 유량 $0.03m^3/s$의 물을 50m 양수하려고 한다. 양수 시 발생되는 총손실수두가 5m이었다면 이 펌프의 소요축동력(kW)은? (단, 여유율은 0이며 펌프의 효율은 80%이다.)

① 20.2kW　　② 30.5kW
③ 33.5kW　　④ 37.2kW

해설

$$P_p=\frac{9.8QH}{\eta}=\frac{9.8\times0.03\times(50+5)}{0.8}=20.2\text{kW}$$

117 배수관망의 구성방식 중 격자식과 비교한 수지상식의 설명으로 틀린 것은?

① 수리 계산이 간단하다.　　② 사고 시 단수구간이 크다
③ 제수밸브를 많이 설치해야 한다.　　④ 관의 말단부에 물이 정체되기 쉽다.

해설 제수밸브가 많은 것은 격자식의 특징이다.

정답 ▸▸▸ 113. ① 114. ④ 115. ① 116. ① 117. ③

118 하수처리시설의 펌프장시설의 중력식 침사지에 관한 설명으로 틀린 것은?

① 체류시간은 30~60초를 표준으로 하여야 한다.
② 모래퇴적부의 깊이는 최소 50cm 이상이어야 한다.
③ 침사지의 평균유속은 0.3m/s를 표준으로 한다.
④ 침사지 형상은 정방형 또는 장방형 등으로 하고, 지수는 2지 이상을 원칙으로 한다.

해설 모래퇴적부의 깊이는 일시에 이를 수용할 수 있도록 예상되는 침사량의 청소방법 및 빈도 등을 고려하여 일반적으로 수심의 10~30%로 보며 적어도 30cm 이상으로 할 필요가 있다.

119 하수도시설의 1차 침전지에 대한 설명으로 옳지 않은 것은?

① 침전지의 형상은 원형, 직사각형 또는 정사각형으로 한다.
② 직사각형 침전지의 폭과 길이의 비는 1 : 3 이상으로 한다.
③ 유효수심은 2.5~4m를 표준으로 한다.
④ 침전시간은 계획 1일 최대 오수량에 대하여 일반적으로 12시간 정도로 한다.

해설 침전시간은 계획 1일 최대 오수량에 대하여 표면부하율과 유효수심을 고려하여 정하며 일반적으로 2~4시간으로 한다.

120 하수처리계획 및 재이용계획을 위한 계획오수량에 대한 설명으로 옳은 것은?

① 계획 1일 최대 오수량은 계획시간 최대 오수량을 1일의 수량으로 환산하여 1.3~1.8배를 표준으로 한다.
② 합류식에서 우천 시 계획오수량은 원칙적으로 계획 1일 평균오수량의 3배 이상으로 한다.
③ 계획 1일 평균오수량은 계획 1일 최대 오수량의 70~80%를 표준으로 한다.
④ 지하수량은 계획 1일 평균오수량의 10~20%로 한다.

해설 ① 계획시간 최대 오수량은 계획 1일 최대 오수량의 시간당 수량으로 환산하여 1.3~1.8배를 표준으로 한다.
② 합류식에서 우천 시 계획오수량은 원칙적으로 계획 1일 최대 오수량의 3배 이상으로 한다.
④ 지하수량은 계획 1일 최대 오수량의 10~20%로 한다.

 정답 ▸▸▸ 118. ② 119. ④ 120. ③

국가기술자격검정 필기시험문제

2018년도 토목기사(2018년 4월 28일)			수험번호	성 명
자격종목 **토목기사**	시험시간 **3시간**	문제형별 **A**		

제1과목 : 응용역학

1 다음 그림과 같은 직사각형 단면의 단주에 편심축하중 P가 작용할 때 모서리 A점의 응력은?

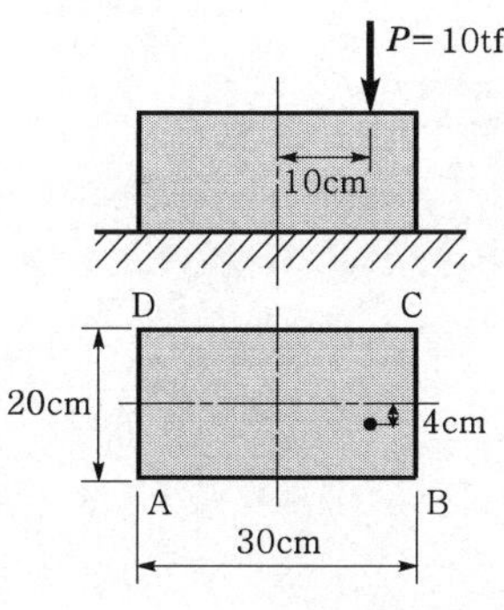

① 3.4kgf/cm^2　　② 30kgf/cm^2
③ 38.6kgf/cm^2　　④ 70kgf/cm^2

해설

$I_x = \dfrac{30 \times 20^3}{12} = 20{,}000\text{cm}^4$

$y = 10\text{cm}$

$Z_x = 2{,}000\text{cm}^3$

$I_y = \dfrac{20 \times 30^3}{12} = 45{,}000\text{cm}^4$

$x = 15\text{cm}$

$Z_y = 3{,}000\text{cm}^3$

$A = 20 \times 30 = 600\text{cm}^2$

$$\therefore \sigma_A = \frac{P}{A} - \frac{Pe_x}{I_y}y + \frac{Pe_y}{I_x}x$$

$$= \frac{P}{A} - \frac{Pe_x}{Z_y} + \frac{Pe_y}{Z_x}$$

$$= \frac{10 \times 1{,}000}{600} - \frac{10 \times 1{,}000 \times 10}{3{,}000} + \frac{10 \times 1{,}000 \times 4}{2{,}000}$$

$$= 16.67 - 33.333 + 20$$

$$= 3.35 \fallingdotseq 3.4\text{kgf/cm}^2$$

정답 ▸▸▸ 1. ①

2 다음 그림과 같은 3힌지아치의 중간 힌지에 수평하중 P가 작용할 때 A지점의 수직반력과 수평반력은? (단, A지점의 반력은 다음 그림과 같은 방향을 정(+)으로 한다.)

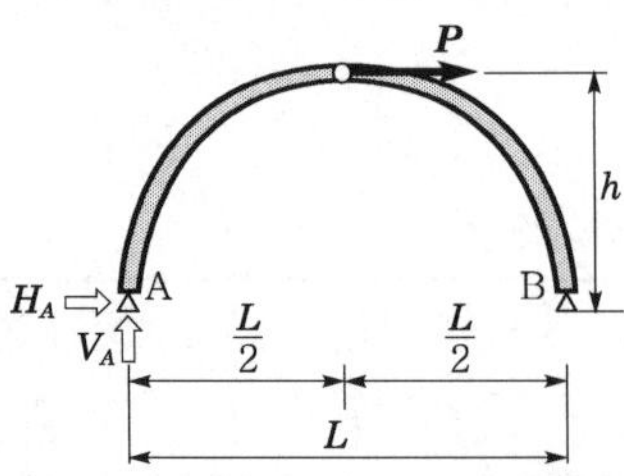

① $V_A = \frac{Ph}{l}$, $H_A = \frac{P}{2}$　　② $V_A = \frac{Ph}{l}$, $H_A = -\frac{P}{2h}$

③ $V_A = -\frac{Ph}{l}$, $H_A = \frac{P}{2h}$　　④ $V_A = -\frac{Ph}{l}$, $H_A = -\frac{P}{2}$

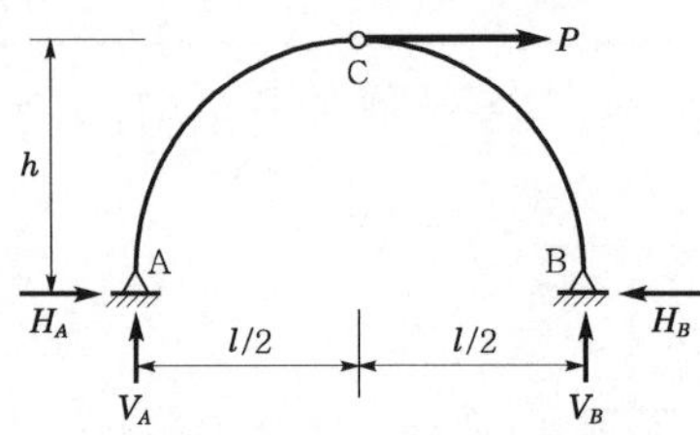

$\Sigma M_B = 0(\oplus)$

$V_A \times l + P \times h = 0$

$\therefore V_A = -\frac{Ph}{l}(\downarrow)$

$\Sigma M_{C(왼쪽)} = 0(\oplus)$

$V_A \times \frac{l}{2} - H_A \times h = 0$

$\therefore H_A = -\frac{P}{2}(\leftarrow)$

3 다음과 같은 부재에서 길이의 변화량(δ)은 얼마인가? (단, 보는 균일하며 단면적 A와 탄성계수 E는 일정하다.)

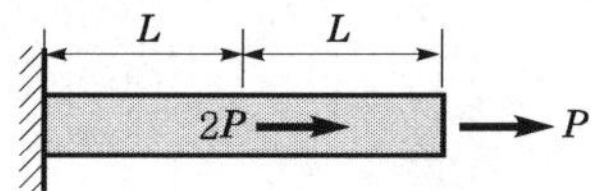

① $\frac{4PL}{EA}$　　② $\frac{3PL}{EA}$

③ $\frac{1.5PL}{EA}$　　④ $\frac{PL}{EA}$

해설

$\delta_{AB} = \frac{3PL}{EA}$, $\delta_{BC} = \frac{PL}{EA}$

$\delta = \delta_{AB} + \delta_{BC} = \frac{4PL}{EA}$

A　B: 3P ← □ → 3P　　B　C: P ← □ → P

 정답 ▶▶▶ 2. ④ 3. ①

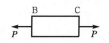

4 단면이 원형(반지름 R)인 보에 휨모멘트 M이 작용할 때 이 보에 작용하는 최대 휨응력은?

① $\dfrac{4M}{\pi R^3}$ ② $\dfrac{12M}{\pi R^3}$

③ $\dfrac{16M}{\pi R^3}$ ④ $\dfrac{32M}{\pi R^3}$

해설

$$I=\frac{\pi D^4}{64}=\frac{\pi(2R)^4}{64}=\frac{\pi R^4}{4}$$

$$y=R$$

$$\sigma=\left(\frac{M}{I}\right)y=\left(\frac{M}{\frac{\pi R^4}{4}}\right)R=\frac{4M}{\pi R^3}$$

5 다음 그림과 같은 단순보의 단면에서 발생하는 최대 전단응력의 크기는?

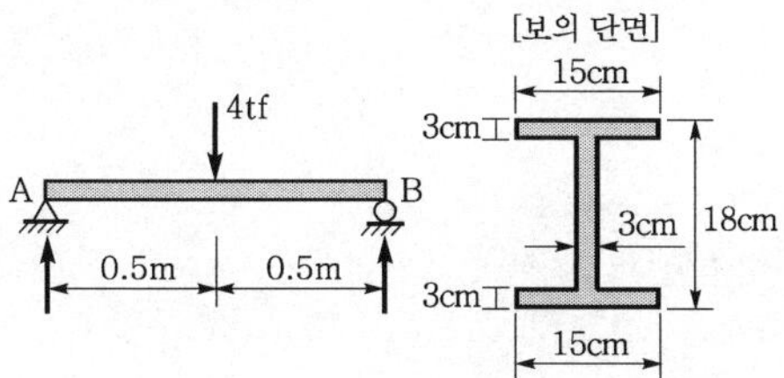

① 27.3kgf/cm^2 ② 35.2kgf/cm^2

③ 46.9kgf/cm^2 ④ 54.2kgf/cm^2

해설

$$V_A=V_B=S_{\max}=2\text{tf}$$

$$I_x=\frac{1}{12}\times(15\times18^3-12\times12^3)=5{,}562\text{cm}^4$$

$$Q_x=3\times15\times7.5+3\times6\times\frac{6}{2}=391.50\text{cm}^3$$

$$b=3\text{cm}$$

$$\therefore\ \tau_{\max}=\frac{Q_x S_{\max}}{I_x b}=\frac{391.50\times2\times1{,}000}{5{,}562\times3}=46.92\text{kgf/cm}^2$$

6 정삼각형의 도심(G)을 지나는 여러 축에 대한 단면 2차 모멘트의 값에 대한 다음 설명 중 옳은 것은?

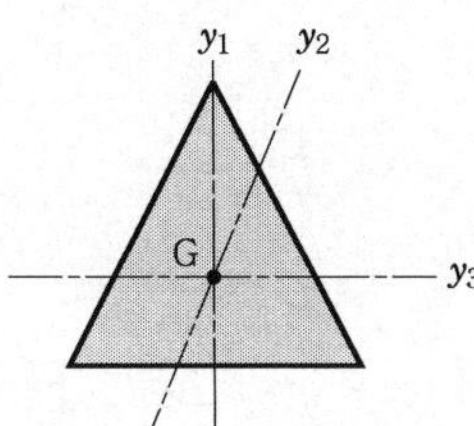

① $I_{y1}>I_{y2}$ ② $I_{y2}>I_{y1}$

③ $I_{y3}>I_{y2}$ ④ $I_{y1}=I_{y2}=I_{y3}$

해설 원형, 정삼각형의 도심축에 대한 단면 2차 모멘트는 축의 회전에 관계없이 모두 같다.

7 다음 그림과 같이 세 개의 평행력이 작용할 때 합력 R의 위치 x는?

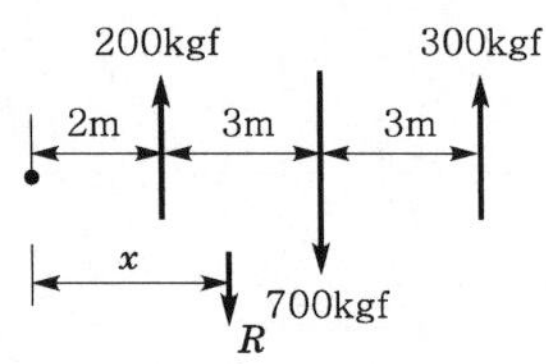

① 3.0m ② 3.5m

③ 4.0m ④ 4.5m

해설 ㉠ 합력 산정

$\Sigma F_Y = 0(\uparrow \oplus)$

$R + 200 + 300 - 700 = 0$

$\therefore R = 200\text{kgf}(\uparrow)$

㉡ 작용거리 산정

$\Sigma M_o = 0(\oplus \circlearrowright)$

$R \times x + 200 \times 2 - 700 \times 5 + 300 \times 8 = 0$

$\therefore x = \dfrac{-400 + 3{,}500 - 2{,}400}{200} = \dfrac{700}{200} = 3.5\text{m}$

8 다음 구조물에서 최대 처짐이 일어나는 위치까지의 거리 X_m을 구하면?

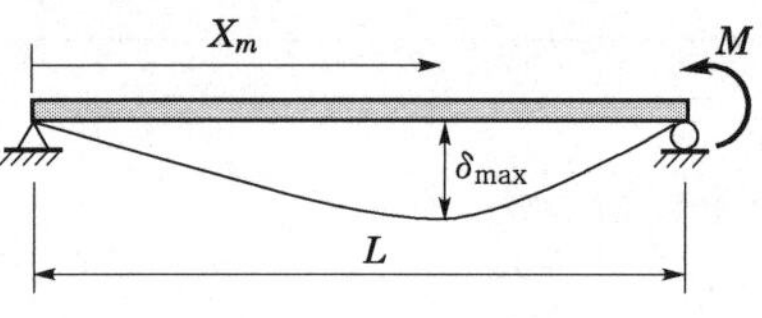

① $\dfrac{L}{2}$ ② $\dfrac{2L}{3}$

③ $\dfrac{L}{\sqrt{3}}$ ④ $\dfrac{2L}{\sqrt{3}}$

해설 ㉠ 최대 처짐이 일어나는 곳은 전단력이 0인 곳

$V_A{}' = \dfrac{ML}{6EI}$, $V_B{}' = \dfrac{2ML}{6EI}$

㉡ $\Sigma F_Y = 0(\uparrow \oplus)$

$\dfrac{ML}{6EI} - \dfrac{1}{2} \times x \times \dfrac{Mx}{EIL} - S_x{}' = 0$

$\therefore S_x{}' = \dfrac{Mx^2}{2EIL} - \dfrac{ML}{6EI}$

㉢ $S_x{}' = 0$

$\dfrac{x^2}{2L} = \dfrac{L}{6}$

$\therefore x = \dfrac{L}{\sqrt{3}}$

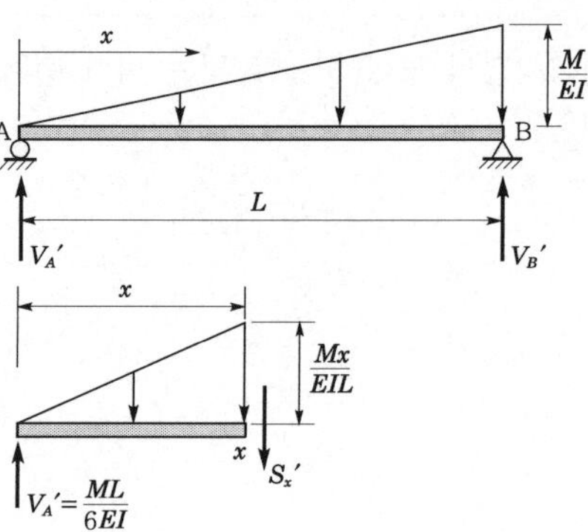

 정답 7. ② 8. ③

9 다음과 같은 부정정보에서 A의 처짐각 θ_A는? (단, 보의 휨강성은 EI이다.)

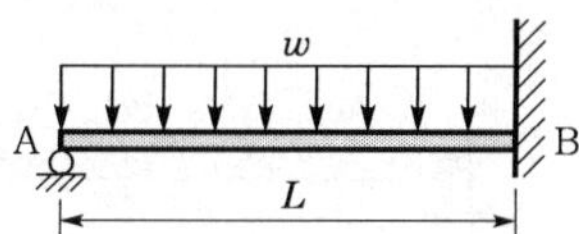

① $\dfrac{wL^3}{12EI}$ ② $\dfrac{wL^3}{24EI}$

③ $\dfrac{wL^3}{36EI}$ ④ $\dfrac{wL^3}{48EI}$

해설 처짐각법 이용

$M_{AB}=0,\ \theta_B=0$

$$\frac{2EI}{L}(2\theta_A+\theta_B)-\frac{wL^2}{12}=0$$

$$\frac{4EI}{L}\theta_A=\frac{wL^2}{12}$$

$$\therefore \theta_A=\frac{wL^3}{48EI}$$

10 무게 1kg의 물체를 두 끈으로 늘어뜨렸을 때 한 끈이 받는 힘의 크기순서가 옳은 것은?

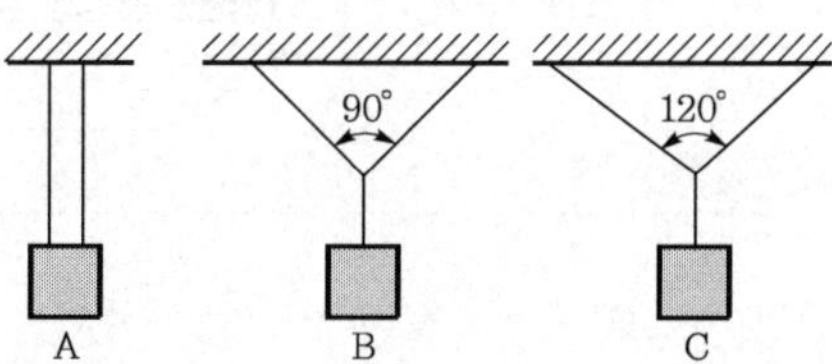

① B > A > C ② C > A > B

③ A > B > C ④ C > B > A

해설 자유물체도(F.B.D)

(A) $\Sigma V=0$

$2T_1=1$

$\therefore T_1=\dfrac{1}{2}\text{kgf}$

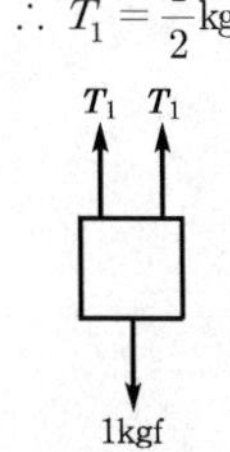

(B) $\Sigma V=0$

$2T_2\times\cos 45°-1=0$

$\therefore T_2=\dfrac{\sqrt{2}}{2}\text{kgf}$

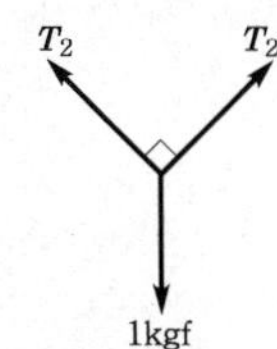

(C) $\Sigma V=0$

$2T_3\times\cos 60°-1=0$

$\therefore T_3=\dfrac{2}{2}\text{kgf}$

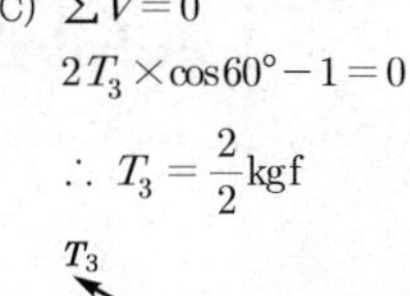

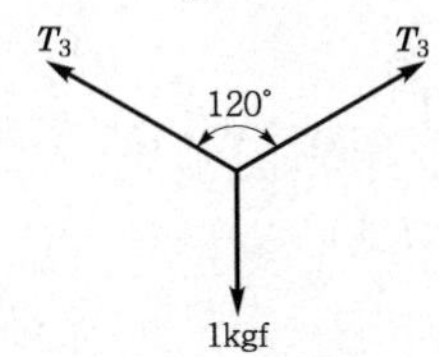

$T_1 : T_2 : T_3 = 1 : \sqrt{2} : 2$

$\therefore$ A < B < C

11 다음 그림과 같은 캔틸레버보에서 휨모멘트에 의한 탄성변형에너지는? (단, EI는 일정)

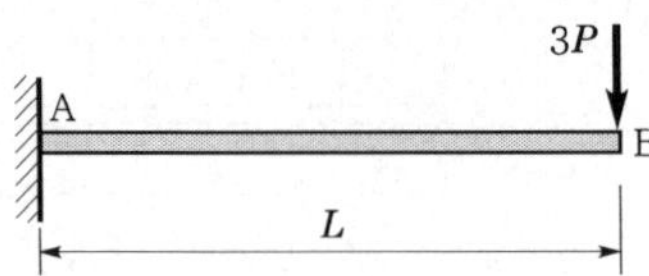

① $\dfrac{2P^2L^3}{3EI}$ ② $\dfrac{3P^2L^3}{2EI}$

③ $\dfrac{2P^2L^3}{9EI}$ ④ $\dfrac{9P^2L^3}{2EI}$

$$\delta = \frac{3PL^3}{3EI} = \frac{PL^3}{EI}$$

$$\therefore\ U = \frac{1}{2}P\delta = \frac{1}{2}\times 3P\times\frac{PL^3}{EI} = \frac{3P^2L^3}{2EI}$$

12 다음 그림과 같은 단순보에서 C점의 휨모멘트는?

① 32tf·m
② 42tf·m
③ 48tf·m
④ 54tf·m

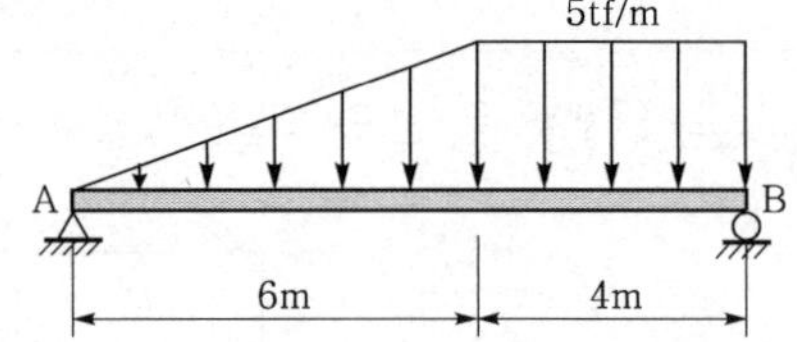

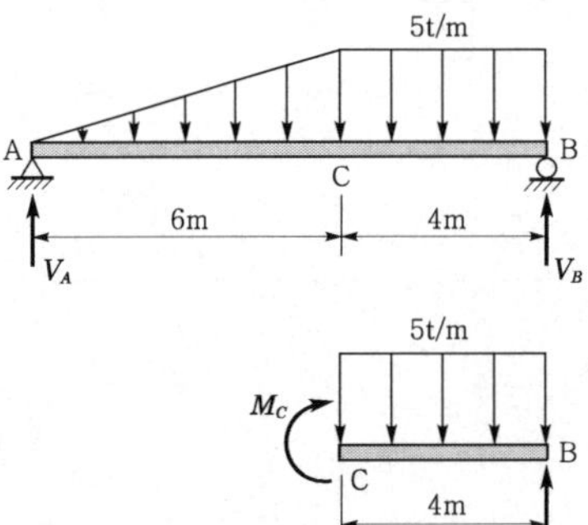

$\Sigma M_B = 0(\oplus\circlearrowright)$

$V_A \times 10 - \dfrac{1}{2}\times 6\times 5\times(2+4) - 5\times 4\times 2 = 0$

$\therefore\ V_A = 13\text{tf}(\uparrow)$

$\Sigma F_Y = 0(\uparrow\oplus)$

$V_A + V_B = 35$

$\therefore\ V_B = 22\text{tf}(\uparrow)$

$\Sigma M_C = 0(\oplus\circlearrowright)$

$-M_C + 22\times 4 - 5\times 4\times 2 = 0$

$\therefore\ M_C = 48\text{tf}\cdot\text{m}(\circlearrowleft)$

 정답 ▸▸▸ 11. ② 12. ③

13 구조 해석의 기본원리인 겹침의 원리(principle of superposition)를 설명한 것으로 틀린 것은?

① 탄성한도 이하의 외력이 작용할 때 성립한다.
② 외력과 변형이 비선형관계가 있을 때 성립한다.
③ 여러 종류의 하중이 실린 경우 이 원리를 이용하면 편리하다.
④ 부정정구조물에서도 성립한다.

해설 겹침의 원리는 선형탄성한도 내에서 이용한다.

14 다음 T형 단면에서 X축에 관한 단면 2차 모멘트값은?

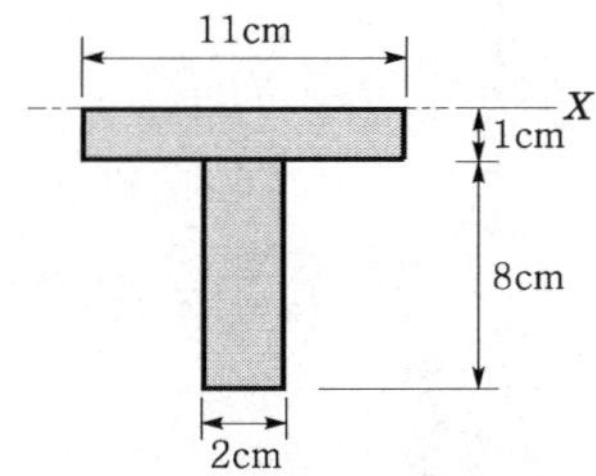

① 413cm^4
② 446cm^4
③ 489cm^4
④ 513cm^4

$$I_X = \frac{11\times1^3}{3} + \frac{2\times8^3}{12} + (2\times8\times5^2)$$

$$= 3.667 + 85.333 + 400 = 489\text{cm}^4$$

15 지름이 d인 원형 단면의 단주에서 핵(core)의 지름은?

① $\frac{d}{2}$
② $\frac{d}{3}$
③ $\frac{d}{4}$
④ $\frac{d}{8}$

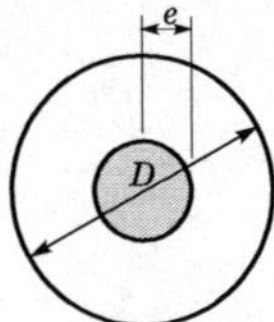

$$I = \frac{\pi D^4}{64},\ y = \frac{D}{2},\ Z = \frac{\pi D^3}{32},\ A = \frac{\pi D^2}{4}$$

$$e = \frac{Z}{A} = \frac{\frac{\pi D^3}{32}}{\frac{\pi D^2}{4}} = \frac{D}{8}$$

$$\therefore\ 2e = \frac{D}{8}\times2 = \frac{D}{4}$$

16 다음 그림과 같이 게르버보에 연행하중이 이동할 때 지점 B에서 최대 휨모멘트는?

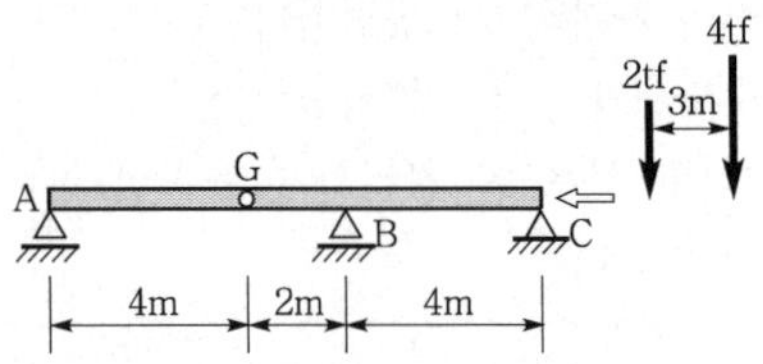

① $-9tf\cdot m$　　② $-11tf\cdot m$

③ $-13tf\cdot m$　　④ $-15tf\cdot m$

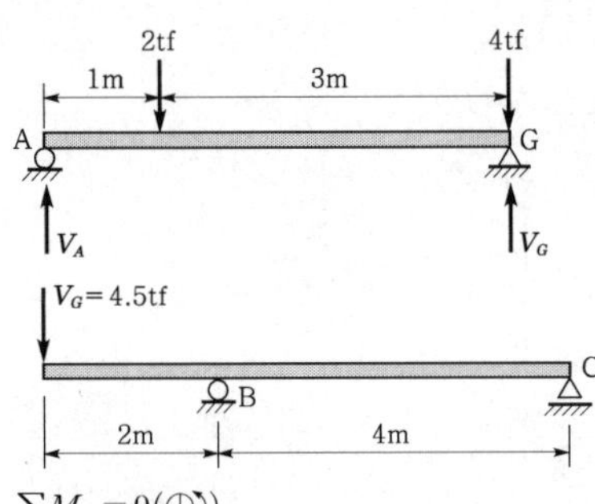

$\Sigma M_A = 0(\oplus)$

$V_G \times 4 - 2 \times 1 - 4 \times 4 = 0$

$\therefore V_G = 4.5tf(\uparrow)$

$\therefore M_B = -4.5 \times 2 = -9tf \cdot m$

17 다음 그림과 같은 트러스의 부재 EF의 부재력은?

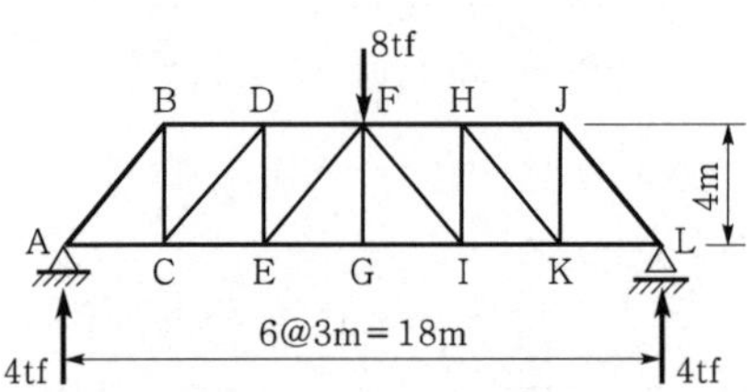

① 3tf(인장)　　② 3tf(압축)

③ 4tf(압축)　　④ 5tf(압축)

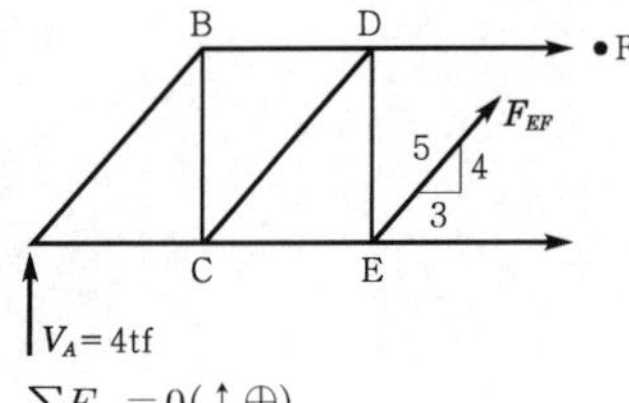

$\Sigma F_Y = 0(\uparrow \oplus)$

$\frac{4}{5} F_{EF} + 4 = 0$

$\therefore F_{EF} = -4 \times \frac{5}{4} = -5tf(\text{압축})$

 정답 ▸▸ 16. ① 17. ④

18 다음 그림과 같은 보의 A점의 수직반력 V_A는?

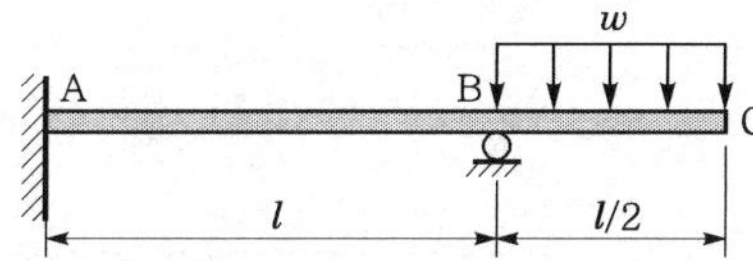

① $\dfrac{3}{8}wl(\downarrow)$　② $\dfrac{1}{4}wl(\downarrow)$

③ $\dfrac{3}{16}wl(\downarrow)$　④ $\dfrac{3}{32}wl(\downarrow)$

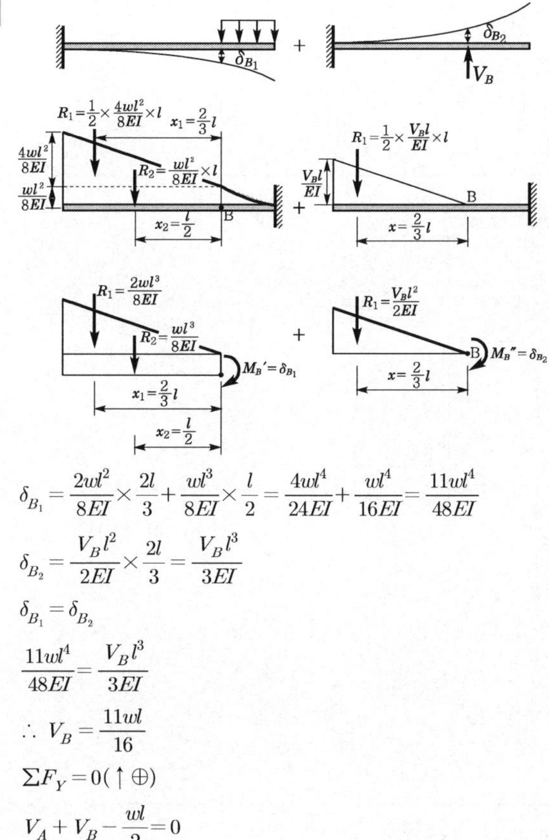

$$\delta_{B_1}=\frac{2wl^2}{8EI}\times\frac{2l}{3}+\frac{wl^3}{8EI}\times\frac{l}{2}=\frac{4wl^4}{24EI}+\frac{wl^4}{16EI}=\frac{11wl^4}{48EI}$$

$$\delta_{B_2}=\frac{V_Bl^2}{2EI}\times\frac{2l}{3}=\frac{V_Bl^3}{3EI}$$

$$\delta_{B_1}=\delta_{B_2}$$

$$\frac{11wl^4}{48EI}=\frac{V_Bl^3}{3EI}$$

$$\therefore\ V_B=\frac{11wl}{16}$$

$$\Sigma F_Y=0(\uparrow\oplus)$$

$$V_A+V_B-\frac{wl}{2}=0$$

$$\therefore\ V_A=\frac{wl}{2}-\frac{11wl}{16}=-\frac{3wl}{16}(\downarrow)$$

19 체적탄성계수 K를 탄성계수 E와 푸아송비 ν로 옳게 표시한 것은?

① $K=\dfrac{E}{3(1-2\nu)}$　② $K=\dfrac{E}{2(1-3\nu)}$

③ $K=\dfrac{2E}{3(1-2\nu)}$　④ $K=\dfrac{3E}{2(1-3\nu)}$

정답 ▸▸▸ 18. ③ 19. ①

해설 $K=\dfrac{mE}{3(m-2)}=\dfrac{E}{3(1-\nu)}$

20 다음 그림 (b)는 그림 (a)와 같은 게르버보에 대한 영향선이다. 다음 설명 중 옳은 것은?

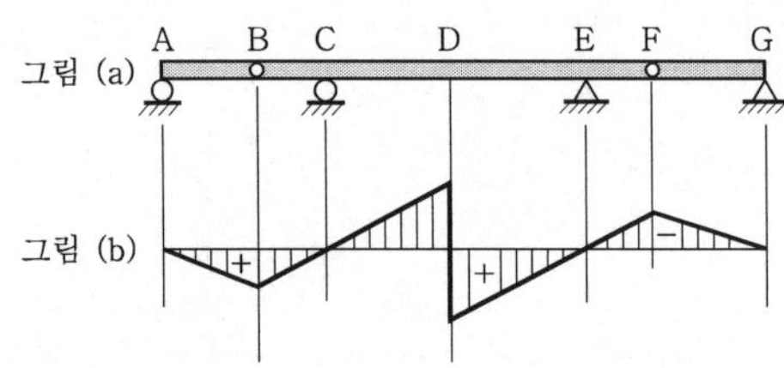

① 힌지점 B의 전단력에 대한 영향선이다.
② D점의 전단력에 대한 영향선이다.
③ D점의 휨모멘트에 대한 영향선이다.
④ C지점의 반력에 대한 영향선이다.

해설

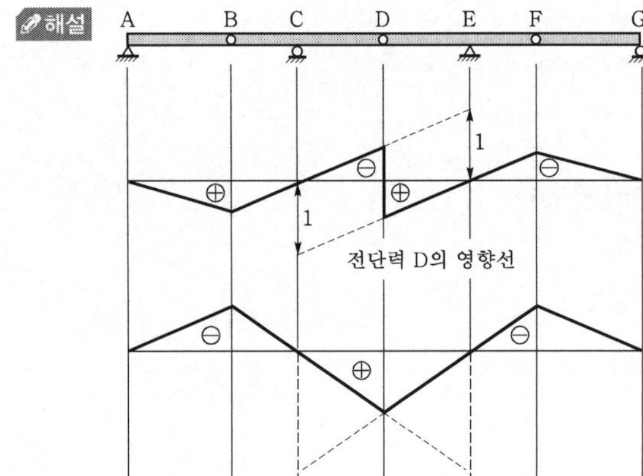

제2과목 : 측량학

21 지형의 표시법에서 자연적 도법에 해당하는 것은?

① 점고법 ② 등고선법
③ 영선법 ④ 채색법

해설 지형의 표시법
㉠ 자연적인 도법 : 우모법(영선법), 음영법
㉡ 부호적인 도법 : 점고법, 등고선법, 채색법

정답 ▸▸▸ 20. ② 21. ③

22 기지의 삼각점을 이용하여 새로운 도근점들을 매설하고자 할 때 결합트래버스측량(다각측량)의 순서는?

① 도상계획 → 답사 및 선점 → 조표 → 거리관측 → 각관측 → 거리 및 각의 오차분배 → 좌표 계산 및 측점전개
② 도상계획 → 조표 → 답사 및 선점 → 각관측 → 거리관측 → 거리 및 각의 오차분배 → 좌표 계산 및 측점전개
③ 답사 및 선점 → 도상계획 → 조표 → 각관측 → 거리관측 → 거리 및 각의 오차분배 → 좌표 계산 및 측점전개
④ 답사 및 선점 → 조표 → 도상계획 → 거리관측 → 각관측 → 좌표 계산 및 측점전개 → 거리 및 각의 오차분배

23 다각측량에 관한 설명 중 옳지 않은 것은?

① 각과 거리를 측정하여 점의 위치를 결정한다.
② 근거리이고 조건식이 많아 삼각측량에서 구한 위치보다 정확도가 높다.
③ 선로와 같이 좁고 긴 지역의 측량에 편리하다.
④ 삼각측량에 비해 시가지 또는 복잡한 장애물이 있는 곳의 측량에 적합하다.

해설 다각측량은 삼각측량보다 정확도가 낮다.

24 클로소이드(clothoid)의 매개변수(A)가 60m, 곡선길이(L)가 30m일 때 반지름(R)은?

① 60m ② 90m
③ 120m ④ 150m

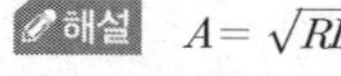

해설 $A = \sqrt{RL}$

$60^2 = R \times 30$

$\therefore\ R = 120\text{m}$

25 다음 그림과 같은 터널 내 수준측량의 관측결과에서 A점의 지반고가 20.32m일 때 C점의 지반고는? (단, 관측값의 단위는 m이다.)

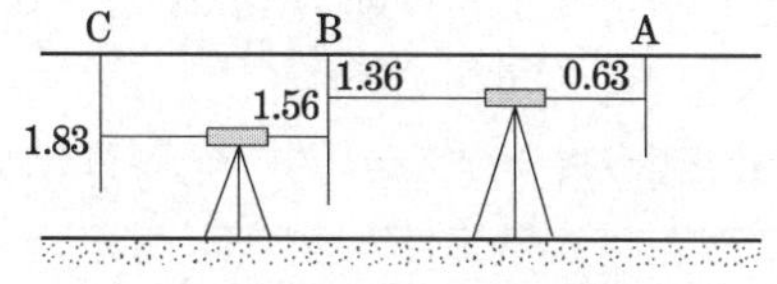

① 21.32m ② 21.49m
③ 16.32m ④ 16.49m

해설 $H_C = 20.32 - 0.63 + 1.36 - 1.56 + 1.83 = 21.32\text{m}$

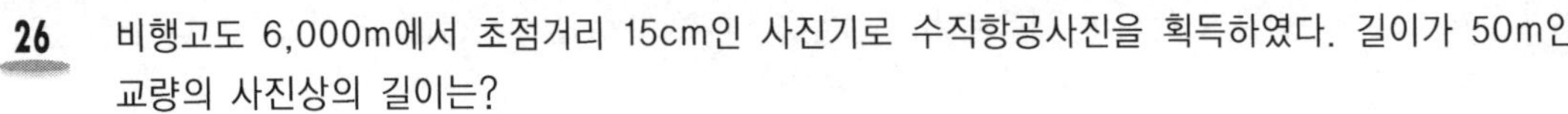

26 비행고도 6,000m에서 초점거리 15cm인 사진기로 수직항공사진을 획득하였다. 길이가 50m인 교량의 사진상의 길이는?

① 0.55mm ② 1.25mm
③ 3.60mm ④ 4.20mm

$$\frac{1}{m}=\frac{f}{H}=\frac{\text{도상거리}}{\text{실제 거리}}$$

$$\frac{0.15}{6{,}000}=\frac{\text{도상거리}}{50}$$

$\therefore$ 도상거리 $=1.25\text{mm}$

27 축척 1 : 600인 지도상의 면적을 축척 1 : 500으로 계산하여 38.675m^{2}를 얻었다면 실제 면적은?

① 26.858m^2 ② 32.229m^2
③ 46.410m^2 ④ 55.692m^2

$$a_2=\left(\frac{m_2}{m_1}\right)^2 a_1=\left(\frac{600}{500}\right)^2\times 38.675=55.692\text{m}^2$$

28 도로설계 시에 단곡선의 외할(E)은 10m, 교각은 60°일 때 접선장(T.L)은?

① 42.4m ② 37.3m
③ 32.4m ④ 27.3m

㉠ $E=R\left(\sec\frac{I}{2}-1\right)$

$$10=R\times\left(\sec\frac{60°}{2}-1\right)$$

$\therefore\ R=64.64\text{m}$

㉡ $\text{T.L}=64.64\times\tan\frac{60°}{2}=37.3\text{m}$

29 완화곡선에 대한 설명으로 옳지 않은 것은?

① 완화곡선은 모든 부분에서 곡률이 동일하지 않다.
② 완화곡선의 반지름은 무한대에서 시작한 후 점차 감소되어 원곡선의 반지름과 같게 된다.
③ 완화곡선의 접선은 시점에서 원호에 접한다.
④ 완화곡선의 연한 곡선반지름의 감소율은 캔트의 증가율과 같다.

해설 완화곡선은 시점에서는 직선에, 종점에서는 원호에 접한다.

 정답 26. ② 27. ④ 28. ② 29. ③

30 다음 그림에서 $\overline{AB}$=500m, $\angle a$=71°33′54″, $\angle b_1$=36°52′12″, $\angle b_2$=39°05′38″, $\angle c$=85°36′05″를 관측하였을 때 $\overline{BC}$의 거리는?

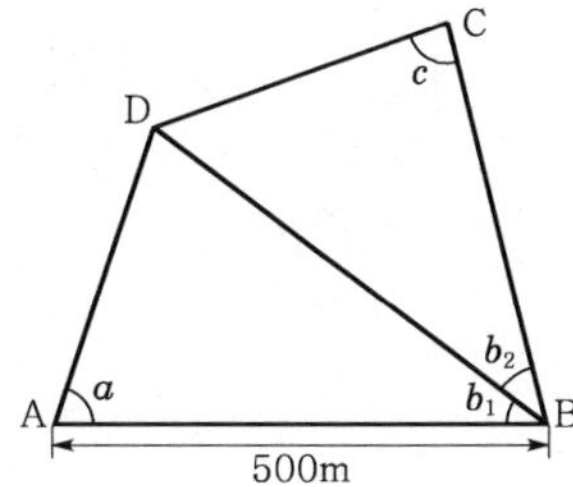

① 391m ② 412m
③ 422m ④ 427m

해설 ㉠ BD거리

$$\frac{500}{\sin 71°33'54''} = \frac{\text{BD거리}}{\sin 71°33'54''}$$

∴ BD거리 = 500m

㉡ BC거리

$$\frac{500}{\sin 55°18'17''} = \frac{\text{BC거리}}{\sin 85°36'05''}$$

∴ BC거리 = 412m

31 구하고자 하는 미지점에 평판을 세우고 3개의 기지점을 이용하여 도상에서 그 위치를 결정하는 방법은?

① 방사법 ② 계선법
③ 전방교회법 ④ 후방교회법

해설 후방교회법 : 구하고자 하는 점에 평판을 세우고 2~3개의 기지점을 이용하여 도상의 위치를 결정하는 방법

32 하천측량에 대한 설명으로 틀린 것은?

① 제방 중심선 및 종단측량은 레벨을 사용하여 직접수준측량방식으로 실시한다.
② 심천측량은 하천의 수심 및 유수 부분의 하저상황을 조사하고 횡단면도를 제작하는 측량이다.
③ 하천의 수위경계선인 수애선은 평균수위를 기준으로 한다.
④ 수위관측은 지천의 합류점이나 분류점 등 수위변화가 생기지 않는 곳을 선택한다.

해설 하천의 수위경계선인 수애선은 평수위를 기준으로 한다.

33 항공사진의 특수 3점에 해당되지 않는 것은?

① 주점 ② 연직점
③ 등각점 ④ 표정점

해설 항공사진의 특수 3점 : 주점, 등각점, 연직점

정답 30. ② 31. ④ 32. ③ 33. ④

34 다음 그림의 다각측량성과를 이용한 C점의 좌표는? (단, $\overline{AB}=\overline{BC}$=100m이고 좌표단위는 m이다.)

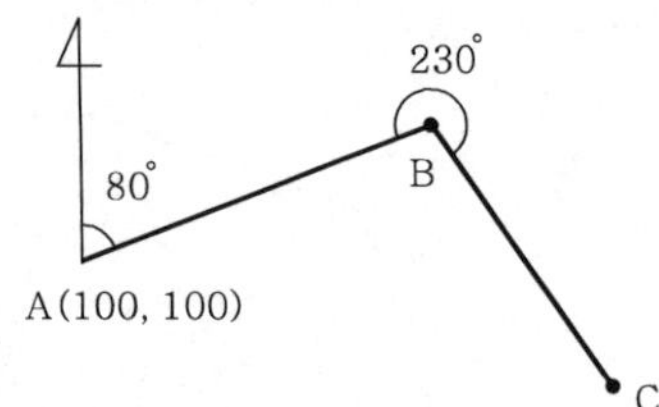

① X=48.27m, Y=256.28m
② X=53.08m, Y=275.08m
③ X=62.31m, Y=281.31m
④ X=69.49m, Y=287.49m

해설 ㉠ B점의 좌표

$X_B = 100 + 100 \times \cos 80° = 117.36\text{m}$

$Y_B = 100 + 100 \times \sin 80° = 198.48\text{m}$

㉡ C점의 좌표

$X_C = 111.36 + 100 \times \cos 130° = 53.08\text{m}$

$Y_C = 198.48 + 100 \times \sin 130° = 275.08\text{m}$

35 레벨을 이용하여 표고가 53.85m인 A점에 세운 표척을 시준하여 1.34m를 얻었다. 표고 50m의 등고선을 측정하려면 시준하여야 할 표척의 높이는?

① 3.51m
② 4.11m
③ 5.19m
④ 6.25m

해설 $53.85 + 1.34 - x = 50$

$\therefore\ x = 5.19\text{m}$

36 지형의 토공량 산정방법이 아닌 것은?

① 각주공식
② 양 단면평균법
③ 중앙 단면법
④ 삼변법

해설 삼변법의 경우 면적 산정방법에 해당한다.

37 A, B 두 점 간의 거리를 관측하기 위하여 다음 그림과 같이 세 구간으로 나누어 측량하였다. 측선 $\overline{AB}$의 거리는? (단, Ⅰ : 10±0.01m, Ⅱ : 20±0.03m, Ⅲ : 30±0.05m이다.)

① 60±0.09m
② 30±0.06m
③ 60±0.06m
④ 30±0.09m

 정답 34. ② 35. ③ 36. ④ 37. ③

해설 $AB = 10+20+30 \pm \sqrt{0.01^2+0.03^2+0.05^2} = 60 \pm 0.06\text{m}$

38 A, B, C, D 네 사람이 각각 거리 8km, 12.5km, 18km, 24.5km의 구간을 왕복수준측량하여 폐합차를 7mm, 8mm, 10mm, 12mm 얻었다면 4명 중에서 가장 정밀한 측량을 실시한 사람은?

① A　② B
③ C　④ D

해설 $e = \pm m\sqrt{n}$ 이므로

㉠ $m_A = \dfrac{7}{\sqrt{16}} = 1.75\text{mm}$

㉡ $m_B = \dfrac{8}{\sqrt{25}} = 1.60\text{mm}$

㉢ $m_C = \dfrac{10}{\sqrt{36}} = 1.67\text{mm}$

㉣ $m_D = \dfrac{12}{\sqrt{49}} = 1.71\text{mm}$

∴ B가 오차가 가장 적으므로 정밀도가 가장 높다.

39 수준점 A, B, C에서 수준측량을 하여 P점의 표고를 얻었다. 관측거리를 경중률로 사용한 P점 표고의 최확값은?

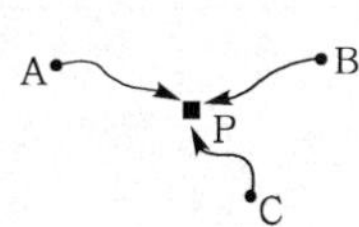

노선	P점 표고값	노선거리
A → P	57.583m	2km
B → P	57.700m	3km
C → P	57.680m	4km

① 57.641m　② 57.649m
③ 57.654m　④ 57.706m

해설 ㉠ 경중률 계산

$P_A : P_B : P_C = \dfrac{1}{2} : \dfrac{1}{3} : \dfrac{1}{4} = 6 : 4 : 3$

㉡ 최확값 계산

$H_o = 57 + \dfrac{6\times0.583+4\times0.700+3\times0.680}{6+4+3} = 57.641\text{m}$

40 지구상에서 50km 떨어진 두 점의 거리를 지구곡률을 고려하지 않은 평면측량으로 수행한 경우의 거리오차는? (단, 지구의 반지름은 6,370km이다.)

① 0.257m　② 0.138m
③ 0.069m　④ 0.005m

해설 $\Delta l = \dfrac{l^3}{12R^2} = \dfrac{50^3}{12\times6{,}370^2} = 0.257\text{m}$

제3과목 : 수리수문학

41 다음 중 물의 순환에 관한 설명으로서 틀린 것은?

① 지구상에 존재하는 수자원이 대기권을 통해 지표면에 공급되고, 지하로 침투하여 지하수를 형성하는 등 복잡한 반복과정이다.
② 지표면 또는 바다로부터 증발된 물이 강수, 침투 및 침루, 유출 등의 과정을 거치는 물의 이동 현상이다.
③ 물의 순환과정에서 강수량은 지하수흐름과 지표면흐름의 합과 동일하다.
④ 물의 순환과정 중 강수, 증발 및 증산은 수문기상학분야이다.

해설 강수량 ⇌ 유출량 + 증발산량 + 침투량 + 저유량

42 유역면적이 $4km^2$이고 유출계수가 0.8인 산지하천에서 강우강도가 80mm/hr이다. 합리식을 사용한 유역 출구에서의 첨두홍수량은?

① $35.5m^3/s$
② $71.1m^3/s$
③ $128m^3/s$
④ $256m^3/s$

해설 $Q = 0.2778CIA = 0.2778 \times 0.8 \times 80 \times 4 = 71.12m^3/sec$

43 다음 중 평균강우량 산정방법이 아닌 것은?

① 각 관측점의 강우량을 산술평균하여 얻는다.
② 각 관측점의 지배면적은 가중인자로 잡아서 각 강우량에 곱하여 합산한 후 전유역면적으로 나누어서 얻는다.
③ 각 등우선 간의 면적을 측정하고 전유역면적에 대한 등우선 간의 면적을 등우선 간의 평균강우량에 곱하여 이들을 합산하여 얻는다.
④ 각 관측점의 강우량을 크기순으로 나열하여 중앙에 위치한 값을 얻는다.

해설 평균강우량 산정법
산술평균법, Thiessen법, 등우선법

44 지하수의 투수계수에 관한 설명으로 틀린 것은?

① 같은 종류의 토사라 할지라도 그 간극률에 따라 변한다.
② 흙입자의 구성, 지하수의 점성계수에 따라 변한다.
③ 지하수의 유량을 결정하는 데 사용된다.
④ 지역특성에 따른 무차원 상수이다.

해설

$$K = D_s^{\,2} \frac{\gamma_w}{\mu} \left(\frac{e^3}{1+e} \right) C$$

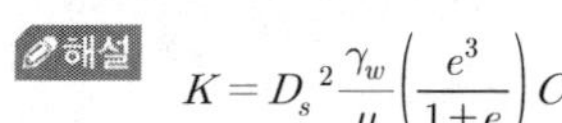

 정답 ▸▸▸ 41. ③ 42. ② 43. ④ 44. ④

45 다음 중 유효강우량과 가장 관계가 깊은 것은?

① 직접유출량 ② 기저유출량
③ 지표면유출량 ④ 지표하유출량

해설 유효강수량
지표면유출과 복류수유출을 합한 직접유출에 해당하는 강수량이다.

46 Δt시간 동안 질량 m인 물체에 속도변화 Δv가 발생할 때 이 물체에 작용하는 외력 F는?

① $\dfrac{m\Delta t}{\Delta v}$ ② $m\Delta v\Delta t$
③ $\dfrac{m\Delta v}{\Delta t}$ ④ $m\Delta t$

$$F = ma = m\left(\frac{v_2 - v_1}{\Delta t}\right)$$

47 관수로에서 관의 마찰손실계수가 0.02, 관의 지름이 40cm일 때 관내 물의 흐름이 100m를 흐르는 동안 2m의 마찰손실수두가 발생하였다면 관내의 유속은?

① 0.3m/s ② 1.3m/s
③ 2.8m/s ④ 3.8m/s

해설

$$h_L = f\frac{l}{D}\frac{V^2}{2g}$$

$$2 = 0.02 \times \frac{100}{0.4} \times \frac{V^2}{2\times 9.8}$$

$$\therefore\ V = 2.8\text{m/sec}$$

48 광폭직사각형 단면수로의 단위폭당 유량이 16m³/s일 때 한계경사는? (단, 수로의 조도계수 n=0.02이다.)

① 3.27×10^{-3} ② 2.73×10^{-3}
③ 2.81×10^{-2} ④ 2.90×10^{-2}

해설

㉠ $h_c = \left(\dfrac{\alpha Q^2}{gb^2}\right)^{\frac{1}{3}} = \left(\dfrac{1\times16^2}{9.8\times1^2}\right)^{\frac{1}{3}} = 2.97\text{m}$

㉡ $C = \dfrac{1}{n}R^{\frac{1}{6}} = \dfrac{1}{n}h_c^{\frac{1}{6}} = \dfrac{1}{0.02}\times2.97^{\frac{1}{6}} = 59.95$

㉢ $I_c = \dfrac{g}{\alpha C^2} = \dfrac{9.8}{1\times59.95^2} = 2.73\times10^{-3}$

정답 ▶▶▶ 45. ① 46. ③ 47. ③ 48. ②

49 정지유체에 침강하는 물체가 받는 항력(drag force)의 크기와 관계가 없는 것은?

① 유체의 밀도
② Froude수
③ 물체의 형상
④ Reynolds수

 ㉠ $D = C_D A \frac{1}{2} \rho V^2$

㉡ C_D는 Reynolds수에 크게 지배되며 $R_e < 1$일 때 $C_D = \frac{24}{R_e}$이다.

50 개수로흐름에 관한 설명으로 틀린 것은?

① 사류에서 상류로 변하는 곳에 도수현상이 생긴다.
② 개수로흐름은 중력이 원동력이 된다.
③ 비에너지는 수로바닥을 기준으로 한 에너지이다.
④ 배수곡선은 수로가 단락(段落)이 되는 곳에 생기는 수면곡선이다.

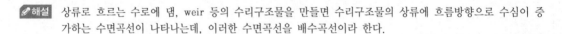

해설 상류로 흐르는 수로에 댐, weir 등의 수리구조물을 만들면 수리구조물의 상류에 흐름방향으로 수심이 증가하는 수면곡선이 나타나는데, 이러한 수면곡선을 배수곡선이라 한다.

51 관수로흐름에서 레이놀즈수가 500보다 작은 경우의 흐름상태는?

① 상류 ② 난류
③ 사류 ④ 층류

 ㉠ $R_e \leq 2{,}000$이면 층류이다.
㉡ $2{,}000 < R_e < 4{,}000$이면 층류와 난류가 공존한다(천이영역).
㉢ $R_e \geq 4{,}000$이면 난류이다.

52 강우자료의 일관성을 분석하기 위해 사용하는 방법은?

① 합리식
② DAD 해석법
③ 누가우량곡선법
④ SCS(Soil Conservation Service)방법

해설 우량계의 위치, 노출상태, 우량계의 교체, 주위환경의 변화 등이 생기면 전반적인 자료의 일관성이 없어지기 때문에 이것을 교정하여 장기간에 걸친 강수자료의 일관성을 얻는 방법을 이중누가우량분석이라 한다.

 정답 ▸▸▸ 49. ② 50. ④ 51. ④ 52. ③

53 Manning의 조도계수 n=0.012인 원관을 사용하여 1m³/s의 물을 동수경사 1/100로 송수하려 할 때 적당한 관의 지름은?

① 70cm ② 80cm
③ 90cm ④ 100cm

해설

$$Q=A\frac{1}{n}R^{\frac{2}{3}}I^{\frac{1}{2}}$$

$$1=\frac{\pi D^2}{4}\times\frac{1}{0.012}\times\left(\frac{D}{4}\right)^{\frac{2}{3}}\times\left(\frac{1}{100}\right)^{\frac{1}{2}}$$

$$D^{\frac{8}{3}}=0.385$$

$$\therefore\ D=0.7\text{m}$$

54 흐름의 단면적과 수로경사가 일정할 때 최대 유량이 흐르는 조건으로 옳은 것은?

① 윤변이 최소이거나 동수반경이 최대일 때
② 윤변이 최대이거나 동수반경이 최소일 때
③ 수심이 최소이거나 동수반경이 최대일 때
④ 수심이 최대이거나 수로폭이 최소일 때

해설 수리상 유리한 단면
주어진 단면적과 수로의 경사에 대하여 경심이 최대 혹은 윤변이 최소일 때 최대 유량이 흐르고, 이러한 단면을 수리상 유리한 단면이라 한다.

55 부체의 안정에 관한 설명으로 옳지 않은 것은?

① 경심(M)이 무게중심(G)보다 낮을 경우 안정하다.
② 무게중심(G)이 부심(B)보다 아래쪽에 있으면 안정하다.
③ 부심(B)과 무게중심(G)이 동일 연직선 상에 위치할 때 안정을 유지한다.
④ 경심(M)이 무게중심(G)보다 높을 경우 복원모멘트가 작용한다.

해설 ㉠ G와 B가 동일 연직선 상에 있으면 물체는 평형상태에 있게 되어 안정하다.
㉡ M이 G보다 위에 있으면 복원모멘트가 작용하게 되어 물체는 안정하다.

56 압력수두 P, 속도수두 V, 위치수두 Z라고 할 때 정체압력수두 P_s는?

① $P_s=P-V-Z$ ② $P_s=P+V+Z$
③ $P_s=P-V$ ④ $P_s=P+V$

해설 정체압력수두=속도수두+압력수두
$P_s=V+P$

정답 53. ① 54. ① 55. ① 56. ④

57 다음 그림과 같은 노즐에서 유량을 구하기 위한 식으로 옳은 것은? (단, 유량계수는 1.0으로 가정한다.)

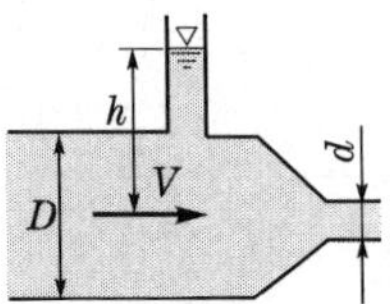

① $\dfrac{\pi d^2}{4}\sqrt{\dfrac{2gh}{1-(d/D)^2}}$
② $\dfrac{\pi d^2}{4}\sqrt{\dfrac{2gh}{1-(d/D)^4}}$
③ $\dfrac{\pi d^2}{4}\sqrt{\dfrac{2gh}{1+(d/D)^2}}$
④ $\dfrac{\pi d^2}{4}\sqrt{2gh}$

해설 노즐에서 사출되는 실제 유량과 실제 유속

㉠ $Q = Ca\sqrt{\dfrac{2gh}{1-\left(\dfrac{Ca}{A}\right)^2}} = C\dfrac{\pi d^2}{4}\sqrt{\dfrac{2gh}{1-C^2\left(\dfrac{d}{D}\right)^4}} = \dfrac{\pi d^2}{4}\sqrt{\dfrac{2gh}{1-\left(\dfrac{d}{D}\right)^4}}$

㉡ $V = C_v\sqrt{\dfrac{2gh}{1-\left(\dfrac{Ca}{A}\right)^2}}$

58 다음 그림과 같이 단위폭당 자중이 3.5×10^6N/m인 직립식 방파제에 1.5×10^6N/m의 수평파력이 작용할 때 방파제의 활동안전율은? (단, 중력가속도=10.0m/s^2, 방파제와 바닥의 마찰계수=0.7, 해수의 비중=1로 가정하며, 파랑에 의한 양압력은 무시하고, 부력은 고려한다.)

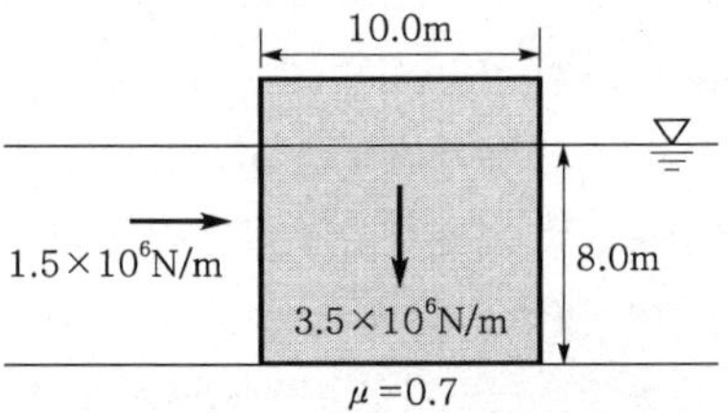

① 1.20
② 1.22
③ 1.24
④ 1.26

해설 ㉠ $B = wV = 1\times(10\times1\times8)$
$= 80\text{t} = 80\times1{,}000\times10 = 8\times10^5\text{N}$

㉡ $W = M$(자중)$- B$(부력)
$= 3.5\times10^6 - 8\times10^5 = 2.7\times10^6\text{N}$

㉢ $F_s = \dfrac{\mu W}{P_H} = \dfrac{0.7\times(2.7\times10^6)}{1.5\times10^6} = 1.26$

 정답 ▸▸▸ 57. ② 58. ④

59 폭 2.5m, 월류수심 0.4m인 사각형 위어(weir)의 유량은? (단, Francis공식 : $Q=1.84b_oh^{3/2}$에 의하며, b_o : 유효폭, h : 월류수심, 접근유속은 무시하며 양단 수축이다.)

① $1.117m^3/s$ ② $1.126m^3/s$
③ $1.145m^3/s$ ④ $1.164m^3/s$

해설

$$Q=1.84b_oh^{\frac{3}{2}}=1.84(b-0.1nh)h^{\frac{3}{2}}$$
$$=1.84\times(2.5-0.1\times2\times0.4)\times0.4^{\frac{3}{2}}=1.126m^3/sec$$

60 물의 점성계수를 μ, 동점성계수를 ν, 밀도를 ρ라 할 때 관계식으로 옳은 것은?

① $\nu=\rho\mu$ ② $\nu=\dfrac{\rho}{\mu}$
③ $\nu=\dfrac{\mu}{\rho}$ ④ $\nu=\dfrac{1}{\rho\mu}$

해설

$$\nu=\frac{\mu}{\rho}$$

제4과목 : 철근콘크리트 및 강구조

61 다음 중 콘크리트구조물을 설계할 때 사용하는 하중인 "활하중(live load)"에 속하지 않는 것은?

① 건물이나 다른 구조물의 사용 및 점용에 의해 발생되는 하중으로서 사람, 가구, 이동칸막이 등의 하중
② 적설하중
③ 교량 등에서 차량에 의한 하중
④ 풍하중

해설 활하중(live load)은 구조물의 사용 및 점용에 의해 발생하는 하중으로서 가구, 창고의 저장물, 차량, 군중에 의한 하중 등이 포함된다. 풍하중, 지진하중과 같은 환경하중이나 고정하중은 포함되지 않는다.

62 철근콘크리트보를 설계할 때 변화구간에서 강도감소계수(ϕ)를 구하는 식으로 옳은 것은? (단, 나선철근으로 보강되지 않은 부재이며, ε_t는 최외단 인장철근의 순인장변형률이다.)

① $\phi=0.65+(\varepsilon_t-0.002)\times\dfrac{200}{3}$
② $\phi=0.7+(\varepsilon_t-0.002)\times\dfrac{200}{3}$
③ $\phi=0.65+(\varepsilon_t-0.002)\times50$
④ $\phi=0.7+(\varepsilon_t-0.002)\times50$

정답 ▸▸▸ 59. ② 60. ③ 61. ④ 62. ①

해설 강도감소계수(ϕ)

SD400 철근(f_y =400MPa)이면 ε_y =0.002이므로

$$\phi=0.65+\left(\frac{\varepsilon_t-\varepsilon_y}{0.005-\varepsilon_y}\right)\times 0.2$$

$$=0.65+\left(\frac{\varepsilon_t-0.002}{0.005-0.002}\right)\times 0.2$$

$$=0.65+(\varepsilon_t-0.002)\times\frac{200}{3}$$

63 철근콘크리트부재의 전단철근에 관한 다음 설명 중 옳지 않은 것은?

① 주인장철근에 30° 이상의 각도로 구부린 굽힘철근도 전단철근으로 사용할 수 있다.
② 부재축에 직각으로 배치된 전단철근의 간격은 $d/2$ 이하, 600mm 이하로 하여야 한다.
③ 최소 전단철근량은 $0.35\dfrac{b_w s}{f_{yt}}$보다 작지 않아야 한다.
④ 전단철근의 설계기준항복강도는 300MPa을 초과할 수 없다.

해설 철근의 항복응력 최대값

㉠ 휨설계 : $f_y \leq 600$MPa
㉡ 전단설계 : $f_y \leq 500$MPa

64 복철근보에서 압축철근에 대한 효과를 설명한 것으로 적절하지 못한 것은?

① 단면저항모멘트를 크게 증대시킨다.
② 지속하중에 의한 처짐을 감소시킨다.
③ 파괴 시 압축응력의 깊이를 감소시켜 연성을 증대시킨다.
④ 철근의 조립을 쉽게 한다.

해설 복철근으로 설계하는 경우

㉠ 연성을 극대화시킨다.
㉡ 스터럽철근의 조립을 쉽게 한다.
㉢ 장기처짐을 최소화시킨다.
㉣ 정(+), 부(−)모멘트를 반복해서 받는 구간에 배치한다.

65 다음 중 반T형보의 유효폭(b)을 구할 때 고려하여야 할 사항이 아닌 것은? (단, b_w는 플랜지가 있는 부재의 복부폭)

① 양쪽 슬래브의 중심 간 거리
② 한쪽으로 내민 플랜지두께의 6배$+b_w$
③ 보의 경간의 $1/12+b_w$
④ 인접보와의 내측거리의 $1/2+b_w$

 정답 ▸▸▸ 63. ④ 64. ① 65. ①

해설 반T형보의 유효폭(b_e) 계산

㉠ $6t+b_w$

㉡ $\dfrac{l}{12}+b_w$

㉢ $\dfrac{1}{2}b_n+b_w$

∴ 가장 작은 값$=b_e$

여기서, t : 플랜지두께

b_w : 웨브폭

l : 보 경간

b_n : 인접보의 내측거리

66 단순지지된 2방향 슬래브의 중앙점에 집중하중 P가 작용할 때 경간비가 1 : 2라면 단변과 장변이 부담하는 하중비($P_S : P_L$)는? (단, P_S : 단변이 부담하는 하중, P_L : 장변이 부담하는 하중)

① 1 : 8
② 8 : 1
③ 1 : 16
④ 16 : 1

해설 집중하중 P 작용 시

㉠ 단변부담하중

$$P_S=\left(\frac{L^3}{L^3+S^3}\right)P=\left(\frac{2^3}{2^3+1^3}\right)P=\frac{8}{9}P$$

㉡ 장변부담하중

$$P_L=\left(\frac{S^3}{L^3+S^3}\right)P=\left(\frac{1^3}{2^3+1^3}\right)P=\frac{1}{9}P$$

∴ $P_S : P_L=8:1$

67 옹벽에서 T형보로 설계하여야 하는 부분은?

① 뒷부벽식 옹벽의 뒷부벽
② 뒷부벽식 옹벽의 전면벽
③ 앞부벽식 옹벽의 저판
④ 앞부벽식 옹벽의 앞부벽

해설 옹벽의 설계

㉠ 뒷부벽식 옹벽 뒷부벽 : T형보

㉡ 앞부벽식 옹벽 앞부벽 : 직사각형 보

68 다음 그림과 같은 두께 13mm의 플레이트에 4개의 볼트구멍이 배치되어 있을 때 부재의 순단면적은? (단, 구멍의 직경은 24mm이다.)

① 4,056mm²
② 3,916mm²
③ 3,775mm²
④ 3,524mm²

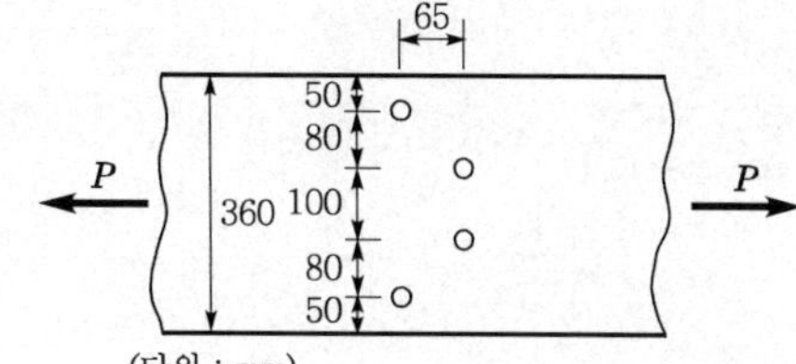

해설

$$w = d - \frac{p^2}{4g} = 24 - \frac{65^2}{4 \times 80} = 10.8\text{mm}$$

$$b_n = b_g - d - w - d - w = b_g - 2d - 2w$$
$$= 360 - (2 \times 24) - (2 \times 10.8)$$
$$= 290.4\text{mm}$$

$$\therefore\ A_n = b_n t = 290.4 \times 13 = 3,775.2\text{mm}^2$$

69 다음 그림과 같은 복철근 직사각형 보에서 압축연단에서 중립축까지의 거리(c)는? (단, A_s = 4,764mm², A_s' =1,284mm², f_{ck} =38MPa, f_y =400MPa)

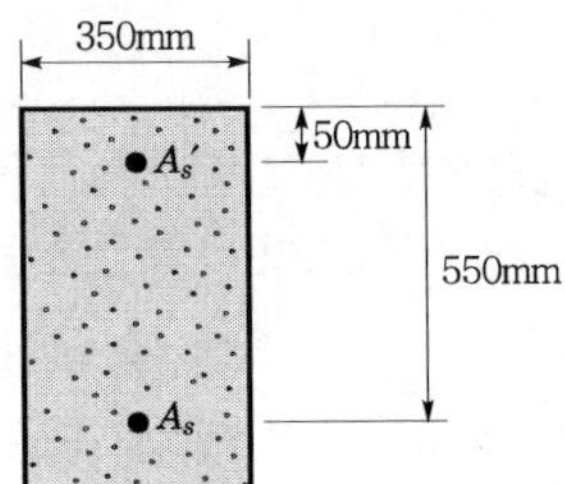

① 143.74mm
② 153.88mm
③ 168.62mm
④ 178.41mm

해설

$$a = \frac{f_y(A_s - A_s')}{\eta(0.85 f_{ck})b}$$
$$= \frac{400 \times (4,764 - 1,284)}{1.0 \times 0.85 \times 38 \times 350} = 123.1\text{mm}$$

$\beta_1 = 0.80$ ($f_{ck} \le 40$MPa일 때)

$$\therefore\ c = \frac{a}{\beta_1} = \frac{123.1}{0.80} = 153.88\text{mm}$$

70 경간 6m인 단순직사각형 단면(b=300mm, h=400mm)보에 계수하중 30kN/m가 작용할 때 PS강재가 단면도심에서 긴장되며 경간 중앙에서 콘크리트 단면의 하연응력이 0이 되려면 PS강재에 얼마의 긴장력이 작용되어야 하는가?

① 1,805kN
② 2,025kN
③ 3,054kN
④ 3,557kN

해설 PS강선 도심배치

하연응력 $f_t = \frac{P}{A_g} - \frac{M}{I}y = 0$

$$M = \frac{wl^2}{8} = \frac{30 \times 6^2}{8} = 135\text{kN·m}$$

$$\therefore\ P = \frac{6M}{h} = \frac{6 \times 135}{0.4} = 2,025\text{kN}$$

 정답 ▸▸▸ 69. ② 70. ②

71 다음 그림과 같은 띠철근기둥에서 띠철근의 최대 간격은? (단, D10의 공칭직경은 9.5mm, D32의 공칭직경은 31.8mm)

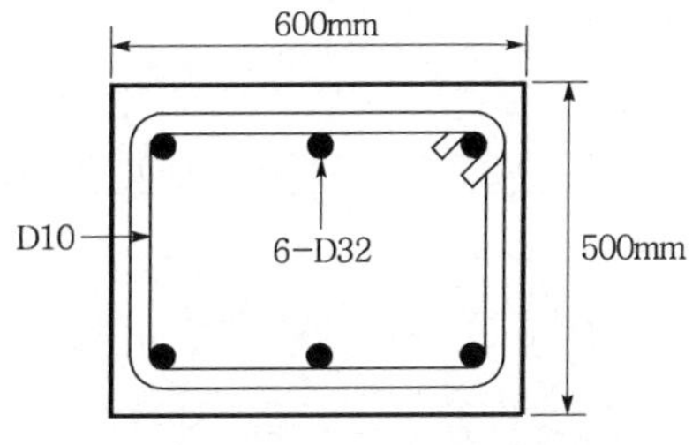

① 400mm ② 456mm
③ 500mm ④ 509mm

해설 띠철근간격
㉠ $16d_b = 16 \times 31.8 = 508.8$mm
㉡ 48×띠철근지름 $= 48 \times 9.5 = 456$mm
㉢ 500mm(단면 최소 치수)
∴ 이 중 최소값 456mm

72 휨부재설계 시 처짐 계산을 하지 않아도 되는 보의 최소 두께를 콘크리트구조기준에 따라 설명한 것으로 틀린 것은? (단, 보통중량콘크리트(m_c =2,300kg/m^3)와 f_y는 400MPa인 철근을 사용한 부재이며, l은 부재의 길이이다.)

① 단순지지된 보 : $l/16$ ② 1단 연속보 : $l/18.5$
③ 양단 연속보 : $l/21$ ④ 캔틸레버보 : $l/12$

해설 (처짐을 계산하지 않는 경우) 보의 최소 두께기준

캔틸레버지지	단순지지	일단 연속	양단 연속
$\frac{l}{8}$	$\frac{l}{16}$	$\frac{l}{18.5}$	$\frac{l}{21}$

여기서, l : 경간길이(cm)
f_y = 400MPa 철근 사용

73 다음 T형보에서 공칭모멘트강도(M_n)는? (단, f_{ck} =24MPa, f_y =400MPa, A_s =4,764mm^2)

① 812.7kN·m
② 871.6kN·m
③ 912.4kN·m
④ 934.5kN·m

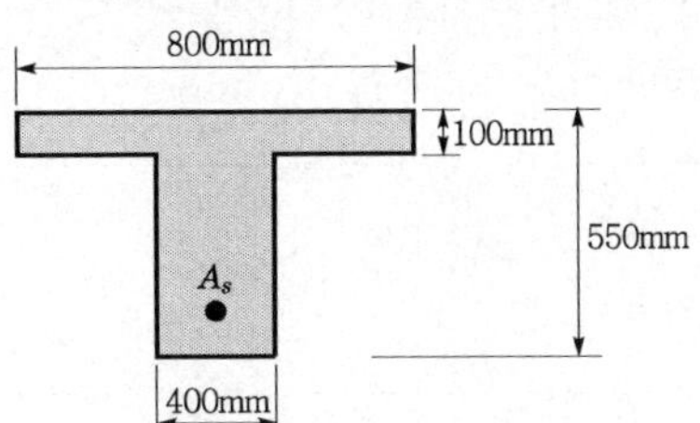

해설 ㉠ T형보 판별

$$a=\frac{f_y A_s}{\eta(0.85f_{ck})b}=\frac{400\times 4,764}{1.0\times 0.85\times 24\times 800}=116.76\text{mm}$$

∴ $a>t_f$이므로 T형보로 계산

㉡ A_{sf} 결정

$$A_{sf}=\frac{\eta(0.85f_{ck})t_f(b-b_w)}{f_y}=\frac{1.0\times 0.85\times 24\times 100\times(800-400)}{400}=2,040\text{mm}^2$$

$$a=\frac{f_y(A_s-A_{sf})}{\eta(0.85f_{ck})b_w}=\frac{400\times(4,764-2,040)}{1.0\times 0.85\times 24\times 400}=133.53\text{mm}$$

㉢ 공칭휨강도(M_n)$=f_y A_{sf}\left(d-\frac{t_f}{2}\right)+f_y(A_s-A_{sf})\left(d-\frac{a}{2}\right)$

$$=400\times 2,040\times\left(550-\frac{100}{2}\right)+400\times(4,764-2,040)\times\left(550-\frac{133.53}{2}\right)$$

$$=934,532,856\text{N}\cdot\text{mm}=934.5\text{kN}\cdot\text{m}$$

74 다음 중 용접부의 결함이 아닌 것은?

① 오버랩(overlap)
② 언더컷(undercut)
③ 스터드(stud)
④ 균열(crack)

해설 용접결함의 종류
오버랩(overlap), 언더컷(undercut), 크랙(crack), 다리길이 부족, 용접두께 부족

75 철근콘크리트가 성립하는 이유에 대한 설명으로 잘못된 것은?

① 철근과 콘크리트와의 부착력이 크다.
② 콘크리트 속에 묻힌 철근은 녹슬지 않고 내구성을 갖는다.
③ 철근과 콘크리트의 무게가 거의 같고 내구성이 같다.
④ 철근과 콘크리트는 열에 대한 팽창계수가 거의 같다.

해설 철근과 콘크리트의 단위중량이 다르며 내구성도 차이가 있다.

76 다음 그림과 같은 필릿용접의 형상에서 S=9mm일 때 목두께 a의 값으로 적당한 것은?

① 5.4mm
② 6.3mm
③ 7.2mm
④ 8.1mm

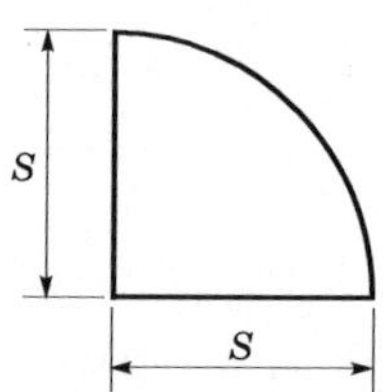

해설 $a=0.7S=0.7\times 9=6.3\text{mm}$

 정답 ▸▸▸ 74. ③ 75. ③ 76. ②

77 철근의 겹침이음등급에서 A급 이음의 조건은 다음 중 어느 것인가?

① 배치된 철근량이 이음부 전체 구간에서 해석결과 요구되는 소요철근량의 3배 이상이고 소요 겹침이음길이 내 겹침이음된 철근량이 전체 철근량의 1/3 이상인 경우
② 배치된 철근량이 이음부 전체 구간에서 해석결과 요구되는 소요철근량의 3배 이상이고 소요 겹침이음길이 내 겹침이음된 철근량이 전체 철근량의 1/2 이하인 경우
③ 배치된 철근량이 이음부 전체 구간에서 해석결과 요구되는 소요철근량의 2배 이상이고 소요 겹침이음길이 내 겹침이음된 철근량이 전체 철근량의 1/3 이상인 경우
④ 배치된 철근량이 이음부 전체 구간에서 해석결과 요구되는 소요철근량의 2배 이상이고 소요 겹침이음길이 내 겹침이음된 철근량이 전체 철근량의 1/2 이하인 경우

해설 A급 이음($1.0l_d$ 이상)

㉠ 겹침이음철근량≤총철근량×$\frac{1}{2}$
㉡ 배근철근량≥소요철근량×2
∴ 위 2개의 조건을 충족하는 이음

78 PSC부재에서 프리스트레스의 감소원인 중 도입 후에 발생하는 시간적 손실의 원인에 해당하는 것은?

① 콘크리트의 크리프
② 정착장치의 활동
③ 콘크리트의 탄성 수축
④ PS강재와 시스의 마찰

해설 ㉠ 도입 시 손실
- 정착장치활동
- 콘크리트의 탄성 수축
- PS강재와 시스의 마찰

㉡ 도입 후 손실
- 콘크리트의 크리프
- 콘크리트의 건조 수축
- PS강재의 릴랙세이션

79 PSC보의 휨강도 계산 시 긴장재의 응력 f_{ps}의 계산은 강재 및 콘크리트의 응력-변형률관계로부터 정확히 계산할 수도 있으나 콘크리트구조기준에서는 f_{ps}를 계산하기 위한 근사적 방법을 제시하고 있다. 그 이유는 무엇인가?

① PSC구조물은 강재가 항복한 이후 파괴까지 도달함에 있어 강도의 증가량이 거의 없기 때문이다.
② PS강재의 응력은 항복응력 도달 이후에도 파괴 시까지 점진적으로 증가하기 때문이다.
③ PSC보를 과보강PSC보로부터 저보강PSC보의 파괴상태로 유도하기 위함이다.
④ PSC구조물은 균열에 취약하므로 균열을 방지하기 위함이다.

해설 콘크리트의 구조설계기준에서는 PS강재의 응력이 항복응력 도달 이후에도 파괴 시까지 점진적으로 응력 증가가 있으므로 긴장재의 응력(f_{ps}) 산출 시 근사적인 방법을 제시하고 있다.

정답 ▸▸▸ 77. ④ 78. ① 79. ②

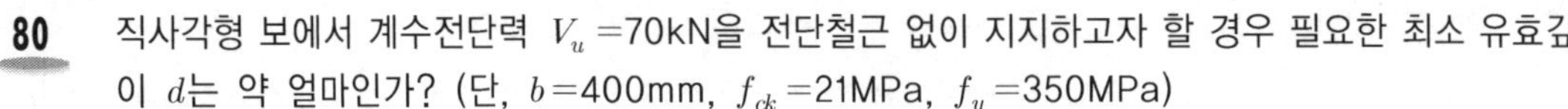

80 직사각형 보에서 계수전단력 V_u =70kN을 전단철근 없이 지지하고자 할 경우 필요한 최소 유효깊이 d는 약 얼마인가? (단, b=400mm, f_{ck} =21MPa, f_y =350MPa)

① d=426mm ② d=556mm
③ d=611mm ④ d=751mm

해설 전단철근 불필요 시 유효깊이(d)

$$V_u = \frac{1}{2}\phi\left(\frac{1}{6}\lambda\sqrt{f_{ck}}\, b_w d\right)$$

$$\therefore\ d = \frac{12V_u}{\phi\lambda\sqrt{f_{ck}}\, b_w} = \frac{12\times70\times10^3}{0.75\times1.0\sqrt{21}\times400} = 611\text{mm}$$

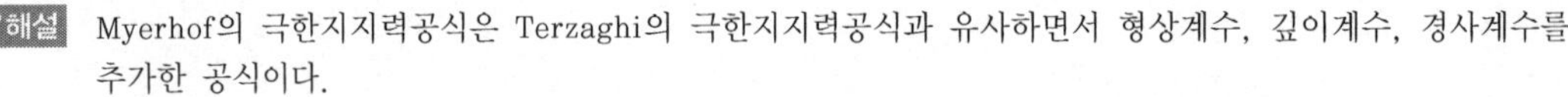

제5과목 : 토질 및 기초

81 Meyerhof의 극한지지력공식에서 사용하지 않는 계수는?

① 형상계수 ② 깊이계수
③ 시간계수 ④ 하중경사계수

해설 Myerhof의 극한지지력공식은 Terzaghi의 극한지지력공식과 유사하면서 형상계수, 깊이계수, 경사계수를 추가한 공식이다.

82 토질조사에 대한 설명 중 옳지 않은 것은?

① 사운딩(Sounding)이란 지중에 저항체를 삽입하여 토층의 성상을 파악하는 현장시험이다.
② 불교란시료를 얻기 위해서 Foil Sampler, Thin wall tube sampler 등이 사용된다.
③ 표준관입시험은 로드(Rod)의 길이가 길어질수록 N치가 작게 나온다.
④ 베인시험은 정적인 사운딩이다.

해설 Rod길이가 길어지면 rod변형에 의한 타격에너지의 손실 때문에 해머의 효율이 저하되어 실제의 N값보다 크게 나타난다.

83 흙의 공학적 분류방법 중 통일분류법과 관계없는 것은?

① 소성도 ② 액성한계
③ No.200체 통과율 ④ 군지수

해설 통일분류법

㉠ 세립토는 소성도표를 사용하여 구분한다.
㉡ w_L =50%로 저압축성과 고압축성을 구분한다.
㉢ No.200체 통과율로 조립토와 세립토를 구분한다.

 정답 ▸▸▸ 80. ③ 81. ③ 82. ③ 83. ④

84 노건조한 흙시료의 부피가 1,000cm^3, 무게가 1,700g, 비중이 2.65라면 간극비는?

① 0.71　　② 0.43
③ 0.65　　④ 0.56

해설
㉠ $\gamma_d = \frac{W_s}{V} = \frac{1,700}{1,000} = 1.7\text{g/cm}^3$

㉡ $\gamma_d = \left(\frac{G_s}{1+e}\right)\gamma_w$

$1.7 = \frac{2.65}{1+e} \times 1$

$\therefore\ e = 0.56$

85 2.0kg/cm^{2}의 구속응력을 가하여 시료를 완전히 압밀시킨 다음, 축차응력을 가하여 비배수상태로 전단시켜 파괴 시 축변형률 ε_f=10%, 축차응력 $\Delta\sigma_f$=2.8kg/cm^2, 간극수압 Δu_f=2.1kg/cm^{2}를 얻었다. 파괴 시 간극수압계수 A는? (단, 간극수압계수 B는 1.0으로 가정한다.)

① 0.44　　② 0.75
③ 1.33　　④ 2.27

해설 $\Delta U = B[\Delta\sigma_3 + A(\Delta\sigma_1 - \Delta\sigma_3)]$

$2.1 = 1 \times (0 + A \times 2.8)$

$\therefore\ A = \frac{2.1}{2.8} = 0.75$

86 무게가 3ton인 단동식 증기hammer를 사용하여 낙하고 1.2m에서 pile을 타입할 때 1회 타격당 최종 침하량이 2cm이었다. Engineering News공식을 사용하여 허용지지력을 구하면 얼마인가?

① 13.3t　　② 26.7t
③ 80.8t　　④ 160t

해설
㉠ $R_u = \frac{Wh}{s+0.254} = \frac{3 \times 120}{2+0.254} = 160\text{t}$

㉡ $R_a = \frac{R_u}{F_s} = \frac{160}{6} = 26.67\text{t}$

87 점토의 다짐에서 최적 함수비보다 함수비가 적은 건조측 및 함수비가 많은 습윤측에 대한 설명으로 옳지 않은 것은?

① 다짐의 목적에 따라 습윤 및 건조측으로 구분하여 다짐계획을 세우는 것이 효과적이다.
② 흙의 강도 증가가 목적인 경우 건조측에서 다지는 것이 유리하다.
③ 습윤측에서 다지는 경우 투수계수 증가효과가 크다.
④ 다짐의 목적이 차수를 목적으로 하는 경우 습윤측에서 다지는 것이 유리하다.

해설 습윤측으로 다지면 투수계수가 감소하고 OMC보다 약한 습윤측에서 최소 투수계수가 나온다.

정답 ▸▸▸ 84. ④ 85. ② 86. ② 87. ③

88 내부마찰각 $\phi=0$, 점착력 $c=4.5\text{t/m}^2$, 단위중량이 1.9t/m^3 되는 포화된 점토층에 경사각 45°로 높이 8m인 사면을 만들었다. 다음 그림과 같은 하나의 파괴면을 가정했을 때 안전율은? (단, ABCD의 면적은 70m^2이고, ABCD의 무게중심은 O점에서 4.5m거리에 위치하며, 호 AC의 길이는 20.0m이다.)

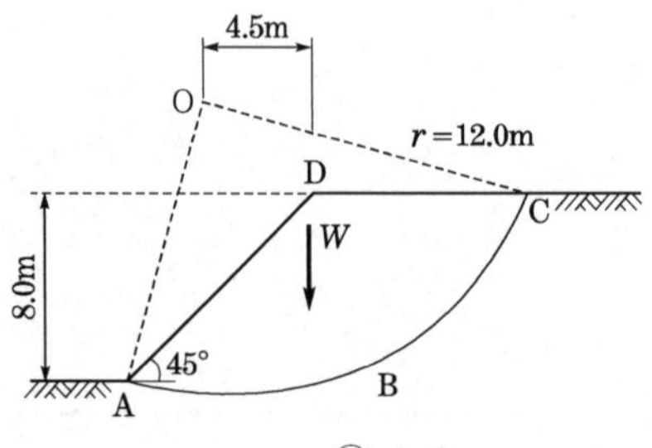

① 1.2　② 1.8
③ 2.5　④ 3.2

㉠ $\tau=c+\bar{\sigma}\tan\phi=c=4.5\text{t/m}^2$

㉡ $M_r=\tau r L_a=4.5\times12\times20=1{,}080\text{t}$

㉢ $M_D=We=A\gamma_t e=70\times1.9\times4.5=598.5\text{t}$

㉣ $F_s=\dfrac{M_r}{M_D}=\dfrac{1{,}080}{598.5}\fallingdotseq1.8$

89 포화단위중량이 1.8t/m^3인 흙에서의 한계동수경사는 얼마인가?

① 0.8　② 1.0
③ 1.8　④ 2.0

$i_c=\dfrac{\gamma_{\text{sub}}}{\gamma_w}=0.8$

90 수조에 상방향의 침투에 의한 수두를 측정한 결과 다음 그림과 같이 나타났다. 이때 수조 속에 있는 흙에 발생하는 침투력을 나타낸 식은? (단, 시료의 단면적은 A, 시료의 길이는 L, 시료의 포화단위중량은 γ_{sat}, 물의 단위중량은 γ_w이다.)

① $\Delta h\gamma_w\dfrac{A}{L}$

② $\Delta h\gamma_w A$

③ $\Delta h\gamma_{\text{sat}}A$

④ $\dfrac{\gamma_{\text{sat}}}{\gamma_w}A$

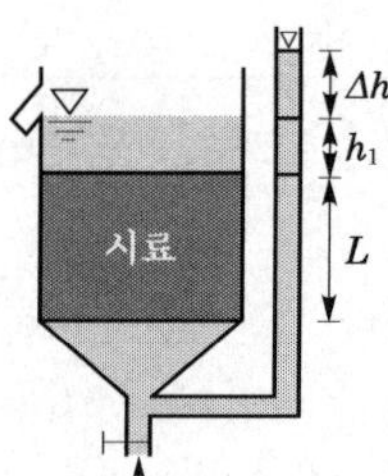

해설 $F=\gamma_w\Delta h A$

 정답 88. ② 89. ① 90. ②

91 다음 그림과 같이 점토질지반에 연속기초가 설치되어 있다. Terzaghi공식에 의한 이 기초의 허용지지력은? (단, $\phi=0$이며, 폭$(B)=2$m, $N_c=5.14$, $N_q=1.0$, $N_\gamma=0$, 안전율 $F_s=3$이다.)

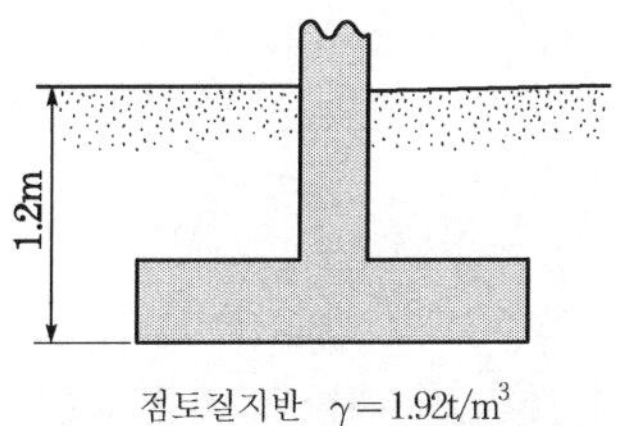

점토질지반 $\gamma=1.92\text{t/m}^3$
일축압축강도 $q_u=14.86\text{t/m}^2$

① 6.4t/m^2
② 13.5t/m^2
③ 18.5t/m^2
④ 40.49t/m^2

해설 연속기초이므로 $\alpha=1.0$, $\beta=0.5$이다.

㉠ $q_u=\alpha c N_c+\beta B\gamma_1 N_\gamma+D_f\gamma_2 N_q$

$=1\times\dfrac{14.86}{2}\times 5.14+0+1.2\times 1.92\times 1$

$=40.49\text{t/m}^2$

㉡ $q_a=\dfrac{q_u}{F_s}=\dfrac{40.49}{3}=13.5\text{t/m}^2$

92 다음 시료채취에 사용되는 시료기(sampler) 중 불교란시료채취에 사용되는 것만 고른 것은?

㉠ 분리형 원통시료기(split spoon sampler)
㉡ 피스톤튜브시료기(piston tube sampler)
㉢ 얇은 관시료기(thin wall tube sampler)
㉣ Laval시료기(Laval sampler)

① ㉠, ㉡, ㉢
② ㉠, ㉡, ㉣
③ ㉠, ㉢, ㉣
④ ㉡, ㉢, ㉣

해설 불교란시료채취기(sampler)

㉠ 얇은 관샘플러(thin wall tube sampler)
㉡ 피스톤샘플러(piston sampler)
㉢ 포일샘플러(foil sampler)

93 다음 그림과 같이 3개의 지층으로 이루어진 지반에서 수직방향 등가투수계수는?

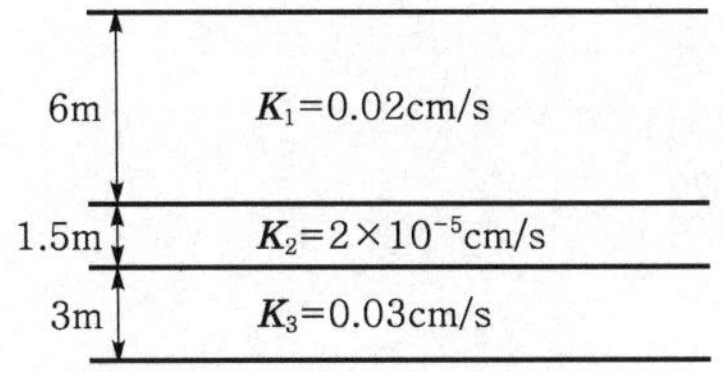

① 2.516×10^{-6}cm/s
② 1.274×10^{-5}cm/s
③ 1.393×10^{-4}cm/s
④ 2.0×10^{-2}cm/s

정답 91. ② 92. ④ 93. ③

해설

$$K_v=\frac{H}{\frac{h_1}{K_{v1}}+\frac{h_2}{K_{v2}}+\frac{h_3}{K_{v3}}}$$

$$=\frac{1{,}050}{\frac{600}{0.02}+\frac{150}{2\times10^{-5}}+\frac{300}{0.03}}$$

$$=1.393\times10^{-4}\text{cm/sec}$$

94 점토지반의 강성기초의 접지압분포에 대한 설명으로 옳은 것은?

① 기초의 모서리 부분에서 최대 응력이 발생한다.
② 기초의 중앙 부분에서 최대 응력이 발생한다.
③ 기초밑면의 응력은 어느 부분이나 동일하다.
④ 기초밑면에서의 응력은 토질에 관계없이 일정하다.

 점토지반에서 강성기초의 접지압은 기초의 모서리 부분에서 최대이다.

95 전단마찰각이 25°인 점토의 현장에 작용하는 수직응력이 5t/m²이다. 과거 작용했던 최대 하중이 10t/m²이라고 할 때 대상지반의 정지토압계수를 추정하면?

① 0.40　② 0.57
③ 0.82　④ 1.14

해설

㉠ $OCR=\frac{P_c}{P}=\frac{10}{5}=2$

㉡ $K_o=1-\sin\phi=1-\sin25°=0.58$

㉢ $K_{o(\text{과압밀})}=K_{o(\text{정규압밀})}\sqrt{OCR}$
$=0.58\sqrt{2}=0.82$

96 어떤 지반에 대한 토질시험결과 점착력 c=0.50kg/cm², 흙의 단위중량 γ=2.0t/m³이었다. 그 지반에 연직으로 7m를 굴착했다면 안전율은 얼마인가? (단, ϕ=0이다.)

① 1.43　② 1.51
③ 2.11　④ 2.61

해설

㉠ $H_c=\frac{4c\tan\left(45°+\frac{\phi}{2}\right)}{\gamma}$

$=\frac{4\times5\times\tan\left(45°+\frac{0}{2}\right)}{2}$

$=10\text{m}$

여기서, $c=0.5\text{kg/cm}^2=5\text{t/m}^2$

㉡ $F_s=\frac{H_c}{H}=\frac{10}{7}=1.43$

 정답 ▸▸▸ 94. ① 95. ③ 96. ①

97 어떤 시료에 대해 액압 1.0kg/cm^{2}를 가해 각 수직변위에 대응하는 수직하중을 측정한 결과가 다음 표와 같다. 파괴 시의 축차응력은? (단, 피스톤의 지름과 시료의 지름은 같다고 보며, 시료의 단면적 A_o=18cm^2, 길이 L=14cm이다.)

ΔL(1/100mm)	0	⋯	1,000	1,100	1,200	1,300	1,400
P[kg]	0	⋯	54.0	58.0	60.0	59.0	58.0

① 3.05kg/cm^2　② 2.55kg/cm^2
③ 2.05kg/cm^2　④ 1.55kg/cm^2

해설
㉠ $A=\dfrac{A_0}{1-\varepsilon}=\dfrac{18}{1-\dfrac{1.2}{14}}=19.69\text{cm}^2$

㉡ $\sigma_1-\sigma_3=\dfrac{P}{A}=\dfrac{60}{19.69}=3.05\text{kg/cm}^2$

98 입경이 균일한 포화된 사질지반에 지진이나 진동 등 동적하중이 작용하면 지반에서는 일시적으로 전단강도를 상실하게 되는데, 이러한 현상을 무엇이라고 하는가?

① 분사현상(quick sand)
② 틱소트로피현상(Thixotropy)
③ 히빙현상(heaving)
④ 액상화현상(liquefaction)

해설 액화현상이란 느슨하고 포화된 모래지반에 지진, 발파 등의 충격하중이 작용하면 체적이 수축함에 따라 공극수압이 증가하여 유효응력이 감소되기 때문에 전단강도가 작아지는 현상이다.

99 다음 그림과 같이 피압수압을 받고 있는 2m 두께의 모래층이 있다. 그 위의 포화된 점토층을 5m 깊이로 굴착하는 경우 분사현상이 발생하지 않기 위한 수심(h)은 최소 얼마를 초과하도록 하여야 하는가?

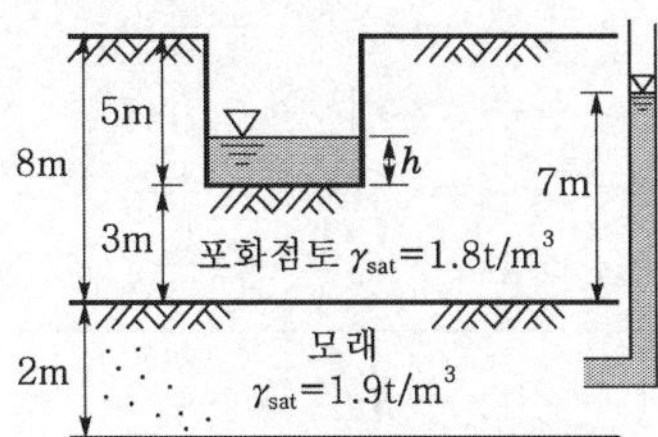

① 1.3m　② 1.6m
③ 1.9m　④ 2.4m

해설
㉠ $\sigma=1\times H+1.8\times3=H+5.4$
㉡ $u=1\times7=7\text{t/m}^2$
㉢ $\bar{\sigma}=\sigma-u=H+5.4-7=0$
$\therefore H=1.6\text{m}$

정답 ▸▸▸ 97. ① 98. ④ 99. ②

100 다음 중 임의형태기초에 작용하는 등분포하중으로 인하여 발생하는 지중응력 계산에 사용하는 가장 적합한 계산법은?

① Boussinesq법 ② Osterberg법
③ Newmark영향원법 ④ 2 : 1 간편법

해설 New－Mark영향원법
임의의 불규칙적인 형상의 등분포하중에 의한 임의점에 대한 연직지중응력을 구하는 방법이다.

제6과목 : 상하수도공학

101 합리식을 사용하여 우수량을 산정할 때 필요한 자료가 아닌 것은?

① 강우강도 ② 유출계수
③ 지하수의 유입 ④ 유달시간

해설 합리식공식 $Q=CIA$의 항목을 보면 지하수의 유입은 관련이 없음을 알 수 있다.

102 하수배제방식의 특징에 관한 설명으로 틀린 것은?

① 분류식은 합류식에 비해 우천 시 월류의 위험이 크다.
② 합류식은 분류식(2계통 건설)에 비해 건설비가 저렴하고 시공이 용이하다.
③ 합류식은 단면적이 크기 때문에 검사, 수리 등에 유리하다.
④ 분류식은 강우 초기에 노면의 오염물질이 포함된 세정수가 직접 하천 등으로 유입된다.

해설 합류식은 오수와 우수를 동시에 배제하기 때문에 우천 시 월류의 위험이 크다.

103 상수도계통에서 상수의 공급과정으로 옳은 것은?

① 취수 → 정수 → 도수 → 배수 → 송수 → 급수
② 취수 → 도수 → 정수 → 송수 → 배수 → 급수
③ 취수 → 배수 → 정수 → 도수 → 급수 → 송수
④ 취수 → 정수 → 송수 → 배수 → 도수 → 급수

해설 상수도의 계통도순서는 수원 → 취수 → 도수 → 정수 → 송수 → 배수 → 급수이다.

104 수질오염지표항목 중 COD에 대한 설명으로 옳지 않은 것은?

① COD는 해양오염이나 공장폐수의 오염지표로 사용된다.
② 생물분해 가능한 유기물도 COD로 측정할 수 있다.
③ $NaNO_2$, SO_2^-는 COD값에 영향을 미친다.
④ 유기물농도값은 일반적으로 COD>TOD>TOC>BOD이다.

 정답 ▸▸▸ 100. ③ 101. ③ 102. ① 103. ② 104. ④

해설 유기물농도값은 일반적으로 TOD>COD>BOD>TOC이다.

105 어느 도시의 인구가 10년 전 10만 명에서 현재는 20만 명이 되었다. 등비급수법에 의한 인구증가를 보였다고 하면 연평균인구증가율은?

① 0.08947
② 0.07177
③ 0.06251
④ 0.03589

해설

$$r = \left(\frac{P_0}{P_t}\right)^{\frac{1}{t}} - 1 = \left(\frac{200,000}{100,000}\right)^{\frac{1}{10}} - 1 = 0.07177$$

106 상수도 배수관망 중 격자식 배수관망에 대한 설명으로 틀린 것은?

① 물이 정체하지 않는다.
② 사고 시 단수구역이 작아진다.
③ 수리 계산이 복잡하다.
④ 제수밸브가 적게 소요되면 시공이 용이하다.

해설 격자식 배수관망은 제수밸브가 많으며 공사비가 많이 소요된다.

107 완속여과와 급속여과의 비교설명으로 틀린 것은?

① 원수가 고농도의 현탁물일 때는 급속여과가 유리하다.
② 여과속도가 다르므로 용지면적의 차이가 크다.
③ 여과의 손실수도는 급속여과보다 완속여과가 크다.
④ 완속여과는 약품처리 등이 필요하지 않으나 급속여과는 필요하다.

해설 완속여과는 여과의 속도가 느리므로 손실수두도 작다.

108 일반적인 하수처리장의 2차 침전지에 대한 설명으로 옳지 않은 것은?

① 표면부하율은 표준활성슬러지의 경우 계획 1일 최대 오수량에 대하여 $20\sim30m^3/m^2 \cdot d$로 한다.
② 유효수심은 2.5~4m를 표준으로 한다.
③ 침전시간은 계획 1일 평균오수량에 따라 정하며 5~10시간으로 한다.
④ 수면의 여유고는 40~60cm 정도로 한다.

해설 침전시간은 계획 1일 최대 오수량에 따라 정하며 3~5시간으로 한다.

정답 ▸▸▸ 109. ④ 110. ③ 111. ③ 112. ④ 113. ③

109 양수량이 50m³/min이고 전양정이 8m일 때 펌프의 축동력은? (단, 펌프의 효율(η)=0.8)

① 65.2kW ② 73.6kW
③ 81.5kW ④ 92.4kW

해설 $P_p = \dfrac{9.8QH}{\eta} = \dfrac{9.8 \times 50 \times 8}{0.8 \times 60} = 81.7\text{kW}$

이때 60으로 나눈 이유는 Q의 단위가 m^3/s이므로, 즉 분단위를 초단위로 바꿔주어야 한다.

110 우수관거 및 합류관거 내에서의 부유물 침전을 막기 위하여 계획우수량에 대하여 요구되는 최소 유속은?

① 0.3m/s ② 0.6m/s
③ 0.8m/s ④ 1.2m/s

해설 우수관, 합류관의 유속범위는 0.8~3m/s이다.

111 계획오수량 중 계획시간 최대 오수량에 대한 설명으로 옳은 것은?

① 계획 1일 최대 오수량의 1시간당 수량의 1.3~1.8배를 표준으로 한다.
② 계획 1일 최대 오수량의 70~80%를 표준으로 한다.
③ 1인 1일 최대 오수량의 10~20%로 한다.
④ 계획 1일 평균오수량의 3배 이상으로 한다.

해설 ②는 계획 1일 평균오수량에 대한 표준이고, ③은 지하수량의 기준이며, ④는 차집관의 기준이다.

112 정수처리 시 트리할로메탄 및 곰팡이 냄새의 생성을 최소화하기 위해 침전지와 여과지 사이에 염소제를 주입하는 방법은?

① 전염소처리 ② 중간염소처리
③ 후염소처리 ④ 이중염소처리

해설 전염소처리는 취수 앞에서 주입하며, 후염소처리는 자체로 염소소독이라 부르며 소독지에서 주입한다. 따라서 침전지와 여과지 사이에 주입하는 것은 중간염소처리라고 부른다.

113 다음 중 하수슬러지 개량방법에 속하지 않는 것은?

① 세정 ② 열처리
③ 동결 ④ 농축

해설 하수슬러지 개량방법에는 세정, 열처리, 동결융해, 약품처리가 있다.

 정답 ▸▸▸ 109. ③ 110. ③ 111. ① 112. ② 113. ④

114 호수의 부영양화에 대한 설명으로 틀린 것은?

① 부영양화는 정체성 수역의 상층에서 발생하기 쉽다.
② 부영양화된 수원의 상수는 냄새로 인하여 음료수로 부적당하다.
③ 부영양화로 식물성 플랑크톤의 번식이 증가되어 투명도가 저하된다.
④ 부영양화로 생물활동이 활발하여 깊은 곳의 용존산소가 풍부하다.

해설 부영양화가 되면 조류가 발생하여 냄새를 유발하고 용존산소는 줄어들게 된다.

115 콘크리트하수관의 내부천정이 부식되는 현상에 대한 대응책으로 틀린 것은?

① 방식재료를 사용하여 관을 방호한다.
② 하수 중의 유황함유량을 낮춘다.
③ 관내의 유속을 감소시킨다.
④ 하수에 염소를 주입하여 박테리아 번식을 억제한다.

해설 관정의 부식 방지법으로는 유속을 증가시키고 폭기장치를 설치하며 염소를 살포하거나 관내를 피복하는 방법이 있다.

116 도수(conveyance of water)시설에 대한 설명으로 옳은 것은?

① 상수원으로부터 원수를 취수하는 시설이다.
② 원수를 음용 가능하게 처리하는 시설이다.
③ 배수지로부터 급수관까지 수송하는 시설이다.
④ 취수원으로부터 정수시설까지 보내는 시설이다.

해설 상수도계통도의 순서를 보면 취수 → 도수 → 정수 → 송수 → 배수 → 급수이다.

117 1인 1일 평균급수량의 일반적인 증가·감소에 대한 설명으로 틀린 것은?

① 기온이 낮은 지방일수록 증가한다.
② 인구가 많은 도시일수록 증가한다.
③ 문명도가 낮은 도시일수록 감소한다.
④ 누수량이 증가하면 비례하여 증가한다.

해설 급수량의 특징은 기온이 높을수록, 즉 여름에 증가한다.

118 하수도용 펌프흡입구의 유속에 대한 설명으로 옳은 것은?

① 0.3~0.5m/s를 표준으로 한다.
② 1.0~1.5m/s를 표준으로 한다.
③ 1.3~3.0m/s를 표준으로 한다.
④ 5.0~10.0m/s를 표준으로 한다.

정답 114. ④ 115. ③ 116. ④ 117. ① 118. ③

해설 하수도용 펌프 흡입구의 유속은 1.3~3.0m/s를 표준으로 한다.

119 하수고도처리에서 인을 제거하기 위한 방법이 아닌 것은?

① 응집제 첨가 활성슬러지법
② 활성탄흡착법
③ 정석탈인법
④ 혐기 호기조합법

해설 활성탄흡착법은 이취미 제거, 즉 맛과 냄새를 좋게 하기 위한 방법이다.

120 고형물농도가 30mg/L인 원수를 Alum 25mg/L를 주입하여 응집처리하고자 한다. 1,000m^3/day 원수를 처리할 때 발생 가능한 이론적 최종 슬러지($Al(OH)_3$)의 부피는? (단, Alum=$Al_2(SO_4)_3 \cdot 18H_2O$, 최종 슬러지 고형물농도=2%, 고형물비중=1.2)

〈반응식〉
$Al_2(SO_4)_3 \cdot 18H_2O + 3Ca(HCO_3)_2 \rightarrow 2Al(OH)_3 + 3CaSO_4 + 18H_2O + 6CO_2$
〈분자량〉
- $Al_2(SO_4)_3 \cdot 18H_2O = 666$
- $Ca(HCO_3)_2 = 162$
- $Al(OH)_3 = 78$
- $CaSO_4 = 136$

① 1.1m^3/day
② 1.5m^3/day
③ 2.1m^3/day
④ 2.5m^3/day

해설 고형물량=원수량×(고형물농도+응집제 주입량×분자량비율)=1,000×(30+25×0.234)=0.03585m^3/day

$$\therefore \text{최종 부피} = 0.03585 \times \frac{100}{100-98} \times \frac{1}{1.2} \fallingdotseq 1.5m^3/day$$

여기서, $\text{분자량비율} = \frac{2 \times 78}{666} = 0.234$

국가기술자격검정 필기시험문제

2018년도 토목기사(2018년 8월 19일)

자격종목	시험시간	문제형별	수험번호	성 명
토목기사	**3시간**	**A**		

제1과목 : 응용역학

1 상하단이 고정인 기둥에 다음 그림과 같이 힘 P가 작용한다면 반력 R_A, R_B의 값은?

① $R_A=\dfrac{P}{2}$, $R_B=\dfrac{P}{2}$

② $R_A=\dfrac{P}{3}$, $R_B=\dfrac{2P}{3}$

③ $R_A=\dfrac{2P}{3}$, $R_B=\dfrac{P}{3}$

④ $R_A=P$, $R_B=0$

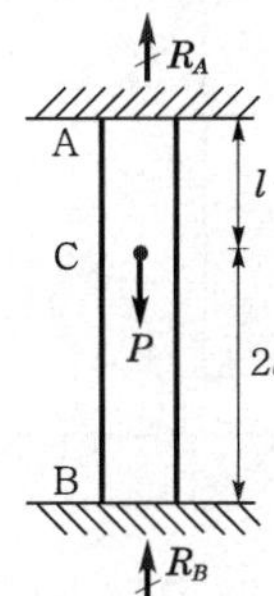

해설

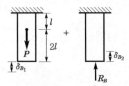

㉠ B점의 구속을 제거한 기본구조물

$$\delta_{B1}=\frac{Pl}{EA}(\downarrow)$$

㉡ R_B를 부정정력으로 선택

$$\delta_{B2}=\frac{3R_B l}{EA}(\uparrow)$$

㉢ $\delta_{B1}-\delta_{B2}=0$이므로

$$\frac{Pl}{EA}=\frac{3R_B l}{EA}$$

$$\therefore R_B=\frac{P}{3}$$

㉣ 평형방정식으로부터

$$\Sigma F_Y=0(\uparrow\oplus)$$

$$R_A+R_B-P=0$$

$$\therefore R_A=\frac{2P}{3}$$

정답 ▸▸▸ 1. ③

2 다음 그림과 같은 구조물에서 C점의 수직처짐을 구하면? (단, $EI=2\times10^9$kgf · cm^{2}이며 자중은 무시한다.)

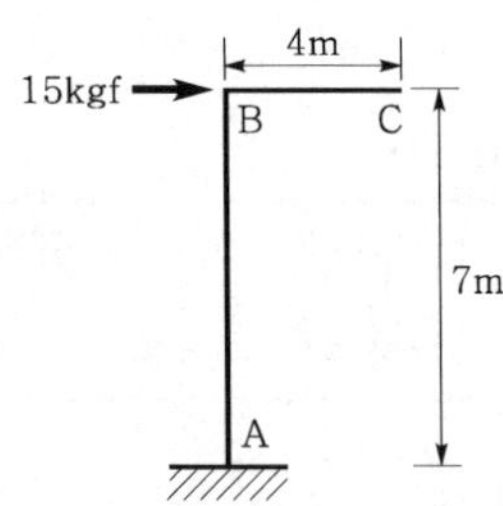

① 2.70mm ② 3.57mm
③ 6.24mm ④ 7.35mm

해설 단위하중법 이용

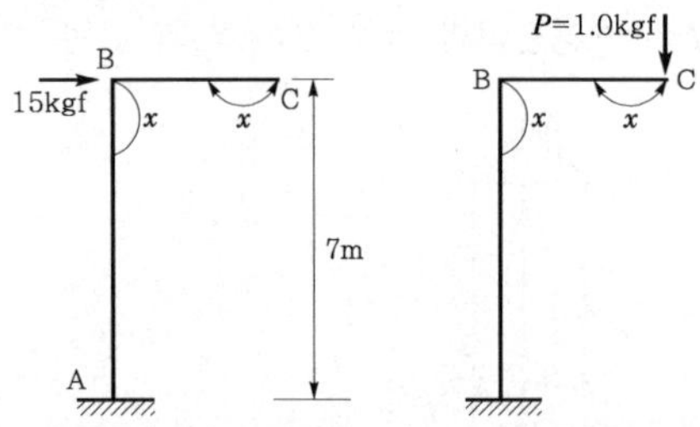

부재	M	m
BC	0	$-x$
BA	$-15x$	400

$$\Delta=\int\frac{Mm}{EI}dx=\int_0^{700}\frac{(-15x)\times400}{EI}dx$$

$$=\frac{6{,}000}{EI}\int_0^{700}-x\,dx=\frac{6{,}000}{EI}\times\left[-\frac{1}{2}x^2\right]_0^{700}$$

$$=\frac{6{,}000}{EI}\times(-245{,}000)=\frac{-1.47\times10^9}{2\times10^9}$$

$$=0.735\text{cm}=7.35\text{mm}$$

3 다음 그림과 같이 2개의 집중하중이 단순보 위를 통과할 때 절대 최대 휨모멘트의 크기(M_{max})와 발생위치(x)는?

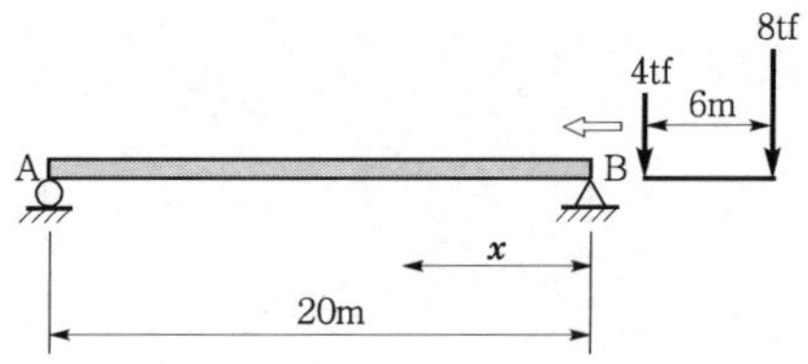

① $M_{max}=36.2\text{tf}\cdot\text{m},\ x=8\text{m}$ ② $M_{max}=38.2\text{tf}\cdot\text{m},\ x=8\text{m}$
③ $M_{max}=48.6\text{tf}\cdot\text{m},\ x=9\text{m}$ ④ $M_{max}=50.6\text{tf}\cdot\text{m},\ x=9\text{m}$

 정답 ▸▸▸ 2. ④ 3. ③

해설

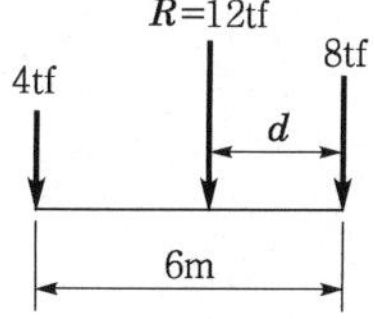

$12 \times d = 4 \times 6$

$\therefore d = 2\text{m}$

M_{max}는 8tf 아래에서 발생한다.

$\therefore x = \frac{l}{2} - \frac{d}{2} = \frac{20}{2} - \frac{2}{2} = 9\text{m}$

$\therefore M_{max} = \frac{R}{l}\left(\frac{l-d}{2}\right)^2 = \frac{12}{20} \times \left(\frac{20-2}{2}\right)^2 = 48.6\text{tf} \cdot \text{m}$

4 단면 2차 모멘트가 I이고 길이가 l인 균일한 단면의 직선상(直線狀)의 기둥이 있다. 지지상태가 1단 고정 1단 자유인 경우 오일러(Euler)좌굴하중(P_{cr})은? (단, 이 기둥의 영(Young)계수는 E이다.)

① $\frac{\pi^2 EI}{4l^2}$
② $\frac{\pi^2 EI}{l^2}$
③ $\frac{2\pi^2 EI}{l^2}$
④ $\frac{4\pi^2 EI}{l^2}$

해설 일단 고정 일단 자유일 때 $n = \frac{1}{4}$

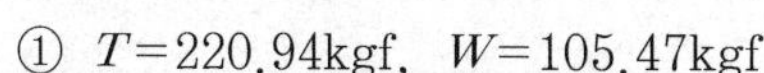

$\therefore P_{cr} = \frac{n\pi^2 EI}{l^2} = \frac{\pi^2 EI}{4l^2}$

5 부양력 200kgf인 기구가 수평선과 60°의 각으로 정지상태에 있을 때 기구의 끈에 작용하는 인장력(T)과 풍압(W)을 구하면?

① T=220.94kgf, W=105.47kgf
② T=230.94kgf, W=115.47kgf
③ T=220.94kgf, W=125.47kgf
④ T=230.94kgf, W=135.47kgf

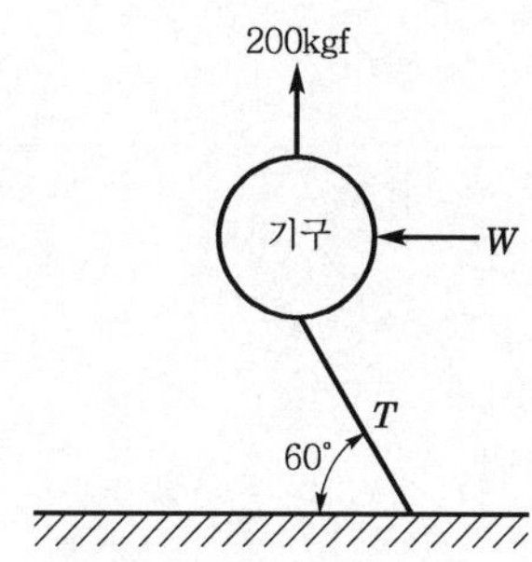

해설

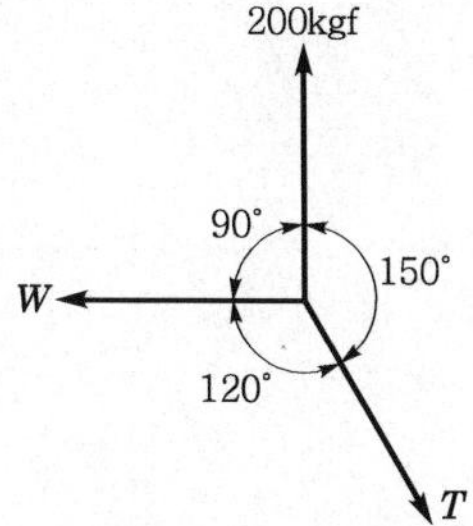

정답 4. ① 5. ②

$$\frac{200}{\sin120°}=\frac{T}{\sin90°}=\frac{W}{\sin150°}$$

$$\therefore\ T=\frac{200}{\sin120°}\times\sin90°=230.94\text{kgf}$$

$$W=\frac{200}{\sin120°}\times\sin150°=115.4\text{kgf}$$

[별해] 동일점에 작용하는 힘 : 비례법 이용

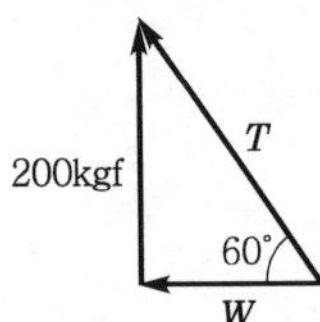

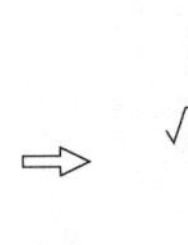

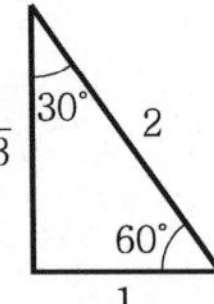

㉠ $T:2=200:\sqrt{3}$

$$\therefore\ T=\frac{1}{\sqrt{3}}\times400=230.94\text{kgf}$$

㉡ $W:1=200:\sqrt{3}$

$$\therefore\ W=\frac{1}{\sqrt{3}}\times200=115.47\text{kgf}$$

6 다음 그림과 같이 지름 d인 원형 단면에서 최대 단면계수를 갖는 직사각형 단면을 얻으려면 b/h는?

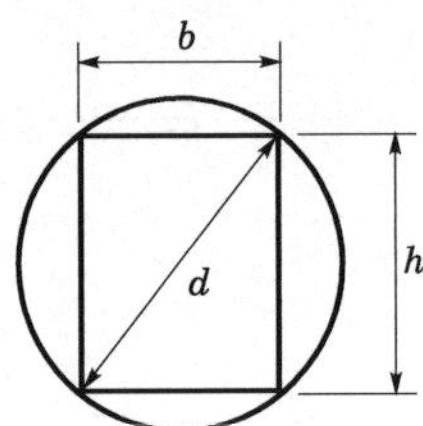

① 1 ② $\frac{1}{2}$

③ $\frac{1}{\sqrt{2}}$ ④ $\frac{1}{\sqrt{3}}$

해설 ㉠ 단면계수

$$d^2=b^2+h^2$$

$$h^2=d^2-b^2$$

㉡ 최대 단면계수

$$Z=\frac{bh^2}{6}=\frac{1}{6}b(d^2-b^2)=\frac{1}{6}(d^2b-b^3)$$

$$\frac{dZ}{db}=\frac{1}{6}(d^2-3b^2)=0$$

$$b=\sqrt{\frac{1}{3}}d,\ h=\sqrt{\frac{2}{3}}d$$

$$\therefore\ \frac{b}{h}=\frac{1}{\sqrt{2}}$$

 정답 ▸▸▸ 6. ③

7 다음 인장부재의 수직변위를 구하는 식으로 옳은 것은? (단, 탄성계수는 E)

① $\dfrac{PL}{EA}$

② $\dfrac{3PL}{2EA}$

③ $\dfrac{2PL}{EA}$

④ $\dfrac{5PL}{2EA}$

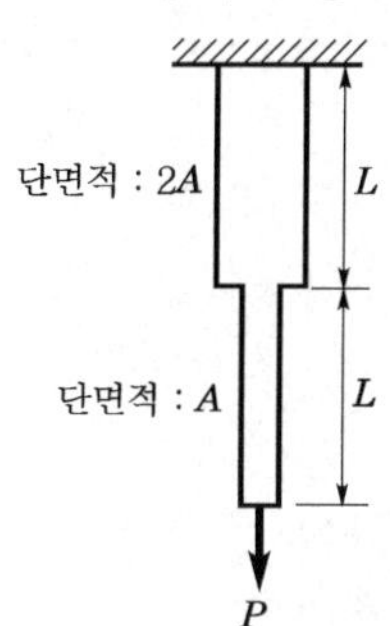

해설

$$\Delta L = \frac{PL}{2EA} + \frac{PL}{EA} = \frac{3PL}{2EA}$$

8 다음 그림과 같이 속이 빈 직사각형 단면의 최대 전단응력은? (단, 전단력은 2tf)

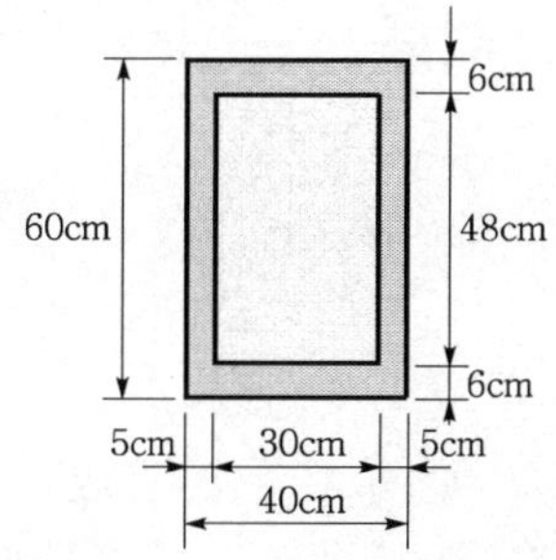

① 2.125kgf/cm^2 ② 3.22kgf/cm^2

③ 4.125kgf/cm^2 ④ 4.22kgf/cm^2

$$I = \frac{1}{12} \times (40 \times 60^3 - 30 \times 48^3) = 443{,}520\text{cm}^4$$

$$Q_x = (40 \times 6 \times 27) + (5 \times 24 \times 12) \times 2 = 9{,}360\text{cm}^3$$

$$\therefore \tau_{\max} = \frac{VQ_x}{Ib} = \frac{2{,}000 \times 9{,}360}{443{,}520 \times 10} = 4.22\text{kgf/cm}^2$$

9 다음 그림과 같은 캔틸레버보에 굽힘으로 인하여 저장된 변형에너지는? (단, EI는 일정하다.)

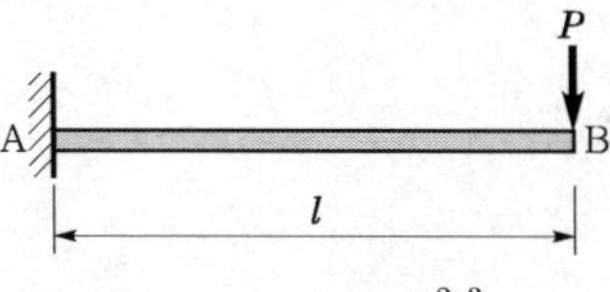

① $\dfrac{P^2l^3}{6EI}$ ② $\dfrac{P^2l^3}{48EI}$

③ $\dfrac{P^2l^3}{12EI}$ ④ $\dfrac{P^2l^3}{38EI}$

정답 7. ② 8. ④ 9. ①

해설

$M_x = -Px$

$\therefore U = \frac{1}{2}\int_0^l \frac{M_x^2}{EI}dx = \frac{1}{2EI}\int_0^l (-Px)^2 dx$

$= \frac{P^2}{2EI}\left[\frac{1}{3}x^3\right]_0^l = \frac{P^2 l^3}{6EI}$

[별해] 보의 변형에너지 이용

$U = \frac{1}{2}P\delta = \frac{1}{2} \times P \times \frac{Pl^3}{3EI} = \frac{P^2 l^3}{6EI}$

10 다음 그림과 같은 T형 단면에서 $x-x$축에 대한 회전반지름(r)은?

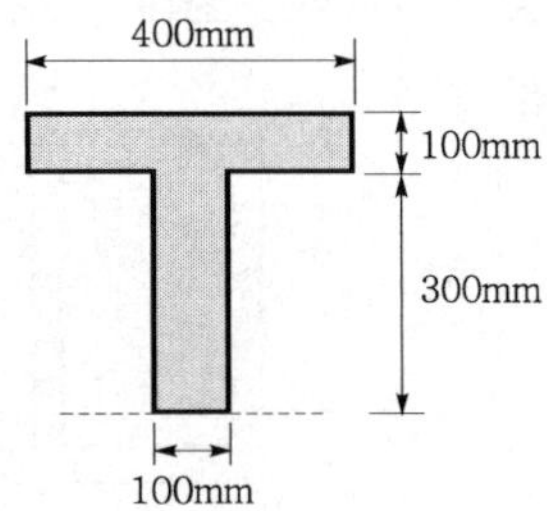

① 227mm ② 289mm
③ 334mm ④ 376mm

해설 ㉠ 전체 단면적 산정

$A = 400 \times 100 + 300 \times 100 = 70{,}000\text{mm}^2$

㉡ 단면 2차 모멘트 산정

$I_x = I_x + Ae^2$

$= \frac{bH^3}{12} + bH\left(\frac{h}{2}\right)^2$

$= \frac{400 \times 100^3}{12} + 400 \times 100 \times 350^2 + \frac{100 \times 300^3}{12} + 100 \times 300 \times 150^2$

$= 4{,}933{,}333{,}333 + 900{,}000{,}000$

$= 5{,}833{,}333{,}333\text{mm}^4$

㉢ 회전반지름 산정

$r = \sqrt{\frac{I_x}{A}} = \sqrt{\frac{5{,}833{,}333{,}333}{70{,}000}}$

$= 288.67 ≒ 289\text{mm}$

 정답 10. ②

11 어떤 재료의 탄성계수를 E, 전단탄성계수를 G라 할 때 G와 E의 관계식으로 옳은 것은? (단, 이 재료의 푸아송비는 ν이다.)

① $G=\dfrac{E}{2(1-\nu)}$ ② $G=\dfrac{E}{2(1+\nu)}$

③ $G=\dfrac{E}{2(1-2\nu)}$ ④ $G=\dfrac{E}{2(1+2\nu)}$

해설

$m=\dfrac{2G}{E-2G}$

$E=2G(1+\nu)=2G\left(1+\dfrac{1}{m}\right)$

$\therefore\ G=\dfrac{E}{2(1+\nu)}=\dfrac{mE}{2(m+1)}$

12 다음 내민보에서 B점의 모멘트와 C점의 모멘트의 절대값의 크기를 같게 하기 위한 $\dfrac{l}{a}$의 값을 구하면?

① 6
② 4.5
③ 4
④ 3

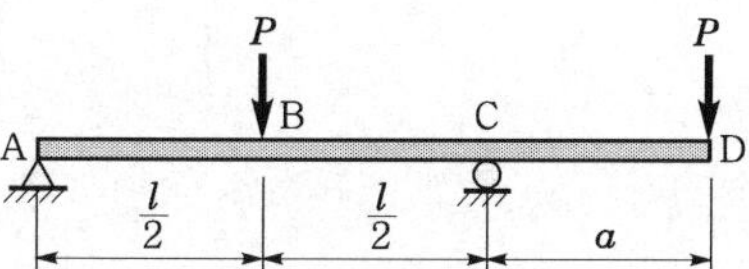

해설 $\Sigma M_C=0(\oplus)$

$R_A l-\dfrac{Pl}{2}+Pa=0$

$R_A=\dfrac{P}{2l}(l-2a)$

$M_B=\dfrac{P}{2l}(l-2a)\times\dfrac{l}{2}=\dfrac{P}{4}(l-2a)$

$M_C=Pa$

$M_B=M_C$에서 $a=\dfrac{1}{4}(l-2a)$

$\therefore\ \dfrac{l}{a}=6$

13 다음 트러스의 부재력이 0인 부재는?

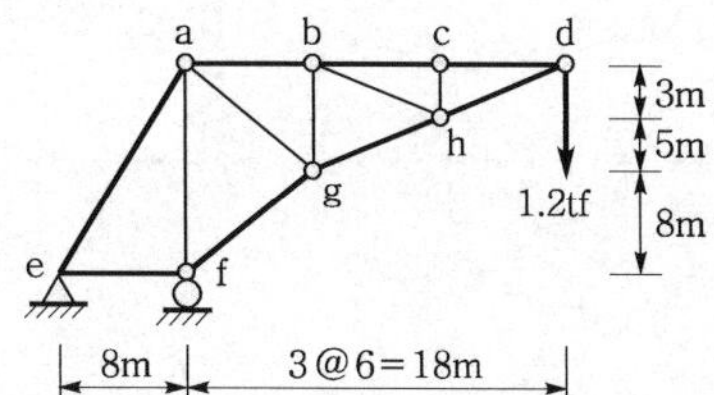

① 부재 a－e ② 부재 a－f

③ 부재 b－g ④ 부재 c－h

해설 트러스 0부재원칙

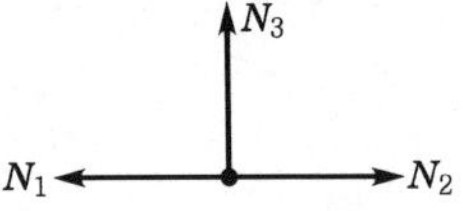

〈조건〉 절점에 모인 부재가 3개이고 외력이 작용하지 않을 때 2개 부재가 일직선상에 존재

$\therefore N_1 = N_2,\ N_3 = 0$

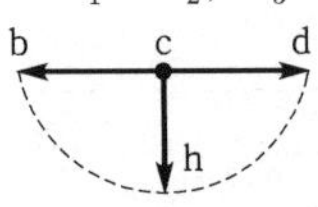

$\therefore \overline{ch} = 0,\ \overline{bc} = \overline{cd}$

14 다음 구조물은 몇 부정정차수인가?

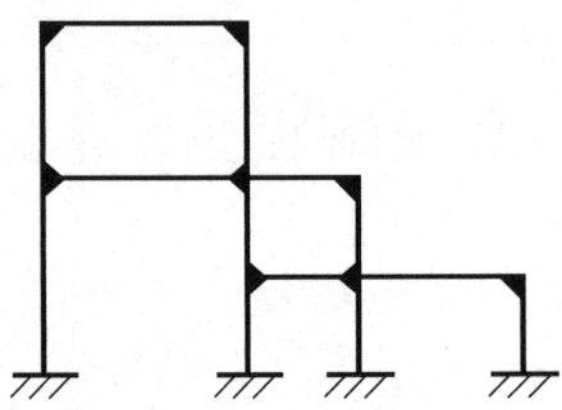

① 12차 부정정 ② 15차 부정정
③ 18차 부정정 ④ 21차 부정정

해설 $N = r - 3m = 42 - 3 \times 9 = 15$차 부정정

여기서, r : 반력수($= 3 \times 14 = 42$개)

m : 부재수(9개)

15 다음 그림과 같은 라멘구조물의 E점에서의 불균형모멘트에 대한 부재 EA의 모멘트분배율은?

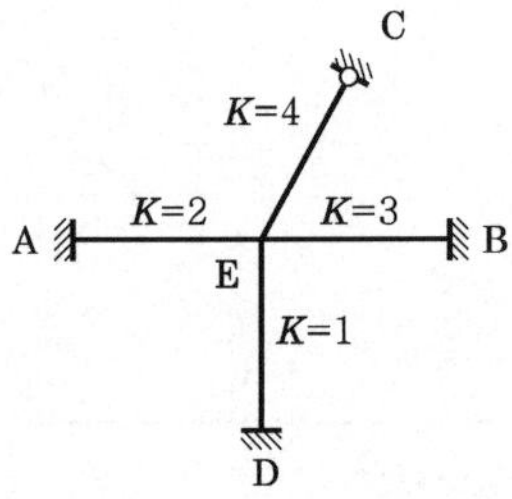

① 0.222 ② 0.1667
③ 0.2857 ④ 0.40

해설

$$D.F_{EA} = \frac{K_{EA}}{\Sigma K} = \frac{2}{2 + 4 \times \frac{3}{4} + 3 + 1} = \frac{2}{9} = 0.2222$$

16 다음 그림과 같은 내민보에서 정(+)의 최대 휨모멘트가 발생하는 위치 x(지점 A로부터의 거리)와 정(+)의 최대 휨모멘트(M_x)는?

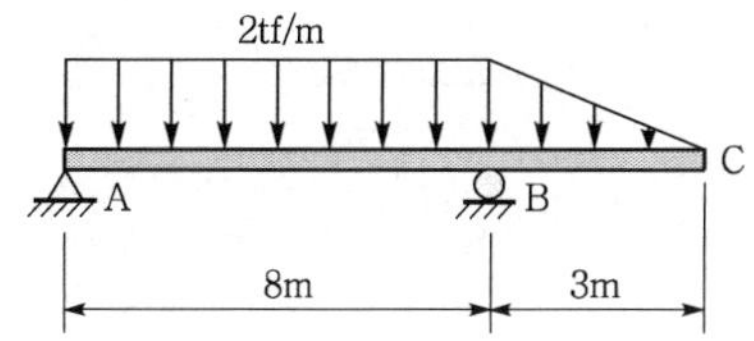

① $x=2.821\text{m}$, $M_x=11.438\text{tf}\cdot\text{m}$

② $x=3.256\text{m}$, $M_x=17.547\text{tf}\cdot\text{m}$

③ $x=3.813\text{m}$, $M_x=14.535\text{tf}\cdot\text{m}$

④ $x=4.527\text{m}$, $M_x=19.063\text{tf}\cdot\text{m}$

해설 $\Sigma M_a=0(\curvearrowright\oplus)$

$-V_b\times 8+2\times 8\times 4+\dfrac{2\times 3}{2}\times(8+1)=0$

$\therefore\ V_b=\dfrac{64+27}{8}=11.375\text{tf}$

$\Sigma F_y=0(\uparrow\oplus)$

$V_a+V_b=2\times 8+\dfrac{2\times 3}{2}=19$

$\therefore\ V_a=7.625\text{tf}$

㉠ 전단력이 0인 거리 산정

$\Sigma F_y=0(\uparrow\oplus)$

$V_x=V_a-wx$

$=7.625-2x$

$V_x=0$일 때

$\therefore\ x=3.813\text{m}$

㉡ 최대 모멘트

$\Sigma M_x=0(\curvearrowright\oplus)$

$\therefore\ M_x=V_a x-\dfrac{wx^2}{2}$

$=7.625\times 3.813-\dfrac{2\times 3.813^2}{2}=14.535\text{tf}\cdot\text{m}$

17 다음 그림과 같은 반원형 3힌지아치에서 A점의 수평반력은?

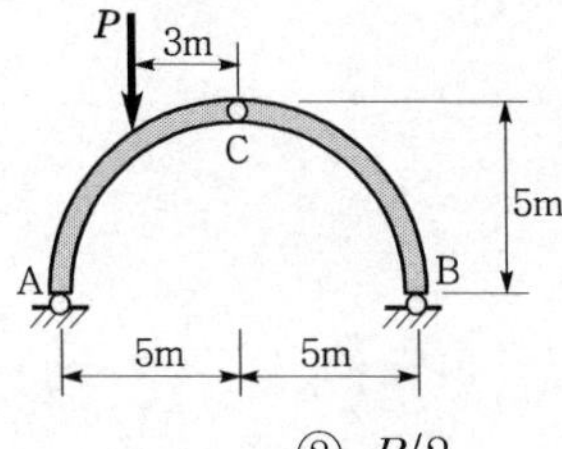

① P

② $P/2$

③ $P/4$

④ $P/5$

정답 ▸▸▸ 16. ③ 17. ④

해설 $\Sigma M_B = 0(\circlearrowright\oplus)$

$V_A \times 10 - P \times 8 = 0$

$\therefore V_A = \frac{4}{5}P(\uparrow)$

$\Sigma M_C = 0(\circlearrowright\oplus)$

$-H_A \times 5 - 3 \times P + \frac{4}{5}P \times 5 = 0$

$\therefore H_A = \frac{P}{5}(\rightarrow)$

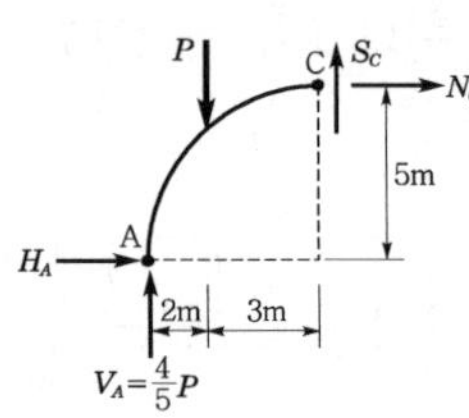

18 휨모멘트가 M인 다음과 같은 직사각형 단면에서 $A-A$에서의 휨응력은?

① $\frac{3M}{bh^2}$

② $\frac{3M}{4bh^2}$

③ $\frac{3M}{2bh^2}$

④ $\frac{M}{4b^2h^2}$

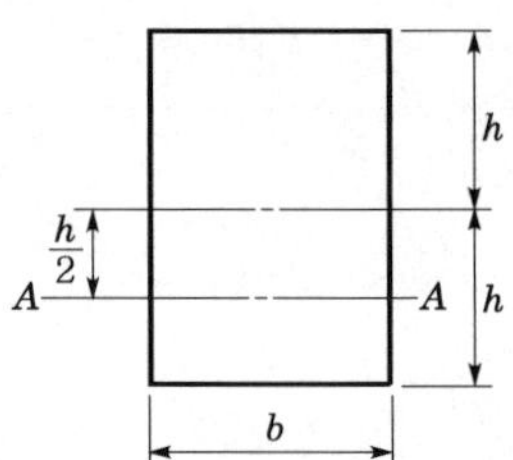

해설 $I = \frac{b \times (2h)^3}{12} = \frac{8bh^3}{12}$

$y = \frac{h}{2}$

$\therefore \sigma = \left(\frac{M}{I}\right)y = \frac{12M}{8bh^3} \times \frac{h}{2} = \frac{3M}{4bh^2}$

19 다음 그림에서 블록 A를 뽑아내는데 필요한 힘 P는 최소 얼마 이상이어야 하는가? (단, 블록과 접촉면과의 마찰계수 μ=0.3)

① 6kgf

② 9kgf

③ 15kgf

④ 18kgf

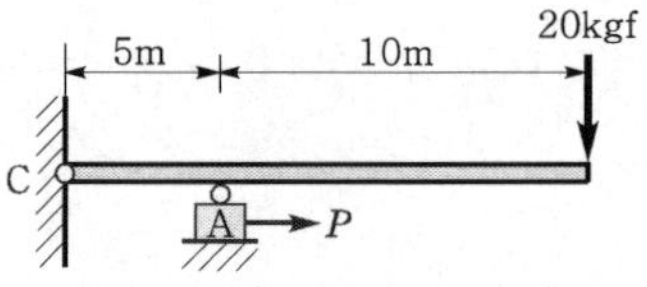

해설

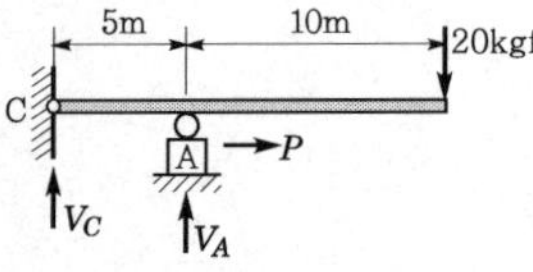

$\Sigma M_B = 0(\circlearrowright\oplus)$

$V_A \times 5 - 20 \times 15 = 0$

$\therefore V_A = 60\text{kgf}$

$\therefore P = \mu V_A = 0.3 \times 60 = 18\text{kgf}$

 정답 ▸▸▸ 18. ② 19. ④

20 다음 그림과 같은 내민보에서 C점의 처짐은? (단, 전 구간의 EI=3.0×10^{9}kgf · cm^{2}으로 일정하다.)

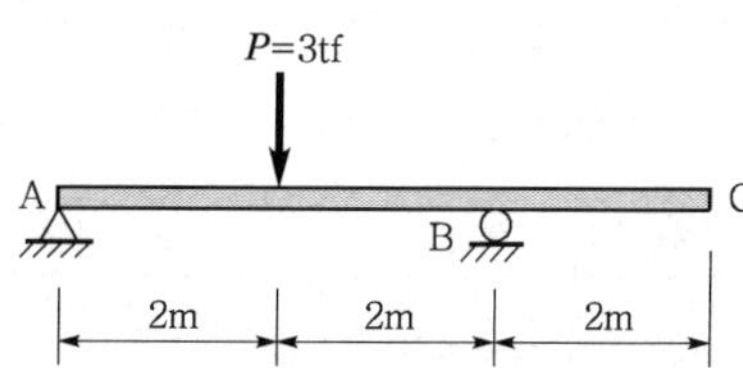

① 0.1cm
② 0.2cm
③ 1cm
④ 2cm

해설

$$\theta_B = -\frac{Pl^2}{16EI}$$

$$\theta_C = \theta_B = -\frac{Pl^2}{16EI}$$

$$\tan\theta_C \fallingdotseq \theta_C = \frac{\delta_c}{l/2}$$

$$\therefore\ \delta_C = \frac{l}{2}\theta_C = \frac{l}{2}\left(-\frac{Pl^2}{16EI}\right) = -\frac{Pl^3}{32EI}(\uparrow)$$

$$= \frac{3,000\times 400^3}{32\times 3\times 10^9} = 2\text{cm}$$

제2과목 : 측량학

21 트래버스 ABCD에서 각 측선에 대한 위거와 경거값이 다음 표와 같을 때 측선 BC의 배횡거는?

측선	위거(m)	경거(m)
AB	+75.39	+81.57
BC	−33.57	+18.78
CD	−61.43	−45.60
DA	+44.61	−52.65

① 81.57m
② 155.10m
③ 163.14m
④ 181.92m

해설

측선	위거(m)	경거(m)	배횡거
AB	+75.39	+81.57	81.57
BC	−33.57	+18.78	81.57+81.57+18.78=181.92
CD	−61.43	−45.60	
DA	+44.61	−52.65	

㉠ 첫 측선의 배횡거=전 측선의 경거
㉡ 임의의 측선의 배횡거=전 측선의 배횡거+전 측선의 경거+그 측선의 경거

정답 ▶▶▶ 20. ④ 21. ④

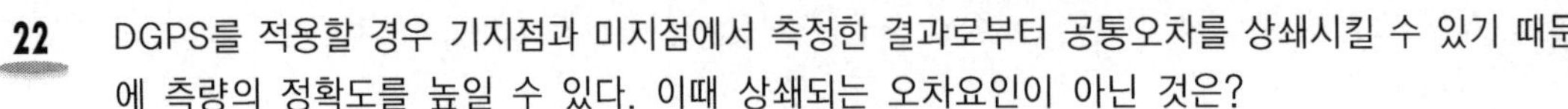

22 DGPS를 적용할 경우 기지점과 미지점에서 측정한 결과로부터 공통오차를 상쇄시킬 수 있기 때문에 측량의 정확도를 높일 수 있다. 이때 상쇄되는 오차요인이 아닌 것은?

① 위성의 궤도정보오차　　② 다중경로오차
③ 전리층 신호지연　　④ 대류권 신호지연

해설 DGPS방식으로는 다중경로오차를 제거할 수 없다.

23 사진축척이 1 : 5,000이고 종중복도가 60%일 때 촬영기선길이는? (단, 사진크기는 23cm×23cm이다.)

① 360m　　② 375m
③ 435m　　④ 460m

해설
$$B = ma\left(1 - \frac{p}{100}\right)$$
$$= 5{,}000 \times 0.23 \times \left(1 - \frac{60}{100}\right) = 460\text{m}$$

24 완화곡선에 대한 설명으로 옳지 않은 것은?

① 모든 클로소이드(clothoid)는 닮은꼴이며 클로소이드요소는 길이의 단위를 가진 것과 단위가 없는 것이 있다.
② 완화곡선의 접선은 시점에서 원호에, 종점에서 직선에 접한다.
③ 완화곡선의 반지름은 그 시점에서 무한대, 종점에서 원곡선의 반지름과 같다.
④ 완화곡선에 연한 곡선반지름의 감소율은 캔트(cant)의 증가율과 같다.

해설 완화곡선의 접선은 시점에서 직선에, 종점에서는 원호에 접한다.

25 교호수준측량에서 A점의 표고가 55.00m이고 a_1=1.34m, b_1=1.14m, a_2=0.84m, b_2=0.56m일 때 B점의 표고는?

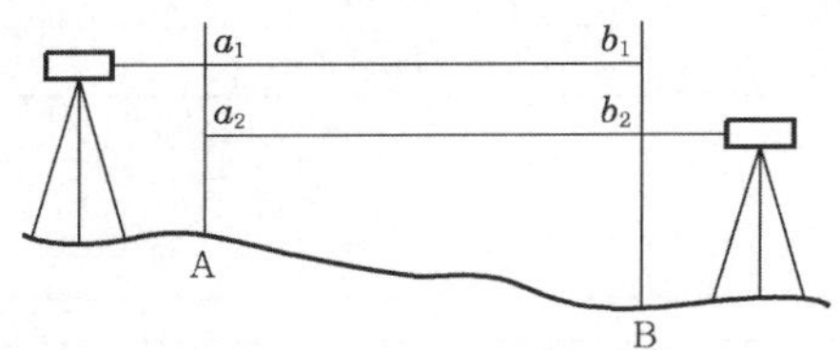

① 55.24m　　② 56.48m
③ 55.22m　　④ 56.42m

해설
㉠ $h = \dfrac{(1.34 - 1.14) + (0.84 - 0.56)}{2} = 0.24\text{m}$

㉡ $H_B = H_A + h = 55.00 + 0.24 = 55.24\text{m}$

 정답 ▸▸▸ 22. ② 23. ④ 24. ② 25. ①

26 삼변측량에 관한 설명 중 틀린 것은?

① 관측요소는 변의 길이뿐이다.
② 관측값에 비하여 조건식이 적은 단점이 있다.
③ 삼각형의 내각을 구하기 위해 cosine 제2법칙을 이용한다.
④ 반각공식을 이용하여 각으로부터 변을 구하여 수직위치를 구한다.

해설 삼변측량 시 반각공식을 이용하여 변으로부터 각을 구하여 수평위치를 구한다.

27 하천측량 시 무제부에서의 평면측량범위는?

① 홍수가 영향을 주는 구역보다 약간 넓게
② 계획하고자 하는 지역의 전체
③ 홍수가 영향을 주는 구역까지
④ 홍수영향구역보다 약간 좁게

해설 하천측량 시 무제부에서 평면측량의 범위는 홍수가 영향을 주는 구역보다 약간 넓게 한다.

28 어떤 거리를 10회 관측하여 평균 2,403.557m의 값을 얻고 잔차의 제곱의 합 8,208mm^{2}을 얻었다면 1회 관측의 평균제곱근오차는?

① ±23.7mm ② ±25.5mm
③ ±28.3mm ④ ±30.2mm

해설

$$m_0 = \pm\sqrt{\frac{\Sigma v^2}{n-1}} = \pm\sqrt{\frac{8,208}{10-1}} = \pm 30.2\text{mm}$$

29 지반고(H_A)가 123.6m인 A점에 토털스테이션을 설치하여 B점의 프리즘을 관측하여 기계고 1.5m, 관측사거리(S) 150m, 수평선으로부터의 고저각(α) 30°, 프리즘고(P_h) 1.5m를 얻었다면 B점의 지반고는?

① 198.0m ② 198.3m
③ 198.6m ④ 198.9m

해설

$$H_B = H_A + I + h - s$$
$$= 123.6 + 1.5 + 150 \times \sin 30° - 1.5$$
$$= 198.6\text{m}$$

30 측량성과표에 측점 A의 진북방향각은 0°06′17″이고 측점 A에서 측점 B에 대한 평균방향각은 263°38′26″로 되어 있을 때에 측점 A에서 측점 B에 대한 역방위각은?

① 83°32′09″ ② 83°44′43″
③ 263°32′09″ ④ 263°44′43″

정답 ▸▸▸ 26. ④ 27. ① 28. ④ 29. ③ 30. ①

해설 ㉠ AB방위각=263°38′26″−0°06′17″=263°32′09″
㉡ BA방위각=263°32′09″−180°=83°32′09″

31 수심이 h인 하천의 평균유속을 구하기 위하여 수면으로부터 0.2h, 0.6h, 0.8h가 되는 깊이에서 유속을 측량한 결과 0.8m/s, 1.5m/s, 1.0m/s이었다. 3점법에 의한 평균유속은?

① 0.9m/s ② 1.0m/s
③ 1.1m/s ④ 1.2m/s

해설 $V_m = \frac{1}{4}(V_{0.2} + 2V_{0.6} + V_{0.8}) = \frac{1}{4} \times (0.8 + 2 \times 1.5 + 1.0) = 1.2\text{m/s}$

32 위성에 의한 원격탐사(Remote Sensing)의 특징으로 옳지 않은 것은?

① 항공사진측량이나 지상측량에 비해 넓은 지역의 동시측량이 가능하다.
② 동일 대상물에 대해 반복측량이 가능하다.
③ 항공사진측량을 통해 지도를 제작하는 경우보다 대축척지도의 제작에 적합하다.
④ 여러 가지 분광파장대에 대한 측량자료수집이 가능하므로 다양한 주제도 작성이 용이하다.

해설 위성을 이용한 원격탐사를 통해 지도를 제작하는 경우 소축척지도의 제작에 작합하다.

33 교각이 60°이고 반지름이 300m인 원곡선을 설치할 때 접선의 길이(T.L)는?

① 81.603m ② 173.205m
③ 346.412m ④ 519.615m

해설 $\text{T.L} = R\tan\frac{I}{2} = 300 \times \frac{\tan 60°}{2} = 173.205\text{m}$

34 수준측량에서 레벨의 조정이 불완전하여 시준선이 기포관축과 평행하지 않을 때 생기는 오차의 소거방법으로 옳은 것은?

① 정위, 반위로 측정하여 평균한다.
② 지반이 견고한 곳에 표척을 세운다.
③ 전시와 후시의 시준거리를 같게 한다.
④ 시작점과 종점에서의 표척을 같은 것을 사용한다.

해설 시준선이 기포관축과 평행하지 않을 때 발생하는 오차는 시준축오차이며, 이는 전시와 후시의 거리를 같게 취하면 소거할 수 있다.

35 지상 1km^{2}의 면적을 지도상에서 4cm^{2}로 표시하기 위한 축척으로 옳은 것은?

① 1 : 5,000 ② 1 : 50,000
③ 1 : 25,000 ④ 1 : 250,000

 정답 ▸▸▸ 31. ④ 32. ③ 33. ② 34. ③ 35. ②

해설 $\left(\frac{1}{m}\right)^2 = \frac{\text{도상면적}}{\text{실제 면적}} = \frac{0.02 \times 0.02}{1,000 \times 1,000} = \frac{1}{50,000}$

36 △ABC의 꼭짓점에 대한 좌표값이 (30, 50), (20, 90), (60, 100)일 때 삼각형 토지의 면적은? (단, 좌표의 단위 : m)

① 500m^2 ② 750m^2
③ 850m^2 ④ 960m^2

해설

측점	X	Y	$(X_{i-1} - X_{i+1})Y_i$
A	30	50	$(60-20)\times 50 = 2,000$
B	20	90	$(30-20)\times 90 = 900$
C	60	100	$(20-30)\times 100 = -1,000$
			$\Sigma = 1,900(=2A)$ $\therefore\ A = 850\text{m}^2$

37 GNSS상대측위방법에 대한 설명으로 옳은 것은?

① 수신기 1대만을 사용하여 측위를 실시한다.
② 위성과 수신기 간의 거리는 전파의 파장개수를 이용하여 계산할 수 있다.
③ 위상차의 계산은 단순차, 2중차, 3중차와 같은 차분기법으로는 해결하기 어렵다.
④ 전파의 위상차를 관측하는 방식이나 절대측위방법보다 정확도가 낮다.

해설 ① 수신기 2대를 이용하여 측위를 실시한다.
③ 위상차의 계산은 단순차, 2중차, 3중차와 같은 차분기법으로 해결할 수 있다.
④ 전파의 위상차를 관측하는 방식이 절대관측보다 정확도가 높다.

38 노선측량의 일반적인 작업순서로 옳은 것은?

A : 종 · 횡단측량 B : 중심선측량
C : 공사측량 D : 답사

① A → B → D → C ② D → B → A → C
③ D → C → A → B ④ A → C → D → B

해설 노선측량의 순서
답사 → 중심선측량 → 종·횡단측량 → 공사측량

39 삼각형의 토지면적을 구하기 위해 밑변 a와 높이 h를 구하였다. 토지의 면적과 표준오차는? (단, $a=15\pm0.015\text{m}$, $h=25\pm0.025\text{m}$)

① $187.5\pm0.04\text{m}^2$ ② $187.5\pm0.27\text{m}^2$
③ $375.0\pm0.27\text{m}^2$ ④ $375.0\pm0.53\text{m}^2$

해설 ㉠ $A=\frac{1}{2}\times 15\times 25=187.5\text{m}^2$

㉡ 표준오차 $=\pm\frac{1}{2}\times\sqrt{(15\times 0.025)^2+(25\times 0.015)^2}$

$=\pm 0.27\text{m}^2$

40 축척 1:5,000 수치지형도의 주곡선간격으로 옳은 것은?

① 5m ② 10m
③ 15m ④ 20m

해설 등고선의 간격

구분	표시	간격(m)			
		$\frac{1}{5,000}$	$\frac{1}{10,000}$	$\frac{1}{25,000}$	$\frac{1}{50,000}$
주곡선	가는 실선	5	5	10	20
간곡선	가는 파선	2.5	2.5	5	10
조곡선	가는 점선	1.25	1.25	2.5	5
계곡선	굵은 실선	25	25	50	100

제 3 과목 : 수리수문학

41 유속이 3m/s인 유수 중에 유선형 물체가 흐름방향으로 향하여 h=3m 깊이에 놓여있을 때 정체 압력(stagnation pressure)은?

① 0.46kN/m² ② 12.21kN/m²
③ 33.90kN/m² ④ 102.35kN/m²

해설 $P=wh+\frac{1}{2}\rho V^2=1\times 3+\frac{1}{2}\times\frac{1}{9.8}\times 3^2$

$=3.46\text{t/m}^2=33.9\text{kN/m}^2$

42 다음 중 직접유출량에 포함되는 것은?

① 지체지표하유출량 ② 지하수유출량
③ 기저유출량 ④ 조기지표하유출량

해설 유출의 분류

㉠ 직접유출
- 강수 후 비교적 단시간 내에 하천으로 흘러 들어가는 유출
- 지표면유출, 복류수유출, 수로상 강수

㉡ 기저유출
- 비가 오기 전의 건조시의 유출
- 지하수유출수, 지연지표하유출

 정답 ▸▸▸ 40. ① 41. ③ 42. ④

43 직사각형 단면수로의 폭이 5m이고 한계수심이 1m일 때의 유량은? (단, 에너지보정계수 α=1.0)

① $15.65\text{m}^3/\text{s}$　　② $10.75\text{m}^3/\text{s}$
③ $9.80\text{m}^3/\text{s}$　　④ $3.13\text{m}^3/\text{s}$

해설

$$h_c = \left(\frac{\alpha Q^2}{gb^2}\right)^{\frac{1}{3}}$$

$$1 = \left(\frac{1\times Q^2}{9.8\times 5^2}\right)^{\frac{1}{3}}$$

$$\therefore\ Q = 15.65\text{m}^3/\text{sec}$$

44 다음 표와 같은 집중호우가 자기기록지에 기록되었다. 지속기간 20분 동안의 최대 강우강도는?

시간(분)	5	10	15	20	25	30	35	40
누가우량(mm)	2	5	10	20	35	40	43	45

① 99mm/hr　　② 105mm/hr
③ 115mm/hr　　④ 135mm/hr

해설

시간(분)	5	10	15	20	25	30	35	40
우량(mm)	2	3	5	10	15	5	3	2

$$\therefore\ I = (5+10+15+5)\times\frac{60}{20} = 105\text{mm/hr}$$

45 단위유량도이론의 가정에 대한 설명으로 옳지 않은 것은?

① 초과강우는 유효지속기간 동안에 일정한 강도를 가진다.
② 초과강우는 전 유역에 걸쳐서 균등하게 분포된다.
③ 주어진 지속기간의 초과강우로부터 발생된 직접유출수문곡선의 기저시간은 일정하다.
④ 동일한 기저시간을 가진 모든 직접유출수문곡선의 종거들은 각 수문곡선에 의하여 주어진 총 직접유출수문곡선에 반비례한다.

해설 단위유량도의 이론은 다음과 같은 가정에 근거를 두고 있다.

㉠ 유역특성의 시간적 불변성 : 유역특성은 계절, 인위적인 변화 등으로 인하여 시간에 따라 변할 수 있으나, 이 가정에 의하면 유역특성은 시간에 따라 일정하다고 하였다. 실제로는 강우 발생 이전의 유역의 상태에 따라 기저시간은 달라질 수 있으며, 특히 선행된 강우에 따른 흙의 함수비에 의하여 지속시간이 같은 강우에도 기저시간은 다르게 될 수 있으나 이 가정에서는 강우의 지속시간이 같으면 강도에 관계없이 기저시간은 같다고 가정하였다.
㉡ 유역의 선형성 : 강우 r, $2r$, $3r$, …에 대한 유량은 q, $2q$, $3q$, …로 되는 입력과 출력의 관계가 선형관계를 갖는다.
㉢ 강우의 시간적, 공간적 균일성 : 지속시간 동안의 강우강도는 일정하여야 하며 또는 공간적으로도 강우가 균일하게 분포되어야 한다.

정답 ▸▸▸ 43. ① 44. ② 45. ④

46 사각위어에서 유량 산출에 쓰이는 Francis공식에 대하여 양단 수축이 있는 경우에 유량으로 옳은 것은? (단, B : 위어폭, h : 월류수심)

① $Q=1.84(B-0.4h)h^{\frac{3}{2}}$

② $Q=1.84(B-0.3h)h^{\frac{3}{2}}$

③ $Q=1.84(B-0.2h)h^{\frac{3}{2}}$

④ $Q=1.84(B-0.1h)h^{\frac{3}{2}}$

해설

$$Q=1.84(B-0.1nh)h^{\frac{3}{2}}$$
$$=1.84(B-0.1\times2h)h^{\frac{3}{2}}=1.84(B-0.2h)h^{\frac{3}{2}}$$

47 비에너지(specific energy)와 한계수심에 대한 설명으로 옳지 않은 것은?

① 비에너지는 수로의 바닥을 기준으로 한 단위무게의 유수가 가진 에너지이다.
② 유량이 일정할 때 비에너지가 최소가 되는 수심이 한계수심이다.
③ 비에너지가 일정할 때 한계수심으로 흐르면 유량이 최소가 된다.
④ 직사각형 단면에서 한계수심은 비에너지의 2/3가 된다.

해설 ㉠ 유량이 일정할 때 비에너지가 최소가 되는 수심이 한계수심이다.
㉡ 비에너지가 일정할 때 한계수심으로 흐르면 유량이 최대이다.

48 관수로의 마찰손실공식 중 난류에서의 마찰손실계수 f는?

① 상대조도만의 함수이다.
② 레이놀즈수와 상대조도의 함수이다.
③ 프루드수와 상대조도의 함수이다.
④ 레이놀즈수만의 함수이다.

해설 난류인 경우의 마찰손실계수
㉠ 매끈한 관일 때 : f는 R_e만의 함수이다.
㉡ 거친 관일 때 : f는 R_e에는 관계없고 $\frac{e}{D}$만의 함수이다.

49 우물에서 장기간 양수를 한 후에도 수면강하가 일어나지 않는 지점까지의 우물로부터 거리(범위)를 무엇이라 하는가?

① 용수효율권
② 대수층권
③ 수류영역권
④ 영향권

 정답 46. ③ 47. ③ 48. ② 49. ④

50 빙산(氷山)의 부피가 V, 비중이 0.92이고 바닷물의 비중은 1.025라 할 때 바닷물 속에 잠겨있는 빙산의 부피는?

① $1.1V$ ② $0.9V$
③ $0.8V$ ④ $0.7V$

해설 $M=B$에서 $w_1V_1=w_2V_2$이므로

$0.92V=1.025V_2$

$\therefore\ V_2=\dfrac{0.92}{1.025}V=0.9V$

51 지름이 d인 구(球)가 밀도 ρ의 유체 속을 유속 V로 침강할 때 구의 항력 D는? (단, 항력계수는 C_D라 한다.)

① $\dfrac{1}{8}C_D\pi d^2\rho V^2$ ② $\dfrac{1}{2}C_D\pi d^2\rho V^2$
③ $\dfrac{1}{4}C_D\pi d^2\rho V^2$ ④ $C_D\pi d^2\rho V^2$

$$D=C_DA\frac{\rho V^2}{2}=C_D\times\frac{\pi d^2}{4}\times\frac{1}{2}\rho V^2=\frac{1}{8}C_D\pi d^2\rho V^2$$

52 수리실험에서 점성력이 지배적인 힘이 될 때 사용할 수 있는 모형법칙은?

① Reynolds모형법칙 ② Froude모형법칙
③ Weber모형법칙 ④ Cauchy모형법칙

해설 특별상사법칙

㉠ Reynolds의 상사법칙은 점성력이 흐름을 주로 지배하는 관수로흐름의 상사법칙이다.
㉡ Froude의 상사법칙은 중력이 흐름을 주로 지배하는 개수로 내의 흐름, 댐의 여수토흐름 등의 상사법칙이다.

53 개수로의 상류(subcritical flow)에 대한 설명으로 옳은 것은?

① 유속과 수심이 일정한 흐름
② 수심이 한계수심보다 작은 흐름
③ 유속이 한계유속보다 작은 흐름
④ Froude수가 1보다 큰 흐름

해설

상류의 조건	사류의 조건
$I<I_c$	$I>I_c$
$V<V_c$	$V>V_c$
$h>h_c$	$h<h_c$
$F_r<1$	$F_r>1$

정답 50. ② 51. ① 52. ① 53. ③

54 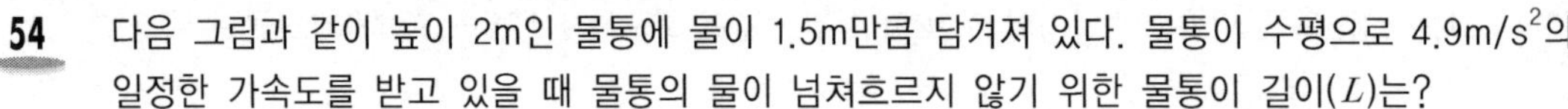
다음 그림과 같이 높이 2m인 물통에 물이 1.5m만큼 담겨져 있다. 물통이 수평으로 4.9m/s^{2}의 일정한 가속도를 받고 있을 때 물통의 물이 넘쳐흐르지 않기 위한 물통이 길이(L)는?

① 2.0m
② 2.4m
③ 2.8m
④ 3.0m

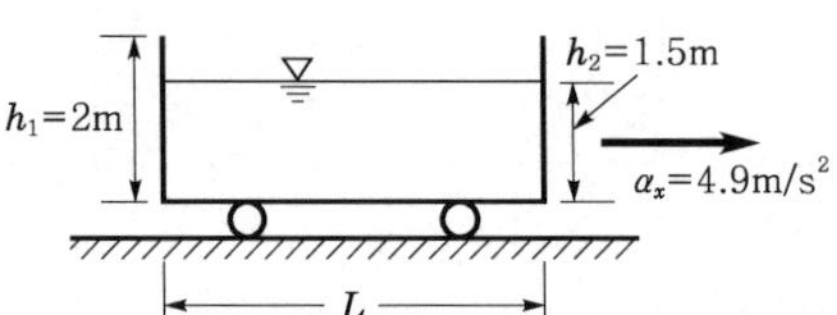

해설

$\tan\theta = \dfrac{\alpha}{g}$

$\dfrac{2-1.5}{\dfrac{l}{2}} = \dfrac{4.9}{9.8}$

$\therefore\ l = 2\text{m}$

55 미소진폭파(small-amplitude wave)이론에 포함된 가정이 아닌 것은?

① 파장이 수심에 비해 매우 크다.
② 유체는 비압축성이다.
③ 바닥은 평평한 불투수층이다.
④ 파고는 수심에 비해 매우 작다.

 미소진폭파

㉠ 파장에 비해 진폭 또는 파고가 매우 작은 파

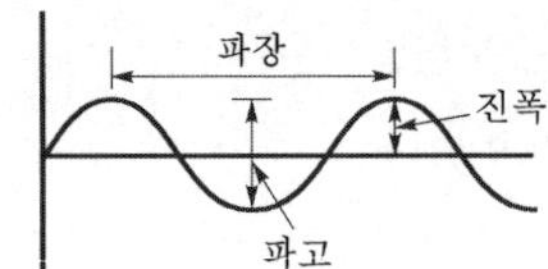

㉡ 가정
- 물은 비압축성이고 밀도는 일정하다.
- 수저는 수평이고 불투수층이다.
- 수면에서의 압력은 일정하다(풍압은 없고 수면차로 인한 수압차는 무시한다).
- 파고는 파장과 수심에 비해 대단히 작다.

56 관수로에 대한 설명 중 틀린 것은?

① 단면 점확대로 인한 수두손실은 단면 급확대로 인한 수두손실보다 클 수 있다.
② 관수로 내의 마찰손실수두는 유속수두에 비례한다.
③ 아주 긴 관수로에서는 마찰 이외의 손실수두를 무시할 수 있다.
④ 마찰손실수두는 모든 손실수두 가운데 가장 큰 것으로 마찰손실계수에 유속수두를 곱한 것과 같다.

해설 마찰손실수두

㉠ 관수로의 최대 손실수두이다.

㉡ $h_L = f\dfrac{l}{D}\dfrac{V^2}{2g}$

 정답 ▸▸▸ 54. ① 55. ① 56. ④

57 수문자료의 해석에 사용되는 확률분포형의 매개변수를 추정하는 방법이 아닌 것은?

① 모멘트법(method of moments)
② 회선적분법(convolution integral method)
③ 확률가중모멘트법(method of probability weighted moments)
④ 최우도법(method of maximum likelihood)

해설 확률분포형의 매개변수추정법
모멘트법, 최우도법, 확률가중모멘트법, L-모멘트법

58 에너지선에 대한 설명으로 옳은 것은?

① 언제나 수평선이 된다.
② 동수경사선보다 아래에 있다.
③ 속도수두와 위치수두의 합을 의미한다.
④ 동수경사선보다 속도수두만큼 위에 위치하게 된다.

해설 에너지선은 기준수평면에서 $\frac{V^2}{2g}+\frac{P}{w}+Z$의 점들을 연결한 선이다. 따라서 동수경사선에 속도수두를 더한 점들을 연결한 선이다.

59 대기의 온도 t_1, 상대습도 70%인 상태에서 증발이 진행되었다. 온도가 t_2로 상승하고 대기 중의 증기압이 20% 증가하였다면 온도 t_1 및 t_2에서의 포화증기압이 각각 10.0mmHg 및 14.0mmHg라 할 때 온도 t_2에서의 상대습도는?

① 50%
② 60%
③ 70%
④ 80%

해설 ㉠ t_1[℃]일 때

$$h=\frac{e}{e_s}\times 100\%$$

$$70=\frac{e}{10}\times 100\%$$

$$\therefore\ e=7\text{mmHg}$$

㉡ t_2[℃]일 때

$$e=7\times 1.2=8.4\text{mmHg}$$

$$\therefore\ h=\frac{e}{e_s}\times 100\%=\frac{8.4}{14}\times 100\%=60\%$$

60 다음 물리량 중에서 차원이 잘못 표시된 것은?

① 동점성계수 : $[FL^2T]$
② 밀도 : $[FL^{-4}T^2]$
③ 전단응력 : $[FL^{-2}]$
④ 표면장력 : $[FL^{-1}]$

해설 동점성계수의 단위가 cm^2/sec이므로 차원은 $[L^2T^{-1}]$이다.

정답 57. ② 58. ④ 59. ② 60. ①

제4과목 : 철근콘크리트 및 강구조

61 다음 그림과 같은 나선철근단주의 설계축강도(P_n)를 구하면? (단, D32 1개의 단면적=794mm², f_{ck} = 24MPa, f_y =420MPa)

① 2,648kN
② 3,254kN
③ 3,797kN
④ 3,972kN

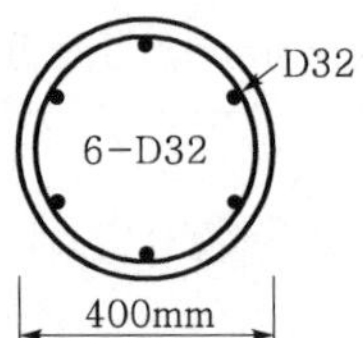

$$P_n = \alpha[0.85 f_{ck}(A_g - A_{st}) + f_y A_{st}]$$
$$= 0.85 \times \left[0.85 \times 24 \times \left(\pi \times \frac{400^2}{4} - 794 \times 6\right) + 420 \times 794 \times 6\right]$$
$$= 3,797,148.905\text{N} \fallingdotseq 3,797\text{kN}$$

62 다음 그림에 나타난 직사각형 단철근보의 설계휨강도(ϕM_n)를 구하기 위한 강도감소계수(ϕ)는 얼마인가? (단, f_{ck} =28MPa, f_y =400MPa)

① 0.85
② 0.82
③ 0.79
④ 0.76

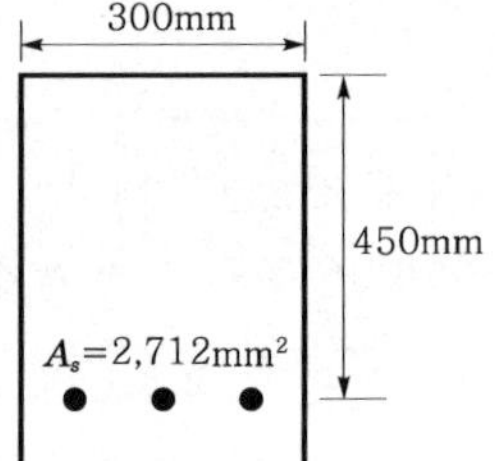

해설

$$c = \frac{a}{\beta_1} = \frac{1}{0.80} \times \frac{400 \times 2,712}{1.0 \times 0.85 \times 28 \times 300} = 189.9\text{mm}$$
$$\varepsilon_t = \varepsilon_{cu}\left(\frac{d_t - c}{c}\right) = 0.0033 \times \left(\frac{450 - 189.9}{189.9}\right) = 0.0045$$
$$\varepsilon_y = \frac{f_y}{E_s} = \frac{400}{2 \times 10^5} = 0.002$$
$$\therefore \ \phi = 0.65 + 0.2\left(\frac{\varepsilon_t - \varepsilon_y}{0.005 - \varepsilon_y}\right) = 0.65 + 0.2 \times \left(\frac{0.0045 - 0.002}{0.005 - 0.002}\right) = 0.817$$

63 옹벽의 구조 해석에 대한 설명으로 틀린 것은?

① 저판의 뒷굽판은 정확한 방법이 사용되지 않는 한 뒷굽판 상부에 재하되는 모든 하중을 지지하도록 설계하여야 한다.
② 부벽식 옹벽의 전면벽은 저판에 지지된 캔틸레버로 설계하여야 한다.
③ 부벽식 옹벽의 저판은 정밀한 해석이 사용되지 않는 한 부벽 사이의 거리를 경간으로 가정한 고정보 또는 연속보로 설계할 수 있다.
④ 뒷부벽은 T형보로 설계하여야 하며, 앞부벽은 직사각형 보로 설계하여야 한다.

 정답 ▸▸ 61. ③ 62. ② 63. ②

해설 부벽식 옹벽의 전면벽은 3변 지지된 2방향 슬래브로 설계한다.

64 강도설계법의 기본가정을 설명한 것으로 틀린 것은?

① 철근과 콘크리트의 변형률은 중립축에서의 거리에 비례한다고 가정한다.
② 콘크리트압축연단의 극한변형률은 0.0033으로 가정한다.
③ 철근의 응력이 설계기준항복강도(f_y) 이상일 때 철근의 응력은 그 변형률에 E_s를 곱한 값으로 한다.
④ 콘크리트의 인장강도는 철근콘크리트의 휨 계산에서 무시한다.

해설 철근의 응력이 항복강도(f_y) 이하일 때 철근의 응력은 그 변형률의 E_s배로 취한다($f_s = E_s \varepsilon_s$).

65 길이가 7m인 양단 연속보에서 처짐을 계산하지 않는 경우 보의 최소 두께로 옳은 것은? (단, f_{ck} = 28MPa, f_y =400MPa)

① 275mm　　② 334mm
③ 379mm　　④ 438mm

해설 $h = \dfrac{l}{21} = \dfrac{7,000}{21} = 333.3\text{mm}$

여기서, l : 경간길이

66 계수전단강도 V_u =60kN을 받을 수 있는 직사각형 단면이 최소 전단철근 없이 견딜 수 있는 콘크리트의 유효깊이 d는 최소 얼마 이상이어야 하는가? (단, f_{ck} =28MPa, 단면의 폭(b)=350mm)

① 560mm　　② 525mm
③ 434mm　　④ 328mm

해설 최소 전단철근 불필요 시 유효깊이(d) 계산

$$V_u = \frac{1}{2}\phi\left(\frac{1}{6}\lambda\sqrt{f_{ck}}\,b_w\,d\right)$$

$$\therefore\ d = \frac{2\times 6\,V_u}{\phi\lambda\sqrt{f_{ck}}\,b_w} = \frac{12\times 60\times 10^3}{0.75\times 1.0\sqrt{24}\times 350} = 559.9 ≒ 560\text{mm}$$

67 전단철근에 대한 설명으로 틀린 것은?

① 철근콘크리트부재의 경우 주인장철근에 45° 이상의 각도로 설치되는 스터럽을 전단철근으로 사용할 수 있다.
② 철근콘크리트부재의 경우 주인장철근에 30° 이상의 각도로 구부린 굽힘철근을 전단철근으로 사용할 수 있다.
③ 전단철근으로 사용하는 스터럽과 기타 철근 또는 철선은 콘크리트압축연단부터 거리 d만큼 연장하여야 한다.
④ 용접이형철망을 사용할 경우 전단철근의 설계기준항복강도는 500MPa을 초과할 수 없다.

정답 64. ③ 65. ② 66. ① 67. ④

해설 용접이형철망을 제외한 일반적인 전단철근의 설계기준항복강도는 500MPa을 초과할 수 없다.

68 비틀림철근에 대한 설명으로 틀린 것은? (단, A_{oh}는 가장 바깥의 비틀림보강철근의 중심으로 닫힌 단면적이고, P_h는 가장 바깥의 횡방향 폐쇄스터럽 중심선의 둘레이다.)

① 횡방향 비틀림철근은 종방향 철근 주위로 135° 표준갈고리에 의해 정착하여야 한다.
② 비틀림모멘트를 받는 속 빈 단면에서 횡방향 비틀림철근의 중심선으로부터 내부벽면까지의 거리는 $0.5A_{oh}/P_h$ 이상이 되도록 설계하여야 한다.
③ 횡방향 비틀림철근의 간격은 $P_h/6$ 및 400mm보다 작아야 한다.
④ 종방향 비틀림철근은 양단에 정착하여야 한다.

해설 횡방향 비틀림철근의 간격은 $P_h/8$ 및 300mm보다 작아야 한다.

69 휨부재에서 철근의 정착에 대한 안전을 검토하여야 하는 곳으로 거리가 먼 것은?

① 최대 응력점
② 경간 내에서 인장철근이 끝나는 곳
③ 경간 내에서 인장철근이 굽혀진 곳
④ 집중하중이 재하되는 점

해설 휨부재의 철근정착에 대한 안전 검토
㉠ 최대 응력이 발생한 지점
㉡ 인장철근이 끝나는 지점
㉢ 인장철근이 구부러진 지점

70 다음 필릿용접의 전단응력은 얼마인가?

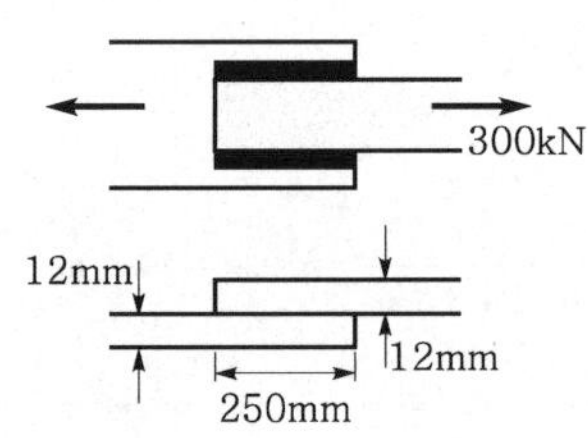

① 67.72MPa ② 79.01MPa
③ 72.72MPa ④ 75.72MPa

해설 $a = 0.70s = 0.70\times12 = 8.4\text{mm}$

$l_e = 2(l-2s) = 2\times(250-2\times12) = 452\text{mm}$

$\therefore f = \dfrac{P}{\sum a l_e} = \dfrac{300\times10^3}{8.4\times452} = 79.01\text{N/mm}^2 = 79.01\text{MPa}$

71 단면이 400×500mm이고 150mm²의 PSC강선 4개를 단면도심축에 배치한 프리텐션 PSC부재가 있다. 초기프리스트레스가 1,000MPa일 때 콘크리트의 탄성변형에 의한 프리스트레스 감소량의 값은? (단, n=6)

① 22MPa ② 20MPa

③ 18MPa ④ 16MPa

해설

$$\Delta f_p = nf_{ci} = n\frac{P_i}{A_c} = 6\times\frac{150\times4\times1{,}000}{400\times500} = 18\text{MPa}$$

72 다음 그림과 같이 W=40kN/m일 때 PS강재가 단면 중심에서 긴장되며 인장측의 콘크리트응력이 "0"이 되려면 PS강재에 얼마의 긴장력이 작용하여야 하는가?

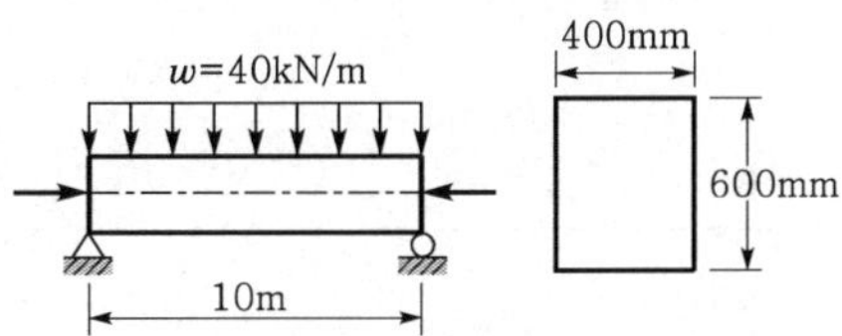

① 4,605kN ② 5,000kN

③ 5,200kN ④ 5,625kN

해설

$$M = \frac{wl^2}{8} = \frac{40\times10^2}{8} = 500\text{kN}\cdot\text{m}$$

$$f = \frac{P}{A} - \frac{M}{I}y = 0$$

$$\therefore\ P = \frac{6M}{h} = \frac{6\times500}{0.6} = 5{,}000\text{kN}$$

73 다음 그림과 같은 직사각형 단면의 보에서 인장철근은 D22 철근 3개가 윗부분에, D29 철근 3개가 아랫부분에 2열로 배치되었다. 이 보의 공칭휨강도(M_n)는? (단, 철근 D22 3본의 단면적은 1,161mm², 철근 D29 3본의 단면적은 1,927mm², f_{ck}=24MPa, f_y=350MPa)

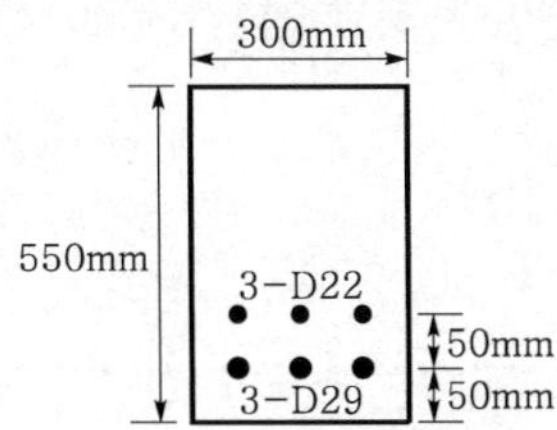

① 396.2kN·m ② 424.6kN·m

③ 467.3kN·m ④ 512.4kN·m

해설 ㉠ 바리뇽의 정리에 의해

$$d=\frac{(3\times1,161\times450)+(3\times1,927\times500)}{(3\times1,161)+(3\times1,927)}=481.2\text{mm}$$

㉡ 등가응력사각형의 깊이

$$a=\frac{f_yA_s}{\eta(0.85f_{ck})b}=\frac{350\times(1,161+1,927)}{1.0\times0.85\times24\times300}=176.6\text{mm}$$

$$\therefore\ M_n=f_yA_s\left(d-\frac{a}{2}\right)$$

$$=350\times(1,161+1,927)\times\left(481.2-\frac{176.6}{2}\right)$$

$$=424,646,320\text{N}\cdot\text{mm}$$

$$=424.6\text{kN}\cdot\text{m}$$

74 프리스트레스트콘크리트의 원리를 설명할 수 있는 기본개념으로 옳지 않은 것은?

① 균등질보의 개념 ② 내력모멘트의 개념
③ 하중평형의 개념 ④ 변형도의 개념

해설 PSC의 3대 개념
㉠ 응력개념(균등질보의 개념)
㉡ 강도개념(내력모멘트의 개념)
㉢ 하중평형개념(등가하중의 개념)

75 콘크리트의 강도설계법에서 f_{ck}=38MPa일 때 직사각형 응력분포의 깊이를 나타내는 β_1의 값은 얼마인가?

① 0.78 ② 0.92
③ 0.80 ④ 0.75

해설 $f_{ck}\le40\text{MPa}$이면 $\beta_1=0.80$이다.

76 4변에 의해 지지되는 2방향 슬래브 중에서 1방향 슬래브로 보고 해석할 수 있는 경우에 대한 기준으로 옳은 것은? (단, L : 2방향 슬래브의 장경간, S : 2방향 슬래브의 단경간)

① $\frac{L}{S}$가 2보다 클 때 ② $\frac{L}{S}$가 1일 때
③ $\frac{L}{S}$가 $\frac{3}{2}$ 이상일 때 ④ $\frac{L}{S}$가 3보다 작을 때

해설 ㉠ 1방향 슬래브 : $\frac{L}{S}\ge2.0$

㉡ 2방향 슬래브 : $1.0\le\frac{L}{S}<2.0$

 정답 ▸▸ 74. ④ 75. ③ 76. ①

77 폭 400mm, 유효깊이 600mm인 단철근 직사각형 보의 단면에서 콘크리트구조기준에 의한 최대 인장철근량은? (단, f_{ck} =28MPa, f_y =400MPa)

① $4,552\text{mm}^2$
② $4,877\text{mm}^2$
③ $5,160\text{mm}^2$
④ $5,526\text{mm}^2$

해설

$$\rho_{\max} = \eta(0.85\beta_1)\left(\frac{f_{ck}}{f_y}\right)\left(\frac{\varepsilon_{cu}}{\varepsilon_{cu}+\varepsilon_{t,\min}}\right)$$
$$= 1.0\times0.85\times0.80\times\frac{28}{400}\times\left(\frac{0.0033}{0.0033+0.004}\right)$$
$$= 0.0215$$
$$\therefore\ A_{s,\max} = \rho_{\max}bd$$
$$= 0.0215\times400\times600$$
$$= 5,160\text{mm}^2$$

78 강판형(plate girder) 복부(web)두께의 제한이 규정되어 있는 가장 큰 이유는?

① 시공상의 난이
② 공비의 절약
③ 자중의 경감
④ 좌굴의 방지

해설 판형의 복부(web)는 압축을 받으므로 복부판의 두께에 따라 좌굴이 좌우된다.

79 인장응력 검토를 위한 L－150×90×12인 형강(angle)의 전개총폭(b_g)은 얼마인가?

① 228mm
② 232mm
③ 240mm
④ 252mm

해설

$$b_g = b_1 + b_2 - t$$
$$= 150+90-12 = 228\text{mm}$$

80 깊은 보(deep beam)의 강도는 다음 중 무엇에 의해 지배되는가?

① 압축
② 인장
③ 휨
④ 전단

해설 깊은 보는 전단이 지배한다$\left(\frac{l_n}{d}\le4\right)$.

정답 77. ③ 78. ④ 79. ① 80. ④

제5과목 : 토질 및 기초

81 점성토를 다지면 함수비의 증가에 따라 입자의 배열이 달라진다. 최적 함수비의 습윤측에서 다짐을 실시하면 흙은 어떤 구조로 되는가?

① 단립구조　　② 봉소구조
③ 이산구조　　④ 면모구조

해설 건조측에서 다지면 면모구조가 되고, 습윤측에서 다지면 이산구조가 된다.

82 토질시험결과 내부마찰각(ϕ)=30°, 점착력 c=0.5kg/cm^2, 간극수압이 8kg/cm^{2}이고 파괴면에 작용하는 수직응력이 30kg/cm^{2}일 때 이 흙의 전단응력은?

① 12.7kg/cm^2　　② 13.2kg/cm^2
③ 15.8kg/cm^2　　④ 19.5kg/cm^2

해설
$$\tau = c + \bar{\sigma}\tan\phi = c + (\sigma - u)\tan\phi$$
$$= 0.5 + (30 - 8) \times \tan 30° = 13.2\text{kg/cm}^2$$

83 다음 그림과 같은 점성토지반의 굴착저면에서 바닥융기에 대한 안전율은 Terzaghi의 식에 의해 구하면? (단, γ=1.731t/m^3, c=2.4t/m^{2}이다.)

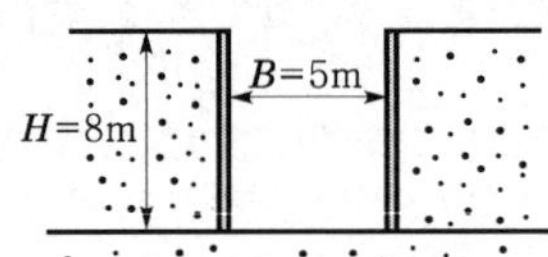

① 3.21　　② 2.32
③ 1.64　　④ 1.17

해설
$$F_s = \frac{5.7c}{\gamma H - \dfrac{cH}{0.7B}} = \frac{5.7 \times 2.4}{1.731 \times 8 - \dfrac{2.4 \times 8}{0.7 \times 5}} = 1.636$$

84 고성토의 제방에서 전단파괴가 발생되기 전에 제방의 외측에 흙을 돋우어 활동에 대한 저항모멘트를 증대시켜 전단파괴를 방지하는 공법은?

① 프리로딩공법　　② 압성토공법
③ 치환공법　　④ 대기압공법

해설 압성토공법
성토의 활동파괴를 방지할 목적으로 사면선단에 성토하여 성토의 중량을 이용하여 활동에 대한 저항모멘트를 크게 하여 안정을 유지시키는 공법이다.

 정답 ▶▶▶ 81. ③ 82. ② 83. ③ 84. ②

85 흙의 투수계수에 영향을 미치는 요소들로만 구성된 것은?

㉮ 흙입자의 크기 ㉯ 간극비
㉰ 간극의 모양과 배열 ㉱ 활성도
㉲ 물의 점성계수 ㉳ 포화도
㉴ 흙의 비중

① ㉮, ㉯, ㉱, ㉳
② ㉮, ㉯, ㉰, ㉲, ㉳
③ ㉮, ㉯, ㉱, ㉲, ㉴
④ ㉯, ㉰, ㉲, ㉴

해설 $K = D_s^{\ 2} \dfrac{\gamma_w}{\mu} \left(\dfrac{e^3}{1+e} \right) C$

86 흙의 다짐에 대한 일반적인 설명으로 틀린 것은?

① 다진 흙의 최대 건조밀도와 최적 함수비는 어떻게 다짐하더라도 일정한 값이다.
② 사질토의 최대 건조밀도는 점성토의 최대 건조밀도보다 크다.
③ 점성토의 최적 함수비는 사질토보다 크다.
④ 다짐에너지가 크면 일반적으로 밀도는 높아진다.

해설 다짐에너지를 크게 하면 건조단위중량은 커지고, 최적 함수비는 작아진다.

87 다음 표와 같은 흙을 통일분류법에 따라 분류한 것으로 옳은 것은?

- No.4번체(4.75mm체) 통과율이 37.5%
- No.200번체(0.075mm체) 통과율이 2.3%
- 균등계수는 7.9
- 곡률계수는 1.4

① GW
② GP
③ SW
④ SP

해설 ㉠ $P_{\#200}(=2.3) < 50\%$이고 $P_{\#4}(=37.5) < 50\%$이므로 자갈(G)이다.
㉡ $C_u(=7.9) > 4$이고 $C_g = 1.4 = 1 \sim 3$이므로 양립도(W)이다.
∴ GW

88 말뚝의 부마찰력(Negative Skin Friction)에 대한 설명 중 틀린 것은?

① 말뚝의 허용지지력을 결정할 때 세심하게 고려해야 한다.
② 연약지반에 말뚝을 박은 후 그 위에 성토를 한 경우 일어나기 쉽다.
③ 연약한 점토에 있어서는 상대변위의 속도가 느릴수록 부마찰력은 크다.
④ 연약지반을 관통하여 견고한 지반까지 말뚝을 박은 경우 일어나기 쉽다.

정답 85. ② 86. ① 87. ① 88. ③

㉠ 부마찰력이 발생하면 지지력이 크게 감소하므로 말뚝의 허용지지력을 결정할 때 세심하게 고려한다.
㉡ 상대변위속도가 클수록 부마찰력이 크다.

89 다음 그림의 파괴포락선 중에서 완전포화된 점토는 UU(비압밀비배수)시험했을 때 생기는 파괴포락선은?

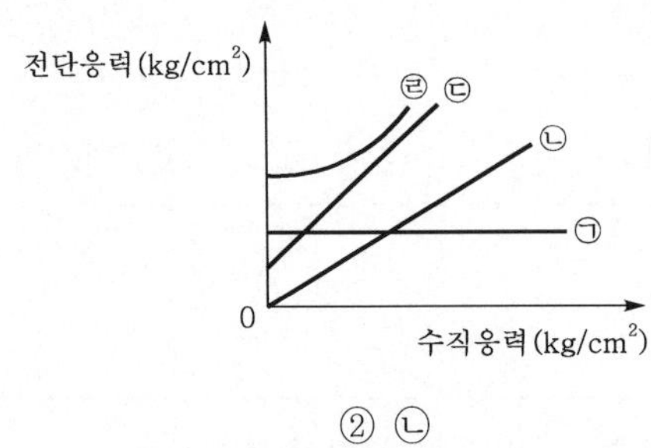

① ㉠　② ㉡
③ ㉢　④ ㉣

CD-test의 파괴포락선
㉠ 정규압밀점토의 파괴포락선은 좌표축의 원점을 지난다.
㉡ 과압밀점토는 파괴포락선이 원점을 통과하지 않으므로 c, ϕ 모두 얻어지며, 이때 파괴포락선은 곡선이 되므로 압력범위를 정하여 직선으로 가정하고 c_d, ϕ_d를 결정하여야 한다.
㉢ UU-test(S_r =100%)인 경우 같은 직경의 Mohr원이 그려지므로 파괴포락선은 ㉠이다.

90 다음 그림과 같은 지반에 대해 수직방향 등가투수계수를 구하면?

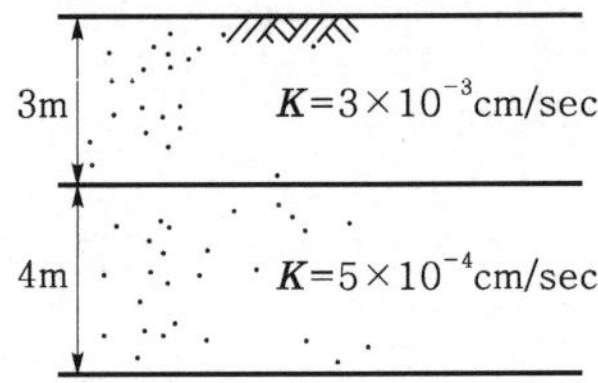

① 3.89×10^{-4}cm/sec　② 7.78×10^{-4}cm/sec
③ 1.57×10^{-3}cm/sec　④ 3.14×10^{-3}cm/sec

$$K_v = \frac{H}{\dfrac{h_1}{K_{v1}} + \dfrac{h_2}{K_{v2}}}$$

$$= \frac{300+400}{\dfrac{300}{3\times10^{-3}} + \dfrac{400}{5\times10^{-4}}} = 7.78\times10^{-4}\,\text{cm/sec}$$

 정답 ▸▸▸ 89. ① 90. ②

91 얕은 기초 아래의 접지압력분포 및 침하량에 대한 설명으로 틀린 것은?

① 접지압력의 분포는 기초의 강성, 흙의 종류, 형태 및 깊이 등에 따라 다르다.
② 점성토지반에 강성기초 아래의 접지압분포는 기초의 모서리 부분이 중앙 부분보다 작다.
③ 사질토지반에서 강성기초인 경우 중앙 부분이 모서리 부분보다 큰 접지압을 나타낸다.
④ 사질토지반에서 유연성기초인 경우 침하량은 중심부보다 모서리 부분이 더 크다.

해설 ㉠ 강성기초

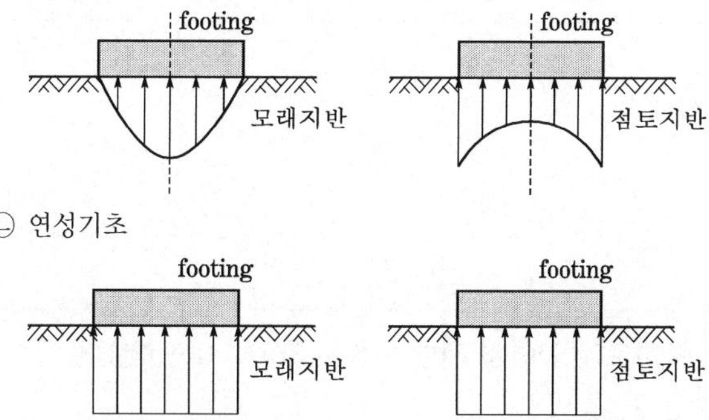

92 다음 그림에서 활동에 대한 안전율은?

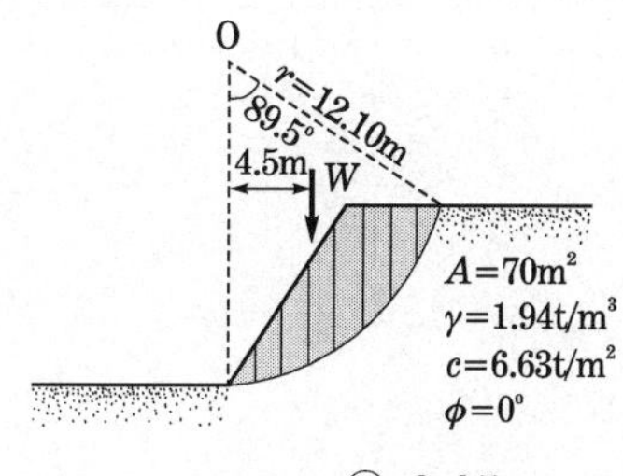

① 1.30 ② 2.05
③ 2.15 ④ 2.48

해설 ㉠ $\tau = c = 6.63\text{t/m}^2$

㉡ $L_a = r\theta = 12.1 \times \left(89.5° \times \dfrac{\pi}{180°}\right) = 18.9\text{m}$

㉢ $M_r = \tau \gamma L_a = 6.63 \times 12.1 \times 18.9 = 1{,}516.2\text{t} \cdot \text{m}$

㉣ $M_D = We = (A\gamma)e = 70 \times 1.94 \times 4.5 = 611.1\text{t} \cdot \text{m}$

㉤ $F_s = \dfrac{M_r}{M_D} = \dfrac{1{,}516.2}{611.1} = 2.48$

93 연약점토지반에 압밀촉진공법을 적용한 후 전체 평균압밀도가 90%로 계산되었다. 압밀촉진공법을 적용하기 전 수직방향의 평균압밀도가 20%였다고 하면 수평방향의 평균압밀도는?

① 70% ② 77.5%
③ 82.5% ④ 87.5%

정답 ▶▶▶ 91. ② 92. ④ 93. ④

해설 $U_{av}=1-(1-U_v)(1-U_h)$

$0.9=1-(1-0.2)\times(1-U_h)$

$\therefore\ U_h=0.875=87.5\%$

94 실내시험에 의한 점토의 강도 증가율(C_u/P) 산정방법이 아닌 것은?

① 소성지수에 의한 방법
② 비배수 전단강도에 의한 방법
③ 압밀비배수 삼축압축시험에 의한 방법
④ 직접전단시험에 의한 방법

해설 강도 증가율추정법

㉠ 비배수 전단강도에 의한 방법(UU시험)
㉡ $\overline{CU}$시험에 의한 방법
㉢ CU시험에 의한 방법
㉣ 소성지수에 의한 방법

95 간극률이 50%, 함수비가 40%인 포화토에 있어서 지반의 분사현상에 대한 안전율이 3.5라고 할 때 이 지반에 허용되는 최대 동수경사는?

① 0.21
② 0.51
③ 0.61
④ 1.00

해설

㉠ $e=\dfrac{n}{100-n}=\dfrac{50}{100-50}=1$

㉡ $Se=wG_s$

$1\times1=0.4G_s$

$\therefore\ G_s=2.5$

㉢ $F_s=\dfrac{i_c}{i}=\dfrac{\dfrac{G_s-1}{1+e}}{i}$

$3.5=\dfrac{\dfrac{2.5-1}{1+1}}{i}$

$\therefore\ i=0.21$

96 포화된 흙의 건조단위중량이 1.70t/m^{3}이고 함수비가 20%일 때 비중은 얼마인가?

① 2.58
② 2.68
③ 2.78
④ 2.88

해설

$\gamma_d=\dfrac{\gamma_w}{\dfrac{1}{G_s}+\dfrac{w}{S}}$

$1.7=\dfrac{1}{\dfrac{1}{G_s}+\dfrac{20}{100}}$

$\therefore\ G_s=2.58$

 정답 ▸▸▸ 94. ④ 95. ① 96. ①

97 표준관입시험에 대한 설명으로 틀린 것은?

① 질량 63.5±0.5kg인 해머를 사용한다.
② 해머의 낙하높이는 760±10mm이다.
③ 고정piston샘플러를 사용한다.
④ 샘플러를 지반에 300mm 박아넣는데 필요한 타격횟수를 N값이라고 한다.

해설 표준관입시험은 split spoon sampler를 boring rod 끝에 붙여서 63.5kg의 해머로 76cm 높이에서 때려 sampler를 30cm 관입시킬 때의 타격횟수 N치를 측정하는 시험이다.

98 다음 그림과 같이 2m×3m 크기의 기초에 10t/m²의 등분포하중이 작용할 때 A점 아래 4m 깊이에서의 연직응력 증가량은? (단, 아래 표의 영향계수값을 활용하여 구하며, $m=\frac{B}{z}$, $n=\frac{L}{z}$이고 B는 직사각형 단면의 폭, L은 직사각형 단면의 길이, z는 토층의 깊이이다.)

【영향계수(I)값】

m	0.25	0.5	0.5	0.5
n	0.5	0.25	0.75	1.0
I	0.048	0.048	0.115	0.122

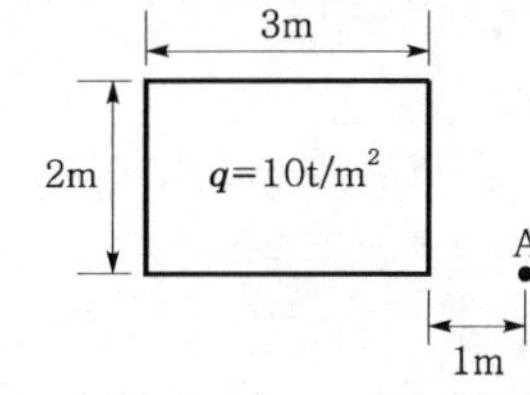

① 0.67t/m²
② 0.74t/m²
③ 1.22t/m²
④ 1.70t/m²

$\Delta\sigma_v = I_{(m,\,n)}q = 0.122\times10 - 0.048\times10 = 0.74\text{t/m}^2$

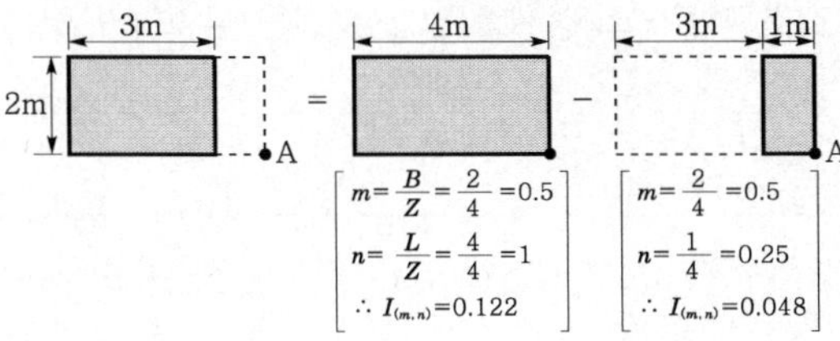

99 토립자가 둥글고 입도분포가 양호한 모래지반에서 N치를 측정한 결과 N=19가 되었을 경우 Dunham의 공식에 의한 이 모래의 내부마찰각 ϕ는?

① 20°
② 25°
③ 30°
④ 35°

해설 $\phi = \sqrt{12N}+20 = \sqrt{12\times19}+20 = 35.1°$

정답 97. ③ 98. ② 99. ④

100 얕은 기초의 지지력 계산에 적용하는 Terzaghi의 극한지지력공식에 대한 설명으로 틀린 것은?

① 기초의 근입깊이가 증가하면 지지력도 증가한다.
② 기초의 폭이 증가하면 지지력도 증가한다.
③ 기초지반이 지하수에 의해 포화되면 지지력은 감소한다.
④ 국부전단파괴가 일어나는 지반에서 내부마찰각(ϕ')은 $\frac{2}{3}\phi$를 적용한다.

해설 국부전단파괴에 대하여 다음과 같이 강도정수를 저감하여 사용한다.

㉠ $C' = \frac{2}{3}C$

㉡ $\tan\phi' = \frac{2}{3}\tan\phi$

제6과목 : 상하수도공학

101 $Q = \frac{1}{360}CIA$는 합리식으로서 첨두유량을 산정할 때 사용된다. 이 식에 대한 설명으로 옳지 않은 것은?

① C는 유출계수로 무차원이다.
② I는 도달시간 내의 강우강도로 단위는 mm/hr이다.
③ A는 유역면적으로 단위는 km^2이다.
④ Q는 첨두유출량으로 단위는 m^3/sec이다.

해설 합리식공식은 $Q = \frac{1}{360}CIA$이므로 면적은 ha이다.

102 정수시설로부터 배수시설의 시점까지 정화된 물, 즉 상수를 보내는 것을 무엇이라 하는가?

① 도수 ② 송수
③ 정수 ④ 배수

해설 상수도계통도는 수원 → 취수 → 도수 → 정수 → 송수 → 배수 → 급수이므로 정수시설에서 배수시설로 보내는 것은 송수이다.

103 펌프의 특성곡선(characteristic curve)은 펌프의 양수량(토출량)과 무엇들과의 관계를 나타낸 것인가?

① 비속도, 공동지수, 총양정 ② 총양정, 효율, 축동력
③ 비속도, 축동력, 총양정 ④ 공동지수, 총양정, 효율

해설 펌프의 특성곡선은 양정, 효율, 축동력과의 관계를 나타낸 것이다.

 정답 ▸▸ 100. ④ 101. ③ 102. ② 103. ②

104 혐기성 소화공정에서 소화가스 발생량이 저하될 때 그 원인으로 적합하지 않은 것은?

① 소화슬러지의 과잉배출
② 조 내 퇴적토사의 배출
③ 소화조 내 온도의 저하
④ 소화가스의 누출

해설 조 내 퇴적토사를 배출하면 소화공정이 원활해지기 때문에 소화가스 발생량이 증가된다.

105 다음 중 일반적으로 정수장의 응집처리 시 사용되지 않는 것은?

① 황산칼륨
② 황산알루미늄
③ 황산 제1철
④ 폴리염화알루미늄(PAC)

해설 명반=황산반토=황산알루미늄은 정수처리공정에서 가장 많이 사용하는 응집제이며, 철염류인 황산 제1철은 폐수처리과정에 사용된다. PAC는 응집제로서 가격이 비싸 잘 사용하지 않는다.

106 수원 선정 시의 고려사항으로 가장 거리가 먼 것은?

① 갈수기의 수량
② 갈수기의 수질
③ 장래 예측되는 수질의 변화
④ 홍수 시의 수량

해설 평수위, 저수위, 갈수위에 대한 수량은 고려하지만 홍수 시의 수량은 고려하지 않는다.

107 부유물농도 200mg/L, 유량 3,000m^3/day인 하수가 침전지에서 70% 제거된다. 이때 슬러지의 함수율이 95%, 비중이 1.1일 때 슬러지의 양은?

① 5.9m^3/day　　② 6.1m^3/day
③ 7.6m^3/day　　④ 8.5m^3/day

해설 총고용물량은 $200\times10^{-6}\times3{,}000\text{m}^3/\text{day}=0.6\text{m}^3/\text{day}$이고, 침전고용물=슬러지이므로 $0.6\times0.7=0.42\text{m}^3/\text{day}$이다. 함수율이 95%이므로 고형물은 $\frac{0.42}{100-95}=8.4\text{m}^3/\text{day}$이다. 이때 비중이 1.1이므로 $\frac{8.4}{1.1}=7.64\text{m}^3/\text{day}$이다.

108 하수관로의 접합 중에서 굴착깊이를 얕게 하여 공사비용을 줄일 수 있으며 수위 상승을 방지하고 양정고를 줄일 수 있어 펌프로 배수하는 지역에 적합한 방법은?

① 관정접합　　② 관저접합
③ 수면접합　　④ 관 중심 접합

정답 ▸▸▸ 104. ② 105. ① 106. ④ 107. ③ 108. ②

해설 관저접합은 가장 나쁜 시공법이지만 굴착깊이를 얕게 하고 토공량을 줄일 수 있어 가장 많이 시공한다. 또한 펌프의 배수지역에 가장 적합하다.

109 하수도의 관로계획에 대한 설명으로 옳은 것은?

① 오수관로는 계획 1일 평균오수량을 기준으로 계획한다.
② 관로의 역사이펀을 많이 설치하여 유지관리측면에서 유리하도록 계획한다.
③ 합류식에서 하수의 차집관로는 우천 시 계획오수량을 기준으로 계획한다.
④ 오수관로와 우수관로가 교차하여 역사이펀을 피할 수 없는 경우는 우수관로를 역사이펀으로 하는 것이 바람직하다.

해설 합류식에서 하수의 차집관로는 우천 시 계획오수량 또는 시간 최대 오수량의 3배를 기준으로 계획한다.

110 펌프의 비교회전도(specific speed)에 대한 설명으로 옳은 것은?

① 임펠러(impeller)가 배출량 $1m^3$/min을 전양정 1m로 운전 시 회전수
② 임펠러(impeller)가 배출량 $1m^3$/sec을 전양정 1m로 운전 시 회전수
③ 작은 비회전도값에 대한 대유량, 저양정의 정도
④ 큰 비회전도값에 대한 소유량, 대양정의 정도

해설 비교회전도는 임펠러가 배출량 $1m^3$/min을 전양정 1m로 운전 시 회전수이다.

111 집수매거(infiltration galleries)에 관한 설명 중 옳지 않은 것은?

① 집수매거는 하천부지의 하상 밑이나 구하천부지 등의 땅속에 매설하여 복류수나 자유수면을 갖는 지하수를 취수하는 시설이다.
② 철근콘크리트조의 유공관 또는 권선형 스크린관을 표준으로 한다.
③ 집수매거 내의 평균유속은 유출단에서 1m/s 이하가 되도록 한다.
④ 집수매거의 집수개구부(공) 직경은 3~5cm를 표준으로 하고, 그 수는 관거표면적 $1m^2$당 5~10개로 한다.

해설 집수매거의 집수개구부(공) 직경은 10~20mm를 표준으로 하고, 그 수는 관거표면적 $1m^2$당 20~30개로 한다.

112 정수방법 선정 시의 고려사항(선정조건)으로 가장 거리가 먼 것은?

① 원수의 수질
② 도시발전상황과 물 사용량
③ 정수수질의 관리목표
④ 정수시설의 규모

해설 정수방법의 선정 시 고려사항은 수질목표를 달성하는 것이다. 도시의 발전상황과 물 사용량의 고려는 배수시설과 보다 연관성이 있다.

정답 ▸▸▸ 109. ③ 110. ① 111. ④ 112. ②

113 하수관로에 대한 설명으로 옳지 않은 것은?

① 관로의 최소 흙두께는 원칙적으로 1m로 하나 노반두께, 동결심도 등을 고려하여 적절한 흙두께로 한다.
② 관로의 단면은 단면형상에 따른 수리적 특성을 고려하여 선정하되 원형 또는 직사각형을 표준으로 한다.
③ 우수관로의 최소 관경은 200mm를 표준으로 한다.
④ 합류관로의 최소 관경은 250mm를 표준으로 한다.

해설 오수관로의 최소관경은 200mm를 표준으로 한다.

114 계획급수인구 50,000인, 1인 1일 최대 급수량 300L, 여과속도 100m/day로 설계하고자 할 때 급속여과지의 면적은?

① $150m^2$
② $300m^2$
③ $1,500m^2$
④ $3,000m^2$

해설 $Q = 50,000$인$\times 300$L/인 · day
$= 50,000$인$\times 300 \times 10^{-3} m^3/day$
$= 15,000 m^3/day$

$$\therefore A = \frac{Q}{V} = \frac{15,000m^3/day}{100m/day} = 150m^2$$

115 다음 그림은 Hardy-Cross방법에 의한 배수관망의 도해법이다. 그림에 대한 설명으로 틀린 것은? (단, Q는 유량, H는 손실수두를 의미한다.)

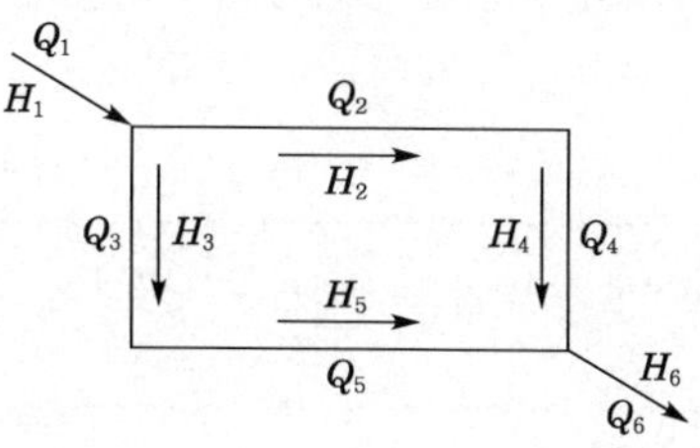

① Q_1과 Q_6은 같다.
② Q_2의 방향은 +이고, Q_3의 방향은 −이다.
③ $H_2+H_4+H_3+H_5$는 0이다.
④ H_1은 H_6과 같다.

해설 Hardy-Cross법의 가정 3조건은 $\Sigma Q_{in} = \Sigma Q_{out}$, $\Sigma h_L \fallingdotseq 0$, 미소손실은 무시한다.

116 대장균군의 수를 나타내는 MPN(최확수)에 대한 설명으로 옳은 것은?

① 검수 1mL 중 이론상 있을 수 있는 대장균군의 수
② 검수 10mL 중 이론상 있을 수 있는 대장균군의 수
③ 검수 50mL 중 이론상 있을 수 있는 대장균군의 수
④ 검수 100mL 중 이론상 있을 수 있는 대장균군의 수

해설 MPN은 100mL 중 이론상 있을 수 있는 대장균군의 수이다.

117 침전지 내에서 비중이 0.7인 입자의 부상속도를 V라 할 때 비중이 0.4인 입자의 부상속도는? (단, 기타의 모든 조건은 같다.)

① $0.5V$　　② $1.25V$
③ $1.75V$　　④ $2V$

해설 $V_s = \dfrac{(\rho_w - \rho_s)gd^2}{18\mu} = \dfrac{(1-s)gd^2}{18\nu}$에서 $V_s \propto (1-s)$이므로 $V_2 = \dfrac{1-0.4}{1-0.7} = 2V$이다.

118 하수 중의 질소와 인을 동시에 제거할 때 이용될 수 있는 고도처리시스템은?

① 혐기호기조합법　　② 3단 활성슬러지법
③ Phostrip법　　④ 혐기 무산소호기조합법

해설 질소와 인을 동시에 제거하는 방법으로는 A2/O법(혐기 무산소호기법)이 있다.

119 상수도의 구성이나 계통에서 상수원의 부영양화가 가장 큰 영향을 미칠 수 있는 시설은?

① 취수시설　　② 정수시설
③ 송수시설　　④ 배·급수시설

해설 부영양화는 녹조를 발생시키며, 조류가 발생하면 수돗물의 정수부하를 야기한다.

120 하수배제방식에 대한 설명 중 틀린 것은?

① 분류식 하수관거는 청천 시 관로 내 퇴적량이 합류식 하수관거에 비하여 많다.
② 합류식 하수배제방식은 폐쇄의 염려가 없고 검사 및 수리가 비교적 용이하다.
③ 합류식 하수관거에서는 우천 시 일정 유량 이상이 되면 하수가 직접 수역으로 방류될 수 있다.
④ 분류식 하수배제방식은 강우 초기에 도로 위의 오염물질이 직접 하천으로 유입되는 단점이 있다.

해설 분류식은 오수와 우수를 따로 배제하기 때문에 유량과 수질이 일정하며 토사유입량이 적어 퇴적량이 합류식에 비하여 적다.

 정답 ▸▸▸ 116. ④ 117. ④ 118. ④ 119. ② 120. ①

과년도 출제문제

1 2019년 3월 3일 시행

2 2019년 4월 27일 시행

3 2019년 8월 4일 시행

국가기술자격검정 필기시험문제

2019년도 토목기사(2019년 3월 3일)

자격종목	시험시간	문제형별	수험번호	성 명
토목기사	**3시간**	**B**		

제1과목 : 응용역학

1 다음 정정보에서의 전단력도(S.F.D)로 옳은 것은?

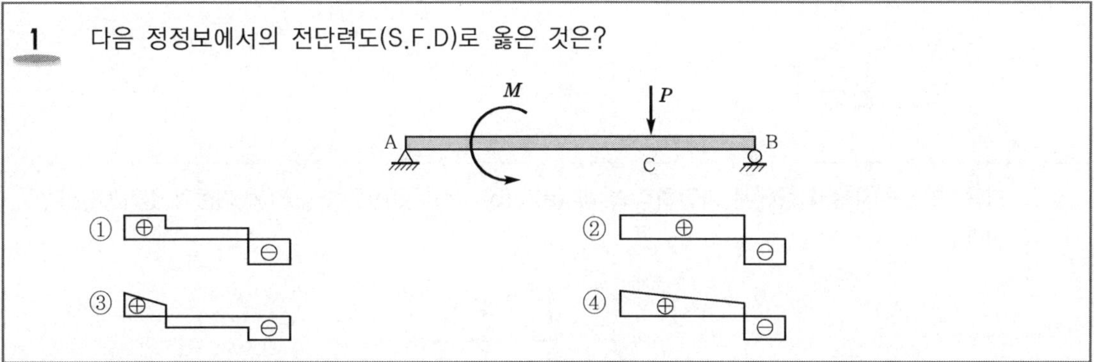

해설 모멘트하중은 전단력과 관계가 없으며 C점에 작용하는 P에 영향을 받는다.

2 각 변의 길이가 a로 동일한 그림 A, B 단면의 성질에 관한 내용으로 옳은 것은?

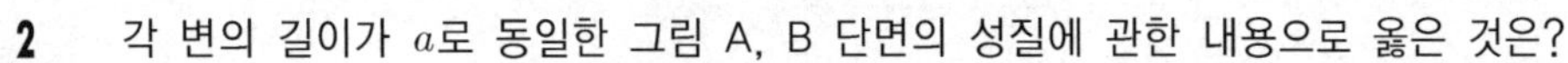

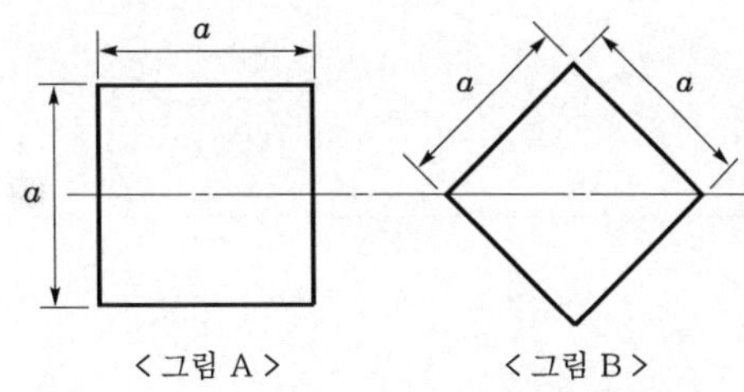

<그림 A> <그림 B>

① 그림 A는 그림 B보다 단면계수는 작고, 단면 2차 모멘트는 크다.
② 그림 A는 그림 B보다 단면계수는 크고, 단면 2차 모멘트는 작다.
③ 그림 A는 그림 B보다 단면계수는 크고, 단면 2차 모멘트는 같다.
④ 그림 A는 그림 B보다 단면계수는 작고, 단면 2차 모멘트는 같다.

해설 단면도심으로부터 단면 상연 또는 하연까지의 거리가 그림 B가 더 크기 때문에 단면계수는 그림 A가 그림 B보다 더 크고, 단면 2차 모멘트는 같다.

정답 ▸▸▸ 1. ② 2. ③

3 다음 그림과 같이 단순보에 이동하중이 재하될 때 절대 최대 모멘트는 약 얼마인가?

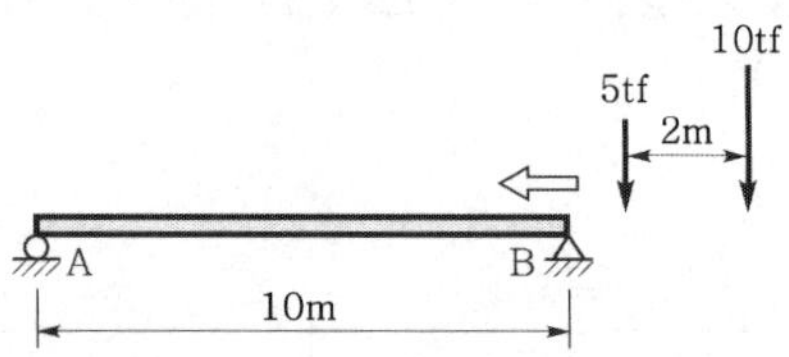

① 33tf·m
② 35tf·m
③ 37tf·m
④ 39tf·m

㉠ 합력 산정

$R = 5 + 10 = 15\text{tf}(\uparrow)$

㉡ 합력의 작용점 산정(기준점은 10tf 재하점)

$x = \dfrac{5 \times 2}{15} = \dfrac{2}{3} = 0.67\text{m}$

㉢ $M_{\max}$ 산정

$M_{\max} = \dfrac{R}{l}\left(\dfrac{l-x}{2}\right)^2 = \dfrac{15}{10} \times \left(\dfrac{10-0.67}{2}\right)^2 = 32.64\text{tf} \cdot \text{m}$

4 다음 그림과 같은 기둥에서 좌굴하중의 비 (a) : (b) : (c) : (d)는? (단, EI와 기둥의 길이(l)는 모두 같다.)

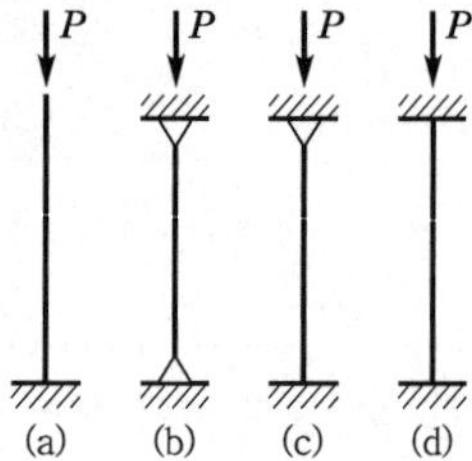

① 1 : 2 : 3 : 4
② 1 : 4 : 8 : 12
③ $\dfrac{1}{4}$: 2 : 4 : 8
④ 1 : 4 : 8 : 16

$P_{cr} = \dfrac{n\pi^2 EI}{l}$

$\therefore P_a : P_b : P_c : P_d = \dfrac{1}{4} : 1 : 2 : 4 = 1 : 4 : 8 : 16$

 정답 ▸▸▸ 3. ① 4. ④

5 양단 고정보에 등분포하중이 작용할 때 A점에 발생하는 휨모멘트는?

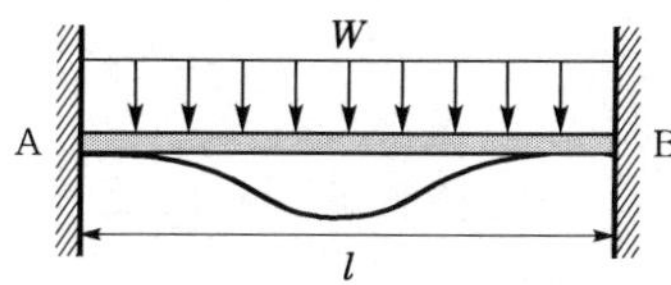

① $-\dfrac{Wl^2}{4}$　　② $-\dfrac{Wl^4}{6}$

③ $-\dfrac{Wl^2}{8}$　　④ $-\dfrac{Wl^2}{12}$

해설

$$M_A = M_B = -\frac{Wl^2}{12}$$

6 다음 라멘의 수직반력 R_B는?

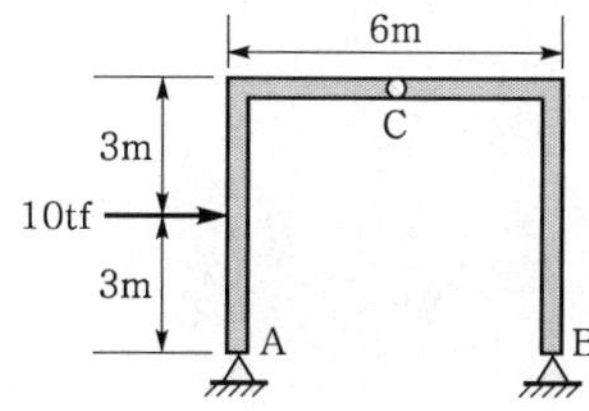

① 2tf　　② 3tf

③ 4tf　　④ 5tf

해설 $\Sigma M_A = 0(\oplus↻)$

$R_B \times 6 - 10 \times 3 = 0$

$\therefore R_B = 5\text{tf}(\downarrow)$

7 단주에서 단면의 핵이란 기둥에서 인장응력이 발생되지 않도록 재하되는 편심거리로 정의된다. 지름 40cm인 원형 단면의 핵의 지름은?

① 2.5cm　　② 5.0cm

③ 7.5cm　　④ 10.0cm

해설

$$e(\text{핵반지름}) = \frac{Z}{A} = \frac{\dfrac{\pi D^3}{32}}{\dfrac{\pi D^2}{4}} = \frac{D}{8} = \frac{40}{8} = 5\text{cm}$$

$\therefore 2e(\text{핵지름}) = 2 \times 5 = 10\text{cm}$

8 지름이 d인 원형 단면의 회전반경은?

① $\frac{d}{2}$　　② $\frac{d}{3}$

③ $\frac{d}{4}$　　④ $\frac{d}{8}$

해설

$$r=\sqrt{\frac{I}{A}}=\sqrt{\frac{\frac{\pi d^4}{64}}{\frac{\pi d^2}{4}}}=\frac{d}{4}$$

9 직사각형 단면보의 단면적을 A, 전단력을 V라고 할 때 최대 전단응력 $\tau_{\max}$은?

① $\frac{2}{3}\frac{V}{A}$　　② $1.5\frac{V}{A}$

② $3\frac{V}{A}$　　④ $2\frac{V}{A}$

해설

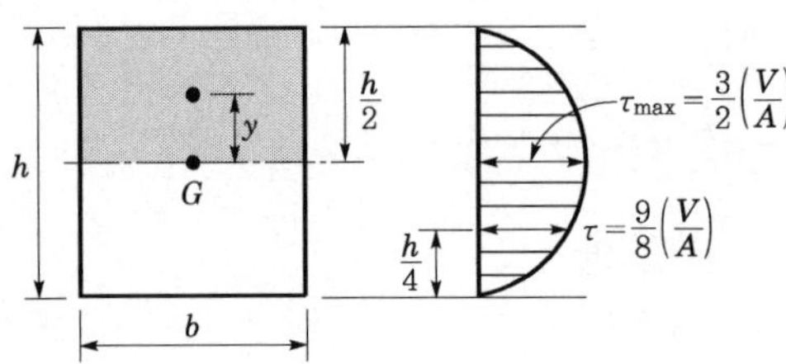

㉠ $G=Ay=\frac{bh}{2}\times\frac{h}{4}=\frac{bh^2}{8}$

㉡ $I=\frac{bh^3}{12}$

$$\therefore \tau_{\max}=\frac{VG}{Ib}=\frac{V\left(\frac{bh^2}{8}\right)}{\left(\frac{bh^3}{12}\right)b}=\frac{3}{2}\left(\frac{V}{bh}\right)=1.5\frac{V}{A}$$

10 분포하중(W), 전단력(S) 및 굽힘모멘트(M) 사이의 관계가 옳은 것은?

① $W=\frac{dM}{dx}=\frac{d^2S}{dx^2}$　　② $W=\frac{dM}{dx}=\frac{d^2M}{dx^2}$

③ $-W=\frac{dS}{dx}=\frac{d^2M}{dx^2}$　　④ $-W=\frac{dM}{dx}=\frac{d^2S}{dx^2}$

해설

2차 적분

하중(−)W ⇄ (1차 적분 / 1차 미분) 전단력 S ⇄ (1차 적분 / 1차 미분) 휨모멘트 M

2차 미분

11 다음 그림과 같은 구조물에서 C점의 수직처짐은? (단, AC 및 BC부재의 길이는 l, 단면적은 A, 탄성계수는 E이다.)

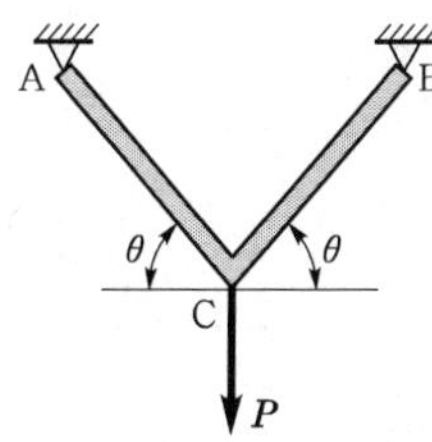

① $\dfrac{Pl}{2AE\sin^2\theta}$ ② $\dfrac{Pl}{2AE\cos^2\theta}$

③ $\dfrac{Pl}{2AE\sin\theta\cos\theta}$ ④ $\dfrac{Pl}{2AE\sin\theta}$

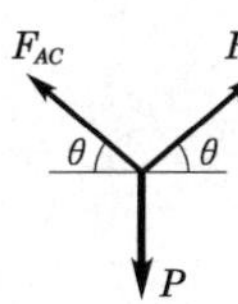

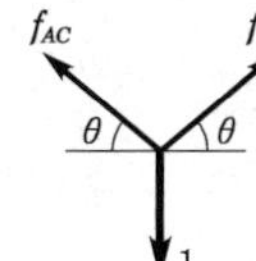

$F_{AC}=F_{BC}=\dfrac{P}{2\sin\theta}$

$f_{AC}=f_{BC}=\dfrac{1}{2\sin\theta}$

$\therefore\ \delta_C=\Sigma\dfrac{Ff}{AE}l=\dfrac{l}{AE}\times\dfrac{P}{2\sin\theta}\times\dfrac{1}{2\sin\theta}+\dfrac{l}{AE}\times\dfrac{P}{2\sin\theta}\times\dfrac{1}{2\sin\theta}=\dfrac{Pl}{2AE\sin^2\theta}$

12 다음에서 설명하는 정리는?

> 동일 평면상의 한 점에 여러 개의 힘이 작용하고 있는 경우에 이 평면상의 임의점에 관한 이들 힘의 모멘트의 대수합은 동일점에 관한 이들 힘의 합력의 모멘트와 같다.

① Lami의 정리 ② Green의 정리

③ Pappus의 정리 ④ Varignon의 정리

13 다음 그림과 같은 보에서 C점의 휨모멘트는?

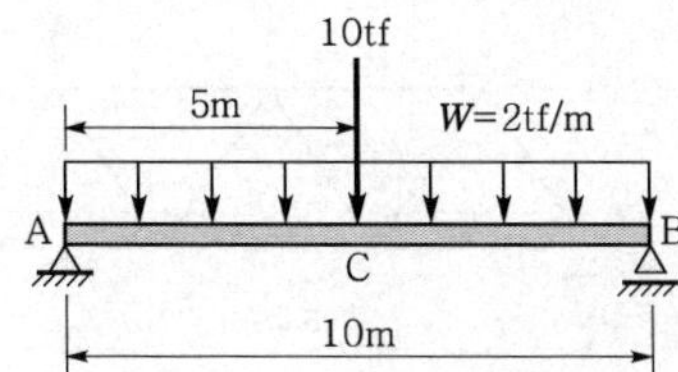

① 0tf·m ② 40tf·m

③ 45tf·m ④ 50tf·m

$M_C=\dfrac{PL}{4}+\dfrac{WL^2}{8}=\dfrac{10\times10}{4}+\dfrac{2\times10^2}{8}=25+25=50\text{tf}\cdot\text{m}$

정답 ▸▸▸ 11. ① 12. ④ 13. ④

14 탄성계수가 2.0×10^6kgf/cm^{2}인 재료로 된 경간 10m의 캔틸레버보에 W=120kgf/m의 등분포 하중이 작용할 때 자유단의 처짐각은? (단, IN : 중립축에 관한 단면 2차 모멘트)

① $\theta=\dfrac{10^2}{IN}$　② $\theta=\dfrac{10^3}{IN}$

③ $\theta=1.5\dfrac{10^3}{IN}$　④ $\theta=\dfrac{10^4}{IN}$

해설

$$\theta=\frac{WL^3}{6EI}=\frac{1.2\times(10\times100)^3}{6\times2.0\times10^6\times IN}=\frac{10^2}{IN}$$

15 다음 그림과 같은 내민보에서 자유단의 처짐은? (단, $EI=3.2\times10^{11}$kgf·cm^2)

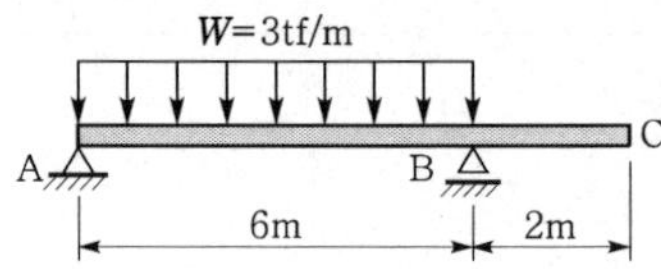

① 0.169m　② 16.9m

③ 0.338m　④ 33.8m

해설

$$\delta_C=\theta_B L_{BC}=\frac{WL_{AB}^3}{24EI}L_{BC}=\frac{(3\times10)\times(6\times100)^3}{24\times3.2\times10^{11}}\times(2\times100)=0.169\text{cm}$$

16 다음 중 단위변형을 일으키는데 필요한 힘은?

① 강성도　② 유연도

③ 축강도　④ 푸아송비

해설 ㉠ 강성도(k) : 단위변형($\Delta l=1$)을 일으키는 데 필요한 힘으로 변형에 저항하는 정도
㉡ 유연도(f) : 단위하중($P=1$)에 의한 변형량

17 다음 그림과 같은 트러스에서 부재 U의 부재력은?

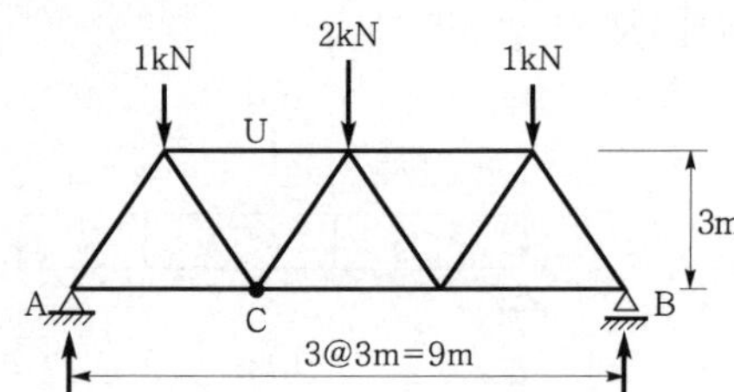

① 1.0kN(압축)　② 1.2kN(압축)

③ 1.3kN(압축)　④ 1.5kN(압축)

 정답 ▸▸▸ 14. ① 15. ① 16. ① 17. ④

해설 대칭 단면이므로 $V_A = V_B = 2\text{tf}(\uparrow)$

• 단면법 이용

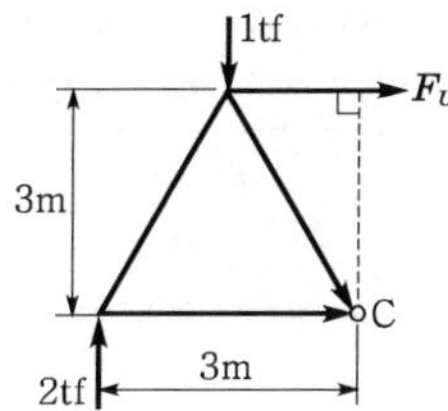

$\Sigma M_C = 0(\oplus\curvearrowright)$

$2\times3-1\times1.5+F_U\times3=0$

$\therefore F_U = \frac{1}{3}\times(1.5-2\times3) = -1.5\text{tf}$(압축)

18 20cm×30cm인 단면의 저항모멘트는? (단, 재료의 허용휨응력은 70kgf/cm^{2}이다.)

① 2.1tf·m ② 3.0tf·m

③ 4.5tf·m ④ 6.0tf·m

해설

$Z=\frac{bh^2}{6}$, $\sigma=\frac{M}{Z}$

$\therefore M=\sigma Z=70\times\frac{20\times30^2}{6}=210{,}000\text{kgf}\cdot\text{cm}=2.1\text{tf}\cdot\text{m}$

19 주어진 보에서 지점 A의 휨모멘트(M_A) 및 반력(R_A)의 크기로 옳은 것은?

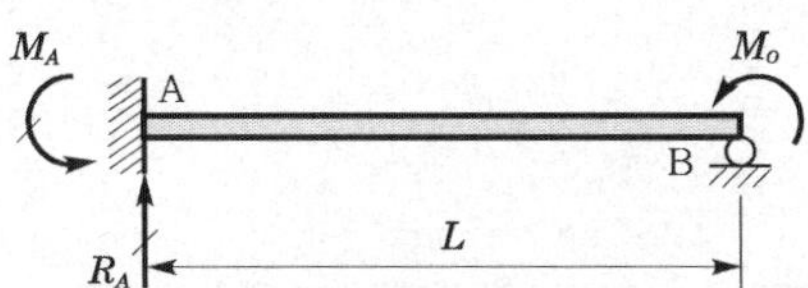

① $M_A=\frac{M_o}{2}$, $R_A=\frac{3M_o}{2L}$ ② $M_A=M_o$, $R_A=\frac{M_o}{L}$

③ $M_A=\frac{M_o}{2}$, $R_A=\frac{5M_o}{2L}$ ④ $M_A=M_o$, $R_A=\frac{2M_o}{L}$

해설

$M_A=\frac{1}{2}M_B=\frac{M_o}{2}$

$\Sigma M_B=0$

$R_A L-M_A-M_o=0$

$\therefore R_A=\frac{3M_o}{2L}$

정답 ▸▸▸ 18. ① 19. ①

20 다음에서 부재 BC에 걸리는 응력의 크기는?

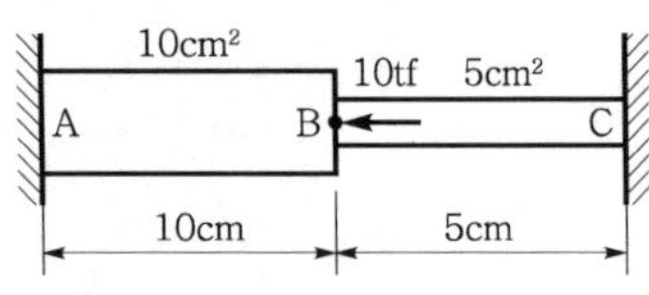

① $\frac{2}{3}$tf/cm^2
② 1tf/cm^2
③ $\frac{3}{2}$tf/cm^2
④ 2tf/cm^2

해설 R_C를 부정정력으로 선택

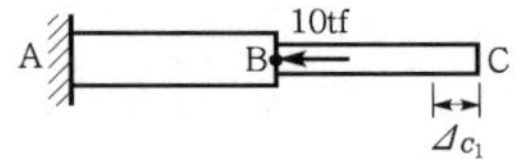

$$\Delta_{C1} = \frac{10\times10}{EA_1} = \frac{10\times10}{E\times10} = \frac{10}{E}(\leftarrow)$$

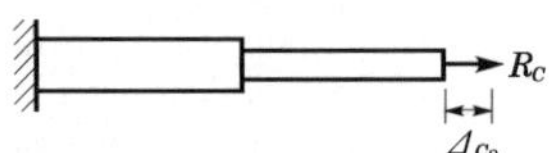

$$\Delta_{C2} = \frac{R_C\times10}{EA_1} + \frac{R_C\times5}{EA_2} = \frac{R_C\times10}{E\times10} + \frac{R_C\times5}{E\times5} = \frac{2R_C}{E}(\rightarrow)$$

$$\Delta_{C1} = \Delta_{C2}$$

$$\frac{10}{E} = \frac{2R_C}{E}$$

$$\therefore R_C = 5\text{tf}(\rightarrow)$$

$$\therefore \sigma_{BC} = \frac{R_C}{A_2} = \frac{5,000}{5} = 1,000\text{kgf/cm}^2 = 1\text{tf/cm}^2$$

제2과목 : 측량학

21 위성측량의 DOP(Dilution of Precision)에 관한 설명 중 옳지 않은 것은?

① 기하학적 DOP(GDOP), 3차원 위치 DOP(PDOP), 수직위치 DOP(VDOP), 평면위치 DOP(HDOP), 시간 DOP(TDOP) 등이 있다.
② DOP는 측량할 때 수신 가능한 위성의 궤도정보를 항법메세지에서 받아 계산할 수 있다.
③ 위성측량에서 DOP가 작으면 클 때보다 위성의 배치상태가 좋은 것이다.
④ 3차원 위치 DOP(PDOP)는 평면위치 DOP(HDOP)와 수직위치 DOP(VDOP)의 합으로 나타난다.

해설 3차원 위치 DOP(PDOP)는 $\sqrt{\sigma_x^{\ 2}+\sigma_y^{\ 2}+\sigma_z^{\ 2}}$ 으로 나타낸다.

 정답 ▸▸▸ 20. ② 21. ④

22 수준측량에서 발생하는 오차에 대한 설명으로 틀린 것은?

① 기계의 조정에 의해 발생하는 오차는 전시와 후시의 거리를 같게 하여 소거할 수 있다.
② 표척의 영눈금오차는 출발점의 표척을 도착점에서 사용하여 소거할 수 있다.
③ 측지삼각수준측량에서 곡률오차와 굴절오차는 그 양이 미소하므로 무시할 수 있다.
④ 기포의 수평조정이나 표척면의 읽기는 육안으로 한계가 있으나, 이로 인한 오차는 일반적으로 허용오차범위 안에 들 수 있다.

해설 측지삼각수준측량에서 곡률오차(구차)와 굴절오차(기차)를 무시할 수 없으며, 이를 고려하여 표고를 결정하여야 한다.

23 A, B, C 세 점에서 P점의 높이를 구하기 위해 직접수준측량을 실시하였다. A, B, C점에서 구한 P점의 높이는 각각 325.13m, 325.19m, 325.02m이고 AP = BP = 1km, CP = 3km일 때 P점의 표고는?

① 325.08m ② 325.11m
③ 325.14m ④ 325.21m

해설 경중률은 노선거리에 반비례한다.

㉠ $P_A : P_B : P_C = \frac{1}{1} : \frac{1}{1} : \frac{1}{3} = 3 : 3 : 1$

㉡ $H_0 = \frac{3 \times 325.13 + 3 \times 325.19 + 1 \times 325.02}{3+3+1} = 325.14\text{m}$

24 다각측량결과 측점 A, B, C의 합위거, 합경거가 다음 표와 같다면 삼각형 A, B, C의 면적은?

측점	합위거(m)	합경거(m)
A	100.0	100.0
B	400.0	100.0
C	100.0	500.0

① 40,000m² ② 60,000m²
③ 80,000m² ④ 120,000m²

해설

측점	합위거(m)	합경거(m)	$(X_{i-1}+X_{i+1})Y_i$
A	100.0	100.0	$(100-400)\times 100 = -30,000$
B	400.0	100.0	$(100-100)\times 100 = 0$
C	100.0	500.0	$(400-100)\times 500 = 150,000$
			$\Sigma = 120,000(=2A)$ $\therefore A = 60,000\text{m}^2$

정답 ▸▸▸ 22. ③ 23. ③ 24. ②

25 지오이드(Geoid)에 대한 설명으로 옳은 것은?

① 육지와 해양의 지형면을 말한다.
② 육지 및 해저의 요철(凹凸)을 평균한 매끈한 곡면이다.
③ 회전타원체와 같은 것으로서 지구의 형상이 되는 곡면이다.
④ 평균해수면을 육지 내부까지 연장했을 때의 가상적인 곡면이다.

해설 지오이드는 평균해수면을 육지 내부까지 연장했을 때의 가상적인 곡면이다.

26 항공사진의 주점에 대한 설명으로 옳지 않은 것은?

① 주점에서는 경사사진의 경우에도 경사각에 관계없이 수직사진의 축척과 같은 축척이 된다.
② 인접사진과의 주점길이가 과고감에 영향을 미친다.
③ 주점은 사진의 중심으로 경사사진에서는 연직점과 일치하지 않는다.
④ 주점은 연직점, 등각점과 함께 항공사진의 특수 3점이다.

해설 경사사진의 경우에는 수직사진의 축척과 축척이 다르다.

27 교각(I) 60°, 외선길이(E) 15m인 단곡선을 설치할 때 곡선길이는?

① 85.2m ② 91.3m
③ 97.0m ④ 101.5m

㉠ $E = R\left(\sec\frac{I}{2} - 1\right)$

$\therefore R = \dfrac{E}{\sec\frac{I}{2} - 1} = \dfrac{15}{\sec\frac{60°}{2} - 1} = 96.96\text{m}$

㉡ $CL = \dfrac{\pi}{180}RI = \dfrac{\pi}{180} \times 96.96 \times 60° = 101.5\text{m}$

28 거리와 각을 동일한 정밀도로 관측하여 다각측량을 하려고 한다. 이때 각측량기의 정밀도가 10″라면 거리측량기의 정밀도는 약 얼마 정도이어야 하는가?

① $\dfrac{1}{15,000}$ ② $\dfrac{1}{18,000}$
③ $\dfrac{1}{21,000}$ ④ $\dfrac{1}{25,000}$

해설 $\dfrac{\Delta l}{l} = \dfrac{\theta''}{\rho''} = \dfrac{10''}{206,265''} = \dfrac{1}{21,000}$

정답 ▸▸▸ 25. ④ 26. ① 27. ④ 28. ③

29 비행장이나 운동장과 같이 넓은 지형의 정지공사 시에 토량을 계산하고자 할 때 적당한 방법은?

① 점고법　　② 등고선법
③ 중앙 단면법　　④ 양 단면평균법

해설 점고법은 운동장이나 비행장과 같은 시설을 건설하기 위한 넓은 지형의 정지공사에서 토량을 계산할 때 적합한 방법이다.

30 일반적으로 단열삼각망으로 구성하기에 가장 적합한 것은?

① 시가지와 같이 정밀을 요하는 골조측량
② 복잡한 지형의 골조측량
③ 광대한 지역의 지형측량
④ 하천조사를 위한 골조측량

해설 동일 측점수에 비하여 도달거리가 가장 길기 때문에 노선측량, 하천측량, 터널측량 등과 같이 폭이 좁고 거리가 먼 지역에 적합한 삼각망은 단열삼각망이다.

31 삼각측량의 각 삼각점에 있어 모든 각의 관측 시 만족되어야 하는 조건이 아닌 것은?

① 하나의 측점을 둘러싸고 있는 각의 합은 360°가 되어야 한다.
② 삼각망 중에서 임의의 한 변의 길이는 계산의 순서에 관계없이 같아야 한다.
③ 삼각망 중 각각 삼각형 내각의 합은 180°가 되어야 한다.
④ 모든 삼각점의 포함면적은 각각 일정하여야 한다.

해설 삼각망 조정

조정조건	내용
각조건	각 다각형의 내각의 합은 $180(n-2)$이다.
점조건	• 한 측점에서 측정한 여러 각의 합은 그들 각을 한 각으로 하여 측정한 값과 같다. • 점방정식 : 한 측점둘레에 있는 모든 각을 합한 값은 360°이다.
변조건	삼각망 중의 임의의 한 변의 길이는 계산해가는 순서와 관계없이 같은 값이어야 한다.

32 $100m^2$인 정사각형 토지의 면적을 $0.1m^2$까지 정확하게 구하고자 한다면 이에 필요한 거리관측의 정확도는?

① $\frac{1}{2,000}$　　② $\frac{1}{1,000}$
③ $\frac{1}{500}$　　④ $\frac{1}{300}$

해설
$$\frac{\Delta A}{A}=2\frac{\Delta l}{l}$$
$$\frac{0.1}{100}=2\times\frac{\Delta l}{l}$$
$$\therefore \frac{\Delta l}{l}=\frac{1}{2,000}$$

33 초점거리 20cm의 카메라로 평지로부터 6,000m의 촬영고도로 찍은 연직사진이 있다. 이 사진에 찍혀있는 평균표고 500m인 지형의 사진축척은?

① 1 : 5,000
② 1 : 27,500
③ 1 : 29,750
④ 1 : 30,000

해설
㉠ $\frac{1}{m}=\frac{l}{L}=\frac{f}{H\pm h}$
㉡ $\frac{1}{m}=\frac{0.2}{6,000-500}=\frac{1}{27,500}$

34 지형측량에서 지성선(地性線)에 대한 설명으로 옳은 것은?

① 등고선이 수목에 가려져 불명확할 때 이어주는 선을 의미한다.
② 지모(地貌)의 골격이 되는 선을 의미한다.
③ 등고선에 직각방향으로 내려 그은 선을 의미한다.
④ 곡선(谷線)이 합류되는 점들을 서로 연결한 선을 의미한다.

해설 지성선이란 지모의 골격이 되는 선을 의미한다.

35 철도의 궤도간격 b=1.067m, 곡선반지름 R=600m인 원곡선상을 열차가 100km/h로 주행하려고 할 때 캔트는?

① 100mm
② 140mm
③ 180mm
④ 220mm

해설
$$C=\frac{SV^2}{Rg}=\frac{1.067\times\left(\frac{100\times1,000}{3,600}\right)^2}{600\times9.8}=0.14\text{m}=140\text{mm}$$

36 방위각 265°에 대한 측선의 방위는?

① S85°W
② E85°W
③ N85°E
④ E85°N

해설 방위각 265°에 대한 측선의 방위는 3상한에 속하므로 S(265°−180°)W이다. 그러므로 방위는 S85°W이다.

 정답 33. ② 34. ② 35. ② 36. ①

37 평야지대에서 어느 한 측점에서 중간 장애물이 없는 26km 떨어진 측점을 시준할 때 측점에 세울 표척의 최소 높이는? (단, 굴절계수는 0.14이고, 지구곡률반지름은 6,370km이다.)

① 16m ② 26m
③ 36m ④ 46m

해설 양차$(h)=\frac{D^2}{2R}(1-K)=\frac{26^2}{2\times 6,370}\times(1-0.14)=46\text{m}$

38 수준측량의 야장기입법에 관한 설명으로 옳지 않은 것은?

① 야장기입법에는 고차식, 기고식, 승강식이 있다.
② 고차식은 단순히 출발점과 끝점의 표고차만 알고자 할 때 사용하는 방법이다.
③ 기고식은 계산과정에서 완전한 검산이 가능하여 정밀한 측량에 적합한 방법이다.
④ 승강식은 앞 측점의 지반고에 해당 측점의 승강을 합하여 지반고를 계산하는 방법이다.

해설 야장기입법
㉠ 고차식 : 전시와 후시만 있을 때 사용하며 2점 간의 고저차를 구할 경우 사용한다.
㉡ 기고식 : 중간점이 많을 때 적당하나 완전한 검산을 할 수 없는 단점이 있다.
㉢ 승강식 : 중간점이 많을 때 불편하나 완전한 검산을 할 수 있다.

39 축척 1 : 500 지형도를 기초로 하여 축척 1 : 5,000의 지형도를 같은 크기로 편찬하려 한다. 축척 1 : 5,000 지형도 1장을 만들기 위한 축척 1 : 500 지형도의 매수는?

① 50매 ② 100매
③ 150매 ④ 250매

해설 매수$=\left(\frac{5,000}{500}\right)^2=100$매

40 완화곡선에 대한 설명으로 옳지 않은 것은?

① 곡선반지름은 완화곡선의 시점에서 무한대, 종점에서 원곡선의 반지름으로 된다.
② 완화곡선의 접선은 시점에서 직선에, 종점에서 원호에 접한다.
③ 완화곡선에 연한 곡선반지름의 감소율은 캔트의 증가율의 2배가 된다.
④ 완화곡선 종점의 캔트는 원곡선의 캔트와 같다.

해설 완화곡선의 성질
㉠ 곡선반지름은 완화곡선의 시점에서 무한대, 종점에서 원곡선의 반지름으로 된다.
㉡ 완화곡선의 접선은 시점에서 직선에, 종점에서 원호에 접한다.
㉢ 완화곡선에 연한 곡선반지름의 감소율은 캔트의 증가율과 같다.
㉣ 완화곡선의 종점의 캔트와 원곡선의 시점의 캔트는 같다.

정답 37. ④ 38. ③ 39. ② 40. ③

제3과목 : 수리수문학

41 개수로의 흐름에서 비에너지의 정의로 옳은 것은?

① 단위중량의 물이 가지고 있는 에너지로 수심과 속도수두의 합
② 수로의 한 단면에서 물이 가지고 있는 에너지를 단면적으로 나눈 값
③ 수로의 두 단면에서 물이 가지고 있는 에너지를 수심으로 나눈 값
④ 압력에너지와 속도에너지의 비

해설 비에너지는 수로 바닥을 기준으로 한 단위중량의 물이 가지고 있는 흐름의 에너지이다.

42 지름 200mm인 관로에 축소부지름이 120mm인 벤투리미터(venturi meter)가 부착되어 있다. 두 단면의 수두차가 1.0m, C=0.98일 때의 유량은?

① $0.00525\text{m}^3/\text{s}$
② $0.0525\text{m}^3/\text{s}$
③ $0.525\text{m}^3/\text{s}$
④ $5.250\text{m}^3/\text{s}$

㉠ $A_1 = \dfrac{\pi \times 0.2^2}{4} = 0.031\text{m}^2$, $A_2 = \dfrac{\pi \times 0.12^2}{4} = 0.011\text{m}^2$

㉡ $Q = \dfrac{CA_1A_2}{\sqrt{{A_1}^2 - {A_2}^2}}\sqrt{2gH} = \dfrac{0.98 \times 0.031 \times 0.011}{\sqrt{0.031^2 - 0.011^2}} \times \sqrt{2 \times 9.8 \times 1} = 0.051\text{m}^3/\text{s}$

43 대규모 수공구조물의 설계우량으로 가장 적합한 것은?

① 평균면적우량
② 발생 가능 최대 강수량(PMP)
③ 기록상의 최대 우량
④ 재현기간 100년에 해당하는 강우량

해설 대규모 수공구조물의 설계홍수량 결정법
최대 가능홍수량(PMF), 표준설계홍수량(SPF), 확률홍수량

44 다음 그림과 같은 굴착정(artesian well)의 유량을 구하는 공식은? (단, R : 영향원의 반지름, K : 투수계수, m : 피압대수층의 두께)

① $Q = \dfrac{2\pi mK(H+h_o)}{\ln(R/r_o)}$

② $Q = \dfrac{2\pi mK(H+h_o)}{\ln(r_o/R)}$

③ $Q = \dfrac{2\pi mK(H-h_o)}{\ln(R/r_o)}$

④ $Q = \dfrac{2\pi mK(H-h_o)}{\ln(r_o/R)}$

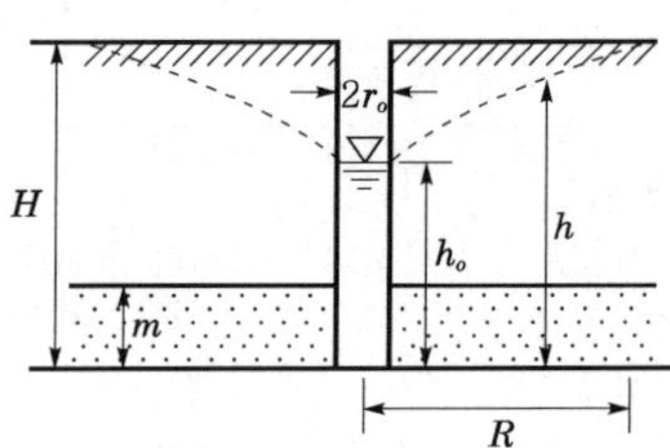

45 개수로에서 한계수심에 대한 설명으로 옳은 것은?

① 사류흐름의 수심
② 상류흐름의 수심
③ 비에너지가 최대일 때의 수심
④ 비에너지가 최소일 때의 수심

해설 유량이 일정할 때 비에너지가 최소가 되는 수심이 한계수심이다.

46 단위도(단위유량도)에 대한 설명으로 옳지 않은 것은?

① 단위도의 3가지 가정은 일정 기저시간가정, 비례가정, 중첩가정이다.
② 단위도는 기저유량과 직접유출량을 포함하는 수문곡선이다.
③ S－Curve를 이용하여 단위도의 단위시간을 변경할 수 있다.
④ Snyder는 합성단위도법을 연구 발표하였다.

해설 단위도는 단위유효우량으로 인하여 발생하는 직접유출의 수문곡선이다.

47 관속에 흐르는 물의 속도수두를 10m로 유지하기 위한 평균유속은?

① 4.9m/s
② 9.8m/s
③ 12.6m/s
④ 14.0m/s

해설

$H=\frac{V^2}{2g}$

$10=\frac{V^2}{2\times 9.8}$

$\therefore V=14\text{m/s}$

48 물체의 공기 중 무게가 750N이고 물속에서의 무게는 250N일 때 이 물체의 체적은? (단, 무게 1kg중=10N)

① 0.05m^3
② 0.06m^3
③ 0.50m^3
④ 0.60m^3

해설 공기 중 무게=수중무게+부력

$0.75=0.25+10V$

$\therefore V=0.05\text{m}^3$

49 직사각형 단면의 위어에서 수두(h)측정에 2%의 오차가 발생했을 때 유량(Q)에 발생되는 오차는?

① 1%
② 2%
③ 3%
④ 4%

해설 $\frac{dQ}{Q}=\frac{3}{2}\frac{dh}{h}=\frac{3}{2}\times 2\%=3\%$

정답 45. ④ 46. ② 47. ④ 48. ① 49. ③

50 상류(subcritical flow)에 관한 설명으로 틀린 것은?

① 하천의 유속이 장파의 전파속도보다 느린 경우이다.
② 관성력이 중력의 영향보다 더 큰 흐름이다.
③ 수심은 한계수심보다 크다.
④ 유속은 한계유속보다 작다.

해설 $F_r = \frac{\text{관성력}}{\text{중력}} < 1$이면 상류이다.

51 지하수에서 Darcy법칙의 유속에 대한 설명으로 옳은 것은?

① 영향권의 반지름에 비례한다.
② 동수경사에 비례한다.
③ 동수반지름(hydraulic radius)에 비례한다.
④ 수심에 비례한다.

해설 유출속도는 동수경사에 비례하고, 침투수량은 i 및 A에 비례한다. 이것을 Darcy의 법칙이라 한다.

52 다음 그림과 같은 병렬관수로 ㉠, ㉡, ㉢에서 각 관의 지름과 관의 길이를 각각 D_1, D_2, D_3, L_1, L_2, L_3라 할 때 $D_1 > D_2 > D_3$이고 $L_1 > L_2 > L_3$이면 A점과 B점 사이의 손실수두는?

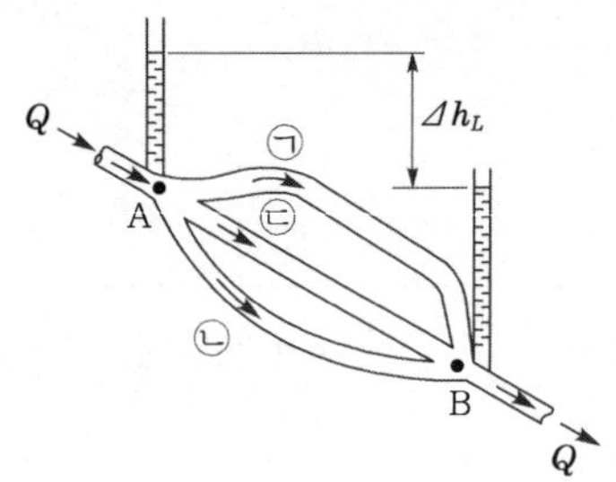

① ㉠의 손실수두가 가장 크다.
② ㉡의 손실수두가 가장 크다.
③ ㉢에서만 손실수두가 발생한다.
④ 모든 관의 손실수두가 같다.

해설 병렬관수로 ㉠, ㉡, ㉢의 손실수두는 같다.

53 흐르지 않는 물에 잠긴 평판에 작용하는 전수압(全水壓)의 계산방법으로 옳은 것은? (단, 여기서 수압이란 단위면적당 압력을 의미)

① 평판도심의 수압에 평판면적을 곱한다.
② 단면의 상단과 하단수압의 평균값에 평판면적을 곱한다.
③ 작용하는 수압의 최대값에 평판면적을 곱한다.
④ 평판의 상단에 작용하는 수압에 평판면적을 곱한다.

해설 $P = wh_G A$

 정답 ▸▸▸ 50. ② 51. ② 52. ④ 53. ①

54 물리량의 차원이 옳지 않은 것은?

① 에너지 : $[ML^{-2}T^{-2}]$
② 동점성계수 : $[L^2T^{-1}]$
③ 점성계수 : $[ML^{-1}T^{-1}]$
④ 밀도 : $[FL^{-4}T^2]$

해설 에너지=힘×거리이므로 차원은 $[FL]=[ML^2T^{-2}]$이다.

55 유출(runoff)에 대한 설명으로 옳지 않은 것은?

① 비가 오기 전의 유출을 기저유출이라 한다.
② 우량은 별도의 손실 없이 그 전량이 하천으로 유출된다.
③ 일정 기간에 하천으로 유출되는 수량의 합을 유출량이라 한다.
④ 유출량과 그 기간의 강수량과의 비(比)를 유출계수 또는 유출률이라 한다.

해설 유출

- 유출 → 지표면유출 → 직접유출 → 총유출
- 유출 → 침투 → 복류수유출 → 직접유출
- 유출 → 기타 손실 → 침루 → 지하수유출 → 총유출
- 기타 손실 → 지면저축

56 유량 147.6L/s를 송수하기 위하여 안지름 0.4m의 관을 700m의 길이로 설치하였을 때 흐름의 에너지경사는? (단, 조도계수 n=0.012, Manning공식 적용)

① $\frac{1}{700}$
② $\frac{2}{700}$
③ $\frac{3}{700}$
④ $\frac{4}{700}$

해설

$$Q=A\frac{1}{n}R^{\frac{2}{3}}I^{\frac{1}{2}}$$

$$0.1476=\frac{\pi\times0.4^2}{4}\times\frac{1}{0.012}\times\left(\frac{4}{0.4}\right)^{\frac{2}{3}}\times I^{\frac{1}{2}}$$

$$\therefore\ I=4.28\times10^{-3}=\frac{3}{700}$$

57 수문에 관련한 용어에 대한 설명 중 옳지 않은 것은?

① 침투란 토양면을 통해 스며든 물이 중력에 의해 계속 지하로 이동하여 불투수층까지 도달하는 것이다.
② 증산(transpiration)이란 식물의 엽면(葉面)을 통해 물이 수증기의 형태로 대기 중에 방출되는 현상이다.
③ 강수(precipitation)란 구름이 응축되어 지상으로 떨어지는 모든 형태의 수분을 총칭한다.
④ 증발이란 액체상태의 물이 기체상태의 수증기로 바뀌는 현상이다.

해설 ㉠ 침투(infiltration) : 물이 흙표면을 통해 흙 속으로 스며드는 현상
㉡ 침루(percolation) : 침투한 물이 중력에 의해 계속 지하로 이동하여 지하수면까지 도달하는 현상

정답 54. ① 55. ③ 56. ③ 57. ①

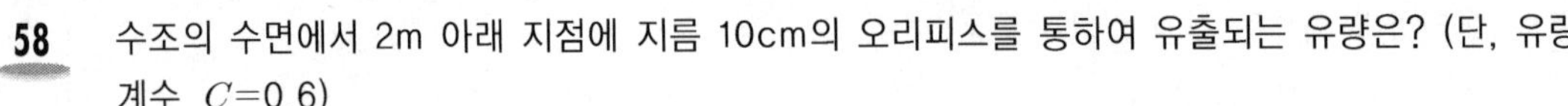

58 수조의 수면에서 2m 아래 지점에 지름 10cm의 오리피스를 통하여 유출되는 유량은? (단, 유량계수 C=0.6)

① $0.0152\text{m}^3/\text{s}$ ② $0.0068\text{m}^3/\text{s}$
③ $0.0295\text{m}^3/\text{s}$ ④ $0.0094\text{m}^3/\text{s}$

해설 $Q = Ca\sqrt{2gH} = 0.6\times\frac{\pi\times0.1^2}{4}\times\sqrt{2\times9.8\times2} = 0.0295\text{m}^3/\text{s}$

59 층류와 난류(亂流)에 관한 설명으로 옳지 않은 것은?

① 층류란 유수(流水) 중에서 유선이 평행한 층을 이루는 흐름이다.
② 층류와 난류를 레이놀즈수에 의하여 구별할 수 있다.
③ 원관 내 흐름의 한계레이놀즈수는 약 2,000 정도이다.
④ 층류에서 난류로 변할 때의 유속과 난류에서 층류로 변할 때의 유속은 같다.

해설 층류에서 난류로 변할 때의 유속을 상한계 유속이라 하고, 난류에서 층류로 변할 때의 유속을 하한계 유속이라 한다(하한계 유속<상한계 유속).

60 댐의 상류부에서 발생되는 수면곡선으로 흐름방향으로 수심이 증가함을 뜻하는 곡선은?

① 배수곡선 ② 저하곡선
③ 수리특성곡선 ④ 유사량곡선

해설 상류로 흐르는 수로에 댐, weir 등의 수리구조물을 만들면 수리구조물의 상류에 흐름방향으로 수심이 증가하는 수면곡선이 나타나는데, 이러한 수면곡선을 배수곡선이라 한다.

제4과목 : 철근콘크리트 및 강구조

61 다음 중 철근콘크리트보에서 사인장철근이 부담하는 주된 응력은?

① 부착응력 ② 전단응력
③ 지압응력 ④ 휨인장응력

해설 사인장철근(복부철근)은 전단응력을 부담하고, 휨철근은 휨인장응력에 대응한다.

62 단철근 직사각형 보에서 폭 300mm, 유효깊이 500mm, 인장철근 단면적 1,700mm^{2}일 때 강도해석에 의한 직사각형 압축응력분포도의 깊이(a)는? (단, f_{ck}=20MPa, f_y=300MPa이다.)

① 50mm ② 100mm
③ 200mm ④ 400mm

해설 $a = \frac{f_y A_s}{\eta(0.85 f_{ck})b} = \frac{300\times1,700}{1.0\times0.85\times20\times300} = 100\text{mm}$

 정답 ▸▸▸ 58. ③ 59. ④ 60. ① 61. ② 62. ②

63 강도설계법에 의한 휨부재의 등가사각형 압축응력분포에서 f_{ck} =40MPa일 때 β_1의 값은?

① 0.766　② 0.800
③ 0.833　④ 0.850

해설 $f_{ck} \le 40$MPa이면 $\beta_1 = 0.80$이다.

64 표준갈고리를 갖는 인장이형철근의 정착에 대한 설명으로 옳지 않은 것은? (단, d_b는 철근의 공칭지름이다.)

① 갈고리는 압축을 받는 경우 철근정착에 유효하지 않은 것으로 본다.
② 정착길이는 위험 단면부터 갈고리의 외측단까지 길이로 나타낸다.
③ f_{sp}값이 규정되어 있지 않은 경우 모래경량콘크리트의 경량콘크리트계수 λ는 0.7이다.
④ 기본정착길이에 보정계수를 곱하여 정착길이를 계산하는데, 이렇게 구한 정착길이는 항상 $8d_b$ 이상, 또한 150mm 이상이어야 한다.

해설 쪼갬인장강도가 주어지지 않은 경우 경량콘크리트의 보정계수
㉠ 전경량콘크리트 : 0.75
㉡ 부분경량콘크리트 : 0.85

65 길이 6m의 단순지지 보통중량 철근콘크리트보의 처짐을 계산하지 않아도 되는 보의 최소 두께는? (단, f_{ck} =21MPa, f_y =350MPa이다.)

① 349mm　② 356mm
③ 375mm　④ 403mm

해설 ㉠ 단순지지보의 최소 두께

$$h = \frac{l}{16} = \frac{600}{16} = 37.5\text{cm}$$

㉡ $f_y \neq 400$MPa이므로 보정계수$(\alpha) = 0.43 + \dfrac{f_y}{700} = 0.43 + \dfrac{300}{700} = 0.93$

$\therefore h = 0.93 \times 37.5 = 34.87\text{cm} \fallingdotseq 349\text{mm}$

66 강도설계법에서 강도감소계수(ϕ)를 규정하는 목적이 아닌 것은?

① 부정확한 설계방정식에 대비한 여유를 반영하기 위해
② 구조물에서 차지하는 부재의 중요도 등을 반영하기 위해
③ 재료강도와 치수가 변동할 수 있으므로 부재의 강도 저하확률에 대비한 여유를 반영하기 위해
④ 하중의 변경, 구조 해석할 때의 가정 및 계산의 단순화로 인해 야기될지 모르는 초과하중에 대비한 여유를 반영하기 위해

해설 초과하중의 영향을 고려하기 위해 하중(증가)계수를 사용한다.

정답 ▶▶▶ 63. ② 64. ③ 65. ① 66. ④

67 다음 그림과 같은 캔틸레버옹벽의 최대 지반반력은?

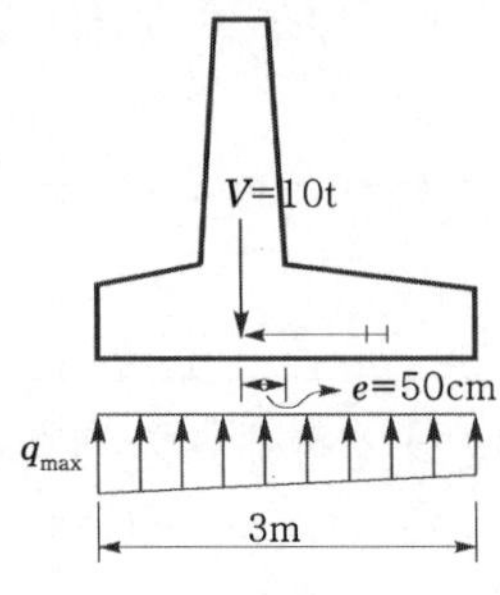

① $10.2t/m^2$　② $20.5t/m^2$
③ $6.67t/m^2$　④ $3.33t/m^2$

$$Q_{max}=\frac{P}{A}+\frac{M}{Z}=\frac{V}{l}\left(1+\frac{6e}{l}\right)=\frac{10}{3}\times\left(1+\frac{6\times0.5}{3}\right)=6.67t/m^2$$

68 철근콘크리트에서 콘크리트의 탄성계수로 쓰이며 철근콘크리트 단면의 결정이나 응력을 계산할 때 쓰이는 것은?

① 전단탄성계수　② 할선탄성계수
③ 접선탄성계수　④ 초기접선탄성계수

해설 설계에 적용하는 콘크리트의 탄성계수(E_c)는 할선(시컨트)탄성계수이다.

69 다음 그림과 같은 직사각형 단면의 단순보에 PS강재가 포물선으로 배치되어 있다. 보의 중앙 단면에서 일어나는 상연응력(㉠) 및 하연응력(㉡)은? (단, PS강재의 긴장력은 3,300kN이고, 자중을 포함한 작용하중은 27kN/m이다.)

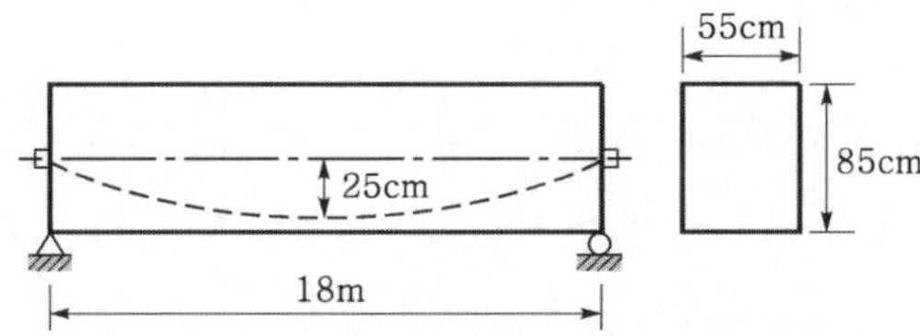

① ㉠ 21.21MPa, ㉡ 1.8MPa　② ㉠ 12.07MPa, ㉡ 0MPa
③ ㉠ 8.6MPa, ㉡ 2.45MPa　④ ㉠ 11.11MPa, ㉡ 3.00MPa

해설

㉠ $M=\frac{wl^2}{8}=\frac{27\times18^2}{8}=1093.5\text{kN}\cdot\text{m}$

㉡ $Z=\frac{I}{y}=\frac{bh^2}{6}=\frac{0.55\times0.852}{6}=0.0662\text{m}^3$

㉢ $f=\frac{P}{A}\mp\frac{Pe}{I}y\pm\frac{M}{I}y$일 때

- $f_{상}=\frac{P}{A}-\frac{Pe}{Z}+\frac{M}{Z}=\frac{3,300}{0.55\times0.85}-\frac{3,300\times250}{0.0662}+\frac{1093.5}{0.0662}=11114.7\text{kPa}≒11.11\text{MPa}$
- $f_{하}=\frac{P}{A}+\frac{Pe}{Z}-\frac{M}{Z}=\frac{3,300}{0.55\times0.85}+\frac{3,300\times250}{0.0662}-\frac{1093.5}{0.0662}=3010.48\text{kPa}≒3\text{MPa}$

 정답 67. ③ 68. ② 69. ④

70 철근콘크리트구조물의 균열에 관한 설명으로 옳지 않은 것은?

① 하중으로 인한 균열의 최대폭은 철근응력에 비례한다.
② 인장측에 철근을 잘 분배하면 균열폭을 최소로 할 수 있다.
③ 콘크리트표면의 균열폭은 철근에 대한 피복두께에 반비례한다.
④ 많은 수의 미세한 균열보다는 폭이 큰 몇 개의 균열이 내구성에 불리하다.

해설 콘크리트표면의 균열폭은 피복두께에 비례한다.

71 옹벽의 구조 해석에 대한 내용으로 틀린 것은?

① 부벽식 옹벽의 전면벽은 3변 지지된 2방향 슬래브로 설계할 수 있다.
② 캔틸레버식 옹벽의 전면벽은 저판에 지지된 캔틸레버로 설계할 수 있다.
③ 뒷부벽은 T형보로 설계하여야 하며, 앞부벽은 직사각형 보로 설계하여야 한다.
④ 부벽식 옹벽의 저판은 정밀한 해석이 사용되지 않는 한 부벽의 높이를 경간으로 가정한 고정보 또는 연속보로 설계할 수 있다.

해설 앞부벽 또는 뒷부벽 간의 거리를 경간으로 간주하고 고정보 또는 연속보로 설계할 수 있다.

72 캔틸레버식 옹벽(역T형 옹벽)에서 뒷굽판의 길이를 결정할 때 가장 주가 되는 것은?

① 전도에 대한 안정
② 침하에 대한 안정
③ 활동에 대한 안정
④ 지반지지력에 대한 안정

해설 뒷굽판의 길이를 크게 하여 저판의 미끄럼저항(활동저항)을 확보한다.

73 단철근 직사각형 보의 설계휨강도를 구하는 식으로 옳은 것은? (단, $q=\dfrac{\rho f_y}{f_{ck}}$이다.)

① $\phi M_n=\phi\left[f_{ck}bd^2q(1-0.59q)\right]$
② $\phi M_n=\phi\left[f_{ck}bd^2(1-0.59q)\right]$
③ $\phi M_n=\phi\left[f_{ck}bd^2(1+0.59q)\right]$
④ $\phi M_n=\phi\left[f_{ck}bd^2q(1+0.59q)\right]$

해설

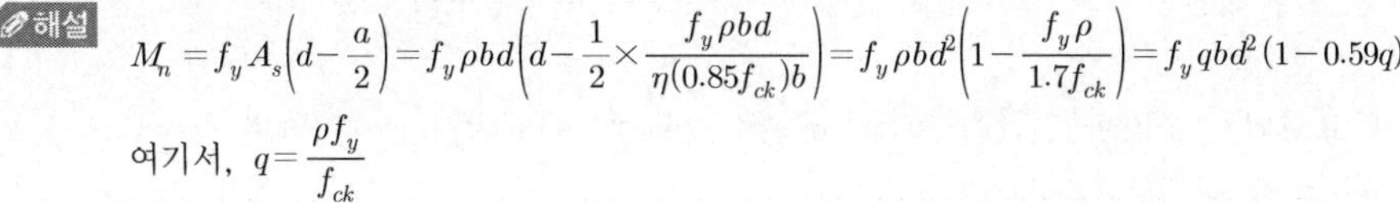

$$M_n=f_yA_s\left(d-\frac{a}{2}\right)=f_y\rho bd\left(d-\frac{1}{2}\times\frac{f_y\rho bd}{\eta(0.85f_{ck})b}\right)=f_y\rho bd^2\left(1-\frac{f_y\rho}{1.7f_{ck}}\right)=f_yqbd^2(1-0.59q)$$

여기서, $q=\dfrac{\rho f_y}{f_{ck}}$

정답 70. ③ 71. ④ 72. ③ 73. ①

74 다음 그림과 같은 인장철근을 갖는 보의 유효깊이는? (단, D19 철근의 공칭 단면적은 287mm^2 이다.)

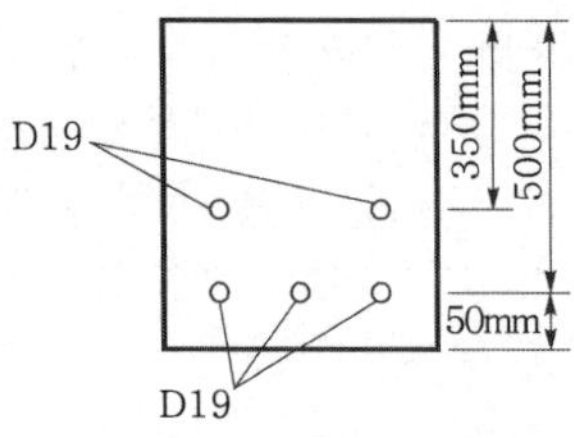

① 350mm ② 410mm
③ 440mm ④ 500mm

해설 바리뇽의 정리를 이용하여 보의 상단에서 모멘트를 취하면
$f_y \times 5A_s d = f_y \times 3A_s \times 500 + f_y \times 2A_s \times 350$
$\therefore d = \dfrac{(3\times500)+(2\times350)}{5} = 440\text{mm}$

75 다음 그림과 같은 필릿용접에서 일어나는 응력으로 옳은 것은?

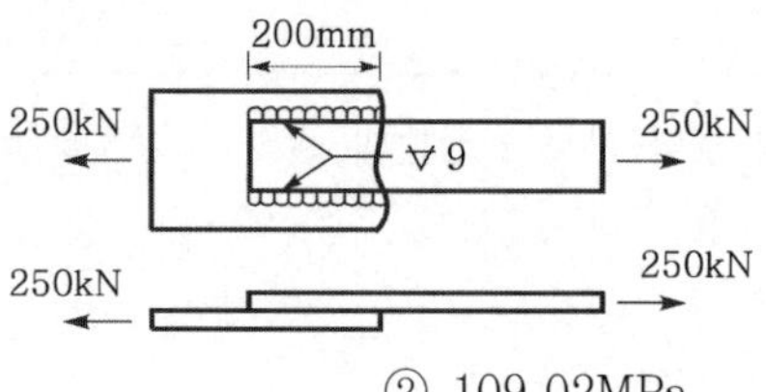

① 97.3MPa ② 109.02MPa
③ 99.2MPa ④ 100.0MPa

해설 $a = 0.70s = 0.70\times9 = 6.3\text{mm}$
$l_e = 2(l-2s) = 2\times(200-2\times9) = 364\text{mm}$
$\therefore f = \dfrac{P}{\Sigma a l_e} = \dfrac{250\times10^3}{6.3\times364} = 109.02\text{MPa}$

76 철근콘크리트부재의 비틀림철근상세에 대한 설명으로 틀린 것은? (단, P_h : 가장 바깥의 횡방향 폐쇄스터럽 중심선의 둘레(mm)이다.)

① 종방향 비틀림철근은 양단에 정착하여야 한다.
② 횡방향 비틀림철근의 간격은 $P_h/4$보다 작아야 하고, 또한 200mm보다 작아야 한다.
③ 종방향 철근의 지름은 스터럽간격의 1/24 이상이어야 하며, 또한 D10 이상의 철근이어야 한다.
④ 비틀림에 요구되는 종방향 철근은 폐쇄스터럽의 둘레를 따라 300mm 이하의 간격으로 분포시켜야 한다.

해설 횡방향 비틀림철근의 간격은 $P_h/8$보다 작아야 하고, 또한 300mm보다 작아야 한다.

 정답 ▸▸▸ 74. ③ 75. ② 76. ②

77 콘크리트 슬래브설계 시 직접설계법을 적용할 수 있는 제한사항에 대한 설명 중 틀린 것은?

① 각 방향으로 3경간 이상 연속되어야 한다.
② 각 방향으로 연속한 받침부 중심 간 경간차이는 긴 경간의 1/3 이하이어야 한다.
③ 슬래브 판들은 단변경간에 대한 장변경간의 비가 2 이하인 직사각형이어야 한다.
④ 연속한 기둥 중심선을 기준으로 기둥의 어긋남은 그 방향 경간의 15% 이하이어야 한다.

해설 연속한 기둥의 중심선으로부터 기둥의 이탈은 이탈방향 경간의 최대 10%까지 허용할 수 있다.

78 다음과 같은 맞대기 이음부에 발생하는 응력의 크기는? (단, P=360kN, 강판두께=12mm)

① 압축응력 f_c=14.4MPa
② 인장응력 f_t=3,000MPa
③ 전단응력 τ=150MPa
④ 압축응력 f_c=120MPa

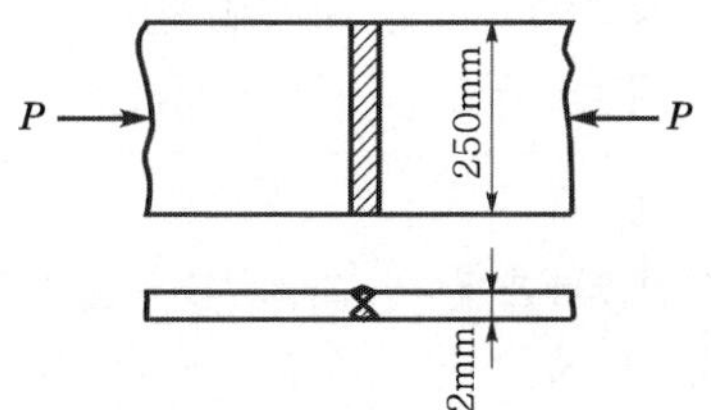

해설 $f_c = \dfrac{P}{\Sigma a l_e} = \dfrac{360,000}{12 \times 250} = 120\text{MPa}$

79 용접작업 중 일반적인 주의사항에 대한 내용으로 옳지 않은 것은?

① 구조상 중요한 부분을 지정하여 집중용접한다.
② 용접은 수축이 큰 이음을 먼저 용접하고, 수축이 작은 이음은 나중에 한다.
③ 앞의 용접에서 생긴 변형을 다음 용접에서 제거할 수 있도록 진행시킨다.
④ 특히 비틀어지지 않게 평행한 용접은 같은 방향으로 할 수 있으며 동시에 용접을 한다.

해설 용접부의 열이 집중되지 않도록 균등하게 분포시킨다.

80 다음 그림과 같은 직사각형 단면의 프리텐션부재에 편심배치한 직선PS강재를 760kN 긴장했을 때 탄성 수축으로 인한 프리스트레스의 감소량은? (단, $I=2.5\times10^9\text{mm}^4$, n=6이다.)

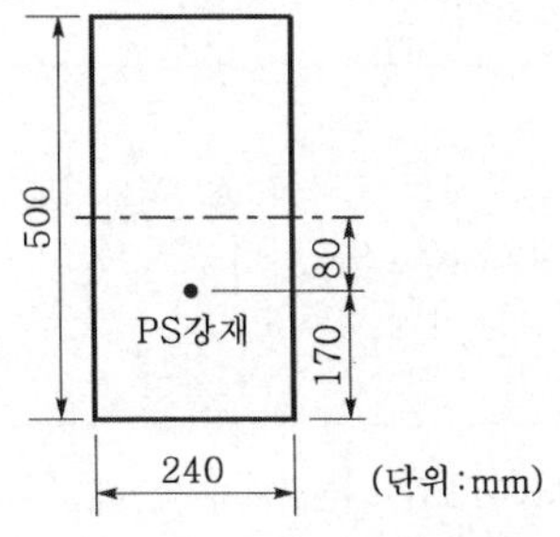

① 43.67MPa
② 45.67MPa
③ 47.67MPa
④ 49.67MPa

정답 77. ④ 78. ④ 79. ① 80. ④

해설 $\Delta f_p = nf_c = n\left(\frac{P}{A_c} + \frac{Pe}{I}e\right) = 6 \times \left(\frac{760 \times 10^3}{240 \times 500} + \frac{760 \times 10^3 \times 80}{2.5 \times 10^9} \times 80\right) = 49.67\text{MPa}$

제5과목 : 토질 및 기초

81 말뚝에서 부마찰력에 관한 설명 중 옳지 않은 것은?

① 아래쪽으로 작용하는 마찰력이다.
② 부마찰력이 작용하면 말뚝의 지지력은 증가한다.
③ 압밀층을 관통하여 견고한 지반에 말뚝을 박으면 일어나기 쉽다.
④ 연약지반에 말뚝을 박은 후 그 위에 성토를 하면 일어나기 쉽다.

해설 부마찰력
㉠ 부마찰력이 발생하면 말뚝의 지지력은 크게 감소한다($R_u = R_p - R_{nf}$).
㉡ 부마찰력은 압밀침하를 일으키는 연약점토층을 관통하여 지지층에 도달한 지지말뚝의 경우나 연약점토지반에 말뚝을 항타한 다음, 그 위에 성토를 한 경우 등일 때 발생한다.

82 흙의 강도에 대한 설명으로 틀린 것은?

① 점성토에서는 내부마찰각이 작고, 사질토에서는 점착력이 작다.
② 일축압축시험은 주로 점성토에 많이 사용한다.
③ 이론상 모래의 내부마찰각은 0이다.
④ 흙의 전단응력은 내부마찰각과 점착력의 두 성분으로 이루어진다.

해설 이론상 모래는 $c=0$, $\phi \neq 0$이다.

83 흙이 동상을 일으키기 위한 조건으로 가장 거리가 먼 것은?

① 아이스렌즈를 형성하기 위한 충분한 물의 공급이 있을 것
② 양(+)이온을 다량 함유할 것
③ 0℃ 이하의 온도가 오랫동안 지속될 것
④ 동상이 일어나기 쉬운 토질일 것

해설 동상이 일어나는 조건
㉠ ice lens를 형성할 수 있도록 물의 공급이 충분해야 한다.
㉡ 0℃ 이하의 동결온도가 오랫동안 지속되어야 한다.
㉢ 동상을 받기 쉬운 흙(실트질토)이 존재해야 한다.

84 Meyerhof의 일반지지력공식에 포함되는 계수가 아닌 것은?

① 국부전단계수 ② 근입깊이계수
③ 경사하중계수 ④ 형상계수

 정답 ▸▸▸ 81. ② 82. ③ 83. ② 84. ①

해설 Meyerhof의 극한지지력공식은 Terzaghi의 극한지지력공식과 유사하면서 형상계수, 깊이계수, 경사계수를 추가한 공식이다.

85 유선망의 특징을 설명한 것 중 옳지 않은 것은?

① 각 유로의 투수량은 같다.
② 인접한 두 등수두선 사이의 수두손실은 같다.
③ 유선망을 이루는 사변형은 이론상 정사각형이다.
④ 동수경사는 유선망의 폭에 비례한다.

해설 유선망의 특징
㉠ 각 유로의 침투유량은 같다.
㉡ 인접한 등수두선 간의 수두차는 모두 같다.
㉢ 유선과 등수두선은 서로 직교한다.
㉣ 유선망으로 되는 사각형은 정사각형이다.
㉤ 침투속도 및 동수구배는 유선망의 폭에 반비례한다.

86 100% 포화된 흐트러지지 않은 시료의 부피가 20.5cm^{3}이고 무게는 34.2g이었다. 이 시료를 오븐(Oven) 건조시킨 후의 무게는 22.6g이었다. 간극비는?

① 1.3 ② 1.5
③ 2.1 ④ 2.6

해설

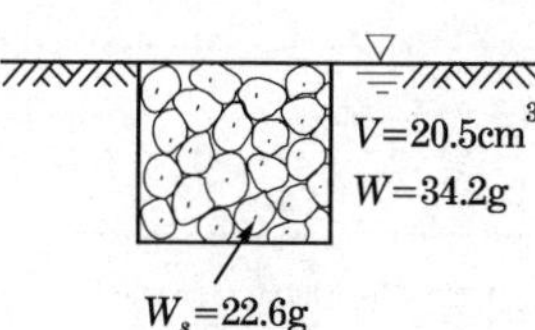

㉠ $S_r = 100\%$일 때

$V_v = V_w = W_w = W - W_s = 34.2 - 22.6 = 11.6\text{cm}^3$

㉡ $e = \dfrac{V_v}{V_s} = \dfrac{V_v}{V - V_v} = \dfrac{11.6}{20.5 - 11.6} = 1.3$

87 다음 중 Rankine토압이론의 기본가정에 속하지 않는 것은?

① 흙은 비압축성이고 균질의 입자이다.
② 지표면은 무한히 넓게 존재한다.
③ 옹벽과 흙과의 마찰을 고려한다.
④ 토압은 지표면에 평행하게 작용한다.

해설 흙은 입자 간의 마찰력에 의해서만 평형을 유지한다(벽마찰각 무시).

정답 85. ④ 86. ① 87. ③

88 다음 그림과 같은 모래지반에서 깊이 4m 지점에서의 전단강도는? (단, 모래의 내부마찰각 $\phi=30°$이며 점착력 $c=0$)

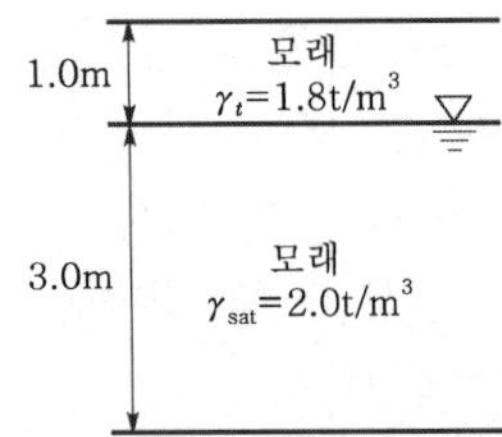

① $4.50t/m^2$
② $2.77t/m^2$
③ $2.32t/m^2$
④ $1.86t/m^2$

해설
㉠ $\bar{\sigma}=1.8\times1+1\times3=4.8t/m^2$
㉡ $\tau=c+\bar{\sigma}\tan\phi=0+4.8\times\tan30°=2.77t/m^2$

89 세립토를 비중계법으로 입도분석을 할 때 반드시 분산제를 쓴다. 다음 설명 중 옳지 않은 것은?

① 입자의 면모화를 방지하기 위하여 사용한다.
② 분산제의 종류는 소성지수에 따라 달라진다.
③ 현탁액이 산성이면 알칼리성의 분산제를 쓴다.
④ 시험 도중 물의 변질을 방지하기 위하여 분산제를 사용한다.

해설 시료의 면모화를 방지하기 위하여 분산제(규산나트륨, 과산화수소)를 사용한다.

90 흙의 다짐시험을 실시한 결과 다음과 같았다. 이 흙의 건조단위중량은 얼마인가?

- 몰드+젖은 시료무게 : 3,612g
- 몰드무게 : 2,143g
- 젖은 흙의 함수비 : 15.4%
- 몰드의 체적 : 944cm³

① $1.35g/cm^3$
② $1.56g/cm^3$
③ $1.31g/cm^3$
④ $1.42g/cm^3$

해설
㉠ $\gamma_t=\frac{W}{V}=\frac{3,612-2,143}{944}=1.56g/cm^3$
㉡ $\gamma_d=\frac{\gamma_t}{1+\frac{w}{100}}=\frac{1.56}{1+\frac{15.4}{100}}=1.35g/cm^3$

 정답 ▸▸▸ 88. ② 89. ④ 90. ①

91 연약점토지반에 성토제방을 시공하고자 한다. 성토로 인한 재하속도가 과잉간극수압이 소산되는 속도보다 빠를 경우 지반의 강도정수를 구하는 가장 적합한 시험방법은?

① 압밀배수시험 ② 압밀비배수시험
③ 비압밀비배수시험 ④ 직접전단시험

해설 UU-test를 사용하는 경우
㉠ 포화점토가 성토 직후에 급속한 파괴가 예상되는 경우
㉡ 시공 중 즉각적인 함수비의 변화가 없고, 체적의 변화가 없는 경우
㉢ 점토의 초기안정 해석(단기간 안정 해석)에 적용

92 기초가 갖추어야 할 조건이 아닌 것은?

① 동결, 세굴 등에 안전하도록 최소의 근입깊이를 가져야 한다.
② 기초의 시공이 가능하고 침하량이 허용치를 넘지 않도록 한다.
③ 상부로부터 오는 하중을 안전하게 지지하고 기초지반에 전달하여야 한다.
④ 미관상 아름답고 주변에서 쉽게 구득할 수 있는 재료로 설계되어야 한다.

해설 기초의 구비조건
㉠ 최소한의 근입깊이를 가질 것(동해에 대한 안정)
㉡ 지지력에 대해 안정할 것
㉢ 침하에 대해 안정할 것(침하량이 허용값 이내에 들어야 함)
㉣ 시공이 가능할 것(경제적, 기술적)

93 흙댐에서 상류면 사면의 활동에 대한 안전율이 가장 저하되는 경우는?

① 만수된 물의 수위가 갑자기 저하할 때이다. ② 흙댐에 물을 담는 도중이다.
③ 흙댐이 만수되었을 때이다. ④ 만수된 물이 천천히 빠져나갈 때이다.

해설

상류측 사면이 가장 위험할 때	하류측 사면이 가장 위험할 때
• 시공 직후 • 수위 급강하 시	• 시공 직후 • 정상 침투 시

94 어떤 사질기초지반의 평판재하시험결과 항복강도가 60t/m^2, 극한강도가 100t/m^{2}이었다. 그리고 그 기초는 지표에서 1.5m 깊이에 설치될 것이고 그 기초지반의 단위중량이 1.8t/m^{3}일 때 지지력계수 N_q=5이었다. 이 기초의 장기허용지지력은?

① 24.7t/m^2 ② 26.9t/m^2
③ 30t/m^2 ④ 34.5t/m^2

해설 ㉠ q_t의 결정

$\frac{q_u}{2}=\frac{60}{2}=30\text{t/m}^2$, $\frac{q_u}{3}=\frac{100}{3}=33.33\text{t/m}^2$ 중에서 작은 값이므로 $q_t=30\text{t/m}^2$

㉡ 장기허용지지력

$$q_u=q_t+\frac{1}{3}\gamma D_f N_q=30+\frac{1}{3}\times1.8\times1.5\times5=34.5\text{t/m}^2$$

정답 91. ③ 92. ④ 93. ① 94. ④

95 다음 지반개량공법 중 연약한 점토지반에 적당하지 않은 것은?

① 샌드드레인공법 ② 프리로딩공법
③ 치환공법 ④ 바이브로플로테이션공법

해설 점성토의 지반개량공법
치환공법, preloading공법(사전압밀공법), Sand drain공법, Paper drain공법, 전기침투공법, 침투압공법(MAIS 공법), 생석회말뚝(Chemico pile)공법

96 유효응력에 관한 설명 중 옳지 않은 것은?

① 포화된 흙의 경우 전응력에서 공극수압을 뺀 값이다.
② 항상 전응력보다는 작은 값이다.
③ 점토지반의 압밀에 관계되는 응력이다.
④ 건조한 지반에서는 전응력과 같은 값으로 본다.

 모관 상승영역에서는 $-u$가 발생하므로 유효응력이 전응력보다 크다.

97 비중이 2.67, 함수비가 35%이며 두께 10m인 포화점토층이 압밀 후에 함수비가 25%로 되었다면 이 토층높이의 변화량은 얼마인가?

① 113cm ② 128cm
③ 135cm ④ 155cm

해설 ㉠ $Se = wG_s$에서

$1 \times e_1 = 0.35 \times 2.67$

$\therefore e_1 = 0.93$

$1 \times e_2 = 0.25 \times 2.67$

$\therefore e_2 = 0.67$

㉡ $\Delta H = \left(\dfrac{e_1 - e_2}{1 + e_1}\right) H = \dfrac{0.93 - 0.67}{1 + 0.93} \times 1{,}000 = 134.72\text{cm}$

98 시료가 점토인지 아닌지 알아보고자 할 때 가장 거리가 먼 사항은?

① 소성지수
② 소성도표 A선
③ 포화도
④ 200번체 통과량

해설 ㉠ 점토분이 많을수록 I_p가 크다.
㉡ A선 위의 흙은 점토이고, 아래의 흙은 실트 또는 유기질토이다.

 정답 ▸▸▸ 95. ④ 96. ② 97. ③ 98. ③

99 다음의 투수계수에 대한 설명 중 옳지 않은 것은?

① 투수계수는 간극비가 클수록 크다.
② 투수계수는 흙의 입자가 클수록 크다.
③ 투수계수는 물의 온도가 높을수록 크다.
④ 투수계수는 물의 단위중량에 반비례한다.

해설 $K = {D_s}^2 \frac{\gamma_w}{\mu} \frac{e^3}{1+e} C$

100 보링(boring)에 관한 설명으로 틀린 것은?

① 보링에는 회전식(rotary boring)과 충격식(percussion boring)이 있다.
② 충격식은 굴진속도가 빠르고 비용도 싸지만 분말상의 교란된 시료만 얻어진다.
③ 회전식은 시간과 공사비가 많이 들 뿐만 아니라 확실한 코어(core)도 얻을 수 없다.
④ 보링은 지반의 상황을 판단하기 위해 실시한다.

해설 보링

㉠ 오거보링(auger boring) : 인력으로 행한다.
㉡ 충격식 보링(percussion boring) : core 채취가 불가능하다.
㉢ 회전식 보링(rotary boring) : 거의 모든 지반에 적용되고 충격식 보링에 비해 공사비가 비싸지만 굴진성능이 우수하며 확실한 core를 채취할 수 있고 공저지반의 교란이 적으므로 최근에 대부분 이 방법을 사용하고 있다.

제6과목 : 상하수도공학

101 수격작용(water hammer)의 방지 또는 감소대책에 대한 설명으로 틀린 것은?

① 펌프의 토출구에 완만히 닫을 수 있는 역지밸브를 설치하여 압력 상승을 적게 한다.
② 펌프의 설치위치를 높게 하고 흡입양정을 크게 한다.
③ 펌프에 플라이휠(fly wheel)을 붙여 펌프의 관성을 증가시켜 급격한 압력강하를 완화한다.
④ 노출측 관로에 압력조절수조를 설치한다.

해설 펌프의 설치위치를 낮게 하여 공동현상을 방지하고, 회전수를 작게 하여 수격작용을 방지한다.

102 펌프의 비속도(비교회전도, N_s)에 대한 설명으로 틀린 것은?

① N_s가 작으면 유량이 많은 저양정의 펌프가 된다.
② 수량 및 전양정이 같다면 회전수가 클수록 N_s가 크게 된다.
③ $1m^3$/min의 유량을 1m 양수하는데 필요한 회전수를 의미한다.
④ N_s가 크게 되면 사류형으로 되고, 계속 커지면 축류형으로 된다.

해설 N_s가 작으면 고양정펌프가 된다.

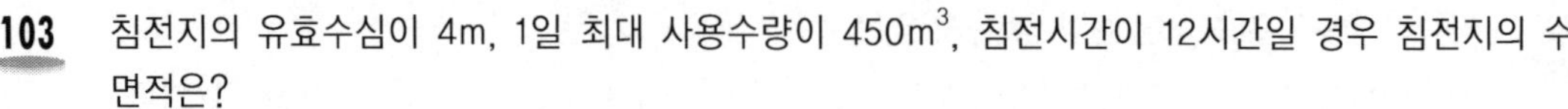

103 침전지의 유효수심이 4m, 1일 최대 사용수량이 450m³, 침전시간이 12시간일 경우 침전지의 수면적은?

① 56.3m^2　　② 42.7m^2
③ 30.1m^2　　④ 21.3m^2

해설

$$V_0 = \frac{Q}{A} = \frac{h}{t}$$

$$\frac{450\text{m}^3/\text{day}}{A} = \frac{4\text{m}}{12\text{hr}}$$

$$\therefore A = 56.25\text{m}^2$$

104 정수과정에서 전염소처리의 목적과 거리가 먼 것은?

① 철과 망간의 제거　　② 맛과 냄새의 제거
③ 트리할로메탄의 제거　　④ 암모니아성 질소와 유기물의 처리

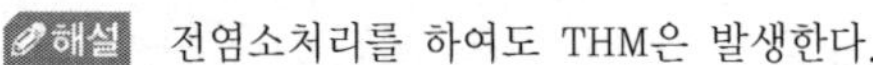

해설 전염소처리를 하여도 THM은 발생한다.

105 수원의 구비요건에 대한 설명으로 옳지 않은 것은?

① 수량이 풍부해야 한다.　　② 수질이 좋아야 한다.
③ 가능하면 낮은 곳에 위치해야 한다.　　④ 상수소비지에서 가까운 곳에 위치해야 한다.

해설 가급적 자연유하방식을 채택하는 것이 좋으므로 높은 곳에 위치해야 한다.

106 정수장으로 유입되는 원수의 수역이 부영양화되어 녹색을 띠고 있다. 정수방법에서 고려할 수 있는 가장 우선적인 방법으로 적합한 것은?

① 침전지의 깊이를 깊게 한다.　　② 여과사의 입경을 작게 한다.
③ 침전지의 표면적을 크게 한다.　　④ 마이크로스트레이너로 전처리한다.

해설 부영양화가 되면 조류가 발생하고, 조류는 수돗물의 맛과 냄새를 유발하므로 전처리과정으로 마이크로스트레이너법을 시행한다.

107 반송찌꺼기(슬러지)의 SS농도가 6,000mg/L이다. MLSS농도를 2,500mg/L로 유지하기 위한 찌꺼기(슬러지)반송비는?

① 25%　　② 55%
③ 71%　　④ 100%

해설

$$r = \frac{M}{S-M} = \frac{2{,}500}{6{,}000-2{,}500} = 0.71 = 71\%$$

정답 ▸▸▸ 103. ① 104. ③ 105. ③ 106. ④ 107. ③

108 하수의 배제방식에 대한 설명 중 옳지 않은 것은?

① 합류식은 2계통의 분류식에 비해 일반적으로 건설비가 많이 소요된다.
② 합류식은 분류식보다 유량 및 유속의 변화폭이 크다.
③ 분류식은 관로 내의 퇴적이 적고 수세효과를 기대할 수 없다.
④ 분류식은 관로오접의 철저한 감시가 필요하다.

해설 합류식은 분류식에 비하여 건설비가 적게 소요된다.

109 하수도계획의 원칙적인 목표연도로 옳은 것은?

① 10년 ② 20년
③ 30년 ④ 40년

해설 하수도계획의 목표연한은 20년을 원칙으로 한다.

110 어느 지역에 비가 내려 배수구역 내 가장 먼 지점에서 하수거의 입구까지 빗물이 유하하는데 5분이 소요되었다. 하수거의 길이가 1,200m, 관내 유속이 2m/s일 때 유달시간은?

① 5분 ② 10분
③ 15분 ④ 20분

해설 유달시간 $= t_1 + \dfrac{L}{V} = 5 + \dfrac{1,200}{2 \times 60} = 15\text{min}$

111 계획수량에 대한 설명으로 옳지 않은 것은?

① 송수시설의 계획송수량은 원칙적으로 계획 1일 최대 급수량을 기준으로 한다.
② 계획취수량은 계획 1일 최대 급수량을 기준으로 하며 기타 필요한 작업용수를 포함한 손실수량 등을 고려한다.
③ 계획배수량은 원칙적으로 해당 배수구역의 계획 1일 최대 급수량으로 한다.
④ 계획정수량은 계획 1일 최대 급수량을 기준으로 하고, 여기에 정수장 내 사용되는 작업용수와 기타 용수를 합산 고려하여 결정한다.

해설 계획배수량은 원칙적으로 해당 배수구역의 계획 1일 시간 최대 배수량으로 한다.

112 도수 및 송수관로계획에 대한 설명으로 옳지 않은 것은?

① 비정상적 수압을 받지 않도록 한다.
② 수평 및 수직의 급격한 굴곡을 많이 이용하여 자연유하식이 되도록 한다.
③ 가능한 한 단거리가 되도록 한다.
④ 가능한 한 적은 공사비가 소요되는 곳을 택한다.

해설 가급적 굴곡은 피한다.

정답 ▸▸▸ 108. ① 109. ② 110. ③ 111. ③ 112. ②

113 1개의 반응조에 반응조와 2차 침전지의 기능을 갖게 하여 활성슬러지에 의한 반응과 혼합액의 침전, 상징수의 배수, 침전찌꺼기(슬러지)의 배출공정 등을 반복해 처리하는 하수처리공법은?

① 수정식 폭기조법　　② 장시간 폭기법
③ 접촉안정법　　④ 연속회분식 활성슬러지법

114 호기성 처리방법과 비교하여 혐기성 처리방법의 특징에 대한 설명으로 틀린 것은?

① 유용한 자원인 메탄이 생성된다.　　② 동력비 및 유지관리비가 적게 든다.
③ 하수찌꺼기(슬러지) 발생량이 적다.　　④ 운전조건의 변화에 적응하는 시간이 짧다.

해설 혐기성 처리는 운전조건이 까다로워서 적응시간이 길다.

115 하수도의 계획오수량에서 계획 1일 최대 오수량 산정식으로 옳은 것은?

① 계획배수인구+공장폐수량+지하수량
② 계획인구×1인 1일 최대 오수량+공장폐수량+지하수량+기타 배수량
③ 계획인구×(공장폐수량+지하수량)
④ 1인 1일 최대 오수량+공장폐수량+지하수량

해설 계획오수량은 생활오수량+공장폐수량+지하수량+기타로 산정한다.

116 양수량이 15.5m³/min이고 전양정이 24m일 때 펌프의 축동력은? (단, 펌프의 효율은 80%로 가정한다.)

① 75.95kW　　② 7.58kW
③ 4.65kW　　④ 46.57kW

$$P_p = \frac{9.8QH}{\eta} = \frac{9.8 \times \frac{15.5}{60} \times 24}{0.8} = 75.95\text{kW}$$

117 도수 및 송수관로 내의 최소 유속을 정하는 주요 이유는?

① 관로 내면의 마모를 방지하기 위하여
② 관로 내 침전물의 퇴적을 방지하기 위하여
③ 양정에 소모되는 전력비를 절감하기 위하여
④ 수격작용이 발생할 가능성을 낮추기 위하여

해설 최소 유속을 정한 이유는 퇴적 방지이며, 최대 유속을 정한 이유는 관마모 방지이다.

 정답 ▸▸▸ 113. ④ 114. ④ 115. ② 116. ① 117. ②

118 다음 그림은 유효저수량을 결정하기 위한 유량누가곡선도이다. 이 곡선의 유효저수용량을 의미하는 것은?

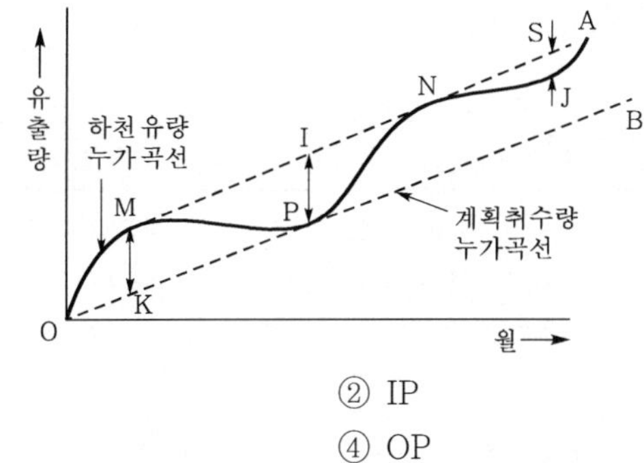

① MK ② IP
③ SJ ④ OP

해설 IP는 유효저수량 또는 필요저수량으로 종거선 중 가장 큰 것으로 정한다.

119 관로별 계획하수량에 대한 설명으로 옳지 않은 것은?

① 오수관로에서는 계획시간 최대 오수량으로 한다.
② 우수관로에서는 계획우수량으로 한다.
③ 합류식 관로는 계획시간 최대 오수량에 계획우수량을 합한 것으로 한다.
④ 차집관로는 계획 1일 최대 오수량에 우천 시 계획우수량을 합한 것으로 한다.

해설 차집관로는 우천 시 계획오수량 또는 계획시간 최대 오수량의 3배로 한다.

120 취수보에 설치된 취수구의 구조에서 유입속도의 표준으로 옳은 것은?

① 0.5~1.0cm/s ② 3.0~5.0cm/s
③ 0.4~0.8m/s ④ 2.0~3.0m/s

해설 유입속도는 0.4~0.8m/s를 표준으로 한다(상수도시설설계기준, 2010).

정답 118. ② 119. ④ 120. ③

국가기술자격검정 필기시험문제

<table>
<tr><td colspan="3">2019년도 토목기사(2019년 4월 27일)</td><td>수험번호</td><td>성 명</td></tr>
<tr><td>자격종목
토목기사</td><td>시험시간
3시간</td><td>문제형별
B</td><td></td><td></td></tr>
</table>

제1과목 : 응용역학

1 길이가 4m인 원형 단면기둥의 세장비가 100이 되기 위한 기둥의 지름은? (단, 지지상태는 양단 힌지로 가정한다.)

① 12cm ② 16cm
③ 18cm ④ 20cm

해설

$$\lambda = \frac{l}{r_{\min}} = \frac{l}{\sqrt{\frac{I_{\min}}{A}}} = \frac{l}{\sqrt{\frac{\frac{\pi d^4}{64}}{\frac{\pi d^2}{4}}}} = \frac{4l}{d} = 100$$

$$\therefore d = \frac{4l}{\lambda} = \frac{4 \times 400}{100} = 16\text{cm}$$

2 내민보에 다음 그림과 같이 지점 A에 모멘트가 작용하고 집중하중이 보의 양 끝에 작용한다. 이 보에 발생하는 최대 휨모멘트의 절대값은?

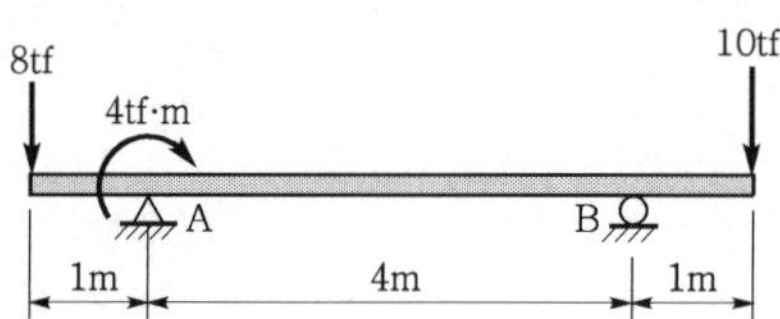

① 6tf·m ② 8tf·m
③ 10tf·m ④ 12tf·m

해설

$\Sigma M_B = 0$

$(R_A \times 4) - (8 \times 5) + 4 + (10 \times 1) = 0$

$\therefore R_A = 6.5\text{tf}(\uparrow)$

$\Sigma V = 0$

$R_A + R_B = 8 + 10 = 18\text{tf}$

$\therefore R_B = 11.5\text{tf}(\uparrow)$

$\therefore M_{\max} = -10\text{tf} \cdot \text{m}$

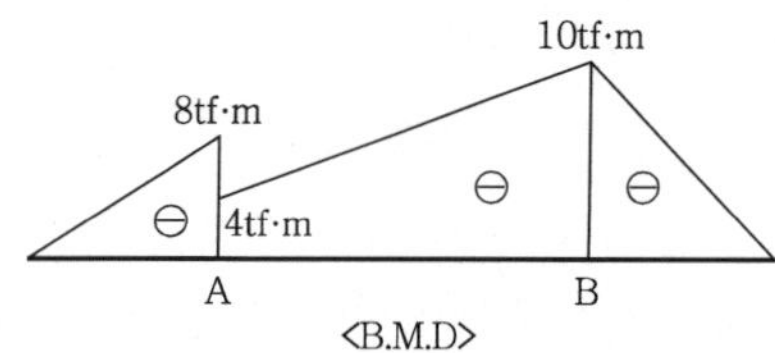

<B.M.D>

 정답 ▸▸▸ 1. ② 2. ③

3 연속보를 3연모멘트방정식을 이용하여 B점의 모멘트 $M_B=-92.8\text{tf}\cdot\text{m}$를 구하였다. B점의 수직반력은?

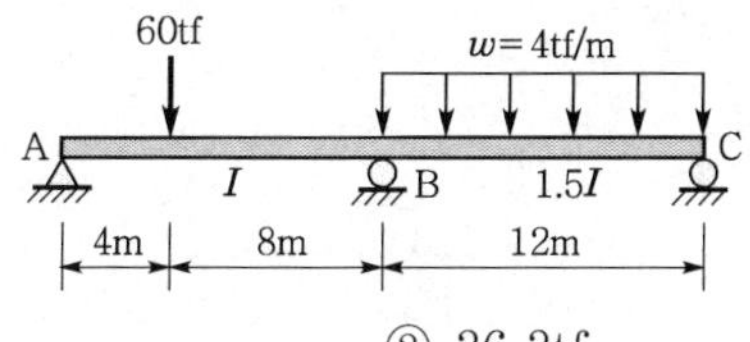

① 28.4tf ② 36.3tf
③ 51.7tf ④ 59.5tf

해설

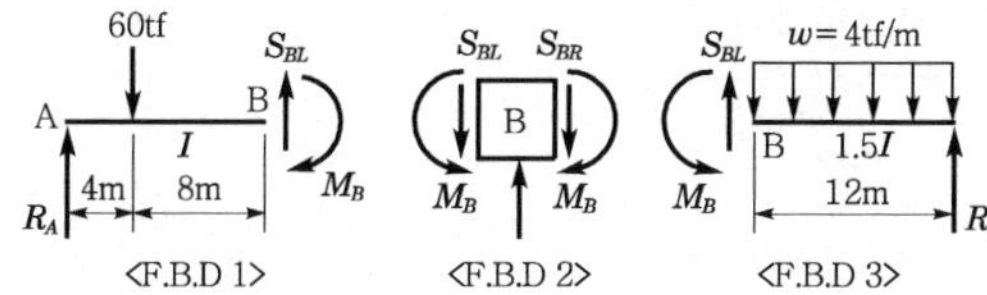

㉠ F.B.D 1

$\Sigma M_A=0$

$60\times4+92.8-S_{BL}\times12=0$

$\therefore S_{BL}=27.73\text{tf}$

㉡ F.B.D 3

$\Sigma M_C=0$

$S_{BR}\times12-4\times12\times6-92.8=0$

$\therefore S_{BR}=31.73\text{tf}$

㉢ F.B.D 2

$\Sigma V=0$

$R_B-S_{BL}-S_{BR}=0$

$\therefore R_B=S_{BL}+S_{BR}=27.73+31.73=59.46\text{tf}$

4 다음 그림과 같은 캔틸레버보에서 A점의 처짐은? (단, AC구간의 단면 2차 모멘트는 I이고 CB구간은 $2I$이며, 탄성계수 E는 전 구간이 동일하다.)

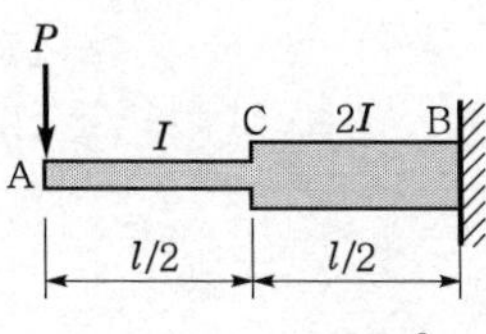

① $\dfrac{2Pl^3}{15EI}$ ② $\dfrac{3Pl^3}{16EI}$
③ $\dfrac{5Pl^3}{18EI}$ ④ $\dfrac{7Pl^3}{24EI}$

해설 공액보법 이용

$\delta_A=$공액보의 $M_A'=\left(\dfrac{1}{2}\times\dfrac{l}{2}\times\dfrac{Pl}{4EI}\right)\times\left(\dfrac{l}{2}\times\dfrac{2}{3}\right)+\left(\dfrac{1}{2}\times l\times\dfrac{Pl}{2EI}\right)\times\left(l\times\dfrac{2}{3}\right)=\dfrac{3Pl^3}{16EI}$

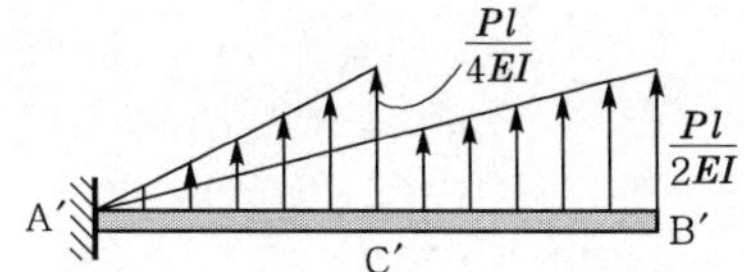

정답 ▸▸▸ 3. ④ 4. ②

5 다음 그림과 같은 단주에서 800kgf의 연직하중(P)이 편심거리 e에 작용할 때 단면에 인장력이 생기지 않기 위한 e의 한계는?

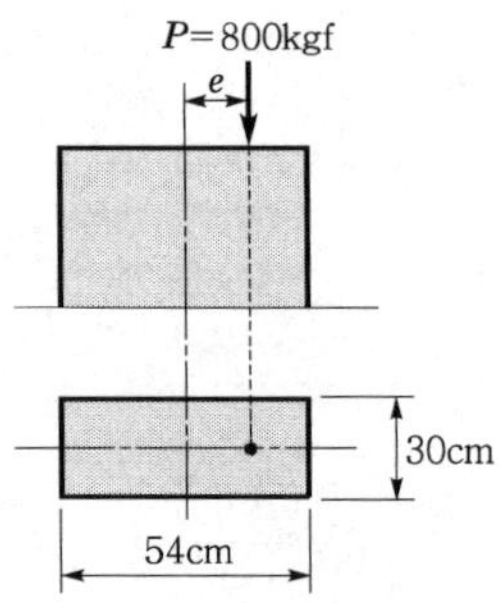

① 5cm ② 8cm
③ 9cm ④ 10cm

$e=\frac{h}{6}=\frac{54}{6}=9\text{cm}$

6 다음 그림과 같은 불규칙한 단면의 $A-A$축에 대한 단면 2차 모멘트는 $35\times10^6\text{mm}^4$이다. 단면의 총면적이 $1.2\times10^4\text{mm}^2$이라면 $B-B$축에 대한 단면 2차 모멘트는? (단, $D-D$축은 단면의 도심을 통과한다.)

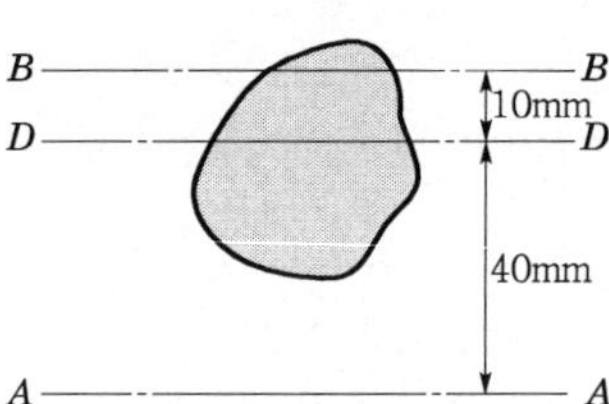

① $17\times10^6\text{mm}^4$ ② $15.8\times10^6\text{mm}^4$
③ $17\times10^5\text{mm}^4$ ④ $15.8\times10^5\text{mm}^4$

해설 평행축정리 이용

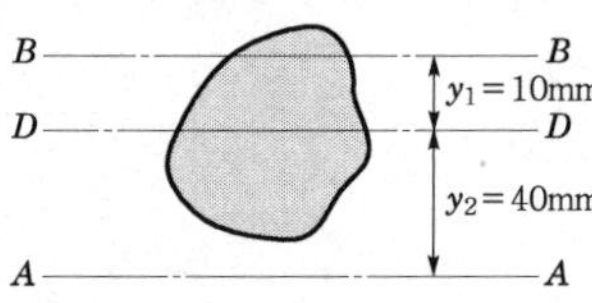

$I_A=I_D+Ay_2^2$

$\therefore\ I_B=I_D+Ay_1^2=(I_A-Ay_2^2)+Ay_1^2=35\times10^6-(1.2\times10^4\times40^2)+(1.2\times10^4\times10^2)=17\times10^6\text{mm}^4$

 정답 ▸▸▸ 5. ③ 6. ①

7 다음 그림과 같은 비대칭 3힌지아치에서 힌지 C에 연직하중(P) 15tf가 작용한다. A지점의 수평반력 H_A는?

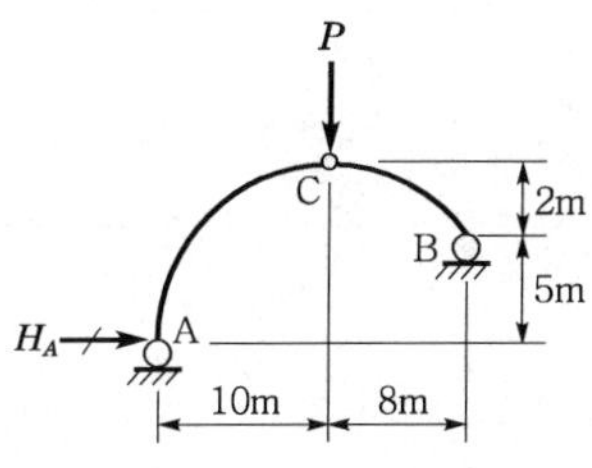

① 12.43tf ② 15.79tf
③ 18.42tf ④ 21.05tf

해설 $\Sigma M_B = 0(\oplus)$

$V_A \times 18 - H_A \times 5 - 15 \times 8 = 0$ ········· ㉠

$\Sigma M_{C(\text{왼쪽})} = 0(\oplus)$

$V_A \times 10 - H_A \times 7 = 0$ ······················ ㉡

$\therefore V_A = 11.05\text{tf},\ H_A = 15.79\text{tf}$

8 평면응력상태 하에서의 모어(Mohr)의 응력원에 대한 설명으로 옳지 않은 것은?

① 최대 전단응력의 크기는 두 주응력의 차이와 같다.
② 모어원으로부터 주응력의 크기와 방향을 구할 수 있다.
③ 모어원이 그려지는 두 축 중 연직(y)축은 전단응력의 크기를 나타낸다.
④ 모어원 중심의 x좌표값은 직교하는 두 축의 수직응력의 평균값과 같고, y좌표값은 0이다.

$$\tau_{\substack{\max \\ \min}} = \pm \frac{1}{2}\sqrt{(\sigma_x - \sigma_y)^2 + 4{\tau_{xy}}^2}$$

9 다음 그림과 같은 트러스에서 U부재에 일어나는 부재내력은?

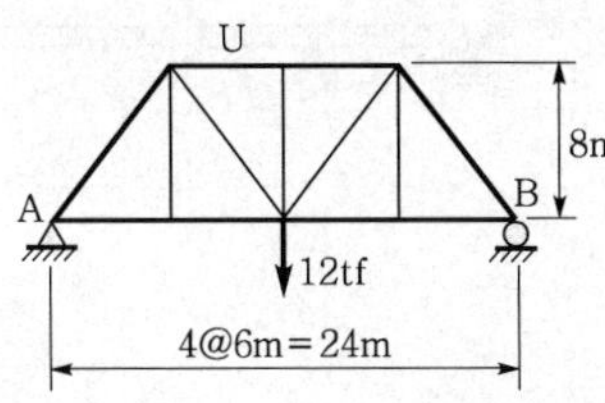

① 9tf(압축) ② 9tf(인장)
③ 15tf(압축) ④ 15tf(인장)

㉠ 반력 산정

$V_A = V_B = 6\text{tf}$

㉡ 단면법 적용 : 하중작용점에서 모멘트를 취하면 $\Sigma M_{12} = 0(\oplus)$

$V_A \times 12 + U \times 8 = 0$

$\therefore U = -\dfrac{6 \times 12}{8} = -9\text{tf}(\text{압축})$

정답 ▸▸▸ 7. ② 8. ① 9. ①

10 탄성계수 E, 전단탄성계수 G, 푸아송수 m 사이의 관계가 옳은 것은?

① $G=\dfrac{m}{2(m+1)}$　② $G=\dfrac{E}{2(m-1)}$

③ $G=\dfrac{mE}{2(m+1)}$　④ $G=\dfrac{E}{2(m+1)}$

해설

$m=\dfrac{1}{\nu}$

$\therefore G=\dfrac{E}{2(1+\nu)}=\dfrac{E}{2\left(1+\dfrac{1}{m}\right)}=\dfrac{mE}{2(m+1)}$

11 다음 그림과 같은 캔틸레버보에서 휨에 의한 탄성변형에너지는? (단, EI는 일정하다.)

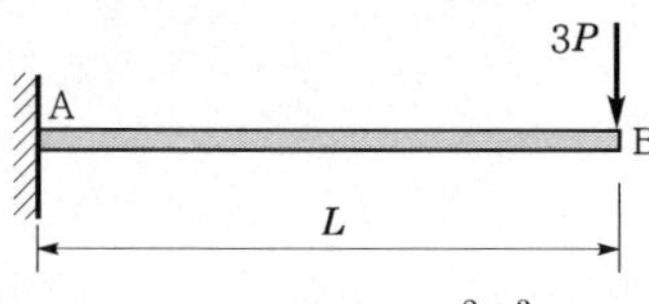

① $\dfrac{P^2L^3}{3EI}$　② $\dfrac{P^2L^3}{2EI}$

③ $\dfrac{2P^2L^3}{3EI}$　④ $\dfrac{3P^2L^3}{2EI}$

해설

$U=\dfrac{1}{2}P\delta=\dfrac{1}{2}\times 3P\times\dfrac{3PL^3}{3EI}=\dfrac{3P^2L^3}{2EI}$

12 다음 그림과 같은 단순보의 중앙점 C에 집중하중 P가 작용하여 중앙점의 처짐 δ가 발생했다. δ가 0이 되도록 양쪽지점에 모멘트 M을 작용시키려고 할 때 이 모멘트의 크기 M을 하중 P와 지간 l로 나타낸 것으로 옳은 것은? (단, EI는 일정하다.)

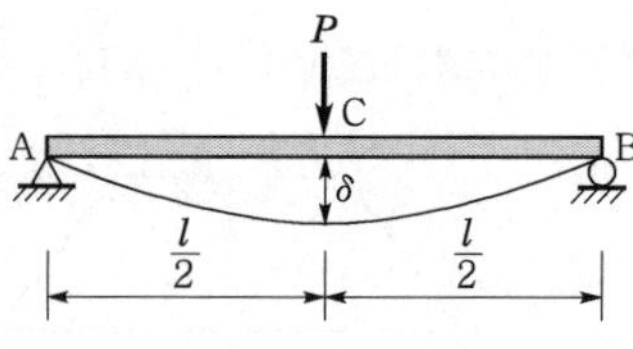

① $M=\dfrac{Pl}{2}$　② $M=\dfrac{Pl}{4}$

③ $M=\dfrac{Pl}{6}$　④ $M=\dfrac{Pl}{8}$

해설 ㉠ 중앙에 집중하중 P가 작용할 경우 C의 처짐

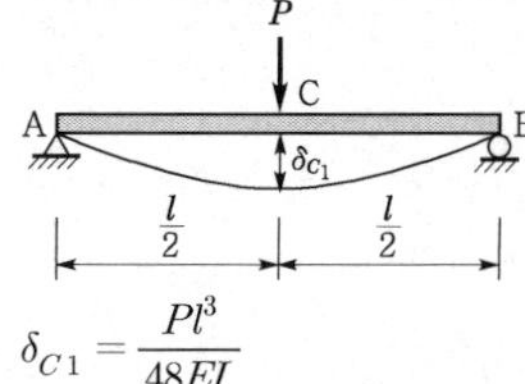

$\delta_{C1}=\dfrac{Pl^3}{48EI}$

 정답 10. ③ 11. ④ 12. ③

㉡ 양쪽 지점에 휨모멘트 $-M$이 작용할 경우 C의 처짐

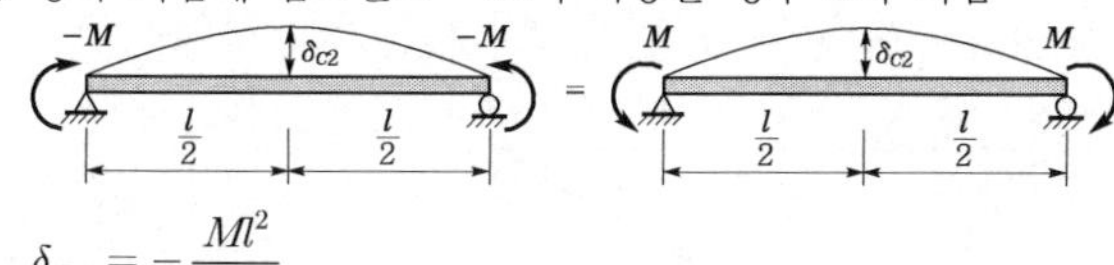

$$\delta_{C2} = -\frac{Ml^2}{8EI}$$

㉢ 중앙에 집중하중 P와 양단에 $-M$이 작용할 경우 C의 처짐

$$\delta_C = \delta_{C1} + \delta_{C2} = \frac{Pl^3}{48EI} - \frac{Ml^2}{8EI} = 0$$

$$\therefore M = \frac{Pl}{6}$$

13 다음 그림과 같은 단순보에 이동하중이 작용할 때 절대 최대 휨모멘트는?

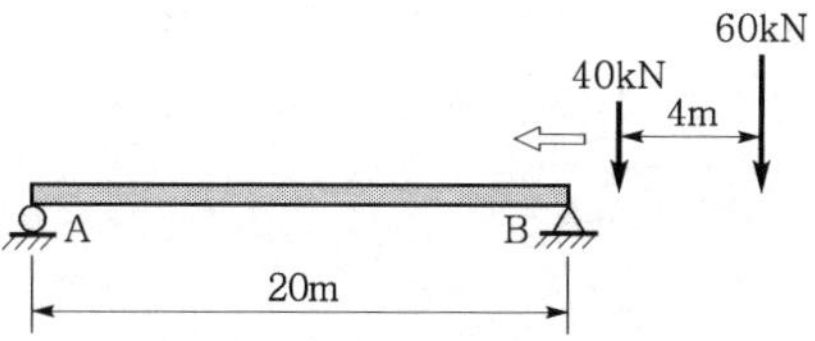

① 387.2kN·m ② 423.2kN·m
③ 478.4kN·m ④ 531.7kN·m

해설

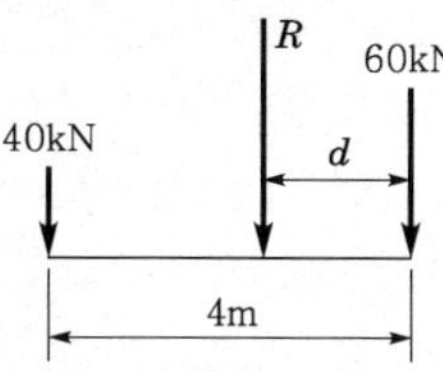

$R = 40 + 60 = 100\text{kN}$

$100 \times d = 40 \times 4$

$\therefore d = 1.6\text{m}$

$$\therefore M_{\max} = \frac{R}{l}\left(\frac{l-d}{2}\right)^2 = \frac{100}{20} \times \left(\frac{20-1.6}{2}\right)^2 = 423.2\text{kN}\cdot\text{m}$$

14 다음 그림과 같이 이축응력을 받고 있는 요소의 체적변형률은? (단, 탄성계수 $E=2\times10^6\text{kgf/cm}^2$, 푸아송비 $\nu=0.3$)

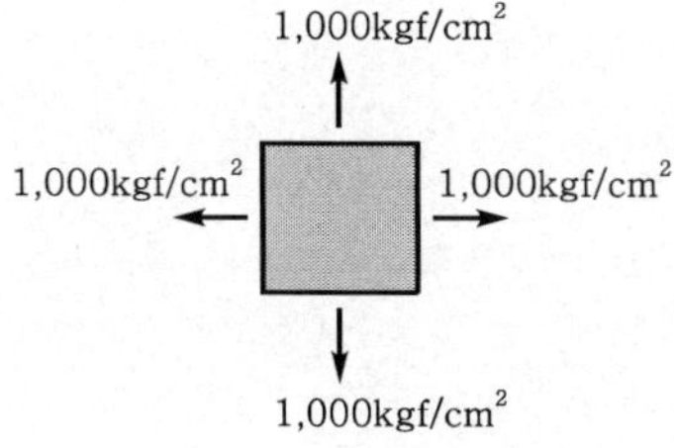

① 2.7×10^{-4} ② 3.0×10^{-4}
③ 3.7×10^{-4} ④ 4.0×10^{-4}

해설

$$\varepsilon_V = \frac{\Delta V}{V} = \frac{1-2v}{E}(\sigma_x + \sigma_y) = \frac{1-2\times0.3}{2\times10^6} \times (1{,}000 + 1{,}000) = 4.0\times10^{-4}$$

정답 13. ② 14. ④

15 다음 그림과 같은 구조물에서 부재 AB가 6tf의 힘을 받을 때 하중 P의 값은?

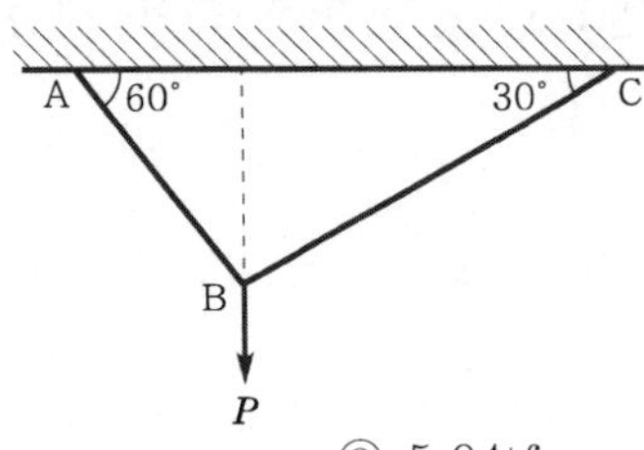

① 5.24tf
② 5.94tf
③ 6.27tf
④ 6.93tf

해설

$$\frac{F_{AB}}{\sin 120°} = \frac{P}{\sin 90°}$$

$$\frac{6}{\sin 120°} = \frac{P}{\sin 90°}$$

$\therefore P = 6.93\text{tf}$

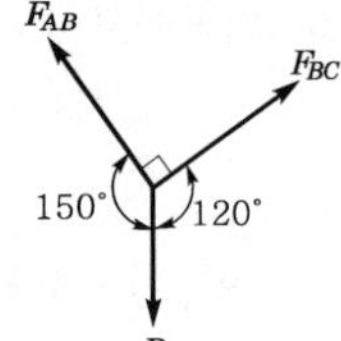

16 다음의 부정정구조물을 모멘트분배법으로 해석하고자 한다. C점이 롤러지점임을 고려한 수정강도계수에 의하여 B점에서 C점으로 분배되는 분배율 f_{BC}를 구하면?

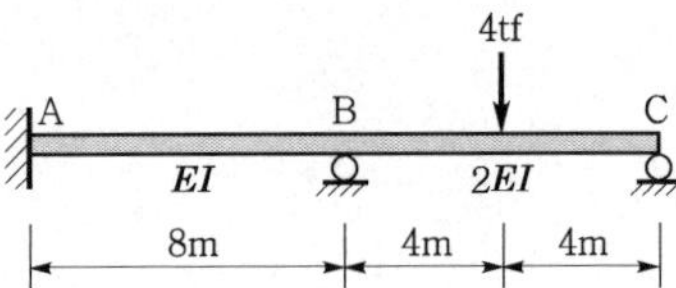

① $\frac{1}{2}$
② $\frac{3}{5}$
③ $\frac{4}{7}$
④ $\frac{5}{7}$

해설 모멘트분배법 이용

㉠ 강도

$$K_{BA} = \frac{I}{8}$$

$$K_{BC} = \frac{2EI}{8}$$

㉡ 유효강비

$$k_{BA} = 1$$

$$k_{BC} = 2 \times \frac{3}{4} = \frac{3}{2}$$

㉢ 분배율

$$D.F_{BC} = \frac{\frac{3}{2}}{1 + \frac{3}{2}} = \frac{3}{5}$$

 정답 ▸▸▸ 15. ④ 16. ②

17 어떤 보 단면의 전단응력도를 그렸더니 다음 그림과 같았다. 이 단면에 가해진 전단력의 크기는? (단, 최대 전단응력(τ_{max})은 6kgf/cm^{2}이다.)

① 4,200kgf
② 4,800kgf
③ 5,400kgf
④ 6,000kgf

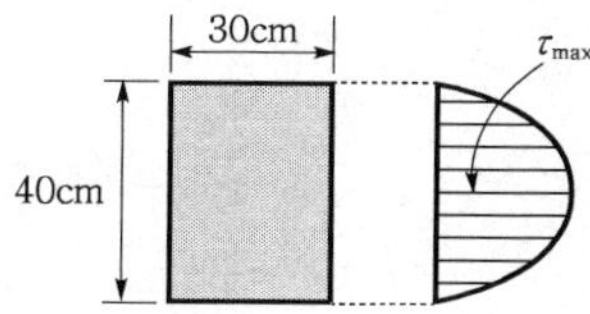

해설

$$\tau_{max} = \frac{3S}{2A} = \frac{3S}{2bh}$$

$$\therefore S = \frac{2\tau_{max} bh}{3} = \frac{2 \times 6 \times 30 \times 40}{3} = 4,800\text{kgf}$$

18 다음 그림과 같은 보에서 A점의 반력이 B점의 반력의 두 배가 되는 거리 x는?

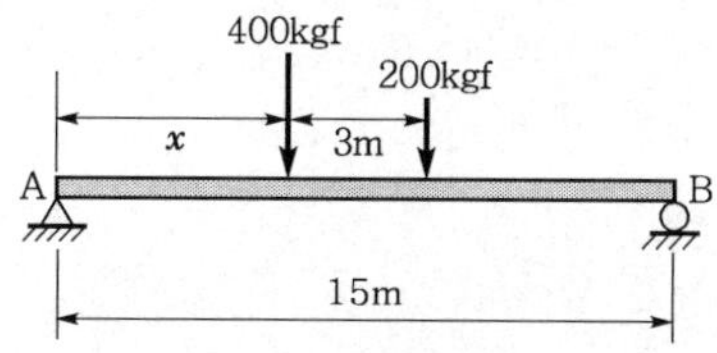

① 2.5m
② 3.0m
③ 3.5m
④ 4.0m

해설

$\Sigma V = 0$

$R_A + R_B - 600 = 0$

$2R_B + R_B - 600 = 0$

$\therefore R_B = 200\text{kgf}$

$\Sigma M_A = 0$

$400 \times x + 200 \times (x+3) - 200 \times 15 = 0$

$\therefore x = 4\text{m}$

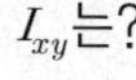

19 다음 그림과 같이 폭(b)와 높이(h)가 모두 12cm인 이등변삼각형의 x, y축에 대한 단면 상승모멘트 I_{xy}는?

① 576cm^2
② 642cm^2
③ 768cm^2
④ 864cm^2

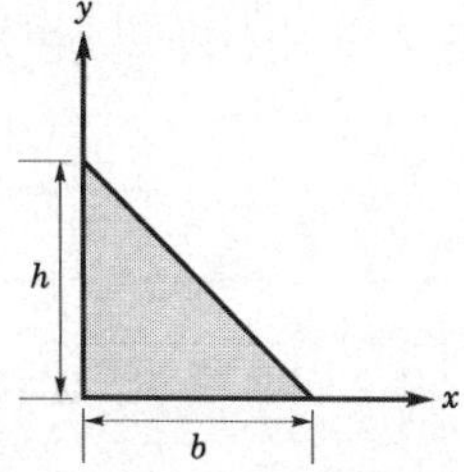

해설

$$I_{xy} = \int_A xy\,dA = \frac{b^2h^2}{24} = \frac{12^2 \times 12^2}{24} = 864\text{cm}^4$$

20 L이 10m인 다음 그림과 같은 내민보의 자유단에 P=2tf의 연직하중이 작용할 때 지점 B와 중앙부 C점에 발생되는 모멘트는?

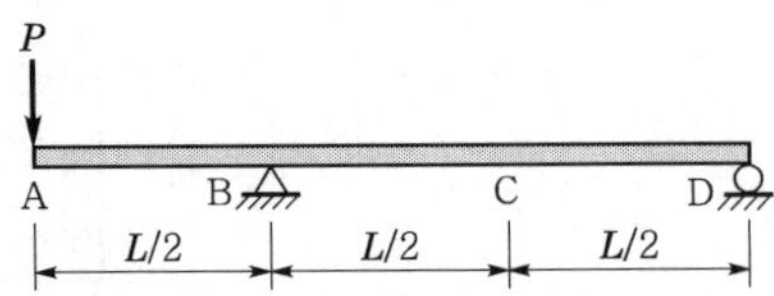

① $M_B=-8\text{tf}\cdot\text{m}$, $M_C=-5\text{tf}\cdot\text{m}$
② $M_B=-10\text{tf}\cdot\text{m}$, $M_C=-4\text{tf}\cdot\text{m}$
③ $M_B=-10\text{tf}\cdot\text{m}$, $M_C=-5\text{tf}\cdot\text{m}$
④ $M_B=-8\text{tf}\cdot\text{m}$, $M_C=-4\text{tf}\cdot\text{m}$

해설 반력 산정

$\Sigma M_D=0(\oplus)$

$V_B\times 10-2\times 15=0$

$\therefore V_B=3\text{tf}(\uparrow)$

$V_D=-1\text{tf}(\downarrow)$

$\therefore M_B=-2\times 5=-10\text{tf}\cdot\text{m}$

$M_C=-1\times 5=-5\text{tf}\cdot\text{m}$

제2과목 : 측량학

21 사진측량에 대한 설명 중 틀린 것은?

① 항공사진의 축척은 카메라의 초점거리에 비례하고, 비행고도에 반비례한다.
② 촬영고도가 동일한 경우 촬영기선길이가 증가하면 중복도는 낮아진다.
③ 입체시된 영상의 과고감은 기선고도비가 클수록 커지게 된다.
④ 과고감은 지도축척과 사진축척의 불일치에 의해 나타난다.

해설 항공사진을 입체시한 경우 과고감은 촬영에 사용한 렌즈의 초점거리와 사진의 중복도에 따라 변한다.

22 캔트(cant)의 크기가 C인 노선의 곡선반지름을 2배로 증가시키면 새로운 캔트 C'의 크기는?

① $0.5C$
② C
③ $2C$
④ $4C$

해설 $C=\dfrac{SV^2}{Rg}$에서 R을 2배로 하면 새로운 캔트(C')는 $\dfrac{1}{2}C(=0.5C)$가 된다.

 정답 ▸▸▸ 20. ③ 21. ④ 22. ①

23 대상구역을 삼각형으로 분할하여 각 교점의 표고를 측량한 결과가 다음 그림과 같을 때 토공량은?

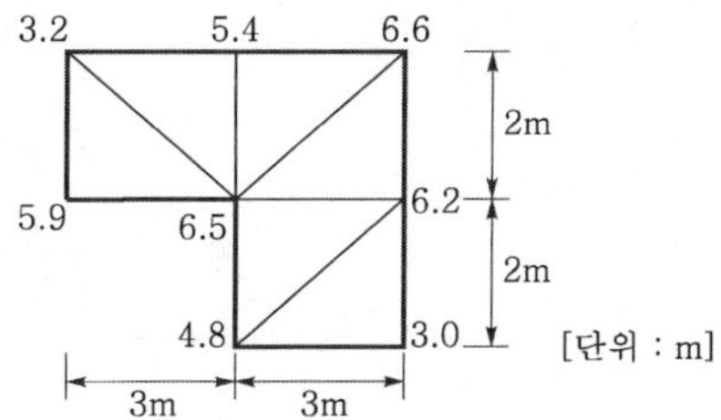

① $98m^3$ ② $100m^3$
③ 102m ④ $104m^3$

$V=\frac{2\times3}{6}\times[(5.9+3.0)+2\times(3.2+5.4+6.6+4.8)+3\times6.2+5\times6.5]=100m^3$

24 수심 h인 하천의 수면으로부터 $0.2h$, $0.6h$, $0.8h$인 곳에서 각각의 유속을 측정한 결과 0.562m/s, 0.497m/s, 0.364m/s이었다. 3점법을 이용한 평균유속은?

① 0.45m/s ② 0.48m/s
③ 0.51m/s ④ 0.54m/s

$V_m=\frac{V_{0.2}+2V_{0.6}+V_{0.8}}{4}=\frac{0.562+2\times0.497+0.364}{4}=0.48m/s$

25 다음 그림과 같은 단면의 면적은? (단, 좌표의 단위는 m이다.)

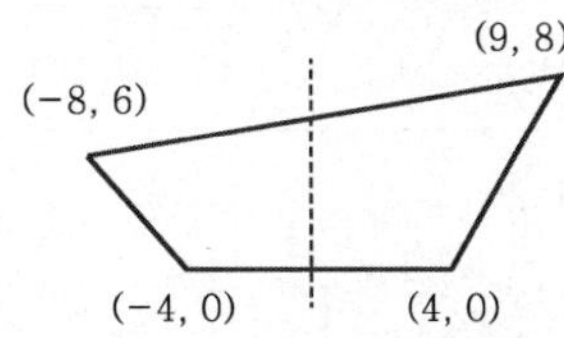

① $174m^2$ ② $148m^2$
③ $104m^2$ ④ $87m^2$

해설

측점	X	Y	$(X_{i-1}+X_{i+1})Y_i$
a	−4	0	$(4-(-8))\times0=0$
b	−8	6	$(-4-9)\times6=-78$
c	9	8	$(-8-4)\times8=-96$
d	4	0	$(9-(-4))\times0=0$
			$\Sigma=-174(=2A)$ $\therefore A=87m^2$

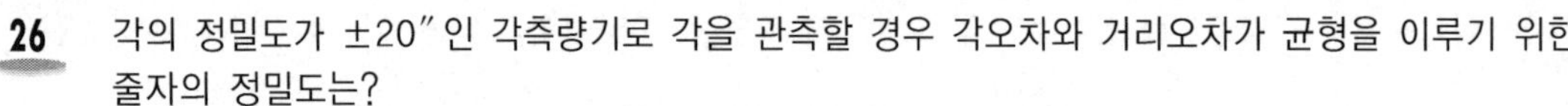

26 각의 정밀도가 ±20″인 각측량기로 각을 관측할 경우 각오차와 거리오차가 균형을 이루기 위한 줄자의 정밀도는?

① 약 $\frac{1}{10,000}$　　② 약 $\frac{1}{50,000}$
③ 약 $\frac{1}{100,000}$　　④ 약 $\frac{1}{500,000}$

해설 $\frac{\Delta l}{l}=\frac{\theta''}{\rho''}=\frac{20''}{206,265''}\fallingdotseq\frac{1}{10,000}$

27 노선의 곡선반지름이 100m, 곡선길이가 20m일 경우 클로소이드(clothoid)의 매개변수(A)는?

① 22m　　② 40m
③ 45m　　④ 60m

해설 $A=\sqrt{RL}=\sqrt{100\times20}=45\text{m}$

28 수준점 A, B, C에서 P점까지 수준측량을 한 결과가 다음 표와 같다. 관측거리에 대한 경중률을 고려한 P점의 표고는?

측량경로	거리	P점의 표고
A → P	1km	135.487m
B → P	2km	135.563m
C → P	3km	135.603m

① 135.529m　　② 135.551m
③ 135.563m　　④ 135.570m

해설 경중률은 노선거리에 반비례한다.

㉠ $P_A : P_B : P_C = \frac{1}{1} : \frac{1}{2} : \frac{1}{3} = 6 : 3 : 2$

㉡ $H_0=\frac{6\times135.487+3\times135.563+2\times135.603}{6+3+2}=135.529\text{m}$

29 다음 그림과 같이 교호수준측량을 실시한 결과 a_1=3.835m, b_1=4.264m, a_2=2.375m, b_2=2.812m이었다. 이때 양안의 두 점 A와 B의 높이차는? (단, 양안에서 시준점과 표척까지의 거리 CA=DB)

① 0.429m
② 0.433m
③ 0.437m
④ 0.441m

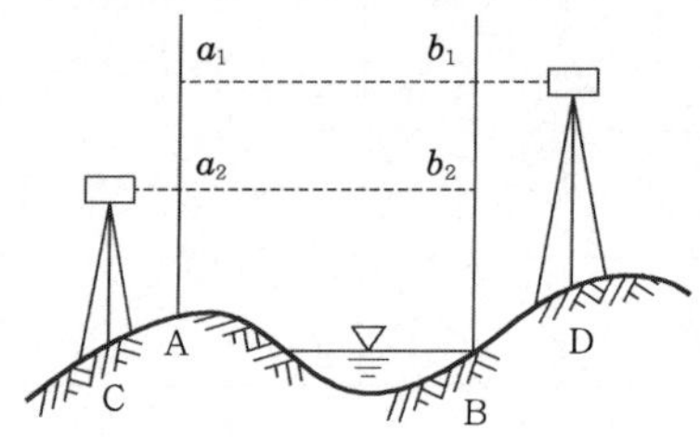

해설 $H=\frac{(a_1-b_1)+(a_2-b_2)}{2}=\frac{(3.835-4.264)+(2.375-2.812)}{2}=-0.433\text{m}$

 정답 ▸▸▸ 26. ① 27. ③ 28. ① 29. ②

30 GNSS가 다중주파수(multi-frequency)를 채택하고 있는 가장 큰 이유는?

① 데이터 취득속도의 향상을 위해
② 대류권 지연효과를 제거하기 위해
③ 다중경로오차를 제거하기 위해
④ 전리층 지연효과의 제거를 위해

해설 GNSS가 다중주파수를 채택하고 있는 가장 큰 이유는 전리층의 지연효과를 제거하기 위함이다.

31 트래버스측량(다각측량)의 폐합오차 조정방법 중 컴퍼스법칙에 대한 설명으로 옳은 것은?

① 각과 거리의 정밀도가 비슷할 때 실시하는 방법이다.
② 위거와 경거의 크기에 비례하여 폐합오차를 배분한다.
③ 각 측선의 길이에 반비례하여 폐합오차를 배분한다.
④ 거리보다는 각의 정밀도가 높을 때 활용하는 방법이다.

해설 트래버스의 조정

㉠ 컴퍼스법칙 : 거리의 정밀도와 각의 정밀도가 같은 경우$\left(\frac{\Delta l}{l}=\frac{\theta''}{\rho''}\right)$

㉡ 트랜싯법칙 : 거리의 정밀도보다 각의 정밀도가 좋은 경우$\left(\frac{\Delta l}{l}<\frac{\theta''}{\rho''}\right)$

32 트래버스측량(다각측량)의 종류와 그 특징으로 옳지 않은 것은?

① 결합트래버스는 삼각점과 삼각점을 연결시킨 것으로 조정 계산의 정확도가 가장 높다.
② 폐합트래버스는 한 측점에서 시작하여 다시 그 측점에 돌아오는 관측형태이다.
③ 폐합트래버스는 오차의 계산 및 조정이 가능하나, 정확도는 개방트래버스보다 낮다.
④ 개방트래버스는 임의의 한 측점에서 시작하여 다른 임의의 한 점에서 끝나는 관측형태이다.

해설 폐합트래버스는 오차의 계산 및 조정이 가능하며 개방트래버스보다 정확도가 높다.

33 삼각망 조정 계산의 경우에 하나의 삼각형에 발생한 각오차의 처리방법은? (단, 각관측정밀도는 동일하다.)

① 각의 크기에 관계없이 동일하게 배분한다.
② 대변의 크기에 비례하여 배분한다.
③ 각의 크기에 반비례하여 배분한다.
④ 각의 크기에 비례하여 배분한다.

해설 삼각망 조정 계산의 경우에 하나의 삼각형에 발생한 각오차가 허용범위 이내인 경우 각의 크기에 관계없이 동일하게 배분한다.

34 종단수준측량에서는 중간점을 많이 사용하는 이유로 옳은 것은?

① 중심말뚝의 간격이 20m 내외로 좁기 때문에 중심말뚝을 모두 전환점으로 사용할 경우 오차가 더욱 커질 수 있기 때문이다.
② 중간점을 많이 사용하고 기고식 야장을 작성할 경우 완전한 검산이 가능하여 종단수준측량의 정확도를 높일 수 있기 때문이다.
③ B.M점 좌우의 많은 점을 동시에 측량하여 세밀한 종단면도를 작성하기 위해서이다.
④ 핸드레벨을 이용한 작업에 적합한 측량방법이기 때문이다.

정답 30. ④ 31. ① 32. ③ 33. ① 34. ①

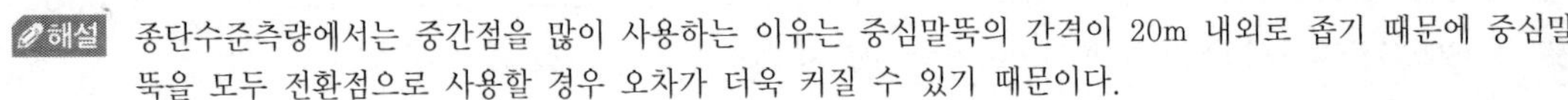

해설 종단수준측량에서는 중간점을 많이 사용하는 이유는 중심말뚝의 간격이 20m 내외로 좁기 때문에 중심말뚝을 모두 전환점으로 사용할 경우 오차가 더욱 커질 수 있기 때문이다.

35 표고 또는 수심을 숫자로 기입하는 방법으로 하천이나 항만 등에서 수심을 표시하는데 주로 사용되는 방법은?

① 영선법 ② 채색법
③ 음영법 ④ 점고법

해설 지형의 표시법

㉠ 자연적인 도법
- 우모법 : 선의 굵기와 길이로 지형을 표시하는 방법으로 경사가 급하면 굵고 짧게, 경사가 완만하면 가늘고 길게 표시한다.
- 영선법 : 태양광선이 서북쪽에서 45°로 비친다고 가정하고, 지표의 기복에 대해서 그 명암을 도상에 2~3색 이상으로 지형의 기복을 표시하는 방법이다.

㉡ 부호적 도법
- 점고법 : 지표면상에 있는 임의점의 표고를 도상에서 숫자로 표시해 지표를 나타내는 방법으로 하천, 항만, 해양 등의 심천을 나타내는 경우에 사용한다.
- 등고선법 : 등고선에 의하여 지표면의 형태를 표시하는 방법으로 비교적 지형을 쉽게 표현할 수 있어 가장 널리 쓰이는 방법이다.
- 채색법 : 지형도에 채색을 하여 지형을 표시하는 방법으로 높은 곳은 진하게, 낮은 곳은 연하게 표시하며 지리관계의 지도나 소축척지도에 사용된다.

36 다음 그림과 같은 유심삼각망에서 점조건 조정식에 해당하는 것은?

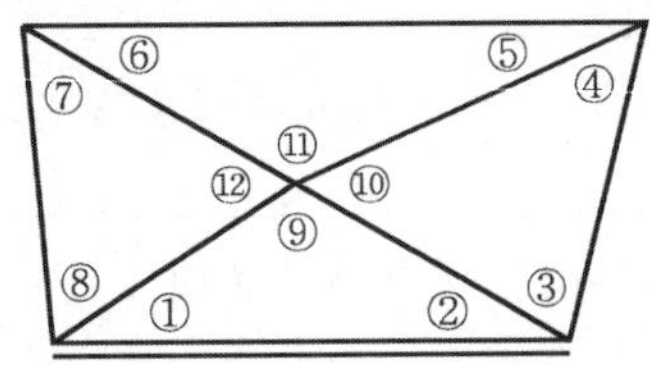

① ①+②+⑨=180° ② ①+②=⑤+⑥
③ ⑨+⑩+⑪+⑫=360° ④ ①+②+③+④+⑤+⑥+⑦+⑧=360°

해설 점조건방정식은 한 측점의 둘레에 있는 모든 각을 합한 값은 360°이다. 따라서 ⑨+⑩+⑪+⑫=360°이다.

37 120m의 측선을 30m 줄자로 관측하였다. 1회 관측에 따른 우연오차가 ±3mm이었다면 전체 거리에 대한 오차는?

① ±3mm ② ±6mm
③ ±9mm ④ ±12mm

해설 우연오차$(e)=\pm m\sqrt{n}=\pm 3\sqrt{4}=\pm 6$mm

 정답 35. ④ 36. ③ 37. ②

38 완화곡선에 대한 설명으로 틀린 것은?

① 곡선반지름은 완화곡선의 시점에서 무한대, 종점에서 원곡선의 반지름이 된다.
② 완화곡선에 연한 곡선반지름의 감소율은 캔트의 증가율과 같다.
③ 완화곡선의 접선은 시점에서 원호에, 종점에서 직선에 접한다.
④ 종점에 있는 캔트는 원곡선의 캔트와 같게 된다.

해설 완화곡선의 성질
㉠ 곡선반지름은 완화곡선의 시점에서 무한대, 종점에서 원곡선의 반지름으로 된다.
㉡ 완화곡선의 접선은 시점에서 직선에, 종점에서 원호에 접한다.
㉢ 완화곡선에 연한 곡선반지름의 감소율은 캔트의 증가율과 같다.
㉣ 완화곡선의 종점의 캔트와 원곡선의 시점의 캔트는 같다.

39 축척 1:500 지형도를 기초로 하여 축척 1:3,000 지형도를 제작하고자 한다. 축척 1:3,000 도면 한 장에 포함되는 축척 1:500 도면의 매수는? (단, 1:500 지형도와 1:3,000 지형도의 크기는 동일하다.)

① 16매 ② 25매
③ 36매 ④ 49매

해설
$$매수=\left(\frac{3,000}{500}\right)^2=36매$$

40 지오이드(Geoid)에 관한 설명으로 틀린 것은?

① 중력장이론에 의한 물리적 가상면이다.
② 지오이드면과 기준타원체면은 일치한다.
③ 지오이드는 어느 곳에서나 중력방향과 수직을 이룬다.
④ 평균해수면과 일치하는 등퍼텐셜면이다.

해설 지오이드와 타원체는 거의 일치한다.

제3과목 : 수리수문학

41 다음 중 증발에 영향을 미치는 인자가 아닌 것은?

① 온도 ② 대기압
③ 통수능 ④ 상대습도

해설 증발에 영향을 주는 인자는 온도, 바람, 상대습도, 대기압, 수질 등이다.

정답 ▸▸▸ 38. ③ 39. ③ 40. ② 41. ③

42 유역면적이 15km²이고 1시간에 내린 강우량이 150mm일 때 하천의 유출량이 350m³/s이면 유출률은?

① 0.56　　② 0.65
③ 0.72　　④ 0.78

해설 유출률$=\dfrac{350}{(15\times10^6)\times0.15\times\dfrac{1}{3,600}}=0.56$

43 비압축성 유체의 연속방정식을 표현한 것으로 가장 올바른 것은?

① $Q=\rho AV$　　② $\rho_1 A_1=\rho_2 A_2$
③ $Q_1 A_1 V_1=Q_2 A_2 V_2$　　④ $A_1 V_1=A_2 V_2$

해설 정류의 연속방정식(3차원 흐름)
㉠ 압축성 유체 : $\rho_1 A_1 V_1=\rho_2 A_2 V_2$, $w_1 A_1 V_1=w_2 A_2 V_2$
㉡ 비압축성 유체 : $A_1 V_1=A_2 V_2$

44 다음 물의 흐름에 대한 설명 중 옳은 것은?

① 수심은 깊으나 유속이 느린 흐름을 사류라 한다.
② 물의 분자가 흩어지지 않고 질서 정연히 흐르는 흐름을 난류라 한다.
③ 모든 단면에 있어 유적과 유속이 시간에 따라 변하는 것을 정류라 한다.
④ 에너지선과 동수경사선의 높이의 차는 일반적으로 $\dfrac{V^2}{2g}$이다.

해설 동수경사선은 에너지선보다 유속수두만큼 아래에 위치한다.

45 미계측유역에 대한 단위유량도의 합성방법이 아닌 것은?

① SCS방법　　② Clark방법
③ Horton방법　　④ Snyder방법

해설 ㉠ 단위유량도 합성방법 : Snyder방법, SCS방법, Clark방법
㉡ 침투율 산정공식 : Horton공식, Philip공식, Green and Ampt공식

46 표고 20m인 저수지에서 물을 표고 50m인 지점까지 1.0m³/s의 물을 양수하는데 소요되는 펌프 동력은? (단, 모든 손실수두의 합은 3.0m이고, 모든 관은 동일한 직경과 수리학적 특성을 지니며, 펌프의 효율은 80%이다.)

① 248kW　　② 330kW
③ 404kW　　④ 650kW

해설 $E=\dfrac{9.8Q(H+\Sigma h)}{\eta}=\dfrac{9.8\times1\times(30+3)}{0.8}=404.25\text{kW}$

 정답 ▸▸▸ 42. ① 43. ④ 44. ④ 45. ③ 46. ③

47 폭 35cm인 직사각형 위어(weir)의 유량을 측정하였더니 0.03m^3/s이었다. 월류수심의 측정에 1mm의 오차가 생겼다면 유량에 발생하는 오차는? (단, 유량 계산은 프란시스(Francis)공식을 사용하되 월류 시 단면 수축은 없는 것으로 가정한다.)

① 1.16% ② 1.50%
③ 1.67% ④ 1.84%

㉠ $Q = 1.84bh^{\frac{3}{2}}$

$0.03 = 1.84 \times 0.35 \times h^{\frac{3}{2}}$

$\therefore h = 0.13\text{m}$

㉡ $\dfrac{dQ}{Q} = \dfrac{3}{2}\dfrac{dh}{h} = \dfrac{3}{2} \times \dfrac{0.001}{0.13} = 0.01154 = 1.154\%$

48 여과량이 2m^3/s, 동수경사가 0.2, 투수계수가 1cm/s일 때 필요한 여과지면적은?

① 1,000m^2 ② 1,500m^2
③ 2,000m^2 ④ 2,500m^2

$Q = KiA$

$2 = 0.01 \times 0.2 \times A$

$\therefore A = 1{,}000\text{m}^2$

49 다음 표는 어느 지역의 40분간 집중호우를 매 5분마다 관측한 것이다. 지속기간이 20분인 최대 강우강도는?

시간(분)	우량(mm)	시간(분)	우량(mm)
0~5	1	5~10	4
10~15	2	15~20	5
20~25	8	25~30	7
30~35	3	35~40	2

① I=49mm/hr ② I=59mm/hr
③ I=69mm/hr ④ I=72mm/hr

$I = (5+8+7+3) \times \dfrac{60}{20} = 69\text{mm/hr}$

50 길이 13m, 높이 2m, 폭 3m, 무게 20ton인 바지선의 흘수는?

① 0.51m ② 0.56m
③ 0.58m ④ 0.46m

해설

$M = B$

$20 = 1 \times (3 \times 13 \times h)$

$\therefore h = 0.51\text{m}$

정답 ▸▸▸ 47. ① 48. ① 49. ③ 50. ①

51 개수로 내의 흐름에 대한 설명으로 옳은 것은?

① 에너지선은 자유표면과 일치한다.
② 동수경사선은 자유표면과 일치한다.
③ 에너지선과 동수경사선은 일치한다.
④ 동수경사선은 에너지선과 언제나 평행하다.

 개수로의 흐름에서 동수경사선은 수면과 일치한다.

52 상대조도에 관한 사항 중 옳은 것은?

① Chezy의 유속계수와 같다.
② Manning의 조도계수를 나타낸다.
③ 절대조도를 관지름으로 곱한 것이다.
④ 절대조도를 관지름으로 나눈 것이다.

해설 상대조도$=\frac{e}{D}$

53 다음 그림과 같이 물속에 수직으로 설치된 넓이 2m×3m의 수문을 올리는데 필요한 힘은? (단, 수문의 물속 무게는 1,960N이고, 수문과 벽면 사이의 마찰계수는 0.25이다.)

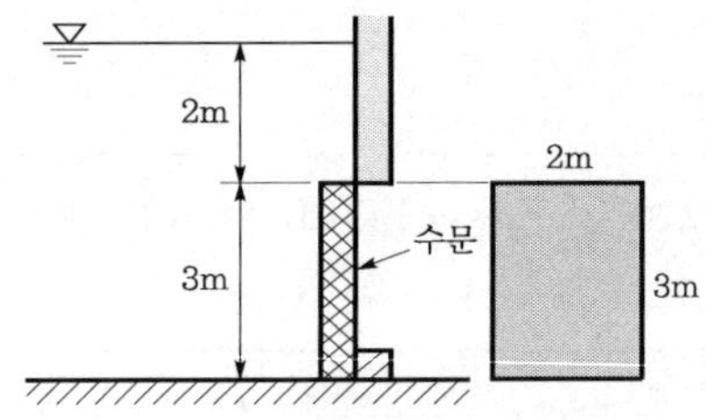

① 5.45kN
② 53.4kN
③ 126.7kN
④ 271.2kN

 ㉠ $P=wh_GA=1\times(2+1.5)\times(2\times3)=21\text{t}=205.8\text{kN}$
㉡ $F=\mu P+T=0.25\times205.8+1.96=53.41\text{kN}$

54 단위중량 w, 밀도 ρ인 유체가 유속 V로서 수평방향으로 흐르고 있다. 지름 d, 길이 l인 원주가 유체의 흐름방향에 직각으로 중심축을 가지고 놓였을 때 원주에 작용하는 항력(D)은? (단, C는 항력계수이다.)

① $D=C\left(\frac{\pi d^2}{4}\right)\frac{wV^2}{2}$
② $D=Cdl\frac{\rho V^2}{2}$
③ $D=C\left(\frac{\pi d^2}{4}\right)\frac{\rho V^2}{2}$
④ $D=Cdl\frac{wV^2}{2}$

해설 $D=CA\frac{\rho V^2}{2}=Cdl\frac{\rho V^2}{2}$

 정답 ▸▸▸ 51. ② 52. ④ 53. ② 54. ②

55 도수 전후의 수심이 각각 2m, 4m일 때 도수로 인한 에너지손실(수두)은?

① 0.1m ② 0.2m
③ 0.25m ④ 0.5m

해설
$$\Delta H_e = \frac{(h_2 - h_1)^3}{4h_1h_2} = \frac{(4-2)^3}{4\times2\times4} = 0.25\text{m}$$

56 다음 중 부정류흐름의 지하수를 해석하는 방법은?

① Theis방법 ② Dupuit방법
③ Thiem방법 ④ Laplace방법

해설 피압대수층 내 부정류흐름의 지하수 해석법에는 Theis법, Jacob법, Chow법 등이 있다.

57 부피 50m^3인 해수의 무게(W)와 밀도(ρ)를 구한 값으로 옳은 것은? (단, 해수의 단위중량은 1.025t/m^3)

① W=5t, ρ=0.1046kg · s^2/m^4 ② W=5t, ρ=104.6kg · s^2/m^4
③ W=5.125t, ρ=104.6kg · s^2/m^4 ④ W=51.25t, ρ=104.6kg · s^2/m^4

해설
㉠ $W = wV = 1.025\times50 = 51.25\text{t}$
㉡ $w = \rho g$

$$\therefore \rho = \frac{w}{g} = \frac{1.025\text{t/m}^3}{9.8\text{m/s}^2} = 0.1046\text{t}\cdot\text{s/m}^4 = 104.6\text{kg}\cdot\text{s}^2/\text{m}^4$$

58 수리학상 유리한 단면에 관한 설명 중 옳지 않은 것은?

① 주어진 단면에서 윤변이 최소가 되는 단면이다.
② 직사각형 단면일 경우 수심이 폭의 1/2인 단면이다.
③ 최대 유량의 소통을 가능하게 하는 가장 경제적인 단면이다.
④ 수심을 반지름으로 하는 반원을 외접원으로 하는 제형 단면이다.

해설 사다리꼴 단면수로의 수리상 유리한 단면은 수심을 반지름으로 하는 반원을 내접원으로 하는 사다리꼴 단면이다.

59 오리피스(orifice)에서의 유량 Q를 계산할 때 수두 H의 측정에 1%의 오차가 있으면 유량 계산의 결과에는 얼마의 오차가 생기는가?

① 0.1% ② 0.5%
③ 1% ④ 2%

해설
$$\frac{dQ}{Q} = \frac{1}{2}\frac{dh}{h} = \frac{1}{2}\times1\% = 0.5\%$$

정답 ▸▸▸ 55. ③ 56. ① 57. ④ 58. ④ 59. ②

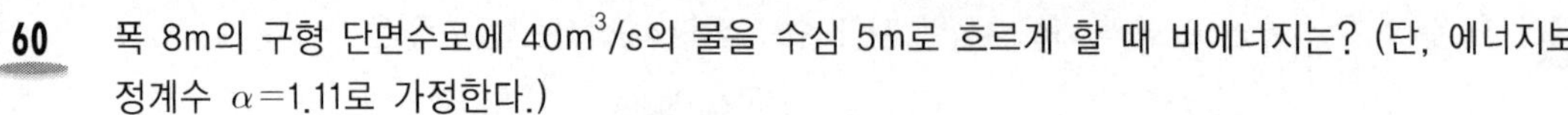

60 폭 8m의 구형 단면수로에 40m³/s의 물을 수심 5m로 흐르게 할 때 비에너지는? (단, 에너지보정계수 α=1.11로 가정한다.)

① 5.06m　　② 5.87m
③ 6.19m　　④ 6.73m

해설

㉠ $V=\dfrac{Q}{A}=\dfrac{40}{8\times5}=1\text{m/s}$

㉡ $H_e=h+\alpha\dfrac{V^2}{2g}=5+1.11\times\dfrac{1^2}{2\times9.8}=5.06\text{m}$

제4과목 : 철근콘크리트 및 강구조

61 경간 l=10m인 대칭 T형보에서 양쪽 슬래브의 중심 간 거리 2,100mm, 슬래브의 두께(t) 100mm, 복부의 폭(b_w) 400mm일 때 플랜지의 유효폭은 얼마인가?

① 2,000mm　　② 2,100mm
③ 2,300mm　　④ 2,500mm

해설

㉠ $16t+b_w=16\times100+400=2{,}000\text{mm}$
㉡ 슬래브 중심 간 거리(b_c)=2,100mm
㉢ $\dfrac{1}{4}l=\dfrac{1}{4}\times10{,}000=2{,}500\text{mm}$
∴ 플랜지의 유효폭(b_e)=2,000mm(최소값)

62 다음 그림의 고장력 볼트 마찰이음에서 필요한 볼트수는 최소 몇 개인가? (단, 볼트는 M22(=ϕ22mm), F10T를 사용하며, 마찰이음의 허용력은 48kN이다.)

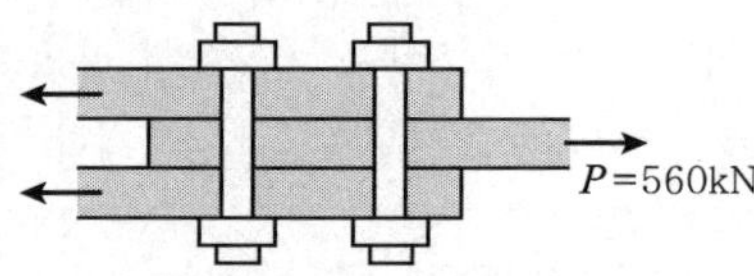

① 3개　　② 5개
③ 6개　　④ 8개

해설

$\rho=v_a\times2(\text{복전단})=48\times2=96\text{kN}$

$\therefore n=\dfrac{P}{\rho}=\dfrac{560\times10^3}{96\times10^3}=5.83\fallingdotseq6$개

63 철근콘크리트보에 스터럽을 배근하는 가장 중요한 이유로 옳은 것은?

① 주철근 상호 간의 위치를 바르게 하기 위하여
② 보에 작용하는 사인장응력에 의한 균열을 제어하기 위하여
③ 콘크리트와 철근과의 부착강도를 높이기 위하여
④ 압축측 콘크리트의 좌굴을 방지하기 위하여

해설 스터럽은 사인장균열을 억제하기 위해서 배치하는 전단보강철근이다.

64 다음 그림과 같은 두께 12mm 평판의 순단면적은? (단, 구멍의 지름은 23mm이다.)

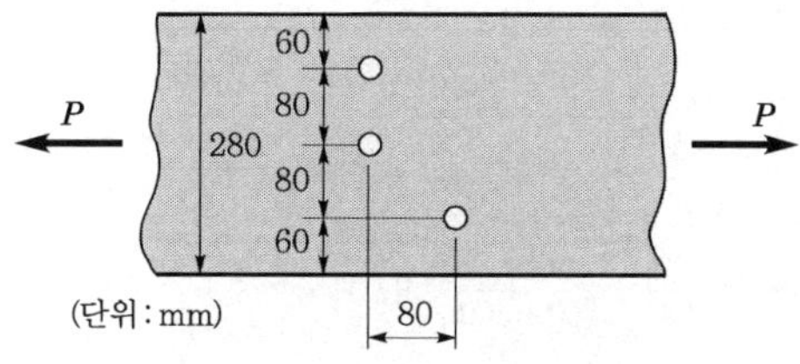

① 2,310mm^2
② 2,440mm^2
③ 2,772mm^2
④ 2,928mm^2

해설 ㉠ $b_n = b_g - 2d = 280 - 2 \times 23 = 234\text{mm}$

㉡ $b_n = b_g - 2d - \left(d - \dfrac{p^2}{4g}\right) = 280 - 2 \times 23 - \left(23 - \dfrac{80^2}{4 \times 80}\right) = 231\text{mm}$

∴ 이 중 작은 값 $b_n = 231\text{mm}$

∴ $A_n = b_n t = 231 \times 12 = 2{,}772\text{mm}^2$

65 다음 그림과 같은 필릿용접의 유효목두께로 옳게 표시된 것은? (단, 강구조 연결설계기준에 따름)

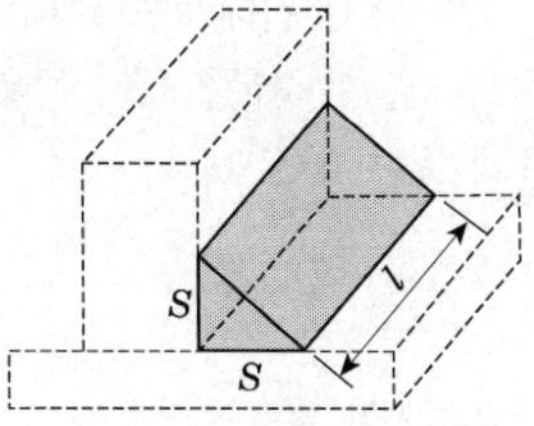

① S
② $0.9S$
③ $0.7S$
④ $0.5l$

해설 $\sin 45° = \dfrac{a}{S}$

$\therefore a = \sin 45° S = \dfrac{1}{\sqrt{2}} S = 0.7S$

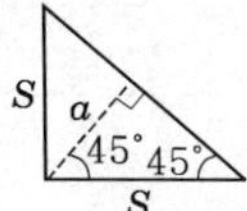

66 $b=300\text{mm}$, $d=600\text{mm}$, $A_s=3-\text{D35}=2{,}870\text{mm}^2$인 직사각형 단면보의 파괴양상은? (단, 강도설계법에 의한 $f_y=300\text{MPa}$, $f_{ck}=21\text{MPa}$이다.)

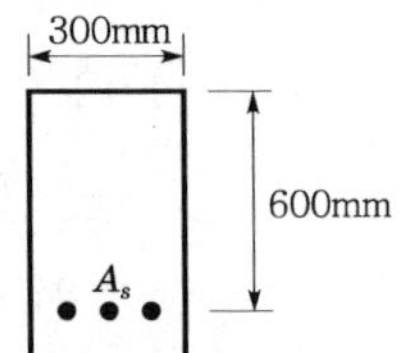

① 취성파괴 ② 연성파괴
③ 균형파괴 ④ 파괴되지 않는다.

해설 ㉠ 균형철근비

$$\rho_b=\eta(0.85\beta_1)\frac{f_{ck}}{f_y}\left(\frac{660}{660+f_y}\right)$$

$$=1.0\times0.85\times0.80\times\frac{21}{300}\times\frac{660}{660+300}=0.0327$$

㉡ 최대 철근비

$$\rho_{\max}=\eta(0.85\beta_1)\left(\frac{f_{ck}}{f_y}\right)\left(\frac{\varepsilon_{cu}}{\varepsilon_{cu}+\varepsilon_{t,\min}}\right)$$

$$=1.0\times0.85\times0.80\times\frac{21}{300}\times\frac{0.0033}{0.0033+0.004}=0.0215$$

㉢ 최소 철근비

$$\rho_{\min}=0.178\frac{\lambda\sqrt{f_{ck}}}{\phi f_y}$$

$$=0.178\times\frac{1.0\sqrt{21}}{0.85\times300}=0.0032$$

따라서 $\rho_{\min}<\rho_{\max}<\rho_b$이므로 연성파괴가 발생한다.

67 철근콘크리트부재에서 처짐을 방지하기 위해서는 부재의 두께를 크게 하는 것이 효과적인데 구조상 가장 두꺼워야 될 순서대로 나열된 것은? (단, 동일한 부재길이(l)를 갖는다고 가정)

① 캔틸레버>단순지지>일단 연속>양단 연속
② 단순지지>캔틸레버>일단 연속>양단 연속
③ 일단 연속>양단 연속>단순지지>캔틸레버
④ 양단 연속>일단 연속>단순지지>캔틸레버

해설 보 또는 1방향 슬래브의 최소 두께

부재	캔틸레버지지	단순지지	일단 연속	양단 연속
1방향 슬래브	$\frac{l}{10}$	$\frac{l}{20}$	$\frac{l}{24}$	$\frac{l}{28}$
보	$\frac{l}{8}$	$\frac{l}{16}$	$\frac{l}{18.5}$	$\frac{l}{21}$

여기서, l : 경간길이(cm)

∴ 두께순서 : 캔틸레버지지>단순지지>일단 연속 >양단 연속

 정답 ▸▸ 66. ② 67. ①

68 1방향 철근콘크리트 슬래브에서 설계기준항복강도(f_y)가 450MPa인 이형철근을 사용한 경우 수축 · 온도철근비는?

① 0.0016 ② 0.0018
③ 0.0020 ④ 0.0022

해설 1방향 슬래브의 수축 · 온도철근비

㉠ $f_y \le 400\text{MPa}$: $\rho = 0.0020$

㉡ $f_y > 400\text{MPa}$: $\rho = 0.0020\left(\dfrac{400}{f_y}\right)$

$\therefore\ \rho = 0.0020 \times \dfrac{400}{450} = 0.0018$

69 프리스트레스의 도입 후에 일어나는 손실의 원인이 아닌 것은?

① 콘크리트의 크리프 ② PS강재와 시스 사이의 마찰
③ 콘크리트의 건조 수축 ④ PS강재의 릴랙세이션

해설 프리스트레스 손실원인

㉠ 도입 시 손실 : 콘크리트의 탄성변형, PS강선과 시스의 마찰, 정착장치의 활동

㉡ 도입 후 손실 : 콘크리트의 건조 수축, 콘크리트의 크리프, PS강선의 릴랙세이션

70 폭이 400mm, 유효깊이가 500mm인 단철근 직사각형 보 단면에서 강도설계법에 의한 균형철근량은 약 얼마인가? (단, f_{ck} =35MPa, f_y =400MPa)

① 6,135mm^2 ② 6,623mm^2
③ 7,358mm^2 ④ 7,841mm^2

해설 $\beta_1 = 0.80(f_{ck} \le 40\text{MPa}$일 때)

$\rho_b = \eta(0.85\beta_1)\dfrac{f_{ck}}{f_y}\left(\dfrac{660}{660+f_y}\right)$

$= 1.0 \times 0.85 \times 0.80 \times \dfrac{35}{300} \times \dfrac{660}{660+300}$

$= 0.0545$

$\therefore\ A_s = \rho_b bd = 0.0545 \times 300 \times 450 = 7,357.5\text{mm}^2$

71 복철근콘크리트 단면에 인장철근비는 0.02, 압축철근비는 0.01이 배근된 경우 순간처짐이 20mm일 때 6개월이 지난 후 총처짐량은? (단, 작용하는 하중은 지속하중이며, 6개월 재하기간에 따르는 계수 ξ는 1.2이다.)

① 56mm ② 46mm
③ 36mm ④ 26mm

해설 $\lambda_\Delta = \dfrac{\xi}{1+50\rho'} = \dfrac{1.2}{1+50 \times 0.01} = 0.8$

$\therefore\ \delta_t = \delta_i + \delta_l = \delta_i + \delta_i\lambda_\Delta = \delta_i(1+\lambda_\Delta) = 20 \times (1+0.8) = 36\text{mm}$

정답 68. ② 69. ② 70. ③ 71. ③

72 다음 그림과 같은 철근콘크리트보 단면이 파괴 시 인장철근의 변형률은? (단, f_{ck}=28MPa, f_y = 350MPa, A_s =1,520mm^2)

① 0.004
② 0.008
③ 0.011
④ 0.015

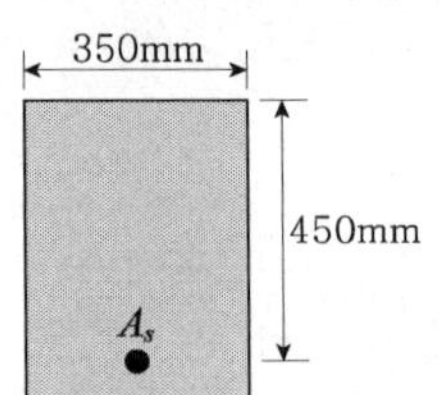

해설

㉠ $a=\dfrac{f_y A_s}{\eta(0.85f_{ck})b}=\dfrac{350\times1,520}{1.0\times0.85\times28\times350}=63.86\text{mm}$

㉡ $c=\dfrac{a}{\beta_1}=\dfrac{63.86}{0.80}=79.83\text{mm}$

$\therefore\ \varepsilon_t=\varepsilon_{cu}\left(\dfrac{d_t-c}{c}\right)=0.0033\times\dfrac{450-79.83}{79.83}=0.0153$

73 다음은 프리스트레스트 콘크리트에 관한 설명이다. 옳지 않은 것은?

① 프리캐스트를 사용할 경우 거푸집 및 동바리공이 불필요하다.
② 콘크리트 전단면을 유효하게 이용하여 RC부재보다 경간을 길게 할 수 있다.
③ RC에 비해 단면이 작아서 변형이 크고 진동하기 쉽다.
④ RC보다 내화성에 있어서 유리하다.

해설 PS콘크리트의 장단점

㉠ 장점
- 내구성이 좋다.
- 자중이 감소한다.
- 균열이 감소한다.
- 전단면을 유효하게 이용한다.

㉡ 단점
- 진동하기 쉽다.
- 내화성이 떨어진다.
- 고도의 기술을 요한다.
- 공사비가 증가된다.

74 다음 그림과 같은 단면의 중간 높이에 초기프리스트레스 900kN을 작용시켰다. 20%의 손실을 가정하여 하단 또는 상단의 응력이 영(零)이 되도록 이 단면에 가할 수 있는 모멘트의 크기는?

① 90kN·m
② 84kN·m
③ 72kN·m
④ 65kN·m

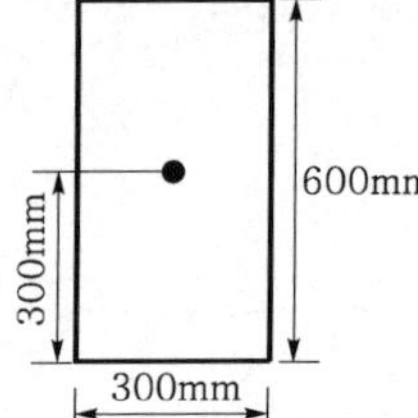

 정답 ▸▸▸ 72. ④ 73. ④ 74. ③

해설 $P_e = 900 \times 0.8 = 720\text{kN}$(20% 손실일 때)

$$\therefore M = \frac{P_e h}{6} = \frac{720 \times 0.6}{6} = 72\text{kN}$$

75 철근콘크리트부재의 피복두께에 관한 설명으로 틀린 것은?

① 최소 피복두께를 제한하는 이유는 철근의 부식 방지, 부착력의 증대, 내화성을 갖도록 하기 위해서이다.
② 현장치기 콘크리트로서 흙에 접하거나 옥외의 공기에 직접 노출되는 콘크리트의 최소 피복두께는 D25 이하의 철근의 경우 40mm이다.
③ 현장치기 콘크리트로서 흙에 접하여 콘크리트를 친 후 영구히 흙에 묻혀 있는 콘크리트의 최소 피복두께는 80mm이다.
④ 콘크리트표면과 그와 가장 가까이 배치된 철근표면 사이의 콘크리트두께를 피복두께라 한다.

해설 흙에 접하거나 외기에 노출되는 콘크리트의 피복두께
㉠ D29 이상의 철근 : 60mm
㉡ D25 이하 : 50mm
㉢ D16 이하 : 40mm

76 옹벽의 토압 및 설계 일반에 대한 설명 중 옳지 않은 것은?

① 활동에 대한 저항력은 옹벽에 작용하는 수평력의 1.5배 이상이어야 한다.
② 뒷부벽식 옹벽의 저판은 정밀한 해석이 사용되지 않는 한 3변 지지된 2방향 슬래브로 설계하여야 한다.
③ 뒷부벽은 T형보로 설계하여야 하며, 앞부벽은 직사각형 보로 설계하여야 한다.
④ 지반에 유발되는 최대 지반반력이 지반의 허용지지력을 초과하지 않아야 한다.

해설 3변 지지된 2방향 슬래브로 설계되어야 하는 것은 옹벽의 전면벽이다.

77 폭 350mm, 유효깊이 500mm인 보에 설계기준항복강도가 400MPa인 D13 철근을 인장주철근에 대한 경사각(α)이 60°인 U형 경사스터럽으로 설치했을 때 전단보강철근의 공칭강도(V_s)는? (단, 스터럽간격 s=250mm, D13 철근 1본의 단면적은 127mm^{2}이다.)

① 201.4kN ② 212.7kN
③ 243.2kN ④ 277.6kN

해설
$$V_s = \frac{d}{s} A_v f_y (\sin\alpha + \cos\alpha) = \frac{500}{250} \times 127 \times 2 \times 400 \times (\sin 60° + \cos 60°) = 277{,}576.3\text{N} = 277.6\text{kN}$$

78 보통중량콘크리트의 설계기준강도가 35MPa, 철근의 항복강도가 400MPa로 설계된 부재에서 공칭지름이 25mm인 압축이형철근의 기본정착길이는?

① 425mm ② 430mm
③ 1,010mm ④ 1,015mm

정답 ▸▸▸ 75. ② 76. ② 77. ④ 78. ②

해설

$$l_{db}=\frac{0.25d_b f_y}{\lambda\sqrt{f_{ck}}}=\frac{0.25\times25\times400}{1.0\sqrt{35}}=422.57\text{mm}$$

$$l_{db}=0.043d_b f_y=0.043\times25\times400=430\text{mm}$$

$$\therefore\ l_{db}=[422.57,\ 430]_{\max}=430\text{mm}$$

79 계수하중에 의한 단면의 계수휨모멘트(M_u)가 350kN · m인 단철근 직사각형 보의 유효깊이(d)의 최소값은? (단, ρ=0.0135, b=300mm, f_{ck}=24MPa, f_y=300MPa, 인장지배 단면이다.)

① 245mm
② 368mm
③ 490mm
④ 613mm

해설

$$q=\frac{\rho f_y}{f_{ck}}=\frac{0.0135\times300}{24}=0.169$$

$$M_u=M_d=\phi M_n=\phi f_{ck}qbd^2(1-0.59q)$$

$$d^2=\frac{M_u}{\phi f_{ck}qb(1-0.59q)}=\frac{350\times10^6}{0.85\times24\times0.169\times300\times(1-0.59\times0.169)}=375.879\text{mm}^2$$

$$\therefore\ d=613.13\text{mm}$$

80 다음 그림과 같은 나선철근기둥에서 나선철근의 간격(pitch)으로 적당한 것은? (단, 소요나선철근비(ρ_s)는 0.018, 나선철근의 지름은 12mm, D_c는 나선철근의 바깥지름)

① 61mm
② 85mm
③ 93mm
④ 105mm

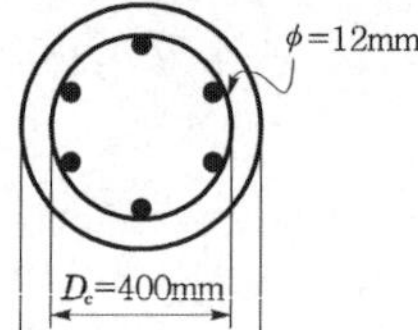

해설

$$s=\frac{4A_s}{D_c\rho_s}=\frac{4\times\frac{\pi\times12^2}{4}}{400\times0.018}=62.8\text{mm}$$

제5과목 : 토질 및 기초

81 말뚝의 부마찰력에 대한 설명 중 틀린 것은?

① 부마찰력이 작용하면 지지력이 감소한다.
② 연약지반에 말뚝을 박은 후 그 위에 성토를 한 경우 일어나기 쉽다.
③ 부마찰력은 말뚝 주변침하량이 말뚝의 침하량보다 클 때 아래로 끌어내리는 마찰력을 말한다.
④ 연약한 점토에 있어서는 상대변위의 속도가 느릴수록 부마찰력은 크다.

 정답 ▸▸▸ 79. ④ 80. ① 81. ④

해설 부마찰력

㉠ 부마찰력이 발생하면 말뚝의 지지력은 크게 감소한다($R_u = R_p - R_{nf}$).

㉡ 말뚝 주변지반의 침하량이 말뚝의 침하량보다 클 때 발생한다.

㉢ 상대변위의 속도가 클수록 부마찰력은 커진다.

82 다음 중 점성토지반의 개량공법으로 거리가 먼 것은?

① paper drain공법
② vibro-flotation공법
③ chemico pile공법
④ sand compaction pile공법

해설 점성토의 지반개량공법

치환공법, preloading공법(사전압밀공법), Sand drain공법, Paper drain공법, 전기침투공법, 침투압공법(MAIS공법), 생석회말뚝(Chemico pile)공법

83 표준압밀실험을 하였더니 하중강도가 2.4kg/cm^{2}에서 3.6kg/cm^{2}로 증가할 때 간극비는 1.8에서 1.2로 감소하였다. 이 흙의 최종 침하량은 약 얼마인가? (단, 압밀층의 두께는 20m이다.)

① 428.64cm ② 214.29cm
③ 642.86cm ④ 285.71cm

해설

$$\Delta H = \left(\frac{e_1 - e_2}{1+e_1}\right)H = \frac{1.8-1.2}{1+1.8} \times 20 = 4.2857\text{m} = 428.57\text{cm}$$

84 다음 그림과 같은 3m×3m크기의 정사각형 기초의 극한지지력을 Terzaghi공식으로 구하면? (단, 내부마찰각(ϕ)은 20°, 점착력(c)은 5t/m^2, 지지력계수 N_c=18, N_γ=5, N_q=7.5이다.)

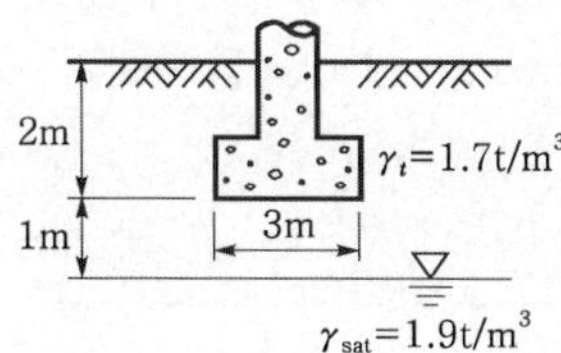

① 135.71t/m^2 ② 149.52t/m^2
③ 157.26t/m^2 ④ 174.38t/m^2

해설

㉠ $\gamma_1 = \gamma_{sub} + \frac{d}{B}(\gamma_t - \gamma_{sub}) = 0.9 + \frac{1}{3} \times (1.7-0.9) = 1.17\text{t/m}^3$

㉡ $q_u = \alpha c N_c + \beta B \gamma_1 N_r + D_f \gamma_2 N_q = 1.3 \times 5 \times 18 + 0.4 \times 3 \times 1.17 \times 5 + 2 \times 1.7 \times 7.5 = 149.52\text{t/m}^2$

85 다음 그림과 같이 지표면에 집중하중이 작용할 때 A점에서 발생하는 연직응력의 증가량은?

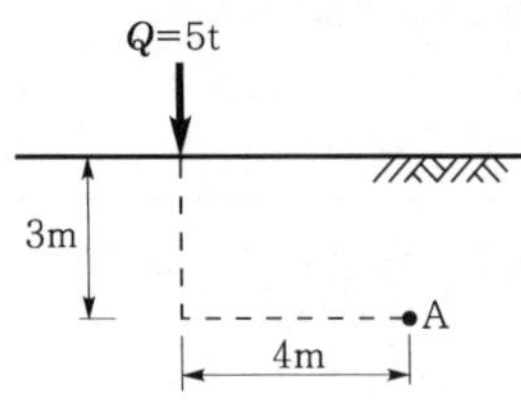

① 20.6kg/m^2 ② 24.4kg/m^2
③ 27.2kg/m^2 ④ 30.3kg/m^2

 해설

㉠ $R=\sqrt{4^2+3^2}=5$

㉡ $I=\dfrac{3Z^5}{2\pi R^5}=\dfrac{3\times3^5}{2\pi\times5^5}=0.037$

㉢ $\Delta\sigma_z=\dfrac{P}{Z^2}I=\dfrac{5}{3^2}\times0.037=0.0206\text{t/m}^2=20.6\text{kg/m}^2$

86 모래지반에 30cm×30cm의 재하판으로 재하실험을 한 결과 10t/m^2의 극한지지력을 얻었다. 4m×4m의 기초를 설치할 때 기대되는 극한지지력은?

① 10t/m^2 ② 100t/m^2
③ 133t/m^2 ④ 154t/m^2

 해설

$0.3:10=4:x$

$\therefore\ x=\dfrac{10\times4}{0.3}=133.33\text{t/m}^2$

87 단동식 증기해머로 말뚝을 박았다. 해머의 무게 2.5t, 낙하고 3m, 타격당 말뚝의 평균관입량 1cm, 안전율 6일 때 Engineering-News공식으로 허용지지력을 구하면?

① 250t ② 200t
③ 100t ④ 50t

 해설

㉠ $R_u=\dfrac{Wh}{S+0.254}=\dfrac{2.5\times300}{1+0.254}=598.09\text{t}$

㉡ $R_a=\dfrac{R_u}{F_s}=\dfrac{598.09}{6}=99.68\text{t}$

88 예민비가 큰 점토란 어느 것인가?

① 입자의 모양이 날카로운 점토 ② 입자가 가늘고 긴 형태의 점토
③ 다시 반죽했을 때 강도가 감소하는 점토 ④ 다시 반죽했을 때 강도가 증가하는 점토

해설 예민비가 클수록 강도의 변화가 큰 점토이다.

89 사면의 안정에 관한 다음 설명 중 옳지 않은 것은?

① 임계활동면이란 안전율이 가장 크게 나타나는 활동면을 말한다.
② 안전율이 최소로 되는 활동면을 이루는 원을 임계원이라 한다.
③ 활동면에 발생하는 전단응력이 흙의 전단강도를 초과할 경우 활동이 일어난다.
④ 활동면은 일반적으로 원형활동면으로 가정한다.

해설 사면 내에 몇 개의 가상활동면 중에서 안전율이 가장 최소인 활동면을 임계활동면이라 한다.

90 다음과 같이 널말뚝을 박은 지반의 유선망을 작도하는데 있어서 경계조건에 대한 설명으로 틀린 것은?

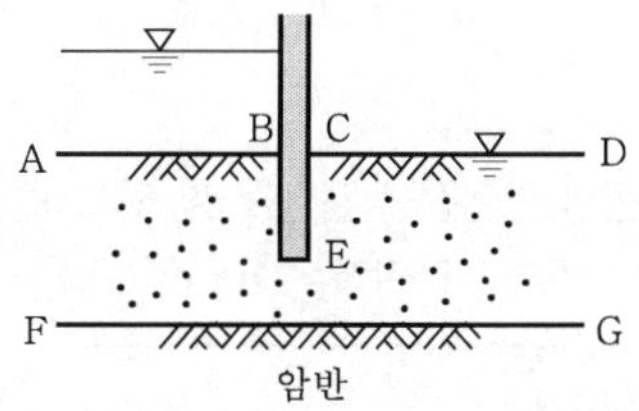

① $\overline{AB}$는 등수두선이다.
② $\overline{CD}$는 등수두선이다.
③ $\overline{FG}$는 유선이다.
④ $\overline{BEC}$는 등수두선이다.

해설 경계조건
㉠ 유선 : $\overline{BEC}$, $\overline{FG}$
㉡ 등수두선 : $\overline{AB}$, $\overline{CD}$

91 토립자가 둥글고 입도분포가 나쁜 모래지반에서 표준관입시험을 한 결과 N치는 10이었다. 이 모래의 내부마찰각을 Dunham의 공식으로 구하면?

① 21°
② 26°
③ 31°
④ 36°

해설 $\phi = \sqrt{12N} + 15 = \sqrt{12 \times 10} + 15 = 25.95°$

92 토압에 대한 다음 설명 중 옳은 것은?

① 일반적으로 정지토압계수는 주동토압계수보다 작다.
② Rankine이론에 의한 주동토압의 크기는 Coulomb이론에 의한 값보다 작다.
③ 옹벽, 흙막이벽체, 널말뚝 중 토압분포가 삼각형분포에 가장 가까운 것은 옹벽이다.
④ 극한주동상태는 수동상태보다 훨씬 더 큰 변위에서 발생한다.

해설 ㉠ $K_p > K_o > K_a$
㉡ Rankine토압론에 의한 주동토압은 과대평가되고, 수동토압은 과소평가된다.
㉢ Coulomb토압론에 의한 주동토압은 실제와 잘 접근하고 있으나, 수동토압은 상당히 크게 나타난다.
㉣ 주동변위량은 수동변위량보다 작다.

정답 89. ① 90. ④ 91. ② 92. ③

93 유선망의 특징을 설명한 것으로 옳지 않은 것은?

① 각 유로의 침투유량은 같다.
② 유선과 등수두선은 서로 직교한다.
③ 유선망으로 이루어지는 사각형은 이론상 정사각형이다.
④ 침투속도 및 동수경사는 유선망의 폭에 비례한다.

해설 유선망의 특징
㉠ 각 유로의 침투유량은 같다.
㉡ 인접한 등수두선 간의 수두차는 모두 같다.
㉢ 유선과 등수두선은 서로 직교한다.
㉣ 유선망으로 되는 사각형은 정사각형이다.
㉤ 침투속도 및 동수구배는 유선망의 폭에 반비례한다.

94 어떤 종류의 흙에 대해 직접전단(일면전단)시험을 한 결과 다음 표와 같은 결과를 얻었다. 이 값으로부터 점착력(c)을 구하면? (단, 시료의 단면적은 10cm^{2}이다.)

수직하중(kg)	10.0	20.0	30.0
전단력(kg)	24.785	25.570	26.355

① 3.0kg/cm^2 ② 2.7kg/cm^2
③ 2.4kg/cm^2 ④ 1.9kg/cm^2

해설 $\tau = c + \bar{\sigma}\tan\phi$에서

㉠ $\frac{24.785}{10} = c + 10 \times \tan\phi$

$2.4785 = c + 10 \times \tan\phi$ ·············· ⓐ

㉡ $\frac{26.355}{10} = c + 30 \times \tan\phi$

$2.6355 = c + 30 \times \tan\phi$ ·············· ⓑ

식 ⓐ와 ⓑ를 연립방정식으로 풀면

$\therefore\ c = 2.4\text{kg/cm}^2$

95 모래의 밀도에 따라 일어나는 전단특성에 대한 다음 설명 중 옳지 않은 것은?

① 다시 성형한 시료의 강도는 작아지지만 조밀한 모래에서는 시간이 경과됨에 따라 강도가 회복된다.
② 내부마찰각(ϕ)은 조밀한 모래일수록 크다.
③ 직접전단시험에 있어서 전단응력과 수평변위곡선은 조밀한 모래에서는 peak가 생긴다.
④ 조밀한 모래에서는 전단변형이 계속 진행되면 부피가 팽창한다.

해설 ㉠ 재성형한 점토시료를 함수비의 변화 없이 그대로 방치하여 두면 시간이 지남에 따라 전기화학적 또는 colloid 화학적 성질에 의해 입자접촉면에 흡착력이 작용하여 새로운 부착력이 생겨서 강도의 일부가 회복되는 현상을 thixotropy라 한다.

 정답 ▸▸▸ 93. ④ 94. ③ 95. ①

㉡ 직접전단시험에 의한 시험성과(촘촘한 모래와 느슨한 모래의 경우)

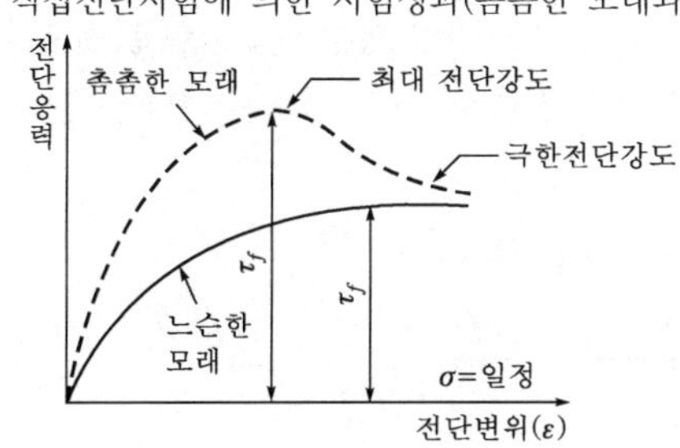

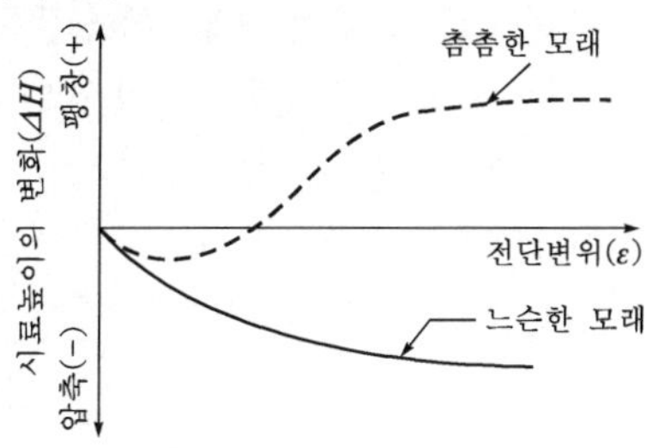

96 다음은 전단시험을 한 응력경로이다. 어느 경우인가?

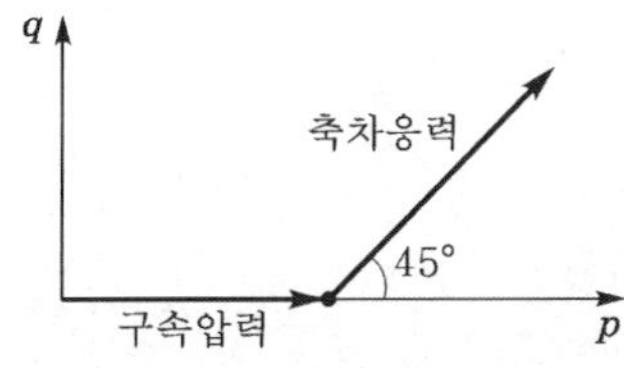

① 초기단계의 최대 주응력과 최소 주응력이 같은 상태에서 시행한 삼축압축시험의 전응력경로이다.
② 초기단계의 최대 주응력과 최소 주응력이 같은 상태에서 시행한 일축압축시험의 전응력경로이다.
③ 초기단계의 최대 주응력과 최소 주응력이 같은 상태에서 K_o =0.5인 조건에서 시행한 삼축압축시험의 전응력경로이다.
④ 초기단계의 최대 주응력과 최소 주응력이 같은 상태에서 K_o =0.7인 조건에서 시행한 일축압축시험의 전응력경로이다.

해설 초기단계는 등방압축상태에서 시행한 삼축압축시험의 전응력경로이다.

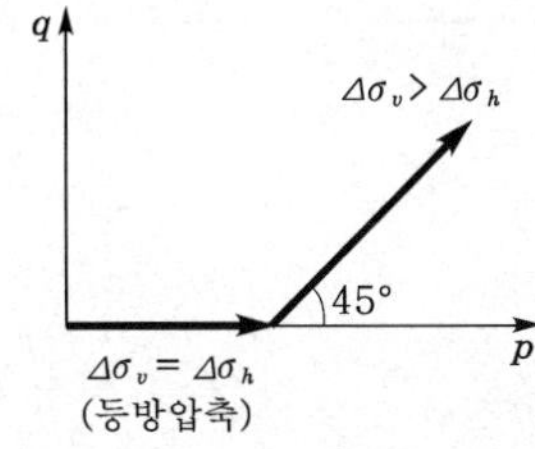

97 흙입자의 비중은 2.56, 함수비는 35%, 습윤단위중량은 1.75g/cm³일 때 간극률은 약 얼마인가?

① 32% ② 37%
③ 43% ④ 49%

해설 ㉠ $\gamma_t = \left(\dfrac{G_s + Se}{1+e}\right)\gamma_w = \left(\dfrac{G_s + wG_s}{1+e}\right)\gamma_w$

$1.75 = \dfrac{2.56 + 0.35 \times 2.56}{1+e} \times 1$

$\therefore e = 0.975$

㉡ $n = \dfrac{e}{1+e} \times 100\% = \dfrac{0.975}{1+0.975} \times 100\% = 49.37\%$

정답 ▶▶▶ 96. ① 97. ④

98 다음 그림과 같이 모래층에 널말뚝을 설치하여 물막이공 내의 물을 배수하였을 때 분사현상이 일어나지 않게 하려면 얼마의 압력을 가하여야 하는가? (단, 모래의 비중은 2.65, 간극비는 0.65, 안전율은 3)

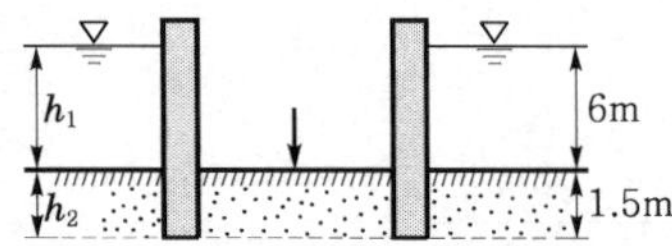

① $6.5t/m^2$　　② $16.5t/m^2$
③ $23t/m^2$　　④ $33t/m^2$

㉠ $\gamma_{sub} = \left(\frac{G_s - 1}{1+e}\right)\gamma_w = \frac{2.65-1}{1+0.65} \times 1 = 1t/m^3$

㉡ $\bar{\sigma} = \gamma_{sub} h_2 = 1 \times 1.5 = 1.5t/m^2$

㉢ $F = \gamma_{sub} h_1 = 1 \times 6 = 6t/m^2$

㉣ $F_s = \frac{\bar{\sigma} + \Delta\bar{\sigma}}{F}$

$3 = \frac{1.5 + \Delta\bar{\sigma}}{6}$

$\therefore \Delta\bar{\sigma} = 16.5t/m^2$

99 흙의 다짐효과에 대한 설명 중 틀린 것은?

① 흙의 단위중량 증가　　② 투수계수 감소
③ 전단강도 저하　　④ 지반의 지지력 증가

 다짐의 효과

㉠ 투수성의 감소
㉡ 전단강도의 증가
㉢ 지반의 압축성 감소
㉣ 지반의 지지력 증대
㉤ 동상, 팽창, 건조 수축의 감소

100 Rod에 붙인 어떤 저항체를 지중에 넣어 관입, 인발 및 회전에 의해 흙의 전단강도를 측정하는 원위치시험은?

① 보링(boring)
② 사운딩(sounding)
③ 시료채취(sampling)
④ 비파괴시험(NDT)

해설 Sounding은 rod 선단에 설치한 저항체를 땅속에 삽입하여 관입, 회전, 인발 등의 저항치로부터 지반의 특성을 파악하는 지반조사방법이다.

 정답 ▸▸▸ 98. ② 99. ③ 100. ②

제6과목 : 상하수도공학

101 슬러지용량지표(SVI : sludge volume index)에 관한 설명으로 옳지 않은 것은?

① 정상적으로 운전되는 반응조의 SVI는 50~150범위이다.
② SVI는 포기시간, BOD농도, 수온 등에 영향을 받는다.
③ SVI는 슬러지밀도지수(SDI)에 100을 곱한 값을 의미한다.
④ 반응조 내 혼합액을 30분간 정체한 경우 1g의 활성슬러지부유물질이 포함하는 용적을 mL로 표시한 것이다.

해설 $SVI \times SDI = 100$

102 완속여과지에 관한 설명으로 옳지 않은 것은?

① 응집제를 필수적으로 투입해야 한다.
② 여과속도는 4~5m/d를 표준으로 한다.
③ 비교적 양호한 원수에 알맞은 방법이다.
④ 급속여과지에 비해 넓은 부지면적을 필요로 한다.

해설 응집제 투입을 통한 약품침전을 거치게 되면 급속여과시설로 간다.

103 수원지에서부터 각 가정까지의 상수도계통도를 나타낸 것으로 옳은 것은?

① 수원 – 취수 – 도수 – 배수 – 정수 – 송수 – 급수
② 수원 – 취수 – 배수 – 정수 – 도수 – 송수 – 급수
③ 수원 – 취수 – 도수 – 정수 – 송수 – 배수 – 급수
④ 수원 – 취수 – 도수 – 송수 – 정수 – 배수 – 급수

해설 상수도시설계통순서는 수원 – 취수 – 도수 – 정수 – 송수 – 배수 – 급수이다.

104 하수처리장에서 480,000L/day의 하수량을 처리한다. 펌프장의 습정(wet well)을 하수로 채우기 위하여 40분이 소요된다면 습정의 부피는?

① $13.3m^3$
② $14.3m^3$
③ $15.3m^3$
④ $16.3m^3$

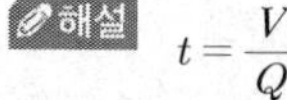

$$t = \frac{V}{Q}$$

$$\therefore V = Qt = 480{,}000\text{L/day} \times 40\text{min} = \frac{480{,}000 \times 10^{-3}\text{m}^3 \times 40\text{min}}{1{,}440\text{min}} = 13.3\text{m}^3$$

105 혐기성 상태에서 탈질산화(denitrification)과정으로 옳은 것은?

① 아질산성 질소 → 질산성 질소 → 질소가스(N_2)
② 암모니아성 질소 → 질산성 질소 → 아질산성 질소
③ 질산성 질소 → 아질산성 질소 → 질소가스(N_2)
④ 암모니아성 질소 → 아질산성 질소 → 질산성 질소

해설 탈질산화과정
유기성 질소 → NH_3-N(암모니아성 질소) → NO_2-N(아질산성 질소) → NO_3-N(질산성 실소)

106 합류식에서 하수차집관로의 계획하수량기준으로 옳은 것은?

① 계획시간 최대 오수량 이상
② 계획시간 최대 오수량의 3배 이상
③ 계획시간 최대 오수량과 계획시간 최대 우수량의 합 이상
④ 계획우수량과 계획시간 최대 오수량의 합의 2배 이상

해설 차집관로의 계획하수량은 계획시간 최대 오수량의 3배 또는 우천 시 계획우수량을 기준으로 한다.

107 양수량 15.5m³/min, 양정 24m, 펌프효율 80%, 여유율(α) 15%일 때 펌프의 전동기출력은?

① 57.8kW　② 75.8kW
③ 78.2kW　④ 87.2kW

해설
$$P_p = \frac{9.8 \times 0.257 \times 24 \times 1.15}{0.8} = 86.9\text{kW}$$
이때 약식 계산을 안하면 87.4kW가 나오며 $15.5\text{m}^3/\text{min} = 0.257\text{m}^3/\text{s}$이다.

108 하수관로매설 시 관로의 최소 흙두께는 원칙적으로 얼마로 하여야 하는가?

① 0.5m　② 1.0m
③ 1.5m　④ 2.0m

해설 하수관로매설의 최소 토피는 1m 이상으로 한다.

109 활성탄처리를 적용하여 제거하기 위한 주요 항목으로 거리가 먼 것은?

① 질산성 질소　② 냄새유발물질
③ THM전구물질　④ 음이온 계면활성제

해설 활성탄은 맛과 냄새를 제거하는 것, 즉 이취미 제거에 목적이 있다. 주로 정수의 전처리과정이나 후처리과정에서 도입된다. 질산성 질소의 제거는 이온교환법이나 막분리법에 가장 널리 사용된다.

 정답 ▶▶▶ 105. ④ 106. ② 107. ④ 108. ② 109. ①

110 정수처리의 단위조작으로 사용되는 오존처리에 관한 설명으로 틀린 것은?

① 유기물질의 생분해성을 증가시킨다.
② 염소주입에 앞서 오존을 주입하면 염소의 소비량을 감소시킨다.
③ 오존은 자체의 높은 산화력으로 염소에 비하여 높은 살균력을 가지고 있다.
④ 인의 제거능력이 뛰어나고 수온이 높아져도 오존소비량은 일정하게 유지된다.

해설 오존처리의 특징

㉠ 염소에 비하여 높은 살균력을 가지고 있다.
㉡ 수온이 높아지면 용해도가 감소하고 분해가 빨라진다.
㉢ 맛 · 냄새물질과 색도 제거의 효과가 우수하다.
㉣ 유기물질의 생분해성을 증가시킨다.
㉤ 철 · 망간의 산화능력이 크다.
㉥ 염소요구량을 감소시킨다.

111 호수나 저수지에 대한 설명으로 틀린 것은?

① 여름에는 성층을 이룬다.
② 가을에는 순환(turn over)을 한다.
③ 성층은 연직방향의 밀도차에 의해 구분된다.
④ 성층현상이 지속되면 하층부의 용존산소량이 증가한다.

해설 하층부로 갈수록 용존산소는 부족해진다.

112 전양정 4m, 회전속도 100rpm, 펌프의 비교회전도가 920일 때 양수량은?

① $677\text{m}^3/\text{min}$　② $834\text{m}^3/\text{min}$
③ $975\text{m}^3/\text{min}$　④ $1,134\text{m}^3/\text{min}$

$$N_s = N\frac{Q^{1/2}}{H^{3/4}}$$

$$920 = 100 \times \frac{\sqrt{Q}}{4^{3/4}}$$

$$\therefore\ Q = 677.12\text{m}^3/\text{min}$$

113 어느 도시의 급수인구자료가 다음 표와 같을 때 등비증가법에 의한 2020년도의 예상급수인구는?

연도	인구(명)
2005	7,200
2010	8,800
2015	10,200

① 약 12,000명　② 약 15,000명
③ 약 18,000명　④ 약 21,000명

정답 ▶ 110. ④ 111. ④ 112. ① 113. ①

해설

$$r=\left(\frac{10,200}{7,200}\right)^{1/10}-1=0.035$$

$$\therefore\ P_n=10,200\times(1+0.035)^5=12,114\text{명}$$

114 수원(水源)에 관한 설명 중 틀린 것은?

① 심층수는 대지의 정화작용으로 인해 무균 또는 거의 이에 가까운 것이 보통이다.
② 용천수는 지하수가 자연적으로 지표로 솟아 나온 것으로 그 성질은 대개 지표수와 비슷하다.
③ 복류수는 어느 정도 여과된 것이므로 지표수에 비해 수질이 양호하며 대개의 경우 침전지를 생략할 수 있다.
④ 천층수는 지표면에서 깊지 않은 곳에 위치하여 공기의 투과가 양호하므로 산화작용이 활발하게 진행된다.

해설 용천수는 지하수이며 복류수와 비슷하다.

115 수격현상(water hammer)의 방지대책으로 틀린 것은?

① 펌프의 급정지를 피한다.
② 가능한 관내 유속을 크게 한다.
③ 토출측 관로에 에어챔버(air chamber)를 설치한다.
④ 토출관 측에 압력조정용 수조(surge tank)를 설치한다.

해설 수격현상은 밸브의 급격한 개폐에 의하여 발생하며 관내 유속을 작게 해야 한다.

116 BOD 200mg/L, 유량 600m^3/day인 어느 식료품공장폐수가 BOD 10mg/L, 유량 2m^3/s인 하천에 유입한다. 폐수가 유입되는 지점으로부터 하류 15km지점의 BOD는? (단, 다른 유입원은 없고, 하천의 유속은 0.05m/s, 20℃ 탈산소계수(K_1)=0.1/day, 상용대수, 20℃기준이며, 기타 조건은 고려하지 않음)

① 4.79mg/L ② 5.39mg/L
③ 7.21mg/L ④ 8.16mg/L

해설 ㉠ 공장폐수 하천수의 혼합 후 농도

하천유량 $2\text{m}^3/\text{s}\times 86,400\text{m}^3/\text{day}=172,800\text{m}^3/\text{day}$

$$\therefore\ C=\frac{Q_1C_1+Q_2C_2}{Q_1+Q_2}=\frac{200\times600+10\times172,800}{600+172,800}=10.66\text{mg/L}$$

㉡ BOD 감소량

하류 15km 이동시간은 $t=\frac{L}{V}=\frac{15,000\text{m}}{0.05\text{m/s}\times86,400}=3.47\text{day}$

잔존BOD공식에 대입하면

$$\therefore\ \text{BOD}_{3.47}=10.66\times10^{-0.1\times3.47}=4.79\text{mg/L}$$

117 하수슬러지처리과정과 목적이 옳지 않은 것은?

① 소각 : 고형물의 감소, 슬러지용적의 감소
② 소화 : 유기물과 분해하여 고형물 감소, 질적 안정화
③ 탈수 : 수분 제거를 통해 함수율 85% 이하로 양의 감소
④ 농축 : 중간 슬러지처리공정으로 고형물농도의 감소

해설 농축은 슬러지의 부피를 1/3로 감소시키는 과정이다.

118 다음 설명 중 옳지 않은 것은?

① BOD가 과도하게 높으면 DO는 감소하며 악취가 발생된다.
② BOD, COD는 오염의 지표로서 하수 중의 용존산소량을 나타낸다.
③ BOD는 유기물이 호기성 상태에서 분해 · 안정화되는데 요구되는 산소량이다.
④ BOD는 보통 20℃에서 5일간 시료를 배양했을 때 소비된 용존산소량으로 표시된다.

해설 유기물이 호기성 상태에서 분해 · 안정화되는데 요구되는 산소량은 DO를 의미한다.

119 상수도시설 중 접합정에 관한 설명으로 옳은 것은?

① 상부를 개방하지 않은 수로시설
② 복류수를 취수하기 위해 매설한 유공관로시설
③ 배수지 등의 유입수의 수위조절과 양수를 위한 시설
④ 관로의 도중에 설치하여 주로 관로의 수압을 조절할 목적으로 설치하는 시설

해설 접합정은 도수, 송수관로의 도중에 설치하여 주로 관로의 수압을 조절할 목적으로 설치하는 시설이다.

120 도수 및 송수관을 자연유하식으로 설계할 때 평균유속의 허용 최대 한도는?

① 0.3m/s ② 3.0m/s
③ 13.0m/s ④ 30.0m/s

해설 도수 및 송수관에서의 유속범위는 0.3~3m/s이다.

정답 117. ④ 118. ② 119. ④ 120. ②

국가기술자격검정 필기시험문제

2019년도 토목기사(2019년 8월 4일)

자격종목	시험시간	문제형별	수험번호	성 명
토목기사	**3시간**	**A**		

제1과목 : 응용역학

1 단면의 성질에 대한 설명으로 틀린 것은?

① 단면 2차 모멘트의 값은 항상 0보다 크다.
② 도심축에 대한 단면 1차 모멘트의 값은 항상 0이다.
③ 단면 상승모멘트의 값은 항상 0보다 크거나 같다.
④ 단면 2차 극모멘트의 값은 항상 극을 원점으로 하는 두 직교좌표축에 대한 단면 2차 모멘트의 합과 같다.

해설 단면 상승모멘트(I_{xy})는 좌표축에 따라 (+), (−)값을 갖는다.

2 다음 그림과 같은 라멘에서 A점의 수직반력(R_A)은?

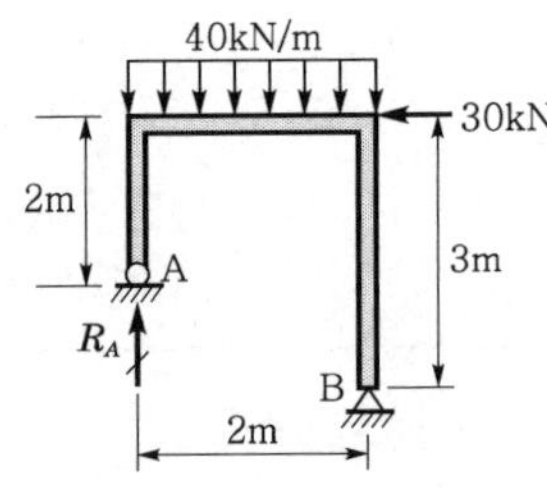

① 65kN ② 75kN
③ 85kN ④ 95kN

해설 $\Sigma M_B = 0(\oplus)$

$R_A \times 2 - (40 \times 2 \times 1) - (30 \times 3) = 0$

$\therefore R_A = 85\text{kN}$

3 다음 그림에 있는 연속보의 B점에서의 반력은? (단, $E=2.1\times10^5$MPa, $I=1.6\times10^4$cm^4)

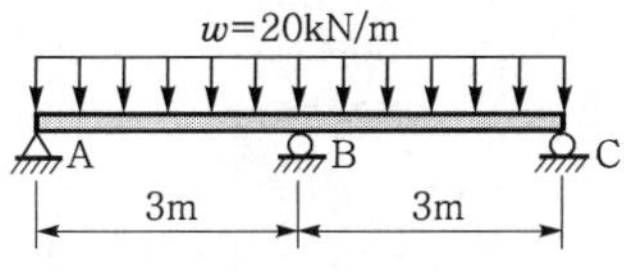

① 63kN ② 75kN
③ 97kN ④ 101kN

해설 $R_B=\dfrac{5wl}{4}=\dfrac{5\times20\times3}{4}=75\text{kN}$

4 다음 그림과 같은 양단 내민보에서 C점(중앙점)에서 휨모멘트가 0이 되기 위한 $\dfrac{a}{L}$는? (단, $P=wL$)

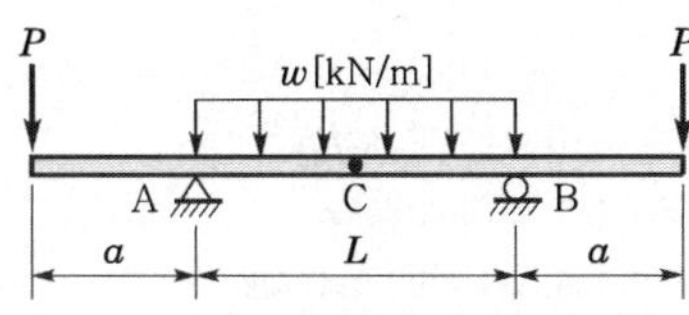

① $\dfrac{1}{2}$ ② $\dfrac{1}{4}$
③ $\dfrac{1}{7}$ ④ $\dfrac{1}{8}$

해설
$R_A=P+\dfrac{wL}{2}$

$\Sigma M_C=0(\oplus)$

$-P\times\left(a+\dfrac{L}{2}\right)+\left(P+\dfrac{wL}{2}\right)\times\dfrac{L}{2}-\left(w\times\dfrac{L}{2}\times\dfrac{L}{4}\right)=0$

$-Pa+\dfrac{wL^2}{4}-\dfrac{wL^2}{8}=0$

$\dfrac{wL^2}{8}=waL$

$\therefore\ \dfrac{a}{L}=\dfrac{1}{8}$

5 길이 5m, 단면적 10cm^{2}의 강봉을 0.5mm 늘이는데 필요한 인장력은? (단, 탄성계수 $E=2\times10^5$MPa이다.)

① 20kN ② 30kN
③ 40kN ④ 50kN

해설
$L=5\text{m}=5{,}000\text{mm}$

$A=10\times10\times10=1{,}000\text{mm}^2$

$\Delta L=0.5\text{mm}$

$\therefore\ P=AE\varepsilon=AE\dfrac{\Delta L}{L}=1{,}000\times2\times10^5\times\dfrac{0.5}{5{,}000}=20{,}000\text{N}=20\text{kN}$

정답 ▸▸▸ 3. ② 4. ④ 5. ①

6 다음 그림과 같은 단면의 단면 상승모멘트 I_{xy}는?

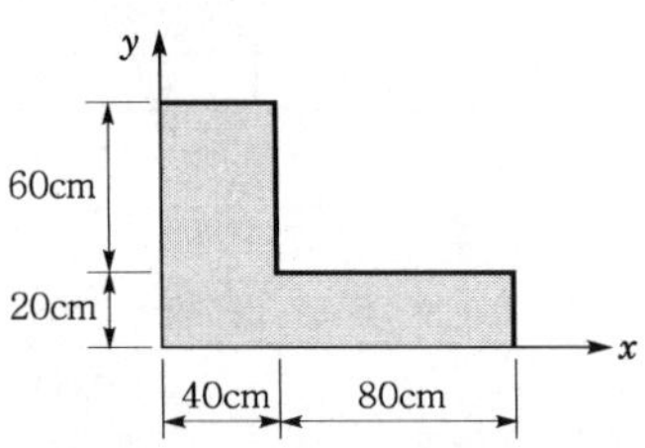

① 3,360,000cm^4
② 3,520,000cm^4
③ 3,840,000cm^4
④ 4,000,000cm^4

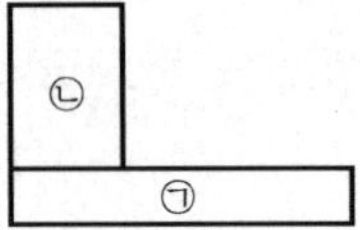

㉠ $I_{xy} = Ax_0y_0 = 120 \times 20 \times 60 \times 10 = 1,440,000\text{cm}^4$

㉡ $I_{xy} = Ax_0y_0 = 60 \times 40 \times 20 \times 50 = 2,400,000\text{cm}^4$

∴ $I_{xy} =$ ㉠+㉡$= 1,440,000 + 2,400,000 = 3,840,000\text{cm}^4$

7 어떤 금속의 탄성계수(E)가 21×10^{4}MPa이고, 전단탄성계수(G)가 8×10^{4}MPa일 때 금속의 푸아송비는?

① 0.3075
② 0.3125
③ 0.3275
④ 0.3325

해설

$$G = \frac{E}{2(1+\nu)}$$

$$\therefore \nu = \frac{E}{2G} - 1 = \frac{21 \times 10^4}{2 \times 8 \times 10^4} - 1 = 0.3125$$

8 다음 3힌지아치에서 수평반력 H_B는?

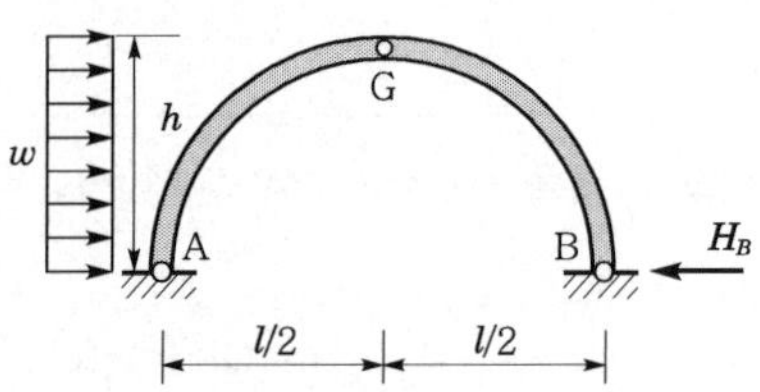

① $\dfrac{1}{4wh}$
② $\dfrac{1}{2wh}$
③ $\dfrac{wh}{4}$
④ $2wh$

 정답 ▸▸▸ 6. ③ 7. ② 8. ③

해설 $\Sigma M_A = 0(\oplus)$

$-V_B l + wh\left(\frac{h}{2}\right) = 0$

$\therefore V_B = \frac{wh^2}{2l}(\uparrow)$

$\Sigma M_G = 0(\oplus)$

$H_B h - \frac{wh^2}{2l}\left(\frac{l}{2}\right) = 0$

$\therefore H_B = \frac{wh}{4}(\leftarrow)$

9 동일한 재료 및 단면을 사용한 다음 기둥 중 좌굴하중이 가장 큰 기둥은?

① 양단 힌지의 길이가 L인 기둥
② 양단 고정의 길이가 $2L$인 기둥
③ 일단 자유 타단 고정의 길이가 $0.5L$인 기둥
④ 일단 힌지 타단 고정의 길이가 $1.2L$인 기둥

해설 $P_{cr} = \frac{n\pi^2 EI}{l^2}$에서 $P_{cr} \propto \frac{n}{l^2}$이므로

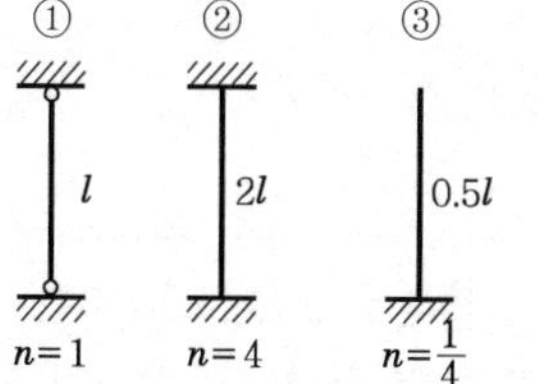

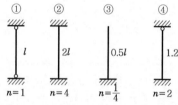

$\therefore$ ①:②:③:④ $= \frac{1}{l^2} : \frac{4}{(2l)^2} : \frac{1/4}{(0.5l)^2} : \frac{2}{(1.2l)^2} = 1 : 1 : 1 : 1.417$

10 다음 그림과 같이 2개의 도르래를 사용하여 물체를 매달 때 3개의 물체가 평형을 이루기 위한 각 θ값은? (단, 로프와 도르래의 마찰은 무시한다.)

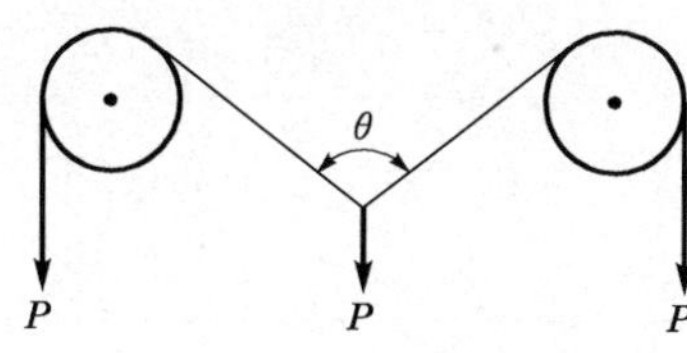

① 30°
② 45°
③ 60°
④ 120°

해설 물체가 평형이 되려면 장력이 모두 P가 되어야 한다. 다음 그림과 같이 O점(중앙 P작용점)에서 평형을 고려하면 라미의 정리에 의해 $\theta = 120°$를 갖는다.

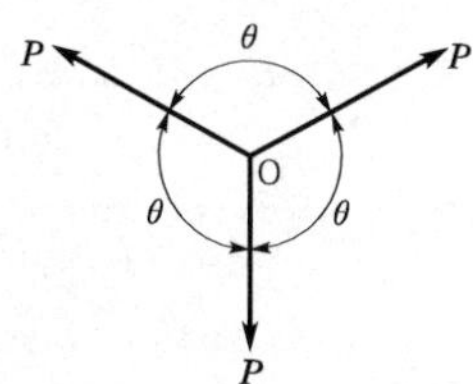

정답 9. ④ 10. ④

11 다음 그림에서 P_1과 R 사이의 각 θ를 나타낸 것은?

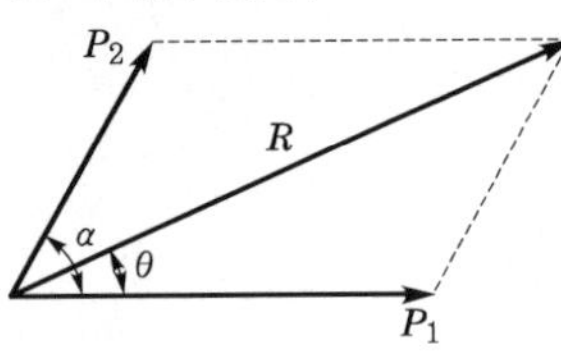

① $\theta=\tan^{-1}\left(\dfrac{P_2\cos\alpha}{P_2+P_1\cos\alpha}\right)$ ② $\theta=\tan^{-1}\left(\dfrac{P_2\cos\alpha}{P_1+P_2\sin\alpha}\right)$

③ $\theta=\tan^{-1}\left(\dfrac{P_2\sin\alpha}{P_1+P_2\cos\alpha}\right)$ ④ $\theta=\tan^{-1}\left(\dfrac{P_2\sin\alpha}{P_1+P_2\sin\alpha}\right)$

해설

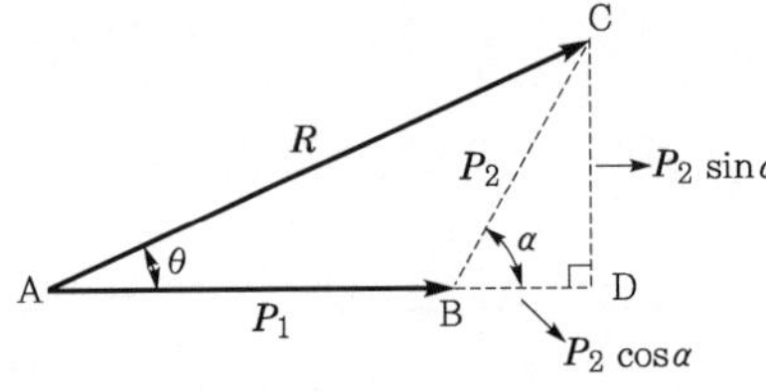

$\tan\theta=\dfrac{P_2\sin\alpha}{P_1+P_2\cos\alpha}$

$\therefore\ \theta=\tan^{-1}\left(\dfrac{P_2\sin\alpha}{P_1+P_2\cos\alpha}\right)$

12 다음 그림과 같이 단순지지된 보에 등분포하중 q가 작용하고 있다. 지점 C의 부모멘트와 보의 중앙에 발생하는 정모멘트의 크기를 같게 하여 등분포하중 q의 크기를 제한하려고 한다. 지점 C와 D는 보의 대칭거동을 유지하기 위하여 각각 A와 B로부터 같은 거리에 배치하고자 한다. 이때 보의 A점으로부터 지점 C의 거리 x는?

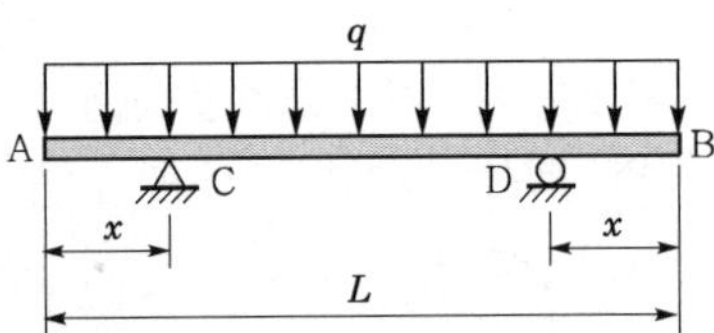

① $0.207L$ ② $0.250L$

③ $0.333L$ ④ $0.444L$

해설

$M_C=\dfrac{qx^2}{2}$

$M_E=\dfrac{q(L-2x)^2}{8}-\dfrac{qx^2}{2}$

$M_C=M_E$이므로

$\dfrac{qx^2}{2}=\dfrac{q(L-2x)^2}{8}-\dfrac{qx^2}{2}$

$8qx^2=q(L-2x)^2$

$4x^2+4Lx-L^2=0$

$\therefore\ x=\dfrac{-4L+\sqrt{(4L)^2-4\times4\times(-L)^2}}{2\times4}=\dfrac{\sqrt{2}-1}{2}L=0.207L$

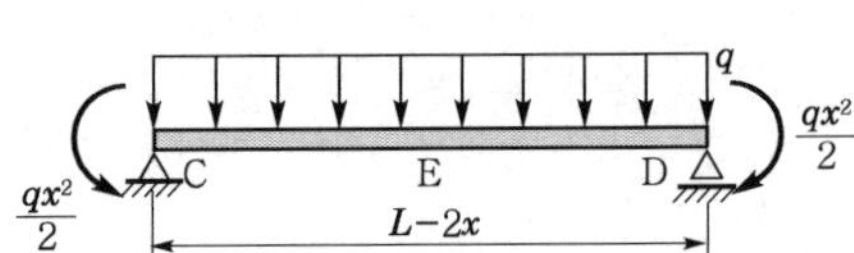

 정답 11. ③ 12. ①

13 다음 그림과 같은 캔틸레버보에서 B점의 연직변위(δ_B)는? (단, M_o=4kN·m, P=16kN, L=2.4m, EI=6,000kN·m^{2}이다.)

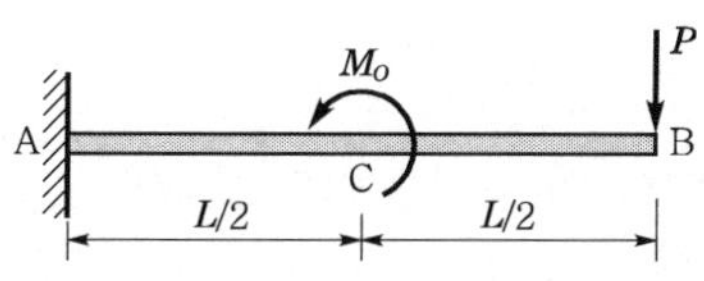

① 1.08cm(↓) ② 1.08cm(↑)
③ 1.37cm(↓) ④ 1.37cm(↑)

해설

$$\delta_{B_1} = -\frac{M_o L}{2EI} \times \frac{3L}{4} = -\frac{3M_o L^2}{8EI}$$

$$\delta_{B_2} = \frac{1}{2} \times \frac{PL}{EI} \times L \times \frac{2L}{3} = \frac{PL^3}{3EI}$$

$$\therefore \delta_B = \delta_{B1} + \delta_{B2} = -\frac{3M_o L^2}{8EI} + \frac{PL^3}{3EI}$$

$$= -\frac{3\times 4\times 2.4^2}{8\times 6{,}000} + \frac{16\times 2.4^3}{3\times 6{,}000}$$

$$= -1.44\times 10^{-3} + 0.0123$$

$$= 0.0108\text{mm} = 1.08\text{cm}(\downarrow)$$

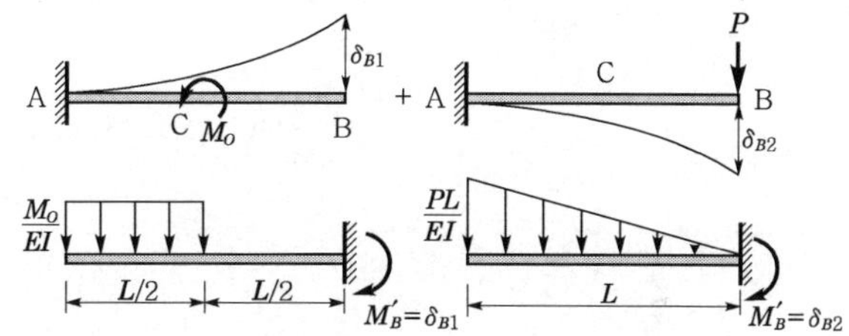

14 외반경 R_1, 내반경 R_2인 중공(中空)원형 단면의 핵은? (단, 핵의 반경을 e로 표시함)

① $e = \frac{R_1^2 + R_2^2}{4R_1}$ ② $e = \frac{R_1^2 + R_2^2}{4R_1^2}$

③ $e = \frac{R_1^2 - R_2^2}{4R_1}$ ④ $e = \frac{R_1^2 - R_2^2}{4R_1^2}$

해설

$$I = \frac{\pi(R_1^4 - R_2^4)}{4}$$

$$A = \pi(R_1^2 - R_2^2)$$

$$\therefore e = \frac{Z}{A} = \frac{R_1^2 + R_2^2}{4R_1}$$

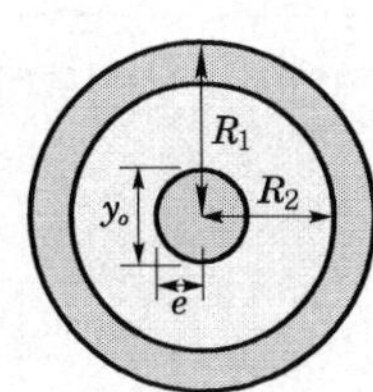

15 자중이 4kN/m인 그림 (a)와 같은 단순보에 그림 (b)와 같은 차륜하중이 통과할 때 이 보에 일어나는 최대 전단력의 절대값은?

① 74kN
② 80kN
③ 94kN
④ 104kN

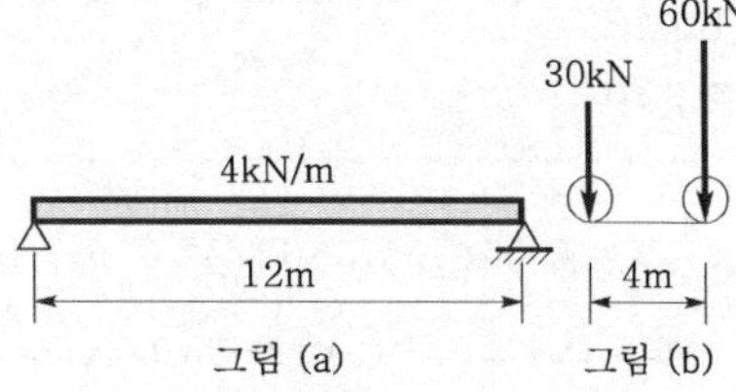

해설 ㉠ R_B의 영향선 이용

㉡ 종거 y 산정

$1:12=y:8$

$\therefore y=0.67$

㉢ 전단력 산정

$$S_{max}=\left(\frac{1}{2}\times 12\times 1\right)\times 4+(1\times 60)+(0.67\times 30)=104\text{kN}$$

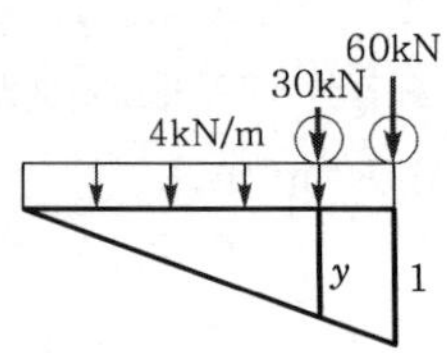

16 재질과 단면이 같은 다음 2개의 외팔보에서 자유단의 처짐을 같게 하는 $\frac{P_1}{P_2}$의 값은?

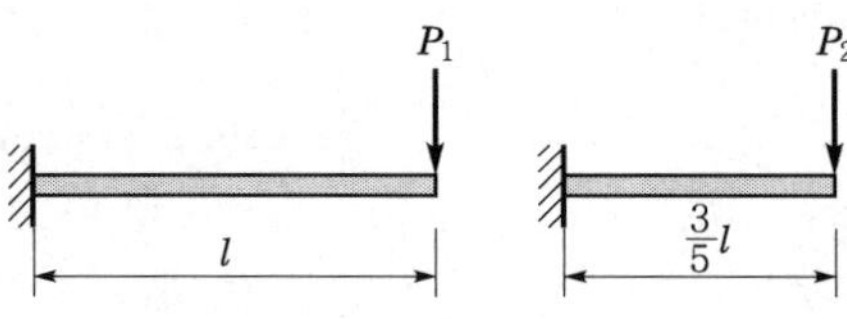

① 0.216 ② 0.325
③ 0.437 ④ 0.546

해설

$$\delta_1=\frac{P_1 l^3}{3EI}$$

$$\delta_2=\frac{P_2\left(\frac{3}{5}l\right)^3}{3EI}=\frac{9P_2 l^3}{125EI}$$

$\delta_1=\delta_2$이므로

$$\frac{P_1 l^3}{3EI}=\frac{9P_2 l^3}{125EI}$$

$$\therefore \frac{P_1}{P_2}=\frac{27}{125}=0.216$$

17 다음 그림과 같은 단면에 15kN의 전단력이 작용할 때 최대 전단응력의 크기는?

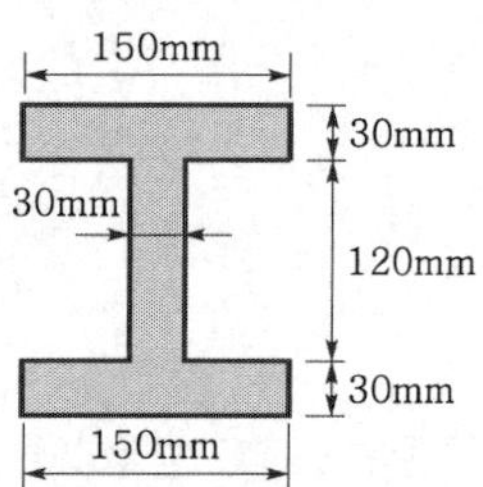

① 2.86MPa ② 3.52MPa
③ 4.74MPa ④ 5.95MPa

해설

$$I_x=\frac{1}{12}\times(150\times 180^3-120\times 120^3)=55,620,000\text{mm}^4$$

$$G_x=150\times 30\times 75+30\times 60\times 30=391,500\text{mm}^3$$

$$\therefore \tau_{max}=\frac{SG_x}{Ib}=\frac{15\times 1,000\times 391,500}{55,620,000\times 30}=3.52\text{MPa}$$

 정답 16. ① 17. ②

18 다음 그림과 같은 부정정보에서 지점 A의 휨모멘트값을 옳게 나타낸 것은? (단, EI는 일정)

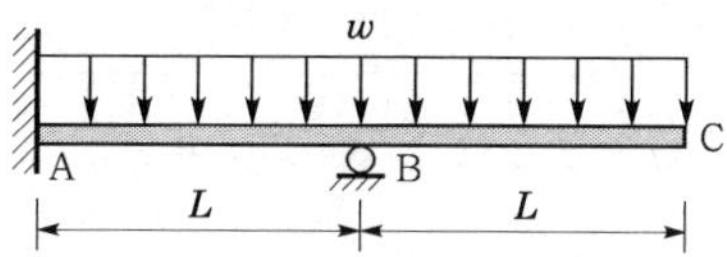

① $\dfrac{wL^2}{8}$　　② $-\dfrac{wL^2}{8}$

③ $\dfrac{3wL^2}{8}$　　④ $-\dfrac{3wL^2}{8}$

해설 중첩법 이용

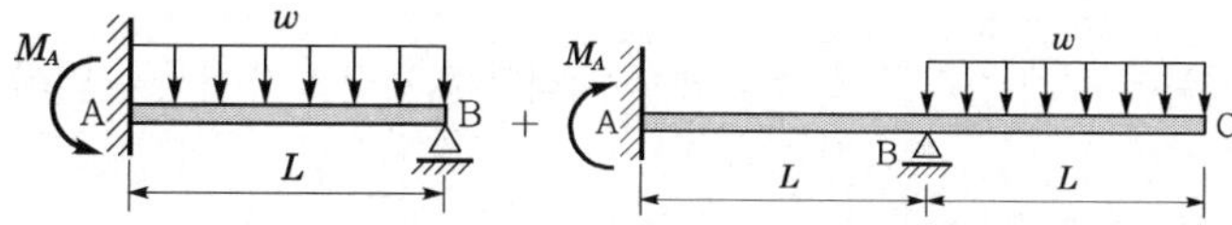

㉠ $M_A = -\dfrac{wL^2}{8}$ (↺)

㉡ $M_A = \dfrac{1}{2}M_B = \dfrac{1}{2} \times \dfrac{wL^2}{2} = \dfrac{wL^2}{4}$ (↻)

㉠과 ㉡을 연립하면

$\therefore\ M_A = \dfrac{wL^2}{4} - \dfrac{wL^2}{8} = \dfrac{wL^2}{8}$ (↻)

19 다음 그림과 같은 보에서 A점의 반력은?

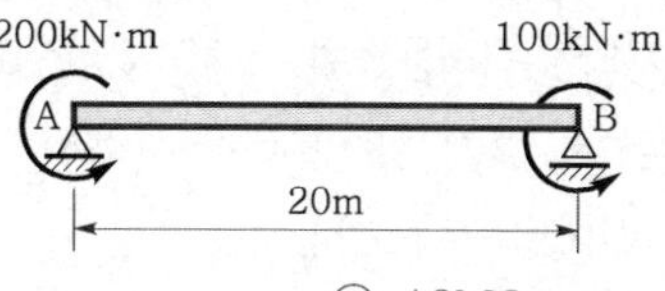

① 15kN　　② 18kN

③ 20kN　　④ 23kN

해설 $\Sigma M_B = 0$ (⊕↻)

$R_A \times 20 - 200 - 100 = 0$

$\therefore\ R_A = 15\text{kN}$

20 다음에서 설명하고 있는 것은?

> 탄성체에 저장된 변형에너지 U를 변위의 함수로 나타내는 경우에 임의의 변위 Δ_i에 관한 변형에너지 U의 1차 편도함수는 대응되는 하중 P_i와 같다. 즉 $P_i = \dfrac{\partial U}{\partial \Delta_i}$로 나타낼 수 있다.

① 중첩의 원리　　② Castigliano의 제1정리

③ Betti의 정리　　④ Maxwell의 정리

정답 ▸▸▸ 18. ① 19. ① 20. ②

제2과목 : 측량학

21 축척 1 : 2,000의 도면에서 관측한 면적이 2,500m^2이었다. 이때 도면의 가로와 세로가 각각 1% 줄었다면 실제 면적은?

① 2,451m^2 ② 2,475m^2
③ 2,525m^2 ④ 2,551m^2

 해설 도면이 가로와 세로가 각각 1% 줄었다면 결국 전체적으로 2% 줄어든 것이다. 따라서 보정한 면적=2,500+(2,500×0.02)=2,550m^2이다.

22 삼각수준측량에 의해 높이를 측정할 때 기지점과 미지점의 쌍방에서 연직각을 측정하여 평균하는 이유는?

① 연직축오차를 최소화하기 위하여
② 수평분도원의 편심오차를 제거하기 위하여
③ 연직분도원의 눈금오차를 제거하기 위하여
④ 공기의 밀도변화에 의한 굴절오차의 영향을 소거하기 위하여

해설 삼각수준측량 시 양 측점에서 관측하여 평균을 취하는 이유는 기차(굴절오차)와 구차(곡률오차)를 소거하기 위함이다.

23 시가지에서 25변형 트래버스측량을 실시하여 2′50″의 각관측오차가 발생하였다면 오차의 처리방법으로 옳은 것은? (단, 시가지의 측각허용범위=±20″$\sqrt{n}$~30″$\sqrt{n}$, 여기서 n은 트래버스의 측점수)

① 오차가 허용오차 이상이므로 다시 관측하여야 한다.
② 변의 길이의 역수에 비례하여 배분한다.
③ 변의 길이에 비례하여 배분한다.
④ 각의 크기에 따라 배분한다.

해설 시가지의 측각허용범위=20″$\sqrt{25}$~30″$\sqrt{25}$=100″~150″=1′40″~2′30″
∴ 오차가 2′50″이므로 허용오차를 초과하였다. 따라서 재측량하여야 한다.

24 삼각점 C에 기계를 세울 수 없어서 2.5m를 편심하여 B에 기계를 설치하고 T'=31°15′40″를 얻었다면 T는? (단, ϕ=300°20′, S_1=2km, S_2=3km)

① 31°14′49″
② 31°15′18″
③ 31°15′29″
④ 31°15′41″

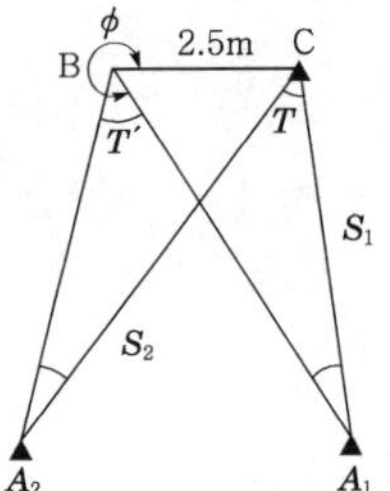

 정답 ▸▸▸ 21. ④ 22. ④ 23. ① 24. ①

해설 ㉠ x 계산

$$\frac{2{,}000}{\sin(360° - 300°20')} = \frac{2.5}{\sin x}$$

$$\therefore x = \sin^{-1}\left(\frac{\sin(360° - 300°20') \times 2.5}{2{,}000}\right) = 0°3'43''$$

㉡ y 계산

$$\frac{3{,}000}{\sin(360° - 300°20' + 31°15'40'')} = \frac{2.5}{\sin y}$$

$$\therefore y = \sin^{-1}\left(\frac{\sin(360° - 300°20' + 31°15'40'') \times 2.5}{3{,}000}\right) = 0°2'52''$$

㉢ T 계산

$T + x = T' + y$

$\therefore T = T' + y - x = 31°15'40'' + 0°2'52'' - 0°3'43'' = 31°14'50''$

25 승강식 야장이 다음 표와 같이 작성되었다고 가정할 때 성과를 검산하는 방법으로 옳은 것은? (여기서, ⓐ－ⓑ는 두 값의 차를 의미한다.)

측점	후시	전시		승	강	지반고
		T.P.	I.P.	(+)	(−)	
BM	0.175					㉥
No.1			0.154	−		−
No.2	1.098	1.237			−	−
No.3			0.948	−		−
No.4		1.175			−	㉦
합계	㉠	㉡	㉢	㉣	㉤	

① ㉦－㉥＝㉠－㉡＝㉣－㉤
② ㉦－㉥＝㉠－㉢＝㉣－㉤
③ ㉦－㉥＝㉠－㉣＝㉡－㉤
④ ㉦－㉥＝㉡－㉣＝㉢－㉤

해설 ㉠ Σ후시－Σ전시＝지반고차

∴ ㉠－㉡＝㉦－㉥

㉡ Σ승－Σ강＝지반고차

∴ ㉣－㉤＝㉦－㉥

∴ ㉠－㉡＝㉣－㉤＝㉦－㉥

26 완화곡선 중 클로소이드에 대한 설명으로 옳지 않은 것은? (단, R : 곡선반지름, L : 곡선길이)

① 클로소이드는 곡률이 곡선길이에 비례하여 증가하는 곡선이다.
② 클로소이드는 나선의 일종이며 모든 클로소이드는 닮은꼴이다.
③ 클로소이드의 종점좌표 x, y는 그 점의 접선각의 함수로 표시된다.
④ 클로소이드에서 접선각 τ를 라디안으로 표시하면 $\tau = \frac{R}{2L}$이 된다.

클로소이드에서 접선각 τ를 라디안으로 표시하면 $\tau = \frac{L}{2R}$이 된다.

27 1 : 50,000 지형도의 주곡선간격은 20m이다. 지형도에서 4% 경사의 노선을 선정하고자 할 때 주곡선 사이의 도상수평거리는?

① 5mm ② 10mm
③ 15mm ④ 20mm

 해설

㉠ 비례식에 의해

100 : 4 = x : 20

∴ x = 500m

㉡ $\frac{1}{m} = \frac{\text{도상거리}}{\text{실제 거리}}$

$\frac{1}{50{,}000} = \frac{\text{도상거리}}{500}$

∴ 도상거리 = 10mm

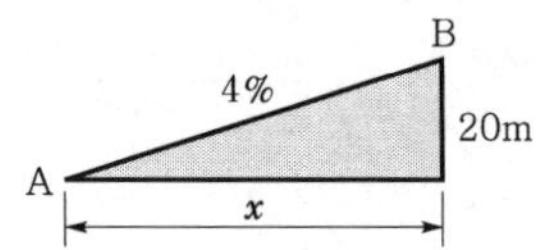

28 곡선반지름이 400m인 원곡선을 설계속도 70km/h로 하려고 할 때 캔트(cant)는? (단, 궤간 b = 1.065m)

① 73mm ② 83mm
③ 93mm ④ 103mm

 해설

$$C = \frac{SV^2}{Rg} = \frac{1.065 \times \left(\frac{70 \times 1{,}000}{3{,}600}\right)^2}{400 \times 9.8} = 103\text{mm}$$

29 수애선의 기준이 되는 수위는?

① 평수위 ② 평균수위
③ 최고수위 ④ 최저수위

해설 수애선은 육지와 물가의 경계로 평수위로 나타낸다.

30 측점 M의 표고를 구하기 위하여 수준점 A, B, C로부터 수준측량을 실시하여 다음 표와 같은 결과를 얻었다면 M의 표고는?

구분	표고(m)	관측방향	고저차(m)	노선길이
A	13.03	A → M	+1.10	2km
B	15.60	B → M	−1.30	4km
C	13.64	C → M	+0.45	1km

① 14.13m ② 14.17m
③ 14.22m ④ 14.30m

 정답 ▸▸▸ 27. ② 28. ④ 29. ① 30. ①

해설 ㉠ A, B, C점을 이용한 M점의 표고

A점 이용	H_M=13.03+1.10=14.13m
B점 이용	H_M=15.60−1.30=14.30m
C점 이용	H_M=13.64+0.45=14.09m

㉡ 경중률 계산

$$P_A : P_B : P_C = \frac{1}{2} : \frac{1}{4} : \frac{1}{1} = 2 : 1 : 4$$

㉢ 최확값 계산

$$H_M = \frac{2 \times 14.13 + 1 \times 14.30 + 4 \times 14.09}{2+1+4} = 14.13\text{m}$$

31 다각측량에서 어떤 폐합다각망을 측량하여 위거 및 경거의 오차를 구하였다. 거리와 각을 유사한 정밀도로 관측하였다면 위거 및 경거의 폐합오차를 배분하는 방법으로 가장 적합한 것은?

① 측선의 길이에 비례하여 분배한다.
② 각각의 위거 및 경거에 등분배한다.
③ 위거 및 경거의 크기에 비례하여 배분한다.
④ 위거 및 경거절대값의 총합에 대한 위거 및 경거크기에 비례하여 배분한다.

해설 폐합오차의 배분(종선오차, 횡선오차의 배분)

㉠ 트랜싯법칙 : 거리의 정밀도보다 각의 정밀도가 높은 경우 위거, 경거에 비례배분

$$\frac{\Delta l}{l} < \frac{\theta''}{\rho''}$$

㉡ 컴퍼스법칙 : 각의 정밀도와 각의 정밀도가 같은 경우 측선장에 비례배분

$$\frac{\Delta l}{l} = \frac{\theta''}{\rho''}$$

32 방위각 153°20′25″에 대한 방위는?

① E63°20′25″S
② E26°39′35″S
③ S26°39′35″E
④ S63°20′25″E

해설 방위=S180°−153°20′25″E=S26°39′35″E

33 고속도로공사에서 각 측점의 단면적이 다음 표와 같을 때 측점 10에서 측점 12까지의 토량은? (단, 양 단면평균법에 의해 계산한다.)

측점	단면적(m^2)	비고
No.10	318	측점 간의 거리=20m
No.11	512	
No.12	682	

① 15,120m^3
② 20,160m^3
③ 20,240m^3
④ 30,240m^3

정답 31. ① 32. ③ 33. ③

해설 ㉠ No.10~No.11구간의 토량

$$V_1 = \frac{318+512}{2} \times 20 = 8,300\text{m}^3$$

㉡ No.11~No.12구간의 토량

$$V_2 = \frac{512+682}{2} \times 20 = 11,940\text{m}^3$$

$$\therefore \ V = V_1 + V_2 = 8,300 + 11,940 = 20,240\text{m}^3$$

34 어느 각을 10번 관측하여 52°12′을 2번, 52°13′을 4번, 52°14′을 4번 얻었다면 관측한 각의 최확값은?

① 52°12′45″
② 52°13′00″
③ 52°13′12″
④ 52°13′45″

해설 $$\alpha_0 = \frac{2\times52°12' + 4\times52°13' + 4\times52°14'}{2+4+4} = 52°13'12''$$

35 100m의 측선을 20m 줄자로 관측하였다. 1회의 관측에 +4mm의 정오차와 ±3mm의 부정오차가 있었다면 측선의 거리는?

① 100.010±0.007m
② 100.010±0.015m
③ 100.020±0.007m
④ 100.020±0.015m

해설 ㉠ 정오차 $= 0.004 \times 5 = 0.02$m

㉡ 우연오차 $= \pm 0.003 \times \sqrt{5} = \pm 0.007$m

㉢ 측선의 거리 $= 100.02 \pm 0.007$m

36 삼각측량을 위한 기준점성과표에 기록되는 내용이 아닌 것은?

① 점번호
② 도엽명칭
③ 천문경위도
④ 평면직각좌표

해설 삼각측량을 위한 기준점성과표에는 측지경위도가 기록되며 천문경위도는 기록되지 않는다.

37 기준면으로부터 어느 측점까지의 연직거리를 의미하는 용어는?

① 수준선(level line)
② 표고(elevation)
③ 연직선(plumb line)
④ 수평면(horizontal plane)

해설 기준면으로부터 어느 측점까지의 연직거리를 표고라 한다.

정답 34. ③ 35. ③ 36. ③ 37. ②

38 곡률이 급변하는 평면곡선부에서의 탈선 및 심한 흔들림 등의 불안정한 주행을 막기 위해 고려하여야 하는 사항과 가장 거리가 먼 것은?

① 완화곡선 ② 종단곡선
③ 캔트 ④ 슬랙

해설 캔트란 곡선부를 통과하는 차량에 원심력이 발생하여 접선방향으로 탈선하는 것을 방지하기 위해 바깥쪽의 노면을 안쪽보다 높이는 정도를 말한다.

39 지성선에 관한 설명으로 옳지 않은 것은?

① 철(凸)선을 능선 또는 분수선이라 한다.
② 경사변환선이란 동일 방향의 경사면에서 경사의 크기가 다른 두 면의 접합선이다.
③ 요(凹)선은 지표의 경사가 최대로 되는 방향을 표시한 선으로 유하선이라고 한다.
④ 지성선은 지표면이 다수의 평면으로 구성되었다고 할 때 평면 간 접합부, 즉 접선을 말하며 지세선이라고도 한다.

해설 최대 경사선은 지표의 경사가 최대로 되는 방향을 표시한 선으로 유하선이라고도 한다.

40 하천의 평균유속(V_m)을 구하는 방법 중 3점법으로 옳은 것은? (단, V_2, V_4, V_6, V_8은 각각 수면으로부터 수심(h)의 0.2h, 0.4h, 0.6h, 0.8h인 곳의 유속이다.)

① $V_m = \dfrac{V_2 + V_4 + V_8}{3}$

② $V_m = \dfrac{V_2 + V_6 + V_8}{3}$

③ $V_m = \dfrac{V_2 + 2V_4 + V_8}{4}$

④ $V_m = \dfrac{V_2 + 2V_6 + V_8}{4}$

해설
㉠ 1점법 : 수면에서 $\dfrac{6}{10}$ 되는 곳의 유속($V_{0.6}$)을 평균유속으로 취하는 방법

$V_m = V_{0.6}$

㉡ 2점법 : 수면에서 $\dfrac{2}{10}$, $\dfrac{8}{10}$ 되는 곳의 유속($V_{0.2}$, $V_{0.8}$)을 산술평균하여 평균유속으로 취하는 방법

$V_m = \dfrac{V_{0.2} + V_{0.8}}{2}$

㉢ 3점법 : 수면에서 $\dfrac{2}{10}$, $\dfrac{6}{10}$, $\dfrac{8}{10}$ 되는 곳의 유속($V_{0.2}$, $V_{0.6}$, $V_{0.8}$)을 산술평균하여 평균유속으로 취하는 방법

$V_m = \dfrac{V_{0.2} + 2V_{0.6} + V_{0.8}}{4}$

정답 ▶▶▶ 38. ② 39. ③ 40. ④

제3과목 : 수리수문학

41 도수가 15m 폭의 수문 하류측에서 발생되었다. 도수가 일어나기 전의 깊이가 1.5m이고 그때의 유속은 18m/s였다. 도수로 인한 에너지손실수두는? (단, 에너지보정계수 α=1이다.)

① 3.24m ② 5.40m
③ 7.62m ④ 8.34m

㉠ $F_{r_1}=\dfrac{V}{\sqrt{gh}}=\dfrac{18}{\sqrt{9.8\times1.5}}=4.69$

㉡ $\dfrac{h_2}{h_1}=\dfrac{1}{2}(-1+\sqrt{1+8{F_{r_1}}^2})$

$\dfrac{h_2}{1.5}=\dfrac{1}{2}(-1+\sqrt{1+8\times4.69^2})$

$\therefore\ h_2=9.23\text{m}$

㉢ $\Delta H_e=\dfrac{(h_2-h_1)^3}{4h_1h_2}=\dfrac{(9.23-1.5)^3}{4\times1.5\times9.23}=8.34\text{m}$

42 직사각형의 위어로 유량을 측정할 경우 수두 H를 측정할 때 1%의 측정오차가 있었다면 유량 Q에서 예상되는 오차는?

① 0.5% ② 1.0%
③ 1.5% ④ 2.5%

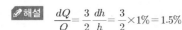

해설 $\dfrac{dQ}{Q}=\dfrac{3}{2}\dfrac{dh}{h}=\dfrac{3}{2}\times1\%=1.5\%$

43 강우강도를 I, 침투능을 f, 총침투량을 F, 토양수분미흡량을 D라 할 때 지표유출은 발생하나 지하수위는 상승하지 않는 경우에 대한 조건식은?

① $I<f$, $F<D$ ② $I<f$, $F>D$
③ $I>f$, $F<D$ ④ $I>f$, $F>D$

㉠ 지표면유출이 발생하는 조건 : $I>f$
㉡ 지하수위가 상승하지 않는 조건 : $F<D$

44 다음 그림에서 손실수두가 $\dfrac{3V^2}{2g}$일 때 지름 0.1m의 관을 통과하는 유량은? (단, 수면은 일정하게 유지된다.)

① 0.0399m³/s
② 0.0426m³/s
③ 0.0798m³/s
④ 0.085m³/s

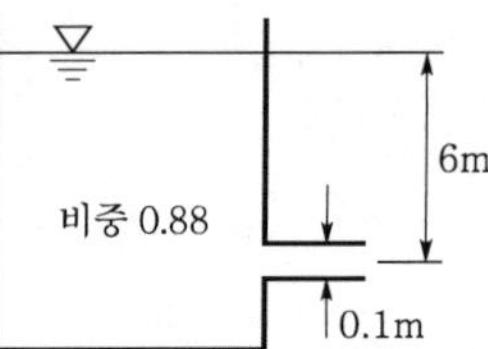

 정답 ▸▸▸ 41. ④ 42. ③ 43. ③ 44. ②

해설

㉠ $\frac{V_1^{\ 2}}{2g}+\frac{P_1}{w}+Z_1=\frac{V_2^{\ 2}}{2g}+\frac{P_2}{w}+Z_2+\Sigma h_L$

$0+0+6=\frac{V_2^{\ 2}}{2\times 9.8}+0+0+\frac{3V_2^{\ 2}}{2\times 9.8}$

$\therefore\ V_2=5.42\text{m/s}$

㉡ $Q=A_2V_2=\frac{\pi\times 0.01^2}{4}\times 5.42=0.0426\text{m}^3/\text{s}$

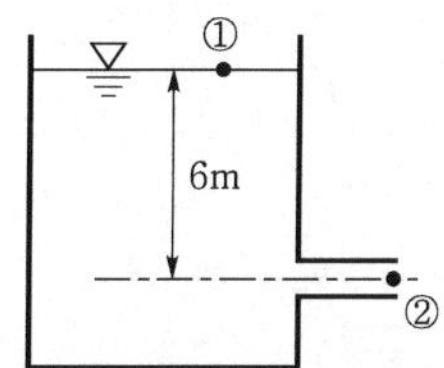

45 다음 그림과 같이 뚜껑이 없는 원통 속에 물을 가득 넣고 중심축 주위로 회전시켰을 때 흘러넘친 양이 전체의 20%였다. 이때 원통 바닥면이 받는 전수압(全水壓)은?

① 정지상태와 비교할 수 없다.
② 정지상태에 비해 변함이 없다.
③ 정지상태에 비해 20%만큼 증가한다.
④ 정지상태에 비해 20%만큼 감소한다.

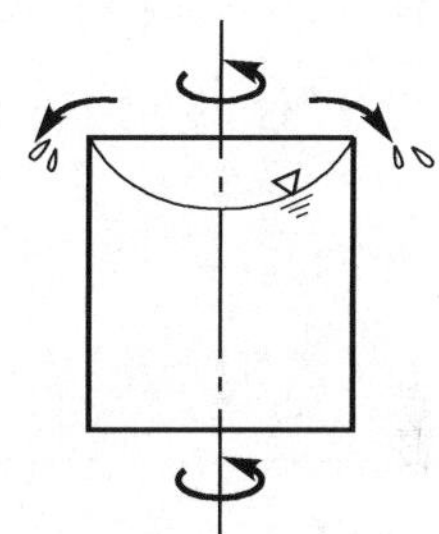

해설 흘러넘친 양이 20%이므로 원통 바닥에 작용하는 전수압도 20% 감소한다.

46 유선 위 한 점의 x, y, z축에 대한 좌표를 $(x,\ y,\ z)$, x, y, z축방향 속도성분을 각각 u, v, w라 할 때 서로의 관계가 $\frac{dx}{u}=\frac{dy}{v}=\frac{dz}{w}$, $u=-ky$, $v=kx$, $w=0$인 흐름에서 유선의 형태는? (단, k는 상수)

① 원
② 직선
③ 타원
④ 쌍곡선

해설

$\frac{dx}{u}=\frac{dy}{v}=\frac{dz}{w}$

$\frac{dx}{-ky}=\frac{dy}{kx}$

$kx\,dx+ky\,dy=0$

$x\,dx+y\,dy=0$

$x^2+y^2=c$이므로 원이다.

47 수로폭이 3m인 직사각형 개수로에서 비에너지가 1.5m일 경우의 최대 유량은? (단, 에너지보정계수는 1.0이다.)

① $9.39\text{m}^3/\text{s}$
② $11.50\text{m}^3/\text{s}$
③ $14.09\text{m}^3/\text{s}$
④ $17.25\text{m}^3/\text{s}$

정답 45. ④ 46. ① 47. ①

해설

㉠ $h_c = \frac{2}{3}H_e = \frac{2}{3} \times 1.5 = 1\text{m}$

㉡ $h_c = \left(\frac{\alpha Q^2}{gb^2}\right)^{\frac{1}{3}}$

$1 = \left(\frac{Q^2}{9.8 \times 3^2}\right)^{\frac{1}{3}}$

$\therefore Q = Q_{\max} = 9.39\text{m}^3/\text{s}$

48 폭이 넓은 개수로($R \fallingdotseq h_c$)에서 Chezy의 평균유속계수 C=29, 수로경사 $I = \frac{1}{80}$인 하천의 흐름 상태는? (단, α=1.11)

① $I_c = \frac{1}{105}$로 사류
② $I_c = \frac{1}{95}$로 사류
③ $I_c = \frac{1}{70}$로 상류
④ $I_c = \frac{1}{50}$로 상류

해설

$I_c = \frac{g}{\alpha C^2} = \frac{9.8}{1.11 \times 29^2} = \frac{1}{95.26}$

$\therefore I > I_c$이므로 사류이다.

49 오리피스에서 수축계수의 정의와 그 크기로 옳은 것은? (단, a_o : 수축 단면적, a : 오리피스 단면적, V_o : 수축 단면의 유속, V : 이론유속)

① $C_a = \frac{a_o}{a}$, 1.0~1.1
② $C_a = \frac{V_o}{V}$, 1.0~1.1
③ $C_a = \frac{a_o}{a}$, 0.6~0.7
④ $C_a = \frac{V_o}{V}$, 0.6~0.7

해설

수축계수 $C_a = \frac{a_o}{a}$이고, $C_a = 0.61 \sim 0.72$이다.

50 DAD 해석에 관련된 것으로 옳은 것은?

① 수심－단면적－홍수기간
② 적설량－분포면적－적설일수
③ 강우깊이－유역면적－강우기간
④ 강우깊이－유수 단면적－최대 수심

해설 최대 평균우량깊이－유역면적－지속기간의 관계를 수립하는 작업을 D.A.D 해석이라 한다.

51 동수반지름(R)이 10m, 동수경사(I)가 1/200, 관로의 마찰손실계수(f)가 0.04일 때 유속은?

① 8.9m/s
② 9.9m/s
③ 11.3m/s
④ 12.3m/s

정답 48. ② 49. ③ 50. ③ 51. ②

해설
㉠ $f = 124.5n^2 D^{-\frac{1}{3}}$

$0.04 = 124.5 \times n^2 \times (4\times10)^{-\frac{1}{3}}$

$\therefore\ n = 0.033$

㉡ $V = \frac{1}{n}R^{\frac{2}{3}}I^{\frac{1}{2}} = \frac{1}{0.033}\times10^{\frac{2}{3}}\times\left(\frac{1}{200}\right)^{\frac{1}{2}} = 9.95\text{m/s}$

52 단위유량도(Unit hydrograph)를 작성함에 있어서 기본가정에 해당되지 않는 것은?

① 비례가정 ② 중첩가정
③ 직접유출의 가정 ④ 일정 기저시간의 가정

해설 단위도의 가정
일정 기저시간가정, 비례가정, 중첩가정

53 밀도가 ρ인 액체에 지름 d인 모세관을 연직으로 세웠을 경우 이 모세관 내에 상승한 액체의 높이는? (단, T : 표면장력, θ : 접촉각)

① $h = \frac{4T\cos\theta}{\rho g d^2}$ ② $h = \frac{2T\cos\theta}{\rho g d}$
③ $h = \frac{2T\cos\theta}{\rho g d^2}$ ④ $h = \frac{4T\cos\theta}{\rho g d}$

해설 $h_c = \frac{4T\cos\theta}{wD} = \frac{4T\cos\theta}{\rho g D}$

54 관수로에 물이 흐를 때 층류가 되는 레이놀즈수(Re, Reynolds Number)의 범위는?

① $Re < 2{,}000$ ② $2{,}000 < Re < 3{,}000$
③ $3{,}000 < Re < 4{,}000$ ④ $Re > 4{,}000$

해설 ㉠ $Re \le 2{,}000$이면 층류이다.
㉡ $2{,}000 < Re < 4{,}000$이면 층류와 난류가 공존한다(천이영역).
㉢ $Re \ge 4{,}000$이면 난류이다.

55 정수 중의 평면에 작용하는 압력프리즘에 관한 성질 중 틀린 것은?

① 전수압의 크기는 압력프리즘의 면적과 같다.
② 전수압의 작용선은 압력프리즘의 도심을 통과한다.
③ 수면에 수평한 평면의 경우 압력프리즘은 직사각형이다.
④ 한쪽 끝이 수면에 닿는 평면의 경우에는 삼각형이다.

해설 전수압의 크기는 압력프리즘의 체적과 같다.

정답 52. ③ 53. ④ 54. ① 55. ①

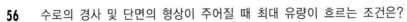

56 수로의 경사 및 단면의 형상이 주어질 때 최대 유량이 흐르는 조건은?

① 수심이 최소이거나 경심이 최대일 때
② 윤변이 최대이거나 경심이 최소일 때
③ 윤변이 최소이거나 경심이 최대일 때
④ 수로폭이 최소이거나 수심이 최대일 때

해설 수리상 유리한 단면
주어진 단면적과 수로의 경사에 대하여 경심이 최대 혹은 윤변이 최소일 때 최대 유량이 흐르고, 이러한 단면을 수리상 유리한 단면이라 한다.

57 단순수문곡선의 분리방법이 아닌 것은?

① N－day법
② S－curve법
③ 수평직선분리법
④ 지하수 감수곡선법

해설 수문곡선의 분리법
지하수 감수곡선법, 수평직선분리법, N－day법, 수정 N－day법

58 지하수의 투수계수와 관계가 없는 것은?

① 토사의 형상
② 토사의 입도
③ 물의 단위중량
④ 토사의 단위중량

$$K = D_s^{\,2}\frac{\gamma_w}{\mu}\frac{e^3}{1+e}C$$

59 $0.3\text{m}^3/\text{s}$의 물을 실양정 45m의 높이로 양수하는 데 필요한 펌프의 동력은? (단, 마찰손실수두는 18.6m이다.)

① 186.98kW
② 196.98kW
③ 214.4kW
④ 224.4kW

해설 $E = 9.8Q(H+\Sigma h) = 9.8\times0.3\times(45+18.6) = 186.98\text{kW}$

60 지하수의 흐름에 대한 Darcy의 법칙은? (단, V : 유속, Δh : 길이 ΔL에 대한 손실수두, k : 투수계수)

① $V = k\left(\frac{\Delta h}{\Delta L}\right)^2$
② $V = k\left(\frac{\Delta h}{\Delta L}\right)$
③ $V = k\left(\frac{\Delta h}{\Delta L}\right)^{-1}$
④ $V = k\left(\frac{\Delta h}{\Delta L}\right)^{-2}$

$$V = ki = k\frac{dh}{dL}$$

 정답 ▸▸ 56. ③ 57. ② 58. ④ 59. ① 60. ②

제4과목 : 철근콘크리트 및 강구조

61 다음 그림과 같은 임의 단면에서 등가직사각형 응력분포가 빗금 친 부분으로 나타났다면 철근량 (A_s)은? (단, f_{ck} =21MPa, f_y =400MPa)

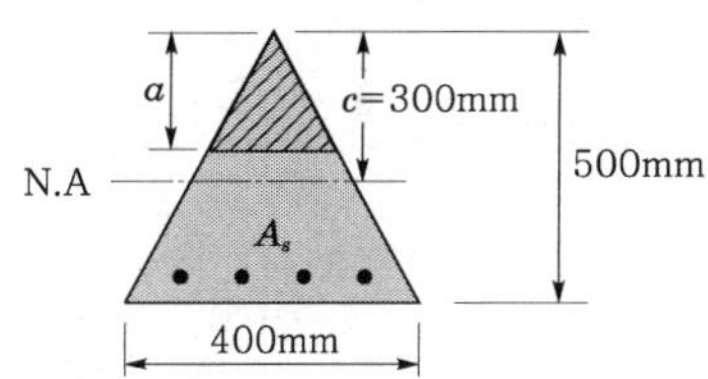

① 874mm^2
② 1,028mm^2
③ 1,543mm^2
④ 2,109mm^2

해설
㉠ $a=\beta_1 c=0.80\times 300=240\text{mm}$
㉡ $b:h=b':a$
$\therefore b'=\frac{b}{h}a=\frac{400}{500}\times 240=192\text{mm}$
㉢ $C=T$
$\eta(0.85f_{ck})\left(\frac{1}{2}ab'\right)=f_y A_s$
$1.0\times 0.85\times 21\times\left(\frac{1}{2}\times 240\times 192\right)=400\times A_s$
$\therefore A_s=1{,}028\text{mm}^2$

62 다음 설명 중 옳지 않은 것은?

① 과소철근 단면에서는 파괴 시 중립축은 위로 조금 올라간다.
② 과다철근 단면인 경우 강도설계에서 철근의 응력은 철근의 변형률에 비례한다.
③ 과소철근 단면인 보는 철근량이 적어 변형이 갑자기 증가하면서 취성파괴를 일으킨다.
④ 과소철근 단면에서는 계수하중에 의해 철근의 인장응력이 먼저 항복강도에 도달된 후 파괴된다.

해설 과소철근보(저보강보)는 연성파괴를 일으킨다.

63 T형보에서 주철근이 보의 방향과 같은 방향일 때 하중이 직접적으로 플랜지에 작용하게 되면 플랜지가 아래로 휘면서 파괴될 수 있다. 이 휨파괴를 방지하기 위해서 배치하는 철근은?

① 연결철근
② 표피철근
③ 종방향 철근
④ 횡방향 철근

정답 ▸▸▸ 61. ② 62. ③ 63. ④

 ㉠ 횡방향 철근 : 플랜지의 휨인장파괴에 저항
㉡ 종방향 철근 : 웨브의 휨인장파괴에 저항

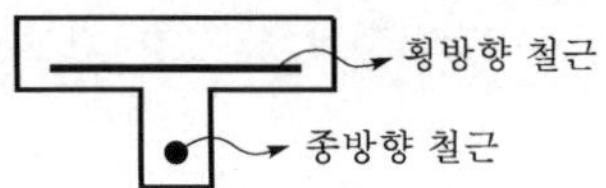

64 다음 그림과 같이 P=300kN의 인장응력이 작용하는 판두께 10mm인 철판에 ϕ19mm인 리벳을 사용하여 접합할 때 소요리벳수는? (단, 허용전단응력=110MPa, 허용지압응력=220MPa이다.)

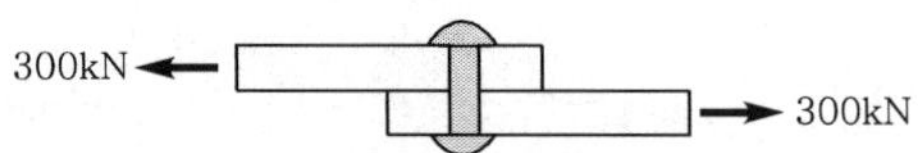

① 8개 ② 10개
③ 12개 ④ 14개

㉠ $P_s = \nu_a \frac{\pi d^2}{4} = 110 \times \frac{\pi \times 19^2}{4} = 31,188\text{N}$

$P_b = f_{ba} dt = 220 \times 19 \times 10 = 41,800\text{N}$

∴ 리벳값=31.19kN(최소값)

㉡ $n = \frac{300}{31.19} = 9.62 ≒ 10$개

65 PS강재응력 f_{ps} =1,200MPa, PS강재 도심위치에서 콘크리트의 압축응력 f_c =7MPa일 때 크리프에 의한 PS강재의 인장응력 감소율은? (단, 크리프계수는 2이고, 탄성계수비는 6이다.)

① 7% ② 8%
③ 9% ④ 10%

해설 $\Delta f_{pc} = n f_c \phi_t = 6 \times 7 \times 2 = 84\text{MPa}$

∴ 감소율$= \frac{\Delta f_{pc}}{f_{ps}} = \frac{84}{1,200} \times 100\% = 7\%$

66 다음 중 최소 전단철근을 배치하지 않아도 되는 경우가 아닌 것은? (단, $\frac{1}{2}\phi V_c < V_u$인 경우이며 콘크리트구조 전단 및 비틀림설계기준에 따른다.)

① 슬래브와 기초판
② 전체 깊이가 450mm 이하인 보
③ 교대벽체 및 날개벽, 옹벽의 벽체, 암거 등과 같이 휨이 주거동인 판부재
④ 전단철근이 없어도 계수휨모멘트와 계수전단력에 저항할 수 있다는 것을 실험에 의해 확인할 수 있는 경우

해설 보의 높이$(h) \le 250$mm이어야 한다.

67 옹벽의 구조 해석에 대한 설명으로 틀린 것은? (단, 기타 콘크리트구조설계기준에 따른다.)

① 부벽식 옹벽의 전면벽은 2변 지지된 1방향 슬래브로 설계하여야 한다.
② 뒷부벽은 T형보로 설계하여야 하며, 앞부벽은 직사각형 보로 설계하여야 한다.
③ 저판의 뒷굽판은 정확한 방법이 사용되지 않는 한 뒷굽판 상부에 재하되는 모든 하중을 지지하도록 설계하여야 한다.
④ 캔틸레버식 옹벽의 저판은 전면벽과의 접합부를 고정단으로 간주한 캔틸레버로 가정하여 단면을 설계할 수 있다.

해설 부벽식 옹벽의 전면벽은 3변 지지된 2방향 슬래브로 설계한다.

68 부분프리스트레싱(partial prestressing)에 대한 설명으로 옳은 것은?

① 부재 단면의 일부에만 프리스트레스를 도입하는 방법
② 구조물에 부분적으로 프리스트레스트 콘크리트부재를 사용하는 방법
③ 사용하중작용 시 프리스트레스트 콘크리트부재 단면의 일부에 인장응력이 생기는 것을 허용하는 방법
④ 프리스트레스트 콘크리트부재설계 시 부재 하단에만 프리스트레스를 주고, 부재 상단에는 프리스트레스하지 않는 방법

해설 ㉠ 완전프리스트레싱(full prestressing) : 콘크리트의 전단면에 인장응력이 발생하지 않도록 프리스트레스를 가하는 방법
㉡ 부분프리스트레싱(partial prestressing) : 콘크리트 단면의 일부에 어느 정도의 인장응력이 발생하는 것을 허용하는 방법

69 다음 그림과 같은 T형 단면을 강도설계법으로 해석할 경우 플랜지 내민 부분의 압축력과 균형을 이루기 위한 철근 단면적(A_{sf})은? (단, A_s=3,852mm^2, f_{ck}=21MPa, f_y=400MPa이다.)

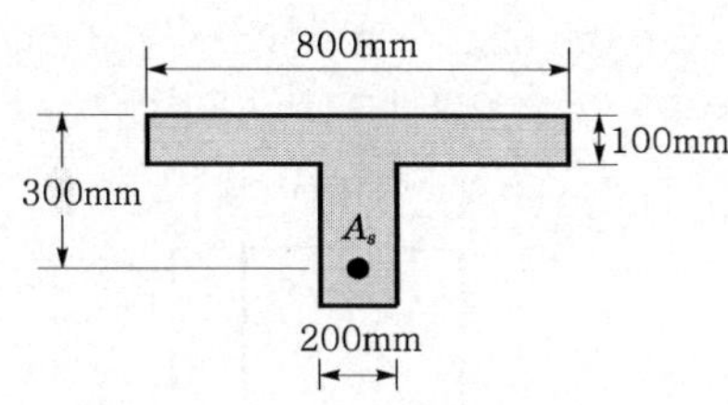

① 1,175.2mm^2
② 1,275.0mm^2
③ 1,375.8mm^2
④ 2,677.5mm^2

해설

$$A_{sf}=\frac{\eta(0.85f_{ck})t_f(b-b_w)}{f_y}=\frac{1.0\times0.85\times21\times100\times(800-200)}{400}=2,677.5\text{mm}^2$$

정답 67. ① 68. ③ 69. ④

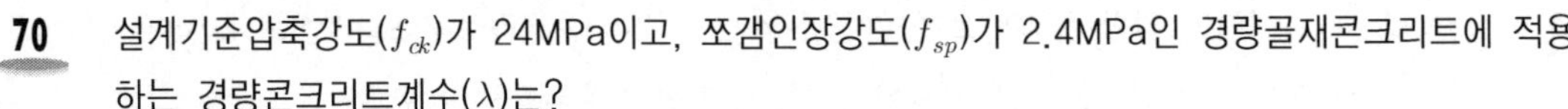

70 설계기준압축강도(f_{ck})가 24MPa이고, 쪼갬인장강도(f_{sp})가 2.4MPa인 경량골재콘크리트에 적용하는 경량콘크리트계수(λ)는?

① 0.75 ② 0.81
③ 0.87 ④ 0.93

해설 ㉠ f_{sp}가 주어진 경량콘크리트

$$\lambda = \frac{f_{sp}}{0.56\sqrt{f_{ck}}} = \frac{2.4}{0.56\sqrt{24}} = 0.87 \le 1.0$$

㉡ 일반 콘크리트 : $\lambda = 1.0$

㉢ f_{sp}가 주어지지 않은 경량콘크리트

- 전경량콘크리트 : 0.75
- 부분경량콘크리트 : 0.85

71 단면이 300mm×300mm인 철근콘크리트보의 인장부에 균열이 발생할 때의 모멘트(M_{cr})가 13.9kN · m이다. 이 콘크리트의 설계기준압축강도(f_{ck})는? (단, 보통중량콘크리트이다.)

① 18MPa ② 21MPa
③ 24MPa ④ 27MPa

해설

$$I_g = \frac{bh^3}{12} = \frac{300 \times 300^3}{12} = 675 \times 10^6 \text{mm}^4$$

$$M_{cr} = 0.63\lambda\sqrt{f_{ck}}\,\frac{I_g}{y_t}$$

$$\therefore f_{ck} = \left(M_{cr}\,\frac{y_t}{0.63\lambda I_g}\right)^2 = \left[(13.9 \times 10^6) \times \frac{150}{0.63 \times 1.0 \times 675 \times 10^6}\right]^2 = 24\text{N/mm}^2 = 24\text{MPa}$$

72 휨을 받는 인장이형철근으로 4-D25 철근이 배치되어 있을 경우 다음 그림과 같은 직사각형 단면보의 기본정착길이(l_{db})는? (단, 철근의 공칭지름=25.4mm, D25 철근 1개의 단면적=507mm^2, f_{ck}=24MPa, f_y=400MPa, 보통중량콘크리트이다.)

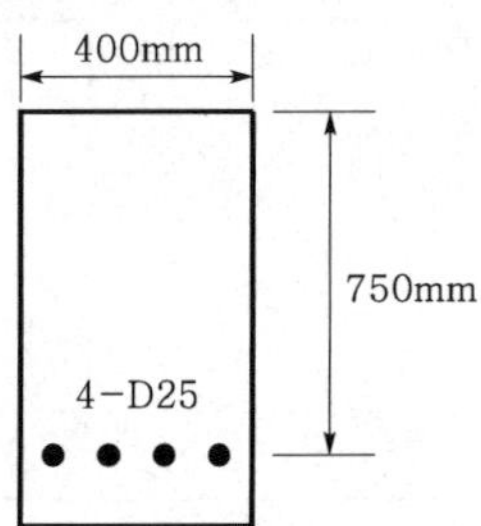

① 519mm ② 1,150mm
③ 1,245mm ④ 1,400mm

해설

$$l_{db} = \frac{0.6 d_b f_y}{\lambda\sqrt{f_{ck}}} = \frac{0.6 \times 25.4 \times 400}{1.0\sqrt{24}} = 1{,}244.3\text{mm}$$

 정답 ▸▸▸ 70. ③ 71. ③ 72. ③

73 2방향 슬래브설계에 사용되는 직접설계법의 제한사항으로 틀린 것은?

① 각 방향으로 2경간 이상 연속되어야 한다.
② 각 방향으로 연속한 받침부 중심 간 경간차이는 긴 경간의 1/3 이하이어야 한다.
③ 연속한 기둥 중심선을 기준으로 기둥의 어긋남은 그 방향 경간의 10% 이하이어야 한다.
④ 모든 하중은 슬래브판 전체에 걸쳐 등분포된 연직하중이어야 하며, 활하중은 고정하중의 2배 이하이어야 한다.

해설 직접설계법의 제한사항 중 각 방향으로 3경간 이상이 연속되어야 한다.

74 철근콘크리트보에서 스터럽을 배근하는 주목적으로 옳은 것은?

① 철근의 인장강도가 부족하기 때문에
② 콘크리트의 탄성이 부족하기 때문에
③ 콘크리트의 사인장강도가 부족하기 때문에
④ 철근과 콘크리트의 부착강도가 부족하기 때문에

해설 스터럽은 사인장보강철근의 한 종류로 사인장강도(전단강도)를 보강하기 위해 배치한다.

75 다음 그림과 같이 긴장재를 포물선으로 배치하고 P=2,500kN으로 긴장했을 때 발생하는 등분포상향력을 등가하중의 개념으로 구한 값은?

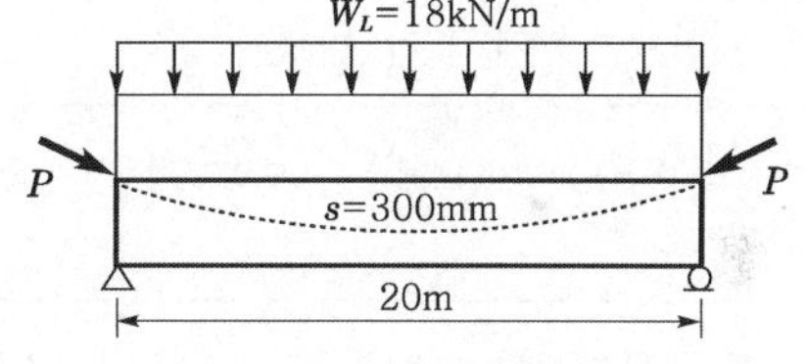

① 10kN/m
② 15kN/m
③ 20kN/m
④ 25kN/m

해설

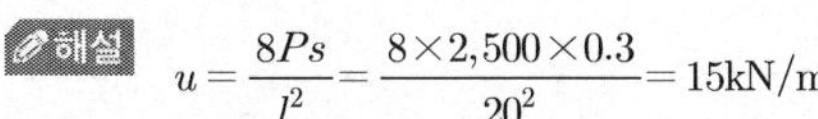

$$u=\frac{8Ps}{l^2}=\frac{8\times 2{,}500\times 0.3}{20^2}=15\text{kN/m}$$

76 순단면이 볼트의 구멍 하나를 제외한 단면(즉 A–B–C 단면)과 같도록 피치(s)를 결정하면? (단, 구멍의 지름은 18mm이다.)

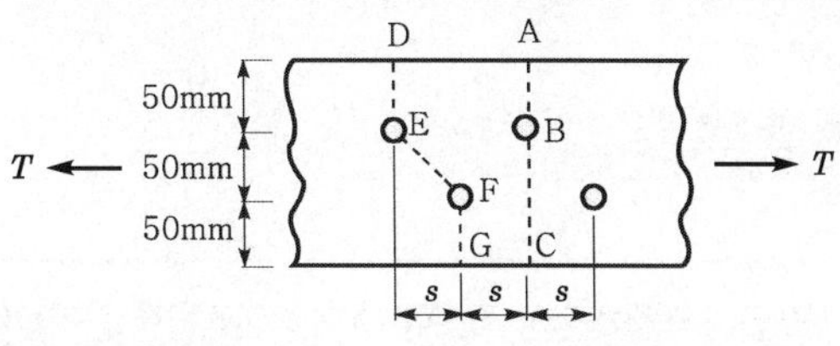

① 50mm
② 55mm
③ 60mm
④ 65mm

해설 ㉠ $b_n=b_g-d$

㉡ $b_n=b_g-d-\left(d-\dfrac{s^2}{4g}\right)$

㉢ ㉠=㉡이므로 $d-\dfrac{s^2}{4g}=0$

$\therefore s=2\sqrt{gd}=2\sqrt{50\times 18}=60\text{mm}$

정답 73. ① 74. ③ 75. ② 76. ③

77 단철근 직사각형 보가 균형 단면이 되기 위한 압축연단에서 중립축까지 거리는? (단, f_y = 300MPa, d=600mm이며 강도설계법에 의한다.)

① 494mm ② 413mm
③ 390mm ④ 293mm

 해설

$$c=\left(\frac{\varepsilon_{cu}}{\varepsilon_{cu}+\varepsilon_y}\right)d=\left(\frac{0.0033}{0.0033+\frac{f_y}{E_s}}\right)d=\left(\frac{660}{660+f_y}\right)d=\left(\frac{660}{660+300}\right)\times 600=412.5\text{mm}$$

78 철골압축재의 좌굴 안정성에 대한 설명 중 틀린 것은?

① 좌굴길이가 길수록 유리하다. ② 단면 2차 반지름이 클수록 유리하다.
③ 힌지지지보다 고정지지가 유리하다. ④ 단면 2차 모멘트값이 클수록 유리하다.

 해설
㉠ 세장비가 작을수록(단주) 좌굴 안정성이 높다.
㉡ 좌굴길이가 길면 세장비가 크고 좌굴 안정성이 낮다.

79 다음 중 공칭축강도에서 최외단 인장철근의 순인장변형률 ε_t를 계산하는 경우에 제외되는 것은? (단, 콘크리트구조 해석과 설계원칙에 따른다.)

① 활하중에 의한 변형률 ② 고정하중에 의한 변형률
③ 지붕활하중에 의한 변형률 ④ 유효프리스트레스힘에 의한 변형률

해설 ④의 경우 프리스트레스 콘크리트에 관한 변형률로 철근콘크리트의 순인장변형률(ε_t)과는 관계가 없다.

80 단철근 직사각형 보에서 f_{ck} =32MPa이라면 등가직사각형 응력블록과 관계된 계수 β_1은?

① 0.850 ② 0.836
③ 0.822 ④ 0.800

해설 $f_{ck} \leq 40\text{MPa}$이면 $\beta_1 = 0.80$이다.

제5과목 : 토질 및 기초

81 지표면에 집중하중이 작용할 때 지중연직응력 증가량($\Delta\sigma_z$)에 관한 설명 중 옳은 것은? (단, Boussinesq 이론을 사용)

① 탄성계수 E에 무관하다. ② 탄성계수 E에 정비례한다.
③ 탄성계수 E의 제곱에 정비례한다. ④ 탄성계수 E의 제곱에 반비례한다.

해설 Boussinesq이론
㉠ 지반을 균질, 등방성의 자중이 없는 반무한탄성체라고 가정하였다.
㉡ 변형계수(E)가 고려되지 않았다.

정답 ▸▸▸ 77. ② 78. ① 79. ④ 80. ④ 81. ①

82 통일분류법에 의해 흙이 MH로 분류되었다면 이 흙의 공학적 성질로 가장 옳은 것은?

① 액성한계가 50% 이하인 점토이다.
② 액성한계가 50% 이상인 실트이다.
③ 소성한계가 50% 이하인 실트이다.
④ 소성한계가 50% 이상인 점토이다.

해설

주요 구분	세립토(fine－grained soils) 200번체에 50% 이상 통과					
	W_L > 50%인 실트나 점토			$W_L \leq$ 50%인 실트나 점토		
문자	MH	CH	OH	ML	CL	OL

83 흙시료의 일축압축시험결과 일축압축강도가 0.3MPa이었다. 이 흙의 점착력은? (단, ϕ=0인 점토)

① 0.1MPa　② 0.15MPa
③ 0.3MPa　④ 0.6MPa

해설

$q_u = 2c\tan\left(45° + \frac{\phi}{2}\right)$

$0.3 = 2c \times \tan(45° + 0)$

$\therefore c = 0.15\text{MPa}$

84 흙의 다짐에 대한 설명으로 틀린 것은?

① 최적 함수비는 흙의 종류와 다짐에너지에 따라 다르다.
② 일반적으로 조립토일수록 다짐곡선의 기울기가 급하다.
③ 흙이 조립토에 가까울수록 최적 함수비가 커지며 최대 건조단위중량은 작아진다.
④ 함수비의 변화에 따라 건조단위중량이 변하는데 건조단위중량이 가장 클 때의 함수비를 최적 함수비라 한다.

해설 흙이 조립토일수록 최적 함수비는 작아지고 최대 건조단위중량은 커진다.

85 어떤 흙에 대해서 직접전단시험을 한 결과 수직응력이 1.0MPa일 때 전단저항이 0.5MPa이었고, 또 수직응력이 2.0MPa일 때에는 전단저항이 0.8MPa이었다. 이 흙의 점착력은?

① 0.2MPa　② 0.3MPa
③ 0.8MPa　④ 1.0MPa

해설

$\tau = c + \bar{\sigma}\tan\phi$에서

$0.5 = c + 1 \times \tan\phi$ ·························· ㉠

$0.8 = c + 2 \times \tan\phi$ ·························· ㉡

식 ㉠과 ㉡을 연립하여 풀면

$\therefore c = 0.2\text{MPa}$

정답 ▸▸▸ 82. ② 83. ② 84. ③ 85. ①

86 널말뚝을 모래지반에 5m 깊이로 박았을 때 상류와 하류의 수두차가 4m이었다. 이때 모래지반의 포화단위중량이 19.62kN/m^{3}이다. 현재 이 지반의 분사현상에 대한 안전율은? (단, 물의 단위중량은 9.81kN/m^{3}이다.)

① 0.85 ② 1.25
③ 1.85 ④ 2.5

$$F_s = \frac{i_c}{i_{av}} = \frac{\gamma_{\text{sub}}}{\dfrac{h_{av}}{D}\gamma_w} = \frac{D\gamma_{\text{sub}}}{h_{av}\gamma_w} = \frac{D\gamma_{\text{sub}}}{\dfrac{H}{2}\gamma_w} = \frac{2D\gamma_{\text{sub}}}{H\gamma_w} = \frac{2\times5\times9.81}{4\times9.81} = \frac{5}{2} = 2.5$$

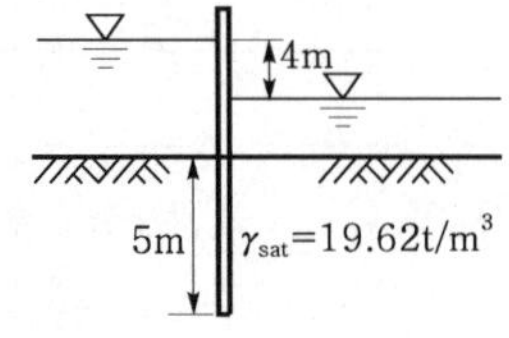

〈비고〉 공단의 답안은 ②로 정답오류이다.

87 Terzaghi는 포화점토에 대한 1차 압밀이론에서 수학적 해를 구하기 위하여 다음과 같은 가정을 하였다. 이 중 옳지 않은 것은?

① 흙은 균질하다.
② 흙은 완전히 포화되어 있다.
③ 흙입자와 물의 압축성을 고려하다.
④ 흙 속에서의 물의 이동은 Darcy법칙을 따른다.

해설 Terzaghi의 1차원 압밀가정
㉠ 흙은 균질하고 완전히 포화되어 있다.
㉡ 토립자와 물은 비압축성이다.
㉢ 압축과 투수는 1차원적(수직적)이다.
㉣ Darcy의 법칙이 성립한다.

88 모래치환법에 의한 밀도시험을 수행한 결과 파낸 흙의 체적과 질량이 각각 365.0cm^3, 745g이었으며 함수비는 12.5%였다. 흙의 비중이 2.65이며 실내표준다짐 시 최대 건조밀도가 1.90t/m^{3}일 때 상대다짐도는?

① 88.7% ② 93.1%
③ 95.3% ④ 97.8%

해설
㉠ $\gamma_t = \dfrac{W}{V} = \dfrac{745}{365} = 2.04\text{g/cm}^3$

㉡ $\gamma_d = \dfrac{\gamma_t}{1+\dfrac{w}{100}} = \dfrac{2.04}{1+\dfrac{12.5}{100}} = 1.81\text{g/cm}^3$

㉢ $C_d = \dfrac{\gamma_d}{\gamma_{d\max}}\times100\% = \dfrac{1.81}{1.9}\times100\% = 95.26\%$

 정답 ▸▸ 86. ④ 87. ③ 88. ③

89 토질조사에 대한 설명 중 옳지 않은 것은?

① 표준관입시험은 정적인 사운딩이다.
② 보링의 깊이는 설계의 형태 및 크기에 따라 변한다.
③ 보링의 위치와 수는 지형조건 및 설계형태에 따라 변한다.
④ 보링구멍은 사용 후에 흙이나 시멘트그라우트로 메워야 한다.

해설 ㉠ boring간격

공사종류	보통지반	불규칙지반
도로	150~300m	30m
어스댐	30m	8~15m
토취장	60m	15~30m

㉡ boring의 심도 : 예상되는 최대 기초slab의 단변장 B의 2배 이상 또는 구조물 폭의 1.5~2.0배로 한다.
㉢ 표준관입시험은 동적인 사운딩이다.

90 연약지반처리공법 중 sand drain공법에서 연직 및 수평방향을 고려한 평균압밀도 U는? (단, $U_v=0.20$, $U_h=0.71$이다.)

① 0.573　② 0.697
③ 0.712　④ 0.768

해설 $U_{av}=1-(1-U_v)(1-U_h)=1-(1-0.2)\times(1-0.71)=0.768$

91 $\Delta h_1=5$이고 $k_{v2}=10k_{v1}$일 때 k_{v3}의 크기는?

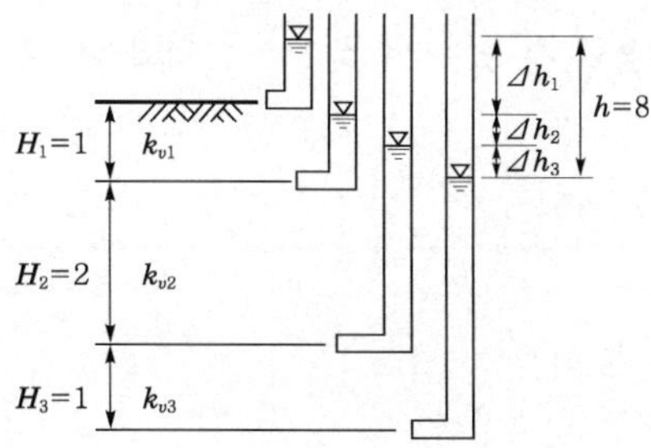

① $1.0k_{v1}$　② $1.5k_{v1}$
③ $2.0k_{v1}$　④ $2.5k_{v1}$

해설 ㉠ $V=k_{v_1}i_1=k_{v_2}i_2=k_{v_3}i_3$

$$k_{v_1}\left(\frac{\Delta h_1}{1}\right)=10k_{v_1}\left(\frac{\Delta h_2}{2}\right)=k_{v_3}\left(\frac{\Delta h_3}{1}\right)$$

$\therefore\ \Delta h_1=5\Delta h_2$

㉡ $h=\Delta h_1+\Delta h_2+\Delta h_3=8$

$\therefore\ \Delta h_1=5,\ \Delta h_2=1,\ \Delta h_3=2$

㉢ $k_{v_1}\Delta h_1=k_{v_3}\Delta h_3$

$5k_{v_1}=2k_{v_3}$

$\therefore\ k_{v_3}=2.5k_{v_1}$

정답 ▸▸▸ 89. ① 90. ④ 91. ④

92 다음 그림과 같은 사면에서 활동에 대한 안전율은?

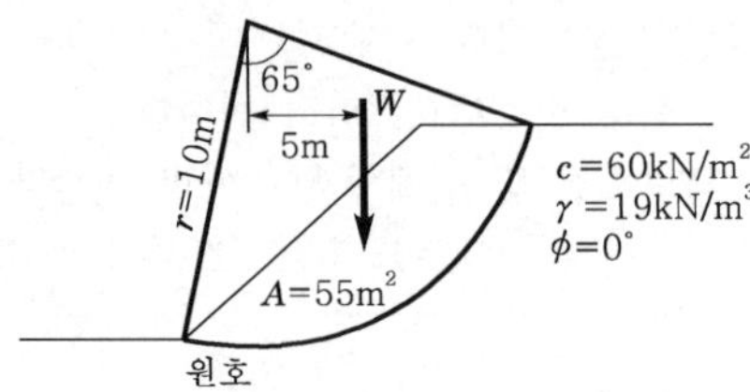

① 1.30 ② 1.50
③ 1.70 ④ 1.90

㉠ $M_r = \tau r L_a = c\,r(r\theta) = 60\times10\times\left(10\times65°\times\dfrac{\pi}{180°}\right) = 6{,}806.78\text{t}\cdot\text{m}$

㉡ $M_D = We = A\gamma e = 55\times19\times5 = 5{,}225\text{t}\cdot\text{m}$

㉢ $F_s = \dfrac{M_r}{M_D} = \dfrac{6{,}806.78}{5{,}225} = 1.3$

93 흙의 투수계수(k)에 관한 설명으로 옳은 것은?

① 투수계수(k)는 물의 단위중량에 반비례한다. ② 투수계수(k)는 입경의 제곱에 반비례한다.
③ 투수계수(k)는 형상계수에 반비례한다. ④ 투수계수(k)는 점성계수에 반비례한다.

$k = D_s^{\,2}\dfrac{\gamma_w}{\mu}\dfrac{e^3}{1+e}C$

94 점성토 지반굴착 시 발생할 수 있는 Heaving 방지대책으로 틀린 것은?

① 지반개량을 한다. ② 지하수위를 저하시킨다.
③ 널말뚝의 근입깊이를 줄인다. ④ 표토를 제거하여 하중을 작게 한다.

해설 Heaving 방지대책공법

㉠ 흙막이의 근입깊이를 깊게 한다.
㉡ 표토를 제거하여 하중을 적게 한다.
㉢ 지반개량을 한다.
㉣ 전면굴착보다 부분굴착을 한다.

95 접지압(또는 지반반력)이 다음 그림과 같이 되는 경우는?

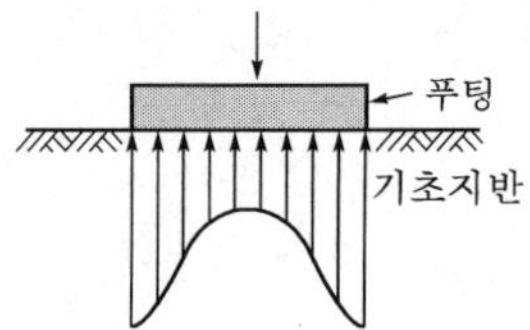

① 푸팅 : 강성, 기초지반 : 점토 ② 푸팅 : 강성, 기초지반 : 모래
③ 푸팅 : 연성, 기초지반 : 점토 ④ 푸팅 : 연성, 기초지반 : 모래

 정답 ▸▸▸ 92. ① 93. ④ 94. ③ 95. ①

해설 ㉠ 강성기초

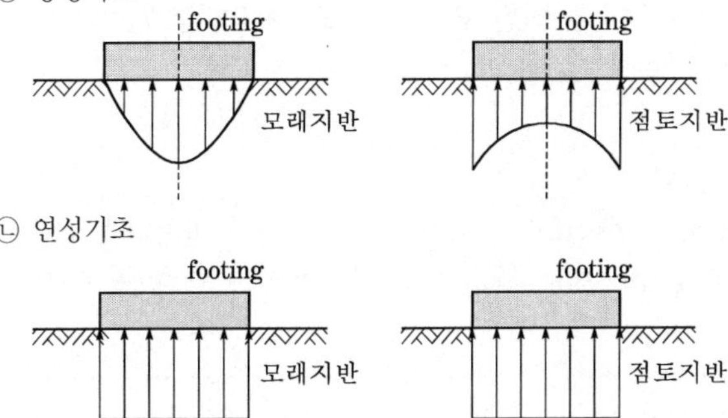

96 예민비가 매우 큰 연약점토지반에 대해서 현장의 비배수 전단강도를 측정하기 위한 시험방법으로 가장 적합한 것은?

① 압밀비배수시험　　② 표준관입시험
③ 직접전단시험　　④ 현장베인시험

해설 Vane test
연약한 점토지반의 점착력을 지반 내에서 직접 측정하는 현장시험이다.

97 직경 30cm 콘크리트말뚝을 단동식 증기해머로 타입하였을 때 엔지니어링뉴스공식을 적용한 말뚝의 허용지지력은? (단, 타격에너지=36kN·m, 해머효율=0.8, 손실상수=0.25cm, 마지막 25mm 관입에 필요한 타격횟수=5이다.)

① 640kN　　② 1,280kN
③ 1,920kN　　④ 3,840kN

해설
㉠ $R_u = \dfrac{W_h h}{S+C} = \dfrac{H_e E}{S+C} = \dfrac{3,600 \times 0.8}{\dfrac{2.5}{5} + 0.25} = 3,840\text{kN}$

㉡ $R_a = \dfrac{R_u}{F_s} = \dfrac{3,840}{6} = 640\text{kN}$

98 Mohr응력원에 대한 설명 중 옳지 않은 것은?

① 임의평면의 응력상태를 나타내는데 매우 편리하다.
② σ_1과 σ_3의 차의 벡터를 반지름으로 해서 그린 원이다.
③ 한 면에 응력이 작용하는 경우 전단력이 0이면 그 연직응력을 주응력으로 가정한다.
④ 평면기점(O_p)은 최소 주응력이 표시되는 좌표에서 최소 주응력면과 평행하게 그은 선이 Mohr원과 만나는 점이다.

해설 Mohr응력원은 $\sigma_1 - \sigma_3$를 지름으로 해서 그린 원이다.

정답 96. ④ 97. ① 98. ②

99 연약점토지반에 말뚝을 시공하는 경우 말뚝을 타입 후 어느 정도 기간이 경과한 후에 재하시험을 하게 된다. 그 이유로 가장 적합한 것은?

① 말뚝에 부마찰력이 발생하기 때문이다.
② 말뚝에 주면마찰력이 발생하기 때문이다.
③ 말뚝타입 시 교란된 점토의 강도가 원래대로 회복하는데 시간이 걸리기 때문이다.
④ 말뚝타입 시 말뚝 자체가 받는 충격에 의해 두부의 손상이 발생할 수 있어 안정화에 시간이 걸리기 때문이다.

해설 ㉠ 재성형한 시료를 함수비의 변화 없이 그대로 방치하여 두면 시간이 경과되면서 강도가 회복되는데, 이러한 현상을 딕소트로피현상이라 한다.
㉡ 말뚝타입 시 말뚝 주위의 점토지반이 교란되어 강도가 작아지게 된다. 그러나 점토는 딕소트로피현상이 생겨서 강도가 되살아나기 때문에 말뚝재하시험은 말뚝타입 후 며칠이 지난 후 행한다.

100 함수비 15%인 흙 2,300g이 있다. 이 흙의 함수비를 25%가 되도록 증가시키려면 얼마의 물을 가해야 하는가?

① 200g ② 230g
③ 345g ④ 575g

해설 ㉠ 함수비 15%인 흙

$$W_s = \frac{W}{1+\frac{w}{100}} = \frac{2,300}{1+\frac{15}{100}} = 2,000\text{g}$$

$\therefore\ W_w = W - W_s = 2,300 - 2,000 = 300\text{g}$

㉡ 함수비 25%인 흙

$$w = \frac{W_w}{W_s} \times 100\%$$

$$25\% = \frac{W_w}{2,000} \times 100\%$$

$\therefore\ W_w = 500\text{g}$

㉢ 추가해야 할 물의 양$=500-300=200\text{g}$

[참고] 이 문제의 핵심은 w=15%, 25%일 때의 W_s가 서로 같다는 것이다.

제6과목 : 상하수도공학

101 지표수를 수원으로 하는 경우의 상수시설배치순서로 가장 적합한 것은?

① 취수탑 → 침사지 → 응집침전지 → 여과지 → 배수지
② 취수구 → 약품침전지 → 혼화지 → 여과지 → 배수지
③ 집수매거 → 응집침전지 → 침사지 → 여과지 → 배수지
④ 취수문 → 여과지 → 보통침전지 → 배수탑 → 배수관망

해설 상수도시설계통순서는 취수 → 도수 → 정수 → 송수 → 배수 → 급수이며, 정수과정에는 응집 → 침전 → 여과 → 소독의 과정을 거친다.

정답 ▸▸▸ 99. ③ 100. ① 101. ①

102 다음과 같은 조건으로 입자가 복합되어 있는 플록의 침강속도를 Stokes의 법칙으로 구하면 전체가 흙입자로 된 플록의 침강속도에 비해 침강속도는 몇 % 정도인가? (단, 비중이 2.5인 흙입자의 전체 부피 중 차지하는 부피는 50%이고, 플록의 나머지 50% 부분의 비중은 0.9이며, 입자의 지름은 10mm이다.)

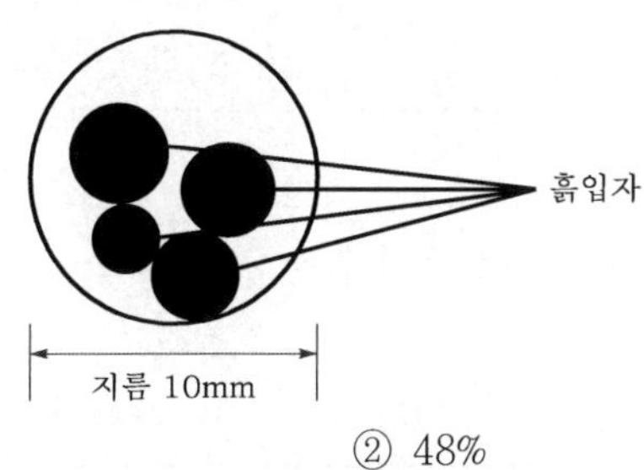

① 38% ② 48%
③ 58% ④ 68%

해설 stokes법칙 $V_s = \frac{(s-1)gd^2}{18\nu}$에서 주어진 조건이 모두 같으므로 비중 s를 비교하면 $\frac{2.5\times0.5+0.9\times0.5}{2.5}\times100\% = 68\%$이다.

103 관로를 개수로와 관수로로 구분하는 기준은?

① 자유수면 유무 ② 지하매설 유무
③ 하수관과 상수관 ④ 콘크리트관과 주철관

104 정수장 배출수처리의 일반적인 순서로 옳은 것은?

① 농축 → 조정 → 탈수 → 처분 ② 농축 → 탈수 → 조정 → 처분
③ 조정 → 농축 → 탈수 → 처분 ④ 조정 → 탈수 → 농축 → 처분

해설 배출수처리의 일반적인 순서는 조정 → 농축 → 탈수 → 건조 → 최종 처분이다.

105 활성슬러지법에서 MLSS가 의미하는 것은?

① 폐수 중의 부유물질 ② 방류수 중의 부유물질
③ 포기조 내의 부유물질 ④ 반송슬러지의 부유물질

106 상수도의 계통을 올바르게 나타낸 것은?

① 취수 → 송수 → 도수 → 정수 → 급수 → 배수
② 취수 → 도수 → 정수 → 송수 → 배수 → 급수
③ 취수 → 정수 → 도수 → 급수 → 배수 → 송수
④ 도수 → 취수 → 정수 → 송수 → 배수 → 급수

정답 ▸▸▸ 102. ④ 103. ① 104. ③ 105. ③ 106. ②

107 활성슬러지법의 여러 가지 변법 중에서 잉여슬러지량을 현저하게 감소시키고 슬러지처리를 용이하게 하기 위해 개발된 방법으로서 포기시간이 16~24시간, F/M비가 0.03~0.05kgBOD/kgSS · day 정도의 낮은 BOD-SS부하로 운전하는 방식은?

① 장기포기법 ② 순산소포기법
③ 계단식 포기법 ④ 표준활성슬러지법

108 하수관로설계기준에 대한 설명으로 옳지 않은 것은?

① 관경은 하류로 갈수록 크게 한다. ② 유속은 하류로 갈수록 작게 한다.
③ 경사는 하류로 갈수록 완만하게 한다. ④ 오수관로의 유속은 0.6~3m/s가 적당하다.

해설 하수관로에서 하류로 갈수록 유속은 빠르게, 경사는 완만하게 한다.

109 호수의 부영양화에 대한 설명으로 옳지 않은 것은?

① 부영양화의 주된 원인물질은 질소와 인이다.
② 조류의 이상증식으로 인하여 물의 투명도가 저하된다.
③ 조류의 발생이 과다하면 정수공정에서 여과지를 폐색시킨다.
④ 조류 제거약품으로는 일반적으로 황산알루미늄을 사용한다.

해설 조류 제거는 마이크로스트레이너법으로 한다.

110 상수도관로시설에 대한 설명 중 옳지 않은 것은?

① 배수관 내의 최소 동수압은 150kPa이다.
② 상수도의 송수방식에는 자연유하식과 펌프가압식이 있다.
③ 도수거가 하천이나 깊은 계곡을 횡단할 때는 수로교를 가설한다.
④ 급수관을 공공도로에 부설할 경우 다른 매설물과의 간격을 15cm 이상 확보한다.

해설 급수관을 공공도로에 부설할 경우 다른 매설물과의 간격을 30cm 이상 확보한다.

111 계획오수량을 생활오수량, 공장폐수량 및 지하수량으로 구분할 때 이것에 대한 설명으로 옳지 않은 것은?

① 지하수량은 1인 1일 최대 오수량의 10~20%로 한다.
② 계획 1일 평균오수량은 계획 1일 최대 오수량의 70~80%를 표준으로 한다.
③ 합류식에서 우천 시 계획오수량은 원칙적으로 계획시간 최대 오수량의 2배 이상으로 한다.
④ 계획 1일 최대 오수량은 1인 1일 최대 오수량에 계획인구를 곱한 후, 여기에 공장폐수량, 지하수량 및 기타 배수량을 더한 것으로 한다.

해설 합류식에서 우천 시 계획오수량은 원칙적으로 계획시간 최대 오수량의 3배 이상으로 한다.

 정답 ▸▸▸ 107. ① 108. ② 109. ④ 110. ④ 111. ③

112 하수도시설기준에 의한 우수관로 및 합류관로거의 표준 최소 관경은?

① 200mm　② 250mm
③ 300mm　④ 350mm

해설 오수관의 최소 관경은 200mm이고, 우수관의 최소 관경은 250mm이다.

113 관로별 계획하수량에 대한 설명으로 옳지 않은 것은?

① 우수관로는 계획우수량으로 한다.
② 차집관로는 우천 시 계획오수량으로 한다.
③ 오수관로의 계획오수량은 계획 1일 최대 오수량으로 한다.
④ 합류식 관로에서는 계획시간 최대 오수량에 계획우수량을 합한 것으로 한다.

해설 오수관로의 계획오수량은 계획시간 최대 오수량으로 한다.

114 막여과시설의 약품세척에서 무기물질 제거에 사용되는 약품이 아닌 것은?

① 염산　② 황산
③ 구연산　④ 차아염소산나트륨

해설 차아염소산나트륨은 식품의 부패균이나 병원균을 사멸하기 위하여 살균제로서 사용된다.

115 어느 하천의 자정작용을 나타낸 다음 용존산소곡선을 보고 어떤 물질이 하천으로 유입되었다고 보는 것이 가장 타당한가?

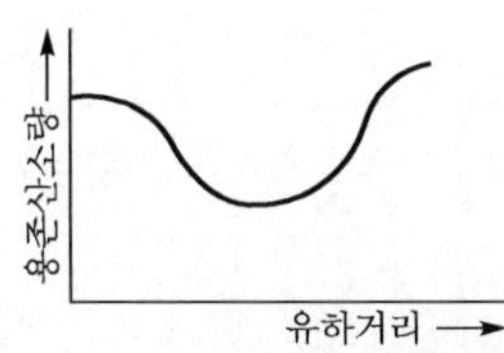

① 생활하수　② 질산성 질소
③ 농도가 매우 낮은 폐알칼리　④ 농도가 매우 낮은 폐산(廢酸)

해설 초기에 용존산소가 있다가 시간이 갈수록 용존산소가 감소한 후 다시 회복되는 형태는 자정작용이 작용하고 있는 것을 뜻한다.

116 지름 300mm의 주철관을 설치할 때 40kgf/cm^{2}의 수압을 받는 부분에서는 주철관의 두께는 최소한 얼마로 하여야 하는가? (단, 허용인장응력 σ_{ta}=1,400kgf/cm^{2}이다.)

① 3.1mm　② 3.6mm
③ 4.3mm　④ 4.8mm

해설 $t = \dfrac{PD}{2\sigma} = \dfrac{40\times 30}{2\times 1,400} = 0.4286\text{cm} ≒ 4.3\text{mm}$

정답 ▸▸▸ 112. ② 113. ③ 114. ④ 115. ① 116. ③

117 원수의 알칼리도가 50ppm, 탁도가 500ppm일 때 황산알루미늄의 소비량은 60ppm이다. 이러한 원수가 48,000m³/day로 흐를 때 6%용액의 황산알루미늄의 1일 필요량은? (단, 액체의 비중을 1로 가정한다.)

① 48.0m³/day　② 50.6m³/day
③ 53.0m³/day　④ 57.6m³/day

해설 $\text{주입량} = \frac{CQ}{\text{순도}} = \frac{60 \times 10^{-6} \times 48{,}000}{0.06} = 48\text{m}^3/\text{day}$

118 일반적인 정수과정으로서 옳은 것은?

① 스크린 → 소독 → 여과 → 응집침전　② 스크린 → 응집침전 → 여과 → 소독
③ 여과 → 응집침전 → 스크린 → 소독　④ 응집침전 → 여과 → 소독 → 스크린

119 먹는 물의 수질기준항목인 화학물질과 분류항목의 조합이 옳지 않은 것은?

① 황산이온 – 심미적　② 염소이온 – 심미적
③ 질산성 질소 – 심미적　④ 트리클로로에틸렌 – 건강

해설 질산성 질소는 무기물질이다.

120 일반적으로 적용하는 펌프의 특성곡선에 포함되지 않는 것은?

① 토출량 – 양정곡선　② 토출량 – 효율곡선
③ 토출량 – 축동력곡선　④ 토출량 – 회전도곡선

해설 펌프특성곡선은 토출량과 양정, 효율, 축동력과의 관계이다.

 정답 ▸▸▸ 117. ① 118. ② 119. ③ 120. ④

과년도 출제문제

1 2020년 6월 6일 시행

2 2020년 8월 22일 시행

3 2020년 9월 27일 시행

국가기술자격검정 필기시험문제

2020년도 토목기사(2020년 6월 6일)

자격종목	시험시간	문제형별	수험번호	성 명
토목기사	**3시간**	**A**		

제1과목 : 응용역학

1 다음 그림과 같은 보에서 B지점의 반력이 $2P$가 되기 위한 $\frac{b}{a}$는?

① 0.75
② 1.00
③ 1.25
④ 1.50

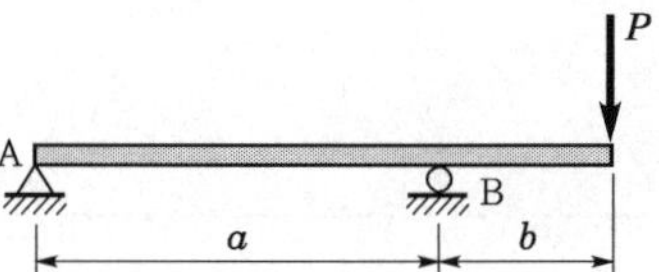

해설 $\Sigma M_A = 0(\oplus)$

$P(a+b) - 2Pa = 0$

$Pa + Pb = 2Pa$

$Pa = Pb$

$\therefore \frac{b}{a} = 1$

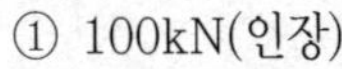

2 다음 그림의 트러스에서 수직부재 V의 부재력은?

① 100kN(인장)
② 100kN(압축)
③ 50kN(인장)
④ 50kN(압축)

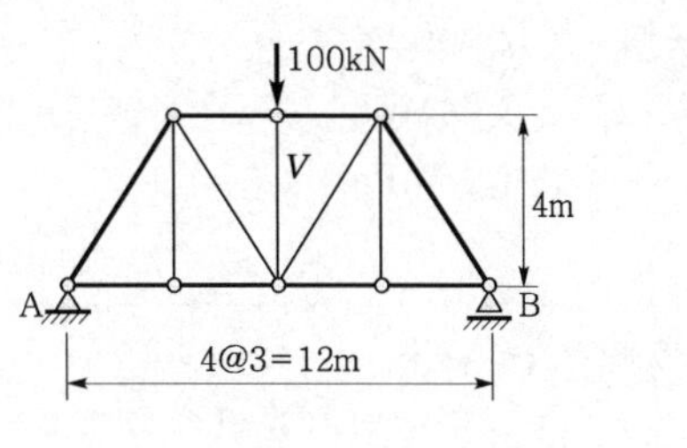

해설 $\Sigma F_y = 0(\downarrow\oplus)$

$V + 100 = 0$

$\therefore V = -100\text{kN}$(압축)

3 탄성계수(E)가 2.1×10^5MPa, 푸아송비(ν)가 0.25일 때 전단탄성계수(G)의 값은?

① 8.4×10^4MPa ② 9.8×10^4MPa
③ 1.7×10^6MPa ④ 2.1×10^6MPa

해설

$$G=\frac{E}{2(1+\nu)}=\frac{2.1\times10^5}{2\times(1+0.25)}=8.4\times10^4\text{MPa}$$

4 다음 그림과 같은 구조물에 하중 W가 작용할 때 P의 크기는? (단, $0°<\alpha<180°$이다.)

① $P=\dfrac{W}{2\cos\frac{\alpha}{2}}$

② $P=\dfrac{W}{2\cos\alpha}$

③ $P=\dfrac{W}{\cos\frac{\alpha}{2}}$

④ $P=\dfrac{2W}{\cos\frac{\alpha}{2}}$

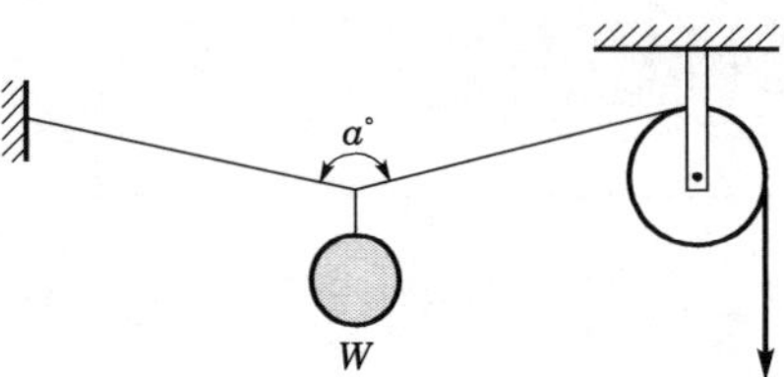

해설 $\sum V=0$

$$2T\cos\frac{\alpha}{2}-W=0$$

$$\therefore\ T=P=\frac{W}{2\cos\frac{\alpha}{2}}=\frac{W}{2}\sec\frac{\alpha}{2}$$

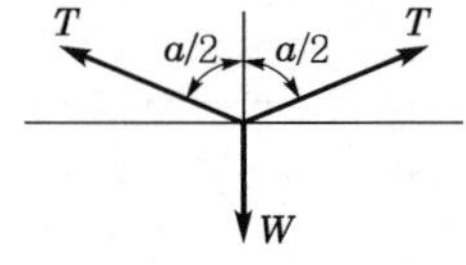

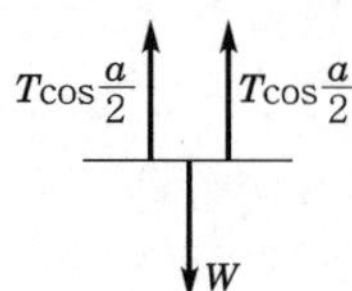

5 다음 그림과 같은 단순보의 단면에서 최대 전단응력은?

① 2.47MPa
② 2.96MPa
③ 3.64MPa
④ 4.95MPa

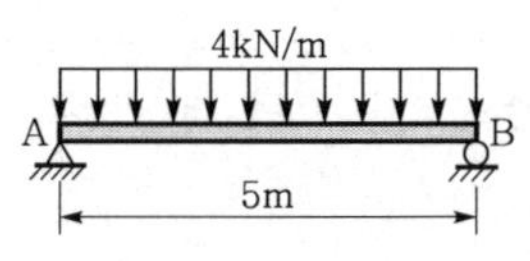

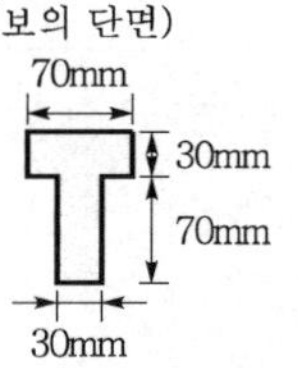

해설 $V=10\text{kN}$

$$\bar{y}=\frac{(70\times30\times85)+(30\times70\times35)}{(70\times30)+(70\times30)}=60\text{mm}$$

$$I_x=\frac{70\times30^3}{12}+(70\times30\times25^2)+\frac{30\times70^3}{12}+(30\times70\times25^2)=3.64\times10^6\text{mm}^4$$

$$G_x=30\times60\times30=5.4\times10^4\text{mm}^3$$

$$\therefore\ \tau_{\max}=\frac{SG_x}{I_x b}=\frac{10\times10^3\times5.4\times10^4}{3.64\times10^6\times30}=4.95\text{MPa}$$

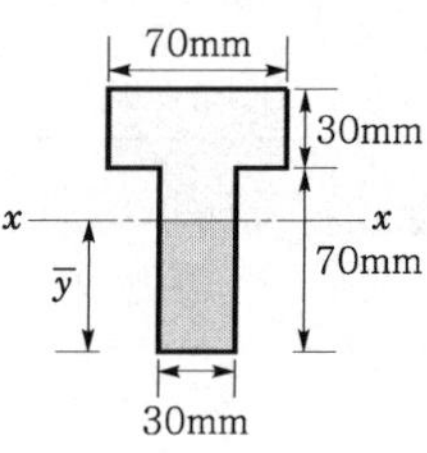

 정답 ▸▸▸ 3. ① 4. ① 5. ④

6 다음 그림과 같은 부정정보에 집중하중 50kN이 작용할 때 A점의 휨모멘트(M_A)는?

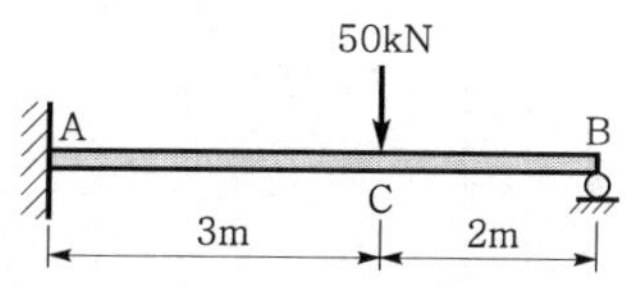

① -26kN · m ② -36kN · m
③ -42kN · m ④ -57kN · m

해설 ㉠ $\delta_{B1}=\frac{450}{2EI}\times 4=\frac{900}{EI}(\downarrow)$

$\delta_{B2}=\frac{25V_B}{2EI}\times\frac{10}{3}=\frac{125V_B}{3EI}(\uparrow)$

$\delta_{B1}+\delta_{B2}=0$이므로 $\frac{125V_B}{3}=900$

$\therefore\ V_B=21.6\text{kN}(\uparrow)$

㉡ $\Sigma M_A=0(\oplus\circlearrowright)$

$\therefore\ M_A=21.6\times 5-50\times 3=-42\text{kN}\cdot\text{m}$

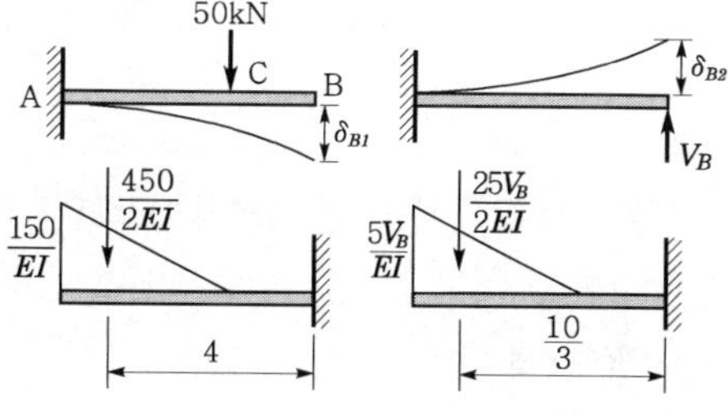

7 길이 5m의 철근을 200MPa의 인장응력으로 인장하였더니 그 길이가 5mm만큼 늘어났다고 한다. 이 철근의 탄성계수는? (단, 철근의 지름은 20mm이다.)

① 2×10^4MPa ② 2×10^5MPa
③ 6.37×10^4MPa ④ 6.37×10^5MPa

해설 $\sigma=E\varepsilon$

$\therefore\ E=\frac{\sigma}{\varepsilon}=\frac{200}{\frac{5}{5{,}000}}=2.0\times10^5\text{MPa}$

8 단순보에서 다음 그림과 같이 하중 P가 작용할 때 보의 중앙점의 단면 하단에 생기는 수직응력의 값은? (단, 보의 단면에서 높이는 h, 폭은 b이다.)

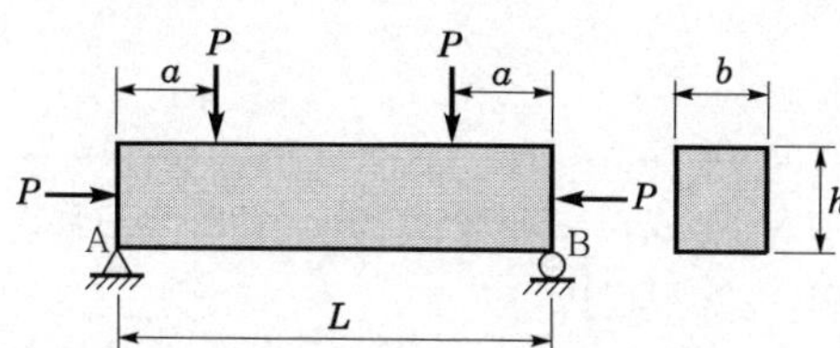

① $\frac{P}{bh^2}\left(1+\frac{6a}{h}\right)$ ② $\frac{P}{bh}\left(1-\frac{6a}{h}\right)$
③ $\frac{P}{b^2h^2}\left(1-\frac{6a}{h}\right)$ ④ $\frac{P}{b^2h}\left(1-\frac{a}{h}\right)$

정답 ▶▶▶ 6. ③ 7. ② 8. ②

해설 축방향력이 작용하는 경우 응력도를 보면 다음과 같다.

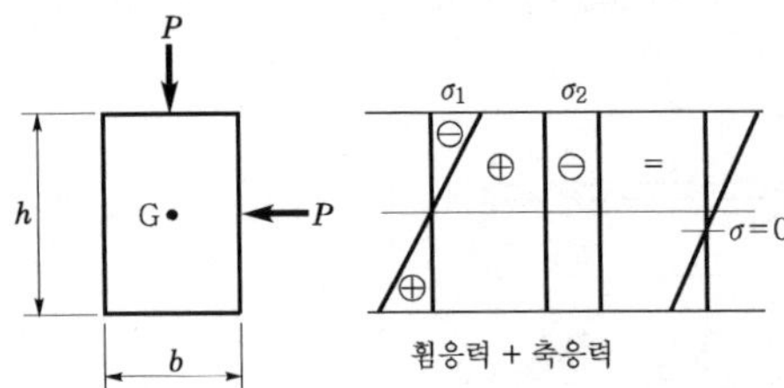

$$\sigma_{상단}=\sigma_{max}=-\sigma_1-\sigma_2=-\frac{6M}{bh^2}-\frac{P}{A}=-\frac{6Pa}{bh^2}-\frac{P}{bh}=\frac{P}{bh}\left(-\frac{6a}{h}-1\right)$$

$$\sigma_{하단}=\sigma_{min}=+\sigma_1-\sigma_2=+\frac{6M}{bh^2}-\frac{P}{A}=+\frac{6Pa}{bh^2}-\frac{P}{bh}=\frac{P}{bh}\left(\frac{6a}{h}-1\right)$$

9 다음 그림과 같은 게르버보에서 E점의 휨모멘트값은?

① 190kN · m
② 240kN · m
③ 310kN · m
④ 710kN · m

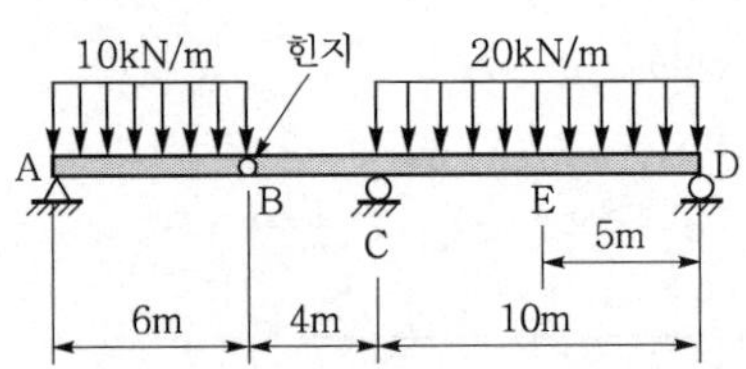

해설 ㉠ $V_A=V_B=30\text{kN}(\uparrow)$

10kN/m
A B
6m
V_A V_B

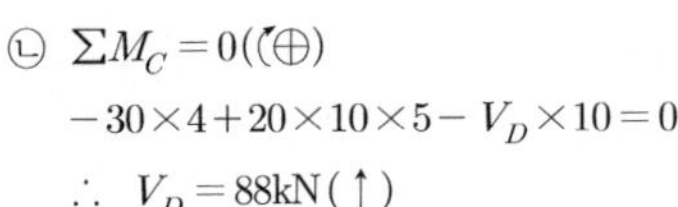

㉡ $\Sigma M_C=0(↻\oplus)$

$-30\times4+20\times10\times5-V_D\times10=0$

$\therefore\ V_D=88\text{kN}(\uparrow)$

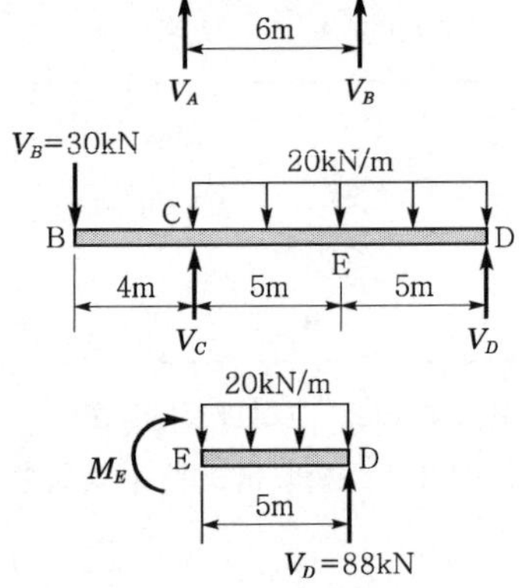

㉢ $\Sigma M_E=0(↻\oplus)$

$M_E+20\times5\times2.5-88\times5=0$

$\therefore\ M_E=190\text{kN}\cdot\text{m}$

10 양단 고정의 장주에 중심축하중이 작용할 때 이 기둥의 좌굴응력은? (단, $E=2.1\times10^5$MPa이고, 기둥은 지름이 4cm인 원형기둥이다.)

① 3.35MPa
② 6.72MPa
③ 12.95MPa
④ 25.91MPa

8m

해설

$n=4,\ \lambda=\frac{l}{r}=\frac{4l}{D}=\frac{4\times800}{4}=800$

$\therefore\ \sigma_{cr}=\frac{n\pi^2E}{\lambda^2}=\frac{4\times\pi^2\times2.1\times10^5}{800^2}=12.95\text{MPa}$

11 휨모멘트를 받는 보의 탄성에너지를 나타내는 식으로 옳은 것은?

① $U=\int_0^L\frac{M^2}{2EI}dx$　② $U=\int_0^L\frac{2EI}{M^2}dx$

③ $U=\int_0^L\frac{EI}{2M^2}dx$　④ $U=\int_0^L\frac{M^2}{EI}dx$

12 다음 그림과 같은 단순보에서 B단에 모멘트하중 M이 작용할 때 경간 AB 중에서 수직처짐이 최대가 되는 곳의 거리 x는? (단, EI는 일정하다.)

① $0.500l$
② $0.577l$
③ $0.667l$
④ $0.750l$

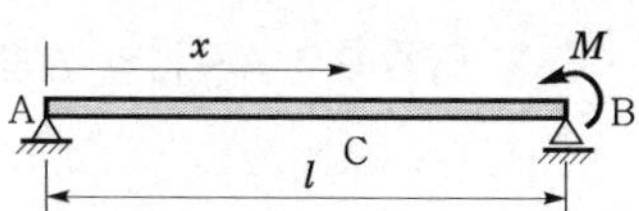

해설 공액보 이용

$\sum V=0$

$\frac{Ml}{6EI}-\frac{1}{2}\times\frac{Mx}{EIl}\times x-S_x{}'=0$

$S_x{}'=\theta_x=\frac{Ml}{6EIl}-\frac{Mx^2}{EI}$

$S_x{}'=\theta_x=0$에서 최대 처짐 발생

$S_x{}'=\theta_x=\frac{Ml}{6EI}-\frac{Mx^2}{2EIl}=0$

$\therefore\ x=\frac{l}{\sqrt{3}}=0.577l$

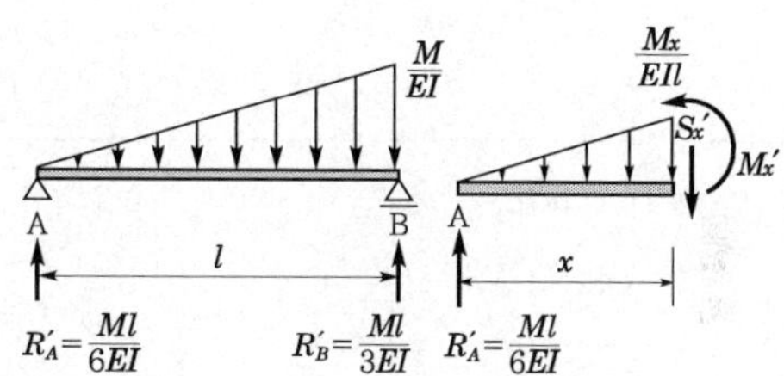

13 다음 그림의 캔틸레버보에서 C점, B점의 처짐비($\delta_C:\delta_B$)는? (단, EI는 일정하다.)

① 3 : 8
② 3 : 7
③ 2 : 5
④ 1 : 2

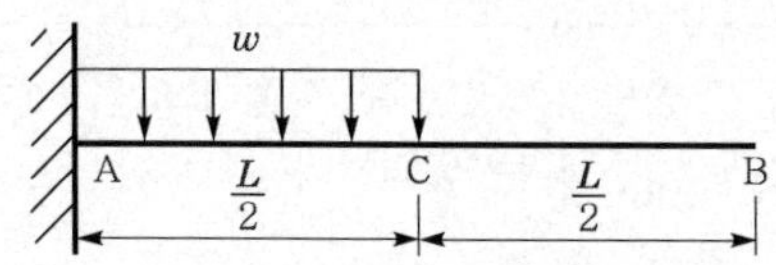

해설

$\delta_B=\frac{wL^3}{48EI}\times\frac{7L}{8},\ \delta_C=\frac{wL^3}{48EI}\times\frac{3L}{8}$

$\therefore\ \delta_C:\delta_B=3:7$

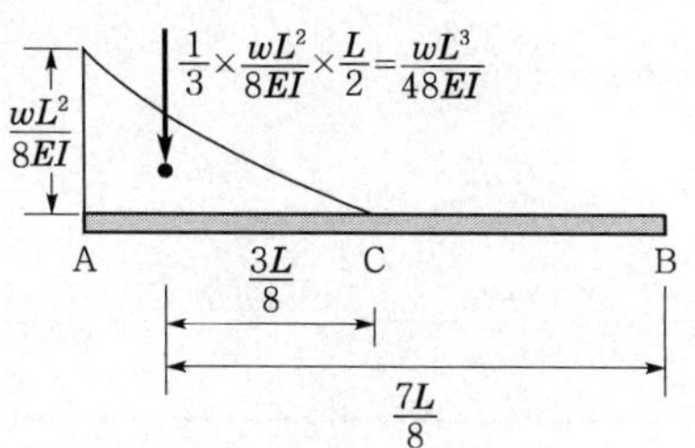

14 다음 그림과 같은 단면을 갖는 부재 A와 부재 B가 있다. 동일 조건의 보에 사용하고 재료의 강도도 같다면 휨에 대한 강성을 비교한 설명으로 옳은 것은?

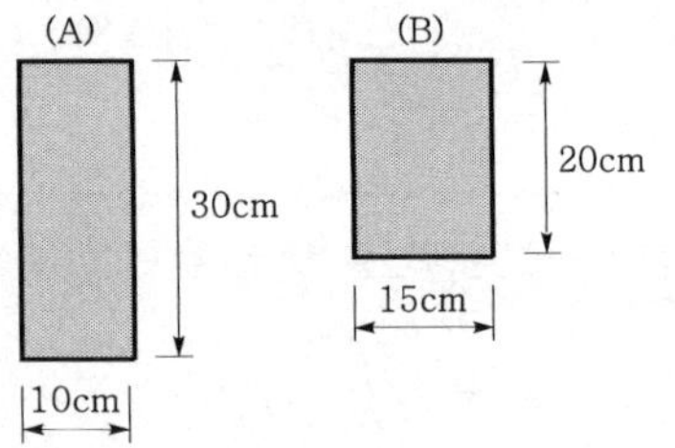

① 보 A는 보 B보다 휨에 대한 강성이 2.0배 크다.
② 보 B는 보 A보다 휨에 대한 강성이 2.0배 크다.
③ 보 A는 보 B보다 휨에 대한 강성이 1.5배 크다.
④ 보 B는 보 A보다 휨에 대한 강성이 1.5배 크다.

해설

$$Z_A = \frac{10 \times 30^2}{6} = 1{,}500\text{cm}^3$$

$$Z_B = \frac{15 \times 20^2}{6} = 1{,}000\text{cm}^3$$

$\therefore$ $Z_A : Z_B = 3 : 2$이므로 보 A는 보 B보다 휨에 대한 강성이 1.5배 크다.

15 다음 그림과 같은 3힌지 아치에서 A지점의 반력은?

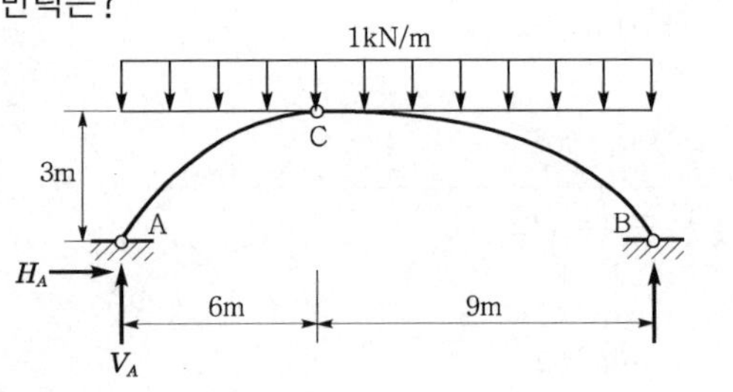

① $V_A = 6.0\text{kN}(\uparrow)$, $H_A = 9.0\text{kN}(\rightarrow)$
② $V_A = 6.0\text{kN}(\uparrow)$, $H_A = 12.0\text{kN}(\rightarrow)$
③ $V_A = 7.5\text{kN}(\uparrow)$, $H_A = 9.0\text{kN}(\rightarrow)$
④ $V_A = 7.5\text{kN}(\uparrow)$, $H_A = 12.0\text{kN}(\rightarrow)$

해설 ㉠ $\Sigma M_B = 0(\oplus\circlearrowright)$

$$V_A \times 15 - 1 \times 15 \times \frac{15}{2} = 0$$

$\therefore$ $V_A = 7.5\text{kN}(\uparrow)$

㉡ $\Sigma M_C = 0(\oplus\circlearrowright)$

$$V_A \times 6 - H_A \times 3 - 1 \times 6 \times 3 = 0$$

$\therefore$ $H_A = \frac{1}{3} \times (7.5 \times 6 - 6 \times 3) = 9\text{kN}(\rightarrow)$

16 길이가 l인 양단 고정보 AB의 왼쪽 지점이 다음 그림과 같이 작은 각 θ만큼 회전할 때 생기는 반력(R_A, M_A)은? (단, EI는 일정하다.)

① $R_A = \frac{6EI\theta}{l^2}$, $M_A = \frac{4EI\theta}{l}$

② $R_A = \frac{12EI\theta}{l^3}$, $M_A = \frac{6EI\theta}{l^2}$

③ $R_A = \frac{4EI\theta}{l^2}$, $M_A = \frac{6EI\theta}{l}$

④ $R_A = \frac{2EI\theta}{l}$, $M_A = \frac{4EI\theta}{l^2}$

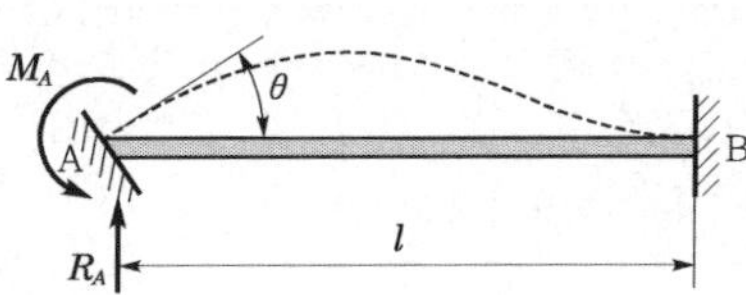

 정답 ▸▸ 14. ③ 15. ③ 16. ①

해설 처짐각법의 재단모멘트식 이용

㉠ $M_{AB}=\frac{2EI}{l}(2\theta_A+\theta_B-3R)+C_{AB}=\frac{2EI}{l}\times 2\theta_A=\frac{4EI}{l}\theta_A$

여기서, $\theta_B=0$, $R=0$, $C_{AB}=0$

㉡ $M_{BA}=\frac{2EI}{l}(2\theta_A+\theta_B-3R)+C_{AB}=\frac{2EI}{l}\theta_A$

여기서, $\theta_B=0$, $R=0$, $C_{AB}=0$

㉢ $\Sigma M_B=0$

$R_A l-\frac{4EI}{l}\theta-\frac{2EI}{l}\theta=0$

$\therefore R_A=\frac{6EI}{l^2}\theta$

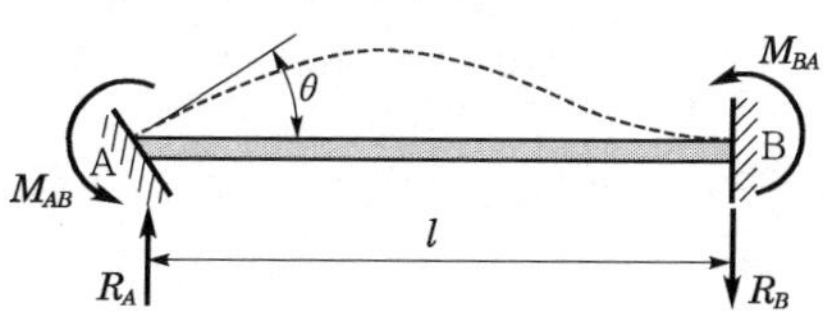

17 반지름이 30cm인 원형 단면을 가지는 단주에서 핵의 면적은 약 얼마인가?

① 44.2cm^2　② 132.5cm^2

③ 176.7cm^2　④ 228.2cm^2

해설 $e_x=e_y=\frac{D}{8}$

$\therefore A=\frac{\pi}{4}\left(\frac{D}{4}\right)^2=\frac{\pi}{4}\times\left(\frac{60}{4}\right)^2=176.7\text{cm}^2$

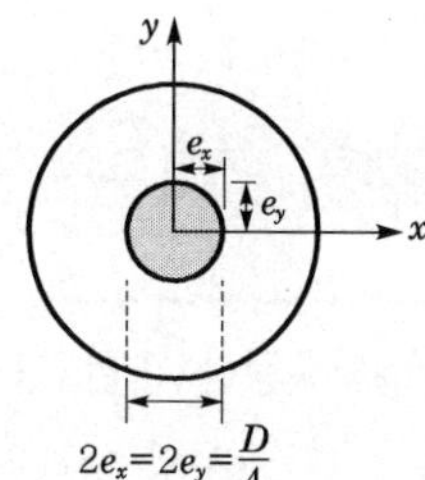

18 다음 중 정(+)의 값뿐만 아니라 부(-)의 값도 갖는 것은?

① 단면계수　② 단면 2차 반지름

③ 단면 2차 모멘트　④ 단면 상승모멘트

해설 $I_{XY}=\int_A xy dA$(비대칭 단면)

$I_{XY}=Axy$(대칭 단면)

∴ 단면 상승모멘트는 좌표축에 따라 (+), (−) 발생

19 다음 그림과 같은 삼각형 물체에 작용하는 힘 P_1, P_2를 AC면에 수직한 방향의 성분으로 변환할 경우 힘 P의 크기는?

① 1,000kN

② 1,200kN

③ 1,400kN

④ 1,600kN

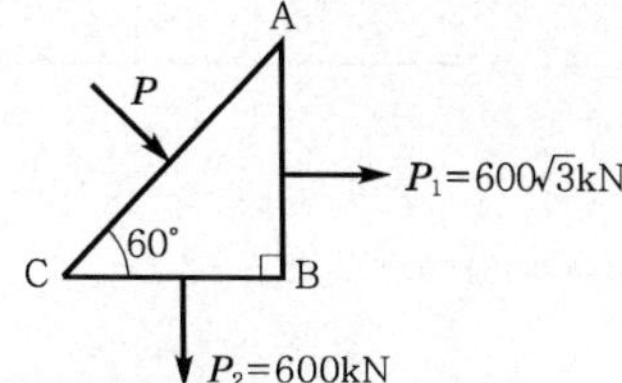

정답 17. ③ 18. ④ 19. ②

해설 $P = P_1 \cos 30° + P_2 \cos 60°$
$= 600\sqrt{3} \times \cos 30° + 600 \times \cos 60°$
$= 900 + 300 = 1,200\text{kN}$

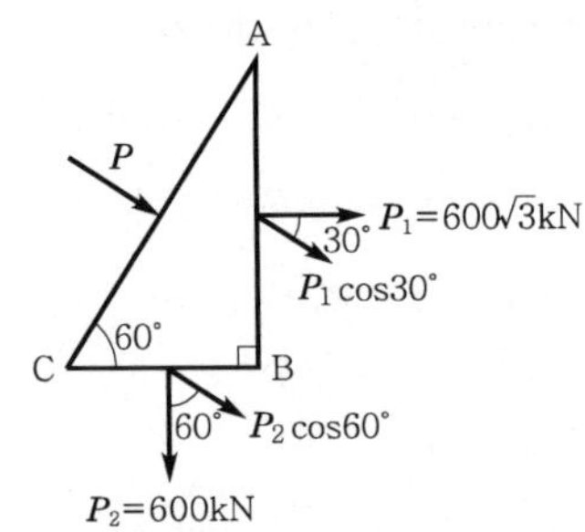

20 지간 10m인 단순보 위를 1개의 집중하중 P=200kN이 통과할 때 이 보에 생기는 최대 전단력(S)과 최대 휨모멘트(M)는?

① S=100kN, M=500kN · m
② S=100kN, M=1,000kN · m
③ S=200kN, M=500kN · m
④ S=200kN, M=1,000kN · m

해설 $S = 200\text{kN},\ M = \dfrac{200 \times 10}{4} = 500\text{kN} \cdot \text{m}$

제2과목 : 측량학

21 종단측량과 횡단측량에 관한 설명으로 틀린 것은?

① 종단도를 보면 노선의 형태를 알 수 있으나 횡단도를 보면 알 수 없다.
② 종단측량은 횡단측량보다 높은 정확도가 요구된다.
③ 종단도의 횡축척과 종축척은 서로 다르게 잡는 것이 일반적이다.
④ 횡단측량은 노선의 종단측량에 앞서 실시한다.

해설 횡단측량은 종단측량을 선행한 후 진행방향에 직각방향으로 거리와 고저차를 관측하여 횡단면도를 제작하기 위하여 실시하는 측량이다.

22 위성측량의 DOP(Dilution of Precision)에 관한 설명으로 옳지 않은 것은?

① DOP는 위성의 기하학적 분포에 따른 오차이다.
② 일반적으로 위성들 간의 공간이 더 크면 위치정밀도가 낮아진다.
③ DOP를 이용하여 실제 측량 전에 위성측량의 정확도를 예측할 수 있다.
④ DOP값이 클수록 정확도가 좋지 않은 상태이다.

해설 위성배치형태에 따른 오차

㉠ 의의 : 위성과 수신기들 간의 기하학적 배치에 따른 오차로서 측위정확도의 영향을 표시하는 계수로 정밀도 저하율(DOP)이 사용된다.

㉡ 특징
- DOP는 위성의 기하학적 배치상태가 정확도에 어떻게 영향을 주는가를 추정할 수 있는 척도이다.
- 정확도를 나타내는 계수로서 수치로 표시된다.
- 수치가 작을수록 정밀하다.

 정답 ▶▶▶ 20. ③ 21. ④ 22. ②

- 지표에서 가장 배치상태가 좋을 때의 DOP수치는 1이다.
- 위성의 위치, 높이, 시간에 대한 함수관계가 있다.

23 지표상 P점에서 9km 떨어진 Q점을 관측할 때 Q점에 세워야 할 측표의 최소 높이는? (단, 지구 반지름 R=6,370km이고 P, Q점은 수평면상에 존재한다.)

① 10.2m ② 6.4m
③ 2.5m ④ 0.6m

해설 구차 $= \frac{D^2}{2R} = \frac{9,000^2}{2\times 6,370,000} = 6.4\text{m}$

24 캔트(cant)의 계산에서 속도 및 반지름을 2배로 하면 캔트는 몇 배가 되는가?

① 2배 ② 4배
③ 8배 ④ 16배

해설 캔트(C)$=\frac{SV^2}{Rg}$에서 속도(V) 및 반지름(R)을 2배로 하면 새로운 캔트(C)는 2배가 된다.

25 한 측선의 자오선(종축)과 이루는 각이 60°00′이고 계산된 측선의 위거가 −60m, 경거가 −103.92m일 때 이 측선의 방위와 거리는?

① 방위=S 60°00′ E, 거리=130m ② 방위=N 60°00′ E, 거리=130m
③ 방위=N 60°00′ W, 거리=120m ④ 방위=S 60°00′ W, 거리=120m

해설 ㉠ 방위 : 위거의 부호가 −이고, 경거의 부호가 −이므로 이는 3상한에 해당한다. 따라서 방위는 S 60°00′ W이다.
㉡ 거리 $=\sqrt{(-60)^2+(-103.92)^2} \fallingdotseq 120\text{m}$

26 종단점법에 의한 등고선관측방법을 사용하는 가장 적당한 경우는?

① 정확한 토량을 산출할 때
② 지형이 복잡할 때
③ 비교적 소축척으로 산지 등의 지형측량을 행할 때
④ 정밀한 등고선을 구하려 할 때

해설 등고선측정법
㉠ 좌표점고법 : 측량하는 지역을 종횡으로 나누어 각 점의 표고를 기입해서 등고선을 삽입하는 방법이다. 토지의 정지작업, 정밀한 등고선이 필요할 때 많이 쓴다.
㉡ 종단점법 : 지성선과 같은 중요한 선의 방향에 여러 개의 측선을 내고 그 방향을 측정한다. 다음에는 이에 따라 여러 점의 표고와 거리를 구하여 등고선을 그리는 방법이다.
㉢ 횡단점법 : 종단측량을 하고 좌우에 횡단면을 측정하는데 줄자와 핸드레벨로 하는 때가 많다. 측정방법은 중심선에서 좌우방향으로 수선을 그어 그 수선상의 거리와 표고를 측정해서 등고선을 삽입하는 방법이다.
㉣ 기준점법 : 변화가 있는 지점을 선정하여 거리와 고저차를 구한 후 등고선을 그리는 방법으로 지모변화가 심한 경우에도 정밀한 결과를 얻을 수 있다.

정답 ▸▸▸ 23. ② 24. ① 25. ④ 26. ③

27 삼각측량을 위한 삼각망 중에서 유심다각망에 대한 설명으로 틀린 것은?

① 농지측량에 많이 사용된다.
② 방대한 지역의 측량에 적합하다.
③ 삼각망 중에서 정확도가 가장 높다.
④ 동일 측점수에 비하여 포함면적이 가장 넓다.

해설 유심삼각망
㉠ 한 점을 중심으로 여러 개의 삼각형을 결합시킨 삼각망이다.
㉡ 넓은 지역에 주로 이용한다.
㉢ 농지측량 및 평탄한 지역에 사용된다.
㉣ 정밀도는 비교적 높은 편이다.

28 다음 그림과 같은 토지의 $\overline{BC}$에 평행한 $\overline{XY}$로 $m : n$=1 : 2.5의 비율로 면적을 분할하고자 한다. $\overline{AB}$=35m일 때 $\overline{AX}$는?

① 17.7m
② 18.1m
③ 18.7m
④ 19.1m

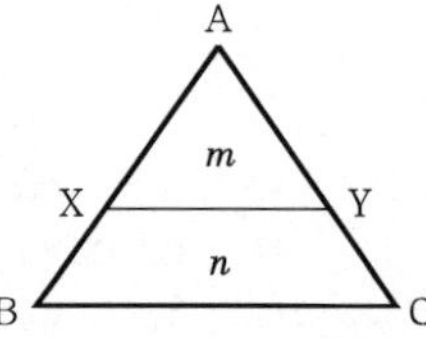

$$\overline{AX} = \overline{AB}\sqrt{\frac{m}{n+m}} = 35\times\sqrt{\frac{1}{1+2.5}} = 18.7\text{m}$$

29 종중복도 60%, 횡중복도 20%일 때 촬영종기선의 길이와 촬영횡기선길이의 비는?

① 1 : 2
② 1 : 3
③ 2 : 3
④ 3 : 1

$$B : C = ma\left(1-\frac{p}{100}\right) : ma\left(1-\frac{q}{100}\right) = ma\left(1-\frac{60}{100}\right) : ma\left(1-\frac{20}{100}\right)$$
$$= 0.4ma : 0.8ma = 1 : 2$$

30 트래버스측량에서 거리관측의 오차가 관측거리 100m에 대하여 ±1.0mm인 경우 이에 상응하는 각관측오차는?

① ±1.1″
② ±2.1″
③ ±3.1″
④ ±4.1″

$$\frac{\Delta l}{l} = \frac{\theta''}{\rho''}$$
$$\frac{0.001}{100} = \frac{\theta''}{206,265''}$$
$$\therefore\ \theta'' = 2.1''$$

31 지형도의 이용법에 해당되지 않는 것은?

① 저수량 및 토공량 산정 ② 유역면적의 도상측정
③ 직접적인 지적도 작성 ④ 등경사선관측

해설 등고선 이용
㉠ 종단면도 및 횡단면도 작성
㉡ 노선의 도상 선정
㉢ 유역면적 산정(저수량 산정)
㉣ 등경사선관측(구배 계산)
㉤ 성토 및 절토범위 결정

32 노선측량에서 단곡선의 설치방법에 대한 설명으로 옳지 않은 것은?

① 중앙종거를 이용한 설치방법은 터널 속이나 삼림지대에서 벌목량이 많을 때 사용하면 편리하다.
② 편각설치법은 비교적 높은 정확도로 인해 고속도로나 철도에 사용할 수 있다.
③ 접선편거와 현편거에 의하여 설치하는 방법은 줄자만을 사용하여 원곡선을 설치할 수 있다.
④ 장현에 대한 종거와 횡거에 의하는 방법은 곡률반지름이 짧은 곡선일 때 편리하다.

해설 산림지에서 벌채량을 줄일 목적으로 사용되는 곡선설치법은 접선에서 지거를 이용하는 방법이다.

33 다음 그림과 같이 수준측량을 실시하였다. A점의 표고는 300m이고, B와 C구간은 교호수준측량을 실시하였다면 D점의 표고는? (표고차 : A → B= +1.233m, B → C= +0.726m, C → B= −0.720m, C → D= −0.926m)

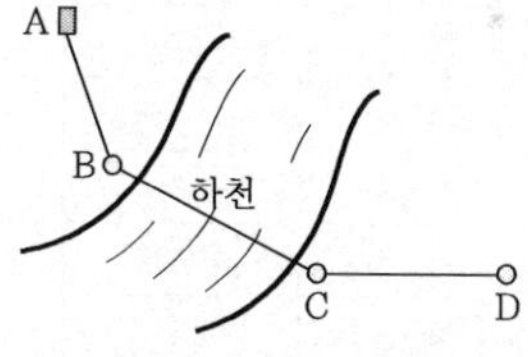

① 300.310m
② 301.030m
③ 302.153m
④ 302.882m

해설
$$H_D = 300 + 1.233 + \frac{0.726 + 0.720}{2} - 0.926 = 301.03\text{m}$$

34 삼변측량에서 △ABC에서 세 변의 길이가 a=1,200.00m, b=1,600.00m, c=1,442.22m라면 변 c의 대각인 ∠C는?

① 45° ② 60°
③ 75° ④ 90°

해설
$$\angle C = \cos^{-1}\frac{1,200^2 + 1,600^2 - 1,442.22^2}{2 \times 1,200 \times 1,600} = 60°$$

정답 ▸▸▸ 31. ③ 32. ① 33. ② 34. ②

35 중력이상에 대한 설명으로 옳지 않은 것은?

① 중력이상에 의해 지표면 밑의 상태를 추정할 수 있다.
② 중력이상에 대한 취급은 물리학적 측지학에 속한다.
③ 중력이상이 양(+)이면 그 지점 부근에 무거운 물질이 있는 것으로 추정할 수 있다.
④ 중력식에 의한 계산값에서 실측값을 뺀 것이 중력이상이다.

해설 중력이상은 관측한 중력값을 기준면상의 값으로 환산한 다음 표준중력값을 뺀 값을 말한다.

36 초점거리 210mm의 카메라로 지면의 비고가 15m인 구릉지에서 촬영한 연직사진의 축척이 1 : 5,000이었다. 이 사진에서 비고에 의한 최대 변위량은? (단, 사진의 크기는 24cm×24cm이다.)

① ±1.2mm
② ±2.4mm
③ ±3.8mm
④ ±4.6mm

해설

$$\Delta r_{\max} = \frac{h}{H} r_{\max} = \frac{15}{5{,}000 \times 0.21} \times \frac{\sqrt{2}}{2} \times 0.24 = 2.4\text{mm}$$

37 다음 종단수준측량의 야장에서 ㉠, ㉡, ㉢에 들어갈 값으로 옳은 것은?

[단위 : m]

측점	후시	기계고	전시		지반고
			전환점	이기점	
BM	0.175	㉠			37.133
No.1				0.154	
No.2				1.569	
No.3				1.143	
No.4	1.098	㉡	1.237		㉢
No.5				0.948	
No.6				1.175	

① ㉠ 37.308, ㉡ 37.169 ㉢ 36.071
② ㉠ 37.308, ㉡ 36.071 ㉢ 37.169
③ ㉠ 36.958, ㉡ 35.860 ㉢ 37.097
④ ㉠ 36.958, ㉡ 37.097 ㉢ 35.860

해설

측점	후시	기계고	전시		지반고
			이기점	중간점	
BM	0.175	37.133+0.175=37.308			37.133
No.1				0.154	
No.2				1.569	
No.3				1.143	
No.4	1.098	36.071+1.098=37.169	1.237		36.071
No.5				0.948	
No.6				1.175	

 정답 ▸▸▸ 35. ④ 36. ② 37. ①

38 종단곡선에 대한 설명으로 옳지 않은 것은?

① 철도에서는 원곡선을, 도로에서는 2차 포물선을 주로 사용한다.
② 종단경사는 환경적, 경제적 측면에서 허용할 수 있는 범위 내에서 최대한 완만하게 한다.
③ 설계속도와 지형조건에 따라 종단경사의 기준값이 제시되어 있다.
④ 지형의 상황, 주변 지장물 등의 한계가 있는 경우 10% 정도 증감이 가능하다.

해설 종단곡선은 지형의 상황, 주변 지장물 등의 한계가 있는 경우 10% 정도 증감은 할 수 없다.

39 트래버스측량에서 선점 시 주의하여야 할 사항이 아닌 것은?

① 트래버스의 노선은 가능한 폐합 또는 결합이 되게 한다.
② 결합트래버스의 출발점과 결합점 간의 거리는 가능한 단거리로 한다.
③ 거리측량과 각측량의 정확도가 균형을 이루게 한다.
④ 측점 간 거리는 다양하게 선점하여 부정오차를 소거한다.

해설 트래버스 선점 시 측점 간 거리는 가급적 동일하게 해야 한다.

40 토량 계산공식 중 양단면의 면적차가 클 때 산출된 토량의 일반적인 대소관계로 옳은 것은? (단, 중앙 단면법 : A, 양단면평균법 : B, 각주공식 : C)

① A=C<B
② A<C=B
③ A<C<B
④ A>C>B

해설 토공량 산정방법에 따른 대소관계 : 중앙 단면법<각주공식<양단면평균법

제3과목 : 수리수문학

41 밑변 2m, 높이 3m인 삼각형 형상의 판이 밑변을 수면과 맞대고 연직으로 수중에 있다. 이 삼각형 판의 작용점 위치는? (단, 수면을 기준으로 한다.)

① 1m
② 1.33m
③ 1.5m
④ 2m

해설

$$h_c = h_G + \frac{I_x}{h_G A} = \frac{3}{3} + \frac{\frac{2\times 3^3}{36}}{\frac{3}{3}\times\frac{2\times 3}{2}} = 1.5\text{m}$$

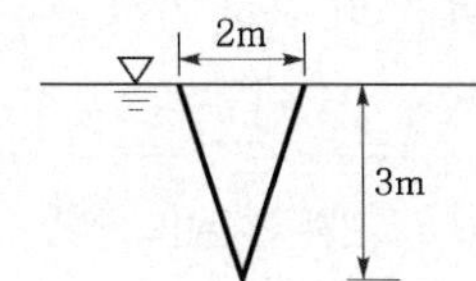

42 시간을 t, 유속을 v, 두 단면 간의 거리를 l이라 할 때 다음 조건 중 부등류인 경우는?

① $\frac{v}{t}=0$
② $\frac{v}{t}\neq 0$
③ $\frac{v}{t}=0$, $\frac{v}{l}=0$
④ $\frac{v}{t}=0$, $\frac{v}{l}\neq 0$

해설
㉠ 정류 : $\frac{\partial v}{\partial t}=0$, $\frac{\partial Q}{\partial t}=0$

• 등류 : $\frac{\partial v}{\partial t}=0$, $\frac{\partial v}{\partial l}=0$

• 부등류 : $\frac{\partial v}{\partial t}=0$, $\frac{\partial v}{\partial l}\neq 0$

㉡ 부정류 : $\frac{\partial v}{\partial t}\neq 0$, $\frac{\partial Q}{\partial t}\neq 0$

43 지하의 사질여과층에서 수두차가 0.5m이며 투과거리가 2.5m일 때 이곳을 통과하는 지하수의 유속은? (단, 투수계수는 0.3cm/s이다.)

① 0.03cm/s
② 0.04cm/s
③ 0.05cm/s
④ 0.06cm/s

$V=Ki=0.3\times\frac{0.5}{2.5}=0.06\text{cm/s}$

44 강우로 인한 유수가 그 유역 내의 가장 먼 지점으로부터 유역 출구까지 도달하는데 소요되는 시간을 의미하는 것은?

① 기저시간
② 도달시간
③ 지체시간
④ 강우지속시간

45 관망 계산에 대한 설명으로 틀린 것은?

① 관망은 Hardy-Cross방법으로 근사 계산할 수 있다.
② 관망 계산 시 각 관에서의 유량을 임의로 가정해도 결과는 같아진다.
③ 관망 계산에서 반시계방향과 시계방향으로 흐를 때의 마찰손실수두의 합은 0이라고 가정한다.
④ 관망 계산 시 극히 작은 손실의 무시로도 결과에 큰 차를 가져올 수 있으므로 무시하여서는 안 된다.

해설 Hardy-Cross관망 계산법의 조건
㉠ $\Sigma Q=0$조건 : 각 분기점 또는 합류점에 유입하는 유량은 그 점에서 정지하지 않고 전부 유출한다.
㉡ $\Sigma h_L=0$조건 : 각 폐합관에서 시계방향 또는 반시계방향으로 흐르는 관로의 손실수두의 합은 0이다.
㉢ 관망설계 시 손실은 마찰손실만 고려한다.

 정답 ▸▸▸ 42. ④ 43. ④ 44. ② 45. ④

46 다음 중 밀도를 나타내는 차원은?

① $[FL^{-4}T^2]$
② $[FL^4T^2]$
③ $[FL^{-2}T^4]$
④ $[FL^{-2}T^{-4}]$

해설

$\rho = \frac{w}{g}$의 단위는 $\frac{\frac{t}{m^3}}{\frac{m}{sec^2}} = \frac{t \cdot sec^2}{m^4}$이므로 차원은 $[FL^{-4}T^2]$이다.

47 일반적인 수로 단면에서 단면계수 Z_c와 수심 h의 상관식은 $Z_c^2 = Ch^M$으로 표시할 수 있는데, 이 식에서 M은?

① 단면지수
② 수리지수
③ 윤변지수
④ 흐름지수

해설

$Z_c = A\sqrt{D} = A\sqrt{\frac{A}{B}}$

일반적인 단면일 때 $Z_c^2 = Ch^M$로 표시하며 M을 수리지수라 한다.

48 지하수흐름에서 Darcy법칙에 관한 설명으로 옳은 것은?

① 정상상태이면 난류영역에서도 적용된다.
② 투수계수(수리전도계수)는 지하수의 특성과 관계가 있다.
③ 대수층의 모세관작용은 공식에 간접적으로 반영되었다.
④ Darcy공식에 의한 유속은 공극 내 실제 유속의 평균치를 나타낸다.

해설

㉠ Darcy법칙 : $V = Ki$는 $R_e < 4$인 층류의 흐름과 대수층 내에 모관수대가 존재하지 않는 흐름에만 적용된다.

㉡ 실제 유속 : $V_s = \frac{V}{n}$

49 강우강도 $I = \frac{5,000}{t+40}$[mm/h]로 표시되는 어느 도시에 있어서 20분간의 강우량 R_{20}은? (단, t의 단위는 분이다.)

① 17.8mm
② 27.8mm
③ 37.8mm
④ 47.8mm

해설

㉠ $I = \frac{5,000}{t+40} = \frac{5,000}{20+40} = 83.33\text{mm/h}$

㉡ $R_{20} = \frac{83.33}{60} \times 20 = 27.78\text{mm}$

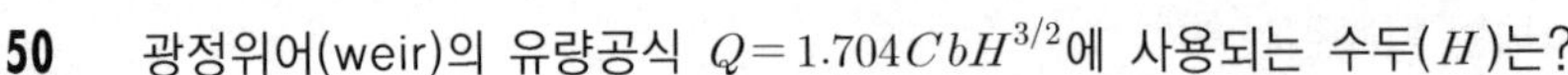

50 광정위어(weir)의 유량공식 $Q=1.704CbH^{3/2}$에 사용되는 수두(H)는?

① h_1

② h_2

③ h_3

④ h_4

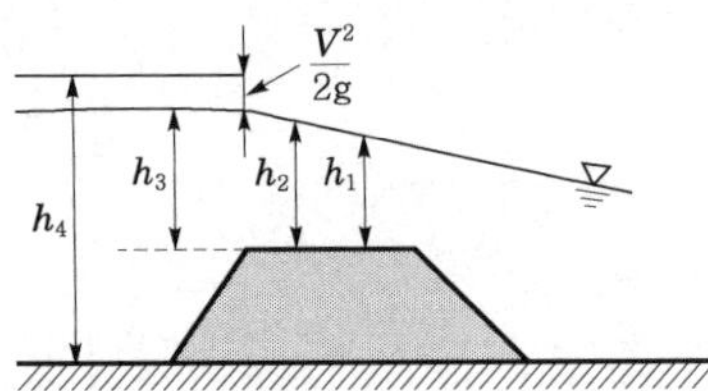

51 오리피스(orifice)로부터의 유량을 측정한 경우 수두 H를 추정함에 1%의 오차가 있었다면 유량 Q에는 몇 %의 오차가 생기는가?

① 1%　　② 0.5%

③ 1.5%　　④ 2%

해설 $\frac{dQ}{Q}=\frac{1}{2}\frac{dh}{h}=\frac{1}{2}\times 1=0.5\%$

52 유체의 흐름에 대한 설명으로 옳지 않은 것은?

① 이상유체에서 점성은 무시된다.

② 유관(stream tube)은 유선으로 구성된 가상적인 관이다.

③ 점성이 있는 유체가 계속해서 흐르기 위해서는 가속도가 필요하다.

④ 정상류의 흐름상태는 위치변화에 따라 변화하지 않는 흐름을 의미한다.

해설 수류의 한 단면에서 유량이나 속도, 압력, 밀도 등이 시간에 따라 변하지 않는 흐름을 정류라 한다.

53 강우강도공식에 관한 설명으로 틀린 것은?

① 자기우량계의 우량자료로부터 결정되며 지역에 무관하게 적용 가능하다.

② 도시지역의 우수관로, 고속도로암거 등의 설계 시 기본자료로서 널리 이용된다.

③ 강우강도가 커질수록 강우가 계속되는 시간은 일반적으로 작아지는 반비례관계이다.

④ 강우강도(I)와 강우지속시간(D)과의 관계로서 Talbot, Sherman, Japanese형의 경험공식에 의해 표현될 수 있다.

해설 강우강도공식은 지역에 따라 다르다.

54 주어진 유량에 대한 비에너지(specific energy)가 3m일 때 한계수심은?

① 1m　　② 1.5m

③ 2m　　④ 2.5m

해설 $h_c=\frac{2}{3}H_e=\frac{2}{3}\times 3=2\text{m}$

 정답 50. ③ 51. ② 52. ④ 53. ① 54. ③

55 다음 그림과 같이 지름 3m, 길이 8m인 수로의 드럼게이트에 작용하는 전수압이 수문 ABC에 작용하는 지점의 수심은?

① 2.0m
② 2.25m
③ 2.43m
④ 2.68m

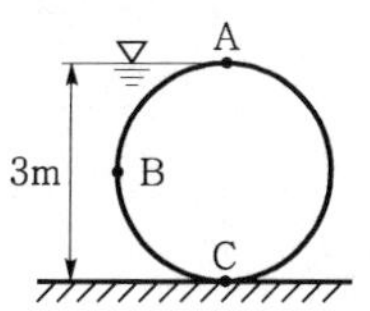

해설 ㉠ $\tan\theta = \frac{0.5}{0.637}$

$\therefore\ \theta = 38.13°$

㉡ $\sin 38.13° = \frac{x}{1.5}$

$\therefore\ x = 1.5 \times \sin 38.13° = 0.926\text{m}$

㉢ $h = 1.5 + x = 1.5 + 0.926 = 2.426\text{m}$

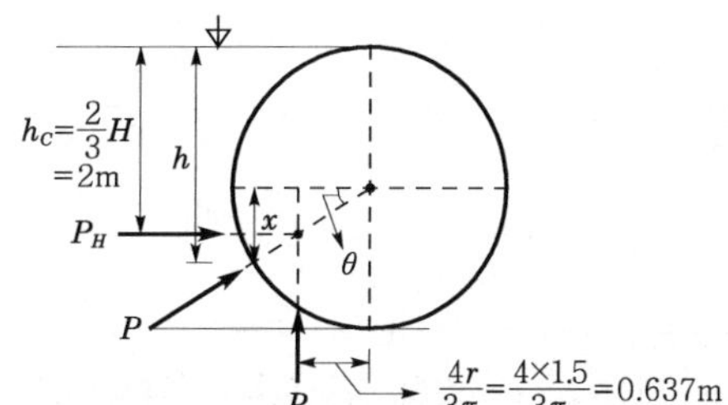

56 다음 그림과 같이 A에서 분기했다가 B에서 다시 합류하는 관수로에 물이 흐를 때 관 I과 Ⅱ의 손실수두에 대한 설명으로 옳은 것은? (단, 관 I의 지름 < 관 Ⅱ의 지름이며 관의 성질은 같다.)

① 관 I의 손실수두가 크다.
② 관 Ⅱ의 손실수두가 크다.
③ 관 I과 관 Ⅱ의 손실수두는 같다.
④ 관 I과 관 Ⅱ의 손실수두의 합은 0이다.

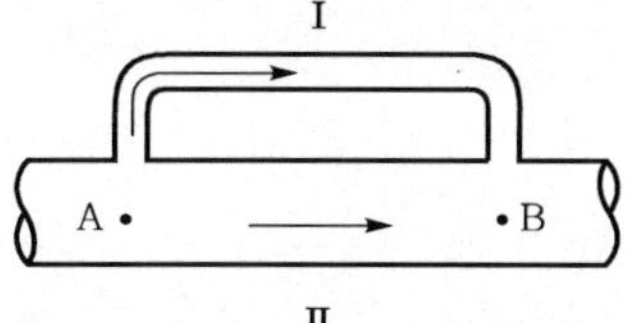

해설 병렬관수로 I, Ⅱ의 손실수두는 같다.

57 토리첼리(Torricelli)정리는 다음 중 어느 것을 이용하여 유도할 수 있는가?

① 파스칼원리
② 아르키메데스원리
③ 레이놀즈원리
④ 베르누이정리

58 유역면적 20km^{2}지역에서 수공구조물의 축조를 위해 다음의 수문곡선을 얻었을 때 총유출량은?

① 108m^3
② 108×10^4m^3
③ 300m^3
④ 300×10^4m^3

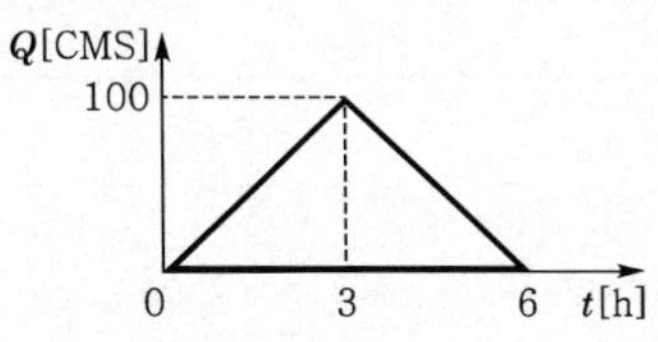

해설 총유출량$= \frac{100\times(6\times3,600)}{2} = 108\times10^4\text{m}^3$

[참고] CMS=m^3/s(cubic meter per sec)

59 다음 그림과 같은 사다리꼴수로에서 수리상 유리한 단면으로 설계된 경우의 조건은?

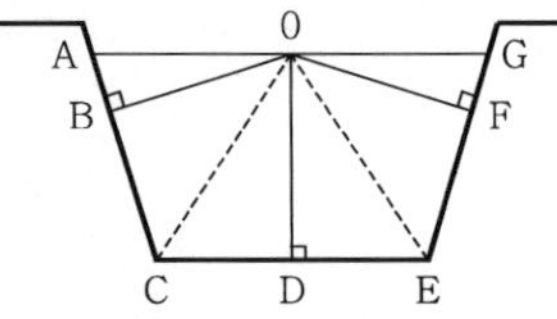

① OB=OD=OF ② OA=OD=OG
③ OC=OG+OA=OE ④ OA=OC=OE=OG

 해설 사다리꼴 단면수로의 수리상 유리한 단면은 수심을 반지름으로 하는 반원에 외접하는 정육각형의 제형 단면이다.

∴ OB=OD=OF

60 평면상 x, y방향의 속도성분이 각각 $u=ky$, $v=kx$인 유선의 형태는?

① 원 ② 타원
③ 쌍곡선 ④ 포물선

 해설 $\frac{dx}{u}=\frac{dy}{v}$

$\frac{dx}{ky}=\frac{dy}{kx}$

$xdx-ydy=0$

$x^2-y^2=c$

∴ $\frac{x^2}{c}-\frac{y^2}{c}=1$이므로 쌍곡선이다.

제4과목 : 철근콘크리트 및 강구조

61 콘크리트의 설계기준압축강도(f_{ck})가 50MPa인 경우 콘크리트탄성계수 및 크리프 계산에 적용되는 콘크리트의 평균압축강도(f_{cu})는?

① 54MPa ② 55MPa
③ 56MPa ④ 57MPa

해설 ㉠ $f_{cu}=f_{ck}+4[\text{MPa}]\ (f_{ck}\le 40)$

㉡ $f_{cu}=1.1f_{ck}[\text{MPa}]\ (40<f_{ck}<60)$

㉢ $f_{cu}=f_{ck}+6[\text{MPa}]\ (f_{ck}\ge 60)$

∴ $f_{ck}=50\text{MPa}$이므로 $f_{cu}=1.1f_{ck}=1.1\times 50=55\text{MPa}$

 정답 59. ① 60. ③ 61. ②

62 프리스트레스트 콘크리트의 경우 흙에 접하여 콘크리트를 친 후 영구히 흙에 묻혀 있는 콘크리트의 최소 피복두께는?

① 40mm ② 60mm
③ 75mm ④ 100mm

해설 영구히 흙에 묻혀 있는 콘크리트의 최소 피복두께는 75mm이다.

63 2방향 슬래브의 직접설계법을 적용하기 위한 제한사항으로 틀린 것은?

① 각 방향으로 3경간 이상이 연속되어야 한다.
② 슬래브 판들은 단변경간에 대한 장변경간의 비가 2 이하인 직사각형이어야 한다.
③ 모든 하중은 슬래브판 전체에 걸쳐 등분포된 연직하중이어야 한다.
④ 연속한 기둥 중심선을 기준으로 기둥의 어긋남은 그 방향 경간의 최대 20%까지 허용할 수 있다.

해설 2방향 슬래브의 직접설계법 제한사항 중 연속한 기둥의 중심선으로부터 기둥의 이탈은 이탈방향 경간의 최대 10%까지 허용한다.

64 경간이 8m인 PSC보에 계수등분포하중(w)이 20kN/m 작용할 때 중앙 단면 콘크리트 하연에서의 응력이 0이 되려면 강재에 줄 프리스트레스힘(P)은? (단, PS강재는 콘크리트도심에 배치되어 있다.)

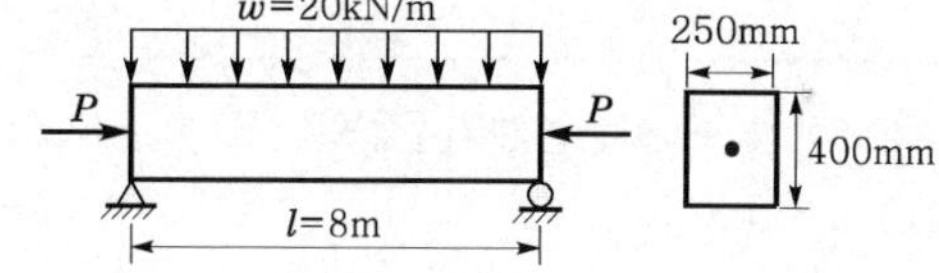

① P=2,000kN
② P=2,200kN
③ P=2,400kN
④ P=2,600kN

해설

$$M=\frac{wl^2}{8}=\frac{20\times8^2}{8}=160\text{kN}\cdot\text{m}$$

$$\therefore P=\frac{6M}{h}=\frac{6\times160}{0.4}=2,400\text{kN}$$

65 복전단 고장력 볼트(bolt)의 마찰이음에서 강판에 P=350kN이 작용할 때 볼트의 수는 최소 몇 개가 필요한가? (단, 볼트의 지름(d)은 20mm이고, 허용전단응력(τ_a)은 120MPa이다.)

① 3개 ② 5개
③ 8개 ④ 10개

해설

$$\rho=\tau_a A=120\times\frac{3.14\times20^2}{4}=75,360\text{N}$$

$$\therefore n=\frac{P}{\rho}=\frac{350,000}{75,360}=4.64 \fallingdotseq 5\text{개}$$

정답 ▸▸▸ 62. ③ 63. ④ 64. ③ 65. ②

66 부재의 순단면적을 계산할 경우 지름 22mm의 리벳을 사용하였을 때 리벳구멍의 지름은 얼마인가? (단, 강구조 연결설계기준(허용응력설계법)을 적용한다.)

① 21.5mm　② 22.5mm
③ 23.5mm　④ 24.5mm

해설 강구조 연결설계기준(허용응력설계법)

리벳의 지름(mm)	리벳구멍의 지름(mm)
$\phi < 20$	$d = \phi + 1.0$
$\phi \ge 20$	$d = \phi + 1.5$

∴ 리벳구멍의 지름$(d) = 22 + 1.5 = 23.5$mm

67 철근콘크리트구조물에서 연속휨부재의 모멘트 재분배를 하는 방법에 대한 설명으로 틀린 것은?

① 근사해법에 의하여 휨모멘트를 계산한 경우에는 연속휨부재의 모멘트 재분배를 할 수 없다.
② 어떠한 가정의 하중을 작용하여 탄성이론에 의하여 산정한 연속휨부재받침부의 부모멘트는 10% 이내에서 $800\varepsilon_t$[%]만큼 증가 또는 감소시킬 수 있다.
③ 경간 내의 단면에 대한 휨모멘트의 계산은 수정된 부모멘트를 사용하여야 한다.
④ 휨모멘트를 감소시킬 단면에서 최외단 인장철근의 순인장변형률 ε_t가 0.0075 이상인 경우에만 가능하다.

해설 연속휨부재받침부의 부모멘트는 20% 이내에서 $1,000\varepsilon_t$[%]만큼 증가 또는 감소시킬 수 있다.

68 단철근 직사각형 보에서 설계기준압축강도 f_{ck}=60MPa일 때 계수 β_1은? (단, 등가직사각응력블록의 깊이 $a = \beta_1 c$이다.)

① 0.78　② 0.76
③ 0.65　④ 0.64

해설

f_{ck}[MPa]	≤40	50	60
β_1	0.80	0.80	0.76

∴ $\beta_1 = 0.76$

69 인장철근의 겹침이음에 대한 설명으로 틀린 것은?

① 다발철근의 겹침이음은 다발 내의 개개 철근에 대한 겹침이음길이를 기본으로 결정되어야 한다.
② 어떤 경우이든 300mm 이상 겹침이음한다.
③ 겹침이음에는 A급, B급 이음이 있다.
④ 겹침이음된 철근량이 전체 철근량의 1/2 이하인 경우는 B급 이음이다.

해설 A급 이음

㉠ 겹이음철근량 ≤ 총철근량 $\times \frac{1}{2}$
㉡ 배근철근량 ≥ 소요철근량 ×2

 정답 ▸▸▸ 66. ③ 67. ② 68. ② 69. ④

70 다음 그림과 같은 보의 단면에서 표피철근의 간격 s는 약 얼마인가? (단, 습윤환경에 노출되는 경우로서 표피철근의 표면에서 부재측면까지 최단거리(c_c)는 50mm, f_{ck}=28MPa, f_y=400MPa 이다.)

① 170mm
② 200mm
③ 230mm
④ 260mm

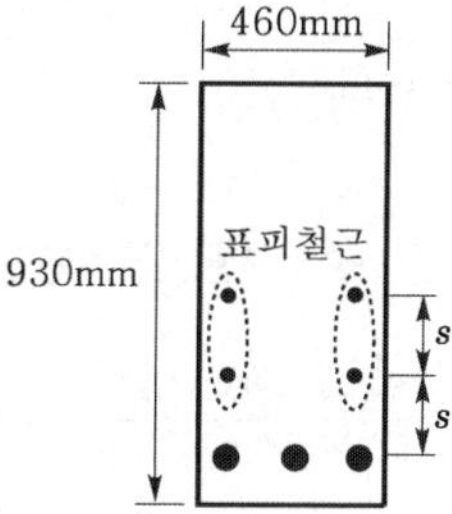

해설

㉠ $s = 375\dfrac{k_{cr}}{f_s} - 2.5c_c = 375 \times \dfrac{210}{267} - 2.5 \times 50 = 170\text{mm}$

㉡ $s = 300\dfrac{k_{cr}}{f_s} = 300 \times \dfrac{210}{267} = 236\text{mm}$

$\therefore\ s = 170\text{mm}$(최소값)

여기서, $f_s = \dfrac{2}{3}f_y = \dfrac{2}{3} \times 400 = 267\text{MPa}$, $k_{cr} = 210$(습윤환경)

71 강판을 다음 그림과 같이 용접이음할 때 용접부의 응력은?

① 110MPa
② 125MPa
③ 250MPa
④ 722MPa

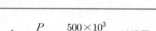

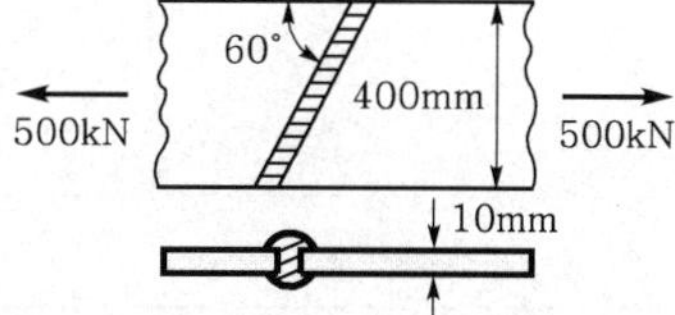

해설

$f = \dfrac{P}{\Sigma a l_e} = \dfrac{500 \times 10^3}{400 \times 10} = 125\text{MPa}$

72 유효깊이(d)가 910mm인 다음 그림과 같은 단철근 T형보의 설계휨강도(ϕM_n)를 구하면? (단, 인장철근량(A_s)은 7,652mm^2, f_{ck}=21MPa, f_y=350MPa, 인장지배 단면으로 ϕ=0.85, 경간은 3,040mm이다.)

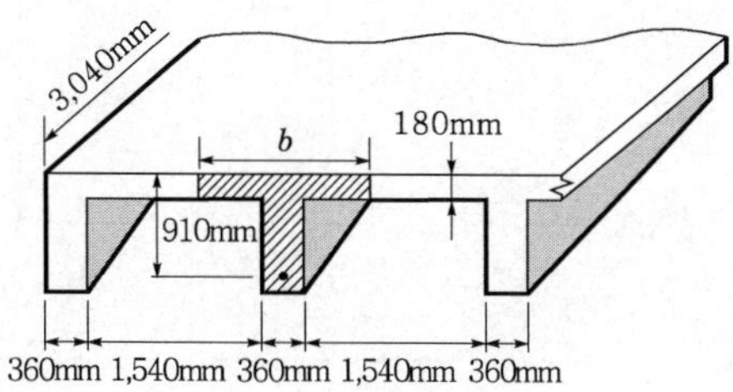

① 1,845kN · m
② 1,863kN · m
③ 1,883kN · m
④ 1,901kN · m

해설 ㉠ 유효폭(b) 결정

- $16t_f + b_w = 16 \times 180 + 360 = 3,240\text{mm}$
- $b_c = 1,900\text{mm}$
- $\dfrac{l}{4} = \dfrac{1}{4} \times 3,040 = 760\text{mm}$

∴ $b = 760\text{mm}$(최소값)

㉡ $A_{sf} = \dfrac{\eta(0.85f_{ck})t_f(b-b_w)}{f_y} = \dfrac{1.0 \times 0.85 \times 21 \times 180 \times (760-360)}{350} = 3,672\text{mm}^2$

㉢ $a = \dfrac{f_y(A_s - A_{sf})}{\eta(0.85f_{ck})b_w} = \dfrac{350 \times (7,652 - 3,672)}{1.0 \times 0.85 \times 21 \times 360} = 216.8\text{mm}$

㉣ $M_d = \phi M_n = \phi\left\{f_y A_{sf}\left(d - \dfrac{t_f}{2}\right) + f_y(A_s - A_{sf})\left(d - \dfrac{a}{2}\right)\right\}$

$= 0.85 \times \left\{350 \times 3,672 \times \left(910 - \dfrac{180}{2}\right) + 350 \times (7,652 - 3,672) \times \left(910 - \dfrac{216.8}{2}\right)\right\}$

$= 1,844,918,880 \times 10^{-6} \fallingdotseq 1,845\text{kN} \cdot \text{m}$

73 다음에서 설명하는 부재형태의 최대 허용처짐은? (단, l은 부재길이이다.)

> 과도한 처짐에 의해 손상되기 쉬운 비구조요소를 지지 또는 부착한 지붕 또는 바닥구조

① $\dfrac{l}{180}$　② $\dfrac{l}{240}$

③ $\dfrac{l}{360}$　④ $\dfrac{l}{480}$

해설 최대 허용처짐

부재형태	처짐한계
과도한 처짐에 의해 손상되기 쉬운 비구조요소를 지지 또는 부착한 지붕 또는 바닥구조	$\dfrac{l}{480}$
과도한 처짐에 의해 손상될 염려가 없는 비구조요소를 지지 또는 부착한 지붕 또는 바닥구조	$\dfrac{l}{240}$

74 다음 그림과 같은 직사각형 보를 강도설계이론으로 해석할 때 콘크리트의 등가사각형 깊이 a는? (단, f_{ck}=21MPa, f_y=300MPa이다.)

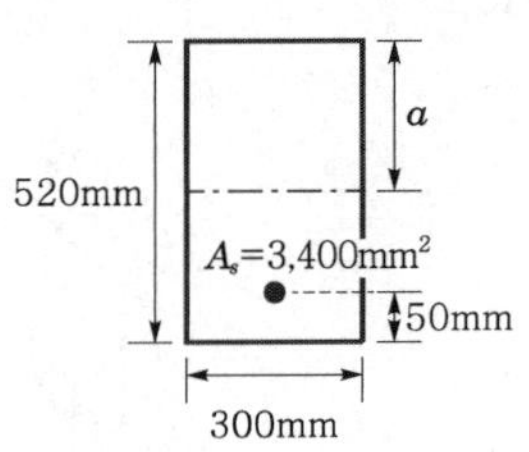

① 109.9mm
② 121.6mm
③ 129.9mm
④ 190.5mm

해설 $a = \dfrac{f_y A_s}{\eta(0.85f_{ck})b} = \dfrac{300 \times 3,400}{1.0 \times 0.85 \times 21 \times 300} = 190.5\text{mm}$

75 옹벽의 안정조건 중 전도에 대한 저항휨모멘트는 횡토압에 의한 전도모멘트의 최소 몇 배 이상이어야 하는가?

① 1.5배 ② 2.0배
③ 2.5배 ④ 3.0배

해설 옹벽의 3대 안정조건
㉠ 전도 : 안전율 2.0
㉡ 활동 : 안전율 1.5
㉢ 침하 : 안전율 3.0

76 콘크리트구조물에서 비틀림에 대한 설계를 하려고 할 때 계수비틀림모멘트(T_u)를 계산하는 방법에 대한 설명으로 틀린 것은?

① 균열에 의하여 내력의 재분배가 발생하여 비틀림모멘트가 감소할 수 있는 부정정구조물의 경우 최대 계수비틀림모멘트를 감소시킬 수 있다.
② 철근콘크리트부재에서, 받침부에서 d 이내에 위치한 단면은 d에서 계산된 T_u보다 작지 않은 비틀림모멘트에 대하여 설계하여야 한다.
③ 프리스트레스 콘크리트부재에서, 받침부에서 d 이내에 위치한 단면을 설계할 때 d에서 계산된 T_u보다 작지 않은 비틀림모멘트에 대하여 설계하여야 한다.
④ 정밀한 해석을 수행하지 않은 경우 슬래브에 의해 전달되는 비틀림하중은 전체 부재에 걸쳐 균등하게 분포하는 것으로 가정할 수 있다.

해설 프리스트레스 콘크리트부재에서, 받침부(지점면)에서 $h/2$(h는 부재높이) 이내에 위치한 단면은 $h/2$의 단면에서 계산된 비틀림모멘트 T_u를 사용하여 계산한다.

77 다음 그림과 같은 띠철근기둥에서 띠철근의 최대 수직간격으로 적당한 것은? (단, D10의 공칭직경은 9.5mm, D32의 공칭직경은 31.8mm이다.)

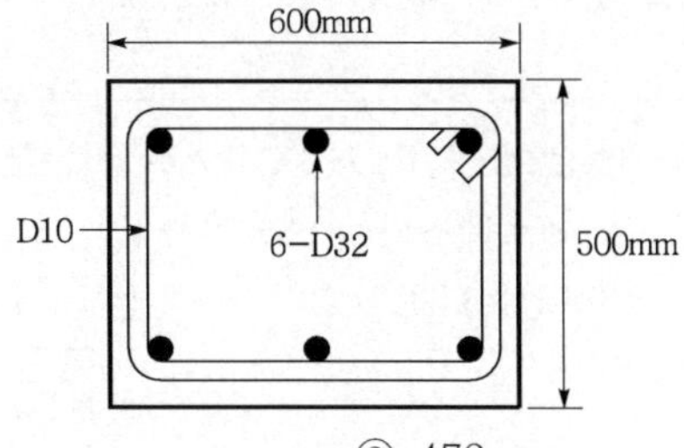

① 456mm ② 472mm
③ 500mm ④ 509mm

해설 띠철근간격
㉠ $16d_b = 16 \times 31.8 = 508.8$mm
㉡ 48×띠철근지름 $= 48 \times 9.5 = 456$mm
㉢ 500mm(단면 최소 치수)
∴ 456mm(최소값)

78 b_w=350mm, d=600mm인 단철근 직사각형 보에서 보통중량콘크리트가 부담할 수 있는 공칭 전단강도(V_c)를 정밀식으로 구하면 약 얼마인가? (단, 전단력과 휨모멘트를 받는 부재이며 V_u=100kN, M_u=300kN · m, ρ_w=0.016, f_{ck}=24MPa이다.)

① 164.2kN ② 171.5kN
③ 176.4kN ④ 182.7kN

 해설

$$\frac{V_u d}{M_u} = \frac{100\times0.6}{300} = 0.2 \le 1(\text{O.K})$$

㉠ $0.29\sqrt{f_{ck}}\, b_w d = 0.29\sqrt{24}\times350\times600\times10^{-3} = 298.35\text{kN}$

㉡ $V_c = \left(0.16\lambda\sqrt{f_{ck}} + 17.6\rho_w \dfrac{V_u d}{M_u}\right) b_w d$

$= (0.16\times1.0\times\sqrt{24}+17.6\times0.016\times0.2)\times350\times600\times10^{-3} = 176.43\text{kN} < 298.35\text{kN}(\text{O.K})$

79 A_s=3,600mm^2, A_s'=1,200mm^{2}로 배근된 다음 그림과 같은 복철근보의 탄성처짐이 12mm라 할 때 5년 후 지속하중에 의해 유발되는 추가장기처짐은 얼마인가?

① 6mm
② 12mm
③ 18mm
④ 36mm

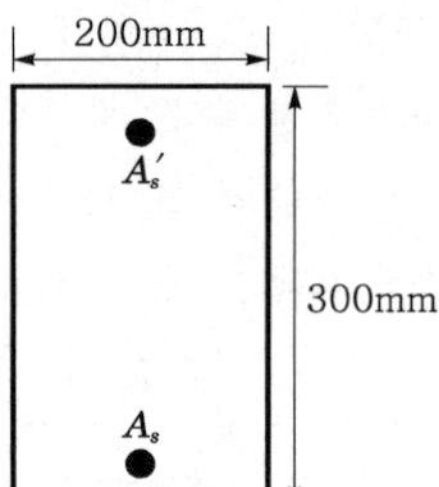

 해설

$$\rho' = \frac{A_s'}{bd} = \frac{1,200}{200\times300} = 0.02$$

$$\lambda_\Delta = \frac{\xi}{1+50\rho'} = \frac{2.0}{1+50\times0.02} = 1$$

∴ 장기처짐(δ_l)=탄성처짐(δ_e)×보정계수(λ_Δ)=12×1=12mm

80 다음 그림과 같은 2경간 연속보의 양단에서 PS강재를 긴장할 때 단 A에서 중간 B까지의 근사법으로 구한 마찰에 의한 프리스트레스의 감소율은? (단, 각은 radian이며, 곡률마찰계수(μ)는 0.4, 파상마찰계수(k)는 0.0027이다.)

① 12.6%
② 18.2%
③ 10.4%
④ 15.8%

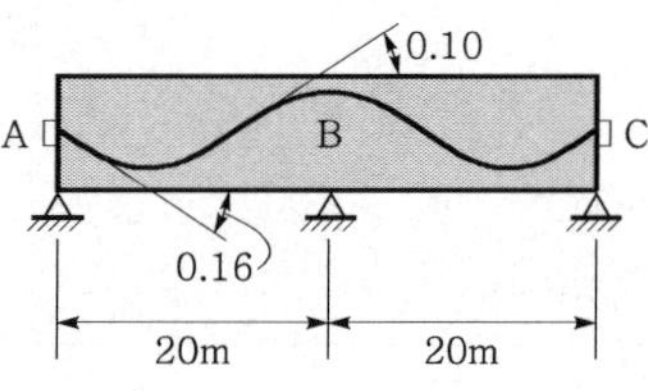

해설 $a=\theta_1+\theta_2=0.16+0.1=0.26$

$0.26\times\dfrac{180°}{\pi} = 14.9° \le 30°$이므로 근사식 사용

∴ 감소율$=(kl+\mu a)\times100=(0.0027\times20+0.4\times0.26)\times100=15.8\%$

 정답 ▸▸▸ 78. ③ 79. ② 80. ④

제5과목 : 토질 및 기초

81 다음 그림과 같은 점토지반에서 안전수(m)가 0.1인 경우 높이 5m의 사면에 있어서 안전율은?

① 1.0
② 1.25
③ 1.50
④ 2.0

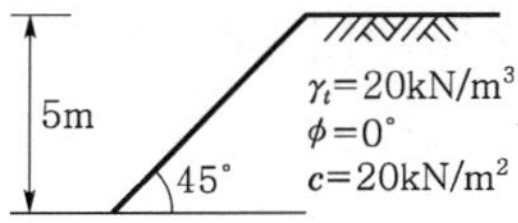

해설

㉠ $H_c = \dfrac{N_s c}{\gamma_t} = \dfrac{\dfrac{1}{m} \cdot c}{\gamma_t} = \dfrac{\dfrac{1}{0.1} \times 20}{20} = 10\text{m}$

㉡ $F_s = \dfrac{H_c}{H} = \dfrac{10}{5} = 2$

82 어떤 흙의 입경가적곡선에서 D_{10}=0.05mm, D_{30}=0.09mm, D_{60}=0.15mm이었다. 균등계수(C_u)와 곡률계수(C_g)의 값은?

① 균등계수=1.7, 곡률계수=2.45
② 균등계수=2.4, 곡률계수=1.82
③ 균등계수=3.0, 곡률계수=1.08
④ 균등계수=3.5, 곡률계수=2.08

해설

㉠ $C_u = \dfrac{D_{60}}{D_{10}} = \dfrac{0.15}{0.05} = 3$

㉡ $C_g = \dfrac{{D_{30}}^2}{D_{10} D_{60}} = \dfrac{0.09^2}{0.05 \times 0.15} = 1.08$

83 얕은 기초에 대한 Terzaghi의 수정지지력공식은 다음과 같다. 4m×5m의 직사각형 기초를 사용할 경우 형상계수 α와 β의 값으로 옳은 것은?

$$q_u = \alpha c N_c + \beta \gamma_1 B N_\gamma + \gamma_2 D_f N_q$$

① α=1.18, β=0.32
② α=1.24, β=0.42
③ α=1.28, β=0.42
④ α=1.32, β=0.38

해설

㉠ $\alpha = 1 + 0.3\dfrac{B}{L} = 1 + 0.3 \times \dfrac{4}{5} = 1.24$

㉡ $\beta = 0.5 - 0.1\dfrac{B}{L} = 0.5 - 0.1 \times \dfrac{4}{5} = 0.42$

84 지표면에 설치된 2m×2m의 정사각형 기초에 100kN/m²의 등분포하중이 작용하고 있을 때 5m 깊이에 있어서의 연직응력 증가량을 2 : 1분포법으로 계산한 값은?

① 0.83kN/m²
② 8.16kN/m²
③ 19.75kN/m²
④ 28.57kN/m²

정답 ▸▸▸ 81. ④ 82. ③ 83. ② 84. ②

해설 $\Delta\sigma_v = \dfrac{BLq_s}{(B+Z)(L+Z)} = \dfrac{2\times2\times100}{(2+5)\times(2+5)} = 8.16\text{kN/m}^2$

85 100% 포화된 흐트러지지 않은 시료의 부피가 20cm³이고 질량이 36g이었다. 이 시료를 건조로에서 건조시킨 후의 질량이 24g일 때 간극비는 얼마인가?

① 1.36 ② 1.50
③ 1.62 ④ 1.70

해설
㉠ $\gamma_{sat} = \dfrac{W}{V} = \dfrac{36}{20} = 1.8\text{g/cm}^3$

$\gamma_{sat} = \dfrac{G_s+e}{1+e}\gamma_w$ 에서 $1.8 = \dfrac{G_s+e}{1+e}$ ······ ⓐ

㉡ $\gamma_d = \dfrac{W_s}{V} = \dfrac{24}{20} = 1.2\text{g/cm}^3$

$\gamma_d = \dfrac{G_s}{1+e}\gamma_w$ 에서 $1.2 = \dfrac{G_s}{1+e}$ ······ ⓑ

∴ 식 ⓐ와 ⓑ를 연립하여 풀면 $e=1.5$

86 어느 모래층의 간극률이 35%, 비중이 2.66이다. 이 모래의 분사현상(Quick Sand)에 대한 한계동수경사는 얼마인가?

① 0.99 ② 1.08
③ 1.16 ④ 1.32

해설
㉠ $e = \dfrac{n}{100-n} = \dfrac{35}{100-35} = 0.54$
㉡ $i_c = \dfrac{G_s-1}{1+e} = \dfrac{2.66-1}{1+0.54} = 1.08$

87 성토나 기초지반에 있어 특히 점성토의 압밀완료 후 추가성토 시 단기안정문제를 검토하고자 하는 경우 적용되는 시험법은?

① 비압밀비배수시험 ② 압밀비배수시험
③ 압밀배수시험 ④ 일축압축시험

 해설 압밀비배수시험(CU-test)
㉠ 프리로딩(pre-loading)공법으로 압밀된 후 급격한 재하 시의 안정해석에 사용
㉡ 성토하중에 의해 어느 정도 압밀된 후에 갑자기 파괴가 예상되는 경우

88 평판재하실험에서 재하판의 크기에 의한 영향(scale effect)에 관한 설명으로 틀린 것은?

① 사질토지반의 지지력은 재하판의 폭에 비례한다.
② 점토지반의 지지력은 재하판의 폭에 무관하다.
③ 사질토지반의 침하량은 재하판의 폭이 커지면 약간 커지기는 하지만 비례하는 정도는 아니다.
④ 점토지반의 침하량은 재하판의 폭에 무관하다.

 정답 ▸▸▸ 85. ② 86. ② 87. ② 88. ④

해설 재하판 크기에 대한 보정

㉠ 지지력
- 점토지반 : 재하판의 폭에 무관하다.
- 모래지반 : 재하판의 폭에 비례한다.

㉡ 침하량
- 점토지반 : 재하판의 폭에 비례한다.
- 모래지반 : 재하판의 크기가 커지면 약간 커지긴 하지만 폭에 비례할 정도는 아니다.

89 Paper drain설계 시 Drain paper의 폭이 10cm, 두께가 0.3cm일 때 Drain paper의 등치환산원의 직경이 약 얼마이면 Sand drain과 동등한 값으로 볼 수 있는가? (단, 형상계수(α)는 0.75이다.)

① 5cm ② 8cm
③ 10cm ④ 15cm

해설 $D=\alpha\dfrac{2A+2B}{\pi}=0.75\times\dfrac{2\times10+2\times0.3}{\pi}=4.92\text{cm}$

90 압밀시험결과 시간-침하량곡선에서 구할 수 없는 값은?

① 초기압축비 ② 압밀계수
③ 1차 압밀비 ④ 선행압밀압력

해설 $e-\log P$곡선에서 선행압밀하중(P_c)을 구한다.

91 다음 그림과 같은 지반의 A점에서 전응력(σ), 간극수압(u), 유효응력(σ')을 구하면? (단, 물의 단위중량은 9.81kN/m^{3}이다.)

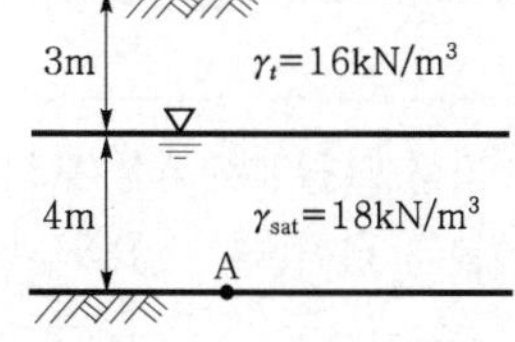

① $\sigma=100\text{kN/m}^2$, $u=9.8\text{kN/m}^2$, $\sigma'=90.2\text{kN/m}^2$
② $\sigma=100\text{kN/m}^2$, $u=29.4\text{kN/m}^2$, $\sigma'=70.6\text{kN/m}^2$
③ $\sigma=120\text{kN/m}^2$, $u=19.6\text{kN/m}^2$, $\sigma'=100.4\text{kN/m}^2$
④ $\sigma=120\text{kN/m}^2$, $u=39.2\text{kN/m}^2$, $\sigma'=80.8\text{kN/m}^2$

해설
㉠ $\sigma=16\times3+18\times4=120\text{kN/m}^2$
㉡ $u=9.81\times4=39.24\text{kN/m}^2$
㉢ $\sigma'=\sigma-u=120-39.24=80.76\text{kN/m}^2$

92 사운딩(Sounding)의 종류에서 사질토에 가장 적합하고 점성토에서도 쓰이는 시험법은?

① 표준관입시험 ② 베인전단시험
③ 더치콘관입시험 ④ 이스키미터(Iskymeter)

해설 표준관입시험은 사질토에 가장 적합하고, 점성토에서도 시험이 가능하다.

정답 89. ① 90. ④ 91. ④ 92. ①

93 말뚝지지력에 관한 여러 가지 공식 중 정역학적 지지력공식이 아닌 것은?

① Dörr의 공식 ② Terzaghi의 공식
③ Meyerhof의 공식 ④ Engineering news공식

해설 말뚝의 지지력공식
㉠ 정역학적 공식 : Terzaghi공식, Dörr공식, Meyerhof공식, Dunham공식
㉡ 동역학적 공식 : Hiley공식, Engineering－new공식, Sander공식, Weisbach공식

94 흙의 다짐에 대한 설명으로 틀린 것은?

① 최적함수비로 다질 때 흙의 건조밀도는 최대가 된다.
② 최대 건조밀도는 점성토에 비해 사질토일수록 크다.
③ 최적함수비는 점성토일수록 작다.
④ 점성토일수록 다짐곡선은 완만하다.

해설 점성토일수록 $\gamma_{d\max}$는 커지고, OMC는 작아진다.

95 흙의 투수성에서 사용되는 Darcy의 법칙$\left(Q=k\dfrac{\Delta h}{L}A\right)$에 대한 설명으로 틀린 것은?

① Δh는 수두차이다.
② 투수계수(k)의 차원은 속도의 차원(cm/s)과 같다.
③ A는 실제로 물이 통하는 공극 부분의 단면적이다.
④ 물의 흐름이 난류인 경우에는 Darcy의 법칙이 성립하지 않는다.

해설 A는 전단면적이다.

96 다음 그림에서 A점 흙의 강도정수가 c'=30kN/m^2, ϕ'=30°일 때 A점에서의 전단강도는? (단, 물의 단위중량은 9.81kN/m^{3}이다.)

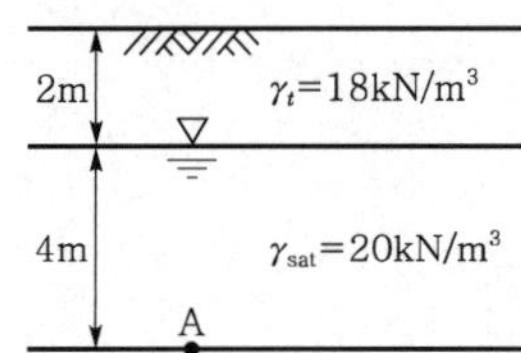

① 69.31kN/m^2 ② 74.32kN/m^2
③ 96.97kN/m^2 ④ 103.92kN/m^2

해설 ㉠ $\sigma=18\times2+20\times4=116\text{kN/m}^2$
$u=9.81\times4=39.24\text{kN/m}^2$
$\sigma'=\sigma-u=116-39.24=76.76\text{kN/m}^2$
㉡ $\tau=c+\sigma'\tan\phi=30+76.76\times\tan30°=74.32\text{kN/m}^2$

 정답 ▸▸▸ 93. ④ 94. ③ 95. ③ 96. ②

97 점착력이 8kN/m³, 내부마찰각이 30°, 단위중량 16kN/m³인 흙이 있다. 이 흙에 인장균열은 약 몇 m 깊이까지 발생할 것인가?

① 6.92m ② 3.73m
③ 1.73m ④ 1.00m

해설

$$Z_c = \frac{2c\tan\left(45° + \frac{\phi}{2}\right)}{\gamma_t}$$

$$= \frac{2 \times 8 \times \tan\left(45° + \frac{30°}{2}\right)}{16} = 1.73\text{m}$$

98 다음 중 일시적인 지반개량공법에 속하는 것은?

① 동결공법
② 프리로딩공법
③ 약액주입공법
④ 모래다짐말뚝공법

해설 일시적인 지반개량공법 : well point공법, deep well공법, 대기압공법, 동결공법

99 Terzaghi의 1차원 압밀이론에 대한 가정으로 틀린 것은?

① 흙은 균질하다.
② 흙은 완전포화되어 있다.
③ 압축과 흐름은 1차원적이다.
④ 압밀이 진행되면 투수계수는 감소한다.

해설 Terzaghi의 1차원 압밀가정
㉠ 흙은 균질하고 완전히 포화되어 있다.
㉡ 토립자와 물은 비압축성이다.
㉢ 압축과 투수는 1차원적(수직적)이다.
㉣ 투수계수는 일정하다.

100 외경이 50.8mm, 내경이 34.9mm인 스플릿스푼샘플러의 면적비는?

① 112% ② 106%
③ 53% ④ 46%

해설

$$A_r = \frac{{D_w}^2 - {D_e}^2}{{D_e}^2} \times 100$$

$$= \frac{50.8^2 - 34.9^2}{34.9^2} \times 100 = 111.87\%$$

제6과목 : 상하수도공학

101 하수도계획의 기본적 사항에 관한 설명으로 옳지 않은 것은?

① 계획구역은 계획목표연도까지 시가화예상구역을 포함하여 광역적으로 정하는 것이 좋다.
② 하수도계획의 목표연도는 시설의 내용연수, 건설기간 등을 고려하여 50년을 원칙으로 한다.
③ 신시가지 하수도계획의 수립 시에는 기존 시가지를 포함하여 종합적으로 고려해야 한다.
④ 공공수역의 수질보전 및 자연환경보전을 위하여 하수도정비를 필요로 하는 지역을 계획구역으로 한다.

해설 하수도시설의 계획목표연도는 20년을 원칙으로 한다.

102 배수 및 급수시설에 관한 설명으로 틀린 것은?

① 배수본관은 시설의 신뢰성을 높이기 위해 2개열 이상으로 한다.
② 배수지의 건설에는 토압, 벽체의 균열, 지하수의 부상, 환기 등을 고려한다.
③ 급수관 분기지점에서 배수관 내의 최대 정수압은 1,000kPa 이상으로 한다.
④ 관로공사가 끝나면 시공의 적합 여부를 확인하기 위하여 수압시험 후 통수한다.

해설 최대 정수압은 700kPa 이상으로 한다.

103 하수관로의 매설방법에 대한 설명으로 틀린 것은?

① 실드공법은 연약한 지반에 터널을 시공할 목적으로 개발되었다.
② 추진공법은 실드공법에 비해 공사기간이 짧고 공사비용도 저렴하다.
③ 하수도공사에 이용되는 터널공법에는 개착공법, 추진공법, 실드공법 등이 있다.
④ 추진공법은 중요한 지하매설물의 횡단공사 등으로 개착공법으로 시공하기 곤란할 때 가끔 채용된다.

해설 개착공법은 터널공법이 아니다.

104 먹는 물에 대장균이 검출될 경우 오염수로 판정되는 이유로 옳은 것은?

① 대장균이 병원균이기 때문이다.
② 대장균은 반드시 병원균과 공존하기 때문이다.
③ 대장균은 번식 시 독소를 분비하여 인체에 해를 끼치기 때문이다.
④ 사람이나 동물의 체내에 서식하므로 병원성 세균의 존재추정이 가능하기 때문이다.

 정답 ▸▸▸ 101. ② 102. ③ 103. ③ 104. ④

105 송수에 필요한 유량 Q=0.7m³/s, 길이 l=100m, 지름 d=40cm, 마찰손실계수 f=0.03인 관을 통하여 높이 30m에 양수할 경우 필요한 동력(HP)은? (단, 펌프의 합성효율은 80%이며, 마찰 이외의 손실은 무시한다.)

① 122HP　② 244HP
③ 489HP　④ 978HP

해설 $Q=AV$

$$V=\frac{Q}{A}=\frac{0.7}{\frac{\pi\times0.4^2}{4}}=5.57\text{m/s}$$

$$h_L=f\frac{l}{d}\frac{v^2}{2g}=0.03\times\frac{100}{0.4}\times\frac{5.57^2}{2\times9.8}\fallingdotseq11.87\text{m}$$

$$\therefore\ P_p=\frac{13.33Q(H+\Sigma h_L)}{\eta}=\frac{13.33\times0.7\times(30+11.87)}{0.8}\fallingdotseq489\text{HP}$$

106 저수시설의 유효저수량 결정방법이 아닌 것은?

① 합리식　② 물수지 계산
③ 유량도표에 의한 방법　④ 유량누가곡선도표에 의한 방법

해설 합리식은 우수유출량 산정식이다.

107 정수장 침전지의 침전효율에 영향을 주는 인자에 대한 설명으로 옳지 않은 것은?

① 수온이 낮을수록 좋다.　② 체류시간이 길수록 좋다.
③ 입자의 직경이 클수록 좋다.　④ 침전지의 수표면적이 클수록 좋다.

해설 수온은 높을수록 좋다.

108 1/1,000의 경사로 묻힌 지름 2,400mm의 콘크리트관 내에 20℃의 물이 만관상태로 흐를 때의 유량은? (단, Manning공식을 적용하며 조도계수 n=0.015)

① 6.78m³/s　② 8.53m³/s
③ 12.71m³/s　④ 20.57m³/s

해설

$$Q=\frac{\pi d^2}{4}\frac{1}{n}R_h^{\frac{2}{3}}I^{\frac{1}{2}}=\frac{\pi\times2.4^2}{4}\times\frac{1}{0.015}\times\left(\frac{2.4}{4}\right)^{\frac{2}{3}}\times\left(\frac{1}{1,000}\right)^{\frac{1}{2}}=6.78\text{m}^3/\text{s}$$

109 다음 생물학적 처리방법 중 생물막공법은?

① 산화구법　② 살수여상법
③ 접촉안정법　④ 계단식 폭기법

해설 생물막법은 살수여상법, 회전원판법이 있다.

정답 105. ③ 106. ① 107. ① 108. ① 109. ②

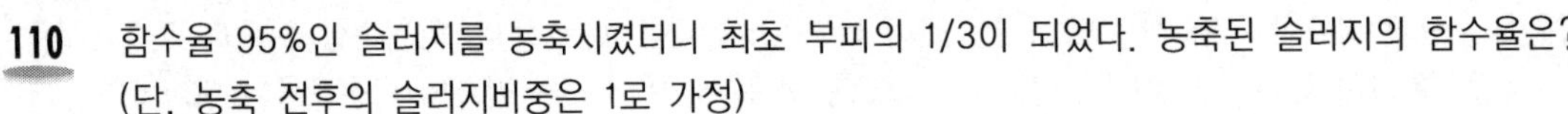

110 함수율 95%인 슬러지를 농축시켰더니 최초 부피의 1/3이 되었다. 농축된 슬러지의 함수율은? (단, 농축 전후의 슬러지비중은 1로 가정)

① 65%
② 70%
③ 85%
④ 90%

해설 $\frac{V_2}{V_1}=\frac{100-W_1}{100-W_2}$, $\frac{1}{3}=\frac{100-95}{100-W_2}$

$\therefore\ W_2=85\%$

111 원형 침전지의 처리유량이 10,200m^3/day, 위어의 월류부하가 169.2m^3/m-day라면 원형 침전지의 지름은?

① 18.2m
② 18.5m
③ 19.2m
④ 20.8m

해설 $V_0=\frac{Q}{A}$

$169.2\text{m}^3/\text{m}-\text{day}=\frac{10,200\text{m}^3/\text{day}}{\text{침전지둘레}(\pi d)}$

$\pi d=60.28$

$\therefore\ d=19.2\text{m}$

112 금속이온 및 염소이온(염화나트륨 제거율 93% 이상)을 제거할 수 있는 막여과공법은?

① 역삼투법
② 나노여과법
③ 정밀여과법
④ 한외여과법

해설 막여과공법 중 이온 제거에 많이 이용되는 것은 역삼투법이다.

113 정수처리에서 염소소독을 실시할 경우 물이 산성일수록 살균력이 커지는 이유는?

① 수중의 OCl 감소
② 수중의 OCl 증가
③ 수중의 HOCl 감소
④ 수중의 HOCl 증가

해설 살균력이 커지는 것은 유리잔류염소인 HOCl이 증가한다는 의미이다.

114 하수도시설에 관한 설명으로 옳지 않은 것은?

① 하수배제방식은 합류식과 분류식으로 대별할 수 있다.
② 하수도시설은 관로시설, 펌프장시설 및 처리장시설로 크게 구별할 수 있다.
③ 하수배제는 자연유하를 원칙으로 하고 있으며 펌프시설도 사용할 수 있다.
④ 하수처리장시설은 물리적 처리시설을 제외한 생물학적, 화학적 처리시설을 의미한다.

해설 하수처리장시설의 물리적 처리시설에는 대표적으로 하수침사지와 유량조정조가 있다.

 정답 ▸▸▸ 110. ③ 111. ③ 112. ① 113. ④ 114. ④

115 대기압이 10.33m, 포화수증기압이 0.238m, 흡입관 내의 전 손실수두가 1.2m, 토출관의 전 손실수두가 5.6m, 펌프의 공동현상계수(σ)가 0.8이라 할 때 공동현상을 방지하기 위하여 펌프가 흡입수면으로부터 얼마의 높이까지 위치할 수 있겠는가?

① 약 0.8m까지　　② 약 2.4m까지

③ 약 3.4m까지　　④ 약 4.5m까지

해설 $H_a = H_p + h_L + H_{sv} + H_s$

$10.33 = 0.238 + (1.2 + 5.6) + H_{sv} + H_s$

$H_{sv} + H_s = 3.292\text{m}$

$H_{sv} + H_s > 1.3h_{sv}$

$\therefore\ 3.292\text{m} \times 0.7 = 2.3\text{m}$

여기서, H_a : 대기압수두, H_p : 포화수증기압수두, h_L : 총손실수두,

H_{sv} : 유효흡입수두, h_{sv} : 필요흡입수두, H_s : 여유수면

116 상수도 취수시설 중 침사지에 관한 시설기준으로 틀린 것은?

① 길이는 폭의 3~8배를 표준으로 한다.

② 침사지의 체류시간은 계획취수량의 10~20분을 표준으로 한다.

③ 침사지의 유효수심은 3~4m를 표준으로 한다.

④ 침사지 내의 평균유속은 20~30cm/s를 표준으로 한다.

해설 침사지 내의 평균유속은 2~7cm/s를 표준으로 한다.

117 우수가 하수관로로 유입하는 시간이 4분, 하수관로에서 유하시간이 15분, 이 유역의 유역면적이 4km^2, 유출계수는 0.6, 강우강도식 $I = \dfrac{6,500}{t+40}$[mm/h]일 때 첨두유량은? (단, t의 단위 : 분)

① 73.4m^3/s　　② 78.8m^3/s

③ 85.0m^3/s　　④ 98.5m^3/s

해설 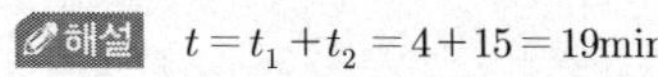

$t = t_1 + t_2 = 4 + 15 = 19\text{min}$

$\therefore\ Q = \dfrac{1}{3.6}CIA = \dfrac{1}{3.6} \times 0.6 \times \dfrac{6,500}{19+40} \times 4 = 73.4\text{m}^3/\text{s}$

118 계획급수량을 산정하는 식으로 옳지 않은 것은?

① 계획 1인 1일 평균급수량=계획 1인 1일 평균사용수량/계획첨두율

② 계획 1일 최대 급수량=계획 1일 평균급수량×계획첨두율

③ 계획 1일 평균급수량=계획 1인 1일 평균급수량×계획급수인구

④ 계획 1일 최대 급수량=계획 1인 1일 최대 급수량×계획급수인구

119 정수장의 약품침전을 위한 응집제로서 사용되지 않는 것은?

① PACl
② 황산철
③ 활성탄
④ 황산알루미늄

해설 활성탄은 이취미 제거에 사용된다.

120 계획오수량에 대한 설명으로 옳지 않은 것은?

① 오수관로의 설계에는 계획시간 최대 오수량을 기준으로 한다.
② 계획오수량의 산정에서는 일반적으로 지하수의 유입량은 무시할 수 있다.
③ 계획 1일 평균오수량은 계획 1일 최대 오수량의 70~80%를 표준으로 한다.
④ 계획시간 최대 오수량은 계획 1일 최대 오수량의 1시간당 수량의 1.3~1.8배를 표준으로 한다.

해설 계획오수량은 생활오수량, 공장폐수량, 지하수량의 합으로 산정한다.

 정답 ▸▸▸ 119. ③ 120. ②

국가기술자격검정 필기시험문제

2020년도 토목기사(2020년 8월 22일)

자격종목	시험시간	문제형별	수험번호	성 명
토목기사	**3시간**	**A**		

제 1 과목 : 응용역학

1 지름 d=120cm, 벽두께 t=0.6cm인 긴 강관이 q=2MPa의 내압을 받고 있다. 이 관벽 속에 발생하는 원환응력(σ)의 크기는?

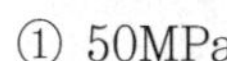

① 50MPa
② 100MPa
③ 150MPa
④ 200MPa

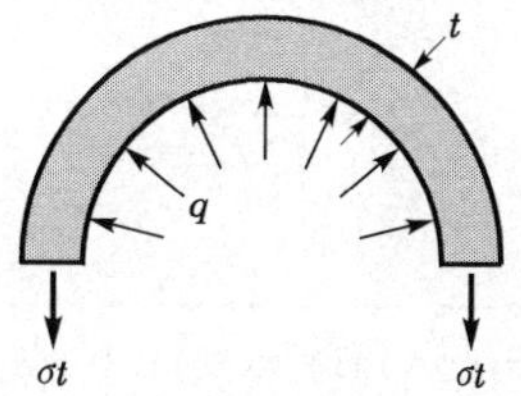

해설 $\sigma = \dfrac{qd}{2t} = \dfrac{2\times 1,200}{2\times 60} = 200\text{MPa}$

2 다음 그림과 같은 연속보에서 B점의 지점반력은?

① 240kN
② 280kN
③ 300kN
④ 320kN

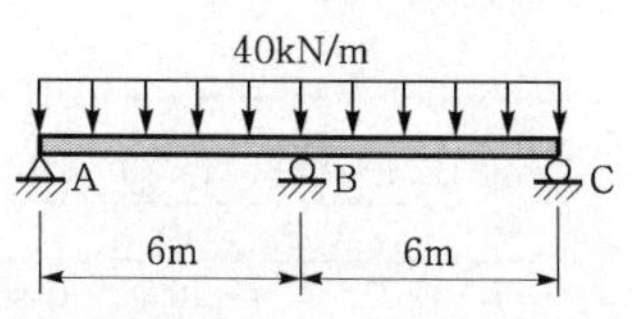

해설 $R_B = \dfrac{5wl}{4} = \dfrac{5\times 40\times 6}{4} = 300\text{kN}$

3 다음 그림과 같은 보에서 A점의 수직반력은?

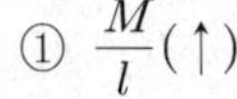

① $\dfrac{M}{l}(\uparrow)$

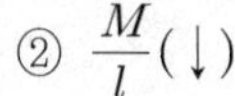

② $\dfrac{M}{l}(\downarrow)$

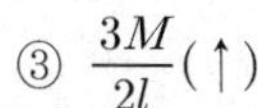

③ $\dfrac{3M}{2l}(\uparrow)$

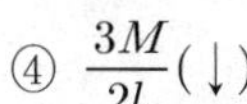

④ $\dfrac{3M}{2l}(\downarrow)$

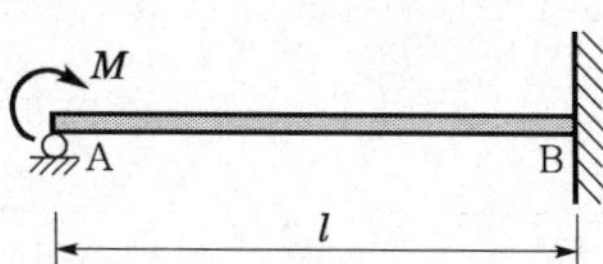

해설

$M_b = \frac{M}{2}(\curvearrowright)$

$\Sigma M_B = 0(\oplus\curvearrowright)$

$R_A l + M + \frac{M}{2} = 0$

$\therefore\ R_A = -\frac{M}{2l}(\downarrow)$

4 전단 중심(shear center)에 대한 설명으로 틀린 것은?

① 1축이 대칭인 단면의 전단 중심은 도심과 일치한다.
② 1축이 대칭인 단면의 전단 중심은 그 대칭축선상에 있다.
③ 하중이 전단 중심점을 통과하지 않으면 보는 비틀린다.
④ 전단 중심이란 단면이 받아내는 전단력의 합력점의 위치를 말한다.

해설 1축 대칭인 단면의 전단 중심은 도심과 일치하는 것이 아닌 그 대칭축선상에 있다.

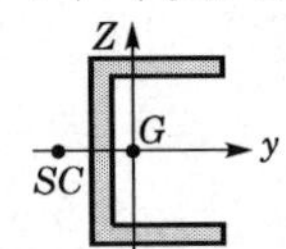

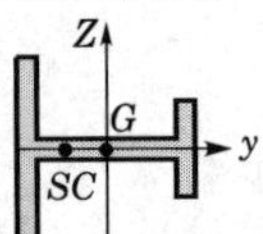

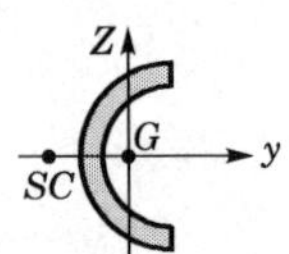

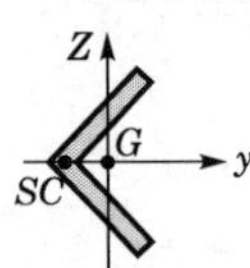

5 다음 그림과 같은 1/4원 중에서 음영 부분의 도심까지 위치 y_o는?

① 4.94cm
② 5.20cm
③ 5.84cm
④ 7.81cm

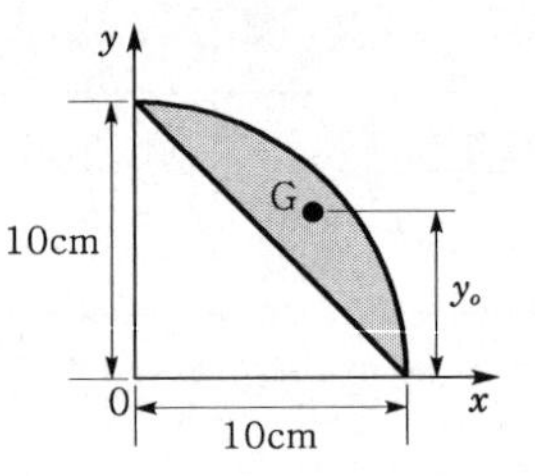

해설

$$y_o = \frac{G_x}{A} = \frac{\frac{\pi\times10^2}{4}\times\frac{4\times10}{3\pi} - \frac{10\times10}{2}\times\frac{10}{3}}{\frac{\pi\times10^2}{4} - \frac{10\times10}{2}} = \frac{166.67}{28.54} \fallingdotseq 5.84\text{cm}$$

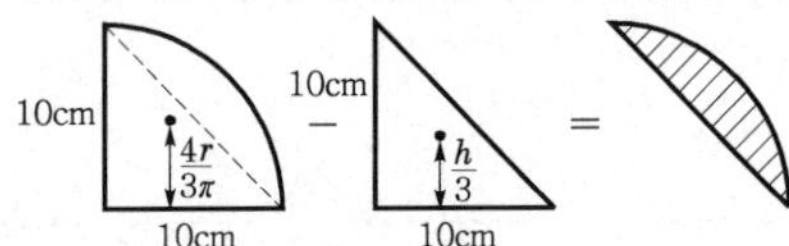

6 다음 그림과 같이 단순보의 A점에 휨모멘트가 작용하고 있을 경우 A점에서 전단력의 절대값은?

① 72kN
② 108kN
③ 126kN
④ 252kN

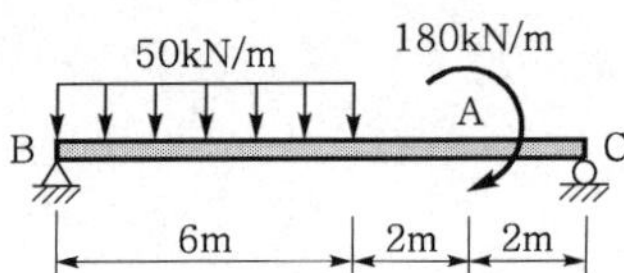

 정답 ▸▸▸ 4. ① 5. ③ 6. ②

해설 $V_A = \dfrac{(50\times6\times3)+180}{10} = 108\text{kN}$

7 다음 그림과 같은 3힌지 라멘의 휨모멘트도(B.M.D)는?

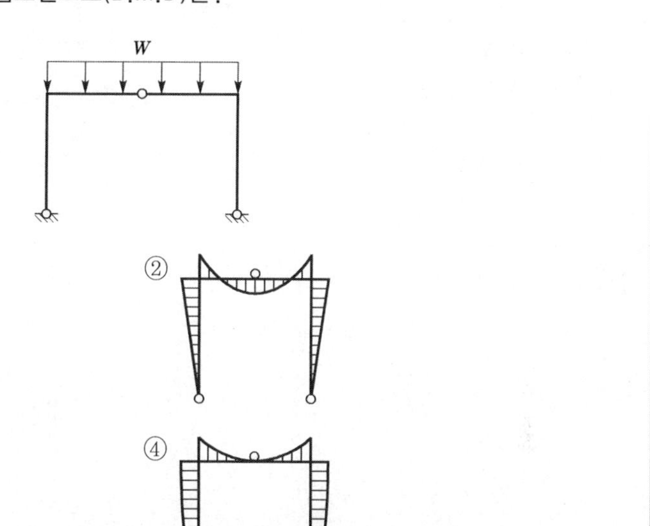

①

②

③ 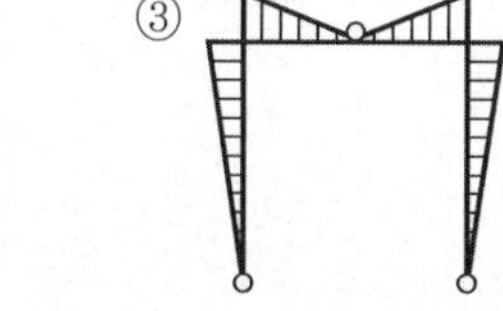

④ 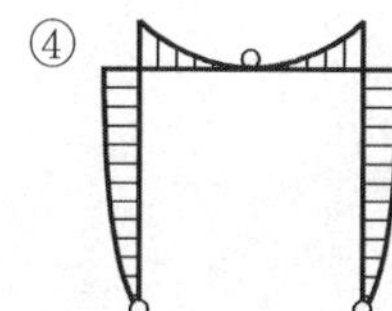

해설 ② 내부힌지에 휨모멘트가 발생했으므로 틀렸다.
③ 등분포하중구간의 휨모멘트개형이 1차 함수로 틀렸다.
④ 등분포하중구간의 휨모멘트개형이 1차이어야 하고, 수직부재구간의 휨모멘트개형도 1차이어야 한다.

8 다음 그림과 같은 도형에서 빗금 친 부분에 대한 x, y축의 단면 상승모멘트(I_{xy})는?

① 2cm^4
② 4cm^4
③ 8cm^4
④ 16cm^4

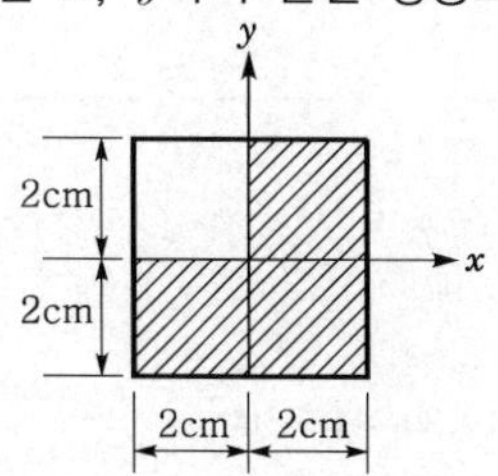

해설 $I_{xy} = (2\times2)\times1\times1 = 4\text{cm}^4$

9 등분포하중을 받는 단순보에서 중앙점의 처짐을 구하는 공식은? (단, 등분포하중은 W, 보의 길이는 L, 보의 휨강성은 EI이다.)

① $\dfrac{WL^3}{24EI}$
② $\dfrac{WL^3}{48EI}$
③ $\dfrac{WL^4}{8EI}$
④ $\dfrac{5WL^4}{384EI}$

정답 7. ① 8. ② 9. ④

해설 $\delta = \dfrac{5WL^4}{384EI}$

10 다음 그림과 같은 3힌지 아치에서 B점의 수평반력(H_B)은?

① 20kN
② 30kN
③ 40kN
④ 60kN

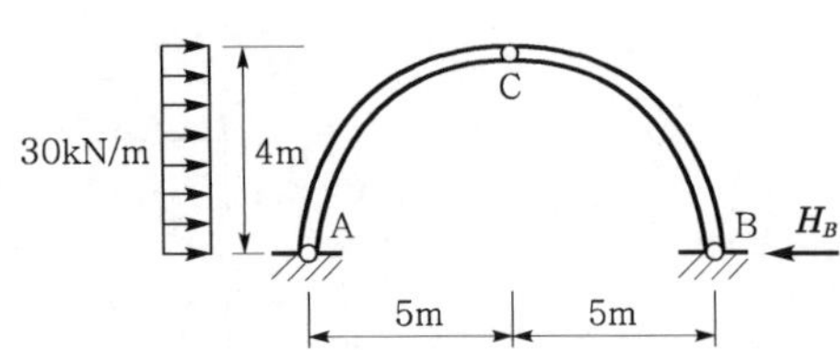

해설 ㉠ $\Sigma M_A = 0(\oplus)$

$-V_B l + wh\left(\dfrac{h}{2}\right) = 0$

$\therefore V_B = \dfrac{wh^2}{2l}(\uparrow)$

㉡ $\Sigma M_G = 0(\oplus)$

$H_B h - \dfrac{wh^2}{2l}\left(\dfrac{l}{2}\right) = 0$

$\therefore H_B = \dfrac{wh}{4} = \dfrac{30 \times 4}{4} = 30\text{kN}$

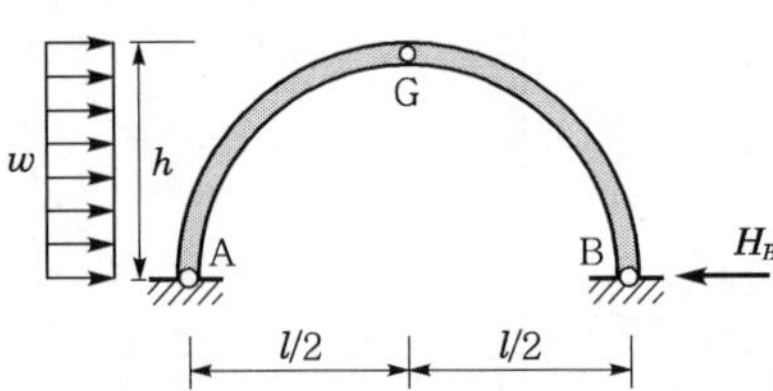

11 다음 그림과 같은 보의 허용휨응력이 80MPa일 때 보에 작용할 수 있는 등분포하중(w)은?

① 50kN/m
② 40kN/m
③ 5kN/m
④ 4kN/m

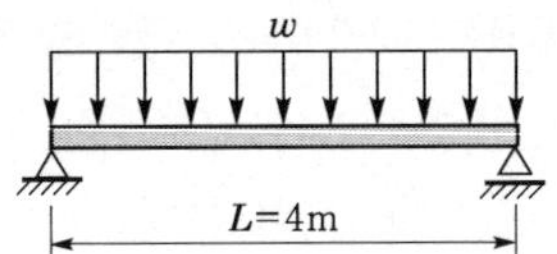

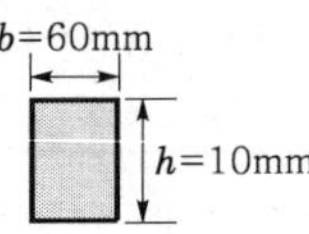

해설 $\sigma = \dfrac{M}{Z} = \dfrac{\dfrac{wL^2}{8}}{\dfrac{bh^2}{6}} = \dfrac{3wL^2}{4bh^2}$

$\therefore w = \dfrac{4\sigma bh^2}{3L^2} = \dfrac{4 \times 80 \times 60 \times 100^2}{3 \times 4{,}000^2} = 4\text{kN/m}$

12 다음 그림은 정사각형 단면을 갖는 단주에서 단면의 핵을 나타낸 것이다. x의 거리는?

① 3cm
② 4.5cm
③ 6cm
④ 9cm

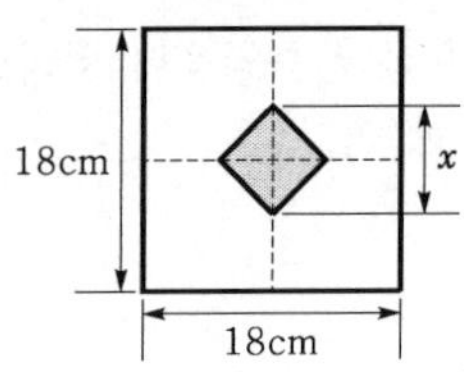

해설 $e = x = \dfrac{h}{3} = \dfrac{18}{3} = 6\text{cm}$

  정답 ▸▸▸ 10. ② 11. ④ 12. ③

13 다음 그림과 같이 속이 빈 단면에 전단력 V=150kN이 작용하고 있다. 단면에 발생하는 최대 전단응력은?

① 9.9MPa
② 19.8MPa
③ 99MPa
④ 198MPa

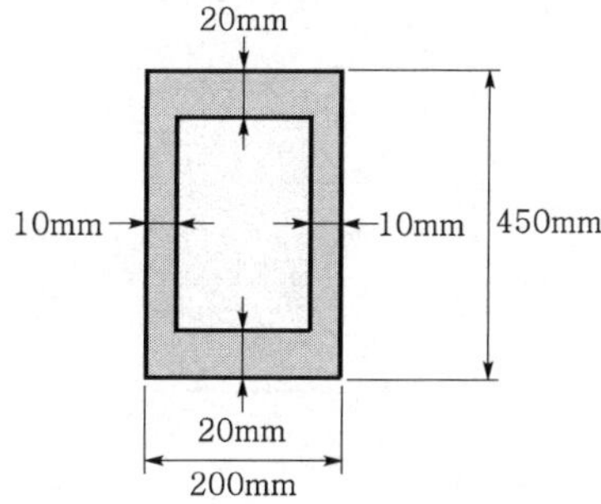

해설

$$I_x = \frac{1}{12} \times (200 \times 450^3 - 180 \times 410^3) = 484,935,000\text{mm}^4$$

$$G_x = (200 \times 20) \times 215 + (10 \times 205) \times 102.5 \times 2 = 1,280,250\text{mm}^3$$

$$b = 10 + 10 = 20\text{mm}$$

$$S = 150\text{kN} = 150 \times 10^3\text{N}$$

$$\therefore\ \tau = \frac{SG_x}{I_x b} = \frac{150 \times 10^3 \times 1,280,250}{484,935,000 \times 20} = 19.8\text{MPa}$$

14 다음 그림과 같은 캔틸레버보에서 자유단에 집중하중 $2P$를 받고 있을 때 휨모멘트에 의한 탄성변형에너지는? (단, EI는 일정하고, 보의 자중은 무시한다.)

① $\dfrac{3P^2L^3}{2EI}$

② $\dfrac{2P^2L^3}{3EI}$

③ $\dfrac{P^2L^3}{3EI}$

④ $\dfrac{P^2L^3}{6EI}$

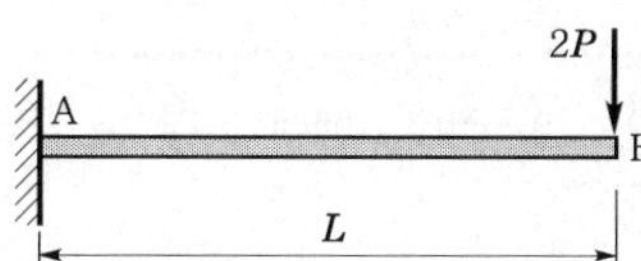

해설

$$U = \frac{1}{2}P\delta = \frac{1}{2} \times 2P \times \frac{2PL^3}{3EI} = \frac{2P^2L^3}{3EI}$$

15 지름 50mm, 길이 2m의 봉을 길이방향으로 당겼더니 길이가 2mm 늘어났다면 이때 봉의 지름은 얼마나 줄어드는가? (단, 이 봉의 푸아송비는 0.3이다.)

① 0.015mm ② 0.030mm
③ 0.045mm ④ 0.060mm

해설

$$\nu = \frac{\frac{\Delta d}{d}}{\frac{\Delta L}{L}}$$

$$\therefore\ \Delta d = \nu \frac{\Delta L}{L} d = 0.3 \times \frac{2}{2,000} \times 50 = 0.015\text{mm}$$

정답 ▶▶ 13. ② 14. ② 15. ①

16 다음 그림과 같은 크레인의 D_1부재의 부재력은?

① 43kN
② 50kN
③ 75kN
④ 100kN

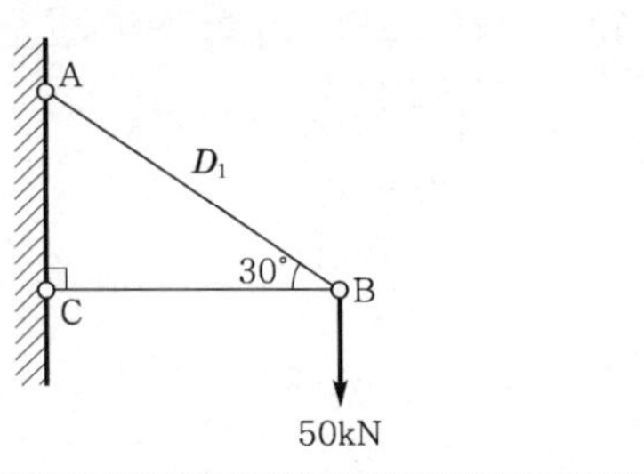

해설 $D_1 \times \sin 30° = 50$

$\therefore\ D_1 = 100\text{kN}$

17 다음 그림과 같은 직사각형 단면의 보가 최대 휨모멘트 M_{max}=20kN · m를 받을 때 $a-a$ 단면의 휨응력은?

① 2.25MPa
② 3.75MPa
③ 4.25MPa
④ 4.65MPa

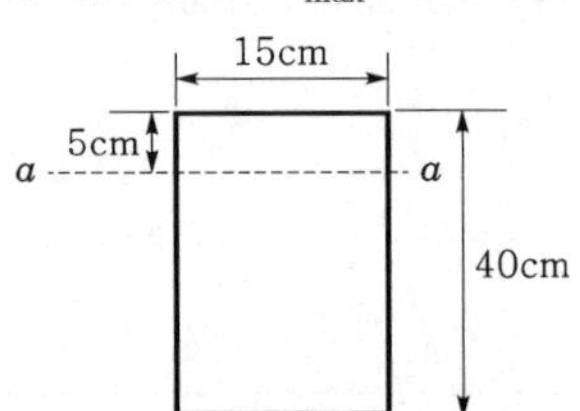

해설 $\sigma = \dfrac{M}{I}y = \dfrac{20 \times 1{,}000 \times 1{,}000}{\dfrac{150 \times 400^3}{12}} \times 150 = 3.75\text{MPa}$

18 다음 그림과 같은 캔틸레버보에서 최대 처짐각(θ_B)은? (단, EI는 일정하다.)

① $\dfrac{3wl^3}{48EI}$
② $\dfrac{5wl^3}{48EI}$
③ $\dfrac{7wl^3}{48EI}$
④ $\dfrac{9wl^3}{48EI}$

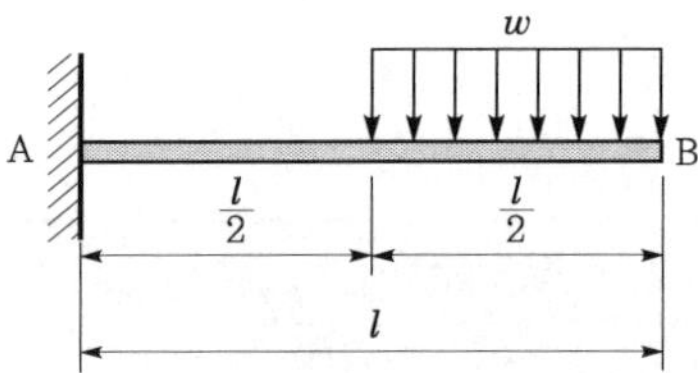

해설 공액보법 이용

$\theta_B = S_B$

$= \left(\dfrac{1}{3} \times \dfrac{l}{2} \times \dfrac{wl^2}{8EI}\right) + \left(\dfrac{l}{2} \times \dfrac{wl^2}{8EI}\right) + \left(\dfrac{1}{2} \times \dfrac{l}{2} \times \dfrac{wl^2}{4EI}\right)$

$= \dfrac{wl^3}{48EI} + \dfrac{wl^3}{16EI} + \dfrac{wl^3}{16EI}$

$= \dfrac{7wl^3}{48EI}$

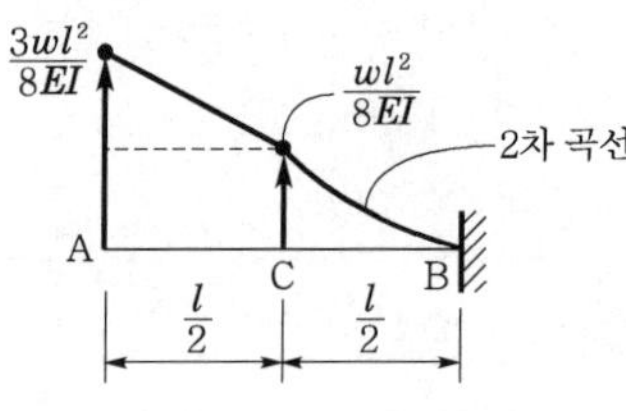

 정답 ▶▶▶ 16. ④ 17. ② 18. ③

19 다음 그림에서 합력 R과 P_1 사이의 각을 α라고 할 때 $\tan\alpha$를 나타낸 식으로 옳은 것은?

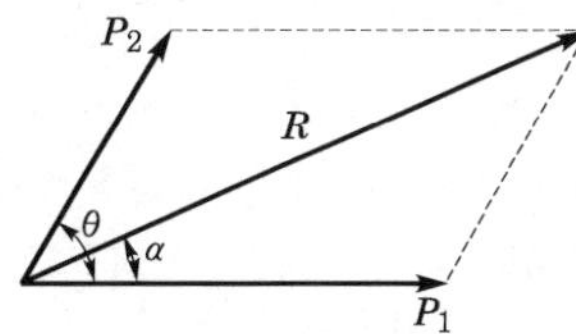

① $\tan\alpha = \dfrac{P_2 \sin\theta}{P_1 + P_2 \cos\theta}$

② $\tan\alpha = \dfrac{P_1 \sin\theta}{P_1 + P_2 \cos\theta}$

③ $\tan\alpha = \dfrac{P_2 \cos\theta}{P_1 + P_2 \sin\theta}$

④ $\tan\alpha = \dfrac{P_1 \cos\theta}{P_1 + P_2 \sin\theta}$

해설 $\tan\alpha = \dfrac{P_2 \sin\theta}{P_1 + P_2 \cos\theta}$

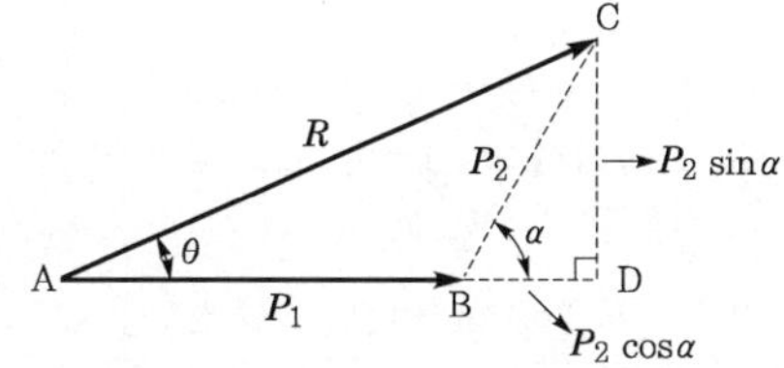

20 길이가 3m이고 가로 200mm, 세로 300mm인 직사각형 단면의 기둥이 있다. 지지상태가 양단 힌지인 경우 좌굴응력을 구하기 위한 이 기둥의 세장비는?

① 34.6
② 43.3
③ 52.0
④ 60.7

해설 $\lambda = \dfrac{l}{r_{\min}} = \dfrac{l}{\sqrt{\dfrac{I_{\min}}{A}}} = \dfrac{3{,}000}{\sqrt{\dfrac{\dfrac{300 \times 200^3}{12}}{200 \times 300}}} = 52$

제2과목 : 측량학

21 다음 그림과 같이 $\widehat{A_0B_0}$의 노선을 e =10m만큼 이동하여 내측으로 노선을 설치하고자 한다. 새로운 반지름 R_N은? (단, R_o =200m, I=60°)

① 217.64m
② 238.26m
③ 250.50m
④ 264.64m

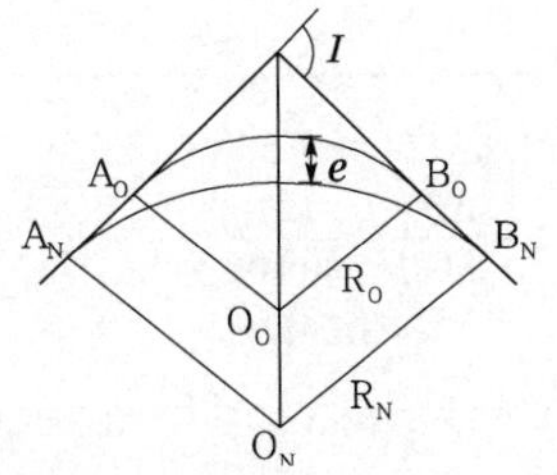

정답 ▸▸▸ 19. ① 20. ③ 21. ④

해설 ㉠ 구곡선의 외할

외할$(E)=R\left(\sec\frac{I}{2}-1\right)=200\times\left(\sec\frac{60°}{2}-1\right)=30.94$m

㉡ 신곡선의 반지름

외할$(E+e)=R_N\left(\sec\frac{I}{2}-1\right)$

$30.94+10=R_N\times\left(\sec\frac{60°}{2}-1\right)$

$\therefore\ R_N=264.64$m

22 하천측량에 대한 설명으로 옳지 않은 것은?

① 수위관측소의 위치는 지천의 합류점 및 분류점으로서 수위의 변화가 일어나기 쉬운 곳이 적당하다.
② 하천측량에서 수준측량을 할 때의 거리표는 하천의 중심에 직각방향으로 설치한다.
③ 심천측량은 하천의 수심 및 유수 부분의 하저상황을 조사하고 횡단면도를 제작하는 측량을 말한다.
④ 하천측량 시 처음에 할 일은 도상조사로서 유로상황, 지역면적, 지형, 토지이용상황 등을 조사하여야 한다.

해설 양수표 설치 시 장소주의사항
㉠ 상 · 하류 약 100m 정도의 직선인 장소
㉡ 잔류, 역류가 적은 장소
㉢ 수위가 교각이나 기타 구조물에 의한 영향을 받지 않는 장소
㉣ 지천의 합류점에서는 불규칙한 수위의 변화가 없는 장소
㉤ 홍수 시 유실이나 이동 또는 파손되지 않는 장소
㉥ 어떤 갈수 시에도 양수표가 노출되지 않는 장소

23 다음 그림과 같이 곡선반지름 R=500m인 단곡선을 설치할 때 교점에 장애물이 있어 ∠ACD=150°, ∠CDB=90°, CD=100m를 관측하였다. 이때 C점으로부터 곡선의 시점까지의 거리는?

① 530.27m
② 657.04m
③ 750.56m
④ 796.09m

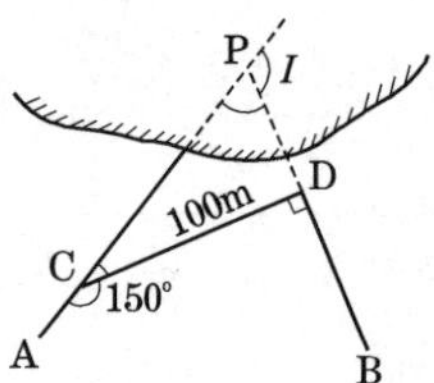

해설 ㉠ 교각$(I)=30°+90°=120°$

㉡ $\frac{100}{\sin 60°}=\frac{\text{CP}}{\sin 90°}$

$\therefore$ CP=115.47m

㉢ T.L$=500\times\tan\frac{120°}{2}=866.03$m

㉣ C점에서 BC까지의 거리=866.03−115.47=750.56m

 정답 22. ① 23. ③

24 다음 그림의 다각망에서 C점의 좌표는? (단, $\overline{AB}=\overline{BC}=100m$이다.)

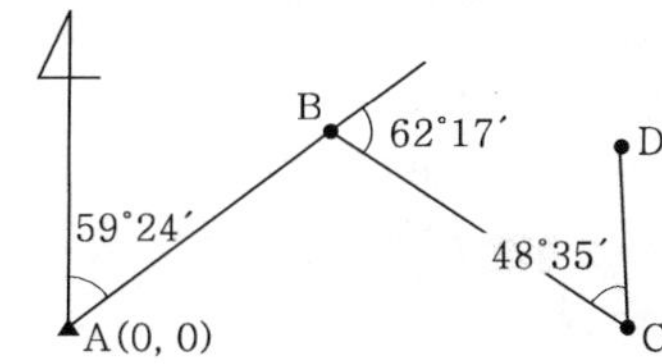

① $X_C=-5.31m$, $Y_C=160.45m$ ② $X_C=-1.62m$, $Y_C=171.17m$
③ $X_C=-10.27m$, $Y_C=89.25m$ ④ $X_C=50.90m$, $Y_C=86.07m$

해설 ㉠ 방위각 계산
- $\overline{AB}$측선의 방위각=59°24′
- $\overline{BC}$측선의 방위각=59°24′+62°17′=121°41′

㉡ 좌표 계산
- B점의 좌표
  $X_B=0+100\times\cos59°24'=50.90m$
  $Y_B=0+100\times\sin59°24'=86.07m$
- C점의 좌표
  $X_C=50.90+100\times\cos121°41'=-1.62m$
  $Y_C=86.07+100\times\sin121°41'=171.17m$

25 각관측방법 중 배각법에 관한 설명으로 옳지 않은 것은?

① 방향각법에 비하여 읽기오차의 영향을 적게 받는다.
② 수평각관측법 중 가장 정확한 방법으로 정밀한 삼각측량에 주로 이용된다.
③ 시준할 때의 오차를 줄일 수 있고 최소 눈금 미만의 정밀한 관측값을 얻을 수 있다.
④ 1개의 각을 2회 이상 반복관측하여 관측한 각도의 평균을 구하는 방법이다.

해설 배각법
㉠ 방향관측법에 비해 읽기오차의 영향을 적게 받는다.
㉡ 눈금을 측정할 수 없는 작은 양의 값을 누적하여 반복횟수로 나누면 세밀한 값을 얻을 수 있다.
㉢ 눈금의 불량에 의한 오차를 최소로 하기 위해 n회의 반복결과가 360°에 가깝도록 한다.
㉣ 방향수가 적은 경우에 편리하며 삼각측량과 같이 많은 방향이 있는 경우에는 적합하지 않다.

26 수준측량에서 시준거리를 같게 함으로써 소거할 수 있는 오차에 대한 설명으로 틀린 것은?

① 기포관축과 시준선이 평행하지 않을 때 생기는 시준선오차를 소거할 수 있다.
② 지구곡률오차를 소거할 수 있다.
③ 표척시준 시 초점나사를 조정할 필요가 없으므로 이로 인한 오차인 시준오차를 줄일 수 있다.
④ 표척의 눈금 부정확으로 인한 오차를 소거할 수 있다.

해설 전시와 후시의 거리를 같게 취하는 이유
㉠ 기계오차(시준축오차) 소거(주목적)
㉡ 구차(지구의 곡률에 의한 오차) 소거
㉢ 기차(광선의 굴절에 의한 오차) 소거

정답 ▸▸▸ 24. ② 25. ② 26. ④

27 삼각측량을 위한 삼각점의 위치 선정에 있어서 피해야 할 장소와 가장 거리가 먼 것은?

① 측표를 높게 설치해야 되는 곳
② 나무의 벌목면적이 큰 곳
③ 편심관측을 해야 되는 곳
④ 습지 또는 하상인 곳

해설 삼각측량을 위한 삼각점의 위치 선정에 있어서 피해야 할 장소
㉠ 측표를 높게 설치해야 되는 곳
㉡ 나무의 벌목면적이 큰 곳
㉢ 습지 또는 하상인 곳

28 폐합다각측량을 실시하여 위거오차 30cm, 경거오차 40cm를 얻었다. 다각측량의 전체 길이가 500m라면 다각형의 폐합비는?

① $\frac{1}{100}$
② $\frac{1}{125}$
③ $\frac{1}{1,000}$
④ $\frac{1}{1,250}$

해설 ㉠ 폐합오차 $= \sqrt{\text{위거오차}^2 + \text{경거오차}^2} = \sqrt{0.3^2 + 0.4^2} = 0.5\text{m}$
㉡ 폐합비(정도) $= \frac{E}{\Sigma L} = \frac{0.5}{500} = \frac{1}{1,000}$

29 직접고저측량을 실시한 결과가 다음 그림과 같을 때 A점의 표고가 10m라면 C점의 표고는? (단, 그림은 개략도로 실제 치수와 다를 수 있음)

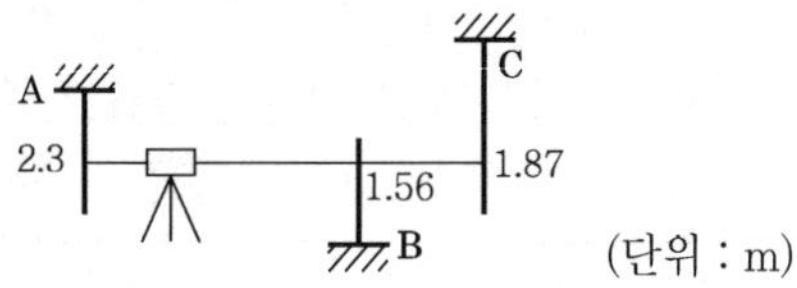

① 9.57m
② 9.66m
③ 10.57m
④ 10.66m

해설 $H_C = 10 - 2.3 + 1.87 = 9.57\text{m}$

30 하천측량에서 유속관측에 대한 설명으로 옳지 않은 것은?

① 유속계에 의한 평균유속 계산식은 1점법, 2점법, 3점법 등이 있다.
② 하천기울기(I)를 이용하여 유속을 구하는 식에는 Chezy식과 Manning식 등이 있다.
③ 유속관측을 위해 이용되는 부자는 표면부자, 2중부자, 봉부자 등이 있다.
④ 위어(weir)는 유량관측을 위해 직접적으로 유속을 관측하는 장비이다.

해설 위어는 유량관측을 위해 설치된 것으로 둑을 말한다.

정답 27. ③ 28. ③ 29. ① 30. ④

31 직사각형의 두 변의 길이를 $\frac{1}{100}$ 정밀도로 관측하여 면적을 산출할 경우 산출된 면적의 정밀도는?

① $\frac{1}{50}$
② $\frac{1}{100}$
③ $\frac{1}{200}$
④ $\frac{1}{300}$

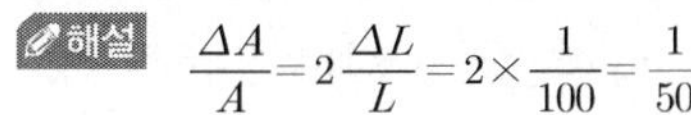

해설 $\frac{\Delta A}{A} = 2\frac{\Delta L}{L} = 2 \times \frac{1}{100} = \frac{1}{50}$

32 전자파거리측량기로 거리를 측량할 때 발생되는 관측오차에 대한 설명으로 옳은 것은?

① 모든 관측오차는 거리에 비례한다.
② 모든 관측오차는 거리에 비례하지 않는다.
③ 거리에 비례하는 오차와 비례하지 않는 오차가 있다.
④ 거리가 어떤 길이 이상으로 커지면 관측오차가 상쇄되어 길이에 대한 영향이 없어진다.

해설 전자파거리측정기의 오차
㉠ 거리에 비례하는 오차 : 광속도오차, 광변조주파수오차, 굴절률오차
㉡ 거리에 반비례하는 오차 : 위상차관측오차, 영점오차(기계정수, 반사경정수), 편심오차

33 토적곡선(mass curve)을 작성하는 목적으로 가장 거리가 먼 것은?

① 토량의 배분
② 교통량 산정
③ 토공기계의 선정
④ 토량의 운반거리 산출

해설 토적곡선(mass curve)을 작성하는 목적 : 토량의 배분, 토공기계의 선정, 토량의 운반거리 산출

34 지반의 높이를 비교할 때 사용하는 기준면은?

① 표고(elevation)
② 수준면(level surface)
③ 수평면(horizontal plane)
④ 평균해수면(mean sea level)

해설 우리나라의 높이기준은 인천만의 평균해수면이다.

35 축척 1 : 50,000 지형도상에서 주곡선 간의 도상길이가 1cm이었다면 이 지형의 경사는?

① 4%
② 5%
③ 6%
④ 10%

정답 ▸▸▸ 31. ① 32. ③ 33. ② 34. ④ 35. ①

해설

㉠ $\frac{1}{m}=\frac{\text{도상거리}}{\text{실제 거리}}$

$\frac{1}{50,000}=\frac{0.01}{\text{실제 거리}}$

∴ 실제 거리=500m

㉡ $i=\frac{H}{D}\times100\%=\frac{20}{500}\times100\%=4\%$

여기서 1 : 50,000의 경우 주곡선의 간격은 20m이다. 따라서 H에 20m를 대입한다.

36 노선설치에서 곡선반지름 R, 교각 I인 단곡선을 설치할 때 곡선의 중앙종거(M)를 구하는 식으로 옳은 것은?

① $M=R\left(\sec\frac{I}{2}-1\right)$　　② $M=R\tan\frac{I}{2}$

③ $M=2R\sin\frac{I}{2}$　　④ $M=R\left(1-\cos\frac{I}{2}\right)$

해설 중앙종거$(M)=R\left(1-\cos\frac{I}{2}\right)$

37 다음 우리나라에서 사용되고 있는 좌표계에 대한 설명 중 옳지 않은 것은?

우리나라의 평면직각좌표는 ㉠ 4개의 평면직각좌표계(서부, 중부, 동부, 동해)를 사용하고 있다. 각 좌표계의 ㉡ 원점은 위도 38°선과 경도 125°, 127°, 129°, 131°선의 교점에 위치하며, ㉢ 투영법은 TM(Transverse Mercator)을 사용한다. 좌표의 음수표기를 방지하기 위해 ㉣ 횡좌표에 200,000m, 종좌표에 500,000m를 가산한 가좌표를 사용한다.

① ㉠　　② ㉡

③ ㉢　　④ ㉣

해설 우리나라의 평면직각좌표는 4개의 평면직각좌표계(서부, 중부, 동부, 동해)를 사용하고 있다. 각 좌표계의 원점은 위도 38°선과 경도 125°, 127°, 129°, 131°선의 교점에 위치하며, 투영법은 TM(Transverse Mercator)을 사용한다. 좌표의 음수표기를 방지하기 위해 횡좌표에 200,000m, 종좌표에 600,000m를 가산한 가좌표를 사용한다.

38 다음 그림과 같은 편심측량에서 ∠ABC는? (단, $\overline{AB}$=2.0km, $\overline{BC}$=1.5km, e=0.5m, t=54°30′, ρ=300°30′)

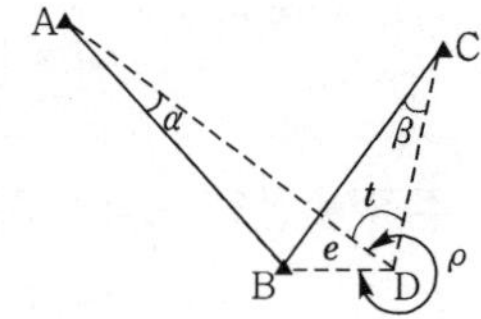

① 54°28′45″　　② 54°30′19″

③ 54°31′58″　　④ 54°33′14″

정답 ▸▸▸ 36. ④ 37. ④ 38. ②

해설 ㉠ △BAD에서

$$\frac{e}{\sin\alpha}=\frac{\overline{AB}}{\sin(360°-\rho)}$$

$$\sin\alpha=\frac{e\sin(360°-\rho)}{\overline{AB}}$$

$$\therefore\ \alpha=\sin^{-1}\frac{e\sin(360°-\rho)}{\overline{AB}}=\sin^{-1}\frac{0.5\times\sin(360°-300°30')}{2,000}=0°0'44''$$

㉡ △BCD에서

$$\frac{e}{\sin\beta}=\frac{\overline{BC}}{\sin(360°-\rho+t)}$$

$$\sin\alpha=\frac{e\sin(360°-\rho+t)}{\overline{BC}}$$

$$\therefore\ \beta=\sin^{-1}\frac{e\sin(360°-\rho+t)}{\overline{BC}}=\sin^{-1}\frac{0.5\times\sin(360°-300°30'+54°30')}{1,500}=0°1'03''$$

㉢ $\angle ABC=t+\beta-\alpha=54°30'19''$

39 지형의 표시방법 중 하천, 항만, 해안측량 등에서 심천측량을 할 때 측점에 숫자로 기입하여 고저를 표시하는 방법은?

① 점고법 ② 음영법
③ 연선법 ④ 등고선법

해설 지형의 표시법

㉠ 자연적인 도법
- 우모법 : 선의 굵기와 길이로 지형을 표시하는 방법으로 경사가 급하면 굵고 짧게, 경사가 완만하면 가늘고 길게 표시한다.
- 영선법 : 태양광선이 서북쪽에서 45°로 비친다고 가정하고 지표의 기복에 대해서 그 명암을 도상에 2~3색 이상으로 지형의 기복을 표시하는 방법이다.

㉡ 부호적 도법
- 점고법 : 지표면상에 있는 임의점의 표고를 도상에서 숫자로 표시해 지표를 나타내는 방법으로 하천, 항만, 해양 등의 심천을 나타내는 경우에 사용한다.
- 등고선법 : 등고선에 의하여 지표면의 형태를 표시하는 방법으로 비교적 지형을 쉽게 표현할 수 있어 가장 널리 쓰이는 방법이다.
- 채색법 : 지형도에 채색을 하여 지형을 표시하는 방법으로 높은 곳은 진하게, 낮은 곳은 연하게 표시하며 지리관계의 지도나 소축척지도에 사용된다.

40 다각측량에서 거리관측 및 각관측의 정밀도는 균형을 고려해야 한다. 거리관측의 허용오차가 $\pm\frac{1}{10,000}$이라고 할 때 각관측의 허용오차는?

① ±20″ ② ±10″
③ ±5″ ④ ±1′

해설

$$\frac{\Delta l}{l}=\frac{\theta''}{\rho''}$$

$$\frac{1}{10,000}=\frac{\theta''}{206,265''}$$

$$\therefore\ \theta''=\pm 20''$$

정답 ▸▸▸ 39. ① 40. ①

제3과목 : 수리수문학

41 다음 그림과 같이 1m×1m×1m인 정육면체의 나무가 물에 떠 있을 때 부체(浮體)로서 상태로 옳은 것은? (단, 나무의 비중은 0.8이다.)

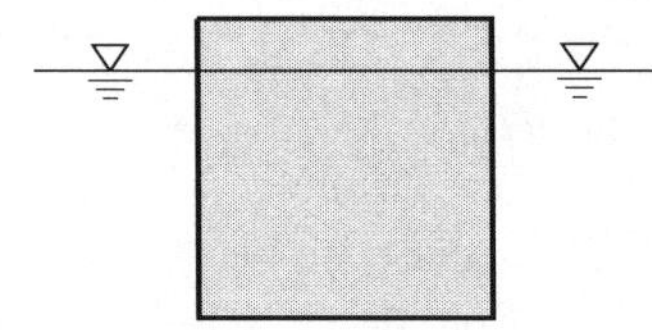

① 안정하다.
② 불안정하다.
③ 중립상태다.
④ 판단할 수 없다.

해설 ㉠ $M=B$

$0.8\times(1\times1\times1)=1\times(1\times1\times h)$

$\therefore\ h=0.8\text{m}$

㉡ $\dfrac{I_X}{V}-\overline{GC}=\dfrac{\dfrac{1\times1^3}{12}}{1\times1\times0.8}-(0.5-0.4)=0.0042\text{m}>0$이므로 안정하다.

42 관의 마찰 및 기타 손실수두를 양정고의 10%로 가정할 경우 펌프의 동력을 마력으로 구하면? (단, 유량은 Q=0.07m³/s이며, 효율은 100%로 가정한다.)

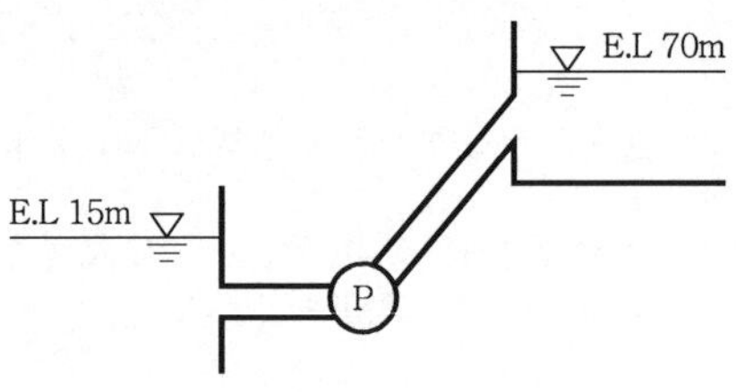

① 57.2HP ② 48.0HP
③ 51.3HP ④ 56.5HP

해설 $E=\dfrac{1,000}{75}\dfrac{Q(H+\Sigma h)}{\eta}=\dfrac{1,000}{75}\times\dfrac{0.07\times(55+55\times0.1)}{1}=56.47\text{HP}$

43 비피압대수층 내 지름 D=2m, 영향권의 반지름 R=1,000m, 원지하수의 수위 H=9m, 집수정의 수위 h_o=5m인 심정호의 양수량은? (단, 투수계수 K=0.0038m/s)

① 0.0415m³/s ② 0.0461m³/s
③ 0.0968m³/s ④ 1.8232m³/s

해설 $Q=\dfrac{\pi K(H^2-{h_o}^2)}{2.3\log\dfrac{R}{r_o}}=\dfrac{\pi\times0.0038\times(9^2-5^2)}{2.3\times\log\dfrac{1,000}{1}}=0.0969\text{m}^3/\text{s}$

정답 41. ① 42. ④ 43. ③

44 지름 25cm, 길이 1m의 원주가 연직으로 물에 떠 있을 때 물속에 가라앉은 부분의 길이가 90cm라면 원주의 무게는? (단, 무게 1kgf=9.8N)

① 253N ② 344N
③ 433N ④ 503N

해설

$$M=B=wV=1\times\left(\frac{\pi\times0.25^2}{4}\times0.9\right)=0.04418\text{t}=44.18\text{kg}=432.96\text{N}$$

45 폭이 50m인 직사각형 수로의 도수 전 수위 h_1=3m, 유량 Q=2,000m^3/s일 때 대응수심은?

① 1.6m ② 6.1m
③ 9.0m ④ 도수가 발생하지 않는다.

해설

㉠ $F_{r1}=\dfrac{V}{\sqrt{gh_1}}=\dfrac{\frac{2,000}{50\times3}}{\sqrt{9.8\times3}}=2.46$

㉡ $\dfrac{h_2}{h_1}=\dfrac{1}{2}(-1+\sqrt{1+8{F_{r1}}^2})$

$\dfrac{h_2}{3}=\dfrac{1}{2}\times(-1+\sqrt{1+8\times2.46^2})$

$\therefore\ h_2=9\text{m}$

46 배수면적이 500ha, 유출계수가 0.70인 어느 유역에 연평균강우량이 1,300mm 내렸다. 이때 유역 내에서 발생한 최대 유출량은?

① 0.1443m^3/s ② 12.64m^3/s
③ 14.43m^3/s ④ 1,264m^3/s

해설

㉠ $I=\dfrac{1,300}{365\times24}=0.148\text{mm/h}$

㉡ $1\text{ha}=10^4\text{m}^2=10^{-2}\text{km}^2$

㉢ $Q=0.2778CIA=0.2778\times0.7\times0.148\times(500\times10^{-2})=0.144\text{m}^3/\text{s}$

47 다음 그림과 같은 개수로에서 수로경사 I=0.001, Manning의 조도계수 n=0.002일 때 유량은?

① 약 150m^3/s
② 약 320m^3/s
③ 약 480m^3/s
④ 약 540m^3/s

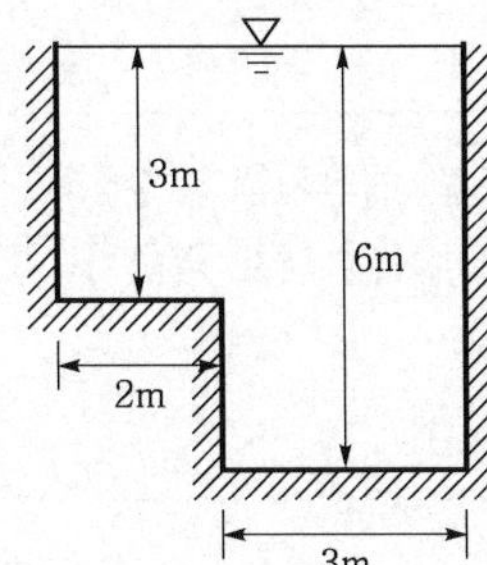

해설 ㉠ $A=2\times3+3\times6=24\text{m}^2$

㉡ $R=\dfrac{A}{S}=\dfrac{24}{3+2+3+3+6}=1.41\text{m}$

㉢ $Q=A\dfrac{1}{n}R^{\frac{2}{3}}I^{\frac{1}{2}}=24\times\dfrac{1}{0.002}\times1.41^{\frac{2}{3}}\times0.001^{\frac{1}{2}}=477.16\text{m}^3/\text{s}$

48 20℃에서 지름 0.3mm인 물방울이 공기와 접하고 있다. 물방울 내부의 압력이 대기압보다 10gf/cm^{2}만큼 크다고 할 때 표면장력의 크기를 dyne/cm로 나타내면?

① 0.075 ② 0.75
③ 73.50 ④ 75.0

해설 $PD=4T$

$10\times0.03=4T$

$\therefore\ T=0.075\text{g/cm}^2=0.075\times980=73.5\text{dyne/cm}$

49 수조에서 수면으로부터 2m의 깊이에 있는 오리피스의 이론유속은?

① 5.26m/s ② 6.26m/s
③ 7.26m/s ④ 8.26m/s

해설 $V=\sqrt{2gh}=\sqrt{2\times9.8\times2}=6.26\text{m/s}$

50 수심이 10cm, 수로폭이 20cm인 직사각형 개수로에서 유량 Q=80cm^3/s가 흐를 때 동점성계수 ν=1.0×10^{-2}cm^2/s이면 흐름은?

① 난류, 사류 ② 층류, 사류
③ 난류, 상류 ④ 층류, 상류

해설 ㉠ $V=\dfrac{Q}{A}=\dfrac{80}{10\times20}=0.4\text{cm/s}$

㉡ $R=\dfrac{A}{S}=\dfrac{10\times20}{20+10\times2}=5\text{cm}$

㉢ $R_e=\dfrac{VR}{\nu}=\dfrac{0.4\times5}{1\times10^{-2}}=200<500$이므로 층류이다.

㉣ $F_r=\dfrac{V}{\sqrt{gh}}=\dfrac{0.4}{\sqrt{980\times10}}=4.04\times10^{-3}<1$이므로 상류이다.

51 방파제 건설을 위한 해안지역의 수심이 5.0m, 입사파랑의 주기가 14.5초인 장파(long wave)의 파장(wave length)은? (단, 중력가속도 g=9.8m/s^2)

① 49.5m ② 70.5m
③ 101.5m ④ 190.5m

정답 48. ③ 49. ② 50. ④ 51. ③

해설 $L=\sqrt{gh}\,T=\sqrt{9.8\times5}\times14.5=101.5\text{m/s}$

[참고] 파장과 주기의 관계

$\dfrac{h}{L}<0.05$인 천해파일 때 $L=\sqrt{gh}\,T$

여기서, L : 파장, T : 주기(s)

52 누가우량곡선(rainfall mass curve)의 특성으로 옳은 것은?

① 누가우량곡선의 경사가 클수록 강우강도가 크다.
② 누가우량곡선의 경사는 지역에 관계없이 일정하다.
③ 누가우량곡선으로부터 일정 기간 내의 강우량을 산출하는 것은 불가능하다.
④ 누가우량곡선은 자기우량기록에 의하여 작성하는 것보다 보통우량계의 기록에 의하여 작성하는 것이 더 정확하다.

해설 누가우량곡선

㉠ 급경사일 때 : 홍수가 빈번하고 지하수의 하천방출이 미소하다.
㉡ 완경사일 때 : 홍수가 드물고 지하수의 하천방출이 크다.

53 다음 그림과 같은 유역(12km×8km)의 평균강우량을 Thiessen방법으로 구한 값은? (단, 작은 사각형은 2km×2km의 정사각형으로서 모두 크기가 동일하다.)

관측점	1	2	3	4
강우량(mm)	140	130	110	100

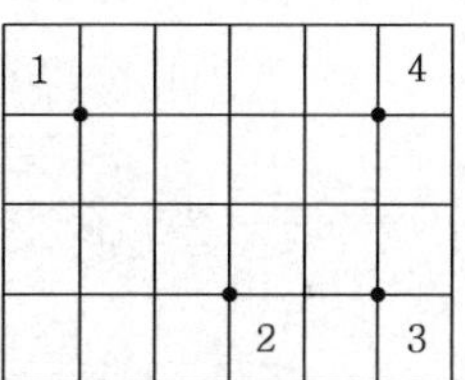

① 120mm　　② 123mm
③ 125mm　　④ 130mm

해설 ㉠ $A_1=7.5\times(2\times2)=30\text{km}^2$

㉡ $A_2=7\times(2\times2)=28\text{km}^2$

㉢ $A_3=4\times(2\times2)=16\text{km}^2$

㉣ $A_4=5.5\times(2\times2)=22\text{km}^2$

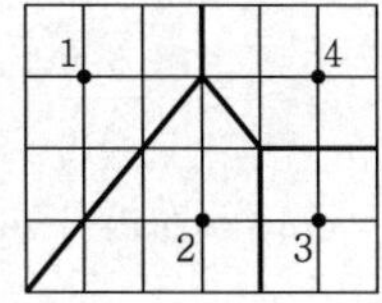

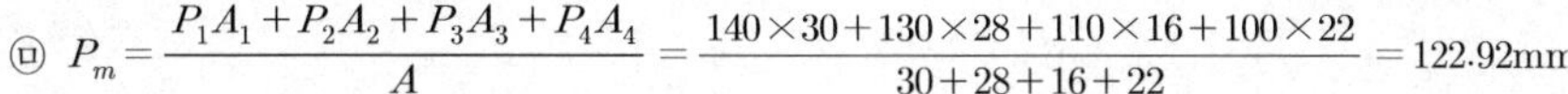

㉤ $P_m=\dfrac{P_1A_1+P_2A_2+P_3A_3+P_4A_4}{A}=\dfrac{140\times30+130\times28+110\times16+100\times22}{30+28+16+22}=122.92\text{mm}$

54 관의 지름이 각각 3m, 1.5m인 서로 다른 관이 연결되어 있을 때 지름 3m관 내에 흐르는 유속이 0.03m/s이라면 지름 1.5m관 내에 흐르는 유량은?

① $0.157\text{m}^3/\text{s}$　　② $0.212\text{m}^3/\text{s}$
③ $0.378\text{m}^3/\text{s}$　　④ $0.540\text{m}^3/\text{s}$

해설 $Q=A_1V_1=A_2V_2=\dfrac{\pi\times3^2}{4}\times0.03=0.212\text{m}^3/\text{s}$

정답 ▶▶ 52. ① 53. ② 54. ②

55 수중 오리피스(orifice)의 유속에 관한 설명으로 옳은 것은?

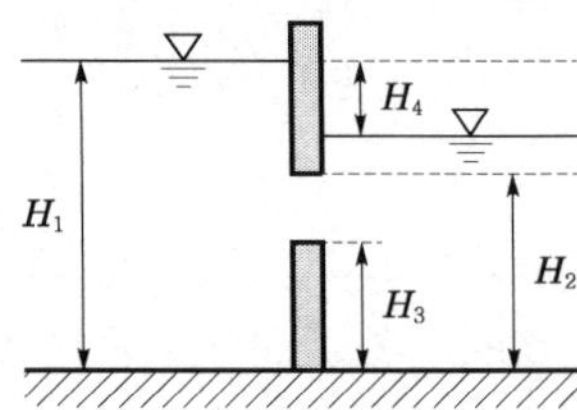

① H_1이 클수록 유속이 빠르다.
② H_2가 클수록 유속이 빠르다.
③ H_3이 클수록 유속이 빠르다.
④ H_4가 클수록 유속이 빠르다.

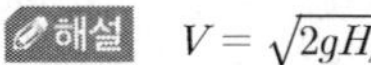 해설 $V=\sqrt{2gH_4}$

56 정상적인 흐름에서 1개 유선상의 유체입자에 대하여 그 속도수두를 $\frac{V^2}{2g}$, 위치수두를 Z, 압력수두를 $\frac{P}{\gamma_o}$라 할 때 동수경사는?

① $\frac{P}{\gamma_o}+Z$를 연결한 값이다.

② $\frac{V^2}{2g}+Z$를 연결한 값이다.

③ $\frac{V^2}{2g}+\frac{P}{\gamma_o}$를 연결한 값이다.

④ $\frac{V^2}{2g}+\frac{P}{\gamma_o}+Z$를 연결한 값이다.

해설 동수경사선은 $\frac{P}{\gamma_o}+Z$의 점들을 연결한 선이다.

57 다음 그림과 같이 지름 10cm인 원관이 지름 20cm로 급확대되었다. 관의 확대 전 유속이 4.9m/s라면 단면급확대에 의한 손실수두는?

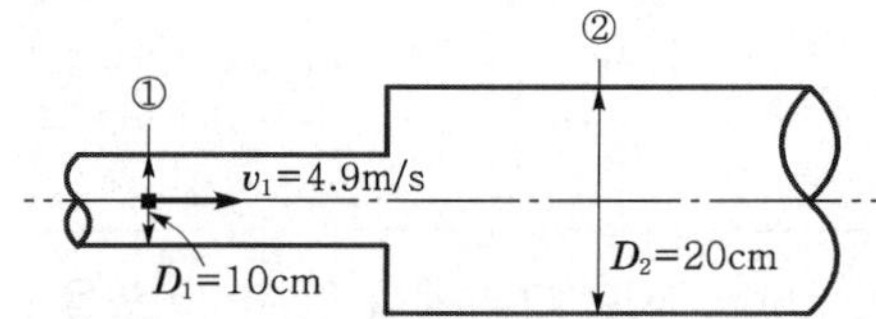

① 0.69m
② 0.96m
③ 1.14m
④ 2.45m

 해설

$$h_{se}=\left(1-\frac{A_1}{A_2}\right)^2\frac{V_1^{\ 2}}{2g}=\left\{1-\left(\frac{D_1}{D_2}\right)^2\right\}^2\frac{V_1^{\ 2}}{2g}=\left\{1-\left(\frac{10}{20}\right)^2\right\}^2\times\frac{4.9^2}{2\times9.8}=0.69\text{m}$$

 정답 ▸▸ 55. ④ 56. ① 57. ①

58 Hardy－Cross의 관망 계산 시 가정조건에 대한 설명으로 옳은 것은?

① 합류점에 유입하는 유량은 그 점에서 1/2만 유출된다.
② 각 분기점에 유입하는 유량은 그 점에서 정지하지 않고 전부 유출한다.
③ 폐합관에서 시계방향 또는 반시계방향으로 흐르는 관로의 손실수두의 합은 0이 될 수 없다.
④ Hardy－Cross방법은 관경에 관계없이 관수로의 분할개수에 의해 유량분배를 하면 된다.

해설 Hardy－Cross관망 계산법의 조건
㉠ $\Sigma Q=0$조건 : 각 분기점 또는 합류점에 유입하는 유량은 그 점에서 정지하지 않고 전부 유출한다.
㉡ $\Sigma h_L=0$조건 : 각 폐합관에서 시계방향 또는 반시계방향으로 흐르는 관로의 손실수두의 합은 0이다.

59 왜곡모형에서 Froude상사법칙을 이용하여 물리량을 표시한 것으로 틀린 것은? (단, X_r은 수평축척비, Y_r은 연직축척비이다.)

① 시간비 : $T_r=\dfrac{X_r}{{Y_r}^{1/2}}$
② 경사비 : $S_r=\dfrac{Y_r}{X_r}$
③ 유속비 : $V_r=\sqrt{Y_r}$
④ 유량비 : $Q_r=X_r\,{Y_r}^{5/2}$

해설 왜곡모형에서 Froude의 상사법칙
㉠ 수평축척과 연직축척 : $X_r=\dfrac{X_m}{X_p}$, $Y_r=\dfrac{Y_m}{Y_p}$
㉡ 속도비 : $V_r=\sqrt{Y_r}$
㉢ 면적비 : $A_r=X_r\,Y_r$
㉣ 유량비 : $Q_r=A_r\,V_r=X_r\,{Y_r}^{3/2}$
㉤ 에너지경사비 : $I_r=\dfrac{Y_r}{X_r}$
㉥ 시간비 : $T_r=\dfrac{L_r}{V_r}=\dfrac{X_r}{{Y_r}^{1/2}}$

60 홍수유출에서 유역면적이 작으면 단시간의 강우에, 면적이 크면 장시간의 강우에 문제가 발생한다. 이와 같은 수문학적 인자 사이의 관계를 조사하는 DAD 해석에 필요 없는 인자는?

① 강우량
② 유역면적
③ 증발산량
④ 강우지속시간

해설 ㉠ DAD곡선의 작성순서
- 각 유역의 지속기간별 최대 우량을 누가우량곡선으로부터 결정하고, 전유역을 등우선에 의해 소구역으로 나눈다.
- 각 소구역의 평균누가우량을 구한다.
- 소구역의 누가면적에 대한 평균누가우량을 구한다.
- DAD곡선을 그린다.

㉡ 증발산량은 DAD곡선 작도 시 필요 없다.

정답 ▸▸▸ 58. ② 59. ④ 60. ③

제4과목 : 철근콘크리트 및 강구조

61 보의 경간이 10m이고 양쪽 슬래브의 중심 간 거리가 2.0m인 대칭형 T형보에 있어서 플랜지유효폭은? (단, 부재의 복부폭(b_w)은 500mm, 플랜지의 두께(t_f)는 100mm이다.)

① 2,000mm ② 2,100mm
③ 2,500mm ④ 3,000mm

해설
㉠ $16t_f + b_w = 16 \times 100 + 500 = 2,100$mm
㉡ 슬래브 중심 간 거리(b_c)=2,000mm
㉢ $\frac{1}{4}l = \frac{1}{4} \times 10,000 = 2,500$mm
∴ 플랜지유효폭(b_e)=2,000mm(최소값)

62 철근의 겹침이음에서 A급 이음의 조건에 대한 설명으로 옳은 것은?

① 배근된 철근량이 이음부 전체 구간에서 해석결과 요구되는 소요철근량의 2배 이상이고 소요겹침이음길이 내 겹침이음된 철근량이 전체 철근량의 1/2 이하인 경우
② 배근된 철근량이 이음부 전체 구간에서 해석결과 요구되는 소요철근량의 1.5배 이상이고 소요겹침이음길이 내 겹침이음된 철근량이 전체 철근량의 1/2 이상인 경우
③ 배근된 철근량이 이음부 전체 구간에서 해석결과 요구되는 소요철근량의 2배 이상이고 소요겹침이음길이 내 겹침이음된 철근량이 전체 철근량의 1/3 이하인 경우
④ 배근된 철근량이 이음부 전체 구간에서 해석결과 요구되는 소요철근량의 1.5배 이상이고 소요겹침이음길이 내 겹침이음된 철근량이 전체 철근량의 1/3 이상인 경우

해설 A급 이음조건
㉠ $\frac{\text{배근}A_s}{\text{소요}A_s} \geq 2.0$
㉡ 겹침이음철근량 $\leq \frac{1}{2} \times$전체 철근량

63 옹벽의 구조 해석에 대한 설명으로 틀린 것은?

① 뒷부벽은 직사각형 보로 설계하여야 하며, 앞부벽은 T형보로 설계하여야 한다.
② 저판의 뒷굽판은 정확한 방법이 사용되지 않는 한 뒷굽판 상부에 재하되는 모든 하중을 지지하도록 설계하여야 한다.
③ 캔틸레버식 옹벽의 저판은 전면벽과의 접합부를 고정단으로 간주한 캔틸레버로 가정하여 단면을 설계할 수 있다.
④ 부벽식 옹벽의 전면벽은 3변 지지된 2방향 슬래브로 설계할 수 있다.

해설 뒷부벽은 T형보로, 앞부벽은 직사각형 보로 설계한다.

 정답 ▸▸▸ 61. ① 62. ① 63. ①

64 다음 그림과 같은 단면의 균열모멘트 M_{cr}은? (단, f_{ck}=24MPa, f_y=400MPa, 보통중량콘크리트이다.)

① 22.46kN · m
② 28.24kN · m
③ 30.81kN · m
④ 38.58kN · m

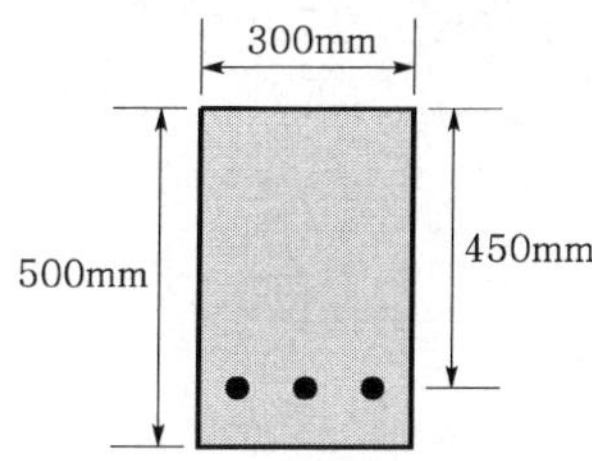

해설

$$M_{cr} = f_r \frac{I_g}{y_t} = 0.63\lambda\sqrt{f_{ck}}\frac{I_g}{y_t} = 0.63 \times 1.0 \times \sqrt{24} \times \frac{\frac{1}{12} \times 300 \times 500^3}{250} = 38.58\text{kN} \cdot \text{m}$$

65 깊은 보의 전단설계에 대한 구조 세목의 설명으로 틀린 것은?

① 휨인장철근과 직각인 수직전단철근의 단면적 A_v를 $0.0025b_w s$ 이상으로 하여야 한다.
② 휨인장철근과 직각인 수직전단철근의 간격 s를 $d/5$ 이하, 또한 300mm 이하로 하여야 한다.
③ 휨인장철근과 평행한 수평전단철근의 단면적 A_{vh}를 $0.0015b_w s_h$ 이상으로 하여야 한다.
④ 휨인장철근과 평행한 수평전단철근의 간격 s_h를 $d/4$ 이하, 또한 350mm 이하로 하여야 한다.

해설 휨인장철근과 평행한 수평전단철근간격 s_h를 $d/5$ 이하, 또한 300mm 이하로 하여야 한다.

66 균형철근량보다 적고 최소 철근량보다 많은 인장철근을 가진 과소철근보가 휨에 의해 파괴될 때의 설명으로 옳은 것은?

① 인장측 철근이 먼저 항복한다.
② 압축측 콘크리트가 먼저 파괴된다.
③ 압축측 콘크리트와 인장측 철근이 동시에 항복한다.
④ 중립축이 인장측으로 내려오면서 철근이 먼저 파괴된다.

해설 보의 파괴형태

㉠ 저보강보($\rho < \rho_b$) : 과소철근보, 연성파괴(인장철근이 먼저 항복)
㉡ 과보강보($\rho > \rho_b$) : 과다철근보, 취성파괴(콘크리트가 먼저 항복)

67 다음 그림과 같은 맞대기 용접의 용접부에 발생하는 인장응력은?

① 100MPa
② 150MPa
③ 200MPa
④ 220MPa

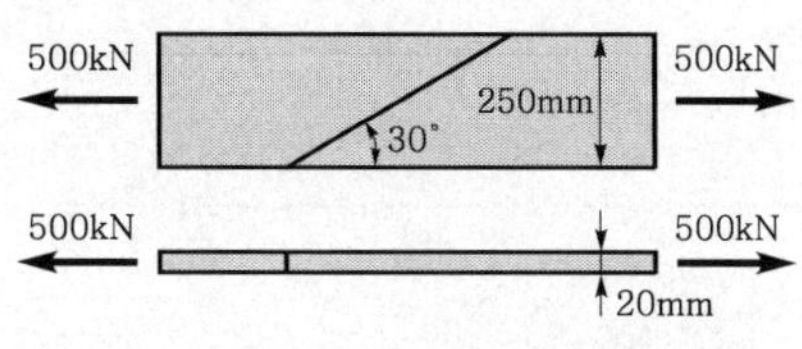

해설

$$f = \frac{P}{\sum a l_e} = \frac{500{,}000}{20 \times 250} = 100\text{MPa}$$

정답 ▸▸▸ 64. ④ 65. ④ 66. ① 67. ①

68 다음 그림의 보에서 계수전단력 V_u=262.5kN에 대한 가장 적당한 스터럽간격은? (단, 사용된 스터럽은 D13철근이다. 철근 D13의 단면적은 127mm^2, f_{ck}=24MPa, f_{yt}=350MPa이다.)

① 125mm
② 195mm
③ 210mm
④ 250mm

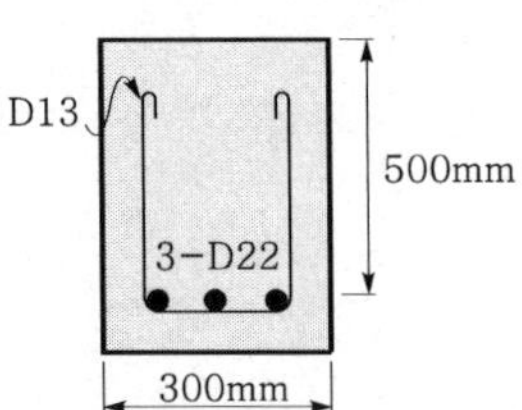

해설
㉠ $V_c = \frac{1}{6}\lambda\sqrt{f_{ck}}\, b_w d = \frac{1}{6}\times 1.0\times\sqrt{24}\times 300\times 500 = 122\text{kN}$

㉡ $V_u = \phi(V_c + V_s)$

$\therefore\ V_s = \frac{V_u}{\phi} - V_c = \frac{262.5}{0.75} - 122 = 228\text{kN}$

㉢ $\frac{1}{3}\lambda\sqrt{f_{ck}}\, b_w d = \frac{1}{3}\times 1.0\times\sqrt{24}\times 300\times 500 = 245\text{kN}$

㉣ $V_s \le \frac{1}{3}\lambda\sqrt{f_{ck}}\, b_w d$이므로 스터럽간격은 다음 3가지 값 중 최소값이다.

$\therefore\ \left[\frac{d}{2}\ \text{이하},\ 600\text{mm 이하},\ \frac{dA_v f_y}{V_s}\right]_{\min} = \left[\frac{500}{2},\ 600,\ \frac{500\times 127\times 2\times 350}{228}\right]_{\min} = 195\text{mm}$

69 콘크리트 속에 묻혀 있는 철근이 콘크리트와 일체가 되어 외력에 저항할 수 있는 이유로 틀린 것은?

① 철근과 콘크리트 사이의 부착강도가 크다.
② 철근과 콘크리트의 탄성계수가 거의 같다.
③ 콘크리트 속에 묻힌 철근은 부식하지 않는다.
④ 철근과 콘크리트의 열팽창계수가 거의 같다.

해설 철근의 탄성계수는 콘크리트탄성계수보다 약 7배 크다.

70 A_s'=1,500mm^2, A_s=1,800mm^{2}로 배근된 다음 그림과 같은 복철근보의 순간처짐이 10mm일 때 5년 후 지속하중에 의해 유발되는 장기처짐은?

① 14.1mm
② 13.3mm
③ 12.7mm
④ 11.5mm

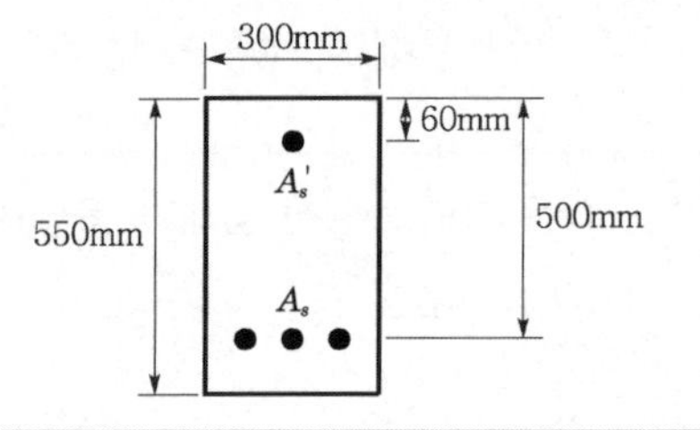

해설
$\rho' = \frac{A_s'}{bd} = \frac{1,500}{300\times 500} = 0.01$

$\lambda_\Delta = \frac{\xi}{1+50\rho'} = \frac{2.0}{1+50\times 0.01} = 1.333$

$\therefore$ 장기처짐(δ_l)=탄성처짐×보정계수$=\delta_e\lambda_\Delta = 10\times 1.333 = 13.3\text{mm}$

 정답 68. ② 69. ② 70. ②

71 다음 중 용접부의 결함이 아닌 것은?

① 오버랩(Overlap) ② 언더컷(Undercut)
③ 스터드(Stud) ④ 균열(Crack)

해설 스터드는 전단연결재 중 하나이다.

72 부분적 프리스트레싱(Partial Prestressing)에 대한 설명으로 옳은 것은?

① 구조물에 부분적으로 PSC부재를 사용하는 것
② 부재 단면의 일부에만 프리스트레스를 도입하는 것
③ 설계하중의 일부만 프리스트레스에 부담시키고, 나머지는 긴장재에 부담시키는 것
④ 설계하중이 작용할 때 PSC부재 단면의 일부에 인장응력이 생기는 것

해설 ㉠ 완전프리스트레싱(full prestressing) : 전단면에 인장응력 발생 억제
㉡ 부분프리스트레싱(partial prestressing) : 단면 일부에 어느 정도 인장응력 발생 허용

73 다음 그림과 같은 단면을 가지는 직사각형 단철근보의 설계휨강도를 구할 때 사용되는 강도감소계수(ϕ)값은 약 얼마인가? (단, A_s=3,176mm^2, f_{ck}=38MPa, f_y=400MPa)

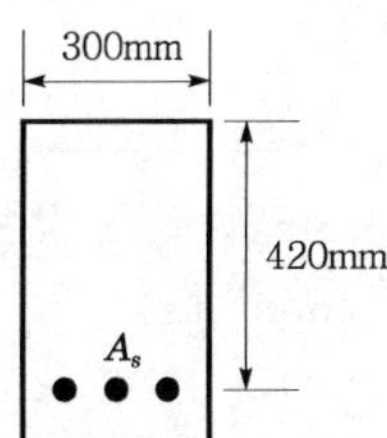

① 0.731 ② 0.764
③ 0.817 ④ 0.850

해설

$$a=\frac{f_y A_s}{\eta(0.85 f_{ck})b}$$
$$=\frac{400\times 3,176}{1.0\times 0.85\times 38\times 300}$$
$$=131.1\text{mm}$$

$\beta_1=0.80(f_{ck}\leq 40\text{MPa}$일 때)

$$c=\frac{a}{\beta_1}=\frac{131.1}{0.80}=163.88\text{mm}$$

$$\varepsilon_t=\varepsilon_{cu}\left(\frac{d_t-c}{c}\right)$$
$$=0.0033\times\left(\frac{420-163.88}{163.88}\right)=0.0052>0.005$$

$\therefore\ \phi=0.85$(인장지배 단면)

정답 71. ③ 72. ④ 73. ④

74 프리스트레스트 콘크리트의 원리를 설명하는 개념 중 다음에서 설명하는 개념은?

> PSC보를 RC보처럼 생각하여 콘크리트는 압축력을 받고, 긴장재는 인장력을 받게 하여 두 힘의 우력모멘트로 외력에 의한 휨모멘트에 저항시킨다는 개념

① 균등질보의 개념 ② 하중평형의 개념
③ 내력모멘트의 개념 ④ 허용응력의 개념

해설 강도개념=내력모멘트개념
∴ PSC보를 RC보와 동일 개념으로 설계한다.

75 강도설계법에서 f_{ck}=30MPa, f_y=350MPa일 때 단철근 직사각형 보의 균형철근비(ρ_b)는?

① 0.0351 ② 0.0369
③ 0.0380 ④ 0.0391

해설 $\beta_1 = 0.80$($f_{ck} \le 40$MPa일 때)

$$\therefore \rho_b = \eta(0.85\beta_1)\frac{f_{ck}}{f_y}\left(\frac{660}{660+f_y}\right)$$
$$= 1.0\times0.85\times0.80\times\frac{30}{350}\times\frac{660}{660+350}$$
$$= 0.0380$$

76 2방향 슬래브 직접설계법의 제한사항으로 틀린 것은?

① 각 방향으로 3경간 이상 연속되어야 한다.
② 슬래브 판들은 단변경간에 대한 장변경간의 비가 2 이하인 직사각형이어야 한다.
③ 각 방향으로 연속한 받침부 중심 간 경간차이는 긴 경간의 1/3 이하이어야 한다.
④ 연속한 기둥 중심선을 기준으로 기둥의 어긋남은 그 방향 경간의 20% 이하이어야 한다.

해설 기둥 중심선으로부터 기둥의 이탈은 이탈방향 경간의 최대 10%까지 허용할 수 있다.

77 강도설계법의 설계가정으로 틀린 것은?

① 콘크리트의 인장강도는 철근콘크리트부재 단면의 휨강도 계산에서 무시할 수 있다.
② 콘크리트의 변형률은 중립축부터 거리에 비례한다.
③ 콘크리트의 압축응력의 크기는 $0.80f_{ck}$로 균등하고, 이 응력은 최대 압축변형률이 발생하는 단면에서 $a=\beta_1 c$까지의 부분에 등분포한다.
④ 사용철근의 응력이 설계기준항복강도 f_y 이하일 때 철근의 응력은 그 변형률에 E_s를 곱한 값으로 취한다.

해설 콘크리트압축응력의 크기는 $\eta(0.85f_{ck})$로 가정한다.

 정답 ▶▶▶ 74. ③ 75. ③ 76. ④ 77. ③

78 다음 그림과 같은 독립확대기초에서 1방향 전단에 대해 고려할 경우 위험 단면의 계수전단력(V_u)는? (단, 계수하중 P_u=1,500kN이다.)

① 255kN
② 387kN
③ 897kN
④ 1,210kN

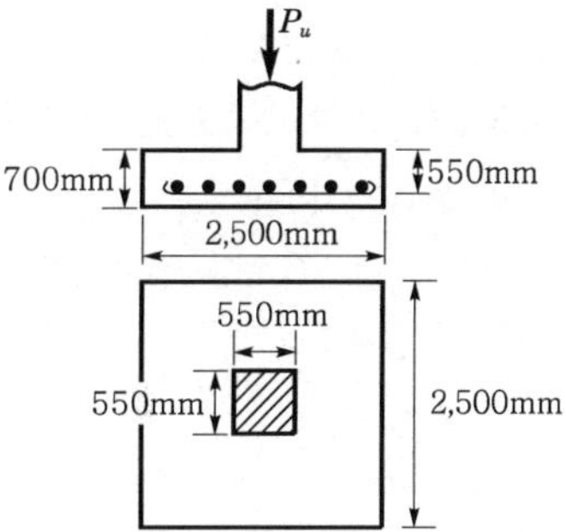

해설

$$q_u=\frac{P_u}{A}=\frac{1,500}{2.5\times2.5}=240\text{kN/m}^2$$

$$\therefore\ V_u=q_u s\left(\frac{L-t}{2}-d\right)=240\times2.5\times\left(\frac{2.5-0.55}{2}-0.55\right)=255\text{kN}$$

79 순단면이 볼트의 구멍 하나를 제외한 단면(즉 A-B-C 단면)과 같도록 피치(s)를 결정하면? (단, 구멍의 지름은 22mm이다.)

① 114.9mm
② 90.6mm
③ 66.3mm
④ 50mm

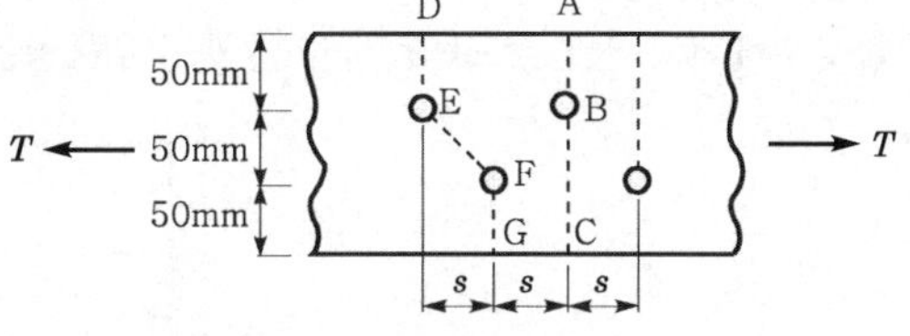

해설 ㉠ $b_n=b_g-d$

㉡ $b_n=b_g-d-\left(d-\frac{P^2}{4g}\right)$

∴ ㉠=㉡이면 $s=2\sqrt{gd}=2\times\sqrt{50\times22}=66.33\text{mm}$

80 PS강재를 포물선으로 배치한 PSC보에서 상향의 등분포력(u)의 크기는 얼마인가? (단, P=2,600kN, 단면의 폭(b)은 50cm, 높이(h)는 80cm, 지간 중앙에서 PS강재의 편심(s)은 20cm이다.)

① 8.50kN/m
② 16.25kN/m
③ 19.65kN/m
④ 35.60kN/m

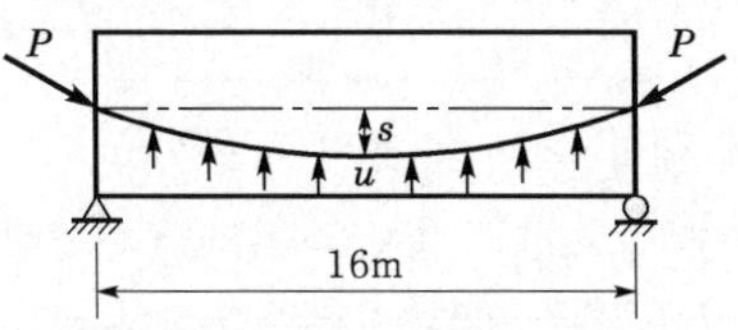

해설

$$u=\frac{8Ps}{l^2}=\frac{8\times2,600\times0.2}{16^2}=16.25\text{kN/m}$$

정답 ▸▸▸ 78. ① 79. ③ 80. ②

제5과목 : 토질 및 기초

81 흙의 활성도에 대한 설명으로 틀린 것은?

① 점토의 활성도가 클수록 물을 많이 흡수하여 팽창이 많이 일어난다.
② 활성도는 $2\mu m$ 이하의 점토함유율에 대한 액성지수의 비로 정의된다.
③ 활성도는 점토광물의 종류에 따라 다르므로 활성도로부터 점토를 구성하는 점토광물을 추정할 수 있다.
④ 흙입자의 크기가 작을수록 비표면적이 커져 물을 많이 흡수하므로 흙의 활성은 점토에서 뚜렷이 나타난다.

해설 활성도(activity)

㉠ $A = \dfrac{\text{소성지수}(I_p)}{2\mu\ \text{이하의 점토함유율}(\%)}$

㉡ 점토가 많으면 활성도가 커지고 공학적으로 불안정한 상태가 되며 팽창, 수축이 커진다.

82 다음 그림과 같은 지반에서 유효응력에 대한 점착력 및 마찰각이 각각 c=10kN/m^2, ϕ=20°일 때 A점에서의 전단강도는? (단, 물의 단위중량은 9.81kN/m^{3}이다.)

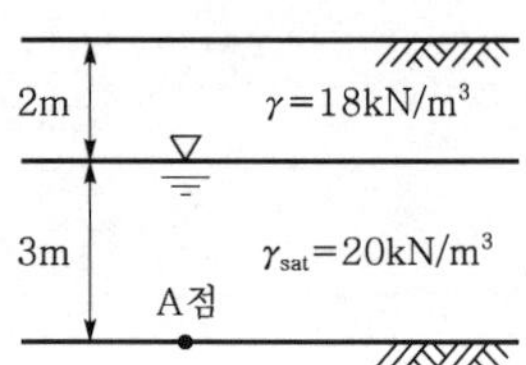

① 34.23kN/m^2
② 44.94kN/m^2
③ 54.25kN/m^2
④ 66.17kN/m^2

해설 ㉠ $\sigma = 18\times2+20\times3=96\text{kN/m}^2$

$u = 9.81\times3=29.43\text{kN/m}^2$

$\sigma' = \sigma - u = 96-29.43=66.57\text{kN/m}^2$

㉡ $\tau = c+\sigma'\tan\phi = 10+66.57\times\tan20° = 34.23\text{kN/m}^2$

83 흙의 다짐에 대한 설명 중 틀린 것은?

① 일반적으로 흙의 건조밀도는 가하는 다짐에너지가 클수록 크다.
② 모래질 흙은 진동 또는 진동을 동반하는 다짐방법이 유효하다.
③ 건조밀도－함수비곡선에서 최적함수비와 최대 건조밀도를 구할 수 있다.
④ 모래질을 많이 포함한 흙의 건조밀도－함수비곡선의 경사는 완만하다.

해설 모래질을 많이 포함할수록 흙의 건조밀도－함수비곡선(다짐곡선)의 경사는 급하다.

 정답 ▸▸▸ 81. ② 82. ① 83. ④

84 표준관입시험(SPT)을 할 때 처음 150mm 관입에 요하는 N값은 제외하고, 그 후 300mm 관입에 요하는 타격수로 N값을 구한다. 그 이유로 옳은 것은?

① 흙은 보통 150mm 밑부터 그 흙의 성질을 가장 잘 나타낸다.
② 관입봉의 길이가 정확히 450mm이므로 이에 맞도록 관입시키기 위함이다.
③ 정확히 300mm를 관입시키기가 어려워서 150mm 관입에 요하는 N값을 제외한다.
④ 보링구멍 밑면 흙이 보링에 의하여 흐트러져 150mm 관입 후부터 N값을 측정한다.

85 연약지반개량공법에 대한 설명 중 틀린 것은?

① 샌드드레인공법은 2차 압밀비가 높은 점토 및 이탄 같은 유기질 흙에 큰 효과가 있다.
② 화학적 변화에 의한 흙의 강화공법으로는 소결공법, 전기화학적 공법 등이 있다.
③ 동압밀공법 적용 시 과잉간극수압의 소산에 의한 강도 증가가 발생한다.
④ 장기간에 걸친 배수공법은 샌드드레인이 페이퍼드레인보다 유리하다.

해설 sand drain공법과 paper drain공법은 두꺼운 점성토지반에 적합하다.

86 흐트러지지 않은 시료를 이용하여 액성한계 40%, 소성한계 22.3%를 얻었다. 정규압밀점토의 압축지수(C_c)값을 Terzaghi와 Peck의 경험식에 의해 구하면?

① 0.25
② 0.27
③ 0.30
④ 0.35

해설 $C_c = 0.009(W_L - 10) = 0.009 \times (40-10) = 0.27$

87 모래지층 사이에 두께 6m의 점토층이 있다. 이 점토의 토질시험결과가 다음과 같을 때 이 점토의 90% 압밀을 요하는 시간은 약 얼마인가? (단, 1년은 365일로 하고, 물의 단위중량(γ_w)은 9.81kN/m^{3}이다.)

- 간극비(e)=1.5
- 압축계수(a_v)$=4\times10^{-3}$m^2/kN
- 투수계수(K)$=3\times10^{-7}$cm/s

① 50.7년
② 12.7년
③ 5.07년
④ 1.27년

해설

㉠ $K = C_v\, m_v \gamma_w = C_v \dfrac{a_v}{1+e_1}\gamma_w$

$3\times10^{-9} = C_v \times \dfrac{4\times10^{-3}}{1+1.5} \times 9.81$

$\therefore\ C_v = 1.91\times10^{-7}\text{m}^2/\text{s}$

㉡ $t_{90} = \dfrac{0.848H^2}{C_v} = \dfrac{0.848\times\left(\dfrac{6}{2}\right)^2}{1.91\times10^{-7}} = 39{,}958{,}115.18$초$=1.27$년

정답 84. ④ 85. ① 86. ② 87. ④

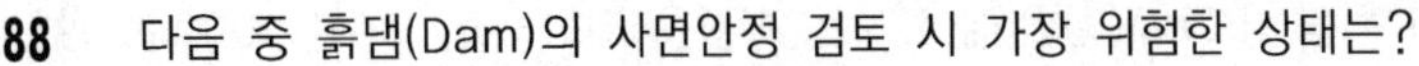

88 다음 중 흙댐(Dam)의 사면안정 검토 시 가장 위험한 상태는?

① 상류사면의 경우 시공 중과 만수위일 때
② 상류사면의 경우 시공 직후와 수위급강하일 때
③ 하류사면의 경우 시공 직후와 수위급강하일 때
④ 하류사면의 경우 시공 중과 만수위일 때

해설 ㉠ 상류측 사면이 가장 위험할 때 : 시공 직후, 수위급강하 시
㉡ 하류측 사면이 가장 위험할 때 : 시공 직후, 정상침투 시

89 5m×10m의 장방형 기초 위에 q=60kN/m^{2}의 등분포하중이 작용할 때 지표면 아래 10m에서의 연직응력 증가량($\Delta\sigma_v$)은? (단, 2 : 1응력분포법을 사용한다.)

① 10kN/m^2 ② 20kN/m^2
③ 30kN/m^2 ④ 40kN/m^2

해설
$$\Delta\sigma_v = \frac{BLq_s}{(B+Z)(L+Z)} = \frac{5\times10\times60}{(5+10)\times(10+10)} = 10\text{kN/m}^2$$

90 도로의 평판재하시험방법(KS F 2310)에서 시험을 끝낼 수 있는 조건이 아닌 것은?

① 재하응력이 현장에서 예상할 수 있는 가장 큰 접지압력의 크기를 넘으면 시험을 멈춘다.
② 재하응력이 그 지반의 항복점을 넘을 때 시험을 멈춘다.
③ 침하가 더 이상 일어나지 않을 때 시험을 멈춘다.
④ 침하량이 15mm에 달할 때 시험을 멈춘다.

해설 평판재하시험(PBT-test)이 끝나는 조건
㉠ 침하량이 15mm에 달할 때
㉡ 하중강도가 최대 접지압을 넘어 항복점을 초과할 때

91 다음 그림에서 흙의 단면적이 40cm^{2}이고 투수계수가 0.1cm/s일 때 흙 속을 통과하는 유량은?

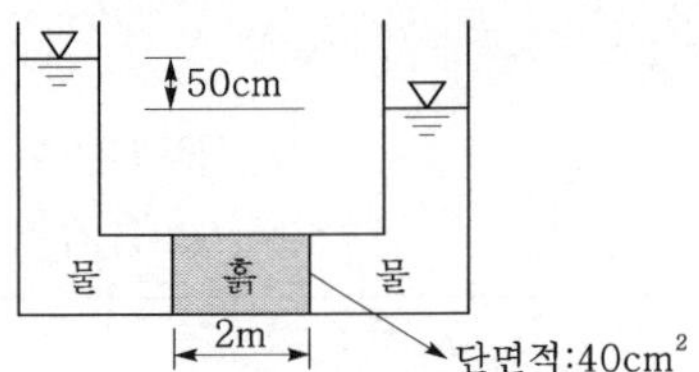

① 1m^3/h ② 1cm^3/s
③ 100m^3/h ④ 100cm^3/s

해설
$$Q = KiA = K\frac{h}{L}A = 0.1\times\frac{50}{200}\times40 = 1\text{cm}^3/\text{s}$$

 정답 88. ② 89. ① 90. ③ 91. ②

92 Terzaghi의 얕은 기초에 대한 수정지지력공식에서 형상계수에 대한 설명 중 틀린 것은? (단, B는 단변의 길이, L은 장변의 길이이다.)

① 연속기초에서 $\alpha=1.0$, $\beta=0.5$이다.
② 원형 기초에서 $\alpha=1.3$, $\beta=0.6$이다.
③ 정사각형 기초에서 $\alpha=1.3$, $\beta=0.4$이다.
④ 직사각형 기초에서 $\alpha=1+0.3\dfrac{B}{L}$, $\beta=0.5-0.1\dfrac{B}{L}$이다.

해설 형상계수

구분	연속	정사각형	직사각형	원형
α	1.0	1.3	$1+0.3\dfrac{B}{L}$	1.3
β	0.5	0.4	$0.5-0.1\dfrac{B}{L}$	0.3

여기서, B : 구형의 단변길이, L : 구형의 장변길이

93 흙의 동상에 영향을 미치는 요소가 아닌 것은?

① 모관 상승고
② 흙의 투수계수
③ 흙의 전단강도
④ 동결온도의 계속시간

해설 흙의 동상에 영향을 미치는 요소 : 모관 상승고의 크기, 흙의 투수성, 동결온도의 지속기간

94 다음 그림에서 각 층의 손실수두 Δh_1, Δh_2, Δh_3를 각각 구한 값으로 옳은 것은? (단, k는 cm/s, H와 Δh는 m단위이다.)

① $\Delta h_1=2$, $\Delta h_2=2$, $\Delta h_3=4$
② $\Delta h_1=2$, $\Delta h_2=3$, $\Delta h_3=3$
③ $\Delta h_1=2$, $\Delta h_2=4$, $\Delta h_3=2$
④ $\Delta h_1=2$, $\Delta h_2=5$, $\Delta h_3=1$

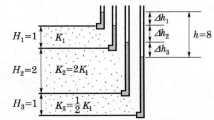

해설 비균질 흙에서의 투수

㉠ 토층이 수평방향일 때 투수가 수직으로 일어날 경우 전체 토층을 균일 이방성층으로 생각하므로 각 층에서의 유출속도가 같다.

$$V=K_1 i_1=K_2 i_2=K_3 i_3$$

$$K_1\frac{\Delta h_1}{1}=2K_1\frac{\Delta h_2}{2}=\frac{1}{2}K_1\frac{\Delta h_3}{1}$$

$$\therefore\ \Delta h_1=\Delta h_2=\frac{\Delta h_3}{2}$$

㉡ $H=\Delta h_1+\Delta h_2+\Delta h_3=8$

$$\therefore\ \Delta h_1=2,\ \Delta h_2=2,\ \Delta h_3=4$$

정답 ▶▶ 92. ② 93. ③ 94. ①

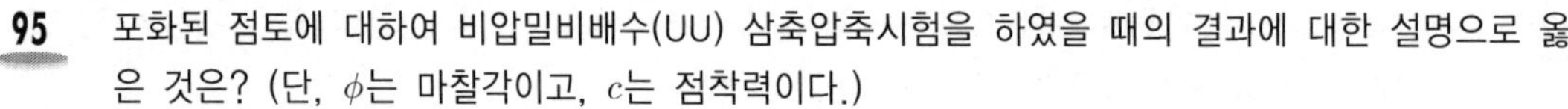

95 포화된 점토에 대하여 비압밀비배수(UU) 삼축압축시험을 하였을 때의 결과에 대한 설명으로 옳은 것은? (단, ϕ는 마찰각이고, c는 점착력이다.)

① ϕ와 c가 나타나지 않는다.
② ϕ와 c가 모두 "0"이 아니다.
③ ϕ는 "0"이고, c는 "0"이 아니다.
④ ϕ는 "0"이 아니지만, c는 "0"이다.

UU시험($S_r=100\%$)의 결과는 $\phi=0$이고 $c=\dfrac{\sigma_1-\sigma_3}{2}$이다.

96 다짐되지 않은 두께 2m, 상대밀도 40%의 느슨한 사질토 지반이 있다. 실내시험결과 최대 및 최소 간극비가 0.80, 0.40으로 각각 산출되었다. 이 사질토를 상대밀도 70%까지 다짐할 때 두께는 얼마나 감소되겠는가?

① 12.41cm ② 14.63cm
③ 22.71cm ④ 25.83cm

해설

㉠ $D_r=\dfrac{e_{\max}-e}{e_{\max}-e_{\min}}\times 100$에서

$$40=\frac{0.8-e_1}{0.8-0.4}\times 100$$

$\therefore\ e_1=0.64$

$$70=\frac{0.8-e_2}{0.8-0.4}\times 100$$

$\therefore\ e_2=0.52$

㉡ $\Delta H=\dfrac{e_1-e_2}{1+e_1}H=\dfrac{0.64-0.52}{1+0.64}\times 200=14.63\text{cm}$

97 모래나 점토 같은 입상재료를 전단할 때 발생하는 다일레이턴시(dilatancy)현상과 간극수압의 변화에 대한 설명으로 틀린 것은?

① 정규압밀점토에서는 (−)다일레이턴시에 (+)의 간극수압이 발생한다.
② 과압밀점토에서는 (+)다일레이턴시에 (−)의 간극수압이 발생한다.
③ 조밀한 모래에서는 (+)다일레이턴시가 일어난다.
④ 느슨한 모래에서는 (+)다일레이턴시가 일어난다.

해설

㉠ 조밀한 모래나 과압밀점토에서는 (+)Dilatancy에 (−)공극수압이 발생한다.
㉡ 느슨한 모래나 정규압밀점토에서는 (−)Dilatancy에 (+)공극수압이 발생한다.

정답 ▸▸ 95. ③ 96. ② 97. ④

98 다음 그림과 같이 수평지표면 위에 등분포하중 q가 작용할 때 연직옹벽에 작용하는 주동토압의 공식으로 옳은 것은? (단, 뒤채움 흙은 사질토이며, 이 사질토의 단위중량을 γ, 내부마찰각을 ϕ라 한다.)

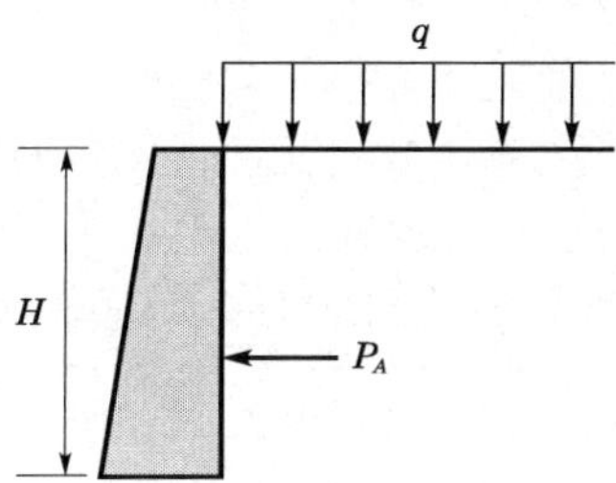

① $P_a=\left(\frac{1}{2}\gamma H^2+qH\right)\tan^2\left(45°-\frac{\phi}{2}\right)$
② $P_a=\left(\frac{1}{2}\gamma H^2+qH\right)\tan^2\left(45°+\frac{\phi}{2}\right)$
③ $P_a=\left(\frac{1}{2}\gamma H^2+qH\right)\tan^2\phi$
④ $P_a=\left(\frac{1}{2}\gamma H^2+q\right)\tan^2\phi$

 $P_a=\frac{1}{2}\gamma_t H^2 K_a+q_s K_a H=\left(\frac{1}{2}\gamma_t H^2+q_s H\right)K_a$

99 기초의 구비조건에 대한 설명 중 틀린 것은?

① 상부하중을 안전하게 지지해야 한다.
② 기초깊이는 동결깊이 이하여야 한다.
③ 기초는 전체 침하나 부등침하가 전혀 없어야 한다.
④ 기초는 기술적, 경제적으로 시공 가능하여야 한다.

해설 기초의 구비조건

㉠ 최소한의 근입깊이를 가질 것(동해에 대한 안정)
㉡ 지지력에 대해 안정할 것
㉢ 침하에 대해 안정할 것(침하량이 허용값 이내에 들어야 함)
㉣ 시공이 가능할 것(경제적, 기술적)

100 중심간격이 2m, 지름 40cm인 말뚝을 가로 4개, 세로 5개씩 전체 20개의 말뚝을 박았다. 말뚝 한 개의 허용지지력이 150kN이라면 이 군항의 허용지지력은 약 얼마인가? (단, 군말뚝의 효율은 Converse-Labarre공식을 사용한다.)

① 4,500kN
② 3,000kN
③ 2,415kN
④ 1,215kN

해설

㉠ $\phi=\tan^{-1}\frac{D}{S}=\tan^{-1}\frac{0.4}{2}=11.31°$
㉡ $E=1-\phi\left[\frac{(m-1)n+m(n-1)}{90mn}\right]=1-11.31\times\frac{3\times5+4\times4}{90\times4\times5}=0.805$
㉢ $R_{ag}=ENR_a=0.805\times20\times150=2,415\text{kN}$

정답 ▶▶▶ 98. ① 99. ③ 100. ③

제6과목 : 상하수도공학

101 배수지의 적정 배치와 용량에 대한 설명으로 옳지 않은 것은?

① 배수상 유리한 높은 장소를 선정하여 배치한다.
② 용량은 계획 1일 최대 급수량의 18시간분 이상을 표준으로 한다.
③ 시설물의 배치에는 가능한 한 안정되고 견고한 지반의 장소를 선정한다.
④ 가능한 한 비상시에도 단수 없이 급수할 수 있도록 배수지용량을 설정한다.

해설 용량은 표준 8~12시간, 최소 6시간 이상을 표준으로 한다.

102 구형 수로가 수리학상 유리한 단면을 얻으려 할 경우 폭이 28m라면 경심(R)은?

① 3m　② 5m
③ 7m　④ 9m

해설 수리상 유리한 단면은 $h=\dfrac{b}{2}$이므로

$$\therefore\ R_h=\frac{bh}{b+2h}=\frac{b\times\frac{b}{2}}{b+2\times\frac{b}{2}}=\frac{\frac{b^2}{2}}{2b}=\frac{b}{4}=\frac{28}{4}=7\text{m}$$

103 활성탄흡착공정에 대한 설명으로 옳지 않은 것은?

① 활성탄흡착을 통해 소수성의 유기물질을 제거할 수 있다.
② 분말활성탄의 흡착능력이 떨어지면 재생공정을 통해 재활용한다.
③ 활성탄은 비표면적이 높은 다공성의 탄소질입자로, 형상에 따라 입상활성탄과 분말활성탄으로 구분된다.
④ 모래여과공정 전단에 활성탄흡착공정을 두게 되면 탁도부하가 높아져서 활성탄흡착효율이 떨어지거나 역세척을 자주 해야 할 필요가 있다.

해설 분말활성탄은 재생공정을 하지 않는다.

104 상수도의 수원으로서 요구되는 조건이 아닌 것은?

① 수질이 좋을 것　② 수량이 풍부할 것
③ 상수소비지에서 가까울 것　④ 수원이 도시 가운데 위치할 것

105 다음 중 오존처리법을 통해 제거할 수 있는 물질이 아닌 것은?

① 철　② 망간
③ 맛 · 냄새물질　④ 트리할로메탄(THM)

 정답 ▸▸▸ 101. ② 102. ③ 103. ② 104. ④ 105. ④

106 조류(algae)가 많이 유입되면 여과지를 폐쇄시키거나 물에 맛과 냄새를 유발시키기 때문에 이를 제거해야 하는데, 조류 제거에 흔히 쓰이는 대표적인 약품은?

① $CaCO_3$ ② $CuSO_4$
③ $KMnO_4$ ④ $K_2Cr_2O_7$

해설 조류 제거는 마이크로스트레이너법이고, 부영양화의 원인물질인 질소와 인의 제거는 $CuSO_4$이다. 궁극적인 목적으로 보면 가장 적합한 답은 $CuSO_4$이다.

107 상수도계통의 도수시설에 관한 설명으로 옳은 것은?

① 수원에서 취한 물을 정수장까지 운반하는 시설을 말한다.
② 정수처리된 물을 수용가에서 공급하는 시설을 말한다.
③ 적당한 수질의 물을 수원지에서 모아서 취하는 시설을 말한다.
④ 정수장에서 정수처리된 물을 배수지까지 보내는 시설을 말한다.

해설 상수도계통도는 수원 → 취수 → 도수 → 정수 → 송수 → 배수 → 급수이다.

108 하수고도처리 중 하나인 생물학적 질소 제거방법에서 질소의 제거 직전 최종 형태(질소 제거의 최종 산물)는?

① 질소가스(N_2) ② 질산염(NO_3^-)
③ 아질산염(NO_2^-) ④ 암모니아성 질소(NH_4^+)

해설 탈질산화과정의 순서로 보면 암모니아성 질소 → 아질산성 질소 → 질산성 질소 → N_2이다.

109 하수처리에 관한 설명으로 틀린 것은?

① 하수처리방법은 크게 물리적, 화학적, 생물학적 처리공정으로 분류된다.
② 화학적 처리공정은 소독, 중화, 산화 및 환원, 이온교환 등이 있다.
③ 물리적 처리공정은 여과, 침사, 활성탄흡착, 응집침전 등이 있다.
④ 생물학적 처리공정은 호기성 분해와 혐기성 분해로 크게 분류된다.

해설 활성탄흡착은 화학적 처리공정이다.

110 다음과 같이 구성된 지역의 총괄유출계수는?

• 주거지역 – 면적 : 4ha, 유출계수 : 0.6
• 상업지역 – 면적 : 2ha, 유출계수 : 0.8
• 녹지 – 면적 : 1ha, 유출계수 : 0.2

① 0.42 ② 0.53
③ 0.60 ④ 0.70

해설 $C=\frac{4\times0.6+2\times0.8+1\times0.2}{4+2+1}=0.6$

정답 ▸▸▸ 106. ② 107. ① 108. ① 109. ③ 110. ③

111 장기포기법에 관한 설명으로 옳은 것은?

① F/M비가 크다.
② 슬러지 발생량이 적다.
③ 부지가 적게 소요된다.
④ 대규모 하수처리장에 많이 이용된다.

해설 장기포기법은 잉여슬러지양을 최대한 감소시키기 위한 방법이다.

112 다음 상수도관의 관종 중 내식성이 크고 중량이 가벼우며 손실수두가 적으나 저온에서 강도가 낮고 열이나 유기용제에 약한 것은?

① 흄관
② 강관
③ PVC관
④ 석면시멘트관

해설 열이나 유기용제에 약한 관은 PVC관이다.

113 급수량에 관한 설명으로 옳은 것은?

① 시간 최대 급수량은 일 최대 급수량보다 작게 나타난다.
② 계획 1일 평균급수량은 시간 최대 급수량에 부하율을 곱해 산정한다.
③ 소화용수는 일 최대 급수량에 포함되므로 별도로 산정하지 않는다.
④ 계획 1일 최대 급수량은 계획 1일 평균급수량에 계획첨두율을 곱해 산정한다.

114 하수처리계획 및 재이용계획의 계획오수량에 대한 설명 중 옳지 않은 것은?

① 계획 1일 최대 오수량은 1인 1일 최대 오수량에 계획인구를 곱한 후 공장폐수량, 지하수량 및 기타 배수량을 더한 것으로 한다.
② 계획오수량은 생활오수량, 공장폐수량 및 지하수량으로 구분한다.
③ 지하수량은 1인 1일 최대 오수량의 20% 이하로 한다.
④ 계획시간 최대 오수량은 계획 1일 평균오수량의 1시간당 수량의 2~3배를 표준으로 한다.

115 알칼리도가 30mg/L의 물에 황산알루미늄을 첨가했더니 20mg/L의 알칼리도가 소비되었다. 여기에 $Ca(OH)_2$를 주입하여 알칼리도를 15mg/L로 유지하기 위해 필요한 $Ca(OH)_2$는? (단, $Ca(OH)_2$ 분자량 74, $CaCO_3$분자량 100)

① 1.2mg/L
② 3.7mg/L
③ 6.2mg/L
④ 7.4mg/L

해설 알칼리도주입량 $=15-(30-20)=5$mg/L

$5 : x = 100 : 74$

$\therefore\ x=\dfrac{74\times5}{100}=3.7$mg/L

정답 ▸▸▸ 111. ② 112. ③ 113. ④ 114. ④ 115. ②

116 하수관로의 유속 및 경사에 대한 설명으로 옳은 것은?

① 유속은 하류로 갈수록 점차 작아지도록 설계한다.
② 관로의 경사는 하류로 갈수록 점차 커지도록 설계한다.
③ 오수관로는 계획 1일 최대 오수량에 대하여 유속을 최소 1.2m/s로 한다.
④ 우수관로 및 합류식 관로는 계획우수량에 대하여 유속을 최대 3.0m/s로 한다.

117 하수처리수 재이용 기본계획에 대한 설명으로 틀린 것은?

① 하수처리 재이용수는 용도별 요구되는 수질기준을 만족하여야 한다.
② 하수처리수 재이용지역은 가급적 해당 지역 내의 소규모 지역범위로 한정하여 계획한다.
③ 하수처리 재이용수의 용도는 생활용수, 공업용수, 농업용수, 유지용수를 기본으로 계획한다.
④ 하수처리수 재이용량은 해당 지역 물재이용관리계획과에서 제시된 재이용량을 참고하여 계획하여야 한다.

118 다음 펌프 중 가장 큰 비교회전도(N_s)를 나타내는 것은?

① 사류펌프　　② 원심펌프
③ 축류펌프　　④ 터빈펌프

해설 축류펌프는 가장 저양정이면서 비교회전도가 가장 크다.

119 다음 중 계획 1일 최대 급수량기준으로 하지 않는 시설은?

① 배수시설　　② 송수시설
③ 정수시설　　④ 취수시설

해설 배수시설은 계획 1일 최대 급수량기준이나 배수시설 안에 있는 배수관 또는 배수펌프는 시간 최대 급수량을 기준으로 한다.

120 오수 및 우수의 배제방식인 분류식과 합류식에 대한 설명으로 틀린 것은?

① 합류식은 관의 단면적이 크기 때문에 폐쇄의 염려가 적다.
② 합류식은 일정량 이상이 되면 우천 시 오수가 월류할 수 있다.
③ 분류식은 별도의 시설 없이 오염도가 높은 초기우수를 처리장으로 유입시켜 처리한다.
④ 분류식은 2계통을 건설하는 경우 합류식에 비하여 일반적으로 관거의 부설비가 많이 든다.

해설 초기우수를 처리장으로 유입시켜 처리하는 방식은 합류식이다.

정답 ▶▶▶ 116. ④ 117. ② 118. ③ 119. ① 120. ③

국가기술자격검정 필기시험문제

2020년도 토목기사(2020년 9월 27일)

자격종목	시험시간	문제형별	수험번호	성 명
토목기사	**3시간**	**B**		

제1과목 : 응용역학

1 다음 그림과 같은 구조물에서 단부 A, B는 고정, C지점은 힌지일 때 OA, OB, OC부재의 분배율로 옳은 것은?

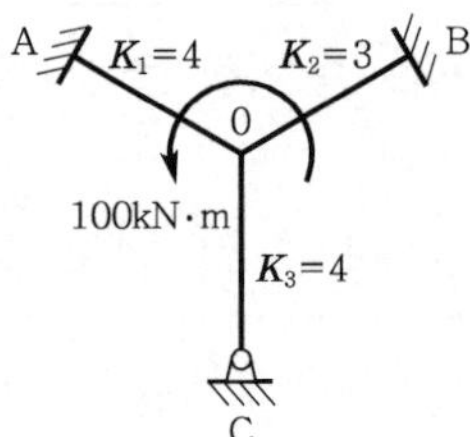

① $DF_{OA}=\frac{4}{10}$, $DF_{OB}=\frac{3}{10}$, $DF_{OC}=\frac{4}{10}$

② $DF_{OA}=\frac{4}{10}$, $DF_{OB}=\frac{3}{10}$, $DF_{OC}=\frac{3}{10}$

③ $DF_{OA}=\frac{4}{11}$, $DF_{OB}=\frac{3}{11}$, $DF_{OC}=\frac{4}{11}$

④ $DF_{OA}=\frac{4}{11}$, $DF_{OB}=\frac{3}{11}$, $DF_{OC}=\frac{3}{11}$

해설

㉠ $DF_{OA}=\dfrac{4}{4+3+4\times\frac{3}{4}}=\dfrac{4}{10}$

㉡ $DF_{OB}=\dfrac{3}{4+3+4\times\frac{3}{4}}=\dfrac{3}{10}$

㉢ $DF_{OC}=\dfrac{4\times\frac{3}{4}}{4+3+4\times\frac{3}{4}}=\dfrac{3}{10}$

2 다음 그림과 같은 캔틸레버보에서 집중하중(P)이 작용할 경우 최대 처짐(δ_{max})은? (단, EI는 일정하다.)

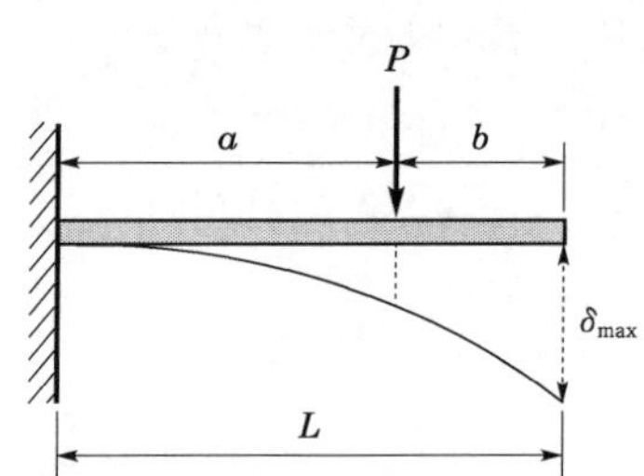

① $\delta_{max}=\dfrac{Pa^2}{3EI}(3l+a)$

② $\delta_{max}=\dfrac{P^2a}{3EI}(3l-a)$

③ $\delta_{max}=\dfrac{P^2a}{6EI}(3l+a)$

④ $\delta_{max}=\dfrac{Pa^2}{6EI}(3l-a)$

 정답 ▸▸▸ 1. ② 2. ④

해설 공액보법 이용

$$\delta_{max} = \frac{M_{max}}{EI} = \frac{1}{EI}\left[Pa \times a \times \frac{1}{2}\left(l - \frac{a}{3}\right)\right] = \frac{Pa^2}{6EI}(3l - a)$$

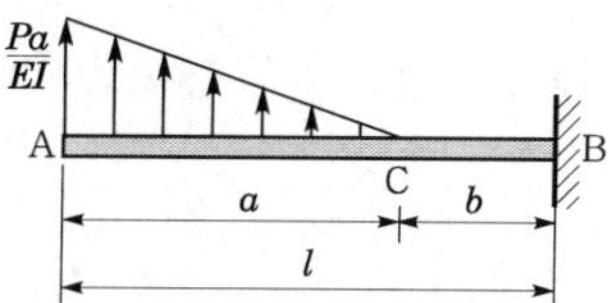

3 동일 평면상의 한 점에 여러 개의 힘이 작용하고 있을 때 여러 개의 힘의 어떤 점에 대한 모멘트의 합은 그 합력의 동일점에 대한 모멘트와 같다는 것은 무슨 정리인가?

① Mohr의 정리
② Lami의 정리
③ Varignon의 정리
④ Castigliano의 정리

4 다음 그림과 같이 A점과 B점에 모멘트하중(M_o)이 작용할 때 생기는 전단력도의 모양은 어떤 형태인가?

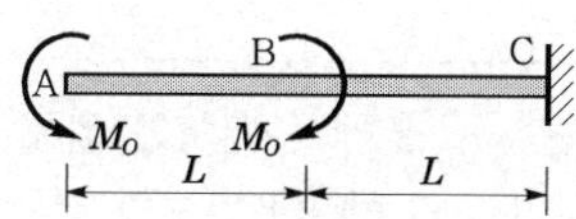

① A B C
② A B C
③ A B C

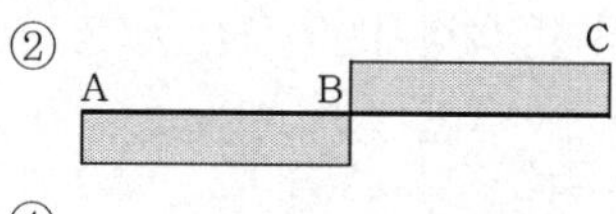

④ A C

해설 순수 휨을 받으므로 전단력은 발생하지 않는다. 따라서 전단력도는 발생하지 않는다.

5 탄성계수(E), 전단탄성계수(G), 푸아송수(m) 간의 관계를 옳게 표시한 것은?

① $G = \dfrac{mE}{2(m+1)}$
② $G = \dfrac{m}{2(m+1)}$
③ $G = \dfrac{E}{2(m+1)}$
④ $G = \dfrac{E}{2(m-1)}$

해설

$$m = \frac{1}{\nu}$$

$$\therefore G = \frac{E}{2(\nu+1)} = \frac{E}{2\left(\frac{1}{m}+1\right)} = \frac{mE}{2(m+1)}$$

정답 3. ③ 4. ④ 5. ①

6 다음 그림과 같은 연속보에서 B점의 반력(R_B)은? (단, EI는 일정하다.)

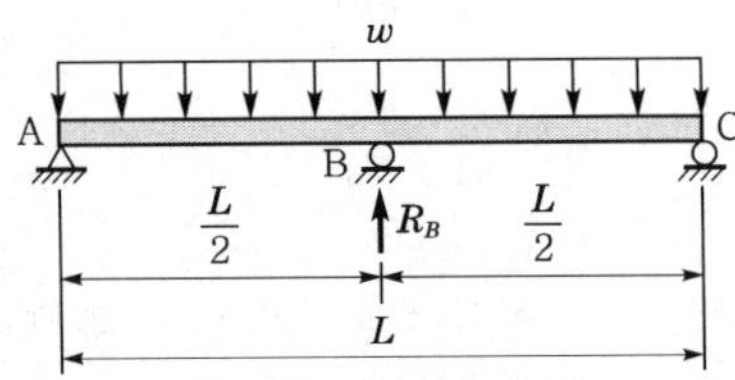

① $\frac{3}{10}wL$　② $\frac{3}{8}wL$

③ $\frac{5}{8}wL$　④ $\frac{5}{4}wL$

$\delta_1 = \delta_2$ 이므로

$\delta_1 = \frac{5wL^4}{384EI}$, $\delta_2 = \frac{R_B L^3}{48EI}$

$\therefore R_B = \frac{5wL}{8}$

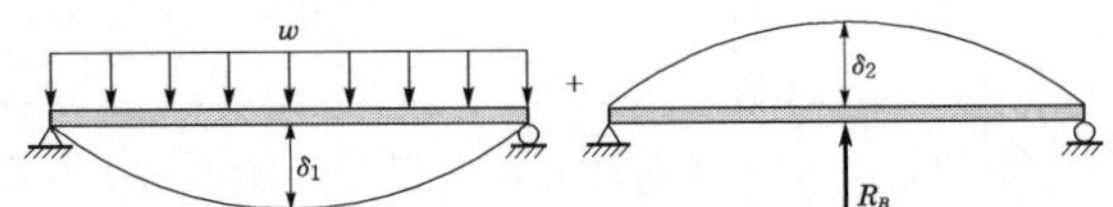

7 탄성변형에너지는 외력을 받는 구조물에서 변형에 의해 구조물에 축적되는 에너지를 말한다. 탄성체이며 선형거동을 하는 길이 L인 캔틸레버보의 끝단에 집중하중 P가 작용할 때 굽힘모멘트에 의한 탄성변형에너지는? (단, EI는 일정하다.)

① $\frac{P^2L^2}{2EI}$　② $\frac{P^2L^3}{2EI}$

③ $\frac{P^2L^2}{6EI}$　④ $\frac{P^2L^3}{6EI}$

$\delta = \frac{PL^3}{3EI}$

$\therefore U = \frac{1}{2}P\delta = \frac{1}{2}P\left(\frac{PL^3}{3EI}\right) = \frac{P^2L^3}{6EI}$

8 지름 D인 원형 단면보에 휨모멘트 M이 작용할 때 최대 휨응력은?

① $\frac{64M}{\pi D^3}$　② $\frac{32M}{\pi D^3}$

③ $\frac{16M}{\pi D^3}$　④ $\frac{8M}{\pi D^3}$

해설

$\sigma = \frac{M}{I}y = \frac{M}{\frac{\pi D^4}{64}} \times \frac{D}{2} = \frac{32M}{\pi D^3}$

 정답 6. ③ 7. ④ 8. ②

9 다음 그림과 같은 트러스의 사재 D의 부재력은?

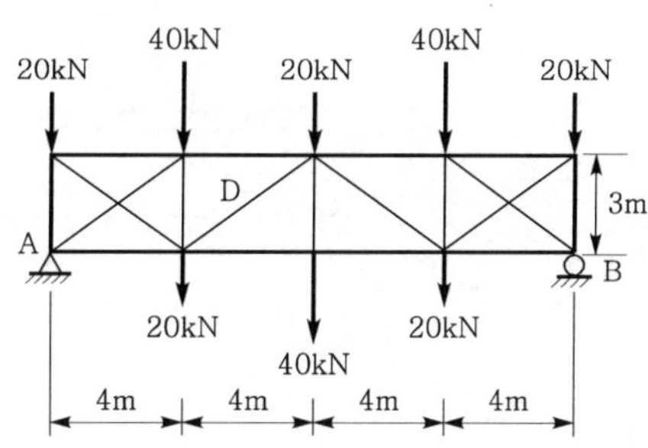

① 50kN(인장) ② 50kN(압축)
③ 37.5kN(인장) ④ 37.5kN(압축)

해설 $\Sigma F_y = 0$

$110 + D \times \sin\theta - 20 - 40 - 20 = 0$

$\therefore \ D = \frac{1}{\sin\theta} \times (80 - 110) = \frac{5}{3} \times (-30) = -50\text{kN}$(압축)

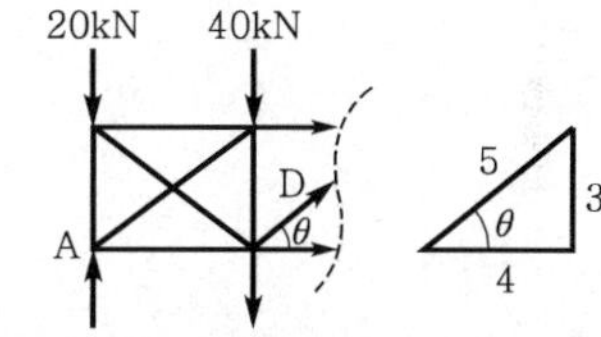

10 다음 중 정(+)의 값뿐만 아니라 부(−)의 값도 갖는 것은?

① 단면계수 ② 단면 2차 반지름
③ 단면 상승모멘트 ④ 단면 2차 모멘트

해설 단면 상승모멘트는 좌표축에 따라 (+), (−)가 발생하므로 정(+) 및 부(−)의 값을 갖는다.

11 다음 그림과 같은 단면의 $A-A$축에 대한 단면 2차 모멘트는?

① $558b^4$
② $623b^4$
③ $685b^4$
④ $729b^4$

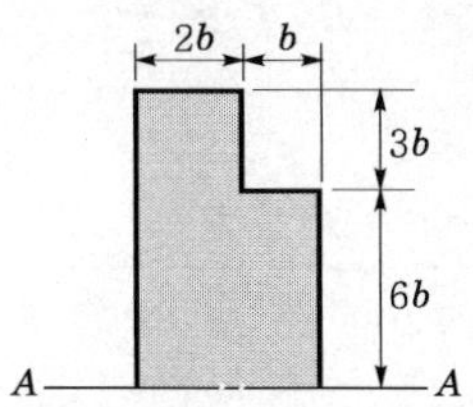

해설 $I_A = \frac{2b \times (9b)^3}{3} + \frac{b \times (6b)^3}{3} = 558b^4$

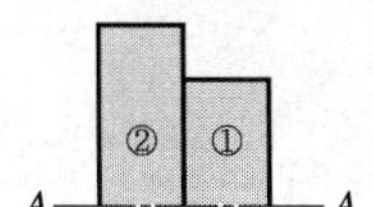

12 다음 그림과 같은 단순보에 일어나는 최대 전단력은?

① 27kN
② 45kN
③ 54kN
④ 63kN

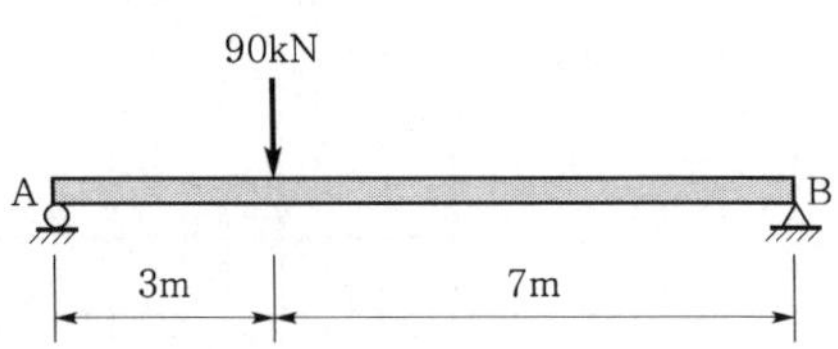

 해설

$\Sigma M_B = 0(\oplus)$

$R_A \times 10 - 90 \times 7 = 0$

$\therefore R_A = 63\text{kN}$

13 다음 그림과 같이 단순보 위에 삼각형 분포하중이 작용하고 있다. 이 단순보에 작용하는 최대 휨모멘트는?

① $0.03214wl^2$
② $0.04816wl^2$
③ $0.05217wl^2$
④ $0.06415wl^2$

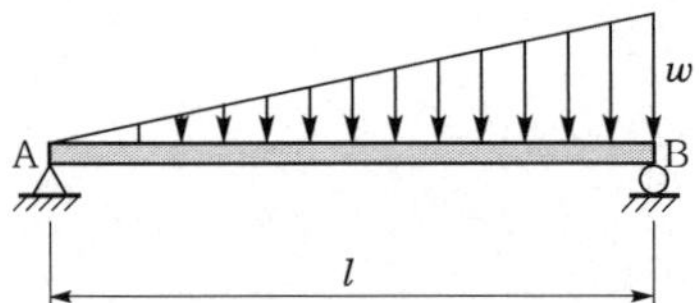

 해설

$$M_{\max} = \frac{wl^2}{9\sqrt{3}} = 0.06415wl^2$$

14 다음 그림과 같이 단순보에 이동하중이 작용하는 경우 절대 최대 휨모멘트는?

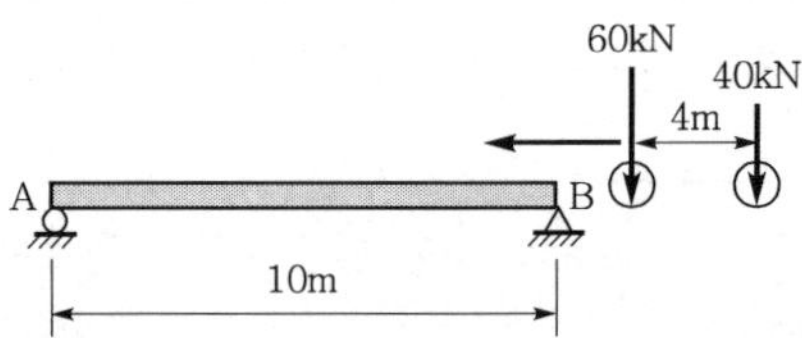

① 176.4kN · m
② 167.2kN · m
③ 162.0kN · m
④ 125.1kN · m

 해설

㉠ $100 \times d = 40 \times 4$

$\therefore d = 1.6\text{m}$

㉡ $R_A = \dfrac{R\left(\dfrac{l}{2} - \dfrac{d}{2}\right)}{l}$

$\therefore M_{\max} = R_A\left(\dfrac{l}{2} - \dfrac{d}{2}\right) = \dfrac{R}{l}\left(\dfrac{l}{2} - \dfrac{d}{2}\right)^2$

$= \dfrac{100}{10} \times \left(\dfrac{10}{2} - \dfrac{1.6}{2}\right)^2 = 176.4\text{kN} \cdot \text{m}$

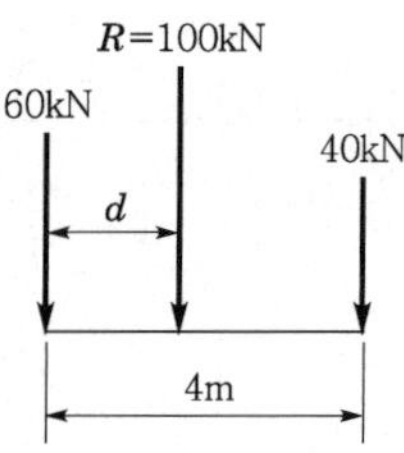

 정답 ▸▸▸ 12. ④ 13. ④ 14. ①

15 다음 그림과 같은 단순보에 등분포하중(q)이 작용할 때 보의 최대 처짐은? (단, EI는 일정하다.)

① $\dfrac{qL^4}{128EI}$

② $\dfrac{qL^4}{64EI}$

③ $\dfrac{qL^4}{38EI}$

④ $\dfrac{5qL^4}{384EI}$

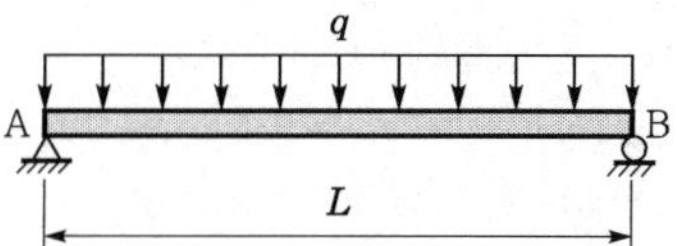

해설

$$\delta_{max} = \frac{5qL^4}{384EI}$$

16 15cm×30cm의 직사각형 단면을 가진 길이가 5m인 양단 힌지기둥이 있다. 이 기둥의 세장비(λ)는?

① 57.7 ② 74.5

③ 115.5 ④ 149.0

해설

$$\lambda = \frac{l}{r_{min}} = \frac{l}{\sqrt{\dfrac{I_{min}}{A}}} = \frac{500}{\sqrt{\dfrac{\dfrac{30\times15^3}{12}}{30\times15}}} = 115.5$$

17 반지름이 25cm인 원형 단면을 가지는 단주에서 핵의 면적은 약 얼마인가?

① 122.7cm^2 ② 168.4cm^2

③ 254.4cm^2 ④ 336.8cm^2

해설

$$e = \frac{d}{8} = \frac{50}{8} = 6.25\text{cm}$$

$$\therefore\ A_c = \pi\times6.25^2 = 122.7\text{cm}^2$$

18 다음 그림과 같은 3힌지 아치에서 C점의 휨모멘트는?

① 32.5kN · m

② 35.0kN · m

③ 37.5kN · m

④ 40.0kN · m

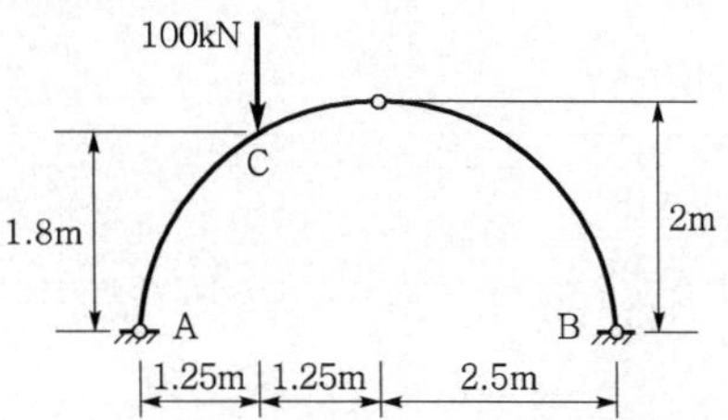

해설 ㉠ $\Sigma M_B = 0(\oplus)$

$R_A \times 5 - 100 \times 3.75 = 0$

$\therefore\ R_A = 75\text{kN}(\uparrow)$

㉡ $\Sigma M_G = 0(\oplus)$

$75 \times 2.5 - H_A \times 2 - 100 \times 1.25 = 0$

$\therefore\ H_A = 31.25\text{kN}(\rightarrow)$

㉢ $M_C = (75 \times 1.25) - (31.25 \times 1.8) = 37.5\text{kN}$

19 다음 그림과 같은 이축응력(二軸應力)을 받는 정사각형 요소의 체적변형률은? (단, 이 요소의 탄성계수 $E=2.0\times10^5$MPa, 푸아송비 $\nu=0.3$이다.)

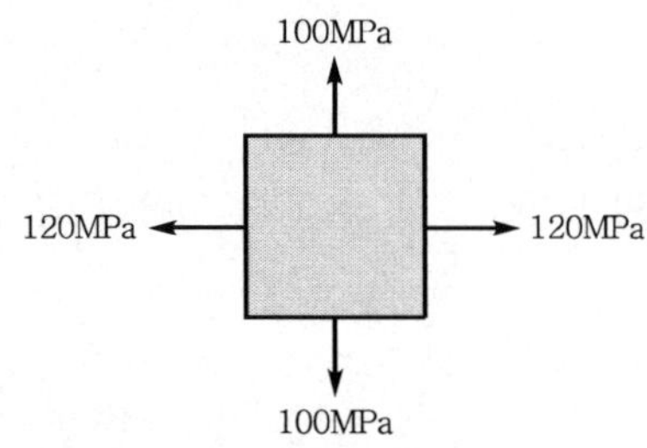

① 3.6×10^{-4}　② 4.4×10^{-4}
③ 5.2×10^{-4}　④ 6.4×10^{-4}

해설 $\varepsilon_V = \varepsilon_x + \varepsilon_y + \varepsilon_z = \dfrac{1-2\nu}{E}(\sigma_x + \sigma_y + \sigma_z) = \dfrac{1-(2\times0.3)}{2.0\times10^5} \times (120+100+0) = 4.4\times10^{-4}$

20 다음 그림에 표시된 힘들의 x방향의 합력으로 옳은 것은?

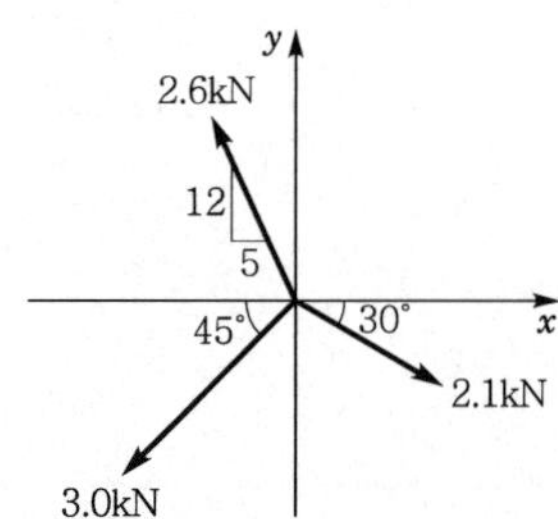

① 0.4kN(←)　② 0.7kN(→)
③ 1.0kN(→)　④ 1.3kN(←)

해설 $\Sigma F_x = 0(\leftarrow\oplus)$

$F_x = 2.6 \times \dfrac{5}{13} + 3.0 \times \cos 40° - 2.1 \times \cos 30° = 1.302\text{kN}(\leftarrow)$

제2과목 : 측량학

21 노선측량의 일반적인 작업순서로 옳은 것은?

㉠ 종·횡단측량 ㉡ 중심선측량
㉢ 공사측량 ㉣ 답사

① ㉠→㉡→㉣→㉢
② ㉠→㉢→㉣→㉡
③ ㉣→㉡→㉠→㉢
④ ㉣→㉢→㉠→㉡

해설 노선측량의 순서 : 답사→종·횡단측량→중심선측량→공사측량

22 2,000m의 거리를 50m씩 끊어서 40회 관측하였다. 관측결과 총오차가 ±0.14m이었고 40회 관측의 정밀도가 동일하다면 50m 거리관측의 오차는?

① ±0.022m
② ±0.019m
③ ±0.016m
④ ±0.013m

해설 우연오차$(e)=\pm m\sqrt{n}$

$0.14=\pm m\sqrt{40}$

$\therefore\ m=\pm 0.022\text{m}$

23 지형측량의 순서로 옳은 것은?

① 측량계획－골조측량－측량원도 작성－세부측량
② 측량계획－세부측량－측량원도 작성－골조측량
③ 측량계획－측량원도 작성－골조측량－세부측량
④ 측량계획－골조측량－세부측량－측량원도 작성

해설 지형측량의 순서 : 측량계획－골조측량－세부측량－측량원도 작성

24 교호수준측량을 한 결과로 $a_1=0.472$m, $a_2=2.656$m, $b_1=2.106$m, $b_2=3.895$m를 얻었다. A점의 표고가 66.204m일 때 B점의 표고는?

① 64.130m
② 64.768m
③ 65.238m
④ 67.641m

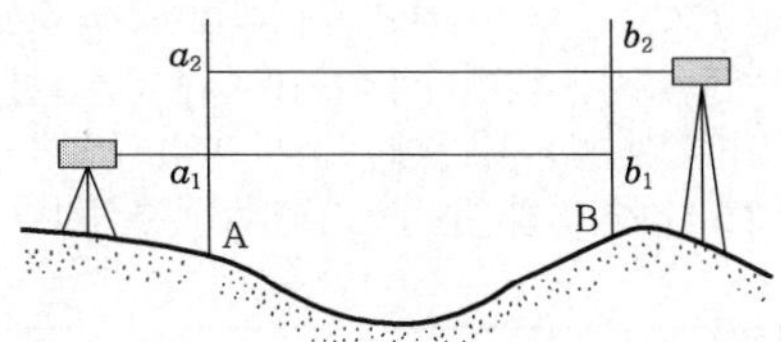

해설

$$H=\frac{(a_1-b_1)+(a_2-b_2)}{2}=\frac{(0.472-2.106)+(2.656-3.895)}{2}=-1.436\text{m}$$

$$\therefore\ H_B=H_A+H=66.204-1.436=64.768\text{m}$$

25 항공사진의 특수 3점이 아닌 것은?

① 주점　② 보조점
③ 연직점　④ 등각점

해설 항공사진의 특수 3점

㉠ 주점 : 사진의 중심점으로 렌즈의 중심으로부터 화면에 내린 수선의 길이, 즉 렌즈의 광축과 화면이 교차하는 점(거의 수직사진)
㉡ 연직점 : 중심투영점 0을 지나는 중력선이 사진면과 마주치는 점. 카메라렌즈의 중심으로부터 기준면에 수선을 내렸을 때 만나는 점(고저차가 큰 지형의 수직 및 경사사진)
㉢ 등각점 : 사진면에 직교되는 광선과 중력선이 이루는 각을 2등분하는 광선이 사진면에 마주치는 점(평탄한 지역의 경사사진)

26 도로의 노선측량에서 반지름(R) 200m인 원곡선을 설치할 때 도로의 기점으로부터 교점(I.P)까지의 추가거리가 423.26m, 교각(I)이 42°20′일 때 시단현의 편각은? (단, 중심말뚝간격은 20m이다.)

① 0°50′00″　② 2°01′52″
③ 2°03′11″　④ 2°51′47″

㉠ $\text{T.L} = R\tan\frac{I}{2} = 200\times\tan\frac{42°20'}{2} = 77.44\text{m}$
㉡ $\text{B.C} = \text{I.P} - \text{T.L} = 423.26 - 77.44 = 345.82\text{m}$
㉢ $l_1 = 360 - 345.82 = 14.18\text{m}$
㉣ $\delta_1 = \frac{l_1}{R}\frac{90°}{\pi} = \frac{14.18}{200}\times\frac{90°}{\pi} = 2°01'52''$

27 구면삼각형의 성질에 대한 설명으로 틀린 것은?

① 구면삼각형 내각의 합은 180°보다 크다.
② 2점 간 거리가 구면상에서는 대원의 호길이가 된다.
③ 구면삼각형의 한 변은 다른 두 변의 합보다는 작고, 차보다는 크다.
④ 구과량은 구 반지름의 제곱에 비례하고, 구면삼각형의 면적에 반비례한다.

해설 구과량

㉠ 구과량은 구면삼각형의 면적(F)에 비례하고, 구의 반경(R)의 제곱에 반비례한다.
㉡ 세 변이 대원의 호로 된 삼각형을 구면삼각형이라 한다.
㉢ 일반측량에서는 구과량이 미소하므로 구면삼각형 대신에 평면삼각형의 면적을 사용해도 지장 없다.
㉣ 측량대상지역이 넓은 경우에는 곡면각의 성질이 필요하다.
㉤ 구면삼각형의 세 변의 길이는 대원호의 중심각과 같은 각거리이다.

28 수평각관측을 할 때 망원경의 정위, 반위로 관측하여 평균하여도 소거되지 않는 오차는?

① 수평축오차　② 시준축오차
③ 연직축오차　④ 편심오차

해설 연직축오차는 연직축과 기포관축이 평행하지 않아 발생하는 오차로 어떠한 방법으로도 소거할 수 없다.

 정답 25. ② 26. ② 27. ④ 28. ③

29 다음 그림과 같은 횡단면의 면적은?

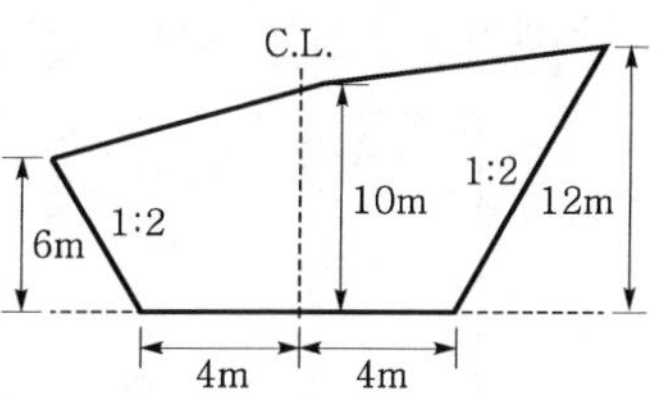

① $196m^2$
② $204m^2$
③ $216m^2$
④ $256m^2$

해설
㉠ A면적 : $A=\frac{6+10}{2}\times16-\frac{1}{2}\times12\times6=92m^2$

㉡ B면적 : $B=\frac{10+12}{2}\times28-\frac{1}{2}\times24\times12=164m^2$

㉢ A+B의 면적(횡단면적)=A면적+B면적=92+164=$256m^2$

30 삼변측량을 실시하여 길이가 각각 a=1,200m, b=1,300m, c=1,500m이었다면 ∠ACB는?

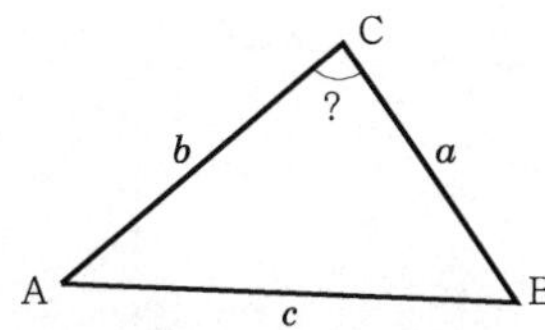

① 73°31′02″
② 73°33′02″
③ 73°35′02″
④ 73°37′02″

해설
$\cos C=\frac{a^2+b^2-c^2}{2ab}=\frac{1,200^2+1,300^2-1,500^2}{2\times1,200\times1,300}$

∴ ∠C=73°37′02″

31 30m에 대하여 3mm 늘어나 있는 줄자로써 정사각형의 지역을 측정한 결과 $80,000m^2$이었다면 실제의 면적은?

① $80,016m^2$
② $80,008m^2$
③ $79,984m^2$
④ $79,992m^2$

해설
㉠ $\frac{\Delta A}{A}=2\frac{\Delta l}{l}=2\times\frac{0.003}{30}=\frac{1}{5,000}$

㉡ $\frac{1}{5,000}=\frac{\Delta A}{80,000}$

∴ $\Delta A=16m^2$

㉢ $A_0=A+\Delta A=80,000+16=80,016m^2$

32 GNSS데이터의 교환 등에 필요한 공통적인 형식으로 원시데이터에서 측량에 필요한 데이터를 추출하여 보기 쉽게 표현한 것은?

① Bernese
② RINEX
③ Ambiguity
④ Binary

해설 RINEX : 정지측량 시 기종이 서로 다른 GPS수신기를 혼합하여 사용하였을 경우 어떤 종류의 후처리 소프트웨어를 사용하더라도 수집된 GPS데이터의 기선해석이 용이하도록 고안된 세계표준의 GPS데이터포맷

정답 ▶▶▶ 29. ④ 30. ④ 31. ① 32. ②

33 수준망의 관측결과가 다음 표와 같을 때 관측의 정확도가 가장 높은 것은?

구분	총거리(km)	폐합오차(mm)
Ⅰ	25	±20
Ⅱ	16	±18
Ⅲ	12	±15
Ⅳ	8	±13

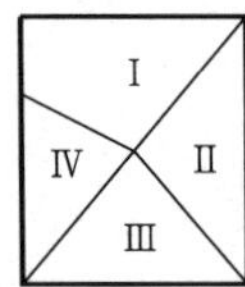

① Ⅰ
② Ⅱ
③ Ⅲ
④ Ⅳ

해설

Ⅰ구간$=\delta=\dfrac{20}{\sqrt{25}}=4.0$mm

Ⅱ구간$=\delta=\dfrac{18}{\sqrt{16}}=4.50$mm

Ⅲ구간$=\delta=\dfrac{15}{\sqrt{12}}=4.33$mm

Ⅳ구간$=\delta=\dfrac{13}{\sqrt{8}}=4.60$mm

∴ Ⅰ구간이 가장 정확도가 높다.

34 GPS위성측량에 대한 설명으로 옳은 것은?

① GPS를 이용하여 취득한 높이는 지반고이다.
② GPS에서 사용하고 있는 기준타원체는 GRS80타원체이다.
③ 대기 내 수증기는 GPS위성신호를 지연시킨다.
④ GPS측량은 별도의 후처리 없이 관측값을 직접 사용할 수 있다.

해설

① GPS를 이용하여 취득한 높이는 타원체고이다.
② GPS에서 사용되는 기준타원체는 WGS84이다.
④ GPS측량은 관측한 데이터를 후처리과정을 거쳐 위치를 결정한다.

35 완화곡선에 대한 설명으로 옳지 않은 것은?

① 완화곡선의 접선은 시점에서 원호에, 종점에서 직선에 접한다.
② 완화곡선에 연한 곡선반지름의 감소율은 캔트(cant)의 증가율과 같다.
③ 완화곡선의 반지름은 그 시점에서 무한대, 종점에서는 원곡선의 반지름과 같다.
④ 모든 클로소이드(clothoid)는 닮음꼴이며, 클로소이드요소는 길이의 단위를 가진 것과 단위가 없는 것이 있다.

해설 완화곡선

㉠ 곡선반지름은 완화곡선의 시점에서 무한대, 종점에서 원곡선의 반지름으로 된다.
㉡ 완화곡선의 접선은 시점에서 직선에, 종점에서 원호에 접한다.
㉢ 완화곡선에 연한 곡선반지름의 감소율은 캔트의 증가율과 같다.
㉣ 완화곡선의 종점의 캔트와 원곡선의 시점의 캔트는 같다.

 정답 ▸▸▸ 33. ① 34. ③ 35. ①

36 축척 1 : 1,500 지도상의 면적을 축척 1 : 1,000으로 잘못 관측한 결과가 10,000m²이었다면 실제 면적은?

① 4,444m² ② 6,667m²
③ 15,000m² ④ 22,500m²

해설

$$a^2 = \left(\frac{m_2}{m_1}\right)^2 a_1 = \left(\frac{1,500}{1,000}\right)^2 \times 10,000 = 22,500\text{m}^2$$

37 수준측량에서 전시와 후시의 거리를 같게 하여 소거할 수 있는 오차가 아닌 것은?

① 지구의 곡률에 의해 생기는 오차
② 기포관축과 시준축이 평행되지 않기 때문에 생기는 오차
③ 시준선상에 생기는 빛의 굴절에 의한 오차
④ 표척의 조정불완전으로 인해 생기는 오차

해설 전시와 후시의 거리를 같게 취하는 이유
㉠ 기포관축과 시준축이 평행하지 않기 때문에 발생하는 오차(시준축오차) 소거
㉡ 지구곡률오차 소거
㉢ 대기굴절오차 소거

38 초점거리가 210mm인 사진기로 촬영한 항공사진의 기선고도비는? (단, 사진크기는 23cm×23cm, 축척은 1 : 10,000, 종중복도 60%이다.)

① 0.32 ② 0.44
③ 0.52 ④ 0.61

해설

$$\text{기선고도비} = \frac{B}{H} = \frac{ma\left(1-\frac{p}{100}\right)}{mf} = \frac{a\left(1-\frac{p}{100}\right)}{f} = \frac{23\times\left(1-\frac{60}{100}\right)}{21} = 0.44$$

39 폐합트래버스 ABCD에서 각 측선의 경거, 위거가 다음 표와 같은 때 $\overline{\text{AD}}$측선의 방위각은?

측선	위거		경거	
	+	−	+	−
AB	50		50	
BC		30	60	
CD		70		60
DA				

① 133° ② 135°
③ 137° ④ 145°

해설

측선	위거		경거	
	+	−	+	−
AB	50		50	
BC		30	60	
CD		70		60
DA	50			50

폐합트래버스에서는 위거의 합이 0, 경거의 합의 0이 되어야 하므로 DA측선의 위거는 50, 경거는 −50이다.

㉠ $\overline{DA}$ 방위각$=\tan^{-1}\dfrac{-50}{50}=45°$(4상한)

∴ $\overline{DA}$ 방위각$=360°-45°=315°$

㉡ $\overline{AD}$ 방위각$=315°-180°=135°$

40 트래버스측량의 일반적인 사항에 대한 설명으로 옳지 않은 것은?

① 트래버스종류 중 결합트래버스는 가장 높은 정확도를 얻을 수 있다.
② 각관측방법 중 방위각법은 한번 오차가 발생하면 그 영향은 끝까지 미친다.
③ 폐합오차조정방법 중 컴퍼스법칙은 각관측의 정밀도가 거리관측의 정밀도보다 높을 때 실시한다.
④ 폐합트래버스에서 편각의 총합은 반드시 360°가 되어야 한다.

해설 트래버스측량에서 폐합오차 조정
㉠ 트랜싯법칙 : 각의 정밀도가 거리의 정밀도보다 클 때
㉡ 컴퍼스법칙 : 각의 정밀도와 거리의 정밀도가 같을 때

제3과목 : 수리수문학

41 수면 아래 30m 지점의 수압을 kN/m^2으로 표시하면? (단, 물의 단위중량은 $9.81kN/m^3$이다.)

① $2.94kN/m^2$ ② $29.43kN/m^2$
③ $294.3kN/m^2$ ④ $2,943kN/m^2$

해설 $P=wh=9.81\times30=294.3kN/m^2$

42 유출(流出)에 대한 설명으로 옳지 않은 것은?

① 총유출은 통상 직접유출(direct run off)과 기저유출(base flow)로 분류된다.
② 하천에 도달하기 전에 지표면 위로 흐르는 유수를 지표유하수(overland flow)라 한다.
③ 하천에 도달한 후 다른 성분의 유출수와 합친 유수량을 총유출수(total flow)라 한다.
④ 지하수유출은 토양을 침투한 물이 침투하여 지하수를 형성하나, 총유출량에는 고려하지 않는다.

 정답 40. ③ 41. ③ 42. ④

해설 유출의 분류

㉠ 직접유출
- 강수 후 비교적 단시간 내에 하천으로 흘러들어가는 유출
- 지표면유출, 복류수유출, 수로상 강수

㉡ 기저유출
- 비가 오기 전의 건조 시의 유출
- 지하수유출, 지연지표하유출

43 도수(hydraulic jump) 전후의 수심 h_1, h_2의 관계를 도수 전의 Froude수 Fr_1의 함수로 표시한 것으로 옳은 것은?

① $\frac{h_2}{h_1}=\frac{1}{2}(\sqrt{8{Fr_1}^2+1}-1)$
② $\frac{h_1}{h_2}=\frac{1}{2}(\sqrt{8{Fr_1}^2+1}+1)$
③ $\frac{h_2}{h_1}=\frac{1}{2}(\sqrt{8{Fr_1}^2+1}+1)$
④ $\frac{h_1}{h_2}=\frac{1}{2}(\sqrt{8{Fr_1}^2+1}-1)$

44 개수로 내의 흐름에서 비에너지(specific energy, H_e)가 일정할 때 최대 유량이 생기는 수심 h로 옳은 것은? (단, 개수로의 단면은 직사각형이고 $\alpha=1$이다.)

① $h=H_e$
② $h=\frac{1}{2}H_e$
③ $h=\frac{2}{3}H_e$
④ $h=\frac{3}{4}H_e$

45 오리피스(Orifice)의 압력수두가 2m이고 단면적이 4cm², 접근유속은 1m/s일 때 유출량은? (단, 유량계수 $C=0.63$이다.)

① 1,558cm³/s
② 1,578cm³/s
③ 1,598cm³/s
④ 1,618cm³/s

해설

㉠ $h_a=\frac{{V_a}^2}{2g}=\frac{100^2}{2\times980}=5.1\text{cm}$

㉡ $Q=Ca\sqrt{2g(H+h_a)}=0.63\times4\times\sqrt{2\times980\times(200+5.1)}=1{,}598\text{cm}^3/\text{s}$

46 위어(weir)에 물이 월류할 경우 위어의 정상을 기준으로 상류측 전수두를 H, 하류수위를 h라 할 때 수중위어(submerged weir)로 해석될 수 있는 조건은?

① $h<\frac{2}{3}H$
② $h<\frac{1}{2}H$
③ $h>\frac{2}{3}H$
④ $h>\frac{1}{3}H$

정답 43. ① 44. ③ 45. ③ 46. ③

해설 광정위어

㉠ $h < \frac{2}{3}H$: 완전월류

㉡ $h > \frac{2}{3}H$: 수중위어

47 다음 중 베르누이의 정리를 응용한 것이 아닌 것은?

① 오리피스 ② 레이놀즈수
③ 벤투리미터 ④ 토리첼리의 정리

48 부체의 안정에 관한 설명으로 옳지 않은 것은?

① 경심(M)이 무게중심(G)보다 낮을 경우 안정하다.
② 무게중심(G)이 부심(B)보다 아래쪽에 있으면 안정하다.
③ 경심(M)이 무게중심(G)보다 높을 경우 복원모멘트가 작용한다.
④ 부심(B)과 무게중심(G)이 동일 연직선상에 위치할 때 안정을 유지한다.

해설 M이 G보다 위에 있으면 복원모멘트가 작용하게 되어 부체는 안정하다.

49 DAD 해석에 관한 내용으로 옳지 않은 것은?

① DAD의 값은 유역에 따라 다르다.
② DAD 해석에서 누가우량곡선이 필요하다.
③ DAD곡선은 대부분 반대수지로 표시된다.
④ DAD관계에서 최대 평균우량은 지속시간 및 유역면적에 비례하여 증가한다.

해설 ㉠ 최대 평균우량은 유역면적에 반비례하여 증가한다.
㉡ 최대 평균우량은 지속시간에 비례하여 증가한다.

50 합성단위유량도(synthetic unit hydrograph)의 작성방법이 아닌 것은?

① Snyder방법 ② Nakayasu방법
③ 순간단위유량도법 ④ SCS의 무차원 단위유량도 이용법

해설 단위유량도합성방법 : Snyder방법, SCS방법, Clark방법

51 수리학적으로 유리한 단면에 관한 내용으로 옳지 않은 것은?

① 동수반경을 최대로 하는 단면이다.
② 구형에서는 수심이 폭의 반과 같다.
③ 사다리꼴에서는 동수반경이 수심의 반과 같다.
④ 수리학적으로 가장 유리한 단면의 형태는 이등변직각삼각형이다.

정답 47. ② 48. ① 49. ④ 50. ③ 51. ④

해설 수리학적으로 가장 유리한 단면의 형태는 원형이다.

52 마찰손실계수(f)와 Reynolds수(Re) 및 상대조도(ε/d)의 관계를 나타낸 Moody도표에 대한 설명으로 옳지 않은 것은?

① 층류영역에서는 관의 조도에 관계없이 단일 직선이 적용된다.
② 완전난류의 완전히 거친 영역에서 f는 Re^n과 반비례하는 관계를 보인다.
③ 층류와 난류의 물리적 상이점은 $f-Re$관계가 한계Reynolds수 부근에서 갑자기 변한다.
④ 난류영역에서는 $f-Re$곡선은 상대조도에 따라 변하며 Reynolds수보다는 관의 조도가 더 중요한 변수가 된다.

해설 완전난류의 완전히 거친 영역에서 f는 Re에 관계없고 상대조도$\left(\dfrac{e}{D}\right)$만의 함수이다.

53 관수로에서의 마찰손실수두에 대한 설명으로 옳은 것은?

① Froude수에 반비례한다.
② 관수로의 길이에 비례한다.
③ 관의 조도계수에 반비례한다.
④ 관내 유속의 1/4제곱에 비례한다.

해설 $h_L = f\dfrac{l}{D}\dfrac{V^2}{2g}$

54 수심이 50m로 일정하고 무한히 넓은 해역에서 주태양반일주조(S_2)의 파장은? (단, 주태양반일주조의 주기는 12시간, 중력가속도 $g=9.81\text{m/s}^2$이다.)

① 9.56km
② 95.6km
③ 956km
④ 9,560km

해설 $L=\sqrt{gh}\;T=\sqrt{9.8\times 50}\times(12\times 3{,}600)=956{,}272\text{m}=956\text{km}$

[참고] 주태양반일주조 : 주로 태양의 운동에 기인한 조석성분으로 12시간의 주기를 가지며 S_2로 표기한다.

55 지름 0.3m, 수심 6m인 굴착정이 있다. 피압대수층의 두께가 3.0m라 할 때 5l/s의 물을 양수하면 우물의 수위는? (단, 영향원의 반지름은 500m, 투수계수는 4m/h이다.)

① 3.848m
② 4.063m
③ 5.920m
④ 5.999m

해설

$$Q=\frac{2\pi ck(H-h_o)}{2.3\log\dfrac{R}{r_o}}$$

$$0.005=\frac{2\pi\times 3\times\dfrac{4}{3{,}600}\times(6-h_o)}{2.3\times\log\dfrac{500}{0.15}}$$

$\therefore\ h_o=4.066\text{m}$

정답 ▸▸▸ 52. ② 53. ② 54. ③ 55. ②

56 흐르는 유체 속에 물체가 있을 때 물체가 유체로부터 받는 힘은?

① 장력(張力)
② 충력(衝力)
③ 항력(抗力)
④ 소류력(掃流力)

57 유역면적이 $2km^2$인 어느 유역에 다음과 같은 강우가 있었다. 직접유출용적이 $140,000m^3$일 때 이 유역에서의 ϕ-index는?

시간(30min)	1	2	3	4
강우강도(mm/h)	102	51	152	127

① 36.5mm/h ② 51.0mm/h
③ 73.0mm/h ④ 80.3mm/h

해설

㉠ 총강우량 $=51+25.5+76+63.5=216$mm

㉡ 직접유출량 $=\dfrac{140,000}{2\times10^6}=0.07\text{m}=70\text{mm}$

㉢ 침투량 $=216-70=146$mm

㉣ $\phi+25.5+\phi+\phi=146$

$\therefore\ \phi=\dfrac{40.17\text{mm}}{30분}=80.33\text{mm/h}$

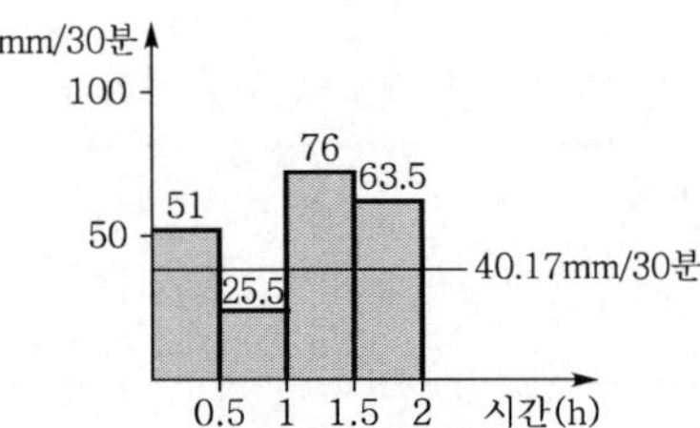

58 양정이 5m일 때 4.9kW의 펌프로 $0.03m^3/s$를 양수했다면 이 펌프의 효율은?

① 약 0.3 ② 약 0.4
③ 약 0.5 ④ 약 0.6

해설

$E=9.8\dfrac{QH}{\eta}$

$4.9=9.8\times\dfrac{0.03\times5}{\eta}$

$\therefore\ \eta=0.3$

59 두 개의 수평한 판이 5mm 간격으로 놓여있고 점성계수 $0.01N\cdot s/cm^2$인 유체로 채워져 있다. 하나의 판을 고정시키고 다른 하나의 판을 2m/s로 움직일 때 유체 내에서 발생되는 전단응력은?

① $1N/cm^2$ ② $2N/cm^2$
③ $3N/cm^2$ ④ $4N/cm^2$

해설

$\tau=\mu\dfrac{dV}{dy}=0.01\times\dfrac{200}{0.5}=4\text{N/cm}^2$

 정답 ▸▸▸ 56. ③ 57. ④ 58. ① 59. ④

60 폭 4m, 수심 2m인 직사각형 단면개수로에서 Manning공식의 조도계수 n=0.017m$^{-1/3}$ · s, 유량 Q=15m^3/s일 때 수로의 경사(I)는?

① 1.013×10^{-3} ② 4.548×10^{-3}
③ 15.365×10^{-3} ④ 31.875×10^{-3}

㉠ $R=\dfrac{A}{S}=\dfrac{2\times4}{2\times2+4}=1\text{m}$

㉡ $Q=A\dfrac{1}{n}R^{\frac{2}{3}}I^{\frac{1}{2}}$

$15=(4\times2)\times\dfrac{1}{0.017}\times1^{\frac{2}{3}}\times I^{\frac{1}{2}}$

$\therefore\ I=1.016\times10^{-3}$

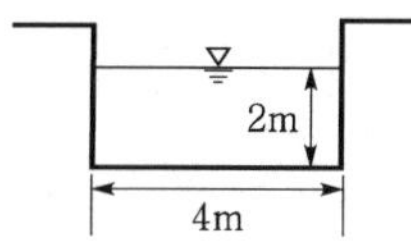

제4과목 : 철근콘크리트 및 강구조

61 복철근콘크리트 단면에 인장철근비는 0.02, 압축철근비는 0.01이 배근된 경우 순간처짐이 20mm일 때 6개월이 지난 후 총처짐량은? (단, 작용하는 하중은 지속하중이다.)

① 26mm ② 36mm
③ 48mm ④ 68mm

$\lambda_\Delta=\dfrac{\xi}{1+50\rho'}=\dfrac{1.2}{1+50\times0.01}=0.8$

$\therefore\ \delta_t=\delta_i+\delta_l=\delta_i+\delta_i\lambda_\Delta=20+20\times0.8=36\text{mm}$

62 PSC보를 RC보처럼 생각하여 콘크리트는 압축력을 받고, 긴장재는 인장력을 받게 하여 두 힘의 우력모멘트로 외력에 의한 휨모멘트에 저항시킨다는 개념은?

① 응력개념 ② 강도개념
③ 하중평형개념 ④ 균등질보의 개념

해설 **강도개념(내력모멘트개념)** : PSC보를 RC보와 동일 개념으로 보아 콘크리트는 압축력을 받고, 긴장재는 인장력을 받는다는 개념

63 다음 그림과 같이 단순지지된 2방향 슬래브에 등분포하중 w가 작용할 때 ab방향에 분배되는 하중은 얼마인가?

① $0.059w$
② $0.111w$
③ $0.889w$
④ $0.941w$

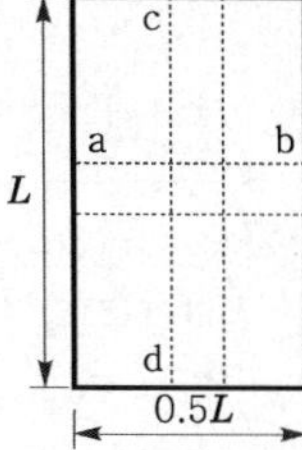

해설 $w_{ab} = \frac{wL^4}{L^4 + S^4} = \frac{L^4}{L^4 + (0.5L)^4} w = 0.941w$

64 다음 그림과 같은 직사각형 단면을 가진 프리텐션 단순보에 편심배치한 긴장재를 820kN으로 긴장하였을 때 콘크리트탄성변형으로 인한 프리스트레스의 감소량은? (단, 탄성계수비 $n=6$이고 자중에 의한 영향은 무시한다.)

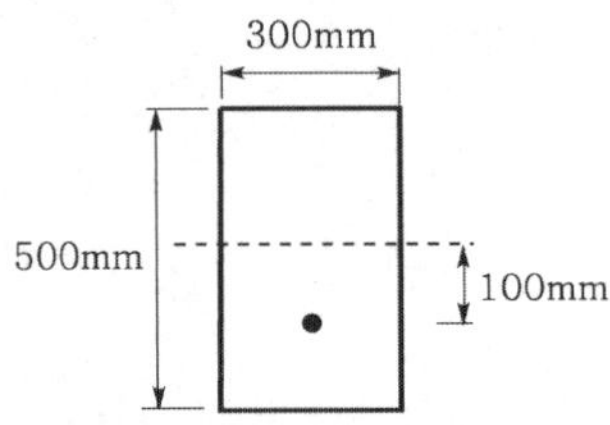

① 44.5MPa ② 46.5MPa
③ 48.5MPa ④ 50.5MPa

해설 $\Delta f_p = nf_c = n\left(\frac{P}{A_c} + \frac{Pe}{I}e\right) = 6 \times \left(\frac{820,000}{300 \times 500} + \frac{820,000 \times 100}{\frac{300 \times 500^3}{12}} \times 100\right) = 48.54\text{MPa}$

65 다음 그림과 같은 용접이음에서 이음부의 응력은?

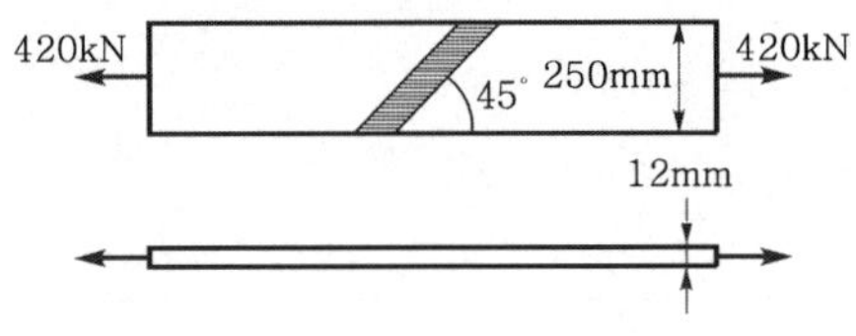

① 140MPa ② 152MPa
③ 168MPa ④ 180MPa

해설 $f = \frac{P}{\Sigma al_e} = \frac{420,000}{12 \times 250} = 140\text{MPa}$

66 다음 중 전단철근으로 사용할 수 없는 것은?

① 스터럽과 굽힘철근의 조합
② 부재축에 직각으로 배치한 용접철망
③ 나선철근, 원형 띠철근 또는 후프철근
④ 주인장철근에 30°의 각도로 설치되는 스터럽

해설 전단철근의 종류 : 주철근에 직각배치 스터럽(수직스터럽), 주철근에 45° 또는 그 이상 경사스터럽, 주철근에 30° 또는 그 이상 굽힘철근, 스터럽과 굽힘철근의 병용, 부재축에 직각배치 용접철망

 정답 64. ③ 65. ① 66. ④

67 슬래브의 구조상세에 대한 설명으로 틀린 것은?

① 1방향 슬래브의 두께는 최소 100mm 이상으로 하여야 한다.
② 1방향 슬래브의 정모멘트철근 및 부모멘트철근의 중심간격은 위험 단면에서는 슬래브두께의 2배 이하이어야 하고, 또한 300mm 이하로 하여야 한다.
③ 1방향 슬래브의 수축·온도철근의 간격은 슬래브두께의 3배 이하, 또한 400mm 이하로 하여야 한다.
④ 2방향 슬래브의 위험 단면에서 철근간격은 슬래브두께의 2배 이하, 또한 300mm 이하로 하여야 한다.

해설 1방향 슬래브의 수축·온도철근의 간격은 슬래브두께의 5배 이하 또는 450mm 이하로 하여야 한다.

68 $b=300$mm, $d=500$mm, $A_s=3-$D25$=1{,}520\text{mm}^2$가 1열로 배치된 단철근 직사각형 보의 설계휨강도(ϕM_n)는? (단, $f_{ck}=28$MPa, $f_y=400$MPa이고 과소철근보이다.)

① 132.5kN·m ② 183.3kN·m
③ 236.4kN·m ④ 307.7kN·m

해설

$$a=\frac{f_y A_s}{\eta(0.85f_{ck})b}=\frac{400\times1{,}520}{1.0\times0.85\times28\times300}=85.1\text{mm}$$

$$\therefore\ \phi M_n=\phi\left[\eta(0.85f_{ck})ab\left(d-\frac{a}{2}\right)\right]=0.85\times1.0\times0.85\times28\times85.1\times300\times\left(500-\frac{85.1}{2}\right)\fallingdotseq236.4\text{kN}\cdot\text{m}$$

69 다음 중 반T형보의 유효폭을 구할 때 고려하여야 할 사항이 아닌 것은? (단, b_w는 플랜지가 있는 부재의 복부폭이다.)

① 양쪽 슬래브의 중심 간 거리 ② 한쪽으로 내민 플랜지두께의 6배$+b_w$
③ 보의 경간의 $\frac{1}{12}+b_w$ ④ 인접보와의 내측거리의 $\frac{1}{2}+b_w$

해설 반T형보의 유효폭(b_e)

㉠ $6t+b_w$, ㉡ $\frac{l}{12}+b_w$, ㉢ $\frac{b_n}{2}+b_w$

여기서, b_n : 보의 내측거리, l : 경간, b_w : 웨브폭, t : 플랜지두께

70 강도설계법에서 보의 휨파괴에 대한 설명으로 틀린 것은?

① 보는 취성파괴보다는 연성파괴가 일어나도록 설계되어야 한다.
② 과소철근보는 인장철근이 항복하기 전에 압축연단콘크리트의 변형률이 극한변형률에 먼저 도달하는 보이다.
③ 균형철근보는 인장철근이 설계기준항복강도에 도달함과 동시에 압축연단콘크리트의 변형률이 극한변형률에 도달하는 보이다.
④ 과다철근보는 인장철근량이 많아서 갑작스런 압축파괴가 발생하는 보이다.

정답 67. ③ 68. ③ 69. ① 70. ②

해설 과소철근보는 압축연단콘크리트의 변형률이 극한변형률($\varepsilon_t = 0.003$)에 도달하기 전에 인장철근이 먼저 항복한다.

71 압축이형철근의 정착에 대한 설명으로 틀린 것은?

① 정착길이는 항상 200mm 이상이어야 한다.
② 정착길이는 기본정착길이에 적용 가능한 모든 보정계수를 곱하여 구하여야 한다.
③ 해석결과 요구되는 철근량을 초과하여 배치한 경우의 보정계수는 $\frac{\text{소요}A_s}{\text{배근}A_s}$이다.
④ 지름이 6mm 이상이고 나선간격이 100mm 이하인 나선철근으로 둘러싸인 압축이형철근의 보정계수는 0.8이다.

해설 압축을 받는 구역에서는 갈고리가 정착에 유효하지 않으므로 압축철근에는 갈고리를 둘 필요가 없다(인장철근은 반드시 갈고리를 둔다).

72 처짐을 계산하지 않는 경우 단순지지된 보의 최소 두께(h)는? (단, 보통중량콘크리트(m_c= 2,300kg/m^3) 및 f_y =300MPa인 철근을 사용한 부재이며 길이가 10m인 보이다.)

① 429mm
② 500mm
③ 537mm
④ 625mm

해설 ㉠ 단순지지보의 최소 두께

$$h = \frac{l}{16} = \frac{1,000}{16} = 62.5\text{cm}$$

㉡ $f_y \neq 400$MPa인 경우 보정계수

$$\alpha = 0.43 + \frac{f_y}{700} = 0.43 + \frac{300}{700} = 0.86$$

㉢ $h = 62.5 \times 0.86 \fallingdotseq 538$mm

73 표피철근의 정의로서 옳은 것은?

① 전체 깊이가 900mm를 초과하는 휨부재 복부의 양 측면에 부재축방향으로 배치하는 철근
② 전체 깊이가 1,200mm를 초과하는 휨부재 복부의 양 측면에 부재축방향으로 배치하는 철근
③ 유효깊이가 900mm를 초과하는 휨부재 복부의 양 측면에 부재축방향으로 배치하는 철근
④ 유효깊이가 1,200mm를 초과하는 휨부재 복부의 양 측면에 부재축방향으로 배치하는 철근

해설 표피철근 : 전체 깊이(h)가 900mm를 초과하는 휨부재의 양 측면에서 부재축방향으로 $h/2$까지 배치하는 철근

 정답 ▸▸ 71. ④ 72. ③ 73. ①

74 다음 그림과 같은 두께 13mm의 플레이트에 4개의 볼트구멍이 배치되어 있을 때 부재의 순단면적은? (단, 구멍의 지름은 24mm이다.)

① $4,056\text{mm}^2$
② $3,916\text{mm}^2$
③ $3,775\text{mm}^2$
④ $3,524\text{mm}^2$

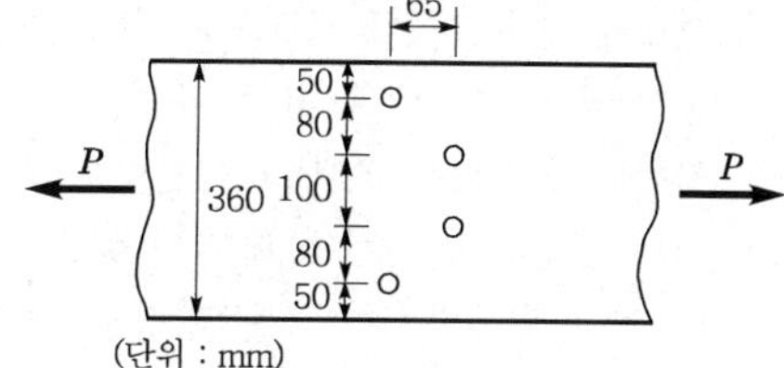

해설

$$w = d - \frac{p^2}{4g} = 24 - \frac{65^2}{4 \times 80} = 10.8\text{mm}$$

㉠ $b_n = 360 - 2 \times 24 = 312\text{mm}$

㉡ $b_n = 360 - 24 - 10.8 - 24 = 301.2\text{mm}$

㉢ $b_n = 360 - 2 \times 24 - 2 \times 10.8 = 290.4\text{mm}$

∴ $b_n = 290.4\text{mm}$ (최소값)

∴ $A_n = b_n t = 290.4 \times 13 = 3775.2\text{mm}^2$

75 강도설계법에서 다음 그림과 같은 단철근 T형보의 공칭휨강도(M_n)는? (단, A_s=5,000mm², f_{ck}=21MPa, f_y=300MPa, 그림의 단위는 mm이다.)

① 711.3kN · m
② 836.8kN · m
③ 947.5kN · m
④ 1084.6kN · m

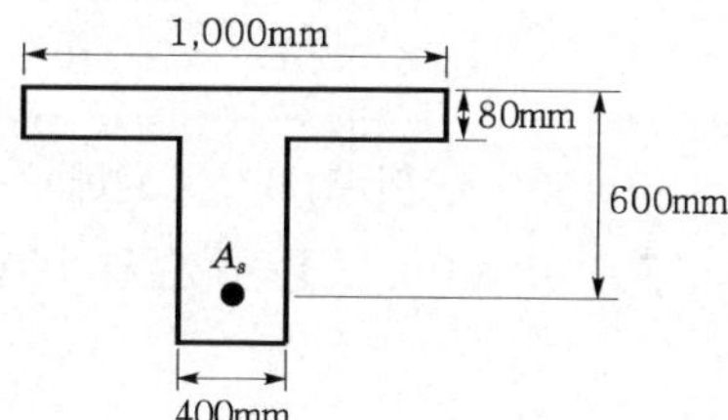

해설 ㉠ T형보 판별

$$a = \frac{f_y A_s}{\eta(0.85 f_{ck}) b} = \frac{300 \times 5,000}{1.0 \times 0.85 \times 21 \times 1,000} = 84\text{mm}$$

∴ $a > t_f$이므로 $c = \frac{a}{\beta_1} = \frac{84}{0.80} = 105\text{mm}$

㉡ 강도감소계수(ϕ) 결정

$$\varepsilon_t = \varepsilon_{cu}\left(\frac{d_t - c}{c}\right) = 0.0033 \times \left(\frac{600 - 105}{105}\right) = 0.016 > 0.005$$

∴ $\phi = 0.85$(인장지배 단면)

㉢ A_{sf}, a 결정

$$A_{sf} = \frac{\eta(0.85 f_{ck}) t_f (b - b_w)}{f_y} = \frac{1.0 \times 0.85 \times 21 \times 80 \times (1,000 - 400)}{300} = 2,856\text{mm}^2$$

$$\therefore a = \frac{f_y (A_s - A_{sf})}{\eta(0.85 f_{ck}) b_w} = \frac{300 \times (5,000 - 2,856)}{1.0 \times 0.85 \times 21 \times 400} = 90.1\text{mm}$$

㉣ 공칭휨강도(M_n) $= 300 \times 2,856 \times \left(600 - \frac{80}{2}\right) + 300 \times (5,000 - 2,856) \times \left(600 - \frac{90.1}{2}\right) \fallingdotseq 836.8\text{kN} \cdot \text{N}$

76 옹벽설계에서 안정조건에 대한 설명으로 틀린 것은?

① 전도에 대한 저항휨모멘트는 횡토압에 의한 전도모멘트의 1.5배 이상이어야 한다.
② 옹벽의 활동에 대한 저항력은 옹벽에 작용하는 수평력의 1.5배 이상이어야 한다.
③ 지반에 유발되는 최대 지반반력은 지반의 허용지지력을 초과하지 않아야 한다.
④ 전도 및 지반지지력에 대한 안정조건은 만족하지만, 활동에 대한 안정조건만을 만족하지 못할 경우 활동방지벽 혹은 횡방향 앵커 등을 설치하여 활동저항력을 증대시킬 수 있다.

해설 옹벽의 3대 안정조건
㉠ 전도 : 안전율 2.0
㉡ 활동 : 안전율 1.5
㉢ 침하(지지력) : 안전율 3.0

77 프리스트레스의 손실원인은 그 시기에 따라 즉시 손실과 도입 후에 시간적인 경과 후에 일어나는 손실로 나눌 수 있다. 다음 중 손실원인의 시기가 나머지와 다른 하나는?

① 콘크리트의 크리프
② 콘크리트의 건조 수축
③ 긴장재 응력의 릴랙세이션
④ 포스트텐션 긴장재와 덕트 사이의 마찰

해설 ㉠ 프리스트레스 도입 시 손실(즉시 손실) : 탄성변형, 마찰, 활동
㉡ 프리스트레스 도입 후 손실(시간적 손실) : 건조 수축, 크리프, 릴랙세이션

78 b_w=250mm, d=500mm인 직사각형 보에서 콘크리트가 부담하는 설계전단강도(ϕV_c)는? (단, f_{ck}=21MPa, f_y=400MPa, 보통중량콘크리트이다.)

① 91.5kN
② 82.2kN
③ 76.4kN
④ 71.6kN

해설

$$\phi V_c = \phi\left(\frac{1}{6}\lambda\sqrt{f_{ck}}\,b_w d\right) = 0.75\times\frac{1}{6}\times 1.0\times\sqrt{21}\times 250\times 500 = 71.6\text{kN}$$

79 강도설계법에서 다음 그림과 같은 띠철근기둥의 최대 설계축강도($\phi P_{n(\max)}$)는? (단, 축방향 철근의 단면적 A_{st}=1,865mm², f_{ck}=28MPa, f_y=300MPa이고, 기둥은 중심축하중을 받는 단주이다.)

① 1,998kN
② 24,90kN
③ 2,774kN
④ 3,075kN

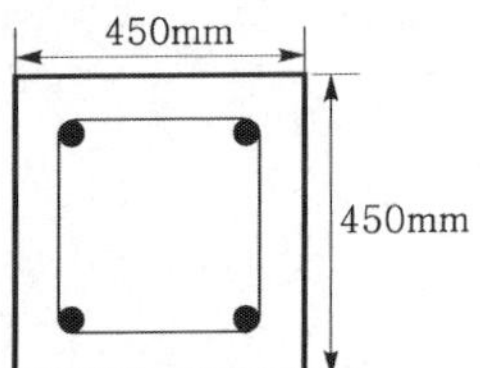

해설

$$P_d = \phi P_n = \phi\alpha P_n'$$
$$= 0.80\times 0.65\times[0.85\times 28\times(450\times 450 - 1,865) + 300\times 1,865]$$
$$= 2,773,998\text{N} = 2,774\text{kN}$$

 정답 76. ① 77. ④ 78. ④ 79. ③

80 다음 그림과 같은 강재의 이음에서 P=600kN이 작용할 때 필요한 리벳의 수는? (단, 리벳의 지름은 19mm, 허용전단응력은 110MPa, 허용지압응력은 240MPa이다.)

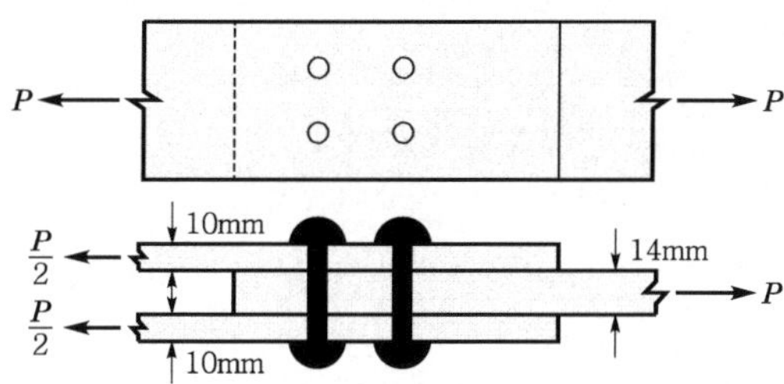

① 6개 ② 8개
③ 10개 ④ 12개

해설 ㉠ 전단강도(복전단)

$$\rho_s = \nu_a \times 2 \times \frac{\pi d^2}{4} = 110 \times 2 \times \frac{\pi \times 19^2}{4} = 62{,}376\text{N}$$

㉡ 지압강도

$$\rho_b = f_{ba}\, dt = 240 \times 19 \times 14 = 63{,}840\text{N}$$

∴ 리벳강도 : $\rho = \rho_s = 62{,}376\text{N}$(최소값)

㉢ $n = \frac{\text{부재강도}}{\text{리벳강도}} = \frac{60{,}000}{62{,}376} ≒ 10$개

제5과목 : 토질 및 기초

81 사질토에 대한 직접전단시험을 실시하여 다음과 같은 결과를 얻었다. 내부마찰각은 약 얼마인가?

수직응력(kN/m²)	30	60	90
최대 전단응력(kN/m²)	17.3	34.6	51.9

① 25° ② 30°
③ 35° ④ 40°

해설 $\tau = c + \bar{\sigma}\tan\phi$

$17.3 = 0 + 30 \times \tan\phi$

∴ $\phi = 30°$

82 습윤단위중량이 19kN/m³, 함수비 25%, 비중이 2.7인 경우 건조단위중량과 포화도는? (단, 물의 단위중량은 9.81kN/m³이다.)

① 17.3kN/m³, 97.8% ② 17.3kN/m³, 90.9%
③ 15.2kN/m³, 97.8% ④ 15.2kN/m³, 90.9%

해설

㉠ $\gamma_t = \frac{G_s + Se}{1+e}\gamma_w = \frac{G_s + wG_s}{1+e}\gamma_w$

$19 = \frac{2.7 + 0.25 \times 2.7}{1+e} \times 9.81$

$\therefore\ e = 0.742$

㉡ $\gamma_d = \frac{G_s}{1+e}\gamma_w = \frac{2.7}{1+0.742} \times 9.81 = 15.2\text{kN/m}^3$

㉢ $Se = wG_s$

$S \times 0.742 = 25 \times 2.7$

$\therefore\ S = 90.97\%$

83 유선망의 특징에 대한 설명으로 틀린 것은?

① 각 유로의 침투유량은 같다.
② 유선과 등수두선은 서로 직교한다.
③ 인접한 유선 사이의 수두 감소량(head loss)은 동일하다.
④ 침투속도 및 동수경사는 유선망의 폭에 반비례한다.

해설 유선망의 특징

㉠ 각 유로의 침투유량은 같다.
㉡ 인접한 등수두선 간의 수두차는 모두 같다.
㉢ 유선과 등수두선은 서로 직교한다.
㉣ 유선망으로 되는 사각형은 정사각형이다.
㉤ 침투속도 및 동수구배는 유선망의 폭에 반비례한다.

84 사질토지반에 축조되는 강성기초의 접지압분포에 대한 설명으로 옳은 것은?

① 기초모서리 부분에서 최대 응력이 발생한다.
② 기초에 작용하는 접지압분포는 토질에 관계없이 일정하다.
③ 기초의 중앙 부분에서 최대 응력이 발생한다.
④ 기초 밑면의 응력은 어느 부분이나 동일하다.

해설 ㉠ 강성기초

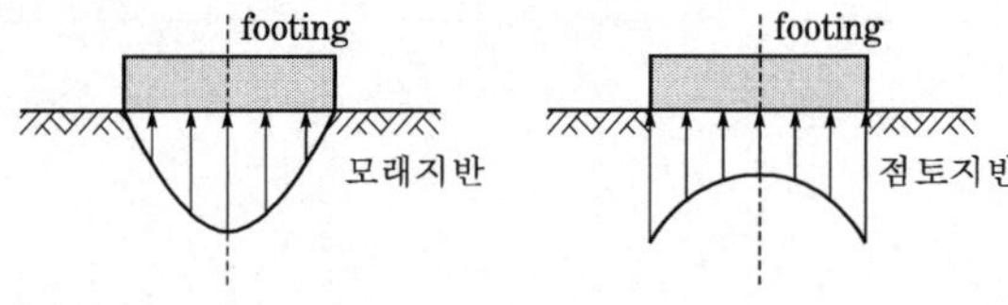

㉡ 휨성기초

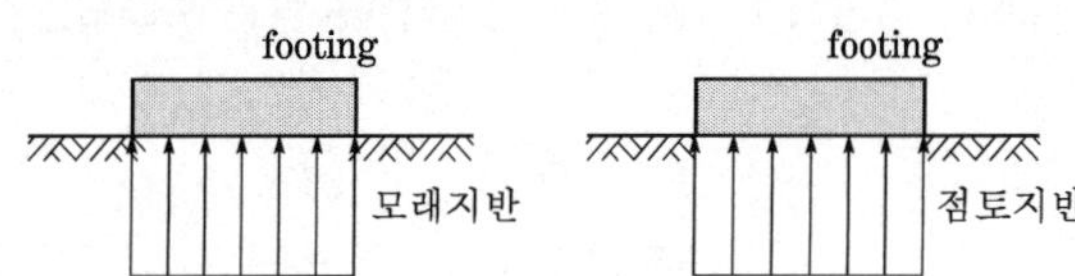

 정답 83. ③ 84. ③

85 γ_t=19kN/m^3, ϕ=30°인 뒤채움 모래를 이용하여 8m 높이의 보강토 옹벽을 설치하고자 한다. 폭 75mm, 두께 3.69mm의 보강띠를 연직방향 설치간격 S_v=0.5m, 수평방향 설치간격 S_h=1.0m로 시공하고자 할 때 보강띠에 작용하는 최대힘($T_{\max}$)의 크기는?

① 15.33kN　② 25.33kN
③ 35.33kN　④ 45.33kN

해설
㉠ $K_a = \tan^2\left(45° - \frac{\phi}{2}\right) = \tan^2\left(45° - \frac{30°}{2}\right) = \frac{1}{3}$

㉡ $T_{\max} = \gamma H K_a S_v S_h = 19 \times 8 \times \frac{1}{3} \times 0.5 \times 1 = 25.33\text{kN}$

86 다음의 공식은 흙시료에 삼축압력이 작용할 때 흙시료 내부에 발생하는 간극수압을 구하는 공식이다. 이 식에 대한 설명으로 틀린 것은?

$$\Delta u = B[\Delta\sigma_3 + A(\Delta\sigma_1 - \Delta\sigma_3)]$$

① 포화된 흙의 경우 B=1이다.
② 간극수압계수 A값은 언제나 (+)의 값을 갖는다.
③ 간극수압계수 A값은 삼축압축시험에서 구할 수 있다.
④ 포화된 점토에서 구속응력을 일정하게 두고 간극수압을 측정했다면 축차응력과 간극수압으로부터 A값을 계산할 수 있다.

해설
㉠ 과압밀점토일 때 A계수는 (−)값을 갖는다.
㉡ A계수의 일반적인 범위

점토의 종류	A계수
정규압밀점토	0.5~1
과압밀점토	−0.5~0

87 Terzaghi의 극한지지력공식에 대한 설명으로 틀린 것은?

① 기초의 형상에 따라 형상계수를 고려하고 있다.
② 지지력계수 N_c, N_q, N_γ는 내부마찰각에 의해 결정된다.
③ 점성토에서의 극한지지력은 기초의 근입깊이가 깊어지면 증가된다.
④ 사질토에서의 극한지지력은 기초의 폭에 관계없이 기초 하부의 흙에 의해 결정된다.

해설 사질토에서의 극한지지력은 기초의 폭과 근입깊이에 비례한다.

88 전체 시추코어길이가 150cm이고 이중회수된 코어길이의 합이 80cm이었으며 10cm 이상인 코어길이의 합이 70cm이었을 때 코어의 회수율(TCR)은?

① 56.67%　② 53.33%
③ 46.67%　④ 43.33%

해설

회수율 $= \frac{80}{150} \times 100 = 53.33\%$

89 다음 지반개량공법 중 연약한 점토지반에 적당하지 않은 것은?

① 프리로딩공법
② 샌드드레인공법
③ 생석회말뚝공법
④ 바이브로플로테이션공법

해설 점성토지반개량공법 : 치환공법, preloading공법(사전압밀공법), Sand drain공법, Paper drain공법, 전기침투공법, 침투압공법(MAIS공법), 생석회말뚝(Chemico pile)공법

90 두께 H인 점토층에 압밀하중을 가하여 요구되는 압밀도에 달할 때까지 소요되는 기간이 단면배수일 경우 400일이었다면 양면배수일 때는 며칠이 걸리겠는가?

① 800일 ② 400일
③ 200일 ④ 100일

해설

$t_1 : t_2 = H^2 : \left(\frac{H}{2}\right)^2$

$400 : t_2 = H^2 : \left(\frac{H}{2}\right)^2$

$\therefore\ t_2 = 100$일

91 현장 흙의 밀도시험 중 모래치환법에서 모래는 무엇을 구하기 위하여 사용하는가?

① 시험구멍에서 파낸 흙의 중량
② 시험구멍의 체적
③ 지반의 지지력
④ 흙의 함수비

해설 측정지반의 흙을 파내어 구멍을 뚫은 후 모래를 이용하여 시험구멍의 체적을 구한다.

92 어떤 시료를 입도분석한 결과 0.075mm체 통과율이 65%이었고 애터버그한계시험결과 액성한계가 40%이었으며 소성도표(Plasticity chart)에서 A선 위의 구역에 위치한다면 이 시료의 통일분류법(USCS)상 기호로서 옳은 것은? (단, 시료는 무기질이다.)

① CL ② ML
③ CH ④ MH

해설 ㉠ $P_{No.200} = 65\% > 50\%$이므로 세립토(C)이다.
㉡ $W_L = 40\% < 50\%$이므로 저압축성(L)이고 A선 위의 구역에 위치하므로 CL이다.

 정답 89. ④ 90. ④ 91. ② 92. ①

93 단위중량(γ_t)=19kN/m^3, 내부마찰각(ϕ)=30°, 정지토압계수(K_o)=0.5인 균질한 사질토지반이 있다. 이 지반의 지표면 아래 2m 지점에 지하수위면이 있고 지하수위면 아래의 포화단위중량(γ_{sat})=20kN/m^{3}이다. 이때 지표면 아래 4m 지점에서 지반 내 응력에 대한 설명으로 틀린 것은? (단, 물의 단위중량은 9.81kN/m^{3}이다.)

① 연직응력(σ_v)은 80kN/m^{2}이다.
② 간극수압(u)은 19.62kN/m^{2}이다.
③ 유효연직응력($\sigma_v{}'$)은 58.38kN/m^{2}이다.
④ 유효수평응력($\sigma_h{}'$)은 29.19kN/m^{2}이다.

해설

㉠ $\sigma_v = 19\times2+20\times2 = 75\text{kN/m}^2$

$u = 9.81\times2 = 19.62\text{kN/m}^2$

$\bar{\sigma}_v = 78-19.62 = 58.38\text{kN/m}^2$

㉡ $\bar{\sigma}_h = [19\times2+(20-9.81)\times2]\times0.5 = 29.19\text{kN/m}^2$

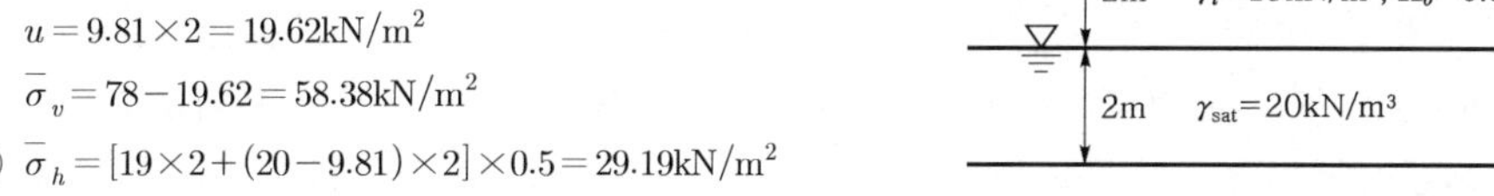

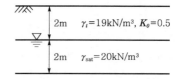

94 다음 그림과 같은 모래시료의 분사현상에 대한 안전율은 3.0 이상이 되도록 하려면 수두차 h를 최대 얼마 이하로 하여야 하는가?

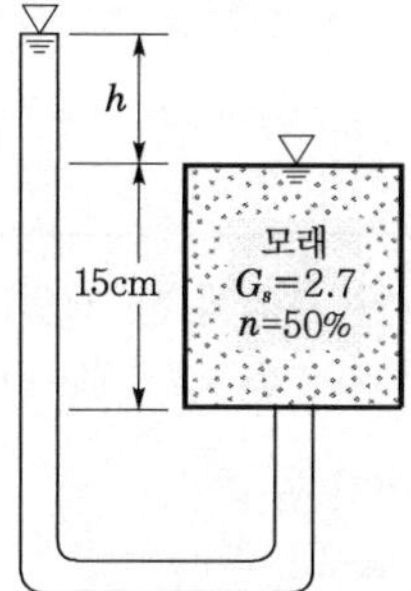

① 12.75cm
② 9.75cm
③ 4.25cm
④ 3.25cm

해설

㉠ $e = \frac{n}{100-n} = \frac{50}{100-50} = 1$

㉡ $F_s = \frac{i_c}{i} = \frac{\frac{G_s-1}{1+e}}{\frac{h}{L}} = \frac{\frac{2.7-1}{1+1}}{\frac{h}{15}} = \frac{12.75}{h} \geq 3$

$\therefore\ h \leq 4.25\text{cm}$

95 말뚝기초의 지반거동에 대한 설명으로 틀린 것은?

① 연약지반상에 타입되어 지반이 먼저 변형하고 그 결과 말뚝이 저항하는 말뚝을 주동말뚝이라 한다.
② 말뚝에 작용한 하중은 말뚝 주변의 마찰력과 말뚝선단의 지지력에 의하여 주변 지반에 전달된다.
③ 기성말뚝을 타입하면 전단파괴를 일으키며 말뚝 주위의 지반은 교란된다.
④ 말뚝타입 후 지지력의 증가 또는 감소현상을 시간효과(time effect)라 한다.

해설

㉠ 주동말뚝 : 말뚝이 지표면에서 수평력을 받는 경우 말뚝이 변형함에 따라 지반이 저항하는 말뚝
㉡ 수동말뚝 : 지반이 먼저 변형하고 그 결과 말뚝이 저항하는 말뚝

정답 93. ① 94. ③ 95. ①

96 동상 방지대책에 대한 설명으로 틀린 것은?

① 배수구 등을 설치하여 지하수위를 저하시킨다.
② 지표의 흙을 화학약품으로 처리하여 동결온도를 내린다.
③ 동결깊이보다 깊은 흙을 동결하지 않는 흙으로 치환한다.
④ 모관수의 상승을 차단하기 위해 조립의 차단층을 지하수위보다 높은 위치에 설치한다.

해설 동결심도보다 위에 있는 흙을 동결하기 어려운 재료(자갈, 쇄석, 석탄재)로 치환한다.

97 어떤 점토의 압밀계수는 $1.92\times10^{-7}m^2/s$, 압축계수는 $2.86\times10^{-1}m^2/kN$이었다. 이 점토의 투수계수는? (단, 이 점토의 초기간극비는 0.8이고, 물의 단위중량은 $9.81kN/m^3$이다.)

① $0.99\times10^{-5}cm/s$
② $1.99\times10^{-5}cm/s$
③ $2.99\times10^{-5}cm/s$
④ $3.99\times10^{-5}cm/s$

해설

㉠ $m_v=\dfrac{a_v}{1+e_1}=\dfrac{2.86\times10^{-1}}{1+0.8}=0.159m^2/kN$

㉡ $K=C_v m_v \gamma_w=1.92\times10^{-7}\times0.159\times9.81=2.99\times10^{-7}m/s=2.99\times10^{-5}cm/s$

98 두 개의 규소판 사이에 한 개의 알루미늄판이 결합된 3층 구조가 무수히 많이 연결되어 형성된 점토광물로서 각 3층 구조 사이에는 칼륨이온(K^+)으로 결합되어 있는 것은?

① 일라이트(illite)
② 카올리나이트(kaolinite)
③ 할로이사이트(halloysite)
④ 몬모릴로나이트(montmorillonite)

해설 일라이트

㉠ 2개의 실리카판과 1개의 알루미나판으로 이루어진 3층 구조가 무수히 많이 연결되어 형성된 점토광물이다.
㉡ 3층 구조 사이에 칼륨(K^+)이온이 있어서 서로 결속되며 카올리나이트의 수소결합보다는 약하지만, 몬모릴로나이트의 결합력보다는 강하다.

99 사운딩에 대한 설명으로 틀린 것은?

① 로드 선단에 지중저항체를 설치하고 지반 내 관입, 압입 또는 회전하거나 인발하여 그 저항치로부터 지반의 특징을 파악하는 지반조사방법이다.
② 정적 사운딩과 동적 사운딩이 있다.
③ 압입식 사운딩의 대표적인 방법은 Standard Penetration Test(SPT)이다.
④ 특수 사운딩 중 측압사운딩의 공내횡방향 재하시험은 보링공을 기계적으로 수평으로 확장시키면서 측압과 수평변위를 측정한다.

해설 ㉠ 압입식 사운딩의 대표적인 방법은 CPT(Dutch Cone Penetration Test)이다.
㉡ SPT는 동적인 사운딩이다.

 정답 ▸▸ 96. ③ 97. ③ 98. ① 99. ③

100 다음 그림과 같이 $c=0$인 모래로 이루어진 무한사면이 안정을 유지(안전율 ≥ 1)하기 위한 경사각(β)의 크기로 옳은 것은? (단, 물의 단위중량은 9.81kN/m^{3}이다.)

① $\beta \le 7.94°$
② $\beta \le 15.87°$
③ $\beta \le 23.79°$
④ $\beta \le 31.76°$

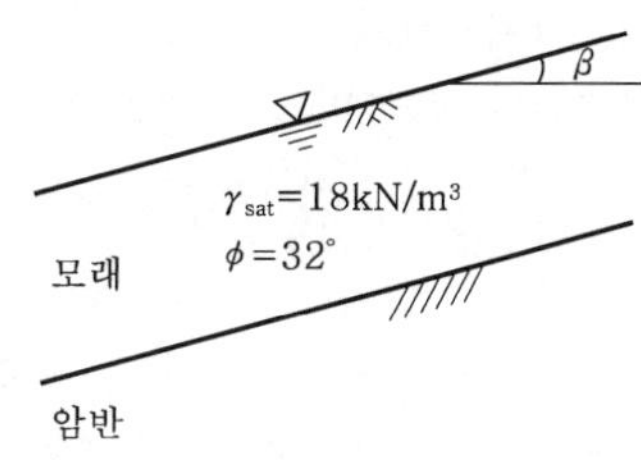

해설
$$F_s = \frac{\gamma_{sub}}{\gamma_{sat}}\frac{\tan\phi}{\tan i} = \frac{8.19}{18} \times \frac{\tan 32°}{\tan\beta} \ge 1$$
$\therefore\ \beta \le 15.87°$

제6과목 : 상하수도공학

101 고속응집침전지를 선택할 때 고려하여야 할 사항으로 옳지 않은 것은?

① 처리수량의 변동이 적어야 한다.
② 탁도와 수온의 변동이 적어야 한다.
③ 원수탁도는 10NTU 이상이어야 한다.
④ 최고탁도는 10,000NTU 이하인 것이 바람직하다.

해설 최고탁도는 1,000NTU 이하인 것이 바람직하다.

102 경도가 높은 물을 보일러용수로 사용할 때 발생되는 주요 문제점은?

① Cavitation ② Scale 생성
③ Priming 생성 ④ Foaming 생성

해설 경도가 높은 경수는 녹(Scale)이 생성된다.

103 지표수를 수원으로 하는 일반적인 상수도의 계통도로 옳은 것은?

① 취수탑 → 침사지 → 급속여과 → 보통침전지 → 소독 → 배수지 → 급수
② 침사지 → 취수탑 → 급속여과 → 응집침전지 → 소독 → 배수지 → 급수
③ 취수탑 → 침사지 → 보통침전지 → 급속여과 → 배수지 → 소독 → 급수
④ 취수탑 → 침사지 → 응집침전지 → 급속여과 → 소독 → 배수지 → 급수

해설 대부분 침사지는 취수 앞에 있으나, 취수탑의 경우에는 취수탑이 수원지에 해당하므로 뒤에 있다.

정답 ▸▸▸ 100. ② 101. ④ 102. ② 103. ④

104 침전지의 침전효율을 크게 하기 위한 조건과 거리가 먼 것은?

① 유량을 작게 한다. ② 체류시간을 작게 한다.
③ 침전지표면적을 크게 한다. ④ 플록의 침강속도를 크게 한다.

$$E=\frac{V_s}{V_o}\times 100\%=\frac{V_s A}{Q}\times 100\%=\frac{V_s t}{h}\times 100\%$$

105 유출계수 0.6, 강우강도 2mm/min, 유역면적 2km^2인 지역의 우수량을 합리식으로 구하면?

① $0.007\text{m}^3/\text{s}$ ② $0.4\text{m}^3/\text{s}$
③ $0.667\text{m}^3/\text{s}$ ④ $40\text{m}^3/\text{s}$

$$Q=\frac{1}{3.6}CIA=\frac{1}{3.6}\times 0.6\times 120\times 2=40\text{m}^3/\text{s}$$

여기서, $2\text{mm/min}=2\times 60=120\text{mm/h}$

106 양수량이 $500\text{m}^3/\text{h}$, 전양정이 10m, 회전수가 1,100rpm일 때 비교회전도(N_s)는 ?

① 362 ② 565
③ 614 ④ 809

$$N_s=N\frac{Q^{1/2}}{H^{3/4}}=1,100\times\frac{8.33^{1/2}}{10^{3/4}}=564.56\fallingdotseq 565$$

여기서, $500\text{m}^3/\text{h}=\frac{500}{60}=8.33\text{m}^3/\text{min}$

107 여과면적이 1지당 120m^2인 정수장에서 역세척과 표면세척을 6분/회씩 수행할 경우 1지당 배출되는 세척수량은? (단, 역세척속도는 5m/분, 표면세척속도는 4m/분이다.)

① $1,080\text{m}^3$/회 ② $2,640\text{m}^3$/회
③ $4,920\text{m}^3$/회 ④ $6,480\text{m}^3$/회

$$A=\frac{Q}{Vn}$$

$$\therefore\ Q=AVn=(120\times 5\times 6+120\times 4\times 6)\times 1=6,480\text{m}^3/\text{회}$$

108 혐기성 소화공정을 적절하게 운전 및 관리하기 위하여 확인해야 할 사항으로 옳지 않은 것은?

① COD농도측정 ② 가스 발생량측정
③ 상징수의 pH측정 ④ 소화슬러지의 성상 파악

 혐기성 소화공정은 미생물이 반응물질이므로 COD는 해당 사항이 없다.

정답 ▸▸ 104. ② 105. ④ 106. ② 107. ④ 108. ①

109 도수관로에 관한 설명으로 틀린 것은?

① 도수거 동수경사의 통상적인 범위는 1/1,000~1/3,000이다.
② 도수관의 평균유속은 자연유하식인 경우에 허용 최소 한도를 0.3m/s로 한다.
③ 도수관의 평균유속은 자연유하식인 경우에 최대 한도를 3.0m/s로 한다.
④ 관경의 산정에 있어서 시점의 고수위, 종점의 저수위를 기준으로 동수경사를 구한다.

해설 관경의 산정에 있어서 시점의 저수위, 종점의 고수위를 기준으로 동수경사를 구한다.

110 잉여슬러지량을 크게 감소시키기 위한 방법으로 BOD-SS부하를 아주 작게, 포기시간을 길게 하여 내생호흡상으로 유지되도록 하는 활성슬러지변법은?

① 계단식 포기법(Step Aeration)
② 점감식 포기법(Tapered Aeration)
③ 장시간 포기법(Extended Aeration)
④ 완전혼합포기법(Complete Mixing Aeration)

111 하수고도처리방법으로 질소, 인 동시 제거 가능한 공법은?

① 정석탈인법
② 혐기호기 활성슬러지법
③ 혐기무산소 호기조합법
④ 연속회분식 활성슬러지법

해설 질소와 인 동시 제거는 A2/O법이다.

112 수질오염지표항목 중 COD에 대한 설명으로 옳지 않은 것은?

① $NaCO_2$, SO_2^-는 COD값에 영향을 미친다.
② 생물분해 가능한 유기물도 COD로 측정할 수 있다.
③ COD는 해양오염이나 공장폐수의 오염지표로 사용된다.
④ 유기물농도값은 일반적으로 COD>TOD> TOC>BOD이다.

해설 유기물농도값은 일반적으로 TOD>COD>BOD>TOC이다.

113 원형 하수관에서 유량이 최대가 되는 때는?

① 수심비가 72~78% 차서 흐를 때
② 수심비가 80~85% 차서 흐를 때
③ 수심비가 92~94% 차서 흐를 때
④ 가득 차서 흐를 때

정답 ▶▶▶ 109. ④ 110. ③ 111. ③ 112. ④ 113. ③

114 하수관로의 배제방식에 대한 설명으로 틀린 것은?

① 합류식은 청천 시 관내 오물이 침전하기 쉽다.
② 분류식은 합류식에 비해 부설비용이 많이 든다.
③ 분류식은 우천 시 오수가 월류하도록 설계한다.
④ 합류식 관로는 단면이 커서 환기가 잘되고 검사에 편리하다.

해설 분류식의 오수는 하수종말처리장에서 모두 처리되므로 완전처리가 가능하다.

115 펌프대수 결정을 위한 일반적인 고려사항에 대한 설명으로 옳지 않은 것은?

① 펌프는 용량이 작을수록 효율이 높으므로 가능한 소용량의 것으로 한다.
② 펌프는 가능한 최고효율점 부근에서 운전하도록 대수 및 용량을 정한다.
③ 건설비를 절약하기 위해 예비는 가능한 대수를 적게 하고 소용량으로 한다.
④ 펌프의 설치대수는 유지관리상 가능한 적게 하고 동일 용량의 것으로 한다.

해설 펌프는 가능한 한 대용량을 선택한다.

116 취수보의 취수구에서의 표준유입속도는?

① 0.3~0.6m/s
② 0.4~0.8m/s
③ 0.5~1.0m/s
④ 0.6~1.2m/s

117 오수 및 우수관로의 설계에 대한 설명으로 옳지 않은 것은?

① 우수관경의 결정을 위해서는 합리식을 적용한다.
② 오수간로의 최소 관경은 200mm를 표준으로 한다.
③ 우수관로 내의 유속은 가능한 사류상태가 되도록 한다.
④ 오수관로의 계획하수량은 계획시간 최대 오수량으로 한다.

해설 우수관로 내의 유속은 가능한 상류상태가 되도록 한다.

118 하천 및 저수지의 수질 해석을 위한 수학적 모형을 구성하고자 할 때 가장 기본이 되는 수학적 방정식은?

① 질량보존의 식
② 에너지보존의 식
③ 운동량보존의 식
④ 난류의 운동방정식

 정답 ▸▸▸ 114. ③ 115. ① 116. ② 117. ③ 118. ①

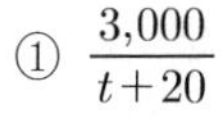

119 어떤 지역의 강우지속시간(t)과 강우강도역수($1/I$)와의 관계를 구해보니 다음 그림과 같이 기울기가 1/3,000, 절편이 1/150이 되었다. 이 지역의 강우강도(I)를 Talbot형$\left(I=\dfrac{a}{t+b}\right)$으로 표시한 것으로 옳은 것은?

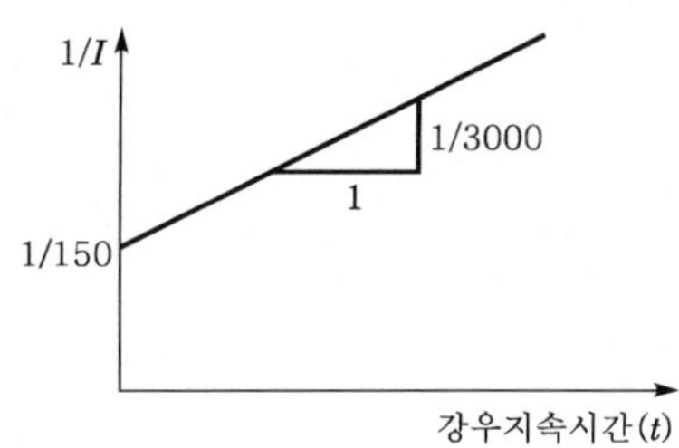

① $\dfrac{3,000}{t+20}$

② $\dfrac{10}{t+1,500}$

③ $\dfrac{1,500}{t+10}$

④ $\dfrac{20}{t+3,000}$

해설

$a=\dfrac{1}{\text{기울기}}=3,000$

$b=\dfrac{\text{절편}}{\text{기울기}}=\dfrac{1/150}{1/3,000}=20$

$\therefore\ I=\dfrac{a}{t+b}=\dfrac{3,000}{t+20}$

120 도수관에서 유량을 Hazen-Williams공식으로 다음과 같이 나타내었을 때 a, b의 값은? (단, C : 유속계수, D : 관의 지름, I : 동수경사)

$$Q=0.84935\,CD^aI^b$$

① $a=0.63$, $b=0.54$
② $a=0.63$, $b=2.54$
③ $a=2.63$, $b=2.54$
④ $a=2.63$, $b=0.54$

해설 Hazen-Williams는 실험을 통해 다음 식 제안

$V=0.84935\,CR_h^{\,0.63}I^{\,0.54}$

$V=0.35464\,CD^{0.63}I^{\,0.54}$

$Q=AV=\dfrac{\pi d^2}{4}\times 0.35464\,CD^{0.63}I^{0.54}=0.27853\,CD^{2.63}I^{0.54}$

$\therefore$ 보기의 계수는 틀리지만 $a=2.63$, $b=0.54$이다.

과년도 출제문제

1 2021년 3월 7일 시행

2 2021년 5월 15일 시행

3 2021년 8월 14일 시행

국가기술자격검정 필기시험문제

2021년도 토목기사(2021년 3월 7일)			수험번호	성 명
자격종목 **토목기사**	시험시간 **3시간**	문제형별 **B**		

제1과목 : 응용역학

1 다음 그림과 같이 x, y축에 대칭인 빗금 친 단면에 비틀림우력 50kN · m가 작용할 때 최대 전단 응력은?

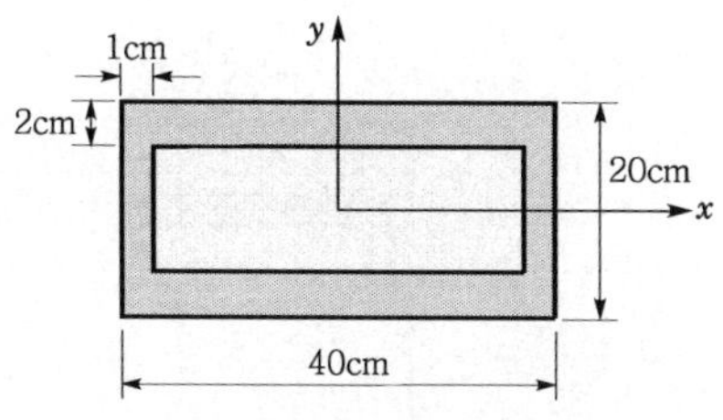

① 15.63MPa ② 17.81MPa
③ 31.25MPa ④ 35.61MPa

해설 $A_m=(20-2)\times(40-1)=702\text{cm}^2$

$$\therefore \tau=\frac{T}{2A_m t}=\frac{50\times1,000\times1,000}{2\times702\times100\times10}$$

$=35.61\text{MPa}$

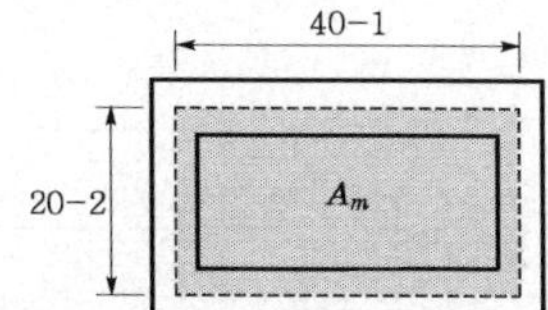

2 다음 그림에서 두 힘 P_1, P_2에 대한 합력(R)의 크기는?

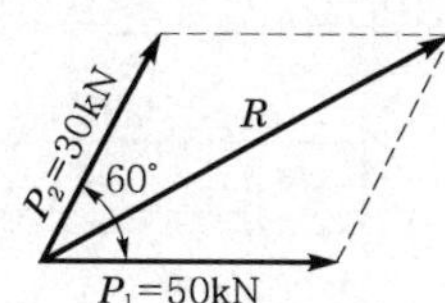

① 60kN ② 70kN
③ 80kN ④ 90kN

해설 $R=\sqrt{{P_1}^2+{P_2}^2+2P_1P_2\cos\theta}=\sqrt{50^2+30^2+2\times50\times30\times\cos60°}=70\text{kN}$

정답 ▸▸▸ 1. ④ 2. ②

3 다음 그림에서 직사각형의 도심축에 대한 단면 상승모멘트(I_{xy})의 크기는?

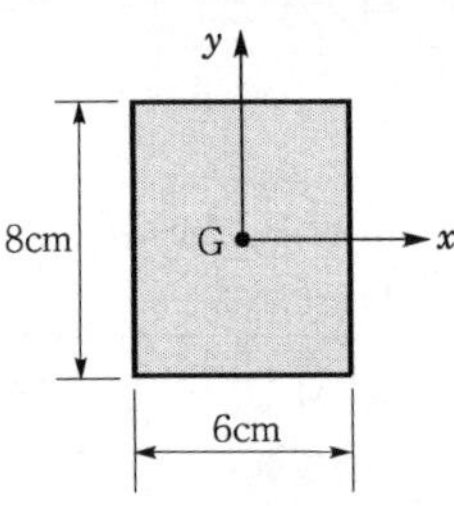

① 0cm^4　② 142cm^4
③ 256cm^4　④ 576cm^4

해설 도심에 관한 상승모멘트는 0cm^4이다.

4 다음 그림과 같은 직사각형 단면의 단주에서 편심하중이 작용할 경우 발생하는 최대 압축응력은? (단, 편심거리(e)는 100mm이다.)

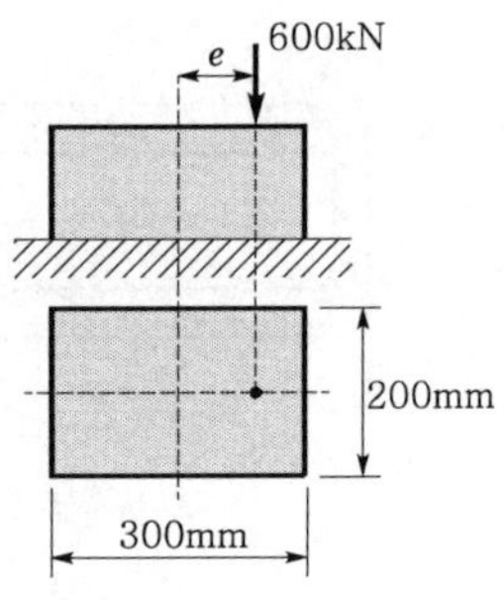

① 30MPa　② 35MPa
③ 40MPa　④ 60MPa

해설

$$\sigma = \frac{P}{A} + \frac{M}{I}y = \frac{600 \times 1{,}000}{200 \times 300} + \frac{600 \times 1{,}000 \times 100}{\frac{200 \times 300^3}{12}} \times \frac{300}{2} = 30\text{MPa}$$

5 다음 그림과 같은 보에서 지점 B의 휨모멘트 절대값은? (단, EI는 일정하다.)

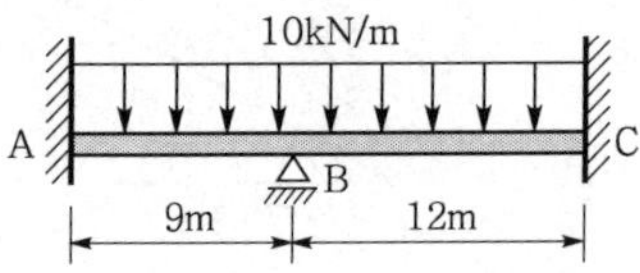

① $67.5\text{kN} \cdot \text{m}$　② $97.5\text{kN} \cdot \text{m}$
③ $120\text{kN} \cdot \text{m}$　④ $165\text{kN} \cdot \text{m}$

정답 ▸▸▸ 3. ① 4. ① 5. ②

해설 처짐각법 이용

$M_{BA} = 2EK_{BA}(\theta_A + 2\theta_B) + C_{BA} = 2E \times \frac{I}{9} \times 2\theta_B + \frac{wl_{BA}^{\ 2}}{12}$ ……………… ㉠

$M_{BC} = 2EK_{BC}(2\theta_B + \theta_C) - C_{BC} = 2E \times \frac{I}{12} \times 2\theta_B - \frac{wl_{BC}^{\ 2}}{12}$ ……………… ㉡

$\theta_A = \theta_C = 0$이고 $M_{BA} + M_{BC} = 0$이므로

$\left(\frac{4EI}{9}\right)\theta_B + \frac{10 \times 9^2}{12} + \left(\frac{4EI}{12}\right)\theta_B + \frac{10 \times 12^2}{12} = 0$

$\therefore \theta_B = \frac{6.75}{EI}$

$\therefore M_{BC} = \frac{1}{3} \times EI \times \frac{67.5}{EI} - \frac{10 \times 12^2}{12} = -97.5\text{kN} \cdot \text{m}$

6 다음 그림과 같은 라멘구조물에서 A점의 수직반력(R_A)은?

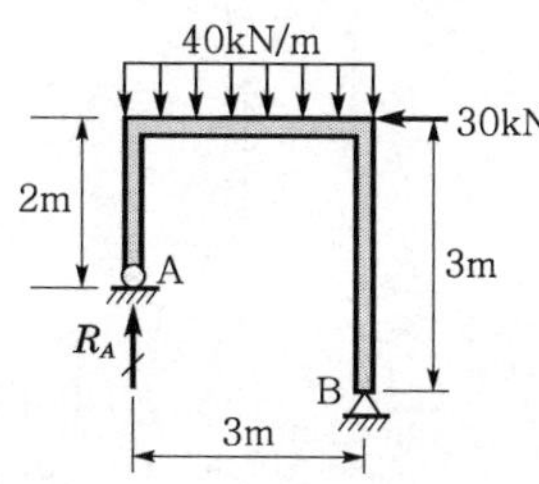

① 30kN ② 45kN
③ 60kN ④ 90kN

해설 $\Sigma M_B = 0(\oplus)$

$R_A \times 3 - 40 \times 3 \times \frac{3}{2} - 30 \times 3 = 0$

$\therefore R_A = 90\text{kN}$

7 다음 그림과 같이 하중을 받는 단순보에 발생하는 최대 전단응력은?

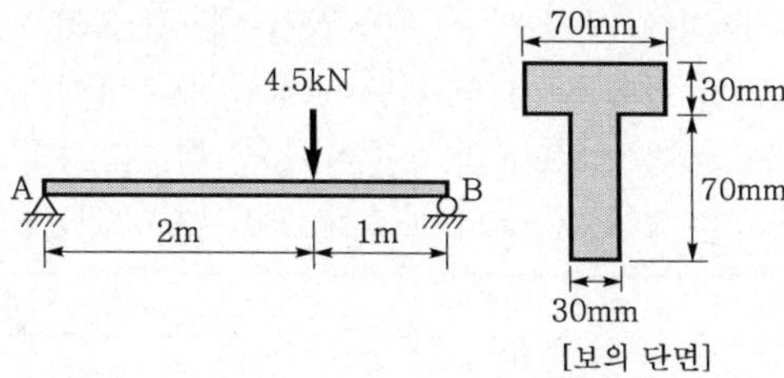

① 1.48MPa ② 2.48MPa
③ 3.48MPa ④ 4.48MPa

정답 ▸▸▸ 6. ④ 7. ①

해설 $V_{\max} = V_B = \frac{4.5}{3} \times 2 = 3\text{kN}$

$y_o = \frac{70 \times 30 \times 85 + 30 \times 70 \times 35}{70 \times 30 \times 20} = 60\text{mm}$

$G_X = Ay = 30 \times 60 \times 30 = 54{,}000\text{mm}^3$

$I_x = \frac{70 \times 30^3}{12} + 70 \times 30 \times 25^2 + \frac{30 \times 70^3}{12} + 30 \times 70 \times 25^2 = 3{,}640{,}000\text{mm}^4$

$\therefore \tau_{\max} = \frac{V_{\max} G_X}{I_x b} = \frac{3 \times 1{,}000 \times 54{,}000}{3{,}640{,}000 \times 30} = 1.484\text{MPa}$

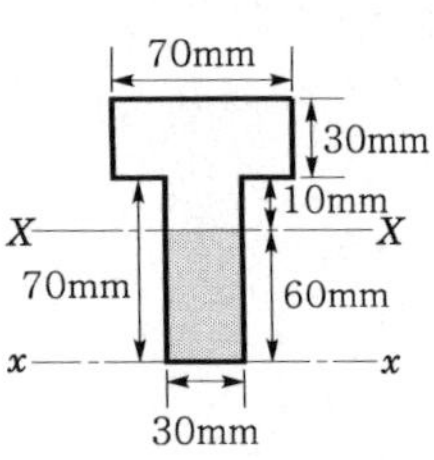

8 단면과 길이가 같으나 지지조건이 다른 다음 그림과 같은 2개의 장주가 있다. 장주 (a)가 30kN의 하중을 받을 수 있다면 장주 (b)가 받을 수 있는 하중은?

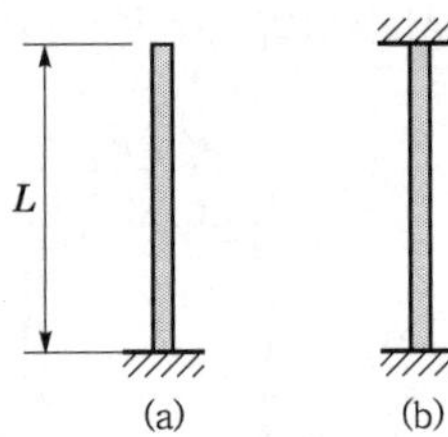

① 120kN
② 240kN
③ 360kN
④ 480kN

해설 $P_{(b)} = 16P_{(a)} = 16 \times 30 = 480\text{kN}$

9 다음 그림과 같이 단순보에 이동하중이 작용할 때 절대 최대 휨모멘트가 생기는 위치는?

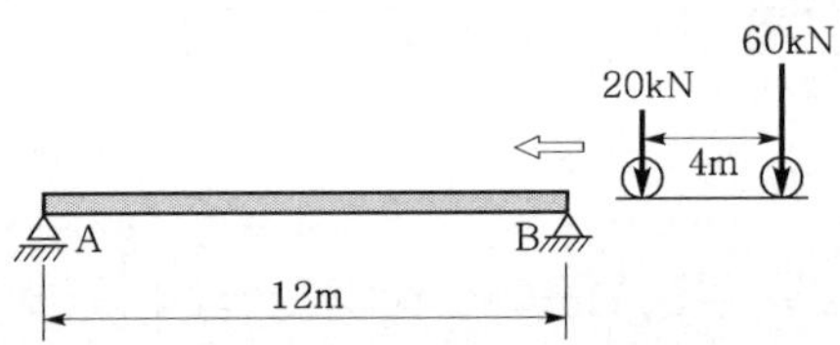

① A점으로부터 6m인 점에 20kN의 하중이 실릴 때 60kN의 하중이 실리는 점
② A점으로부터 7.5m인 점에 60kN의 하중이 실릴 때 20kN의 하중이 실리는 점
③ B점으로부터 5.5m인 점에 20kN의 하중이 실릴 때 60kN의 하중이 실리는 점
④ B점으로부터 9.5m인 점에 20kN의 하중이 실릴 때 60kN의 하중이 실리는 점

해설 $20 \times 4 = 80 \times d$

$\therefore d = 1\text{m}$

$x = \frac{l}{2} - \frac{d}{2} = 6 - 0.5 = 5.5\text{m}$(B점)

따라서 B점으로부터 20kN은 9.5m 지점에 위치하고, B점으로부터 60kN은 5.5m 지점에 위치한다.

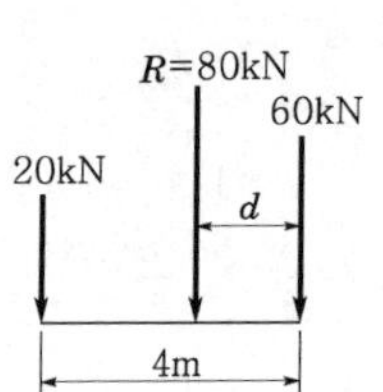

 정답 ▸▸ 8. ④ 9. ④

10 다음 그림과 같은 평면도형의 $x-x'$축에 대한 단면 2차 반경(r_x)과 단면 2차 모멘트(I_x)는?

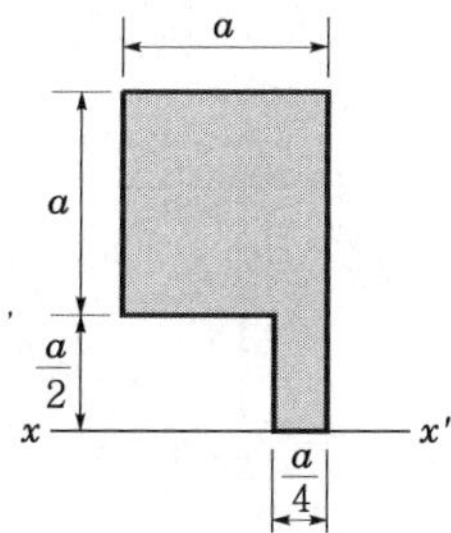

① $r_x = \dfrac{\sqrt{35}}{6}a,\ I_x = \dfrac{35}{32}a^4$

② $r_x = \dfrac{\sqrt{139}}{12}a,\ I_x = \dfrac{139}{128}a^4$

③ $r_x = \dfrac{\sqrt{129}}{12}a,\ I_x = \dfrac{129}{128}a^4$

④ $r_x = \dfrac{\sqrt{11}}{12}a,\ I_x = \dfrac{11}{128}a^4$

해설

$$A=(a\times a)+\left(\frac{a}{2}\times\frac{a}{4}\right)=\frac{9}{8}a^2$$

$$I_x=\frac{1}{3}\times\left(a\times\left(\frac{3a}{2}\right)^3\right)-\frac{1}{3}\times\left(\frac{3a}{4}\times\left(\frac{a}{2}\right)^3\right)=\frac{9a^4}{8}-\frac{a^4}{32}=\frac{35a^4}{32}$$

$$r_x=\sqrt{\frac{\frac{35}{32}a^4}{\frac{9}{8}a^2}}=\frac{\sqrt{35}}{6}a$$

11 다음 그림과 같은 구조물에서 지점 A에서의 수직반력은?

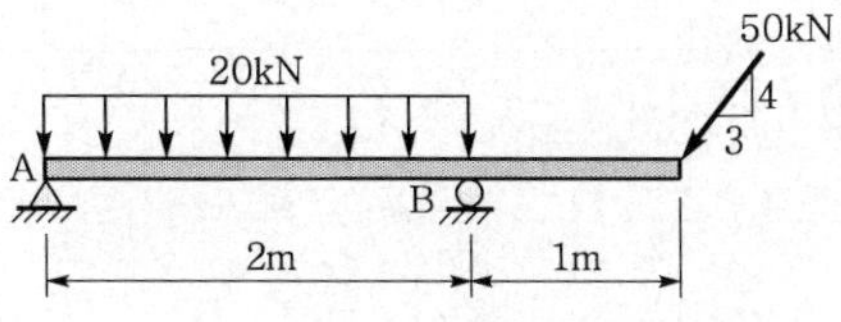

① 0kN ② 10kN

③ 20kN ④ 30kN

해설 $\Sigma M_B=0(\oplus)$

$V_A\times2-20\times2\times1+50\times\dfrac{4}{5}\times1=0$

$\therefore\ V_A=0\text{kN}$

12 다음 그림과 같이 밀도가 균일하고 무게가 W인 구(球)가 마찰이 없는 두 벽면 사이에 놓여있을 때 반력 R_b의 크기는?

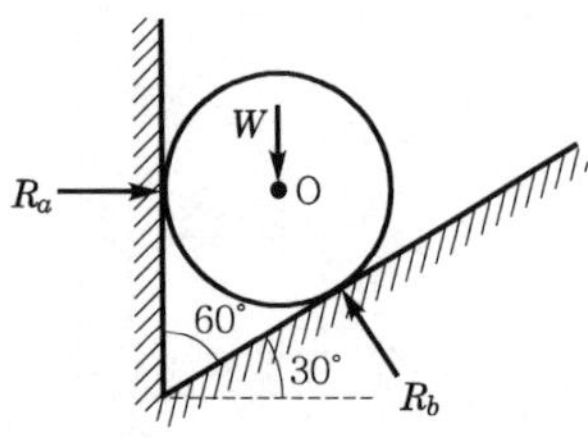

① $0.500\,W$ ② $0.577\,W$
③ $0.866\,W$ ④ $1.155\,W$

해설 $\Sigma F_y = 0(\uparrow\oplus)$

$R_b \times \cos 30° = W$

$\therefore\ R_b = 1.155\,W$

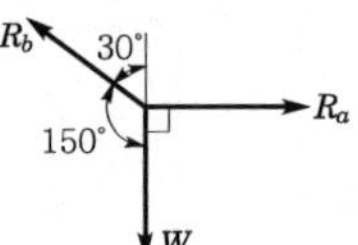

13 다음 그림과 같은 단순보에 등분포하중 w가 작용하고 있을 때 이 보에서 휨모멘트에 의한 탄성변형에너지는? (단, 보의 EI는 일정하다.)

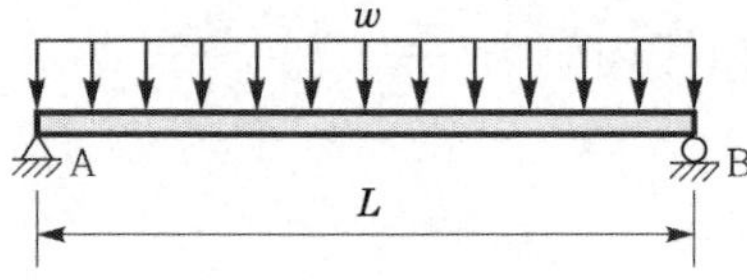

① $\dfrac{w^2L^5}{384EI}$ ② $\dfrac{w^2L^5}{240EI}$

③ $\dfrac{7w^2L^5}{384EI}$ ④ $\dfrac{w^2L^5}{48EI}$

해설 A점에서 임의의 거리를 x라 하면

$$M_x = R_A x - wx\left(\frac{x}{2}\right) = \frac{wl}{2}x - \frac{wx^2}{2} = \frac{w}{2}(lx - x^2)$$

$$\therefore\ U = \int_0^l \frac{M_x^{\,2}}{2EI}dx = \frac{1}{2EI}\int_0^l \left[\frac{w}{2}(lx - x^2)\right]^2 dx = \frac{w^2}{8EI}\int_0^l (l^2x^2 - 2lx^3 + x^4)dx = \frac{w^2l^5}{240EI}$$

14 폭 100mm, 높이 150mm인 직사각형 단면의 보가 S=7kN의 전단력을 받을 때 최대 전단응력과 평균전단응력의 차이는?

① 0.13MPa ② 0.23MPa
③ 0.33MPa ④ 0.43MPa

해설 $$\tau_{\max} - \tau = \left(\frac{3}{2} - 1\right)\tau = \frac{1}{2}\tau = \frac{1}{2} \times \frac{7 \times 1{,}000}{100 \times 150} = 0.23\text{MPa}$$

 정답 ▶▶ 12. ④ 13. ② 14. ②

15 다음 그림과 같은 단순보에서 A점의 처짐각(θ_A)은? (단, EI는 일정하다.)

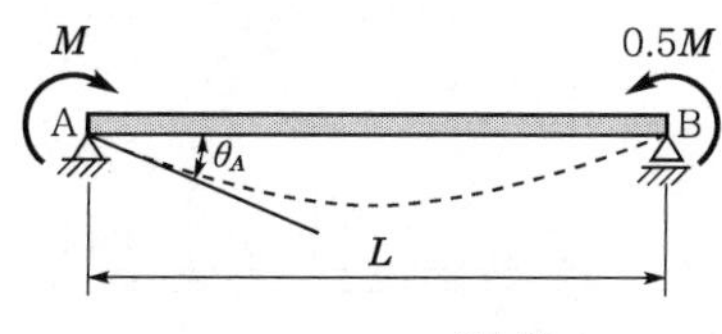

① $\dfrac{ML}{2EI}$　② $\dfrac{5ML}{6EI}$

③ $\dfrac{5ML}{12EI}$　④ $\dfrac{5ML}{24EI}$

해설

$$\theta_A = \frac{2ML}{6EI} + \frac{0.5ML}{6EI} = \frac{5ML}{12EI}$$

16 재질과 단면이 동일한 캔틸레버보 A와 B에서 자유단의 처짐을 같게 하는 $\dfrac{P_2}{P_1}$의 값은?

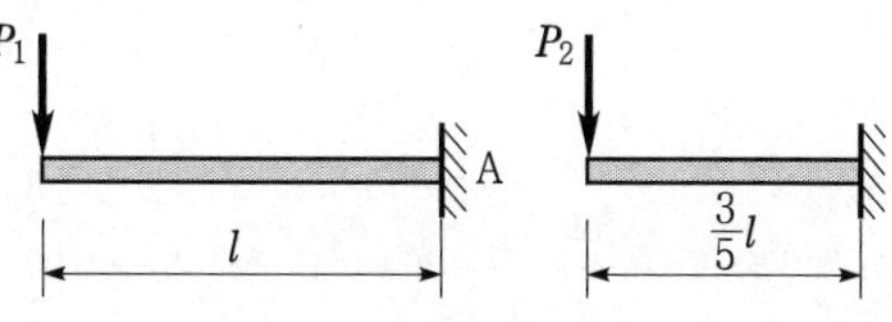

① 0.129　② 0.216

③ 4.63　④ 7.72

해설

$$\frac{P_1L^3}{3EI} = \frac{P_2\left(\frac{3}{5}L\right)^3}{3EI}$$

$$\therefore \frac{P_2}{P_1} = \frac{125}{27} = 4.63$$

17 다음 그림과 같이 균일 단면봉이 축인장력(P)을 받을 때 단면 $a-b$에 생기는 전단응력(τ)은? (단, 여기서 $m-n$은 수직 단면이고, $a-b$는 수직 단면과 ϕ=45°의 각을 이루고, A는 봉의 단면적이다.)

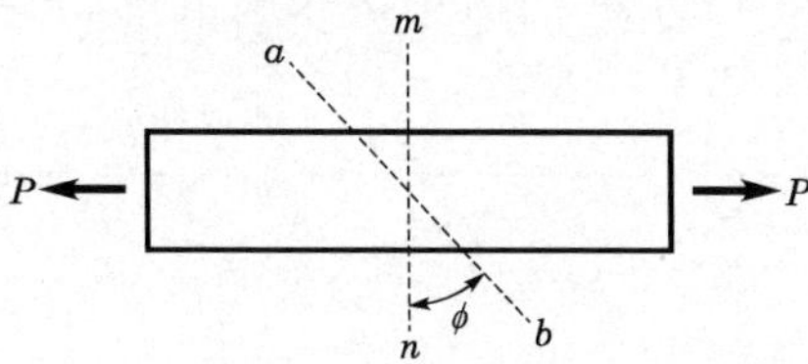

① $\tau = 0.5\dfrac{P}{A}$　② $\tau = 0.75\dfrac{P}{A}$

③ $\tau = 1.0\dfrac{P}{A}$　④ $\tau = 1.5\dfrac{P}{A}$

해설

$$\tau = \frac{1}{2}\sigma = 0.5\frac{P}{A}$$

정답 15. ③　16. ③　17. ①

18 다음 그림과 같은 단순보에서 최대 휨모멘트가 발생하는 위치 x(A점으로부터의 거리)와 최대 휨모멘트 M_x는?

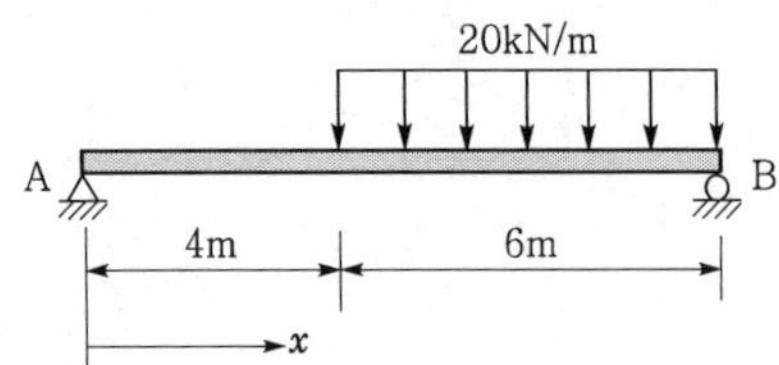

① $x=5.2\text{m}$, $M_x=230.4\text{kN}\cdot\text{m}$　② $x=5.8\text{m}$, $M_x=176.4\text{kN}\cdot\text{m}$
③ $x=4.0\text{m}$, $M_x=180.2\text{kN}\cdot\text{m}$　④ $x=4.8\text{m}$, $M_x=96\text{kN}\cdot\text{m}$

해설 ㉠ $\Sigma M_B=0(\oplus)$

$V_A\times10-20\times6\times3=0$

$\therefore V_A=36\text{kN}$

㉡ 전단력이 0인 거리 산정

$V_x=V_A-(20\times(x-4))=36+80-20x=116-20x=0$

$\therefore x=5.8\text{m}$

㉢ x거리에서 모멘트 산정

$$M_x=V_A\times5.8-20\times(5.8-4)\times\frac{5.8-4}{2}=36\times5.8-20\times1.8\times0.9=176.4\text{kN}\cdot\text{m}$$

19 다음 그림과 같은 3힌지 아치의 C점에 연직하중(P) 400kN이 작용한다면 A점에 작용하는 수평반력(H_A)은?

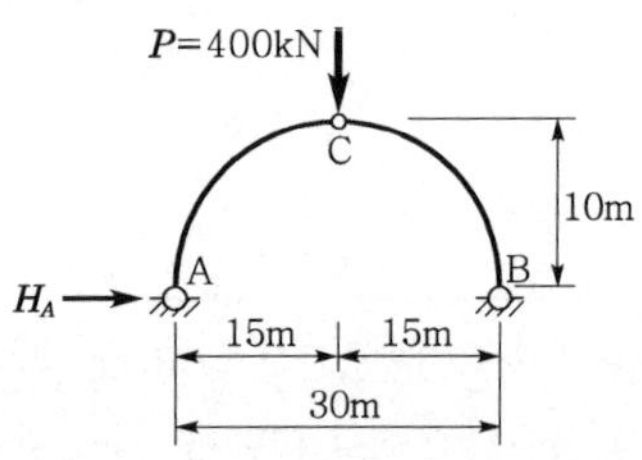

① 100kN　② 150kN
③ 200kN　④ 300kN

해설 $V_A=V_B=200\text{kN}$

$\Sigma M_C=0(\oplus)$

$V_A\times15-H_A\times10=0$

$$\therefore H_A=\frac{200\times15}{10}=300\text{kN}$$

 정답 ▸▸▸ 18. ② 19. ④

20 다음 그림과 같은 라멘의 부정정차수는?

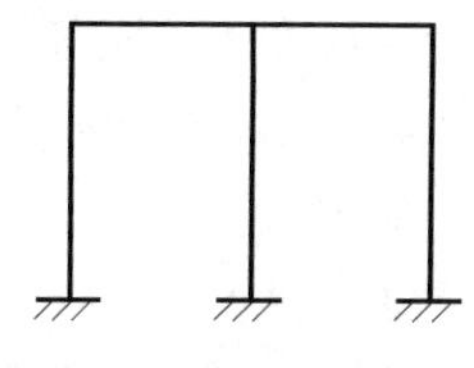

① 3차
② 5차
③ 6차
④ 7차

해설 $N=r+m+s-2k=9+5+4-2\times6=18-12=6$차
[별해] $N=3B-J=3\times2-0=6$차
여기서, B : 폐합 Box수, J : 고정 0, 힌지 1, 롤러 2

제 2 과목 : 측량학

21 원격탐사(remote sensing)의 정의로 옳은 것은?

① 지상에서 대상물체에 전파를 발생시켜 그 반사파를 이용하여 측정하는 방법
② 센서를 이용하여 지표의 대상물에서 반사 또는 방사된 전자스펙트럼을 측정하고, 이들의 자료를 이용하여 대상물이나 현상에 관한 정보를 얻는 기법
③ 우주에 산재해 있는 물체의 고유스펙트럼을 이용하여 각각의 구성성분을 지상의 레이더망으로 수집하여 처리하는 방법
④ 우주선에서 찍은 중복된 사진을 이용하여 지상에서 항공사진의 처리와 같은 방법으로 판독하는 작업

해설 원격탐측이란 지상이나 항공기 및 인공위성 등의 탑재기(Platform)에 설치된 탐측기(Sensor)를 이용하여 지표, 지상, 지하, 대기권 및 우주공간의 대상들에서 반사 혹은 방사되는 전자기파를 탐지하고, 이들 자료로부터 토지, 환경 및 자원에 대한 정보를 얻어 이를 해석하는 기법이다.

22 원곡선에 대한 설명으로 틀린 것은?

① 원곡선을 설치하기 위한 기본요소는 반지름(R)과 교각(I)이다.
② 접선길이는 곡선반지름에 비례한다.
③ 원곡선은 평면곡선과 수직곡선으로 모두 사용할 수 있다.
④ 고속도로와 같이 고속의 원활한 주행을 위해서는 복심곡선 또는 반향곡선을 주로 사용한다.

해설 ㉠ 복심곡선 : 반지름이 다른 2개의 단곡선이 그 접속면에서 공통접선을 갖고 그것들의 중심이 공통접선과 같은 방향에 있는 곡선
㉡ 반향곡선 : 반지름이 다른 2개의 단곡선이 그 접속면에서 공통접선을 갖고 그것들의 중심이 공통접선과 반대방향에 있는 곡선
㉢ 복심곡선과 반향곡선은 고속도로에서 잘 사용하지 않는다.

정답 20. ③ 21. ② 22. ④

23 삼각망 조정에 관한 설명으로 옳지 않은 것은?

① 임의의 한 변의 길이는 계산경로에 따라 달라질 수 있다.
② 검기선은 측정한 길이와 계산된 길이가 동일하다.
③ 1점 주위에 있는 각의 합은 360°이다.
④ 삼각형의 내각의 합은 180°이다.

해설 삼각망 조정

조정조건	내용
각조건	각 다각형의 내각의 합은 $180(n-2)$이다.
점조건	• 한 측점에서 측정한 여러 각의 합은 그들 각을 한 각으로 하여 측정한 값과 같다. • 점방정식 : 한 측점둘레에 있는 모든 각을 합한 값은 360°이다.
변조건	삼각망 중의 임의의 한 변의 길이는 계산해가는 순서와 관계없이 같은 값이어야 한다.

24 조정 계산이 완료된 조정각 및 기선으로부터 처음 신설하는 삼각점의 위치를 구하는 계산순서로 가장 적합한 것은?

① 편심 조정 계산 → 삼각형 계산(변, 방향각) → 경위도 결정 → 좌표 조정 계산 → 표고 계산
② 편심 조정 계산 → 삼각형 계산(변, 방향각) → 좌표 조정 계산 → 표고 계산 → 경위도 결정
③ 삼각형 계산(변, 방향각) → 편심 조정 계산 → 표고 계산 → 경위도 결정 → 좌표 조정 계산
④ 삼각형 계산(변, 방향각) → 편심 조정 계산 → 표고 계산 → 좌표 조정 계산 → 경위도 결정

해설 삼각점 계산순서 : 편심 조정 계산 → 삼각형 계산(변, 방향각) → 좌표 조정 계산 → 표고 계산 → 경위도 결정

25 삼각측량과 삼변측량에 대한 설명으로 틀린 것은?

① 삼변측량은 변길이를 관측하여 삼각점의 위치를 구하는 측량이다.
② 삼각측량의 삼각망 중 가장 정확도가 높은 망은 사변형삼각망이다.
③ 삼각점의 선점 시 기계나 측표가 동요할 수 있는 습지나 하상은 피한다.
④ 삼각점의 등급을 정하는 주된 목적은 표석 설치를 편리하게 하기 위함이다.

해설 삼각점의 등급은 정밀도에 따라 1등, 2등, 3등, 4등 삼각점으로 구분한다.

26 직사각형 토지의 면적을 산출하기 위해 두 변 a, b의 거리를 관측한 결과가 $a=48.25\pm0.04$m, $b=23.42\pm0.02$m이었다면 면적의 정밀도($\Delta A/A$)는?

① $\frac{1}{420}$　　② $\frac{1}{630}$
③ $\frac{1}{840}$　　④ $\frac{1}{1,080}$

해설 ㉠ 면적오차 : 오차전파법칙에 의하여

$$M=\pm\sqrt{(L_1 m_2)^2+(L_2 m_1)^2}=\pm\sqrt{(48.25\times0.02)^2+(23.42\times0.04)^2}=\pm1.344\text{m}^2$$

 정답 23. ① 24. ② 25. ④ 26. ③

㉡ 면적의 정밀도

$$\frac{A}{\Delta A} = \frac{1.344}{48.24 \times 23.42} = \frac{1}{840}$$

27 노선측량에서 단곡선 설치 시 필요한 교각이 95°30′, 곡선반지름이 200m일 때 장현(L)의 길이는?

① 296.087m ② 302.619m
③ 417.131m ④ 597.238m

해설

$$L = 2R\sin\frac{I}{2} = 2 \times 200 \times \sin\frac{95°30'}{2} = 296.087\text{m}$$

28 레벨의 불완전 조정에 의하여 발생한 오차를 최소화하는 가장 좋은 방법은?

① 왕복 2회 측정하여 그 평균을 취한다.
② 기포를 항상 중앙에 오게 한다.
③ 시준선의 거리를 짧게 한다.
④ 전시, 후시의 표척거리를 같게 한다.

해설 레벨의 불완전 조정에 의한 오차는 전시와 후시의 거리를 같게 취함으로써 소거할 수 있다.

29 어느 두 지점 사이의 거리를 A, B, C, D 4명의 사람이 각각 10회 관측한 결과가 다음과 같다면 가장 신뢰성이 낮은 관측자는?

- A : 165.864±0.002m
- B : 165.867±0.006m
- C : 165.862±0.007m
- D : 165.864±0.004m

① A ② B
③ C ④ D

해설 관측값의 신뢰도를 나타내는 척도를 경중률이라 한다. 이 경중률은 오차의 제곱에 반비례하므로 오차가 가장 많은 C가 가장 신뢰도가 낮다.

30 초점거리 153mm, 사진크기 23cm×23cm인 카메라를 사용하여 동서 14km, 남북 7km, 평균표고 250m인 거의 평탄한 지역을 축척 1 : 5,000으로 촬영하고자 할 때 필요한 모델수는? (단, 종중복도=60%, 횡중복도=30%)

① 81 ② 240
③ 279 ④ 961

해설

㉠ 종모델수 $= \frac{S_1}{B} = \frac{14{,}000}{5{,}000 \times 0.23 \times \left(1 - \frac{60}{100}\right)} = 30.4 ≒ 31$ 모델

㉡ 횡모델수$=\dfrac{S_2}{C}=\dfrac{7,000}{5,000\times0.23\times\left(1-\dfrac{30}{100}\right)}=8.7\fallingdotseq9$모델

㉢ 총모델수=종모델수×횡모델수$=31\times9=279$모델

31 측지학에 관한 설명 중 옳지 않은 것은?

① 측지학이란 지구 내부의 특성, 지구의 형상, 지구표면의 상호위치관계를 결정하는 학문이다.
② 물리학적 측지학은 중력측정, 지자기측정 등을 포함한다.
③ 기하학적 측지학에는 천문측량, 위성측량, 높이의 결정 등이 있다.
④ 측지측량이란 지구의 곡률을 고려하지 않는 측량으로 11km 이내를 평면으로 취급한다.

해설 ㉠ 평면측량(소지측량) : 측량구역이 상대적으로 협소하고 요구하는 정밀도가 낮아서 지구의 곡률을 고려하지 않고 지구표면을 완전한 평면으로 간주하여 실시하는 측량을 말한다.
㉡ 측지측량(대지측량) : 측량구역이 넓거나 상대적으로 높은 정밀도가 필요할 때 지구의 곡률을 고려하여 실시하는 측량을 말한다.

32 다음 그림과 같이 한 점 O에서 A, B, C방향의 각관측을 실시한 결과가 다음과 같을 때 ∠BOC의 최확값은?

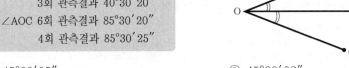

- ∠AOB 2회 관측결과 40°30′25″
  3회 관측결과 40°30′20″
- ∠AOC 6회 관측결과 85°30′20″
  4회 관측결과 85°30′25″

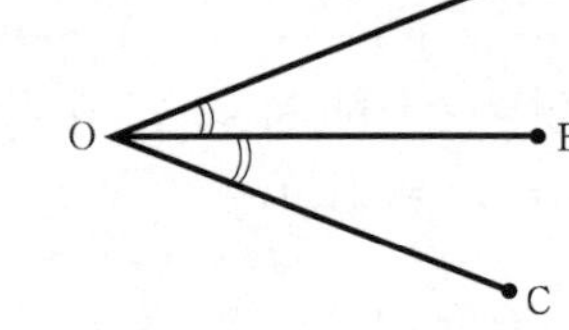

① 45°00′05″
② 45°00′02″
③ 45°00′03″
④ 45°00′00″

해설 ㉠ ∠AOB 최확값 : $\angle AOB=40°30'+\dfrac{2\times25''+3\times20''}{2+3}=40°30'20''$

㉡ ∠AOC 최확값 : $\angle AOC=85°30'+\dfrac{6\times20''+4\times25''}{6+4}=85°30'20''$

㉢ ∠BOC 최확값 : $\angle BOC=85°30'20''-40°30'20''=45°00'00''$

33 교호수준측량의 결과가 다음과 같고 A점의 표고가 10m일 때 B점의 표고는?

- 레벨 P에서 A→B 관측표고차 : −1.256m
- 레벨 Q에서 B→A 관측표고차 : +1.238m

① 8.753m
② 9.753m
③ 11.238m
④ 11.247m

$$H_B=10+\frac{-1.256-1.238}{2}=8.753\text{m}$$

 정답 ▸▸▸ 31. ④ 32. ④ 33. ①

34 각관측장비의 수평축이 연직축과 직교하지 않기 때문에 발생하는 측각오차를 최소화하는 방법으로 옳은 것은?

① 직교에 대한 편차를 구하여 더한다.
② 배각법을 사용한다.
③ 방향각법을 사용한다.
④ 망원경의 정·반위로 측정하여 평균한다.

해설 수평축과 연직축이 직교하지 않은 경우 수평축오차가 발생하며, 이는 정위와 반위로 관측 후 평균하여 소거할 수 있다.

35 설계속도 80km/h의 고속도로에서 클로소이드곡선의 곡선반지름이 360m, 완화곡선길이가 40m일 때 클로소이드 매개변수 A는?

① 100m
② 120m
③ 140m
④ 150m

해설 $A=\sqrt{RL}=\sqrt{360\times40}=120\text{m}$

36 해도와 같은 지도에 이용되며 주로 하천이나 항만 등의 심천측량을 한 결과를 표시하는 방법으로 가장 적당한 것은?

① 채색법
② 영선법
③ 점고법
④ 음영법

해설 점고법 : 지표면상에 있는 임의점의 표고를 도상에 숫자로 표시해 지표를 나타내는 방법으로 하천, 항만, 해양 등의 심천을 나타내는 경우에 사용한다.

37 기지점의 지반고가 100m이고 기지점에 대한 후시는 2.75m, 미지점에 대한 전시가 1.40m일 때 미지점의 지반고는?

① 98.65m
② 101.35m
③ 102.75m
④ 104.15m

해설 미지점의 지반고=100+2.75−1.40=101.35m

38 다음 그림과 같은 유토곡선(mass curve)에서 하향구간이 의미하는 것은?

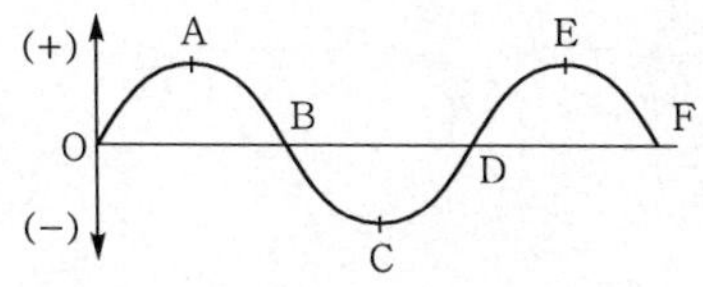

① 성토구간
② 절토구간
③ 운반토량
④ 운반거리

해설 유토곡선에서 상향은 절토구간, 하향은 성토구간이다.

정답 34. ④ 35. ② 36. ③ 37. ② 38. ①

39 트래버스측량에서 1회 각관측의 오차가 ±10″라면 30개의 측점에서 1회씩 각관측하였을 때의 총각관측오차는?

① ±15″ ② ±17″
③ ±55″ ④ ±70″

해설 $e = \pm m\sqrt{n} = \pm 10\sqrt{30} = \pm 55''$

40 등고선에 관한 설명으로 옳지 않은 것은?

① 높이가 다른 등고선은 절대 교차하지 않는다.
② 등고선 간의 최단거리방향은 최대 경사방향을 나타낸다.
③ 지도의 도면 내에서 폐합되는 경우에 등고선의 내부에는 산꼭대기 또는 분지가 있다.
④ 동일한 경사의 지표에서 등고선 간의 간격은 같다.

해설 등고선의 성질

㉠ 동일 등고선상에 있는 모든 점은 같은 높이이다.
㉡ 등고선은 도면 안이나 밖에서 폐합하는 폐합곡선이다.
㉢ 도면 내에서 등고선이 폐합하는 경우 폐합된 등고선 내부에는 산꼭대기(산정) 또는 분지가 있다.
㉣ 두 쌍의 등고선 볼록부가 마주하고, 다른 한 쌍의 등고선이 바깥쪽으로 향할 때 그곳은 고개(안부)이다.
㉤ 높이가 다른 두 등고선은 동굴이나 절벽의 지형이 아닌 곳에서는 교차하지 않는다. 즉 동굴이나 절벽은 반드시 두 점에서 교차한다.
㉥ 동등한 경사의 지표에서 양 등고선의 수평거리는 같다.
㉦ 최대 경사의 방향은 등고선과 직각으로 교차한다.
㉧ 등고선은 경사가 급한 곳에서는 간격이 좁고, 완만한 경사에서는 넓다.

제3과목 : 수리수문학

41 수로폭이 10m인 직사각형 수로의 도수 전 수심이 0.5m, 유량이 40m³/s이었다면 도수 후의 수심(h_2)은?

① 1.96m ② 2.18m
③ 2.31m ④ 2.85m

해설

㉠ $F_{r1} = \dfrac{V_1}{\sqrt{gh_1}} = \dfrac{\dfrac{40}{10\times0.5}}{\sqrt{9.8\times0.5}} = 3.61$

㉡ $\dfrac{h_2}{h_1} = \dfrac{1}{2}\left(-1+\sqrt{1+8{F_{r1}}^2}\right)$

$\dfrac{h_2}{0.5} = \dfrac{1}{2}\left(-1+\sqrt{1+8\times3.61^2}\right)$

$\therefore h_2 = 2.31\text{m}$

42 수로경사 1/10,000인 직사각형 단면수로에 유량 $30m^3/s$를 흐르게 할 때 수리학적으로 유리한 단면은? (단, h : 수심, B : 폭이며 Manning공식을 쓰고 $n=0.025m^{-1/3}\cdot s$)

① $h=1.95m$, $B=3.9m$
② $h=2.0m$, $B=4.0m$
③ $h=3.0m$, $B=6.0m$
④ $h=4.63m$, $B=9.26m$

해설 직사각형 수로의 수리상 유리한 단면은 $B=2h$, $R=\frac{h}{2}$이므로

$$A=Bh=2h\times h=2h^2$$

$$Q=A\frac{1}{n}R^{\frac{2}{3}}I^{\frac{1}{2}}=2h^2\frac{1}{n}\left(\frac{h}{2}\right)^{\frac{2}{3}}I^{\frac{1}{2}}$$

$$30=2h^2\times\frac{1}{0.025}\times\left(\frac{h}{2}\right)^{\frac{2}{3}}\times\left(\frac{1}{10,000}\right)^{\frac{1}{2}}$$

$$h^{\frac{8}{3}}=59.53$$

$$\therefore h=4.63m,\ B=9.26m$$

43 $10m^3/s$의 유량이 흐르는 수로에 폭 10m의 단수축이 없는 위어를 설계할 때 위어의 높이를 1m로 할 경우 예상되는 월류수심은? (단, Francis공식을 사용하며 접근유속은 무시한다.)

① 0.67m
② 0.71m
③ 0.75m
④ 0.79m

해설

$$Q=1.84b_oh^{\frac{3}{2}}$$

$$10=1.84\times10\times h^{\frac{3}{2}}$$

$$\therefore h=0.67m$$

44 물의 순환에 대한 설명으로 옳지 않은 것은?

① 지하수 일부는 지표면으로 용출해서 다시 지표수가 되어 하천으로 유입한다.
② 지표에 강하한 우수는 지표면에 도달 전에 그 일부가 식물의 나무와 가지에 의하여 차단된다.
③ 지표면에 도달한 우수는 토양 중에 수분을 공급하고 나머지가 아래로 침투해서 지하수가 된다.
④ 침투란 토양면을 통해 스며든 물이 중력에 의해 계속 지하로 이동하여 불투수층까지 도달하는 것이다.

해설 ㉠ 강수의 상당 부분은 토양 속에 저류되나, 종국에는 증발 및 증산작용에 의해 대기 중으로 되돌아간다. 또한 강수의 일부분은 토양면이나 토양 속을 통해 흘러 하도로 유입되기도 하며, 일부는 토양 속으로 더 깊이 침투하여 지하수가 되기도 한다.
㉡ 침투한 물이 중력 때문에 계속 이동하여 지하수면까지 도달하는 현상을 침루라 한다.

정답 42. ④ 43. ① 44. ④

45 부력의 원리를 이용하여 다음 그림과 같이 바닷물 위에 떠 있는 빙산의 전체적을 구한 값은?

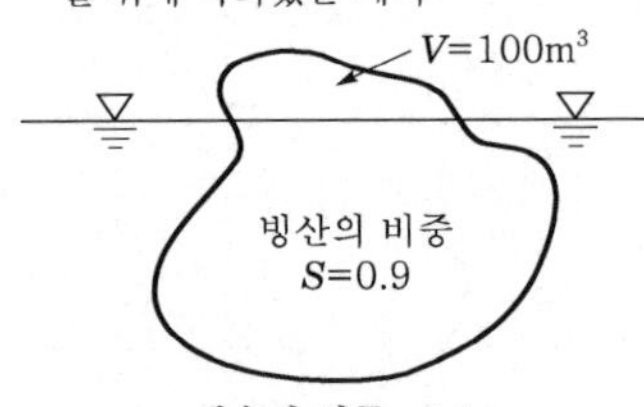

① 550m^3　② 890m^3
③ $1,000\text{m}^3$　④ $1,100\text{m}^3$

 해설
$w_1 V_1 = w_2 V_2$
$0.9V = 1.1 \times (V - 100)$
$\therefore V = 550\text{m}^3$

46 유역면적 10km^2, 강우강도 80mm/h, 유출계수 0.70일 때 합리식에 의한 첨두유량($Q_{\max}$)은?

① $155.6\text{m}^3/\text{s}$　② $560\text{m}^3/\text{s}$
③ $1,556\text{m}^3/\text{s}$　④ $5.6\text{m}^3/\text{s}$

 해설 $Q = 0.2778CIA = 0.2778 \times 0.7 \times 80 \times 10 = 155.57\text{m}^2/\text{s}$

47 수로 바닥에서의 마찰력 τ_0, 물의 밀도 ρ, 중력가속도 g, 수리평균수심 R, 수면경사 I, 에너지선의 경사 I_e라고 할 때 등류(㉠)와 부등류(㉡)의 경우에 대한 마찰속도(u^*)는?

① ㉠ ρRI_e, ㉡ ρRI　② ㉠ $\dfrac{\rho RI}{\tau_0}$, ㉡ $\dfrac{\rho RI_e}{\tau_0}$
③ ㉠ $\sqrt{\rho RI}$, ㉡ $\sqrt{\rho RI_e}$　④ ㉠ $\sqrt{\dfrac{\rho RI_e}{\tau_0}}$, ㉡ $\sqrt{\dfrac{\rho RI}{\tau_0}}$

48 유속을 V, 물의 단위중량을 γ_w, 물의 밀도를 ρ, 중력가속도를 g라 할 때 동수압(動水壓)을 바르게 표시한 것은?

① $\dfrac{V^2}{2g}$　② $\dfrac{\gamma_w V^2}{2g}$
③ $\dfrac{\gamma_w V}{2g}$　④ $\dfrac{\rho V^2}{2g}$

 해설
$$동수압 = \frac{1}{2}\rho V^2 = \frac{\gamma_w V^2}{2g}$$

 정답 ▶▶▶ 45. ① 46. ① 47. ③ 48. ②

49 단위유량도이론에서 사용하고 있는 기본가정이 아닌 것은?

① 비례가정
② 중첩가정
③ 푸아송분포가정
④ 일정 기저시간가정

해설 단위도의 가정 : 일정 기저시간가정, 비례가정, 중첩가정

50 액체 속에 잠겨있는 경사평면에 작용하는 힘에 대한 설명으로 옳은 것은?

① 경사각과 상관없다.
② 경사각에 직접 비례한다.
③ 경사각의 제곱에 비례한다.
④ 무게 중심에서의 압력과 면적의 곱과 같다.

해설 $P = wh_G A$

51 중량이 600N, 비중이 3.0인 물체를 물(담수) 속에 넣었을 때 물속에서의 중량은?

① 100N
② 200N
③ 300N
④ 400N

해설 ㉠ $M = wV$

$0.6 = (3 \times 9.8) \times V$

$\therefore V = 0.02\text{m}^3$

㉡ $M = B + T$

$0.6 = 9.8 \times 0.02 + T$

$\therefore T = 0.404\text{kN} = 404\text{N}$

52 유속 3m/s로 매초 100L의 물이 흐르게 하는데 필요한 관의 지름은?

① 153mm
② 206mm
③ 265mm
④ 312mm

해설 ㉠ $Q = 100\text{L/s} = 0.1\text{m}^3/\text{s}$

㉡ $Q = AV$

$$0.1 = \frac{\pi D^2}{4} \times 3$$

$\therefore D = 0.206\text{m} = 206\text{mm}$

53 관수로의 흐름에서 마찰손실계수를 f, 동수반경을 R, 동수경사를 I, Chezy계수를 C라 할 때 평균유속 V는?

① $V = \sqrt{\frac{8g}{f}}\sqrt{RI}$
② $V = fC\sqrt{RI}$
③ $V = \frac{\pi d^2}{4} f\sqrt{RI}$
④ $V = f\frac{l}{4R}\frac{V^2}{2g}$

해설 $V = C\sqrt{RI} = \sqrt{\frac{8g}{f}}\sqrt{RI}$

정답 ▶▶▶ 49. ③ 50. ④ 51. ④ 52. ② 53. ①

54 수두차가 10m인 두 저수지를 지름이 30cm, 길이가 300m, 조도계수가 $0.013\text{m}^{-1/3}\cdot\text{s}$인 주철관으로 연결하여 송수할 때 관을 흐르는 유량(Q)은? (단, 관의 유입손실계수 f_e=0.5, 유출손실계수 f_c=1.0이다.)

① $0.02\text{m}^3/\text{s}$　② $0.08\text{m}^3/\text{s}$
③ $0.17\text{m}^3/\text{s}$　④ $0.19\text{m}^3/\text{s}$

㉠ $f=124.5n^2D^{-\frac{1}{3}}=124.5\times0.013^2\times0.3^{-\frac{1}{3}}=0.031$

㉡ $H=\left(f_e+f\dfrac{l}{D}+f_c\right)\dfrac{V^2}{2g}$

$10=\left(0.5+0.031\times\dfrac{300}{0.3}+1\right)\times\dfrac{V^2}{2\times9.8}$

$\therefore V=2.46\text{m}$

㉢ $Q=AV=\dfrac{\pi\times0.3^2}{4}\times2.46=0.17\text{m}^3/\text{s}$

55 피압지하수를 설명한 것으로 옳은 것은?

① 하상 밑의 지하수
② 어떤 수원에서 다른 지역으로 보내지는 지하수
③ 지하수와 공기가 접해있는 지하수면을 가지는 지하수
④ 두 개의 불투수층 사이에 끼어있어 대기압보다 큰 압력을 받고 있는 대수층의 지하수

대기압이 작용하는 지하수면을 가지는 지하수를 **자유지하수**라고 하며, 불투수층 사이에 낀 투수층 내에 포함되어 있는 지하수면을 갖지 않는 지하수를 **피압지하수**라 한다.

56 축척이 1 : 50인 하천수리모형에서 원형 유량 $10{,}000\text{m}^3/\text{s}$에 대한 모형유량은?

① $0.401\text{m}^3/\text{s}$　② $0.566\text{m}^3/\text{s}$
③ $14.142\text{m}^3/\text{s}$　④ $28.284\text{m}^3/\text{s}$

해설

$Q_r=\dfrac{Q_m}{Q_p}=L_r^{\frac{5}{2}}$

$\dfrac{Q_m}{10{,}000}=\left(\dfrac{1}{50}\right)^{\frac{5}{2}}$

$\therefore Q_m=0.566\text{m}^3/\text{s}$

 정답 ▸▸▸ 54. ③ 55. ④ 56. ②

57 어떤 유역에 다음 표와 같이 30분간 집중호우가 발생하였다면 지속시간 15분인 최대 강우강도는?

시간(분)	0~5	5~10	10~15	15~20	20~25	25~30
우량(mm)	2	4	6	4	8	6

① 50mm/h ② 64mm/h
③ 72mm/h ④ 80mm/h

해설

$I=(6+4+8)\times\frac{60}{15}=72\text{mm/h}$

58 개수로 내의 흐름에서 평균유속을 구하는 방법 중 2점법의 유속측정위치로 옳은 것은?

① 수면과 전수심의 50% 위치 ② 수면으로부터 수심의 10%와 90% 위치
③ 수면으로부터 수심의 20%와 80% 위치 ④ 수면으로부터 수심의 40%와 60% 위치

해설 평균유속측정

㉠ 2점법 : $V_m=\frac{V_{0.2}+V_{0.8}}{2}$

㉡ 3점법 : $V_m=\frac{V_{0.2}+2V_{0.6}+V_{0.8}}{4}$

59 다음 그림과 같은 노즐에서 유량을 구하기 위한 식으로 옳은 것은? (단, 유량계수는 1.0으로 가정한다.)

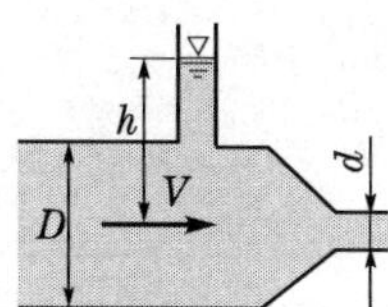

① $\frac{\pi d^2}{4}\sqrt{2gh}$ ② $\frac{\pi d^2}{4}\sqrt{\frac{2gh}{1-\left(\frac{d}{D}\right)^4}}$

③ $\frac{\pi d^2}{4}\sqrt{\frac{2gh}{1-\left(\frac{d}{D}\right)^2}}$ ④ $\frac{\pi d^2}{4}\sqrt{\frac{2gh}{1+\left(\frac{d}{D}\right)^2}}$

해설 노즐에서 사출되는 실제 유량과 실제 유속

㉠ $Q=Ca\sqrt{\frac{2gh}{1-\left(\frac{Ca}{A}\right)^2}}=C\frac{\pi d^2}{4}\sqrt{\frac{2gh}{1-C^2\left(\frac{d}{D}\right)^4}}=\frac{\pi d^2}{4}\sqrt{\frac{2gh}{1-\left(\frac{d}{D}\right)^4}}$

㉡ $V=C_v\sqrt{\frac{2gh}{1-\left(\frac{Ca}{A}\right)^2}}$

정답 57. ③ 58. ③ 59. ②

60 Darcy의 법칙에 대한 설명으로 옳지 않은 것은?

① 투수계수는 물의 점성계수에 따라서도 변화한다.
② Darcy의 법칙은 지하수의 흐름에 대한 공식이다.
③ Reynolds수가 100 이상이면 안심하고 적용할 수 있다.
④ 평균유속이 동수경사와 비례관계를 가지고 있는 흐름에 적용될 수 있다.

해설 Darcy법칙은 $R_e < 4$인 층류의 흐름과 대수층 내에 모관수대가 존재하지 않는 흐름에만 적용된다.

제4과목 : 철근콘크리트 및 강구조

61 다음 그림과 같은 인장재의 순단면적은 약 얼마인가? (단, 구멍의 지름은 25mm이고, 강판두께는 10mm이다.)

① 2,323mm²
② 2,439mm²
③ 2,500mm²
④ 2,595mm²

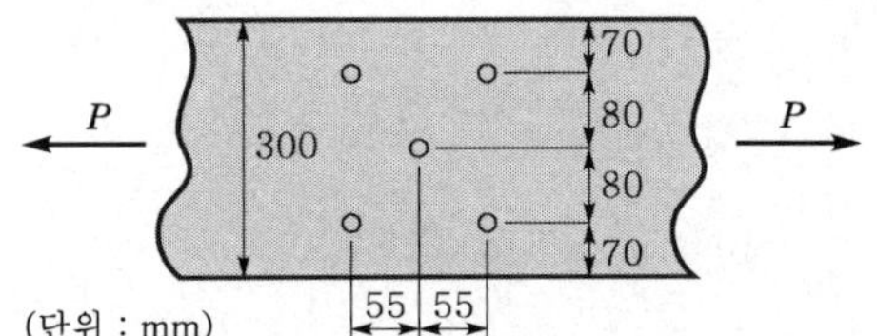

㉠ $w = d - \frac{p^2}{4g} = 25 - \frac{55^2}{4 \times 80} = 15.6\text{mm}$

㉡ • $b_n = 300 - 2 \times 25 = 250\text{mm}$
• $b_n = 300 - 25 - 2 \times 15.6 = 243.8\text{mm}$
• $b_n = 300 - 25 - 15.6 = 259.4\text{mm}$
∴ $b_n = 243.8\text{mm}$(최소값)

㉢ $A_n = b_n t = 2{,}438\text{mm}^2$

62 다음 그림과 같은 단면의 도심에 PS강재가 배치되어 있다. 초기프리스트레스 1,800kN을 작용시켰다. 30%의 손실을 가정하여 콘크리트의 하연응력이 0이 되기 위한 휨모멘트값은? (단, 자중은 무시한다.)

① 120kN · m
② 126kN · m
③ 130kN · m
④ 150kN · m

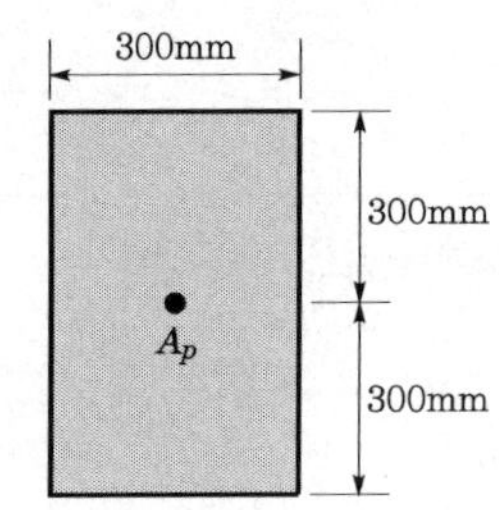

해설 $P_e = 1{,}800 \times 0.7 = 1{,}260\text{kN}$

∴ $M = \frac{P_e h}{6} = \frac{1{,}260 \times 0.6}{6} = 126\text{kN} \cdot \text{m}$

 정답 ▸▸▸ 60. ③ 61. ② 62. ②

63 철근의 정착에 대한 설명으로 틀린 것은?

① 인장이형철근 및 이형철선의 정착길이(l_d)는 항상 300mm 이상이어야 한다.
② 압축이형철근의 정착길이(l_d)는 항상 400mm 이상이어야 한다.
③ 갈고리는 압축을 받는 경우 철근정착에 유효하지 않은 것으로 보아야 한다.
④ 단부에 표준갈고리가 있는 인장이형철근의 정착길이(l_{dh})는 항상 철근의 공칭지름(d_b)의 8배 이상, 또한 150mm 이상이어야 한다.

해설 압축이형철근의 정착길이(l_d)는 항상 200mm 이상이어야 한다.

64 다음 그림과 같은 철근콘크리트보-슬래브구조에서 대칭 T형보의 유효폭(b)은?

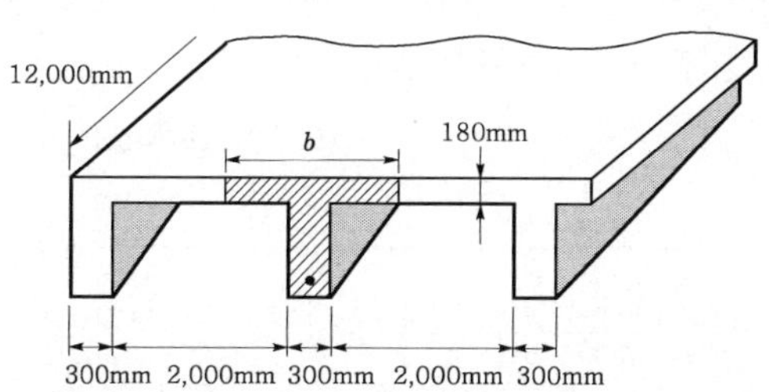

① 2,000mm ② 2,300mm
③ 3,000mm ④ 3,180mm

해설 ㉠ $16t+b_w=16\times180+300=3,180\text{mm}$
㉡ $b_c=1,000+300+1,000=2,300\text{mm}$
㉢ $\frac{1}{4}l=\frac{1}{4}\times12,000=3,000\text{mm}$
∴ $b=2,300\text{mm}$(최소값)

65 옹벽의 설계에 대한 일반적인 설명으로 틀린 것은?

① 뒷부벽은 캔틸레버로 설계하여야 하며, 앞부벽은 T형보로 설계하여야 한다.
② 활동에 대한 저항력은 옹벽에 작용하는 수평력의 1.5배 이상이어야 한다.
③ 전도에 대한 저항휨모멘트는 횡토압에 의한 전도모멘트의 2.0배 이상이어야 한다.
④ 저판의 뒷굽판은 정확한 방법이 사용되지 않는 한 뒷굽판 상부에 재하되는 모든 하중을 지지하도록 설계하여야 한다.

해설 뒷부벽은 T형보로, 앞부벽은 직사각형 보로 설계한다.

정답 ▸▸▸ 63. ② 64. ② 65. ①

66 나선철근압축부재 단면의 심부지름이 300mm, 기둥 단면의 지름이 400mm인 나선철근기둥의 나선철근비는 최소 얼마 이상이어야 하는가? (단, 나선철근의 설계기준항복강도(f_{yt})는 400MPa, 콘크리트의 설계기준압축강도(f_{ck})는 28MPa이다.)

① 0.0184 ② 0.0201
③ 0.0225 ④ 0.0245

$$\rho_s = 0.45\left(\frac{D^2}{{D_c}^2} - 1\right)\frac{f_{ck}}{f_{yt}} = 0.45 \times \left(\frac{400^2}{300^2} - 1\right) \times \frac{28}{400} = 0.0245$$

67 단면이 300mm×400mm이고 150mm²의 PS강선 4개를 단면 도심축에 배치한 프리텐션 PS콘크리트부재가 있다. 초기프리스트레스 1,000MPa일 때 콘크리트의 탄성 수축에 의한 프리스트레스의 손실량은? (단, 탄성계수비(n)는 6.0이다.)

① 30MPa ② 34MPa
③ 42MPa ④ 52MPa

$$\Delta f_p = nf_{ci} = n\frac{P_i}{A_c} = 6 \times \frac{150 \times 4 \times 1,000}{300 \times 400} = 30\text{MPa}$$

68 다음 그림과 같은 맞대기 용접의 용접부에 생기는 인장응력은?

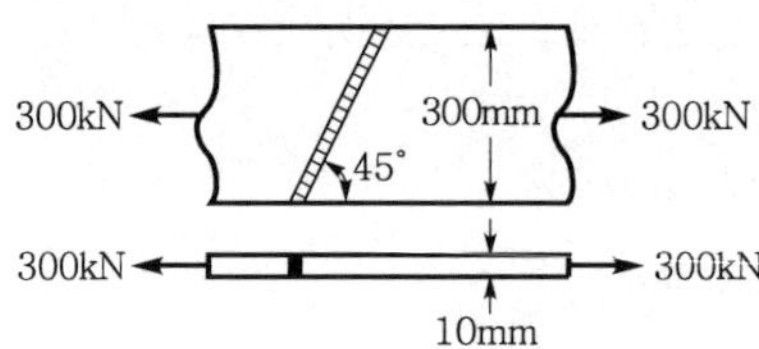

① 50MPa ② 70.7MPa
③ 100MPa ④ 141.4MPa

$$f = \frac{P}{\Sigma al_e} = \frac{300,000}{300 \times 10} = 100\text{MPa}$$

69 계수하중에 의한 전단력 V_u =75kN을 받을 수 있는 직사각형 단면을 설계하려고 한다. 기준에 의한 최소 전단철근을 사용할 경우 필요한 보통중량콘크리트의 최소 단면적($b_w d$)은? (단, f_{ck} =28MPa, f_y =300MPa이다.)

① 101,090mm² ② 103,073mm²
③ 106,303mm² ④ 113,390mm²

$$V_u \le \phi V_c = \phi\left(\frac{1}{6}\lambda\sqrt{f_{ck}}\, b_w\, d\right)$$

$$\therefore\ b_w d = \frac{6V_u}{\phi\lambda\sqrt{f_{ck}}} = \frac{6 \times 75,000}{0.75 \times 1.0\sqrt{28}} \fallingdotseq 113,390\text{mm}^2$$

 정답 ▸▸▸ 66. ④ 67. ① 68. ③ 69. ④

70 다음은 슬래브의 직접설계법에서 모멘트분배에 대한 내용이다. 다음의 (　) 안에 들어갈 ㉠, ㉡으로 옳은 것은?

> 내부경간에서는 전체 정적계수 휨모멘트 M_o를 다음과 같은 비율로 분배하여야 한다.
> • 부계수 휨모멘트 ……… (㉠)
> • 정계수 휨모멘트 ……… (㉡)

① ㉠ 0.65, ㉡ 0.35　② ㉠ 0.55, ㉡ 0.45
③ ㉠ 0.45, ㉡ 0.55　④ ㉠ 0.35, ㉡ 0.65

해설 계수 휨모멘트 M_o의 분배(직접설계법)
㉠ 부계수 휨모멘트 : 0.65
㉡ 정계수 휨모멘트 : 0.35

71 깊은 보는 한쪽 면이 하중을 받고, 반대쪽 면이 지지되어 하중과 받침부 사이에 압축대가 형성되는 구조요소로서 다음의 (가) 또는 (나)에 해당하는 부재이다. 다음의 (　) 안에 들어갈 ㉠, ㉡으로 옳은 것은?

> (가) 순경간 l_n이 부재깊이의 (㉠)배 이하인 부재
> (나) 받침부 내면에서 부재깊이의 (㉡)배 이하인 위치에 집중하중이 작용하는 경우는 집중하중과 받침부 사이의 구간

① ㉠ 4, ㉡ 2　② ㉠ 3, ㉡ 2
③ ㉠ 2, ㉡ 4　④ ㉠ 2, ㉡ 3

해설 깊은 보의 정의
㉠ 순경간(l_n)이 부재깊이의 4배 이하인 부재
㉡ 하중이 받침부로부터 부재깊이의 2배 이하인 거리

72 복철근콘크리트보 단면에 압축철근비 $\rho'=0.01$이 배근되어 있다. 이 보의 순간처짐이 20mm일 때 1년간 지속하중에 의해 유발되는 전체 처짐량은?

① 38.7mm　② 40.3mm
③ 42.4mm　④ 45.6mm

해설

$$\lambda_\Delta = \frac{\xi}{1+50\rho'} = \frac{1.4}{1+50\times0.01} = 0.93$$

$$\therefore \delta_t = \delta_i + \delta_l = \delta_i + \delta_i\lambda_\Delta = \delta_i(1+\lambda_\Delta) = 20\times(1+0.93) = 38.6\text{mm}$$

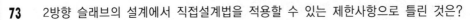

73 2방향 슬래브의 설계에서 직접설계법을 적용할 수 있는 제한사항으로 틀린 것은?

① 각 방향으로 3경간 이상 연속되어야 한다.
② 슬래브 판들은 단변경간에 대한 장변경간의 비가 2 이하인 직사각형이어야 한다.
③ 각 방향으로 연속한 받침부 중심 간 경간차이는 긴 경간의 1/3 이하이어야 한다.
④ 연속한 기둥 중심선을 기준으로 기둥의 어긋남은 그 방향 경간의 20% 이하이어야 한다.

해설 연속한 기둥 중심선으로부터 기둥의 이탈은 이탈방향 경간의 최대 10%까지 허용할 수 있다.

74 다음에서 ( ) 안에 들어갈 수치로 옳은 것은?

> 보나 장선의 깊이 h가 ( )mm를 초과하면 종방향 표피철근을 인장연단부터 $h/2$지점까지 부재 양쪽 측면을 따라 균일하게 배치하여야 한다.

① 700 ② 800
③ 900 ④ 1,000

해설 표피철근배치 : 보 깊이가 900mm 초과 시 $h/2$까지 배치한다.

75 단철근 직사각형 보의 폭이 300mm, 유효깊이가 500mm, 높이가 600mm일 때 외력에 의해 단면에서 휨균열을 일으키는 휨모멘트(M_{cr})는? (단, f_{ck}=28MPa, 보통중량콘크리트이다.)

① 58kN · m ② 60kN · m
③ 62kN · m ④ 64kN · m

$$M_{cr}=\frac{I_g}{y_t}f_r=\frac{I_g}{y_t}\left(0.63\lambda\sqrt{f_{ck}}\right)=\frac{\frac{1}{12}\times300\times600^3}{300}\times0.63\times1.0\sqrt{28}=60,005,639.8\text{N}\cdot\text{mm}=60\text{kN}\cdot\text{m}$$

76 콘크리트의 설계기준압축강도가 28MPa, 철근의 설계기준항복강도가 350MPa로 설계된 길이가 4m인 캔틸레버보가 있다. 처짐을 계산하지 않는 경우의 최소 두께는? (단, 보통중량콘크리트(m_c = 2,300kg/m^3)이다.)

① 340mm ② 465mm
③ 512mm ④ 600mm

해설

㉠ 캔틸레버지지보의 최소 두께 : $h=\frac{l}{8}=\frac{400}{8}=50\text{cm}$

㉡ $f_y\neq400\text{MPa}$인 경우 보정계수 적용

보정계수(α) $=0.43+\frac{f_y}{700}=0.43+\frac{350}{700}=0.93$

$\therefore\ h=50\times0.93=46.5\text{cm}=465\text{mm}$

 정답 ▸▸▸ 73. ④ 74. ③ 75. ② 76. ②

77 강도감소계수(ϕ)를 규정하는 목적으로 옳지 않은 것은?

① 부정확한 설계방정식에 대비한 여유
② 구조물에서 차지하는 부재의 중요도를 반영
③ 재료강도와 치수가 변동할 수 있으므로 부재의 강도 저하확률에 대비한 여유
④ 하중의 공칭값과 실제 하중 간의 불가피한 차이 및 예기치 않은 초과하중에 대비한 여유

해설 하중의 공칭값과 실제 하중의 차이 및 초과하중의 영향을 고려하기 위해 하중(증가)계수를 사용한다.

78 철근콘크리트부재에서 V_s가 $\frac{1}{3}\lambda\sqrt{f_{ck}}b_w d$를 초과하는 경우 부재축에 직각으로 배치된 전단철근의 간격제한으로 옳은 것은? (단, b_w : 복부의 폭, d : 유효깊이, λ : 경량콘크리트계수, V_s : 전단철근에 의한 단면의 공칭전단강도)

① $\frac{d}{2}$ 이하, 또 어느 경우이든 600mm 이하
② $\frac{d}{2}$ 이하, 또 어느 경우이든 300mm 이하
③ $\frac{d}{4}$ 이하, 또 어느 경우이든 600mm 이하
④ $\frac{d}{4}$ 이하, 또 어느 경우이든 300mm 이하

해설
㉠ $V_s \le \frac{1}{3}\lambda\sqrt{f_{ck}}\,b_w d$인 경우
- $s = \frac{d}{2}$ 이하
- $s = 600\text{mm}$ 이하
- $s = \frac{d}{V_s}A_v f_y$

위 3개의 값 중 최소값이 전단철근간격(s)이다.

㉡ $V_s > \frac{1}{3}\lambda\sqrt{f_{ck}}\,b_w d$인 경우
- $s = \frac{d}{4}$ 이하
- $s = 300\text{mm}$ 이하
- $s = \frac{d}{V_s}A_v f_y$

위 3개의 값 중 최소값이 전단철근간격(s)이다.

79 용접이음에 관한 설명으로 틀린 것은?

① 내부검사(X선검사)가 간단하지 않다.
② 작업의 소음이 적고 경비와 시간이 절약된다.
③ 리벳구멍으로 인한 단면 감소가 없어서 강도 저하가 없다.
④ 리벳이음에 비해 약하므로 응력집중현상이 일어나지 않는다.

해설 용접이음은 리벳이음보다 강하며 응력집중이 없어야 한다.

정답 ▸▸▸ 77. ④ 78. ④ 79. ④

80 포스트텐션 긴장재의 마찰손실을 구하기 위해 다음과 같은 근사식을 사용하고자 할 때 근사식을 사용할 수 있는 조건으로 옳은 것은?

$$P_{px} = \frac{P_{pj}}{1 + Kl_{px} + \mu_p \alpha_{px}}$$

- P_{px} : 임의점 x에서 긴장재의 긴장력(N)
- P_{pj} : 긴장단에서 긴장재의 긴장력(N)
- K : 긴장재의 단위길이 1m당 파상마찰계수
- l_{px} : 정착단부터 임의의 지점 x까지 긴장재의 길이(m)
- μ_p : 곡선부의 곡률마찰계수
- α_{px} : 긴장단부터 임의점 x까지 긴장재의 전체 회전각변화량(라디안)

① P_{pj}의 값이 5,000kN 이하인 경우
② P_{pj}의 값이 5,000kN 초과하는 경우
③ $Kl_{px} + \mu_p \alpha_{px}$값이 0.3 이하인 경우
④ $Kl_{px} + \mu_p \alpha_{px}$값이 0.3 초과인 경우

해설 $Kl_{px} + \mu_p \alpha_{px} \le 0.3$일 때 근사식을 사용할 수 있다.

제5과목 : 토질 및 기초

81 포화단위중량(γ_{sat})이 19.62kN/m^{3}인 사질토로 된 무한사면이 20°로 경사져 있다. 지하수위가 지표면과 일치하는 경우 이 사면의 안전율이 1 이상이 되기 위해서는 흙의 내부마찰각이 최소 몇 도 이상이어야 하는가? (단, 물의 단위중량은 9.81kN/m^{3}이다.)

① 18.21 ② 20.52
③ 36.06 ④ 45.47

해설

$$F_s = \frac{\gamma_{sub}}{\gamma_{sat}} \frac{\tan\phi}{\tan i} = \frac{9.81}{19.62} \times \frac{\tan\phi}{\tan 20°} \ge 1$$

$\therefore \phi \ge 36.05°$

82 압밀시험에서 얻은 $e-\log P$곡선으로 구할 수 있는 것이 아닌 것은?

① 선행압밀압력 ② 팽창지수
③ 압축지수 ④ 압밀계수

해설 시간-침하곡선에서 압밀계수(C_v)를 구할 수 있다.

 정답 ▸▸▸ 80. ③ 81. ③ 82. ④

83 흙시료의 전단시험 중 일어나는 다일러턴시(Dilatancy)현상에 대한 설명으로 틀린 것은?

① 흙이 전단될 때 전단면 부근의 흙입자가 재배열되면서 부피가 팽창하거나 수축하는 현상을 다일러턴시라 부른다.
② 사질토 시료는 전단 중 다일러턴시가 일어나지 않는 한계의 간극비가 존재한다.
③ 정규압밀점토의 경우 정(+)의 다일러턴시가 일어난다.
④ 느슨한 모래는 보통 부(−)의 다일러턴시가 일어난다.

해설 ㉠ 조밀한 모래나 과압밀점토에서는 (+)Dilatancy에 (−)공극수압이 발생한다.
㉡ 느슨한 모래나 정규압밀점토에서는 (−)Dilatancy에 (+)공극수압이 발생한다.

84 어떤 모래층의 간극비(e)는 0.2, 비중(G_s)은 2.60이었다. 이 모래가 분사현상(Quick Sand)이 일어나는 한계동수경사(i_c)는?

① 0.56　② 0.95
③ 1.33　④ 1.80

해설 $i_c = \frac{G_s - 1}{1+e} = \frac{2.6-1}{1+0.2} = 1.33$

85 상 · 하층이 모래로 되어있는 두께 2m의 점토층이 어떤 하중을 받고 있다. 이 점토층의 투수계수가 5×10^{-7}cm/s, 체적변화계수(m_v)가 5.0cm^2/kN일 때 90% 압밀에 요구되는 시간은? (단, 물의 단위중량은 9.81kN/m^{3}이다.)

① 약 5.6일　② 약 9.8일
③ 약 15.2일　④ 약 47.2일

해설 ㉠ $K = C_v m_v \gamma_w$

$5\times10^{-7} = C_v \times 5 \times (9.81\times10^{-6})$

$\therefore C_v = 0.01\text{cm}^2/\text{s}$

㉡ $t_{90} = \frac{0.848H^2}{C_v} = \frac{0.848\times\left(\frac{200}{2}\right)^2}{0.01} ≒ 848,000\text{초} ≒ 9.81\text{일}$

86 연약지반 위에 성토를 실시한 다음 말뚝을 시공하였다. 시공 후 발생될 수 있는 현상에 대한 설명으로 옳은 것은?

① 성토를 실시하였으므로 말뚝의 지지력은 점차 증가한다.
② 말뚝을 암반층 상단에 위치하도록 시공하였다면 말뚝의 지지력에는 변함이 없다.
③ 압밀이 진행됨에 따라 지반의 전단강도가 증가되므로 말뚝의 지지력은 점차 증가된다.
④ 압밀로 인해 부주면마찰력이 발생되므로 말뚝의 지지력은 감소된다.

해설 ㉠ 부마찰력은 압밀침하를 일으키는 연약점토층을 관통하여 지지층에 도달한 지지말뚝의 경우나 연약점토지반에 말뚝을 항타한 다음 그 위에 성토를 한 경우 등일 때 발생한다.
㉡ 부마찰력이 발생하면 말뚝의 지지력은 감소한다.

정답 ▸▸▸ 83. ③ 84. ③ 85. ② 86. ④

87 주동토압을 P_A, 수동토압을 P_P, 정지토압을 P_O라 할 때 토압의 크기를 비교한 것으로 옳은 것은?

① $P_A > P_P > P_O$
② $P_P > P_O > P_A$
③ $P_P > P_A > P_O$
④ $P_O > P_A > P_P$

㉠ $K_P > K_O > K_A$
㉡ $P_P > P_O > P_A$

88 흙의 분류법인 AASHTO분류법과 통일분류법을 비교 · 분석한 내용으로 틀린 것은?

① 통일분류법은 0.075mm체 통과율 35%를 기준으로 조립토와 세립토로 분류하는데, 이것은 AASHTO분류법보다 적합하다.
② 통일분류법은 입도분포, 액성한계, 소성지수 등을 주요 분류인자로 한 분류법이다.
③ AASHTO분류법은 입도분포, 군지수 등을 주요 분류인자로 한 분류법이다.
④ 통일분류법은 유기질토분류방법이 있으나, AASHTO분류법은 없다.

㉠ 통일분류법은 0.075mm체 통과율을 50%를 기준으로 조립토와 세립토로 분류한다.
㉡ AASHTO분류법은 0.075mm체 통과율을 35%를 기준으로 조립토와 세립토로 분류한다.

89 도로의 평판재하시험에서 시험을 멈추는 조건으로 틀린 것은?

① 완전히 침하가 멈출 때
② 침하량이 15mm에 달할 때
③ 재하응력이 지반의 항복점을 넘을 때
④ 재하응력이 현장에서 예상할 수 있는 가장 큰 접지압력의 크기를 넘을 때

해설 평판재하시험(PBT－test)이 끝나는 조건
㉠ 침하량이 15mm에 달할 때
㉡ 하중강도가 최대 접지압을 넘어 항복점을 초과할 때

90 시료채취 시 샘플러(sampler)의 외경이 6cm, 내경이 5.5cm일 때 면적비는?

① 8.3%
② 9.0%
③ 16%
④ 19%

$$A_r = \frac{{D_w}^2 - {D_e}^2}{{D_e}^2} \times 100 = \frac{6^2 - 5.5^2}{5.5^2} \times 100 = 19.01\%$$

 정답 ▸▸▸ 87. ② 88. ① 89. ① 90. ④

91 다음 그림과 같은 지반 내의 유선망이 주어졌을 때 폭 10m에 대한 침투유량은? (단, 투수계수(K)는 2.2×10^{-2}cm/s이다.)

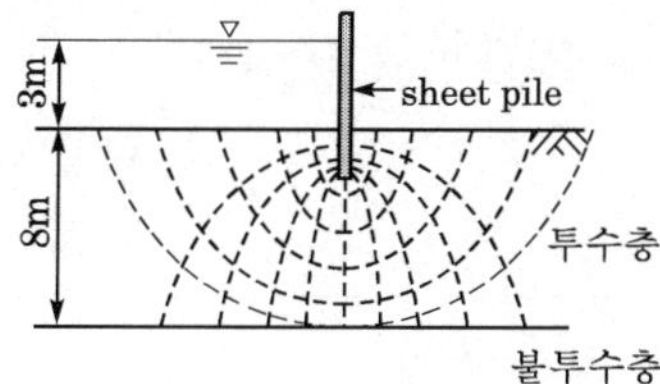

① $3.96cm^3/s$
② $39.6cm^3/s$
③ $396cm^3/s$
④ $3,960cm^3/s$

$$Q=KH\frac{N_f}{N_d}l=(2.2\times10^{-2})\times300\times\frac{6}{10}\times1,000=3,960cm^3/s$$

92 20개의 무리말뚝에 있어서 효율이 0.75이고 단항으로 계산된 말뚝 한 개의 허용지지력이 150kN일 때 무리말뚝의 허용지지력은?

① 1,125kN
② 2,250kN
③ 3,000kN
④ 4,000kN

해설 $R_{ag}=ENR_a=0.75\times20\times150=2,250kN$

93 연약지반개량공법 중 점성토 지반에 이용되는 공법은?

① 전기충격공법
② 폭파다짐공법
③ 생석회말뚝공법
④ 바이브로플로테이션공법

해설 점성토지반개량공법 : 치환공법, Preloading공법(사전압밀공법), Sand drain공법, Paper drain공법, 전기침투공법, 침투압공법(MAIS공법), 생석회말뚝(Chemico pile)공법

94 어떤 지반에 대한 흙의 입도분석결과 곡률계수(C_g)는 1.5, 균등계수(C_u)는 15이고, 입자는 모난 형상이었다. 이때 Dunham의 공식에 의한 흙의 내부마찰각(ϕ)의 추정치는? (단, 표준관입시험결과 N치는 10이었다.)

① 25°
② 30°
③ 36°
④ 40°

해설 토립자가 모나고 입도분포가 좋으므로
$\phi=\sqrt{12N}+25=\sqrt{12\times10}+25=35.95°$

95 다음과 같은 상황에서 강도정수 결정에 적합한 삼축압축시험의 종류는?

> 최근에 매립된 포화점성토 지반 위에 구조물을 시공한 직후의 초기안정 검토에 필요한 지반강도정수 결정

① 비압밀비배수시험(UU)　　② 비압밀배수시험(UD)
③ 압밀비배수시험(CU)　　④ 압밀배수시험(CD)

해설 UU-test를 사용하는 경우
㉠ 포화된 점토지반 위에 급속성토 시 시공 직후의 안정 검토
㉡ 시공 중 압밀이나 함수비의 변화가 없다고 예상되는 경우
㉢ 점토지반에 footing기초 및 소규모 제방을 축조하는 경우

96 베인전단시험(vane shear test)에 대한 설명으로 틀린 것은?

① 베인전단시험으로부터 흙의 내부마찰각을 측정할 수 있다.
② 현장 원위치시험의 일종으로 점토의 비배수 전단강도를 구할 수 있다.
③ 연약하거나 중간 정도의 점성토 지반에 적용된다.
④ 십자형의 베인(vane)을 땅속에 압입한 후 회전모멘트를 가해서 흙이 원통형으로 전단파괴될 때 저항모멘트를 구함으로써 비배수 전단강도를 측정하게 된다.

해설 Vane test : 연약한 점토지반의 점착력을 지반 내에서 직접 측정하는 현장 시험

97 다음 그림에서 $a-a'$면 바로 아래의 유효응력은? (단, 흙의 간극비(e)는 0.4, 비중(G_s)은 2.65, 물의 단위중량은 9.81kN/m^{3}이다.)

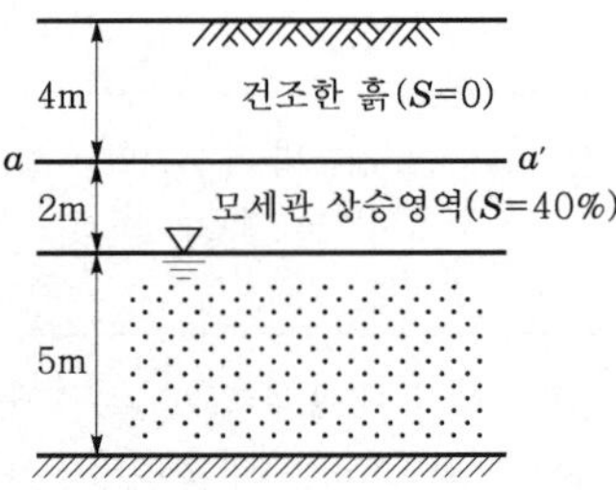

① 68.2kN/m^2　　② 82.1kN/m^2
③ 97.4kN/m^2　　④ 102.1kN/m^2

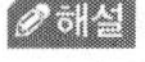
해설

㉠ $\gamma_d = \dfrac{G_s}{1+e}\gamma_w = \dfrac{2.65}{1+0.4} \times 9.81 = 18.57\text{kN/m}^3$

㉡ $\sigma = 18.57 \times 4 = 74.28\text{kN/m}^2$

$u = 9.81 \times (-2 \times 0.4) = -7.85\text{kN/m}^2$

$\bar{\sigma} = 74.28 - (-7.85) = 82.13\text{kN/m}^2$

 정답 95. ① 96. ① 97. ②

98 흙의 내부마찰각이 20°, 점착력이 50kN/m^2, 습윤단위중량이 17kN/m^3, 지하수위 아래 흙의 포화단위중량이 19kN/m^{3}일 때 3m×3m 크기의 정사각형 기초의 극한지지력을 Terzaghi의 공식으로 구하면? (단, 지하수위는 기초바닥깊이와 같으며, 물의 단위중량은 9.81kN/m^{3}이고 지지력계수 N_c = 18, N_γ =5, N_q =7.5이다.)

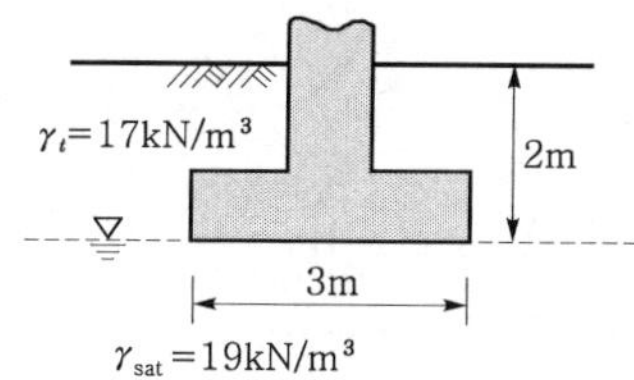

① 1,231.24kN/m^2
② 1,337.31kN/m^2
③ 1,480.14kN/m^2
④ 1,540.42kN/m^2

해설 정사각형 기초이므로 $\alpha=1.3$, $\beta=0.4$이다.

$q_u=\alpha c N_c+\beta B\gamma_1 N_\gamma+D_f\gamma_2 N_q=1.3\times50\times18+0.4\times3\times(19-9.81)\times5+2\times17\times7.5=1,480.14\text{kN/m}^2$

99 다음 그림에서 지표면으로부터 깊이 6m에서의 연직응력(σ_v)과 수평응력(σ_h)의 크기를 구하면? (단, 토압계수는 0.6이다.)

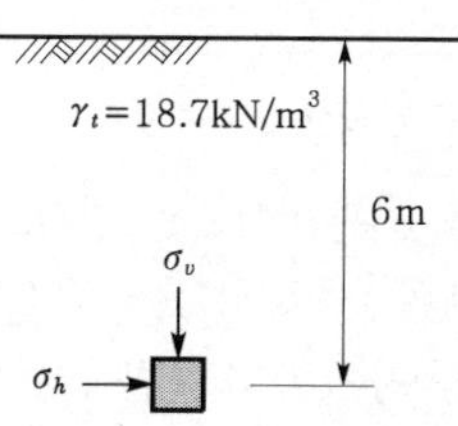

① σ_v =87.3kN/m^2, σ_h =52.4kN/m^2
② σ_v =95.2kN/m^2, σ_h =57.1kN/m^2
③ σ_v =112.2kN/m^2, σ_h =67.3kN/m^2
④ σ_v =123.4kN/m^2, σ_h =74.0kN/m^2

해설 ㉠ $\sigma_v=\gamma_t h=18.7\times6=112.2\text{kN/m}^2$

㉡ $\sigma_h=\sigma_v K=112.2\times0.6=67.32\text{kN/m}^2$

100 다짐에 대한 설명으로 틀린 것은?

① 다짐에너지는 래머(rammer)의 중량에 비례한다.
② 입도배합이 양호한 흙에서는 최대 건조단위중량이 높다.
③ 동일한 흙일지라도 다짐기계에 따라 다짐효과는 다르다.
④ 세립토가 많을수록 최적함수비가 감소한다.

해설 세립토가 많을수록 최대 건조밀도는 작아지고, 최적함수비는 커진다.

정답 ▸▸▸ 98. ③ 99. ③ 100. ④

제6과목 : 상하수도공학

101 펌프의 흡입구경을 결정하는 식으로 옳은 것은? (단, Q : 펌프의 토출량(m^3/min), V : 흡입구의 유속(m/s))

① $D=146\sqrt{\frac{Q}{V}}$ [mm]
② $D=186\sqrt{\frac{Q}{V}}$ [mm]
③ $D=273\sqrt{\frac{Q}{V}}$ [mm]
④ $D=357\sqrt{\frac{Q}{V}}$ [mm]

102 보통 상수도의 기본계획에서 대상이 되는 기간인 계획(목표)연도는 계획수립 시부터 몇 년간을 표준으로 하는가?

① 3~5년간
② 5~10년간
③ 15~20년간
④ 25~30년간

해설 상수도의 계획연한은 5~15년이지만 통상 장기간으로 보기 때문에 5~10년보다는 15~20년으로 수립하는 것이 좋다.

103 정수시설에 관한 사항으로 틀린 것은?

① 착수정의 용량은 체류시간을 5분 이상으로 한다.
② 고속응집침전지의 용량은 계획정수량의 1.5~2.0시간분으로 한다.
③ 정수지의 용량은 첨두수요대처용량과 소독접촉시간용량을 고려하여 2시간분 이상을 표준으로 한다.
④ 플록형성지에서 플록형성시간은 계획정수량에 대하여 20~40분간을 표준으로 한다.

해설 착수정의 체류시간은 1.5분 이상으로 한다.

104 완속여과지와 비교할 때 급속여과지에 대한 설명으로 틀린 것은?

① 대규모 처리에 적합하다.
② 세균처리에 있어 확실성이 적다.
③ 유입수가 고탁도인 경우에 적합하다.
④ 유지관리비가 적게 들고 특별한 관리기술이 필요치 않다.

해설 급속여과지는 약품침전지를 거쳐오기 때문에 응집제를 필요로 하므로 유지관리비가 들고 특별한 관리기술이 필요하다.

정답 ▸▸▸ 101. ① 102. ③ 103. ① 104. ④

105 혐기성 소화공정의 영향인자가 아닌 것은?

① 온도　　② 메탄함량
③ 알칼리도　　④ 체류시간

해설 메탄은 혐기성 소화공정을 통하여 발생하는 부산물이다.

106 자연수 중 지하수의 경도(硬度)가 높은 이유는 어떤 물질이 지하수에 많이 함유되어 있기 때문인가?

① O_2　　② CO_2
③ NH_3　　④ Colloid

해설 경도는 물속에 용해되어 있는 Ca^{2+}, Mg^{2+} 등의 2가 양이온 금속이온이 박테리아작용으로 발생된 CO_2가 물에 녹아 반응하면서 발생한다.

107 유량이 100,000m^3/d이고 BOD가 2mg/L인 하천으로 유량 1,000m^3/d, BOD가 100mg/L인 하수가 유입된다. 하수가 유입된 후 혼합된 BOD의 농도는?

① 1.97mg/L　　② 2.97mg/L
③ 3.97mg/L　　④ 4.97mg/L

$$C=\frac{C_1Q_1+C_2Q_2}{Q_1+Q_2}=\frac{2\times100,000+100\times1,000}{100,000+1,000}=2.97\text{mg/L}$$

108 양수량이 8m^3/min, 전양정이 4m, 회전수 1,160rpm인 펌프의 비교회전도는?

① 316　　② 985
③ 1,160　　④ 1,436

$$N_s=N\frac{Q^{1/2}}{H^{3/4}}=1,160\times\frac{8^{1/2}}{4^{3/4}}=1,160$$

109 일반적인 상수도계통도를 올바르게 나열한 것은?

① 수원 및 저수시설 → 취수 → 배수 → 송수 → 정수 → 도수 → 급수
② 수원 및 저수시설 → 취수 → 도수 → 정수 → 송수 → 배수 → 급수
③ 수원 및 저수시설 → 취수 → 배수 → 정수 → 급수 → 도수 → 송수
④ 수원 및 저수시설 → 취수 → 도수 → 정수 → 급수 → 배수 → 송수

정답 105. ② 106. ② 107. ② 108. ③ 109. ②

110 지하의 사질(砂質)여과층에서 수두차 h가 0.5m이며 투과거리 l이 2.5m인 경우 이곳을 통과하는 지하수의 유속은? (단, 투수계수는 0.3cm/s)

① 0.06cm/s ② 0.015cm/s
③ 1.5cm/s ④ 0.375cm/s

$V = KI = 0.3 \times \dfrac{0.5}{2.5} = 0.06\text{cm/s}$

111 일반 활성슬러지공정에서 다음 조건과 같은 반응조의 수리학적 체류시간(HRT) 및 미생물체류시간(SRT)을 모두 올바르게 배열한 것은? (단, 처리수 SS를 고려한다.)

[조건]
- 반응조 용량(V) : 10,000m^3
- 반응조 유입수량(Q) : 40,000m^3/d
- 반응조로부터의 잉여슬러지량(Q_w) : 400m^3/d
- 반응조 내 SS농도(X) : 4,000mg/L
- 처리수의 SS농도(X_e) : 20mg/L
- 잉여슬러지농도(X_w) : 10,000mg/L

① HRT : 0.25일, SRT : 8.35일 ② HRT : 0.25일, SRT : 9.53일
③ HRT : 0.5일, SRT : 10.35일 ④ HRT : 0.5일, SRT : 11.53일

㉠ $\text{HRT} = \dfrac{V}{Q} = \dfrac{10,000}{40,000} = 0.25$일

㉡ $\text{SRT} = \dfrac{XV}{X_w Q_w + (Q - Q_w)X_e} = \dfrac{4,000 \times 10,000}{10,000 \times 400 + (40,000 - 400) \times 20} = 8.35$일

112 분류식 하수도의 장점이 아닌 것은?

① 오수관 내 유량이 일정하다.
② 방류장소 선정이 자유롭다.
③ 사설하수관에 연결하기가 쉽다.
④ 모든 발생오수를 하수처리장으로 보낼 수 있다.

해설 오수와 우수를 따로 배제하기 때문에 관거오접문제 등이 발생하기 쉽고, 사설하수관에 연결이 합류식에 비하여 어렵다.

113 다음 중 송수시설의 계획송수량은 원칙적으로 무엇을 기준으로 하는가?

① 연평균급수량 ② 시간 최대 급수량
③ 계획 1일 평균급수량 ④ 계획 1일 최대 급수량

해설 상수도시설은 최대 급수량이 설계기준이 된다.

 정답 110. ① 111. ① 112. ③ 113. ④

114 배수면적이 $2km^2$인 유역 내 강우의 하수관로유입시간이 6분, 유출계수가 0.70일 때 하수관로 내 유속이 2m/s인 1km 길이의 하수관에서 유출되는 우수량은? (단, 강우강도 $I=\frac{3,500}{t+25}$[mm/h], t의 단위 : 분)

① $0.3m^3/s$　　② $2.6m^3/s$
③ $34.6m^3/s$　　④ $43.9m^3/s$

해설
$t=t_1+t_2=6+\frac{1,000}{2\times60}=14.3\text{min}$

$\therefore Q=\frac{1}{3.6}CIA=\frac{1}{3.6}\times0.7\times\frac{3,500}{14.3+25}\times2=34.6m^3/s$

115 도수관을 설계할 때 자연유하식인 경우에 평균유속의 허용한도로 옳은 것은?

① 최소 한도 0.3m/s, 최대 한도 3.0m/s　　② 최소 한도 0.1m/s, 최대 한도 2.0m/s
③ 최소 한도 0.2m/s, 최대 한도 1.5m/s　　④ 최소 한도 0.5m/s, 최대 한도 1.0m/s

해설 도 · 송수관의 유속범위는 0.3~3m/s이다.

116 하수도용 펌프흡입구의 표준 유속으로 옳은 것은? (단, 흡입구의 유속은 펌프의 회전수 및 흡입실양정 등을 고려한다.)

① 0.3~0.5m/s　　② 1.0~1.5m/s
③ 1.5~3.0m/s　　④ 5.0~10.0m/s

117 정수장에서 응집제로 사용하고 있는 폴리염화알루미늄(PACl)의 특성에 관한 설명으로 틀린 것은?

① 탁도 제거에 우수하며 특히 홍수 시 효과가 탁월하다.
② 최적주입률의 폭이 크며 과잉으로 주입하여도 효과가 떨어지지 않는다.
③ 물에 용해되면 가수분해가 촉진되므로 원액을 그대로 사용하는 것이 바람직하다.
④ 낮은 수온에 대해서도 응집효과가 좋지만 황산알루미늄과 혼합하여 사용해야 한다.

해설 폴리염화알루미늄(PACl)은 단독으로 사용해도 좋으나 항산알루미륨과 혼합하여 사용해도 좋다. 그러나 반드시 혼합해서 사용해야 하는 것은 아니다.

118 펌프의 공동현상(cavitation)에 대한 설명으로 틀린 것은?

① 공동현상이 발생하면 소음이 발생한다.
② 공동현상은 펌프의 성능 저하의 원인이 될 수 있다.
③ 공동현상을 방지하려면 펌프의 회전수를 크게 해야 한다.
④ 펌프의 흡입양정이 너무 작고 임펠러의 회전속도가 빠를 때 공동현상이 발생한다.

해설 펌프의 회전수를 작게 하여야 한다.

정답 114. ③ 115. ① 116. ③ 117. ④ 118. ③

119 활성슬러지의 SVI가 현저하게 증가되어 응집성이 나빠져 최종 침전지에서 처리수의 분리가 곤란하게 되었다. 이것은 활성슬러지의 어떤 이상현상에 해당되는가?

① 활성슬러지의 부패　　② 활성슬러지의 상승
③ 활성슬러지의 팽화　　④ 활성슬러지의 해체

해설 SVI의 증가는 슬러지 팽화의 원인이 된다.

120 하수도시설에 손상을 주지 않기 위하여 설치되는 전처리(primary treatment)공정을 필요로 하지 않는 폐수는?

① 산성 또는 알칼리성이 강한 폐수
② 대형 부유물질만을 함유하는 폐수
③ 침전성 물질을 다량으로 함유하는 폐수
④ 아주 미세한 부유물질만을 함유하는 폐수

해설 전처리공정에는 물리적 처리시설과 화학적 처리시설이 있다. 물리적 처리시설에는 대형 부유물질처리를 위한 스크린과 침전성 물질처리를 위한 침사지가 있고, 화학적 처리시설에는 pH중화가 있다.

정답 119. ③ 120. ④

국가기술자격검정 필기시험문제

2021년도 토목기사(2021년 5월 15일)

자격종목	시험시간	문제형별	수험번호	성 명
토목기사	**3시간**	**A**		

제1과목 : 응용역학

1 다음 그림과 같이 케이블(cable)에 5kN의 추가 매달려 있다. 이 추의 중심을 수평으로 3m 이동시키기 위해 케이블길이 5m 지점인 A점에 수평력 P를 가하고자 한다. 이때 힘 P의 크기는?

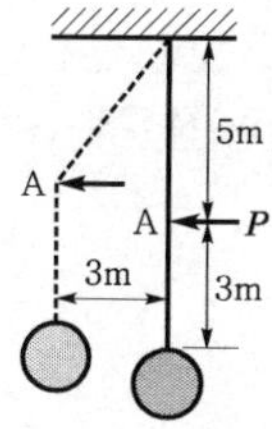

① 3.75kN　② 4.00kN
③ 4.25kN　④ 4.50kN

해설 비례법 이용
$5 : 4 = P : 3$
$\therefore P = 3.75\text{kN}$

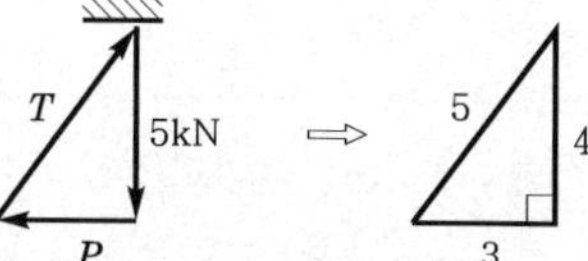

2 다음 그림과 같은 3힌지 아치에서 A점의 수평반력(H_A)은?

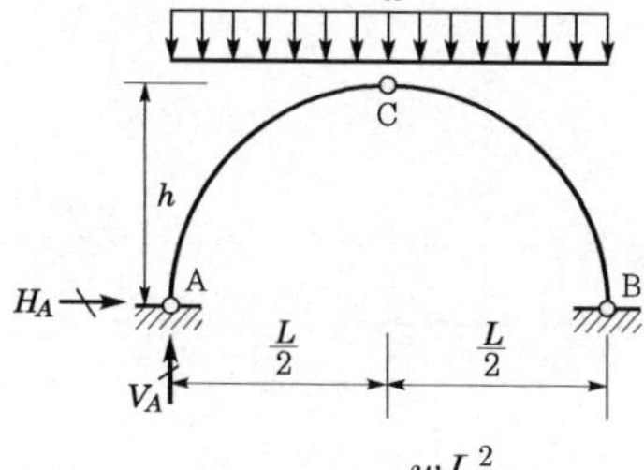

① $\dfrac{wL^2}{16h}$　② $\dfrac{wL^2}{8h}$
③ $\dfrac{wL^2}{4h}$　④ $\dfrac{wL^2}{2h}$

정답 1. ① 2. ②

해설 좌우대칭구조

$V_A = V_B = \frac{wL}{2}(\uparrow)$

$\Sigma M_C = 0$

$\frac{wL}{2} \times \frac{L}{2} - H_A \times h - \frac{wL}{2} \times \frac{L}{4} = 0$

$\therefore H_A = \frac{wL^2}{8h}(\rightarrow)$

3 지름이 D인 원형 단면의 단면 2차 극모멘트(I_p)의 값은?

① $\frac{\pi D^4}{64}$　② $\frac{\pi D^4}{32}$

③ $\frac{\pi D^4}{16}$　④ $\frac{\pi D^4}{8}$

해설 $I_p = I_x + I_y = \frac{\pi D^4}{64} + \frac{\pi D^4}{64} = \frac{\pi D^4}{32}$

4 단면 2차 모멘트가 I, 길이가 L인 균일한 단면의 직선상(直線狀)의 기둥이 있다. 기둥의 양단이 고정되어 있을 때 오일러(Euler)좌굴하중은? (단, 이 기둥의 탄성계수는 E이다.)

① $\frac{4\pi^2 EI}{L^2}$　② $\frac{\pi^2 EI}{(0.7L)^2}$

③ $\frac{\pi^2 EI}{L^2}$　④ $\frac{\pi^2 EI}{4L^2}$

해설 $P_{cr} = \frac{4\pi^2 EI}{L^2}$

5 다음 그림과 같은 집중하중이 작용하는 캔틸레버보에서 A점의 처짐은? (단, EI는 일정하다.)

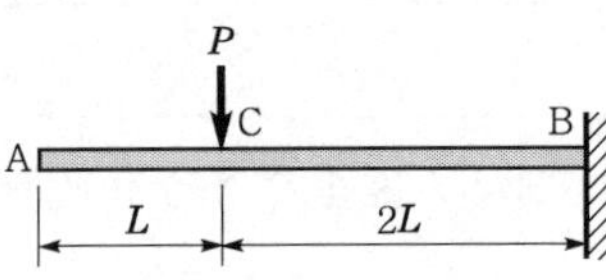

① $\frac{14PL^3}{3EI}$　② $\frac{2PL^3}{EI}$

③ $\frac{8PL^3}{3EI}$　④ $\frac{10PL^3}{3EI}$

해설 $\delta_A = \left(\frac{1}{2} \times 2L \times \frac{2PL}{EI}\right) \times \left(2L \times \frac{2}{3} + L\right) = \frac{14PL^3}{3}$

 정답 ▸▸▸ 3. ② 4. ① 5. ①

6 다음에서 설명하는 것은?

> 탄성체에 저장된 변형에너지 U를 변위의 함수로 나타내는 경우에 임의의 변위 Δ_i에 관한 변형에너지 U의 1차 편도함수는 대응되는 하중 P_i와 같다. 즉 $P_i = \dfrac{\partial U}{\partial \Delta_i}$이다.

① Castigliano의 제1정리　② Castigliano의 제2정리
③ 가상일의 원리　④ 공액보법

7 재료의 역학적 성질 중 탄성계수를 E, 전단탄성계수를 G, 푸아송수를 m이라 할 때 각 성질의 상호관계식으로 옳은 것은?

① $G=\dfrac{E}{2(m-1)}$　② $G=\dfrac{E}{2(m+1)}$
③ $G=\dfrac{mE}{2(m-1)}$　④ $G=\dfrac{mE}{2(m+1)}$

해설

$m=\dfrac{1}{\nu}$

$\therefore\ G=\dfrac{E}{2(1+\nu)}=\dfrac{E}{2\left(1+\dfrac{1}{m}\right)}=\dfrac{mE}{2(m+1)}$

8 다음 그림과 같은 단순보에서 C점의 휨모멘트는?

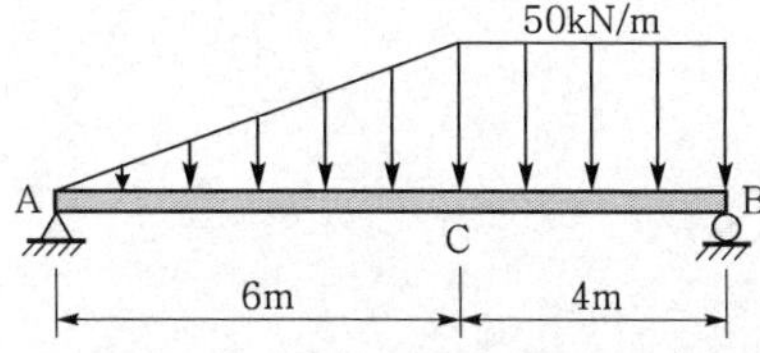

① 320kN · m　② 420kN · m
③ 480kN · m　④ 540kN · m

해설 ㉠ $\Sigma M_B = 0(\oplus\circlearrowright)$

$V_A \times 10 - \dfrac{1}{2}\times 50 \times 6 \times \left(6\times\dfrac{1}{3}+4\right) - 50\times 4\times 2 = 0$

$\therefore\ V_A = 130\text{kN}$

㉡ $\Sigma M_C = 0(\oplus\circlearrowright)$

$V_A \times 6 - \dfrac{1}{2}\times 50\times 6\times\left(6\times\dfrac{1}{3}\right) - M_C = 0$

$\therefore\ M_C = 130\times 6 - 25\times 6\times 2 = 480\text{kN}\cdot\text{m}$

9 다음 그림과 같이 2개의 집중하중이 단순보 위를 통과할 때 절대 최대 휨모멘트의 크기(M_{max})와 발생위치(x)는?

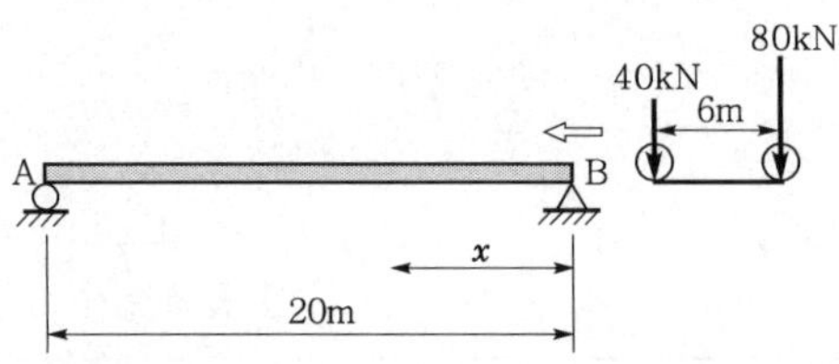

① M_{max} =362kN · m, x =8m
② M_{max} =382kN · m, x =8m
③ M_{max} =486kN · m, x =9m
④ M_{max} =506kN · m, x =9m

 해설

㉠ $120 \times d = 40 \times 6$

$\therefore d = 2\text{m}$

㉡ $x = \dfrac{l}{2} - \dfrac{d}{2} = \dfrac{20}{2} - \dfrac{2}{2} = 9\text{m}$

㉢ $M_{max} = \dfrac{R}{l}\left(\dfrac{l-d}{2}\right)^2 = \dfrac{120}{20} \times \left(\dfrac{20-2}{2}\right)^2 = 486\text{kN} \cdot \text{m}$

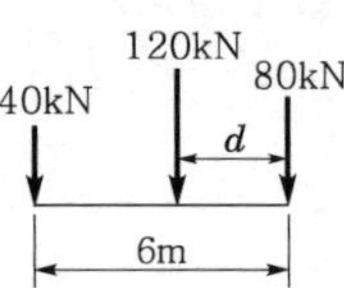

10 다음 그림과 같은 보에서 두 지점의 반력이 같게 되는 하중의 위치(x)는 얼마인가?

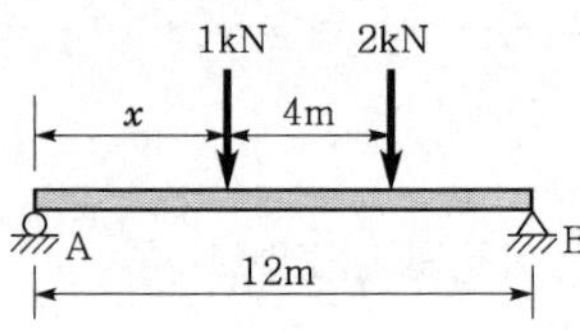

① 0.33m
② 1.33m
③ 2.33m
④ 3.33m

해설

$\Sigma F_y = 0(\uparrow \oplus)$

$V_A = V_B = 1.5\text{kN}$

$\Sigma M_A = 0(\oplus \circlearrowright)$

$V_B \times 12 - 2 \times (x+4) - x = 0$

$1.5 \times 12 - 2x - 8 - x = 0$

$\therefore x = 3.33\text{m}$

11 폭 20mm, 높이 50mm인 균일한 직사각형 단면의 단순보에 최대 전단력이 10kN 작용할 때 최대 전단응력은?

① 6.7MPa
② 10MPa
③ 13.3MPa
④ 15MPa

 해설

$\tau_{max} = \dfrac{3}{2}\dfrac{V}{A} = \dfrac{3}{2} \times \dfrac{10 \times 1{,}000}{20 \times 50} = 15\text{MPa}$

 정답 ▸▸▸ 9. ③ 10. ④ 11. ④

12 다음 그림과 같은 부정정보에서 A점의 처짐각(θ_A)은? (단, 보의 휨강성은 EI이다.)

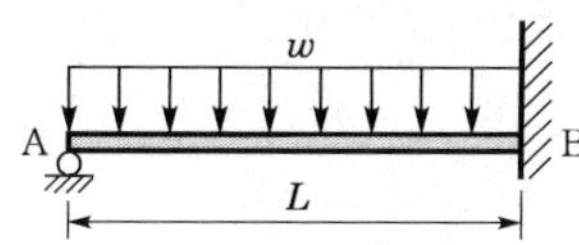

① $\dfrac{wL^3}{12EI}$ ② $\dfrac{wL^3}{24EI}$

③ $\dfrac{wL^3}{36EI}$ ④ $\dfrac{wL^3}{48EI}$

해설 처짐각법 이용

$M_{AB}=0,\ \theta_B=0$이므로

$M_{AB}=\dfrac{2EI}{L}(2\theta_A-\theta_B)-\dfrac{wL^2}{12}=0$

$\dfrac{4EI}{L}\theta_A=\dfrac{wL^2}{12}$

$\therefore\ \theta_A=\dfrac{wL^3}{48EI}$

13 길이가 같으나 지지조건이 다른 2개의 장주가 있다. 다음 그림 (a)의 장주가 40kN에 견딜 수 있다면 그림 (b)의 장주가 견딜 수 있는 하중은? (단, 재질 및 단면은 동일하며 EI는 일정하다.)

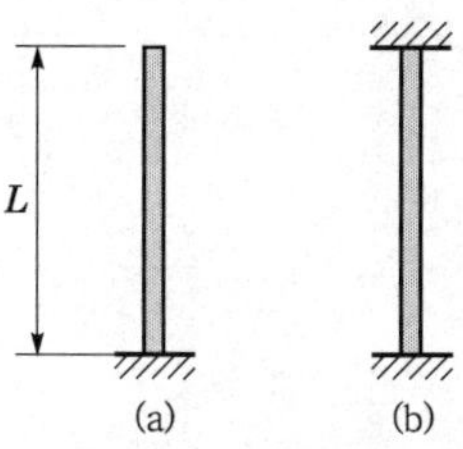

① 40kN ② 160kN

③ 320kN ④ 640kN

해설 $P_{(b)}=16P_{(a)}=16\times40=640\text{kN}$

14 다음 그림에서 표시한 것과 같은 단면의 변화가 있는 AB부재의 강성도(stiffness factor)는?

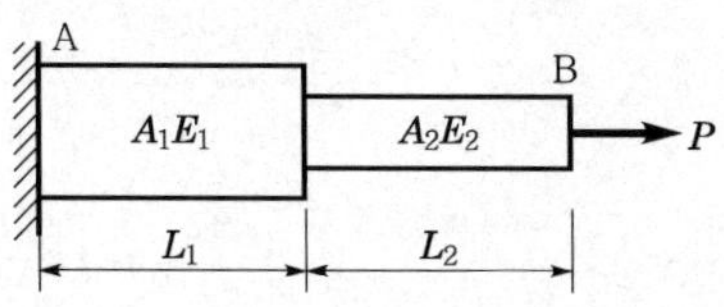

① $\dfrac{PL_1}{A_1E_1}+\dfrac{PL_2}{A_2E_2}$ ② $\dfrac{A_1E_1}{PL_1}+\dfrac{A_2E_2}{PL_2}$

③ $\dfrac{A_1E_1}{L_1}+\dfrac{A_2E_2}{L_2}$ ④ $\dfrac{A_1A_2E_1E_2}{L_1(A_2E_2)+L_2(A_1E_1)}$

정답 12. ④ 13. ④ 14. ④

해설 강성도 : 단위변위 1을 일으키는 힘

$$\delta = P\left(\frac{L_1}{E_1A_1} + \frac{L_2}{E_2A_2}\right) = P\left(\frac{L_1E_2A_2 + L_2E_1A_1}{E_1A_1E_2A_2}\right)$$

$$P = \frac{\delta}{\frac{L_1E_2A_2 + L_2E_1A_1}{E_1A_1E_2A_2}}$$

$$\therefore\ K = \frac{1}{\frac{L_1E_2A_2 + L_2E_1A_1}{E_1A_1E_2A_2}} = \frac{E_1A_1E_2A_2}{L_1E_2A_2 + L_2E_1A_1}$$

15 다음 그림과 같이 밀도가 균일하고 무게가 W인 구(球)가 마찰이 없는 두 벽면 사이에 놓여있을 때 반력 R_a의 크기는?

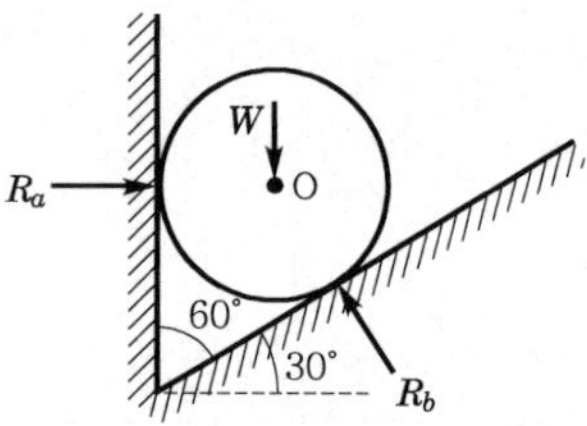

① $0.500\,W$ ② $0.577\,W$
③ $0.707\,W$ ④ $0.866\,W$

해설 ㉠ $\Sigma F_y = 0(\uparrow \oplus)$

$R_b \times \cos 30° = W$

$\therefore\ R_b = 1.155\,W$

㉡ $\Sigma F_x = 0(\leftarrow \oplus)$

$R_b \times \sin 30° = R_a$

$\therefore\ R_a = 1.155\,W \times \frac{1}{2} = 0.577\,W$

16 다음 그림과 같은 단순보의 최대 전단응력($\tau_{\max}$)을 구하면? (단, 보의 단면은 지름이 D인 원이다.)

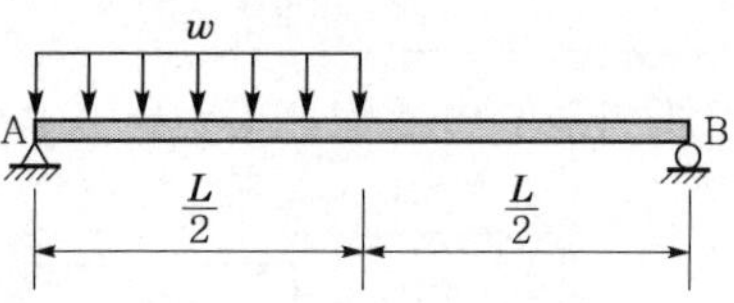

① $\dfrac{9wL}{4\pi D^2}$ ② $\dfrac{3wL}{2\pi D^2}$
③ $\dfrac{2wL}{\pi D^2}$ ④ $\dfrac{wL}{2\pi D^2}$

해설 $\sum M_B = 0$

$$R_A L - \frac{wL}{2} \times \frac{3}{4} L = 0$$

$$\therefore\ R_A = \frac{3}{8} wL(\uparrow)$$

$$S_{max} = \frac{3}{8} wL$$

$$\therefore\ \tau_{max} = \frac{4}{3} \times \frac{S_{max}}{A} = \frac{4}{3} \times \frac{4}{\pi D^2} \times \frac{3}{8} wL = \frac{2wL}{\pi D^2}$$

17 다음 그림에서 $A-A$축과 $B-B$축에 대한 음영 부분의 단면 2차 모멘트가 각각 $8 \times 10^8 \text{mm}^4$, $16 \times 10^8 \text{mm}^4$일 때 음영 부분의 면적은?

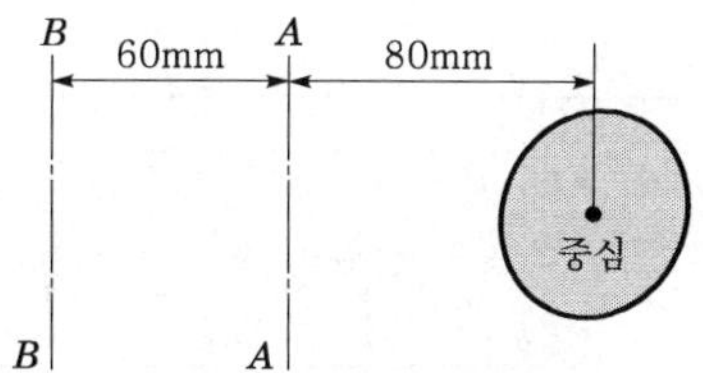

① $8.00 \times 10^4 \text{mm}^2$
② $7.52 \times 10^4 \text{mm}^2$
③ $6.06 \times 10^4 \text{mm}^2$
④ $5.73 \times 10^4 \text{mm}^2$

해설 평행축정리 이용

$$I_A = I_x + Ay^2$$

㉠ $8 \times 10^8 = I_x + A \times 80^2$

㉡ $16 \times 10^8 = I_x + A \times 140^2$

∴ ㉠과 ㉡를 연립하여 풀면 $A = 6.06 \times 10^4 \text{mm}^2$

18 다음 그림과 같은 연속보에서 B점의 지점반력을 구한 값은?

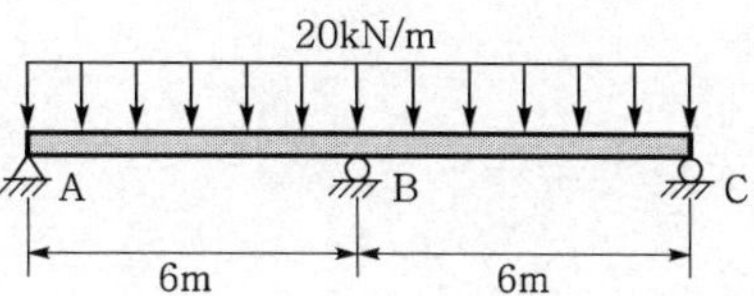

① 100kN
② 150kN
③ 200kN
④ 250kN

해설 $\frac{5wL^4}{384EI} = \frac{V_B L^3}{48EI}$

$$\therefore\ V_B = \frac{5wL}{8} = \frac{5 \times 20 \times 12}{8} = 150\text{kN}$$

정답 17. ③ 18. ②

19 다음 그림과 같은 캔틸레버보에서 B점의 처짐각은? (단, EI는 일정하다.)

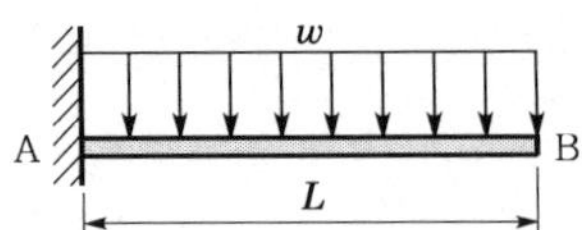

① $\dfrac{wL^3}{3EI}$　② $\dfrac{wL^3}{6EI}$

③ $\dfrac{wL^3}{8EI}$　④ $\dfrac{2wL^3}{3EI}$

해설

$$\theta_B = \frac{1}{3} \times L \times \frac{wL^2}{2EI} = \frac{wL^3}{6EI}$$

20 다음 그림과 같은 트러스에서 L_1U_1부재의 부재력은?

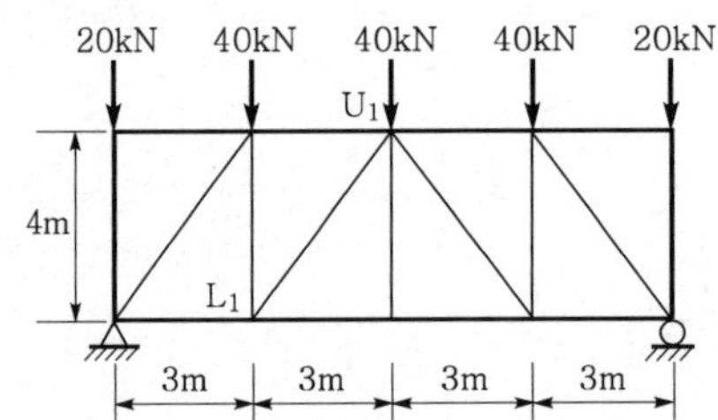

① 22kN(인장)　② 25kN(인장)

③ 22kN(압축)　④ 25kN(압축)

해설

$V_A = V_B = 80\text{kN}$

$\Sigma F_y = 0(\uparrow \oplus)$

$$V_A - 20 - 40 + \frac{4}{5} L_1 U_1 = 0$$

$$80 - 20 - 40 + \frac{4}{5} L_1 U_1 = 0$$

$$\therefore \ L_1 U_1 = -20 \times \frac{5}{4} = -25\text{kN}(\text{압축})$$

제2과목 : 측량학

21 수로조사에서 간출지의 높이와 수심의 기준이 되는 것은?

① 약최고고저면　② 평균중등수위면

③ 수애면　④ 약최저저조면

해설 수로조사에서 간출지의 수심과 높이는 약최저저조면을 기준으로 한다.

정답 ▸▸▸ 19. ② 20. ④ 21. ④

22 다음 그림과 같이 각 격자의 크기가 10m×10m로 동일한 지역의 전체 토량은?

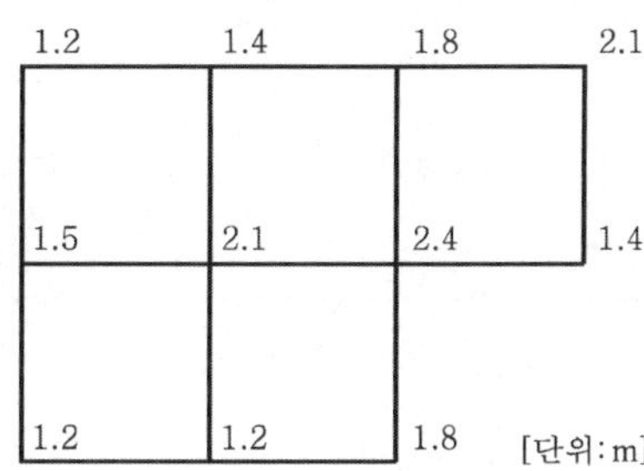

① $877.5m^3$ ② $893.6m^3$
③ $913.7m^3$ ④ $926.1m^3$

$$V=\frac{10\times10}{4}\times[1.2+2.1+1.4+1.8+1.2+2\times(1.4+1.8+1.2+1.5)+3\times2.4+4\times2.1]=877.5m^3$$

23 동일 구간에 대해 3개의 관측군으로 나누어 거리관측을 실시한 결과가 다음 표와 같을 때 이 구간의 최확값은?

관측군	관측값(m)	관측횟수
1	50.362	5
2	50.348	2
3	50.359	3

① 50.354m ② 50.356m
③ 50.358m ④ 50.362m

해설

$$L_0=50+\frac{5\times0.362+2\times0.348+3\times0.359}{5+2+3}=50.358m$$

24 클로소이드곡선(clothoid curve)에 대한 설명으로 옳지 않은 것은?

① 고속도로에 널리 이용된다. ② 곡률이 곡선의 길이에 비례한다.
③ 완화곡선의 일종이다. ④ 클로소이드요소는 모두 단위를 갖지 않는다.

 모든 클로소이드는 닮은 꼴이며, 클로소이드요소에는 길이의 단위를 가진 것과 단위가 없는 것이 있다.

25 표척이 앞으로 3° 기울어져 있는 표척의 읽음값이 3.645m이었다면 높이의 보정량은?

① 5mm ② −5mm
③ 10mm ④ −10mm

해설 보정량$=\cos3°\times3.645-3.645=-0.005m=-5mm$

정답 ▸▸▸ 22. ① 23. ③ 24. ④ 25. ②

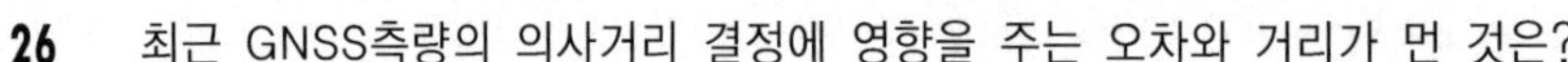

26 최근 GNSS측량의 의사거리 결정에 영향을 주는 오차와 거리가 먼 것은?

① 위성의 궤도오차
② 위성의 시계오차
③ 위성의 기하학적 위치에 따른 오차
④ SA(selective availability)오차

해설 SA(Selective Availability)는 위성시계에 의도적으로 오차를 유발시켜 관측된 유사거리의 정밀도를 저하시키는 방법이다.

27 도로의 단곡선 설치에서 교각이 60°, 반지름이 150m이며 곡선시점이 No.8+17m(20m×8+17m)일 때 종단현에 대한 편각은?

① 0°02′45″ ② 2°41′21″
③ 2°57′54″ ④ 3°15′23″

해설 ㉠ 곡선종점길이
$E.C = B.C + C.L = 177 + 0.01745 \times 150 \times 60 = 334.05\text{m}$
㉡ 종단현의 길이
$l_2 = 334.05 - 320.00 = 13.05\text{m}$
㉢ 종단편각
$$\sigma_2 = \frac{13.05}{150} \times \frac{90°}{\pi} = 2°41'21''$$

28 평탄한 지역에서 9개 측선으로 구성된 다각측량에서 2′의 각관측오차가 발생되었다면 오차의 처리 방법으로 옳은 것은? (단, 허용오차는 $60''\sqrt{N}$으로 가정한다.)

① 오차가 크므로 다시 관측한다.
② 측선의 거리에 비례하여 배분한다.
③ 관측각의 크기에 역비례하여 배분한다.
④ 관측각에 같은 크기로 배분한다.

해설 측각오차의 허용범위가 $60''\sqrt{N}$이므로
$60''\sqrt{9} = 180'' = 3'$
∴ 오차가 2′이므로 허용범위 이내이다. 따라서 각의 크기와 상관없이 등배분한다.

29 표고가 300m인 평지에서 삼각망의 기선을 측정한 결과 600m이었다. 이 기선에 대하여 평균해수면상의 거리로 보정할 때 보정량은? (단, 지구반지름 R=6,370km)

① +2.83cm ② +2.42cm
③ −2.42cm ④ −2.83cm

해설 $$\text{표고보정량} = -\frac{L}{R}H = -\frac{600}{6{,}370{,}000} \times 300 = -0.0283\text{m} = -2.83\text{cm}$$

 정답 ▶▶▶ 26. ④ 27. ② 28. ④ 29. ④

30 수치지형도(Digital Map)에 대한 설명으로 틀린 것은?

① 우리나라는 축척 1 : 5,000 수치지형도를 국토기본도로 한다.
② 주로 필지정보와 표고자료, 수계정보 등을 얻을 수 있다.
③ 일반적으로 항공사진측량에 의해 구축된다.
④ 축척별 포함사항이 다르다.

해설 수치지형도를 이용해서는 필지정보를 얻을 수 없다.

31 등고선의 성질에 대한 설명으로 옳지 않은 것은?

① 등고선은 분수선(능선)과 평행하다.
② 등고선은 도면 내 · 외에서 폐합하는 폐곡선이다.
③ 지도의 도면 내에서 등고선이 폐합하는 경우에 등고선의 내부에는 산꼭대기 또는 분지가 있다.
④ 절벽에서 등고선은 서로 만날 수 있다.

해설 등고선의 성질
㉠ 동일 등고선상에 있는 모든 점은 같은 높이이다.
㉡ 등고선은 도면 안이나 밖에서 폐합하는 폐합곡선이다.
㉢ 도면 내에서 등고선이 폐합하는 경우 폐합된 등고선 내부에는 산꼭대기(산정) 또는 분지가 있다.
㉣ 두 쌍의 등고선 볼록부가 마주하고, 다른 한 쌍의 등고선이 바깥쪽으로 향할 때 그곳은 고개(안부)이다.
㉤ 높이가 다른 두 등고선은 동굴이나 절벽의 지형이 아닌 곳에서는 교차하지 않는다. 즉 동굴이나 절벽은 반드시 두 점에서 교차한다.
㉥ 동등한 경사의 지표에서 양 등고선의 수평거리는 같다.
㉦ 최대 경사의 방향은 등고선과 직각으로 교차한다.
㉧ 등고선은 경사가 급한 곳에서는 간격이 좁고, 완만한 경사에서는 넓다.

32 다각측량의 특징에 대한 설명으로 옳지 않는 것은?

① 삼각점으로부터 좁은 지역의 세부측량기준점을 측설하는 경우에 편리하다.
② 삼각측량에 비해 복잡한 시가지나 지형의 기복이 심한 지역에는 알맞지 않다.
③ 하천이나 도로 또는 수로 등의 좁고 긴 지역의 측량에 편리하다.
④ 다각측량의 종류에는 개방, 폐합, 결합형 등이 있다.

해설 다각측량의 특징
㉠ 복잡한 시가지나 지형의 기복이 심해 시준이 어려운 지역의 측량에 적합하다.
㉡ 도로, 수로, 철도와 같이 폭이 좁고 긴 지역의 측량에 편리하다.
㉢ 거리와 각을 관측하여 도식해법에 의하여 모든 점의 위치를 결정할 때 편리하다.

33 트래버스측량의 작업순서로 알맞은 것은?

① 선점 – 계획 – 답사 – 조표 – 관측
② 계획 – 답사 – 선점 – 조표 – 관측
③ 답사 – 계획 – 조표 – 선점 – 관측
④ 조표 – 답사 – 계획 – 선점 – 관측

해설 트래버스측량의 순서 : 계획 → 준비 → 답사 및 선점 → 조표 → 관측 → 계산 → 정리

정답 30. ② 31. ① 32. ② 33. ②

34 지오이드(Geoid)에 대한 설명으로 옳지 않은 것은?

① 평균해수면을 육지까지 연장하여 지구 전체를 둘러싼 곡면이다.
② 지오이드면은 등퍼텐셜면으로 중력방향은 이 면에 수직이다.
③ 지표 위 모든 점의 위치를 결정하기 위해 수학적으로 정의된 타원체이다.
④ 실제로 지오이드면은 굴곡이 심하므로 측지측량의 기준으로 채택하기 어렵다.

해설 지오이드는 평균해수면으로 전 지구를 덮었다고 생각할 때 가상적인 곡면으로 타원체와 거의 일치한다.

35 장애물로 인하여 접근하기 어려운 2점 P, Q를 간접거리측량한 결과가 다음 그림과 같다. $\overline{AB}$의 거리가 216.90m일 때 $\overline{PQ}$의 거리는?

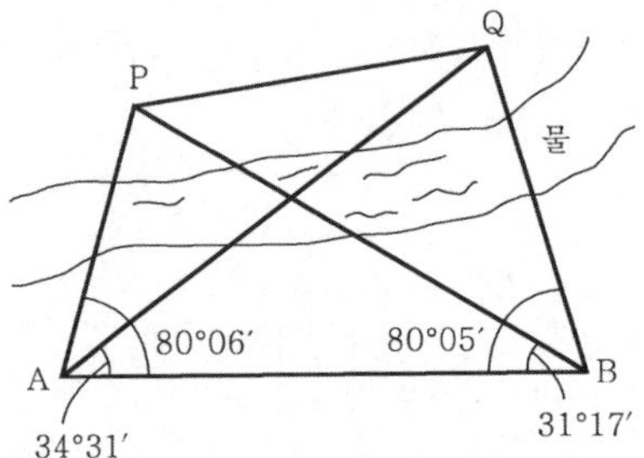

① 120.96m
② 142.29m
③ 173.39m
④ 194.22m

해설

㉠ $\overline{AP}$의 거리

$\angle APB = 80°06' + 31°17' - 180° = 68°37'$

$$\frac{\overline{AP}}{\sin 30°17'} = \frac{216.90}{\sin 68°37'}$$

$$\therefore \overline{AP} = \frac{\sin 31°17'}{\sin 68°37'} \times 216.90 = 120.96\text{m}$$

㉡ $\overline{AQ}$의 거리

$\angle AQB = 34°31' + 80°05' - 180° = 65°24'$

$$\frac{\overline{AQ}}{\sin 80°05'} = \frac{216.90}{\sin 65°24'}$$

$$\therefore \overline{AQ} = \frac{\sin 80°05'}{\sin 65°24'} \times 216.90 = 234.99\text{m}$$

㉢ $\overline{PQ}$의 거리

$\angle PAQ = 80°06' - 34°31' = 45°35'$

$$\therefore \overline{PQ} = \sqrt{\overline{AP}^2 + \overline{AQ}^2 - 2\overline{AP}\,\overline{AQ}\cos\angle PAQ} = \sqrt{120.96^2 + 234.99^2 - 2 \times 120.96 \times 234.99 \times \cos 45°35'}$$
$$= 173.39\text{m}$$

 정답 ▸▸▸ 34. ③ 35. ③

36 수준측량야장에서 측점 3의 지반고는?

(단위 : m)

측점	후시	전시		지반고
		T.P	I.P	
1	0.95			10.0
2			1.03	
3	0.90	0.36		
4			0.96	
5		1.05		

① 10.59m ② 10.46m
③ 9.92m ④ 9.56m

측점	후시	전시		지반고
		T.P	I.P	
1	0.95			10.0
2			1.03	10.0+0.95−1.03=9.92
3	0.90	0.36		10.0+0.95−0.36=10.59
4			0.96	10.59+0.90−0.96=10.53
5		1.05		10.59+0.90−1.05=10.44

37 표준길이에 비하여 2cm 늘어난 50m 줄자로 사각형 토지의 길이를 측정하여 면적을 구하였을 때 그 면적이 88m²이었다면 토지의 실제 면적은?

① 87.30m² ② 87.93m²
③ 88.07m² ④ 88.71m²

$$A_0 = A\left(1+\frac{\Delta l}{l}\right)^2 = 88\times\left(1+\frac{0.02}{50}\right)^2 = 88.07\text{m}^2$$

38 항공사진측량에서 사진상에 나타난 두 점 A, B의 거리를 측정하였더니 208mm이었으며, 지상좌표는 다음과 같았다면 사진축척(S)은? (단, X_A=205,346.39m, Y_A=10,793.16m, X_B=205,100.11m, Y_B=11,587.87m)

① S=1 : 3,000 ② S=1 : 4,000
③ S=1 : 5,000 ④ S=1 : 6,000

해설 ㉠ 실제 거리 계산

$$\text{AB}=\sqrt{(X_B-X_A)^2+(Y_B-Y_A)^2}=\sqrt{(205,100.11-205,346.39)^2+(11,587.87-10,793.16)^2}=831.996\text{m}$$

㉡ 축척 계산

$$\frac{1}{m}=\frac{\text{도상거리}}{\text{실제 거리}}=\frac{0.208}{831.996}=\frac{1}{4,000}$$

정답 36. ① 37. ③ 38. ②

39 도로의 곡선부에서 확폭량(slack)을 구하는 식으로 옳은 것은? (단, L : 차량 앞면에서 차량의 뒤축까지의 거리, R : 차선 중심선의 반지름)

① $\frac{L}{2R^2}$　　② $\frac{L^2}{2R^2}$

③ $\frac{L^2}{2R}$　　④ $\frac{L}{2R}$

해설 확폭(ε)$=\frac{L_2}{2R}$

40 다음 그림과 같은 수준망에서 높이차의 정확도가 가장 낮은 것으로 추정되는 노선은? (단, 수준환의 거리 Ⅰ=4km, Ⅱ=3km, Ⅲ=2.4km, Ⅳ(㉯㉴㉳)=6km)

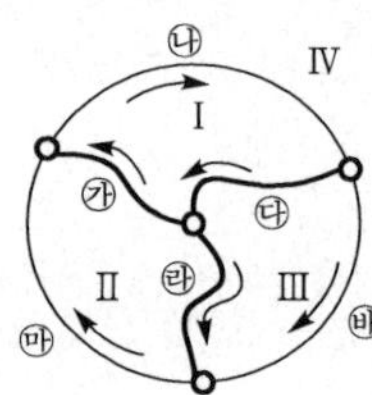

노선	높이차(m)
㉮	+3.600
㉯	+1.385
㉰	−5.023
㉱	+1.105
㉲	+2.523
㉳	−3.912

① ㉮　　② ㉯

③ ㉰　　④ ㉱

해설 오차 계산

㉠ Ⅰ=㉮+㉯+㉰=3.600+1.285−5.023=−0.038m

㉡ Ⅱ=㉮+㉲+㉱=3.600−2.523−1.105=−0.028m

㉢ Ⅲ=㉰+㉱+㉳=−5.023+1.105+3.912=−0.006m

따라서 오차가 Ⅰ구간과 Ⅱ구간에서 많이 발생하므로 두 구간에 공통으로 포함되는 ㉮에서 가장 오차가 많다고 볼 수 있다.

제3과목 : 수리수문학

41 지름 1m의 원통수조에서 지름 2cm의 관으로 물이 유출되고 있다. 관내의 유속이 2.0m/s일 때 수조의 수면이 저하되는 속도는?

① 0.3cm/s　　② 0.4cm/s

③ 0.06cm/s　　④ 0.08cm/s

해설 $A_1V_1=A_2V_2$

$$\frac{\pi\times2^2}{4}\times200=\frac{\pi\times100^2}{4}\times V_2$$

$\therefore V_2=0.08\text{cm/s}$

 정답 ▸▸ 39. ③ 40. ① 41. ④

42 유체의 흐름에 관한 설명으로 옳지 않은 것은?

① 유체의 입자가 흐르는 경로를 유적선이라 한다.
② 부정류(不定流)에서는 유선이 시간에 따라 변화한다.
③ 정상류(定常流)에서는 하나의 유선이 다른 유선과 교차하게 된다.
④ 점성이나 압축성을 완전히 무시하고 밀도가 일정한 이상적인 유체를 완전유체라 한다.

해설 하나의 유선은 다른 유선과 교차하지 않는다.

43 오리피스의 지름이 2cm, 수축 단면(Vena Contracta)의 지름이 1.6cm라면 유속계수가 0.9일 때 유량계수는?

① 0.49 ② 0.58
③ 0.62 ④ 0.72

해설

$$C = C_a C_v = \frac{a}{A} C_v = \frac{\frac{\pi \times 1.6^2}{4}}{\frac{\pi \times 2^2}{4}} \times 0.9 = 0.58$$

44 유역면적이 $4km^2$이고 유출계수가 0.8인 산지하천에서 강우강도가 80mm/h이다. 합리식을 사용한 유역 출구에서의 첨두홍수량은?

① $35.5m^3/s$ ② $71.1m^3/s$
③ $128m^3/s$ ④ $256m^3/s$

해설 $Q = 0.2778CIA = 0.2778 \times 0.8 \times 80 \times 4 = 71.12m^3/s$

45 유역의 평균강우량 산정방법이 아닌 것은?

① 등우선법 ② 기하평균법
③ 산술평균법 ④ Thiessen의 가중법

해설 평균우량 산정법 : 산술평균법, Thiessen법, 등우선법

46 강우강도(I), 지속시간(D), 생기빈도(F)의 관계를 표현하는 식 $I = \frac{kT^x}{t^n}$에 대한 설명으로 틀린 것은?

① k, x, n은 지역에 따라 다른 값을 가지는 상수이다.
② T는 강우의 생기빈도를 나타내는 연수(年數)로서 재현기간(년)을 의미한다.
③ t는 강우의 지속시간(min)으로서 강우지속시간이 길수록 강우강도(I)는 커진다.
④ I는 단위시간에 내리는 강우량(mm/h)인 강우강도이며 각종 수문학적 해석 및 설계에 필요하다.

해설 t는 강우의 지속시간으로서 강우가 지속될수록 강우강도는 작아진다.

정답 42. ③ 43. ② 44. ② 45. ② 46. ③

47 항력(Drag force)에 관한 설명으로 틀린 것은?

① 항력 $D = C_D A \dfrac{\rho V^2}{2}$ 으로 표현되며, 항력계수 C_D는 Froude의 함수이다.
② 형상항력은 물체의 형상에 의한 후류(Wake)로 인해 압력이 저하하여 발생하는 압력저항이다.
③ 마찰항력은 유체가 물체표면을 흐를 때 점성과 난류에 의해 물체표면에 발생하는 마찰저항이다.
④ 조파항력은 물체가 수면에 떠 있거나 물체의 일부분이 수면 위에 있을 때에 발생하는 유체저항이다.

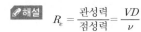

해설 항력계수 C_D는 Reynolds수의 함수이다.

48 단위유량도(unit hydrograph)를 작성함에 있어서 주요 기본가정(또는 원리)으로만 짝지어진 것은?

① 비례가정, 중첩가정, 직접유출의 가정
② 비례가정, 중첩가정, 일정 기저시간의 가정
③ 일정 기저시간의 가정, 직접유출의 가정, 비례가정
④ 직접유출의 가정, 일정 기저시간의 가정, 중첩가정

해설 단위도의 가정 : 일정 기저시간가정, 비례가정, 중첩가정

49 레이놀즈(Reynolds)수에 대한 설명으로 옳은 것은?

① 관성력에 대한 중력의 상대적인 크기
② 압력에 대한 탄성력의 상대적인 크기
③ 중력에 대한 점성력의 상대적인 크기
④ 관성력에 대한 점성력의 상대적인 크기

해설 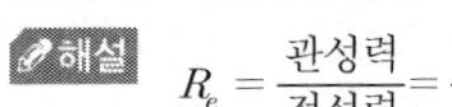

$$R_e = \frac{관성력}{점성력} = \frac{VD}{\nu}$$

50 지름 D=4cm, 조도계수 n=0.01m$^{-1/3}$ · s인 원형관의 Chezy의 유속계수 C는?

① 10
② 50
③ 100
④ 150

해설

$$C = \frac{1}{n} R^{\frac{1}{6}} = \frac{1}{n}\left(\frac{D}{4}\right)^{\frac{1}{6}} = \frac{1}{0.01} \times \left(\frac{0.04}{4}\right)^{\frac{1}{6}} = 46.42$$

51 폭이 1m인 직사각형 수로에서 0.5m^3/s의 유량이 80cm의 수심으로 흐르는 경우 이 흐름을 가장 잘 나타낸 것은? (단, 동점성계수는 0.012cm^2/s, 한계수심은 29.5cm이다.)

① 층류이며 상류
② 층류이며 사류
③ 난류이며 상류
④ 난류이며 사류

정답 47. ① 48. ② 49. ④ 50. ② 51. ③

해설 ㉠ $V=\dfrac{Q}{A}=\dfrac{0.5}{1\times0.8}=0.625\text{m/s}=62.5\text{cm/s}$

㉡ $R_e=\dfrac{VD}{\nu}=\dfrac{62.5\times80}{0.012}=416.667>500$이므로 난류이다.(∵ 폭이 넓은 수로일 때 $R\fallingdotseq h=80\text{cm}$)

㉢ $h(=80\text{cm})>h_c(=29.5\text{cm})$이므로 상류이다.

52 빙산의 비중이 0.92이고 바닷물의 비중은 1.025일 때 빙산이 바닷물 속에 잠겨있는 부분의 부피는 수면 위에 나와있는 부분의 약 몇 배인가?

① 0.8배　② 4.8배
③ 8.8배　④ 10.8배

해설 ㉠ $M=B$

$w_1 V_1=w_2 V_2$

$0.92V=1.025V_1$

$\therefore V_1=0.898V$

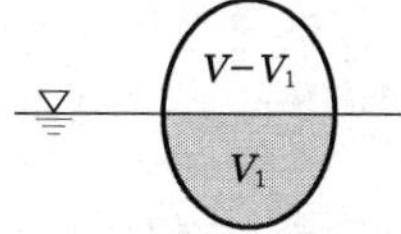

㉡ 수면 위에 나와있는 체적$=V-V_1=V-0.898V=0.102V$

$\therefore \dfrac{0.898V}{0.102V}=8.8$

53 수온에 따른 지하수의 유속에 대한 설명으로 옳은 것은?

① 4℃에서 가장 크다.
② 수온이 높으면 크다.
③ 수온이 낮으면 크다.
④ 수온에는 관계없이 일정하다.

해설 온도가 높으면 점성이 작아지므로 투수계수가 커진다.

54 유체 속에 잠긴 곡면에 작용하는 수평분력은?

① 곡면에 의해 배제된 액체의 무게와 같다.
② 곡면의 중심에서의 압력과 면적의 곱과 같다.
③ 곡면의 연직 상방에 실려있는 액체의 무게와 같다.
④ 곡면을 연직면상에 투영하였을 때 생기는 투영면적에 작용하는 힘과 같다.

해설 ㉠ P_H는 곡면의 연직투영면에 작용하는 수압과 같다.

㉡ P_V는 곡면을 밑면으로 하는 수면까지의 물기둥의 무게와 같다.

55 월류수심 40cm인 전폭위어의 유량을 Francis공식에 의해 구한 결과 $0.40\text{m}^3/\text{s}$였다. 이때 위어폭의 측정에 2cm의 오차가 발생했다면 유량의 오차는 몇 %인가?

① 1.16%　② 1.50%
③ 2.00%　④ 2.33%

정답 ▶▶▶ 52. ③　53. ②　54. ④　55. ④

해설

㉠ $Q=1.84b_o h^{\frac{3}{2}}$

$0.4=1.84\times b_o \times 0.4^{\frac{3}{2}}$

$\therefore\ b_o=0.86\text{m}$

㉡ $\dfrac{dQ}{Q}=\dfrac{db_o}{b_o}=\dfrac{2}{86}\times 100=2.33\%$

56 지하수(地下水)에 대한 설명으로 옳지 않은 것은?

① 자유지하수를 양수(揚水)하는 우물을 굴착정(Artesian well)이라 부른다.
② 불투수층(不透水層) 상부에 있는 지하수를 자유지하수(自由地下水)라 한다.
③ 불투수층과 불투수층 사이에 있는 지하수를 피압지하수(被壓地下水)라 한다.
④ 흙입자 사이에 충만되어 있으며 중력의 작용으로 운동하는 물을 지하수라 부른다.

해설 집수정을 불투수층 사이에 있는 피압대수층까지 판 후 피압지하수를 양수하는 우물을 집수정이라 한다.

57 폭 9m의 직사각형 수로에 16.2m^3/s의 유량이 92cm의 수심으로 흐르고 있다. 장파의 전파속도 C와 비에너지 E는? (단, 에너지보정계수 α=1.0)

① C=2.0m/s, E=1.015m
② C=2.0m/s, E=1.115m
③ C=3.0m/s, E=1.015m
④ C=3.0m/s, E=1.115m

해설 ㉠ $C=\sqrt{gh}=\sqrt{9.8\times 0.92}=3\text{m/s}$

㉡ $V=\dfrac{Q}{A}=\dfrac{16.2}{9\times 0.92}=1.96\text{m/s}$

㉢ $H_e=h+\alpha\dfrac{V^2}{2g}=0.92+1\times\dfrac{1.96^2}{2\times 9.8}=1.116\text{m}$

58 Chezy의 평균유속공식에서 평균유속계수 C를 Manning의 평균유속공식을 이용하여 표현한 것으로 옳은 것은?

① $\dfrac{R^{1/2}}{n}$
② $\dfrac{R^{1/6}}{n}$
③ $\sqrt{\dfrac{f}{8g}}$
④ $\sqrt{\dfrac{8g}{f}}$

59 비압축성 이상유체에 대한 다음 내용 중 ( ) 안에 들어갈 알맞은 말은?

비압축성 이상유체는 압력 및 온도에 따른 ( )의 변화가 미소하여 이를 무시할 수 있다.

① 밀도
② 비중
③ 속도
④ 점성

 정답 ▸▸▸ 56. ① 57. ④ 58. ② 59. ①

60 수로경사 $I=\dfrac{1}{2,500}$, 조도계수 $n=0.013\text{m}^{-1/3}\cdot\text{s}$인 수로에 다음 그림과 같이 물이 흐르고 있다면 평균유속은? (단, Manning의 공식을 사용한다.)

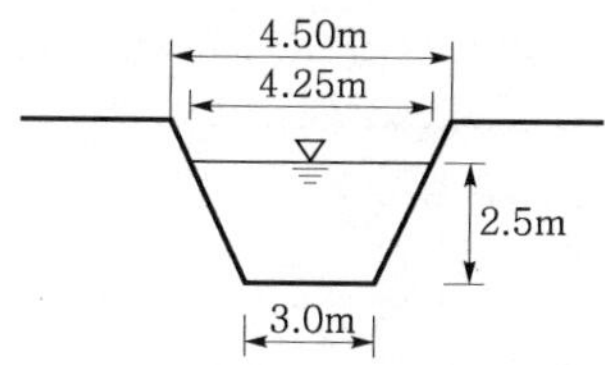

① 1.65m/s
② 2.16m/s
③ 2.65m/s
④ 3.16m/s

㉠ $S=3+2\sqrt{2.5^2+0.625^2}=8.15\text{m}$

㉡ $A=\dfrac{3+4.25}{2}\times 2.5=9.06\text{m}^2$

㉢ $V=\dfrac{1}{n}R^{\frac{2}{3}}I^{\frac{1}{2}}=\dfrac{1}{0.013}\times\left(\dfrac{9.06}{8.15}\right)^{\frac{2}{3}}\times\left(\dfrac{1}{2,500}\right)^{\frac{1}{2}}=1.65\text{m/s}$

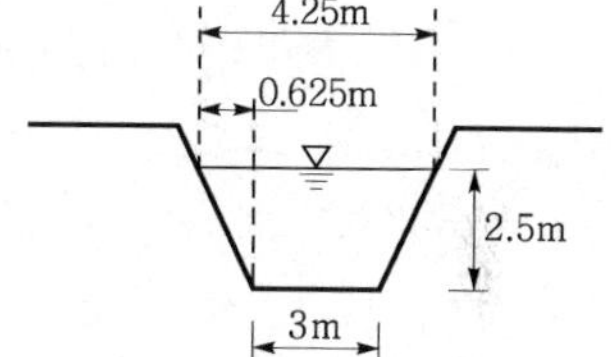

제4과목 : 철근콘크리트 및 강구조

61 옹벽의 구조 해석에 대한 설명으로 틀린 것은?

① 뒷부벽식 옹벽의 뒷부벽은 직사각형 보로 설계하여야 한다.
② 캔틸레버식 옹벽의 전면벽은 저판에 지지된 캔틸레버로 설계할 수 있다.
③ 저판의 뒷굽판은 정확한 방법이 사용되지 않는 한 뒷굽판 상부에 재하되는 모든 하중을 지지하도록 설계하여야 한다.
④ 부벽식 옹벽 저판은 정밀한 해석이 사용되지 않는 한 부벽 사이의 거리를 경간으로 가정한 고정보 또는 연속보로 설계할 수 있다.

해설
㉠ 앞부벽 : 직사각형 보
㉡ 뒷부벽 : T형보

62 철근콘크리트가 성립되는 조건으로 틀린 것은?

① 철근과 콘크리트 사이의 부착강도가 크다.
② 철근과 콘크리트의 탄성계수가 거의 같다.
③ 철근은 콘크리트 속에서 녹이 슬지 않는다.
④ 철근과 콘크리트의 열팽창계수가 거의 같다.

해설 $E_s=nE_c$(이때 $n=6\sim8$)
철근의 탄성계수가 콘크리트탄성계수보다 약 7배 크다.

정답 ▸▸▸ 60. ① 61. ① 62. ②

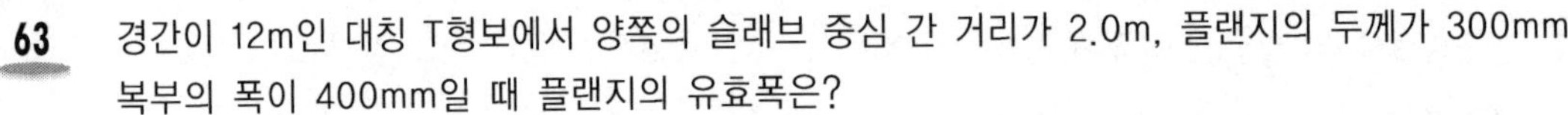

63 경간이 12m인 대칭 T형보에서 양쪽의 슬래브 중심 간 거리가 2.0m, 플랜지의 두께가 300mm, 복부의 폭이 400mm일 때 플랜지의 유효폭은?

① 2,000mm ② 2,500mm
③ 3,000mm ④ 5,200mm

해설 ㉠ $16t+b_w=16\times300+400=5,200\text{mm}$
㉡ 슬래브 중심 간 거리$(b_c)=2,000\text{mm}$
㉢ $\frac{1}{4}l=\frac{1}{4}\times12,000=3,000\text{mm}$
∴ 플랜지의 유효폭$(b_e)=2,000\text{mm}$(최소값)

64 콘크리트의 크리프에 대한 설명으로 틀린 것은?

① 고강도 콘크리트는 저강도 콘크리트보다 크리프가 크게 일어난다.
② 콘크리트가 놓이는 주위의 온도가 높을수록 크리프변형은 크게 일어난다.
③ 물-시멘트비가 큰 콘크리트는 물-시멘트비가 작은 콘크리트보다 크리프가 크게 일어난다.
④ 일정한 응력이 장시간 계속하여 작용하고 있을 때 변형이 계속 진행되는 현상을 말한다.

해설 콘크리트강도가 클수록 크리프는 작다.

65 다음 그림과 같은 단순지지보에서 긴장재는 C점에 150mm의 편차에 직선으로 배치되고 1,000kN으로 긴장되었다. 보에는 120kN의 집중하중이 C점에 작용한다. 보의 고정하중은 무시할 때 C점에서의 휨모멘트는 얼마인가? (단, 긴장재의 경사가 수평압축력에 미치는 영향 및 자중은 무시한다.)

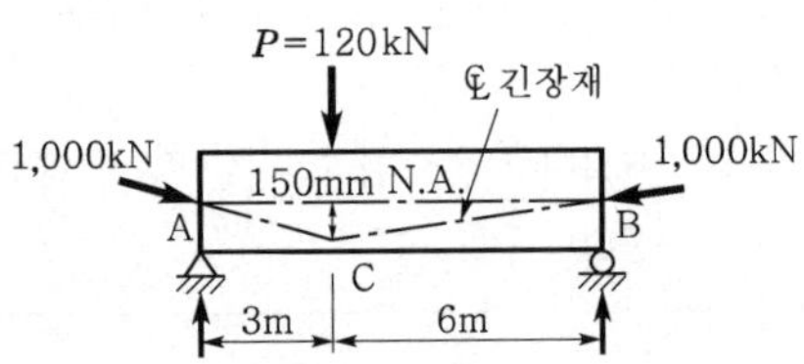

① −150kN · m ② 90kN · m
③ 240kN · m ④ 390kN · m

해설 ㉠ 집중하중 120kN에 의한
$M_{c1}=3R_A=3\times80=240\text{kN}\cdot\text{m}$
여기서, $R_A=\frac{120\times6}{9}=80\text{kN}$
㉡ 긴장력에 의한 상향력모멘트
$M_{c2}=-1,000\text{kN}\times0.15=-150\text{kN}\cdot\text{m}$
∴ $M_c=240-150=90\text{kN}\cdot\text{m}$

 정답 ▸▸▸ 63. ① 64. ① 65. ②

66 지름 450mm인 원형 단면을 갖는 중심축하중을 받는 나선철근기둥에서 강도설계법에 의한 축방향 설계축강도(ϕP_n)는 얼마인가? (단, 이 기둥은 단주이고 f_{ck}=27MPa, f_y=350MPa, A_{st}=8−D22=3,096mm², 압축지배 단면이다.)

① 1,166kN ② 1,299kN
③ 2,425kN ④ 2,774kN

해설 $P_d = \phi P_n = \phi\alpha P_n{}' = 0.70\times0.85(0.85f_{ck}A_c + f_yA_{st})$

$= 0.70\times0.85\times[0.85\times27\times(\pi\times450^2/4-3,096)+350\times3,096]$

$= 2,773,183\text{MPa}\cdot\text{mm}^2 = 2,773\text{kN}$

67 옹벽의 활동에 대한 저항력은 옹벽에 작용하는 수평력의 최소 몇 배 이상이어야 하는가?

① 1.5배 ② 2배
③ 2.5배 ④ 3배

해설 옹벽의 3대 안정조건
㉠ 전도 : 안전율 2.0
㉡ 활동 : 안전율 1.5
㉢ 침하 : 안전율 3.0

68 폭(b)이 250mm이고 전체 높이(h)가 500mm인 직사각형 철근콘크리트보의 단면에 균열을 일으키는 비틀림모멘트(T_{cr})는 약 얼마인가? (단, 보통중량콘크리트이며 f_{ck}=28MPa이다.)

① 9.8kN · m ② 11.3kN · m
③ 12.5kN · m ④ 18.4kN · m

해설

$$T_{cr} = 0.33\lambda\sqrt{f_{ck}}\left(\frac{A_{cp}{}^2}{p_{cp}}\right) = 0.33\times1.0\sqrt{28}\times\frac{(250\times500)^2}{2\times(500+250)} = 18,189,540\text{N}\cdot\text{mm} = 18.2\text{kN}\cdot\text{m}$$

69 프리스트레스트 콘크리트(PSC)의 균등질보의 개념(homogeneous beam concept)을 설명한 것으로 옳은 것은?

① PSC는 결국 부재에 작용하는 하중의 일부 또는 전부를 미리 가해진 프리스트레스와 평행이 되도록 하는 개념
② PSC보를 RC보처럼 생각하여 콘크리트는 압축력을 받고, 긴장재는 인장력을 받게 하여 두 힘의 우력모멘트로 외력에 의한 휨모멘트에 저항시킨다는 개념
③ 콘크리트에 프리스트레스가 가해지면 PSC부재는 탄성재료로 전환되고, 이의 해석은 탄성이론으로 가능하다는 개념
④ PSC는 강도가 크기 때문에 보의 단면을 강재의 단면으로 가정하여 압축 및 인장을 단면 전체가 부담할 수 있다는 개념

정답 66. ④ 67. ① 68. ④ 69. ③

해설 PSC보의 3대 개념
㉠ 응력개념(균등질보의 개념) : 탄성이론에 의한 해석
㉡ 강도개념(내력모멘트개념) : RC구조와 동일한 개념
㉢ 하중평형개념(등가하중개념)

70 철근콘크리트구조물설계 시 철근간격에 대한 설명으로 틀린 것은? (단, 굵은 골재의 최대 치수에 관련된 규정은 만족하는 것으로 가정한다.)

① 동일 평면에서 평행한 철근 사이의 수평순간격은 25mm 이상, 또한 철근의 공칭지름 이상으로 하여야 한다.
② 벽체 또는 슬래브에서 휨 주철근의 간격은 벽체나 슬래브두께의 3배 이하로 하여야 하고, 또한 450mm 이하로 하여야 한다.
③ 나선철근 또는 띠철근이 배근된 압축부재에서 축방향 철근의 순간격은 40mm 이상, 또한 철근공칭지름의 1.5배 이상으로 하여야 한다.
④ 상단과 하단에 2단 이상으로 배치된 경우 상하철근은 동일 연직면 내에 배치되어야 하고, 이때 상하철근의 순간격은 40mm 이상으로 하여야 한다.

해설 상하철근의 순간격은 25mm 이상으로 하여야 한다.

71 철근콘크리트 휨부재에서 최소 철근비를 규정한 이유로 가장 적당한 것은?

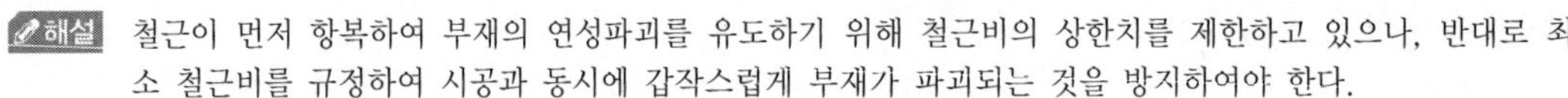

① 부재의 시공 편의를 위해서
② 부재의 사용성을 증진시키기 위해서
③ 부재의 경제적인 단면설계를 위해서
④ 부재의 급작스런 파괴를 방지하기 위해서

해설 철근이 먼저 항복하여 부재의 연성파괴를 유도하기 위해 철근비의 상한치를 제한하고 있으나, 반대로 최소 철근비를 규정하여 시공과 동시에 갑작스럽게 부재가 파괴되는 것을 방지하여야 한다.

72 전단철근이 부담하는 전단력 V_s =150kN일 때 수직스터럽으로 전단보강을 하는 경우 최대 배치간격은 얼마 이하인가? (단, 전단철근 1개 단면적=125mm^2, 횡방향 철근의 설계기준항복강도(f_{yt})=400MPa, f_{ck} =28MPa, b_w =300mm, d=500mm, 보통중량콘크리트이다.)

① 167mm
② 250mm
③ 333mm
④ 600mm

해설 $\frac{1}{3}\sqrt{f_{ck}}\,b_w d = \frac{1}{3}\times\sqrt{28}\times 300\times 500 = 264.6\text{kN}$

$V_s < \frac{1}{3}\sqrt{f_{ck}}\,b_w d$이므로

㉠ $\frac{d}{2} = \frac{500}{2} = 250\text{mm}$

㉡ 600mm

㉢ $s = \frac{d}{V_s}A_v f_y = \frac{500}{150\times 10^3}\times(125\times 2)\times 400 = 333\text{mm}$

$\therefore s = 250\text{mm}$(최소값)

 정답 ▸▸▸ 70. ④ 71. ④ 72. ②

73 압축이형철근의 겹침이음길이에 대한 설명으로 옳은 것은? (단, d_b는 철근의 공칭직경)

① 어느 경우에나 압축이형철근의 겹침이음길이는 200mm 이상이어야 한다.
② 콘크리트의 설계기준압축강도가 28MPa 미만인 경우는 규정된 겹침이음길이를 1/5 증가시켜야 한다.
③ f_y가 500MPa 이하인 경우는 $0.72f_yd_b$ 이상, f_y가 500MPa을 초과할 경우는 $(1.3f_y-24)d_b$ 이상이어야 한다.
④ 서로 다른 크기의 철근을 압축부에서 겹침이음하는 경우 이음길이는 크기가 큰 철근의 정착길이와 크기가 작은 철근의 겹침이음길이 중 큰 값 이상이어야 한다.

해설 ① 압축이형철근의 겹침이음길이는 300mm 이상
② 설계기준압축강도(f_{ck}) < 21MPa일 때 '계산값$\times\frac{1}{3}$'만큼 겹침이음길이 증가
③ $f_y \le 400$MPa기준에 따라 적용

74 2방향 슬래브의 설계에서 직접설계법을 적용할 수 있는 제한조건으로 틀린 것은?

① 각 방향으로 3경간 이상이 연속되어야 한다.
② 슬래브 판들은 단변경간에 대한 장변경간의 비가 2 이하인 직사각형이어야 한다.
③ 각 방향으로 연속한 받침부 중심 간 경간차이는 긴 경간의 1/3 이하이어야 한다.
④ 모든 하중은 연직하중으로 슬래브판 전체에 등분포이고, 활하중은 고정하중의 3배 이상이어야 한다.

해설 모든 하중은 연직하중으로 슬래브판 전체에 등분포이어야 하고, 활하중은 고정하중의 2배 이하이어야 한다.

75 강합성 교량에서 콘크리트 슬래브와 강(鋼)주형 상부플랜지를 구조적으로 일체가 되도록 결합시키는 요소는?

① 볼트 ② 접착제
③ 전단연결재 ④ 합성철근

해설 강합성 교량에서 콘크리트 슬래브와 강주형 상부플랜지를 구조적으로 일체가 되도록 결합시키는 것은 전단연결재이다.

76 강판형(Plate girder) 복부(web)두께의 제한이 규정되어 있는 가장 큰 이유는?

① 시공상의 난이 ② 좌굴의 방지
③ 공비의 절약 ④ 자중의 경감

해설 판형의 복부는 압축을 받으므로 복부판의 두께에 따라 좌굴이 좌우된다.

정답 ▸▸▸ 73. ④ 74. ④ 75. ③ 76. ②

77 다음 그림과 같은 보의 단면에서 표피철근의 간격 s는 최대 얼마 이하로 하여야 하는가? (단, 건조환경에 노출되는 경우로서 표피철근의 표면에서 부재측면까지 최단거리(c_c)는 40mm, f_{ck} = 24MPa, f_y =350MPa이다.)

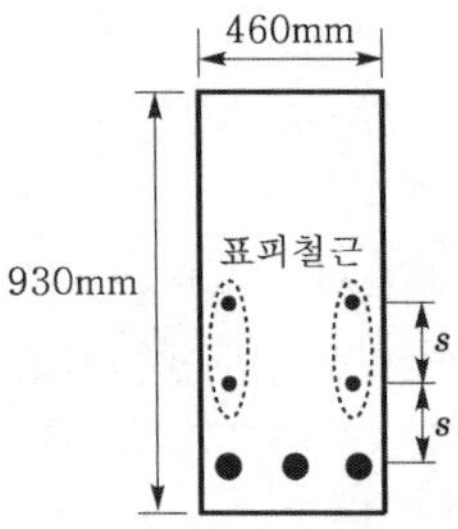

① 330mm ② 340mm
③ 350mm ④ 360mm

해설 표피철근간격

㉠ $s = 375\dfrac{k_{cr}}{f_s} - 2.5c_c = 375\times\dfrac{280}{233} - 2.5\times40 = 350\text{mm}$

㉡ $s = 300\dfrac{k_{cr}}{f_s} = 300\times\dfrac{280}{233} = 361\text{mm}$

$\therefore$ $s = 300\text{mm}$(최소값)

여기서, $f_s = \dfrac{2}{3}f_y = \dfrac{2}{3}\times350 = 233\text{MPa}$, $k_{cr} = 280$(건조환경)

78 프리스트레스 손실원인 중 프리스트레스 도입 후 시간의 경과에 따라 생기는 것이 아닌 것은?

① 콘크리트의 크리프 ② 콘크리트의 건조 수축
③ 정착장치의 활동 ④ 긴장재 응력의 릴랙세이션

해설 ㉠ 도입 시 손실(즉시 손실) : 탄성변형, 마찰, 활동
㉡ 도입 후 손실(시간적 손실) : 건조 수축, 크리프, 릴랙세이션

79 리벳으로 연결된 부재에서 리벳이 상 · 하 두 부분으로 절단되었다면 그 원인은?

① 리벳의 압축파괴 ② 리벳의 전단파괴
③ 연결부의 인장파괴 ④ 연결부의 지압파괴

80 강도설계에 있어서 강도감소계수(ϕ)의 값으로 틀린 것은?

① 전단력 : 0.75 ② 비틀림모멘트 : 0.75
③ 인장지배 단면 : 0.85 ④ 포스트텐션 정착구역 : 0.75

해설 포스트텐션 정착구역 : 0.85

 정답 77. ③ 78. ③ 79. ② 80. ④

제5과목 : 토질 및 기초

81 흙의 포화단위중량이 20kN/m^{3}인 포화점토층을 45° 경사로 8m를 굴착하였다. 흙의 강도정수 c_u = 65kN/m^2, ϕ=0°이다. 다음 그림과 같은 파괴면에 대하여 사면의 안전율은? (단, ABCD의 면적은 70m^{2}이고, O점에서 ABCD의 무게 중심까지의 수직거리는 4.5m이다.)

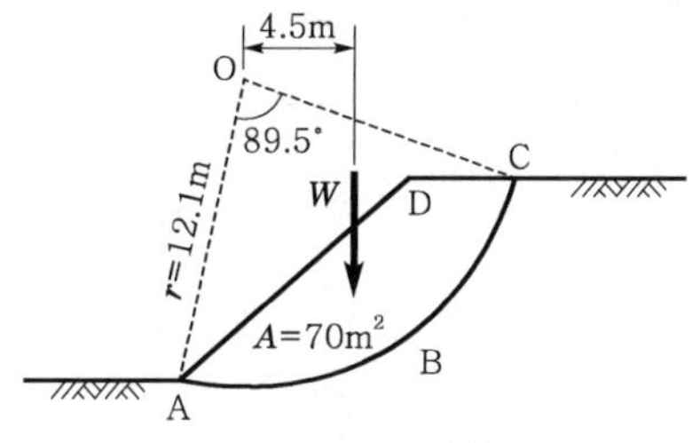

① 4.72
② 4.21
③ 2.67
④ 2.36

해설 ㉠ $\tau = c_u = 65\text{kN/m}^2$

㉡ $L_a = r\theta = 12.1 \times \left(89.5° \times \dfrac{\pi}{180°}\right) = 18.9\text{m}$

㉢ $M_r = \tau r L_a = 65 \times 12.1 \times 18.9 = 14,864.85\text{kN}\cdot\text{m}$

㉣ $M_D = We = A\gamma e = 70 \times 20 \times 4.5 = 6,300\text{kN}\cdot\text{m}$

㉤ $F_s = \dfrac{M_r}{M_D} = \dfrac{14,864.85}{6,300} = 2.36$

82 통일분류법에 의한 분류기호와 흙의 성질을 표현한 것으로 틀린 것은?

① SM : 실트 섞인 모래
② GC : 점토 섞인 자갈
③ CL : 소성이 큰 무기질 점토
④ GP : 입도분포가 불량한 자갈

해설 CL : 소성이 작은(저압축성) 무기질 점토

83 다음 중 연약점토지반개량공법이 아닌 것은?

① 프리로딩(Pre-loading)공법
② 샌드드레인(Sand drain)공법
③ 페이퍼드레인(Paper drain)공법
④ 바이브로플로테이션(Vibro flotation)공법

해설 점성토지반개량공법 : 치환공법, Preloading공법(사전압밀공법), Sand drain공법, Paper drain공법, 전기침투공법, 침투압공법(MAIS공법), 생석회말뚝(Chemico pile)공법

정답 ▸▸▸ 81. ④ 82. ③ 83. ④

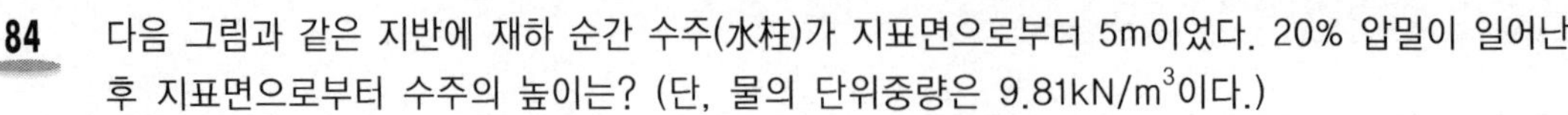

84 다음 그림과 같은 지반에 재하 순간 수주(水柱)가 지표면으로부터 5m이었다. 20% 압밀이 일어난 후 지표면으로부터 수주의 높이는? (단, 물의 단위중량은 $9.81kN/m^3$이다.)

① 1m
② 2m
③ 3m
④ 4m

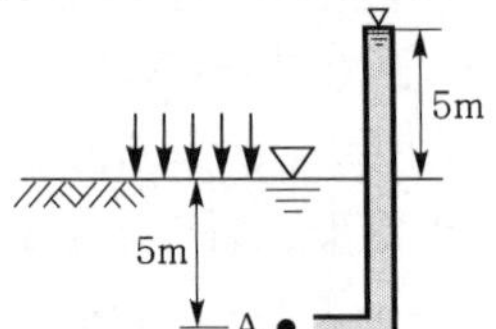

㉠ $u_i = 9.81 \times 5 = 49.05kN/m^2$

㉡ $u_z = \dfrac{u_i - u}{u_i} \times 100$

$20 = \dfrac{49.05 - u}{49.05} \times 100$

$\therefore u = 39.24kN/m^2$

㉢ $u = \gamma_w h$

$39.24 = 9.81 \times h$

$\therefore h = 4m$

85 내부마찰각이 30°, 단위중량이 $18kN/m^3$인 흙의 인장균열깊이가 3m일 때 점착력은?

① $15.6kN/m^2$
② $16.7kN/m^2$
③ $17.5kN/m^2$
④ $18.1kN/m^2$

해설

$$Z_c = \frac{2c\tan\left(45° + \dfrac{\phi}{2}\right)}{\gamma_t}$$

$$3 = \frac{2c \times \tan\left(45° + \dfrac{30°}{2}\right)}{18}$$

$\therefore c = 15.59kN/m^2$

86 일반적인 기초의 필요조건으로 틀린 것은?

① 침하를 허용해서는 안 된다.
② 지지력에 대해 안정해야 한다.
③ 사용성, 경제성이 좋아야 한다.
④ 동해를 받지 않는 최소한의 근입깊이를 가져야 한다.

해설 기초의 구비조건

㉠ 최소한의 근입깊이를 가질 것(동해에 대한 안정)
㉡ 지지력에 대해 안정할 것
㉢ 침하에 대해 안정할 것(침하량이 허용값 이내에 들어야 함)
㉣ 시공이 가능할 것(경제적, 기술적)

 정답 84. ④ 85. ① 86. ①

87 흙 속에 있는 한 점의 최대 및 최소 주응력이 각각 200kN/m^2 및 100kN/m^{2}일 때 최대 주응력 면과 30°를 이루는 평면상의 전단응력을 구한 값은?

① 10.5kN/m^2 ② 21.5kN/m^2
③ 32.3kN/m^2 ④ 43.3kN/m^2

해설
$$\tau = \frac{\sigma_1 - \sigma_3}{2}\sin 2\theta = \frac{200-100}{2} \times \sin(2\times 30°) = 43.3\text{kN/m}^2$$

88 토립자가 둥글고 입도분포가 양호한 모래지반에서 N치를 측정한 결과 N=19가 되었을 경우 Dunham의 공식에 의한 이 모래의 내부마찰각(ϕ)은?

① 20° ② 25°
③ 30° ④ 35°

해설 $\phi = \sqrt{12N} + 20 = \sqrt{12\times 19} + 20 = 35.1°$

89 다음 그림과 같은 지반에 대해 수직방향 등가투수계수를 구하면?

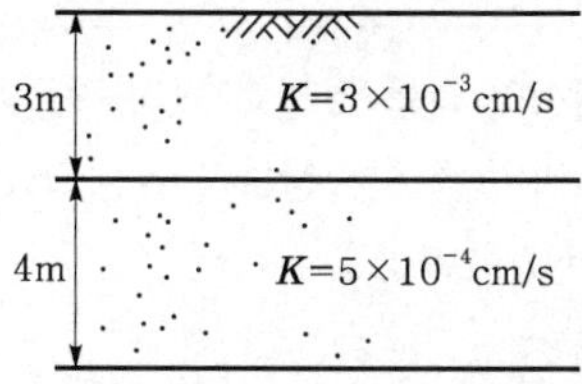

① 3.89×10^{-4}cm/s ② 7.78×10^{-4}cm/s
③ 1.57×10^{-3}cm/s ④ 3.14×10^{-3}cm/s

해설
$$K_v = \frac{H}{\dfrac{h_1}{K_{v1}} + \dfrac{h_2}{K_{v2}}} = \frac{300+400}{\dfrac{300}{3\times 10^{-3}} + \dfrac{400}{5\times 10^{-4}}} = 7.78\times 10^{-4}\text{cm/s}$$

90 다음 중 동상에 대한 대책으로 틀린 것은?

① 모관수의 상승을 차단한다.
② 지표 부근에 단열재료를 매립한다.
③ 배수구를 설치하여 지하수위를 낮춘다.
④ 동결심도 상부의 흙을 실트질 흙으로 치환한다.

해설 동상대책
㉠ 배수구를 설치하여 지하수위를 낮춘다.
㉡ 모관수의 상승을 방지하기 위해 지하수위보다 높은 곳에 조립의 차단층(모래, 콘크리트, 아스팔트)을 설치한다.
㉢ 동결심도보다 위에 있는 흙을 동결하기 어려운 재료(자갈, 쇄석, 석탄재)로 치환한다.
㉣ 지표면 근처에 단열재료(석탄재, 코크스)를 넣는다.
㉤ 지표의 흙을 화학약품처리($CaCl_2$, NaCl, $MgCl_2$)하여 동결온도를 낮춘다.

정답 87. ④ 88. ④ 89. ② 90. ④

91 흙의 다짐곡선은 흙의 종류나 입도 및 다짐에너지 등의 영향으로 변한다. 흙의 다짐특성에 대한 설명으로 틀린 것은?

① 세립토가 많을수록 최적함수비는 증가한다.
② 점토질 흙은 최대 건조단위중량이 작고, 사질토는 크다.
③ 일반적으로 최대 건조단위중량이 큰 흙일수록 최적함수비도 커진다.
④ 점성토는 건조측에서 물을 많이 흡수하므로 팽창이 크고, 습윤측에서는 팽창이 작다.

해설 일반적으로 최대 건조단위중량이 큰 흙일수록 최적함수비도 작아진다.

92 다음 중 사운딩시험이 아닌 것은?

① 표준관입시험 ② 평판재하시험
③ 콘관입시험 ④ 베인시험

해설 Sounding의 종류
㉠ 정적 sounding : 단관원추관입시험, 화란식 원추관입시험, 베인시험, 이스키미터
㉡ 동적 sounding : 동적 원추관입시험, SPT

93 현장에서 채취한 흙시료에 대하여 다음 조건과 같이 압밀시험을 실시하였다. 이 시료에 320kPa의 압밀압력을 가했을 때 0.2cm의 최종 압밀침하가 발생되었다면 압밀이 완료된 후 시료의 간극비는? (단, 물의 단위중량은 9.81kN/m^{3}이다.)

- 시료의 단면적(A) : 30cm^2
- 시료의 초기높이(H) : 2.6cm
- 시료의 비중(G_s) : 2.5
- 시료의 건조중량(W_s) : 1.18N

① 0.125 ② 0.385
③ 0.500 ④ 0.625

해설
㉠ $H_s = \dfrac{W_s}{G_s A \gamma_w} = \dfrac{1.18}{2.5 \times 30 \times (9.81 \times 10^{-3})} = 1.6\text{cm}$
㉡ $e = \dfrac{H - H_s}{H_s} - \dfrac{R}{H_s} = \dfrac{2.6 - 1.6}{1.6} - \dfrac{0.2}{1.6} = 0.5$

94 노상토 지지력비(CBR)시험에서 피스톤 2.5mm 관입될 때와 5.0mm 관입될 때를 비교한 결과 관입량 5.0mm에서 CBR이 더 큰 경우 CBR값을 결정하는 방법으로 옳은 것은?

① 그대로 관입량 5.0mm일 때의 CBR값으로 한다.
② 2.5mm값과 5.0mm값의 평균을 CBR값으로 한다.
③ 5.0mm값을 무시하고 2.5mm값을 표준으로 하여 CBR값으로 한다.
④ 새로운 공시체로 재시험을 하며 재시험결과도 5.0mm값이 크게 나오면 관입량 5.0mm일 때의 CBR값으로 한다.

 정답 ▸▸▸ 91. ③ 92. ② 93. ③ 94. ④

해설 ㉠ $CBR_{2.5} > CBR_{5.0}$이면 $CBT = CBT_{2.5}$이다.
㉡ $CBR_{2.5} < CBR_{5.0}$이면 재시험하고 재시험 후
- $CBR_{2.5} > CBR_{5.0}$이면 $CBT = CBT_{2.5}$이다.
- $CBR_{2.5} < CBR_{5.0}$이면 $CBT = CBT_{5.0}$이다.

95 단면적이 100cm^2, 길이가 30cm인 모래시료에 대하여 정수두투수시험을 실시하였다. 이때 수두차가 50cm, 5분 동안 집수된 물이 350cm^{3}이었다면 이 시료의 투수계수는?

① 0.001cm/s ② 0.007cm/s
③ 0.01cm/s ④ 0.07cm/s

해설
$$Q = KiA = K\frac{h}{L}A$$
$$\frac{350}{5\times60} = K\times\frac{50}{30}\times100$$
$$\therefore K = 0.007\text{cm/s}$$

96 다음과 같은 조건에서 AASHTO분류법에 따른 군지수(GI)는?

- 흙의 액성한계 : 45%
- 흙이 소성한계 : 25%
- 200번체 통과율 : 50%

① 7 ② 10
③ 13 ④ 16

해설 ㉠ $a = P_{No.200} - 35 = 50 - 35 = 15$
㉡ $b = P_{No.200} - 15 = 50 - 15 = 35$
㉢ $c = W_L - 40 = 45 - 40 = 4$
㉣ $d = I_p - 10 = (45-25) - 10 = 10$
㉤ $GI = 0.2a + 0.005ac + 0.01bd = 0.2\times15 + 0.005\times15\times4 + 0.01\times35\times10 = 6.8 = 7$

97 연속기초에 대한 Terzaghi의 극한지지력공식은 $q_u = cN_c + 0.5\gamma_1 BN_\gamma + \gamma_2 D_f N_q$로 나타낼 수 있다. 다음 그림과 같은 경우 극한지지력공식의 두 번째 항의 단위중량(γ_1)의 값은? (단, 물의 단위중량은 9.81kN/m^{3}이다.)

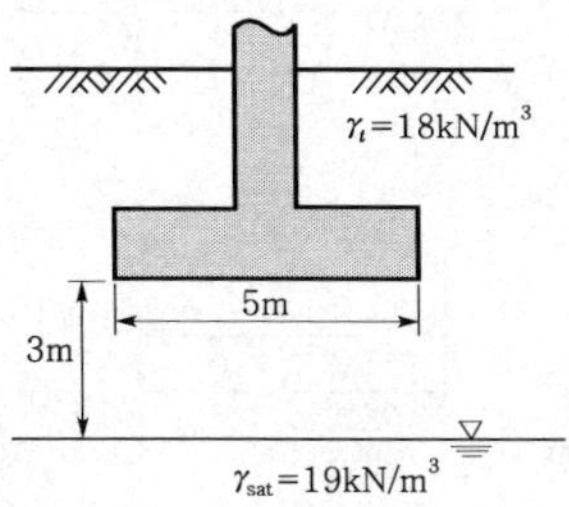

① 14.48kN/m^3 ② 16.00kN/m^3
③ 17.45kN/m^3 ④ 18.20kN/m^3

해설
$$\gamma_1 = \gamma_{sub} + \frac{d}{B}(\gamma_t - \gamma_{sub}) = 9.19 + \frac{3}{5}\times(18 - 9.19) = 14.48\text{kN/m}^3$$

정답 ▸▸▸ 95. ② 96. ① 97. ①

98 점토층 지반 위에 성토를 급속히 하려 한다. 성토 직후에 있어서 이 점토의 안정성을 검토하는데 필요한 강도정수를 구하는 합리적인 시험은?

① 비압밀비배수시험(UU-test)
② 압밀비배수시험(CU-test)
③ 압밀배수시험(CD-test)
④ 투수시험

해설 UU-test를 사용하는 경우
㉠ 포화된 점토지반 위에 급속성토 시 시공 직후의 안정 검토
㉡ 시공 중 압밀이나 함수비의 변화가 없다고 예상되는 경우
㉢ 점토지반에 footing기초 및 소규모 제방을 축조하는 경우

99 토질시험결과 내부마찰각이 30°, 점착력이 50kN/m^2, 간극수압이 800kN/m^2, 파괴면에 작용하는 수직응력이 3,000kN/m^{2}일 때 이 흙의 전단응력은?

① 1,270kN/m^2
② 1,320kN/m^2
③ 1,580kN/m^2
④ 1,950kN/m^2

$\tau = c + \bar{\sigma}\tan\phi = 50 + (3{,}000 - 800) \times \tan 30° = 1{,}320.17\text{kN/m}^2$

100 점토지반에 있어서 강성기초의 접지압분포에 대한 설명으로 옳은 것은?

① 접지압은 어느 부분이나 동일하다.
② 접지압은 토질에 관계없이 일정하다.
③ 기초의 모서리 부분에서 접지압이 최대가 된다.
④ 기초의 중앙 부분에서 접지압이 최대가 된다.

해설 ㉠ 강성기초

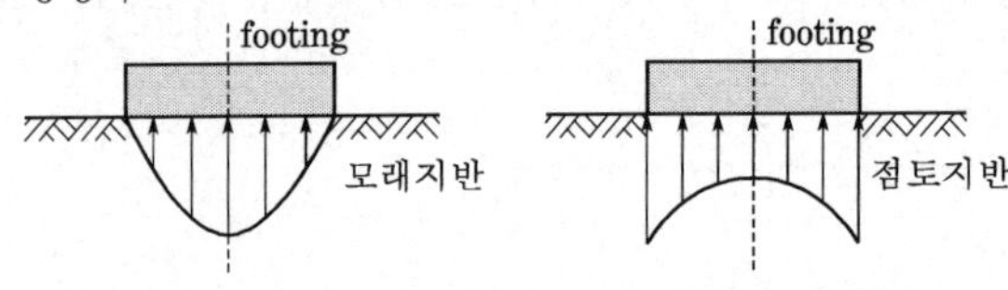

㉡ 휨성기초

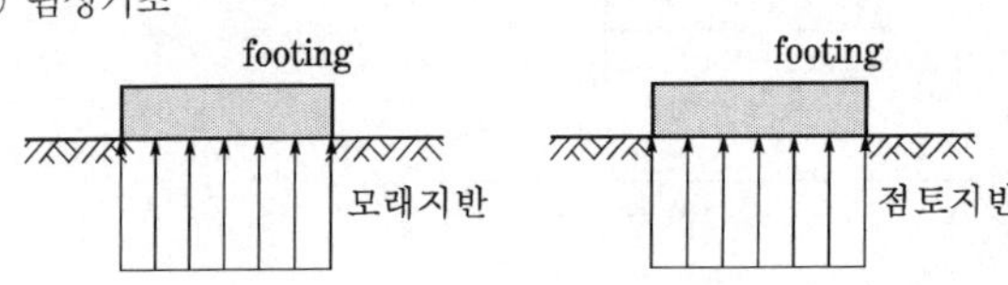

제6과목 : 상하수도공학

101 수원으로부터 취수된 상수가 소비자까지 전달되는 일반적 상수도의 구성순서로 옳은 것은?

① 도수 → 송수 → 정수 → 배수 → 급수
② 송수 → 정수 → 도수 → 급수 → 배수
③ 도수 → 정수 → 송수 → 배수 → 급수
④ 송수 → 정수 → 도수 → 배수 → 급수

해설 상수도의 계통도는 수원 → 취수 → 도수 → 정수 → 송수 → 배수 → 급수 순이다.

102 하수관의 접합방법에 관한 설명으로 틀린 것은?

① 관중심접합은 관의 중심을 일치시키는 방법이다.
② 관저접합은 관의 내면 하부를 일치시키는 방법이다.
③ 단차접합은 지표의 경사가 급한 경우에 이용되는 방법이다.
④ 관정접합은 토공량을 줄이기 위하여 평탄한 지형에 많이 이용되는 방법이다.

해설 관정접합은 관의 상부를 접합하는 방식으로 굴착깊이가 커지고 토공량이 많아지는 접합방식이다.

103 계획오수량을 결정하는 방법에 대한 설명으로 틀린 것은?

① 지하수량은 1일 1인 최대 오수량의 20% 이하로 한다.
② 생활오수량의 1일 1인 최대 오수량은 1일 1인 최대 급수량을 감안하여 결정한다.
③ 계획 1일 평균오수량은 계획 1일 최소 오수량의 1.3~1.8배를 사용한다.
④ 합류식에서 우천 시 계획오수량은 원칙적으로 계획시간 최대 오수량의 3배 이상으로 한다.

해설 계획 1일 평균오수량은 계획 1일 최대 오수량의 1.3~1.8배를 사용한다.

104 하수배제방식의 특징에 관한 설명으로 틀린 것은?

① 분류식은 합류식에 비해 우천 시 월류의 위험이 크다.
② 합류식은 단면적이 크기 때문에 검사, 수리 등에 유리하다.
③ 합류식은 분류식(2계통 건설)에 비해 건설비가 저렴하고 시공이 용이하다.
④ 분류식은 강우 초기에 노면의 오염물질이 포함된 세정수가 직접 하천 등으로 유입된다.

해설 합류식은 분류식에 비해 우천 시 월류의 위험이 크다.

105 호수의 부영양화에 대한 설명으로 틀린 것은?

① 부영양화는 정체성 수역의 상층에서 발생하기 쉽다.
② 부영양화된 수원의 상수는 냄새로 인하여 음료수로 부적당하다.
③ 부영양화로 식물성 플랑크톤의 번식이 증가되어 투명도가 저하된다.
④ 부영양화로 생물활동이 활발하여 깊은 곳의 용존산소가 풍부하다.

해설 용존산소는 수심이 깊을수록 작아진다.

정답 101. ③ 102. ④ 103. ③ 104. ① 105. ④

106 하수관로시설의 유량을 산출할 때 사용하는 공식으로 옳지 않은 것은?

① Kutter공식　② Janssen공식
③ Manning공식　④ Hazen－Williams공식

해설 Janssen공식은 Marston공식과 함께 매설토의 수직토압에 의해 작용하는 수직등분포하중을 구하기 위한 공식이다.

107 하수처리장 유입수의 SS농도는 200mg/L이다. 1차 침전지에서 30% 정도가 제거되고, 2차 침전지에서 85%의 제거효율을 갖고 있다. 하루처리용량이 3,000m^3/d일 때 방류되는 총SS량은?

① 63kg/d　② 2,800g/d
③ 6,300kg/d　④ 6,300mg/d

해설 ㉠ 1차 침전지 처리 후 잔류SS농도=200mg/L－200mg/L×0.3=140mg/L
㉡ 2차 침전지 처리 후 잔류SS농도=140mg/L－140mg/L×0.85=21mg/L
㉢ 방류되는 총SS량=21×10^{-3}kg/m^3×3,000m^3/d =63kg/d

108 상수도관의 관종 선정 시 기본으로 하여야 하는 사항으로 틀린 것은?

① 매설조건에 적합해야 한다.
② 매설환경에 적합한 시공성을 지녀야 한다.
③ 내압보다는 외압에 대하여 안전해야 한다.
④ 관 재질에 의하여 물이 오염될 우려가 없어야 한다.

해설 상수도관은 내압에 강해야 한다.

109 하수도계획에서 계획우수량 산정과 관계가 없는 것은?

① 배수면적　② 설계강우
③ 유출계수　④ 집수관로

해설 계획우수량은 $Q=CIA$의 합리식으로 산정하므로 유출계수(C), 강우강도(I), 배수면적(A)과 관계가 있다.

110 먹는 물의 수질기준항목에서 다음 특성을 갖고 있는 수질기준항목은?

- 수질기준은 10mg/L를 넘지 아니할 것
- 하수, 공장폐수, 분뇨 등과 같은 오염물의 유입에 의한 것으로 물의 오염을 추정하는 지표항목
- 유아에게 청색증 유발

① 불소　② 대장균군
③ 질산성 질소　④ 과망간산칼륨 소비량

해설 질산성 질소는 암모니아성 질소와 함께 공장폐수의 오염지표이다.

정답 106. ② 107. ① 108. ③ 109. ④ 110. ③

111 관의 길이가 1,000m이고 지름이 20cm인 관을 지름 40cm의 등치관으로 바꿀 때 등치관의 길이는? (단, Hazen-Williams공식을 사용한다.)

① 2,924.2m ② 5,924.2m
③ 19,242.6m ④ 29,242.6m

$$L_2 = L_1\left(\frac{D_2}{D_1}\right)^{4.87} = 1,000 \times \left(\frac{0.4}{0.2}\right)^{4.87} = 29,242.6\text{m}$$

112 폭기조의 MLSS농도 2,000mg/L, 30분간 정치시킨 후 침전된 슬러지체적이 300mL/L일 때 SVI는?

① 100 ② 150
③ 200 ④ 250

$$\text{SVI} = \frac{V}{C} \times 1,000 = \frac{300}{2,000} \times 1,000 = 150$$

113 유출계수가 0.6이고 유역면적 2km^2에 강우강도 200mm/h의 경우가 있었다면 유출량은? (단, 합리식을 사용한다.)

① $24.0\text{m}^3/\text{s}$ ② $66.7\text{m}^3/\text{s}$
③ $240\text{m}^3/\text{s}$ ④ $667\text{m}^3/\text{s}$

$$Q = \frac{1}{3.6} \times 0.6 \times 200 \times 2 = 66.67\text{m}^3/\text{s}$$

114 정수지에 대한 설명으로 틀린 것은?

① 정수지 상부는 반드시 복개해야 한다.
② 정수지의 유효수심은 3~6m를 표준으로 한다.
③ 정수지의 바닥은 저수위보다 1m 이상 낮게 해야 한다.
④ 정수지란 정수를 저류하는 탱크로 정수시설로는 최종 단계의 시설이다.

해설 정수지의 바닥은 저수위보다 15cm 이상 낮게 해야 한다.

115 합류식 관로의 단면을 결정하는 데 중요한 요소로 옳은 것은?

① 계획우수량 ② 계획 1일 평균오수량
③ 계획시간 최대 오수량 ④ 계획시간 평균오수량

116 정수처리 시 염소소독공정에서 생성될 수 있는 유해물질은?

① 유기물 ② 암모니아
③ 환원성 금속이온 ④ THM(트리할로메탄)

정답 ▶▶ 111. ④ 112. ② 113. ② 114. ③ 115. ① 116. ④

117 혐기성 소화법과 비교할 때 호기성 소화법의 특징으로 옳은 것은?

① 최초 시공비 과다
② 유기물 감소율 우수
③ 저온 시의 효율 향상
④ 소화슬러지의 탈수 불량

해설 혐기성 소화법과 비교한 호기성 소화법의 장단점

구분	호기성 소화법	
장점	• 최초 시공비 절감 • 운전 용이	• 악취 발생 감소 • 상징수의 수질 양호
단점	• 소화슬러지의 탈수 불량 • 유기물 감소율 저조 • 저온 시의 효율 저하	• 포기에 드는 동력비 과다 • 건설부지 과다 • 가치 있는 부산물이 생성되지 않음

118 정수시설 내에서 조류를 제거하는 방법 중 약품으로 조류를 산화시켜 침전처리 등으로 제거하는 방법에 사용되는 것은?

① Zeolite
② 황산구리
③ 과망간산칼륨
④ 수산화나트륨

해설 황산구리는 부영양화의 방지책이기도 하다.

119 병원성 미생물에 의하여 오염되거나 오염될 우려가 있는 경우 수도꼭지에서의 유리잔류염소는 몇 mg/L 이상 되도록 하여야 하는가?

① 0.1mg/L
② 0.4mg/L
③ 0.6mg/L
④ 1.8mg/L

해설 수도전에서의 유리잔류염소는 평상시 0.2mg/L, 비상시 0.4mg/L 이상 되도록 해야 한다.

120 다음 중 배수관의 갱생공법으로 기존 관내의 세척(cleaning)을 수행하는 일반적인 공법으로 옳지 않은 것은?

① 제트(jet)공법
② 실드(shield)공법
③ 로터리(rotary)공법
④ 스크레이퍼(scraper)공법

해설 실드공법은 연약·대수지반에 터널을 만들 때 사용되는 굴착공법이다.

정답 117. ④ 118. ② 119. ② 120. ①

국가기술자격검정 필기시험문제

2021년도 토목기사(2021년 8월 14일)

자격종목	시험시간	문제형별	수험번호	성 명
토목기사	**3시간**	**B**		

제1과목 : 응용역학

1 다음 그림과 같은 구조물의 C점에 연직하중이 작용할 때 AC부재가 받는 힘은?

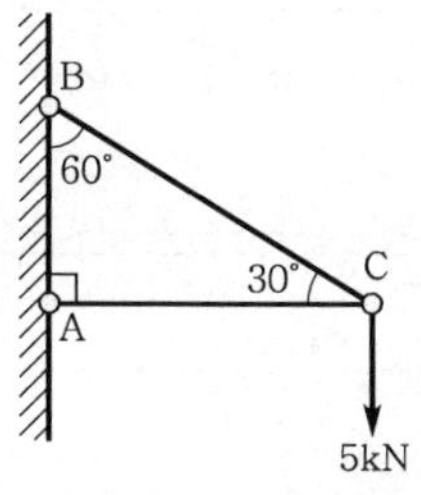

① 2.5kN
② 5.0kN
③ 8.7kN
④ 10.0kN

해설 $5 : AC = 1 : \sqrt{3}$

$\therefore AC \fallingdotseq 8.7kN$

2 다음 그림과 같은 인장부재의 수직변위를 구하는 식으로 옳은 것은? (단, 탄성계수는 E이다.)

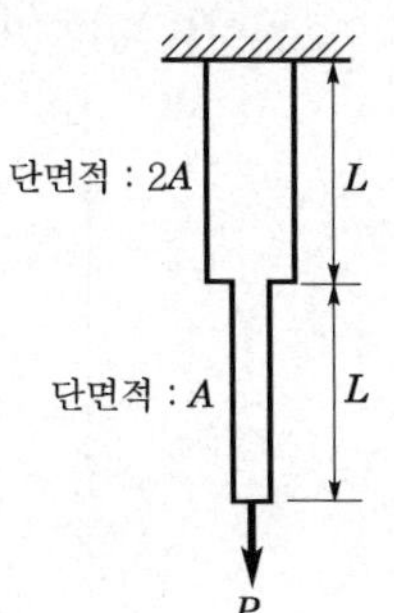

① $\dfrac{PL}{EA}$

② $\dfrac{3PL}{2EA}$

③ $\dfrac{2PL}{EA}$

④ $\dfrac{5PL}{2EA}$

해설 $\Delta L = \dfrac{PL}{2AE} + \dfrac{PL}{AE} = \dfrac{3PL}{2AE}$

정답 1. ③ 2. ②

3 다음 그림과 같은 트러스에서 AC부재의 부재력은?

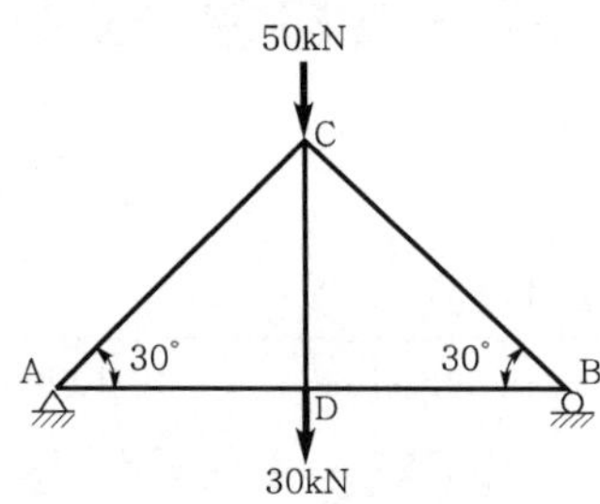

① 인장 40kN　　② 압축 40kN

③ 인장 80kN　　④ 압축 80kN

$R_A = R_B = 40\text{kN}$

$F_{AC} \times \sin 30° + 40 = 0$

$\therefore F_{AC} = -80\text{kN}$(압축)

4 다음 그림과 같은 단순보에서 C점에 30kN · m의 모멘트가 작용할 때 A점의 반력은?

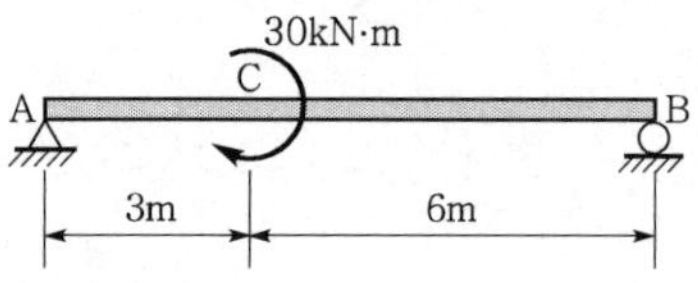

① $\dfrac{10}{3}\text{kN}(\downarrow)$　　② $\dfrac{10}{3}\text{kN}(\uparrow)$

③ $\dfrac{20}{3}\text{kN}(\downarrow)$　　④ $\dfrac{20}{3}\text{kN}(\uparrow)$

해설

$V_A \times 9 + 30 = 0$

$\therefore V_A = -\dfrac{10}{3}\text{kN}(\downarrow)$

5 다음 그림과 같은 기둥에서 좌굴하중의 비 (a) : (b) : (c) : (d)는? (단, EI와 기둥의 길이는 모두 같다.)

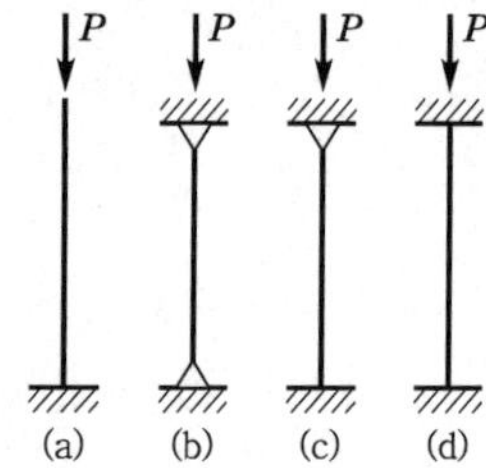

① 1 : 2 : 3 : 4　　② 1 : 4 : 8 : 12

③ 1 : 4 : 8 : 16　　④ 1 : 8 : 16 : 32

 정답 ▶▶ 3. ④ 4. ① 5. ③

해설 $P_{(a)} : P_{(b)} : P_{(c)} : P_{(d)} = \frac{1}{4} : 1 : 2 : 4 = 1 : 4 : 8 : 16$

6 다음 그림과 같은 2개의 캔틸레버보에 저장되는 변형에너지를 각각 $U_{(1)}$, $U_{(2)}$라고 할 때 $U_{(1)} : U_{(2)}$의 비는? (단, EI는 일정하다.)

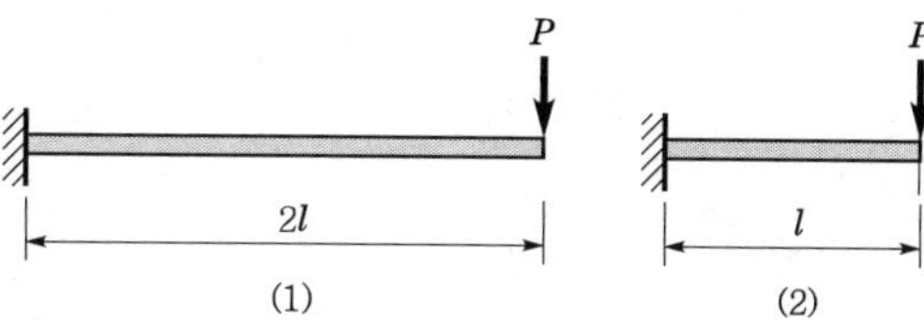

① 2 : 1
② 4 : 1
③ 8 : 1
④ 16 : 1

해설

$$\delta_{(1)} = \frac{P(2l)^3}{3EI} = \frac{8Pl^3}{3EI}$$

$$\delta_{(2)} = \frac{Pl^3}{3EI}$$

$$U_{(1)} = \frac{1}{2} \times P \times \frac{8Pl^3}{3EI} = 8 \times \frac{P^2l^3}{6EI}$$

$$U_{(2)} = \frac{1}{2} \times P \times \frac{Pl^3}{3EI} = \frac{P^2l^3}{6EI}$$

$$\therefore U_{(1)} : U_{(2)} = 8 : 1$$

7 다음 그림과 같은 사다리꼴 단면에서 $x - x'$축에 대한 단면 2차 모멘트값은?

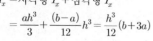

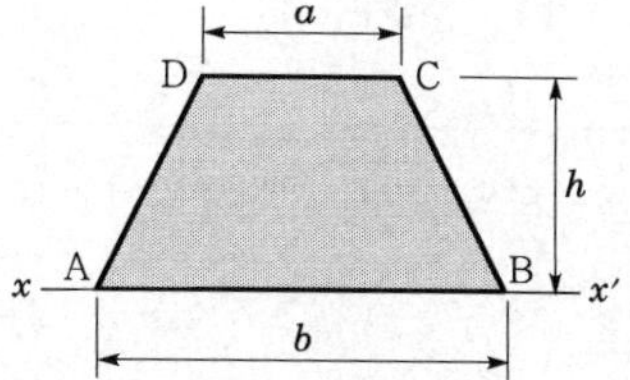

① $\frac{h^3}{12}(b+3a)$
② $\frac{h^3}{12}(b+2a)$
③ $\frac{h^3}{12}(3b+a)$
④ $\frac{h^3}{12}(2b+a)$

해설 I_x =사각형 I_x + 삼각형 I_x

$$= \frac{ah^3}{3} + \frac{(b-a)}{12}h^3 = \frac{h^3}{12}(b+3a)$$

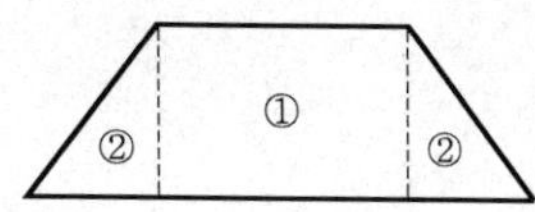

정답 ▸▸▸ 6. ③ 7. ①

8 다음 그림과 같은 단순보에서 C~D구간의 전단력값은?

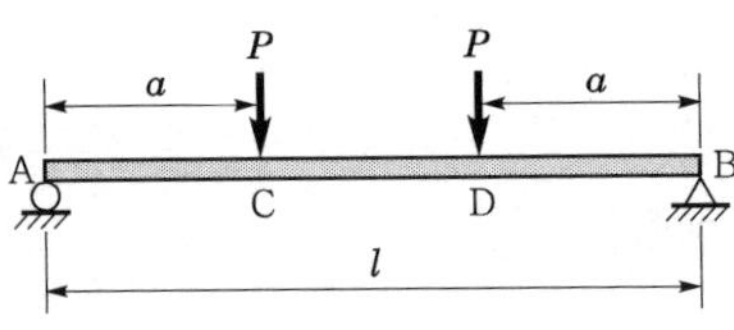

① P ② $2P$

③ $\frac{P}{2}$ ④ 0

해설 대칭구조이므로 $R_A = R_B = P$

$\therefore S_{C\sim D} = 0$

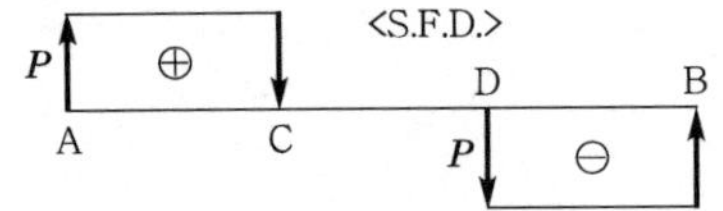

9 다음 그림과 같은 구조물의 부정정차수는?

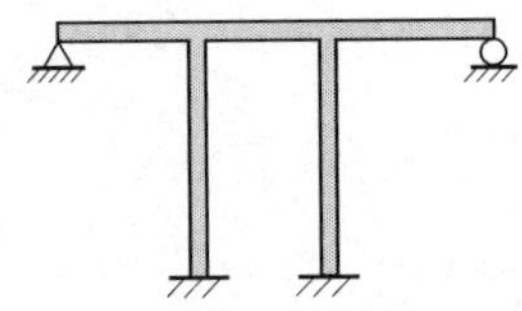

① 6차 부정정 ② 5차 부정정

③ 4차 부정정 ④ 3차 부정정

해설 $N = r + m + s - 2k = 9 + 5 + 4 - 2 \times 6 = 6$차

여기서, s : 강절점수(4개), k : 지점, 절점수(6개)

10 다음 그림과 같은 하중을 받는 보의 최대 전단응력은?

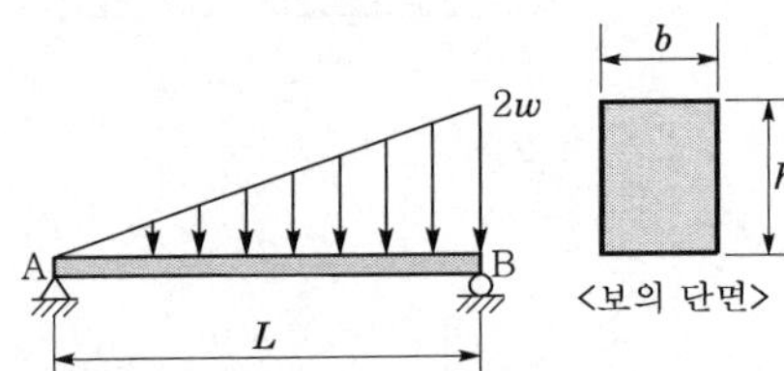

① $\frac{2wL}{3bh}$ ② $\frac{3wL}{2bh}$

③ $\frac{2wL}{bh}$ ④ $\frac{wL}{bh}$

해설 $V_{\max} = R_B = \frac{2wL}{3}$

$\therefore \tau_{\max} = \frac{3}{2}\frac{V_{\max}}{A} = \frac{3}{2} \times \frac{2wL}{3bh} = \frac{wL}{bh}$

 정답 ▶▶▶ 8. ④ 9. ① 10. ④

11 다음 중 정(+)과 부(−)의 값을 모두 갖는 것은?

① 단면계수 ② 단면 2차 모멘트
③ 단면 2차 반지름 ④ 단면 상승모멘트

해설 단면 상승모멘트(I_{xy})는 좌표축에 따라 (+), (−)값을 갖는다.

12 다음 그림과 같은 캔틸레버보에서 C점의 처짐은? (단, EI는 일정하다.)

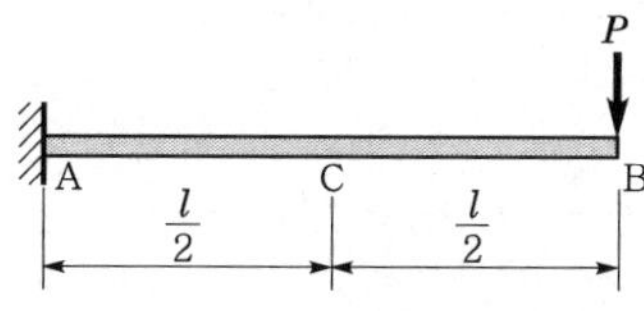

① $\dfrac{Pl^3}{24EI}$ ② $\dfrac{5Pl^3}{24EI}$
③ $\dfrac{Pl^3}{48EI}$ ④ $\dfrac{5Pl^3}{48EI}$

해설

$$P_1 = \frac{1}{2}\times\frac{Pl}{2}\times\frac{l}{2} = \frac{Pl^2}{8}$$

$$P_2 = \frac{Pl}{2}\times\frac{l}{2} = \frac{Pl^2}{4}$$

$$\therefore \delta_C = \frac{Pl^2}{8EI}\times\frac{l}{3} + \frac{Pl^2}{4EI}\times\frac{l}{4} = \frac{Pl^3}{24EI} + \frac{Pl^3}{16EI} = \frac{5Pl^3}{48EI}$$

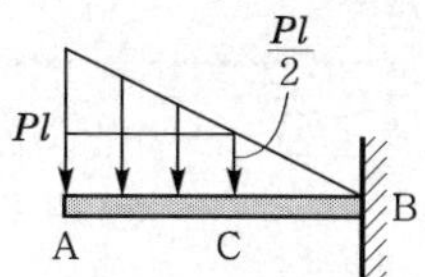

13 다음 그림과 같은 단면에 600kN의 전단력이 작용할 때 최대 전단응력의 크기는? (단위 : mm)

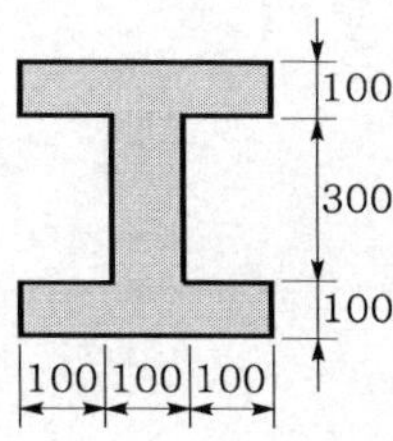

① 12.71MPa ② 15.98MPa
③ 19.83MPa ④ 21.32MPa

해설

$$G_x = (300\times100\times200) + (100\times150\times75) = 7,125\times10^3\text{mm}^3$$

$$I_x = \frac{300\times500^3}{12} - \frac{200\times300^3}{12} = 2,675\times10^6\text{mm}^4$$

$$\therefore \tau_{\max} = \frac{SG_x}{Ib} = \frac{600\times10^3\times7,125\times10^3}{2,675\times10^6\times100} = 15.98\text{MPa}$$

정답 11. ④ 12. ④ 13. ②

14 다음 그림과 같은 단순보에서 B점에 모멘트 M_B가 작용할 때 A점에서의 처짐각(θ_A)은? (단, EI는 일정하다.)

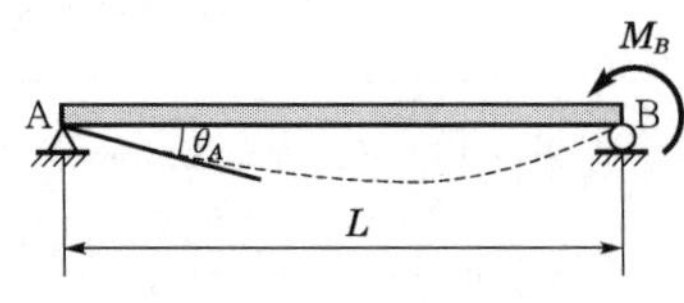

① $\dfrac{M_B L}{2EI}$ ② $\dfrac{M_B L}{3EI}$

③ $\dfrac{M_B L}{6EI}$ ④ $\dfrac{M_B L}{8EI}$

해설 공액보에서 처짐각 이용

$R_B = \dfrac{M_B L}{3}$

$\theta_B = \dfrac{S_B}{EI} = \dfrac{R_B}{EI} = \dfrac{M_B L}{3EI}$

$\therefore \theta_A = \dfrac{M_B L}{6EI}$

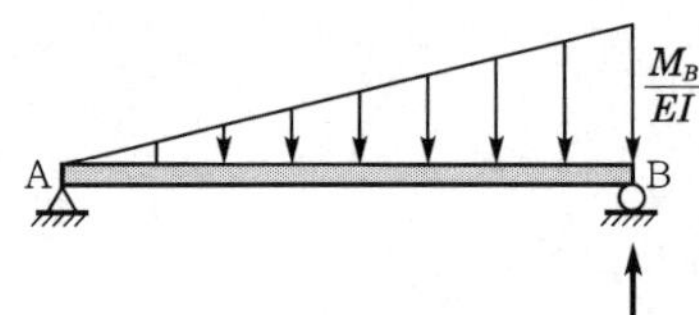

15 다음 그림과 같은 r=4m인 3힌지 원호아치에서 지점 A에서 2m 떨어진 E점에 발생하는 휨모멘트의 크기는?

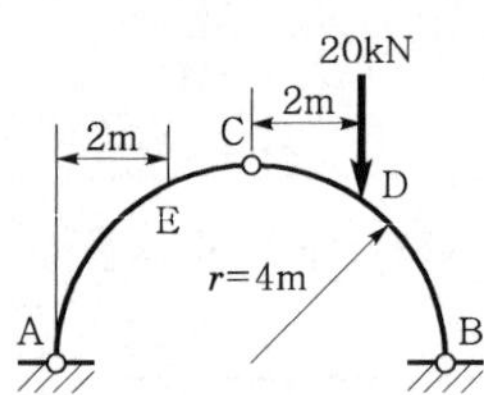

① 6.13kN · m ② 7.32kN · m

③ 8.27kN · m ④ 9.16kN · m

해설 ㉠ $\Sigma M_B = 0(\oplus)$

$V_A \times 8 - 20 \times 2 = 0$

$\therefore V_A = 5\text{kN}(\uparrow)$

㉡ $\Sigma M_C = 0(\oplus)$

$V_A \times 4 - H_A \times 4 = 0$

$\therefore H_A = 5\text{kN}(\rightarrow)$

㉢ $\Sigma M_E = 0(\oplus)$

$V_A \times 2 - H_A \times \sqrt{4^2 - 2^2} + M_E = 0$

$5 \times 2 - 5 \times \sqrt{4^2 - 2^2} + M_E = 0$

$\therefore M_E = 7.32\text{kN} \cdot \text{m}$

 정답 ▸▸ 14. ③ 15. ②

16 다음 그림과 같은 30° 경사진 언덕에 40kN의 물체를 밀어올릴 때 필요한 힘 P는 최소 얼마 이상이어야 하는가? (단, 마찰계수는 0.25이다.)

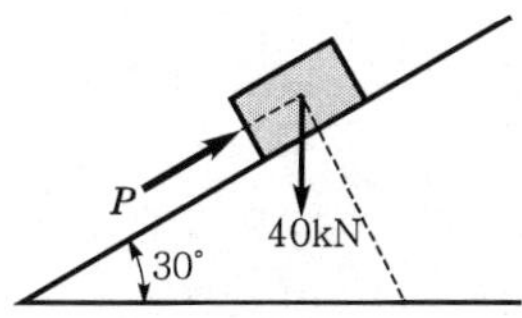

① 28.7kN　　② 30.2kN
③ 34.7kN　　④ 40.0kN

해설

$H = 40 \times \sin 30° = 20\text{kN}$

$V = 40 \times \cos 30° = 20\sqrt{3}\,\text{kN}$

$F = \mu V = 0.25 \times 20\sqrt{3} = 8.66\text{kN}$

$\therefore P = H + F = 20 + 8.66 = 28.66\text{kN}$

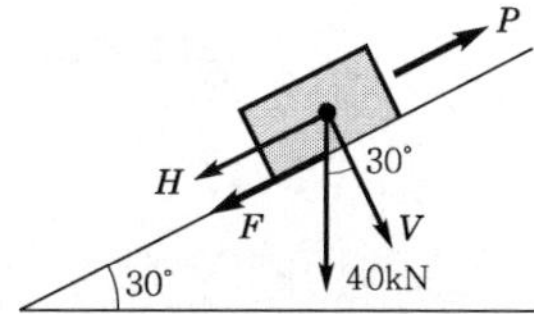

17 다음 그림과 같은 부정정 구조물에서 B지점의 반력의 크기는? (단, 보의 휨강도 EI는 일정하다.)

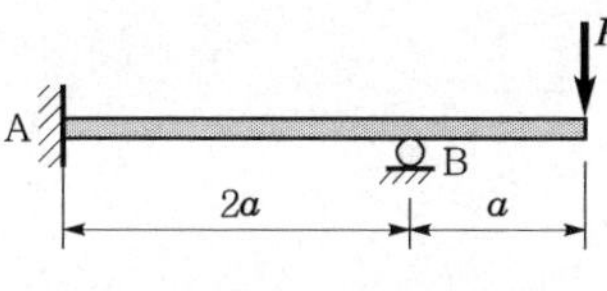

① $\dfrac{7}{3}P$　　② $\dfrac{7}{4}P$
③ $\dfrac{7}{5}P$　　④ $\dfrac{7}{6}P$

해설

힌지지점 모멘트는 고정단에 $\dfrac{1}{2}$이 전달되므로

$M_A = \dfrac{1}{2}Pa(\downarrow)$

$\Sigma M_A = 0$

$\dfrac{Pa}{2} - R_B \times 2a + P \times 3a = 0$

$\therefore R_B = \dfrac{7}{4}P(\uparrow)$

18 단면이 100mm×200mm인 장주의 길이가 3m일 때 이 기둥의 좌굴하중은? (단, 기둥의 $E = 2.0 \times 10^4$MPa, 지지상태는 일단 고정 타단 자유이다.)

① 45.8kN　　② 91.4kN
③ 182.8kN　　④ 365.6kN

해설 양단 힌지일 때 $n=1$

$$I=\frac{200\times100^3}{12}=16,666,666.7\text{mm}^3$$

$$\therefore P_{cr}=\frac{n\pi^2 EI}{l^2}=\frac{\frac{1}{4}\times\pi^2\times2.0\times10^4}{3,000^2}\times\frac{200\times100^3}{12}=91,385\text{N}=91.4\text{kN}$$

19 다음 그림과 같은 단순보에서 A점의 반력이 B점의 반력의 2배가 되도록 하는 거리 x는? (단, x는 A점으로부터의 거리이다.)

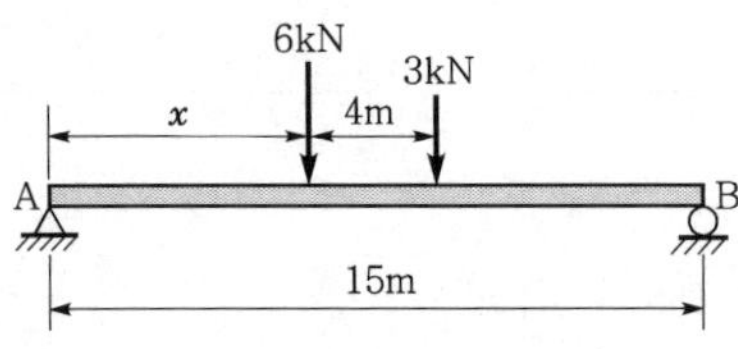

① 1.67m ② 2.67m
③ 3.67m ④ 4.67m

해설 $R_A+R_B=3R_B=9\text{kN}$

$\therefore R_B=3\text{kN}$

$\Sigma M_A=0$

$R_B\times15-3(4+x)-6x=0$

$3\times15-12-9x=0$

$\therefore x=\frac{33}{9}=3.67\text{m}$

20 다음 그림과 같이 이축응력(二軸應力)을 받고 있는 요소의 체적변형률은? (단, 이 요소의 탄성계수 $E=2\times10^5$MPa, 푸아송비 $\nu=0.3$이다.)

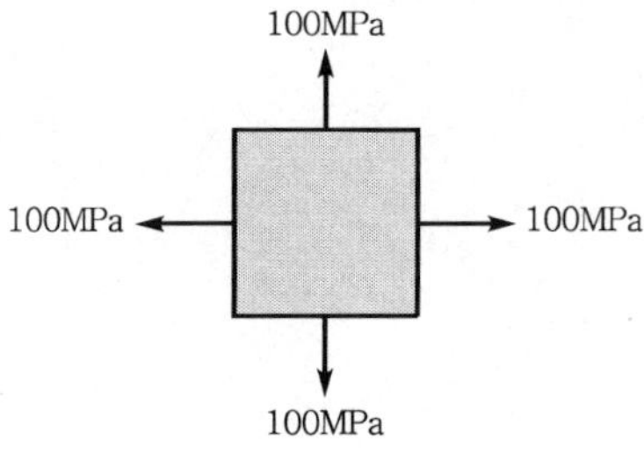

① 3.6×10^{-4} ② 4.0×10^{-4}
③ 4.4×10^{-4} ④ 4.8×10^{-4}

해설 $\varepsilon_v=\frac{1-2\times0.3}{2\times10^5}\times(100+100+0)=4\times10^{-4}$

제2과목 : 측량학

21 하천의 심천(측심)측량에 관한 설명으로 틀린 것은?

① 심천측량은 하천의 수면으로부터 하저까지 깊이를 구하는 측량으로 횡단측량과 같이 행한다.
② 측심간(rod)에 의한 심천측량은 보통 수심 5m 정도의 얕은 곳에 사용한다.
③ 측심추(lead)로 관측이 불가능한 깊은 곳은 음향측심기를 사용한다.
④ 심천측량은 수위가 높은 장마철에 하는 것이 효과적이다.

해설 심천측량은 수위가 일정한 때 하는 것이 좋으며, 장마철에 하는 것은 비효과적이다.

22 곡선반지름 R, 교각 I인 단곡선을 설치할 때 각 요소의 계산공식으로 틀린 것은?

① $M=R\left(1-\sin\frac{I}{2}\right)$
② $T.L=R\tan\frac{I}{2}$
③ $C.L=\frac{\pi}{180°}RI$
④ $E=R\left(\sec\frac{I}{2}-1\right)$

해설 중앙종거$(M)=R\left(1-\cos\frac{I}{2}\right)$

23 수준측량과 관련된 용어에 대한 설명으로 틀린 것은?

① 수준면(level surface)은 각 점들이 중력방향에 직각으로 이루어진 곡면이다.
② 어느 지점의 표고(elevation)라 함은 그 지역 기준타원체로부터의 수직거리를 말한다.
③ 지구곡률을 고려하지 않는 범위에서는 수준면(level surface)을 평면으로 간주한다.
④ 지구의 중심을 포함한 평면과 수준면이 교차하는 선이 수준선(level line)이다.

해설 어느 지점의 표고(elevation)라 함은 그 지역 기준면(지오이드)으로부터의 수직거리를 말한다.

24 A, B 두 점에서 교호수준측량을 실시하여 다음의 결과를 얻었다. A점의 표고가 67.104m일 때 B점의 표고는? (단, a_1 =3.756m, a_2 =1.572m, b_1 =4.995m, b_2 =3.209m)

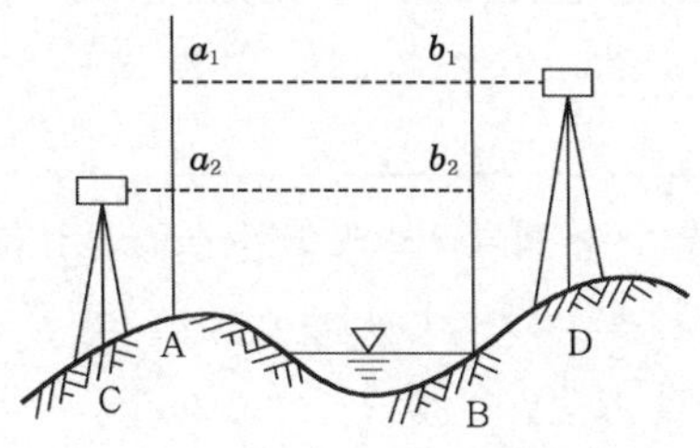

① 64.668m
② 65.666m
③ 68.542m
④ 69.089m

해설 $H=\frac{(a_1-b_1)+(a_2-b_2)}{2}=\frac{(3.756-4.995)+(1.572-3.209)}{2}=-1.438\text{m}$

$\therefore\ H_B=H_A+H=67.104-1.438=65.666\text{m}$

25 완화곡선에 대한 설명으로 옳지 않은 것은?

① 완화곡선의 곡선반지름은 시점에서 무한대, 종점에서 원곡선의 반지름 R로 된다.
② 클로소이드의 형식에는 S형, 복합형, 기본형 등이 있다.
③ 완화곡선의 접선은 시점에서 원호에, 종점에서 직선에 접한다.
④ 모든 클로소이드는 닮은 꼴이며, 클로소이드요소에는 길이의 단위를 가진 것과 단위가 없는 것이 있다.

해설 완화곡선의 성질

㉠ 곡선반지름은 완화곡선의 시점에서 무한대, 종점에서 원곡선의 반지름으로 된다.
㉡ 완화곡선의 접선은 시점에서 직선에, 종점에서 원호에 접한다.
㉢ 완화곡선에 연한 곡선반지름의 감소율은 캔트의 증가율과 같다.
㉣ 완화곡선의 종점의 캔트와 원곡선의 시점의 캔트는 같다.

26 토털스테이션으로 각을 측정할 때 기계의 중심과 측점이 일치하지 않아 0.5mm의 오차가 발생하였다면 각관측오차를 2″ 이하로 하기 위한 관측변의 최소 길이는?

① 82.51m ② 51.57m
③ 8.25m ④ 5.16m

해설 $\frac{\Delta l}{l}=\frac{\theta''}{\rho''}$

$\frac{0.0005}{l}=\frac{2''}{206,265''}$

$\therefore\ l=51.57\text{m}$

27 일반적으로 단열삼각망으로 구성하기에 가장 적합한 것은?

① 시가지와 같이 정밀을 요하는 골조측량 ② 복잡한 지형의 골조측량
③ 광대한 지역의 지형측량 ④ 하천조사를 위한 골조측량

해설 단열삼각망(삼각쇄)은 폭이 좁고 길이가 긴 도로, 하천, 철도 등의 측량을 시행할 경우에 주로 사용한다.

28 트래버스측량의 각관측방법 중 방위각법에 대한 설명으로 틀린 것은?

① 진북을 기준으로 어느 측선까지 시계방향으로 측정하는 방법이다.
② 방위각법에는 반전법과 부전법이 있다.
③ 각이 독립적으로 관측되므로 오차 발생 시 개별 각의 오차는 이후의 측량에 영향이 없다.
④ 각관측값의 계산과 제도가 편리하고 신속히 관측할 수 있다.

 정답 25. ③ 26. ② 27. ④ 28. ③

해설 교각법

㉠ 서로 이웃하는 측선이 이루는 각이다.
㉡ 각 측선이 그 전측선과 이루는 각이다.
㉢ 내각, 외각, 우측각, 좌측각, 우회각, 좌회각이 있다.
㉣ 각각 독립적으로 관측하므로 오차 발생 시 다른 각에 영향을 주지 않는다.
㉤ 각의 순서와 관계없이 관측이 가능하다.
㉥ 배각법에 의해서 정밀도를 높일 수 있다.
㉦ 계산이 복잡한 단점이 있다.
㉧ 우측각(−), 좌측각(+)이다.

29 지형의 표시법에서 자연적 도법에 해당하는 것은?

① 점고법 ② 등고선법
③ 영선법 ④ 채색법

해설 지형의 표시법

㉠ 자연적인 도법
- 우모법 : 선의 굵기와 길이로 지형을 표시하는 방법으로 경사가 급하면 굵고 짧게, 경사가 완만하면 가늘고 길게 표시한다.
- 영선법 : 태양광선이 서북쪽에서 45°로 비친다고 가정하고, 지표의 기복에 대해서 그 명암을 도상에 2~3색 이상으로 지형의 기복을 표시하는 방법이다.

㉡ 부호적 도법
- 점고법 : 지표면상에 있는 임의점의 표고를 도상에서 숫자로 표시해 지표를 나타내는 방법으로 하천, 항만, 해양 등의 심천을 나타내는 경우에 사용한다.
- 등고선법 : 등고선에 의하여 지표면의 형태를 표시하는 방법으로 비교적 지형을 쉽게 표현할 수 있어 가장 널리 쓰이는 방법이다.
- 채색법 : 지형도에 채색을 하여 지형을 표시하는 방법으로 높은 곳은 진하게, 낮은 곳은 연하게 표시하며 지리관계의 지도나 소축척지도에 사용된다.

30 척 1 : 5,000인 지형도에서 AB 사이의 수평거리가 2cm이면 AB의 경사는?

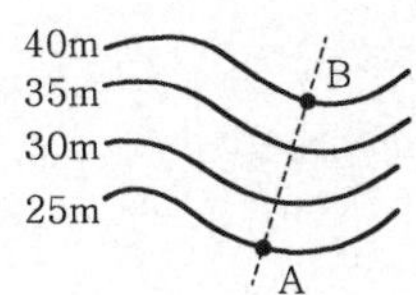

① 10% ② 15%
③ 20% ④ 25%

해설 ㉠ 수평거리$(D) = 5{,}000 \times 0.02 = 100\text{m}$

㉡ 경사도$(i) = \dfrac{H}{D} = \dfrac{15}{100} = 0.15 = 15\%$

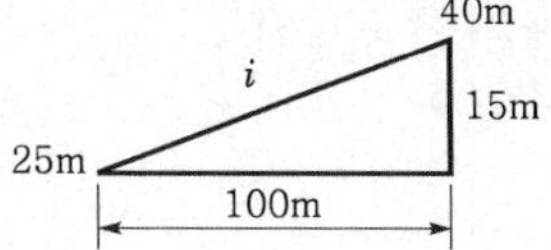

31 대단위 신도시를 건설하기 위한 넓은 지형의 정지공사에서 토량을 계산하고자 할 때 가장 적합한 방법은?

① 점고법 ② 비례 중앙법
③ 양단면 평균법 ④ 각주공식에 의한 방법

해설 점고법은 운동장이나 비행장과 같은 시설을 건설하기 위한 넓은 지형의 정지공사에서 토량을 계산할 때 적합한 방법이다.

$V=\frac{A}{4}(\Sigma h_1+2\Sigma h_2+3\Sigma h_3+4\Sigma h_4)$

32 평면측량에서 거리의 허용오차를 1/500,000까지 허용한다면 지구를 평면으로 볼 수 있는 한계는 몇 km인가? (단, 지구의 곡률반지름은 6,370km이다.)

① 22.07km ② 31.2km
③ 2,207km ④ 3,121km

해설 $\frac{\Delta l}{l}=\frac{L-l}{l}=\frac{l^2}{12R^2}=\frac{1}{M}$

$\frac{1}{500,000}=\frac{l^2}{12\times 6,370^2}$

$\therefore\ l=31.2\text{km}$(직경)

33 상차라고도 하며 그 크기와 방향(부호)이 불규칙적으로 발생하고 확률론에 의해 추정할 수 있는 오차는?

① 착오 ② 정오차
③ 개인오차 ④ 우연오차

해설 성질에 따른 분류

㉠ 정오차(계통오차)
- 오차 발생원인이 분명하다.
- 오차의 방향이 일정하여 제거할 수 있다.
- 측정횟수에 비례한다.
- $E=\delta n$

㉡ 우연오차(부정오차)
- 오차 발생원인이 불분명하다.
- 최소 제곱법에 의하여 소거한다.
- ±서로 상쇄되어 없어진다.
- 측정횟수의 제곱근에 비례한다.
- $E=\pm\delta\sqrt{n}$

㉢ 착오(과실) : 관측자의 기술 미흡, 심리상태의 혼란, 부주의 등으로 발생한다.

 정답 ▸▸ 31. ① 32. ② 33. ④

34 측점 A에 토털스테이션을 정치하고 B점에 설치한 프리즘을 관측하였다. 이때 기계고 1.7m, 고저각 +15°, 시준고 3.5m, 경사거리가 2,000m이었다면 두 측점의 고저차는?

① 512.438m ② 515.838m
③ 522.838m ④ 534.098m

해설 고저차 $= i + l\sin\theta - f = 1.7 + 2{,}000 \times \sin 15° - 3.5 = 515.838\text{m}$

35 종단 및 횡단수준측량에서 중간점이 많은 경우에 가장 편리한 야장기입법은?

① 고차식 ② 승강식
③ 기고식 ④ 간접식

해설 야장기입법
㉠ 고차식 : 전시와 후시만 있을 때 사용하며 2점 간의 고저차를 구할 경우 사용한다.
㉡ 기고식 : 중간점이 많을 때 적당하나 완전한 검산을 할 수 없는 단점이 있다.
㉢ 승강식 : 중간점이 많을 때 불편하나 완전한 검산을 할 수 있다.

36 축척 1 : 500 도상에서 3변의 길이가 각각 20.5cm, 32.4cm, 28.5cm인 삼각형 지형의 실제 면적은?

① 40.70m^2 ② 288.53m^2
③ $6{,}924.15\text{m}^2$ ④ $7{,}213.26\text{m}^2$

해설
㉠ $S = \frac{1}{2}(a+b+c) = \frac{1}{2} \times (20.5 + 32.4 + 28.5) = 40.7\text{cm}$
㉡ $A = \sqrt{S(S-a)(S-b)(S-c)} = \sqrt{40.7 \times (40.7-20.5) \times (40.7-32.4) \times (40.7-28.5)} = 288.53\text{cm}^2$
㉢ $\left(\frac{1}{m}\right)^2 = \frac{\text{도상면적}(A)}{\text{실제 면적}}$

$\left(\frac{1}{500}\right)^2 = \frac{288.53}{\text{실제 면적}}$

∴ 실제 면적 $= 7{,}213.26\text{m}^2$

37 GNSS측량에 대한 설명으로 옳지 않은 것은?

① 상대측위기법을 이용하면 절대측위보다 높은 측위정확도의 확보가 가능하다.
② GNSS측량을 위해서는 최소 4개의 가시위성(visible satellite)이 필요하다.
③ GNSS측량을 통해 수신기의 좌표뿐만 아니라 시계오차도 계산할 수 있다.
④ 위성의 고도각(elevation angle)이 낮은 경우 상대적으로 높은 측위정확도의 확보가 가능하다.

해설 위성의 고도각이 높은 경우 상대적으로 높은 측위정확도의 확보가 가능하다.

38 축척 1 : 20,000인 항공사진에서 굴뚝의 변위가 2.0mm이고 연직점에서 10cm 떨어져 나타났다면 굴뚝의 높이는? (단, 촬영카메라의 초점거리=15cm)

① 15m　② 30m
③ 60m　④ 80m

$$\Delta r = \frac{f}{H}\frac{h}{f}r = \frac{h}{H}r$$

$$\therefore\ h = \frac{\Delta r\,H}{r} = \frac{0.002\times(20{,}000\times0.15)}{0.1} = 60\text{m}$$

[참고] 대상물에 기복이 있는 경우 연직으로 촬영하여도 축척은 동일하지 않으며 사진면에서 연직점을 중심으로 방사상의 변위가 발생하는데, 이를 기복변위라 한다.

39 폐합트래버스에서 위거오차의 합이 −0.17m, 경거오차의 합이 0.22m이고 전 측선의 거리의 합이 252m일 때 폐합비는?

① 1/900　② 1/1,000
③ 1/1,100　④ 1/1,200

$$\text{폐합오차}(E) = \sqrt{\text{위거오차}^2 + \text{경거오차}^2} = \sqrt{(-0.17)^2 + 0.22^2} = 0.278\text{m}$$

$$\therefore\ \text{폐합비} = \frac{E}{\sum L} = \frac{0.278}{252} = \frac{1}{900}$$

40 곡선반지름이 500m인 단곡선의 종단현이 15.343m라면 종단현에 대한 편각은?

① 0°31′37″　② 0°43′19″
③ 0°52′45″　④ 1°04′26″

$$\delta_1 = \frac{l_1}{R}\frac{90°}{\pi} = \frac{15.343}{500}\times\frac{90°}{\pi} = 0°52'45''$$

제3과목 : 수리수문학

41 탱크 속에 깊이 2m의 물과 그 위에 비중 0.85의 기름이 4m 들어있다. 탱크 바닥에서 받는 압력을 구한 값은? (단, 물의 단위중량은 9.81kN/m³이다.)

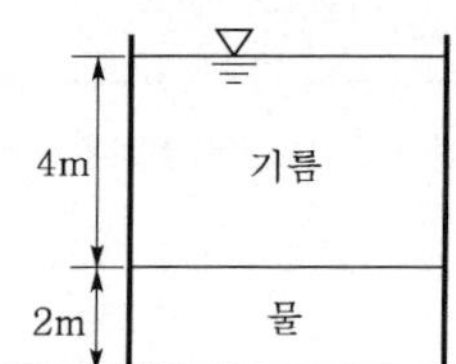

① 52.974kN/m²　② 53.974kN/m²
③ 54.974kN/m²　④ 55.974kN/m²

정답 ▸▸▸ 38. ③ 39. ① 40. ③ 41. ①

해설

㉠ 기름의 비중$=\dfrac{\text{단위중량}}{\text{물의 단위중량}}$

$0.85=\dfrac{\text{단위중량}}{9.81}$

$\therefore$ 단위중량$=8.339\text{kN/m}^3$

㉡ $P=w_1h_1+w_2h_2=8.339\times4+9.81\times2=52.976\text{kN/m}^2$

42 물이 유량 Q=0.06m^3/s로 60°의 경사평면에 충돌할 때 충돌 후의 유량 Q_1, Q_2는? (단, 에너지 손실과 평면의 마찰은 없다고 가정하고, 기타 조건은 일정하다.)

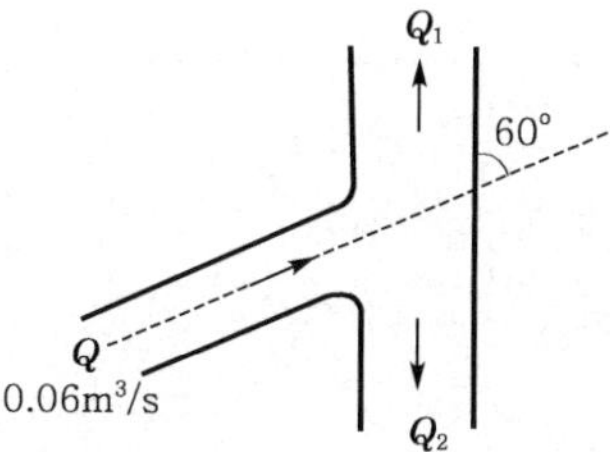

① Q_1 : 0.03m^3/s, Q_2 : 0.03m^3/s
② Q_1 : 0.035m^3/s, Q_2 : 0.025m^3/s
③ Q_1 : 0.040m^3/s, Q_2 : 0.020m^3/s
④ Q_1 : 0.045m^3/s, Q_2 : 0.015m^3/s

해설

㉠ $Q_1=\dfrac{Q}{2}(1+\cos\theta)=\dfrac{0.06}{2}\times(1+\cos60°)=0.045\text{m}^3/\text{s}$

㉡ $Q_2=\dfrac{Q}{2}(1-\cos\theta)=\dfrac{0.06}{2}\times(1-\cos60°)=0.015\text{m}^3/\text{s}$

43 1차원 정류흐름에서 단위시간에 대한 운동량방정식은? (단, F : 힘, m : 질량, V_1 : 초속도, V_2 : 종속도, Δt : 시간의 변화량, S : 변위, W : 물체의 중량)

① $F=WS$
② $F=m\Delta t$
③ $F=m\left(\dfrac{V_2-V_1}{S}\right)$
④ $F=m(V_2-V_1)$

44 동점성계수와 비중이 각각 0.0019m^2/s와 1.2인 액체의 점성계수 μ는? (단, 물의 밀도는 1,000kg/m^3)

① 1.9kgf · s/m^2
② 0.19kgf · s/m^2
③ 0.23kgf · s/m^2
④ 2.3kgf · s/m^2

해설

㉠ $\rho=\dfrac{w}{g}=\dfrac{1.2}{9.8}=0.1224\text{t}\cdot\text{s}^2/\text{m}^4$

㉡ $\nu=\dfrac{\mu}{\rho}$

$0.0019=\dfrac{\mu}{0.122}$

$\therefore \mu=2.32\times10^{-4}\text{t}\cdot\text{s/m}^2=0.232\text{kgf}\cdot\text{s/m}^2$

정답 42. ④ 43. ④ 44. ③

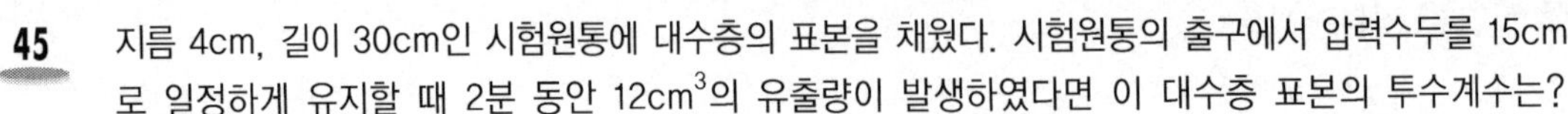

45 지름 4cm, 길이 30cm인 시험원통에 대수층의 표본을 채웠다. 시험원통의 출구에서 압력수두를 15cm로 일정하게 유지할 때 2분 동안 12cm³의 유출량이 발생하였다면 이 대수층 표본의 투수계수는?

① 0.008cm/s ② 0.016cm/s
③ 0.032cm/s ④ 0.048cm/s

해설 $Q=KiA$

$$\frac{12}{2\times60}=K\times\frac{15}{30}\times\frac{\pi\times4^2}{4}$$

$\therefore K=0.016\text{cm/s}$

46 폭 35cm인 직사각형 위어(weir)의 유량을 측정하였더니 0.03m³/s이었다. 월류수심의 측정에 1mm의 오차가 생겼다면 유량에 발생하는 오차는? (단, 유량계산은 프란시스(Francis)공식을 사용하고, 월류 시 단면 수축은 없는 것으로 가정한다.)

① 1.16% ② 1.50%
③ 1.67% ④ 1.84%

해설

㉠ $Q=1.84b_oh^{\frac{3}{2}}$

$0.03=1.84\times0.35\times h^{\frac{3}{2}}$

$\therefore h=0.13\text{m}$

㉡ $\frac{dQ}{Q}=\frac{3}{2}\frac{dh}{h}=\frac{3}{2}\times\frac{0.001}{0.13}=0.01154=1.154\%$

47 안지름 20cm인 관로에서 관의 마찰에 의한 손실수두가 속도수두와 같게 되었다면 이때 관로의 길이는? (단, 마찰저항계수 f=0.04이다.)

① 3m ② 4m
③ 5m ④ 6m

해설

$f\frac{l}{D}\frac{v^2}{2g}=\frac{v^2}{2g}$

$f\frac{l}{D}=1$

$0.04\times\frac{l}{0.2}=1$

$\therefore l=5\text{m}$

48 폭이 무한히 넓은 개수로의 동수반경(Hydraulic radius, 경심)은?

① 계산할 수 없다. ② 개수로의 폭과 같다.
③ 개수로의 면적과 같다. ④ 개수로의 수심과 같다.

해설 광폭($b\gg h$)인 경우 $R\fallingdotseq h$이다.

 정답 ▸▸▸ 45. ② 46. ① 47. ③ 48. ④

49 압력 150kN/m²를 수은기둥으로 계산한 높이는? (단, 수은의 비중은 13.57, 물의 단위중량은 9.81kN/m³이다.)

① 0.905m　　② 1.13m
③ 15m　　④ 203.5m

해설
$P=wh$
$150=(13.57\times9.81)\times h$
$\therefore h=1.13\text{m}$

50 수로폭이 3m인 직사각형 수로에 수심이 50cm로 흐를 때 흐름이 상류(subcritical flow)가 되는 유량은?

① $2.5\text{m}^3/\text{s}$　　② $4.5\text{m}^3/\text{s}$
③ $6.5\text{m}^3/\text{s}$　　④ $8.5\text{m}^3/\text{s}$

해설

$$F_r=\frac{V}{\sqrt{gh}}=\frac{\frac{Q}{3\times0.5}}{\sqrt{9.8\times0.5}}<1$$

$\therefore Q<3.32\text{m}^3/\text{s}$

51 관수로에서 관의 마찰손실계수가 0.02, 관의 지름이 40cm일 때 관내 물의 흐름이 100m를 흐르는 동안 2m의 마찰손실수두가 발생하였다면 관내의 유속은?

① 0.3m/s　　② 1.3m/s
③ 2.8m/s　　④ 3.8m/s

해설

$$h_L=f\frac{l}{D}\frac{V^2}{2g}$$

$$2=0.02\times\frac{100}{0.4}\times\frac{V^2}{2\times9.8}$$

$\therefore V=2.8\text{m/s}$

52 저수지에 설치된 나팔형 위어의 유량 Q와 월류수심 h와의 관계에서 완전월류상태는 $Q\propto h^{3/2}$이다. 불완전월류(수중위어)상태에서의 관계는?

① $Q\propto h^{-1}$　　② $Q\propto h^{1/2}$
③ $Q\propto h^{3/2}$　　④ $Q\propto h^{-1/2}$

해설 나팔형 위어

㉠ 입구부가 잠수되지 않은 상태(완전월류상태) : $Q=C2\pi rh^{\frac{3}{2}}$

㉡ 불완전월류상태 : $Q=C2\pi rh_a^{\frac{1}{2}}$

정답 ▶▶▶ 49. ② 50. ① 51. ③ 52. ②

53 다음 중 토양의 침투능(Infiltration Capacity) 결정방법에 해당되지 않는 것은?

① Philip공식 ② 침투계에 의한 실측법
③ 침투지수에 의한 방법 ④ 물수지원리에 의한 산정법

해설 침투능 결정법 : 침투지수법에 의한 방법, 침투계에 의한 방법, 경험공식에 의한 방법

54 원형관 내 층류영역에서 사용 가능한 마찰손실계수식은? (단, R_e : Reynolds수)

① $\frac{1}{R_e}$ ② $\frac{4}{R_e}$
③ $\frac{24}{R_e}$ ④ $\frac{64}{R_e}$

$R_e \le 2{,}000$일 때 $f=\frac{64}{R_e}$

55 다음 중 도수(跳水, hydraulic jump)가 생기는 경우는?

① 사류(射流)에서 사류(射流)로 변할 때 ② 사류(射流)에서 상류(常流)로 변할 때
③ 상류(常流)에서 상류(常流)로 변할 때 ④ 상류(常流)에서 사류(射流)로 변할 때

해설 사류에서 상류로 변할 때 불연속적으로 수면이 뛰는 현상을 도수라 한다.

56 다음 중 부정류흐름의 지하수를 해석하는 방법은?

① Theis방법 ② Dupuit방법
③ Thiem방법 ④ Laplace방법

해설 피압대수층 내 부정류흐름의 지하수 해석법 : Theis법, Jacob법, Chow법

57 1cm 단위도의 종거가 1, 5, 3, 1이다. 유효강우량이 10mm, 20mm 내렸을 때 직접유출수문곡선의 종거는? (단, 모든 시간간격은 1시간이다.)

① 1, 5, 3, 1, 1 ② 1, 5, 10, 9, 2
③ 1, 7, 13, 7, 2 ④ 1, 7, 13, 9, 2

해설

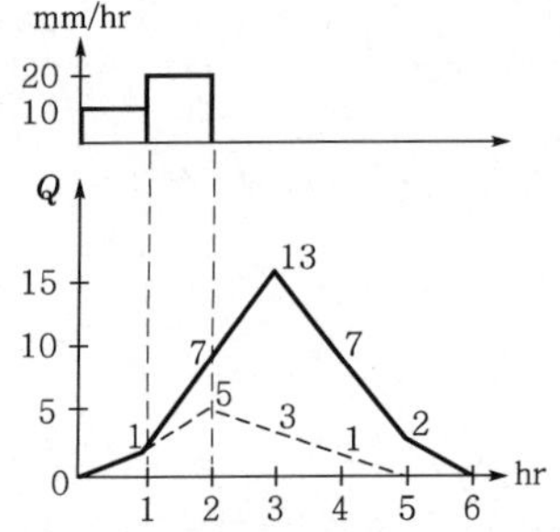

 정답 ▸▸▸ 53. ④ 54. ④ 55. ② 56. ① 57. ③

58 자연하천의 특성을 표현할 때 이용되는 하상계수에 대한 설명으로 옳은 것은?

① 최심하상고와 평형하상고의 비이다.
② 최대 유량과 최소 유량의 비로 나타낸다.
③ 개수 전과 개수 후의 수심변화량의 비를 말한다.
④ 홍수 전과 홍수 후의 하상변화량의 비를 말한다.

해설 하상계수$=\dfrac{\text{최대 유량}}{\text{최소 유량}}$

59 개수로의 흐름에 대한 설명으로 옳지 않은 것은?

① 사류(supercritical flow)에서는 수면변동이 일어날 때 상류(上流)로 전파될 수 없다.
② 상류(subcritical flow)일 때는 Froude수가 1보다 크다.
③ 수로경사가 한계경사보다 클 때 사류(supercritical flow)가 된다.
④ Reynolds수가 500보다 커지면 난류(turbulent flow)가 된다.

해설 개수로의 흐름
㉠ $F_r<1$이면 상류, $F_r>1$이면 사류이다.
㉡ $R_e<500$이면 층류, $R_e>500$이면 난류이다.

60 가능 최대 강수량(PMP)에 대한 설명으로 옳은 것은?

① 홍수량빈도 해석에 사용된다.
② 강우량과 장기변동성향을 판단하는 데 사용된다.
③ 최대 강우강도와 면적관계를 결정하는 데 사용된다.
④ 대규모 수공구조물의 설계홍수량을 결정하는 데 사용된다.

해설 최대 가능강수량(PMP)
㉠ 대규모 수공구조물을 설계할 때 기준으로 삼는 우량이다.
㉡ PMP로서 수공구조물의 크기(치수)를 결정한다.

제4과목 : 철근콘크리트 및 강구조

61 다음 그림과 같은 나선철근단주의 강도설계법에 의한 공칭축강도(P_n)는? (단, D32 1개의 단면적=794mm^2, f_{ck}=24MPa, f_y=400MPa)

① 2,648kN
② 3,254kN
③ 3,716kN
④ 3,972kN

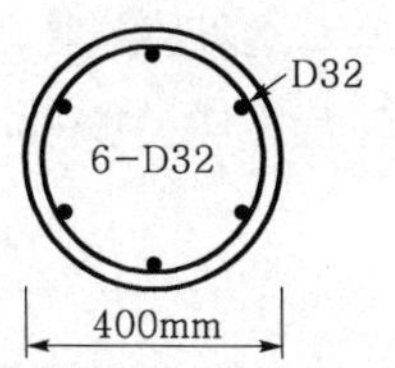

해설 $P_n=\alpha[0.8f_{ck}(A_g-A_{st})+f_yA_{st}]=0.85\times\left[0.8\times24\times\left(\dfrac{\pi\times400^2}{4}-794\times6\right)+400\times794\times6\right]\times10^{-3}=3{,}716\text{kN}$

정답 ▸▸▸ 58. ② 59. ② 60. ④ 61. ③

62 균형철근량보다 적고 최소 철근량보다 많은 인장철근을 가진 과소철근보가 휨에 의해 파괴될 때의 설명으로 옳은 것은?

① 인장측 철근이 먼저 항복한다.
② 압축측 콘크리트가 먼저 파괴된다.
③ 압축측 콘크리트와 인장측 철근이 동시에 항복한다.
④ 중립축이 인장측으로 내려오면서 철근이 먼저 파괴된다.

해설 ㉠ 과소철근보 : 인장측 철근 먼저 항복
㉡ 과다철근보 : 압축측 콘크리트 먼저 항복
㉢ 균형철근보 : 압축측 콘크리트와 인장측 철근 동시 항복

63 직접설계법에 의한 2방향 슬래브설계에서 전체 정적계수 휨모멘트(M_o)가 340kN · m로 계산되었을 때 내부경간의 부계수 휨모멘트는?

① 102kN · m ② 119kN · m
③ 204kN · m ④ 221kN · m

해설 직접설계법(정·부계수 휨모멘트) : 내부경간에서 전체 정적계수 휨모멘트 M_o의 분배
㉠ 부계수 휨모멘트 : $0.65M_o$
㉡ 정계수 휨모멘트 : $0.35M_o$
∴ 부계수 휨모멘트 $= 340 \times 0.65 = 221$kN · m

64 부재의 설계 시 적용되는 강도감소계수(ϕ)에 대한 설명으로 틀린 것은?

① 인장지배 단면에서의 강도감소계수는 0.85이다.
② 포스트텐션 정착구역에서 강도감소계수는 0.80이다.
③ 압축지배 단면에서 나선철근으로 보강된 철근콘크리트부재의 강도감소계수는 0.70이다.
④ 공칭강도에서 최외단 인장철근의 순인장변형률(ε_t)이 압축지배와 인장지배 단면 사이일 경우에는 ε_t가 압축지배변형률한계에서 인장지배변형률한계로 증가함에 따라 ϕ값을 압축지배 단면에 대한 값에서 0.85까지 증가시킨다.

해설 포스트텐션 정착구역 : $\phi = 0.85$

65 b_w =400mm, d =700mm인 보에 f_y =400MPa인 D16 철근을 인장주철근에 대한 경사각 $\alpha =$ 60°인 U형 경사스터럽으로 설치했을 때 전단철근에 의한 전단강도(V_s)는? (단, 스터럽간격 $s =$ 300mm, D16 철근 1본의 단면적은 199mm^{2}이다.)

① 253.7kN ② 321.7kN
③ 371.5kN ④ 507.4kN

해설
$$V_s = \frac{d}{s} A_v f_y (\sin\alpha + \cos\alpha) = \frac{700}{300} \times (2 \times 199) \times 400 \times (\sin 60° + \cos 60°) = 507{,}433\text{N} = 507.4\text{kN}$$

 정답 ▸▸▸ 62. ① 63. ④ 64. ② 65. ④

66 다음 그림과 같은 필릿용접의 유효목두께로 옳게 표시된 것은? (단, KDS 14 30 25 강구조 연결 설계기준(허용응력설계법)에 따른다.)

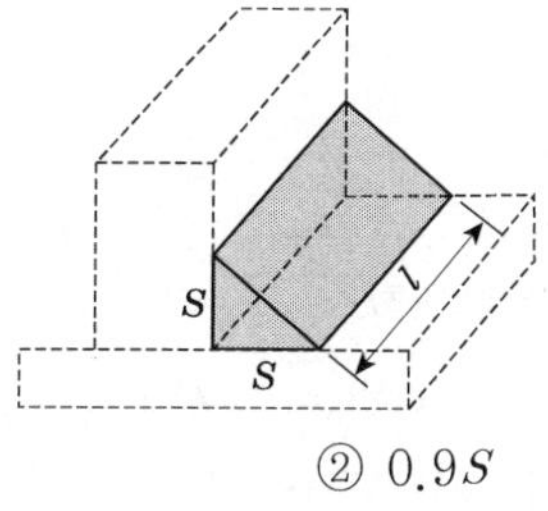

① S　　② $0.9S$
③ $0.7S$　　④ $0.5l$

$\sin 45° = \dfrac{a}{S}$

$\therefore a = \sin 45° S = \dfrac{1}{\sqrt{2}} S = 0.7S$

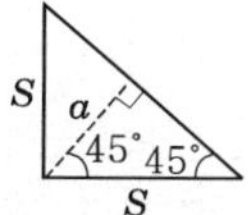

67 강도설계법에 의한 콘크리트구조설계에서 변형률 및 지배 단면에 대한 설명으로 틀린 것은?

① 인장철근이 설계기준항복강도 f_y에 대응하는 변형률에 도달하고 동시에 압축콘크리트가 가정된 극한변형률에 도달할 때 그 단면이 균형변형률상태에 있다고 본다.
② 압축연단콘크리트가 가정된 극한변형률에 도달할 때 최외단 인장철근의 순인장변형률 ε_t가 0.0025의 인장지배변형률한계 이상인 단면을 인장지배 단면이라고 한다.
③ 압축연단콘크리트가 가정된 극한변형률에 도달할 때 최외단 인장철근의 순인장변형률 ε_t가 압축지배변형률한계 이하인 단면을 압축지배 단면이라고 한다.
④ 순인장변형률 ε_t가 압축지배변형률한계와 인장지배변형률한계 사이인 단면은 변화구간 단면이라고 한다.

해설 압축연단콘크리트가 가정된 극한변형률에 도달할 때 최외단 인장철근의 순인장변형률 ε_t가 0.005 이상인 단면이다.

[참고] 인장지배 단면조건
㉠ $f_y \leq 400\text{MPa} : \varepsilon_t \geq 0.005$
㉡ $f_y > 400\text{MPa} : \varepsilon_t \geq 2.5\varepsilon_y$

68 경간이 8m인 단순 프리스트레스트 콘크리트보에 등분포하중(고정하중과 활하중의 합)이 $w=$ 30kN/m 작용할 때 중앙 단면 콘크리트 하연에서의 응력이 0이 되려면 PS강재에 작용되어야 할 프리스트레스힘(P)은? (단, PS강재는 단면 중심에 배치되어 있다.)

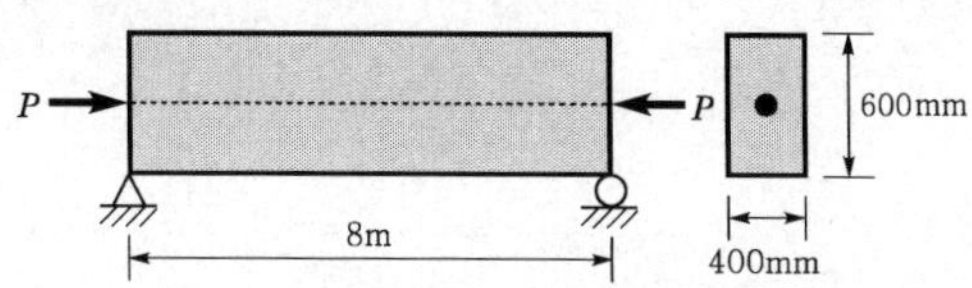

① 2,400kN　　② 3,500kN
③ 4,000kN　　④ 4,920kN

해설

$$M=\frac{wl^2}{8}=\frac{30\times8^2}{8}=240\text{kN}\cdot\text{m}$$

$$f=\frac{P}{A}-\frac{M}{I}y=\frac{P}{bh}-\frac{6M}{bh^2}=0$$

$$\therefore\ P=\frac{6M}{h}=\frac{6\times240}{0.6}=2{,}400\text{kN}$$

69 표피철근(skin reinforcement)에 대한 설명으로 옳은 것은?

① 상하기둥연결부에서 단면치수가 변하는 경우에 구부린 주철근이다.

② 비틀림모멘트가 크게 일어나는 부재에서 이에 저항하도록 배치되는 철근이다.

③ 건조 수축 또는 온도변화에 의하여 콘크리트에 발생하는 균열을 방지하기 위한 목적으로 배치되는 철근이다.

④ 주철근이 단면의 일부에 집중배치된 경우일 때 부재의 측면에 발생 가능한 균열을 제어하기 위한 목적으로 주철근위치에서부터 중립축까지의 표면 근처에 배치하는 철근이다.

해설 표피철근 : 부재 측면에 균열제어의 목적으로 주철근위치부터 중립축까지 표면 근처에 배치하는 철근 (2021년 개념 변경)

70 옹벽의 설계에 대한 설명으로 틀린 것은?

① 무근콘크리트옹벽은 부벽식 옹벽의 형태로 설계하여야 한다.

② 활동에 대한 저항력은 옹벽에 작용하는 수평력의 1.5배 이상이어야 한다.

③ 저판의 뒷굽판은 정확한 방법이 사용되지 않는 한 뒷굽판 상부에 재하되는 모든 하중을 지지하도록 설계하여야 한다.

④ 부벽식 옹벽의 저판은 정밀한 해석이 사용되지 않는 한 부벽 사이의 거리를 경간으로 가정한 고정보 또는 연속보로 설계할 수 있다.

해설 저판, 전면벽, 앞부벽 및 뒷부벽 등 옹벽구조별 설계법이 다르다.

71 압축철근비가 0.01이고, 인장철근비가 0.003인 철근콘크리트보에서 장기추가처짐에 대한 계수(λ_Δ)의 값은? (단, 하중재하기간은 5년 6개월이다.)

① 0.66　　② 0.80

③ 0.93　　④ 1.33

해설

$$\lambda_\Delta=\frac{\xi}{1+50\rho'}=\frac{2}{1+50\times0.01}=1.333$$

 정답 ▸▸▸ 69. ④ 70. ① 71. ④

72 다음 그림과 같은 맞대기 용접의 인장응력은?

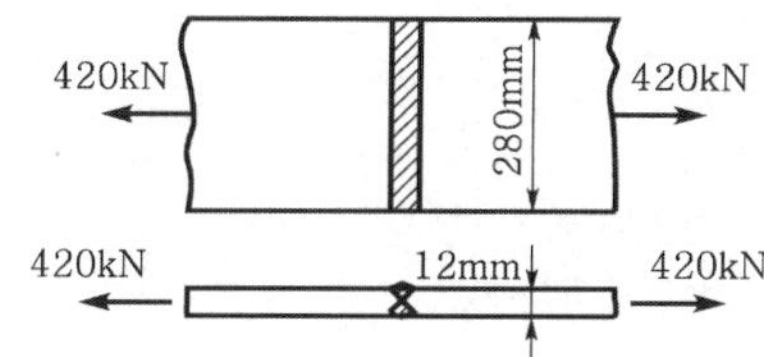

① 25MPa
② 125MPa
③ 250MPa
④ 1,250MPa

해설 $f=\dfrac{P}{\Sigma a l_e}=\dfrac{420,000}{12\times 280}=125\text{MPa}$

73 다음 그림과 같은 단순 프리스트레스트 콘크리트보에서 등분포하중(자중 포함) w=30kN/m가 작용하고 있다. 프리스트레스에 의한 상향력과 이 등분포하중이 평형을 이루기 위해서는 프리스트레스힘 (P)을 얼마로 도입해야 하는가?

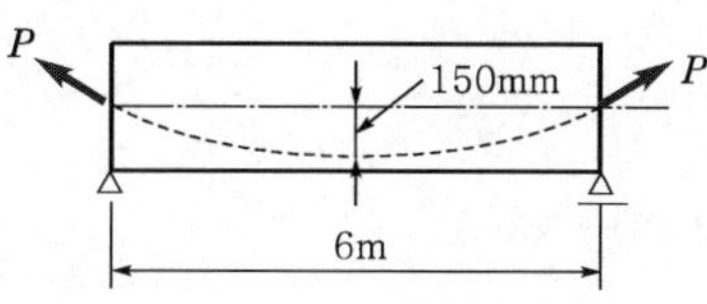

① 900kN
② 1,200kN
③ 1,500kN
④ 1,800kN

해설
$$M=Ps=\frac{wl^2}{8}$$
$$\therefore P=\frac{wl^2}{8s}=\frac{30\times 6^2}{8\times 0.15}=900\text{kN}$$

74 철근의 이음방법에 대한 설명으로 틀린 것은? (단, l_d는 정착길이)

① 인장을 받는 이형철근의 겹침이음길이는 A급 이음과 B급 이음으로 분류하며, A급 이음은 $1.0l_d$ 이상, B급 이음은 $1.3l_d$ 이상이며, 두 가지 경우 모두 300mm 이상이어야 한다.
② 인장이형철근의 겹침이음에서 A급 이음은 배치된 철근량이 이음부 전체 구간에서 해석결과 요구되는 소요철근량의 2배 이상이고, 소요겹침이음길이 내 겹침이음된 철근량이 전체 철근량의 1/2 이하인 경우이다.
③ 서로 다른 크기의 철근을 압축부에서 겹침이음하는 경우 D41과 D51 철근은 D35 이하 철근과의 겹침이음은 허용할 수 있다.
④ 휨부재에서 서로 직접 접촉되지 않게 겹침이음된 철근은 횡방향으로 소요겹침이음길이의 1/3 또는 200mm 중 작은 값 이상 떨어지지 않아야 한다.

해설 휨부재에서 서로 직접 접촉되지 않게 겹침이음된 철근은 횡방향으로 소요겹침이음길이의 1/5 또는 150mm 중 작은 값 이상 떨어지지 않아야 한다.

정답 ▸▸▸ 72. ② 73. ① 74. ④

75 옹벽에서 T형보로 설계하여야 하는 부분은?

① 뒷부벽식 옹벽의 전면벽 ② 뒷부벽식 옹벽의 뒷부벽
③ 앞부벽식 옹벽의 저판 ④ 앞부벽식 옹벽의 앞부벽

해설 ㉠ 뒷부벽 : T형보로 설계(인장철근)
㉡ 앞부벽 : 직사각형 보로 설계(압축철근)

76 다음 그림과 같은 필릿용접에서 일어나는 응력으로 옳은 것은? (단, KDS 14 30 25 강구조 연결 설계기준(허용응력설계법)에 따른다.)

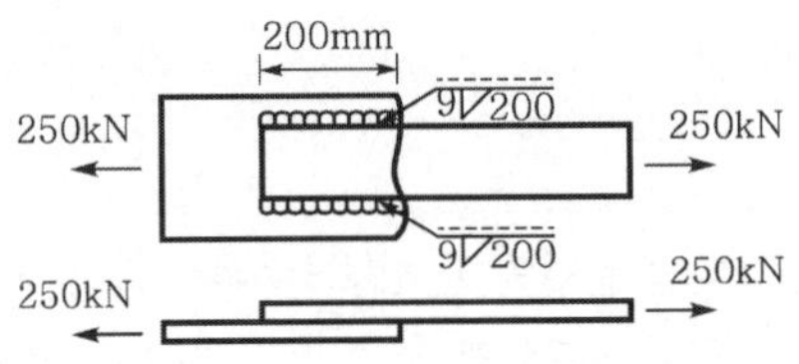

① 82.3MPa ② 95.05MPa
③ 109.02MPa ④ 130.25MPa

해설 $a = 0.7s = 0.7 \times 9 = 6.3\text{mm}$

$l_e = 2(l - 2s) = 2 \times (200 - 2 \times 9) = 364\text{mm}$

$$\therefore f = \frac{P}{\sum a l_e} = \frac{250 \times 10^3}{6.3 \times 364} = 109.02\text{MPa}$$

77 강도설계법에 대한 기본가정으로 틀린 것은?

① 철근과 콘크리트의 변형률은 중립축부터 거리에 비례한다.
② 콘크리트의 인장강도는 철근콘크리트부재 단면의 축강도와 휨강도 계산에서 무시한다.
③ 철근의 응력이 설계기준항복강도 f_y 이하일 때 철근의 응력은 그 변형률에 관계없이 f_y와 같다고 가정한다.
④ 휨모멘트 또는 휨모멘트와 축력을 동시에 받는 부재의 콘크리트압축연단의 극한변형률은 콘크리트의 설계기준압축강도가 40MPa 이하인 경우에는 0.0033으로 가정한다.

해설 항복강도 f_y 이하에서의 철근응력은 변형률에 E_s배로 취한다. 즉 $f_s = E_s \varepsilon_s$이다.

78 철근콘크리트구조물의 전단철근에 대한 설명으로 틀린 것은?

① 전단철근의 설계기준항복강도는 450MPa을 초과할 수 없다.
② 전단철근으로서 스터럽과 굽힘철근을 조합하여 사용할 수 있다.
③ 주인장철근에 45° 이상의 각도로 설치되는 스터럽은 전단철근으로 사용할 수 있다.
④ 경사스터럽과 굽힘철근은 부재 중간 높이인 $0.5d$에서 반력점방향으로 주인장철근까지 연장된 45°선과 한번 이상 교차되도록 배치하여야 한다.

 정답 ▸▸▸ 75. ② 76. ③ 77. ③ 78. ①

해설 철근의 설계기준항복강도

㉠ 휨철근 : $f_y \le 600\text{MPa}$

㉡ 전단철근 : $f_y \le 500\text{MPa}$

79 프리스트레스트 콘크리트(PSC)에 대한 설명으로 틀린 것은?

① 프리캐스트를 사용할 경우 거푸집 및 동바리공이 불필요하다.
② 콘크리트 전 단면을 유효하게 이용하여 철근콘크리트(RC)부재보다 경간을 길게 할 수 있다.
③ 철근콘크리트(RC)에 비해 단면이 작아서 변형이 크고 진동하기 쉽다.
④ 철근콘크리트(RC)보다 내화성에 있어서 유리하다.

해설 고온(400℃ 이상)에서는 고강도 강재의 강도가 저하되므로 내화성이 떨어진다.

80 나선철근기둥의 설계에 있어서 나선철근비(ρ_s)를 구하는 식으로 옳은 것은? (단, A_g : 기둥의 총단면적, A_{ch} : 나선철근기둥의 심부 단면적, f_{yt} : 나선철근의 설계기준항복강도, f_{ck} : 콘크리트의 설계기준압축강도)

① $0.45\left(\dfrac{A_g}{A_{ch}}-1\right)\dfrac{f_{yt}}{f_{ck}}$
② $0.45\left(\dfrac{A_g}{A_{ch}}-1\right)\dfrac{f_{ck}}{f_{yt}}$
③ $0.45\left(1-\dfrac{A_g}{A_{ch}}\right)\dfrac{f_{ck}}{f_{yt}}$
④ $0.85\left(\dfrac{A_{ch}}{A_g}-1\right)\dfrac{f_{ck}}{f_{yt}}$

해설

$$\rho_s = 0.45\left(\frac{A_g}{A_{ch}}-1\right)\frac{f_{ck}}{f_{yt}} = 0.45\left(\frac{D^2}{D_c^{\ 2}}-1\right)\frac{f_{ck}}{f_{yt}}$$

제5과목 : 토질 및 기초

81 다음 그림과 같은 지반에서 재하 순간 수주(水柱)가 지표면(지하수위)으로부터 5m이었다. 40% 압밀이 일어난 후 A점에서의 전체 간극수압은? (단, 물의 단위중량은 9.81kN/m^{3}이다.)

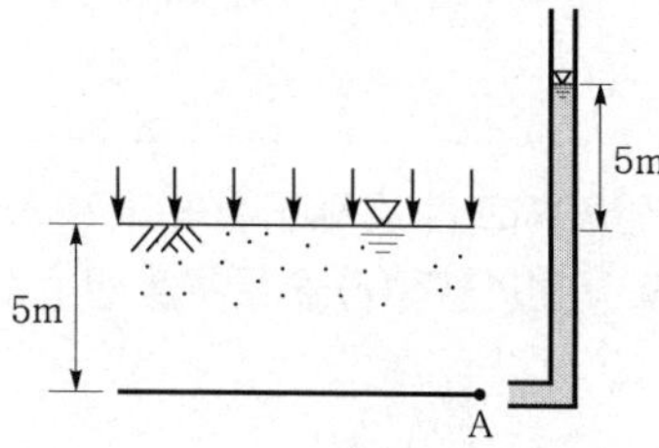

① 19.62kN/m^2
② 29.43kN/m^2
③ 49.05kN/m^2
④ 78.48kN/m^2

해설 ㉠ $u_i=\gamma_w h=9.81\times5=49.05\text{kN/m}^2$

㉡ $u_z=\dfrac{u_i-u}{u_i}\times100$

$40=\dfrac{49.05-u}{49.05}\times100$

$\therefore u=29.43\text{kN/m}^2$

㉢ 재하하기 이전의 간극수압 : $u=\gamma_w h=9.81\times5=49.05\text{kN/m}^2$

㉣ 전체 간극수압$=49.05+29.43=78.48\text{kN/m}^2$

82 다짐곡선에 대한 설명으로 틀린 것은?

① 다짐에너지를 증가시키면 다짐곡선은 왼쪽 위로 이동하게 된다.
② 사질성분이 많은 시료일수록 다짐곡선은 오른쪽 위에 위치하게 된다.
③ 점성분이 많은 흙일수록 다짐곡선은 넓게 퍼지는 형태를 가지게 된다.
④ 점성분이 많은 흙일수록 오른쪽 아래에 위치하게 된다.

해설 사질성분이 많은 흙일수록 다짐곡선은 좌측 상단에 위치한다.

83 두께 2cm의 점토시료의 압밀시험결과 전 압밀량의 90%에 도달하는데 1시간이 걸렸다. 만일 같은 조건에서 같은 점토로 이루어진 2m의 토층 위에 구조물을 축조한 경우 최종 침하량의 90%에 도달하는 데 걸리는 시간은?

① 약 250일
② 약 368일
③ 약 417일
④ 약 525일

해설

㉠ $t_{90}=\dfrac{0.848H^2}{C_v}$

$1=\dfrac{0.848\times\left(\dfrac{0.02}{2}\right)^2}{C_v}$

$\therefore C_v=8.48\times10^{-5}\text{m}^2\text{/h}$

㉡ $t_{90}=\dfrac{0.848H^2}{C_v}=\dfrac{0.848\times\left(\dfrac{2}{2}\right)^2}{8.48\times10^{-5}}=10{,}000\text{시간}=416.67\text{일}$

84 Coulomb토압에서 옹벽배면의 지표면 경사가 수평이고, 옹벽배면벽체의 기울기가 연직인 벽체에서 옹벽과 뒤채움 흙 사이의 벽면마찰각(δ)을 무시할 경우 Coulomb토압과 Rankine토압의 크기를 비교할 때 옳은 것은?

① Rankine토압이 Coulomb토압보다 크다.
② Coulomb토압이 Rankine토압보다 크다.
③ Rankine토압과 Coulomb토압의 크기는 항상 같다.
④ 주동토압은 Rankine토압이 더 크고, 수동토압은 Coulomb토압이 더 크다.

 정답 ▶▶▶ 82. ② 83. ③ 84. ③

해설 Rankine토압에서는 옹벽의 벽면과 흙의 마찰을 무시하였고, Coulomb토압에서는 고려하였다. 문제에서는 옹벽의 벽면과 흙의 마찰각을 무시하는 경우이므로 Rankine토압과 Coulomb토압은 같다.

85 유효응력에 대한 설명으로 틀린 것은?

① 항상 전응력보다는 작은 값이다.
② 점토지반의 압밀에 관계되는 응력이다.
③ 건조한 지반에서는 전응력과 같은 값으로 본다.
④ 포화된 흙인 경우 전응력에서 간극수압을 뺀 값이다.

해설 모관 상승영역에서는 유효응력이 전응력보다 크다.

86 다음 그림에서 투수계수 $K=4.8\times10^{-3}$cm/s일 때 Darcy유출속도(V)와 실제 물의 속도(침투속도, V_s)는?

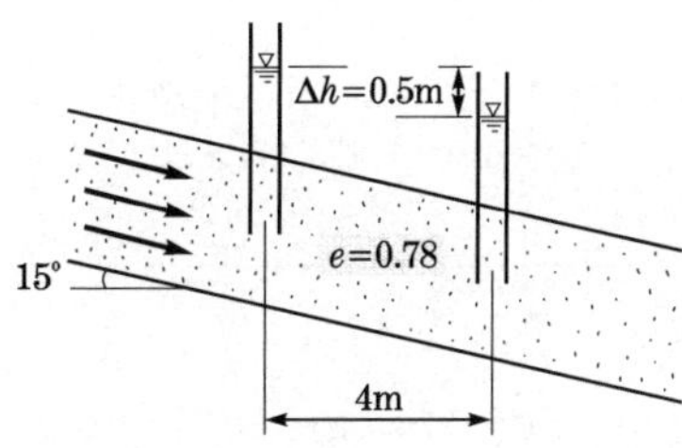

① $V=3.4\times10^{-4}$cm/s, $V_s=5.6\times10^{-4}$cm/s
② $V=3.4\times10^{-4}$cm/s, $V_s=9.4\times10^{-4}$cm/s
③ $V=5.8\times10^{-4}$cm/s, $V_s=10.8\times10^{-4}$cm/s
④ $V=5.8\times10^{-4}$cm/s, $V_s=13.2\times10^{-4}$cm/s

해설 ㉠ $V=Ki=K\dfrac{h}{L}=(4.8\times10^{-3})\times\dfrac{50}{\dfrac{400}{\cos 15°}}=5.8\times10^{-4}\text{cm/s}$

㉡ $n=\dfrac{e}{1+e}=\dfrac{0.78}{1+0.78}=0.438$

㉢ $V_s=\dfrac{V}{n}=\dfrac{5.8\times10^{-4}}{0.438}=13.2\times10^{-4}\text{cm/s}$

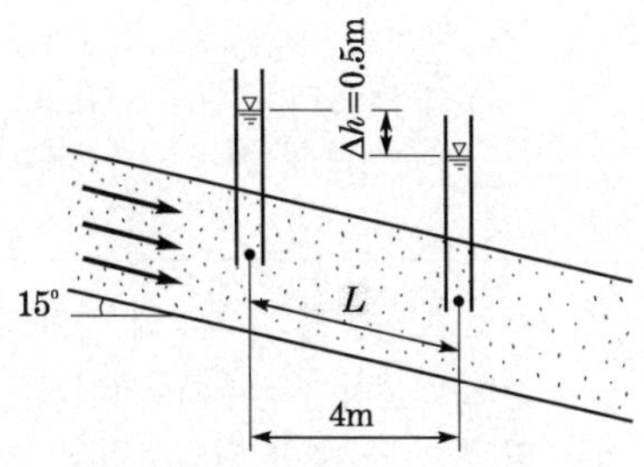

87 포화상태에 있는 흙의 함수비가 40%이고, 비중이 2.60이다. 이 흙의 간극비는?

① 0.65
② 0.065
③ 1.04
④ 1.40

해설 $Se=wG_s$

$1\times e=0.4\times2.6$

$\therefore e=1.04$

정답 ▸▸▸ 85. ① 86. ④ 87. ③

88 포화된 점토에 대한 일축압축시험에서 파괴 시 축응력이 0.2MPa일 때 이 점토의 점착력은?

① 0.1MPa ② 0.2MPa
③ 0.4MPa ④ 0.6MPa

해설

$q_u = 2c\tan\left(45° + \frac{\phi}{2}\right)$

$0.2 = 2c \times \tan(45° + 0)$

$\therefore c = 0.1\text{MPa}$

89 포화된 점토지반에 성토하중으로 어느 정도 압밀된 후 급속한 파괴가 예상될 때 이용해야 할 강도정수를 구하는 시험은?

① CU-test ② UU-test
③ UC-test ④ CD-test

해설 압밀비배수시험(CU-test)
㉠ 프리로딩(pre-loading)공법으로 압밀된 후 급격한 재하 시의 안정 해석에 사용
㉡ 성토하중에 의해 어느 정도 압밀된 후에 갑자기 파괴가 예상되는 경우

90 보링(boring)에 대한 설명으로 틀린 것은?

① 보링(boring)에는 회전식(rotary boring)과 충격식(percussion boring)이 있다.
② 충격식은 굴진속도가 빠르고 비용도 싸지만 분말상의 교란된 시료만 얻어진다.
③ 회전식은 시간과 공사비가 많이 들 뿐만 아니라 확실한 코어(core)도 얻을 수 없다.
④ 보링은 지반의 상황을 판단하기 위해 실시한다.

해설 보링(boring)
㉠ 오거보링(auger boring) : 인력으로 행한다.
㉡ 충격식 보링(percussion boring) : core채취가 불가능하다.
㉢ 회전식 보링(rotary boring) : 거의 모든 지반에 적용되고 충격식 보링에 비해 공사비가 비싸지만 굴진성능이 우수하며 확실한 core를 채취할 수 있고 공저지반의 교란이 적으므로 최근에 대부분 이 방법을 사용하고 있다.

91 수조에 상방향의 침투에 의한 수두를 측정한 결과 다음 그림과 같이 나타났다. 이때 수조 속에 있는 흙에 발생하는 침투력을 나타낸 식은? (단, 시료의 단면적은 A, 시료의 길이는 L, 시료의 포화단위중량은 γ_{sat}, 물의 단위중량은 γ_w이다.)

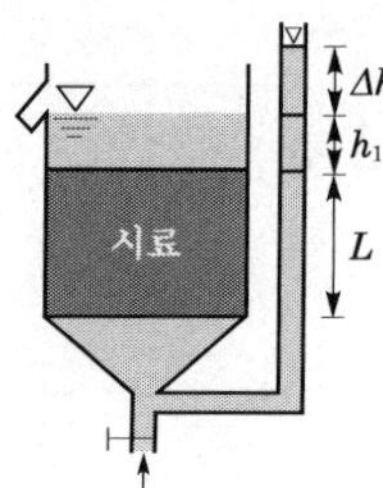

① $\Delta h \gamma_w A$

② $\Delta h \gamma_w \frac{A}{L}$

③ $\Delta h \gamma_{sat} A$

④ $\frac{\gamma_{sat}}{\gamma_w} A$

해설 $F = \gamma_w \Delta h A$

 정답 88. ① 89. ① 90. ③ 91. ①

92 4m×4m 크기인 정사각형 기초를 내부마찰각 ϕ=20°, 점착력 c=30kN/m^{2}인 지반에 설치하였다. 흙의 단위중량 γ=19kN/m^{3}이고 안전율(F_s)을 3으로 할 때 Terzaghi 지지력공식으로 기초의 허용하중을 구하면? (단, 기초의 근입깊이는 1m이고 전반전단파괴가 발생한다고 가정하며 지지력계수 N_c=17.69, N_q=7.44, N_γ=4.97이다.)

① 3,780kN　② 5,239kN
③ 6,750kN　④ 8,140kN

해설 ㉠ 정사각형 기초이므로 α=1.3, β=0.4이다.

$$q_u = \alpha c N_c + \beta B \gamma_1 N_\gamma + D_f \gamma_2 N_q = 1.3\times30\times17.69 + 0.4\times4\times19\times4.97 + 1\times19\times7.44 = 982.36\text{kN/m}^2$$

㉡ $q_a = \dfrac{q_u}{F_s} = \dfrac{982.36}{3} = 327.45\text{kN/m}^2$

㉢ $q_a = \dfrac{P}{A}$

$$327.45 = \frac{P}{4\times4}$$

$\therefore P = 5,239.2\text{kN}$

93 말뚝에서 부주면마찰력에 대한 설명으로 틀린 것은?

① 아래쪽으로 작용하는 마찰력이다.
② 부주면마찰력이 작용하면 말뚝의 지지력은 증가한다.
③ 압밀층을 관통하여 견고한 지반에 말뚝을 박으면 일어나기 쉽다.
④ 연약지반에 말뚝을 박은 후 그 위에 성토를 하면 일어나기 쉽다.

해설 부마찰력

㉠ 부마찰력이 발생하면 말뚝의 지지력은 크게 감소한다($R_u = R_p - R_{nf}$).

㉡ 부마찰력은 압밀침하를 일으키는 연약점토층을 관통하여 지지층에 도달한 지지말뚝의 경우나 연약점토지반에 말뚝을 항타한 다음 그 위에 성토를 한 경우 등일 때 발생한다.

94 지반개량공법 중 연약한 점성토 지반에 적당하지 않은 것은?

① 치환공법　② 침투압공법
③ 폭파다짐공법　④ 샌드드레인공법

해설 점성토지반개량공법 : 치환공법, Preloading공법(사전압밀공법), Sand drain공법, Paper drain공법, 전기침투공법, 침투압공법(MAIS공법), 생석회말뚝(Chemico pile)공법

95 표준관입시험에 대한 설명으로 틀린 것은?

① 표준관입시험의 N값으로 모래지반의 상대밀도를 추정할 수 있다.
② 표준관입시험의 N값으로 점토지반의 연경도를 추정할 수 있다.
③ 지층의 변화를 판단할 수 있는 시료를 얻을 수 있다.
④ 모래지반에 대해서 흐트러지지 않은 시료를 얻을 수 있다.

해설 표준관입시험은 동적인 사운딩으로서 교란된 시료가 얻어진다.

정답 ▸▸▸ 92. ② 93. ② 94. ③ 95. ④

96 하중이 완전히 강성(剛性)인 푸팅(Footing)기초판을 통하여 지반에 전달되는 경우의 접지압(또는 지반반력)분포로 옳은 것은?

① 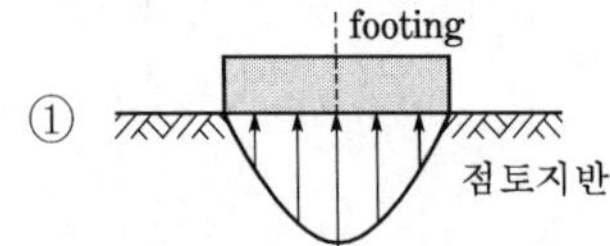

② 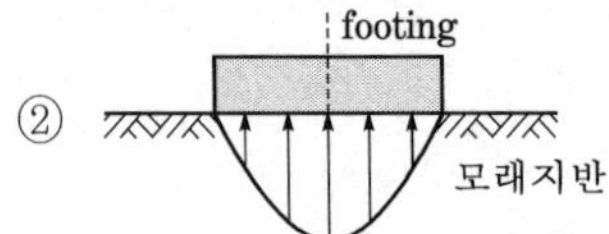

③ 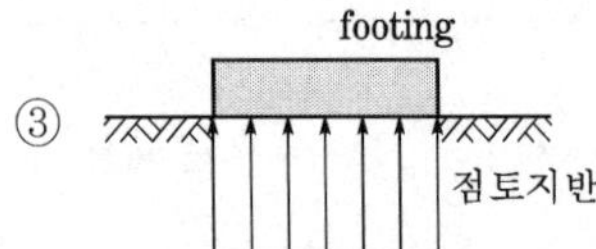

④ 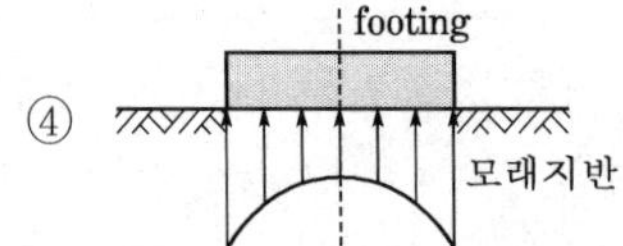

해설 ㉠ 강성기초

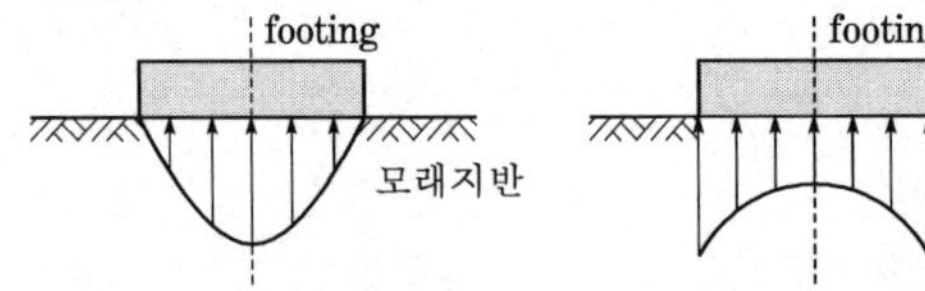

㉡ 휨성기초

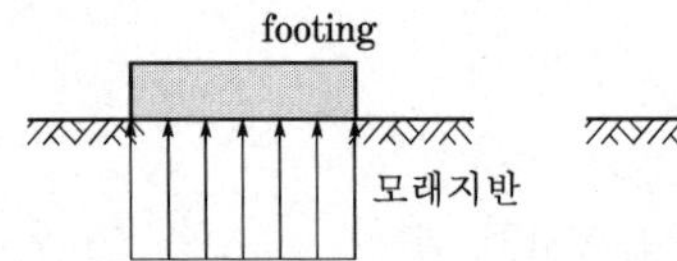

97 자연상태의 모래지반을 다져 e_{min}에 이르도록 했다면 이 지반의 상대밀도는?

① 0%　② 50%
③ 75%　④ 100%

해설

$$D_r = \frac{e_{max} - e}{e_{max} - e_{min}} \times 100 = \frac{e_{max} - e_{min}}{e_{max} - e_{min}} \times 100 = 100\%$$

98 현장 도로토공에서 모래치환법에 의한 흙의 밀도시험결과 흙을 파낸 구멍의 체적과 파낸 흙의 질량은 각각 1,800cm^3, 3,950g이었다. 이 흙의 함수비는 11.2%이고, 흙의 비중은 2.65이다. 실내시험으로부터 구한 최대 건조밀도가 2.05g/cm^{3}일 때 다짐도는?

① 92%　② 94%
③ 96%　④ 98%

해설

㉠ $\gamma_t = \frac{W}{V} = \frac{3,950}{1,800} = 2.19\text{g/cm}^3$

㉡ $\gamma_d = \frac{\gamma_t}{1 + \frac{w}{100}} = \frac{2.19}{1 + \frac{11.2}{100}} = 1.97\text{g/cm}^3$

㉢ $C_d = \frac{\gamma_d}{\gamma_{d\max}} \times 100 = \frac{1.97}{2.05} \times 100 = 96.1\%$

 정답 ▸▸▸ 96. ② 97. ④ 98. ③

99 다음 중 사면의 안정 해석방법이 아닌 것은?

① 마찰원법
② 비숍(Bishop)의 방법
③ 펠레니우스(Fellenius)방법
④ 테르자기(Terzaghi)의 방법

해설 유한사면의 안정 해석(원호파괴)
㉠ 질량법 : $\phi=0$ 해석법, 마찰원법
㉡ 분할법 : Fellenius방법, Bishop방법, Spencer방법

100 다음 그림과 같은 지반에서 $x-x'$ 단면에 작용하는 유효응력은? (단, 물의 단위중량은 9.81kN/m^{3}이다.)

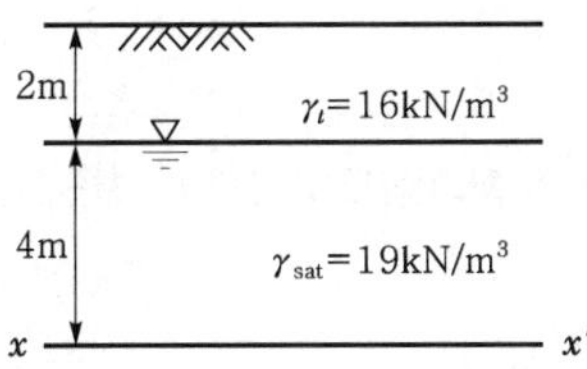

① 46.7kN/m^2
② 68.8kN/m^2
③ 90.5kN/m^2
④ 108kN/m^2

해설 ㉠ $\sigma=16\times2+19\times4=108\text{kN/m}^2$
㉡ $u=9.81\times4=39.24\text{kN/m}^2$
㉢ $\bar{\sigma}=108-39.24=69.76\text{kN/m}^2$

제6과목 : 상하수도공학

101 공동현상(cavitation)의 방지책에 대한 설명으로 옳지 않은 것은?

① 마찰손실을 작게 한다.
② 흡입양정을 작게 한다.
③ 펌프의 흡입관경을 작게 한다.
④ 임펠러(Impeller)속도를 작게 한다.

해설 공동현상을 방지하기 위해서는 흡입관의 직경을 크게 해야 한다.

102 간이공공하수처리시설에 대한 설명으로 틀린 것은?

① 계획구역이 작으므로 유입하수의 수량 및 수질의 변동을 고려하지 않는다.
② 용량은 우천 시 계획오수량과 공공하수처리시설의 강우 시 처리 가능량을 고려한다.
③ 강우 시 우수처리에 대한 문제가 발생할 수 있으므로 강우 시 3Q처리가 가능하도록 계획한다.
④ 간이공공하수처리시설은 합류식 지역 내 500m^3/일 이상 공공하수처리장에 설치하는 것을 원칙으로 한다.

정답 ▶▶▶ 99. ④ 100. ② 101. ③ 102. ①

103 하수관로의 개 · 보수계획 시 불명수량 산정방법 중 일평균하수량, 상수사용량, 지하수사용량, 오수 전환율 등을 주요 인자로 이용하여 산정하는 방법은?

① 물사용량평가법
② 일 최대 유량평가법
③ 야간생활하수평가법
④ 일 최대－최소 유량평가법

104 맨홀에 인버트(invert)를 설치하지 않았을 때의 문제점이 아닌 것은?

① 맨홀 내에 퇴적물이 쌓이게 된다.
② 환기가 되지 않아 냄새가 발생한다.
③ 퇴적물이 부패되어 악취가 발생한다.
④ 맨홀 내에 물기가 있어 작업이 불편하다.

해설 인버트는 환기와 상관없다.

105 수중의 질소화합물의 질산화 진행과정으로 옳은 것은?

① $NH_3-N \rightarrow NO_2-N \rightarrow NO_3-N$
② $NH_3-N \rightarrow NO_3-N \rightarrow NO_2-N$
③ $NO_2-N \rightarrow NO_3-N \rightarrow NH_3-N$
④ $NO_3-N \rightarrow NO_2-N \rightarrow NH_3-N$

해설 질소화합물의 질산화과정은 $NH_3-N \rightarrow NO_2-N \rightarrow NO_3-N \rightarrow N_2$이다.

106 상수도시설 중 접합정에 관한 설명으로 옳지 않은 것은?

① 철근콘크리트조의 수밀구조로 한다.
② 내경은 점검이나 모래 반출을 위해 1m 이상으로 한다.
③ 접합정의 바닥을 얕은 우물구조로 하여 집수하는 예도 있다.
④ 지표수나 오수가 침입하지 않도록 맨홀을 설치하지 않는 것이 일반적이다.

해설 접합정은 지표수나 오수가 침입하지 않도록 맨홀을 설치하는 것이 일반적이다.

107 지름 15cm, 길이 50m인 주철관으로 유량 $0.03m^3/s$의 물을 50m 양수하려고 한다. 양수 시 발생되는 총손실수두가 5m이었다면 이 펌프의 소요축동력(kW)은? (단, 여유율은 0이며, 펌프의 효율은 80%이다.)

① 20.2kW
② 30.5kW
③ 33.5kW
④ 37.2kW

해설

$$P_p = \frac{9.8Q(H+h_L)}{\eta} = \frac{9.8 \times 0.03 \times (50+5)}{0.8} = 20.21\text{kW}$$

108 우수조정지의 구조형식으로 옳지 않은 것은?

① 댐식(제방높이 15m 미만)
② 월류식
③ 지하식
④ 굴착식

정답 103. ① 104. ② 105. ① 106. ④ 107. ① 108. ②

109 급수보급률 90%, 계획 1인 1일 최대 급수량 440L/인, 인구 12만의 도시에 급수계획을 하고자 한다. 계획 1일 평균급수량은? (단, 계획유효율은 0.85로 가정한다.)

① 33,915m^3/d ② 36,660m^3/d
③ 38,600m^3/d ④ 40,392m^3/d

해설 계획 1일 평균급수량$=440\times10^{-3}\times120,000\times0.9\times0.85=40,392m^3/d$

110 하수도의 효과에 대한 설명으로 적합하지 않은 것은?

① 도시환경의 개선
② 토지이용의 감소
③ 하천의 수질보전
④ 공중위생상의 효과

111 혐기성 소화공정의 영향인자가 아닌 것은?

① 독성물질 ② 메탄함량
③ 알칼리도 ④ 체류시간

해설 메탄은 혐기성 소화공정 후 발생하는 부산물이다.

112 비교회전도(N_s)의 변화에 따라 나타나는 펌프의 특성곡선의 형태가 아닌 것은?

① 양정곡선 ② 유속곡선
③ 효율곡선 ④ 축동력곡선

해설 펌프의 특성곡선은 양정, 효율, 축동력과 토출량의 관계를 나타낸 곡선이다.

113 정수시설 중 배출수 및 슬러지처리시설에 대한 다음 설명 중 ㉠, ㉡에 알맞은 것은?

> 농축조의 용량은 계획슬러지량의 (㉠)시간분, 고형물부하는 (㉡)kg/(m^2 · d)을 표준으로 하되, 원수의 종류에 따라 슬러지의 농축특성에 큰 차이가 발생할 수 있으므로 처리대상 슬러지의 농축특성을 조사하여 결정한다.

① ㉠ : 12~24, ㉡ : 5~10
② ㉠ : 12~24, ㉡ : 10~20
③ ㉠ : 24~48, ㉡ : 5~10
④ ㉠ : 24~48, ㉡ : 10~20

정답 ▶▶ 109. ④ 110. ② 111. ② 112. ② 113. ④

114 우리나라 먹는 물 수질기준에 대한 내용으로 틀린 것은?

① 색도는 2도를 넘지 아니할 것
② 페놀은 0.005mg/L를 넘지 아니할 것
③ 암모니아성 질소는 0.5mg/L를 넘지 아니할 것
④ 일반 세균은 1mL 중 100CFU를 넘지 아니할 것

해설 색도는 5도를 넘지 아니할 것

115 호소의 부영양화에 관한 설명으로 옳지 않은 것은?

① 부영양화의 원인물질은 질소와 인 성분이다.
② 부영양화는 수심이 낮은 호소에서도 잘 발생된다.
③ 조류의 영향으로 물에 맛과 냄새가 발생되어 정수에 어려움을 유발시킨다.
④ 부영양화된 호소에서는 조류의 성장이 왕성하여 수심이 깊은 곳까지 용존산소농도가 높다.

해설 수심이 깊어질수록 용존산소의 농도는 낮아진다.

116 계획우수량 산정에 필요한 용어에 대한 설명으로 옳지 않은 것은?

① 강우강도는 단위시간 내에 내린 비의 양을 깊이로 나타낸 것이다.
② 유하시간은 하수관로로 유입한 우수가 하수관길이 L을 흘러가는 데 필요한 시간이다.
③ 유출계수는 배수구역 내로 내린 강우량에 대하여 증발과 지하로 침투하는 양의 비율이다.
④ 유입시간은 우수가 배수구역의 가장 원거리지점으로부터 하수관로로 유입하기까지의 시간이다.

해설 유출계수는 증발과 지하침투량과는 관계가 없다.

117 상수도에서 많이 사용되고 있는 응집제인 황산알루미늄에 대한 설명으로 옳지 않은 것은?

① 가격이 저렴하다.
② 독성이 없으므로 대량으로 주입할 수 있다.
③ 결정은 부식성이 없어 취급이 용이하다.
④ 철염에 비하여 플록의 비중이 무겁고 적정 pH의 폭이 넓다.

해설 황산알루미늄은 플록의 비중이 가볍고 pH의 폭이 좁은 단점을 가지고 있다.

118 다음 그림은 포기조에서 부유물질의 물질수지를 나타낸 것이다. 포기조 내 MLSS를 3,000mg/L로 유지하기 위한 슬러지의 반송비는?

① 39%
② 49%
③ 59%
④ 69%

SS 50mg/L → 포기조 →
반송슬러지농도 8,000mg/L

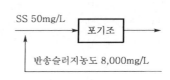

해설 $r = \dfrac{X - SS}{X_r - X} \times 100 = \dfrac{3,000 - 50}{8,000 - 3,000} \times 100 = 59\%$

 정답 ▶▶ 114. ① 115. ④ 116. ③ 117. ④ 118. ③

119 하수의 배제방식에 대한 설명으로 옳지 않은 것은?

① 분류식은 관로오접의 철저한 감시가 필요하다.
② 합류식은 분류식보다 유량 및 유속의 변화폭이 크다.
③ 합류식은 2계통의 분류식에 비해 일반적으로 건설비가 많이 소요된다.
④ 분류식은 관로 내의 퇴적이 적고 수세효과를 기대할 수 없다.

해설 합류식은 분류식에 비하여 건설비가 적게 소요된다.

120 상수슬러지의 함수율이 99%에서 98%로 되면 슬러지의 체적은 어떻게 변하는가?

① 1/2로 증대
② 1/2로 감소
③ 2배로 증대
④ 2배로 감소

해설 $\frac{V_2}{V_1} = \frac{100 - W_1}{100 - W_2} = \frac{100-99}{100-98} = \frac{1}{2}$

과년도 출제문제

1 2022년 3월 5일 시행

2 2022년 4월 24일 시행

국가기술자격검정 필기시험문제

2022년도 토목기사(2022년 3월 5일)

자격종목	시험시간	문제형별	수험번호	성 명
토목기사	**3시간**	**A**		

제1과목 : 응용역학

1 길이가 4m인 원형 단면기둥의 세장비가 100이 되기 위한 기둥의 지름은? (단, 지지상태는 양단 힌지로 가정한다.)

① 20cm　　② 18cm
③ 16cm　　④ 12cm

 해설

$$\lambda = \frac{l}{r_{\min}} = \frac{l}{\sqrt{\frac{I_{\min}}{A}}} = \frac{l}{\sqrt{\frac{\frac{\pi d^4}{64}}{\frac{\pi d^2}{4}}}} = \frac{4l}{d} = 100$$

$$\therefore d = \frac{4l}{\lambda} = \frac{4 \times 400}{100} = 16\text{cm}$$

2 단면 2차 모멘트가 I이고 길이가 L인 균일한 단면의 직선상(直線狀)의 기둥이 있다. 지지상태가 일단 고정 타단 자유인 경우 오일러(Euler) 좌굴하중(P_{cr})은? (단, 이 기둥의 영(Young)계수는 E이다.)

① $\frac{4\pi^2 EI}{L^2}$　　② $\frac{2\pi^2 EI}{L^2}$
③ $\frac{\pi^2 EI}{L^2}$　　④ $\frac{\pi^2 EI}{4L^2}$

해설

일단 고정 타단 자유일 때 $n = \frac{1}{4}$

$$\therefore P_{cr} = \frac{\pi^2 EI}{{l_r}^2} = \frac{\pi^2 EI}{(kL)^2} = \frac{n\pi^2 EI}{L^2} = \frac{\pi^2 EI}{4L^2}$$

정답 ▸▸▸ 1. ③ 2. ④

3 다음 그림과 같이 중앙에 집중하중 P를 받는 단순보에서 지점 A로부터 $\frac{l}{4}$인 지점(점 D)의 처짐각(θ_D)과 처짐량(δ_D)은? (단, EI는 일정하다.)

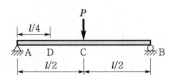

① $\theta_D = \frac{3Pl^2}{128EI}$, $\delta_D = \frac{11Pl^3}{384EI}$

② $\theta_D = \frac{3Pl^2}{128EI}$, $\delta_D = \frac{5Pl^3}{384EI}$

③ $\theta_D = \frac{5Pl^2}{64EI}$, $\delta_D = \frac{3Pl^3}{768EI}$

④ $\theta_D = \frac{3Pl^2}{64EI}$, $\delta_D = \frac{11Pl^3}{768EI}$

해설

㉠ $R_A' = \frac{1}{2} \times \frac{Pl}{4EI} \times \frac{l}{2} = \frac{Pl^2}{16EI}$

$\therefore \theta_D = \frac{Pl^2}{16EI} - \left(\frac{1}{2} \times \frac{l}{4} \times \frac{Pl}{8EI}\right) = \frac{Pl^2}{16EI} - \frac{Pl^2}{64EI} = \frac{3Pl^2}{64EI}$

㉡ $\delta_D = \left(\frac{Pl^2}{16EI} \times \frac{l}{4}\right) - \left(\frac{Pl^2}{64EI} \times \frac{1}{3} \times \frac{l}{4}\right) = \frac{Pl^3}{64EI} - \frac{Pl^3}{768EI} = \frac{11Pl^3}{768EI}$

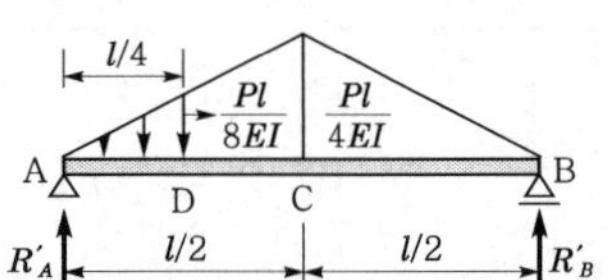

4 직사각형 단면보의 단면적을 A, 전단력을 V라고 할 때 최대 전단응력($\tau_{\max}$)은?

① $\frac{2}{3}\frac{V}{A}$

② $1.5\frac{V}{A}$

③ $3\frac{V}{A}$

④ $2\frac{V}{A}$

해설

㉠ $G = Ay = \frac{bh}{2} \times \frac{h}{4} = \frac{bh^2}{8}$

㉡ $I = \frac{bh^3}{12}$

$\therefore \tau_{\max} = \frac{VG}{Ib} = \frac{V\left(\frac{bh^2}{8}\right)}{\left(\frac{bh^3}{12}\right)b} = \frac{3}{2}\left(\frac{V}{bh}\right) = 1.5\frac{V}{A}$

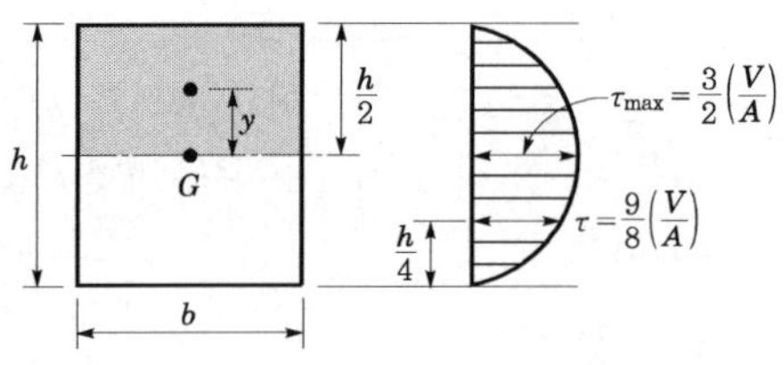

5 단면 2차 모멘트의 특성에 대한 설명으로 틀린 것은?

① 단면 2차 모멘트의 최소값은 도심에 대한 것이며 “0”이다.

② 정삼각형, 정사각형 등과 같이 대칭인 단면의 도심축에 대한 단면 2차 모멘트값은 모두 같다.

③ 단면 2차 모멘트는 좌표축에 상관없이 항상 양(+)의 부호를 갖는다.

④ 단면 2차 모멘트가 크면 휨강성이 크고 구조적으로 안전하다.

해설 도심에 대한 단면 2차 모멘트는 최소값이 되며, 0은 아니다.

 정답 3. ④ 4. ② 5. ①

6 다음 그림과 같은 단순보에서 휨모멘트에 의한 탄성변형에너지는? (단, EI는 일정하다.)

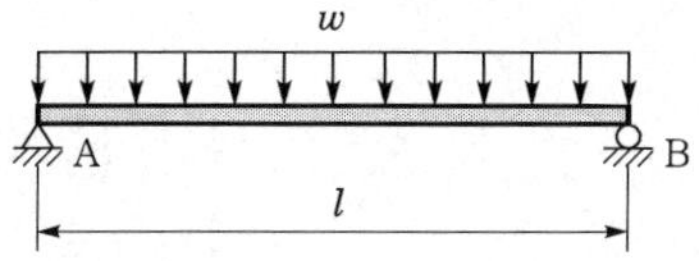

① $\dfrac{w^2l^5}{40EI}$　② $\dfrac{w^2l^5}{96EI}$

③ $\dfrac{w^2l^5}{240EI}$　④ $\dfrac{w^2l^5}{384EI}$

해설 A점에서 임의의 거리를 x라 하면

$M_x = \dfrac{wl}{2}x - \dfrac{w}{2}x^2$

$\therefore U = \int_0^l \dfrac{M_x{}^2}{2EI}dx = \dfrac{1}{2EI}\int_0^l \left(\dfrac{wl}{2}x - \dfrac{w}{2}x^2\right)^2 dx = \dfrac{w^2l^5}{240EI}$

7 다음 그림과 같은 모멘트하중을 받는 단순보에서 B지점의 전단력은?

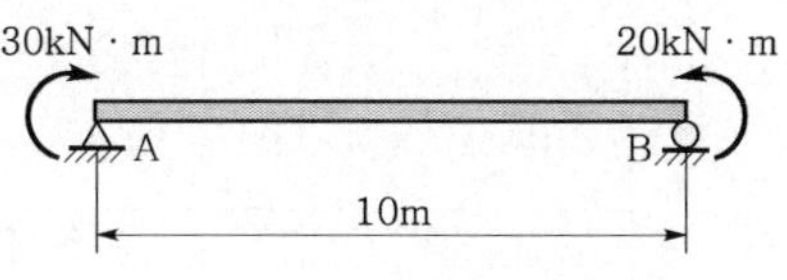

① −1.0kN　② −10kN

③ −5.0kN　④ −50kN

해설 $\Sigma M_B = 0(\oplus)$

$(R_A \times 10) + 30 - 20 = 0$

$\therefore R_A = -1.0\text{kN}(\downarrow)$

$\therefore S_A = S_B = -1.0\text{kN}(\downarrow)$

8 다음 그림과 같이 양단 내민보에 등분포하중(W)이 1kN/m가 작용할 때 C점의 전단력은?

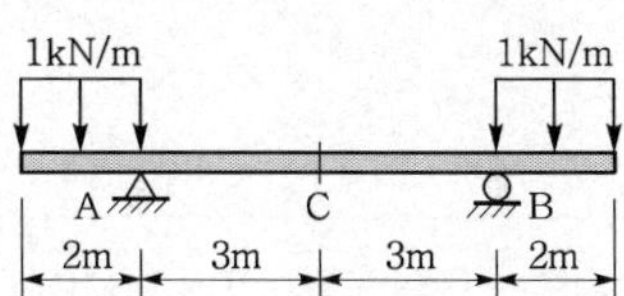

① 0kN　② 5kN

③ 10kN　④ 15kN

해설 하중이 좌우대칭이므로

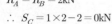

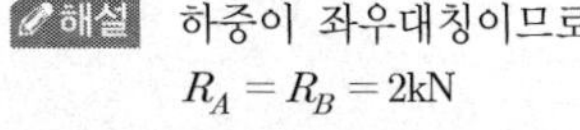

$R_A = R_B = 2\text{kN}$

$\therefore S_C = 1 \times 2 - 2 = 0\text{kN}$

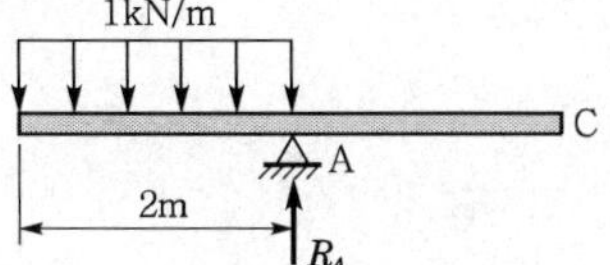

정답 ▸▸▸ 6. ③ 7. ① 8. ①

9 다음 그림과 같은 직사각형 보에서 중립축에 대한 단면계수값은?

① $\dfrac{bh^2}{6}$

② $\dfrac{bh^2}{12}$

③ $\dfrac{bh^3}{6}$

④ $\dfrac{bh}{4}$

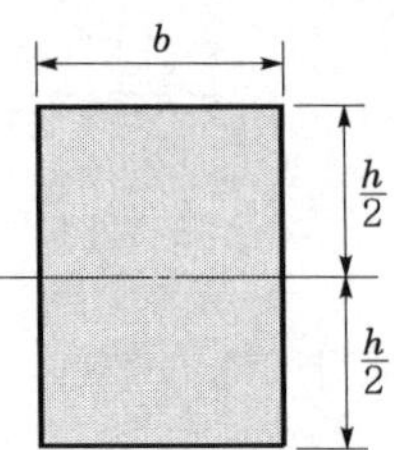

해설

$$Z=\frac{I_X}{y_1}=\frac{\frac{bh^3}{12}}{\frac{h}{2}}=\frac{bh^2}{6}$$

10 내민보에 다음 그림과 같이 지점 A에 모멘트가 작용하고 집중하중이 보의 양 끝에 작용한다. 이 보에 발생하는 최대 휨모멘트의 절대값은?

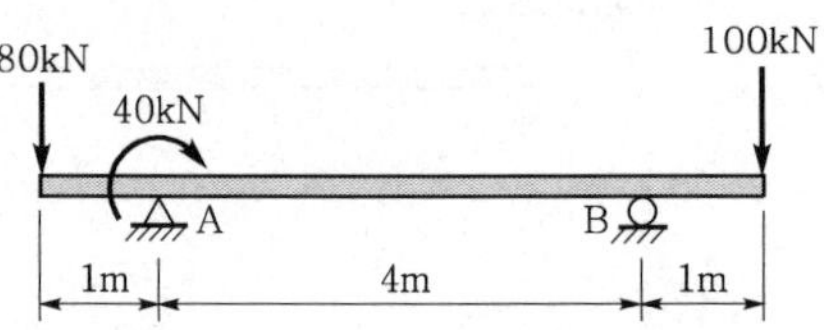

① 60kN · m
② 80kN · m
③ 100kN · m
④ 120kN · m

해설

$\Sigma M_B=0$

$(R_A\times 4)-(80\times 5)+40+(100\times 1)=0$

$\therefore\ R_A=65\text{kN}(\uparrow)$

$\Sigma V=0$

$R_A+R_B=80+100=180\text{kN}$

$\therefore\ R_B=115\text{kN}(\uparrow)$

$\therefore\ M_{\max}=100\text{kN}\cdot\text{m}$

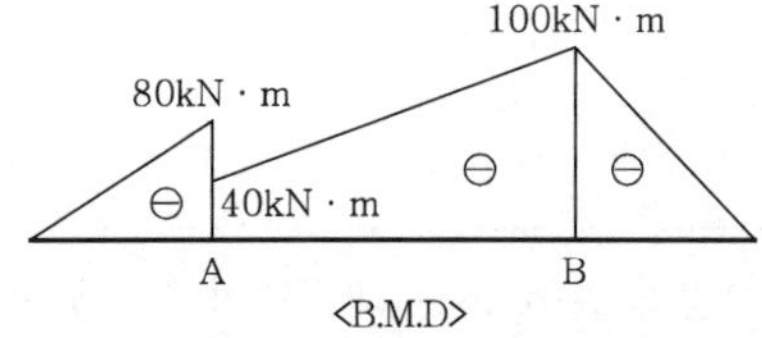

11 전단탄성계수(G)가 81,000MPa, 전단응력(τ)이 81MPa이면 전단변형률(γ)의 값은?

① 0.1
② 0.01
③ 0.001
④ 0.0001

해설

$$G=\frac{\tau}{\gamma}$$

$$\therefore\ \gamma=\frac{\tau}{G}=\frac{81}{81,000}=0.001$$

정답 ▸▸▸ 9. ① 10. ③ 11. ③

12 다음 그림과 같은 3힌지 아치에서 A점의 수평반력(H_A)은?

① P

② $\frac{P}{2}$

③ $\frac{P}{4}$

④ $\frac{P}{5}$

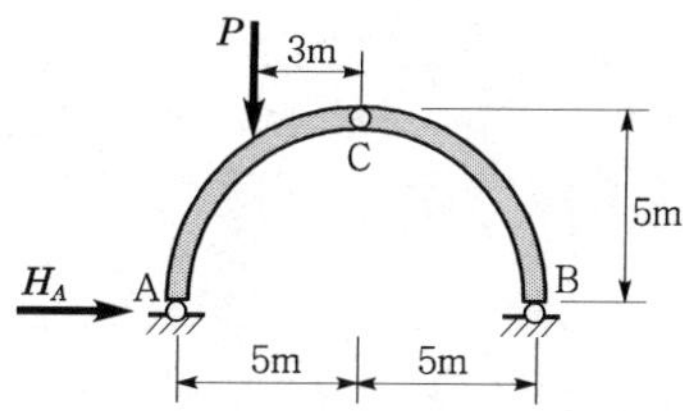

해설

$\Sigma M_B = 0(\circlearrowright\oplus)$

$V_A \times 10 - P \times 8 = 0$

$\therefore V_A = \frac{4}{5}P(\uparrow)$

$\Sigma M_C = 0(\circlearrowright\oplus)$

$-H_A \times 5 - 3 \times P + \frac{4}{5}P \times 5 = 0$

$\therefore H_A = \frac{P}{5}(\rightarrow)$

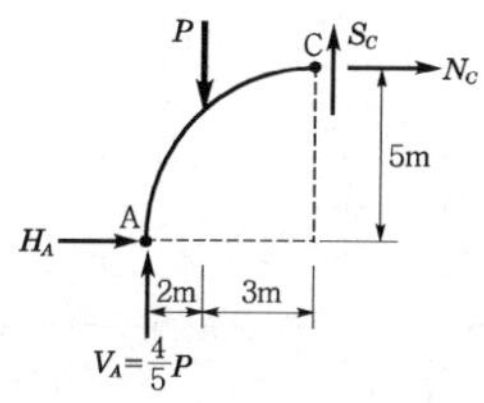

13 다음 그림과 같은 라멘구조물의 E점에서의 불균형모멘트에 대한 부재 EA의 모멘트분배율은?

① 0.167

② 0.222

③ 0.386

④ 0.441

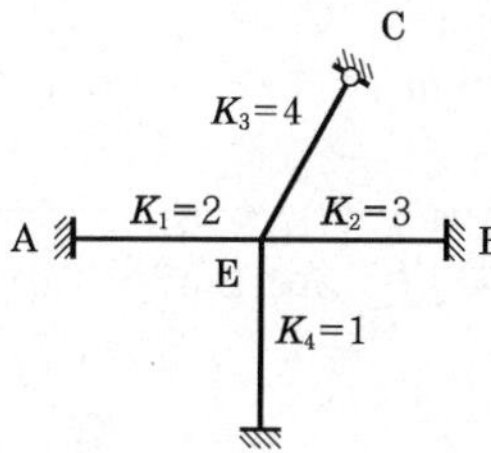

해설

$$D.F_{EA} = \frac{K_{EA}}{\Sigma K} = \frac{2}{2+4\times\frac{3}{4}+3+1} = 0.2222$$

14 다음 그림과 같이 캔틸레버보의 B점에 집중하중 P와 우력모멘트 M_o가 작용할 때 B점에서의 연직변위(δ_B)는? (단, EI는 일정하다.)

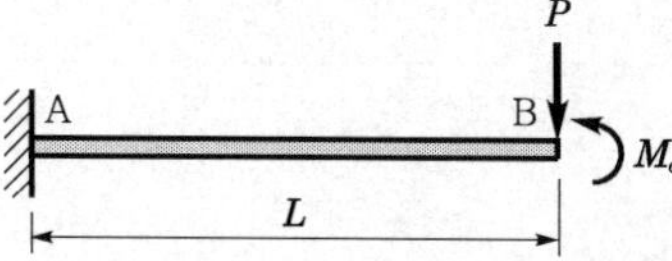

① $\frac{PL^3}{4EI}+\frac{M_oL^2}{2EI}$

② $\frac{PL^3}{4EI}-\frac{M_oL^2}{2EI}$

③ $\frac{PL^3}{3EI}+\frac{M_oL^2}{2EI}$

④ $\frac{PL^3}{3EI}-\frac{M_oL^2}{2EI}$

정답 ▸▸▸ 12. ④ 13. ② 14. ④

해설

$$\Delta_{B1}=M_{B1}=\frac{L}{2}\times\frac{PL}{EI}\times\frac{2L}{3}=\frac{PL^3}{3EI}(\downarrow)$$

$$\Delta_{B2}=M_{B2}=\frac{M_o}{EI}\times L\times\frac{L}{2}=\frac{M_oL^2}{2EI}(\uparrow)$$

$$\therefore \delta_B=\Delta_{B1}+\Delta_{B2}=\frac{PL^3}{3EI}-\frac{M_oL^2}{2EI}$$

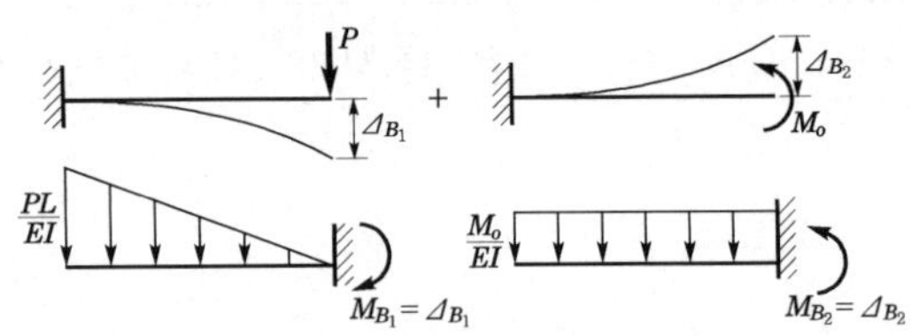

15 다음 그림과 같은 구조물에서 부재 AB가 받는 힘의 크기는?

① 3,166.7kN
② 3,274.2kN
③ 3,368.5kN
④ 3,485.4kN

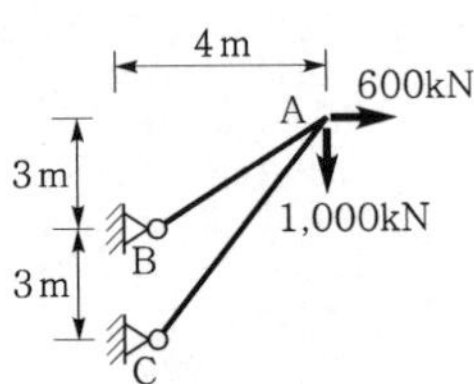

해설 $\Sigma H=0$

$-\frac{4}{5}F_{AB}-\frac{4}{\sqrt{52}}F_{AC}+600=0$ ……… ㉠

$\Sigma V=0$

$-\frac{3}{5}F_{AB}-\frac{6}{\sqrt{52}}F_{AC}-1{,}000=0$ …… ㉡

㉠과 ㉡을 연립해서 풀면

$\therefore$ F_{AB}=3,166.7kN(인장), F_{AC}=−3,485.4kN(압축)

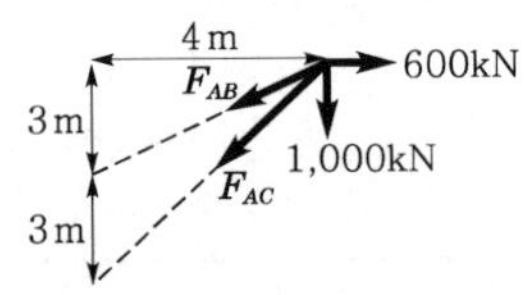

16 다음 그림과 같이 지간(span) 8m인 단순보에 연행하중이 작용할 때 절대 최대 휨모멘트는 어디에서 생기는가?

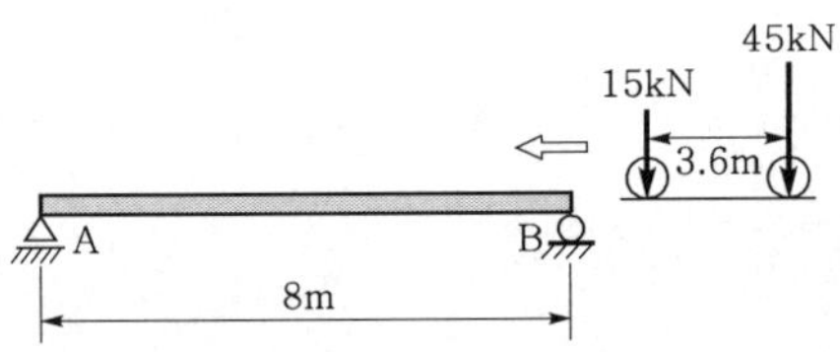

① 45kN의 재하점이 A점으로부터 4m인 곳
② 45kN의 재하점이 A점으로부터 4.45m인 곳
③ 15kN의 재하점이 B점으로부터 4m인 곳
④ 합력의 재하점이 B점으로부터 3.35m인 곳

해설 $60\times d=15\times3.6$

$\therefore\ d=0.9$m

M_{max}는 45kN 아래서 발생한다.

$\therefore\ x=\frac{l}{2}-\frac{d}{2}=\frac{8}{2}-\frac{0.9}{2}=3.55$m (B점)

따라서 A점으로부터 15kN은 7.15m 지점에 위치하고,
B점으로부터 45kN은 5.5m 지점에 위치한다.

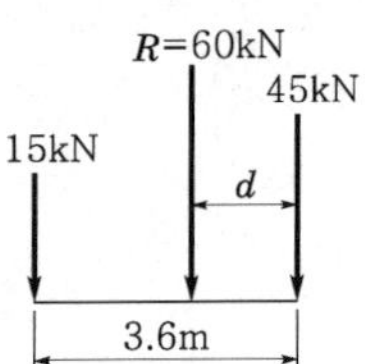

17 어떤 금속의 탄성계수(E)가 21×10^4MPa이고, 전단탄성계수(G)가 8×10^4MPa일 때 금속의 푸아송비는?

① 0.3075
② 0.3125
③ 0.3275
④ 0.3325

해설

$$G=\frac{E}{2(1+\nu)}$$

$$\therefore\ \nu=\frac{E}{2G}-1=\frac{21\times10^4}{2\times8\times10^4}-1=0.3125$$

18 다음 그림과 같은 단순보의 단면에서 발생하는 최대 전단응력의 크기는?

① 3.52MPa
② 3.86MPa
③ 4.45MPa
④ 4.93MPa

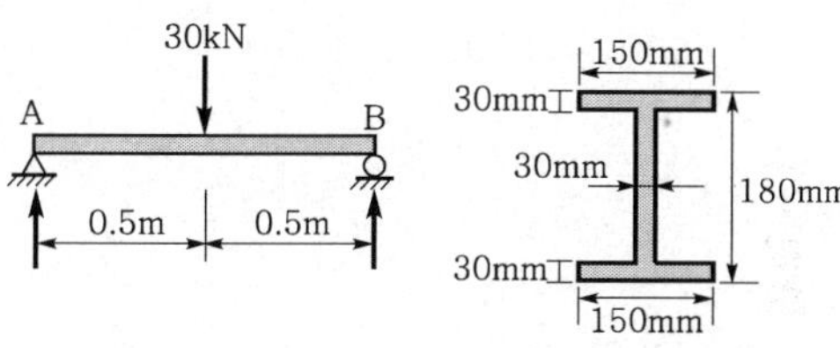

[보의 단면]

해설

$$I_x=\frac{1}{12}\times(150\times180^3-120\times120^3)=55,620,000\text{mm}^4$$

$$G_x=150\times30\times75+30\times60\times30=391,500\text{mm}^3$$

$$\therefore\ \tau_{\max}=\frac{SG_x}{Ib}=\frac{15\times1,000\times391,500}{55,620,000\times30}=3.52\text{MPa}$$

19 다음 그림과 같은 부정정보에서 B점의 반력은?

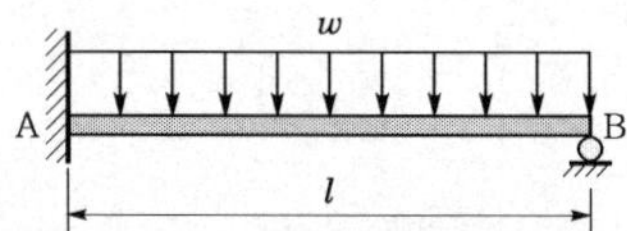

① $\frac{3}{4}wl(\uparrow)$
② $\frac{3}{8}wl(\uparrow)$
③ $\frac{3}{16}wl(\uparrow)$
④ $\frac{5}{16}wl(\uparrow)$

해설

$$\delta_1=\frac{wl^4}{8EI},\ \delta_2=\frac{R_Bl^3}{3EI}$$

$\delta_1=\delta_2$이므로

$$\frac{wl^4}{8EI}=\frac{R_Bl^3}{3EI}$$

$$\therefore\ R_B=\frac{3}{8}wl$$

$$R_A=wl-\frac{3}{8}wl=\frac{5}{8}wl$$

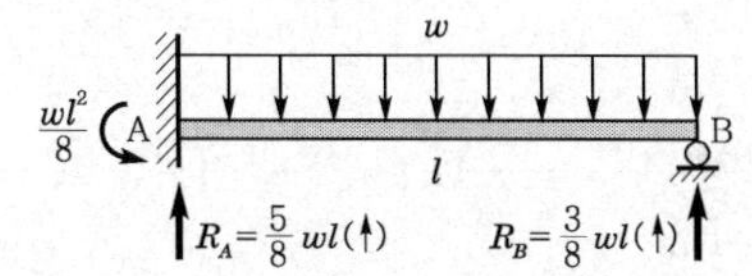

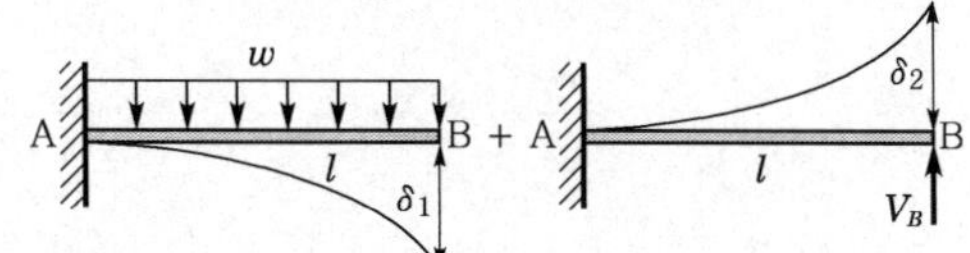

20 다음 그림과 같은 구조에서 절대값이 최대로 되는 휨모멘트의 값은?

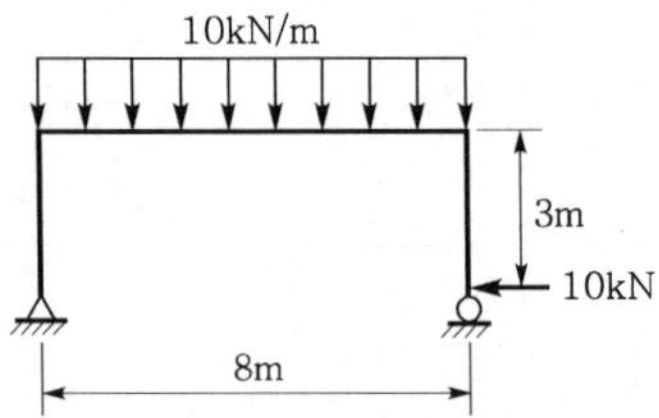

① 80kN · m ② 50kN · m

③ 40kN · m ④ 30kN · m

해설 $\Sigma M_B = 0$

$V_A \times 8 - 10 \times 8 \times 4 = 0$

$\therefore V_A = 40\text{kN}(\uparrow)$

$\Sigma V = 0$

$\therefore V_B = 40\text{kN}(\uparrow)$

$\Sigma H = 0$

$\therefore H_A = 10\text{kN}(\rightarrow)$

$\therefore M_E = 40 \times 4 - 10 \times 3 - 10 \times 4 \times 2 = 50\text{kN} \cdot \text{m}$

$\therefore M_{\max} = 50\text{kN} \cdot \text{m}$

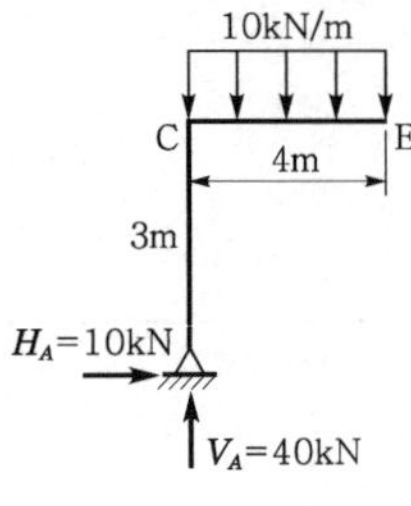

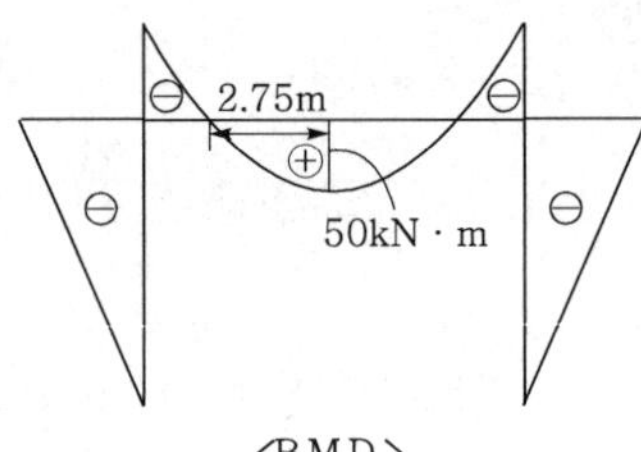

<B.M.D.>

제 2 과목 : 측량학

21 다음 그림과 같은 반지름=50m인 원곡선에서 $\overline{HC}$의 거리는? (단, 교각=60°, α=20°, ∠AHC=90°)

① 0.19m

② 1.98m

③ 3.02m

④ 3.24m

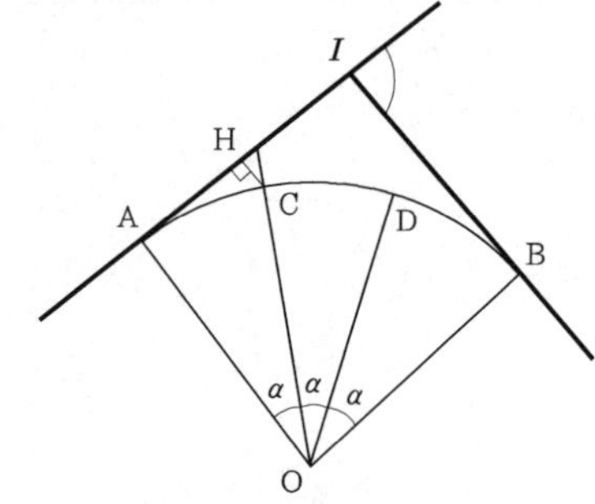

 정답 ▸▸▸ 20. ② 21. ③

해설

$\cos\alpha = \dfrac{AO}{OC'}$

$\therefore\ OC' = \dfrac{AO}{\cos\alpha} = \dfrac{50}{\cos 20°} = 53.21\text{m}$

$CC' = 53.21 - 50 = 3.21\text{m}$

$\therefore\ HC = 3.21 \times \cos 20° = 3.02\text{m}$

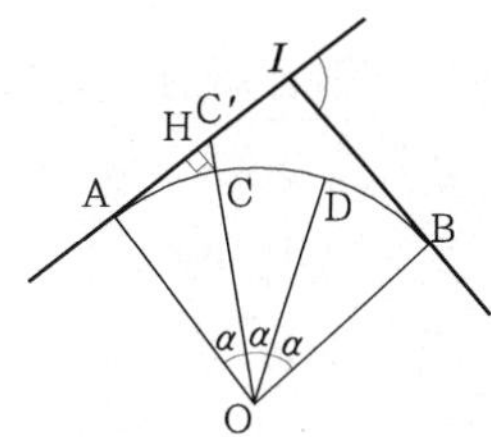

22 노선거리 2km의 결합트래버스측량에서 폐합비를 1/5,000로 제한한다면 허용폐합오차는?

① 0.1m ② 0.4m
③ 0.8m ④ 1.2m

해설

$\text{폐합비} = \dfrac{\text{폐합오차}}{\text{총길이}}$

$\dfrac{1}{5,000} = \dfrac{\text{폐합오차}}{2,000}$

∴ 폐합오차=0.4m

23 다음 설명 중 옳지 않은 것은?

① 측지선은 지표상 두 점 간의 최단거리선이다.
② 라플라스점은 중력측정을 실시하기 위한 점이다.
③ 항정선은 자오선과 항상 일정한 각도를 유지하는 지표의 선이다.
④ 지표면의 요철을 무시하고 적도반지름과 극반지름으로 지구의 형상을 나타내는 가상의 타원체를 지구타원체라고 한다.

해설 라플라스점은 삼각망의 비틀림을 방지하기 위해 설치한 점이다.

24 GNSS 상대측위방법에 대한 설명으로 옳은 것은?

① 수신기 1대만을 사용하여 측위를 실시한다.
② 위성과 수신기 간의 거리는 전파의 파장개수를 이용하여 계산할 수 있다.
③ 위상차의 계산은 단순차, 2중차, 3중차와 같은 차분기법으로는 해결하기 어렵다.
④ 전파의 위상차를 관측하는 방식이나 절대측위방법보다 정확도가 떨어진다.

해설 상대측위

GNSS측량기를 관측지점에 일정 시간 동안 고정(수신기 2대)하여 연속적으로 위성데이터를 취득한 후 기선해석 및 조정 계산을 수행하는 측량방법을 말한다.

㉠ VLBI의 보완 또는 대체 가능
㉡ 수신 완료 후 컴퓨터로 각 수신기의 위치 및 거리 계산
㉢ 계산된 위치 및 거리의 정확도가 높음
㉣ 정확도가 높아 주로 기준점측량에 이용

정답 22. ② 23. ② 24. ②

25 지형측량에서 등고선의 성질에 대한 설명으로 옳지 않은 것은?

① 등고선의 간격은 경사가 급한 곳에서는 넓어지고, 완만한 곳에는 좁아진다.
② 등고선은 지표의 최대 경사선방향과 직교한다.
③ 동일 등고선상에 있는 모든 점은 같은 높이이다.
④ 등고선 간의 최단거리방향은 그 지표면의 최대 경사방향을 가리킨다.

해설 등고선의 성질
㉠ 동일 등고선상에 있는 모든 점은 같은 높이이다.
㉡ 등고선은 도면 안이나 밖에서 폐합하는 폐합곡선이다.
㉢ 도면 내에서 등고선이 폐합하는 경우 폐합된 등고선 내부에는 산꼭대기(산정) 또는 분지가 있다.
㉣ 2쌍의 등고선 볼록부가 마주하고, 다른 한 쌍의 등고선이 바깥쪽으로 향할 때 그곳은 고개(안부)이다.
㉤ 높이가 다른 두 등고선은 동굴이나 절벽의 지형이 아닌 곳에서는 교차하지 않는다. 즉 동굴이나 절벽은 반드시 두 점에서 교차한다.
㉥ 동등한 경사의 지표에서 양 등고선의 수평거리는 같다.
㉦ 최대 경사의 방향은 등고선과 직각으로 교차한다.
㉧ 등고선은 경사가 급한 곳에서는 간격이 좁고, 완만한 경사에서는 넓다.

26 지형의 표시법에 대한 설명으로 틀린 것은?

① 영선법은 짧고 거의 평행한 선을 이용하여 경사가 급하면 가늘고 길게, 경사가 완만하면 굵고 짧게 표시하는 방법이다.
② 음영법은 태양광선이 서북쪽에서 45도 각도로 비친다고 가정하고 지표의 기복에 대하여 그 명암을 2~3색 이상으로 채색하여 기복의 모양을 표시하는 방법이다.
③ 채색법은 등고선의 사이를 색으로 채색, 색채의 농도를 변화시켜 표고를 구분하는 방법이다.
④ 점고법은 하천, 항만, 해양측량 등에서 수심을 나타낼 때 측점에 숫자를 기입하여 수심 등을 나타내는 방법이다.

해설 우모법(영선법, 게바법)
㉠ 선의 굵기, 길이 및 방향 등으로 땅의 모양을 표시하는 방법으로 경사가 급하면 선이 굵고, 완만하면 선이 가늘고 길게 새털모양으로 지형을 표시한다.
㉡ 고저가 숫자로 표시되지 않아 토목공사에 사용할 수 없다.

27 동일한 정확도로 3변을 관측한 직육면체의 체적을 계산한 결과가 1,200m^{3}이었다. 거리의 정확도를 1/10,000까지 허용한다면 체적의 허용오차는?

① 0.08m^3　　② 0.12m^3
③ 0.24m^3　　④ 0.36m^3

해설 $\dfrac{\Delta V}{V}=3\dfrac{\Delta l}{l}$

$\dfrac{\Delta V}{1,200}=3\times\dfrac{1}{10,000}$

$\therefore\ \Delta V=0.36\text{m}^3$

정답 ▸▸▸ 25. ① 26. ① 27. ④

28 △ABC의 꼭짓점에 대한 좌표값이 (30, 50), (20, 90), (60, 100)일 때 삼각형 토지의 면적은? (단, 좌표의 단위 : m)

① $500m^2$ ② $750m^2$
③ $850m^2$ ④ $960m^2$

해설

측점	X	Y	$(X_{i-1}-X_{i+1})Y_i$
A	30	50	$(60-20)\times50=2,000$
B	20	90	$(30-20)\times90=900$
C	60	100	$(20-30)\times100=-1,000$
			$\sum=1,900(=2A)$ $\therefore A=850m^2$

29 교각 I=90°, 곡선반지름 R=150m인 단곡선에서 교점(I.P)의 추가거리가 1,139.250m일 때 곡선 종점(E.C)까지의 추가거리는?

① 875.375m ② 989.250m
③ 1,224.869m ④ 1,374.825m

해설

㉠ $B.C=I.P-T.L=1,139.250-150\times\tan\frac{90°}{2}=989.250m$

㉡ $E.C=B.C+C.L=989.250+150\times90\times\frac{\pi}{180}=1,224.869m$

30 수준측량의 부정오차에 해당되는 것은?

① 기포의 순간이동에 의한 오차 ② 기계의 불완전조정에 의한 오차
③ 지구곡률에 의한 오차 ④ 표척의 눈금오차

해설 ②, ③, ④는 정오차에 해당한다.

31 어떤 노선을 수준측량하여 작성된 기고식 야장의 일부 중 지반고값이 틀린 측점은? (단, 단위 : m)

측점	B.S	F.S		기계고	지반고
		T.P	I.P		
0	3.121				123.567
1			2.586		124.102
2	2.428	4.065			122.623
3			-0.664		124.387
4		2.321			122.730

① 측점 1 ② 측점 2
③ 측점 3 ④ 측점 4

해설

정답 ▶▶ 28. ③ 29. ③ 30. ① 31. ③

측점	B.S	F.S		I.H	G.H
		T.P	I.P		
0	3.121			123.567+3.121=126.688	123.567
1			2.586		126.688−2.586=124.102
2	2.428	4.065		122.623+2.428=125.051	122.688−4.065=122.623
3			−0.664		125.051+0.664=125.715
4		2.321			125.051−2.321=122.730

32 노선측량에서 실시설계측량에 해당하지 않는 것은?

① 중심선 설치 ② 지형도 작성
③ 다각측량 ④ 용지측량

해설 용지측량은 공사측량에 속하며 실측의 횡단면도를 이용하여 노선의 용지폭을 결정하고, 경계측량을 할 때에는 토지소유자를 입회시켜 실시하며 그 수용면적을 산출하여 토지보상을 한다.

33 트래버스측량에서 측점 A의 좌표가 (100m, 100m)이고 측선 AB의 길이가 50m일 때 B점의 좌표는? (단, AB측선의 방위각은 195°이다)

① (51.7m, 87.1m) ② (51.7m, 112.9m)
③ (148.3m, 87.1m) ④ (148.3m, 112.9m)

해설 $X_B = 100 + 50 \times \cos 195° = 51.7\text{m}$
$Y_B = 100 + 50 \times \sin 195° = 87.1\text{m}$

34 수심 H인 하천의 유속측정에서 수면으로부터 깊이 $0.2H$, $0.4H$, $0.6H$, $0.8H$인 지점의 유속이 각각 0.663m/s, 0.556m/s, 0.532m/s, 0.466m/s이었다면 3점법에 의한 평균유속은?

① 0.543m/s ② 0.548m/s
③ 0.559m/s ④ 0.560m/s

해설 $$V_m = \frac{V_{0.2} + 2V_{0.6} + V_{0.8}}{4} = \frac{0.663 + 2 \times 0.532 + 0.466}{4} = 0.548\text{m/s}$$

35 L_1과 L_2의 두 개 주파수 수신이 가능한 2주파 GNSS수신기에 의하여 제거가 가능한 오차는?

① 위성의 기하학적 위치에 따른 오차
② 다중경로오차
③ 수신기오차
④ 전리층오차

해설 2주파(L_1, L_2) 이상의 관측데이터를 이용하여 처리할 경우에는 전리층 보정을 할 수 있다.

 정답 ▶▶▶ 32. ④ 33. ① 34. ② 35. ④

36 줄자로 거리를 관측할 때 한 구간 20m의 거리에 비례하는 정오차가 +2mm라면 전 구간 200m를 관측했을 때 정오차는?

① +0.2mm ② +0.63mm
③ +6.3mm ④ +20mm

해설 $e = mn = 2 \times 10 = 20$mn

37 삼변측량에 대한 설명으로 틀린 것은?

① 전자파거리측량기(EDM)의 출현으로 그 이용이 활성화되었다.
② 관측값의 수에 비해 조건식이 많은 것이 장점이다.
③ 코사인 제2법칙과 반각공식을 이용하여 각을 구한다.
④ 조정방법에는 조건방정식에 의한 조정과 관측방정식에 의한 조건방법이 있다.

해설 삼변측량은 관측값의 수에 비해 조건식이 적다.

38 트래버스측량의 종류와 그 특징으로 옳지 않은 것은?

① 결합트래버스는 삼각점과 삼각점을 연결시킨 것으로 조정 계산의 정확도가 가장 좋다.
② 폐합트래버스는 한 측점에서 시작하여 다시 그 측점에 돌아오는 관측형태이다.
③ 폐합트래버스는 오차의 계산 및 조정이 가능하나, 정확도는 개방트래버스보다 좋지 못한다.
④ 개방트래버스는 임의의 한 측점에서 시작하여 다른 임의의 한 점에서 끝나는 관측형태이다.

해설 폐합트래버스는 기지점에서 출발하여 신설된 점을 순차적으로 연결하여 출발점으로 다시 돌아오는 형태로 소규모 지역에 적합하며, 결합트래버스보다는 정도가 낮지만 개방트래버스보다는 정밀도가 높다.

39 수준점 A, B, C에서 P점까지 수준측량을 한 결과가 다음 표와 같다. 관측거리에 대한 경중률을 고려한 P점의 표고는?

측량경로	거리	P점의 표고
A→P	1km	135.487m
B→P	2km	135.563m
C→P	3km	135.603m

① 135.529m ② 135.551m
③ 135.563m ④ 135.570m

해설 ㉠ 경중률 계산

$$P_A : P_B : P_C = \frac{1}{1} : \frac{1}{2} : \frac{1}{3} = 6 : 3 : 2$$

㉡ 최확값 계산

$$H_P = 135 + \frac{6\times0.487+3\times0.563+2\times0.603}{6+3+2} = 135.529\text{m}$$

정답 36. ④ 37. ② 38. ③ 39. ①

40 도로노선의 곡률반지름 R=2,000m, 곡선길이 L=245m일 때 클로소이드의 매개변수 A는?

① 500m ② 600m
③ 700m ④ 800m

해설 $A=\sqrt{RL}=\sqrt{2,000\times245}=700\text{m}$

제3과목 : 수리수문학

41 하폭이 넓은 완경사 개수로흐름에서 물의 단위중량 $w=\rho g$, 수심 h, 하상경사 S일 때 바닥 전단응력 τ_0는? (단, ρ : 물의 밀도, g : 중력가속도)

① ρhS ② ghS
③ $\sqrt{\dfrac{hS}{\rho}}$ ④ whS

해설 광폭일 때 $R \fallingdotseq h$이므로
$\therefore\ \tau=wRI \fallingdotseq whI$

42 베르누이(Bernoulli)의 정리에 관한 설명으로 틀린 것은?

① 회전류의 경우는 모든 영역에서 성립한다.
② Euler의 운동방정식으로부터 적분하여 유도할 수 있다.
③ 베르누이의 정리를 이용하여 Torricelli의 정리를 유도할 수 있다.
④ 이상유체의 흐름에 대하여 기계적 에너지를 포함한 방정식과 같다.

해설 회전류의 경우는 하나의 유선에 대하여 성립한다.

43 다음 사다리꼴수로의 윤변은?

① 8.02m
② 7.02m
③ 6.02m
④ 9.02m

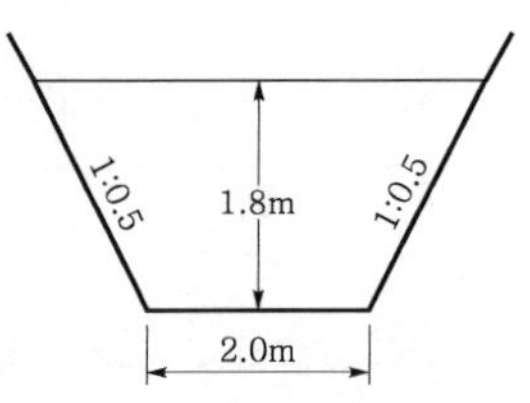

해설 $S=\sqrt{1.8^2+0.9^2}\times2+2=6.02\text{m}$

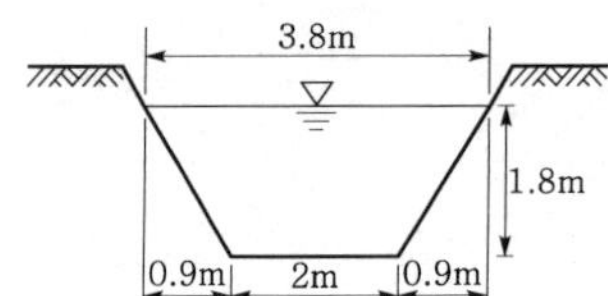

 정답 40. ③ 41. ④ 42. ① 43. ③

44 삼각위어(weir)에 월류수심을 측정할 때 2%의 오차가 있었다면 유량 산정 시 발생하는 오차는?

① 2%　② 3%

③ 4%　④ 5%

해설 $\frac{dQ}{Q}=\frac{5}{2}\frac{dh}{h}=\frac{5}{2}\times 2=5\%$

45 흐르는 유체 속의 한 점 $(x,\ y,\ z)$의 각 축방향의 속도성분을 $(u,\ v,\ w)$라 하고 밀도를 ρ, 시간을 t로 표시할 때 가장 일반적인 경우의 연속방정식은?

① $\frac{\partial u}{\partial t}+\frac{\partial v}{\partial t}+\frac{\partial w}{\partial t}=0$　② $\frac{\partial \rho u}{\partial x}+\frac{\partial \rho v}{\partial y}+\frac{\partial \rho w}{\partial z}=0$

③ $\frac{\partial \rho}{\partial t}+\frac{\partial u}{\partial x}+\frac{\partial v}{\partial y}+\frac{\partial w}{\partial z}=0$　④ $\frac{\partial \rho}{\partial t}+\frac{\partial \rho u}{\partial x}+\frac{\partial \rho v}{\partial y}+\frac{\partial \rho w}{\partial z}=0$

해설 압축성 유체의 부정류 연속방정식 : $\frac{\partial \rho}{\partial t}+\frac{\partial \rho u}{\partial x}+\frac{\partial \rho v}{\partial y}+\frac{\partial \rho w}{\partial z}=0$

46 다음 그림과 같이 수조 A의 물을 펌프에 의해 수조 B로 양수한다. 연결관의 단면적 200cm^2, 유량 0.196m^3/s, 총손실수두는 속도수두의 3.0배에 해당할 때 펌프의 필요한 동력(HP)은? (단, 펌프의 효율은 98%이며, 물의 단위중량은 9.81kN/m^3, 1HP는 735.75N · m/s, 중력가속도는 9.8m/s^2)

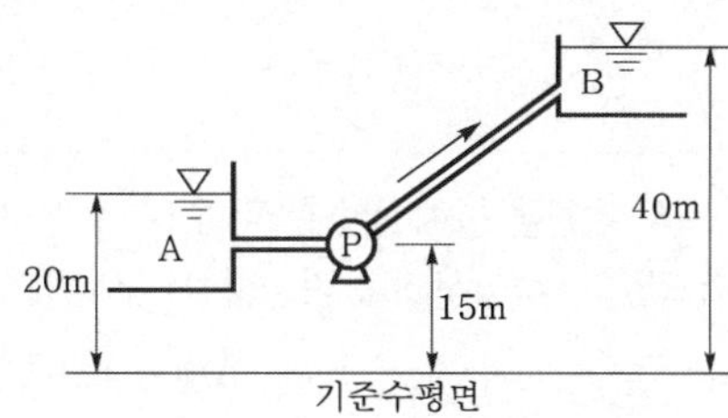

① 92.5HP　② 101.6HP

③ 105.9HP　④ 115.2HP

해설

㉠ $V=\frac{Q}{A}=\frac{0.196}{200\times 10^{-4}}=9.8\text{m/s}$

㉡ $H_e=h+\Sigma h=h+3\frac{V^2}{2g}=(40-20)+3\times\frac{9.8^2}{2\times 9.8}=34.7\text{m}$

㉢ $E=\frac{wQH_e}{\eta}=\frac{9{,}810\times 0.196\times 34.7}{0.98}=68{,}081.4\text{N}\cdot\text{m/s}=\frac{68{,}081.4}{735.75}=92.53\text{HP}$

47 여과량이 2m^3/s, 동수경사가 0.2, 투수계수가 1cm/s일 때 필요한 여과지 면적은?

① 1,000m^2　② 1,500m^2

③ 2,000m^2　④ 2,500m^2

정답 44. ④　45. ④　46. ①　47. ①

해설 $Q=KiA$

$2=0.01\times0.2\times A$

$\therefore\ A=1{,}000\text{m}^2$

48 수리학적으로 유리한 단면에 관한 설명으로 옳지 않은 것은?

① 주어진 단면에서 윤변이 최소가 되는 단면이다.
② 직사각형 단면일 경우 수심이 폭의 1/2인 단면이다.
③ 최대 유량의 소통을 가능하게 하는 가장 경제적인 단면이다.
④ 사다리꼴 단면일 경우 수심을 반지름으로 하는 반원을 외접원으로 하는 사다리꼴 단면이다.

해설 사다리꼴 단면수로의 수리상 유리한 단면은 수심을 반지름으로 하는 반원에 외접하는 정육각형의 제형 단면이다.

49 비중이 0.9인 목재가 물에 떠 있다. 수면 위에 노출된 체적이 1.0m^3이라면 목재 전체의 체적은? (단, 물의 비중은 1.0이다.)

① 1.9m^3　② 2.0m^3
③ 9.0m^3　④ 10.0m^3

해설 $w_1 V_1 = w_2 V_2$

$0.9\times V=1\times(V-1)$

$\therefore\ V=10\text{m}^3$

50 두께가 10m인 피압대수층에서 우물을 통해 양수한 결과 50m 및 100m 떨어진 두 지점에서 수면강하가 각각 20m 및 10m로 관측되었다. 정상상태를 가정할 때 우물의 양수량은? (단, 투수계수는 0.3m/h)

① $7.6\times10^{-2}\text{m}^3/\text{s}$　② $6.0\times10^{-3}\text{m}^3/\text{s}$
③ $9.4\text{m}^3/\text{s}$　④ $21.6\text{m}^3/\text{s}$

해설

$$Q=\frac{2\pi ck(H-h_o)}{2.3\log\dfrac{R}{r_o}}=\frac{2\pi\times10\times\dfrac{0.3}{3{,}600}\times(20-10)}{2.3\times\log\dfrac{100}{50}}=0.076\text{m}^3/\text{s}$$

51 첨두홍수량 계산에 있어서 합리식의 적용에 관한 설명으로 옳지 않은 것은?

① 하수도설계 등 소유역에만 적용될 수 있다.
② 우수도달시간은 강우지속시간보다 길어야 한다.
③ 강우강도는 균일하고 전 유역에 고르게 분포되어야 한다.
④ 유량이 점차 증가되어 평형상태일 때의 첨두유출량을 나타낸다.

해설 강우지속시간이 유역도달시간과 같거나 커야 한다.

 정답 ▸▸▸ 48. ④ 49. ④ 50. ① 51. ②

52 다음 그림과 같은 모양의 분수(噴水)를 만들었을 때 분수의 높이(H_v)는? (단, 유속계수 C_v : 0.96, 중력가속도 g : 9.8m/s^2, 다른 손실은 무시한다.)

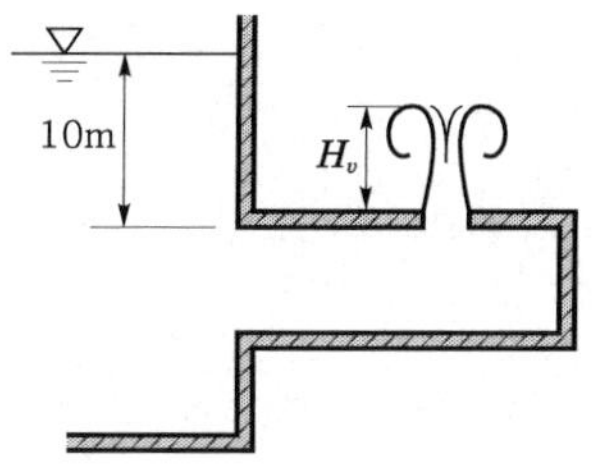

① 9.00m ② 9.22m
③ 9.62m ④ 10.00m

해설 ㉠ $V = C_v\sqrt{2gh} = 0.96 \times \sqrt{2 \times 9.8 \times 10} = 13.44\text{m/s}$

㉡ $H_v = \dfrac{V^2}{2g} = \dfrac{13.44^2}{2 \times 9.8} = 9.22\text{m}$

53 동수반경에 대한 설명으로 옳지 않은 것은?

① 원형관의 경우 지름의 1/4이다.
② 유수 단면적을 윤변으로 나눈 값이다.
③ 폭이 넓은 직사각형 수로의 동수반경은 그 수로의 수심과 거의 같다.
④ 동수반경이 큰 수로는 동수반경이 작은 수로보다 마찰에 의한 수두손실이 크다.

해설 일정한 단면적에 대하여 동수반경이 큰 수로는 윤변이 작기 때문에 마찰에 의한 수두손실이 작다.

54 댐의 상류부에서 발생되는 수면곡선으로 흐름방향으로 수심이 증가함을 뜻하는 곡선은?

① 배수곡선 ② 저하곡선
③ 유사량곡선 ④ 수리특성곡선

해설 댐, weir 등의 수리구조물을 만들면 수리구조물의 상류에 흐름방향으로 수심이 증가하는 수면곡선이 나타나는데, 이러한 수면곡선을 배수곡선이라 한다.

55 일반적인 물의 성질로 틀린 것은?

① 물의 비중은 기름의 비중보다 크다.
② 물은 일반적으로 완전유체로 취급한다.
③ 해수(海水)도 담수(淡水)와 같은 단위중량으로 취급한다.
④ 물의 밀도는 보통 1g/cc=1,000kg/m^3=1t/m^{3}를 쓴다.

해설 단위중량
㉠ 담수 : 1t/m^3
㉡ 해수 : 1.025t/m^3

정답 ▸▸▸ 52. ② 53. ④ 54. ① 55. ③

56 강우자료의 일관성을 분석하기 위해 사용하는 방법은?

① 합리식
② DAD해석법
③ 누가우량곡선법
④ SCS(Soil Conservation Service)방법

해설 우량계의 위치, 노출상태, 우량계의 교체, 주위 환경의 변화 등이 생기면 전반적인 자료의 일관성이 없어지기 때문에 이것을 교정하여 장기간에 걸친 강수자료의 일관성을 얻는 방법을 이중누가우량분석이라 한다.

57 수문자료해석에 사용되는 확률분포형의 매개변수를 추정하는 방법이 아닌 것은?

① 모멘트법(method of moments)
② 회선적분법(convolution integral method)
③ 최우도법(method of maximum likelihood)
④ 확률가중모멘트법(method of probability weighted moments)

해설 확률분포형의 매개변수추정법 : 모멘트법, 최우도법, 확률가중모멘트법, L-모멘트법

58 정수역학에 관한 설명으로 틀린 것은?

① 정수 중에는 전단응력이 발생된다.
② 정수 중에는 인장응력이 발생되지 않는다.
③ 정수압은 항상 벽면에 직각방향으로 작용한다.
④ 정수 중의 한 점에 작용하는 정수압은 모든 방향에서 균일하게 작용한다.

해설 정수 중에는 $\frac{dV}{dy}=0$이므로 $\tau=\mu\frac{dV}{dy}=0$이다.

59 수심이 1.2m인 수조의 밑바닥에 길이 4.5m, 지름 2cm인 원형관이 연직으로 설치되어 있다. 최초에 물이 배수되기 시작할 때 수조의 밑바닥에서 0.5m 떨어진 연직관 내의 수압은? (단, 물의 단위중량은 9.81kN/m^{3}이며, 손실은 무시한다.)

① 49.05kN/m^2
② −49.05kN/m^2
③ 39.24kN/m^2
④ −39.24kN/m^2

해설 $\frac{V_1^2}{2g}+\frac{P_1}{w}+Z_1=\frac{V_2^2}{2g}+\frac{P_2}{w}+Z_2$

$0+\frac{P_1}{9.81}+(4.5-0.5)=0+0+0$

$\therefore P_1=-39.24\text{kN/m}^2$

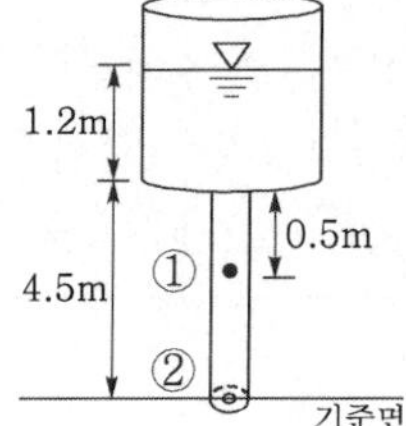

정답 56. ③ 57. ② 58. ① 59. ④

60 어느 유역에 1시간 동안 계속되는 강우기록이 다음 표와 같을 때 10분 지속 최대 강우강도는?

시간(분)	0	0~10	10~20	20~30	30~40	40~50	50~60
우량(mm)	0	3.0	4.5	7.0	6.0	4.5	6.0

① 5.1mm/h ② 7.0mm/h
③ 30.6mm/h ④ 42.0mm/h

해설 $I=\frac{7}{10}\times 60=42\text{mm/h}$

제4과목 : 철근콘크리트 및 강구조

61 단철근 직사각형 보에서 f_{ck} =38MPa인 경우 콘크리트 등가직사각형 압축응력블록의 깊이를 나타내는 계수 β_1은?

① 0.74 ② 0.76
③ 0.80 ④ 0.85

해설 $f_{ck}\leq$40MPa일 때 β_1 =0.80이다.

62 프리스트레스를 도입할 때 일어나는 손실(즉시손실)의 원인은?

① 콘크리트의 크리프 ② 콘크리트의 건조수축
③ 긴장재 응력의 릴랙세이션 ④ 포스트텐션 긴장재와 덕트 사이의 마찰

해설 ㉠ 도입 시 손실(즉시손실) : 콘크리트의 탄성변형, PS강재와 시스의 마찰, 정착장치의 활동
㉡ 도입 후 손실(시간적 손실) : 콘크리트의 건조수축, 콘크리트의 크리프, 긴장재의 릴랙세이션

63 표준 갈고리를 갖는 인장이형철근의 정착에 대한 설명으로 틀린 것은? (단, d_b는 철근의 공칭지름이다.)

① 갈고리는 압축을 받는 경우 철근의 정착에 유효하지 않은 것으로 보아야 한다.
② 정착길이는 위험 단면부터 갈고리의 외측 단부까지 거리로 나타낸다.
③ D35 이하 180° 갈고리 철근에서 정착길이구간을 $3d_b$ 이하 간격으로 띠철근 또는 스터럽이 정착되는 철근을 수직으로 둘러싼 경우에 보정계수는 0.7이다.
④ 기본정착길이에 보정계수를 곱하여 정착길이를 계산하는데, 이렇게 구한 정착길이는 항상 8 d_b 이상, 또한 150mm 이상이어야 한다.

해설 표준 갈고리를 갖는 인장이형철근의 정착보정계수

㉠ 콘크리트 피복두께 : 0.7

㉡ 띠철근 또는 스터럽 : 0.8

㉢ 휨철근이 소요철근량 이상 배치된 경우 : $\frac{소요A_s}{배근A_s}$

64 콘크리트설계기준압축강도가 28MPa, 철근의 설계기준항복강도가 400MPa로 설계된 길이가 7m인 양단 연속보에서 처짐을 계산하지 않는 경우 보의 최소 두께는? (단, 보통중량콘크리트(m_c = 2,300kg/m^3)이다.)

① 275mm ② 334mm

③ 379mm ④ 438mm

해설 f_y =400MPa일 때 양단 연속보이므로

$\therefore\ h=\frac{l}{21}=\frac{7,000}{21}=334\text{mm}$

65 철근콘크리트의 강도설계법을 적용하기 위한 설계가정으로 틀린 것은?

① 철근과 콘크리트의 변형률은 중립축부터 거리에 비례한다.

② 인장측 연단에서 철근의 극한변형률은 0.003으로 가정한다.

③ 콘크리트압축연단의 극한변형률은 콘크리트의 설계기준압축강도가 40MPa 이하인 경우에는 0.0033으로 가정한다.

④ 철근의 응력이 설계기준항복강도(f_y) 이하일 때 철근의 응력은 그 변형률에 철근의 탄성계수(E_s)를 곱한 값으로 한다.

해설 인장측 연단에서 철근의 항복변형률은 ε_y이다.

66 연속보 또는 1방향 슬래브의 휨모멘트와 전단력을 구하기 위해 근사해법을 적용할 수 있다. 근사해법을 적용하기 위해 만족하여야 하는 조건으로 틀린 것은?

① 등분포하중이 작용하는 경우

② 부재의 단면크기가 일정한 경우

③ 활하중이 고정하중의 3배를 초과하는 경우

④ 인접 2경간의 차이가 짧은 경간의 20% 이하인 경우

해설 연속보, 1방향 슬래브의 근사해법 적용조건

㉠ 2경간 이상인 경우

㉡ 인접 2경간의 차이가 짧은 경간의 20% 이하인 경우

㉢ 등분포하중이 작용하는 경우

㉣ 활하중이 고정하중의 3배를 초과하지 않는 경우

㉤ 부재의 단면크기가 일정한 경우

 정답 ▸▸▸ 64. ② 65. ② 66. ③

67 강도설계법에서 구조의 안전을 확보하기 위해 사용되는 강도감소계수(ϕ)값으로 틀린 것은?

① 인장지배 단면 : 0.85

② 포스트텐션 정착구역 : 0.70

③ 전단력과 비틀림모멘트를 받는 부재 : 0.75

④ 압축지배 단면 중 띠철근으로 보강된 철근콘크리트부재 : 0.65

해설 강도감소계수(ϕ)

㉠ 압축지배 단면 : 나선철근 0.70, 띠철근 0.65

㉡ 전단력과 비틀림모멘트 : 0.75

㉢ 포스트텐션 정착구역 : 0.85

㉣ 무근콘크리트 : 0.55

68 순간처짐이 20mm 발생한 캔틸레버보에서 5년 이상의 지속하중에 의한 총처짐은? (단, 보의 인장철근비는 0.02, 받침부의 압축철근비는 0.01이다.)

① 26.7mm ② 36.7mm

③ 46.7mm ④ 56.7mm

해설 $\rho' = 0.01$

$$\lambda_\Delta = \frac{\xi}{1+50\rho'} = \frac{2.0}{1+50\times0.01} = 1.333$$

$$\delta_l = \delta_e \lambda_\Delta = 20\times1.333 = 26.7\text{mm}$$

$$\therefore\ \delta_t = \delta_e + \delta_l = 20+26.7 = 46.7\text{mm}$$

69 다음 그림과 같은 단면을 갖는 지간 20m의 PSC보에 PS강재가 200mm의 편심거리를 가지고 직선배치되어 있다. 자중을 포함한 계수등분포하중 16kN/m가 보에 작용할 때 보 중앙 단면의 콘크리트 상연응력은? (단, 유효프리스트레스힘(P_e)은 2,400kN이다.)

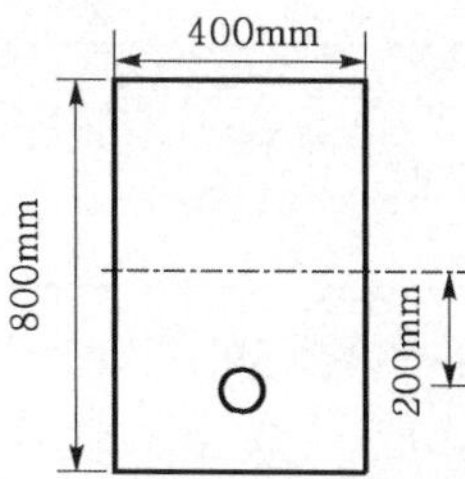

① 6MPa ② 9MPa

③ 12MPa ④ 15MPa

해설 $M = \frac{wl^2}{8} = \frac{16\times20^2}{8} = 800\text{kN}\cdot\text{m}$

$$\therefore\ f_t = \frac{P}{A} - \frac{Pe}{I}y + \frac{M}{I}y = \frac{2,400\times10^3}{400\times800} - \frac{2,400\times10^3\times200}{\frac{400\times800^3}{12}}\times400 + \frac{800\times10^6}{\frac{400\times800^3}{12}}\times400 = 15\text{MPa}$$

정답 ▶▶▶ 67. ② 68. ③ 69. ④

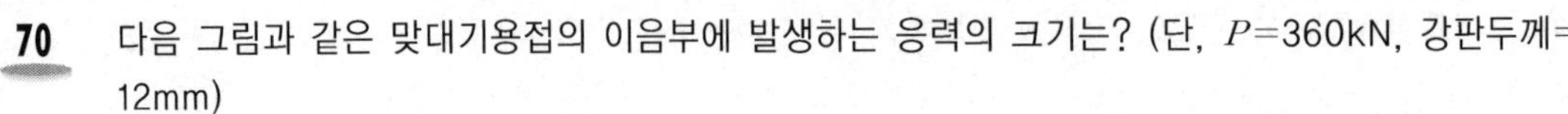

70 다음 그림과 같은 맞대기용접의 이음부에 발생하는 응력의 크기는? (단, P=360kN, 강판두께=12mm)

① 압축응력 f_c=144MPa
② 인장응력 f_t=3,000MPa
③ 전단응력 τ=150MPa
④ 압축응력 f_c=120MPa

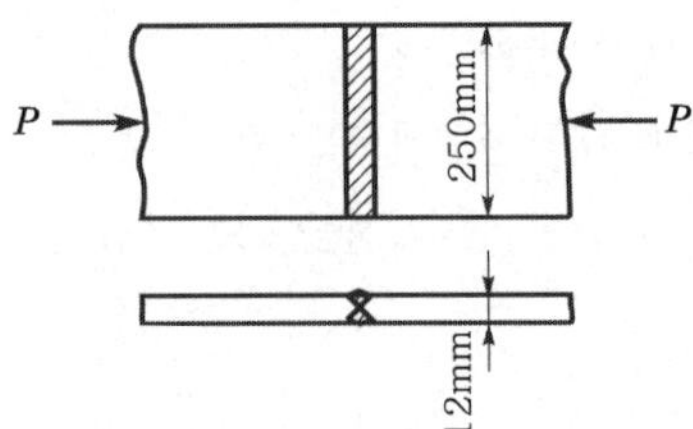

해설

$$f_c = \frac{P}{\sum a l_e} = \frac{360,000}{12 \times 250} = 120\text{MPa}$$

71 유효깊이가 600mm인 단철근 직사각형 보에서균형 단면이 되기 위한 압축연단에서 중립축까지의 거리는? (단, f_{ck}=28MPa, f_y=300MPa, 강도설계법에 의한다.)

① 494.5mm　② 412.5mm
③ 390.5mm　④ 293.5mm

해설

$$\varepsilon_y = \frac{f_y}{E_s} = \frac{300}{2 \times 10^5} = 0.0015$$

$$\therefore\ C_b = \left(\frac{\varepsilon_{cu}}{\varepsilon_{cu} + \varepsilon_y}\right) d = \frac{0.0033}{0.0033 + 0.0015} \times 600 = 412.5\text{mm}$$

72 보의 길이가 20m, 활동량이 4mm, 긴장재의 탄성계수(E_p)가 200,000MPa일 때 프리스트레스의 감소량(Δf_{an})은? (단, 일단 정착이다.)

① 40MPa　② 30MPa
③ 20MPa　④ 15MPa

해설

$$\Delta f_p = E_p \varepsilon_p = E_p \frac{\Delta l}{l} = 200,000 \times \frac{0.4}{2,000} = 40\text{MPa}$$

73 다음 그림과 같은 띠철근기둥에서 띠철근의 최대 수직간격은? (단, D10의 공칭직경은 9.5mm, D32의 공칭직경은 31.8mm이다.)

① 400mm
② 456mm
③ 500mm
④ 509mm

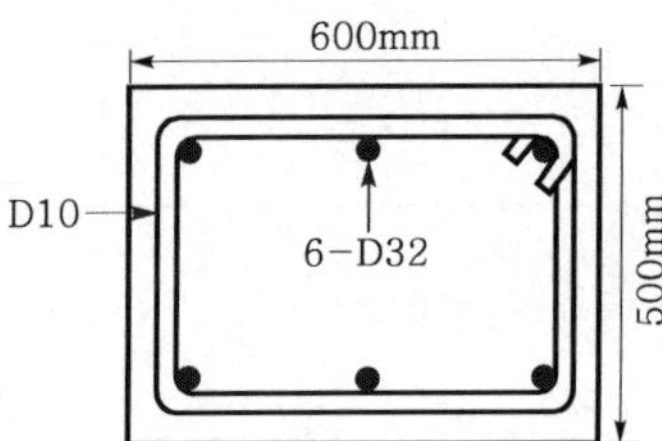

해설 ㉠ $16d_b = 16 \times 31.8 = 508.8\text{mm}$
㉡ 48×띠철근지름=48×9.5=456mm
㉢ 기둥 단면의 최소 치수=500mm
∴ $s = 456\text{mm}$(최소값)

74 강판을 리벳(Rivet)이음할 때 지그재그로 리벳을 체결한 모재의 순폭은 총폭으로부터 고려하는 단면의 최초의 리벳구멍에 대하여 그 지름을 공제하고 이하 순차적으로 다음 식을 각 리벳구멍으로 공제하는데, 이때의 식은? (단, g : 리벳선간의 거리, d : 리벳구멍의 지름, p : 리벳피치)

① $d - \frac{p^2}{4g}$　　② $d - \frac{g^2}{4p}$
③ $d - \frac{4p^2}{g}$　　④ $d - \frac{4g^2}{p}$

해설 $w = d - \frac{p^2}{4g}$

75 비틀림철근에 대한 설명으로 틀린 것은? (단, A_{oh}는 가장 바깥의 비틀림보강철근의 중심으로 닫혀진 단면적(mm^2)이고, p_h는 가장 바깥의 횡방향 폐쇄스터럽 중심선의 둘레(mm)이다.)

① 횡방향 비틀림철근은 종방향 철근 주위로 135° 표준 갈고리에 의해 정착하여야 한다.
② 비틀림모멘트를 받는 속 빈 단면에서 횡방향 비틀림철근의 중심선부터 내부벽면까지의 거리는 $0.5A_{oh}/p_h$ 이상이 되도록 설계하여야 한다.
③ 횡방향 비틀림철근의 간격은 $p_h/6$보다 작아야 하고, 또한 400mm보다 작아야 한다.
④ 종방향 비틀림철근은 양단에 정착하여야 한다.

해설 횡방향 비틀림철근의 간격은 $p_h/8$보다 작아야 하고, 또한 300mm보다 작아야 한다.

76 뒷부벽식 옹벽에서 뒷부벽을 어떤 보로 설계하여야 하는가?

① T형보　　② 단순보
③ 연속보　　④ 직사각형 보

해설 ㉠ 뒷부벽 : T형보로 설계
㉡ 앞부벽 : 직사각형 보로 설계

77 직사각형 단면의 보에서 계수전단력 V_u =40kN을 콘크리트만으로 지지하고자 할 때 필요한 최소 유효깊이(d)는? (단, 보통중량콘크리트이며 f_{ck} = 25MPa, b_w =300mm이다.)

① 320mm　　② 348mm
③ 384mm　　④ 427mm

해설 $V_u \le \frac{1}{2}\phi V_c = \frac{1}{2}\phi\left(\frac{1}{6}\lambda\sqrt{f_{ck}}\,b_w d\right)$

$\therefore\ d = \frac{12V_u}{\phi\lambda\sqrt{f_{ck}}\,b_w} = \frac{12\times40\times10^3}{0.75\times1.0\sqrt{25}\times300} = 427\text{mm}$

78 슬래브와 보가 일체로 타설된 비대칭 T형보(반T형보)의 유효폭은? (단, 플랜지두께=100mm, 복부폭=300mm, 인접 보와의 내측거리=1,600mm, 보의 경간=6.0m)

① 800mm ② 900mm

③ 1,000mm ④ 1,100mm

해설 반T형보의 유효폭(b_e)

㉠ $6t+b_w = 6\times100+300 = 900\text{mm}$

㉡ $\frac{1}{12}l+b_w = \frac{1}{12}\times6{,}000+300 = 800\text{mm}$

㉢ $\frac{1}{2}b_n+b_w = \frac{1}{2}\times1{,}600+300 = 1{,}100\text{mm}$

$\therefore\ b_e = 800\text{mm}$(최소값)

79 다음 그림과 같은 인장철근을 갖는 보의 유효깊이는? (단, D19 철근의 공칭 단면적은 287mm²이다.)

① 350mm

② 410mm

③ 440mm

④ 500mm

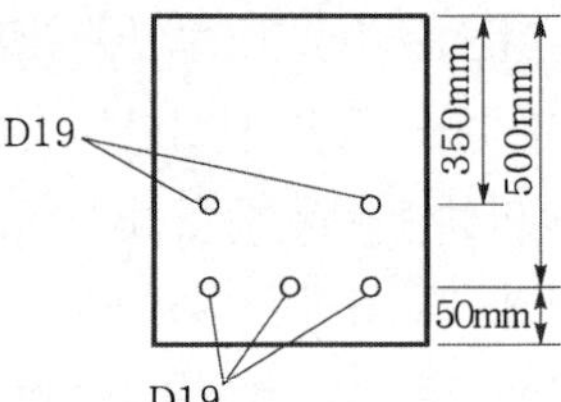

해설 바리뇽의 정리를 적용하여 보 상단에서 모멘트를 취하면

$f_y\times5A_s d = f_y\times3A_s\times500+f_y\times2A_s\times350$

$\therefore\ d = \frac{(3\times500)+(2\times350)}{5} = 440\text{mm}$

80 인장응력 검토를 위한 L-150×90×12인 형강(angle)의 전개한 총폭(b_g)은?

① 228mm

② 232mm

③ 240mm

④ 252mm

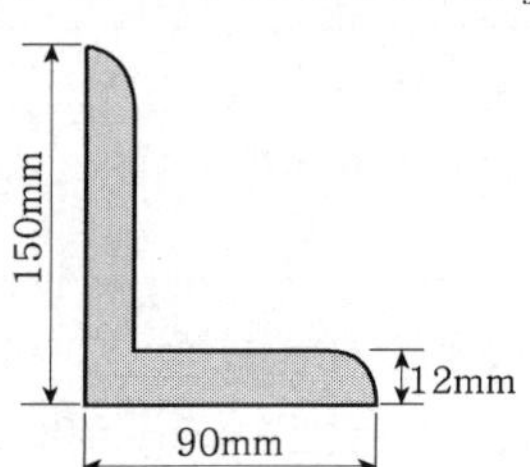

해설 $b_g = b_1+b_2-t = 150+90-12 = 228\text{mm}$

 정답 ▶▶ 78. ① 79. ③ 80. ①

제5과목 : 토질 및 기초

81 두께 9m의 점토층에서 하중강도 P_1일 때 간극비는 2.0이고 하중강도를 P_2로 증가시키면 간극비는 1.8로 감소되었다. 이 점토층의 최종 압밀침하량은?

① 20cm ② 30cm
③ 50cm ④ 60cm

해설

$$\Delta H = \frac{e_1 - e_2}{1 + e_1} H = \frac{2 - 1.8}{1 + 2} \times 900 = 60\text{cm}$$

82 지반개량공법 중 주로 모래질 지반을 개량하는데 사용되는 공법은?

① 프리로딩공법 ② 생석회말뚝공법
③ 페이퍼드레인공법 ④ 바이브로플로테이션공법

해설 사질토지반개량공법 : 다짐말뚝공법, 다짐모래말뚝공법, 바이브로플로테이션공법, 폭파다짐공법, 약액주입법, 전기충격법

83 포화된 점토에 대하여 비압밀비배수(UU)시험을 하였을 때 결과에 대한 설명으로 옳은 것은? (단, ϕ : 내부마찰각, c : 점착력)

① ϕ와 c가 나타나지 않는다.
② ϕ와 c가 모두 "0"이 아니다.
③ ϕ는 "0"이 아니지만, c는 "0"이다.
④ ϕ는 "0"이고, c는 "0"이 아니다.

해설

UU시험($S_r = 100\%$)의 결과는 $\phi = 0$이고 $c = \frac{\sigma_1 - \sigma_3}{2}$이다.

84 점토지반으로부터 불교란시료를 채취하였다. 이 시료의 지름이 50mm, 길이가 100mm, 습윤질량이 350g, 함수비가 40%일 때 이 시료의 건조밀도는?

① 1.78g/cm^3 ② 1.43g/cm^3
③ 1.27g/cm^3 ④ 1.14g/cm^3

해설

㉠ $\gamma_t = \frac{W}{V} = \frac{350}{\frac{\pi \times 5^2}{4} \times 10} = 1.78\text{g/cm}^3$

㉡ $\gamma_d = \frac{\gamma_t}{1 + \frac{w}{100}} = \frac{1.78}{1 + \frac{40}{100}} = 1.27\text{g/cm}^3$

정답 ▶▶ 81. ④ 82. ④ 83. ④ 84. ③

85 말뚝의 부주면마찰력에 대한 설명으로 틀린 것은?

① 연약한 지반에서 주로 발생한다.
② 말뚝 주변의 지반이 말뚝보다 더 침하될 때 발생한다.
③ 말뚝주면에 역청코팅을 하면 부주면마찰력을 감소시킬 수 있다.
④ 부주면마찰력의 크기는 말뚝과 흙 사이의 상대적인 변위속도와는 큰 연관성이 없다.

해설 말뚝과 흙 사이의 상대적인 변위속도가 클수록 부마찰력은 커진다.

86 말뚝기초에 대한 설명으로 틀린 것은?

① 군항은 전달되는 응력이 겹쳐지므로 말뚝 1개의 지지력에 말뚝개수를 곱한 값보다 지지력이 크다.
② 동역학적 지지력공식 중 엔지니어링뉴스공식의 안전율(F_s)은 6이다.
③ 부주면마찰력이 발생하면 말뚝의 지지력은 감소한다.
④ 말뚝기초는 기초의 분류에서 깊은 기초에 속한다.

해설 군항은 단항보다도 각각의 말뚝이 발휘하는 지지력이 작다($R_{ag} = ENR_a$).

87 다음 그림과 같이 폭이 2m, 길이가 3m인 기초에 100kN/m^{2}의 등분포하중이 작용할 때 A점 아래 4m 깊이에서의 연직응력 증가량은? (단, 다음 표의 영향계수값을 활용하여 구하며 $m=\dfrac{B}{z}$, $n=\dfrac{L}{z}$이고, B는 직사각형 단면의 폭, L은 직사각형 단면의 길이, z는 토층의 깊이이다.)

【영향계수(I)값】

m	0.25	0.5	0.5	0.5
n	0.5	0.25	0.75	1.0
I	0.048	0.048	0.115	0.122

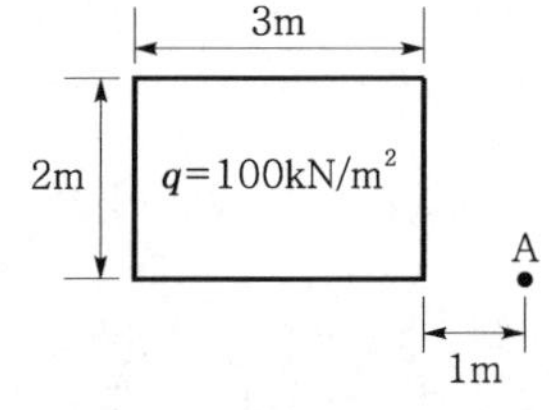

① 6.7kN/m^2
② 7.5kN/m^2
③ 12.2kN/m^2
④ 17.0kN/m^2

해설 $\Delta\sigma_v = I_{(m,\ n)}\,q = 0.122\times100 - 0.048\times100 = 7.4\text{kN/m}^2$

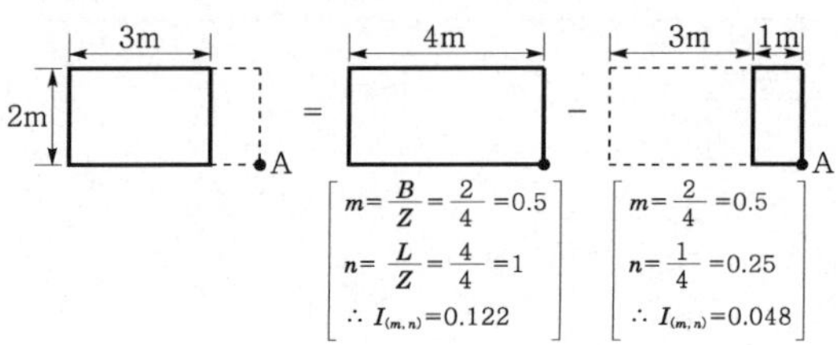

 정답 ▶▶▶ 85. ④ 86. ① 87. ②

88 평판재하시험에 대한 설명으로 틀린 것은?

① 순수한 점토지반의 지지력은 재하판의 크기와 관계없다.
② 순수한 모래지반의 지지력은 재하판의 폭에 비례한다.
③ 순수한 점토지반의 침하량은 재하판의 폭에 비례한다.
④ 순수한 모래지반의 침하량은 재하판의 폭에 관계없다.

해설 재하판의 크기에 대한 보정

㉠ 지지력
- 점토지반 : 재하판의 폭에 무관하다.
- 모래지반 : 재하판의 폭에 비례한다.

㉡ 침하량
- 점토지반 : 재하판의 폭에 비례한다.
- 모래지반 : 재하판의 크기가 커지면 약간 커지긴 하지만 폭에 비례할 정도는 아니다.

89 기초가 갖추어야 할 조건이 아닌 것은?

① 동결, 세굴 등에 안전하도록 최소한의 근입깊이를 가져야 한다.
② 기초의 시공이 가능하고 침하량이 허용치를 넘지 않아야 한다.
③ 상부로부터 오는 하중을 안전하게 지지하고 기초지반에 전달하여야 한다.
④ 미관상 아름답고 주변에서 쉽게 구득할 수 있는 재료로 설계되어야 한다.

해설 기초의 구비조건

㉠ 최소한의 근입깊이를 가질 것(동해에 대한 안정)
㉡ 지지력에 대해 안정할 것
㉢ 침하에 대해 안정할 것(침하량이 허용값 이내에 들어야 함)
㉣ 시공이 가능할 것(경제적, 기술적)

90 비교적 가는 모래와 실트가 물속에서 침강하여 고리모양을 이루며 작은 아치를 형성한 구조로 단립구조보다 간극비가 크고 충격과 진동에 약한 흙의 구조는?

① 봉소구조
② 낱알구조
③ 분산구조
④ 면모구조

해설 봉소구조 : 아주 가는 모래, 실트가 물속에 침강하여 이루어진 구조로서 아치형태로 결합되어 있다. 단립구조보다 공극이 크고 충격과 진동에 약하다.

91 두께 2cm의 점토시료에 대한 압밀시험결과 50%의 압밀을 일으키는데 6분이 걸렸다. 같은 조건하에서 두께 3.6m의 점토층 위에 축조한 구조물이 50%의 압밀에 도달하는데 며칠이 걸리는가?

① 1350일
② 270일
③ 135일
④ 27일

해설

㉠ $t_{50}=\frac{T_v H^2}{C_v}$ $6=\frac{T_v\times\left(\frac{2}{2}\right)^2}{C_v}$

$\therefore\ \frac{T_v}{C_v}=6$

㉡ $t_{50}=\frac{T_v H^2}{C_v}=6\times\left(\frac{360}{2}\right)^2=194,400$분$=135$일

92 다음 그림과 같은 흙의 구성도에서 체적 V를 1로 했을 때의 간극의 체적은? (단, 간극률은 n, 함수비는 w, 흙입자의 비중은 G_s, 물의 단위중량은 γ_w)

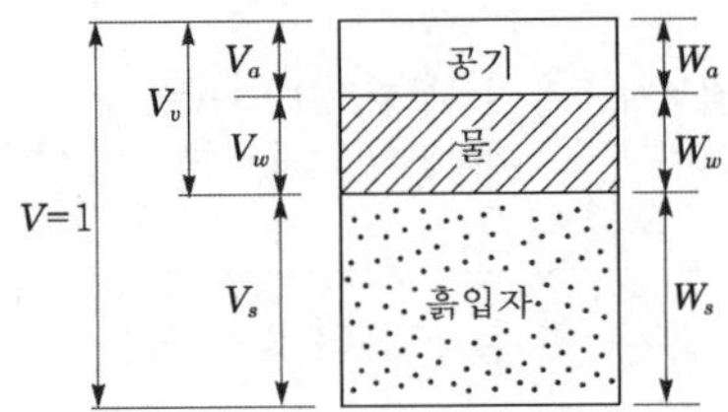

① n
② wG_s
③ $\gamma_w(1-n)$
④ $[G_s-n(G_s-1)]\gamma_w$

해설

$n=\frac{V_v}{V}=\frac{V_v}{1}=V_v$

93 벽체에 작용하는 주동토압을 P_a, 수동토압을 P_p, 정지토압을 P_o라 할 때 크기의 비교로 옳은 것은?

① $P_a>P_p>P_o$
② $P_p>P_o>P_a$
③ $P_p>P_a>P_o$
④ $P_o>P_a>P_p$

해설 ㉠ $K_p>K_o>K_a$
㉡ $P_p>P_o>P_a$

94 다음 그림과 같이 3개의 지층으로 이루어진 지반에서 토층에 수직한 방향의 평균투수계수(K_v)는?

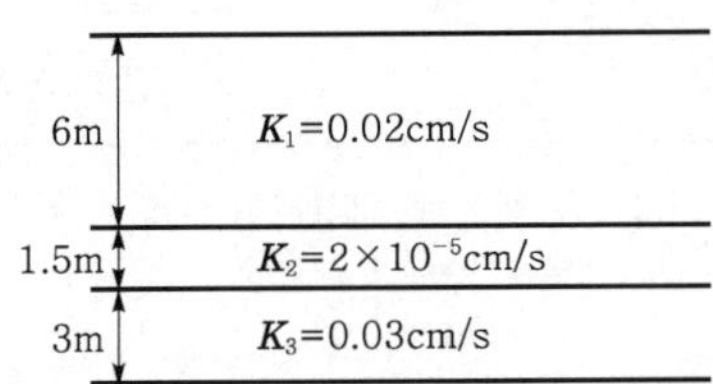

① 2.516×10^{-6}cm/s
② 1.274×10^{-5}cm/s
③ 1.393×10^{-4}cm/s
④ 2.0×10^{-2}cm/s

해설

$$K_v=\frac{H}{\frac{h_1}{K_1}+\frac{h_2}{K_2}+\frac{h_3}{K_3}}=\frac{1,050(=600+150+300)}{\frac{600}{0.02}+\frac{150}{2\times10^{-5}}+\frac{300}{0.03}}=1.393\times10^{-4}\text{cm/s}$$

 정답 92. ① 93. ② 94. ③

95 유선망의 특징에 대한 설명으로 틀린 것은?

① 각 유로의 침투수량은 같다.
② 동수경사는 유선망의 폭에 비례한다.
③ 인접한 두 등수두선 사이의 수두손실은 같다.
④ 유선망을 이루는 사변형은 이론상 정사각형이다.

해설 유선망
㉠ 각 유로의 침투유량은 같다.
㉡ 인접한 등수두선 간의 수두차는 모두 같다.
㉢ 유선과 등수두선은 서로 직교한다.
㉣ 유선망으로 되는 사각형은 정사각형이다.
㉤ 침투속도 및 동수구배는 유선망의 폭에 반비례한다.

96 다음 중 응력경로(stress path)에 대한 설명으로 틀린 것은?

① 응력경로는 특성상 전응력으로만 나타낼 수 있다.
② 응력경로란 시료가 받는 응력의 변화과정을 응력공간에 궤적으로 나타낸 것이다.
③ 응력경로는 Mohr의 응력원에서 전단응력이 최대인 점을 연결하여 구한다.
④ 시료가 받는 응력상태에 대한 응력경로는 직선 또는 곡선으로 나타난다.

해설 응력경로
㉠ 지반 내 임의의 요소에 작용되어 온 하중의 변화과정을 응력평면 위에 나타낸 것으로 최대 전단응력을 나타내는 Mohr원 정점의 좌표인 $(p,\ q)$점의 궤적이 응력경로이다.
㉡ 응력경로는 전응력으로 표시하는 전응력경로와 유효응력으로 표시하는 유효응력경로로 구분된다.
㉢ 응력경로는 직선 또는 곡선으로 나타난다.

97 모래시료에 대해서 압밀배수 삼축압축시험을 실시하였다. 초기단계에서 구속응력(σ_3)은 100kN/m^{2}이고, 전단파괴 시에 작용된 축차응력(σ_{df})은 200kN/m^{2}이었다. 이와 같은 모래시료의 내부마찰각(ϕ) 및 파괴면에 작용하는 전단응력(τ_f)의 크기는?

① $\phi=30°$, $\tau_f=115.47\text{kN/m}^2$
② $\phi=40°$, $\tau_f=115.47\text{kN/m}^2$
③ $\phi=30°$, $\tau_f=86.60\text{kN/m}^2$
④ $\phi=40°$, $\tau_f=86.60\text{kN/m}^2$

해설 ㉠ $\sigma_1=\sigma_{df}+\sigma_3=200+100=300\text{kN/m}^2$

$$\sin\phi=\frac{\sigma_1-\sigma_3}{\sigma_1+\sigma_3}=\frac{300-100}{300+100}=\frac{1}{2}$$

$\therefore\ \phi=30°$

㉡ $\theta=45°+\dfrac{\phi}{2}=45°+\dfrac{30°}{2}=60°$

$$\therefore\ \tau=\frac{\sigma_1-\sigma_3}{2}\sin2\theta=\frac{300-100}{2}\times\sin(2\times60°)=86.6\text{kN/m}^2$$

정답 95. ② 96. ① 97. ③

98 암반층 위에 5m 두께의 토층이 경사 15°의 자연사면으로 되어 있다. 이 토층의 강도정수 $c=$ 15kN/m^2, $\phi=$30°이며, 포화단위중량(γ_{sat})은 18kN/m^{3}이다. 지하수면은 토층의 지표면과 일치하고, 침투는 경사면과 대략 평행이다. 이때 사면의 안전율은? (단, 물의 단위중량은 9.81kN/m^{3}이다.)

① 0.85　② 1.15
③ 1.65　④ 2.05

$$F_s=\frac{c}{\gamma_{sat}Z\cos i\sin i}+\frac{\gamma_{sub}}{\gamma_{sat}}\frac{\tan\phi}{\tan i}$$
$$=\frac{15}{18\times5\times\cos15°\times\sin15°}+\frac{18-9.81}{18}\times\frac{\tan30°}{\tan15°}$$
$$=1.65$$

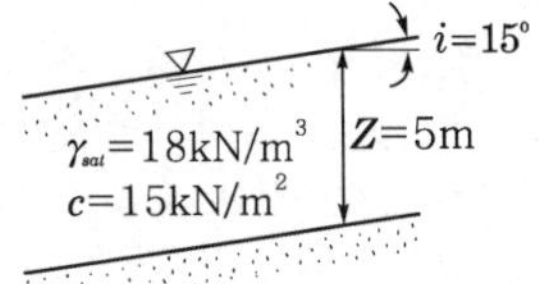

99 흙의 다짐시험에서 다짐에너지를 증가시킬 때 일어나는 결과는?

① 최적함수비는 증가하고, 최대 건조단위중량은 감소한다.
② 최적함수비는 감소하고, 최대 건조단위중량은 증가한다.
③ 최적함수비와 최대 건조단위중량이 모두 감소한다.
④ 최적함수비와 최대 건조단위중량이 모두 증가한다.

해설 다짐에너지를 증가시키면 최대 건조단위중량은 증가하고, 최적함수비는 감소한다.

100 토립자가 둥글고 입도분포가 나쁜 모래지반에서 표준관입시험을 한 결과 N값은 10이었다. 이 모래의 내부마찰각(ϕ)을 Dunham의 공식으로 구하면?

① 21°　② 26°
③ 31°　④ 36°

해설 $\phi=\sqrt{12N}+15=\sqrt{12\times10}+15=25.95°$

제6과목 : 상하수도공학

101 상수도의 정수공정에서 염소소독에 대한 설명으로 틀린 것은?

① 염소살균은 오존살균에 비해 가격이 저렴하다.
② 염소소독의 부산물로 생성되는 THM은 발암성이 있다.
③ 암모니아성 질소가 많은 경우에는 클로라민이 형성된다.
④ 염소요구량은 주입염소량과 유리 및 결합잔류염소량의 합이다.

해설 염소요구량=주입염소농도−잔류염소농도

 정답 ▸▸▸ 98. ③ 99. ② 100. ② 101. ④

102 집수매거(infiltration galleries)에 관한 설명으로 옳지 않은 것은?

① 철근콘크리트조의 유공관 또는 권선형 스크린관을 표준으로 한다.
② 집수매거 내의 평균유속은 유출단에서 1m/s 이하가 되도록 한다.
③ 집수매거의 부설방향은 표류수의 상황을 정확하게 파악하여 위수할 수 있도록 한다.
④ 집수매거는 하천부지의 하상 밑이나 구하천부지 등의 땅속에 매설하여 복류수나 자유수면을 갖는 지하수를 취수하는 시설이다.

해설 집수매거의 부설방향은 복류수의 상황을 정확하게 파악하여 위수할 수 있도록 한다.

103 수평으로 부설한 지름 400mm, 길이 1,500m의 주철관으로 20,000m^3/day의 물이 수송될 때 펌프에 의한 송수압이 53.95N/cm^{2}이면 관수로 끝에서 발생되는 압력은? (단, 관의 마찰손실계수 $f=0.03$, 물의 단위중량 $\gamma=9.81$kN/m, 중력가속도 $g=9.8$m/s^2)

① 3.5×10^5N/m^2　② 4.5×10^5N/m^2
③ 5.0×10^5N/m^2　④ 5.5×10^5N/m^2

해설 $Q=20{,}000\text{m}^3/\text{day}=0.232\text{m}^3/\text{s}$

$$V=\frac{Q}{A}=\frac{0.232}{\dfrac{\pi\times0.4^2}{4}}=1.845\text{m/s}$$

$$\therefore \text{ 압력}=539{,}500\text{N/cm}^2-P_{end}=539{,}500\text{N/cm}^2-9{,}810\times0.03\times\frac{1{,}500}{0.4}\times\frac{1.845^2}{2\times9.8}=347{,}828\fallingdotseq3.5\times10^5\text{N/m}^2$$

104 하수처리시설의 2차 침전지에 대한 내용으로 틀린 것은?

① 유효수심은 2.5~4m를 표준으로 한다.
② 침전지 수면의 여유고는 40~60cm 정도로 한다.
③ 직사각형인 경우 길이와 폭의 비는 3 : 1 이상으로 한다.
④ 표면부하율은 계획 1일 최대 오수량에 대하여 25~40m^3/m^2 · day로 한다.

해설 표면부하율은 계획 1일 최대 오수량에 대하여 20~30m^3/m^2 · day로 한다.

105 A시의 2021년 인구는 588,000명이며 연간 약 3.5%씩 증가하고 있다. 2027년도를 목표로 급수시설의 설계에 임하고자 한다. 1일 1인 평균급수량은 250L이고 급수율을 70%로 가정할 때 계획 1일 평균급수량은? (단, 인구추정식은 등비증가법으로 산정한다.)

① 약 126,500m^3/day　② 약 129,000m^3/day
③ 약 258,000m^3/day　④ 약 387,000m^3/day

해설 $P_n=P_0(1+r)^n=588{,}000\times(1+0.035)^6=722{,}802$인

∴ 계획 1일 평균급수량=250l/인 · day×722,802인×0.7=126,490,350l/day≒126,500m^3/day

106 운전 중인 펌프의 토출량을 조절할 때 공동현상을 일으킬 우려가 있는 것은?

① 펌프의 회전수를 조절한다.
② 펌프의 운전대수를 조절한다.
③ 펌프의 흡입측 밸브를 조절한다.
④ 펌프의 토출측 밸브를 조절한다.

107 원수수질상황과 정수수질관리목표를 중심으로 정수방법을 선정할 때 종합적으로 검토하여야 할 사항으로 틀린 것은?

① 원수수질
② 원수시설의 규모
③ 정수시설의 규모
④ 정수수질의 관리목표

해설 정수방법의 선정 시 원수시설의 규모는 관련 없다.

108 하수도의 계획오수량 산정 시 고려할 사항이 아닌 것은?

① 계획오수량 산정 시 산업폐수량을 포함하지 않는다.
② 오수관로는 계획시간 최대 오수량을 기준으로 계획한다.
③ 합류식에서 하수의 차집관로는 우천 시 계획오수량을 기준으로 계획한다.
④ 우천 시 계획오수량 산정 시 생활오수량 외 우천 시 오수관로에 유입되는 빗물의 양과 지하수의 침입량을 추정하여 합산한다.

해설 계획오수량 산정 시 생활오수량, 공장폐수량, 지하수량, 기타를 포함한다.

109 주요 관로별 계획하수량으로서 틀린 것은?

① 오수관로 : 계획시간 최대 오수량
② 차집관로 : 우천 시 계획오수량
③ 우수관로 : 계획우수량+계획오수량
④ 합류식 관로 : 계획시간 최대 오수량+계획우수량

해설 우수관로의 계획하수량은 계획우수량이다.

110 하수도시설에서 펌프의 선정기준 중 틀린 것은?

① 전양정이 5m 이하이고 구경이 400mm 이상인 경우는 축류펌프를 선정한다.
② 전양정이 4m 이상이고 구경이 80mm 이상인 경우는 원심펌프를 선정한다.
③ 전양정이 5~20m이고 구경이 300mm 이상인 경우 원심사류펌프를 선정한다.
④ 전양정이 3~12m이고 구경이 400mm 이상인 경우는 원심펌프를 선정한다.

 정답 ▸▸▸ 106. ③ 107. ② 108. ① 109. ③ 110. ④

111 다음 펌프의 표준특성곡선에서 양정을 나타내는 것은? (단, N_s : 100~250)

① A
② B
③ C
④ D

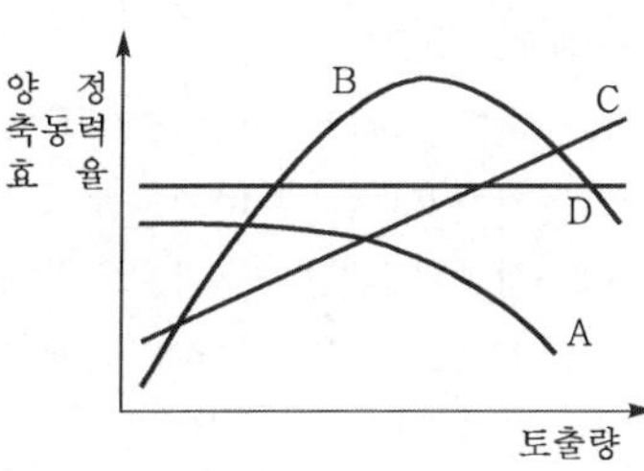

112 양수량이 15.5m³/min이고 전양정이 24m일 때 펌프의 축동력은? (단, 펌프의 효율은 80%로 가정한다.)

① 4.65kW ② 7.58kW
③ 46.57kW ④ 75.95kW

해설 $Q = 15.5\text{m}^3/\text{min} = 0.26\text{m}^3/\text{s}$

$$\therefore P_p = \frac{9.8QH}{\eta} = \frac{9.8 \times 0.26 \times 24}{0.8} = 76.44\text{kW}$$

113 맨홀 설치 시 관경에 따라 맨홀의 최대 간격에 차이가 있다. 관로직선부에서 관경 600mm 초과 1,000mm 이하에서 맨홀의 최대 간격 표준은?

① 60m ② 75m
③ 90m ④ 100m

해설 관경 600mm 초과 1,000mm 이하일 때 맨홀은 100m 간격으로 한다.

114 수원의 구비요건으로 틀린 것은?

① 수질이 좋아야 한다.
② 수량이 풍부하여야 한다.
③ 가능한 한 낮은 곳에 위치하여야 한다.
④ 가능한 한 수돗물소비지에서 가까운 곳에 위치하여야 한다.

해설 가급적 자연유하로 도수할 수 있으려면 가능한 한 높은 곳에 위치하여야 한다.

115 다음 중 저농도 현탁입자의 침전형태는?

① 단독침전 ② 응집침전
③ 지역침전 ④ 압밀침전

해설 저농도 현탁입자의 경우 중력에 의한 침전이 합당하므로 1차 침전 또는 단독침전이다.

정답 ▸▸▸ 111. ① 112. ④ 113. ④ 114. ③ 115. ①

116 계획우수량 산정 시 유입시간을 산정하는 일반적인 Kerby식과 스에이시식에서 각 계수와 유입시간의 관계로 틀린 것은?

① 유입시간과 지표면거리는 비례관계이다.
② 유입시간과 지체계수는 반비례관계이다.
③ 유입시간과 설계강우강도는 반비례관계이다.
④ 유입시간과 지표면평균경사는 반비례관계이다.

117 자연유하방식과 비교할 때 압송식 하수도에 관한 특징으로 틀린 것은?

① 불명수(지하수 등)의 침입이 없다.
② 하향식 경사를 필요로 하지 않는다.
③ 관로의 매설깊이를 낮게 할 수 있다.
④ 유지관리가 비교적 간편하고 관로점검이 용이하다.

해설 압송식 하수도의 경우 유지관리비용이 증대된다.

118 염소소독 시 생성되는 염소성분 중 살균력이 가장 강한 것은?

① OCl^-
② HOCl
③ $NHCl_2$
④ NH_2Cl

해설 살균력이 강한 순서 : HOCl>OCl^->클로라민

119 석회를 사용하여 하수를 응집침전하고자 할 경우의 내용으로 틀린 것은?

① 콜로이드성 부유물질의 침전성이 향상된다.
② 알칼리도, 인산염, 마그네슘 등과도 결합하여 제거시킨다.
③ 석회 첨가에 의한 인 제거는 황산반토보다 슬러지 발생량이 일반적으로 적다.
④ 알칼리제를 응집보조제로 첨가하여 응집침전의 효과가 향상되도록 pH를 조정한다.

해설 응집보조제를 사용할 경우 일반적으로 슬러지 발생량은 많아진다.

120 정수처리의 단위조작으로 사용되는 오존처리에 관한 설명으로 틀린 것은?

① 유기물질의 생분해성을 증가시킨다.
② 염소주입에 앞서 오존을 주입하면 염소의 소비량을 감소시킨다.
③ 오존은 자체의 높은 산화력으로 염소에 비하여 높은 살균력을 가지고 있다.
④ 인의 제거능력이 뛰어나고 수온이 높아져도 오존소비량은 일정하게 유지된다.

해설 수온이 높아지면 오존소비량이 급격히 높아진다.

정답 116. ② 117. ④ 118. ② 119. ③ 120. ④

국가기술자격검정 필기시험문제

2022년도 토목기사(2022년 4월 24일)

자격종목	시험시간	문제형별	수험번호	성 명
토목기사	**3시간**	**A**		

제1과목 : 응용역학

1 다음 그림과 같이 이축응력을 받고 있는 요소의 체적변형률은? (단, 탄성계수(E)는 2×10^5MPa, 푸아송비(ν)는 0.3이다.)

① 2.7×10^{-4}
② 3.0×10^{-4}
③ 3.7×10^{-4}
④ 4.0×10^{-4}

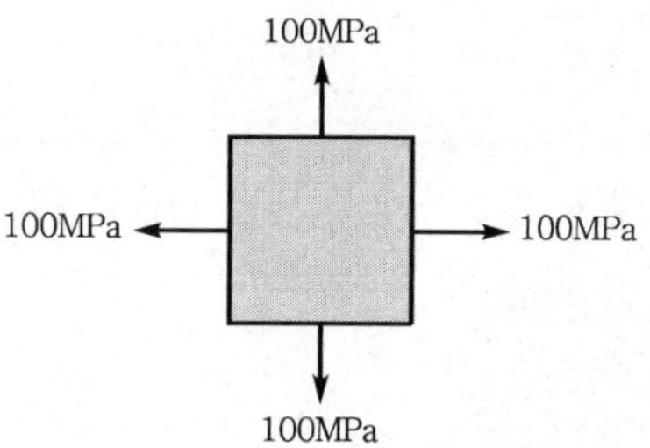

해설

$$\varepsilon_v=\varepsilon_x+\varepsilon_y+\varepsilon_z=\frac{1-2\nu}{E}(\sigma_x+\sigma_y+\sigma_z)=\frac{1-2\times0.3}{2\times10^5}\times(100+100+0)=4.0\times10^{-4}$$

2 다음 그림과 같은 구조물의 BD부재에 작용하는 힘의 크기는?

① 100kN
② 125kN
③ 150kN
④ 200kN

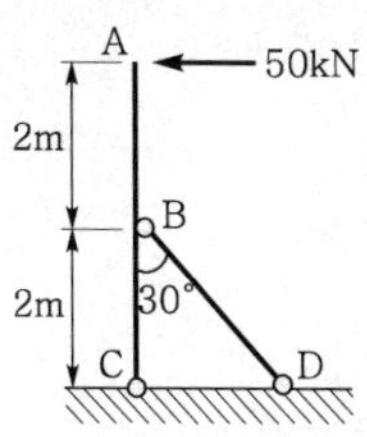

해설

$\Sigma M_C=0(\oplus)$

$50\times4-T\times\sin30°\times2=0$

$\therefore\ T=\dfrac{50\times4}{2\times\sin30°}=200\text{kN}(\rightarrow)$

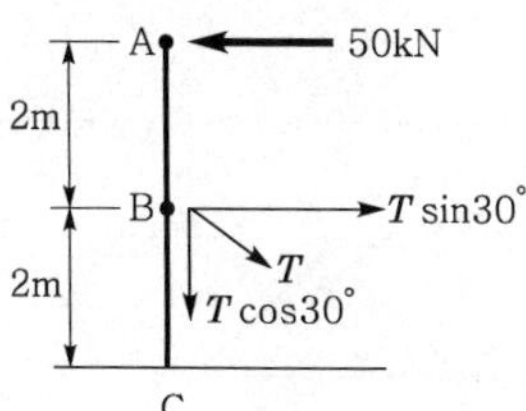

3 다음 그림과 같이 봉에 작용하는 힘들에 의한 봉 전체의 수직처짐의 크기는?

① $\dfrac{PL}{A_1E_1}$

② $\dfrac{2PL}{3A_1E_1}$

③ $\dfrac{4PL}{3A_1E_1}$

④ $\dfrac{3PL}{2A_1E_1}$

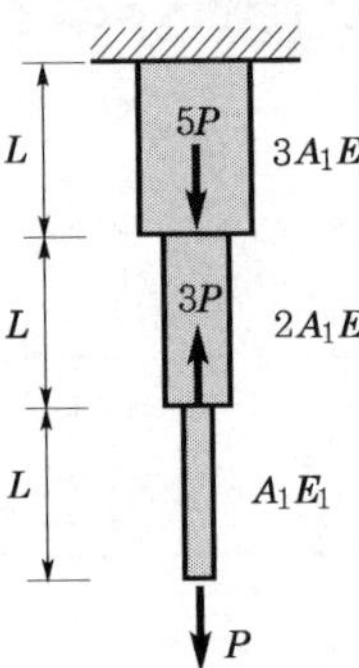

해설

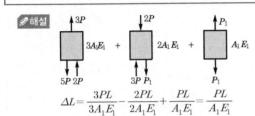

3P, $3A_1E_1$, 5P 2P + 2P, $2A_1E_1$, 3P P_1 + P_1, A_1E_1, P_1

$$\Delta L=\frac{3PL}{3A_1E_1}-\frac{2PL}{2A_1E_1}+\frac{PL}{A_1E_1}=\frac{PL}{A_1E_1}$$

4 다음 그림과 같은 단면의 단면 상승모멘트(I_{xy})는?

① 77,500mm^4

② 92,500mm^4

③ 122,500mm^4

④ 157,500mm^4

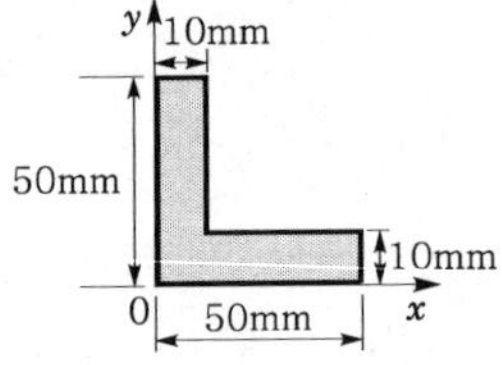

해설

㉠ $I_{xy}=Ax_0y_0=50\times10\times25\times5=62{,}500\text{mm}^4$

㉡ $I_{xy}=Ax_0y_0=40\times10\times5\times30=60{,}000\text{mm}^4$

$\therefore\ I_{xy}=㉠+㉡=122{,}500\text{mm}^4$

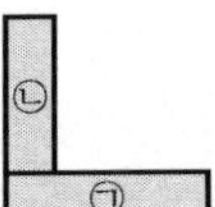

5 다음 그림과 같은 와렌(warren)트러스에서 부재력이 '0(영)'인 부재는 몇 개인가?

① 0개

② 1개

③ 2개

④ 3개

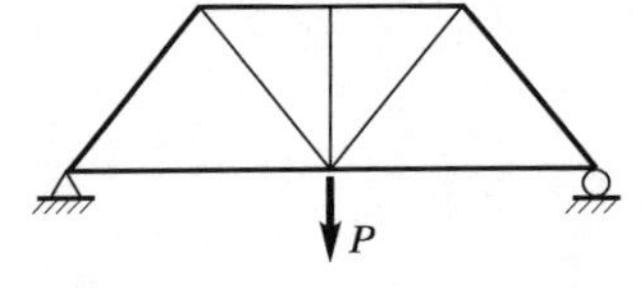

해설 0부재 : 1개

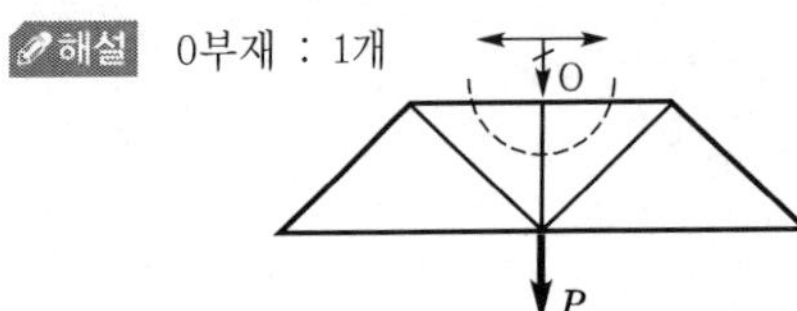

6 다음 그림과 같은 2경간 연속보에 등분포하중 w=4kN/m가 작용할 때 전단력이 "0"이 되는 위치는 지점 A로부터 얼마의 거리(x)에 있는가?

① 0.75m
② 0.85m
③ 0.95m
④ 1.05m

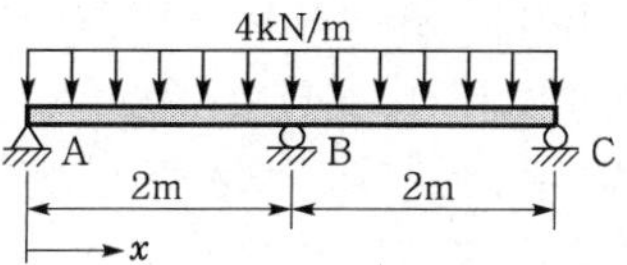

해설 ㉠ V_B 산정

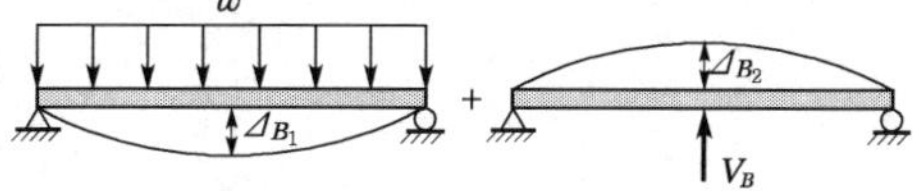

$$\Delta_{B1} = \frac{5wl^4}{384EI},\ \ \Delta_{B2} = \frac{V_B\, l^3}{48EI}$$

$\Delta_{B1} = \Delta_{B2}$이므로

$$\frac{5wl^4}{384EI} = \frac{V_B\, l^3}{48EI}$$

$$\therefore\ V_B = \frac{5wl}{8}$$

㉡ V_A 산정

$$V_A = \frac{wl}{2} - \frac{5wl}{16} = \frac{3wl}{16}$$

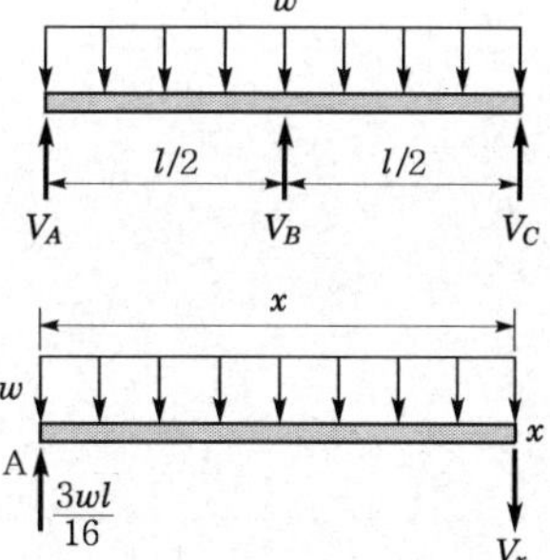

㉢ $V_x = 0$ 산정

$$V_x = \frac{3wl}{16} - wx = 0$$

$$\therefore\ x = \frac{3l}{16} = \frac{3\times4}{16} = 0.75\text{m}$$

7 다음 그림에서 중앙점(C점)의 휨모멘트(M_C)는?

① $\frac{1}{20}wL^2$

② $\frac{5}{96}wL^2$

③ $\frac{1}{6}wL^2$

④ $\frac{1}{12}wL^2$

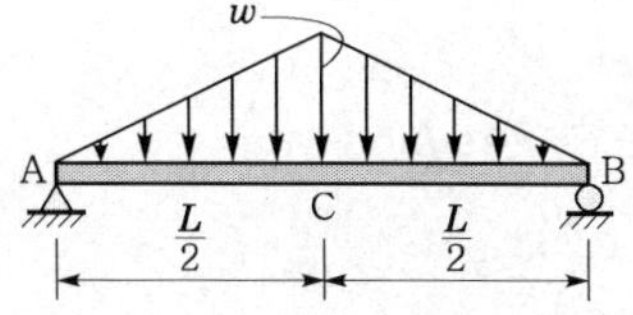

해설 ㉠ $\Sigma M_B = 0(\oplus\!\curvearrowright)$

$$(R_A\times L) - \left(w\times\frac{L}{2}\times\frac{1}{2}\right)\times\left(\frac{L}{2}+\frac{L}{2}\times\frac{1}{3}\right) - \left(w\times\frac{L}{2}\times\frac{1}{2}\right)\times\left(\frac{L}{2}\times\frac{2}{3}\right) = 0$$

$$\therefore\ R_A = \frac{3wL}{12}$$

㉡ $M_C = \left(\frac{3wL}{12}\times\frac{L}{2}\right) - \left(w\times\frac{L}{2}\times\frac{1}{2}\right)\times\left(\frac{L}{2}\times\frac{1}{3}\right) = \frac{3wL^2}{24} - \frac{wL^2}{24} = \frac{wL^2}{12}$

정답 6. ① 7. ④

8 전단응력도에 대한 설명으로 틀린 것은?

① 직사각형 단면에서는 중앙부의 전단응력도가 제일 크다.
② 원형 단면에서는 중앙부의 전단응력도가 제일 크다.
③ I형 단면에서는 상, 하단의 전단응력도가 제일 크다.
④ 전단응력도는 전단력의 크기에 비례한다.

해설 I형 단면은 단면의 중심부에서 전단응력도가 최대이다.

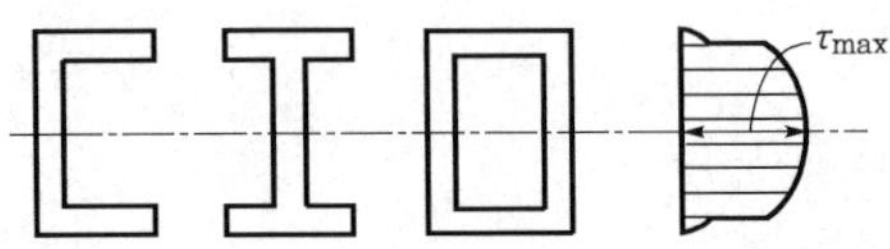

9 다음 그림과 같은 3힌지 아치의 중간 힌지에 수평하중 P가 작용할 때 A지점의 수직반력(V_A)과 수평반력(H_A)은?

① $V_A = \frac{Ph}{L}(\uparrow)$, $H_A = \frac{P}{2h}(\leftarrow)$

② $V_A = \frac{Ph}{L}(\downarrow)$, $H_A = \frac{P}{2}(\rightarrow)$

③ $V_A = \frac{Ph}{L}(\uparrow)$, $H_A = \frac{P}{2}(\rightarrow)$

④ $V_A = \frac{Ph}{L}(\downarrow)$, $H_A = \frac{P}{2}(\leftarrow)$

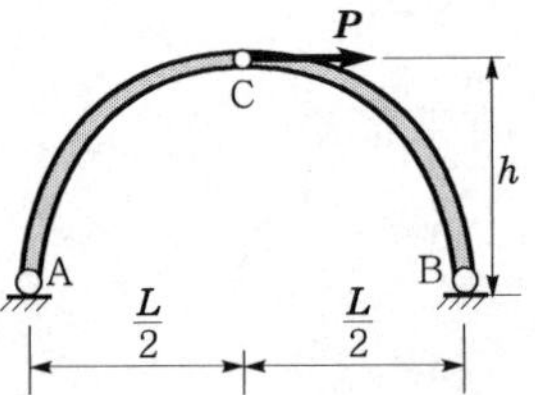

해설 ㉠ $\Sigma M_B = 0(\oplus)$

$V_A \times l + P \times h = 0$

$\therefore V_A = -\frac{Ph}{l}(\downarrow)$

㉡ $\Sigma M_{C(왼쪽)} = 0(\oplus)$

$V_A \times \frac{l}{2} - H_A \times h = 0$

$\therefore H_A = -\frac{P}{2}(\leftarrow)$

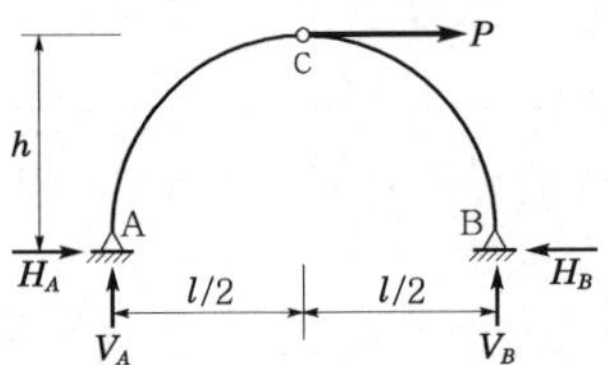

10 다음 그림과 같이 단순지지된 보에 등분포하중 q가 작용하고 있다. 지점 C의 부모멘트와 보의 중앙에 발생하는 정모멘트의 크기를 같게 하여 등분포하중 q의 크기를 제한하려고 한다. 지점 C와 D는 보의 대칭거동을 유지하기 위하여 각각 A와 B로부터 같은 거리에 배치하고자 한다. 이때 보의 A점으로부터 지점 C까지의 거리(x)는?

① $0.207L$
② $0.250L$
③ $0.333L$
④ $0.444L$

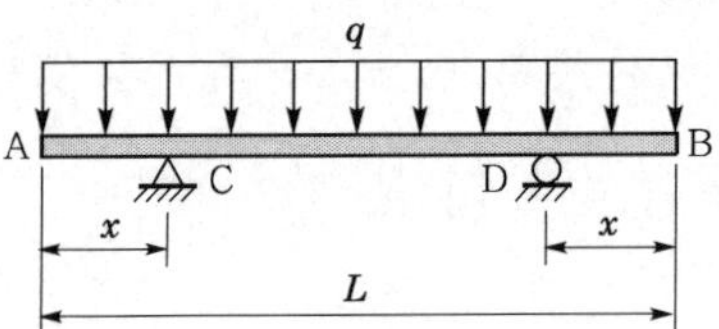

 정답 ▶▶ 8. ③ 9. ④ 10. ①

해설

$$M_C = \frac{qx^2}{2}$$

$$M_E = \frac{q(L-2x)^2}{8} - \frac{qx^2}{2}$$

$M_C = M_E$이므로

$$\frac{qx^2}{2} = \frac{q(L-2x)^2}{8} - \frac{qx^2}{2}$$

$$8qx^2 = q(L-2x)^2$$

$$4x^2 + 4Lx - L^2 = 0$$

$$\therefore x = \frac{-4L + \sqrt{(4L)^2 - 4\times4\times(-L)^2}}{2\times4} = \frac{\sqrt{2}-1}{2}L = 0.207L$$

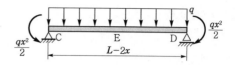

11 탄성변형에너지(Elastic Strain Energy)에 대한 설명으로 틀린 것은?

① 변형에너지는 내적인 일이다.
② 외부하중에 의한 일은 변형에너지와 같다.
③ 변형에너지는 강성도가 클수록 크다.
④ 하중을 제거하면 회복될 수 있는 에너지이다.

해설

$$U = \frac{1}{2}P\delta = \frac{1}{2}P\left(\frac{PL}{EA}\right) = \frac{P^2L}{2EA}$$

강성도 $k = \frac{EA}{L}$이므로 변형에너지는 강성도에 반비례한다$\left(U \propto \frac{1}{k}\right)$.

12 단면이 200mm×300mm인 압축부재가 있다. 부재의 길이가 2.9m일 때 이 압축부재의 세장비는 약 얼마인가? (단, 지지상태는 양단 힌지이다.)

① 33
② 50
③ 60
④ 100

해설

$$\lambda = \frac{l}{r_{\min}} = \frac{l}{\sqrt{\frac{I_{\min}}{A}}} = \frac{l}{\sqrt{\frac{b^3h}{12bh}}} = \frac{l\sqrt{12}}{b} = \frac{2.9\times10^2\times\sqrt{12}}{20} = 50.23$$

13 다음 그림과 같이 한 변이 a인 정사각형 단면의 $\frac{1}{4}$을 절취한 나머지 부분의 도심(C)의 위치(y_o)는?

① $\frac{4}{12}a$
② $\frac{5}{12}a$
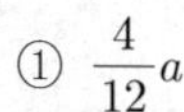
③ $\frac{6}{12}a$
④ $\frac{7}{12}a$

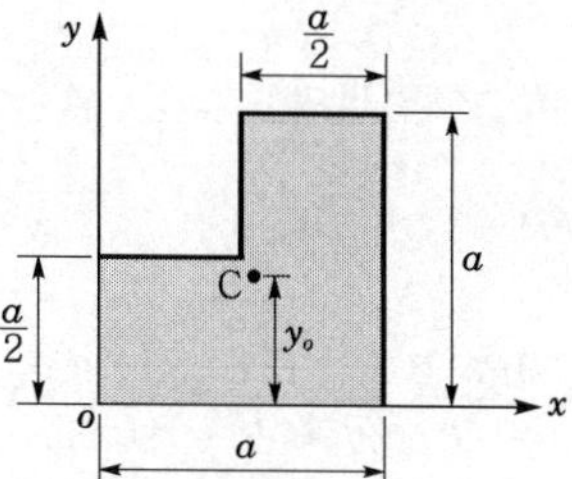

해설 바리뇽의 정리 이용

$a^2\times\frac{a}{2}=\frac{3}{4}a^2\times y+\frac{1}{4}a^2\times\frac{3}{4}a$

$3a^2y=2a^3-\frac{3}{4}a^3$

$\therefore\ y=\frac{5}{12}a$

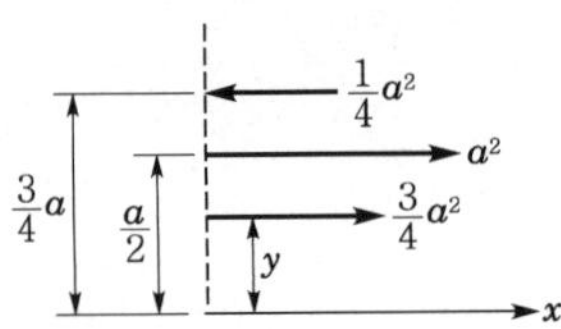

14 다음 그림과 같은 게르버보에서 A점의 반력은?

① 6kN(↓)
② 6kN(↑)
③ 30kN(↓)
④ 30kN(↑)

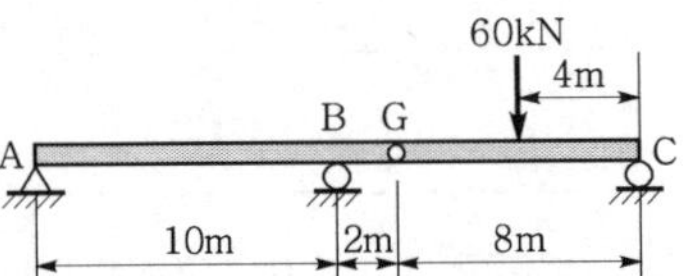

해설 $\Sigma M_B=0$

$R_A\times10+R_G\times2=0$

$R_A\times10+30\times2=0$

$\therefore\ R_A=-6\text{kN}(\downarrow)$

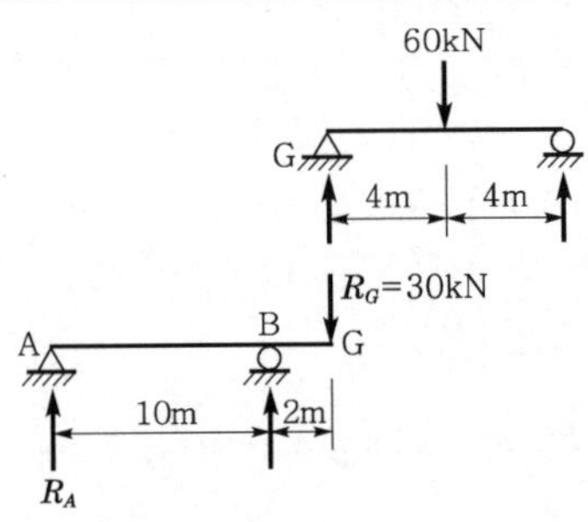

15 다음 그림과 같은 구조물에서 하중이 작용하는 위치에서 일어나는 처짐의 크기는?

① $\frac{PL^3}{48EI}$

② $\frac{PL^3}{96EI}$

③ $\frac{7PL^3}{384EI}$

④ $\frac{11PL^3}{384EI}$

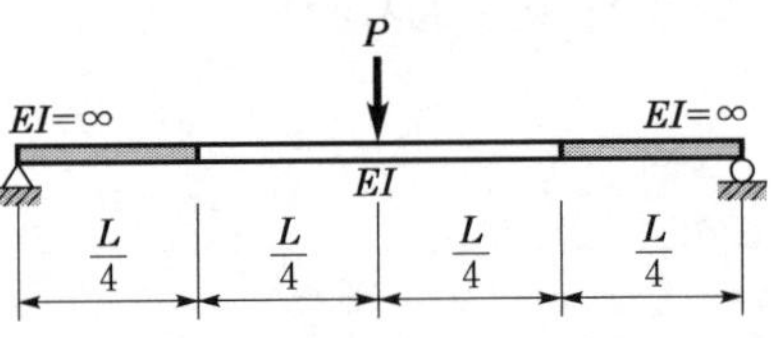

해설 $EI=\infty$에서 탄성하중은 0이므로 중앙 $L/2$구간에 탄성하중이 작용한다.

$\Sigma M_B{}'=0$

$R_A{}'\times L-\left(\frac{PL}{8EI}\times\frac{L}{2}\right)\times\frac{L}{2}-\left(\frac{1}{2}\times\frac{PL}{8EI}\times\frac{L}{2}\right)\times\frac{L}{2}=0$

$\therefore\ R_A{}'=\frac{3PL^2}{64EI}$

$\Sigma M_C{}'=0$

$\therefore\ \delta_C=M_C{}'=\frac{3PL^2}{64EI}\times\frac{L}{2}-\left(\frac{PL}{8EI}\times\frac{L}{4}\right)\times\left(\frac{L}{4}\times\frac{1}{2}\right)-\left(\frac{1}{2}\times\frac{PL}{8EI}\times\frac{L}{4}\right)\times\left(\frac{L}{4}\times\frac{1}{3}\right)$

$=\frac{3PL^3}{128EI}-\frac{PL^3}{256EI}-\frac{PL^3}{768EI}=\frac{7PL^3}{384EI}$

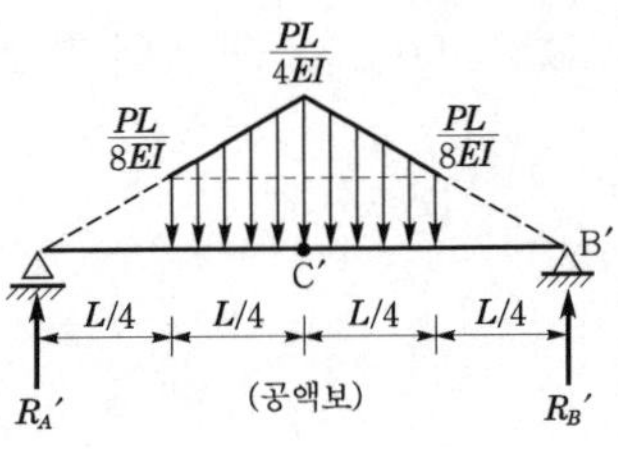

 정답 ▸▸▸ 14. ① 15. ③

16 다음 그림과 같은 부정정보의 A단에 작용하는 휨모멘트는?

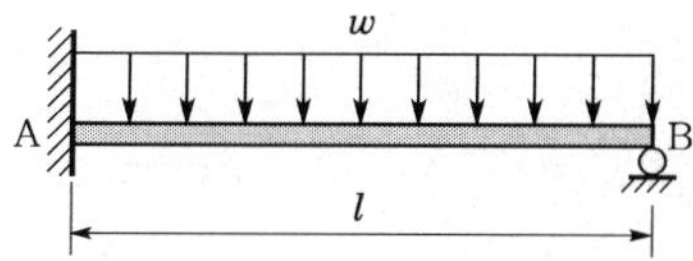

① $-\frac{1}{4}wl^2$ ② $-\frac{1}{8}wl^2$

③ $-\frac{1}{12}wl^2$ ④ $-\frac{1}{24}wl^2$

해설

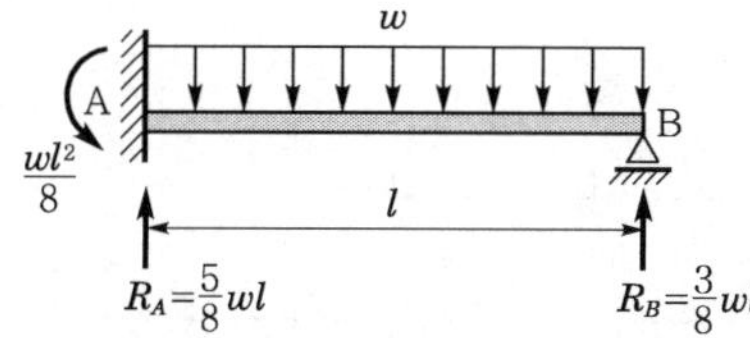

17 다음 그림과 같이 단순보에 이동하중이 작용할 때 절대 최대 휨모멘트는?

① 387.2kN · m
② 423.2kN · m
③ 478.4kN · m
④ 531.7kN · m

60kN
40kN
4m
A
B
20m

해설

$R = 40 + 60 = 100\text{kN}$

$100 \times d = 40 \times 4$

$\therefore d = 1.6\text{m}$

M_{max}는 60kN 아래에서 발생한다.

$\therefore M_{max} = \frac{R}{l}\left(\frac{l-d}{2}\right)^2 = \frac{100}{20} \times \left(\frac{20-1.6}{2}\right)^2 = 423.2\text{kN} \cdot \text{m}$

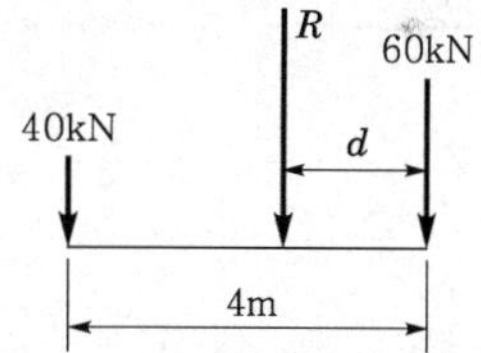

18 바닥은 고정, 상단은 자유로운 기둥의 좌굴형상이 다음 그림과 같을 때 임계하중은?

① $\frac{\pi^2 EI}{4l}$

② $\frac{9\pi^2 EI}{4l^2}$

③ $\frac{13\pi^2 EI}{4l^2}$

④ $\frac{25\pi^2 EI}{4l^2}$

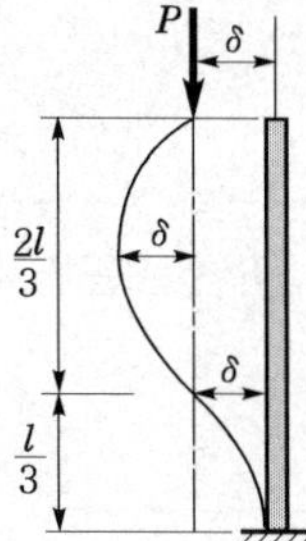

해설

$l_k = \frac{2l}{3}$

$\therefore P_b = \frac{n\pi^2 EI}{{l_k}^2} = \frac{\pi^2 EI}{(kl)^2} = \frac{9\pi^2 EI}{4l^2}$

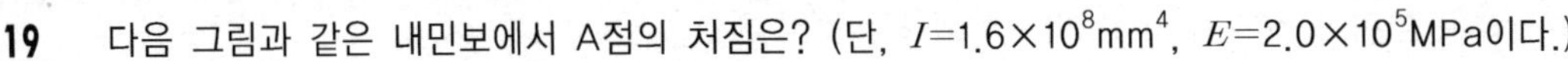

19 다음 그림과 같은 내민보에서 A점의 처짐은? (단, I=1.6×10⁸mm⁴, E=2.0×10⁵MPa이다.)

① 22.5mm
② 27.5mm
③ 32.5mm
④ 37.5mm

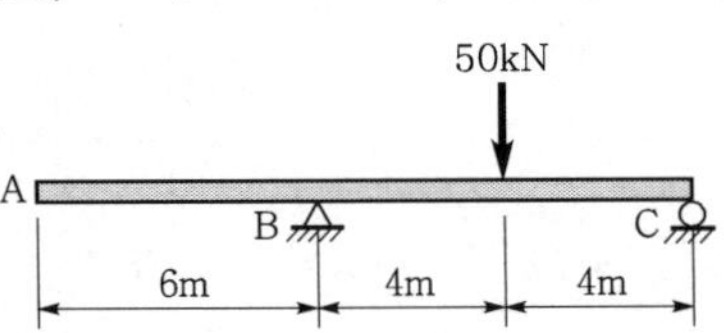

$$\delta_A = \theta_B l_1 = \frac{Pl^2 l_1}{16EI} = \frac{50\times10^3\times8{,}000^2\times6{,}000}{16\times2\times10^5\times1.6\times10^8} = 37.5\text{mm}$$

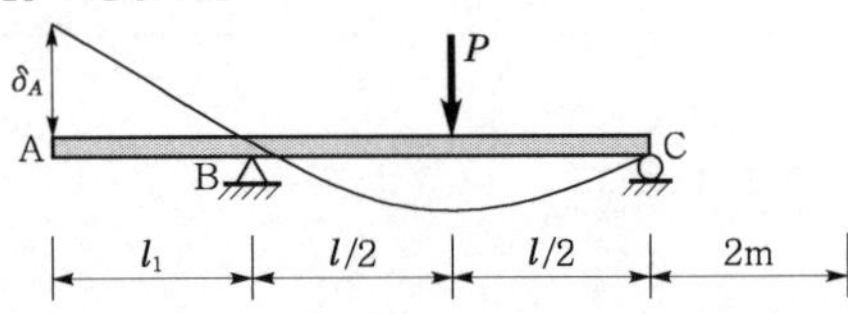

20 다음 그림과 같이 연결부에 두 힘 50kN과 20kN이 작용한다. 평형을 이루기 위한 두 힘 A와 B의 크기는?

① A=10kN, $B=50+\sqrt{3}$kN
② $A=50+\sqrt{3}$kN, B=10kN
③ $A=10\sqrt{3}$kN, B=60kN
④ A=60kN, $B=10\sqrt{3}$kN

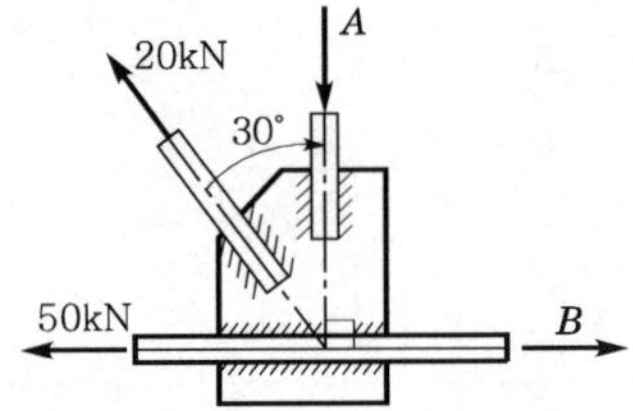

해설
㉠ $\Sigma H=0$
$50+20\times\cos60°-B=0$
$\therefore\ B=60\text{kN}$
㉡ $\Sigma V=0$
$-A+20\times\cos30°=0$
$\therefore\ A=10\sqrt{3}\text{kN}$

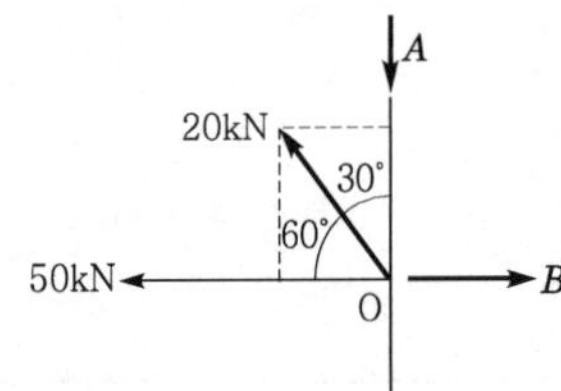

제2과목 : 측량학

21 다음 중 완화곡선의 종류가 아닌 것은?

① 렘니스케이트곡선
② 클로소이드곡선
③ 3차 포물선
④ 배향곡선

해설
㉠ 완화곡선 : 클로소이드곡선, 3차 포물선, 렘니스케이트
㉡ 수평곡선 : 단곡선, 복심곡선, 반향곡선, 배향곡선

 정답 19. ④ 20. ③ 21. ④

22 다음 그림과 같이 교호수준측량을 실시한 결과가 $a_1=0.63$m, $a_2=1.25$m, $b_1=1.15$m, $b_2=1.73$m이었다면 B점의 표고는? (단, A의 표고=50.00m)

① 49.50m
② 50.00m
③ 50.50m
④ 51.00m

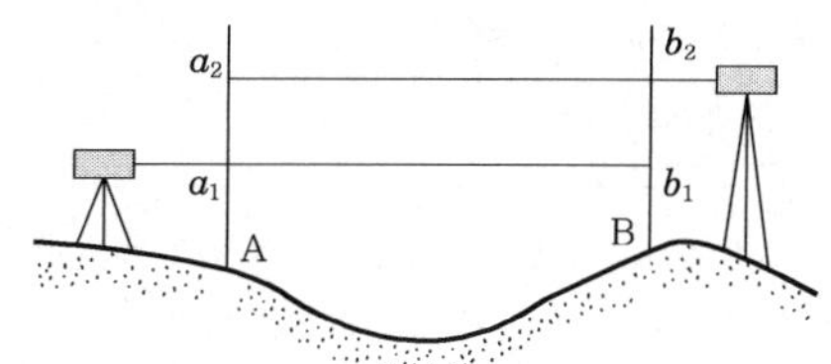

해설
$$h=\frac{(a_1-b_1)+(a_2-b_2)}{2}=\frac{(0.63-1.15)+(1.25-1.73)}{2}=-0.5\text{m}$$
$$\therefore\ H_B=50-0.5=49.5\text{m}$$

23 수심 h인 하천의 수면으로부터 $0.2h$, $0.4h$, $0.6h$, $0.8h$인 곳에서 각각의 유속을 측정하여 0.562m/s, 0.521m/s, 0.497m/s, 0.364m/s의 결과를 얻었다면 3점법을 이용한 평균유속은?

① 0.474m/s
② 0.480m/s
③ 0.486m/s
④ 0.492m/s

해설
$$V_m=\frac{V_{0.2}+2V_{0.6}+V_{0.8}}{4}=\frac{0.562+2\times0.497+0.364}{4}=0.480\text{m/s}$$

24 GNSS가 다중주파수(multi-frequency)를 채택하고 있는 가장 큰 이유는?

① 데이터 취득속도의 향상을 위해
② 대류권 지연효과를 제거하기 위해
③ 다중경로오차를 제거하기 위해
④ 전리층 지연효과의 제거를 위해

해설 GNSS가 다중주파수를 채택하고 있는 가장 큰 이유는 전리층의 지연효과를 제거하기 위함이다.

25 어떤 측선의 길이를 관측하여 다음 표와 같은 결과를 얻었다면 최확값은?

관측군	관측값(m)	관측횟수
1	40.532	5
2	40.537	4
3	40.529	6

① 40.530m
② 40.531m
③ 40.532m
④ 40.533m

해설
$$H_P=40+\frac{5\times0.532+4\times0.537+6\times0.529}{5+4+6}=40.532\text{m}$$

정답 ▸▸▸ 22. ① 23. ② 24. ④ 25. ③

26 측점 간의 시통이 불필요하고 24시간 상시 높은 정밀도로 3차원 위치측정이 가능하며 실시간 측정이 가능하여 항법용으로도 활용되는 측량방법은?

① NNSS측량 ② GNSS측량
③ VLBI측량 ④ 토털스테이션측량

 GNSS(Global Navigation Satellite System)는 인공위성을 이용하여 정확하게 위치를 알고 있는 위성에서 발사한 전파를 수신하여 관측점까지의 소요시간을 관측함으로써 정확하게 지상의 대상물의 위치를 결정해주는 위치결정시스템이다.

27 다음 그림과 같은 구역을 심프슨 제1법칙으로 구한 면적은? (단, 각 구간의 지거는 1m로 동일하다.)

① 14.20m^2
② 14.90m^2
③ 15.50m^2
④ 16.00m^2

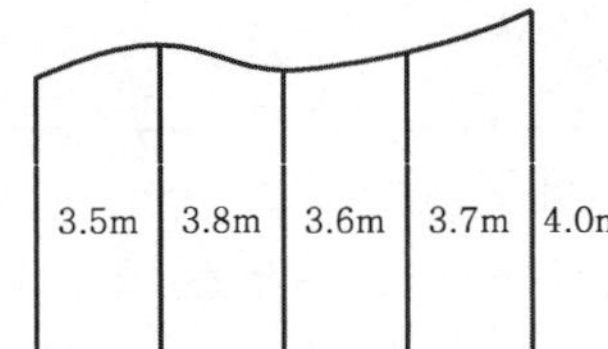

$$A=\frac{d}{3}[y_1+y_5+4(y_2+y_4)+2y_3]=\frac{1}{3}\times[3.5+4.0+4\times(3.8+3.7)+2\times3.6]=14.90\text{m}^2$$

28 단곡선을 설치할 때 곡선반지름이 250m, 교각이 116°23′, 곡선시점까지의 추가거리가 1,146m일 때 시단현의 편각은? (단, 중심말뚝간격=20m)

① 0°41′15″ ② 1°15′36″
③ 1°36′15″ ④ 2°54′51″

$$\delta_1=\frac{l_1}{R}\frac{90}{\pi}=\frac{14}{250}\times\frac{90}{\pi}=1°36'15''$$

29 지형측량을 할 때 기본삼각점만으로는 기준점이 부족하여 추가로 설치하는 기준점은?

① 방향전환점 ② 도근점
③ 이기점 ④ 중간점

해설 지형측량을 실시할 때 기본삼각점이 부족할 경우 도근점을 추가로 설치하여 측량한다.

30 지구반지름이 6,370km이고 거리의 허용오차가 $1/10^5$이면 평면측량으로 볼 수 있는 범위의 지름은?

① 약 69km ② 약 64km
③ 약 36km ④ 약 22km

정답 26. ② 27. ② 28. ③ 29. ② 30. ①

해설

$$\frac{l^2}{12R^2}=\frac{1}{M}$$

$$\therefore\ l=\sqrt{\frac{12R^2}{M}}=\sqrt{\frac{12\times 6,370^2}{10^5}}\fallingdotseq 69.8\text{km}$$

31 다음 그림과 같은 트래버스에서 AL의 방위각이 29°40′15″, BM의 방위각이 320°27′12″, 교각의 총합이 1190°47′32″일 때 각관측오차는?

① 45″
② 35″
③ 25″
④ 15″

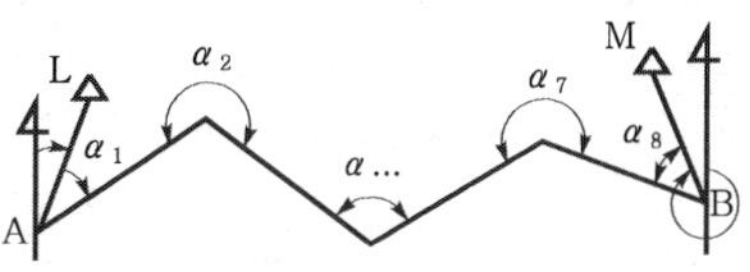

해설 e=AL방위각+Σ관측값−108°$(n-1)$−BM방위각
=29°40′15″+1190°47′32″−180°×(5−1)−320°27′12″
=35″

32 다음 그림과 같은 수준망을 각각의 환에 따라 폐합오차를 구한 결과가 표와 같고 폐합오차의 한계가 $\pm 1.0\sqrt{S}$[cm]일 때 우선적으로 재관측할 필요가 있는 노선은? (단, S : 거리(km))

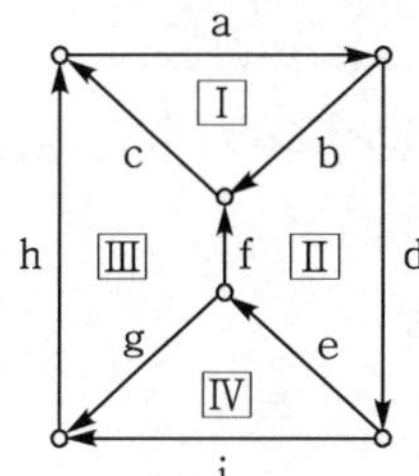

환	노선	거리(km)	폐합오차(m)
I	abc	8.7	−0.017
II	bdef	15.8	0.048
III	efgh	10.9	−0.026
IV	eig	9.3	−0.083
외주	adih	15.9	−0.031

① e노선
② f노선
③ g노선
④ h노선

해설 노선 bdef의 폐합오차가 0.048m, 노선 eig의 폐합오차가 −0.083m이다 두 노선에서 중복되는 e 부분을 다시 관측하여야 한다.

33 수준측량에서 발생하는 오차에 대한 설명으로 틀린 것은?

① 기계의 조정에 의해 발생하는 오차는 전시와 후시의 거리를 같게 하여 소거할 수 있다.
② 삼각수준측량은 대지역을 대상으로 하기 때문에 곡률오차와 굴절오차는 그 양이 상쇄되어 고려하지 않는다.
③ 표척의 영눈금오차는 출발점의 표척을 도착점에서 사용하여 소거할 수 있다.
④ 기포의 수평조정이나 표척면의 읽기는 육안으로 한계가 있으나, 이로 인한 오차는 일반적으로 허용오차범위 안에 들 수 있다.

해설 삼각수준측량 시 지구의 곡률오차(구차)와 굴절오차(기차)의 영향을 고려해 두 지점에서 평균관측하여 이를 소거한다.

정답 ▸▸▸ 31. ② 32. ① 33. ②

34

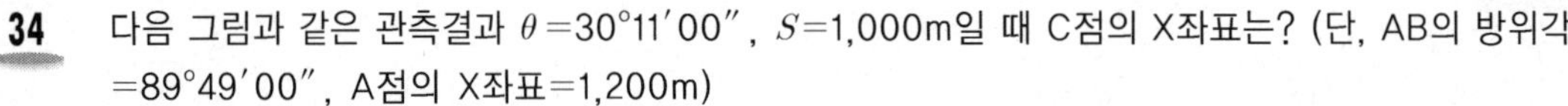

다음 그림과 같은 관측결과 θ=30°11′00″, S=1,000m일 때 C점의 X좌표는? (단, AB의 방위각=89°49′00″, A점의 X좌표=1,200m)

① 700.00m
② 1,203.20m
③ 2,064.42m
④ 2,066.03m

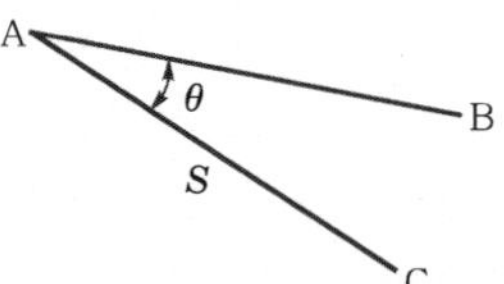

해설 ㉠ AC방위각=89°49′00″+30°11′00″=120°
㉡ $X_C = 1,200 + 100 \times \cos 120° = 700\text{m}$

35 노선 설치방법 중 좌표법에 의한 설치방법에 대한 설명으로 틀린 것은?

① 토털스테이션, GPS 등과 같은 장비를 이용하여 측점을 위치시킬 수 있다.
② 좌표법에 의한 노선의 설치는 다른 방법보다 지형의 굴곡이나 시통 등의 문제가 적다.
③ 좌표법은 평면곡선 및 종단곡선의 설치요소를 동시에 위치시킬 수 있다.
④ 평면적인 위치의 측설을 수행하고 지형표고를 관측하여 종단면도를 작성할 수 있다.

해설 좌표를 이용하여 평면곡선의 설치는 가능하나, 종단곡선의 설치는 불가능하다.

36 다각측량에서 각 측량의 기계적 오차 중 시준축과 수평축이 직교하지 않아 발생하는 오차를 처리하는 방법으로 옳은 것은?

① 망원경을 정위와 반위로 측정하여 평균값을 취한다.
② 배각법으로 관측을 한다.
③ 방향각법으로 관측을 한다.
④ 편심관측을 하여 귀심 계산을 한다.

해설 시준축오차는 시준선이 수평축에 수직하지 않기 때문에 일어나는 오차로 망원경을 정위 및 반위로 하여 관측값을 평균하면 소거된다.

37 30m당 0.03m가 짧은 줄자를 사용하여 정사각형 토지의 한 변을 측정한 결과 150m이었다면 면적에 대한 오차는?

① 41m² ② 43m²
③ 45m² ④ 47m²

해설 $\frac{\Delta A}{A} = 2\frac{\Delta l}{l}$

$\frac{\Delta A}{22,500} = 2 \times \frac{0.03}{30}$

$\therefore \Delta A = 45\text{m}^2$

 정답 ▸▸▸ 34. ① 35. ③ 36. ① 37. ③

38 다음 그림과 같은 복곡선에서 t_1+t_2의 값은?

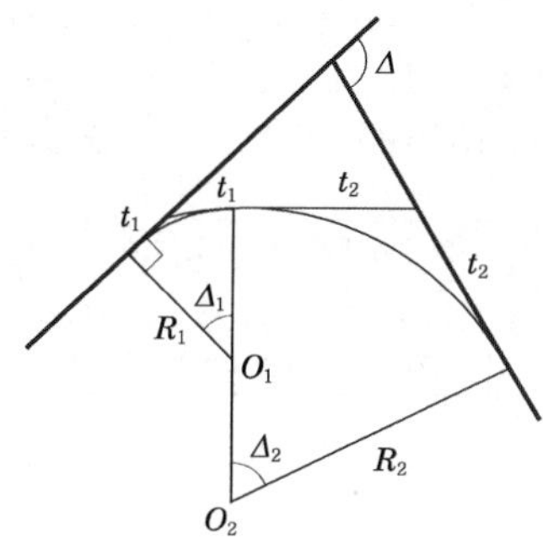

① $R_1(\tan\Delta_1+\tan\Delta_2)$　② $R_2(\tan\Delta_1+\tan\Delta_2)$

③ $R_1\tan\Delta_1+R_2\tan\Delta_2$　④ $R_1\tan\frac{\Delta_1}{2}+R_2\tan\frac{\Delta_2}{2}$

해설 $t_1+t_2=R\tan\frac{\Delta_1}{2}+R\tan\frac{\Delta_2}{2}$

39 다음 그림과 같은 지형에서 각 등고선에 쌓인 부분의 면적이 표와 같을 때 각주공식에 의한 토량은? (단, 윗면은 평평한 것으로 가정한다.)

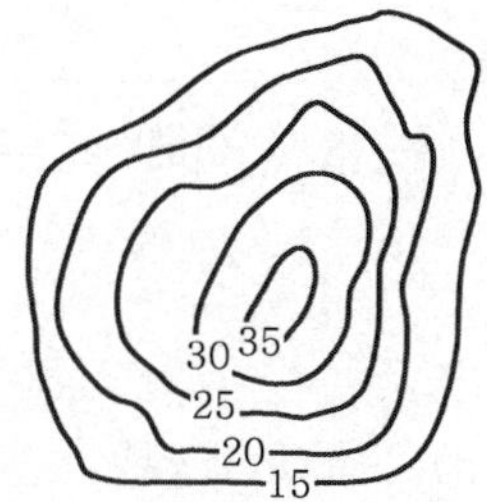

등고선(m)	면적(m^2)
15	3,800
20	2,900
25	1,800
30	900
35	200

① $11,400m^3$　② $22,800m^3$

③ $33,800m^3$　④ $38,000m^3$

해설 $V=\frac{h}{3}[A_1+A_5+4(A_2+A_4)+2A_3]=\frac{5}{3}\times[3,800+200+4\times(2,900+900)+2\times1,800]=38,000m^3$

40 지성선에 관한 설명으로 옳지 않은 것은?

① 철(凸)선은 능선 또는 분수선이라고 한다.

② 경사변환선이란 동일 방향의 경사면에서 경사의 크기가 다른 두 면의 접합선이다.

③ 요(凹)선은 지표의 경사가 최대로 되는 방향을 표시한 선으로 유하선이라고 한다.

④ 지성선은 지표면이 다수의 평면으로 구성되었다고 할 때 평면 간 접합부, 즉 접선을 말하며 지세선이라고도 한다.

정답 38. ④ 39. ④ 40. ③

해설 지성선

구분	내용
능선(凸선)	분수선이라고도 하며 정상을 향하여 가장 높은 점을 연결한 선으로 빗물이 갈라지는 분수선(V자형)이다.
곡선(凹선)	합수선이라고도 하며 지표면이 낮은 점을 연결한 선으로 빗물이 합쳐지는 합수선(A자형)이다.
경사변환선	동일 방향의 경사면에서 경사의 크기가 다른 두 면의 접합선이다.
최대 경사선(유하선)	지표의 임의의 한 점에 있어서 그 경사가 최대로 되는 방향을 표시한 선으로 등고선에 직각으로 교차한다. 이 점을 기준으로 물이 흐르므로 유하선이라 부른다.

제 3 과목 : 수리수문학

41 침투능(infiltration capacity)에 관한 설명으로 틀린 것은?

① 침투능은 토양조건과는 무관하다.
② 침투능은 강우강도에 따라 변화한다.
③ 일반적으로 단위는 mm/h 또는 in/h로 표시된다.
④ 어떤 토양면을 통해 물이 침투할 수 있는 최대율을 말한다.

해설 침투능은 토양의 종류, 함유수분, 다짐 정도 등에 따라 변한다.

42 3차원 흐름의 연속방정식을 다음과 같은 형태로 나타낼 때 이에 알맞은 흐름의 상태는?

$$\frac{\partial u}{\partial x}+\frac{\partial v}{\partial y}+\frac{\partial w}{\partial z}=0$$

① 압축성 부정류 ② 압축성 정상류
③ 비압축성 부정류 ④ 비압축성 정상류

㉠ 압축성 유체(정류의 연속방정식) : $\frac{\partial \rho u}{\partial x}+\frac{\partial \rho v}{\partial y}+\frac{\partial \rho w}{\partial z}=0$

㉡ 비압축성 유체(정류의 연속방정식) : $\frac{\partial u}{\partial x}+\frac{\partial v}{\partial y}+\frac{\partial w}{\partial z}=0$

43 지름 20cm의 원형 단면 관수로에 물이 가득 차서 흐를 때의 동수반경은?

① 5cm ② 10cm
③ 15cm ④ 20cm

해설

$$R=\frac{A}{S}=\frac{\frac{\pi D^2}{4}}{\pi D}=\frac{D}{4}=\frac{20}{4}=5\text{cm}$$

 정답 41. ① 42. ④ 43. ①

44 2개의 불투수층 사이에 있는 대수층 두께 a, 투수계수 k인 곳에 반지름 r_0인 굴착정(artesian well)을 설치하고 일정 양수량 Q를 양수하였더니 양수 전 굴착정 내의 수위 H가 h_0로 강하하여 정상흐름이 되었다. 굴착정의 영향원반지름을 R이라 할 때 $(H-h_0)$의 값은?

① $\dfrac{2Q}{\pi ak}\ln\dfrac{R}{r_0}$　　② $\dfrac{Q}{2\pi ak}\ln\dfrac{R}{r_0}$

③ $\dfrac{2Q}{\pi ak}\ln\dfrac{r_0}{R}$　　④ $\dfrac{Q}{2\pi ak}\ln\dfrac{r_0}{R}$

해설

$$Q=\frac{2\pi aK(H-h_o)}{2.3\log\dfrac{R}{r_o}}=\frac{2\pi aK(H-h_o)}{\ln\dfrac{R}{r_o}}$$

$$\therefore\ H-h_o=\frac{Q\ln\dfrac{R}{ro}}{2\pi aK}$$

45 대수층의 두께 2.3m, 폭 1.0m일 때 지하수유량은? (단, 지하수류의 상·하류 두 지점 사이의 수두차 1.6m, 두 지점 사이의 평균거리 360m, 투수계수 K=192m/day)

① 1.53m^3/day　　② 1.80m^3/day

③ 1.96m^3/day　　④ 2.21m^3/day

해설

$$Q=KiA=K\frac{h}{L}A=192\times\frac{1.6}{360}\times(2.3\times1)=1.96\text{m}^3/\text{day}$$

46 다음 그림과 같이 원형관 중심에서 V의 유속으로 물이 흐르는 경우에 대한 설명으로 틀린 것은? (단, 흐름은 층류로 가정한다.)

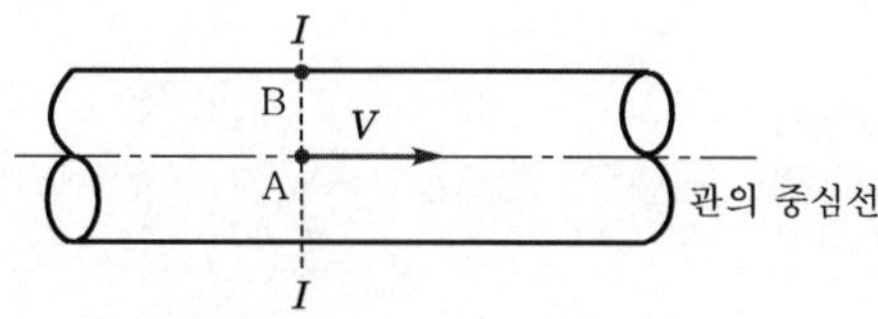

① 지점 A에서의 마찰력은 V^2에 비례한다.

② 지점 A에서의 유속은 단면평균유속의 2배이다.

③ 지점 A에서 지점 B로 갈수록 마찰력은 커진다.

④ 유속은 지점 A에서 최대인 포물선분포를 한다.

해설 A점의 마찰력은 0이다.

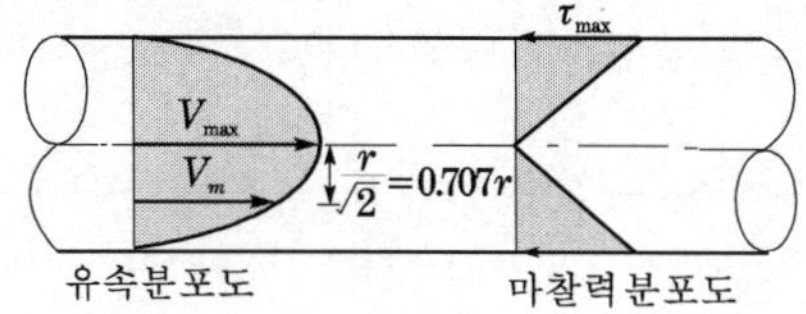

47
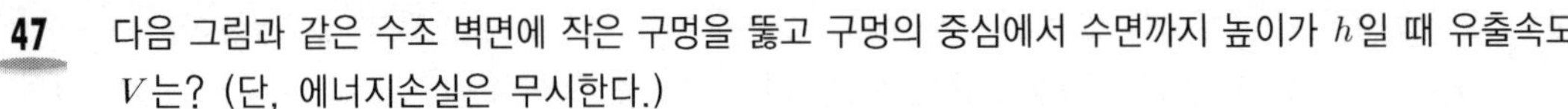
다음 그림과 같은 수조 벽면에 작은 구멍을 뚫고 구멍의 중심에서 수면까지 높이가 h일 때 유출속도 V는? (단, 에너지손실은 무시한다.)

① $\sqrt{2gh}$
② $\sqrt{gh}$
③ $2gh$
④ gh

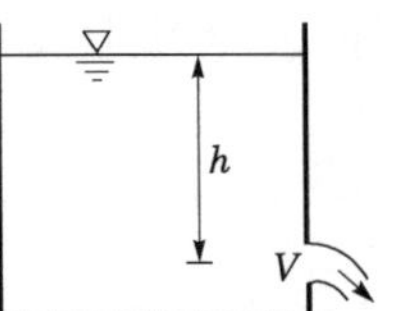

해설 $V=\sqrt{2gh}$

48 어떤 유역에 다음 표와 같이 30분간 집중호우가 계속 되었을 때 지속기간 15분인 최대 강우강도는?

시간(분)	0~5	5~10	10~15	15~20	20~25	25~30
우량(mm)	2	4	6	4	8	6

① 64mm/h ② 48mm/h
③ 72mm/h ④ 80mm/h

해설 $I=(6+4+8)\times\frac{60}{15}=72\text{mm/h}$

49 정지하고 있는 수중에 작용하는 정수압의 성질로 옳지 않은 것은?

① 정수압의 크기는 깊이에 비례한다.
② 정수압은 물체의 면에 수직으로 작용한다.
③ 정수압은 단위면적에 작용하는 힘의 크기로 나타낸다.
④ 한 점에 작용하는 정수압은 방향에 따라 크기가 다르다.

해설 정수압
㉠ 면에 직각으로 작용한다.
㉡ 정수 중의 임의의 한 점에 작용하는 정수압강도는 모든 방향에 대하여 동일하다.
㉢ $P=wh$

50 단위유량도에 대한 설명으로 틀린 것은?

① 단위유량도의 정의에서 특정 단위시간은 1시간을 의미한다.
② 일정 기저시간가정, 비례가정, 중첩가정은 단위유량도의 3대 기본가정이다.
③ 단위유량도의 정의에서 단위유효우량은 유역 전 면적상의 등가우량깊이로 측정되는 특정량의 우량을 의미한다.
④ 단위유효우량은 유출량의 형태로 단위유량도상에 표시되며, 단위유량도 아래의 면적은 부피의 차원을 가진다.

해설 특정 단위시간은 강우의 지속시간이 특정 시간으로 표시됨을 의미한다.

 정답 ▸▸ 47. ① 48. ③ 49. ④ 50. ①

51 한계수심에 대한 설명으로 옳지 않은 것은?

① 유량이 일정할 때 한계수심에서 비에너지가 최소가 된다.

② 직사각형 단면수로의 한계수심은 최소 비에너지의 $\frac{2}{3}$이다.

③ 비에너지가 일정하면 한계수심으로 흐를 때 유량이 최대가 된다.

④ 한계수심보다 수심이 작은 흐름이 상류(常流)이고, 큰 흐름이 사류(射流)이다.

해설 $h>h_c$이면 상류, $h<h_c$이면 사류, $h=h_c$이면 한계류이다.

52 개수로흐름의 도수현상에 대한 설명으로 틀린 것은?

① 비력과 비에너지가 최소인 수심은 근사적으로 같다.

② 도수 전·후의 수심관계는 베르누이정리로부터 구할 수 있다.

③ 도수는 흐름이 사류에서 상류로 바뀔 경우에만 발생된다.

④ 도수 전·후의 에너지손실은 주로 불연속 수면 발생 때문이다.

해설 도수 전·후의 수심관계는 운동량－역적방정식으로 구한다.

53 정상류에 관한 설명으로 옳지 않은 것은?

① 유선과 유적선이 일치한다.

② 흐름의 상태가 시간에 따라 변하지 않고 일정하다.

③ 실제 개수로 내 흐름의 상태는 정상류가 대부분이다.

④ 정상류 흐름의 연속방정식은 질량보존의 법칙으로 설명된다.

해설 실제 개수로 내 흐름은 부등류가 대부분이다.

54 수로의 단위폭에 대한 운동량방정식은? (단, 수로의 경사는 완만하며, 바닥의 마찰저항은 무시한다.)

① $\frac{\gamma h_1^{\,2}}{2}-\frac{\gamma h_2^{\,2}}{2}-F=\rho Q(V_1-V_2)$

② $\frac{\gamma h_1^{\,2}}{2}-\frac{\gamma h_2^{\,2}}{2}-F=\rho Q(V_2-V_1)$

③ $\frac{\gamma h_1^{\,2}}{2}+\frac{\gamma h_2^{\,2}}{2}-F=\rho Q(V_2-V_1)$

④ $\frac{\gamma h_1^{\,2}}{2}+\rho QV_1+F=\frac{\gamma h_2^{\,2}}{2}+\rho QV_2$

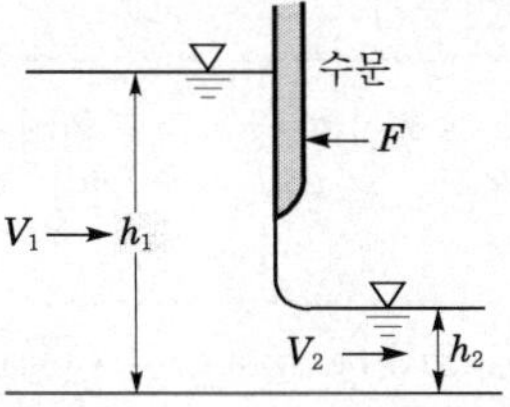

$$P_1-P_2-F=\frac{wQ(V_2-V_1)}{g}$$

$$w\times\frac{h_1}{2}\times(h_1\times1)-w\times\frac{h_2}{2}\times(h_2\times1)-F=\frac{wQ(V_2-V_1)}{g}$$

$$\therefore\ \frac{wh_1^{\,2}}{2}-\frac{wh_2^{\,2}}{2}-F=\rho Q(V_2-V_1)$$

정답 ▸▸▸ 51. ④ 52. ② 53. ③ 54. ②

55 단면 2m×2m, 높이 6m인 수조에 물이 가득 차 있을 때 이 수조의 바닥에 설치한 지름이 20cm인 오리피스로 배수시키고자 한다. 수심이 2m가 될 때까지 배수하는데 필요한 시간은? (단, 오리피스 유량계수 C=0.6, 중력가속도 g=9.8m/s^2)

① 1분 39초 ② 2분 36초
③ 2분 55초 ④ 3분 45초

해설 $T=\dfrac{2A}{Ca\sqrt{2g}}\left(h_1^{\frac{1}{2}}-h_2^{\frac{1}{2}}\right)=\dfrac{2\times(2\times2)}{0.6\times\dfrac{\pi\times0.2^2}{4}\times\sqrt{2\times9.8}}\times\left(6^{\frac{1}{2}}-2^{\frac{1}{2}}\right)$=99.25초=1분

56 완경사 수로에서 배수곡선(backwater curve)에 해당하는 수면곡선은?

① 홍수 시 하천의 수면곡선
② 댐을 월류할 때의 수면곡선
③ 하천 단락부(段落部) 상류의 수면곡선
④ 상류상태로 흐르는 하천에 댐을 구축했을 때 저수지 상류의 수면곡선

57 지하수의 연직분포를 크게 통기대와 포화대로 나눌 때 통기대에 속하지 않는 것은?

① 모관수대 ② 중간수대
③ 지하수대 ④ 토양수대

해설 지하수의 연직분포
㉠ 포화대
㉡ 통기대 : 토양수대, 중간수대, 모관수대

58 다음 중 하천의 수리모형실험에 주로 사용되는 상사법칙은?

① Weber의 상사법칙 ② Cauchy의 상사법칙
③ Froude의 상사법칙 ④ Reynolds의 상사법칙

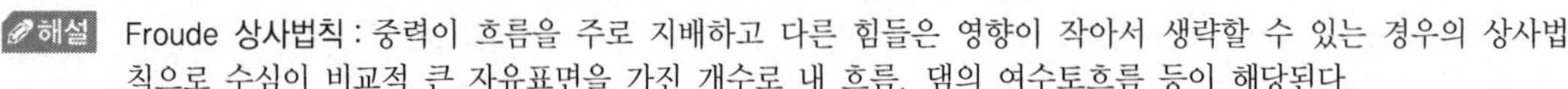

해설 Froude 상사법칙 : 중력이 흐름을 주로 지배하고 다른 힘들은 영향이 작아서 생략할 수 있는 경우의 상사법칙으로 수심이 비교적 큰 자유표면을 가진 개수로 내 흐름, 댐의 여수토흐름 등이 해당된다.

59 수중에 잠겨 있는 곡면에 작용하는 연직분력은?

① 곡면에 의해 배제된 물의 무게와 같다.
② 곡면 중심의 압력에 물의 무게를 더한 값이다.
③ 곡면을 밑면으로 하는 물기둥의 무게와 같다.
④ 곡면을 연직면상에 투영했을 때 그 투영면이 작용하는 정수압과 같다.

해설 ㉠ P_H는 곡면의 연직투영면에 작용하는 수압과 같다.
㉡ P_V는 곡면을 밑면으로 하는 수면까지의 물기둥의 무게와 같다.

정답 ▸▸▸ 55. ① 56. ④ 57. ③ 58. ③ 59. ③

60 속도분포를 $V=4y^{\frac{2}{3}}$으로 나타낼 수 있을 때 바닥면에서 0.5m 떨어진 높이에서의 속도경사(Velocity gradient)는? (단, V : m/s, y : m)

① 2.67sec^{-1}
② 3.36sec^{-1}
③ 2.67sec^{-2}
④ 3.36sec^{-2}

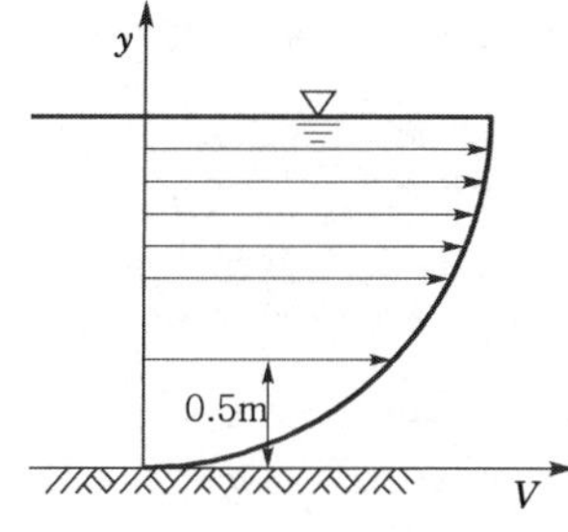

해설

$V=4y^{\frac{2}{3}}$

$\therefore\ V'=4\times\frac{2}{3}y^{-\frac{1}{3}}=\frac{8}{3}y^{-\frac{1}{3}}=\frac{8}{3}\times 0.5^{-\frac{1}{3}}=3.36\text{sec}^{-1}$

제4과목 : 철근콘크리트 및 강구조

61 프리텐션 PSC부재의 단면적이 200,000mm^{2}인 콘크리트도심에 PS강선을 배치하여 초기의 긴장력(P_i)을 800kN 가하였다. 콘크리트의 탄성변형에 의한 프리스트레스의 감소량은? (단, 탄성계수비(n)는 6이다.)

① 12MPa　　② 18MPa
③ 20MPa　　④ 24MPa

해설

$\Delta f_p=nf_{ci}=n\frac{P_i}{A_c}=6\times\frac{800\times 10^3}{200{,}000}=24\text{MPa}$

62 다음 그림과 같은 직사각형 단면의 단순보에 PS강재가 포물선으로 배치되어 있다. 보의 중앙 단면에서 일어나는 상연응력(㉠) 및 하연응력(㉡)은? (단, PS강재의 긴장력은 3,300kN이고, 자중을 포함한 작용하중은 27kN/m이다.)

① ㉠ 21.21MPa, ㉡ 1.8MPa
② ㉠ 12.07MPa, ㉡ 0MPa
③ ㉠ 11.11MPa, ㉡ 3.0MPa
④ ㉠ 8.6MPa, ㉡ 2.45MPa

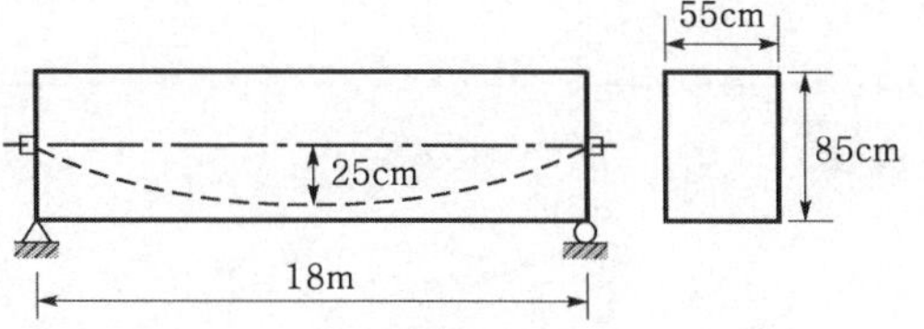

해설

㉠ $M=\frac{wl^2}{8}=\frac{27\times18^2}{8}=1{,}093.5\text{kN}\cdot\text{m}$

㉡ $Z=\frac{I}{y}=\frac{bh^2}{6}=\frac{0.55\times0.852}{6}=0.0662\text{m}^3$

㉢ $f=\frac{P}{A}\mp\frac{Pe}{I}y\pm\frac{M}{I}y$일 때

- $f_{상}=\frac{P}{A}-\frac{Pe}{Z}+\frac{M}{Z}=\frac{3{,}300}{0.55\times0.85}-\frac{3{,}300\times250}{0.0662}+\frac{1{,}093.5}{0.0662}=11{,}114.7\text{kPa}\fallingdotseq11.11\text{MPa}$
- $f_{하}=\frac{P}{A}+\frac{Pe}{Z}-\frac{M}{Z}=\frac{3{,}300}{0.55\times0.85}+\frac{3{,}300\times250}{0.0662}-\frac{1{,}093.5}{0.0662}=3{,}010.48\text{kPa}\fallingdotseq3\text{MPa}$

63 2방향 슬래브 설계 시 직접설계법을 적용하기 위해 만족하여야 하는 사항으로 틀린 것은?

① 각 방향으로 3경간 이상이 연속되어야 한다.
② 슬래브 판들은 단변경간에 대한 장변경간의 비가 2 이하인 직사각형이어야 한다.
③ 각 방향으로 연속한 받침부 중심 간 경간차이는 긴 경간의 1/3 이하이어야 한다.
④ 연속한 기둥 중심선을 기준으로 기둥의 어긋남은 그 방향 경간의 20% 이하이어야 한다.

해설 연속한 기둥 중심선으로부터 기둥의 이탈은 이탈방향 경간의 최대 10%까지 허용할 수 있다.

[참고] 2방향 슬래브의 직접설계법 제한사항

㉠ 각 방향으로 3경간 이상이 연속되어야 한다.
㉡ 슬래브 판들은 단변경간에 대한 장변경간의 비가 2 이하인 직사각형이어야 한다.
㉢ 각 방향으로 연속된 받침부 중심 간 경간길이의 차는 긴 경간의 1/3 이하이어야 한다.
㉣ 연속한 기둥 중심선으로부터 기둥의 이탈은 이탈방향 경간의 최대 10%까지 허용한다.
㉤ 모든 하중은 연직하중으로서 슬래브 판 전체에 등분포되는 것으로 간주한다. 활하중은 고정하중의 2배 이하이어야 한다.

64 경간이 8m인 단순 지지된 프리스트레스트 콘크리트보에서 등분포하중(고정하중과 활하중의 합)이 w=40kN/m 작용할 때 중앙 단면 콘크리트 하연에서의 응력이 0이 되려면 PS강재에 작용되어야 할 프리스트레스힘(P)은? (단, PS강재는 단면 중심에 배치되어 있다.)

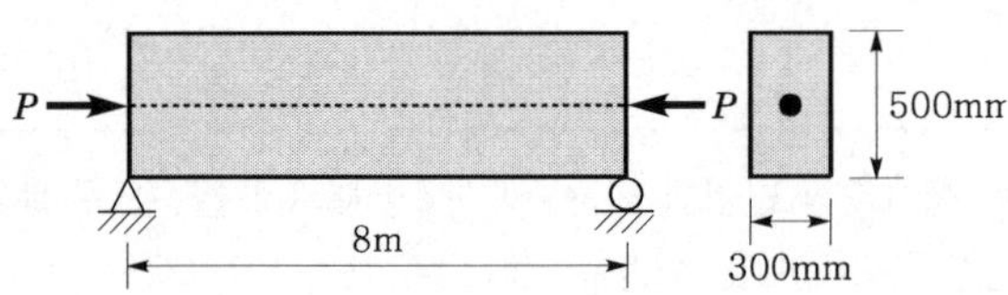

① 1,250kN
② 1,880kN
③ 2,650kN
④ 3,840kN

해설

㉠ $M=\frac{wl^2}{8}=\frac{40\times8^2}{8}=320\text{kN}\cdot\text{m}$

㉡ $f=\frac{P}{A}-\frac{M}{I}y=\frac{P}{bh}-\frac{6M}{bh^2}=0$

$\therefore\ P=\frac{6M}{h}=\frac{6\times320}{0.5}=3{,}840\text{kN}$

65 옹벽의 설계 및 구조해석에 대한 설명으로 틀린 것은?

① 지반에 유발되는 최대 지반반력은 지반의 허용지지력을 초과할 수 없다.
② 전도에 대한 저항휨모멘트는 횡토압에 의한 전도모멘트의 1.5배 이상이어야 한다.
③ 저판의 뒷굽판은 정확한 방법이 사용되지 않는 한, 뒷굽판 상부에 재하되는 모든 하중을 지지하도록 설계하여야 한다.
④ 캔틸레버식 옹벽의 저판은 전면벽과의 접합부를 고정단으로 간주한 캔틸레버로 가정하여 단면을 설계할 수 있다.

해설 옹벽의 3대 안정조건의 안전율

㉠ 전도에 대한 안정 : 2.0
㉡ 활동에 대한 안정 : 1.5
㉢ 침하에 대한 안정 : 3.0

66 강구조의 특징에 대한 설명으로 틀린 것은?

① 소성변형능력이 우수하다.
② 재료가 균질하여 좌굴의 영향이 낮다.
③ 인성이 커서 연성파괴를 유도할 수 있다.
④ 단위면적당 강도가 커서 자중을 줄일 수 있다.

해설 강구조의 특징

장점	단점
단위면적당 강도 우수	공사비 고가
소성변형능력 우수	부식에 약함
재료 균질	진동 및 처짐 고려
공기 빠름	좌굴 고려
자중 감소	접합부 설계, 시공 유의
인성 우수, 연성파괴 유도	화재에 취약

67 다음 그림과 같은 띠철근기둥에서 띠철근의 최대 수직간격은? (단, D10의 공칭직경은 9.5mm, D32의 공칭직경은 31.8mm이다.)

① 400mm
② 456mm
③ 500mm
④ 509mm

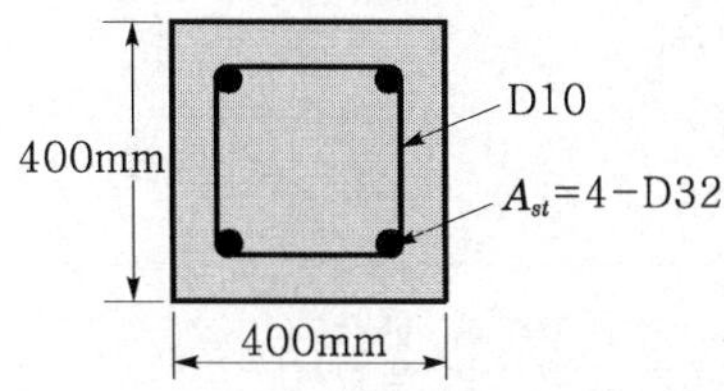

해설 ㉠ $16d_b = 16 \times 31.8 = 508.8$mm
㉡ 48×띠철근지름=48×9.5=456mm
㉢ 기둥 단면의 최소 치수=400mm
∴ $s = 400$mm (최소값)

68 콘크리트와 철근이 일체가 되어 외력에 저항하는 철근콘크리트구조에 대한 설명으로 틀린 것은?

① 콘크리트와 철근의 부착강도가 크다.
② 콘크리트와 철근의 탄성계수는 거의 같다.
③ 콘크리트 속에 묻힌 철근은 거의 부식하지 않는다.
④ 콘크리트와 철근의 열에 대한 팽창계수는 거의 같다.

 철근의 탄성계수가 콘크리트의 탄성계수보다 약 7배 크다

69 폭이 300mm, 유효깊이가 500mm인 단철근 직사각형 보에서 인장철근 단면적이 1,700mm²일 때 강도설계법에 의한 등가직사각형 압축응력블록의 깊이(a)는? (단, f_{ck} =20MPa, f_y =300MPa이다.)

① 50mm ② 100mm
③ 200mm ④ 400mm

$$a=\frac{f_y A_s}{\eta(0.85 f_{ck})b}=\frac{300\times 1,700}{1.0\times 0.85\times 20\times 300}=100\text{mm}$$

70 다음에서 설명하는 용어는?

> 보나 지판이 없이 기둥으로 하중을 전달하는 2방향으로 철근이 배치된 콘크리트슬래브

① 플랫플레이트 ② 플랫슬래브
③ 리브쉘 ④ 주열대

 ㉠ 플랫슬래브(flat slab) : 보 없이 지판에 의해 하중이 기둥으로 전달되며 2방향으로 철근이 배치된 콘크리트슬래브
㉡ 플랫플레이트(flat plate) : 보나 지판이 없이 기둥으로 하중을 전달하는 2방향으로 철근이 배치된 콘크리트 슬래브

71 단변 : 장변 경간의 비가 1 : 2인 단순 지지된 2방향 슬래브의 중앙점에 집중하중 P가 작용할 때 단변과 장변이 부담하는 하중비(P_S : P_L)는? (단, P_S : 단변이 부담하는 하중, P_L : 장변이 부담하는 하중)

① 1 : 8 ② 8 : 1
③ 1 : 16 ④ 16 : 1

해설

$$P_S=\left(\frac{L^3}{L^3+S^3}\right)P=\left(\frac{2^3}{2^3+1^3}\right)P=\frac{8}{9}P$$

$$P_L=\left(\frac{S^3}{L^3+S^3}\right)P=\left(\frac{1^3}{2^3+1^3}\right)P=\frac{1}{9}P$$

$\therefore\ P_S : P_L = 8 : 1$

정답 ▸▸ 68. ② 69. ② 70. ① 71. ②

72 다음 그림과 같은 L형강에서 인장응력 검토를 위한 순폭 계산에 대한 설명으로 틀린 것은?

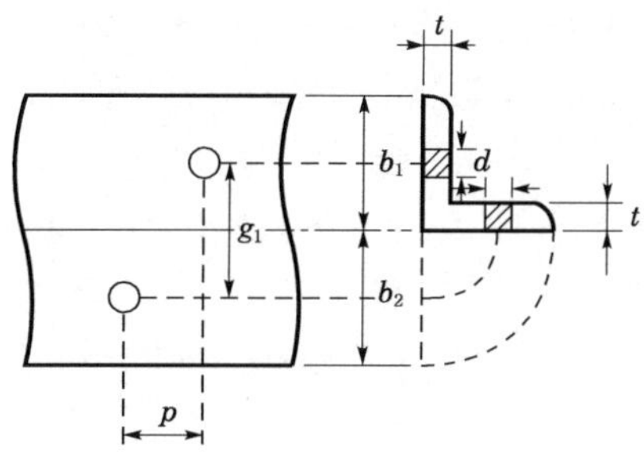

① 전개된 총폭$(b) = b_1 + b_2 - t$이다.

② 리벳선간거리$(g) = g_1 - t$이다.

③ $\dfrac{p^2}{4g} \ge d$인 경우 순폭$(b_n) = b - d$이다.

④ $\dfrac{p^2}{4g} < d$인 경우 순폭$(b_n) = b - d - \dfrac{p^2}{4g}$이다.

해설 $\dfrac{p^2}{4g} < d$인 경우 $b_n = b - d - w = b - d - \left(d - \dfrac{p^2}{4g}\right)$

73 보통중량콘크리트에서 압축을 받는 이형철근 D29(공칭지름 28.6mm)를 정착시키기 위해 소요되는 기본정착길이(l_{db})는? (단, f_{ck} =35MPa, f_y =400MPa이다.)

① 491.92mm　② 483.43mm

③ 464.09mm　④ 450.38mm

해설 $l_{db} = \dfrac{0.25 d_b f_y}{\lambda \sqrt{f_{ck}}} = \dfrac{0.25 \times 28.6 \times 400}{1.0\sqrt{35}} = 483.43\text{mm}$

$l_{db} = 0.043 d_b f_y = 0.043 \times 28.6 \times 400 = 491.92\text{mm}$

$\therefore\ l_{db} = 491.92\text{mm}$ (최대값)

74 철근콘크리트부재의 전단철근에 대한 설명으로 틀린 것은?

① 전단철근의 설계기준항복강도는 300MPa을 초과할 수 없다.

② 주인장철근에 30° 이상의 각도로 구부린 굽힘철근은 전단철근으로 사용할 수 있다.

③ 최소 전단철근량은 $\dfrac{0.35 b_w s}{f_{yt}}$ 보다 작지 않아야 한다.

④ 부재축에 직각으로 배치된 전단철근의 간격은 $d/2$ 이하, 또한 600mm 이하로 하여야 한다.

해설 철근의 설계기준항복강도 상한값

㉠ 휨철근 : 600MPa

㉡ 전단철근 : 500MPa

정답 ▸▸▸ 72. ④ 73. ① 74. ①

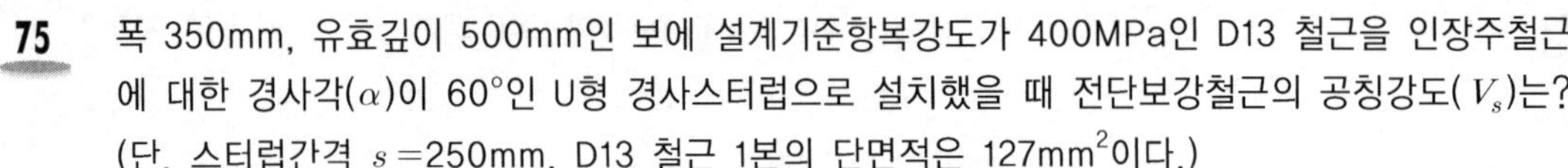

75 폭 350mm, 유효깊이 500mm인 보에 설계기준항복강도가 400MPa인 D13 철근을 인장주철근에 대한 경사각(α)이 60°인 U형 경사스터럽으로 설치했을 때 전단보강철근의 공칭강도(V_s)는? (단, 스터럽간격 s=250mm, D13 철근 1본의 단면적은 127mm^{2}이다.)

① 201.4kN ② 212.7kN
③ 243.2kN ④ 277.6kN

해설 $V_s = \dfrac{d}{s} A_v f_y (\sin\alpha + \cos\alpha) = \dfrac{500}{250} \times (2\times127)\times400\times(\sin60° + \cos60°) = 277{,}576\text{N} = 277.6\text{kN}$

76 철근콘크리트보를 설계할 때 변화구간 단면에서 강도감소계수(ϕ)를 구하는 식은? (단, f_{ck}=40MPa, f_y=400MPa, 띠철근으로 보강된 부재이며, ε_t는 최외단 인장철근의 순인장변형률이다.)

① $\phi = 0.65 + \dfrac{200}{3}(\varepsilon_t - 0.002)$ ② $\phi = 0.70 + \dfrac{200}{3}(\varepsilon_t - 0.002)$
③ $\phi = 0.65 + 50(\varepsilon_t - 0.002)$ ④ $\phi = 0.70 + 50(\varepsilon_t - 0.002)$

해설

$$\varepsilon_y = \frac{f_y}{E_s} = \frac{400}{2\times10^5} = 0.002$$

$$\therefore \phi = 0.65 + 0.2\left(\frac{\varepsilon_t - \varepsilon_y}{0.005 - \varepsilon_y}\right) = 0.65 + 0.2\times\left(\frac{\varepsilon_t - 0.002}{0.005 - 0.002}\right) = 0.65 + \frac{200}{3}(\varepsilon_t - 0.002)$$

77 폭이 350mm, 유효깊이가 550mm인 직사각형 단면의 보에서 지속하중에 의한 순간처짐이 16mm일 때 1년 후 총처짐량은? (단, 배근된 인장철근량(A_s)은 2,246mm^2, 압축철근량(A_s')은 1,284mm^{2}이다.)

① 20.5mm ② 26.5mm
③ 32.8mm ④ 42.1mm

해설

$$\rho' = \frac{A_s'}{bd} = \frac{1{,}284}{350\times550} = 0.00667$$

$$\lambda_\Delta = \frac{\xi}{1+50\rho'} = \frac{1.4}{1+50\times0.00667} = 1.0487$$

$\therefore$ 총처짐(δ_t)=탄성처짐(δ_e)+장기처짐(δ_l)$=\delta_e + \delta_e\lambda_\Delta = 16 + (16\times1.0487) = 32.8$mm

78 단철근 직사각형 보에서 f_{ck}=32MPa인 경우 콘크리트 등가직사각형 압축응력블록의 깊이를 나타내는 계수 β_1은?

① 0.74 ② 0.76
③ 0.80 ④ 0.85

해설 $f_{ck} \le 40$MPa일 때 $\eta=1.0$, $\beta_1=0.80$이다.

정답 75. ④ 76. ① 77. ③ 78. ③

79 다음 그림과 같이 지름 25mm의 구멍이 있는 판(plate)에서 인장응력 검토를 위한 순폭은?

① 160.4mm
② 150mm
③ 145.8mm
④ 130mm

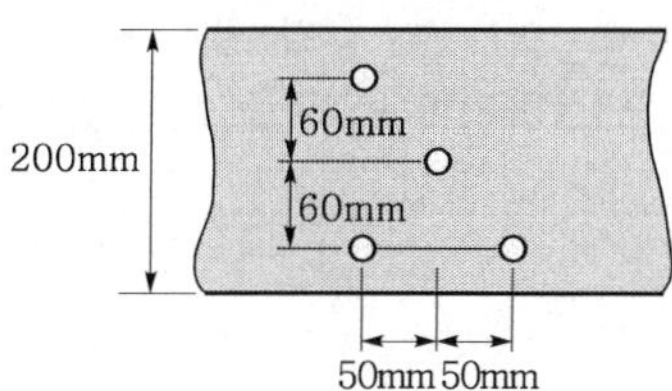

해설 ㉠ $b_n = b_g - 2d = 200 - 2 \times 25 = 150\text{mm}$

㉡ $b_n = b_g - d - \left(d - \dfrac{p^2}{4g}\right) = 200 - 25 - \left(25 - \dfrac{50^2}{4 \times 60}\right) = 160.4\text{mm}$

㉢ $b_n = b_g - d - 2\left(d - \dfrac{p^2}{4g}\right) = 200 - 25 - 2 \times \left(25 - \dfrac{50^2}{4 \times 60}\right) = 145.8\text{mm}$

$\therefore\ b_n = 145.8\text{mm}$(최소값)

80 폭이 300mm, 유효깊이가 500mm인 단철근 직사각형 보에서 강도설계법으로 구한 균형철근량은? (단, 등가직사각형 압축응력블록을 사용하며 f_{ck} =35MPa, f_y =350MPa이다.)

① 5,285mm²
② 5,890mm²
③ 6,665mm²
④ 7,235mm²

해설 $f_{ck} \le 40\text{MPa}$일 때 $\beta_1 = 0.80$

$\rho_b = \eta(0.85\beta_1)\left(\dfrac{f_{ck}}{f_y}\right)\left(\dfrac{660}{660 + f_y}\right) = 1.0 \times 0.85 \times 0.80 \times \dfrac{35}{350} \times \left(\dfrac{660}{660 + 350}\right) = 0.0444$

$\therefore\ A_{sb} = \rho_b bd = 0.0444 \times 300 \times 500 = 6{,}665\text{mm}^2$

제5과목 : 토질 및 기초

81 4.75mm체(4번체) 통과율이 90%, 0.075mm체(200번체) 통과율이 4%이고 D_{10}=0.25mm, D_{30}=0.6mm, D_{60}=2mm인 흙을 통일분류법으로 분류하면?

① GP
② GW
③ SP
④ SW

해설 ㉠ $P_{\text{No.200}} = 4\% < 50\%$이고, $P_{\text{No.4}} = 90\% > 50\%$이므로 모래(S)이다.

㉡ $C_u = \dfrac{D_{60}}{D_{10}} = \dfrac{2}{0.25} = 8 > 6$

$C_g = \dfrac{{D_{30}}^2}{D_{10}D_{60}} = \dfrac{0.6^2}{0.25 \times 2} = 0.72 \ne 1 \sim 3$이므로 빈립도(P)이다.

$\therefore$ SP

82 다음 그림과 같은 정사각형 기초에서 안전율을 3으로 할 때 Terzaghi의 공식을 사용하여 지지력을 구하고자 한다. 이때 한 변의 최소 길이(B)는? (단, 물의 단위중량은 9.81kN/m^3, 점착력(c)은 60kN/m^2, 내부마찰각(ϕ)은 0°이고, 지지력계수 N_c=5.7, N_q=1.0, N_γ=0이다.)

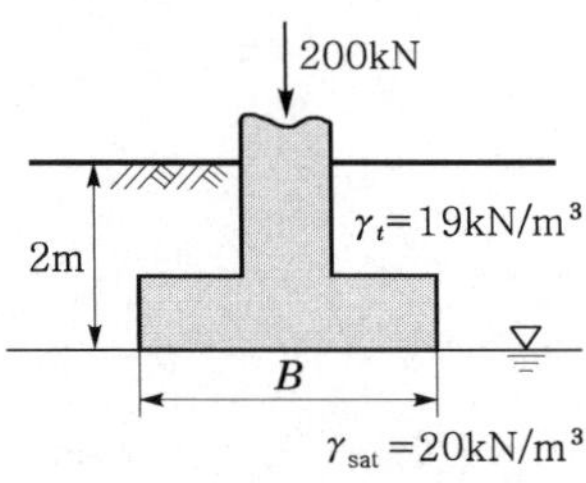

① 1.12m
② 1.43m
③ 1.51m
④ 1.62m

해설 ㉠ $q_u = \alpha c N_c + \beta B \gamma_1 N_r + D_f \gamma_2 N_q = 1.3 \times 60 \times 5.7 + 0 + 2 \times 19 \times 1 = 482.6\text{kN/m}^2$

㉡ $q_a = \dfrac{q_u}{F_s} = \dfrac{482.6}{3} = 160.87\text{kN/m}^2$

㉢ $q_a = \dfrac{P}{A}$

$160.87 = \dfrac{200}{B^2}$

$\therefore B = 1.12\text{m}$

83 접지압(또는 지반반력)이 다음 그림과 같이 되는 경우는?

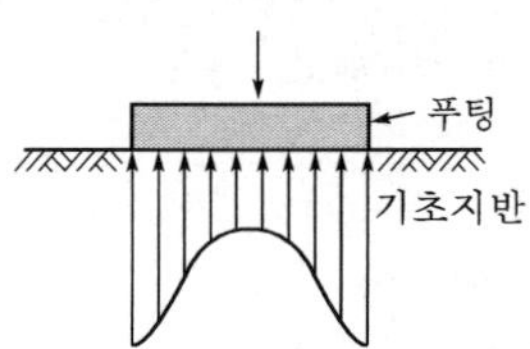

① 푸팅 : 강성, 기초지반 : 점토
② 푸팅 : 강성, 기초지반 : 모래
③ 푸팅 : 연성, 기초지반 : 점토
④ 푸팅 : 연성, 기초지반 : 모래

해설 ㉠ 강성기초

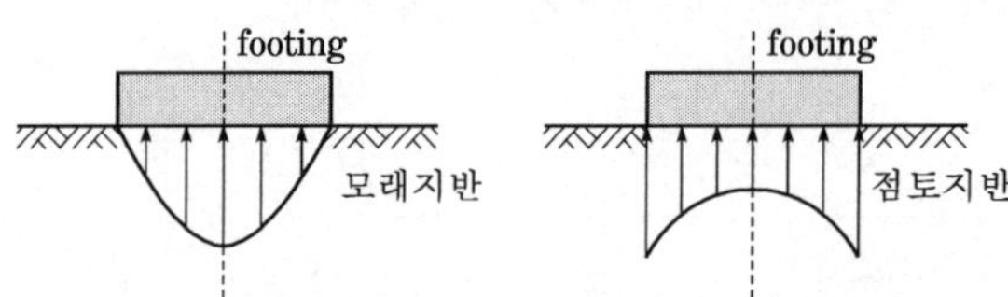

㉡ 휨성기초

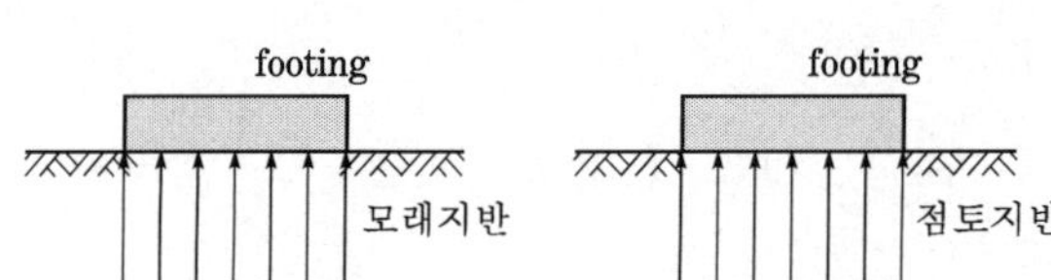

84 지표면이 수평이고 옹벽의 뒷면과 흙과의 마찰각이 0°인 연직옹벽에서 Coulomb토압과 Rankine토압은 어떤 관계가 있는가? (단, 점착력은 무시한다.)

① Coulomb토압은 항상 Rankine토압보다 크다.
② Coulomb토압과 Rankine토압은 같다.
③ Coulomb토압이 Rankine토압보다 작다.
④ 옹벽의 형상과 흙의 상태에 따라 클 때도 있고 작을 때도 있다.

해설 Rankine토압에서는 옹벽의 벽면과 흙의 마찰을 무시하였고, Coulomb토압에서는 고려하였다. 문제에서 옹벽의 벽면과 흙의 마찰각을 0°라 하였으므로 Rankine토압과 Coulomb토압은 같다.

85 도로의 평판재하시험에서 1.25mm 침하량에 해당하는 하중강도가 250kN/m^{2}일 때 지반반력계수는?

① 100MN/m^3　② 200MN/m^3
③ 1,000MN/m^3　④ 2,000MN/m^3

해설 $K=\frac{q}{y}=\frac{250}{1.25\times10^{-3}}=200,000\text{kN/m}^2=200\text{MN/m}^2$

86 다음 지반개량공법 중 연약한 점토지반에 적합하지 않은 것은?

① 프리로딩공법　② 샌드드레인공법
③ 페이퍼드레인공법　④ 바이브로플로테이션공법

해설 점성토지반개량공법 : 치환공법, Preloading공법(사전압밀공법), Sand drain공법, Paper drain공법, 전기침투공법, 침투압공법(MAIS공법), 생석회말뚝(Chemico pile)공법

87 표준관입시험(SPT)결과 N값이 25이었고, 이때 채취한 교란시료로 입도시험을 한 결과 입자가 둥글고, 입도분포가 불량할 때 Dunham의 공식으로 구한 내부마찰각(ϕ)은?

① 32.3°　② 37.3°
③ 42.3°　④ 48.3°

해설 $\phi=\sqrt{12N}+15=\sqrt{12\times25}+15=32.32°$

88 현장에서 완전히 포화되었던 시료라 할지라도 시료 채취 시 기포가 형성되어 포화도가 저하될 수 있다. 이 경우 생성된 기포를 원상태로 용해시키기 위해 작용시키는 압력을 무엇이라고 하는가?

① 배압(back pressure)
② 축차응력(deviator stress)
③ 구속압력(confined pressure)
④ 선행압밀압력(preconsolidation pressure)

정답 84. ② 85. ② 86. ④ 87. ① 88. ①

89 다음 그림과 같은 지반에서 하중으로 인하여 수직응력($\Delta\sigma_1$)이 100kN/m^2 증가되고 수평응력($\Delta\sigma_3$)이 50kN/m^2 증가되었다면 간극수압은 얼마나 증가되었는가? (단, 간극수압계수 A=0.5이고 B=1이다.)

① 50kN/m^2
② 75kN/m^2
③ 100kN/m^2
④ 125kN/m^2

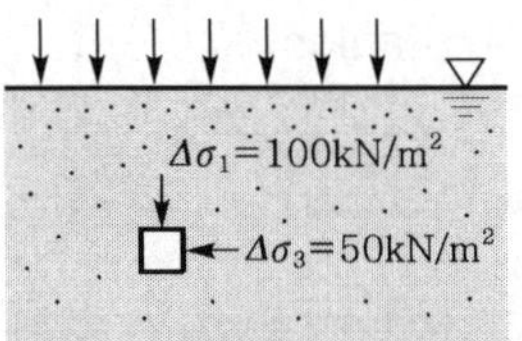

해설 $\Delta U = B[\Delta\sigma_3 + A(\Delta\sigma_1 - \Delta\sigma_3)] = 1\times[50+0.5\times(100-50)] = 75\text{kN/m}^2$

90 어떤 점토지반에서 베인시험을 실시하였다. 베인의 지름이 50mm, 높이가 100mm, 파괴 시 토크가 59N · m일 때 이 점토의 점착력은?

① 129kN/m^2
② 157kN/m^2
③ 213kN/m^2
④ 276kN/m^2

해설
$$C_u = \frac{M_{\max}}{\pi D^2\left(\frac{H}{2}+\frac{D}{6}\right)} = \frac{5,900}{\pi\times5^2\times\left(\frac{10}{2}+\frac{5}{6}\right)} = 12.9\text{N/cm}^2 = 129\text{kN/m}^2$$

91 Terzaghi의 1차 압밀에 대한 설명으로 틀린 것은?

① 압밀방정식은 점토 내에 발생하는 과잉간극수압의 변화를 시간과 배수거리에 따라 나타낸 것이다.
② 압밀방정식을 풀면 압밀도를 시간계수의 함수로 나타낼 수 있다.
③ 평균압밀도는 시간에 따른 압밀침하량을 최종 압밀침하량으로 나누면 구할 수 있다.
④ 압밀도는 배수거리에 비례하고, 압밀계수에 반비례한다.

해설
$$\bar{u} = f(T_v) \propto \frac{tC_v}{H^2}$$

92 흙의 다짐에 대한 설명으로 틀린 것은?

① 다짐에 의하여 간극이 작아지고 부착력이 커져서 역학적 강도 및 지지력은 증대하고, 압축성, 흡수성 및 투수성은 감소한다.
② 점토를 최적함수비보다 약간 건조측의 함수비로 다지면 면모구조를 가지게 된다.
③ 점토를 최적함수비보다 약간 습윤측에서 다지면 투수계수가 감소하게 된다.
④ 면모구조를 파괴시키지 못할 정도의 작은 압력으로 점토시료를 압밀할 경우 건조측 다짐을 한 시료가 습윤측 다짐을 한 시료보다 압축성이 크게 된다.

해설 낮은 압력에서는 건조측에서 다진 흙이 습윤측에서 다진 흙보다 압축성이 작고, 높은 압력에서는 입자가 재배열되므로 오히려 건조측에서 다진 흙이 습윤측에서 다진 흙보다 압축성이 크다.

 정답 89. ② 90. ① 91. ④ 92. ④

93 다음 그림과 같이 동일한 두께의 3층으로 된 수평모래층이 있을 때 토층에 수직한 방향의 평균투수계수(K_v)는?

① 2.38×10^{-3}cm/s
② 3.01×10^{-4}cm/s
③ 4.56×10^{-4}cm/s
④ 5.60×10^{-4}cm/s

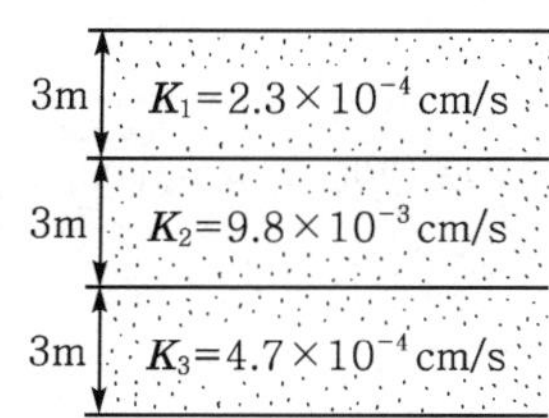

해설

$$K_v=\frac{H}{\frac{h_1}{K_1}+\frac{h_2}{K_2}+\frac{h_3}{K_3}}=\frac{900(=300+300+300)}{\frac{300}{2.3\times10^{-4}}+\frac{300}{9.8\times10^{-3}}+\frac{300}{4.7\times10^{-4}}}=4.56\times10^{-4}\text{cm/s}$$

94 3층 구조로 구조결합 사이에 치환성 양이온이 있어서 활성이 크고, 시트(sheet) 사이에 물이 들어가 팽창 · 수축이 크고, 공학적 안정성이 약한 점토광물은?

① sand
② illite
③ kaolinite
④ montmorillonite

해설 몬모릴로나이트

㉠ 2개의 실리카판과 1개의 알루미나판으로 이루어진 3층 구조로 이루어진 층들이 결합한 것이다.
㉡ 결합력이 매우 약해 물이 침투하면 쉽게 팽창한다.
㉢ 공학적 안정성이 제일 작다.

95 간극비 $e_1=0.80$인 어떤 모래의 투수계수가 $K_1=8.5\times10^{-2}$cm/s일 때 이 모래를 다져서 간극비를 $e_2=0.57$로 하면 투수계수 K_2는?

① 4.1×10^{-1}cm/s
② 8.1×10^{-2}cm/s
③ 3.5×10^{-2}cm/s
④ 8.5×10^{-3}cm/s

해설

$$K_1 : K_2=\frac{{e_1}^3}{1+e_1}:\frac{{e_2}^3}{1+e_2}$$

$$8.5\times10^{-2} : K_2=\frac{0.8^3}{1+0.8}:\frac{0.57^3}{1+0.57}$$

$$\therefore\ K_2=3.52\times10^{-2}\text{cm/s}$$

96 사면안정 해석방법에 대한 설명으로 틀린 것은?

① 일체법은 활동면 위에 있는 흙덩어리를 하나의 물체로 보고 해석하는 방법이다.
② 마찰원법은 점착력과 마찰각을 동시에 갖고 있는 균질한 지반에 적용된다.
③ 절편법은 활동면 위에 있는 흙을 여러 개의 절편으로 분할하여 해석하는 방법이다.
④ 절편법은 흙이 균질하지 않아도 적용이 가능하지만 흙 속에 간극수압이 있을 경우 적용이 불가능하다.

정답 ▸▸▸ 93. ③ 94. ④ 95. ③ 96. ④

 절편법(분할법)
파괴면 위의 흙을 수 개의 절편으로 나눈 후 각각의 절편에 대해 안정성을 계산하는 방법으로 이질토층, 지하수위가 있을 때 적용한다.

97 다음 그림과 같이 지표면에 집중하중이 작용할 때 A점에서 발생하는 연직응력의 증가량은?

① 0.21kN/m^2
② 0.24kN/m^2
③ 0.27kN/m^2
④ 0.30kN/m^2

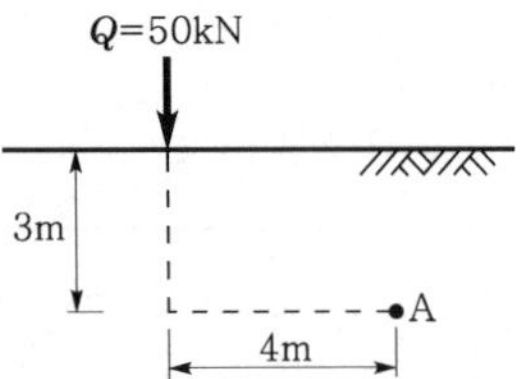

 ㉠ $R=\sqrt{4^2+3^2}=5$

㉡ $I=\dfrac{3Z^5}{2\pi R^5}=\dfrac{3\times 3^5}{2\pi\times 5^5}=0.037$

㉢ $\Delta\sigma_z=\dfrac{Q}{Z^2}I=\dfrac{50}{3^2}\times 0.037=0.21\text{kN/m}^2$

98 지표에 설치된 3m×3m의 정사각형 기초에 80kN/m^2의 등분포하중이 작용할 때 지표면 아래 5m 깊이에서의 연직응력의 증가량은? (단, 2 : 1분포법을 사용한다.)

① 7.15kN/m^2 ② 9.20kN/m^2
③ 11.25kN/m^2 ④ 13.10kN/m^2

$$\Delta\sigma_v=\frac{BLq_s}{(B+Z)(L+Z)}=\frac{3\times 3\times 80}{(3+5)(3+5)}=11.25\text{kN/m}^2$$

99 다음 연약지반개량공법 중 일시적인 개량공법은?

① 치환공법 ② 동결공법
③ 약액주입공법 ④ 모래다짐말뚝공법

해설 일시적 지반개량공법 : Well point공법, Deep well공법, 대기압공법, 동결공법

100 연약지반에 구조물을 축조할 때 피에조미터를 설치하여 과잉간극수압의 변화를 측정한 결과 어떤 점에서 구조물 축조 직후 과잉간극수압이 100kN/m^2이었고, 4년 후에 20kN/m^2이었다. 이때의 압밀도는?

① 20% ② 40%
③ 60% ④ 80%

해설

$$U_z=\frac{u_i-u}{u_i}\times 100=\frac{100-20}{100}\times 100=80\%$$

 정답 ▸▸▸ 97. ① 98. ③ 99. ② 100. ④

제6과목 : 상하수도공학

101 1인 1일 평균급수량에 대한 일반적인 특징으로 옳지 않은 것은?

① 소도시는 대도시에 비해서 수량이 크다.
② 공업이 번성한 도시는 소도시보다 수량이 크다.
③ 기온이 높은 지방이 추운 지방보다 수량이 크다.
④ 정액급수의 수도는 계량급수의 수도보다 소비수량이 크다.

해설 대도시가 소도시에 비하여 물소비량이 크다.

102 침전지의 수심이 4m이고 체류시간이 1시간일 때 이 침전지의 표면부하율(Surface loading rate)은?

① $48m^3/m^2 \cdot d$　　② $72m^3/m^2 \cdot d$
③ $96m^3/m^2 \cdot d$　　④ $108m^3/m^2 \cdot d$

해설 $V_0 = \frac{Q}{A} = \frac{h}{t} = \frac{4m}{1/24day} = 96m^3/m^2 \cdot d$

103 우수관로 및 합류식 관로 내에서의 부유물침전을 막기 위하여 계획우수량에 대하여 요구되는 최소 유속은?

① 0.3m/s　　② 0.6m/s
③ 0.8m/s　　④ 1.2m/s

해설 우수 및 합류관의 유속범위는 0.8~3.0m/s이다.

104 어느 A시의 장래 2030년의 인구추정결과 85,000명으로 추산되었다. 계획연도의 1인 1일당 평균급수량을 380L, 급수보급률을 95%로 가정할 때 계획연도의 계획 1일 평균급수량은?

① $30,685m^3/d$　　② $31,205m^3/d$
③ $31,555m^3/d$　　④ $32,305m^3/d$

해설 계획 1일 평균급수량 $= 85,000$인 $\times 380L/$인 $\cdot day \times 0.95 = 85,000$인 $\times 380 \times 10^{-3}m^3/$인 $\cdot day \times 0.95$
$= 30,685m^3/d$

105 정수처리 시 트리할로메탄 및 곰팡이냄새의 생성을 최소화하기 위해 침전지와 여과지 사이에 염소제를 주입하는 방법은?

① 전염소처리　　② 중간염소처리
③ 후염소처리　　④ 이중염소처리

정답 ▶▶▶ 101. ① 102. ③ 103. ③ 104. ① 105. ②

106 인구가 10,000명인 A시에 폐수배출시설 1개소가 설치될 계획이다. 이 폐수배출시설의 유량은 $200m^3/d$이고, 평균BOD배출농도는 $500gBOD/m^3$이다. 이를 고려하여 A시에 하수종말처리장을 신설할 때 적합한 최소 계획인구수는? (단, 하수종말처리장 건설 시 1인 1일 BOD부하량은 50gBOD/인 · d로 한다.)

① 10,000명　② 12,000명
③ 14,000명　④ 16,000명

해설 ㉠ $200m^3/d \div 500gBOD/m^3 = 100,000BOD/d$
㉡ 100,000BOD/d÷50gBOD/인 · d=2,000인
∴ 최소 계획인구수=10,000인+2,000인=12,000인

107 하수도의 관로계획에 대한 설명으로 옳은 것은?

① 오수관로는 계획 1일 평균오수량을 기준으로 계획한다.
② 관로의 역사이펀을 많이 설치하여 유지관리측면에서 유리하도록 계획한다.
③ 합류식에서 하수의 차집관로는 우천 시 계획오수량을 기준으로 계획한다.
④ 오수관로와 우수관로가 교차하여 역사이펀을 피할 수 없는 경우는 우수관로를 역사이펀으로 하는 것이 바람직하다.

해설 합류식에서 하수의 차집관로는 우천 시 계획오수량 또는 시간 최대 오수량의 3배를 기준으로 계획한다.

108 지름 400mm, 길이 1,000m인 원형철근콘크리트관에 물이 가득 차 흐르고 있다. 이 관로시점의 수두가 50m라면 관로종점의 수압(kgf/cm^2)은? (단, 손실수두는 마찰손실수두만을 고려하며 마찰계수(f)=0.05, 유속은 Manning공식을 이용하여 구하고 조도계수(n)=0.013, 동수경사(I)=0.001이다.)

① $2.92kgf/cm^2$　② $3.28kgf/cm^2$
③ $4.83kgf/cm^2$　④ $5.31kgf/cm^2$

해설
$$v=\frac{1}{n}R_h^{\frac{2}{3}}I^{\frac{1}{2}}=\frac{1}{0.013}\times\left(\frac{0.4}{4}\right)^{\frac{2}{3}}\times 0.001^{\frac{1}{2}}=0.524m/s$$
$$\therefore\ p=\gamma h=\gamma f\frac{l}{d}\frac{v^2}{2g}=1t/m^3\times 0.05\times\frac{1,000}{0.4}\times\frac{0.524^2}{2\times 9.8}=48.25t/m^2=4.83kgf/cm^2$$

109 교차연결(cross connection)에 대한 설명으로 옳은 것은?

① 2개의 하수도관이 90°로 서로 연결된 것을 말한다.
② 상수도관과 오염된 오수관이 서로 연결된 것을 말한다.
③ 두 개의 하수관로가 교차해서 지나가는 구조를 말한다.
④ 상수도관과 하수도관이 서로 교차해서 지나가는 것을 말한다.

정답 ▸▸▸ 106. ② 107. ③ 108. ③ 109. ②

110 슬러지 농축과 탈수에 대한 설명으로 틀린 것은?

① 탈수는 기계적 방법으로 진공여과, 가압여과 및 원심탈수법 등이 있다.
② 농축은 매립이나 해양투기를 하기 전에 슬러지용적을 감소시켜 준다.
③ 농축은 자연의 중력에 의한 방법이 가장 간단하며 경제적인 처리방법이다.
④ 중력식 농축조에 슬러지 제거기 설치 시 탱크 바닥의 기울기는 1/10 이상이 좋다.

해설 찌꺼기(슬러지) 제거기(sludge scraper)를 설치할 경우 탱크 바닥의 기울기는 5/100 이상이 좋다.

111 송수시설에 대한 설명으로 옳은 것은?

① 급수관, 계량기 등이 붙어있는 시설
② 정수장에서 배수지까지 물을 보내는 시설
③ 수원에서 취수한 물을 정수장까지 운반하는 시설
④ 정수처리된 물을 소요수량만큼 수요자에게 보내는 시설

해설 송수시설이란 정수장에서 배수지까지 물을 보내는 시설을 말한다.

112 압력식 하수도 수집시스템에 대한 특징으로 틀린 것은?

① 얕은 층으로 매설할 수 있다.
② 하수를 그라인더펌프에 의해 압송한다.
③ 광범위한 지형조건 등에 대응할 수 있다.
④ 유지관리가 비교적 간편하고 일반적으로는 유지관리비용이 저렴하다.

해설 그라인더펌프(GP)의 운영으로 일반적으로 유지관리비가 많이 소요된다.

113 pH가 5.6에서 4.3으로 변화할 때 수소이온농도는 약 몇 배가 되는가?

① 약 13배　　② 약 15배
③ 약 17배　　④ 약 20배

해설 ㉠ $\log H^+ = 5.6 \rightarrow H^+ = 2.5 \times 10^{-6}$
㉡ $\log H^+ = 4.3 \rightarrow H^+ = 0.5 \times 10^{-4}$
$\therefore \dfrac{0.5 \times 10^{-4}}{2.5 \times 10^{-6}} = 20$배

114 슬러지 처리의 목표로 옳지 않은 것은?

① 중금속 처리　　② 병원균의 처리
③ 슬러지의 생화학적 안정화　　④ 최종 슬러지부피의 감량화

정답 ▸▸▸ 110. ④ 111. ② 112. ④ 113. ④ 114. ①

115 하수처리계획 및 재이용계획을 위한 계획오수량에 대한 설명으로 옳은 것은?

① 지하수량은 계획 1일 평균오수량의 10~20%로 한다.
② 계획 1일 평균오수량은 계획 1일 최대 오수량의 70~80%를 표준으로 한다.
③ 합류식에서 우천 시 계획오수량은 원칙적으로 계획 1일 평균오수량의 3배 이상으로 한다.
④ 계획 1일 최대 오수량은 계획시간 최대 오수량을 1일의 수량으로 환산하여 1.3~1.8배를 표준으로 한다.

해설 ① 지하수량은 계획 1일 최대 오수량의 10~20%로 한다.
③ 합류식에서 우천 시 계획오수량은 원칙적으로 계획시간 최대 오수량의 3배 이상으로 한다.
④ 계획시간 최대 오수량은 계획 1일 최대 오수량의 1시간당 수량의 1.3~1.8배를 표준으로 한다.

116 배수관망의 구성방식 중 격자식과 비교한 수지상식의 설명으로 틀린 것은?

① 수리 계산이 간단하다.
② 사고 시 단수구간이 크다.
③ 제수밸브를 많이 설치해야 한다.
④ 관의 말단부에 물이 정체되기 쉽다.

해설 격자식의 특징
㉠ 제수밸브를 많이 설치한다.
㉡ 사고 시 단수구간이 크다.
㉢ 건설비가 많이 소요된다.

117 합류식과 분류식에 대한 설명으로 옳지 않은 것은?

① 분류식의 경우 관로 내 퇴적은 적으나, 수세효과는 기대할 수 없다.
② 합류식의 경우 일정량 이상이 되면 우천 시 오수가 월류한다.
③ 합류식의 경우 관경이 커지기 때문에 2계통인 분류식보다 건설비용이 많이 든다.
④ 분류식의 경우 오수와 우수를 별개의 관로로 배제하기 때문에 오수의 배제계획이 합리적이다.

해설 오수와 우수 두 개의 관을 매설하는 분류식보다 1개의 관을 매설하는 합류식이 건설비용이 적게 소요된다.

118 하수의 고도처리에 있어서 질소와 인을 동시에 제거하기 어려운 공법은?

① 수정Phostrip공법
② 막분리 활성슬러지법
③ 혐기무산소호기조합법
④ 응집제 병용형 생물학적 질소 제거법

 정답 ▸▸▸ 115. ② 116. ③ 117. ③ 118. ②

119 저수지에서 식물성 플랑크톤의 과도성장에 따라 부영양화가 발생될 수 있는데, 이에 대한 가장 일반적인 지표기준은?

① COD농도
② 색도
③ BOD와 DO농도
④ 투명도(Secchi disk depth)

120 정수장의 소독 시 처리수량이 10,000m^3/d인 정수장에서 염소를 5mg/L의 농도로 주입할 경우 잔류염소농도가 0.2mg/L이었다. 염소요구량은? (단, 염소의 순도는 80%이다.)

① 24kg/d
② 30kg/d
③ 48kg/d
④ 60kg/d

해설

염소요구량$=\dfrac{CQ}{\text{순도}}=\dfrac{(5\text{mg/L}-0.2\text{mg/L})\times10{,}000\text{m}^3/\text{d}}{0.8}=\dfrac{4.8\times10^{-6}\text{kg/kg}\times10{,}000\times10^3\text{kg/d}}{0.8}=60\text{kg/d}$

CBT 대비 실전 모의고사

1 실전 모의고사

2 정답 및 해설

제1회 실전 모의고사

제1과목 응용역학

1 다음 그림과 같이 세 개의 평행력이 작용할 때 합력 R의 위치 x는?

① 3.0m
② 3.5m
③ 4.0m
④ 4.5m

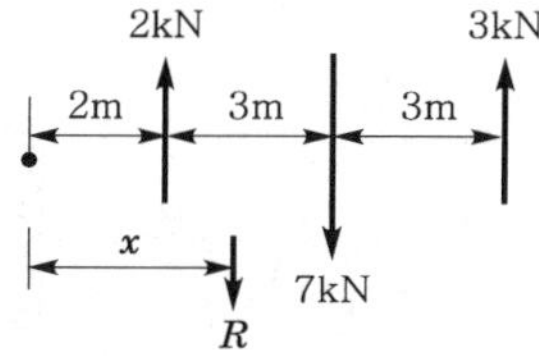

2 다음 그림과 같은 30° 경사진 언덕에 40kN의 물체를 밀어올릴 때 필요한 힘 P는 최소 얼마 이상이어야 하는가? (단, 마찰계수는 0.25이다.)

① 28.7kN
② 30.2kN
③ 34.7kN
④ 40.0kN

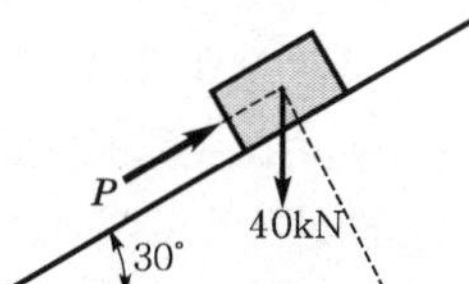

3 다음 그림과 같은 단면의 $A-A$축에 대한 단면 2차 모멘트는?

① $558b^4$
② $623b^4$
③ $685b^4$
④ $729b^4$

4 다음 그림과 같은 사다리꼴 단면에서 $x-x'$축에 대한 단면 2차 모멘트값은?

① $\frac{h^3}{12}(b+3a)$
② $\frac{h^3}{12}(b+2a)$
③ $\frac{h^3}{12}(3b+a)$
④ $\frac{h^3}{12}(2b+a)$

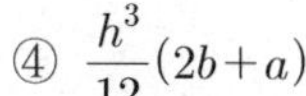

5 탄성계수(E), 전단탄성계수(G), 푸아송수(m) 간의 관계를 옳게 표시한 것은?

① $G=\frac{mE}{2(m+1)}$
② $G=\frac{m}{2(m+1)}$
③ $G=\frac{E}{2(m+1)}$
④ $G=\frac{E}{2(m-1)}$

6 다음 그림과 같은 인장부재의 수직변위를 구하는 식으로 옳은 것은? (단, 탄성계수는 E이다.)

① $\frac{PL}{EA}$
② $\frac{3PL}{2EA}$
③ $\frac{2PL}{EA}$
④ $\frac{5PL}{2EA}$

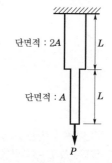

7 다음 그림과 같은 단순보의 B점에 하중 50kN가 연직방향으로 작용하면 C점에서의 휨모멘트는?

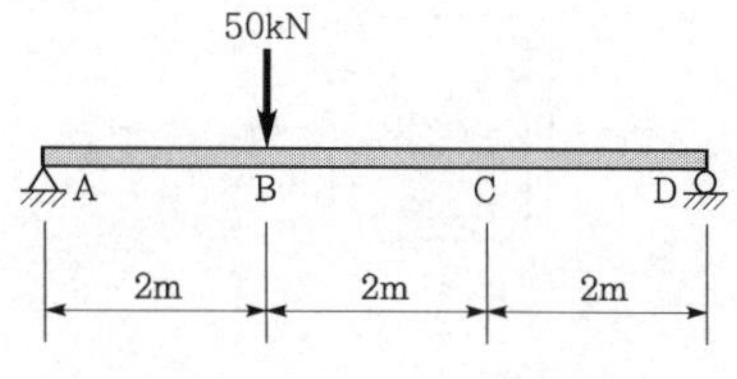

① 33.4kN · m
② 54.0kN · m
③ 66.7kN · m
④ 100kN · m

8 다음 그림과 같이 C점이 내부힌지로 구성된 게르버보에서 B지점에 발생하는 모멘트의 크기는?

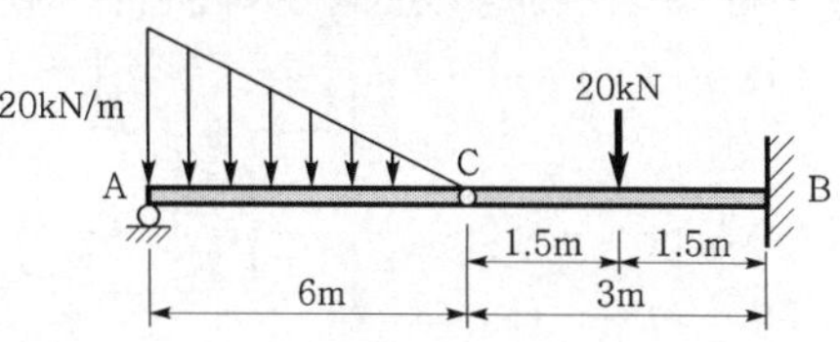

① 90kN · m
② 60kN · m
③ 30kN · m
④ 10kN · m

9 다음 그림과 같은 3힌지 아치에 집중하중 P가 가해질 때 지점 B에서의 수평반력은?

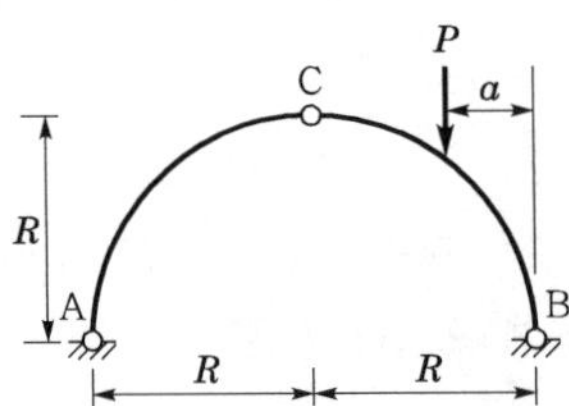

① $\dfrac{Pa}{4R}$　② $\dfrac{P(R-a)}{2R}$

③ $\dfrac{P(R-a)}{4R}$　④ $\dfrac{Pa}{2R}$

10 다음 라멘의 수직반력 R_B는?

① 20kN
② 30kN
③ 40kN
④ 50kN

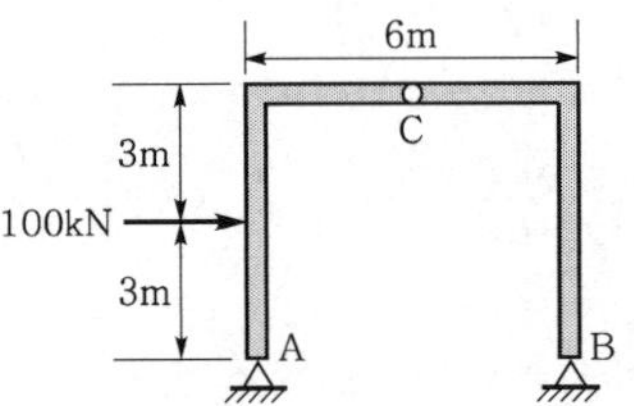

11 평면응력을 받는 요소가 다음 그림과 같이 응력을 받고 있다. 최대 주응력은?

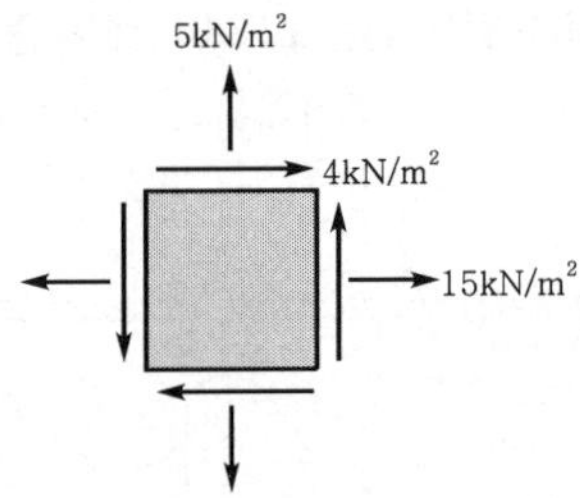

① 6.4kN/m^2　② 3.6kN/m^2

③ 13.6kN/m^2　④ 16.4kN/m^2

12 다음 그림과 같은 단면에 전단력 V=600kN이 작용할 때 최대 전단응력은 약 얼마인가?

① 1.27kN/m^2
② 1.60kN/m^2
③ 1.98kN/m^2
④ 2.13kN/m^2

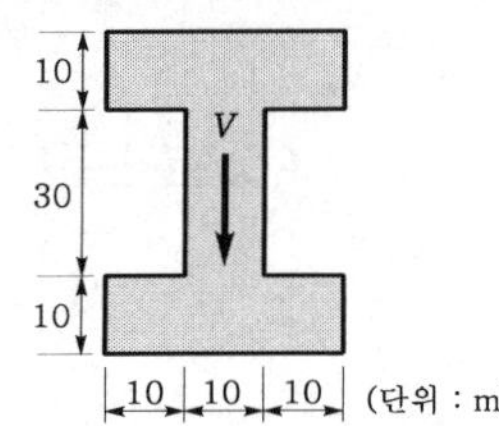

13 반지름이 25cm인 원형 단면을 가지는 단주에서 핵의 면적은 약 얼마인가?

① 122.7cm^2　② 168.4cm^2

③ 254.4cm^2　④ 336.8cm^2

14 길이가 6m인 양단 힌지기둥은 I-250mm×125mm×10mm×19mm의 단면으로 세워졌다. 이 기둥이 좌굴에 대해서 지지하는 임계하중(critical load)은 얼마인가? (단, 주어진 I형강의 I_1과 I_2는 각각 7,340mm^{4}과 560mm^{4}이며, 탄성계수 E=2×10^{5}N/mm^{2}이다.)

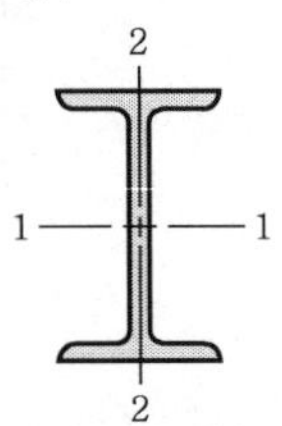

① 3.07N　② 4.26N

③ 30.7N　④ 42.6N

15 동일한 재료 및 단면을 사용한 다음 기둥 중 좌굴하중이 가장 큰 기둥은?

① 양단 힌지의 길이가 l인 기둥
② 양단 고정의 길이가 $2l$인 기둥
③ 일단 자유 타단 고정의 길이가 $0.5l$인 기둥
④ 일단 힌지 타단 고정의 길이가 $1.2l$인 기둥

16 주어진 보에서 지점 A의 휨모멘트(M_A) 및 반력(R_A)의 크기로 옳은 것은?

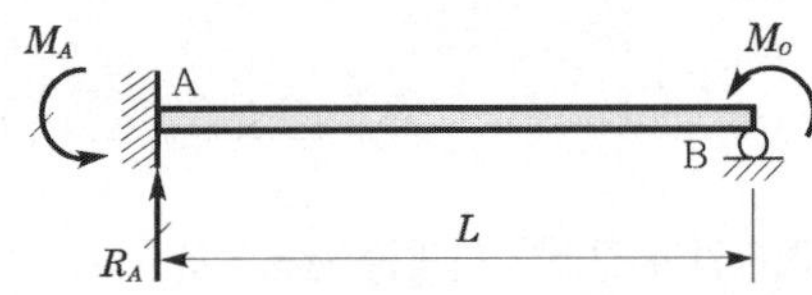

① $M_A=\dfrac{M_o}{2}$, $R_A=\dfrac{3M_o}{2L}$

② $M_A=M_o$, $R_A=\dfrac{M_o}{L}$

③ $M_A=\dfrac{M_o}{2}$, $R_A=\dfrac{5M_o}{2L}$

④ $M_A=M_o$, $R_A=\dfrac{2M_o}{L}$

17 다음 그림과 같은 트러스에서 부재 AB의 부재력은?

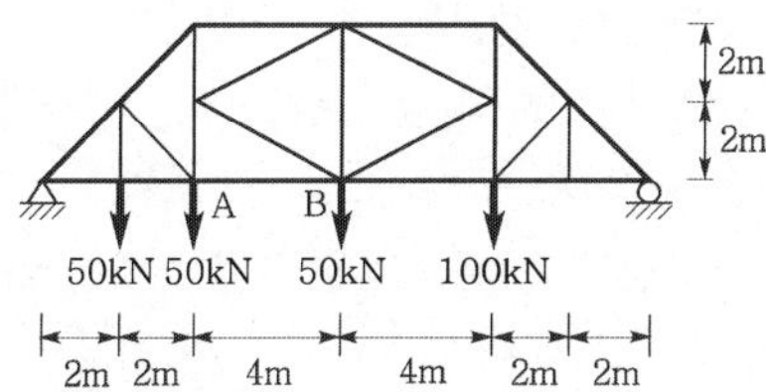

① 106.25kN(인장) ② 105.5kN(인장)
③ 105.5kN(압축) ④ 106.25kN(압축)

18 다음에서 설명하고 있는 것은?

> 탄성체에 저장된 변형에너지 U를 변위의 함수로 나타내는 경우에 임의의 변위 Δ_i에 관한 변형에너지 U의 1차 편도함수는 대응되는 하중 P_i와 같다. 즉 $P_i = \dfrac{\partial U}{\partial \Delta_i}$로 나타낼 수 있다.

① 중첩의 원리
② Castigliano의 제1정리
③ Betti의 정리
④ Maxwell의 정리

19 등분포하중을 받는 단순보에서 지점 A의 처짐각으로서 옳은 것은?

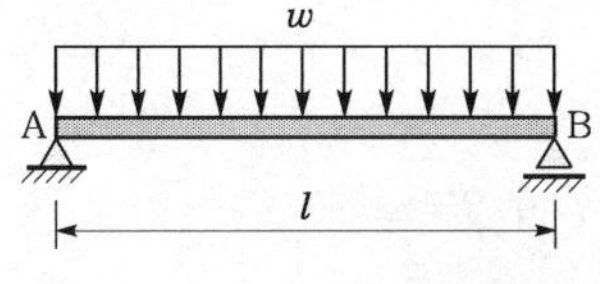

① $\dfrac{5wl^3}{384EI}$ ② $\dfrac{wl^3}{48EI}$
③ $\dfrac{wl^3}{24EI}$ ④ $\dfrac{wl^3}{16EI}$

20 다음 그림과 같은 라멘구조물의 E점에서의 불균형모멘트에 대한 부재 EA의 모멘트분배율은?

① 0.222
② 0.1667
③ 0.2857
④ 0.40

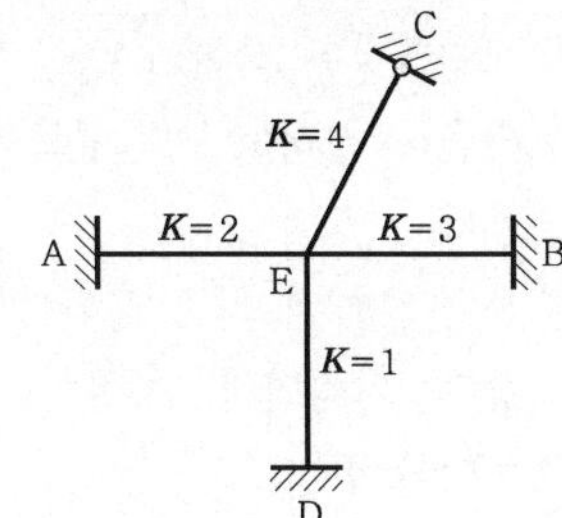

제2과목 측량학

21 1,600m²의 정사각형 토지면적을 0.5m²까지 정확하게 구하기 위해서 필요한 변길이의 최대 허용오차는?

① 2mm ② 6mm
③ 10mm ④ 12mm

22 삼각점 A에 기계를 설치하였으나 삼각점 B가 시준이 되지 않아 점 P를 관측하여 T'=68°32′15″를 얻었다. 보정각 T는? (단, S=2km, e=5m, ϕ=302°56′)

① 68°25′02″
② 68°20′09″
③ 68°15′02″
④ 68°10′09″

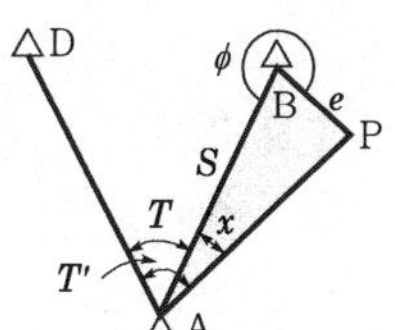

23 수준측량에서 발생하는 오차에 대한 설명으로 틀린 것은?

① 기계의 조정에 의해 발생하는 오차는 전시와 후시의 거리를 같게 하여 소거할 수 있다.
② 표척의 영눈금오차는 출발점의 표척을 도착점에서 사용하여 소거할 수 있다.
③ 측지삼각수준측량에서 곡률오차와 굴절오차는 그 양이 미소하므로 무시할 수 있다.
④ 기포의 수평조정이나 표척면의 읽기는 육안으로 한계가 있으나, 이로 인한 오차는 일반적으로 허용오차범위 안에 들 수 있다.

24 대상구역을 삼각형으로 분할하여 각 교점의 표고를 측량한 결과가 다음 그림과 같을 때 토공량은?

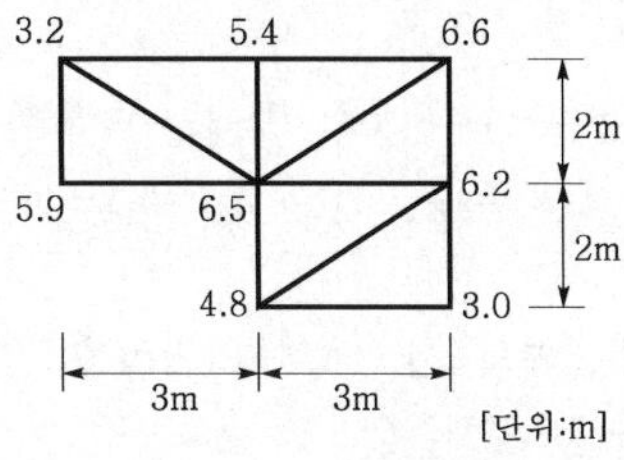

① 98m³ ② 100m³
③ 102m³ ④ 104m³

25 항공LiDAR자료의 특성에 대한 설명으로 옳은 것은?

① 시간, 계절 및 기상에 관계없이 언제든지 관측이 가능하다.
② 적외선파장은 물에 잘 흡수되므로 수면에 반사된 자료는 신뢰성이 매우 높다.
③ 사진촬영을 동시에 진행할 수 없으므로 자료 판독이 어렵다.
④ 산림지역에서 지표면의 관측이 가능하다.

26 완화곡선에 대한 설명으로 옳지 않은 것은?

① 모든 클로소이드(clothoid)는 닮은꼴이며, 클로소이드요소는 길이의 단위를 가진 것과 단위가 없는 것이 있다.
② 완화곡선의 접선은 시점에서 원호에, 종점에서 직선에 접한다.
③ 완화곡선의 반지름은 그 시점에서 무한대, 종점에서는 원곡선의 반지름과 같다.
④ 완화곡선에 연한 곡선반지름의 감소율은 캔트(cant)의 증가율과 같다.

27 2,000m의 거리를 50m씩 끊어서 40회 관측하였다. 관측결과 오차가 ±0.14m이었고, 40회 관측의 정밀도가 동일하다면 50m 거리관측의 오차는?

① ±0.022m　② ±0.019m
③ ±0.016m　④ ±0.013m

28 등고선의 성질에 대한 설명으로 옳지 않은 것은?

① 동일 등고선상의 모든 점은 기준면으로부터 같은 높이에 있다.
② 지표면의 경사가 같을 때는 등고선의 간격은 같고 평행하다.
③ 등고선은 도면 내 또는 밖에서 반드시 폐합한다.
④ 높이가 다른 두 등고선은 절대로 교차하지 않는다.

29 수준측량에서 전·후시의 거리를 같게 취해도 제거되지 않는 오차는?

① 지구곡률오차　② 대기굴절오차
③ 시준선오차　④ 표척눈금오차

30 트래버스측량에 관한 일반적인 사항에 대한 설명으로 옳지 않은 것은?

① 트래버스의 종류 중 결합트래버스는 가장 높은 정확도를 얻을 수 있다.
② 각관측방법 중 방위각법은 한번 오차가 발생하면 그 영향은 끝까지 미친다.
③ 폐합오차조정방법 중 컴퍼스법칙은 각관측의 정밀도가 거리관측의 정밀도보다 높을 때 실시한다.
④ 폐합트래버스에서 편각의 총합은 반드시 360°가 되어야 한다.

31 하천의 유속측정결과 수면으로부터 깊이의 2/10, 4/10, 6/10, 8/10 되는 곳의 유속(m/s)이 각각 0.662, 0.552, 0.442, 0.332이었다면 3점법에 의한 평균유속은 어느 것인가?

① 0.4603m/s　② 0.4695m/s
③ 0.5245m/s　④ 0.5337m/s

32 UTM좌표에 대한 설명으로 옳지 않은 것은?

① 중앙자오선의 축척계수는 0.9996이다.
② 좌표계는 경도 6°, 위도 8° 간격으로 나눈다.
③ 우리나라는 40구역(ZONE)과 43구역(ZONE)에 위치하고 있다.
④ 경도의 원점은 중앙자오선에 있으며, 위도의 원점은 적도상에 있다.

33 하천측량에 대한 설명으로 옳지 않은 것은?

① 수위관측소의 위치는 지천의 합류점 및 분류점으로서 수위의 변화가 일어나기 쉬운 곳이 적당하다.
② 하천측량에서 수준측량을 할 때의 거리표는 하천의 중심에 직각방향으로 설치한다.
③ 심천측량은 하천의 수심 및 유수 부분의 하저상황을 조사하고 횡단면도를 제작하는 측량을 말한다.
④ 하천측량 시 처음에 할 일은 도상조사로서 유로상황, 지역면적, 지형, 토지이용상황 등을 조사하여야 한다.

34 측점 A에 각관측장비를 세우고 50m 떨어져 있는 측점 B를 시준하여 각을 관측할 때 측선 AB에 직각방향으로 3cm의 오차가 있었다면 이로 인한 각관측오차는?

① 0°1′13″ ② 0°1′22″
③ 0°2′04″ ④ 0°2′45″

35 다음은 폐합트래버스측량성과이다. 측선 CD의 배횡거는?

측선	위거(m)	경거(m)
AB	65.39	83.57
BC	−34.57	19.68
CD	−65.43	−40.60
DA	34.61	−62.65

① 60.25m ② 115.90m
③ 135.45m ④ 165.90m

36 삼각망의 종류 중 유심삼각망에 대한 설명으로 옳은 것은?

① 삼각망 가운데 가장 간단한 형태이며 측량의 정확도를 얻기 위한 조건이 부족하므로 특수한 경우 외에는 사용하지 않는다.
② 가장 높은 정확도를 얻을 수 있으나 조정이 복잡하고 포함된 면적이 작으며, 특히 기선을 확대할 때 주로 사용한다.
③ 거리에 비하여 측점수가 가장 적으므로 측량이 간단하며 조건식의 수가 적어 정확도가 낮다.
④ 광대한 지역의 측량에 적합하며 정확도가 비교적 높은 편이다.

37 다음 그림과 같이 $\widehat{A_0B_0}$의 노선을 e=10m만큼 이동하여 내측으로 노선을 설치하고자 한다. 새로운 반지름 R_N은? (단, R_o=200m, I=60°)

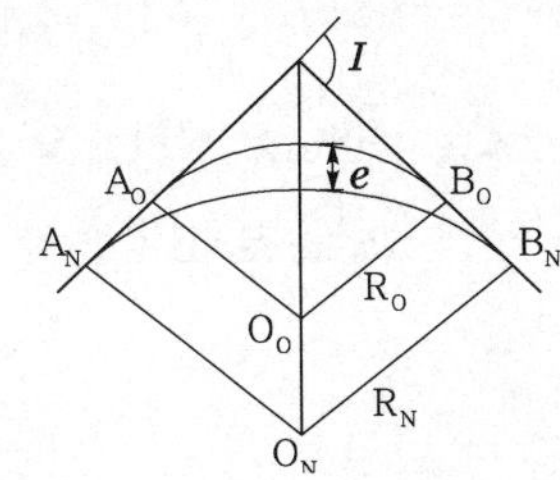

① 217.64m ② 238.26m
③ 250.50m ④ 264.64m

38 DGPS를 적용할 경우 기지점과 미지점에서 측정한 결과로부터 공통오차를 상쇄시킬 수 있기 때문에 측량의 정확도를 높일 수 있다. 이때 상쇄되는 오차요인이 아닌 것은?

① 위성의 궤도정보오차 ② 다중경로오차
③ 전리층 신호지연 ④ 대류권 신호지연

39 100m의 측선을 20m 줄자로 관측하였다. 1회의 관측에 +4mm의 정오차와 ±3mm의 부정오차가 있었다면 측선의 거리는?

① 100.010±0.007m ② 100.010±0.015m
③ 100.020±0.007m ④ 100.020±0.015m

40 다음 그림과 같은 수준망에서 높이차의 정확도가 가장 낮은 것으로 추정되는 노선은? (단, 수준환의 거리 Ⅰ=4km, Ⅱ=3km, Ⅲ=2.4km, Ⅳ(㉯㉲㉱)=6km)

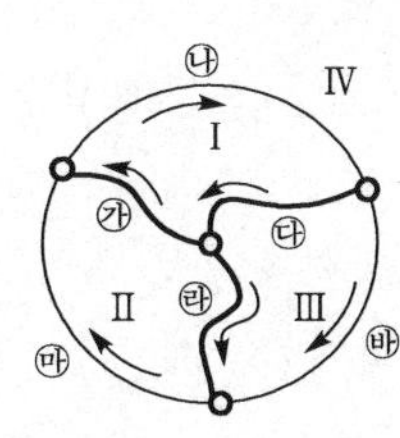

노선	높이차(m)
㉮	+3.600
㉯	+1.385
㉰	−5.023
㉱	+1.105
㉲	+2.523
㉳	−3.912

① ㉮ ② ㉯
③ ㉰ ④ ㉱

제3과목 수리수문학

41 용적이 4m³인 유체의 중량이 42kN이면 유체의 밀도(ρ)와 비중(S)은?

① 1.07kN·s²/m⁴, 1.07 ② 1.70kN·s²/m⁴, 1.50
③ 1.00kN·s²/m⁴, 1.00 ④ 1.00kN·s²/m⁴, 1.07

42 직경 1mm인 모세관의 경우에 모관 상승높이는? (단, 물의 표면장력은 74dyne/cm, 접촉각은 8°)

① 30mm ② 25mm
③ 20mm ④ 15mm

43 수면 아래 20m 지점의 수압으로 옳은 것은? (단, 물의 단위중량은 9.81kN/m³이다.)

① 0.1MPa ② 0.2MPa
③ 1.0MPa ④ 2.0MPa

44 폭 4.8m, 높이 2.7m의 연직직사각형 수문이 한쪽 면에서 수압을 받고 있다. 수문의 밑면은 힌지로 연결되어 있고, 상단은 수평체인(chain)으로 고정되어 있을 때 이 체인에 작용하는 장력(張力)은? (단, 수문의 정상과 수면은 일치한다.)

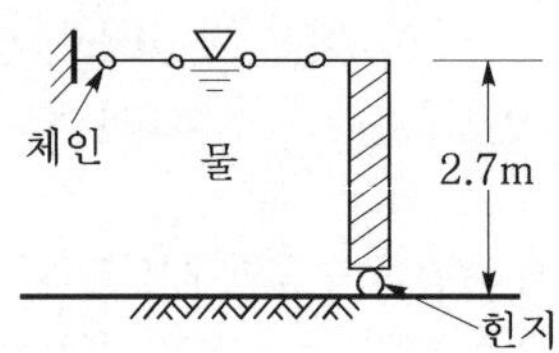

① 29.23kN ② 57.15kN
③ 7.87kN ④ 0.88kN

45 정상류 비압축성 유체에 대한 속도성분 중에서 연속방정식을 만족시키는 것은?

① $u=3x^2-y,\ v=2y^2-yz,\ w=y^2-2y$
② $u=2x^2-xy,\ v=y^2-4xy,\ w=y^2-yz$
③ $u=x^2-2y,\ v=y^2-xy,\ w=x^2-yz$
④ $u=2x^2-yz,\ v=2y^2-3xy,\ w=z^2-zy$

46 중량이 600N, 비중이 3.0인 물체를 물(담수)속에 넣었을 때 물속에서의 중량은?

① 100N ② 200N
③ 300N ④ 400N

47 층류와 난류(亂流)에 관한 설명으로 옳지 않은 것은?

① 층류란 유수(流水) 중에서 유선이 평행한 층을 이루는 흐름이다.
② 층류와 난류를 레이놀즈수에 의하여 구별할 수 있다.
③ 원관 내 흐름의 한계레이놀즈수는 약 2,000 정도이다.
④ 층류에서 난류로 변할 때의 유속과 난류에서 층류로 변할 때의 유속은 같다.

48 지름 4cm인 원형 단면의 수맥(水脈)이 다음 그림과 같이 구부러질 때 곡면을 지지하는 데 필요한 힘 P_x와 P_y는? (단, 수맥의 속도는 15m/s이고, 마찰은 무시한다.)

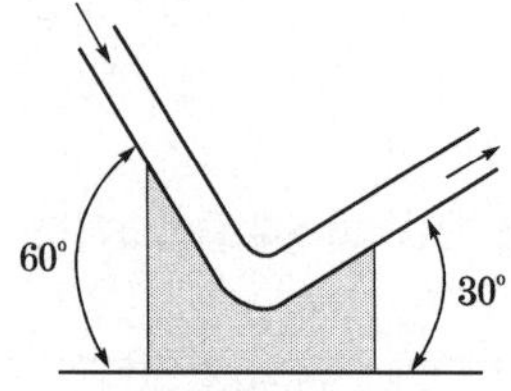

① $P_x=0.104$kN, $P_y=0.389$kN
② $P_x=0.104$kN, $P_y=0.105$kN
③ $P_x=0.104$kN, $P_y=0.205$kN
④ $P_x=10.45$kN, $P_y=39.39$kN

49 지름이 4cm인 원형관 속에 물이 흐르고 있다. 관로길이 1.0m 구간에서 압력강하가 0.1N/m²이었다면 관벽의 마찰응력은?

① 0.001N/m² ② 0.002N/m²
③ 0.01N/m² ④ 0.02N/m²

50 다음 그림에서 손실수두가 $\frac{3V^2}{2g}$일 때 지름 0.1m의 관을 통과하는 유량은? (단, 수면은 일정하게 유지된다.)

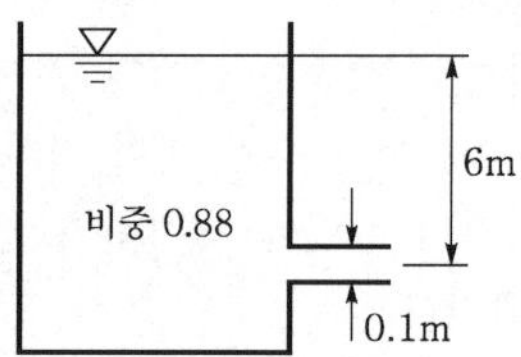

① 0.085m³/s
② 0.0426m³/s
③ 0.0399m³/s
④ 0.0798m³/s

51 일반적인 수로 단면에서 단면계수 Z_c와 수심 h의 상관식은 $Z_c^2=Ch^M$으로 표시할 수 있는데, 이 식에서 M은?

① 단면지수 ② 수리지수
③ 윤변지수 ④ 흐름지수

52 다음 그림과 같이 기하학적으로 유사한 대·소(大小)원형 오리피스의 비가 $n=\frac{D}{d}=\frac{H}{h}$인 경우에 두 오리피스의 유속, 축류 단면, 유량의 비로 옳은 것은? (단, 유속계수 C_v, 수축계수 C_a는 대·소오리피스가 같다.)

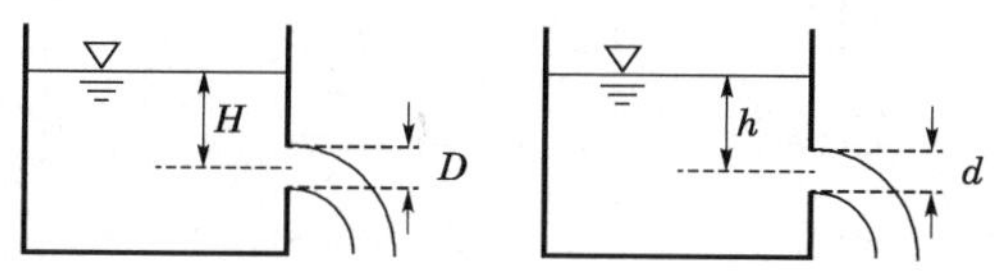

① 유속의 비$=n^2$, 축류 단면의 비$=n^{\frac{1}{2}}$, 유량의 비$=n^{\frac{2}{3}}$

② 유속의 비$=n^{\frac{1}{2}}$, 축류 단면의 비$=n^2$, 유량의 비$=n^{\frac{5}{2}}$

③ 유속의 비$=n^{\frac{1}{2}}$, 축류 단면의 비$=n^{\frac{1}{2}}$, 유량의 비$=n^{\frac{5}{2}}$

④ 유속의 비$=n^2$, 축류 단면의 비$=n^{\frac{1}{2}}$, 유량의 비$=n^{\frac{5}{2}}$

53 다음 그림과 같은 부등류흐름에서 y는 실제 수심, y_c는 한계수심, y_n은 등류수심을 표시한다. 그림의 수로경사에 관한 설명과 수면형 명칭으로 옳은 것은?

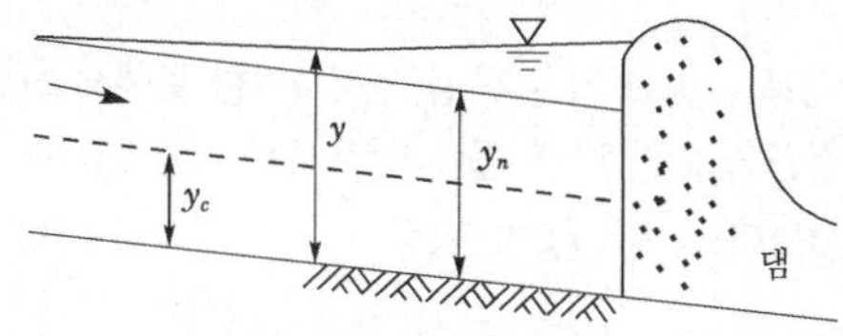

① 완경사수로에서의 배수곡선이며 M_1곡선

② 급경사수로에서의 배수곡선이며 S_1곡선

③ 완경사수로에서의 배수곡선이며 M_2곡선

④ 급경사수로에서의 저하곡선이며 S_2곡선

54 지하수의 흐름에서 상·하류 두 지점의 수두차가 1.6m이고 두 지점의 수평거리가 480m인 경우 대수층(帶水層)의 두께 3.5m, 폭 1.2m일 때의 지하수 유량은? (단, 투수계수 K=208m/day이다.)

① 2.91m^3/day

② 3.82m^3/day

③ 2.12m^3/day

④ 2.08m^3/day

55 개수로 내 흐름에 있어서 한계수심에 대한 설명으로 옳은 것은?

① 상류 쪽의 저항이 하류 쪽의 조건에 따라 변한다.

② 유량이 일정할 때 비력이 최대가 된다.

③ 유량이 일정할 때 비에너지가 최소가 된다.

④ 비에너지가 일정할 때 유량이 최소가 된다.

56 시간을 t, 유속을 v, 두 단면 간의 거리를 l이라 할 때 다음 조건 중 부등류인 경우는?

① $\frac{v}{t}=0$ ② $\frac{v}{t}\neq 0$

③ $\frac{v}{t}=0$, $\frac{v}{l}=0$ ④ $\frac{v}{t}=0$, $\frac{v}{l}\neq 0$

57 물의 순환에 대한 다음 수문사항 중 성립이 되지 않는 것은?

① 지하수 일부는 지표면으로 용출해서 다시 지표수가 되어 하천으로 유입한다.

② 지표면에 도달한 우수는 토양 중에 수분을 공급하고, 나머지가 아래로 침투해서 지하수가 된다.

③ 땅속에 보류된 물과 지표하수는 토양면에서 증발하고, 일부는 식물에 흡수되어 증산한다.

④ 지표에 강하한 우수는 지표면에 도달 전에 그 일부가 식물의 나무와 가지에 의하여 차단된다.

58 DAD곡선을 작성하는 순서가 옳은 것은?

> ㉠ 누가우량곡선으로부터 지속기간별 최대 우량을 결정한다.
> ㉡ 누가면적에 대한 평균누가우량을 산정한다.
> ㉢ 소구역에 대한 평균누가우량을 결정한다.
> ㉣ 지속기간에 대한 최대 우량깊이를 누가면적별로 결정한다.

① ㉠ – ㉢ – ㉡ – ㉣ ② ㉡ – ㉠ – ㉣ – ㉢

③ ㉢ – ㉡ – ㉠ – ㉣ ④ ㉣ – ㉢ – ㉡ – ㉠

59 다음 중 합성단위유량도를 작성할 때 필요한 자료는?

① 우량주상도 ② 유역면적

③ 직접유출량 ④ 강우의 공간적 분포

60 다음 중 유출(runoff)에 대한 설명으로 옳지 않은 것은?

① 비가 오기 전의 유출을 기저유출이라 한다.
② 우량은 별도의 손실 없이 그 전량이 하천으로 유출된다.
③ 일정 기간에 하천으로 유출되는 수량의 합을 유출량이라 한다.
④ 유출량과 그 기간의 강수량과의 비(比)를 유출계수 또는 유출률이라 한다.

제4과목 철근콘크리트 및 강구조

61 강도설계법의 기본가정을 설명한 것으로 틀린 것은?

① 철근과 콘크리트의 변형률은 중립축에서의 거리에 비례한다고 가정한다.
② 콘크리트 압축연단의 극한변형률은 0.0033으로 가정한다.
③ 철근의 응력이 설계기준항복강도(f_y) 이상일 때 철근의 응력은 그 변형률에 E_s를 곱한 값으로 한다.
④ 콘크리트의 인장강도는 철근콘크리트의 휨 계산에서 무시한다.

62 보의 활하중은 1.7kN/m, 자중은 1.1kN/m인 등분포하중을 받는 경간 12m인 단순 지지보의 계수휨모멘트(M_u)는?

① 68.4kN · m ② 72.7kN · m
③ 74.9kN · m ④ 75.4kN · m

63 폭이 400mm, 유효깊이가 500mm인 단철근 직사각형 보 단면에서 강도설계법에 의한 균형철근량은 약 얼마인가? (단, f_{ck} =35MPa, f_y =400MPa)

① 6,135mm²
② 6,623mm²
③ 7,358mm²
④ 7,841mm²

64 다음 그림과 같은 철근콘크리트보-슬래브구조에서 대칭 T형보의 유효폭(b)은?

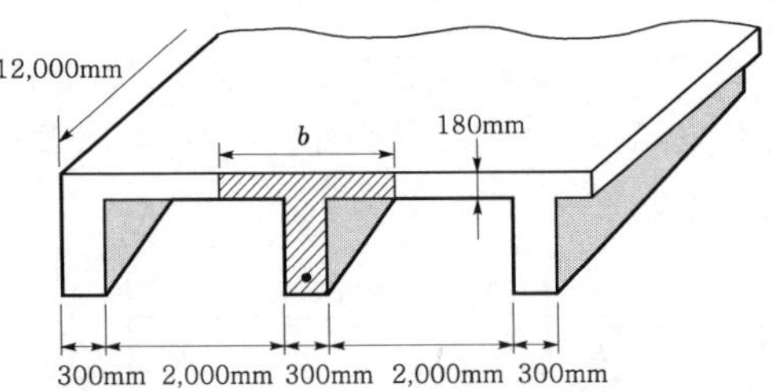

① 2,000mm ② 2,300mm
③ 3,000mm ④ 3,180mm

65 다음 그림에 나타난 직사각형 단철근보의 설계휨강도(ϕM_n)를 구하기 위한 강도감소계수(ϕ)는 얼마인가? (단, f_{ck} =28MPa, f_y =400MPa)

① 0.85
② 0.82
③ 0.79
④ 0.76

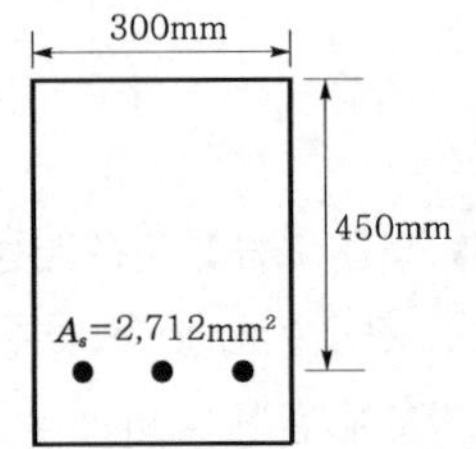

66 다음 그림과 같은 단철근 직사각형 보에서 최외단 인장철근의 순인장변형률(ε_t)은? (단, A_s =2,028mm², f_{ck}=35MPa, f_y=400MPa)

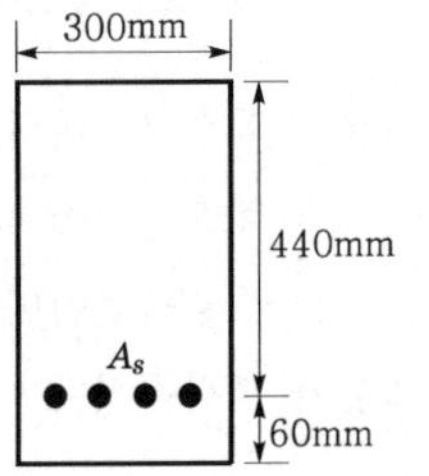

① 0.00432 ② 0.00648
③ 0.00863 ④ 0.00948

67 직사각형 보에서 계수전단력 V_u =70kN을 전단철근 없이 지지하고자 할 경우 필요한 최소 유효깊이 d는 약 얼마인가? (단, b=400mm, f_{ck} =21MPa, f_y =350MPa)

① 426mm ② 556mm
③ 611mm ④ 751mm

68 철근콘크리트구조물의 전단철근에 대한 설명으로 틀린 것은?

① 이형철근을 전단철근으로 사용하는 경우 설계기준항복강도 f_y는 550MPa을 초과하여 취할 수 없다.
② 전단철근으로서 스터럽과 굽힘철근을 조합하여 사용할 수 있다.
③ 주인장철근에 45° 이상의 각도로 설치되는 스터럽은 전단철근으로 사용할 수 있다.
④ 경사스터럽과 굽힘철근은 부재 중간 높이인 $0.5d$에서 반력점방향으로 주인장철근까지 연장된 45° 선과 한 번 이상 교차되도록 배치하여야 한다.

69 다음 그림과 같은 보에서 계수전단력 V_u =225kN에 대한 가장 적당한 스터럽간격은? (단, 사용된 스터럽은 철근 D13이며, 철근 D13의 단면적은 127mm², f_{ck} =24MPa, f_y =350MPa이다.)

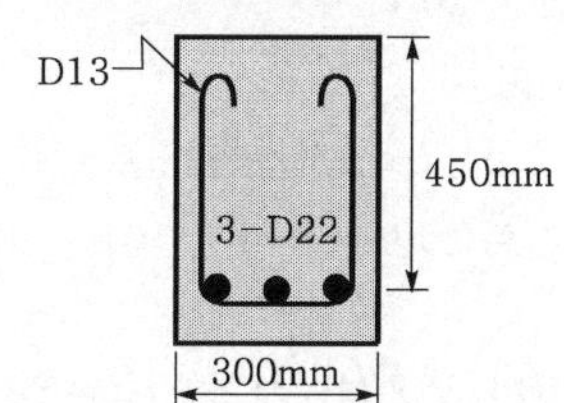

① 110mm ② 150mm
③ 210mm ④ 225mm

70 보통중량콘크리트의 설계기준강도가 35MPa, 철근의 항복강도가 400MPa로 설계된 부재에서 공칭지름이 25mm인 압축이형철근의 기본정착길이는?

① 425mm
② 430mm
③ 1,010mm
④ 1,015mm

71 복철근콘크리트 단면에 인장철근비는 0.02, 압축철근비는 0.01이 배근된 경우 순간처짐이 20mm일 때 6개월이 지난 후 총처짐량은? (단, 작용하는 하중은 지속하중이다.)

① 26mm ② 36mm
③ 48mm ④ 68mm

72 다음 그림과 같은 나선철근단주의 설계축강도(P_n)을 구하면? (단, D32 1개의 단면적=794mm², f_{ck} = 24MPa, f_y =420MPa)

① 2,648kN
② 3,254kN
③ 3,797kN
④ 3,972kN

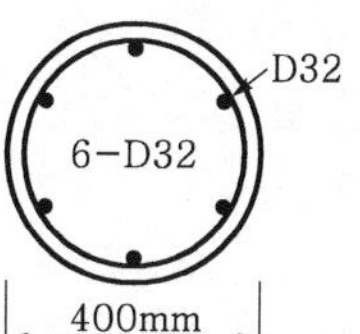

73 강도설계법에서 다음 그림과 같은 띠철근기둥의 최대 설계축강도($\phi P_{n(\max)}$)는? (단, 축방향 철근의 단면적 A_{st}=1,865mm², f_{ck}= 28MPa, f_y= 300MPa이고, 기둥은 중심축하중을 받는 단주이다.)

① 1,998kN
② 2,490kN
③ 2,774kN
④ 3,075kN

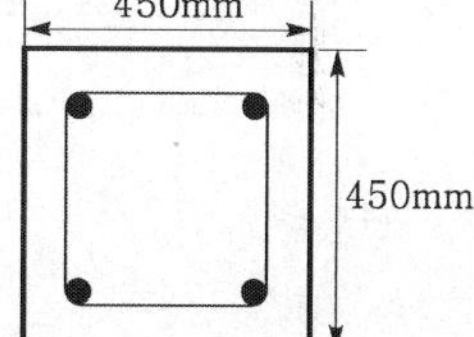

74 다음 그림과 같은 나선철근기둥에서 나선철근의 간격(pitch)으로 적당한 것은? (단, 소요나선철근비 ρ_s =0.018, 나선철근의 지름은 12mm이다.)

① 61mm
② 85mm
③ 93mm
④ 105mm

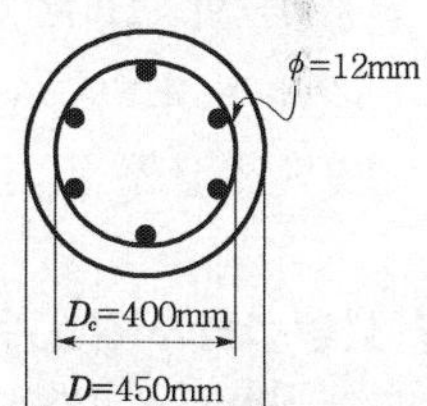

75 경간이 8m인 PSC보에 계수등분포하중 w= 20kN/m가 작용할 때 중앙 단면 콘크리트 하연에서의 응력이 0이 되려면 강재에 줄 프리스트레스힘 P는 얼마인가? (단, PS강재는 콘크리트 도심에 배치되어 있음)

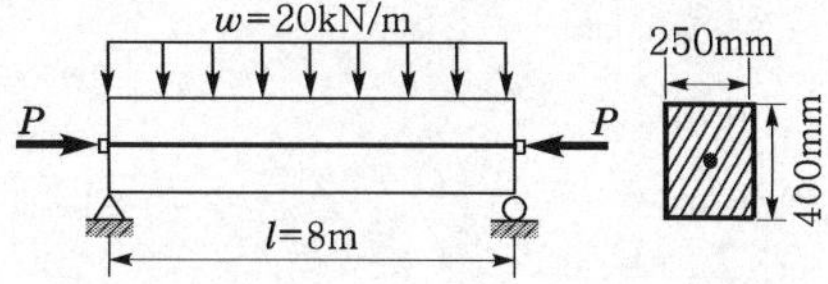

① 2,000kN ② 2,200kN
③ 2,400kN ④ 2,600kN

76 처짐을 계산하지 않는 경우 단순 지지된 보의 최소 두께(h)는? (단, 보통중량콘크리트(m_c=2,300kg/m^3) 및 f_y=300MPa인 철근을 사용한 부재이며 길이가 10m인 보이다.)

① 429mm ② 500mm
③ 537mm ④ 625mm

77 다음 그림과 같은 단순 PSC보에서 계수등분포하중 w=30kN/m가 작용하고 있다. 프리스트레스에 의한 상향력과 이 등분포하중이 비기기 위해서는 프리스트레스힘 P를 얼마로 도입해야 하는가?

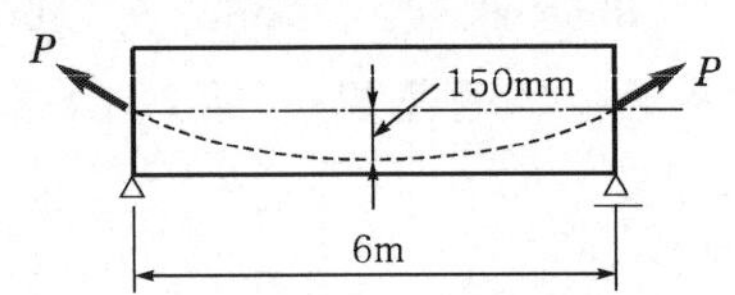

① 900kN ② 1,200kN
③ 1,500kN ④ 1,800kN

78 프리스트레스의 손실원인 중 프리스트레스 도입 후 시간이 경과함에 따라서 생기는 것은 어느 것인가?

① 콘크리트의 탄성수축
② 콘크리트의 크리프
③ PS강재와 시스의 마찰
④ 정착단의 활동

79 다음 그림과 같은 두께 13mm의 플레이트에 4개의 볼트구멍이 배치되어 있을 때 부재의 순단면적을 구하면? (단, 볼트구멍의 직경은 24mm이다.)

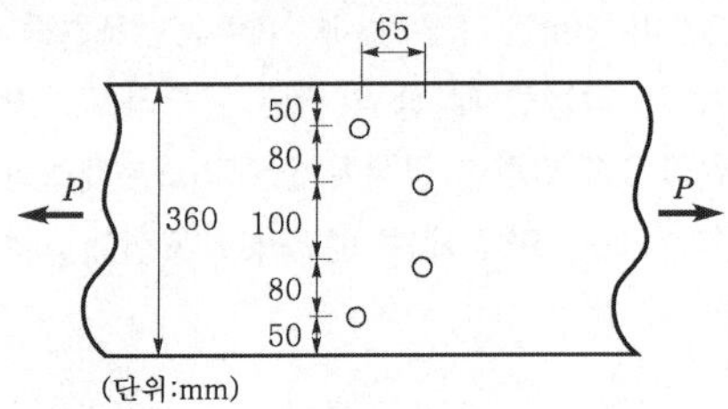

① 4,056mm^2
② 3,916mm^2
③ 3,775mm^2
④ 3,524mm^2

80 다음 그림과 같은 맞대기용접이음에서 이음의 응력을 구하면?

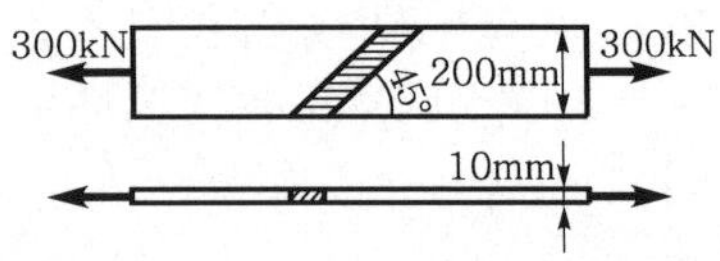

① 150.0MPa ② 106.1MPa
③ 200.0MPa ④ 212.1MPa

제5과목 토질 및 기초

81 두 개의 규소판 사이에 한 개의 알루미늄판이 결합된 3층 구조가 무수히 많이 연결되어 형성된 점토광물로서 각 3층 구조 사이에는 칼륨이온(K^+)으로 결합되어 있는 것은?

① 고령토(kaolinite)
② 일라이트(illite)
③ 몬모릴로나이트(montmorillonite)
④ 할로이사이트(halloysite)

82 침투유량(q) 및 B점에서의 간극수압(u_B)을 구한 값으로 옳은 것은? (단, 투수층의 투수계수는 3×10^{-1}cm/s이다.)

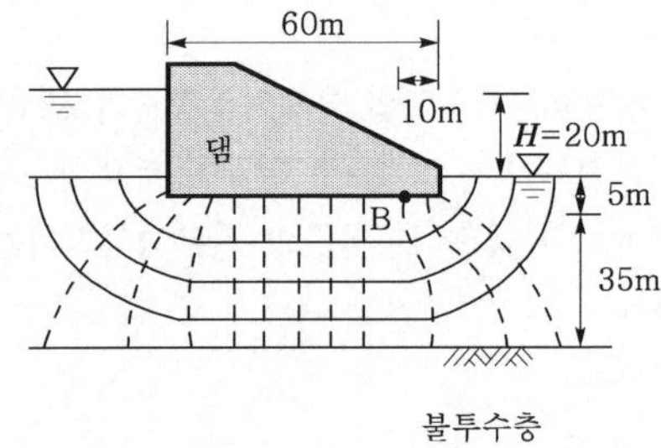

① q=100cm^3/s/cm, u_B=49kN/m^2
② q=100cm^3/s/cm, u_B=98kN/m^2
③ q=200cm^3/s/cm, u_B=49kN/m^2
④ q=200cm^3/s/cm, u_B=98kN/m^2

83 흙의 동상에 영향을 미치는 요소가 아닌 것은?

① 모관 상승고 ② 흙의 투수계수
③ 흙의 전단강도 ④ 동결온도의 계속시간

84 비중이 2.70이며 함수비가 25%인 어느 현장 사질토 $5m^3$의 무게가 78.4kN이었다. 이 사질토를 최대로 조밀하게 다졌을 때와 최대로 느슨한 상태의 간극비가 각각 0.8과 1.2이었다. 이 현장 모래의 상대밀도는?

① 22.5% ② 32.5%
③ 42.5% ④ 52.5%

85 어떤 시료를 입도분석한 결과 0.075mm (No.200)체 통과량이 65%이었고, 애터버그한계시험결과 액성한계가 40%이었으며 소성도표(plasticity chart)에서 A선 위의 구역에 위치한다면 이 시료의 통일분류법(USCS)상 기호로서 옳은 것은?

① CL ② SC
③ MH ④ SM

86 다음 그림과 같은 조건에서 분사현상에 대한 안전율을 구하면? (단, 모래의 γ_{sat}=20kN/m^3이다.)

① 1.0
② 2.0
③ 2.5
④ 3.0

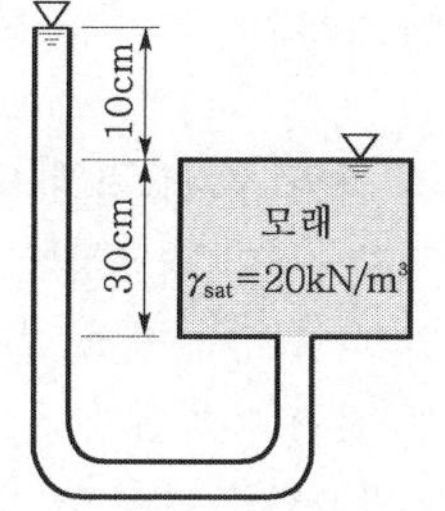

87 다음 그림은 흙의 종류에 따른 전단강도를 $\tau-\sigma$ 평면에 도시한 것이다. 설명이 잘못된 것은?

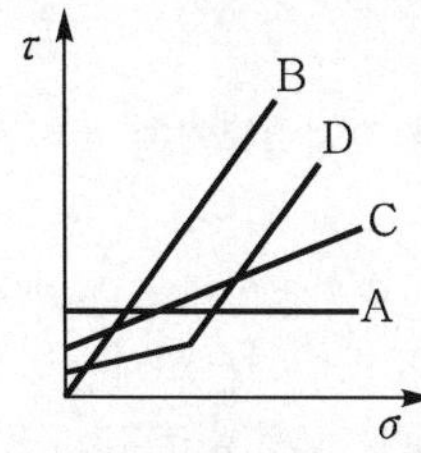

① A는 포화된 점성토 지반의 전단강도를 나타낸 것이다.
② B는 모래 등 사질토에 대한 전단강도를 나타낸 것이다.
③ C는 일반적인 흙의 전단강도를 도시한 것이다.
④ D는 정규압밀된 흙의 전단강도를 나타낸 것이다.

88 다음 점성토의 교란에 관련된 사항 중 잘못된 것은?

① 교란 정도가 클수록 $e-\log P$곡선의 기울기가 급해진다.
② 교란될수록 압밀계수는 작게 나타낸다.
③ 교란을 최소화하려면 면적비가 작은 샘플러를 사용한다.
④ 교란의 영향을 제거한 SHANSEP방법을 적용하면 효과적이다.

89 점토층의 두께 5m, 간극비 1.4, 액성한계 50%이고 점토층 위의 유효상재압력이 100kN/m^2에서 140kN/m^2으로 증가할 때의 침하량은? (단, 압축지수는 흐트러지지 않은 시료에 대한 테르자기(Terzaghi)와 펙(Peck)의 경험식을 사용하여 구한다.)

① 8cm
② 11cm
③ 24cm
④ 36cm

90 모래시료에 대해서 압밀배수 삼축압축시험을 실시하였다. 초기단계에서 구속응력(σ_3')은 10MN/m^2이고, 전단파괴 시에 작용된 축차응력(σ_{df})은 20MN/m^2이었다. 이와 같은 모래시료의 내부마찰각(ϕ) 및 파괴면에 작용하는 전단응력(τ_f)의 크기는?

① $\phi=30°$, $\tau_f=11.55$MN/m^2
② $\phi=40°$, $\tau_f=11.55$MN/m^2
③ $\phi=30°$, $\tau_f=8.66$MN/m^2
④ $\phi=40°$, $\tau_f=8.66$MN/m^2

91 ϕ=0인 포화된 점토시료를 채취하여 일축압축시험을 행하였다. 공시체의 직경이 4cm, 높이가 8cm이고 파괴 시의 하중계의 읽음값이 40N, 축방향의 변형량의 변형량이 1.6cm일 때 이 시료의 전단강도는 약 얼마인가?

① 0.7N/cm^2
② 1.3N/cm^2
③ 2.5N/cm^2
④ 3.2N/cm^2

92 200kN/m²의 구속응력을 가하여 시료를 완전히 압밀시킨 다음 축차응력을 가하여 비배수상태로 전단시켜 파괴 시 축변형률 ε_f=10%, 축차응력 $\Delta\sigma_f$=280kN/m², 간극수압 Δu_f=210kN/m²를 얻었다. 파괴 시 간극수압계수 A를 구하면? (단, 간극수압계수 B는 1.0으로 가정한다.)

① 0.44 ② 0.75
③ 1.33 ④ 2.27

93 토압론에 관한 설명 중 틀린 것은?

① Coulomb의 토압론은 강체역학에 기초를 둔 흙쐐기이론이다.
② Rankine의 토압론은 소성이론에 의한 것이다.
③ 벽체가 배면에 있는 흙으로부터 떨어지도록 작용하는 토압을 수동토압이라 하고, 벽체가 흙 쪽으로 밀리도록 작용하는 힘을 주동토압이라 한다.
④ 정지토압계수의 크기는 수동토압계수와 주동토압계수 사이에 속한다.

94 다음은 샌드콘을 사용하여 현장 흙의 밀도를 측정하기 위한 시험결과이다. 다음 결과로부터 현장 흙의 건조단위중량을 구하면?

- 표준사의 건조단위중량=16.66kN/m³
- 〔병+깔때기+모래(시험 전)〕의 무게=59.92N
- 〔병+깔때기+모래(시험 후)〕의 무게=28.18N
- 깔때기에 채워지는 표준사의 무게=1.17N
- 구덩이에서 파낸 흙의 무게=33.11N
- 구덩이에서 파낸 흙의 함수비=11.6%

① 16.16kN/m³ ② 17.16kN/m³
③ 18.16kN/m³ ④ 19.17kN/m³

95 모래지반에 30cm×30cm의 재하판으로 재하실험을 한 결과 100kN/m²의 극한지지력을 얻었다. 4m×4m의 기초를 설치할 때 기대되는 극한지지력은?

① 100kN/m²
② 1,000kN/m²
③ 1,333kN/m²
④ 1,540kN/m²

96 사면안정 해석방법에 대한 설명으로 틀린 것은?

① 일체법은 활동면 위에 있는 흙덩어리를 하나의 물체로 보고 해석하는 방법이다.
② 절편법은 활동면 위에 있는 흙을 몇 개의 절편으로 분할하여 해석하는 방법이다.
③ 마찰원방법은 점착력과 마찰각을 동시에 갖고 있는 균질한 지반에 적용된다.
④ 절편법은 흙이 균질하지 않아도 적용이 가능하지만, 흙 속에 간극수압이 있을 경우 적용이 불가능하다.

97 크기가 1.5m×1.5m인 직접기초가 있다. 근입깊이가 1.0m일 때 기초가 받을 수 있는 최대 허용하중을 Terzaghi방법에 의하여 구하면? (단, 기초지반의 점착력은 15kN/m², 단위중량은 18kN/m³, 마찰각은 20°이고, 이때의 지지력계수는 N_c=17.69, N_q=7.44, N_r=3.64이며, 허용지지력에 대한 안전율은 4.0으로 한다.)

① 약 290kN ② 약 390kN
③ 약 490kN ④ 약 590kN

98 말뚝의 부마찰력에 대한 설명 중 틀린 것은?

① 부마찰력이 작용하면 지지력이 감소한다.
② 연약지반에 말뚝을 박은 후 그 위에 성토를 한 경우 일어나기 쉽다.
③ 부마찰력은 말뚝 주변 침하량이 말뚝의 침하량보다 클 때에 아래로 끌어내리는 마찰력을 말한다.
④ 연약한 점토에 있어서는 상대변위의 속도가 느릴수록 부마찰력은 크다.

99 깊은 기초의 지지력평가에 관한 설명 중 잘못된 것은?

① 정역학적 지지력추정방법은 논리적으로 타당하나 강도정수를 추정하는데 한계성을 내포하고 있다.
② 동역학적 방법은 항타장비, 말뚝과 지반조건이 고려된 방법으로 해머효율의 측정이 필요하다.
③ 현장 타설 콘크리트말뚝기초는 동역학적 방법으로 지지력을 추정한다.
④ 말뚝항타분석기(PDA)는 말뚝의 응력분포, 경시효과 및 해머효율을 파악할 수 있다.

100 콘크리트말뚝을 마찰말뚝으로 보고 설계할 때 총연직하중을 2,000kN, 말뚝 1개의 극한지지력을 890kN, 안전율을 2.0으로 하면 소요말뚝의 수는?

① 6개　② 5개
③ 3개　④ 2개

제6과목 상하수도공학

101 계획급수량에 대한 설명 중 틀린 것은?

① 계획 1일 최대 급수량은 계획 1인 1일 최대 급수량에 계획급수인구를 곱하여 결정할 수 있다.
② 계획 1일 평균급수량은 계획 1일 최대 급수량의 60%를 표준으로 한다.
③ 송수시설의 계획송수량은 원칙적으로 계획 1일 최대 급수량을 기준으로 한다.
④ 취수시설의 계획취수량은 계획 1일 최대 급수량을 기준으로 한다.

102 하수처리시설의 펌프장시설의 중력식 침사지에 관한 설명으로 틀린 것은?

① 체류시간은 30~60초를 표준으로 하여야 한다.
② 모래퇴적부의 깊이는 최소 50cm 이상이어야 한다.
③ 침사지의 평균유속은 0.3m/s를 표준으로 한다.
④ 침사지 형상은 정방형 또는 장방형 등으로 하고, 지수는 2지 이상을 원칙으로 한다.

103 다음 중 배수 및 급수시설에 관한 설명으로 틀린 것은?

① 배수본관은 시설의 신뢰성을 높이기 위해 2개열 이상으로 한다.
② 배수지의 건설에는 토압, 벽체의 균열, 지하수의 부상, 환기 등을 고려한다.
③ 급수관 분기지점에서 배수관 내의 최대 정수압은 1,000kPa 이상으로 한다.
④ 관로공사가 끝나면 시공의 적합 여부를 확인하기 위하여 수압시험 후 통수한다.

104 대장균군의 수를 나타내는 MPN(최확수)에 대한 설명으로 옳은 것은?

① 검수 1mL 중 이론상 있을 수 있는 대장균군의 수
② 검수 10mL 중 이론상 있을 수 있는 대장균군의 수
③ 검수 50mL 중 이론상 있을 수 있는 대장균군의 수
④ 검수 100mL 중 이론상 있을 수 있는 대장균군의 수

105 $Q=\frac{1}{360}CIA$는 합리식으로서 첨두유량을 산정할 때 사용된다. 이 식에 대한 설명으로 옳지 않은 것은?

① C는 유출계수로 무차원이다.
② I는 도달시간 내의 강우강도로 단위는 mm/h이다.
③ A는 유역면적으로 단위는 km^2이다.
④ Q는 첨두유출량으로 단위는 m^3/s이다.

106 다음 중 우수조정지의 구조형식으로 옳지 않은 것은?

① 댐식(제방높이 15m 미만)
② 월류식
③ 지하식
④ 굴착식

107 완속여과지와 비교할 때 급속여과지에 대한 설명으로 틀린 것은?

① 대규모 처리에 적합하다.
② 세균처리에 있어 확실성이 적다.
③ 유입수가 고탁도인 경우에 적합하다.
④ 유지관리비가 적게 들고 특별한 관리기술이 필요없다.

108 다음 중 일반적인 상수도계통도를 바르게 나열한 것은?

① 수원 및 저수시설 → 취수 → 배수 → 송수 → 정수 → 도수 → 급수
② 수원 및 저수시설 → 취수 → 도수 → 정수 → 급수 → 배수 → 송수
③ 수원 및 저수시설 → 취수 → 도수 → 정수 → 송수 → 배수 → 급수
④ 수원 및 저수시설 → 취수 → 배수 → 정수 → 급수 → 도수 → 송수

109 양수량이 $8m^3$/min, 전양정이 4m, 회전수가 1,160rpm인 펌프의 비교회전도는?

① 316 ② 985
③ 1,160 ④ 1,436

110 정수처리에서 염소소독을 실시할 경우 물이 산성일수록 살균력이 커지는 이유는?

① 수중의 OCl 감소
② 수중의 OCl 증가
③ 수중의 HOCl 감소
④ 수중의 HOCl 증가

111 고도처리 및 3차 처리시설의 계획하수량 표준에 관한 다음 표에서 빈칸에 알맞은 것으로 짝지어진 것은?

구분		계획하수량
		합류식 하수도
고도처리 및 3차 처리	처리시설	(가)
	처리장 내 연결관거	(나)

① (가) 계획시간 최대 오수량, (나) 계획 1일 최대 오수량
② (가) 계획시간 최대 오수량, (나) 우천 시 계획 오수량
③ (가) 계획 1일 최대 오수량, (나) 계획시간 최대 오수량
④ (가) 계획 1일 최대 오수량, (나) 우천 시 계획 오수량

112 원수에 염소를 3.0mg/L를 주입하고 30분 접촉 후 잔류염소량이 0.5mg/L이었다면 이 물의 염소요구량은?

① 0.5mg/L ② 2.5mg/L
③ 3.0mg/L ④ 3.5mg/L

113 수원의 구비요건으로 틀린 것은?

① 수질이 좋아야 한다.
② 수량이 풍부하여야 한다.
③ 가능한 한 낮은 곳에 위치하여야 한다.
④ 소비자로부터 가까운 곳에 위치하여야 한다.

114 하수도의 구성 및 계통도에 관한 설명으로 옳지 않은 것은?

① 하수의 집·배수시설은 가압식을 원칙으로 한다.
② 하수처리시설은 물리적, 생물학적, 화학적 시설로 구별된다.
③ 하수의 배제방식은 합류식과 분류식으로 대별된다.
④ 분류식은 합류식보다 방류하천의 수질보전을 위한 이상적 배제방식이다.

115 수격작용(water hammer)의 방지 또는 감소 대책에 대한 설명으로 틀린 것은?

① 펌프의 토출구에 완만히 닫을 수 있는 역지밸브를 설치하여 압력 상승을 적게 한다.
② 펌프의 설치위치를 높게 하고 흡입양정을 크게 한다.
③ 펌프에 플라이휠(fly wheel)을 붙여 펌프의 관성을 증가시켜 급격한 압력강하를 완화한다.
④ 노출측 관로에 압력조절수조를 설치한다.

116 최초 침전지의 표면적이 $250m^2$, 깊이가 3m인 직사각형 침전지가 있다. 하수 $350m^3$/h가 유입될 때 수면적부하는?

① $30.6m^3/m^2 \cdot$ day
② $33.6m^3/m^2 \cdot$ day
③ $36.6m^3/m^2 \cdot$ day
④ $39.6m^3/m^2 \cdot$ day

117 부영양화로 인한 수질변화에 대한 설명으로 옳지 않은 것은?

① COD가 증가한다.
② 탁도가 증가한다.
③ 투명도가 증가한다.
④ 맛과 냄새가 나타난다.

118 콘크리트하수관의 내부천정이 부식되는 현상에 대한 대응책으로 틀린 것은?

① 방식재료를 사용하여 관을 방호한다.
② 하수 중의 유황함유량을 낮춘다.
③ 관내의 유속을 감소시킨다.
④ 하수에 염소를 주입한다.

119 **취수탑(intake tower)의 설명으로 옳지 않은 것은?**

① 일반적으로 다단수문형식의 취수구를 적당히 배치한 철근콘크리트구조이다.
② 갈수 시에도 일정 이상의 수심을 확보할 수 있으면 연간의 수위변화가 크더라도 하천, 호소, 댐에서의 취수시설로 적합하다.
③ 제내지에의 도수는 자연유하식으로 제하되기 때문에 제내지의 지형에 제약을 받는 단점이 있다.
④ 특히 수심이 깊은 경우에는 철골구조의 부자(float)식의 취수탑이 사용되기도 한다.

120 **BOD_5가 155mg/L인 폐수에서 탈산소계수(k_1)가 0.2day일 때 4일 후 남아 있는 BOD는? (단, 탈산소계수는 상용대수기준)**

① 27.3mg/L
② 56.4mg/L
③ 127.5mg/L
④ 172.2mg/L

제1회 정답 및 해설

01	02	03	04	05	06	07	08	09	10	11	12	13	14	15	16	17	18	19	20
②	①	①	①	①	②	①	①	④	④	④	②	①	③	④	①	①	②	③	①
21	22	23	24	25	26	27	28	29	30	31	32	33	34	35	36	37	38	39	40
②	①	③	②	④	②	①	④	④	③	②	③	①	③	④	④	④	②	③	①
41	42	43	44	45	46	47	48	49	50	51	52	53	54	55	56	57	58	59	60
①	①	②	②	②	④	④	①	①	②	②	②	①	①	③	④	③	①	②	②
61	62	63	64	65	66	67	68	69	70	71	72	73	74	75	76	77	78	79	80
③	②	③	②	②	④	③	①	③	②	②	③	③	①	③	③	①	②	③	①
81	82	83	84	85	86	87	88	89	90	91	92	93	94	95	96	97	98	99	100
②	④	③	①	①	④	④	①	②	③	②	②	③	①	③	④	①	④	③	②
101	102	103	104	105	106	107	108	109	110	111	112	113	114	115	116	117	118	119	120
②	②	③	④	③	②	④	③	③	④	③	②	③	①	②	②	③	③	③	①

제1과목 응용역학

1 바리뇽의 정리 이용

$R = -2+7-3 = 2\text{kN}(\downarrow)$

$\Sigma M_o = 0$

$2\times x = -3\times 8 + 7\times 5 - 2\times 2$

$\therefore x = \dfrac{7}{2} = 3.5\text{m}$

2

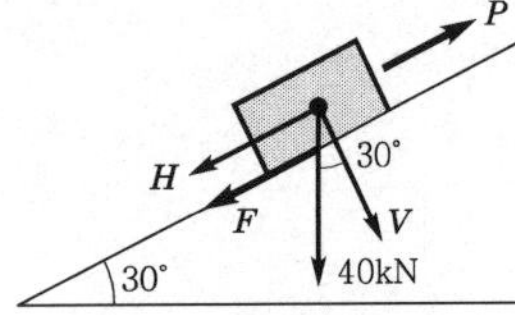

$H = 40\times\sin 30° = 20\text{kN}$

$V = 40\times\cos 30° = 20\sqrt{3}\,\text{kN}$

$F = \mu V = 0.25\times 20\sqrt{3} = 8.66\text{kN}$

$\therefore P = H + F = 20 + 8.66 = 28.66\text{kN}$

3 $I_A = ② + ① = \dfrac{2b\times(9b)^3}{3} + \dfrac{b\times(6b)^3}{3} = 558b^4$

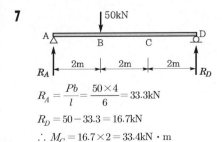

4

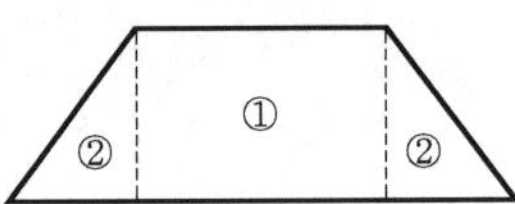

I_x = 사각형 I_x + 삼각형 I_x

$= \dfrac{ah^3}{3} + \dfrac{(b-a)}{12}h^3 = \dfrac{h^3}{12}(b+3a)$

5 $m = \dfrac{1}{\nu}$

$\therefore G = \dfrac{E}{2(\nu+1)} = \dfrac{E}{2\left(\dfrac{1}{m}+1\right)} = \dfrac{mE}{2(m+1)}$

6 $\Delta L = \dfrac{PL}{2AE} + \dfrac{PL}{AE} = \dfrac{3PL}{2AE}$

7

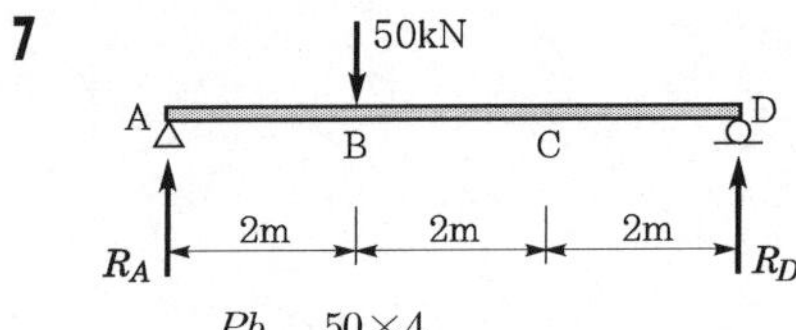

$R_A = \dfrac{Pb}{l} = \dfrac{50\times 4}{6} = 33.3\text{kN}$

$R_D = 50 - 33.3 = 16.7\text{kN}$

$\therefore M_C = 16.7\times 2 = 33.4\text{kN}\cdot\text{m}$

8

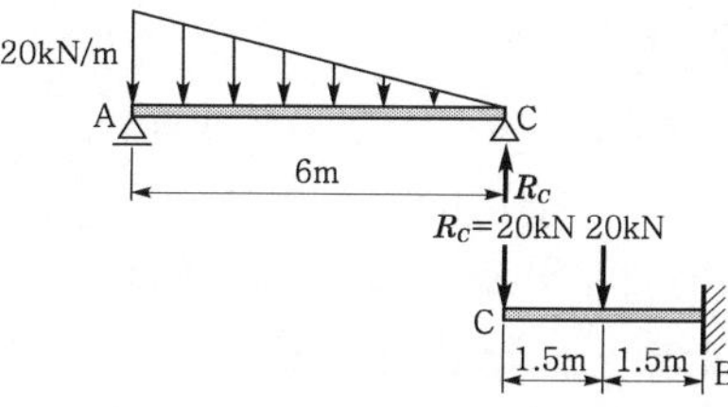

$\Sigma M_A = 0$

$-(R_C \times 6) + \left(\frac{1}{2} \times 20 \times 6 \times \frac{6}{3}\right) = 0$

$\therefore R_C = 20\text{kN}$

$\therefore M_B = -(20 \times 3) - (20 \times 1.5) = -90\text{kN} \cdot \text{m}$

9 $R_B = \dfrac{P(2R-a)}{2R}$

$\Sigma M_C = 0$

$-\dfrac{P(2R-a)R}{2R} + H_B R - P(R-a) = 0$

$\therefore H_B = \dfrac{Pa}{2R}$

10 $\Sigma M_A = 0(\oplus\circlearrowright)$

$R_B \times 6 - 100 \times 3 = 0$

$\therefore R_B = 50\text{kN}(\downarrow)$

11 $\sigma_1 = \dfrac{\sigma_x + \sigma_y}{2} + \sqrt{\left(\dfrac{\sigma_x + \sigma_y}{2}\right)^2 + {\tau_{xy}}^2}$

$= \dfrac{15+5}{2} + \sqrt{\left(\dfrac{15-5}{2}\right)^2 + 4^2} = 16.4\text{kN/m}^2$

12 $I = \dfrac{1}{12} \times (30 \times 50^3 - 20 \times 30^3) = 267{,}500\text{m}^4$

$b = 10\text{m}$

$G_x = (10 \times 30 \times 20) + (10 \times 15 \times 7.5) = 7{,}125\text{m}^3$

$\therefore \tau = \dfrac{SG_x}{Ib} = \dfrac{7{,}125 \times 600}{267{,}500 \times 10} \fallingdotseq 1.60\text{kN/m}^2$

13 $e = \dfrac{d}{8} = \dfrac{50}{8} = 6.25\text{cm}$

$\therefore A_c = \pi \times 6.25^2 = 122.7\text{cm}^2$

14 $P_{cr} = \dfrac{\pi^2 EI_{\min}}{l^2} = \dfrac{\pi^2 \times 2 \times 10^5 \times 560}{6{,}000^2} = 30.7\text{N}$

15 $P_{cr} = \dfrac{n\pi^2 EI}{l^2}$에서 $P_{cr} \propto \dfrac{n}{l^2}$이므로

① ② ③ ④

l $2l$ $0.5l$ $1.2l$

$n=1$ $n=4$ $n=\frac{1}{4}$ $n=2$

$\therefore$ ① : ② : ③ : ④ $= \dfrac{1}{l^2} : \dfrac{4}{(2l)^2} : \dfrac{1/4}{(0.5l)^2} : \dfrac{2}{(1.2l)^2}$

$= 1 : 1 : 1 : 1.417$

16 ㉠ $M_A = \dfrac{1}{2} M_B = \dfrac{M_o}{2}$

㉡ $\Sigma M_B = 0$

$R_A L - M_A - M_o = 0$

$\therefore R_A = \dfrac{3M_o}{2L}$

17 $\Sigma M_D = 0$

$R_C \times 16 - 50 \times 14 - 50 \times 12 - 50 \times 8 - 100 \times 4 = 0$

$\therefore R_C = 131.25\text{kN}(\uparrow)$

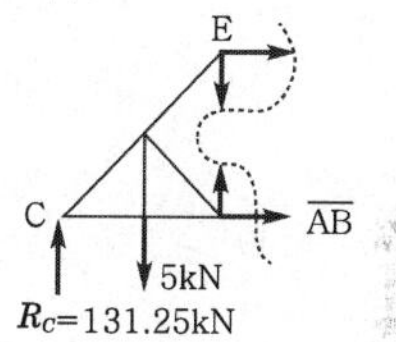

$\Sigma M_E = 0$

$131.25 \times 4 - 5 \times 2 - \overline{AB} \times 4 = 0$

$\therefore \overline{AB} = 106.25\text{kN}$(인장)

18 문제의 설명은 Castigliano의 제1정리에 대한 정의이다.

19 $\theta_A = \dfrac{wl^3}{24EI}(\curvearrowright)$

20 $D.F_{EA} = \dfrac{\text{해당 부재강비}}{\text{전체 강비}} = \dfrac{k_{EA}}{\Sigma k} = \dfrac{2}{2+4\times\frac{3}{4}+3+1}$

$= 0.222$

제2과목 측량학

21 $\dfrac{\Delta A}{A} = 2\dfrac{\Delta l}{l}$

$\dfrac{0.5}{1{,}600} = 2 \times \dfrac{\Delta l}{40}$

$\therefore \Delta l = 0.006\text{m} = 6\text{mm}$

22 ㉠ x 계산

$\dfrac{e}{\sin x} = \dfrac{S}{\sin(360° - \phi)}$

$\therefore x = \sin^{-1}\left[\dfrac{e\sin(360° - \phi)}{S}\right]$

$= \sin^{-1}\left[\dfrac{5 \times \sin(360° - 302°56')}{2{,}000}\right]$

$= 0°7'12.8''$

㉡ $T = T' - x = 68°32'15'' - 0°7'12.8'' = 68°25'02.2''$

23 삼각수준측량 시 구차와 기차에 의한 영향을 고려하여야 한다.

24 $V=\frac{2\times3}{6}\times[(5.9+3.0)$
$+2\times(3.2+5.4+6.6+4.8)+3\times6.2+5\times6.5]$
$=100\text{m}^3$

25 LiDAR은 항공기에 탑제된 고정밀도 레이저측량장비로 지표면을 스캔하고 대상의 공간좌표를 찾아서 도면화하는 측량으로 산림 및 수목, 늪지대의 지형도 제작에 유용하다.

26 완화곡선의 접선은 시점에서 직선에, 종점에서 원호에 접한다.

27 $e=\pm m\sqrt{n}$
$0.14=\pm m\times\sqrt{40}$
$\therefore\ m=\pm0.022\text{m}$

28 등고선의 경우 동굴이나 절벽에서는 교차한다.

29 표척의 0눈금오차는 레벨을 세우는 횟수를 짝수로 해서 관측하여 소거한다.

30 컴퍼스법칙은 각과 거리의 정밀도가 같은 경우 사용된다.

31 $V_m=\frac{V_{0.2}+2V_{0.6}+V_{0.8}}{4}$
$=\frac{0.662+2\times0.442+0.332}{4}=0.4695\text{m/s}$

32 UTM좌표계상의 우리나라의 위치는 51구역과 52구역에 위치하고 있다,

33 수위관측소의 위치는 지천의 합류점 및 분류점으로서 수위의 변화가 일어나기 쉬운 곳은 피한다.

34 $\frac{\Delta l}{l}=\frac{\theta''}{\rho''}$
$\frac{0.03}{50}=\frac{\theta''}{206,265}$
$\therefore\ \theta''=124''=0°2'04''$

35 ㉠ AB측선의 배횡거=첫 측선의 경거=83.57m
㉡ BC측선의 배횡거=83.57+83.57+19.68
=186.82m
㉢ CD측선의 배횡거=186.82+19.68−40.60
=165.90m

36 유심삼각망의 경우 평탄한 지역 또는 광대한 지역의 측량에 적합하며 정확도가 비교적 높다.

37 ㉠ 구곡선의 외할
외할$(E)=R\left(\sec\frac{I}{2}-1\right)=200\times\left(\sec\frac{60°}{2}-1\right)$
$=30.94\text{m}$
㉡ 신곡선의 반지름
외할$(E+e)=R_N\left(\sec\frac{I}{2}-1\right)$
$30.94+10=R_N\times\left(\sec\frac{60°}{2}-1\right)$
$\therefore\ R_N=264.64\text{m}$

38 DGPS방식으로는 다중경로오차를 제거할 수 없다.

39 ㉠ 정오차$=0.004\times5=0.02\text{m}$
㉡ 우연오차$=\pm0.003\times\sqrt{5}=\pm0.007\text{m}$
㉢ 측선의 거리$=100.02\pm0.007\text{m}$

40 오차 계산
㉠ Ⅰ=㉮+㉯+㉰=3.600+1.285−5.023
=−0.038m
㉡ Ⅱ=㉮+㉲+㉱=3.600−2.523−1.105
=−0.028m
㉢ Ⅲ=㉰+㉱+㉳=−5.023+1.105+3.912
=−0.006m
따라서 오차가 Ⅰ구간과 Ⅱ구간에서 많이 발생하므로 두 구간에 공통으로 포함되는 ㉮에서 가장 오차가 많다고 볼 수 있다.

제3과목 수리수문학

41 ㉠ $\rho=\frac{w}{g}=\frac{\frac{42}{4}}{9.8}=1.07\text{kN}\cdot\text{s}^2/\text{m}^4$

㉡ $S=\frac{\text{물체의 단위중량}}{\text{물의 단위중량}}=\frac{\frac{42}{4}}{9.8}=1.07$

42 $h_c=\frac{4T\cos\theta}{wD}=\frac{4\times\frac{74}{980}\times\cos8°}{1\times0.1}=3\text{cm}=30\text{mm}$
[참고] 1g중=980dyne

43 $P=wh=9.81\times20$
$=196.2\text{kN/m}^2=196.2\text{kPa}=0.2\text{MPa}$
[참고] $1\text{Pa}=1\text{N/m}^2$, $1\text{MPa}=1{,}000\text{kPa}$

44 ㉠ $P=wh_GA=9.8\times\frac{2.7}{2}\times(4.8\times2.7)=171.46\text{kN}$

㉡ $h_c=\frac{2}{3}h=\frac{2}{3}\times2.7=1.8\text{m}$

㉢ $P\times(2.7-1.8)=T\times2.7$

$171.46\times(2.7-1.8)=T\times2.7$

$\therefore\ T=57.15\text{kN}$

45 ②에서 $\dfrac{\partial u}{\partial x}+\dfrac{\partial v}{\partial y}+\dfrac{\partial w}{\partial z}=(4x-y)+(2y-4x)+(-y)$ $=0$이다.

46 ㉠ $M=wV$

$0.6=(3\times9.8)\times V$

$\therefore\ V=0.02\text{m}^3$

㉡ $M=B+T$

$0.6=9.8\times0.02+T$

$\therefore\ T=0.404\text{kN}=404\text{N}$

47 층류에서 난류로 변할 때의 유속을 상한계유속이라 하고, 난류에서 층류로 변할 때의 유속을 하한계유속이라 한다(하한계유속<상한계유속).

48 ㉠ $Q=AV$

$=\dfrac{\pi\times0.04^2}{4}\times15=0.019\text{m}^3/\text{s}$

㉡ $P_x=\dfrac{wQ}{g}(V_1-V_2)=\dfrac{wQ}{g}(V_1\cos60°-V_2\cos30°)$

$=\dfrac{9.8\times0.019}{9.8}\times(15\cos60°-15\cos30°)$

$=-0.104\text{kN}$

㉢ $P_y=\dfrac{wQ}{g}(V_2-V_1)$

$=\dfrac{wQ}{g}(V_2\sin30°-(-V_1\sin60°))$

$=\dfrac{9.8\times0.019}{9.8}\times(15\sin30°+15\sin60°)$

$=0.389\text{kN}$

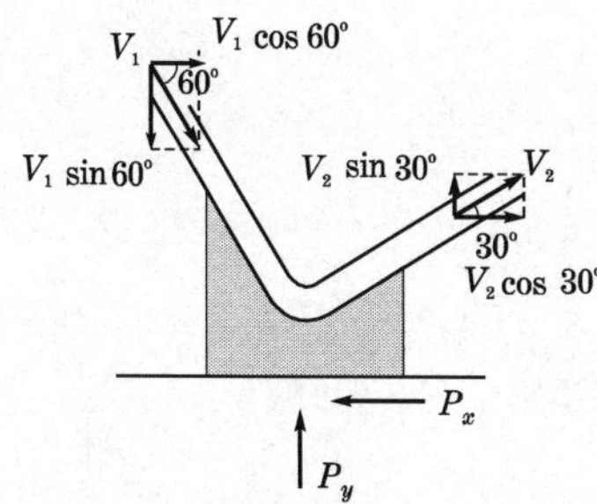

49 $\tau=\dfrac{wh_L}{2l}r=\dfrac{\Delta p}{2l}r=\dfrac{0.1}{2\times1}\times0.02=0.001\text{N/m}^2$

50 ㉠ $\dfrac{{V_1}^2}{2g}+\dfrac{P_1}{w}+Z_1=\dfrac{{V_2}^2}{2g}+\dfrac{P_2}{w}+Z_2+\Sigma h_L$

$0+0+6=\dfrac{{V_2}^2}{2\times9.8}+0+0+\dfrac{3{V_2}^2}{2\times9.8}$

$\therefore\ V_2=5.42\text{m/s}$

㉡ $Q=A_2V_2=\dfrac{\pi\times0.01^2}{4}\times5.42=0.0426\text{m}^3/\text{s}$

51 $Z_c=A\sqrt{D}=A\sqrt{\dfrac{A}{B}}$

일반적인 단면일 때 $Z_c^{\,2}=Ch^M$로 표시하며 M을 수리지수라 한다.

52 ㉠ $V=\sqrt{2gh}$ 이므로

$\therefore$ 속도비 $=\left(\dfrac{H}{h}\right)^{\frac{1}{2}}=n^{\frac{1}{2}}$

㉡ $A=\dfrac{\pi d^2}{4}$ 이므로

$\therefore$ 축류 단면의 비 $=\left(\dfrac{D}{d}\right)^2=n^2$

㉢ $Q=Ca\sqrt{2gh}=C\dfrac{\pi d^2}{4}\sqrt{2gh}$ 이므로

$\therefore$ 유량비 $=\left(\dfrac{D}{d}\right)^2\left(\dfrac{H}{h}\right)^{\frac{1}{2}}=n^2\times n^{\frac{1}{2}}=n^{\frac{5}{2}}$

53 $y>y_n>y_c$이므로 상류(완경사수로)에서의 M_1곡선이다.

54 $Q=KiA=K\dfrac{h}{L}A$

$=208\times\dfrac{1.6}{480}\times(3.5\times1.2)=2.91\text{m}^3/\text{day}$

55 ㉠ 유량이 일정할 때 $H_{e\min}$이 되는 수심이다.

㉡ H_e가 일정할 때 $Q_{\max}$이 되는 수심이다.

56 ㉠ 정류 : $\dfrac{\partial v}{\partial t}=0,\ \dfrac{\partial Q}{\partial t}=0$

• 등류 : $\dfrac{\partial v}{\partial t}=0,\ \dfrac{\partial v}{\partial l}=0$

• 부등류 : $\dfrac{\partial v}{\partial t}=0,\ \dfrac{\partial v}{\partial l}\neq0$

㉡ 부정류 : $\dfrac{\partial v}{\partial t}\neq0,\ \dfrac{\partial Q}{\partial t}\neq0$

57 강수의 상당 부분은 토양 속에 저류되나, 종국에는 증발 및 증산작용에 의해 대기 중으로 되돌아간다. 또한 강수의 일부분은 토양면이나 토양 속을 통해 흘러 하도로 유입되기도 하며, 일부는 토양 속으로 더 깊이 침투하여 지하수가 되기도 한다.

58 DAD곡선의 작성순서

㉠ 각 유역의 지속기간별 최대 우량을 누가우량곡선으로부터 결정하고 전 유역을 등우선에 의해 소구역으로 나눈다.

㉡ 각 소구역의 평균누가우량을 구한다.

㉢ 소구역의 누가면적에 대한 평균누가우량을 구한다.

㉣ DAD곡선을 그린다.

59 합성단위유량도의 매개변수

㉠ 지체시간 : $t_p = c_t(L_{ca}L)^{0.3}$

㉡ 첨두유량 : $Q_p = C_p \dfrac{A}{t_p}$

㉢ 기저시간 : $T = 3 + 3\left(\dfrac{t_p}{24}\right)$

60 유출

지표면유출 → 직접유출
침투 → 복류수유출 → 직접유출
기타 손실 → 침루 → 지하수유출
기타 손실 → 지면저축
직접유출, 지하수유출 → 총유출

제4과목 철근콘크리트 및 강구조

61 철근의 응력이 항복강도(f_y) 이하일 때 철근의 응력은 그 변형률의 E_s배로 취한다($f_s = E_s \varepsilon_s$).

62 $w_u = 1.2w_D + 1.6w_L = 1.2\times1.1 + 1.6\times1.7 = 4.04\text{kN/m}$

$\therefore M_u = \dfrac{w_u l^2}{8} = \dfrac{4.04\times12^2}{8} = 72.72\text{kN}\cdot\text{m}$

63 $f_{ck} \le 40\text{MPa}$이면 $\beta_1 = 0.80$

$\rho_b = \eta(0.85\beta_1)\dfrac{f_{ck}}{f_y}\left(\dfrac{660}{660+f_y}\right)$

$= 1.0\times0.85\times0.80\times\dfrac{35}{300}\times\dfrac{660}{660+300} = 0.0545$

$\therefore A_s = \rho_b bd = 0.0545\times300\times450 = 7{,}357.5\text{mm}^2$

64 ㉠ $16t + b_w = 16\times180 + 300 = 3{,}180\text{mm}$

㉡ $b_c = 1{,}000 + 300 + 1{,}000 = 2{,}300\text{mm}$

㉢ $\dfrac{1}{4}l = \dfrac{1}{4}\times12{,}000 = 3{,}000\text{mm}$

$\therefore b = 2{,}300\text{mm}$(최소값)

65 $f_{ck} \le 40\text{MPa}$이면 $\beta_1 = 0.80$

$c = \dfrac{a}{\beta_1} = \dfrac{1}{0.80}\times\dfrac{400\times2{,}712}{1.0\times0.85\times28\times300} = 189.9\text{mm}$

$\varepsilon_t = \varepsilon_{cu}\left(\dfrac{d_t - c}{c}\right) = 0.0033\times\left(\dfrac{450-189.9}{189.9}\right) = 0.0045$

$\varepsilon_y = \dfrac{f_y}{E_s} = \dfrac{400}{2\times10^5} = 0.002$

$\therefore \phi = 0.65 + 0.2\left(\dfrac{\varepsilon_t - \varepsilon_y}{0.005 - \varepsilon_y}\right)$

$= 0.65 + 0.2\times\left(\dfrac{0.0045-0.002}{0.005-0.002}\right) = 0.817$

66 $a = \dfrac{f_y A_s}{\eta(0.85 f_{ck})b} = \dfrac{400\times2{,}028}{1.0\times0.85\times35\times300} = 90.89\text{mm}$

$f_{ck} \le 40\text{MPa}$이면 $\beta_1 = 0.80$

$c = \dfrac{a}{\beta_1} = \dfrac{90.89}{0.80} = 113.61\text{mm}$

$\therefore \varepsilon_t = \left(\dfrac{d_t - c}{c}\right)\varepsilon_{cu} = \left(\dfrac{440-113.61}{113.61}\right)\times0.0033$

$= 9.48\times10^{-3} = 0.00948$

67 $V_u = \dfrac{1}{2}\phi\left(\dfrac{1}{6}\lambda\sqrt{f_{ck}}\,b_w d\right)$

$\therefore d = \dfrac{12V_u}{\phi\lambda\sqrt{f_{ck}}\,b_w} = \dfrac{12\times70\times10^3}{0.75\times1.0\sqrt{21}\times400} = 611\text{mm}$

68 전단설계 시 철근의 항복강도 $f_y \le 500\text{MPa}$, 휨설계 $f_y \le 600\text{MPa}$

69 $V_u = \phi(V_c + V_s)$에서 $V_s = \dfrac{V_u}{\phi} - V_c$이다.

여기서, $V_c = \dfrac{1}{6}\lambda\sqrt{f_{ck}}\,b_w d$

$= \dfrac{1}{6}\times1.0\times\sqrt{24}\times300\times450$

$= 110{,}227.04\text{N} = 110\text{kN}$

㉠ $V_s = \dfrac{225}{0.75} - 110 = 190\text{kN}$

㉡ $\dfrac{1}{3}\sqrt{f_{ck}}\,b_w d = \dfrac{1}{3}\sqrt{24}\times300\times450 = 220\text{kN}$

$V_s \le \dfrac{1}{3}\sqrt{f_{ck}}\,b_w d$이므로 스터럽간격은 다음 3가지 값 중에서 최소값이다.

$\left[\dfrac{d}{2}\text{ 이하, 600mm 이하, }\dfrac{A_v f_y d}{V_s}\right]_{\min}$

$= \left[\dfrac{450}{2},\ 600\text{mm},\ \dfrac{127\times2\times350\times450}{190\times10^3}\right]_{\min}$

$\therefore s = 210\text{mm}$(최소값)

70 $l_{db} = \dfrac{0.25 d_b f_y}{\lambda\sqrt{f_{ck}}} = \dfrac{0.25\times25\times400}{1.0\sqrt{35}} = 422.57\text{mm}$

$l_{db} = 0.043 d_b f_y = 0.043\times25\times400 = 430\text{mm}$

$\therefore l_{db} = 430\text{mm}$(최대값)

71 $\lambda_\Delta = \dfrac{\xi}{1+50\rho'} = \dfrac{1.2}{1+50\times0.01} = 0.8$

$\therefore\ \delta_t = \delta_i + \delta_l = \delta_i + \delta_i\lambda_\Delta = 20 + 20\times0.8 = 36\text{mm}$

72 $P_n = \alpha[0.85f_{ck}(A_g - A_{st}) + f_yA_{st}]$

$= 0.85\times\left[0.85\times24\times\left(\pi\times\dfrac{400^2}{4} - 794\times6\right)\right.$

$\left.+420\times794\times6\right]$

$= 3,797,148.905\text{N} \fallingdotseq 3,797\text{kN}$

73 $P_d = \phi P_n = \phi\alpha P_n'$

$=0.80\times0.65\times[0.85\times28$

$\times(450\times450-1,865)+300\times1,865]$

$=2,773,998\text{N}=2,774\text{kN}$

74 $\rho_s = \dfrac{\text{나선근의 체적}}{\text{심부의 체적}}$

$0.018 = \dfrac{\dfrac{\pi\times12^2}{4}\times\pi\times400}{\dfrac{\pi\times400^2}{4}\times s}$

$\therefore\ s = 62.8\text{mm}$

75 $w=20\text{kN/m}=20\text{N/mm}$

$f = \dfrac{P}{A} - \dfrac{M}{I}y = 0$

$\therefore\ P = \dfrac{6}{h}M = \dfrac{6}{400}\times\dfrac{20}{8}\times8,000^2$

$= 2,400\times10^3\text{N} = 2,400\text{kN}$

76 ㉠ 단순 지지보의 최소 두께

$h = \dfrac{l}{16} = \dfrac{1,000}{16} = 62.5\text{cm}$

㉡ $f_y \neq 400\text{MPa}$인 경우 보정계수

$\alpha = 0.43 + \dfrac{f_y}{700} = 0.43 + \dfrac{300}{700} = 0.86$

$\therefore\ h = 62.5\times0.86 \fallingdotseq 538\text{mm}$

77 $M = Ps = \dfrac{wl^2}{8}$

$\therefore\ P = \dfrac{wl^2}{8s} = \dfrac{30\times6^2}{8\times0.15} = 900\text{kN}$

78 ㉠ 도입 시(즉시) 손실 : 탄성변형, 마찰(포스트텐션공법), 활동

㉡ 도입 후(시간적) 손실 : 건조수축, 크리프, 릴랙세이션

79 $w = d - \dfrac{p^2}{4g} = 24 - \dfrac{65^2}{4\times80} = 10.8\text{m}$

㉠ $b_n = 360 - 2\times24 = 312\text{mm}$

㉡ $b_n = 360 - 24 - 10.8 - 24 = 301.2\text{mm}$

㉢ $b_n = 360 - 2\times24 - 2\times10.8 = 290.4\text{mm}$

$\therefore\ b_n = 290.4\text{mm}$(최소값)

$\therefore\ A_n = b_n t = 290.4\times13 = 3,775.2\text{mm}^2$

80 $f = \dfrac{P}{\Sigma al_e} = \dfrac{300\times10^3}{10\times200} = 150\text{N/mm}^2 = 150\text{MPa}$

제5과목 토질 및 기초

81 일라이트(illite)

㉠ 2개의 실리카판과 1개의 알루미나판으로 이루어진 3층 구조가 무수히 많이 연결되어 형성된 점토광물이다.

㉡ 3층 구조 사이에 칼륨(K^+)이온이 있어서 서로 결속되며 카올리나이트의 수소결합보다는 약하지만 몬모릴로나이트의 결합력보다는 강하다.

82 ㉠ $Q = KH\dfrac{N_f}{N_d} = (3\times10^{-1})\times2,000\times\dfrac{4}{12}$

$= 200\text{cm}^3\text{/s/cm}$

㉡ B점의 간극수압

- 전수두 $= \dfrac{n_d}{N_d}H = \dfrac{3}{12}\times20 = 5\text{m}$
- 위치수두 $= -5\text{m}$
- 압력수두 = 전수두 − 위치수두 $= 5-(-5) = 10\text{m}$
- 간극수압 $= \gamma_w \times$ 압력수두 $= 9.8\times10 = 98\text{kN/m}^2$

83 동상량을 지배하는 인자

㉠ 모관 상승고의 크기

㉡ 흙의 투수성

㉢ 동결온도의 지속기간

84 ㉠ $\gamma_t = \dfrac{G_s+Se}{1+e}\gamma_w = \dfrac{G_s+wG_s}{1+e}\gamma_w$

$\dfrac{78.4}{5} = \dfrac{2.7+0.25\times2.7}{1+e}\times9.8$

$\therefore\ e = 1.11$

㉡ $D_r = \dfrac{e_{\max}-e}{e_{\max}-e_{\min}}\times100$

$= \dfrac{1.2-1.11}{1.2-0.8}\times100 = 22.5\%$

85 ㉠ $P_{\text{No.200}} = 65\% > 50\%$이므로 세립토(C)이다.

㉡ $W_L = 40\% < 50\%$이므로 저압축성(L)이고, A선 위의 구역에 위치하므로 CL이다.

86 $F_s=\dfrac{i_c}{i}=\dfrac{i_c}{\dfrac{h}{L}}=\dfrac{1}{\dfrac{10}{30}}=3$

87 D는 과압밀된 흙의 전단강도를 나타낸 것이다.

88 교란될수록 $e-\log P$곡선의 기울기가 완만하다.

89 ㉠ $C_c=0.009(W_L-10)=0.009\times(50-10)=0.36$

㉡ $\Delta H=\dfrac{C_c}{1+e}\log\dfrac{P_2}{P_1}H=\dfrac{0.36}{1+1.4}\times\log\dfrac{140}{100}\times5$

$=0.11\text{m}=11\text{cm}$

90 ㉠ $\sigma_3{}'=10\text{MN/m}^2$

$\sigma_1{}'=\sigma_3{}'+\sigma_{df}=10+20=30\text{MN/m}^2$

㉡ $\sin\phi=\dfrac{\sigma_1{}'-\sigma_3{}'}{\sigma_1{}'+\sigma_3{}'}=\dfrac{30-10}{30+10}=0.5$

$\therefore\ \phi=30°$

㉢ $\tau=\dfrac{\sigma_1{}'-\sigma_3{}'}{2}\sin2\theta=\dfrac{\sigma_1{}'-\sigma_3{}'}{2}\sin2\left(45°+\dfrac{\phi}{2}\right)$

$=\dfrac{30-10}{2}\times\sin\left[2\times\left(45°+\dfrac{30°}{2}\right)\right]$

$=8.66\text{MN/m}^2$

91 ㉠ $A_o=\dfrac{A}{1-\varepsilon}=\dfrac{\dfrac{\pi\times4^2}{4}}{1-\dfrac{1.6}{8}}=15.71\text{cm}^2$

㉡ $\sigma=\dfrac{P}{A_o}=\dfrac{40}{15.71}=2.55\text{N/cm}^2$

㉢ $\tau=c=\dfrac{q_u}{2}=\dfrac{2.55}{2}=1.3\text{N/cm}^2$

92 $\Delta U=B[\Delta\sigma_3+A(\Delta\sigma_1-\Delta\sigma_3)]$

$210=1\times(0+A\times280)$

$\therefore\ A=\dfrac{210}{280}=0.75$

93 뒤채움 흙의 압력에 의해 벽체가 배면에 있는 흙으로부터 멀어지도록 작용하는 토압을 주동토압이라 하고, 벽체가 흙 쪽으로 밀리도록 작용하는 힘을 수동토압이라 한다.

94 ㉠ $\gamma_{모래}=\dfrac{W}{V}$

$16,660=\dfrac{59.92-28.18-1.17}{V}$

$\therefore V=1.835\times10^{-3}\text{m}^3$

㉡ $\gamma_t=\dfrac{W}{V}=\dfrac{33.11\times10^{-3}}{1.835\times10^{-3}}=18.04\text{kN/m}^3$

㉢ $\gamma_d=\dfrac{\gamma_t}{1+\dfrac{w}{100}}=\dfrac{18.04}{1+\dfrac{11.6}{100}}=16.16\text{kN/m}^3$

95 $0.3:100=4:x$

$\therefore\ x=\dfrac{400}{0.3}=1,333.33\text{kN/m}^2$

96 절편법(분할법) : 파괴면 위의 흙을 수 개의 절편으로 나눈 후 각각의 절편에 대해 안정성을 계산하는 방법으로 이질토층, 지하수위가 있을 때 적용한다.

97 ㉠ $q_u=\alpha cN_c+\beta B\gamma_1N_r+D_f\gamma_2N_q$

$=1.3\times15\times17.69+0.4\times1.5\times18\times3.64$

$+1\times18\times7.44$

$=518.19\text{kN/m}^2$

㉡ $q_a=\dfrac{q_u}{F_s}=\dfrac{518.19}{4}=129.55\text{kN/m}^2$

㉢ $q_a=\dfrac{P}{A}$

$129.55=\dfrac{P}{1.5\times1.5}$

$\therefore\ P=291.49\text{kN}$

98 부마찰력

㉠ 부마찰력이 발생하면 말뚝의 지지력은 크게 감소한다($R_u=R_p-R_{nf}$).

㉡ 말뚝 주변 지반의 침하량이 말뚝의 침하량보다 클 때 발생한다.

㉢ 상대변위의 속도가 클수록 부마찰력은 커진다.

99 피어기초의 극한지지력은 말뚝기초의 지지력을 구하는 정역학적 공식과 같은 방법으로 구한다.

100 ㉠ $R_a=\dfrac{R_u}{F_s}=\dfrac{890}{2}=445\text{kN}$

㉡ $R_a{}'=NR_a$

$2,000=N\times445$

$\therefore\ N=4.5\fallingdotseq5$개

제6과목 상하수도공학

101 계획 1일 평균급수량은 계획 1일 최대 급수량의 80%를 표준으로 한다.

102 모래퇴적부의 깊이는 일시에 이를 수용할 수 있도록 예상되는 침사량의 청소방법 및 빈도 등을 고려하여 일반적으로 수심의 10~30%로 보며 적어도 30cm 이상으로 할 필요가 있다.

103 최대 정수압은 700kPa 이상으로 한다.

104 MPN은 100mL 중 이론상 있을 수 있는 대장균군의 수이다.

105 합리식 공식은 $Q=\frac{1}{360}CIA$이므로 면적은 ha이다.

106 우수조정지는 우수를 일시 저류하는 시설이므로 월류식은 맞지 않다.

107 급속여과지는 약품침전지를 거쳐오기 때문에 응집제를 필요로 하므로 유지관리비가 들고 특별한 관리기술이 필요하다.

108 상수도의 계통도순서
수원－취수－도수－정수－송수－배수－급수

109 $N_s = N\frac{Q^{1/2}}{H^{3/4}} = 1,160 \times \frac{8^{1/2}}{4^{3/4}} = 1,160$

110 살균력이 커지는 것은 유리잔류염소인 HOCl이 증가한다는 의미이다.

111 하수도처리시설의 설계기준은 계획 1일 최대 오수량이며, 하수관거(연결관거 포함)의 설계기준은 계획시간 최대 오수량이다.

112 염소요구량＝염소주입량－잔류염소량
＝3.0－0.5＝2.5mg/L

113 가능한 한 자연유하방식을 이용하는 것이 좋으므로 높은 곳에 위치하는 것이 유리하다.

114 하수의 집·배수시설은 가급적 자연유하식을 원칙으로 하며 필요시 가압식을 도입할 수 있다.

115 펌프의 설치위치를 낮게 하여 공동현상을 방지하고 회전수를 작게 하여 수격작용을 방지한다.

116 $V_0 = \frac{h}{t} = \frac{Q}{A} = \frac{350}{250} \times 24 = 33.6\text{m}^3/\text{m}^2 \cdot \text{day}$

117 부영양화가 되면 조류가 발생하여 투명도는 저하된다.

118 관정부식 방지책
㉠ 유속을 빨리 한다.
㉡ 폭기를 한다.
㉢ 염소소독을 한다.
㉣ 피복한다.

119 취수탑으로의 도수는 가급적 자연유하식으로 하는 것이 좋으나, 경우에 따라서는 지형적 조건을 고려하여 관수로를 이용한다.

120 ㉠ $\text{BOD}_t = L_a(1-10^{-k_1 t})$
$155 = L_a \times (1-10^{-0.2\times 5})$
$\therefore\ L_a = 172.2\text{mg/L}$
㉡ 4일 후 잔존BOD
$L_t = L_a \cdot 10^{-k_1 t} = 172.2 \times 10^{-0.2\times 4} = 27.3\text{mg/L}$

제2회 실전 모의고사

제1과목 응용역학

1 다음 그림과 같은 4개의 힘이 작용할 때 G점에 대한 모멘트는?

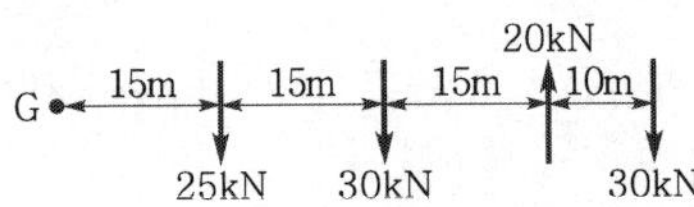

① 3,825kN · m ② 2,025kN · m
③ 2,175kN · m ④ 1,650kN · m

2 다음 그림과 같은 구조물의 C점에 연직하중이 작용할 때 AC부재가 받는 힘은?

① 2.5kN
② 5.0kN
③ 8.7kN
④ 10.0kN

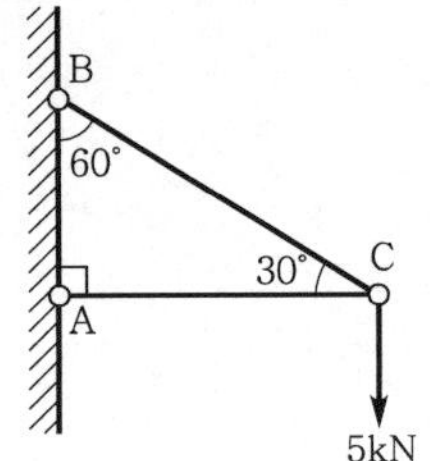

3 정삼각형의 도심(G)을 지나는 여러 축에 대한 단면 2차 모멘트의 값에 대한 다음 설명 중 옳은 것은?

① $I_{y1} > I_{y2}$
② $I_{y2} > I_{y1}$
③ $I_{y3} > I_{y2}$
④ $I_{y1} = I_{y2} = I_{y3}$

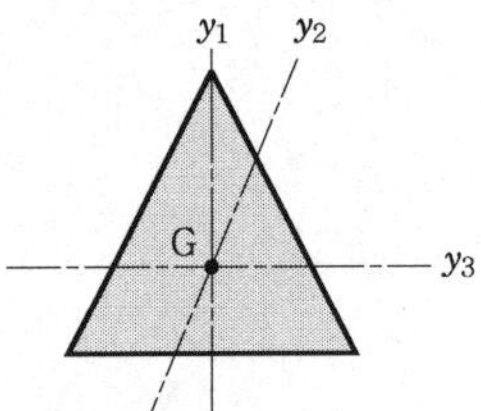

4 다음 그림과 같은 단면의 단면 상승모멘트 I_{xy}는?

① 3,360,000cm^4
② 3,520,000cm^4
③ 3,840,000cm^4
④ 4,000,000cm^4

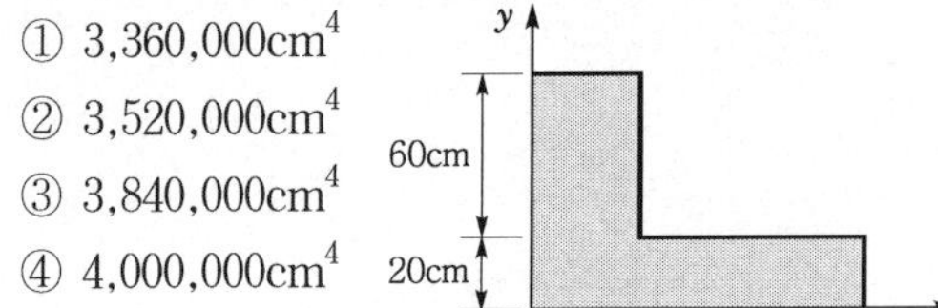

5 다음 그림에 표시된 힘들의 x방향의 합력으로 옳은 것은?

① 0.4kN(←)
② 0.7kN(→)
③ 1.0kN(→)
④ 1.3kN(←)

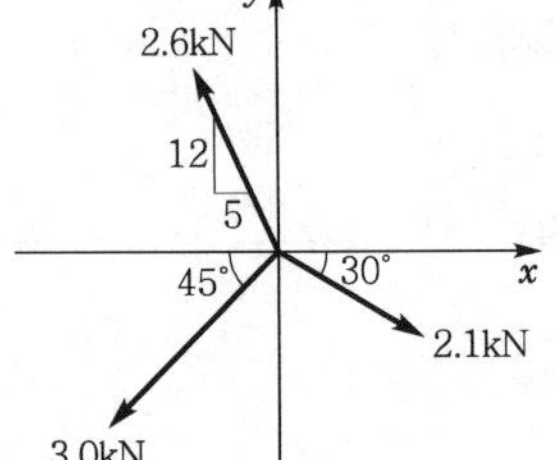

6 재료의 역학적 성질 중 탄성계수를 E, 전단탄성계수를 G, 푸아송수를 m이라 할 때 각 성질의 상호관계식으로 옳은 것은?

① $G=\dfrac{E}{2(m-1)}$ ② $G=\dfrac{E}{2(m+1)}$

③ $G=\dfrac{mE}{2(m-1)}$ ④ $G=\dfrac{mE}{2(m+1)}$

7 다음 게르버보에서 E점의 휨모멘트값은?

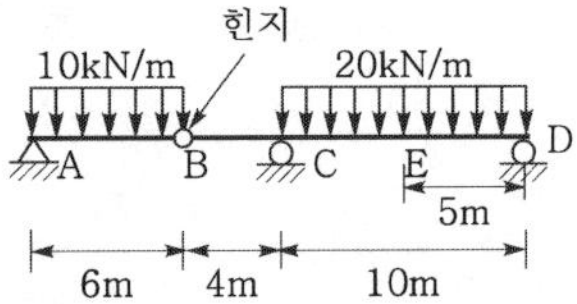

① 190kN · m ② 240kN · m
③ 310kN · m ④ 710kN · m

8 단순보 AB 위에 다음 그림과 같은 이동하중이 지날 때 A점으로부터 10m 떨어진 C점의 최대 휨모멘트는?

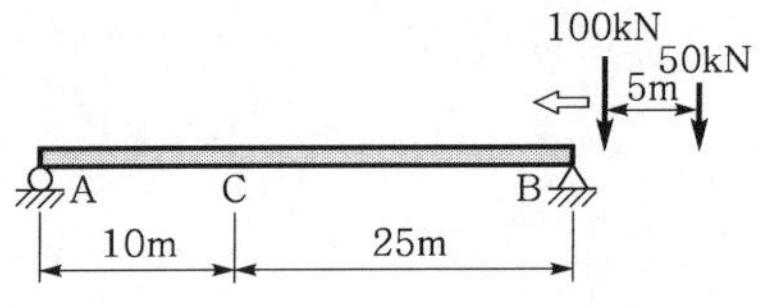

① 850kN · m ② 950kN · m
③ 1,000kN · m ④ 1,150kN · m

9 다음 그림과 같은 라멘에서 A점의 수직반력(R_A)은?

① 65kN
② 75kN
③ 85kN
④ 95kN

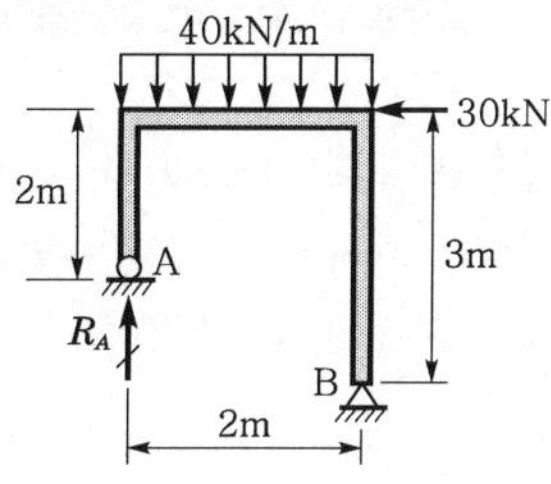

10 다음 그림과 같은 하중을 받는 단순보에 발생하는 최대 전단응력은?

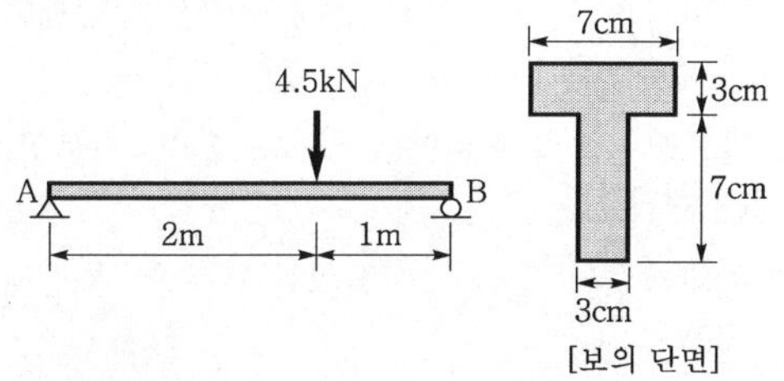

① 4,480kN/m²　　② 3,480kN/m²
③ 2,480kN/m²　　④ 1,480kN/m²

11 휨모멘트가 M인 다음과 같은 직사각형 단면에서 $A-A$에서의 휨응력은?

① $\dfrac{3M}{bh^2}$
② $\dfrac{3M}{4bh^2}$
③ $\dfrac{3M}{2bh^2}$
④ $\dfrac{M}{4b^2h^2}$

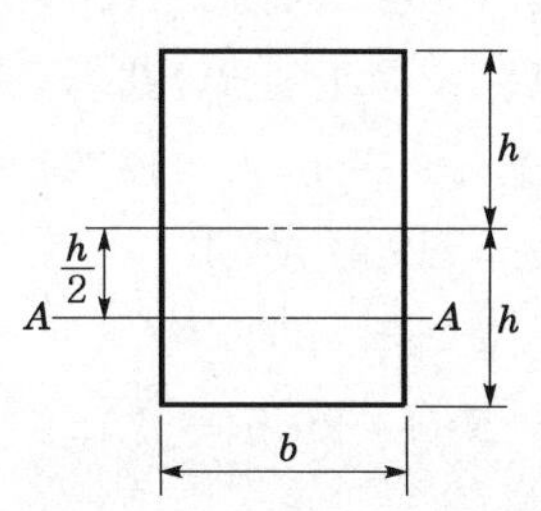

12 장주의 탄성좌굴하중(elastic buckling load) P_{cr}은 다음 표와 같다. 기둥의 각 지지조건에 따른 n의 값으로 틀린 것은? (단, E : 탄성계수, I : 단면 2차 모멘트, l : 기둥의 높이)

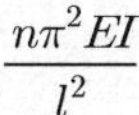

$$\frac{n\pi^2 EI}{l^2}$$

① 양단 힌지 : $n=1$
② 양단 고정 : $n=4$
③ 일단 고정 타단 자유 : $n=1/4$
④ 일단 고정 타단 힌지 : $n=1/2$

13 단면 2차 모멘트가 I, 길이가 L인 균일한 단면의 직선상(直線狀)의 기둥이 있다. 기둥의 양단이 고정되어 있을 때 오일러(Euler) 좌굴하중은? (단, 이 기둥의 탄성계수는 E이다.)

① $\dfrac{4\pi^2 EI}{L^2}$　　② $\dfrac{\pi^2 EI}{(0.7L)^2}$
③ $\dfrac{\pi^2 EI}{L^2}$　　④ $\dfrac{\pi^2 EI}{4L^2}$

14 다음 그림과 같은 트러스의 부재 EF의 부재력은?

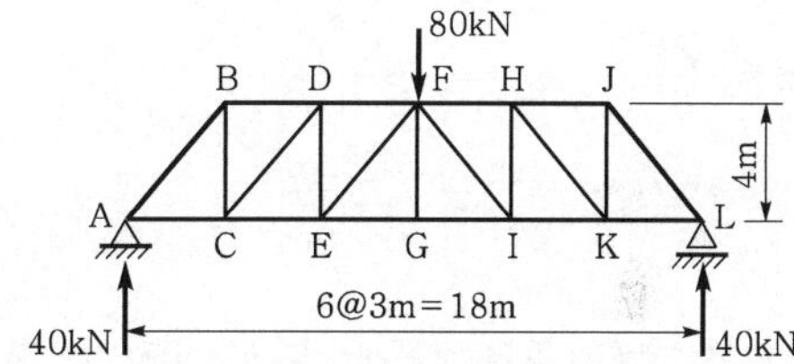

① 30kN(인장)　　② 30kN(압축)
③ 40kN(압축)　　④ 50kN(압축)

15 다음 그림과 같은 캔틸레버보에 굽힘으로 인하여 저장된 변형에너지는? (단, EI는 일정하다.)

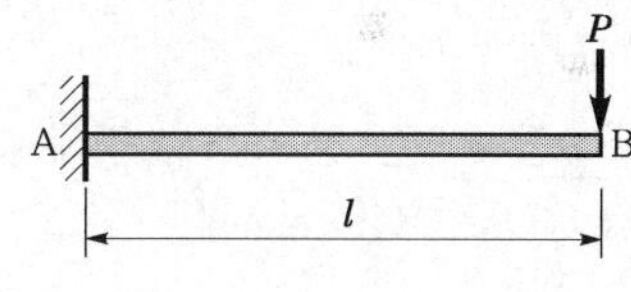

① $\dfrac{P^2l^3}{6EI}$　　② $\dfrac{P^2l^3}{48EI}$
③ $\dfrac{P^2l^3}{12EI}$　　④ $\dfrac{P^2l^3}{38EI}$

16. 다음과 같은 부정정보에서 A의 처짐각 θ_A는? (단, 보의 휨강성은 EI이다.)

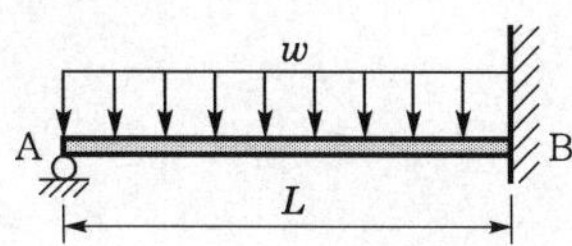

① $\dfrac{wL^3}{12EI}$　　② $\dfrac{wL^3}{24EI}$
③ $\dfrac{wL^3}{36EI}$　　④ $\dfrac{wL^3}{48EI}$

17 다음 그림과 같은 단순보의 지점 B에 모멘트 M이 작용할 때 보에 최대 처짐(δ_{max})이 발생하는 위치 x와 최대 최짐은? (단, EI는 일정하다.)

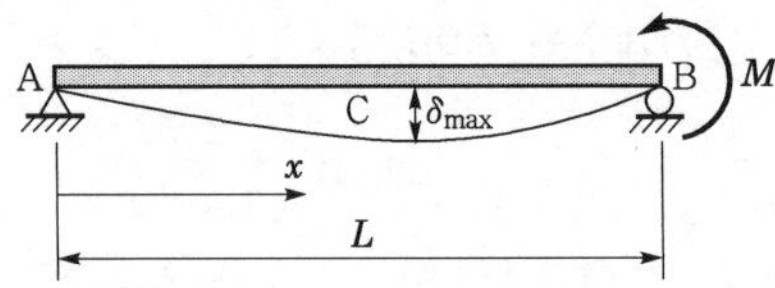

① $x=\frac{\sqrt{3}}{3}L,\ \delta_{max}=\frac{\sqrt{3}}{27}\frac{ML^2}{EI}$

② $x=\frac{\sqrt{3}}{2}L,\ \delta_{max}=\frac{\sqrt{3}}{18}\frac{ML^2}{EI}$

③ $x=\frac{\sqrt{3}}{3}L,\ \delta_{max}=\frac{\sqrt{3}}{18}\frac{ML^2}{EI}$

④ $x=\frac{\sqrt{3}}{2}L,\ \delta_{max}=\frac{\sqrt{3}}{27}\frac{ML^2}{EI}$

18 다음 그림과 같은 캔틸레버보에서 B점의 연직변위(δ_B)는? (단, M_o=4kN·m, P=16kN, L=2.4m, EI=6,000kN·m^{2}이다.)

① 1.08cm(↓)
② 1.08cm(↑)
③ 1.37cm(↓)
④ 1.37cm(↑)

19 다음의 그림에 있는 연속보의 B점에서의 반력을 구하면? (단, $E=2.1\times10^5$N/mm^2, $I=1.6\times10^4$mm^4)

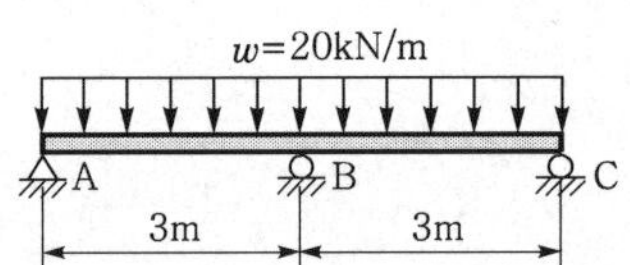

① 63kN
② 75kN
③ 97kN
④ 101kN

20 다음의 부정정구조물을 모멘트분배법으로 해석하고자 한다. C점이 롤러지점임을 고려한 수정강도계수에 의하여 B점에서 C점으로 분배되는 분배율 f_{BC}를 구하면?

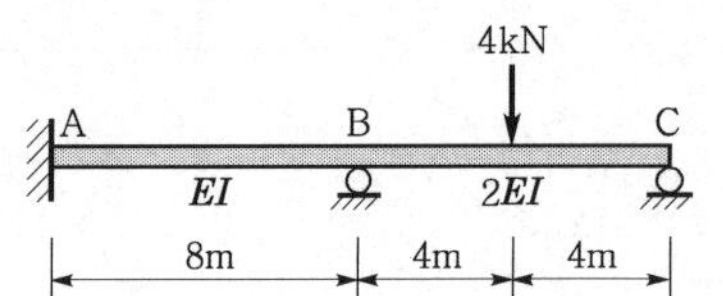

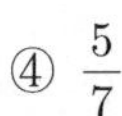

① $\frac{1}{2}$

② $\frac{3}{5}$

③ $\frac{4}{7}$

④ $\frac{5}{7}$

제2과목 측량학

21 폐합트래버스에서 위거오차의 합이 −0.17m, 경거오차의 합이 0.22m이고, 전 측선의 거리의 합이 252m일 때 폐합비는?

① 1/900
② 1/1,000
③ 1/1,100
④ 1/1,200

22 완화곡선에 대한 설명으로 옳지 않은 것은?

① 완화곡선의 곡선반지름은 시점에서 무한대, 종점에서 원곡선의 반지름 R로 된다.
② 클로소이드의 형식에는 S형, 복합형, 기본형 등이 있다.
③ 완화곡선의 접선은 시점에서 원호에, 종점에서 직선에 접한다.
④ 모든 클로소이드는 닮은꼴이며, 클로소이드요소에는 길이의 단위를 가진 것과 단위가 없는 것이 있다.

23 항공사진측량에서 사진상에 나타난 두 점 A, B의 거리를 측정하였더니 208mm이었으며, 지상좌표는 다음과 같았다면 사진축척(S)은? (단, X_A=205,346.39m, Y_A=10,793.16m, X_B=205,100.11m, Y_B=11,587.87m)

① S=1 : 3,000
② S=1 : 4,000
③ S=1 : 5,000
④ S=1 : 6,000

24 평탄한 지역에서 9개 측선으로 구성된 다각측량에서 2′의 각관측오차가 발생되었다면 오차의 처리방법으로 옳은 것은? (단, 허용오차는 60″$\sqrt{N}$으로 가정한다.)

① 오차가 크므로 다시 관측한다.
② 측선의 거리에 비례하여 배분한다.
③ 관측각의 크기에 역비례하여 배분한다.
④ 관측각에 같은 크기로 배분한다.

25 교호수준측량의 결과가 다음과 같고 A점의 표고가 10m일 때 B점의 표고는?

- 레벨 P에서 A→B 관측표고차 : −1.256m
- 레벨 Q에서 B→A 관측표고차 : +1.238m

① 8.753m
② 9.753m
③ 11.238m
④ 11.247m

26 GPS위성측량에 대한 설명으로 옳은 것은?
① GPS를 이용하여 취득한 높이는 지반고이다.
② GPS에서 사용하고 있는 기준타원체는 GRS80 타원체이다.
③ 대기 내 수증기는 GPS위성신호를 지연시킨다.
④ GPS측량은 별도의 후처리 없이 관측값을 직접 사용할 수 있다.

27 구면삼각형의 성질에 대한 설명으로 틀린 것은?
① 구면삼각형 내각의 합은 180°보다 크다.
② 2점 간 거리가 구면상에서는 대원의 호길이가 된다.
③ 구면삼각형의 한 변은 다른 두 변의 합보다는 작고, 차보다는 크다.
④ 구과량은 구 반지름의 제곱에 비례하고, 구면삼각형의 면적에 반비례한다.

28 노선측량에서 단곡선의 설치방법에 대한 설명으로 옳지 않은 것은?
① 중앙종거를 이용한 설치방법은 터널 속이나 삼림지대에서 벌목량이 많을 때 사용하면 편리하다.
② 편각설치법은 비교적 높은 정확도로 인해 고속도로나 철도에 사용할 수 있다.
③ 접선편거와 현편거에 의하여 설치하는 방법은 줄자만을 사용하여 원곡선을 설치할 수 있다.
④ 장현에 대한 종거와 횡거에 의하는 방법은 곡률반지름이 짧은 곡선일 때 편리하다.

29 전자파거리측량기로 거리를 측량할 때 발생되는 관측오차에 대한 설명으로 옳은 것은?
① 모든 관측오차는 거리에 비례한다.
② 모든 관측오차는 거리에 비례하지 않는다.
③ 거리에 비례하는 오차와 비례하지 않는 오차가 있다.
④ 거리가 어떤 길이 이상으로 커지면 관측오차가 상쇄되어 길이에 대한 영향이 없어진다.

30 다각측량에서 어떤 폐합다각망을 측량하여 위거 및 경거의 오차를 구하였다. 거리와 각을 유사한 정밀도로 관측하였다면 위거 및 경거의 폐합오차를 배분하는 방법으로 가장 적합한 것은?
① 측선의 길이에 비례하여 분배한다.
② 각각의 위거 및 경거에 등분배한다.
③ 위거 및 경거의 크기에 비례하여 배분한다.
④ 위거 및 경거 절대값의 총합에 대한 위거 및 경거의 크기에 비례하여 배분한다.

31 완화곡선 중 클로소이드에 대한 설명으로 옳지 않은 것은? (단, R : 곡선반지름, L : 곡선길이)
① 클로소이드는 곡률이 곡선길이에 비례하여 증가하는 곡선이다.
② 클로소이드는 나선의 일종이며 모든 클로소이드는 닮은꼴이다.
③ 클로소이드의 종점좌표 x, y는 그 점의 접선각의 함수로 표시된다.
④ 클로소이드에서 접선각 τ를 라디안으로 표시하면 $\tau = \dfrac{R}{2L}$이 된다.

32 삼각점 C에 기계를 세울 수 없어서 2.5m를 편심하여 B에 기계를 설치하고 $T' = 31°15'40''$를 얻었다면 T는? (단, $\phi = 300°20'$, $S_1 = 2\text{km}$, $S_2 = 3\text{km}$)
① 31°14′49″
② 31°15′18″
③ 31°15′29″
④ 31°15′41″

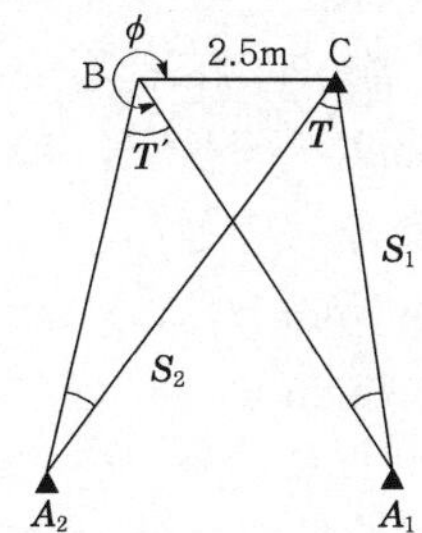

33 조정 계산이 완료된 조정각 및 기선으로부터 처음 신설하는 삼각점의 위치를 구하는 계산순서로 가장 적합한 것은?

① 편심조정 계산 → 삼각형 계산(변, 방향각) → 경위도 결정 → 좌표조정 계산 → 표고 계산
② 편심조정 계산 → 삼각형 계산(변, 방향각) → 좌표조정 계산 → 표고 계산 → 경위도 결정
③ 삼각형 계산(변, 방향각) → 편심조정 계산 → 표고 계산 → 경위도 결정 → 좌표조정 계산
④ 삼각형 계산(변, 방향각) → 편심조정 계산 → 표고 계산 → 좌표조정 계산 → 경위도 결정

34 트래버스측량(다각측량)의 종류와 그 특징으로 옳지 않은 것은?

① 결합트래버스는 삼각점과 삼각점을 연결시킨 것으로 조정 계산의 정확도가 가장 높다.
② 폐합트래버스는 한 측점에서 시작하여 다시 그 측점에 돌아오는 관측형태이다.
③ 폐합트래버스는 오차의 계산 및 조정이 가능하나, 정확도는 개방트래버스보다 낮다.
④ 개방트래버스는 임의의 한 측점에서 시작하여 다른 임의의 한 점에서 끝나는 관측형태이다.

35 수준점 A, B, C에서 P점까지 수준측량을 한 결과가 다음 표와 같다. 관측거리에 대한 경중률을 고려한 P점의 표고는?

측량경로	거리	P점의 표고
A → P	1km	135.487m
B → P	2km	135.563m
C → P	3km	135.603m

① 135.529m　② 135.551m
③ 135.563m　④ 135.570m

36 철도의 궤도간격 b=1.067m, 곡선반지름 R=600m인 원곡선상을 열차가 100km/h로 주행하려고 할 때 캔트는?

① 100mm　② 140mm
③ 180mm　④ 220mm

37 지상 1km^{2}의 면적을 지도상에서 4cm^{2}로 표시하기 위한 축척으로 옳은 것은?

① 1 : 5,000　② 1 : 50,000
③ 1 : 25,000　④ 1 : 250,000

38 위성측량의 DOP(Dilution of Precision)에 관한 설명 중 옳지 않은 것은?

① 기하학적 DOP(GDOP), 3차원 위치 DOP(PDOP), 수직위치 DOP(VDOP), 평면위치 DOP(HDOP), 시간 DOP(TDOP) 등이 있다.
② DOP는 측량할 때 수신 가능한 위성의 궤도정보를 항법메세지에서 받아 계산할 수 있다.
③ 위성측량에서 DOP가 작으면 클 때보다 위성의 배치상태가 좋은 것이다.
④ 3차원 위치 DOP(PDOP)는 평면위치 DOP(HDOP)와 수직위치 DOP(VDOP)의 합으로 나타난다.

39 직사각형의 가로, 세로의 거리가 다음 그림과 같다. 면적 A의 표현으로 가장 적절한 것은?

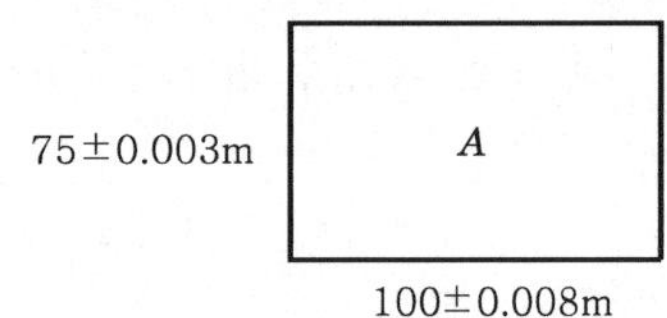

① 7,500±0.67m^2　② 7,500±0.41m^2
③ 7,500.9±0.67m^2　④ 7,500.9±0.41m^2

40 지오이드(geoid)에 대한 설명 중 옳지 않은 것은?

① 평균해수면을 육지까지 연장한 가상적인 곡면을 지오이드라 하며, 이것은 지구타원체와 일치한다.
② 지오이드는 중력장의 등퍼텐셜면으로 볼 수 있다.
③ 실제로 지오이드면은 굴곡이 심하므로 측지측량의 기준으로 채택하기 어렵다.
④ 지구타원체의 법선과 지오이드의 법선 간의 차이를 연직선편차라 한다.

제3과목 수리수문학

41 두 개의 수평한 판이 5mm 간격으로 놓여있고 점성계수 $0.01N \cdot s/cm^2$인 유체로 채워져 있다. 하나의 판을 고정시키고 다른 하나의 판을 2m/s로 움직일 때 유체 내에서 발생되는 전단응력은?

① $1N/cm^2$　② $2N/cm^2$
③ $3N/cm^2$　④ $4N/cm^2$

42 다음 그림과 같은 수압기에서 B점의 원통의 무게가 2,000N(200kg), 면적이 $500cm^2$이고 A점의 원통의 면적이 $25cm^2$이라면 이들이 평형상태를 유지하기 위한 힘 P의 크기는? (단, A점의 원통무게는 무시하고 관내 액체의 비중은 0.9이며 무게 1kg =10N이다.)

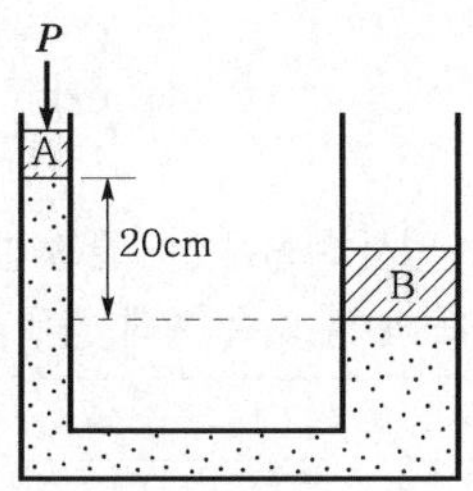

① 0.0955N(9.55g)　② 0.955N(95.5g)
③ 95.5N(9.55kg)　④ 955N(95.5kg)

43 반지름($\overline{OP}$)이 6m이고 $\theta=30°$인 수문이 다음 그림과 같이 설치되었을 때 수문에 작용하는 전수압(저항력)은?

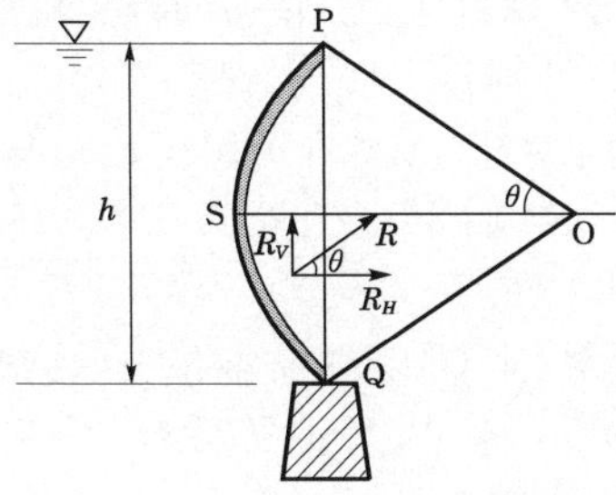

① 159.5kN/m　② 169.5kN/m
③ 179.5kN/m　④ 189.5kN/m

44 내경 1.8m의 강관에 압력수두 100m의 물을 흐르게 하려면 강관의 필요 최소 두께는? (단, 강재의 허용인장응력은 $110MN/m^2$이다.)

① 0.62cm　② 0.72cm
③ 0.80cm　④ 0.92cm

45 다음 그림에서 가속도 $\alpha=19.6m/s^2$일 때 A점에서의 압력은?

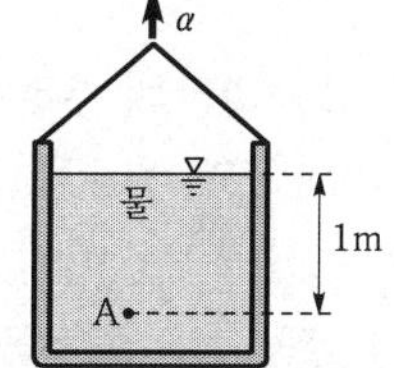

① $10.0kN/m^2$
② $20.0kN/m^2$
③ $29.4kN/m^2$
④ $40.4kN/m^2$

46 수평으로 관 A와 B가 연결되어 있다. 관 A에서 유속은 2m/s, 관 B에서의 유속은 3m/s이며, 관 B에서의 유체압력이 $9.8kN/m^2$이라 하면 관 A에서의 유체압력은? (단, 에너지손실은 무시한다.)

① $2.5kN/m^2$　② $12.3kN/m^2$
③ $22.6kN/m^2$　④ $37.6kN/m^2$

47 다음 그림과 같이 여수로 위로 단위폭당 유량 $Q=3.27m^3/s$가 월류할 때 ① 단면의 유속 $V_1=2.04m/s$, ② 단면의 유속 $V_2=4.67m/s$라면 댐에 가해지는 수평성분의 힘은? (단, 무게 1kg=10N이고 이상유체로 가정한다.)

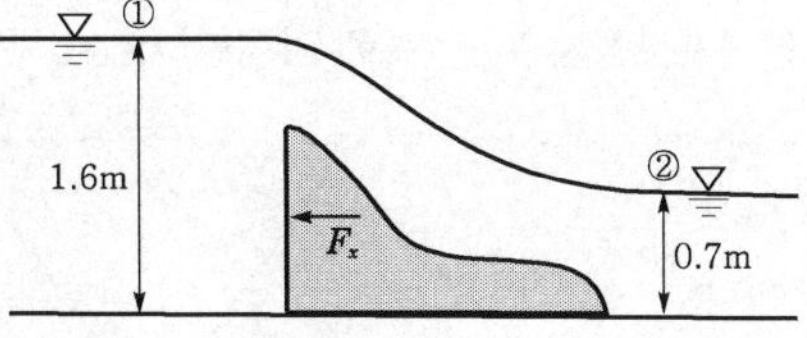

① 1,570N/m(157kg/m)
② 2,450N/m(245kg/m)
③ 6,470N/m(647kg/m)
④ 12,800N/m(1,280kg/m)

48 경계층에 관한 사항 중 틀린 것은?

① 전단저항은 경계층 내에서 발생한다.
② 경계층 내에서는 층류가 존재할 수 없다.
③ 이상유체일 경우는 경계층이 존재하지 않는다.
④ 경계층에서는 레이놀즈(Reynolds)응력이 존재한다.

49 폭 35cm인 직사각형 위어(weir)의 유량을 측정하였더니 0.03m^3/s이었다. 월류수심의 측정에 1mm의 오차가 생겼다면 유량에 발생하는 오차는? (단, 유량 계산은 프란시스(Francis)공식을 사용하되, 월류시 단면수축은 없는 것으로 가정한다.)

① 1.16% ② 1.50%
③ 1.67% ④ 1.84%

50 물이 단면적, 수로의 재료 및 동수경사가 동일한 정사각형관과 원관을 가득 차서 흐를 때 유량비 (Q_s/Q_c)는? (단, Q_s : 정사각형 관의 유량, Q_c : 원관의 유량, Manning공식을 적용)

① 0.645 ② 0.923
③ 1.083 ④ 1.341

51 지름 20cm, 길이 100m의 주철관으로서 매초 0.1m^{3}의 물을 40m의 높이까지 양수하려고 한다. 펌프의 효율이 100%라 할 때 필요한 펌프의 동력은? (단, 마찰손실계수는 0.03, 유출 및 유입손실계수는 각각 1.0과 0.5이다.)

① 40HP ② 65HP
③ 75HP ④ 85HP

52 수면폭이 1.2m인 V형 삼각수로에서 2.8m^3/s의 유량이 0.9m 수심으로 흐른다면 이때의 비에너지는? (단, 에너지보정계수 α=1로 가정한다.)

① 0.9m
② 1.14m
③ 1.84m
④ 2.27m

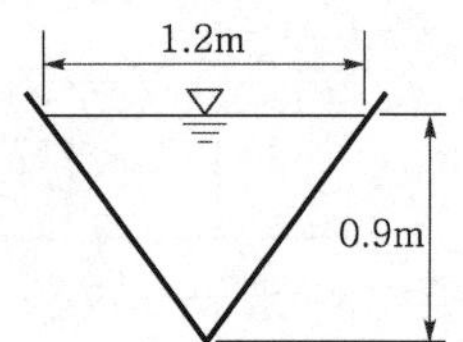

53 다음 중 상류(subcritical flow)에 관한 설명 중 틀린 것은?

① 하천의 유속이 장파의 전파속도보다 느린 경우이다.
② 관성력이 중력의 영향보다 더 큰 흐름이다.
③ 수심은 한계수심보다 크다.
④ 유속은 한계유속보다 작다.

54 저수지의 물을 방류하는데 1 : 225로 축소된 모형에서 4분이 소요되었다면 원형에서는 얼마나 소요되겠는가?

① 60분 ② 120분
③ 900분 ④ 3,375분

55 방파제 건설을 위한 해안지역의 수심이 5.0m, 입사파랑의 주기가 14.5초인 장파(long wave)의 파장(wave length)은? (단, 중력가속도 g=9.8m/s^2)

① 49.5m ② 70.5m
③ 101.5m ④ 190.5m

56 하천의 임의 단면에 교량을 설치하고자 한다. 원통형 교각 상류(전면)에 2m/s의 유속으로 물이 흘러간다면 교각에 가해지는 항력은? (단, 수심은 4m, 교각의 직경은 2m, 항력계수는 1.5이다.)

① 16kN ② 24kN
③ 43kN ④ 62kN

57 우량관측소에서 측정된 5분 단위 강우량자료가 다음 표와 같을 때 10분 지속 최대 강우강도는?

시각(분)	0	5	10	15	20
누가우량(mm)	0	2	8	18	25

① 17mm/h ② 48mm/h
③ 102mm/h ④ 120mm/h

58 SCS방법(NRCS유출곡선번호방법)으로 초과강우량을 산정하여 유출량을 계산할 때에 대한 설명으로 옳지 않은 것은?

① 유역의 토지이용형태는 유효우량의 크기에 영향을 미친다.
② 유출곡선지수(runoff curve number)는 총우량으로부터 유효우량의 잠재력을 표시하는 지수이다.
③ 투수성 지역의 유출곡선지수는 불투수성 지역의 유출곡선지수보다 큰 값을 갖는다.
④ 선행토양함수조건(antecedent soil moisture condition)은 1년을 성수기와 비성수기로 나누어 각 경우에 대하여 3가지 조건으로 구분하고 있다.

59 대규모 수공구조물의 설계우량으로 가장 적합한 것은?

① 평균면적우량
② 발생가능 최대 강수량(PMP)
③ 기록상의 최대 우량
④ 재현기간 100년에 해당하는 강우량

60 다음과 같은 1시간 단위도로부터 3시간 단위도를 유도하였을 경우 3시간 단위도의 최대 종거는 얼마인가?

시간(h)	0	1	2	3	4	5	6
1시간 단위도 종거(m^3/s)	0	2	8	10	6	3	0

① $3.3m^3/s$ ② $8.0m^3/s$
③ $10.0m^3/s$ ④ $24.0m^3/s$

제4과목 철근콘크리트 및 강구조

61 철근콘크리트의 강도설계법을 적용하기 위한 기본가정으로 틀린 것은?

① 철근의 변형률은 중립축으로부터의 거리에 비례한다.
② 콘크리트의 변형률은 중립축으로부터의 거리에 비례한다.
③ 인장측 연단에서 철근의 극한변형률은 0.0033으로 가정한다.
④ 항복강도 f_y 이하에서 철근의 응력은 그 변형률의 E_s배로 본다.

62 강도설계법에서 다음 그림과 같은 T형보에서 공칭모멘트강도(M_n)는? (단, A_s =14－D25=7,094mm², f_{ck} =28MPa, f_y =400MPa)

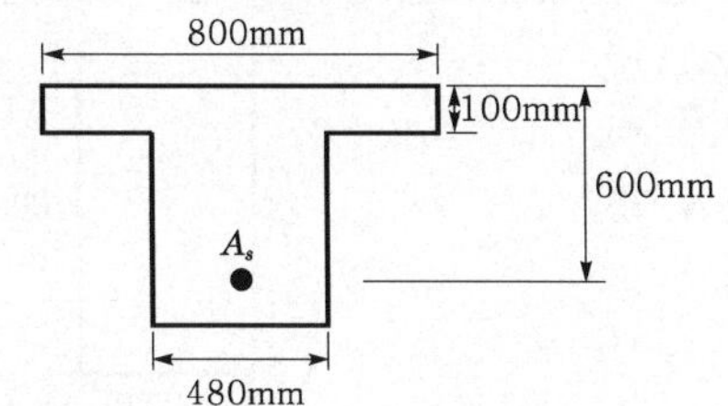

① 1648.3kN · m ② 1597.2kN · m
③ 1534.5kN · m ④ 1475.9kN · m

63 복철근 직사각형 보의 A_s'=1,916mm², A_s=4,790mm²이다. 등가직사각형 블록의 응력깊이(a)는? (단, f_{ck} =21MPa, f_y =300MPa)

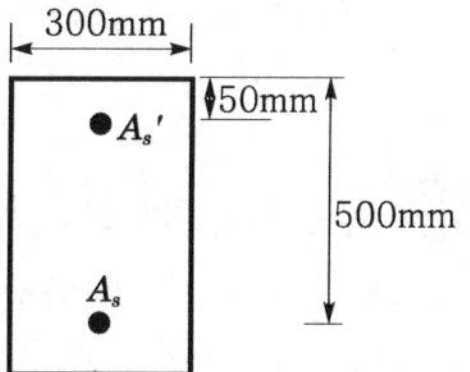

① 153mm
② 161mm
③ 176mm
④ 185mm

64 콘크리트의 강도설계에서 등가직사각형 응력블록의 깊이 $a=\beta_1 c$로 표현할 수 있다. f_{ck}가 60MPa인 경우 β_1의 값은 얼마인가?

① 0.85 ② 0.760
③ 0.65 ④ 0.626

65 다음 그림의 빗금 친 부분과 같은 단철근 T형보의 등가응력의 깊이(a)는? (단, A_s =6,354mm², f_{ck} =24MPa, f_y =400MPa)

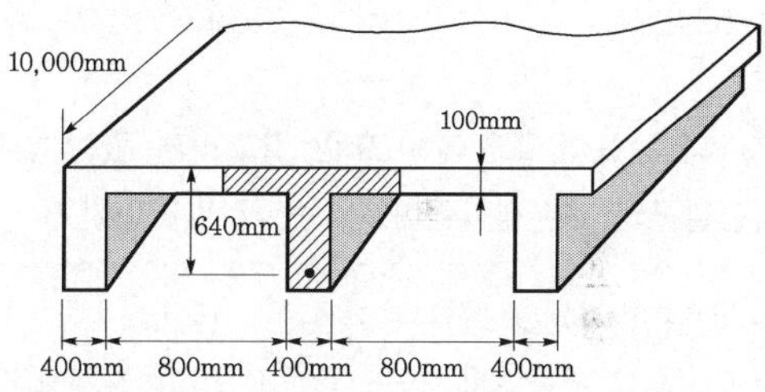

① 96.7mm ② 111.5mm
③ 121.3mm ④ 128.6mm

66 다음 그림과 같이 활하중(w_L)은 30kN/m, 고정하중(w_D)은 콘크리트의 자중(단위무게 23kN/m³)만 작용하고 있는 캔틸레버보가 있다. 이 보의 위험 단면에서 전단철근이 부담해야 할 전단력은? (단, 하중은 하중조합을 고려한 소요강도(U)를 적용하고 f_{ck} =24MPa, f_y =300MPa이다.)

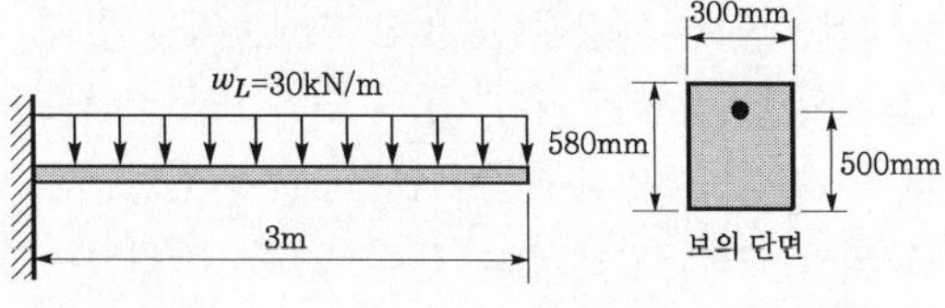

① 88.7kN ② 53.5kN
③ 21.3kN ④ 9.5kN

67 강도설계에서 f_{ck} =29MPa, f_y =300MPa일 때 단철근 직사각형 보의 균형철근비(ρ_b)는?

① 0.034 ② 0.045
③ 0.051 ④ 0.067

68 강도설계법에 의해서 전단철근을 사용하지 않고 계수하중에 의한 전단력 V_u =50kN을 지지하려면 직사각형 단면보의 최소 면적($b_w d$)은 약 얼마인가? (단, f_{ck} =28MPa, 최소 전단철근도 사용하지 않는 경우)

① 151,190mm^2 ② 123,530mm^2
③ 97,840mm^2 ④ 49,320mm^2

69 b_w =250mm, d =500mm, f_{ck} =21MPa, f_y = 400MPa인 직사각형 보에서 콘크리트가 부담하는 설계전단강도(ϕV_c)는?

① 71.6kN ② 76.4kN
③ 82.2kN ④ 91.5kN

70 다음 표의 조건에서 표준 갈고리가 있는 인장 이형철근의 기본정착길이(l_{hb})는 약 얼마인가?

- 보통중량골재를 사용한 콘크리트구조물
- 도막되지 않은 D35(공칭직경 34.9mm)철근으로 단부에 90° 표준 갈고리가 있음
- f_{ck} = 28MPa, f_y = 400MPa

① 635mm ② 660mm
③ 1,130mm ④ 1,585mm

71 철근콘크리트부재에서 처짐을 방지하기 위해서는 부재의 두께를 크게 하는 것이 효과적인데 구조상 가장 두꺼워야 될 순서대로 나열된 것은?

① 단순 지지>캔틸레버>일단 연속>양단 연속
② 캔틸레버>단순 지지>일단 연속>양단 연속
③ 일단 연속>양단 연속>단순 지지>캔틸레버
④ 양단 연속>일단 연속>단순 지지>캔틸레버

72 다음 그림과 같은 띠철근기둥에서 띠철근의 최대 간격은? (단, D10의 공칭직경은 9.5mm, D32의 공칭직경은 31.8mm)

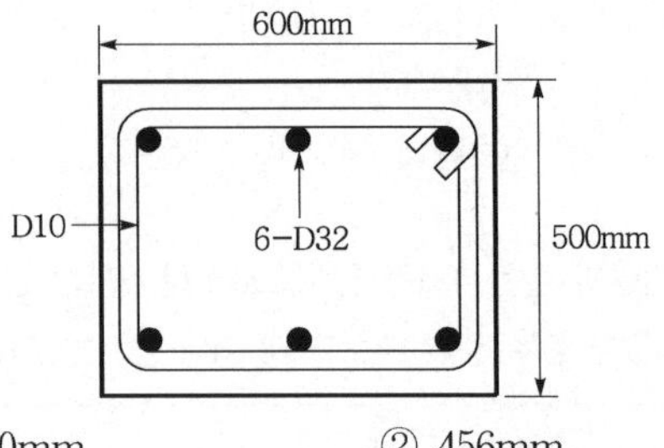

① 400mm ② 456mm
③ 500mm ④ 509mm

73 2방향 확대기초에서 하중계수가 고려된 계수하중 P_u(자중 포함)가 다음 그림과 같이 작용할 때 위험 단면의 계수전단력(V_u)은 얼마인가?

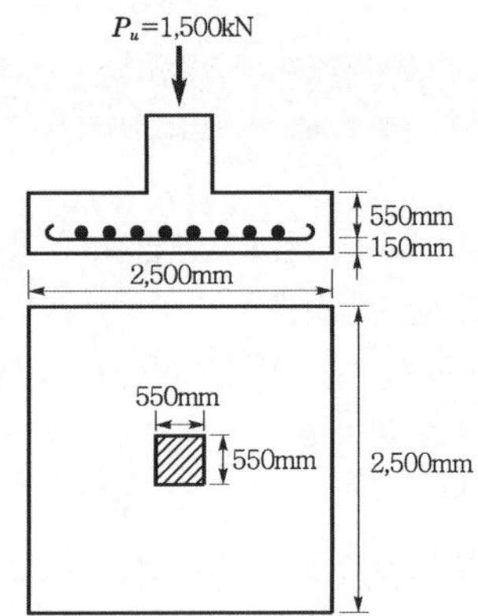

① 1151.4kN ② 1209.6kN
③ 1263.4kN ④ 1316.9kN

74 다음 그림과 같은 단면의 중간 높이에 초기 프리스트레스 900kN을 작용시켰다. 20%의 손실을 가정하여 하단 또는 상단의 응력이 영(零)이 되도록 이 단면에 가할 수 있는 모멘트의 크기는?

① 90kN · m
② 84kN · m
③ 72kN · m
④ 65kN · m

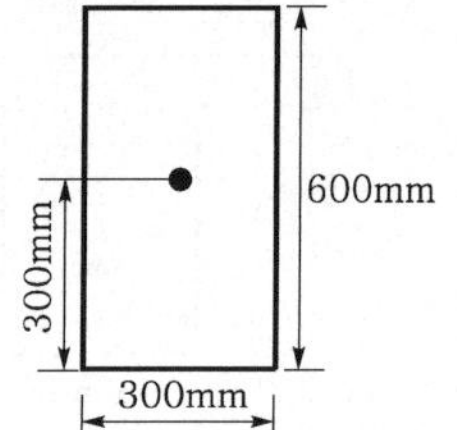

75 옹벽의 구조 해석에서 T형보로 설계하여야 하는 부분은?

① 뒷부벽
② 앞부벽
③ 부벽식 옹벽의 전면벽
④ 캔틸레버식 옹벽의 저판

76 경간이 8m인 PSC보에 계수등분포하중 $w=$ 20kN/m가 작용할 때 중앙 단면 콘크리트 하연에서의 응력이 0이 되려면 강재에 줄 프리스트레스힘 P는 얼마인가? (단, PS강재는 콘크리트 도심에 배치되어 있음)

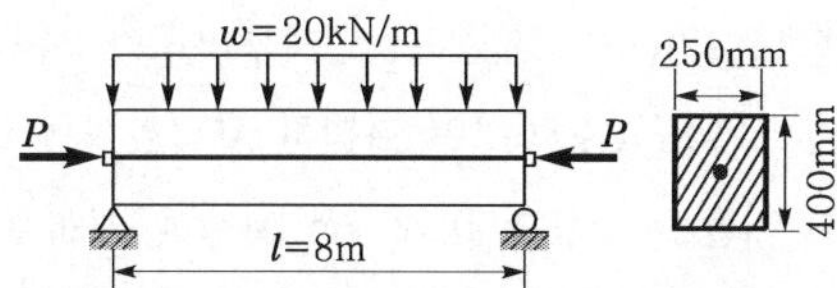

① 2,000kN ② 2,200kN
③ 2,400kN ④ 2,600kN

77 포스트텐션 긴장재의 마찰손실을 구하기 위해 다음의 표와 같은 근사식을 사용하고자 한다. 이때 근사식을 사용할 수 있는 조건으로 옳은 것은?

$$P_x = \frac{P_o}{1 + Kl + \mu\alpha}$$

① P_o의 값이 5,000kN 이하인 경우
② P_o의 값이 5,000kN을 초과하는 경우
③ $(Kl+\mu\alpha)$의 값이 0.3 이하인 경우
④ $(Kl+\mu\alpha)$의 값이 0.3을 초과하는 경우

78 프리스트레스의 손실원인은 그 시기에 따라 즉시 손실과 도입 후에 시간적인 경과 후에 일어나는 손실로 나눌 수 있다. 다음 중 손실원인의 시기가 나머지와 다른 하나는?

① 콘크리트 creep
② 포스트텐션 긴장재와 시스 사이의 마찰
③ 콘크리트 건조수축
④ PS강재의 relaxation

79 다음 그림과 같은 두께 19mm 평판의 순단면적을 구하면? (단, 볼트 체결을 위한 강판구멍의 직경은 25mm이다.)

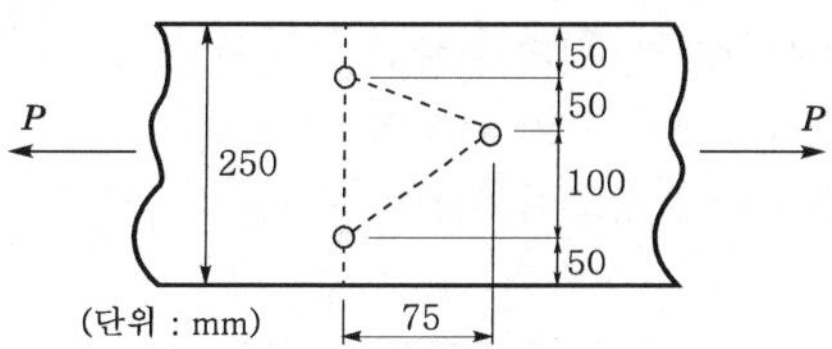

① 3,270mm^2 ② 3,800mm^2
③ 3,920mm^2 ④ 4,530mm^2

80 순단면이 볼트의 구멍 하나를 제외한 단면(즉 A－B－C 단면)과 같도록 피치(s)의 값을 결정하면? (단, 볼트구멍의 지름은 22mm이다.)

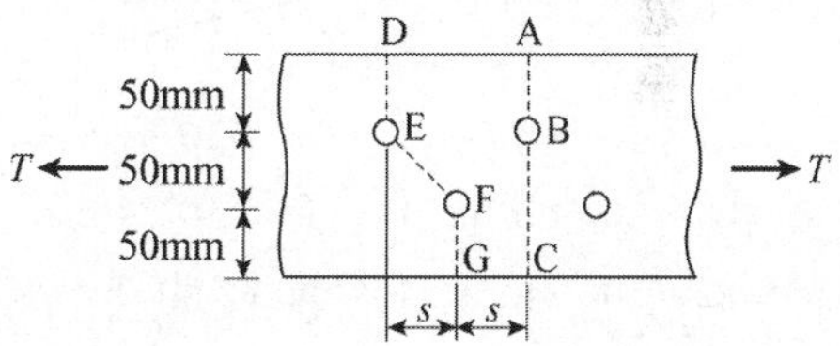

① 114.9mm ② 90.6mm
③ 66.3mm ④ 50mm

제5과목 토질 및 기초

81 어떤 흙 12kN(함수비 20%)과 흙 26kN(함수비 30%)을 섞으면 그 흙의 함수비는 약 얼마인가?

① 21.1% ② 25.0%
③ 26.7% ④ 29.5%

82 모래지반의 현장 상태 습윤단위중량을 측정한 결과 17.64kN/m^{3}로 얻어졌으며, 동일한 모래를 채취하여 실내에서 가장 조밀한 상태의 간극비를 구한 결과 $e_{min}=0.45$를, 가장 느슨한 상태의 간극비를 구한 결과 $e_{max}=0.92$를 얻었다. 현장 상태의 상대밀도는 약 몇 %인가? (단, 모래의 비중 $G_s=2.7$이고, 현장 상태의 함수비 $w=10\%$이다.)

① 44% ② 57%
③ 64% ④ 80%

83 통일분류법에 의해 그 흙이 MH로 분류되었다면 이 흙의 대략적인 공학적 성질은?

① 액성한계가 50% 이상인 실트이다.
② 액성한계가 50% 이하인 점토이다.
③ 소성한계가 50% 이상인 점토이다.
④ 소성한계가 50% 이하인 실트이다.

84 다음 그림에서 투수계수 $K=4.8\times10^{-3}$cm/s일 때 Darcy유출속도 V와 실제 물의 속도(침투속도) V_s는?

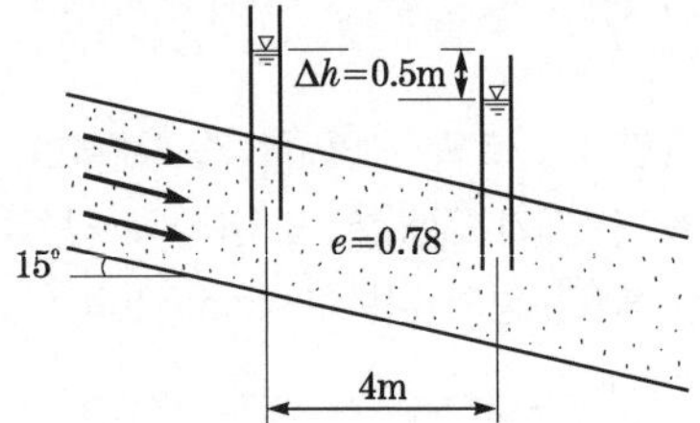

① $V=3.4\times10^{-4}$cm/s, $V_s=5.6\times10^{-4}$cm/s
② $V=4.6\times10^{-4}$cm/s, $V_s=9.4\times10^{-4}$cm/s
③ $V=5.2\times10^{-4}$cm/s, $V_s=10.8\times10^{-4}$cm/s
④ $V=5.8\times10^{-4}$cm/s, $V_s=13.2\times10^{-4}$cm/s

85 쓰레기 매립장에서 누출되어 나온 침출수가 지하수를 통하여 100m 떨어진 하천으로 이동한다. 매립장 내부와 하천의 수위차가 1m이고, 포화된 중간 지반은 평균투수계수 1×10^{-3}cm/s의 자유면 대수층으로 구성되어 있다고 할 때 매립장으로부터 침출수가 하천에 처음 도착하는데 걸리는 시간은 약 몇 년인가? (단, 이때 대수층의 간극비(e)는 0.25였다.)

① 3.45년 ② 6.34년
③ 10.56년 ④ 17.23년

86 다음 그림에서 C점의 압력수두 및 전수두값은 얼마인가?

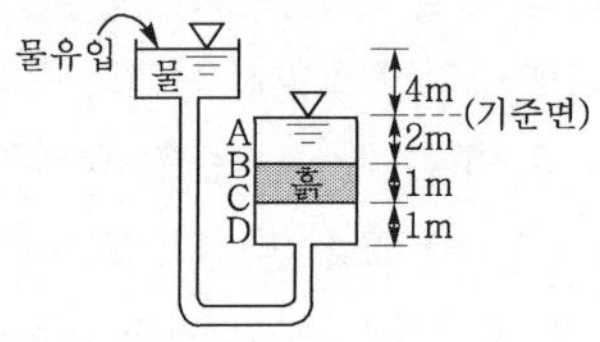

① 압력수두 3m, 전수두 2m
② 압력수두 7m, 전수두 0m
③ 압력수두 3m, 전수두 3m
④ 압력수두 7m, 전수두 4m

87 다음 그림과 같이 지표면에서 2m 부분이 지하수위이고 $e=0.6$, $G_s=2.68$이며 지표면까지 모관현상에 의하여 100% 포화되었다고 가정하였을 때 A점에 작용하는 유효응력의 크기는 얼마인가?

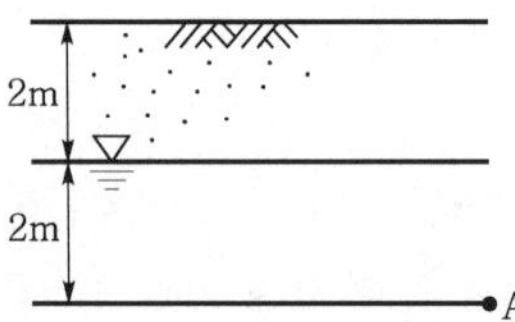

① 72.5kN/m^2 ② 67.5kN/m^2
③ 60.8kN/m^2 ④ 57.8kN/m^2

88 단위중량(γ_t)=19kN/m^3, 내부마찰각(ϕ)=30°, 정지토압계수(K_o)=0.5인 균질한 사질토 지반이 있다. 이 지반의 지표면 아래 2m 지점에 지하수위면이 있고 지하수위면 아래의 포화단위중량(γ_{sat})=20kN/m^3이다. 이때 지표면 아래 4m 지점에서 지반 내 응력에 대한 설명으로 틀린 것은? (단, 물의 단위중량은 9.81kN/m^3이다.)

① 연직응력(σ_v)은 80kN/m^2이다.
② 간극수압(u)은 19.62kN/m^2이다.
③ 유효연직응력(σ_v')은 58.38kN/m^2이다.
④ 유효수평응력(σ_h')은 29.19kN/m^2이다.

89 다음 그림과 같이 피압수압을 받고 있는 2m 두께의 모래층이 있다. 그 위의 포화된 점토층을 5m 깊이로 굴착하는 경우 분사현상이 발생하지 않기 위한 수심(h)은 최소 얼마를 초과하도록 하여야 하는가?

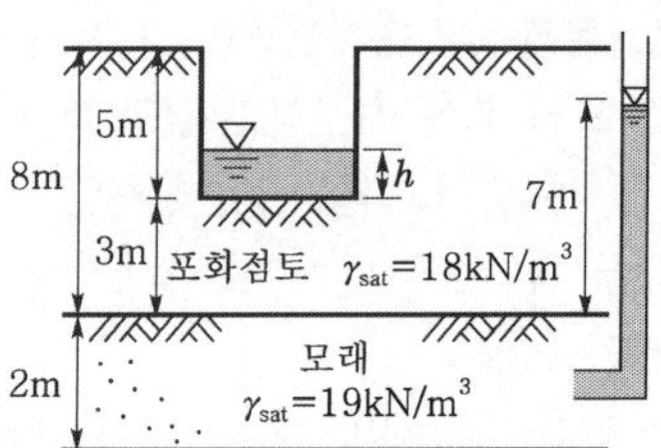

① 0.9m ② 1.5m
③ 1.9m ④ 2.4m

90 지표면에 설치된 2m×2m의 정사각형 기초에 100kN/m^{2}의 등분포하중이 작용하고 있을 때 5m 깊이에 있어서의 연직응력 증가량을 2 : 1분포법으로 계산한 값은?

① 0.83kN/m^2 ② 8.16kN/m^2
③ 19.75kN/m^2 ④ 28.57kN/m^2

91 다짐되지 않은 두께 2m, 상대밀도 40%의 느슨한 사질토 지반이 있다. 실내시험결과 최대 및 최소 간극비가 0.80, 0.40으로 각각 산출되었다. 이 사질토를 상대밀도 70%까지 다짐할 때 두께는 얼마나 감소되겠는가?

① 12.41cm ② 14.63cm
③ 22.71cm ④ 25.83cm

92 다음 그림과 같이 6m 두께의 모래층 밑에 2m 두께의 점토층이 존재한다. 지하수면은 지표 아래 2m 지점에 존재한다. 이때 지표면에 ΔP=50kN/m^{2}의 등분포하중이 작용하여 상당한 시간이 경과한 후 점토층의 중간 높이 A점에 피에조미터를 세워 수두를 측정한 결과 h=4.0m로 나타났다면 A점의 압밀도는?

① 22%
② 30%
③ 52%
④ 80%

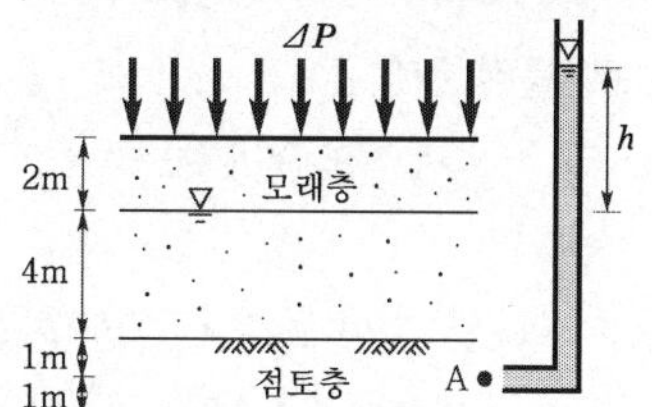

93 직접전단시험을 한 결과 수직응력이 1,200kN/m^{2}일 때 전단저항이 500kN/m^2, 수직응력이 2,400kN/m^{2}일 때 전단저항이 700kN/m^{2}이었다. 수직응력이 3,000kN/m^{2}일 때의 전단저항은?

① 600kN/m^2 ② 800kN/m^2
③ 1,000kN/m^2 ④ 1,200kN/m^2

94 성토된 하중에 의해 서서히 압밀이 되고 파괴도 완만하게 일어나 간극수압이 발생되지 않거나 측정이 곤란한 경우 실시하는 시험은?

① 압밀배수전단시험(CD시험)
② 비압밀비배수전단시험(UU시험)
③ 압밀비배수전단시험(CU시험)
④ 급속전단시험

95 모래의 밀도에 따라 일어나는 전단특성에 대한 설명 중 옳지 않은 것은?

① 다시 성형한 시료의 강도는 작아지지만 조밀한 모래에서는 시간이 경과됨에 따라 강도가 회복된다.
② 전단저항각(내부마찰각(ϕ))은 조밀한 모래일수록 크다.
③ 직접전단시험에 있어서 전단응력과 수평변위곡선은 조밀한 모래에서는 peak가 생긴다.
④ 직접전단시험에 있어 수평변위－수직변위곡선은 조밀한 모래에서는 전단이 진행됨에 따라 체적이 증가한다.

96 다음 그림에서 상재하중만으로 인한 주동토압(P_a)과 작용위치(x)는?

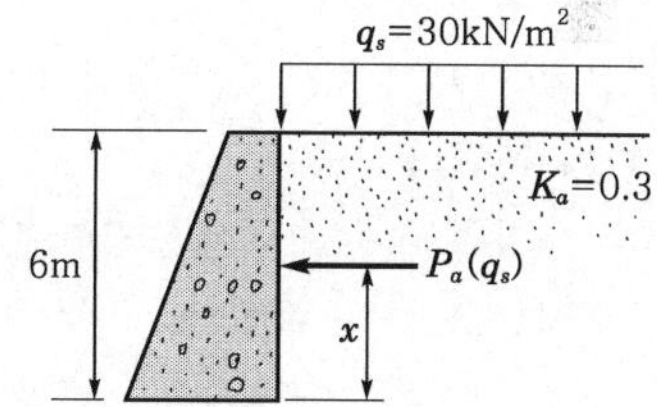

① $P_a(q_s)$=9kN/m, x=2m
② $P_a(q_s)$=9kN/m, x=3m
③ $P_a(q_s)$=54kN/m, x=2m
④ $P_a(q_s)$=54kN/m, x=3m

97 현장에서 다짐된 사질토의 상대다짐도가 95%이고 최대 및 최소 건조단위중량이 각각 17.6kN/m^3, 15kN/m^{3}이라고 할 때 현장 시료의 건조단위중량과 상대밀도를 구하면?

	건조단위중량	상대밀도
①	16.7kN/m^3	71%
②	16.7kN/m^3	69%
③	16.3kN/m^3	69%
④	16.3kN/m^3	71%

98 사질토 지반에서 직경 30cm의 평판재하시험결과 300kN/m^{2}의 압력이 작용할 때 침하량이 10mm라면 직경 1.5m의 실제 기초에 300kN/m^{2}의 하중이 작용할 때 침하량의 크기는?

① 28mm ② 50mm
③ 14mm ④ 25mm

99 절편법을 이용한 사면안정 해석 중 가상파괴면의 한 절편에 작용하는 힘의 상태를 다음 그림으로 나타내었다. 설명 중 잘못된 것은?

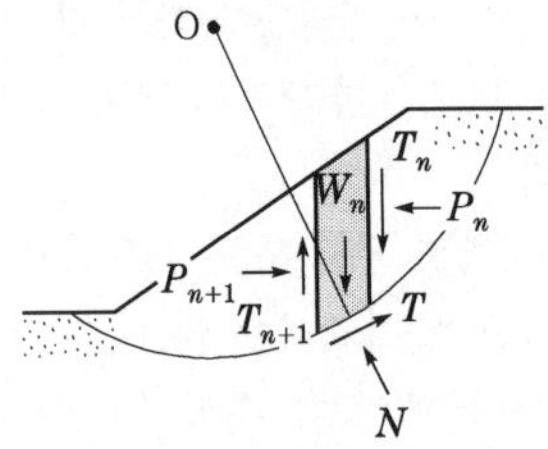

① Swedish(Fellenius)법에서는 T_n과 P_n의 합력이 P_{n+1}과 T_{n+1}의 합력과 같고 작용선도 일치한다고 가정하였다.

② Bishop의 간편법에서는 $P_{n+1}-P_n=0$이고 $T_n-T_{n+1}=0$로 가정하였다.

③ 절편의 전중량 W_n=흙의 단위중량×절편의 높이×절편의 폭이다.

④ 안전율은 파괴원의 중심 0에서 저항전단모멘트를 활동모멘트로 나눈 값이다.

100 깊은 기초에 대한 설명으로 틀린 것은?

① 점토지반 말뚝기초의 주면마찰저항을 산정하는 방법에는 α, β, λ방법이 있다.

② 사질토에서 말뚝의 선단지지력은 깊이에 비례하여 증가하나, 어느 한계에 도달하면 더 이상 증가하지 않고 거의 일정해진다.

③ 무리말뚝의 효율은 1보다 작은 것이 보통이나, 느슨한 사질토의 경우에는 1보다 클 수 있다.

④ 무리말뚝의 침하량은 동일한 규모의 하중을 받는 외말뚝의 침하량보다 작다.

제6과목 상하수도공학

101 어느 도시의 인구가 10년 전 10만명에서 현재는 20만명이 되었다. 등비급수법에 의한 인구 증가를 보였다고 하면 연평균인구증가율은?

① 0.08947　② 0.07177
③ 0.06251　④ 0.03589

102 정수처리의 단위조작으로 사용되는 오존처리에 관한 설명으로 틀린 것은?

① 유기물질의 생분해성을 증가시킨다.

② 염소주입에 앞서 오존을 주입하면 염소의 소비량을 감소시킨다.

③ 오존은 자체의 높은 산화력으로 염소에 비하여 높은 살균력을 가지고 있다.

④ 인의 제거능력이 뛰어나고 수온이 높아져도 오존소비량은 일정하게 유지된다.

103 콘크리트하수관의 내부천정이 부식되는 현상에 대한 대응책으로 틀린 것은?

① 방식재료를 사용하여 관을 방호한다.

② 하수 중의 유황함유량을 낮춘다.

③ 관내의 유속을 감소시킨다.

④ 하수에 염소를 주입하여 박테리아 번식을 억제한다.

104 펌프의 비속도(비교회전도, N_s)에 대한 설명으로 틀린 것은?

① N_s가 작으면 유량이 적은 저양정의 펌프가 된다.

② 수량 및 전양정이 같다면 회전수가 클수록 N_s가 크게 된다.

③ N_s가 동일하면 펌프의 크기에 관계없이 같은 형식의 펌프로 한다.

④ N_s가 작을수록 효율곡선은 완만하게 되고 유량변화에 대해 효율변화의 비율이 작다.

105 관거별 계획하수량 선정 시 고려해야 할 사항으로 적합하지 않은 것은?

① 오수관거는 계획시간 최대 오수량을 기준으로 한다.

② 우수관거에서는 계획우수량을 기준으로 한다.

③ 합류식 관거는 계획시간 최대 오수량에 계획우수량을 합한 것을 기준으로 한다.

④ 차집관거는 계획시간 최대 오수량에 우천 시 계획우수량을 합한 것을 기준으로 한다.

106 급수방식에 대한 설명으로 틀린 것은?

① 급수방식은 직결식과 저수조식으로 나누며, 이를 병용하기도 한다.
② 저수조식은 급수관으로부터 수돗물을 일단 저수조에 받아서 급수하는 방식이다.
③ 배수관의 압력변동에 관계없이 상시 일정한 수량과 압력을 필요로 하는 경우는 저수조식으로 한다.
④ 재해 시나 사고 등에 의한 수도의 단수나 감수 시에도 물을 반드시 확보해야 할 경우는 직결식으로 한다.

107 하수관거의 배제방식에 대한 설명으로 틀린 것은?

① 합류식은 청천 시 관내 오물이 침전하기 쉽다.
② 분류식은 합류식에 비해 부설비용이 많이 든다.
③ 분류식은 우천 시 오수가 월류하도록 설계한다.
④ 합류식 관거는 단면이 커서 환기가 잘 되고 검사에 편리하다.

108 호수의 부영양화에 대한 설명으로 틀린 것은?

① 부영양화는 정체성 수역의 상층에서 발생하기 쉽다.
② 부영양화된 수원의 상수는 냄새로 인하여 음료수로 부적당하다.
③ 부영양화로 식물성 플랑크톤의 번식이 증가되어 투명도가 저하된다.
④ 부영양화로 생물활동이 활발하여 깊은 곳의 용존산소가 풍부하다.

109 상수의 완속여과방식 정수과정으로 옳은 것은?

① 여과 → 침전 → 살균
② 살균 → 침전 → 여과
③ 침전 → 여과 → 살균
④ 침전 → 살균 → 여과

110 다음 그림은 유효저수량을 결정하기 위한 유출량누가곡선도이다. 이 곡선의 유효저수용량을 의미하는 것은?

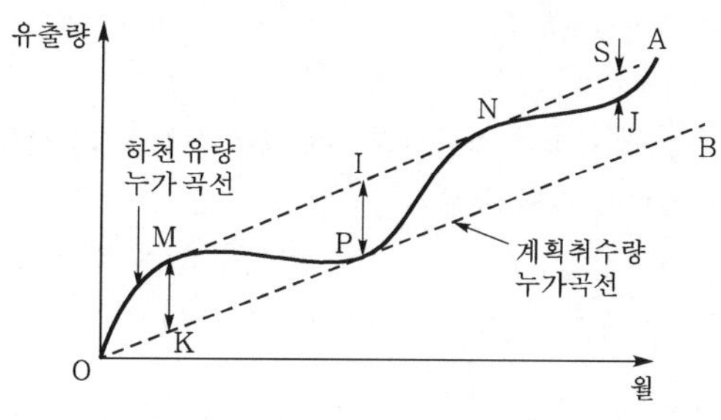

① MK　　② IP
③ SJ　　④ OP

111 1일 22,000m^3을 정수처리하는 정수장에서 고형 황산알루미늄을 평균 25mg/L씩 주입할 때 필요한 응집제의 양은?

① 250kg/day　　② 320kg/day
③ 480kg/day　　④ 550kg/day

112 펌프의 공동현상(cavitation)에 대한 설명으로 틀린 것은?

① 공동현상이 발생하면 소음이 발생한다.
② 공동현상은 펌프의 성능저하의 원인이 될 수 있다.
③ 공동현상을 방지하려면 펌프의 회전수를 크게 해야 한다.
④ 펌프의 흡입양정이 너무 작고 임펠러의 회전속도가 빠를 때 공동현상이 발생한다.

113 하천수의 5일간 BOD(BOD_5)에서 주로 측정되는 것은?

① 탄소성 BOD
② 질소성 BOD
③ 산소성 BOD 및 질소성 BOD
④ 탄소성 BOD 및 산소성 BOD

114 다음의 소독방법 중 발암물질인 THM 발생가능성이 가장 높은 것은?

① 염소소독　② 오존소독
③ 자외선소독　④ 이산화염소소독

115 합리식을 사용하여 우수량을 산정할 때 필요한 자료가 아닌 것은?

① 강우강도　② 유출계수
③ 지하수의 유입　④ 유달시간

116 하수 중의 질소와 인을 동시에 제거할 때 이용될 수 있는 고도처리시스템은?

① 혐기 호기조합법
② 3단 활성슬러지법
③ Phostrip법
④ 혐기 무산소호기조합법

117 집수매거(infiltration galleries)에 관한 설명 중 옳지 않은 것은?

① 집수매거는 복류수의 흐름방향에 대하여 지형 등을 고려하여 가능한 직각으로 설치하는 것이 효율적이다.
② 집수매거의 매설깊이는 5m 이상으로 하는 것이 바람직하다.
③ 집수매거 내의 평균유속은 유출단에서 1m/s 이하가 되도록 한다.
④ 집수매거의 집수개구부(공)직경은 3~5cm를 표준으로 하고, 그 수는 관거표면적 $1m^2$당 10~20개로 한다.

118 하수도시설에 손상을 주지 않기 위하여 설치되는 전처리(primary treatment)공정을 필요로 하지 않는 폐수는?

① 산성 또는 알칼리성이 강한 폐수
② 대형 부유물질만을 함유하는 폐수
③ 침전성 물질을 다량으로 함유하는 폐수
④ 아주 미세한 부유물질만을 함유하는 폐수

119 상수도관로시설에 대한 설명 중 옳지 않은 것은?

① 배수관 내의 최소 동수압은 150kPa이다.
② 상수도의 송수방식에는 자연유하식과 펌프가압식이 있다.
③ 도수거가 하천이나 깊은 계곡을 횡단할 때는 수로교를 가설한다.
④ 급수관을 공공도로에 부설할 경우 다른 매설물과의 간격을 15cm 이상 확보한다.

120 슬러지의 처분에 관한 일반적인 계통도로 알맞은 것은?

① 생슬러지－개량－농축－소화－탈수－최종 처분
② 생슬러지－농축－소화－개량－탈수－최종 처분
③ 생슬러지－농축－탈수－개량－소각－최종 처분
④ 생슬러지－농축－탈수－소각－개량－최종 처분

제2회 정답 및 해설

01	02	03	04	05	06	07	08	09	10	11	12	13	14	15	16	17	18	19	20
②	③	④	③	④	④	①	③	③	④	②	④	①	④	①	④	①	①	②	②
21	22	23	24	25	26	27	28	29	30	31	32	33	34	35	36	37	38	39	40
①	③	②	④	①	③	④	①	③	①	④	①	②	③	①	②	②	④	①	①
41	42	43	44	45	46	47	48	49	50	51	52	53	54	55	56	57	58	59	60
④	③	③	③	③	②	①	②	①	②	②	④	②	①	③	②	③	③	②	②
61	62	63	64	65	66	67	68	69	70	71	72	73	74	75	76	77	78	79	80
③	④	②	②	②	②	②	①	①	①	②	②	②	③	①	③	③	②	②	③
81	82	83	84	85	86	87	88	89	90	91	92	93	94	95	96	97	98	99	100
③	②	①	④	②	④	③	①	②	②	②	①	②	①	①	④	②	①	②	④
101	102	103	104	105	106	107	108	109	110	111	112	113	114	115	116	117	118	119	120
②	④	③	①	④	④	③	④	③	②	④	③	①	①	③	④	④	④	④	②

제1과목 응용역학

1 $M_G = 30\times55 - 20\times45 + 30\times30 + 25\times15$
$= 2{,}025\,\text{kN}\cdot\text{m}$

2 $5 : \text{AC} = 1 : \sqrt{3}$
$\therefore \text{AC} \fallingdotseq 8.7\text{kN}$

3 원형, 정삼각형의 도심축에 대한 단면 2차 모멘트는 축의 회전에 관계없이 모두 같다.

4

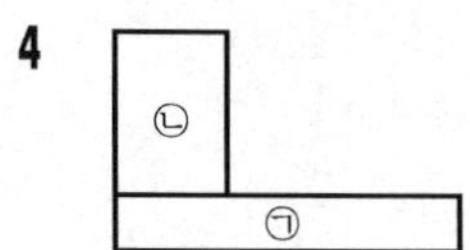

㉠ $I_{xy} = Ax_0y_0 = 120\times20\times60\times10 = 1{,}440{,}000\text{cm}^4$
㉡ $I_{xy} = Ax_0y_0 = 60\times40\times20\times50 = 2{,}400{,}000\text{cm}^4$
$\therefore I_{xy} =$ ㉠+㉡
$= 1{,}440{,}000 + 2{,}400{,}000 = 3{,}840{,}000\text{cm}^4$

5 $\Sigma F_x = 0(\leftarrow\oplus)$
$\therefore F_x = 2.6\times\dfrac{5}{13} + 3.0\times\cos45° - 2.1\times\cos30°$
$= 1.302\text{kN}(\leftarrow)$

6 $m = \dfrac{1}{\nu}$
$\therefore G = \dfrac{E}{2(1+\nu)} = \dfrac{E}{2\left(1+\dfrac{1}{m}\right)} = \dfrac{mE}{2(m+1)}$

7

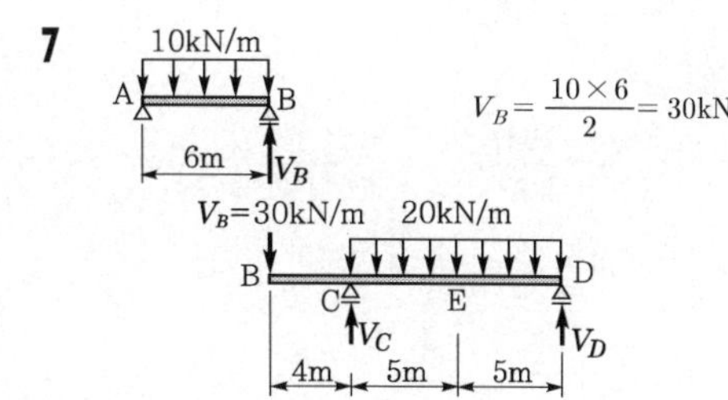

$V_B = \dfrac{10\times6}{2} = 30\text{kN}$

$\Sigma M_C = 0(\oplus\circlearrowright)$
$(-30\times4) + (20\times10\times5) - V_D\times10 = 0$
$\therefore V_D = 88\text{kN}$

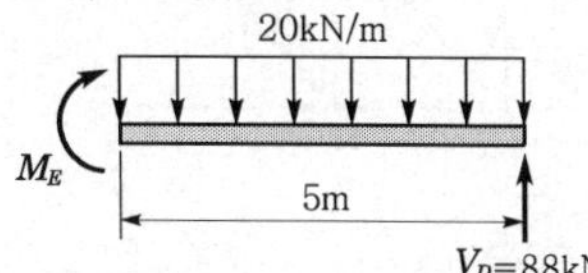

$\Sigma M_E = 0(\oplus\circlearrowright)$
$\therefore M_E = (88\times5.0) - (20\times5\times2.5) = 190\text{kN}\cdot\text{m}$

8

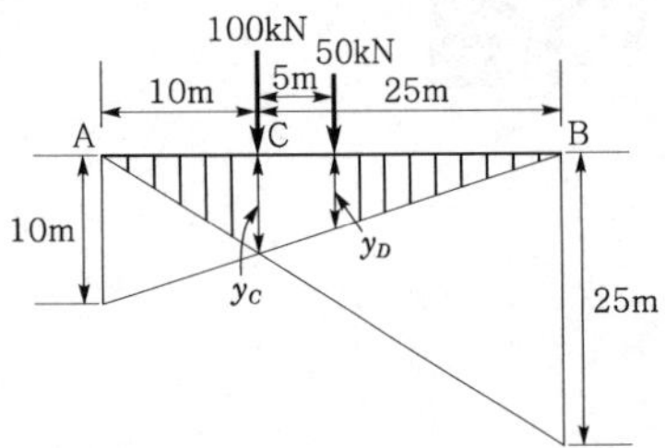

$y_C = 7.142\text{m}$

$y_D = 5.714\text{m}$

$\therefore M_C = (100 \times 7.142) + (50 \times 5.714) \fallingdotseq 1{,}000\text{kN} \cdot \text{m}$

9 $\Sigma M_B = 0(\oplus)$

$R_A \times 2 - (40 \times 2 \times 1) - (30 \times 3) = 0$

$\therefore R_A = 85\text{kN}$

10 $R_A = \dfrac{1}{3} \times 4.5 = 1.5\text{kN}$

$R_B = \dfrac{2}{3} \times 4.5 = 3\text{kN}$

$S_{\max} = R_B = 3\text{kN}$

$G = 3 \times 7 \times 3.5 + 7 \times 3 \times 8.5 = 252\text{cm}^3$ (단면 하단기준)

$y_c = \dfrac{G}{A} = \dfrac{252}{(3 \times 7) + (7 \times 3)} = 6\text{cm}$

$I_c = \left(\dfrac{7 \times 3^3}{12} + 7 \times 3 \times 2.5^2\right) + \left(\dfrac{3 \times 7^3}{12} + 3 \times 7 \times 2.5^2\right)$

$= 364\text{cm}^4$

$G_c = 3 \times 6 \times 3 = 54\text{cm}^3$

$\therefore \tau_{\max} = \dfrac{SG_c}{I_c b} = \dfrac{3 \times 54}{364 \times 3} = 0.148\text{kN/cm}^2 = 1{,}480\text{kN/m}^2$

11 $I = \dfrac{b \times (2h)^3}{12} = \dfrac{8bh^3}{12}$

$y = \dfrac{h}{2}$

$\therefore \sigma = \left(\dfrac{M}{I}\right) y = \dfrac{12M}{8bh^3} \times \dfrac{h}{2} = \dfrac{3M}{4bh^2}$

12 일단 고정 타단 힌지의 좌굴계수 $n = 2$

13 $P_{cr} = \dfrac{4\pi^2 EI}{L^2}$

14

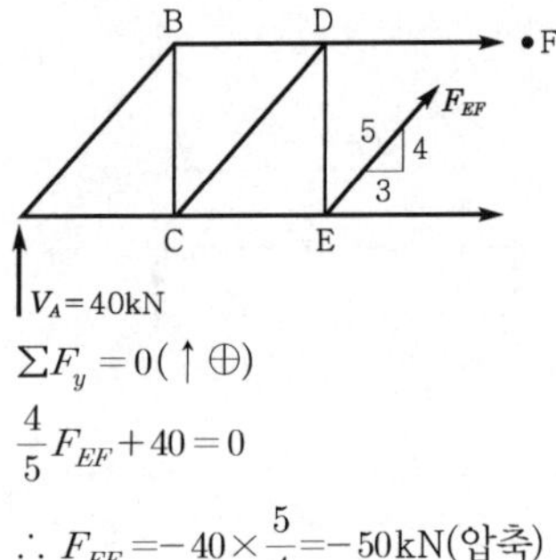

$\Sigma F_y = 0(\uparrow \oplus)$

$\dfrac{4}{5} F_{EF} + 40 = 0$

$\therefore F_{EF} = -40 \times \dfrac{5}{4} = -50\text{kN}$(압축)

15

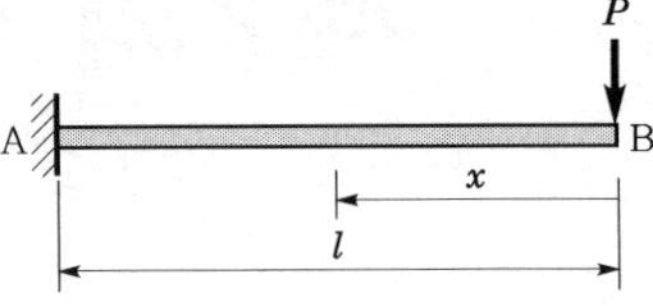

$M_x = -Px$

$\therefore U = \dfrac{1}{2} \displaystyle\int_0^l \dfrac{{M_x}^2}{EI} dx = \dfrac{1}{2EI} \int_0^l (-Px)^2 dx$

$= \dfrac{P^2}{2EI} \left[\dfrac{1}{3} x^3\right]_0^l = \dfrac{P^2 l^3}{6EI}$

[별해] 보의 변형에너지

$U = \dfrac{1}{2} P\delta = \dfrac{1}{2} \times P \times \dfrac{Pl^3}{3EI} = \dfrac{P^2 l^3}{6EI}$

16 처짐각법 이용

$M_{AB} = 0,\ \theta_B = 0$

$\dfrac{2EI}{L}(2\theta_A + \theta_B) - \dfrac{wL^2}{12} = 0$

$\dfrac{4EI}{L}\theta_A = \dfrac{wL^2}{12}$

$\therefore \theta_A = \dfrac{wL^3}{48EI}$

17 탄성하중법 이용

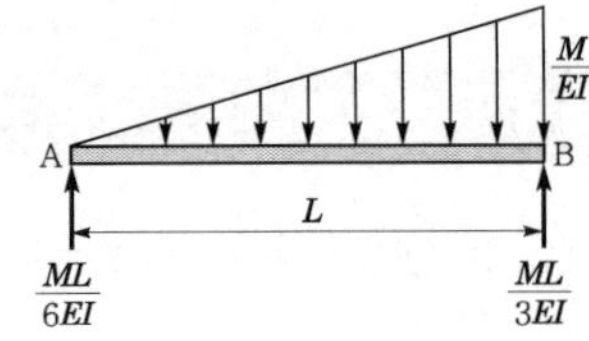

㉠ $\Sigma V = 0$

$\theta_x = S_x' = \dfrac{MLx}{6EI} - \dfrac{Mx^2}{2EIL} = 0$

$\therefore x = \dfrac{\sqrt{3}}{3} L$

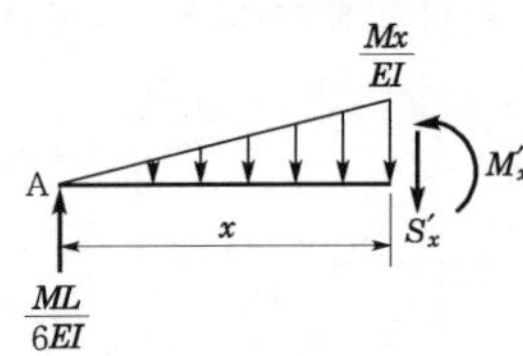

㉡ $\Sigma M_x = 0$

$\dfrac{ML}{6EI} \times x - \dfrac{Mx}{EIL} \times x \times \dfrac{1}{2} \times \dfrac{x}{3} - M_x' = 0$

$\therefore \delta_{\max} = M_x' = \dfrac{MLx}{6EI} - \dfrac{Mx^3}{6EIL}$

$= \dfrac{ML}{6EI}\left(\dfrac{\sqrt{3}}{3} L\right) - \dfrac{M}{6EIL}\left(\dfrac{\sqrt{3}}{3} L\right)^3$

$= \dfrac{\sqrt{3}}{27} \dfrac{ML^2}{EI}$

18 $\delta_{B_1} = -\dfrac{M_o L}{2EI} \times \dfrac{3L}{4} = -\dfrac{3M_o L^2}{8EI}$

$\delta_{B_2} = \dfrac{1}{2} \times \dfrac{PL}{EI} \times L \times \dfrac{2L}{3} = \dfrac{PL^3}{3EI}$

$\therefore \delta_B = \delta_{B1} + \delta_{B2} = -\dfrac{3M_o L^2}{8EI} + \dfrac{PL^3}{3EI}$

$= -\dfrac{3 \times 4 \times 2.4^2}{8 \times 6,000} + \dfrac{16 \times 2.4^3}{3 \times 6,000}$

$= 0.0108\text{mm} = 1.08\text{cm}(\downarrow)$

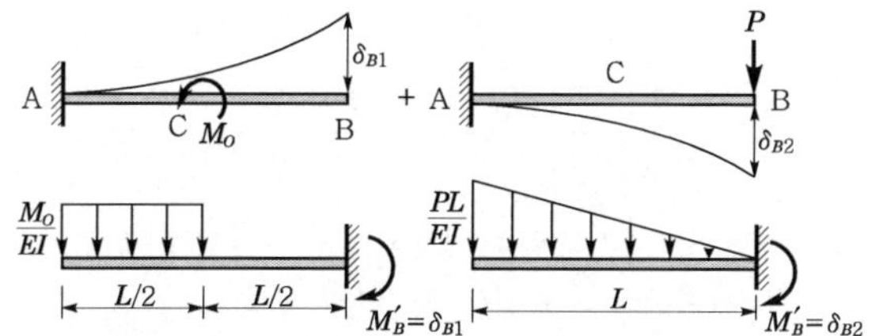

19 변형일치법 이용

$\dfrac{5wl^4}{384} = \dfrac{R_B l^3}{48}$

$\dfrac{5 \times 20 \times 6^4}{384} = \dfrac{R_B \times 6^3}{48}$

$\therefore R_B = 75\text{kN}$

20 모멘트분배법 이용

㉠ 강도

$K_{BA} = \dfrac{I}{8}$

$K_{BC} = \dfrac{2EI}{8}$

㉡ 유효강비

$k_{BA} = 1$

$k_{BC} = 2 \times \dfrac{3}{4} = \dfrac{3}{2}$

㉢ 분배율

$$D.F_{BC} = \dfrac{\dfrac{3}{2}}{1 + \dfrac{3}{2}} = \dfrac{3}{5}$$

제2과목 측량학

21 폐합오차$(E) = \sqrt{\text{위거오차}^2 + \text{경거오차}^2}$

$= \sqrt{(-0.17)^2 + 0.22^2} = 0.278\text{m}$

$\therefore$ 폐합비$= \dfrac{E}{\sum L} = \dfrac{0.278}{252} = \dfrac{1}{900}$

22 완화곡선의 성질

㉠ 곡선반지름은 완화곡선의 시점에서 무한대, 종점에서 원곡선의 반지름으로 된다.

㉡ 완화곡선의 접선은 시점에서 직선에, 종점에서 원호에 접한다.

㉢ 완화곡선에 연한 곡선반지름의 감소율은 캔트의 증가율과 같다.

㉣ 완화곡선의 종점의 캔트와 원곡선의 시점의 캔트는 같다.

23 ㉠ 실제 거리 계산

$\overline{AB} = \sqrt{(X_B - X_A)^2 + (Y_B - Y_A)^2}$

$= \sqrt{(205,100.11 - 205,346.39)^2 + (11,587.87 - 10,793.16)^2}$

$= 831.996\text{m}$

㉡ 축척 계산

$\dfrac{1}{m} = \dfrac{\text{도상거리}}{\text{실제 거리}} = \dfrac{0.208}{831.996} = \dfrac{1}{4,000}$

24 측각오차의 허용범위가 $60''\sqrt{N}$이므로

$60''\sqrt{9} = 180'' = 3'$

∴ 오차가 $2'$이므로 허용범위 이내이다. 따라서 각의 크기와 상관없이 등배분한다.

25 $H_B = 10 + \dfrac{-1.256 - 1.238}{2} = 8.753\text{m}$

26 ① GPS를 이용하여 취득한 높이는 타원체고이다.

② GPS에서 사용되는 기준타원체는 WGS84이다.

④ GPS측량은 관측한 데이터를 후처리과정을 거쳐 위치를 결정한다.

27 구과량

㉠ 구과량은 구면삼각형의 면적(F)에 비례하고, 구의 반지름(R)의 제곱에 반비례한다.

㉡ 세 변이 대원의 호로 된 삼각형을 구면삼각형이라 한다.

㉢ 일반측량에서는 구과량이 미소하므로 구면삼각형 대신에 평면삼각형의 면적을 사용해도 상관없다.

㉣ 측량대상지역이 넓은 경우에는 곡면각의 성질이 필요하다.

㉤ 구면삼각형의 세 변의 길이는 대원호의 중심각과 같은 각거리이다.

28 산림지에서 벌채량을 줄일 목적으로 사용되는 곡선설치법은 접선에서 지거를 이용하는 방법이다.

29 전자파거리측정기의 오차
㉠ 거리에 비례하는 오차 : 광속도오차, 광변조주파수오차, 굴절률오차
㉡ 거리에 반비례하는 오차 : 위상차관측오차, 영점오차(기계정수, 반사경정수), 편심오차

30 폐합오차의 배분(종선오차, 횡선오차의 배분)
㉠ 트랜싯법칙 : 거리의 정밀도보다 각의 정밀도가 높은 경우 위거, 경거에 비례배분
$\frac{\Delta l}{l} < \frac{\theta''}{\rho''}$
㉡ 컴퍼스법칙 : 각의 정밀도와 각의 정밀도가 같은 경우 측선장에 비례배분
$\frac{\Delta l}{l} = \frac{\theta''}{\rho''}$

31 클로소이드에서 접선각 τ를 라디안으로 표시하면 $\tau = \frac{L}{2R}$이 된다.

32 ㉠ x 계산
$$\frac{2,000}{\sin(360° - 300°20')} = \frac{2.5}{\sin x}$$
$$\therefore x = \sin^{-1}\left(\frac{\sin(360° - 300°20') \times 2.5}{2,000}\right) = 0°3'43''$$
㉡ y 계산
$$\frac{3,000}{\sin(360° - 300°20' + 31°15'40'')} = \frac{2.5}{\sin y}$$
$$\therefore y = \sin^{-1}\left(\frac{\sin(360° - 300°20' + 31°15'40'') \times 2.5}{3,000}\right) = 0°2'52''$$
㉢ T 계산
$T + x = T' + y$
$\therefore T = T' + y - x = 31°15'40'' + 0°2'52'' - 0°3'43'' = 31°14'50''$

33 삼각점 계산순서 : 편심조정 계산→삼각형 계산(변, 방향각)→좌표조정 계산→표고 계산→경위도 결정

34 폐합트래버스는 오차의 계산 및 조정이 가능하며 개방트래버스보다 정확도가 높다.

35 경중률은 노선거리에 반비례한다.
㉠ $P_A : P_B : P_C = \frac{1}{1} : \frac{1}{2} : \frac{1}{3} = 6 : 3 : 2$
㉡ $H_0 = \frac{6 \times 135.487 + 3 \times 135.563 + 2 \times 135.603}{6+3+2} = 135.529\text{m}$

36 $C = \frac{SV^2}{Rg} = \frac{1.067 \times \left(\frac{100 \times 1,000}{3,600}\right)^2}{600 \times 9.8} = 0.14\text{m} = 140\text{mm}$

37 $\left(\frac{1}{m}\right)^2 = \frac{\text{도상면적}}{\text{실제 면적}} = \frac{0.02 \times 0.02}{1,000 \times 1,000} = \frac{1}{50,000}$

38 3차원 위치 DOP(PDOP)는 $\sqrt{{\sigma_x}^2 + {\sigma_y}^2 + {\sigma_z}^2}$ 으로 나타낸다.

39 ㉠ $A = ab = 75 \times 100 = 7,500\text{m}^2$
㉡ $\Delta A = \pm\sqrt{(75 \times 0.008)^2 + (100 \times 0.003)^2} = \pm 0.67\text{m}^2$

40 지오이드와 준거타원체는 거의 일치한다. 따라서 일치한다라는 표현은 틀리다.

제3과목 수리수문학

41 $\tau = \mu\frac{dV}{dy} = 0.01 \times \frac{200}{0.5} = 4\text{N/cm}^2$

42 $\frac{P_1}{A_1} + wh = \frac{P_2}{A_2}$
$\frac{P_1}{25 \times 10^{-4}} + 0.9 \times 0.2 = \frac{0.2}{500 \times 10^{-4}}$
$\therefore P_1 = 9.55 \times 10^{-3}\text{t} = 9.55\text{kg} = 95.5\text{N}$

43 ㉠ $P_H = wh_G A = 9.8 \times 6\sin 30° \times (12\sin 30° \times 1) = 176.4\text{kN}$
㉡ $P_V = w \cdot$ (단면) $\cdot b$
$= 9.8 \times \left(\pi \times 6^2 \times \frac{60°}{360°} - \frac{6\sin 30° \times 6\cos 30°}{2} \times 2\right) \times 1 = 31.96\text{kN}$
㉢ $P = \sqrt{{P_H}^2 + {P_V}^2} = \sqrt{176.4^2 + 31.96^2} = 179.27\text{kN}$

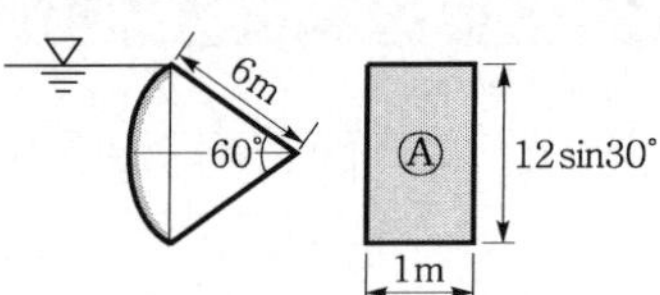

44 ㉠ $P = wh = 9.8 \times 100 = 980\text{kN/m}^2$
㉡ $t = \frac{PD}{2\sigma_{ta}} = \frac{980 \times 1.8}{2 \times 110,000} = 8.02 \times 10^{-3}\text{m} = 0.8\text{cm}$

45 $P = wh\left(1+\frac{\alpha}{g}\right) = 9.8\times1\times\left(1+\frac{19.6}{9.8}\right) = 29.4\text{kN/m}^2$

46 $w = 9.8\text{kN/m}^3$ 이므로

$$\frac{V_1^{\ 2}}{2g}+\frac{P_1}{w}+Z_1 = \frac{V_2^{\ 2}}{2g}+\frac{P_2}{w}+Z_2$$

$$\frac{2^2}{2\times9.8}+\frac{P_1}{9.8}+0 = \frac{3^2}{2\times9.8}+\frac{9.8}{9.8}+0$$

$\therefore\ P_1 = 12.3\text{kN/m}^2$

47 ㉠ $P_1 = wh_{G1}A_1 = 1\times\frac{1.6}{2}\times(1.6\times1) = 1.28\text{t}$

㉡ $P_2 = wh_{G2}A_2 = 1\times\frac{0.7}{2}\times(0.7\times1) = 0.245\text{t}$

㉢ $P_1 - P_2 - F_x = \frac{wQ}{g}(V_2 - V_1)$

$$1.28 - 0.245 - F_x = \frac{1\times3.27}{9.8}\times(4.67-2.04)$$

$\therefore\ F_x = 0.157\text{t} = 157\text{kg} = 157\times10 = 1{,}570\text{N}$

48 ㉠ 경계면에서 유체입자의 속도는 0이 되고, 경계면으로부터 거리가 멀어질수록 유속은 증가한다. 그러나 경계면으로부터의 거리가 일정한 거리만큼 떨어진 다음부터는 유속이 일정하게 된다. 이러한 영역을 유체의 경계층이라 한다.

㉡ 경계층 내의 흐름은 층류일 수도 있고, 난류일 수도 있다.

㉢ 층류 및 난류경계층을 구분하는 일반적인 기준은 특성레이놀즈수이다.

$$R_x = \frac{V_o x}{\nu}$$

(한계Reynolds수는 약 500,000이다.)

여기서, x : 평판 선단으로부터의 거리

49 ㉠ $Q = 1.84bh^{\frac{3}{2}}$

$$0.03 = 1.84\times0.35\times h^{\frac{3}{2}}$$

$\therefore\ h = 0.13\text{m}$

㉡ $\frac{dQ}{Q} = \frac{3}{2}\frac{dh}{h} = \frac{3}{2}\times\frac{0.001}{0.13} = 0.01154 ≒ 1.15\%$

50 ㉠ $A_{정사각형} = A_{원형}$

$$h^2 = \frac{\pi D^2}{4}$$

$\therefore\ h = 0.89D$

㉡ • 정사각형 : $R_s = \frac{A}{S} = \frac{h^2}{4h} = \frac{h}{4}$

• 원형 : $R_c = \frac{A}{S} = \frac{D}{4}$

㉢ $Q = AV = A\frac{1}{n}R^{\frac{2}{3}}I^{\frac{1}{2}}$

$$\therefore\ \frac{Q_s}{Q_c} = \left(\frac{R_s}{R_c}\right)^{\frac{2}{3}} = \left(\frac{h}{D}\right)^{\frac{2}{3}} = \left(\frac{0.89D}{D}\right)^{\frac{2}{3}} = 0.925$$

51 ㉠ $Q = AV$

$$0.1 = \frac{\pi\times0.2^2}{4}\times V$$

$\therefore\ V = 3.18\text{m/s}$

㉡ $\Sigma h = \left(f_e + f\frac{l}{D} + f_o\right)\frac{V^2}{2g}$

$$= \left(0.5+0.03\times\frac{100}{0.2}+1\right)\times\frac{3.18^2}{2\times9.8} = 8.51\text{m}$$

㉢ $E = \frac{1{,}000}{75}\frac{Q(H+\Sigma h)}{\eta}$

$$= \frac{1{,}000}{75}\times\frac{0.1\times(40+8.51)}{1} = 64.68\text{HP}$$

52 ㉠ $V = \frac{Q}{A} = \frac{2.8}{\frac{1.2\times0.9}{2}} = 5.19\text{m/s}$

㉡ $H_e = h + \alpha\frac{V^2}{2g} = 0.9 + 1\times\frac{5.19^2}{2\times9.8} = 2.27\text{m}$

53 ㉠ 프루드수는 관성력에 대한 중력의 비를 나타낸다.

㉡ 상류일 때의 흐름은 중력의 영향이 커서 유속이 비교적 느리고, 수심은 커진다.

54 $T_r = \frac{T_m}{T_p} = \sqrt{\frac{L_r}{g_r}} = \sqrt{\frac{\frac{1}{225}}{1}} = 0.067$

$$\frac{4}{T_p} = 0.067$$

$\therefore\ T_p = 59.7$분

55 $L = \sqrt{gh}\,T = \sqrt{9.8\times5}\times14.5 = 101.5\text{m/s}$

<참고> 파장과 주기의 관계

$\frac{h}{L} < 0.05$인 천해파일 때 $L = \sqrt{gh}\,T$

여기서, L : 파장, T : 주기(sec)

56 $D = C_D A\frac{1}{2}\rho V^2$

$$= 1.5\times(4\times2)\times\frac{1}{2}\times\frac{1}{9.8}\times2^2$$

$$= 2.45\text{t} = 2.45\times9.8 = 24.01\text{kN}$$

57

시각(분)	0	5	10	15	20
우량(mm)	0	2	6	10	7

$I = (10+7)\times\frac{60}{10} = 102\text{mm/h}$

58 유출곡선지수(runoff curve number : CN)

㉠ SCS에서 흙의 종류, 토지의 사용용도, 흙의 초기 함수상태에 따라 총우량에 대한 직접유출량(혹은 유효우량)의 잠재력을 표시하는 지표이다.

㉡ 불투수성 지역일수록 CN의 값이 크다.

㉢ 선행토양함수조건은 성수기와 비성수기로 나누어 각 경우에 대하여 3가지 조건으로 구분한다.

59 대규모 수공구조물의 설계홍수량 결정법

㉠ 최대 가능홍수량(PMF)

㉡ 표준 설계홍수량(SPF)

㉢ 확률홍수량

60

㉠ 시간	0	1	2	3	4	5
㉡ 1시간 단위도 종거	0	2	8	10	6	3
㉢ 1시간 지연 1시간 단위도	–	0	2	8	10	6
㉣ 2시간 지연 1시간 단위도	–	–	0	2	8	10
㉤=㉡+㉢+㉣	0	2	10	20	24	19
㉥ 3시간 단위도 $\left(㉥=㉤\times\frac{1}{3}\right)$	0	0.67	3.33	6.67	8	6.33

제4과목 철근콘크리트 및 강구조

61 압축측 연단에서 콘크리트의 극한변형률은 0.0033이고, 인장측 연단에서 철근의 극한변형률 $\varepsilon_y=\frac{f_y}{E_s}$로 구한다.

62 ㉠ T형보의 판별

$$a=\frac{f_y A_s}{\eta(0.85f_{ck})b}=\frac{400\times7{,}094}{1.0\times0.85\times28\times800}$$

$=149\text{mm}>t_f(=100)$

∴ T형보로 해석

㉡ 등가깊이 산정

$$A_{sf}=\frac{\eta(0.85f_{ck})t(b-b_w)}{f_y}$$

$$=\frac{1.0\times0.85\times28\times100\times(800-480)}{400}=1{,}904\text{mm}^2$$

$$\therefore\ a=\frac{f_y(A_s-A_{sf})}{\eta(0.85f_{ck})b_w}=\frac{400\times(7{,}094-1{,}904)}{1.0\times0.85\times28\times480}$$

$=181.72\text{mm}$

㉢ 공칭강도 산정

$$M_n=f_yA_{sf}\left(d-\frac{t}{2}\right)+f_y(A_s-A_{sf})\left(d-\frac{a}{2}\right)$$

$$=400\times1{,}904\times\left(600-\frac{100}{2}\right)$$

$$+400\times(7{,}094-1{,}904)\times\left(600-\frac{181.72}{2}\right)$$

$=1475.85\times10^3\text{N}\cdot\text{mm}=1475.9\text{kN}\cdot\text{m}$

63 $a=\frac{f_y(A_s-A_s{}')}{\eta(0.85f_{ck})b}=\frac{300\times(4{,}790-1{,}916)}{1.0\times0.85\times21\times300}=161\text{mm}$

64

f_{ck}[MPa]	≤40	50	60
β_1	0.80	0.80	0.76

∴ $f_{ck}\le60\text{MPa}$이면 $\beta_1=0.76$이다.

65 ㉠ T형보의 유효폭(b_e) 결정

- $16t+b_w=16\times100+400=2{,}000\text{mm}$
- $b_c=400+400+400=1{,}200\text{mm}$
- $\frac{1}{4}l=\frac{1}{4}\times10{,}000=2{,}500\text{mm}$

∴ $b_e=1{,}200\text{mm}$(최소값)

㉡ T형보 판별

$$a=\frac{f_yA_s}{\eta(0.85f_{ck})b}=\frac{400\times6{,}354}{1.0\times0.85\times24\times1{,}200}$$

$=103.8\text{mm}>t_f(=100)$

∴ T형보로 해석

㉢ $A_{sf}=\frac{\eta(0.85f_{ck})t(b-b_w)}{f_y}$

$$=\frac{1.0\times0.85\times24\times100\times(1{,}200-400)}{400}$$

$=4{,}080\text{mm}^2$

$$\therefore\ a=\frac{f_y(A_s-A_{sf})}{\eta(0.85f_{ck})b_w}=\frac{400\times(6{,}354-4{,}080)}{1.0\times0.85\times24\times400}$$

$=111.47\text{mm}$

66 ㉠ 계수하중

$U=1.2w_D+1.6w_L$

$=(0.3\times0.58)\times23+(1.6\times30)$

$=52.8\text{kN/m}$

㉡ 계수전단력

$V_u=R_A-Ud=Ul-Ud$

$=52.8\times3-52.8\times0.5=132\text{kN}$

㉢ $V_u=\phi V_n=\phi(V_c+V_s)$

$$\therefore\ V_s=\frac{V_u}{\phi}-V_c$$

$$=\frac{132\times10^3}{0.75}-\frac{1}{6}\times\sqrt{24}\times300\times500$$

$=53525.5\text{N}\fallingdotseq53.5\text{kN}$

67 $\rho_b = \eta(0.85\beta_1)\left(\frac{f_{ck}}{f_y}\right)\left(\frac{660}{660+f_y}\right)$

$= 1.0\times0.85\times0.80\times\frac{29}{300}\times\frac{660}{660+300} = 0.045$

68 $V_u = \frac{1}{2}\phi V_c = \frac{1}{2}\phi\left(\frac{1}{6}\sqrt{f_{ck}}b_w d\right)$

$\therefore\ b_w d = \frac{2\times6V_u}{\phi\sqrt{f_{ck}}} = \frac{2\times6\times50,000}{0.75\sqrt{28}} = 151,186\text{mm}^2$

69 $\phi V_c = \phi\left(\frac{1}{6}\lambda\sqrt{f_{ck}}b_w d\right)$

$= 0.75\times\frac{1}{6}\times1.0\sqrt{21}\times250\times500$

$= 71,602\text{N} = 71.6\text{kN}$

70 $l_{hb} = \frac{0.24\beta d_b f_y}{\lambda\sqrt{f_{ck}}} = \frac{0.24\times1.0\times34.9\times400}{1.0\sqrt{28}}$

$= 633.17\text{mm}$

71 처짐을 검토하지 않아도 되는 최소 두께규정

부재	캔틸레버	단순 지지	일단 연속	양단 연속
보	$\frac{l}{8}$	$\frac{l}{16}$	$\frac{l}{18.5}$	$\frac{l}{21}$
1방향 슬래브	$\frac{l}{10}$	$\frac{l}{20}$	$\frac{l}{24}$	$\frac{l}{28}$

※ $f_y = 400\text{MPa}$기준, l : cm,

보정계수 : $0.43+\frac{f_y}{700}$

72 띠철근간격

㉠ $16d_b = 16\times31.8 = 508.8\text{mm}$

㉡ $48\times$띠철근지름$= 48\times9.5 = 456\text{mm}$

㉢ 500mm(단면 최소 치수)

$\therefore\ s = 456\text{mm}$(최소값)

73 $q_u = \frac{1,500}{2.5\times2.5} = 240\text{kN/m}^2$

$B = t+d = 550+550 = 1,100\text{mm}$

$\therefore\ V_u = (SL-B^2)q_u$

$= (2.5\times2.5-1.1^2)\times240 = 1209.6\text{kN}$

74 $f = \frac{P_e}{A}\pm\frac{M}{I}y = 0$

$\therefore\ M = \frac{P_e h}{6} = \frac{720\times10^3\times600}{6}$

$= 72\times10^6\text{N}\cdot\text{mm} = 72\text{kN}\cdot\text{m}$

여기서, $P_e = P_i\times0.8 = 900\times10^3\times0.8$

$= 720\times10^3\text{N}$

75 ㉠ 뒷부벽 : T형보로 설계

㉡ 앞부벽 : 직사각형 보로 설계

76 $f = \frac{P}{A}-\frac{M}{I}y = 0,\ w = 20\text{kN/m} = 20\text{N/mm}$

$P = \frac{6}{h}M = \frac{6}{400}\times\frac{20}{8}\times8,000^2$

$= 2,400\times10^3\text{N} = 2,400\text{kN}$

77 $Kl+\mu\alpha \le 0.3$ 일 때 근사식을 사용할 수 있다.

78 프리스트레스 손실원인

㉠ 도입 시 손실
- 콘크리트의 탄성변형
- PS강선과 시스의 마찰
- 정착장치의 활동

㉡ 도입 후 손실
- 콘크리트의 건조수축
- 콘크리트의 크리프
- PS강선의 릴랙세이션

79 ㉠ 순폭 산정

- $b_n = b_g - d - w_1 - w_2$

$= 250-25-\left(25-\frac{75^2}{4\times50}\right)-\left(25-\frac{75^2}{4\times100}\right)$

$= 217\text{mm}$

- $b_n = b_g - nd = 250-2\times25 = 200\text{mm}$

$\therefore\ b_n = 200\text{mm}$(최대값)

㉡ 순단면적 산정

$A_n = b_n t = 200\times19 = 3,800\text{mm}^2$

80 ㉠ $b_n = b_g - d$

㉡ $b_n = b_g - d - \left(d - \frac{p^2}{4g}\right)$

$\therefore\ p = 2\sqrt{gd} = 2\times\sqrt{50\times22} = 66.33\text{mm}$

제5과목 토질 및 기초

81 ㉠ $w = 20\%$일 때

- $W_s = \frac{W}{1+\frac{w}{100}} = \frac{12}{1+\frac{20}{100}} = 10\text{kN}$
- $W_w = W - W_s = 12-10 = 2\text{kN}$

㉡ $w = 30\%$일 때

- $W_s = \frac{W}{1+\frac{w}{100}} = \frac{26}{1+\frac{30}{100}} = 20\text{kN}$
- $W_w = W - W_s = 26-20 = 6\text{kN}$

㉢ 전체 흙의 함수비

- $W_s = 10 + 20 = 30\text{kN}$
- $W_w = 2 + 6 = 8\text{kN}$
- $w = \dfrac{W_w}{W_s} \times 100 = \dfrac{8}{30} \times 100 = 26.67\%$

82 ㉠ $\gamma_t = \dfrac{G_s + Se}{1+e}\gamma_w = \dfrac{G_s + wG_s}{1+e}\gamma_w$

$17.64 = \dfrac{2.7 + 0.1 \times 2.7}{1+e} \times 9.8$

$\therefore\ e = 0.65$

㉡ $D_r = \dfrac{e_{\max} - e}{e_{\max} - e_{\min}} \times 100$

$= \dfrac{0.92 - 0.65}{0.92 - 0.45} \times 100 = 57.45\%$

83

주요 구분	세립토(fine－grained soils) 200번체에 50% 이상 통과					
	W_L > 50%인 실트나 점토			W_L ≦ 50%인 실트나 점토		
문자	MH	CH	OH	ML	CL	OL

84 ㉠ $V = Ki = K\dfrac{h}{L} = (4.8 \times 10^{-3}) \times \dfrac{50}{\dfrac{400}{\cos 15°}}$

$= 5.8 \times 10^{-4}\text{cm/s}$

㉡ $n = \dfrac{e}{1+e} = \dfrac{0.78}{1+0.78} = 0.438$

㉢ $V_s = \dfrac{V}{n} = \dfrac{5.8 \times 10^{-4}}{0.438} = 13.2 \times 10^{-4}\text{cm/s}$

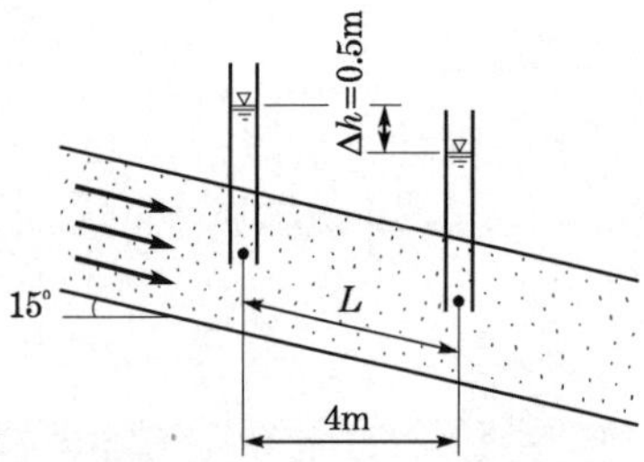

85 ㉠ $n = \dfrac{e}{1+e} = \dfrac{0.25}{1+0.25} = 0.2$

㉡ $V = Ki = (1 \times 10^{-3}) \times \dfrac{1}{100} = 1 \times 10^{-5}\text{cm/s}$

㉢ $V_s = \dfrac{V}{n} = \dfrac{1 \times 10^{-5}}{0.2} = 5 \times 10^{-5}\text{cm/s}$

㉣ $t = \dfrac{L}{V_s} = \dfrac{100 \times 100}{5 \times 10^{-5}} = 2 \times 10^{8}$초$= 6.34$년

86

위치	압력수두	위치수두	전수두
C	4+2+1=7m	−3m	7−3=4m

87 ㉠ $\gamma_{\text{sat}} = \dfrac{G_s + e}{1+e}\gamma_w = \dfrac{2.68 + 0.6}{1+0.6} \times 9.8 = 20.09\text{kN/m}^3$

㉡ $\sigma = 20.09 \times 2 + 20.09 \times 2 = 80.36\text{kN/m}^2$

㉢ $u = 9.8 \times 2 = 19.6\text{kN/m}^2$

㉣ $\bar{\sigma} = \sigma - u = 80.36 - 19.6 = 60.76\text{kN/m}^2$

88 ㉠ $\sigma_v = 19 \times 2 + 20 \times 2 = 78\text{kN/m}^2$

$u = 9.81 \times 2 = 19.62\text{kN/m}^2$

$\bar{\sigma}_v = 78 - 19.62 = 58.38\text{kN/m}^2$

㉡ $\bar{\sigma}_h = [19 \times 2 + (20 - 9.81) \times 2] \times 0.5 = 29.19\text{kN/m}^2$

2m $\gamma_t = 19\text{kN/m}^3$, $K_o = 0.5$

2m $\gamma_{\text{sat}} = 20\text{kN/m}^3$

89 ㉠ $\sigma = 9.8 \times h + 18 \times 3 = 9.8h + 54$

㉡ $u = 9.8 \times 7 = 68.6\text{kN/m}^2$

㉢ $\bar{\sigma} = \sigma - u = 9.8h + 54 - 68.6 = 0$

$\therefore\ h = 1.49\text{m}$

90 $\Delta\sigma_v = \dfrac{BLq_s}{(B+Z)(L+Z)} = \dfrac{2 \times 2 \times 100}{(2+5) \times (2+5)}$

$= 8.16\text{kN/m}^2$

91 ㉠ $D_r = \dfrac{e_{\max} - e}{e_{\max} - e_{\min}} \times 100$에서

- $40 = \dfrac{0.8 - e_1}{0.8 - 0.4} \times 100$

$\therefore\ e_1 = 0.64$

- $70 = \dfrac{0.8 - e_2}{0.8 - 0.4} \times 100$

$\therefore\ e_2 = 0.52$

㉡ $\Delta H = \dfrac{e_1 - e_2}{1 + e_1} H = \dfrac{0.64 - 0.52}{1 + 0.64} \times 200 = 14.63\text{cm}$

92 ㉠ $P = 50\text{kN/m}^2$

㉡ $u = \gamma_w h = 9.8 \times 4 = 39.2\text{kN/m}^2$

㉢ $U_z = \dfrac{P - u}{P} \times 100 = \dfrac{50 - 39.2}{50} \times 100 = 21.6\%$

93 ㉠ $\tau = c + \bar{\sigma}\tan\phi$에서

$500 = c + 1{,}200\tan\phi$ ······························ ①

$700 = c + 2{,}400\tan\phi$ ······························ ②

식 ①, ②을 풀면

$\therefore\ c = 300\text{kN/m}^2,\ \phi = 9.46°$

㉡ $\tau = c + \bar{\sigma}\tan\phi$

$= 300 + 3{,}000 \times \tan 9.46° = 800\text{kN/m}^2$

94 CD-test를 사용하는 경우

㉠ 심한 과압밀지반에 재하하는 경우 등과 같이 성토하중에 의해 압밀이 서서히 진행이 되고 파괴도 극히 완만히 진행되는 경우

㉡ 간극수압의 측정이 곤란한 경우

㉢ 흙댐에서 정상침투 시 안정 해석에 사용

95 ㉠ 재성형한 점토시료를 함수비의 변화 없이 그대로 방치하여 두면 시간이 지남에 따라 전기화학적 또는 colloid 화학적 성질에 의해 입자접촉면에 흡착력이 작용하여 새로운 부착력이 생겨서 강도의 일부가 회복되는 현상을 thixotropy라 한다.

㉡ 직접전단시험에 의한 시험성과(촘촘한 모래와 느슨한 모래의 경우)

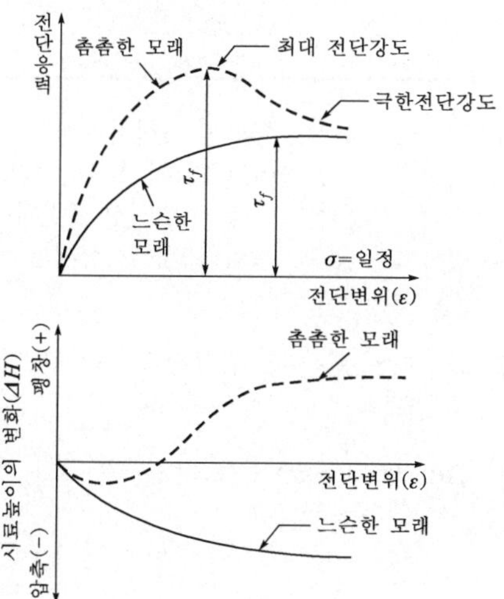

96 ㉠ 상재하중에 의한 주동토압

$P_a = q_s K_a H = 30 \times 0.3 \times 6 = 54\text{kN/m}$

㉡ 상재하중에 의한 토압의 작용점 위치

$x = \dfrac{H}{2} = \dfrac{6}{2} = 3\text{m}$

97 ㉠ $C_d = \dfrac{\gamma_d}{\gamma_{d\max}} \times 100$

$95 = \dfrac{\gamma_d}{17.6} \times 100$

$\therefore \gamma_d = 16.72\text{kN/m}^3$

㉡ $D_r = \dfrac{\gamma_{d\max}}{\gamma_d} \dfrac{\gamma_d - \gamma_{d\min}}{\gamma_{d\max} - \gamma_{d\min}} \times 100$

$= \dfrac{17.6}{16.72} \times \dfrac{16.72 - 15}{17.6 - 15} \times 100 = 69.64\%$

98 $S_{(기초)} = S_{(재하판)} \left[\dfrac{2B_{(기초)}}{B_{(기초)} + B_{(재하판)}} \right]^2$

$= 10 \times \left(\dfrac{2 \times 1.5}{1.5 + 0.3} \right)^2 = 27.78\text{mm}$

99 유한사면의 안정 해석

㉠ 질량법

㉡ 절편법

- Fellenius방법(swedish method)
  - $X_1 - X_2 = 0 (\Sigma X = 0)$
  - $E_1 - E_2 = 0 (\Sigma E = 0)$
- Bishop방법 : $X_1 - X_2 = 0 (\Sigma X = 0)$

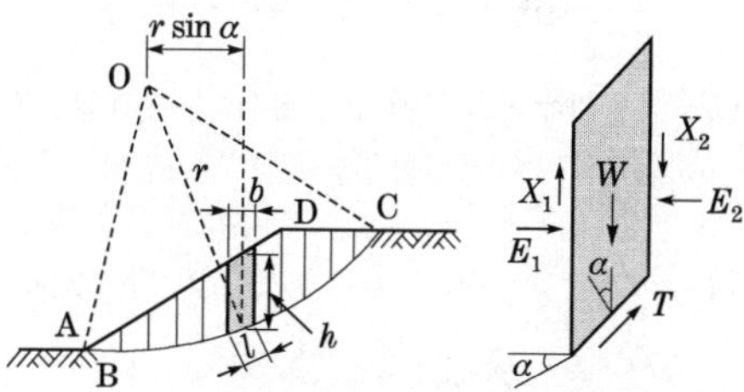

100 ㉠ 무리말뚝의 침하량은 동일한 규모의 하중을 받는 외말뚝의 침하량보다 크다.

㉡ 무리말뚝의 효율성은 외말뚝의 효율성보다 작다.

㉢ 무리말뚝의 효율은 말뚝의 중심간격 d가 큰 경우에는 $E > 1$이 된다.

제6과목 상하수도공학

101 $r = \left(\dfrac{P_0}{P_t} \right)^{\frac{1}{t}} - 1 = \left(\dfrac{200{,}000}{100{,}000} \right)^{\frac{1}{10}} - 1 = 0.07177$

102 오존처리의 특징

㉠ 염소에 비하여 높은 살균력을 가지고 있다.

㉡ 수온이 높아지면 용해도가 감소하고 분해가 빨라진다.

㉢ 맛, 냄새, 유기물, 색도 제거의 효과가 우수하다.

㉣ 유기물질의 생분해성을 증가시킨다.

㉤ 철 · 망간의 산화능력이 크다.

㉥ 염소요구량을 감소시킨다.

103 관정의 부식 방지법으로는 유속을 증가시키고 폭기 장치를 설치하며 염소를 살포하거나 관내를 피복하는 방법이 있다.

104 비교회전도가 작으면 고양정펌프이다.

105 차집관거에서는 우천 시 계획오수량 또는 계획시간 최대 오수량의 3배 이상을 기준으로 한다.

106 ④는 저수조식(탱크식) 급수방식에 대한 설명이다.

107 분류식 오수관은 하수종말처리장에서 완전처리가 되므로 우천 시와 관계가 없다.

108 부영양화가 되면 조류가 발생하여 냄새를 유발하고 용존산소는 줄어들게 된다.

109 완속여과방식은 착수정 → 보통침전 → 완속여과 → 소독의 순서로 정수처리를 한다.

110 유출량누가곡선에서는 유효저수량(필요저수량)의 위치와 저수 시작일을 기억한다.

111 주입량 $= CQ \times \dfrac{1}{\text{순도}} = 25 \times 10^{-6} \times 22{,}000 \times 10^{3}$

$= 550\text{kg/day}$

※ 문제에 순도값이 주어지지 않았기 때문에 공식에서 순도값은 산정되지 않는다.

112 펌프의 회전수를 작게 하여야 한다.

113 1단계 BOD는 탄소계 BOD이고, 2단계 BOD는 질소계 BOD이다.

114 THM은 염소 과다주입 시 발생한다.

115 합리식 공식 $Q = CIA$를 보면 지하수의 유입은 관련이 없음을 알 수 있다.

116 질소와 인을 동시에 제거하는 방법으로는 A^2/O법(혐기 무산소호기법)이 있다.

117

경사	매설 깊이	거내 속도	집수공		
			유입 속도	지름	면적당 개수
1/500	5m	1m/s	3cm/s	10~20mm	20~30개/m^2

118 전처리공정에는 물리적 처리시설과 화학적 처리시설이 있다. 물리적 처리시설에는 대형 부유물질처리를 위한 스크린과 침전성 물질처리를 위한 침사지가 있고, 화학적 처리시설에는 pH중화가 있다.

119 급수관을 공공도로에 부설할 경우 다른 매설물과의 간격을 30cm 이상 확보한다.

120 슬러지처리순서 : 생슬러지-농축-소화-개량-탈수-건조-최종 처분

제3회 실전 모의고사

제1과목 응용역학

1 다음 그림과 같이 2경간 연속보의 첫 경간에 등분포하중이 작용한다. 중앙지점 B의 휨모멘트는?

① $-\frac{1}{24}wL^2$

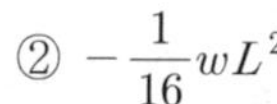

② $-\frac{1}{16}wL^2$

③ $-\frac{1}{12}wL^2$

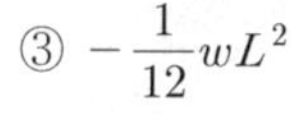

④ $-\frac{1}{8}wL^2$

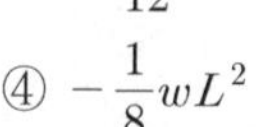

2 탄성계수가 2.1×10^5kN/m^2, 푸아송비가 0.3일 때 전단탄성계수를 구한 값은? (단, 등방성이고 균질인 탄성체임)

① 7.2×10^5kN/m^2 ② 3.2×10^5kN/m^2

③ 1.5×10^5kN/m^2 ④ 8.1×10^4kN/m^2

3 단순보에 다음 그림과 같이 집중하중 5kN이 작용할 때 발생하는 최대 휨응력은 얼마인가? (단, 단면은 직사각형으로 폭이 0.1m, 높이가 0.2m이다.)

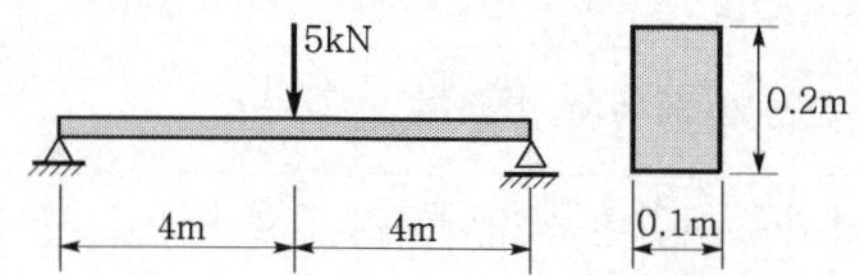

① 10,000kN/m^2 ② 15,000kN/m^2

③ 20,000kN/m^2 ④ 25,000kN/m^2

4 다음 그림과 같은 단순보에서 옳은 지점반력은? (단, A, B점의 지점반력은 R_A, R_B이다.)

① R_A=0.8kN

② R_B=0.8kN

③ R_A=0.5kN

④ R_B=0.5kN

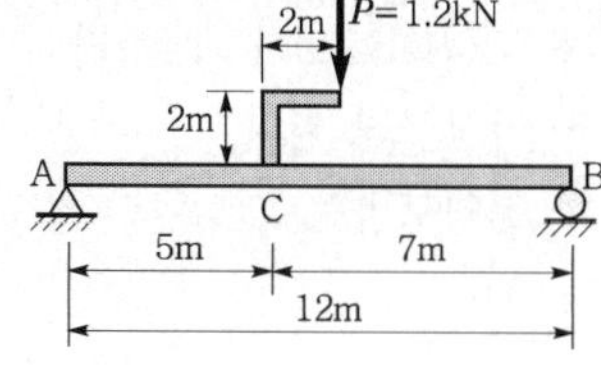

5 다음 그림과 같은 캔틸레버보에 80kN의 집중하중이 작용할 때 C점에서의 처짐(δ)은? (단, I=4.5m^4, E=2.1×10^{5}kN/m^2)

① 1.25mm

② 1.00mm

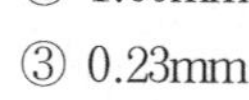

③ 0.23mm

④ 0.11mm

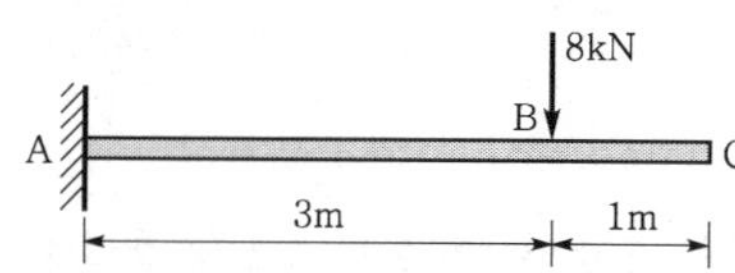

6 휨모멘트 M을 받고 원형 단면의 보를 설계하려고 한다. 이 보의 허용응력을 σ_a라 할 때 단면의 지름 d는 얼마인가?

① $d=10.19\frac{M}{\sigma_a}$ ② $d=3.19\sqrt{\frac{M}{\sigma_a}}$

③ $d=2.17\sqrt[3]{\frac{M}{\sigma_a}}$ ④ $d=1.79\sqrt[4]{\frac{M}{\sigma_a}}$

7 다음 그림과 같은 라멘의 A점의 휨모멘트로서 옳은 것은?

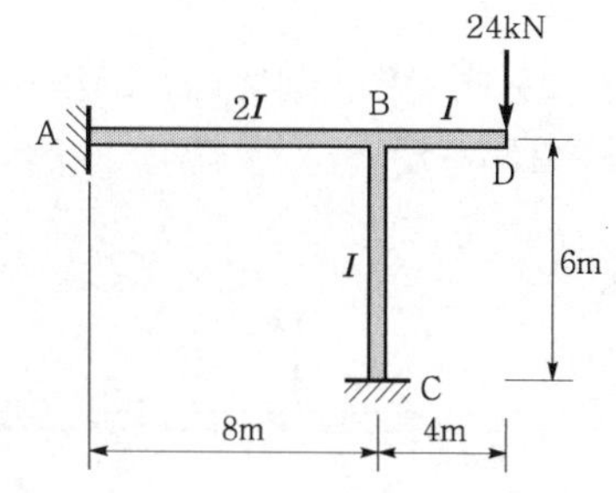

① 28.8kN·m ② −28.8kN·m

③ 57.6kN·m ④ −57.6kN·m

8 다음의 단순보에서 A점의 반력이 B점의 반력의 3배가 되기 위한 거리 x는 얼마인가?

① 3.75m

② 5.04m

③ 6.06m

④ 6.66m

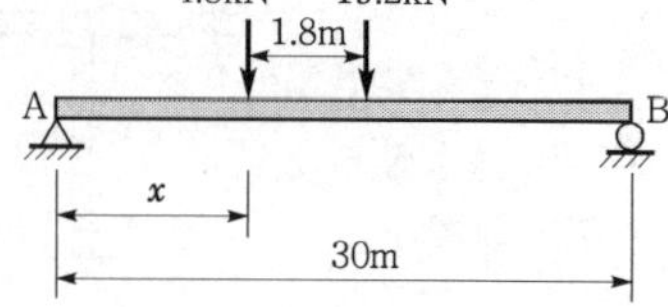

9 다음 그림과 같은 라멘에서 B지점의 연직반력 R_B는? (단, A지점은 힌지지점이고, B지점은 롤러지점이다.)

① 6kN
② 7kN
③ 8kN
④ 9kN

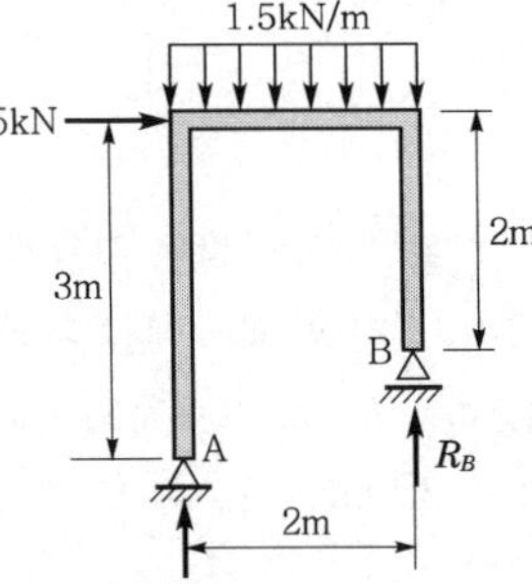

10 길이가 l인 양단 고정보 중앙에 100kN의 집중하중이 작용하여 중앙점의 처짐이 1mm 이하가 되게 하려면 l은 최대 얼마 이하이어야 하는가? (단, $E=2\times10^6$kN/m^2, $I=10$m^4)

① 7.2m ② 10m
③ 12.4m ④ 15.7m

11 지름 20mm, 길이 1m인 강봉을 4kN의 힘으로 인장할 경우 이 강봉의 변형량은? (단, 이 강봉의 탄성계수는 2×10^6kN/m^{2}이다.)

① 9.1mm ② 8.1mm
③ 7.4mm ④ 6.4mm

12 다음 그림과 같은 내민보에서 C점의 처짐은? (단, EI는 일정하다.)

① $\dfrac{Pl^3}{16EI}$
② $\dfrac{Pl^3}{24EI}$
③ $\dfrac{Pl^3}{32EI}$
④ $\dfrac{Pl^3}{48EI}$

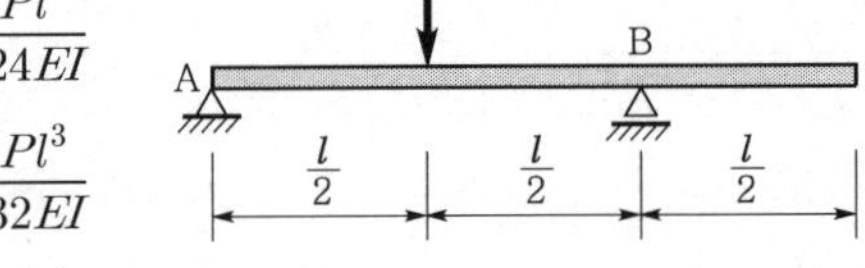

13 다음 부정정구조물은 몇 차 부정정인가?

① 8차 부정정
② 4차 부정정
③ 5차 부정정
④ 7차 부정정

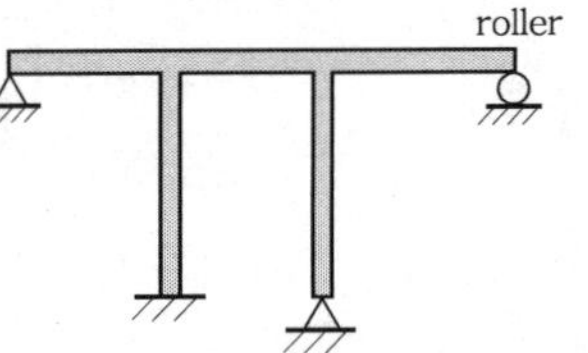

14 다음 부정정보의 B지점에 침하가 발생하였다. 발생된 침하량이 10mm라면 이로 인한 B지점의 모멘트는 얼마인가? (단, $EI=1\times10^5$kN/m^2)

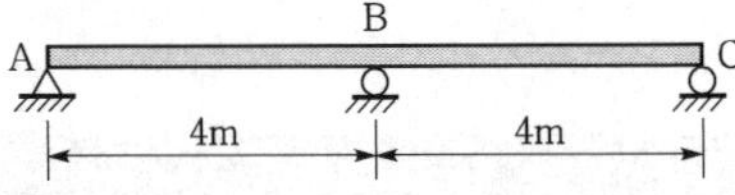

① 167.5kN · m ② 177.5kN · m
③ 187.5kN · m ④ 197.5kN · m

15 다음 그림과 같은 4분원 중에서 음영 친 부분의 밑변으로부터 도심까지의 위치 y는?

① 116.8mm
② 126.8mm
③ 146.7mm
④ 158.7mm

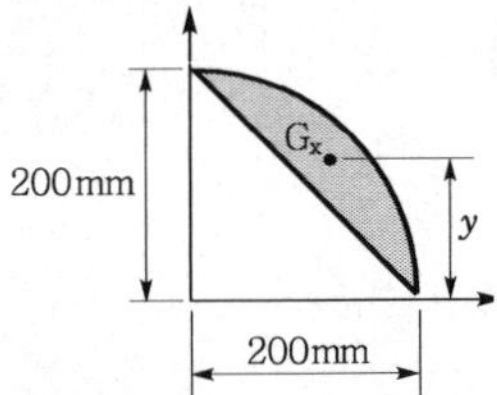

16 다음 그림의 삼각형 구조가 평행상태에 있을 때 법선방향에 대한 힘의 크기 P는?

① 200.8kN
② 180.6kN
③ 133.2kN
④ 141.4kN

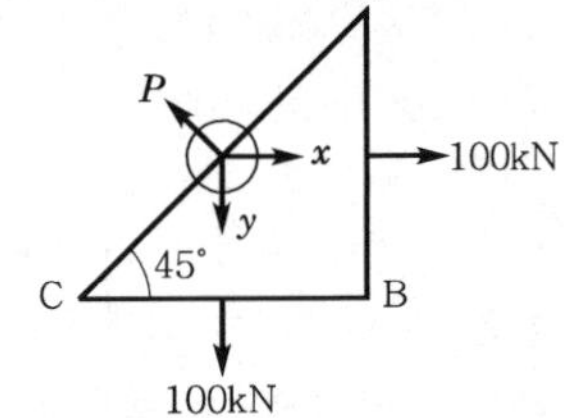

17 다음의 표에서 설명하는 것은?

> 탄성체에 저장된 변형에너지 U를 변위의 함수로 나타내는 경우에 임의의 변위 Δ_i에 관한 변형에너지 U와 1차 편도함수는 대응되는 하중 P_i와 같다. 즉 $P=\dfrac{\partial U}{\partial \Delta}$이다.

① Castigliano의 제1정리
② Castigliano의 제2정리
③ 가상일의 원리
④ 공액보법

18 다음 그림과 같은 트러스의 사재 D의 부재력은?

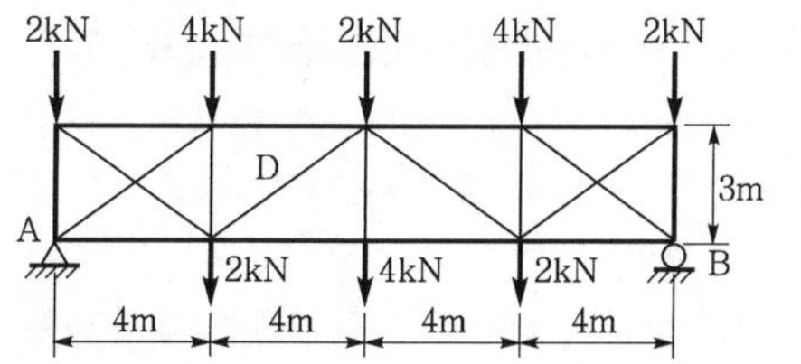

① 5kN(인장) ② 5kN(압축)
③ 3.75kN(인장) ④ 3.75kN(압축)

19 기둥의 중심에 축방향으로 연직하중 P=120kN, 기둥의 휨방향으로 풍하중이 역삼각형 모양으로 분포하여 작용할 때 기둥에 발생하는 최대 압축응력은?

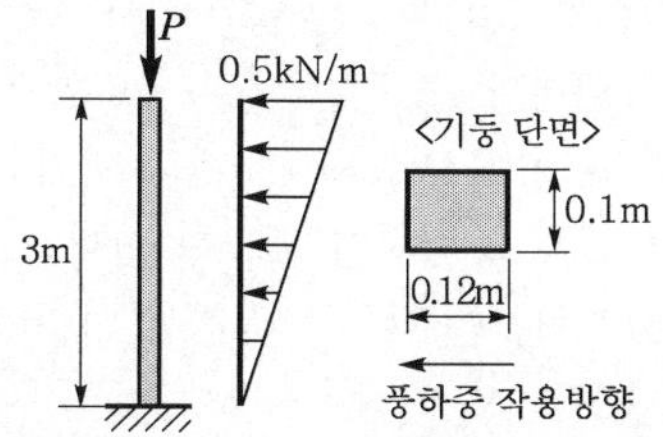

① 37,500kN/m^2 ② 62,500kN/m^2
③ 10,000kN/m^2 ④ 72,500kN/m^2

20 다음 그림과 같은 단면의 x축에 대한 단면 1차 모멘트는 얼마인가?

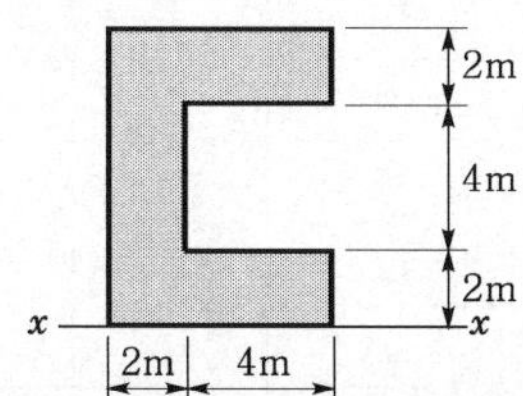

① 128m^3
② 138m^3
③ 148m^3
④ 158m^3

제2과목 측량학

21 터널 내의 천장에 측점 A, B를 정하여 A점에서 B점으로 수준측량을 한 결과로 고저차 +20.42m, A점에서의 기계고 −2.5m, B점에서의 표척관측값 −2.25m를 얻었다. A점에 세운 망원경 중심에서 표척관측점(B)까지의 사거리 100.25m에 대한 망원경의 연직각은?

① 10°14′12″ ② 10°53′56″
③ 11°53′56″ ④ 23°14′12″

22 다음 그림과 같은 트래버스에서 CD측선의 방위는? (단, $\overline{AB}$의 방위=N82°10′E, ∠ABC=98°39′, ∠BCD=67°14′이다.)

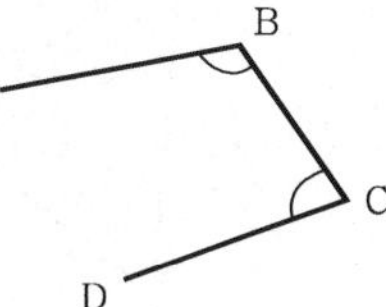

① S6°17′ W
② S83°43′ W
③ N6°17′ W
④ N83°43′ W

23 다음 중 지구의 형상에 대한 설명으로 틀린 것은?

① 회전타원체는 지구의 형상을 수학적으로 정의한 것이고, 어느 하나의 국가에 기준으로 채택한 타원체를 준거타원체라 한다.
② 지오이드는 물리적인 형상을 고려하여 만든 불규칙한 곡면이며 높이측정의 기준이 된다.
③ 임의지점에서 회전타원체에 내린 법선이 적도면과 만나는 각도를 측지위도라 한다.
④ 지오이드상에서 중력퍼텐셜의 크기는 중력이상에 의하여 달라진다.

24 교각(I) 60°, 외선길이(E) 15m인 단곡선을 설치할 때 곡선길이는?

① 85.2m ② 91.3m
③ 97.0m ④ 101.5m

25 평판측량의 전진법으로 측량하여 축척 1 : 300 도면을 작성하였다. 측점 A를 출발하여 B, C, D, E, F를 지나 A점에 폐합시켰을 때 도상오차가 0.6mm이었다면 측점 E의 오차배분량은? (단, 실제 거리는 AB=40m, BC=50m, CD=55m, DE=35m, EF=45m, FA=55m)

① 0.1mm ② 0.2mm
③ 0.4mm ④ 0.6mm

26 지구상의 △ABC를 측량한 결과 두 변의 거리가 a=30km, b=20km이었고, 그 사잇각이 80°이었다면 이때 발생하는 구과량은? (단, 지구의 곡선반지름은 6,400km로 가정한다.)

① 1.49″ ② 1.62″
③ 2.04″ ④ 2.24″

27 다음 그림과 같은 유심삼각망에서 만족하여야 할 조건이 아닌 것은?

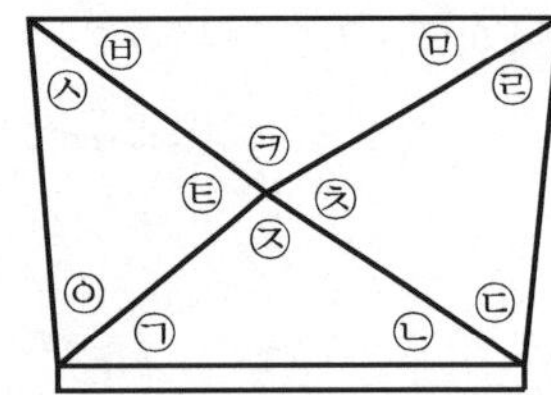

① (㉠+㉡+㉨)－180°＝0
② (㉠+㉡)－(㉤+㉥)＝0
③ (㉨+㉩+㉪+㉫)－360°＝0
④ (㉠+㉡+㉢+㉣+㉤+㉥+㉦+㉧)－360°＝0

28 캔트(cant)의 크기가 C인 노선을 곡선의 반지름만 2배로 증가시키면 새로운 캔트(C)의 크기는?

① $0.5C$ ② C
③ $2C$ ④ $4C$

29 수준측량에서 발생하는 오차에 대한 설명으로 틀린 것은?

① 기계의 조정에 의해 발생하는 오차는 전시와 후시의 거리를 같게 하여 소거할 수 있다.
② 표척의 영눈금오차는 출발점의 표척을 도착점에서 사용하여 소거할 수 있다.
③ 측지삼각수준측량에서 곡률오차와 굴절오차는 그 양이 미소하므로 무시할 수 있다.
④ 기포의 수평조정이나 표척면의 읽기는 육안으로 한계가 있으나, 이로 인한 오차는 일반적으로 허용오차범위 안에 들 수 있다.

30 다음 중 도형이 곡선으로 둘러싸인 지역의 면적 계산방법으로 가장 적합한 것은?

① 좌표에 의한 계산법
② 방안지에 의한 방법
③ 배횡거(D.M.D)에 의한 방법
④ 두 변과 그 협각에 의한 방법

31 $100m^2$의 정사각형 토지면적을 $0.2m^2$까지 정확하게 구하기 위한 한 변의 최대 허용오차는?

① 2mm ② 4mm
③ 5mm ④ 10mm

32 축적 1 : 50,000 지형도상에서 주곡선 간의 도상길이가 1cm이었다면 이 지형의 경사는?

① 4% ② 5%
③ 6% ④ 10%

33 지형도상에 나타나는 해안선의 표시기준은?

① 평균해면 ② 평균고조면
③ 약최저저조면 ④ 약최고고조면

34 삼각측량에서 삼각점을 선점할 때 주의사항으로 틀린 것은?

① 삼각형은 정삼각형에 가까울수록 좋다.
② 가능한 한 측점의 수를 많게 하고 거리가 짧을수록 유리하다.
③ 미지점은 최소 3개, 최대 5개의 기지점에서 정, 반 양방향으로 시통이 되도록 한다.
④ 삼각점의 위치는 다른 삼각점과 시준이 잘 되어야 한다.

35 폐합트래버스 ABCD에서 각 측선의 경거, 위거가 다음 표와 같을 때 AD측선의 방위각은?

측선	위거		경거	
	+	−	+	−
AB	50		50	
BC		30	60	
CD		70		60
DA				

① 133° ② 135°
③ 137° ④ 145°

36 두 점 간의 고저차를 정밀하게 측정하기 위하여 A, B 두 사람이 각각 다른 레벨과 표척을 사용하여 왕복관측한 결과가 다음과 같다. 두 점 간 고저차의 최확값은?

- A의 결과값 : 25.447m±0.006m
- B의 결과값 : 25.606m±0.003m

① 25.621m ② 25.577m
③ 25.498m ④ 25.449m

37 초점거리가 200mm 카메라로 촬영고도 1,000m에서 촬영한 연직사진이 있다. 지상 연직점으로부터 200m 떨어진 곳의 비고 400m인 산정에 대한 사진상의 기복변위는?

① 16mm ② 18mm
③ 81mm ④ 82mm

38 노선측량에 관한 설명 중 옳은 것은?

① 일반적으로 단곡선 설치 시 가장 많이 이용하는 방법은 지거법이다.
② 곡률이 곡선길이에 비례하는 곡선을 클로소이드 곡선이라 한다.
③ 완화곡선의 접선은 시점에서 원호에, 종점에서 직선에 접한다.
④ 완화곡선의 반지름은 종점에서 무한대이고, 시점에서는 원곡선의 반지름이 된다.

39 GNSS 상대측위방법에 대한 설명으로 옳은 것은?

① 수신기 1대만을 사용하여 측위를 실시한다.
② 위성과 수신기 간의 거리는 전파의 파장개수를 이용하여 계산할 수 있다.
③ 위상차의 계산은 단순차, 2중차, 3중차와 같은 차분기법으로는 해결하기 어렵다.
④ 전파의 위상차를 관측하는 방식이 절대측위방법보다 정확도가 낮다.

40 부자(float)에 의해 유속을 측정하고자 한다. 측정지점 제1 단면과 제2 단면 간의 거리로 가장 적합한 것은? (단, 큰 하천의 경우)

① 1~5m ② 20~50m
③ 100~200m ④ 500~1,000m

제3과목 수리수문학

41 20℃에서 지름 0.3mm인 물방울이 공기와 접하고 있다. 물방울 내부의 압력이 대기압보다 10gf/cm^{2}만큼 크다고 할 때 표면장력의 크기를 dyne/cm로 나타내면?

① 0.075 ② 0.75
③ 73.50 ④ 75.0

42 다음 그림과 같이 물속에 수직으로 설치된 넓이 2m×3m의 수문을 올리는 데 필요한 힘은? (단, 수문의 물속 무게는 1,960N이고, 수문과 벽면 사이의 마찰계수는 0.25이다.)

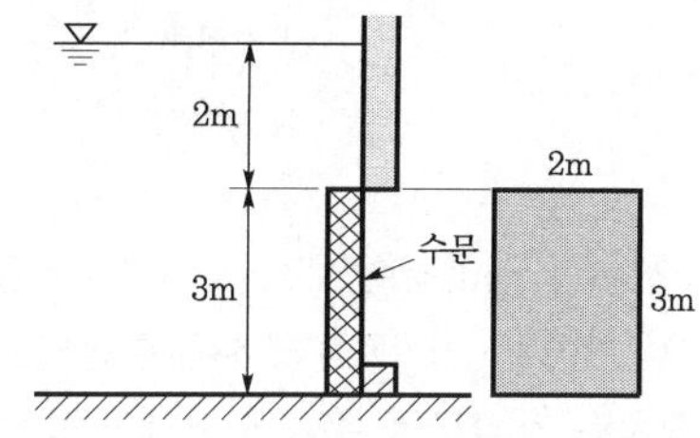

① 5.45kN ② 53.4kN
③ 126.7kN ④ 271.2kN

43 물체의 공기 중 무게가 750N이고 물속에서의 무게는 250N일 때 이 물체의 체적은? (단, 무게 1kg중=10N)

① 0.05m^3 ② 0.06m^3
③ 0.50m^3 ④ 0.60m^3

44 유선 위 한 점의 x, y, z축상의 좌표를 (x, y, z), 속도의 x, y, z축방향의 성분을 각각 u, v, w라 할 때 서로의 관계가 $\frac{dx}{u}=\frac{dy}{v}=\frac{dz}{w}$, $u=-ky$, $v=kx$, $w=0$인 흐름에서 유선의 형태는? (단, k는 상수)

① 쌍곡선 ② 원
③ 타원 ④ 직선

45 다음 그림과 같이 여수로 위로 단위폭당 유량 Q=3.27m^3/s가 월류할 때 ① 단면의 유속 V_1=2.04m/s, ② 단면의 유속 V_2=4.67m/s라면 댐에 가해지는 수평성분의 힘은? (단, 무게 1kg=10N이고 이상유체로 가정한다.)

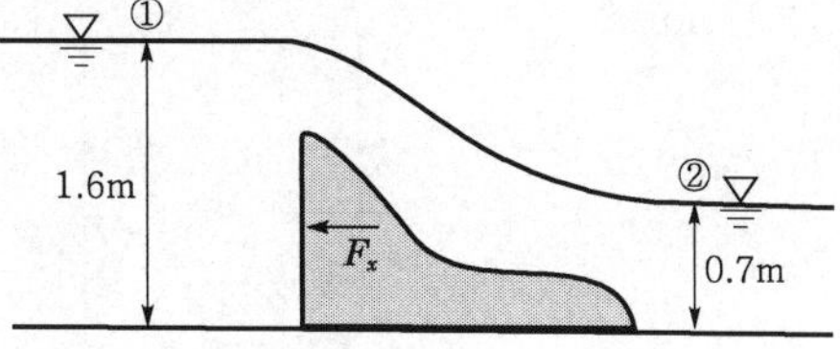

① 1,570N/m(157kg/m)
② 2,450N/m(245kg/m)
③ 6,470N/m(647kg/m)
④ 12,800N/m(1,280kg/m)

46 하천의 임의 단면에 교량을 설치하고자 한다. 원통형 교각 상류(전면)에 2m/s의 유속으로 물이 흘러간다면 교각에 가해지는 항력은? (단, 수심은 4m, 교각의 직경은 2m, 항력계수는 1.5이다.)

① 16kN ② 24kN
③ 43kN ④ 62kN

47 폭 35cm인 직사각형 위어(weir)의 유량을 측정하였더니 $0.03m^3/s$이었다. 월류수심의 측정에 1mm의 오차가 생겼다면 유량에 발생하는 오차는? (단, 유량 계산은 프란시스(Francis)공식을 사용하되, 월류 시 단면수축은 없는 것으로 가정한다.)

① 1.16% ② 1.50%
③ 1.67% ④ 1.84%

48 마찰손실계수(f)와 Reynold수(R_e) 및 상대조도(ε/d)의 관계를 나타낸 Moody도표에 대한 설명으로 옳지 않은 것은?

① 층류와 난류의 물리적 상이점은 $f-R_e$관계가 한계Reynolds수 부근에서 갑자기 변한다.
② 층류영역에서는 단일 직선이 관의 조도에 관계없이 사용된다.
③ 난류영역에서는 $f-R_e$곡선은 상대조도(ε/d)에 따라야 하며 Reynolds수보다는 관의 조도가 더 중요한 변수가 된다.
④ 완전난류의 완전히 거치른 영역에서 f는 $R_e^{\,n}$과 반비례하는 관계를 보인다.

49 다음 그림과 같은 개수로에서 수로경사 $I=0.001$, Manning의 조도계수 $n=0.002$일 때 유량은?

① 약 $150m^3/s$
② 약 $320m^3/s$
③ 약 $480m^3/s$
④ 약 $540m^3/s$

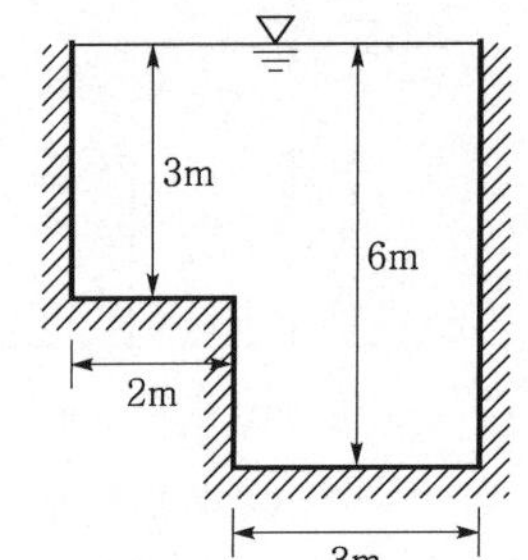

50 비력(special force)에 대한 설명으로 옳은 것은?

① 물의 충격에 의해 생기는 힘의 크기
② 비에너지가 최대가 되는 수심에서의 에너지
③ 한계수심으로 흐를 때 한 단면에서의 총에너지 크기
④ 개수로의 어떤 단면에서 단위중량당 운동량과 정수압의 합계

51 축적이 1/50인 하천수리모형에서 원형 유량 $10,000m^3/s$에 대한 모형유량은?

① $0.566m^3/s$ ② $4.000m^3/s$
③ $14.142m^3/s$ ④ $28.284m^3/s$

52 지하수의 흐름에서 상 · 하류 두 지점의 수두차가 1.6m이고 두 지점의 수평거리가 480m인 경우 대수층의 두께 3.5m, 폭 1.2m일 때의 지하수유량은? (단, 투수계수 $K=208m/day$이다.)

① $2.91m^3/day$ ② $3.82m^3/day$
③ $2.12m^3/day$ ④ $2.08m^3/day$

53 관 벽면의 마찰력 τ_o, 유체의 밀도 ρ, 점성계수를 μ라 할 때 마찰속도(U_*)는?

① $\dfrac{\tau_o}{\rho\mu}$ ② $\sqrt{\dfrac{\tau_o}{\rho\mu}}$
③ $\sqrt{\dfrac{\tau_o}{\rho}}$ ④ $\sqrt{\dfrac{\tau_o}{\mu}}$

54 수리학상 유리한 단면에 관한 설명 중 옳지 않은 것은?

① 주어진 단면에서 윤변이 최소가 되는 단면이다.
② 직사각형 단면일 경우 수심이 폭의 1/2인 단면이다.
③ 최대 유량의 소통을 가능하게 하는 가장 경제적인 단면이다.
④ 수심을 반지름으로 하는 반원을 외접원으로 하는 제형 단면이다.

55 개수로 내 흐름에 있어서 한계수심에 대한 설명으로 옳은 것은?

① 상류 쪽의 저항이 하류 쪽의 조건에 따라 변한다.
② 유량이 일정할 때 비력이 최대가 된다.
③ 유량이 일정할 때 비에너지가 최소가 된다.
④ 비에너지가 일정할 때 유량이 최소가 된다.

56 피압지하수를 설명한 것으로 옳은 것은?

① 지하수와 공기가 접해있는 지하수면을 가지는 지하수
② 두 개의 불투수층 사이에 끼어있는 지하수면이 없는 지하수
③ 하상 밑의 지하수
④ 한 수원이나 조직에서 다른 지역으로 보내는 지하수

57 도수(hydraulic jump) 전후의 수심 h_1, h_2의 관계를 도수 전의 프루드수 F_{r_1}의 함수로 표시한 것으로 옳은 것은?

① $\dfrac{h_2}{h_1}=\dfrac{1}{2}(\sqrt{8{F_{r_1}}^2+1}+1)$
② $\dfrac{h_2}{h_1}=\dfrac{1}{2}(\sqrt{8{F_{r_1}}^2+1}-1)$
③ $\dfrac{h_1}{h_2}=\dfrac{1}{2}(\sqrt{8{F_{r_1}}^2+1}+1)$
④ $\dfrac{h_1}{h_2}=\dfrac{1}{2}(\sqrt{8{F_{r_1}}^2+1}-1)$

58 대기의 온도 t_1, 상대습도 70%인 상태에서 증발이 진행되었다. 온도가 t_2로 상승하고 대기 중의 증기압이 20% 증가하였다면 온도 t_1 및 t_2에서의 포화증기압이 각각 10.0mmHg 및 14.0mmHg라 할 때 온도 t_2에서의 상대습도는?

① 50% ② 60%
③ 70% ④ 80%

59 홍수유출에서 유역면적이 작으면 단시간의 강우에, 면적이 크면 장시간의 강우에 문제가 발생한다. 이와 같은 수문학적 인자 사이의 관계를 조사하는 DAD 해석에 필요 없는 인자는?

① 강우량 ② 유역면적
③ 증발산량 ④ 강우지속시간

60 단위유량도이론의 가정에 대한 설명으로 옳지 않은 것은?

① 초과강우는 유효지속기간 동안에 일정한 강도를 가진다.
② 초과강우는 전 유역에 걸쳐서 균등하게 분포된다.
③ 주어진 지속기간의 초과강우로부터 발생된 직접유출수문곡선의 기저시간은 일정하다.
④ 동일한 기저시간을 가진 모든 직접유출수문곡선의 종거들은 각 수문곡선에 의하여 주어진 총직접유출수문곡선에 반비례한다.

제4과목 철근콘크리트 및 강구조

61 강도설계법에 의해서 전단철근을 사용하지 않고 계수하중에 의한 전단력 V_u=50kN을 지지하려면 직사각형 단면보의 최소 면적($b_w d$)은 약 얼마인가? (단, f_{ck}=28MPa, 최소 전단철근도 사용하지 않는 경우이며, 전단에 대한 ϕ=0.75이다.)

① 151,190mm^2 ② 123,530mm^2
③ 97,840mm^2 ④ 49,320mm^2

62 다음 그림과 같은 단순 지지보에서 긴장재는 C점에 150mm의 편차에 직선으로 배치되고 1,000kN으로 긴장되었다. 보에는 120kN의 집중하중이 C점에 작용한다. 보의 고정하중은 무시할 때 C점에서의 휨모멘트는 얼마인가? (단, 긴장재의 경사가 수평압축력에 미치는 영향 및 자중은 무시한다.)

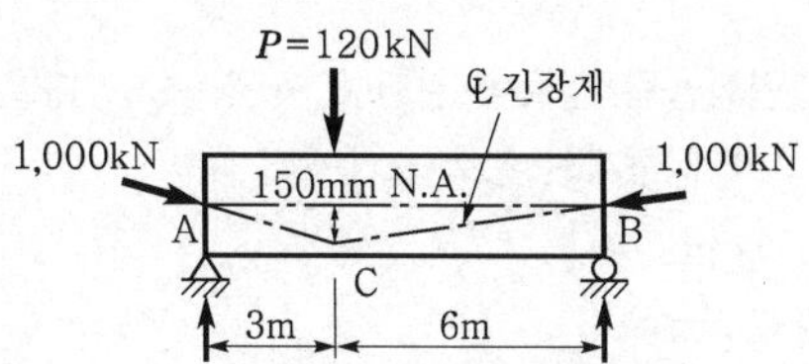

① −150kN·m ② 90kN·m
③ 240kN·m ④ 390kN·m

63 다음 그림과 같은 보의 단면에서 표피철근의 간격 s는 약 얼마인가? [단, 습윤환경에 노출되는 경우로서 표피철근의 표면에서 부재 측면까지 최단거리(c_c)는 50mm, f_{ck}=28MPa, f_y=400MPa이다.]

① 170mm
② 190mm
③ 220mm
④ 240mm

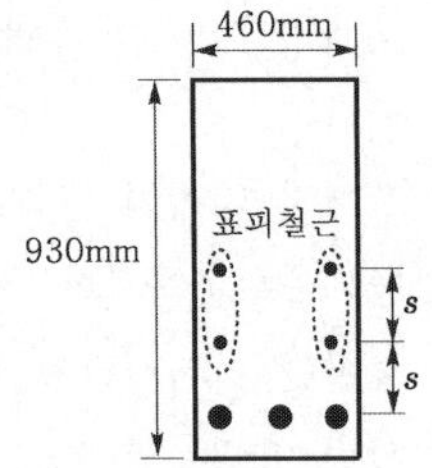

64 현장치기 콘크리트에서 콘크리트치기로부터 흙에 접하여 콘크리트를 친 후 영구히 흙에 묻혀 있는 콘크리트의 피복두께는 최소 얼마 이상이어야 하는가?

① 120mm ② 100mm
③ 75mm ④ 60mm

65 b_w=250mm, h=500mm인 직사각형 철근콘크리트보의 단면에 균열을 일으키는 비틀림모멘트 T_{cr}은 얼마인가? (단, f_{ck}=28MPa)

① 9.8kN·m ② 11.3kN·m
③ 12.5kN·m ④ 18.2kN·m

66 PS강재를 포물선으로 배치한 PSC보에서 상향의 등분포력(u)의 크기는 얼마인가? (단, P=2,600kN, 단면의 폭(b)은 50cm, 높이(h)는 80cm, 지간 중앙에서 PS강재의 편심(s)은 20cm이다.)

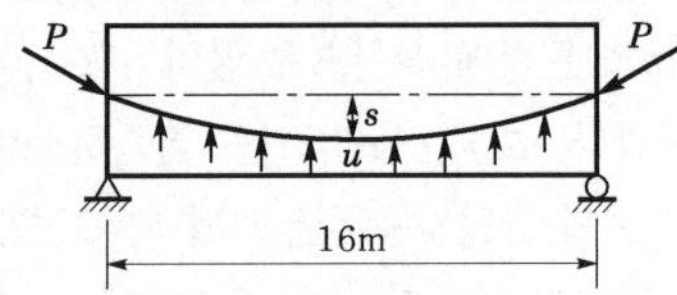

① 8.50kN/m ② 16.25kN/m
③ 19.65kN/m ④ 35.60kN/m

67 인장응력 검토를 위한 L−150×90×12인 형강(angle)의 전개한 총폭(b_g)은?

① 228mm
② 232mm
③ 240mm
④ 252mm

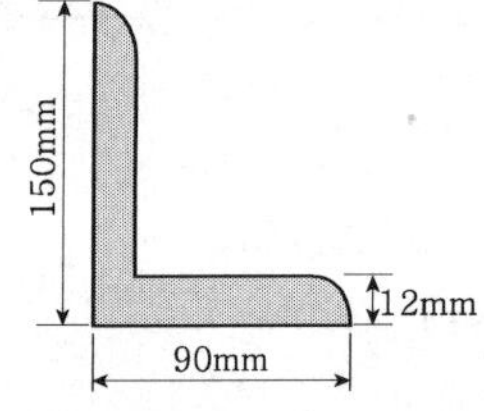

68 다음 주어진 단철근 직사각형 단면의 보에서 설계휨강도를 구하기 위한 강도감소계수(ϕ)는? (단, f_{ck}=28MPa, f_y=400MPa)

① 0.85
② 0.83
③ 0.81
④ 0.79

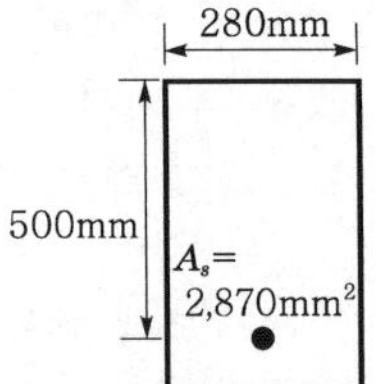

69 다음 단면의 균열모멘트(M_{cr})의 값은? (단, f_{ck}=21MPa, 휨인장강도 f_r=0.63$\sqrt{f_{ck}}$)

① 78.4kN·m
② 41.2kN·m
③ 36.2kN·m
④ 26.3kN·m

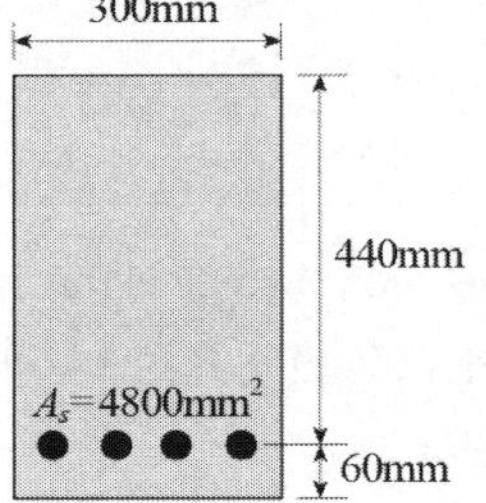

70 포스트텐션 긴장재의 마찰손실을 구하기 위해 다음과 같은 근사식을 사용하고자 할 때 근사식을 사용할 수 있는 조건으로 옳은 것은?

$$P_{px} = \frac{P_{pj}}{1 + Kl_{px} + \mu_p \alpha_{px}}$$

- P_{px} : 임의점 x에서 긴장재의 긴장력(N)
- P_{pj} : 긴장단에서 긴장재의 긴장력(N)
- K : 긴장재의 단위길이 1m당 파상마찰계수
- l_{px} : 정착단부터 임의의 지점 x까지 긴장재의 길이(m)
- μ_p : 곡선부의 곡률마찰계수
- α_{px} : 긴장단부터 임의점 x까지 긴장재의 전체 회전각변화량(라디안)

① P_{pj}의 값이 5,000kN 이하인 경우
② P_{pj}의 값이 5,000kN 초과하는 경우
③ $Kl_{px}+\mu_p\alpha_{px}$값이 0.3 이하인 경우
④ $Kl_{px}+\mu_p\alpha_{px}$값이 0.3 초과인 경우

71 다음 그림과 같은 철근콘크리트보 단면이 파괴 시 인장철근의 변형률은? (단, f_{ck}=28MPa, f_y= 350MPa, A_s =1,520mm^2)

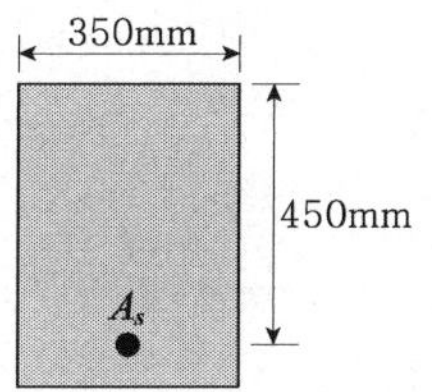

① 0.004
② 0.008
③ 0.011
④ 0.015

72 강도설계법에서 휨부재의 등가사각형 압축응력 분포의 깊이 $a=\beta_1 c$인데, 이 중 f_{ck}가 40MPa일 때 β_1의 값은?

① 0.76 ② 0.80
③ 0.72 ④ 0.70

73 다음 그림과 같은 띠철근기둥에서 띠철근의 최대 간격은? (단, D10의 공칭직경은 9.5mm, D32의 공칭직경은 31.8mm)

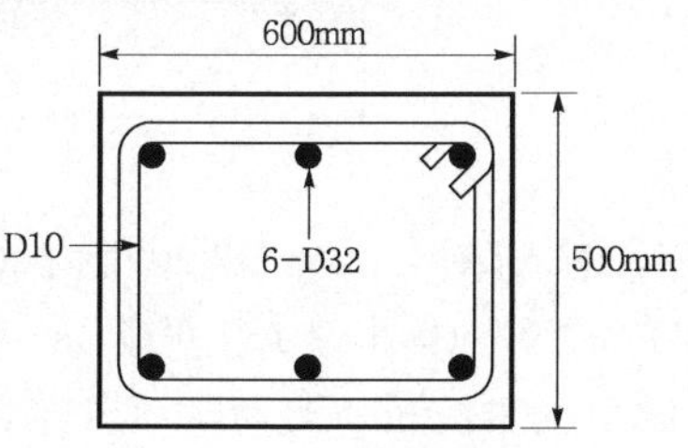

① 400mm ② 456mm
③ 500mm ④ 509mm

74 f_{ck}=28MPa, f_y=350MPa로 만들어지는 보에서 압축이형철근으로 D29(공칭지름 28.6mm)를 사용한다면 기본정착길이는?

① 412mm ② 446mm
③ 473mm ④ 522mm

75 다음 그림과 같은 맞대기 용접의 용접부에 발생하는 인장응력은?

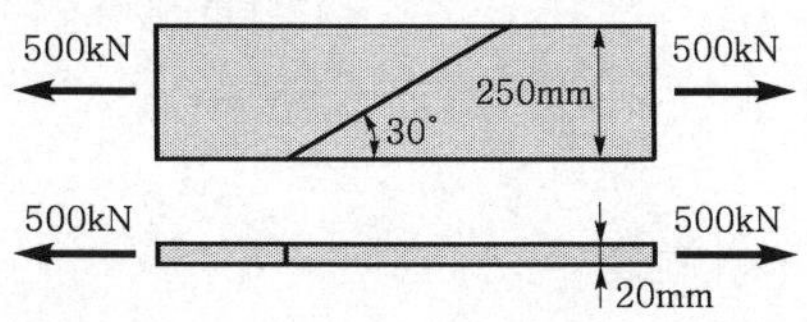

① 100MPa ② 150MPa
③ 200MPa ④ 220MPa

76 강도설계법에서 다음 그림과 같은 단철근 T형보의 공칭휨강도(M_n)는? (단, A_s=5,000mm^2, f_{ck}= 21MPa, f_y=300MPa)

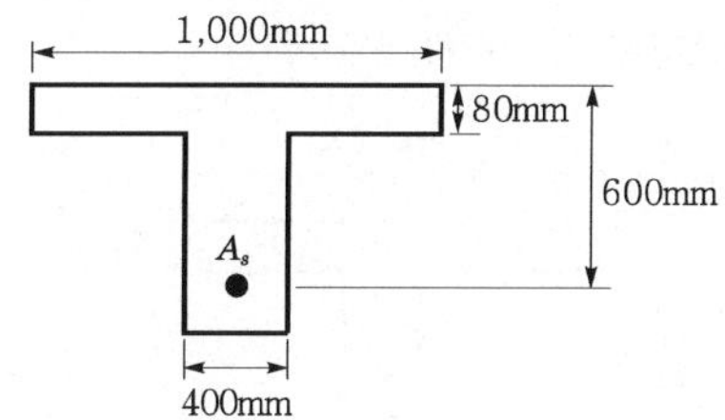

① 711.3kN·m ② 836.8kN·m
③ 947.5kN·m ④ 1084.6kN·m

77 b=300mm, d=600mm, A_s =3-D35=2,870mm^2 인 직사각형 단면보의 파괴양상은? (단, 강도설계법에 의한 f_y =300MPa, f_{ck} =21MPa이다.)

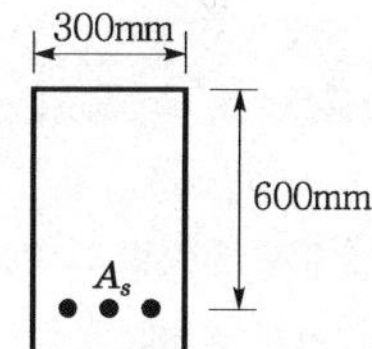

① 취성파괴
② 연성파괴
③ 균형파괴
④ 파괴되지 않는다.

78 다음 그림과 같은 독립확대기초에서 1방향 전단에 대해 고려할 경우 위험 단면의 계수전단력(V_u)는? (단, 계수하중 P_u=1,500kN이다.)

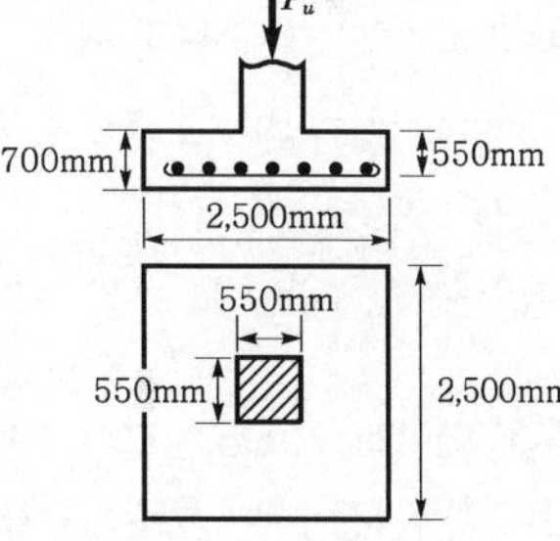

① 255kN
② 387kN
③ 897kN
④ 1,210kN

79 다음 그림과 같은 나선철근기둥에서 나선철근의 간격(pitch)으로 적당한 것은? (단, 소요나선철근비(ρ_s)는 0.018, 나선철근의 지름은 12mm, D_c는 나선철근의 바깥지름)

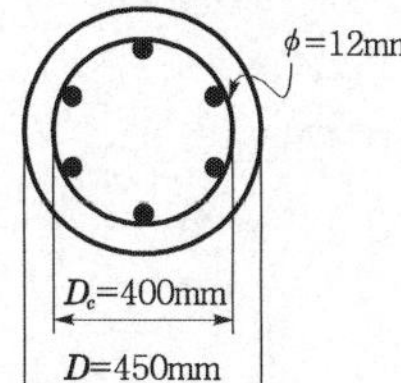

① 62mm
② 85mm
③ 93mm
④ 105mm

80 다음 그림과 같은 T형 단면을 강도설계법으로 해석할 경우 플랜지 내민 부분의 압축력과 균형을 이루기 위한 철근 단면적(A_{sf})은? (단, A_s =3,852mm^2, f_{ck} =21MPa, f_y =400MPa이다.)

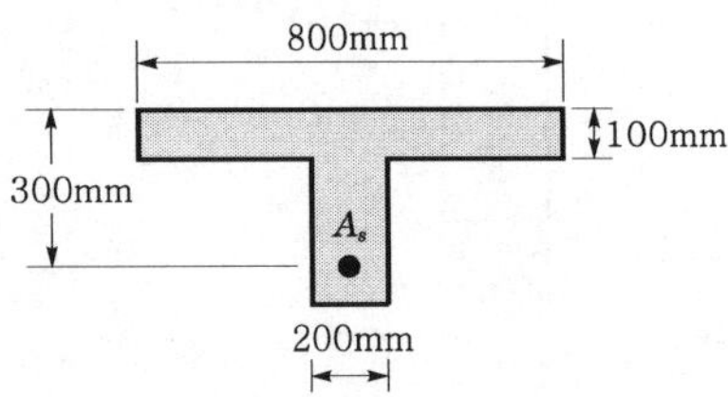

① 1175.2mm^2　② 1275.0mm^2
③ 1375.8mm^2　④ 2677.5mm^2

제5과목 토질 및 기초

81 습윤단위중량이 20kN/m^3, 함수비 20%, G_s= 2.7인 경우 포화도는?

① 86.1%　② 91.5%
③ 95.6%　④ 100%

82 4.75mm체(4번체) 통과율이 90%이고, 0.075mm체(200번체) 통과율이 4%, D_{10}=0.25mm, D_{30}= 0.6mm, D_{60}=2mm인 흙을 통일분류법으로 분류하면?

① GW　② GP
③ SW　④ SP

83 단면적 20cm^2, 길이 10cm의 시료를 15cm의 수두차로 정수위 투수시험을 한 결과 2분 동안 150cm^{3}의 물이 유출되었다. 이 흙의 G_s=2.67이고, 건조중량은 420g이었다. 공극을 통하여 침투하는 실제 침투유속 V_s는 약 얼마인가?

① 0.180cm/s
② 0.298cm/s
③ 0.376cm/s
④ 0.434cm/s

84 수평방향투수계수가 0.12cm/s이고, 연직방향 투수계수가 0.03cm/s일 때 1일 침투유량은?

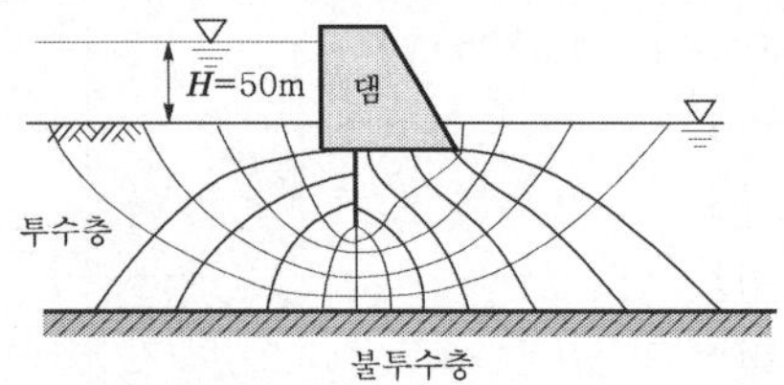

① 570m^3/day/m　② 1,080m^3/day/m
③ 1,220m^3/day/m　④ 1,410m^3/day/m

85 다음 그림과 같이 피압수압을 받고 있는 2m 두께의 모래층이 있다. 그 위의 포화된 점토층을 5m 깊이로 굴착하는 경우 분사현상이 발생하지 않기 위한 수심(h)은 최소 얼마를 초과하도록 하여야 하는가?

① 0.9m
② 1.5m
③ 1.9m
④ 2.4m

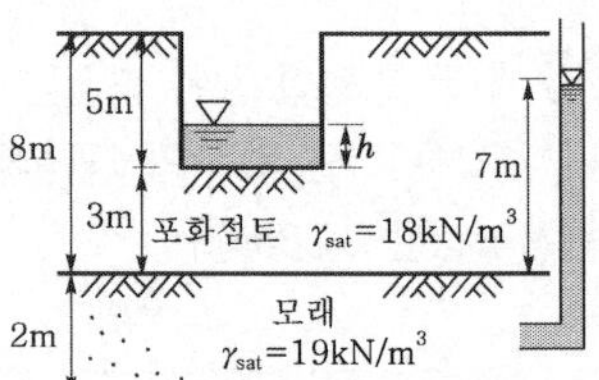

86 다음 그림과 같이 2m×3m 크기의 기초에 100kN/m^{2}의 등분포하중이 작용할 때 A점 아래 4m 깊이에서의 연직응력 증가량은? (단, 아래 표의 영향계수값을 활용하여 구하며 $m=\frac{B}{Z}$, $n=\frac{L}{Z}$이고, B는 직사각형 단면의 폭, L은 직사각형 단면의 길이, Z는 토층의 깊이이다.)

【영향계수(I)값】

m	0.25	0.5	0.5	0.5
n	0.5	0.25	0.75	1.0
I	0.048	0.048	0.115	0.122

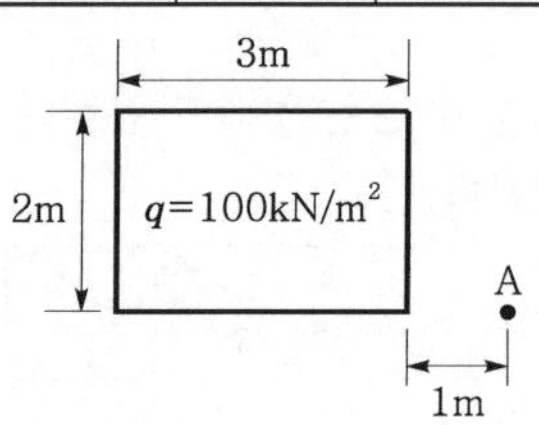

① 6.7kN/m^2　② 7.4kN/m^2
③ 12.2kN/m^2　④ 17.0kN/m^2

87 흙이 동상(凍上)을 일으키기 위한 조건으로 가장 거리가 먼 것은?

① 아이스렌스를 형성하기 위한 충분한 물의 공급
② 양(+)이온을 다량 함유할 것
③ 0℃ 이하의 온도가 오랫동안 지속될 것
④ 동상이 일어나기 쉬운 토질일 것

88 두께 2cm의 점토시료에 대한 압밀시험에서 전 압밀에 소요되는 시간이 2시간이었다. 같은 시료조건에서 5m 두께의 지층이 전압밀에 소요되는 기간은 약 몇 년인가? (단, 기간은 소수 2째 자리에서 반올림함)

① 9.3년　　② 14.3년
③ 12.3년　　④ 16.3년

89 비중 2.67, 함수비 35%이며 두께 10m인 포화 점토층이 압밀 후에 함수비가 25%로 되었다면 이 토층높이의 변화량은?

① 113cm　　② 128cm
③ 135cm　　④ 155cm

90 다음 그림에서 A점 흙의 강도정수가 $c'=30\text{kN/m}^2$, $\phi'=30°$일 때 A점에서의 전단강도는? (단, 물의 단위중량은 9.81kN/m^3이다.)

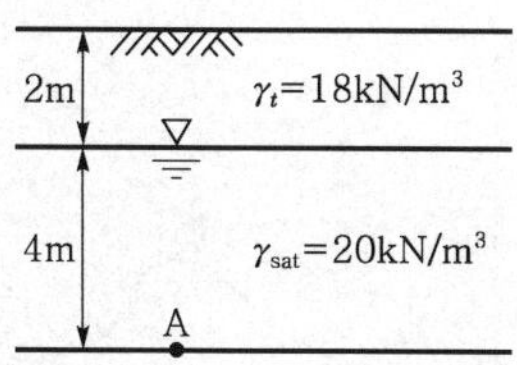

① 69.31kN/m^2　　② 74.32kN/m^2
③ 96.97kN/m^2　　④ 103.92kN/m^2

91 성토된 하중에 의해 서서히 압밀이 되고 파괴도 완만하게 일어나 간극수압이 발생되지 않거나 측정이 곤란한 경우 실시하는 시험은?

① 압밀배수전단시험(CD시험)
② 비압밀비배수전단시험(UU시험)
③ 압밀비배수전단시험(CU시험)
④ 급속전단시험

92 어떤 시료에 대해 액압 100kN/m^2를 가해 각 수직 변위에 대응하는 수직하중을 측정한 결과가 다음과 같다. 파괴 시의 축차응력은? (단, 피스톤의 지름과 시료의 지름은 같다고 보며 시료의 단면적 $A_o=18\text{cm}^2$, 길이 $L=14\text{cm}$이다.)

ΔL[1/100mm]	0	…	1,000	1,100	1,200	1,300	1,400
P[N]	0	…	540	580	600	590	580

① 305kN/m^2　　② 255kN/m^2
③ 205kN/m^2　　④ 155kN/m^2

93 다음 그림과 같은 정규압밀점토지반에서 점토층 중간의 비배수점착력은? (단, 소성지수는 50%임)

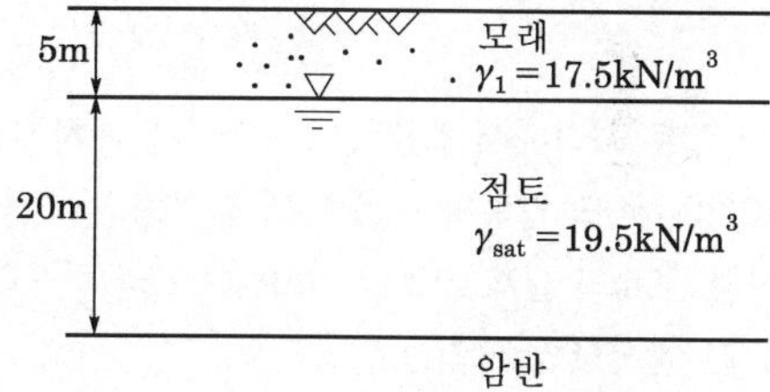

① 54.43kN/m^2　　② 62.62kN/m^2
③ 72.32kN/m^2　　④ 82.12kN/m^2

94 다음 그림과 같은 옹벽에 작용하는 주동토압은? (단, 흙의 단위중량 $\gamma=17\text{kN/m}^3$, 내부마찰각 $\phi=30°$, 점착력 $c=0$)

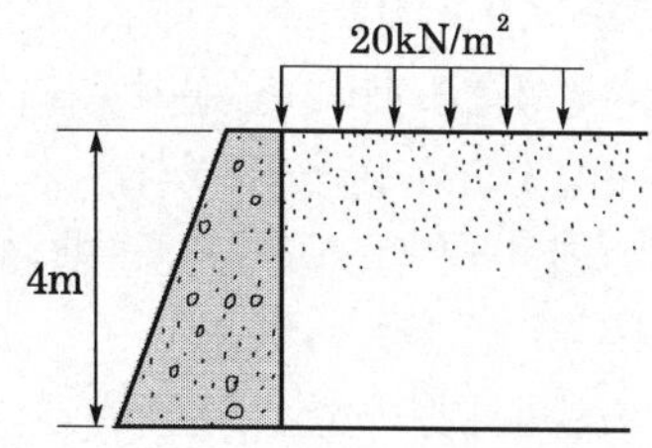

① 36kN/m　　② 45.3kN/m
③ 72kN/m　　④ 124.7kN/m

95 굳은 점토지반에 앵커를 그라우팅하여 고정시켰다. 고정부의 길이가 5m, 직경 20cm, 시추공의 직경은 10cm이었다. 점토의 비배수전단강도(C_u)=100kN/m^2, $\phi=0°$라고 할 때 앵커의 극한지지력은? (단, 표면마찰계수=0.6)

① 94kN　　② 157kN
③ 188kN　　④ 313kN

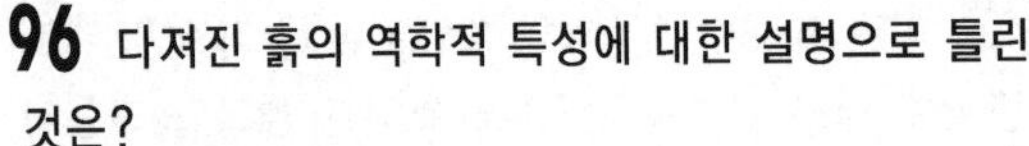

96 다져진 흙의 역학적 특성에 대한 설명으로 틀린 것은?

① 다짐에 의하여 간극이 작아지고 부착력이 커져서 역학적 강도 및 지지력은 증대하고, 압축성, 흡수성 및 투수성은 감소한다.
② 점토를 최적함수비보다 약간 건조측의 함수비로 다지면 면모구조를 가지게 된다.
③ 점토를 최적함수비보다 약간 습윤측에서 다지면 투수계수가 감소하게 된다.
④ 면모구조를 파괴시키지 못할 정도의 작은 압력으로 점토시료를 압밀할 경우 건조측 다짐을 한 시료가 습윤측 다짐을 한 시료보다 압축성이 크게 된다.

97 사질토 지반에서 직경 30cm의 평판재하시험결과 300kN/m^{2}의 압력이 작용할 때 침하량이 10mm라면 직경 1.5m의 실제 기초에 300kN/m^{2}의 하중이 작용할 때 침하량의 크기는?

① 28mm ② 50mm
③ 14mm ④ 25mm

98 연약한 점성토의 지반특성을 파악하기 위한 현장 조사시험방법에 대한 설명 중 틀린 것은?

① 현장 베인시험은 연약한 점토층에서 비배수전단강도를 직접 산정할 수 있다.
② 정적 콘관입시험(CPT)은 콘지수를 이용하여 비배수전단강도추정이 가능하다.
③ 표준관입시험에서의 N값은 연약한 점성토 지반특성을 잘 반영해준다.
④ 정적 콘관입시험(CPT)은 연속적인 지층분류 및 전단강도추정 등 연약점토특성분석에 매우 효과적이다.

99 2m×2m 정방형 기초가 1.5m 깊이에 있다. 이 흙의 단위중량 γ=17kN/m^3, 점착력 c=0이며 N_r=19, N_q=22이다. Terzaghi의 공식을 이용하여 전허용하중(Q_{all})을 구한 값은? (단, 안전율 F_s=3으로 한다.)

① 273kN ② 546kN
③ 819kN ④ 1,093kN

100 부마찰력에 대한 설명이다. 틀린 것은?

① 부마찰력을 줄이기 위하여 말뚝표면을 아스팔트 등으로 코팅하여 타설한다.
② 지하수위 저하 또는 압밀이 진행 중인 연약지반에서 부마찰력이 발생한다.
③ 점성토 위에 사질토를 성토한 지반에 말뚝을 타설한 경우에 부마찰력이 발생한다.
④ 부마찰력은 말뚝을 아래방향으로 작용하는 힘이므로 결국에는 말뚝의 지지력을 증가시킨다.

제6과목 상하수도공학

101 계획하수량의 산정방법으로 틀린 것은?

① 오수관거 : 계획 1일 최대 오수량+계획우수량
② 우수관거 : 계획우수량
③ 합류식 관거 : 계획시간 최대 오수량+계획우수량
④ 차집관거 : 우천 시 계획오수량

102 염소소독을 위한 주입량시험결과는 다음 그림과 같다. 유리잔류염소가 수중에 지속되는 구간과 파괴점은?

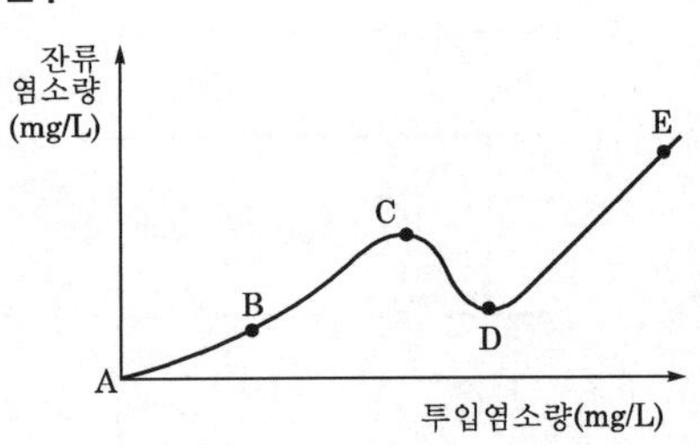

① AB, C ② BC, C
③ CD, E ④ DE, D

103 생물학적 처리를 위한 영양조건으로 하수의 일반적인 BOD : N : P의 비는?

① BOD : N : P=100 : 50 : 10
② BOD : N : P=100 : 10 : 1
③ BOD : N : P=100 : 10 : 5
④ BOD : N : P=100 : 5 : 1

104 다음 그래프는 어떤 하천의 자정작용을 나타낸 용존산소부족곡선이다. 다음 중 어떤 물질이 하천으로 유입되었다고 보는 것이 가장 타당한가?

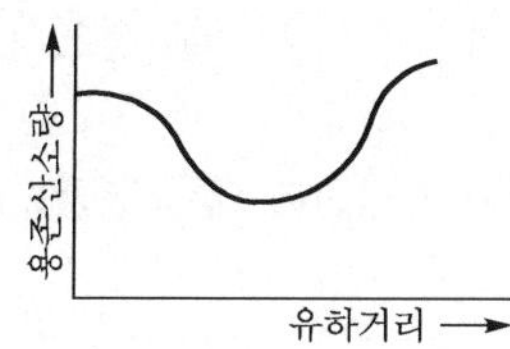

① 질산성 질소
② 생활하수
③ 농도가 매우 낮은 폐산
④ 농도가 매우 낮은 폐알칼리

105 일반적인 생물학적 질소 제거공정에 필요한 미생물의 환경조건으로 가장 옳은 것은?

① 혐기, 호기　　② 호기, 무산소
③ 무산소, 혐기　　④ 호기, 혐기, 무산소

106 다음은 하수관의 맨홀(manhole) 설치에 관한 사항이다. 틀린 것은?

① 맨홀의 설치간격은 관의 직경에 따라 다르다.
② 관거의 기점 및 방향이 변화하는 곳에 설치한다.
③ 관이 합류하는 곳은 피하여 설치한다.
④ 맨홀은 가능한 한 많이 설치하는 것이 관거의 유지관리에 유리하다.

107 다음 지형도의 상수계통도에 관한 사항 중 옳은 것은?

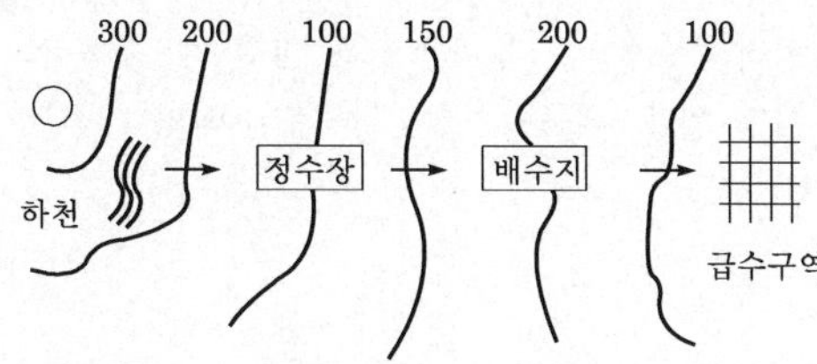

① 도수는 펌프가압식으로 해야 한다.
② 수질을 생각하여 도수로는 개수로를 택하여야 한다.
③ 정수장에서 배수지는 펌프가압식으로 송수한다.
④ 도수와 송수를 자연유하식으로 하여 동력비를 절감한다.

108 강우강도 $I=\frac{3,500}{t[분]+10}$[mm/h], 유역면적 2.0km^2, 유입시간 7분, 유출계수 C=0.7, 관내 유속이 1m/s인 경우 관의 길이 500m인 하수관에서 흘러나오는 우수량은?

① 53.7m^3/s　　② 35.8m^3/s
③ 48.9m^3/s　　④ 45.7m^3/s

109 먹는 물에서 대장균이 검출될 경우 오염수로 판정되는 이유로 옳은 것은?

① 대장균은 번식 시 독소를 분비하여 인체에 해를 끼치기 때문이다.
② 대장균은 병원균이기 때문이다.
③ 사람이나 동물의 체내에 서식하므로 병원성 세균의 존재 추정이 가능하기 때문이다.
④ 대장균은 반드시 병원균과 공존하기 때문이다.

110 80%의 전달효율을 가진 전동기에 의해서 가동되는 85% 효율의 펌프가 300L/s의 물을 25.0m 양수할 때 요구되는 전동기의 출력(kW)은? (단, 여유율 α=0으로 가정)

① 60.0kW　　② 73.3kW
③ 86.3kW　　④ 107.9kW

111 도수관거에 관한 설명으로 틀린 것은?

① 관경의 산정에 있어서 시점의 고수위, 종점의 저수위를 기준으로 동수경사를 구한다.
② 자연유하식 도수관거의 평균유속의 최소 한도는 0.3m/s로 한다.
③ 자연유하식 도수관거의 평균유속의 최대 한도는 3.0m/s로 한다.
④ 도수관거 동수경사의 통상적인 범위는 1/1,000~1/3,000이다.

112 공동현상(cavitation)의 방지책에 대한 설명으로 옳지 않은 것은?

① 마찰손실을 작게 한다.
② 펌프의 흡입관경을 작게 한다.
③ 임펠러(impeller)속도를 작게 한다.
④ 흡입수두를 작게 한다.

113 응집침전 시 황산반토 최적주입량이 20ppm, 유량이 500m^3/h에 필요한 5% 황산반토용액의 주입량은 얼마인가?

① 20L/h ② 100L/h
③ 150L/h ④ 200L/h

114 급수방법에는 고가수조식과 압력수조식이 있다. 압력수조식을 고가수조식과 비교한 설명으로 옳지 않은 것은?

① 조작상에 최고·최저의 압력차가 적고 급수압의 변동폭이 적다.
② 큰 설비에는 공기압축기를 설치해서 때때로 공기를 보급하는 것이 필요하다.
③ 취급이 비교적 어렵고 고장이 많다.
④ 저수량이 비교적 적다.

115 슬러지밀도지표(SDI)와 슬러지용량지표(SVI)와의 관계로 옳은 것은?

① $SDI = \frac{10}{SVI}$ ② $SDI = \frac{100}{SVI}$
③ $SDI = \frac{SVI}{10}$ ④ $SDI = \frac{SVI}{100}$

116 어떤 도시에 대한 다음의 인구통계표에서 2004년 현재로부터 5년 후의 인구를 추정하려 할 때 연평균 인구증가율(r)은?

연도	2000	2001	2002	2003	2004
인구(명)	10,900	11,200	11,500	11,850	12,200

① 0.28545 ② 0.18571
③ 0.02857 ④ 0.00279

117 펌프 선정 시의 고려사항으로 가장 거리가 먼 것은?

① 펌프의 특성 ② 펌프의 중량
③ 펌프의 동력 ④ 펌프의 효율

118 하수관거의 단면에 대한 설명으로 ㉠과 ㉡에 알맞은 것은?

> 관거의 단면형상에는 (㉠)을 표준으로 하고, 소규모 하수도에서는 (㉡)을 표준으로 한다.

① ㉠ 원형 또는 계란형 ㉡ 원형 또는 직사각형
② ㉠ 원형 ㉡ 직사각형
③ ㉠ 계란형 ㉡ 원형
④ ㉠ 원형 또는 직사각형 ㉡ 원형 또는 계란형

119 펌프대수를 결정할 때 일반적인 고려사항에 대한 설명으로 옳지 않은 것은?

① 건설비를 절약하기 위해 예비는 가능한 한 대수를 적게 하고 소용량으로 한다.
② 펌프의 설치대수는 유지관리상 가능한 한 적게 하고 동일 용량의 것으로 한다.
③ 펌프는 가능한 한 최고효율점 부근에서 운전하도록 대수 및 용량을 정한다.
④ 펌프는 용량이 작을수록 효율이 높으므로 가능한 한 소용량의 것으로 한다.

120 피압지하수를 양수하는 우물은 다음 중 어느 것인가?

① 굴착정 ② 심정(깊은 우물)
③ 천정(얕은 우물) ④ 집수매거

제3회 정답 및 해설

01	02	03	04	05	06	07	08	09	10	11	12	13	14	15	16	17	18	19	20
②	④	②	③	④	③	①	③	④	④	④	③	③	③	①	④	①	②	④	①
21	22	23	24	25	26	27	28	29	30	31	32	33	34	35	36	37	38	39	40
③	④	④	④	③	①	②	①	③	④	④	①	④	②	②	②	①	②	②	③
41	42	43	44	45	46	47	48	49	50	51	52	53	54	55	56	57	58	59	60
③	②	①	②	①	②	①	④	③	④	①	①	③	④	③	②	②	②	③	④
61	62	63	64	65	66	67	68	69	70	71	72	73	74	75	76	77	78	79	80
①	②	①	③	④	②	①	③	③	③	④	②	②	③	①	②	②	①	①	④
81	82	83	84	85	86	87	88	89	90	91	92	93	94	95	96	97	98	99	100
②	④	②	②	②	②	②	②	③	②	①	①	①	③	③	④	①	③	④	④
101	102	103	104	105	106	107	108	109	110	111	112	113	114	115	116	117	118	119	120
①	④	④	②	②	③	③	①	③	④	①	②	④	①	②	③	②	④	④	①

제1과목 응용역학

1 3연모멘트정리 이용

$M_A = M_C = 0$

$2M_B\left(\frac{L}{I}+\frac{L}{I}\right)=6E(\theta_{BA}-\theta_{BC})$

$4M_B\left(\frac{L}{I}\right)=6E\left(\frac{wL^3}{24EI}-0\right)$

$\therefore M_B=\frac{wL^2}{16}$

2 $G=\frac{E}{2(1+\nu)}$

$=\frac{2.1\times10^5}{2\times(1+0.3)}$

$=8.1\times10^4\text{kN/m}^2$

3 $\sigma_{\max}=\frac{M_{\max}}{Z}=\frac{6}{bh^2}\left(\frac{Pl}{4}\right)=\frac{3Pl}{2bh^2}$

$=\frac{3\times5\times8}{2\times0.1\times0.2^2}=15{,}000\text{kN/m}^2$

4 ㉠ $\Sigma M_A=0(\oplus↻)$

$1.2\times7-R_B\times12=0$

$\therefore R_B=0.7\text{kN}(\uparrow)$

㉡ $\Sigma F_Y=0(\uparrow\oplus)$

$R_A-1.2+0.7=0$

$\therefore R_A=0.5\text{kN}(\uparrow)$

5

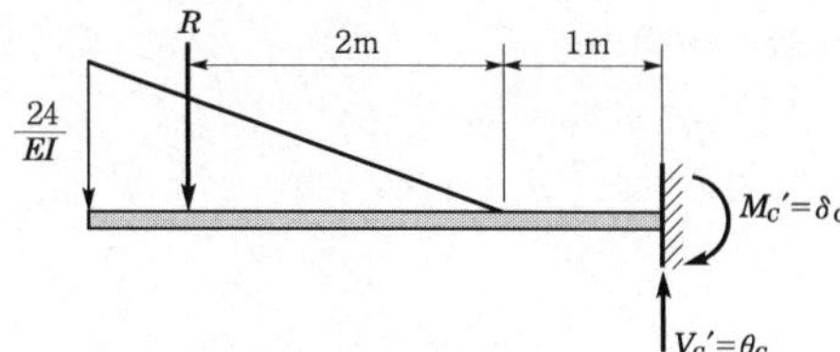

$V_C{}'=\theta_C=R=\frac{1}{2}\times\frac{24}{EI}\times3=\frac{36}{EI}$

$\therefore M_C{}'=\delta_C=R\times3=\frac{36\times3}{EI}$

$=\frac{108}{2.1\times10^5\times4.5}$

$=0.1\text{mm}$

6 $\sigma_a \geq \sigma_{\max} = \dfrac{M}{Z} = \dfrac{32M}{\pi d^3}$

$\therefore d \geq \sqrt[3]{\dfrac{32M}{\pi \sigma_a}} = 2.17\sqrt[3]{\dfrac{M}{\sigma_a}}$

7 모멘트분배법 이용

㉠ 부재강도

$K_{BA} = \dfrac{2I}{8} = \dfrac{I}{4}$

$K_{AC} = \dfrac{I}{6}$

㉡ 강비

$k_{BA} = \dfrac{I}{4} \times \dfrac{6}{I} = 1.5$

$k_{BC} = \dfrac{I}{6} \times \dfrac{6}{I} = 1.0$

$M_B = 24 \times 4 = 96\text{kN} \cdot \text{m}$

㉢ 분배율(D.F)

$D.F_{BA} = \dfrac{1.5}{1.5+1.0} = 0.6$

$D.F_{BC} = \dfrac{1.0}{1.5+1.0} = 0.4$

㉣ 분배모멘트(D.M)

$D.M_{BA} = 96 \times 0.6 = 57.6\text{kN} \cdot \text{m}$

$D.M_{BC} = 96 \times 0.4 = 38.4\text{kN} \cdot \text{m}$

㉤ 전달모멘트(C.M)

$C.M_{AB} = 57.6 \times \dfrac{1}{2} = 28.8\text{kN} \cdot \text{m}$

$C.M_{CB} = 38.4 \times \dfrac{1}{2} = 19.2\text{kN} \cdot \text{m}$

8 $R_A = 3R_B$

$\Sigma V = 0(\uparrow \oplus)$

$R_A + R_B = 3R_B + R_B = 24\text{kN}$

$\therefore R_B = 6\text{kN},\ R_A = 18\text{kN}$

$\Sigma M_A = 0(\oplus)$

$4.8 \times x + 19.2 \times (x+1.8) - 6 \times 30 = 0$

$\therefore x = 6.06\text{m}$

9 $\Sigma M_A = 0(\oplus)$

$5 \times 3 + 1.5 \times 2 \times 1 - 2 \times R_B = 0$

$\therefore R_B = 9\text{kN}(\uparrow)$

10

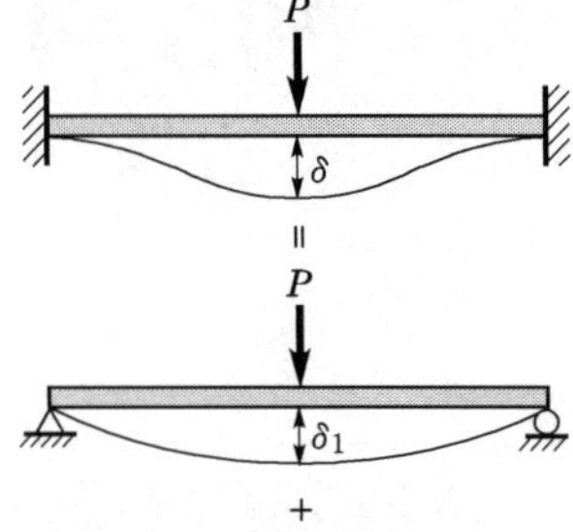

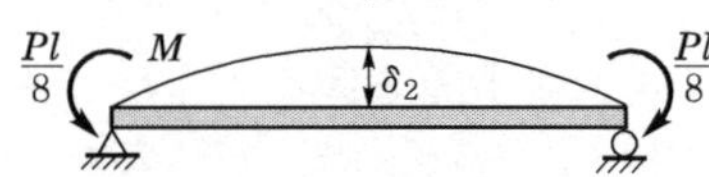

$\delta_1 = \dfrac{Pl^3}{48EI}$

$\delta_2 = \dfrac{Ml^2}{8EI} = \left(\dfrac{Pl/8}{8EI}\right)l^2 = \dfrac{Pl^3}{64EI}$

$\delta = \delta_1 - \delta_2 = \dfrac{Pl^3}{EI}\left(\dfrac{1}{48} - \dfrac{1}{64}\right) = \dfrac{Pl^3}{192EI}$

$0.001 = \dfrac{100 \times l^3}{192 \times 2 \times 10^6}$

$\therefore l = 15.7\text{m}$

11 $\Delta l = \dfrac{Pl}{AE} = \dfrac{4 \times 4 \times 1}{\pi \times 0.02^2 \times 2 \times 10^6} = 0.0064\text{m} = 6.4\text{mm}$

12

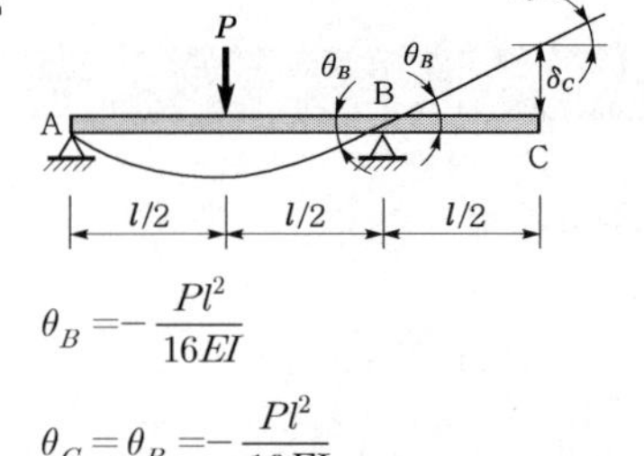

$\theta_B = -\dfrac{Pl^2}{16EI}$

$\theta_C = \theta_B = -\dfrac{Pl^2}{16EI}$

$\tan\theta_C \fallingdotseq \theta_C = \dfrac{\delta_C}{l/2}$

$\therefore \delta_C = \dfrac{l}{2}\theta_C = \dfrac{l}{2}\left(-\dfrac{Pl^2}{16EI}\right) = -\dfrac{Pl^3}{32EI}(\uparrow)$

13 $N = r + m + s - 2k = 8 + 5 + 4 - 2 \times 6 = 5$차

[별해] 라멘형태로 가정하면

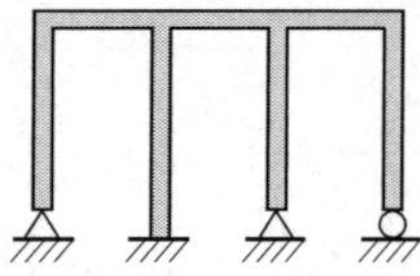

$N = 3B - J = 3 \times 3 - 4 = 5$차

여기서, B : 폐합 Box수

J : 고정 0, 힌지 1, 롤러 2

14 3연모멘트법 이용

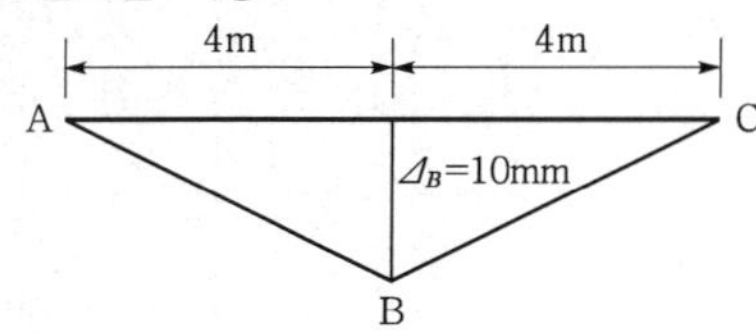

$M_A = M_C = 0$

$I_1 = I_2 = I$

$L_1 = L_2 = 4$

$$M_A\left(\frac{L_1}{I_1}\right) + 2M_B\left(\frac{L_1}{I_1} + \frac{L_2}{I_2}\right) + M_C\left(\frac{L_2}{I_2}\right) = 6E\left(\frac{h_A}{L_1} + \frac{h_C}{L_2}\right)$$

$$2M_B\left(\frac{4}{I} + \frac{4}{I}\right) = 6E\left(\frac{0.01}{4} + \frac{0.01}{4}\right)$$

$$M_B \times 16 = 6EI \times \frac{0.01}{2}$$

$$\therefore\ M_B = \frac{6 \times 1 \times 10^5 \times 0.01}{16 \times 2} = 187.5\text{kN}\cdot\text{m}$$

15 $A = \frac{1}{4}\pi r^2 - \frac{1}{2}r^2$

$$= \frac{1}{4} \times \pi \times 200^2 - \frac{1}{2} \times 200^2$$

$$= 11{,}415.9\text{mm}^2$$

$$G_x = \frac{\pi r^2}{4} \times \frac{4r}{3\pi} - \frac{r^2}{2} \times \frac{r}{3}$$

$$= \frac{\pi \times 200^2}{4} \times \frac{4 \times 200}{3\pi} - \frac{200^2}{2} \times \frac{200}{3}$$

$$= 1{,}333{,}333.4\text{mm}^3$$

$$\therefore\ y = \frac{G_x}{A} = \frac{1{,}333{,}333}{11{,}415} = 116.8\text{mm}$$

16 sin법칙 적용

$$\frac{P}{\sin 90^\circ} = \frac{100}{\sin 135^\circ}$$

$$\therefore\ P = \frac{100 \times \sin 90^\circ}{\sin(180^\circ - 45^\circ)} = \frac{100}{\sin 45^\circ} = 100\sqrt{2} = 141.4\text{kN}$$

17 제시된 설명은 Castigliano의 제1정리이다.

18

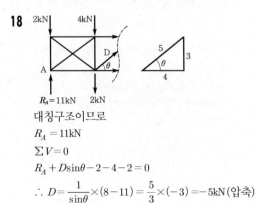

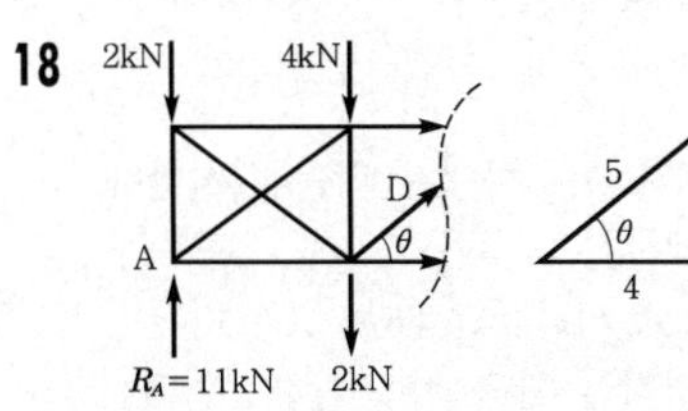

대칭구조이므로

$R_A = 11\text{kN}$

$\Sigma V = 0$

$R_A + D\sin\theta - 2 - 4 - 2 = 0$

$$\therefore D = \frac{1}{\sin\theta} \times (8 - 11) = \frac{5}{3} \times (-3) = -5\text{kN}\,(\text{압축})$$

19

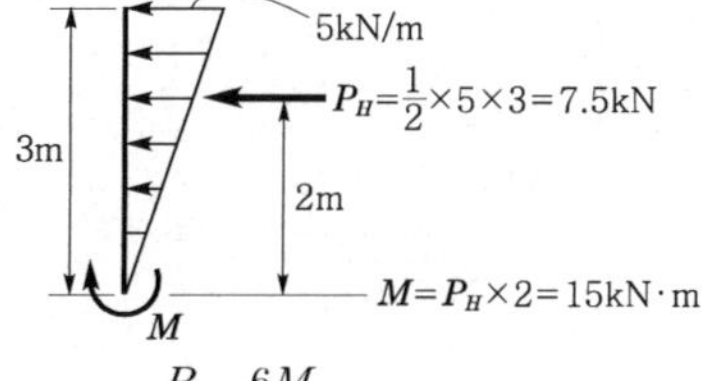

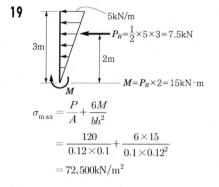

$$\sigma_{\max} = \frac{P}{A} + \frac{6M}{bh^2}$$

$$= \frac{120}{0.12 \times 0.1} + \frac{6 \times 15}{0.1 \times 0.12^2}$$

$$= 72{,}500\text{kN/m}^2$$

20 $G_x = Ay = (6 \times 8 \times 4) - (4 \times 4 \times 4) = 128\text{m}^3$

제2과목 측량학

21 $20.42 + 2.25 = 2.25 + 100.25 \times \sin\theta$

$\therefore\ \sin\theta = 11^\circ 53' 56''$

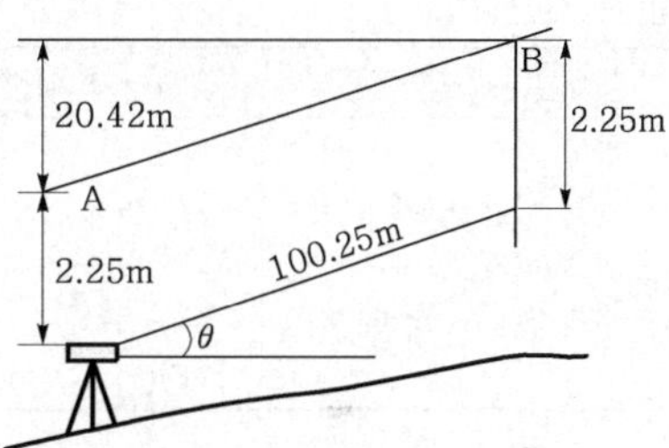

22 ㉠ BC측선의 방위각$=82^\circ 10' + 180^\circ - 98^\circ 39' = 163^\circ 31'$

㉡ CD측선의 방위각$=163^\circ 31' + 180^\circ - 67^\circ 14'$

$=276^\circ 17'$(4상한)

㉢ CD측선의 방위$=360^\circ - 276^\circ 17' =$ N$83^\circ 43'$W

23 지오이드상에서 중력퍼텐셜의 크기는 같다.

24 외할$(E) = R\left(\sec\frac{I}{2} - 1\right)$

$$15 = R \times \left(\sec\frac{60^\circ}{2} - 1\right)$$

$\therefore\ R = 101.5\text{m}$

25 $280 : 0.6 = 180 : x$

$\therefore\ x = 0.40\text{mm}$

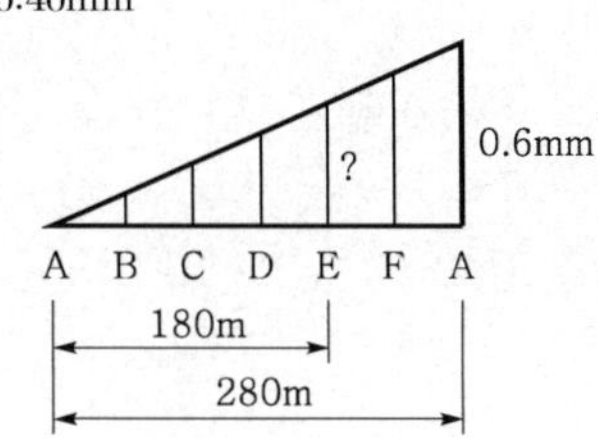

26 구과량$(\varepsilon) = \frac{\sigma}{R^2}\rho''$

$$= \frac{\frac{1}{2}\times 30\times 20\times \sin 80^\circ}{6,400^2}\times 206,265''$$

$$= 1.49''$$

27 ① ((㉠+㉡+㉧)−180°=0 [각조건]
③ ((㉧+㉨+㉩+㉪)−360°=0 [점조건]
④ ((㉠+㉡+㉢+㉣+㉤+㉥+㉦+㉧)−360° =0 [각조건]

28 캔트$(C) = \frac{SV^2}{Rg}$ 에서 곡선반지름(R)을 2배로 하면 새로운 캔트$(C) = \frac{1}{2}C$ 가 된다.

29 삼각수준측량 시 구차와 기차에 의한 영향을 고려하여야 한다.

30 면적 계산방법

경계선이 곡선인 경우	경계선이 직선인 경우
• 방안지에 의한 방법 • 심프슨 제1법칙 • 심프슨 제2법칙 • 구적기에 의한 방법	• 좌표법 • 배횡거법 • 삼사법 • 삼변법 • 이변법

31 $\frac{\Delta A}{A} = 2\frac{\Delta l}{l}$

$\frac{0.2}{100} = 2\times\frac{\Delta l}{10}$

$\therefore\ \Delta l = 10\text{mm}$

32 $i = \frac{H}{D}\times 100 = \frac{20}{50,000\times 0.01}\times 100 = 4\%$

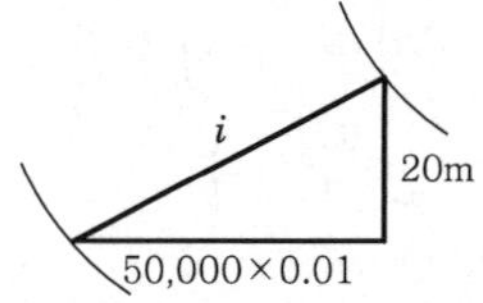

33 지형도상에 나타나는 해안선은 약최고고조면으로 표시된다.

34 삼각점 선정 시 측점수는 되도록 적게 한다.

35

측선	위거		경거	
	+	−	+	−
AB	50		50	
BC		30	60	
CD		70		60
DA				

㉠ DA측선의 위거와 경거
- DA측선의 위거=50−30−70+DA측선의 위거 =0

∴ 위거=50m
- DA측선의 경거=50+60−60+DA측선의 경거 =0

∴ 경거=−50m

㉡ AD측선의 방위각

$$\overline{AD}\text{방위각} = \tan\theta = \frac{\text{AD측선의 경거}}{\text{AD측선의 위거}} = \frac{+50}{-50} = 45^\circ(\text{2상한})$$

$\therefore\ \overline{AD}\text{ 방위각} = 180^\circ - 45^\circ = 135^\circ$

36 ㉠ $P_A : P_B = \frac{1}{6^2} : \frac{1}{3^2} = 1:4$

㉡ $H_0 = \frac{1\times 25,447 + 4\times 25,609}{1+4} = 25,577\text{m}$

37 ㉠ $\frac{1}{m} = \frac{5}{H} = \frac{0.02}{1,000} = \frac{1}{5,000}$

㉡ $\Delta r = \frac{h}{H}r = \frac{400}{1,000}\times\frac{200}{5,000}$

$= 0.016\text{m} = 16\text{mm}$

38 ① 일반적으로 단곡선 설치 시 가장 많이 이용되는 방법은 편각설치법이다.
③ 완화곡선의 접선은 시점에서 직선에, 종점에서는 원호에 접한다.
④ 완화곡선의 반지름은 시점에서 무한대이고, 종점에서는 원곡선의 반지름이 된다.

39 ① 수신기 2대를 이용하여 측위를 실시한다.
③ 위상차의 계산은 단순차, 2중차, 3중차와 같은 차분기법으로 해결할 수 있다.
④ 전파의 위상차를 관측하는 방식이 절대관측보다 정확도가 높다.

40

L

약 20초 | 큰 하천=100~200m
작은 하천=20~50m

투하지점 제1단면 제2단면

제3과목 수리수문학

41 $PD = 4T$

$10 \times 0.03 = 4T$

$\therefore\ T = 0.075\text{g/cm}^2 = 0.075 \times 980 = 73.5\text{dyne/cm}$

42 ㉠ $P = wh_G A$

$= 1 \times (2+1.5) \times (2 \times 3) = 21\text{t} = 205.8\text{kN}$

㉡ $F = \mu P + T = 0.25 \times 205.8 + 1.96 = 53.41\text{kN}$

43 공기 중 무게=수중무게+부력

$0.75 = 0.25 + 10 \times V$

$\therefore\ V = 0.05\text{m}^3$

44 $\dfrac{dx}{u} = \dfrac{dy}{v} = \dfrac{dz}{w}$

$\dfrac{dx}{-ky} = \dfrac{dy}{kx}$

$kx\,dx + ky\,dy = 0$

$x\,dx + y\,dy = 0$

$\therefore\ x^2 + y^2 = c$이므로 원이다.

45 ㉠ $P_1 = wh_{G1}A_1 = 1 \times \dfrac{1.6}{2} \times (1.6 \times 1) = 1.28\text{t}$

㉡ $P_2 = wh_{G2}A_2 = 1 \times \dfrac{0.7}{2} \times (0.7 \times 1) = 0.245\text{t}$

㉢ $P_1 - P_2 - F_x = \dfrac{wQ}{g}(V_2 - V_1)$

$1.28 - 0.245 - F_x = \dfrac{1 \times 3.27}{9.8} \times (4.67 - 2.04)$

$\therefore\ F_x = 0.157\text{t} = 157\text{kg} = 157 \times 10 = 1{,}570\text{N}$

46 $D = C_D A \dfrac{1}{2} \rho V^2 = 1.5 \times (4 \times 2) \times \dfrac{1}{2} \times \dfrac{1}{9.8} \times 2^2$

$= 2.45\text{t} = 2.45 \times 9.8 = 24.01\text{kN}$

47 ㉠ $Q = 1.84bh^{\frac{3}{2}}$

$0.03 = 1.84 \times 0.35 \times h^{\frac{3}{2}}$

$\therefore\ h = 0.13\text{m}$

㉡ $\dfrac{dQ}{Q} = \dfrac{3}{2}\dfrac{dh}{h} = \dfrac{3}{2} \times \dfrac{0.001}{0.13} = 0.01154 = 1.154\%$

48 완전난류의 완전히 거친 영역에서 f는 R_e에 관계없고 상대조도$\left(\dfrac{e}{D}\right)$만의 함수이다.

49 ㉠ $A = 2 \times 3 + 3 \times 6 = 24\text{m}^2$

㉡ $R = \dfrac{A}{S} = \dfrac{24}{3+2+3+3+6} = 1.41\text{m}$

㉢ $Q = A\dfrac{1}{n}R^{\frac{2}{3}}I^{\frac{1}{2}}$

$= 24 \times \dfrac{1}{0.002} \times 1.41^{\frac{2}{3}} \times 0.001^{\frac{1}{2}} = 477.16\text{m}^3/\text{s}$

50 충격치(비력)는 물의 단위중량당 정수압과 운동량의 합이다.

$M = \eta\dfrac{Q}{g}V + h_G A = $ 일정

51 $\dfrac{Q_m}{Q_p} = L_r^{\frac{5}{2}}$

$\dfrac{Q_m}{10{,}000} = \left(\dfrac{1}{50}\right)^{\frac{5}{2}}$

$\therefore\ Q_m = 0.566\text{m}^3/\text{s}$

52 $Q = KiA = K\dfrac{h}{L}A$

$= 208 \times \dfrac{1.6}{480} \times (3.5 \times 1.2)$

$= 2.91\text{m}^3/\text{day}$

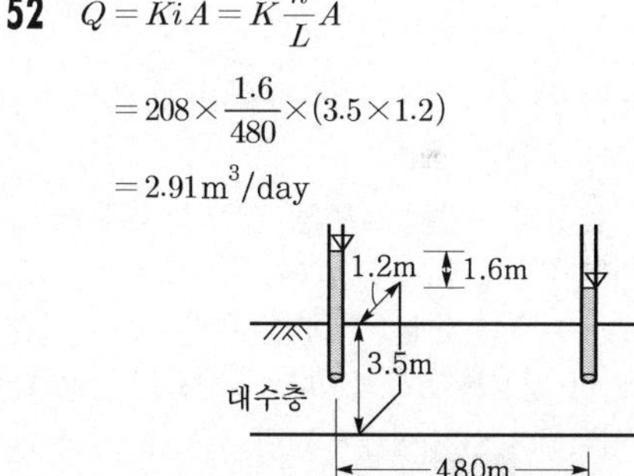

53 $U_* = \sqrt{\dfrac{\tau_o}{\rho}}$

54 사다리꼴 단면수로의 수리상 유리한 단면은 수심을 반지름으로 하는 반원을 내접원으로 하는 사다리꼴 단면이다.

55 ㉠ 유량이 일정할 때 $H_{e\min}$이 되는 수심이다.

㉡ H_e가 일정할 때 $Q_{\max}$이 되는 수심이다.

56 대기압이 작용하는 지하수면을 가지는 지하수를 자유지하수라고 하며, 불투수층 사이에 낀 투수층 내에 포함되어 있는 지하수면을 갖지 않는 지하수를 피압지하수라 한다.

57 $\dfrac{h_2}{h_1}=\dfrac{1}{2}(-1+\sqrt{1+8{F_{r_1}}^2})$

58 ㉠ t_1[℃]일 때

$h=\dfrac{e}{e_s}\times 100\%$

$70=\dfrac{e}{10}\times 100\%$

$\therefore\ e=7\text{mmHg}$

㉡ t_2[℃]일 때

$e=7\times 1.2=8.4\text{mmHg}$

$\therefore\ h=\dfrac{e}{e_s}\times 100\%=\dfrac{8.4}{14}\times 100\%=60\%$

59 ㉠ DAD곡선의 작성순서

- 각 유역의 지속기간별 최대 우량을 누가우량 곡선으로부터 결정하고 전 유역을 등우선에 의해 소구역으로 나눈다.
- 각 소구역의 평균누가우량을 구한다.
- 소구역의 누가면적에 대한 평균누가우량을 구한다.
- DAD곡선을 그린다.

㉡ 증발산량은 DAD곡선 작도 시 필요 없다.

60 단위유량도의 이론은 다음과 같은 가정에 근거를 두고 있다.

㉠ 유역특성의 시간적 불변성 : 유역특성은 계절, 인위적인 변화 등으로 인하여 시간에 따라 변할 수 있으나, 이 가정에 의하면 유역특성은 시간에 따라 일정하다고 하였다. 실제로는 강우 발생 이전의 유역의 상태에 따라 기저시간은 달라질 수 있으며, 특히 선행된 강우에 따른 흙의 함수비에 의하여 지속시간이 같은 강우에도 기저시간은 다르게 될 수 있으나, 이 가정에서는 강우의 지속시간이 같으면 강도에 관계없이 기저시간은 같다고 가정하였다.

㉡ 유역의 선형성 : 강우 r, $2r$, $3r$, …에 대한 유량은 q, $2q$, $3q$, …로 되는 입력과 출력의 관계가 선형관계를 갖는다.

㉢ 강우의 시간적, 공간적 균일성 : 지속시간 동안의 강우강도는 일정하여야 하며, 또는 공간적으로도 강우가 균일하게 분포되어야 한다.

제4과목 철근콘크리트 및 강구조

61 $V_u\le\dfrac{1}{2}\phi V_c=\dfrac{1}{2}\phi\left(\dfrac{1}{6}\lambda\sqrt{f_{ck}}\,b_w d\right)$

$\therefore\ b_w d=\dfrac{2\times 6V_u}{\phi\lambda\sqrt{f_{ck}}}=\dfrac{2\times 6\times 50,000}{0.75\times 1.0\sqrt{28}}$

$=151,186\text{mm}^2$

62 ㉠ 집중하중 120kN에 의한

$M_{c1}=3R_A=3\times 80=240\text{kN}\cdot\text{m}$

여기서, $R_A=\dfrac{120\times 6}{9}=80\text{kN}$

㉡ 긴장력에 의한 상향력모멘트

$M_{c2}=-1,000\text{kN}\times 0.15=-150\text{kN}\cdot\text{m}$

$\therefore\ M_c=240-150=90\text{kN}\cdot\text{m}$

63 표피철근간격 s(최소값)

㉠ $s=375\dfrac{k_{cr}}{f_s}-2.5c_c=375\times\dfrac{210}{267}-2.5\times 50$

$=170\text{mm}$

㉡ $s=300\dfrac{k_{cr}}{f_s}=300\times\dfrac{210}{267}=236\text{mm}$

$\therefore\ s=170\text{mm}$

여기서, $f_s=\dfrac{2}{3}f_y=\dfrac{2}{3}\times 400=267\text{MPa}$

$k_{cr}=210$(습윤환경)

64 흙에 접하여 콘크리트를 친 후 영구적으로 흙에 묻혀 있는 콘크리트 : 75mm

65 $T_{cr}=0.33\sqrt{f_{ck}}\left(\dfrac{{A_{cp}}^2}{p_{cp}}\right)$

$=0.33\times\sqrt{28}\times\dfrac{(250\times 500)^2}{2\times(500+250)}$

$=18,189,540\text{N}\cdot\text{mm}=18.2\text{kN}\cdot\text{m}$

66 $u=\dfrac{8Ps}{l^2}=\dfrac{8\times 2,600\times 0.2}{16^2}=16.25\text{kN/m}$

67 $b_g=b_1+b_2-t=150+90-12=228\text{mm}$

68 ㉠ 순인장변형률

$a=\dfrac{f_y A_s}{\eta(0.85f_{ck})b}$

$=\dfrac{400\times 2,870}{1.0\times 0.85\times 28\times 280}=172.27\text{mm}$

$$c=\frac{a}{\beta_1}=\frac{172.27}{0.80}=215.33\text{mm}$$

$$\varepsilon_t=\varepsilon_{cu}\left(\frac{d_t-c}{c}\right)=0.0033\times\left(\frac{500-215.33}{215.33}\right)$$

$$=0.0044<0.005$$

∴ 변화구간 단면

㉡ 강도감소계수

$$\phi=0.65+0.2\left(\frac{\varepsilon_t-\varepsilon_y}{0.005-\varepsilon_y}\right)$$

$$=0.65+0.2\times\left(\frac{0.0044-0.002}{0.005-0.002}\right)$$

$$=0.81$$

69 $M_{cr}=\frac{I_g}{y_t}f_r=\frac{I_g}{y_t}\left(0.63\lambda\sqrt{f_{ck}}\right)$

$$=\frac{\frac{1}{12}\times300\times500^3}{250}\times0.63\times1.0\sqrt{21}$$

$$=36,087,784\text{N}\cdot\text{mm}=36.1\text{kN}\cdot\text{m}$$

70 $Kl_{px}+\mu_p\alpha_{px}\le0.3$일 때 근사식을 사용할 수 있다.

71 ㉠ $a=\frac{f_yA_s}{\eta(0.85f_{ck})b}$

$$=\frac{350\times1,520}{1.0\times0.85\times28\times350}=63.86\text{mm}$$

㉡ $f_{ck}\le40\text{MPa}$이면 $\beta_1=0.80$

㉢ $c=\frac{a}{\beta_1}=\frac{63.86}{0.80}=79.83\text{mm}$

$$\therefore\ \varepsilon_t=\varepsilon_{cu}\left(\frac{d_t-c}{c}\right)=0.0033\times\frac{450-79.83}{79.83}=0.0153$$

72 $f_{ck}\le40\text{MPa}$일 때 $\beta_1=0.80$이다.

73 띠철근간격

㉠ $16d_b=16\times31.8=508.8\text{mm}$

㉡ $48\times$띠철근지름$=48\times9.5=456\text{mm}$

㉢ 500mm(단면 최소치수)

∴ 456mm(최소값)

74 $l_{db}=\frac{0.25d_bf_y}{\lambda\sqrt{f_{ck}}}=\frac{0.25\times28.6\times350}{1.0\sqrt{28}}$

$$=472.93\text{mm}\ge0.043d_bf_y$$

∴ $l_{db}\fallingdotseq473\text{mm}$(큰 값)

여기서, $0.043d_bf_y=0.043\times28.6\times350=430.43\text{mm}$

75 $f=\frac{P}{\sum al_e}=\frac{500,000}{20\times250}=100\text{MPa}$

76 ㉠ T형보 판별

$$a=\frac{f_yA_s}{\eta(0.85f_{ck})b}$$

$$=\frac{300\times5,000}{1.0\times0.85\times21\times1,000}$$

$$=84\text{mm}$$

∴ $a>t_f$이므로 $c=\frac{a}{\beta_1}=\frac{84}{0.80}=105\text{mm}$

여기서, $f_{ck}\le40\text{MPa}$이면 $\beta_1=0.80$

㉡ 강도감소계수(ϕ) 결정

$$\varepsilon_t=\varepsilon_{cu}\left(\frac{d_t-c}{c}\right)=0.0033\times\left(\frac{600-105}{105}\right)$$

$$=0.016>0.005$$

∴ $\phi=0.85$(인장지배 단면)

㉢ A_{sf}, a 결정

$$A_{sf}=\frac{\eta(0.85f_{ck})t_f(b-b_w)}{f_y}$$

$$=\frac{1.0\times0.85\times21\times80\times(1,000-400)}{300}$$

$$=2,856\text{mm}^2$$

$$\therefore\ a=\frac{f_y(A_s-A_{sf})}{\eta(0.85f_{ck})b_w}$$

$$=\frac{300\times(5,000-2,856)}{1.0\times0.85\times21\times400}=90.1\text{mm}$$

㉣ 공칭휨강도(M_n)

$$=300\times2,856\times\left(600-\frac{80}{2}\right)$$

$$+300\times(5,000-2,856)\times\left(600-\frac{90.1}{2}\right)$$

$$\fallingdotseq836.8\text{kN}\cdot\text{m}$$

77 ㉠ $f_{ck}\le40\text{MPa}$이면 $\beta_1=0.80$

㉡ 균형철근비

$$\rho_b=\eta(0.85\beta_1)\frac{f_{ck}}{f_y}\left(\frac{660}{660+f_y}\right)$$

$$=1.0\times0.85\times0.80\times\frac{21}{300}\times\frac{660}{660+300}$$

$$=0.0327$$

㉢ 최대 철근비

$$\rho_{\max}=\eta(0.85\beta_1)\left(\frac{f_{ck}}{f_y}\right)\left(\frac{\varepsilon_{cu}}{\varepsilon_{cu}+\varepsilon_{t,\min}}\right)$$

$$=1.0\times0.85\times0.80\times\frac{21}{300}\times\frac{0.0033}{0.0033+0.004}$$

$$=0.0215$$

㉣ 최소 철근비

$$\rho_{\min}=0.178\frac{\lambda\sqrt{f_{ck}}}{\phi f_y}=0.178\times\frac{1.0\sqrt{21}}{0.85\times300}$$

$$=0.0032$$

따라서 $\rho_{\min}<\rho_{\max}<\rho_b$이므로 연성파괴가 발생한다.

78 $q_u = \dfrac{P_u}{A} = \dfrac{1,500}{2.5\times2.5} = 240\text{kN/m}^2$

$\therefore\ V_u = q_u s\left(\dfrac{L-t}{2} - d\right)$

$= 240\times2.5\times\left(\dfrac{2.5-0.55}{2} - 0.55\right)$

$= 255\text{kN}$

79 $s = \dfrac{4A_s}{D_c\rho_s} = \dfrac{4\times\dfrac{\pi\times12^2}{4}}{400\times0.018} = 62.8\text{mm}$

80 $A_{sf} = \dfrac{\eta(0.85f_{ck})t_f(b-b_w)}{f_y}$

$= \dfrac{1.0\times0.85\times21\times100\times(800-200)}{400}$

$= 2677.5\text{mm}^2$

제5과목 토질 및 기초

81 ㉠ $\gamma_t = \dfrac{G_s+Se}{1+e}\gamma_w = \dfrac{G_s+wG_s}{1+e}\gamma_w$

$20 = \dfrac{2.7+0.2\times2.7}{1+e}\times9.8$

$\therefore\ e = 0.59$

㉡ $Se = wG_s$

$S\times0.59 = 20\times2.7$

$\therefore\ S = 91.53\%$

82 ㉠ $P_{No.200} = 4\% < 50\%$이고,

$P_{No.4} = 90\% > 50\%$이므로 모래(S)이다.

㉡ $C_u = \dfrac{D_{60}}{D_{10}} = \dfrac{2}{0.25} = 8 > 6$

$C_g = \dfrac{{D_{30}}^2}{D_{10}D_{60}} = \dfrac{0.6^2}{0.25\times2}$

$= 0.72 \neq 1\sim3$이므로 빈립도(P)이다.

∴ SP

83 ㉠ $Q = KiA$

$\dfrac{150}{2\times60} = Ki\times20$

$\therefore\ V = 0.0625\text{cm/s}$

㉡ $\gamma_d = \dfrac{W_s}{V} = \dfrac{G_s}{1+e}\gamma_w$

$\dfrac{420}{20\times10} = \dfrac{2.67}{1+e}\times1$

$\therefore\ e = 0.27$

㉢ $n = \dfrac{e}{1+e} = \dfrac{0.27}{1+0.27} = 0.21$

㉣ $V_s = \dfrac{V}{n} = \dfrac{0.0625}{0.21} = 0.298\text{cm/s}$

84 ㉠ $K = \sqrt{K_h K_v} = \sqrt{0.12\times0.03} = 0.06\text{cm/s}$

㉡ $Q = KH\dfrac{N_f}{N_d}$

$= (0.06\times10^{-2})\times50\times\dfrac{5}{12} = 0.0125\text{m}^3/\text{s}$

$= 0.0125\times(24\times60\times60) = 1,080\text{m}^3/\text{day}$

85 ㉠ $\sigma = 9.8\times h + 18\times3 = 9.8h + 54$

㉡ $u = 9.8\times7 = 68.6\text{kN/m}^2$

㉢ $\bar{\sigma} = \sigma - u = 9.8h + 54 - 68.6 = 0$

$\therefore\ h = 1.49\text{m}$

86 $\Delta\sigma_v = I_{(m,\ n)}q = 0.122\times100 - 0.048\times100$

$= 7.4\text{kN/m}^2$

3m, 2m, A = 4m − 3m, 1m, A

$m = \dfrac{B}{Z} = \dfrac{2}{4} = 0.5$, $n = \dfrac{L}{Z} = \dfrac{4}{4} = 1$, $\therefore I_{(m,n)} = 0.122$	$m = \dfrac{2}{4} = 0.5$, $n = \dfrac{1}{4} = 0.25$, $\therefore I_{(m,n)} = 0.048$

87 동상이 일어나는 조건

㉠ ice lens를 형성할 수 있도록 물의 공급이 충분해야 한다.

㉡ 0℃ 이하의 동결온도가 오랫동안 지속되어야 한다.

㉢ 동상을 받기 쉬운 흙(실트질토)이 존재해야 한다.

88 ㉠ $t = \dfrac{T_v H^2}{C_v}$

$2 = \dfrac{T_v\times\left(\dfrac{2}{2}\right)^2}{C_v}$

$\therefore\ \dfrac{T_v}{C_v} = 2\text{hr/cm}^2$

㉡ $t = \dfrac{T_v H^2}{C_v} = 2\times\left(\dfrac{500}{2}\right)^2 = 125,000$시간 ≒ 14.3년

89 ㉠ $Se = wG_s$에서

$100\times e_1 = 35\times2.67 \quad \therefore\ e_1 = 0.93$

$100\times e_2 = 25\times2.67 \quad \therefore\ e_2 = 0.67$

㉡ $\Delta H = \dfrac{e_1-e_2}{1+e_1}H = \dfrac{0.93-0.67}{1+0.93}\times1,000 = 134.7\text{cm}$

90 ㉠ $\sigma = 18\times2 + 20\times4 = 116\text{kN/m}^2$

$u = 9.81\times4 = 39.24\text{kN/m}^2$

$\sigma' = \sigma - u = 116 - 39.24 = 76.76\text{kN/m}^2$

㉡ $\tau = c + \sigma'\tan\phi$

$= 30 + 76.76\times\tan30° = 74.32\text{kN/m}^2$

91 CD-test를 사용하는 경우

㉠ 심한 과압밀지반에 재하하는 경우 등과 같이 성토하중에 의해 압밀이 서서히 진행이 되고 파괴도 극히 완만히 진행되는 경우

㉡ 간극수압의 측정이 곤란한 경우

㉢ 흙댐에서 정상침투 시 안정 해석에 사용

92 ㉠ $A=\dfrac{A_o}{1-\varepsilon}=\dfrac{18}{1-\dfrac{1.2}{14}}=19.69\text{cm}^2$

㉡ $\sigma_1-\sigma_3=\dfrac{P}{A}=\dfrac{600}{19.69}=30.5\text{N/cm}^2=305\text{kN/m}^2$

93 ㉠ $\sigma=17.5\times5+19.5\times10=282.5\text{kN/m}^2$

㉡ $u=9.8\times10=98\text{kN/m}^2$

㉢ $\bar{\sigma}=\sigma-u=282.5-98=184.5\text{kN/m}^2$

㉣ $\alpha=\dfrac{C_u}{P}=0.11+0.0037PI$(단, $PI>10$)

$\dfrac{C_u}{184.5}=0.11+0.0037\times50$

$\therefore\ C_u=54.43\text{kN/m}^2$

94 ㉠ $K_a=\tan^2\left(45°-\dfrac{\phi}{2}\right)=\tan^2\left(45°-\dfrac{30°}{2}\right)=\dfrac{1}{3}$

㉡ $P_a=\dfrac{1}{2}\gamma_t h^2K_a+q_sK_ah$

$=\dfrac{1}{2}\times17\times4^2\times\dfrac{1}{3}+20\times\dfrac{1}{3}\times4=72\text{kN/m}$

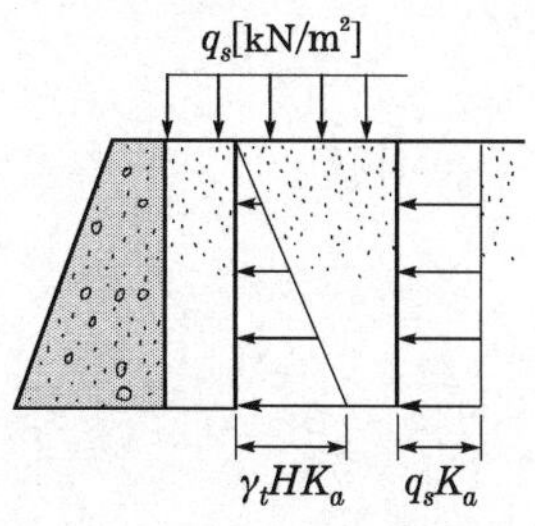

95 $P_u=C_a\pi Dl=0.6C\pi Dl$

$=0.6\times100\times\pi\times0.2\times5=188.5\text{kN}$

96 낮은 압력에서는 건조측에서 다진 흙이 압축성이 작아진다.

97 $S_{(기초)}=S_{(재하판)}\left[\dfrac{2B_{(기초)}}{B_{(기초)}+B_{(재하판)}}\right]^2$

$=10\times\left(\dfrac{2\times1.5}{1.5+0.3}\right)^2=27.78\text{mm}$

98 ㉠ 정적콘관입시험(CPT : Dutch Cone Penetration Test)

- 콘을 땅속에 밀어 넣을 때 발생하는 저항을 측정하여 지반의 강도를 추정하는 시험으로 점성토와 사질토에 모두 적용할 수 있으나 주로 연약한 점토지반의 특성을 조사하는데 적합하다.
- SPT와 달리 CPT는 시추공 없이 지표면에서부터 시험이 가능하므로 신속하고 연속적으로 지반을 파악할 수 있는 장점이 있고, 단점으로는 시료채취가 불가능하고 자갈이 섞인 지반에서는 시험이 어렵고 시추하는 것보다는 저렴하나 시험을 위해 특별히 CPT장비를 조달해야 하는 것이다.

㉡ 표준관입시험

- 사질토에 가장 적합하고 점성토에도 시험이 가능하다.
- 특히 연약한 점성토에서는 SPT의 신뢰성이 매우 낮기 때문에 N값을 가지고 점성토의 역학적 특성을 추정하는 것은 좋지 않다.

99 ㉠ $q_u=\alpha cN_c+\beta B\gamma_1N_r+D_f\gamma_2N_q$

$=0+0.4\times2\times17\times19+1.5\times17\times22$

$=819.4\text{kN/m}^2$

㉡ $q_a=\dfrac{q_u}{F_s}=\dfrac{819.4}{3}=273.13\text{kN/m}^2$

$q_a=\dfrac{Q_{all}}{A}$

$273.13=\dfrac{Q_{all}}{2\times2}$

$\therefore\ Q_{all}=1092.5\text{kN}$

100 ㉠ 부마찰력이 발생하면 지지력이 크게 감소하므로 말뚝의 허용지지력을 결정할 때 세심하게 고려한다.

㉡ 상대변위속도가 클수록 부마찰력이 크다.

제6과목 상하수도공학

101 오수관거는 계획시간 최대 오수량으로 한다.

102 제시된 그림에서 CD구간은 잔류염소량이 감소해 염소요구량이 증대하는 결합잔류염소구간이며, D는 파괴점이고, DE구간은 유리잔류염소구간이다.

103 일반적인 BOD : N : P의 농도비는 100 : 5 : 1이다.

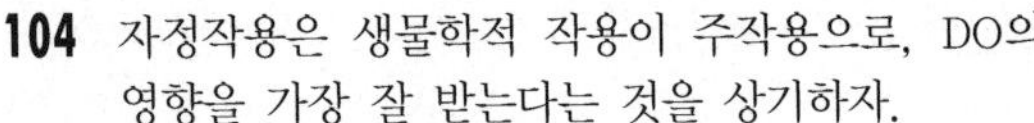

104 자정작용은 생물학적 작용이 주작용으로, DO의 영향을 가장 잘 받는다는 것을 상기하자.

105 ㉠ 질소 제거법 : 무산소호기법(anoxic oxic)
㉡ 인 제거법 : 혐기 호기법(A/O법-anaerobic oxic)
㉢ 질소와 인 동시 제거법 : A2/O법(혐기 무산소 호기법)

106 맨홀은 관이 합쳐지거나 분기되는 곳에 설치한다.

107 ① 도수는 자연유하식으로 한다.
② 도수로는 관수로를 택한다.
④ 송수는 펌프압송식으로 한다.

108 $t = t_1 + \frac{L}{60V} = 7 + \frac{500}{60 \times 1} = 15.33\text{min}$

$I = \frac{3,500}{15.33 + 10} = 138.18\text{mm/h}$

$\therefore Q = \frac{1}{3.6}CIA = \frac{1}{3.6} \times 0.7 \times 138.18 \times 2.0$
$= 53.7\text{m}^3/\text{s}$

109 대장균검사는 검출방법이 용이하며 타 병원균 존재 유무 추정이 가능하기 때문에 오염수 판정에 사용한다.

110 kW일 경우

출력$= \frac{9.8QH}{\eta} = \frac{9.8 \times 300 \times 25}{0.85 \times 0.8}$
$= \frac{9.8 \times 300 \times 10^{-3} \times 25}{0.85 \times 0.8} = 108.1\text{kW}$

111 관경의 산정에 있어서 시점의 저수위와 종점의 고수위를 기준으로 하여 동수경사를 산정한다.

112 흡입관경을 작게 하면 유속이 빨라져 공동현상이 발생하기 쉽다.

113 주입량$= C[\text{mg/L, ppm}] \times Q[\text{m}^3/\text{day}] \times \frac{1}{\text{순도}}$
$= 20 \times 10^{-3} \times 500 \times \frac{1}{0.05} = 200\text{L/h}$

114 압력수조식은 저수조에 물을 받은 다음 펌프로 압력수조에 넣고, 그 내부압력에 의하여 급수하는 방식이므로 공기압축기를 필요로 하지 않는다. 단, 큰 설비에는 공기압축기를 설치해서 때때로 공기를 보급하는 것이 필요하다.

115 $\text{SDI} \times \text{SVI} = 100$

116 $P_n = P_0(1+r)^n$에서 연평균 인구증가율은 r이고, $t = 2004 - 2000 = 4$이므로

$\therefore r = \left(\frac{P_0}{P_t}\right)^{\frac{1}{t}} - 1 = \left(\frac{12,200}{10,900}\right)^{1/4} - 1 = 0.02857$

117 펌프 선정 시 펌프의 무게(중량)는 고려하지 않는다.

118 관거의 단면형상은 원형 또는 직사각형을 표준으로 하고, 소규모 하수도의 경우에는 원형이나 계란형을 표준으로 한다.

119 펌프의 결정기준은 대수는 줄이고 동일 용량의 것을 사용하며 가급적 대용량의 것을 사용한다.

120 비피압지하수는 천층수로서 천정, 심정이 있고, 피압지하수는 심층수로 굴착정을 통하여 양수한다.

제4회 실전 모의고사

제1과목 응용역학

1 다음 그림과 같이 밀도가 균일하고 무게가 W인 구(球)가 마찰이 없는 두 벽면 사이에 놓여있을 때 반력 R_a의 크기는?

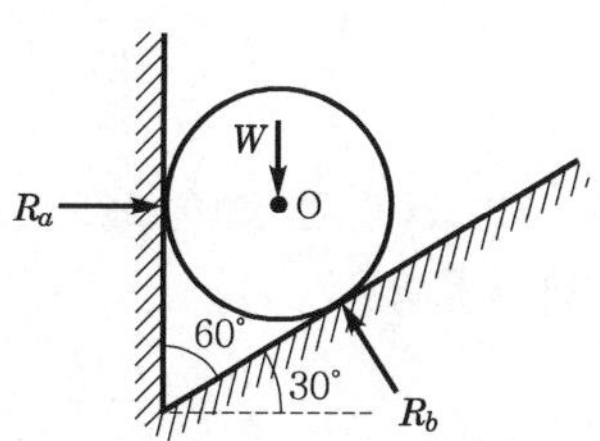

① 0.500 W ② 0.577 W
③ 0.707 W ④ 0.866 W

2 다음 그림과 같은 단면에서 외곽원의 직경(D)이 60cm이고 내부원의 직경(D/2)은 30cm라면 음영 부분의 도심의 위치는 x에서 얼마나 떨어진 곳인가?

① 33cm
② 35cm
③ 37cm
④ 39cm

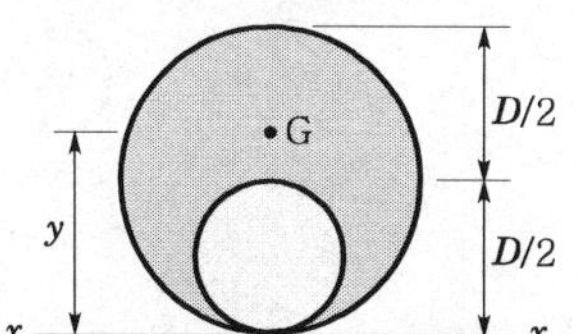

3 단면 2차 모멘트의 특성에 대한 설명으로 틀린 것은?

① 단면 2차 모멘트의 최소값은 도심에 대한 것이며 그 값은 0이다.
② 정삼각형, 정사각형, 정다각형의 도심에 대한 단면 2차 모멘트는 축의 회전에 관계없이 모두 같다.
③ 단면 2차 모멘트는 좌표축에 상관없이 항상 (+)의 부호를 갖는다.
④ 단면 2차 모멘트가 크면 휨강성이 크고 구조적으로 안전하다.

4 탄성계수 E, 전단탄성계수 G, 푸아송수 m 사이의 관계가 옳은 것은?

① $G=\dfrac{m}{2(m+1)}$ ② $G=\dfrac{E}{2(m-1)}$
③ $G=\dfrac{mE}{2(m+1)}$ ④ $G=\dfrac{E}{2(m+1)}$

5 다음 그림과 같이 하중 P=1kN이 단면적 A를 가진 보의 중앙에 작용할 때 축방향으로 늘어난 길이는? (단, $EA=1\times10^3$kN, L=2m)

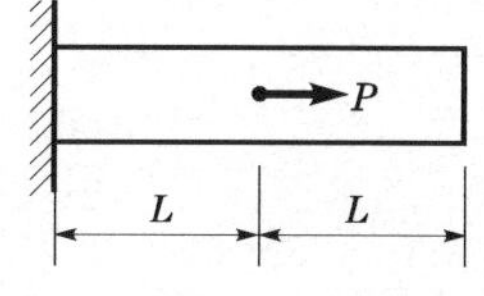

① 0.1mm ② 0.2mm
③ 1mm ④ 2mm

6 상·하단이 고정인 기둥에 다음 그림과 같이 힘 P가 작용한다면 반력 R_A, R_B값은

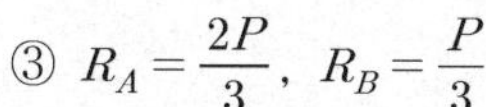

① $R_A=\dfrac{P}{2}$, $R_B=\dfrac{P}{2}$
② $R_A=\dfrac{P}{3}$, $R_B=\dfrac{2P}{3}$
③ $R_A=\dfrac{2P}{3}$, $R_B=\dfrac{P}{3}$
④ $R_A=P$, $R_B=0$

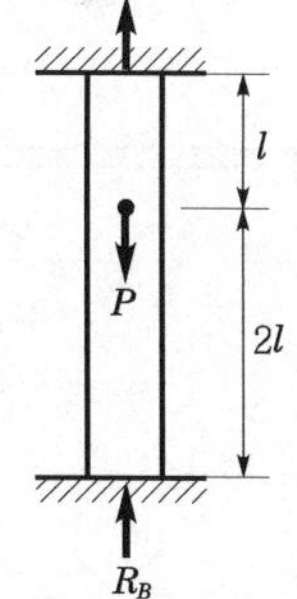

7 다음 라멘의 부정정 차수는?

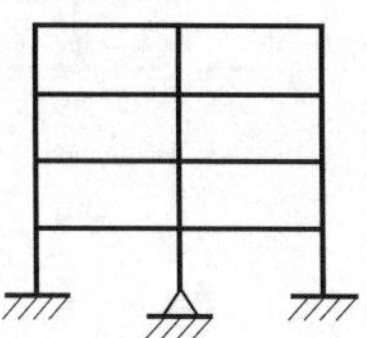

① 23차 부정정 ② 28차 부정정
③ 32차 부정정 ④ 36차 부정정

8 다음 단순보의 반력 R_{ax}의 크기는?

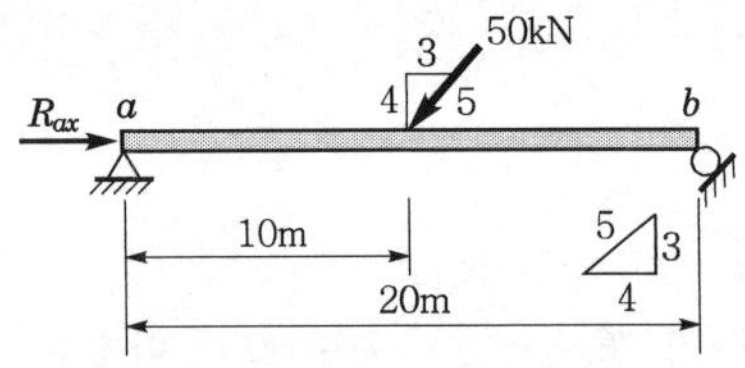

① 30.0kN ② 35.0kN
③ 45.0kN ④ 56.6kN

9 경간이 l인 단순보 위를 다음 그림과 같이 이동하중이 통과할 때 지점 B로부터 절대 최대 휨모멘트가 일어나는 위치는?

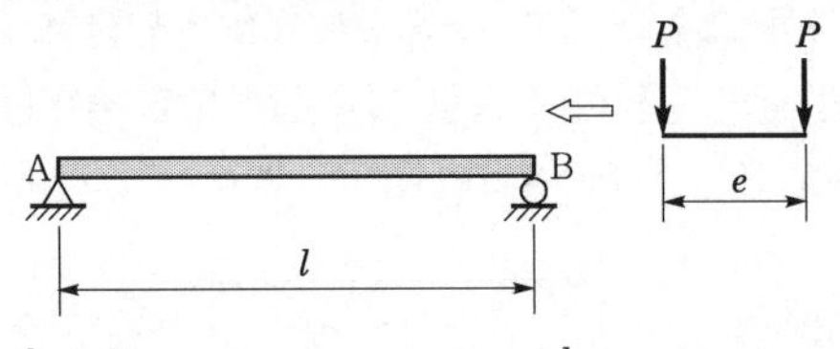

① $\frac{l}{2} \pm \frac{3e}{4}$ ② $\frac{l}{2}$
③ $\frac{l}{2} \pm \frac{e}{4}$ ④ $\frac{l}{2} \pm \frac{e}{2}$

10 다음 그림과 같은 2개의 캔달레버보에 저장되는 변형에너지를 각각 $U_{(1)}$, $U_{(2)}$라고 할 때 $U_{(1)}$: $U_{(2)}$의 비는?

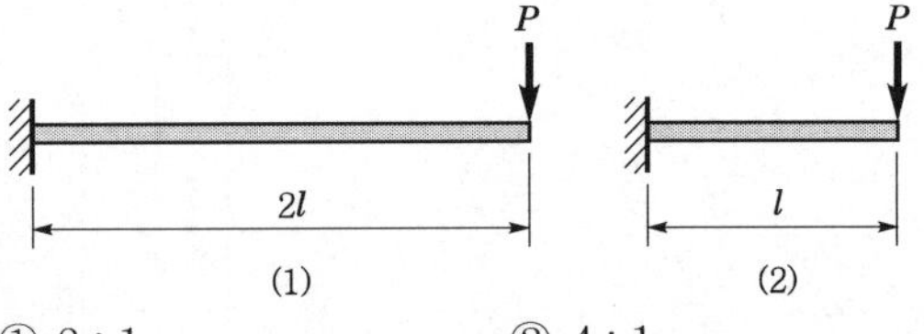

① 2 : 1 ② 4 : 1
③ 8 : 1 ④ 16 : 1

11 다음 그림의 라멘에서 수평반력 H_A를 구한 값은?

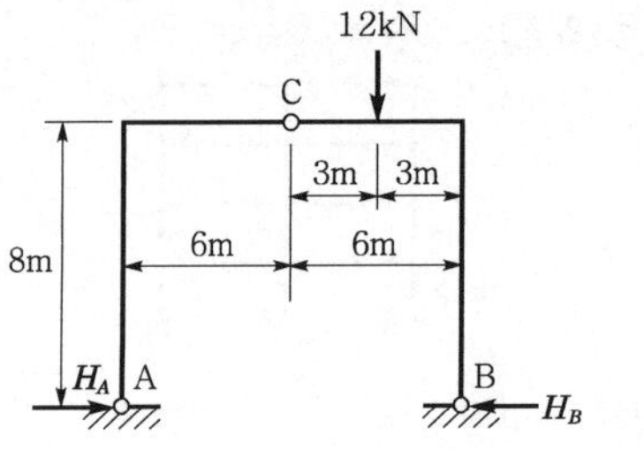

① 9.0kN ② 4.5kN
③ 3.0kN ④ 2.25kN

12 휨모멘트가 M인 다음과 같은 직사각형 단면에서 $A-A$ 단면에서의 휨응력은?

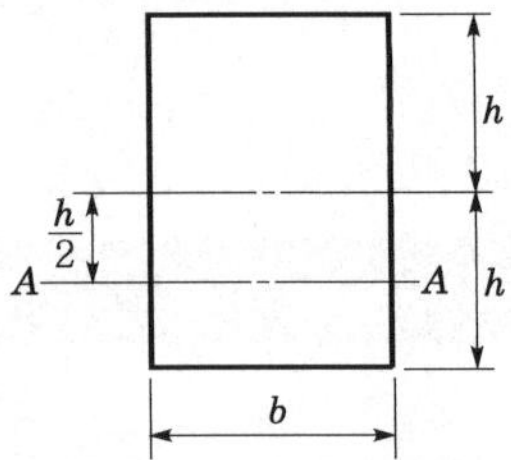

① $\frac{3M}{bh^2}$ ② $\frac{3M}{4bh^2}$
③ $\frac{3M}{2bh^2}$ ④ $\frac{M}{4b^2h^2}$

13 지름이 D인 원형 단면보에 휨모멘트 M이 작용할 때 최대 휨응력은?

① $\frac{16M}{\pi D^3}$ ② $\frac{6M}{\pi D^3}$
③ $\frac{32M}{\pi D^3}$ ④ $\frac{64M}{\pi D^3}$

14 지름이 D인 원형 단면의 핵(core)의 지름은?

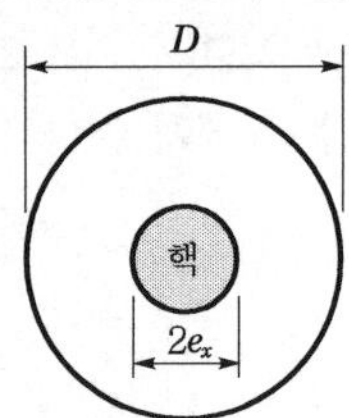

① $\frac{D}{2}$ ② $\frac{D}{3}$
③ $\frac{D}{4}$ ④ $\frac{D}{6}$

15 다음 그림과 같은 트러스에서 V의 부재력은?

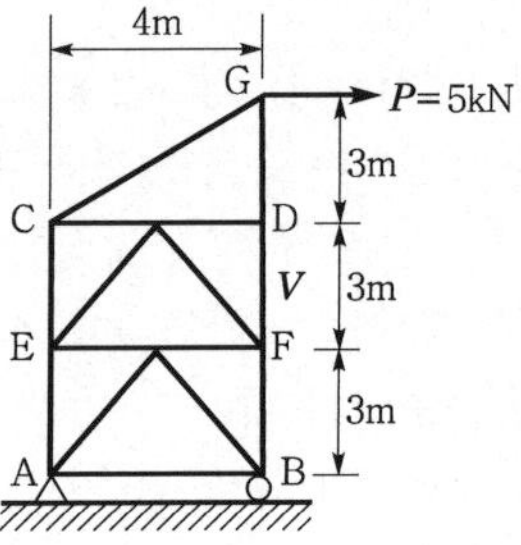

① −6.67kN ② −6.25kN
③ −3.75kN ④ −7.50kN

16 다음 그림과 같이 2개의 집중하중이 단순보 위를 통과할 때 절대 최대 휨모멘트의 크기(M_{max})와 발생위치(x)는?

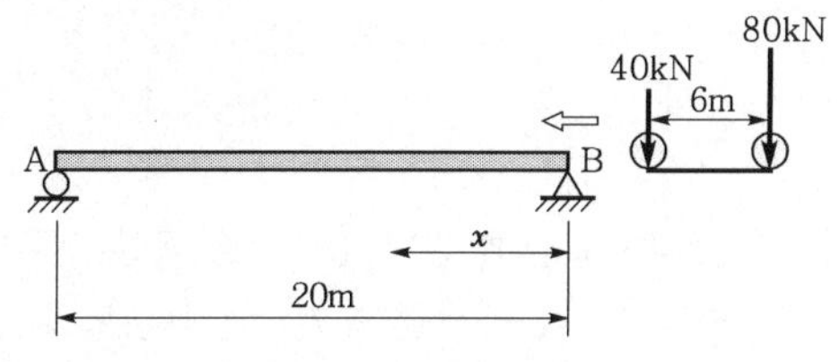

① M_{max} =362kN·m, x =8m
② M_{max} =382kN·m, x =8m
③ M_{max} =486kN·m, x =9m
④ M_{max} =506kN·m, x =9m

17 다음 그림과 같이 길이가 같고 EI가 일정한 단순보에서 집중하중 $P=wl$을 받는 단순보의 중앙처짐은 등분포하중을 받는 단순보의 중앙처짐의 몇 배인가?

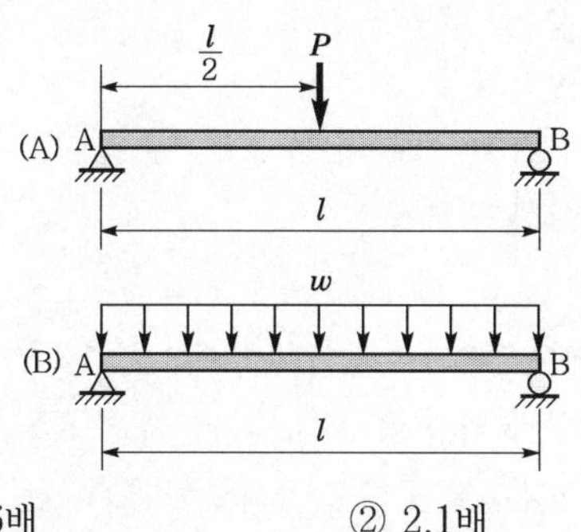

① 1.6배　② 2.1배
③ 3.2배　④ 4.8배

18 다음의 보에서 B점의 기울기는? (단, EI는 일정하다.)

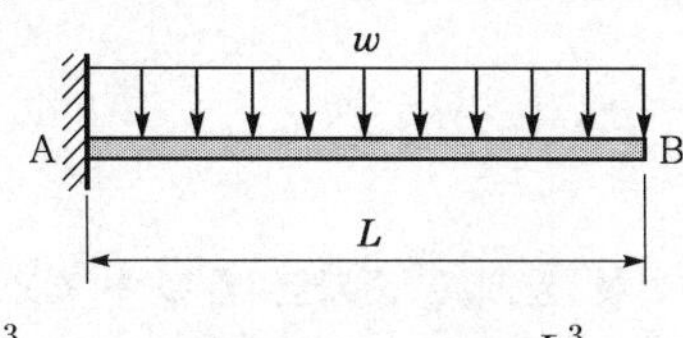

① $\dfrac{wL^3}{8EI}$　② $\dfrac{wL^3}{4EI}$
③ $\dfrac{wL^3}{3EI}$　④ $\dfrac{wL^3}{6EI}$

19 단순지지보의 B지점에 우력모멘트 M_o가 작용하고 있다. 이 우력모멘트로 인한 A지점의 처짐각 θ_a를 구하면?

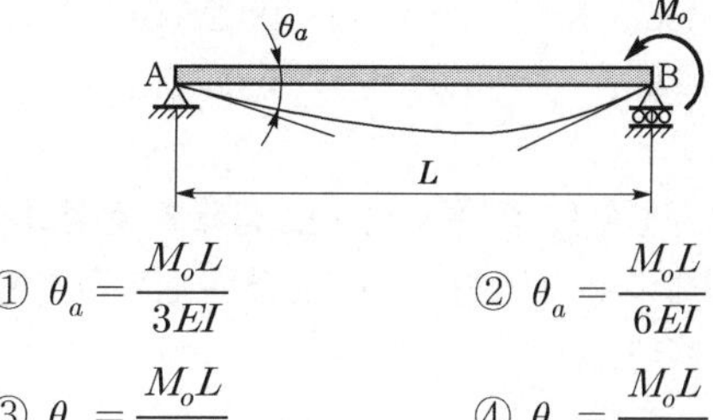

① $\theta_a=\dfrac{M_oL}{3EI}$　② $\theta_a=\dfrac{M_oL}{6EI}$
③ $\theta_a=\dfrac{M_oL}{9EI}$　④ $\theta_a=\dfrac{M_oL}{12EI}$

20 다음 그림과 같은 양단 고정보에 3kN/m의 등분포하중과 10kN의 집중하중이 작용할 때 A점의 휨모멘트는?

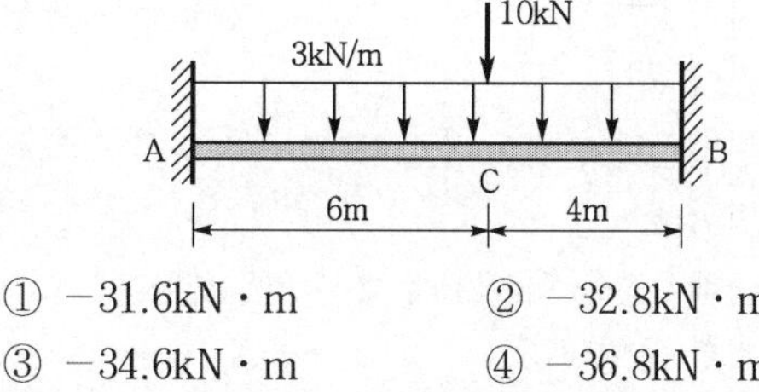

① −31.6kN·m　② −32.8kN·m
③ −34.6kN·m　④ −36.8kN·m

제2과목 측량학

21 1,600m^{2}의 정사각형 토지면적을 0.5m^{2}까지 정확하게 구하기 위해서 필요한 변길이의 최대 허용오차는?

① 2.25mm　② 6.25mm
③ 10.25mm　④ 12.25mm

22 다음 설명 중 틀린 것은?

① 측지학이란 지구 내부의 특성, 지구의 형상 및 운동을 결정하는 측량과 지구표면상 모든 점들 간의 상호위치관계를 산정하는 측량을 위한 학문이다.
② 측지측량은 지구의 곡률을 고려한 정밀측량이다.
③ 지각변동의 관측, 항로 등의 측량은 평면측량으로 한다.
④ 측지학의 구분은 물리측지학과 기하측지학으로 크게 나눌 수 있다.

23 표고 $h=326.42\text{m}$인 지대에 설치한 기선의 길이가 $L=500\text{m}$일 때 평균해면상의 보정량은? (단, 지구 반지름 $R=6{,}370\text{km}$이다.)

① −0.0156m ② −0.0256m
③ −0.0356m ④ −0.0456m

24 GPS구성부문 중 위성의 신호상태를 점검하고 궤도위치에 대한 정보를 모니터링하는 임무를 수행하는 부문은?

① 우주부문 ② 제어부문
③ 사용자부문 ④ 개발부문

25 지오이드(geoid)에 대한 설명으로 옳은 것은?

① 육지와 해양의 지형면을 말한다.
② 육지 및 해저의 요철(凹凸)을 평균한 매끈한 곡면이다.
③ 회전타원체와 같은 것으로 지구의 형상이 되는 곡면이다.
④ 평균해수면을 육지 내부까지 연장했을 때의 가상적인 곡면이다.

26 GNSS 위성측량시스템으로 틀린 것은?

① GPS ② GSIS
③ GZSS ④ GALILEO

27 삼각측량에서 시간과 경비가 많이 소요되나 가장 정밀한 측량성과를 얻을 수 있는 삼각망은?

① 유심망 ② 단삼각형
③ 단열삼각망 ④ 사변형망

28 수평 및 수직거리를 동일한 정확도로 관측하여 육면체의 체적을 3,000m³으로 구하였다. 체적 계산의 오차를 0.6m³ 이하로 하기 위한 수평 및 수직거리 관측의 최대 허용정확도는?

① $\dfrac{1}{15{,}000}$ ② $\dfrac{1}{20{,}000}$
③ $\dfrac{1}{25{,}000}$ ④ $\dfrac{1}{30{,}000}$

29 축척 1 : 5,000의 지형도 제작에서 등고선위치오차가 ±0.3mm, 높이관측오차가 ±0.2mm로 하면 등고선간격은 최소한 얼마 이상으로 하여야 하는가?

① 1.5m ② 2.0m
③ 2.5m ④ 3.0m

30 클로소이드곡선에 관한 설명으로 옳은 것은?

① 곡선반지름 R, 곡선길이 L, 매개변수 A와의 관계식은 $RL=A$이다.
② 곡선반지름에 비례하여 곡선길이가 증가하는 곡선이다.
③ 곡선길이가 일정할 때 곡선반지름이 커지면 접선각은 작아진다.
④ 곡선반지름과 곡선길이가 매개변수 A의 1/2인 점($R=L=A/2$)을 클로소이드 특성점이라 한다.

31 지형도의 이용법에 해당되지 않는 것은?

① 저수량 및 토공량 산정
② 유역면적의 도상 측정
③ 간접적인 지적도 작성
④ 등경사선 관측

32 수면으로부터 수심(H)의 $0.2H$, $0.4H$, $0.6H$, $0.8H$인 지점의 유속($V_{0.2}$, $V_{0.4}$, $V_{0.6}$, $V_{0.8}$)을 관측하여 평균유속을 구하는 공식으로 옳지 않은 것은?

① $V=V_{0.6}$
② $V=\dfrac{1}{2}(V_{0.2}+V_{0.8})$
③ $V=\dfrac{1}{3}(V_{0.2}+V_{0.6}+V_{0.8})$
④ $V=\dfrac{1}{4}(V_{0.2}+V_{0.6}+V_{0.8})$

33 직사각형 토지를 줄자로 측정한 결과가 가로 37.8m, 세로 28.9m이었다. 이 줄자는 표준 길이 30m당 4.7cm가 늘어있었다면 이 토지의 면적 최대 오차는?

① 0.03m² ② 0.36m²
③ 3.42m² ④ 3.53m²

34 다음 그림과 같이 2회 관측한 ∠AOB의 크기는 21° 36′ 28″, 3회 관측한 ∠BOC는 63° 18′ 45″, 6회 관측한 ∠AOC는 84° 54′ 37″일 때 ∠AOC의 최확값은?

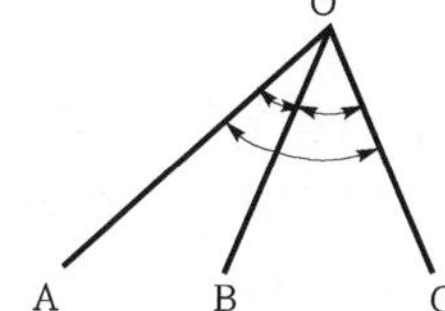

① 84°54′25″
② 84°54′31″
③ 84°54′43″
④ 84°54′49″

35 UTM좌표에 대한 설명으로 옳지 않은 것은?

① 중앙자오선의 축척계수는 0.9996이다.
② 좌표계는 경도 6°, 위도 8° 간격으로 나눈다.
③ 우리나라는 40구역과 43구역에 위치하고 있다.
④ 경도의 원점은 중앙자오선에 있으며, 위도의 원점은 적도상에 있다.

36 다음 그림과 같은 반지름=50m인 원곡선을 설치하고자 할 때 접선거리 $\overline{AI}$상에 있는 $\overline{HC}$ 의 거리는? (단, 교각=60°, α=20°, ∠AHC=90°)

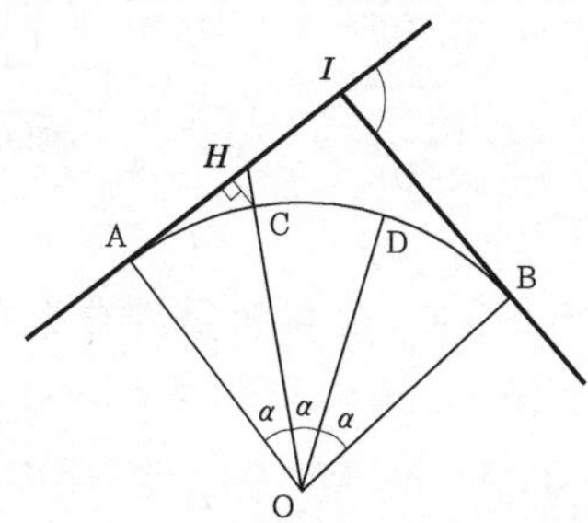

① 0.19m ② 1.98m
③ 3.02m ④ 3.24m

37 수준측량에서 전·후시의 거리를 같게 취해도 제거되지 않는 오차는?

① 지구곡률오차 ② 대기굴절오차
③ 시준선오차 ④ 표척눈금오차

38 노선에 곡선반지름 R= 600m인 곡선을 설치할 때 현의 길이 L= 20m에 대한 편각은?

① 54′18″ ② 55′18″
③ 56′18″ ④ 57′18″

39 거리 2.0km에 대한 양차는? (단, 굴절계수 K는 0.14, 지구의 반지름은 6,370km이다.)

① 0.27m ② 0.29m
③ 0.31m ④ 0.33m

40 다각측량에서 토털스테이션의 구심오차에 관한 설명으로 옳은 것은?

① 도상의 측점과 지상의 측점이 동일 연직선상에 있지 않음으로써 발생한다.
② 시준선이 수평분도원의 중심을 통과하지 않음으로써 발생한다.
③ 편심량의 크기에 반비례한다.
④ 정반관측으로 소거된다.

제3과목 수리수문학

41 누가우량곡선(Rainfall mass curve)의 특성으로 옳은 것은?

① 누가우량곡선의 경사가 클수록 강우강도가 크다.
② 누가우량곡선의 경사는 지역에 관계없이 일정하다.
③ 누가우량곡선으로 일정 기간 내의 강우량을 산출할 수는 없다.
④ 누가우량곡선은 자기우량기록에 의하여 작성하는 것보다 보통우량계의 기록에 의하여 작성하는 것이 더 정확하다.

42 하천의 모형실험에 주로 사용되는 상사법칙은?

① Reynolds의 상사법칙 ② Weber의 상사법칙
③ Cauchy의 상사법칙 ④ Froude의 상사법칙

43 배수곡선(backwater curve)에 해당하는 수면곡선은?

① 댐을 월류할 때의 수면곡선
② 홍수 시의 하천의 수면곡선
③ 하천 단락부(段落部) 상류의 수면곡선
④ 상류상태로 흐르는 하천에 댐을 구축했을 때 저수지의 수면곡선

44 오리피스(orifice)의 이론유속 $V=\sqrt{2gh}$ 이 유도되는 이론으로 옳은 것은? (단, V : 유속, g : 중력가속도, h : 수두차)

① 베르누이(Bernoulli)의 정리
② 레이놀즈(Reynolds)의 정리
③ 벤투리(Venturi)의 이론식
④ 운동량방정식이론

45 다음 중 단위유량도이론에서 사용하고 있는 기본가정이 아닌 것은?

① 일정 기저시간가정　② 비례가정
③ 푸아송분포가정　④ 중첩가정

46 동력 20,000kW, 효율 88%인 펌프를 이용하여 150m 위의 저수지로 물을 양수하려고 한다. 손실수두가 10m일 때 양수량은?

① $15.5\text{m}^3/\text{s}$　② $14.5\text{m}^3/\text{s}$
③ $11.2\text{m}^3/\text{s}$　④ $12.0\text{m}^3/\text{s}$

47 빙산(氷山)의 부피가 V, 비중이 0.92이고 바닷물의 비중은 1.025라 할 때 바닷물 속에 잠겨있는 빙산의 부피는?

① $1.1V$　② $0.9V$
③ $0.8V$　④ $0.7V$

48 유역면적이 4km^2이고 유출계수가 0.8인 산지하천에서 강우강도가 80mm/h이다. 합리식을 사용한 유역출구에서의 첨두홍수량은?

① $35.5\text{m}^3/\text{s}$　② $71.1\text{m}^3/\text{s}$
③ $128\text{m}^3/\text{s}$　④ $256\text{m}^3/\text{s}$

49 다음 중 유효강우량과 가장 관계가 깊은 것은?

① 직접유출량　② 기저유출량
③ 지표면유출량　④ 지표하유출량

50 광폭직사각형 단면수로의 단위폭당 유량이 $16\text{m}^3/\text{s}$일 때 한계경사는? (단, 수로의 조도계수 $n=0.020$이다.)

① 3.27×10^{-3}　② 2.73×10^{-3}
③ 2.81×10^{-2}　④ 2.90×10^{-2}

51 관수로흐름에서 레이놀즈수가 500보다 작은 경우의 흐름상태는?

① 상류　② 난류
③ 사류　④ 층류

52 흐름의 단면적과 수로경사가 일정할 때 최대유량이 흐르는 조건으로 옳은 것은?

① 윤변이 최소이거나 동수반경이 최대일 때
② 윤변이 최대이거나 동수반경이 최소일 때
③ 수심이 최소이거나 동수반경이 최대일 때
④ 수심이 최대이거나 수로폭이 최소일 때

53 다음 그림과 같은 노즐에서 유량을 구하기 위한 식으로 옳은 것은? (단, 유량계수는 1.0으로 가정한다.)

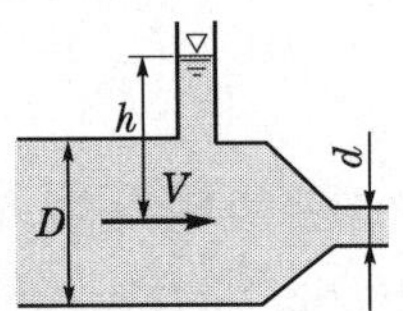

① $\dfrac{\pi d^2}{4}\sqrt{\dfrac{2gh}{1-(d/D)^2}}$　② $\dfrac{\pi d^2}{4}\sqrt{\dfrac{2gh}{1-(d/D)^4}}$
③ $\dfrac{\pi d^2}{4}\sqrt{\dfrac{2gh}{1+(d/D)^2}}$　④ $\dfrac{\pi d^2}{4}\sqrt{2gh}$

54 폭 2.5m, 월류수심 0.4m인 사각형 위어(weir)의 유량은? (단, Francis공식 : $Q=1.84b_oh^{3/2}$에 의하며, b_o : 유효폭, h : 월류수심, 접근유속은 무시하며 양단 수축이다.)

① $1.117\text{m}^3/\text{s}$　② $1.126\text{m}^3/\text{s}$
③ $1.145\text{m}^3/\text{s}$　④ $1.164\text{m}^3/\text{s}$

55 단위유량도이론의 가정에 대한 설명으로 옳지 않은 것은?

① 초과강우는 유효지속기간 동안에 일정한 강도를 가진다.
② 초과강우는 전 유역에 걸쳐서 균등하게 분포된다.
③ 주어진 지속기간의 초과강우로부터 발생된 직접유출수문곡선의 기저시간은 일정하다.
④ 동일한 기저시간을 가진 모든 직접유출수문곡선의 종거들은 각 수문곡선에 의하여 주어진 총직접유출수문곡선에 반비례한다.

56 사각위어에서 유량 산출에 쓰이는 Francis공식에 대하여 양단 수축이 있는 경우에 유량으로 옳은 것은? (단, B : 위어폭, h : 월류수심)

① $Q=1.84(B-0.4h)h^{\frac{3}{2}}$

② $Q=1.84(B-0.3h)h^{\frac{3}{2}}$

③ $Q=1.84(B-0.2h)h^{\frac{3}{2}}$

④ $Q=1.84(B-0.1h)h^{\frac{3}{2}}$

57 수리실험에서 점성력이 지배적인 힘이 될 때 사용할 수 있는 모형법칙은?

① Reynolds모형법칙
② Froude모형법칙
③ Weber모형법칙
④ Cauchy모형법칙

58 지름이 20cm인 관수로에 평균유속 5m/s로 물이 흐른다. 관의 길이가 50m일 때 5m의 손실수두가 나타났다면 마찰속도(U^*)는?

① U^*=0.022m/s
② U^*=0.22m/s
③ U^*=2.21m/s
④ U^*=22.1m/s

59 미소진폭파(small-amplitude wave)이론에 포함된 가정이 아닌 것은?

① 파장이 수심에 비해 매우 크다.
② 유체는 비압축성이다.
③ 바닥은 평평한 불투수층이다.
④ 파고는 수심에 비해 매우 작다.

60 에너지선에 대한 설명으로 옳은 것은?

① 언제나 수평선이 된다.
② 동수경사선보다 아래에 있다.
③ 속도수두와 위치수두의 합을 의미한다.
④ 동수경사선보다 속도수두만큼 위에 위치하게 된다.

제4과목 철근콘크리트 및 강구조

61 현장치기 콘크리트에서 콘크리트치기로부터 흙에 접하여 콘크리트를 친 후 영구히 흙에 묻혀 있는 콘크리트의 피복두께는 최소 얼마 이상이어야 하는가?

① 120mm ② 100mm
③ 75mm ④ 60mm

62 강도설계법의 설계 기본가정 중에서 옳지 않은 것은?

① 철근 및 콘크리트의 변형률은 중립축으로부터의 거리에 비례한다.
② 인장측 연단에서 콘크리트의 극한변형률은 0.0033으로 가정한다.
③ 콘크리트의 인장강도는 철근콘크리트의 휨 계산에서 무시한다.
④ 철근의 변형률이 f_y에 대응하는 변형률보다 큰 경우 철근의 응력은 변형률에 관계없이 f_y로 본다.

63 보의 자중에 의한 휨모멘트가 200kN · m이고, 활하중에 의한 휨모멘트가 400kN · m일 때 강도설계법에서의 소요휨강도는 얼마인가? (단, 하중계수 및 하중조합을 고려할 것)

① 840kN · m ② 880kN · m
③ 1,020kN · m ④ 1,120kN · m

64 강도설계에서 f_{ck} =29MPa, f_y =300MPa일 때 단철근 직사각형 보의 균형철근비(ρ_b)는?

① 0.034 ② 0.045
③ 0.051 ④ 0.067

65 압축철근비가 0.01이고, 인장철근비가 0.003인 철근콘크리트보에서 장기 추가 처짐에 대한 계수(λ)의 값은? (단, 하중재하기간은 5년 6개월이다.)

① 0.80 ② 0.933
③ 2.80 ④ 1.333

66 다음 그림과 같은 T형 단면을 강도설계법으로 해석할 경우 내민 플랜지 단면적을 압축철근 단면적(A_{sf})으로 환산하면 얼마인가? (단, f_{ck} =21MPa, f_y =400MPa)

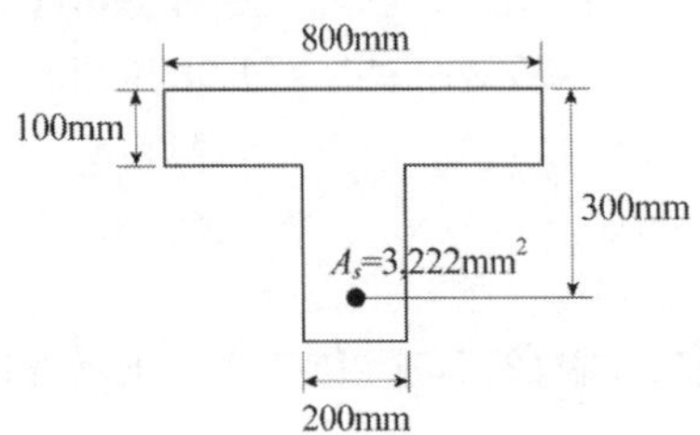

① 1,375.8mm² ② 1,275.0mm²
③ 1,175.2mm² ④ 2,677.5mm²

67 계수전단력 V_u =108kN이 작용하는 직사각형 보에서 콘크리트의 설계기준강도 f_{ck} =24MPa인 경우 전단철근을 사용하지 않아도 되는 최소 유효깊이는 약 얼마인가? (단, b_w =400mm)

① 489mm ② 552mm
③ 693mm ④ 882mm

68 강도설계법에 의해서 전단철근을 사용하지 않고 계수하중에 의한 전단력 V_u=50kN을 지지하려면 직사각형 단면보의 최소 면적($b_w d$)은 약 얼마인가? (단, f_{ck} =28MPa, 최소 전단철근도 사용하지 않는 경우이며, 전단에 대한 ϕ=0.75이다.)

① 151,190mm² ② 123,530mm²
③ 97.840mm² ④ 49,320mm²

69 b_w =250mm, h =500mm인 직사각형 철근콘크리트보의 단면에 균열을 일으키는 비틀림모멘트 T_{cr}은 얼마인가? (단, f_{ck} =28MPa)

① 9.8kN · m ② 11.3kN · m
③ 12.5kN · m ④ 18.2kN · m

70 f_{ck}=28MPa, f_y=350MPa로 만들어지는 보에서 압축이형철근으로 D29(공칭지름 28.6mm)를 사용한다면 기본정착길이는?

① 412mm ② 446mm
③ 473mm ④ 522mm

71 다음 그림에서 나타난 직사각형 단철근보가 공칭휨강도 M_n에 도달할 때 인장철근의 변형률은 얼마인가? (단, 철근 D22 4개의 단면적 1,548mm², f_{ck} =28MPa, f_y =350MPa)

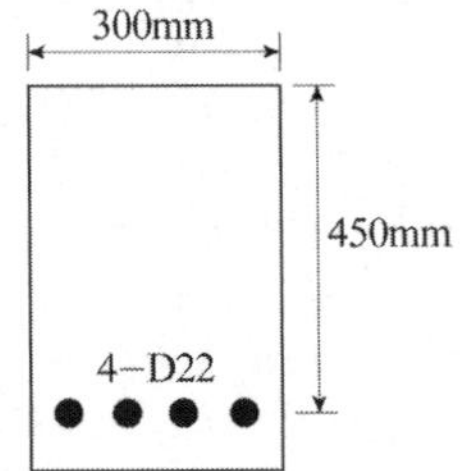

① 0.003 ② 0.005
③ 0.010 ④ 0.012

72 다음 그림과 같은 띠철근기둥에서 띠철근의 최대 간격으로 적당한 것은? (단, D10의 공칭직경은 9.5mm, D32의 공칭직경은 31.8mm)

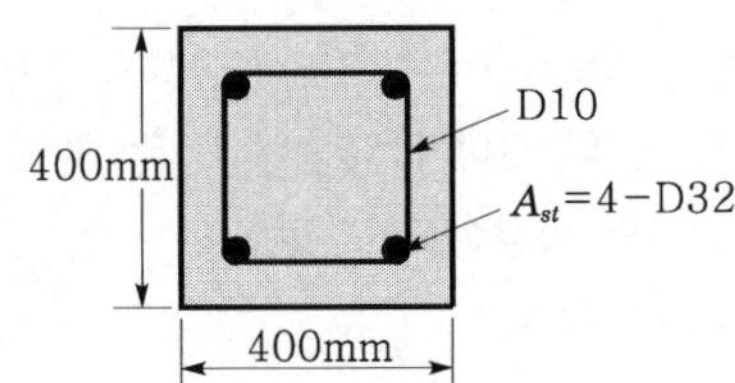

① 400mm ② 450mm
③ 500mm ④ 550mm

73 다음 그림과 같은 직사각형 단면의 단순보에 PS강재가 포물선으로 배치되어 있다. 보의 중앙 단면에서 일어나는 상 · 하연의 콘크리트 응력은 얼마인가? (단, PS강재의 긴장력은 3,300kN이고, 자중을 포함한 작용하중은 27kN/m이다.)

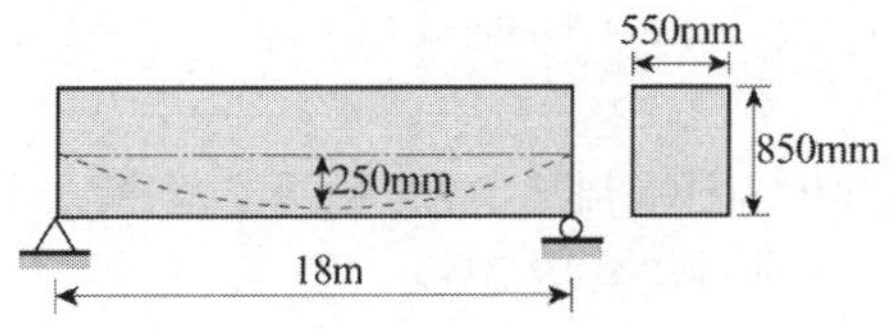

① 상 f_t =21.21MPa, 하 f_b =1.8MPa
② 상 f_t =12.07MPa, 하 f_b =0MPa
③ 상 f_t =8.6MPa, 하 f_b =2.45MPa
④ 상 f_t =11.11MPa, 하 f_b =3.0MPa

74 옹벽의 구조 해석에 대한 설명으로 잘못된 것은 어느 것인가?

① 부벽식 옹벽 저판은 정밀한 해석이 사용되지 않는 한 부벽 간의 거리를 경간으로 가정한 고정보 또는 연속보로 설계할 수 있다.
② 저판의 뒷굽판은 정확한 방법이 사용되지 않는 한 뒷굽판 상부에 재하되는 모든 하중을 지지하도록 설계하여야 한다.
③ 캔틸레버식 옹벽의 추가 철근은 저판에 지지된 캔틸레버로 설계할 수 있다.
④ 뒷부벽식 옹벽의 뒷부벽은 직사각형 보로 설계하여야 한다.

75 다음 그림의 PSC보에서 PS강재를 포물선으로 배치하여 긴장할 때 하중평형개념으로 계산된 프리스트레스에 의한 상향 등분포하중 u의 크기는? (단 P=1,400kN, s=0.4m이다.)

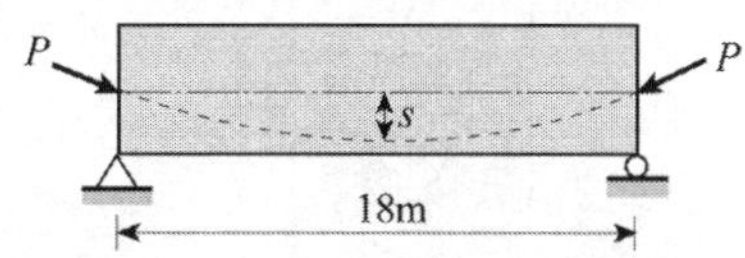

① 31kN/m ② 24kN/m
③ 19kN/m ④ 14kN/m

76 보의 길이 l=20m, 활동량 Δl=4mm, E_p=200,000MPa일 때 프리스트레스 감소량 Δf_p는? (단, 일단 정착임)

① 40MPa ② 30MPa
③ 20MPa ④ 15MPa

77 2방향 슬래브설계 시 직접설계법을 적용할 수 있는 제한사항에 대한 설명 중 틀린 것은?

① 각 방향으로 3경간 이상이 연속되어야 한다.
② 연속된 받침부 중심 간 경간길이의 차는 긴 경간의 1/3 이하이어야 한다.
③ 연속한 기둥 중심선으로부터 기둥의 이탈은 이탈방향 경간의 최대 10%까지 허용할 수 있다.
④ 모든 하중은 슬래브판 전체에 연직으로 작용하며, 활하중의 크기는 고정하중의 2배 이하이어야 한다.

78 경간이 8m인 직사각형 PSC보(b=300mm, h=500mm)에 계수하중 w=40kN/m가 작용할 때 인장측의 콘크리트 응력이 0이 되려면 얼마의 긴장력으로 PS강재를 긴장해야 하는가? (단, PS강재는 콘크리트 단면 도심에 배치되어 있음)

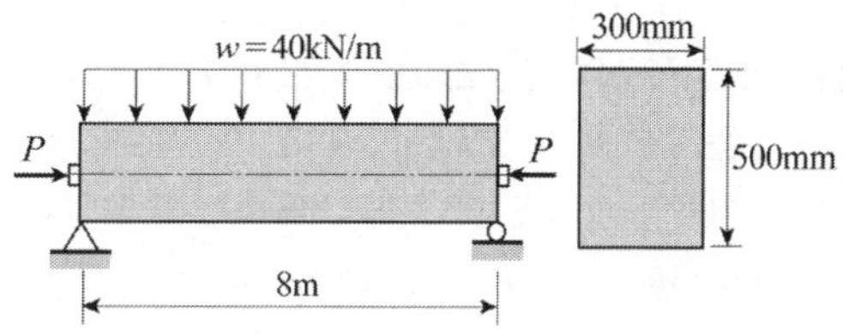

① P=1,250kN ② P=1,880kN
③ P=2,650kN ④ P=3,840kN

79 부재의 순단면적을 계산할 경우 지름 22mm의 리벳을 사용하였을 때 리벳구멍의 지름은 얼마인가? [단, 강구조 연결설계기준(허용응력설계법) 적용]

① 22.5mm ② 25mm
③ 24mm ④ 23.5mm

80 다음 그림과 같은 두께 13mm의 플레이트에 4개의 볼트구멍이 배치되어 있을 때 부재의 순단면적을 구하면? (단, 볼트구멍의 직경은 24mm이다.)

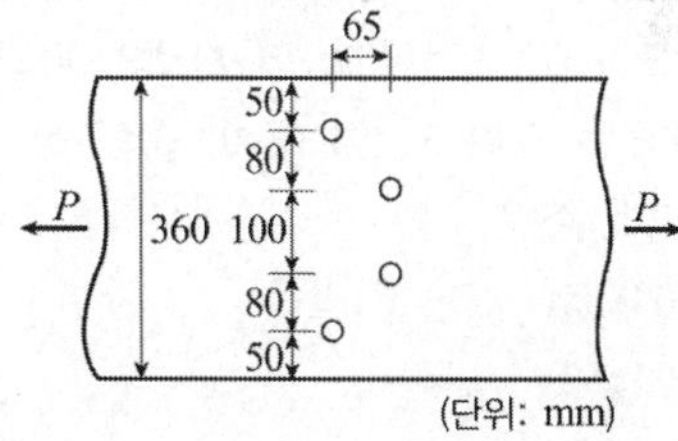

① 4,056mm^2 ② 3,916mm^2
③ 3,775mm^2 ④ 3,524mm^2

제5과목 토질 및 기초

81 노건조한 흙시료의 부피가 1,000cm^3, 무게가 1,700g, 비중이 2.65라면 간극비는?

① 0.71 ② 0.43
③ 0.65 ④ 0.56

82 점성토를 다지면 함수비의 증가에 따라 입자의 배열이 달라진다. 최적함수비의 습윤측에서 다짐을 실시하면 흙은 어떤 구조로 되는가?

① 단립구조 ② 봉소구조
③ 이산구조 ④ 면모구조

83 어떤 점토의 압밀계수는 $1.92\times10^{-3}cm^2/s$, 압축계수는 $2.86\times10^{-2}cm^2/g$이었다. 이 점토의 투수계수는? (단, 이 점토의 초기 간극비는 0.8이다.)

① $1.05\times10^{-5}cm^2/s$ ② $2.05\times10^{-5}cm^2/s$
③ $3.05\times10^{-5}cm^2/s$ ④ $4.05\times10^{-5}cm^2/s$

84 Terzaghi의 극한지지력공식에 대한 설명으로 틀린 것은?

① 기초의 형상에 따라 형상계수를 고려하고 있다.
② 지지력계수 N_c, N_q, N_γ는 내부마찰각에 의해 결정된다.
③ 점성토에서의 극한지지력은 기초의 근입깊이가 깊어지면 증가된다.
④ 극한지지력은 기초의 폭에 관계없이 기초 하부의 흙에 의해 결정된다.

85 어떤 흙에 대해서 일축압축시험을 한 결과 일축압축강도가 0.1MPa이고, 이 시료의 파괴면과 수평면이 이루는 각이 50°일 때 이 흙의 점착력(c)과 내부마찰각(ϕ)은?

① c=0.06MPa, ϕ=10°
② c=0.042MPa, ϕ=50°
③ c=0.06MPa, ϕ=50°
④ c=0.042MPa, ϕ=10°

86 흙의 투수계수에 영향을 미치는 요소들로만 구성된 것은?

㉮ 흙입자의 크기	㉯ 간극비
㉰ 간극의 모양과 배열	㉱ 활성도
㉲ 물의 점성계수	㉳ 포화도
㉴ 흙의 비중	

① ㉮, ㉯, ㉱, ㉳ ② ㉮, ㉯, ㉰, ㉲, ㉳
③ ㉮, ㉯, ㉱, ㉲, ㉴ ④ ㉯, ㉰, ㉲, ㉴

87 흙의 다짐시험에서 다짐에너지를 증가시킬 때 일어나는 결과는?

① 최적함수비는 증가하고, 최대 건조단위중량은 감소한다.
② 최적함수비는 감소하고, 최대 건조단위중량은 증가한다.
③ 최적함수비와 최대 건조단위중량이 모두 감소한다.
④ 최적함수비와 최대 건조단위중량이 모두 증가한다.

88 수조에 상방향의 침투에 의한 수두를 측정한 결과 다음 그림과 같이 나타났다. 이때 수조 속에 있는 흙에 발생하는 침투력을 나타낸 식은? (단, 시료의 단면적은 A, 시료의 길이는 L, 시료의 포화단위중량은 γ_{sat}, 물의 단위중량은 γ_w이다.)

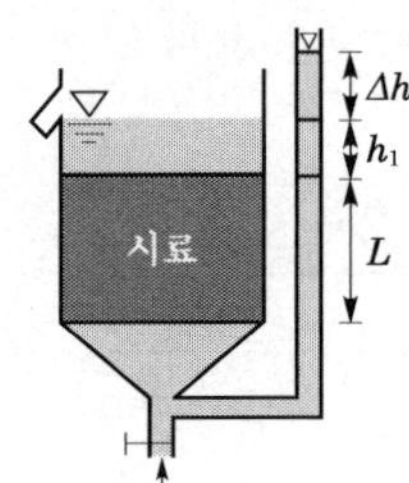

① $\Delta h \gamma_w \dfrac{A}{L}$ ② $\Delta h \gamma_w A$
③ $\Delta h \gamma_{sat} A$ ④ $\dfrac{\gamma_{sat}}{\gamma_w} A$

89 다음 그림과 같이 피압수압을 받고 있는 2m 두께의 모래층이 있다. 그 위의 포화된 점토층을 5m 깊이로 굴착하는 경우 분사현상이 발생하지 않기 위한 수심(h)은 최소 얼마를 초과하도록 하여야 하는가?

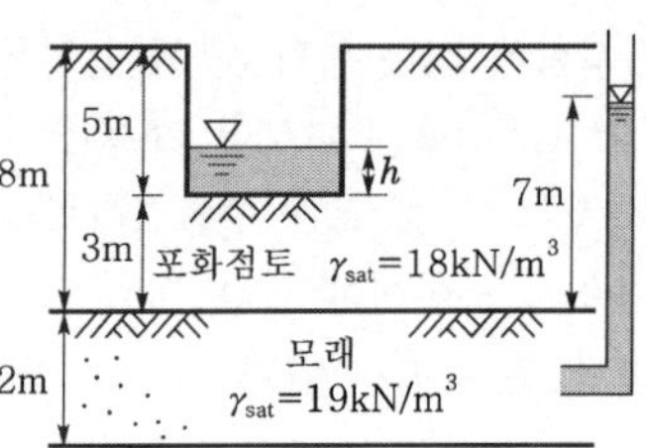

① 0.9m ② 1.5m
③ 1.9m ④ 2.4m

90 다음 그림과 같은 폭(B) 1.2m, 길이(L) 1.5m인 사각형 얕은 기초에 폭(B)방향에 대한 편심이 작용하는 경우 지반에 작용하는 최대 압축응력은?

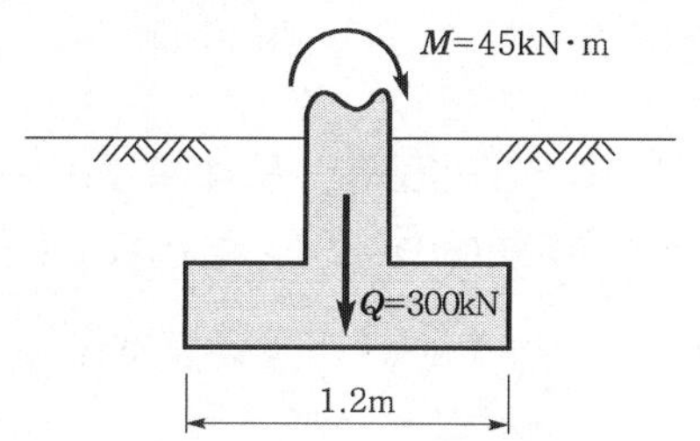

① 292kN/m^2 ② 385kN/m^2
③ 397kN/m^2 ④ 415kN/m^2

91 다음 그림과 같이 3개의 지층으로 이루어진 지반에서 수직방향 등가투수계수는?

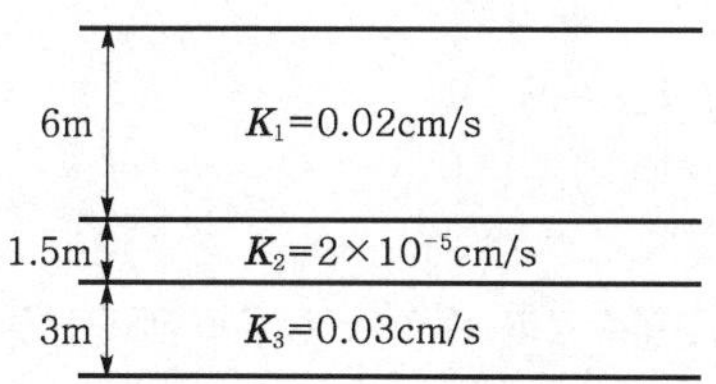

① 2.516×10^{-6}cm/s ② 1.274×10^{-5}cm/s
③ 1.393×10^{-4}cm/s ④ 2.0×10^{-2}cm/s

92 유선망(flow net)의 성질에 대한 설명으로 틀린 것은?

① 유선과 등수두선은 직교한다.
② 동수경사(i)는 등수두선의 폭에 비례한다.
③ 유선망으로 되는 사각형은 이론상 정사각형이다.
④ 인접한 두 유선 사이, 즉 유로를 흐르는 침투수량은 동일하다.

93 다음 토질조사에 대한 설명 중 옳지 않은 것은 어느 것인가?

① 사운딩(Sounding)이란 지중에 저항체를 삽입하여 토층의 성상을 파악하는 현장시험이다.
② 불교란시료를 얻기 위해서 Foil Sampler, Thin wall tube sampler 등이 사용된다.
③ 표준 관입시험은 로드(Rod)의 길이가 길어질수록 N치가 작게 나온다.
④ 베인시험은 정적인 사운딩이다.

94 다음 그림에서 활동에 대한 안전율은?

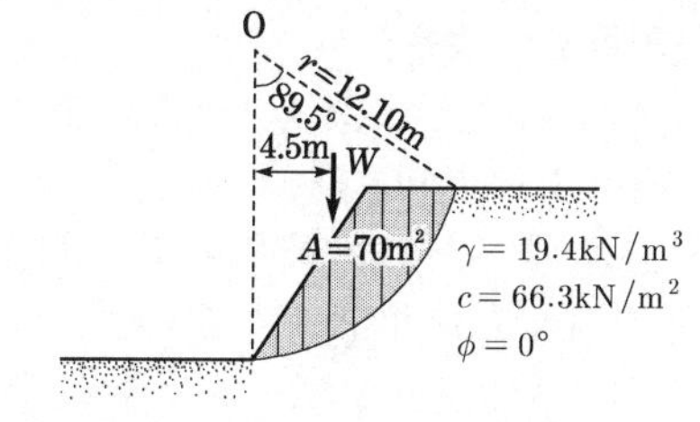

① 1.30 ② 2.05
③ 2.15 ④ 2.48

95 다음 그림과 같은 점성토 지반의 굴착저면에서 바닥융기에 대한 안전율은 Terzaghi의 식에 의해 구하면? (단, γ=17.31kN/m^3, c=24kN/m^{2}이다.)

① 3.21
② 2.32
③ 1.64
④ 1.17

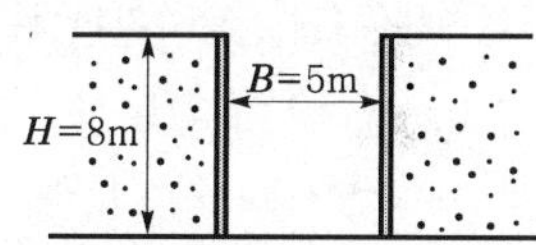

96 포화된 지반의 간극비를 e, 함수비를 w, 간극률을 n, 비중을 G_s라 할 때 다음 중 한계동수경사를 나타내는 식으로 적절한 것은?

① $\dfrac{G_s+1}{1+e}$ ② $\dfrac{e-w}{w(1+e)}$

③ $(1+n)(G_s-1)$ ④ $\dfrac{G_s(1-w+e)}{(1+G_s)(1+e)}$

97 Meyerhof의 극한지지력공식에서 사용하지 않는 계수는?

① 형상계수 ② 깊이계수
③ 시간계수 ④ 하중경사계수

98 말뚝의 부마찰력(negative skin friction)에 대한 설명 중 틀린 것은?

① 말뚝의 허용지지력을 결정할 때 세심하게 고려해야 한다.
② 연약지반에 말뚝을 박은 후 그 위에 성토를 한 경우 일어나기 쉽다.
③ 연약한 점토에 있어서는 상대변위의 속도가 느릴수록 부마찰력은 크다.
④ 연약지반을 관통하여 견고한 지반까지 말뚝을 박은 경우 일어나기 쉽다.

99 얕은 기초 아래의 접지압력분포 및 침하량에 대한 설명으로 틀린 것은?

① 접지압력의 분포는 기초의 강성, 흙의 종류, 형태 및 깊이 등에 따라 다르다.
② 점성토 지반에 강성기초 아래의 접지압분포는 기초의 모서리 부분이 중앙 부분보다 작다.
③ 사질토 지반에서 강성기초인 경우 중앙 부분이 모서리 부분보다 큰 접지압을 나타낸다.
④ 사질토 지반에서 유연성기초인 경우 침하량은 중심부보다 모서리 부분이 더 크다.

100 다음 그림과 같이 점토질 지반에 연속기초가 설치되어 있다. Terzaghi공식에 의한 이 기초의 허용지지력은? (단, ϕ=0이며 폭(B)=2m, N_c=5.14, N_q=1.0, N_γ=0, 안전율 F_s=3이다.)

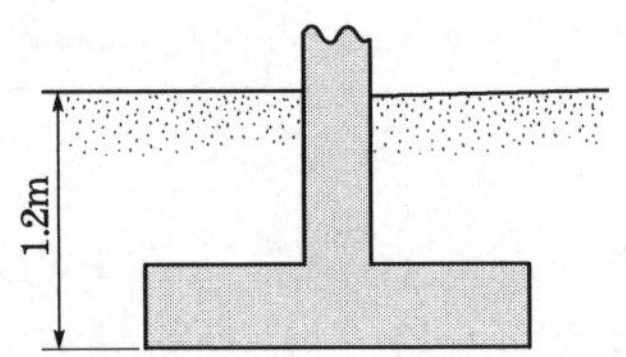

점토질 지반 $\gamma = 19.2\text{kN/m}^3$
일축압축강도 $q_u = 148.6\text{kN/m}^2$

① 64kN/m^2　② 135kN/m^2
③ 185kN/m^2　④ 404.9kN/m^2

제6과목 상하수도공학

101 다음 지형도의 상수계통도에 관한 사항 중 옳은 것은?

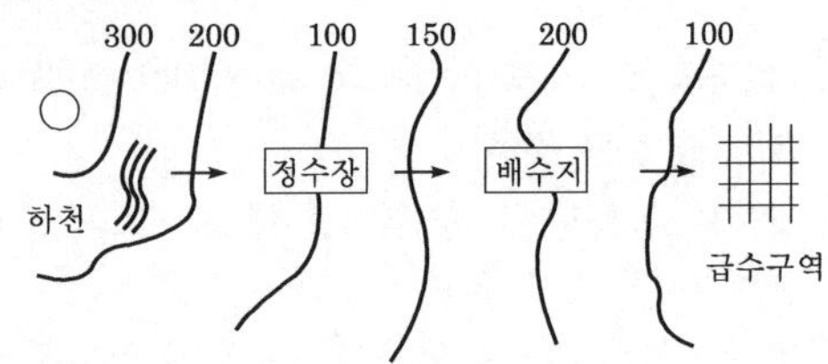

① 도수는 펌프가압식으로 해야 한다.
② 수질을 생각하여 도수로는 개수로를 택하여야 한다.
③ 정수장에서 배수지는 펌프가압식으로 송수한다.
④ 도수와 송수를 자연유하식으로 하여 동력비를 절감한다.

102 침전지의 유효수심이 4m, 1일 최대 사용수량이 450m^3, 침전시간이 12시간일 경우 침전지의 수면적은?

① 56.3m^2　② 42.7m^2
③ 30.1m^2　④ 21.3m^2

103 펌프의 흡입구경을 결정하는 식으로 옳은 것은? (단, Q : 펌프의 토출량(m^3/min), V : 흡입구의 유속(m/s))

① $D=146\sqrt{\frac{Q}{V}}$ 〔mm〕　② $D=186\sqrt{\frac{Q}{V}}$ 〔mm〕
③ $D=273\sqrt{\frac{Q}{V}}$ 〔mm〕　④ $D=357\sqrt{\frac{Q}{V}}$ 〔mm〕

104 정수처리 시 생성되는 발암물질인 트리할로메탄(THM)에 대한 대책으로 적합하지 않은 것은?

① 오존, 이산화염소 등의 대체소독제 사용
② 염소소독의 강화
③ 중간염소처리
④ 활성탄흡착

105 구형수로가 수리학상 유리한 단면을 얻으려 할 경우 폭이 28m라면 경심(R)은?

① 3m　② 5m
③ 7m　④ 9m

106 양수량이 8m^3/min, 전양정이 4m, 회전수1,160rpm인 펌프의 비교회전도는?

① 316　② 985
③ 1,160　④ 1,436

107 집수매거(infiltration galleries)에 관한 설명 중 옳지 않은 것은?

① 집수매거는 복류수의 흐름방향에 대하여 지형 등을 고려하여 가능한 직각으로 설치하는 것이 효율적이다.
② 집수매거의 매설깊이는 5m 이상으로 하는 것이 바람직하다.
③ 집수매거 내의 평균유속은 유출단에서 1m/s 이하가 되도록 한다.
④ 집수매거의 집수개구부(공)직경은 3~5cm를 표준으로 하고, 그 수는 관거표면적 1m^2당 10~20개로 한다.

108 다음 중 일반적으로 정수장의 응집처리 시 사용되지 않는 것은?

① 황산칼륨
② 황산알루미늄
③ 황산 제1철
④ 폴리염화알루미늄(PAC)

109 잉여슬러지량을 크게 감소시키기 위한 방법으로 BOD-SS부하를 아주 작게, 포기시간을 길게 하여 내생호흡상으로 유지되도록 하는 활성슬러지 변법은?

① 계단식 포기법(Step Aeration)
② 점감식 포기법(Tapered Aeration)
③ 장시간 포기법(Extended Aeration)
④ 완전혼합포기법(Complete Mixing Aeration)

110 급수관의 배관에 대한 설비기준으로 옳지 않은 것은?

① 급수관을 부설하고 되메우기를 할 때에는 양질토 또는 모래를 사용하여 적절하게 다짐한다.
② 동결이나 결로의 우려가 있는 급수장치의 노출부에 대해서는 적절한 방한장치가 필요하다.
③ 급수관의 부설은 가능한 한 배수관에서 분기하여 수도미터보호통까지 직선으로 배관한다.
④ 급수관을 지하층에 배관할 경우에는 가급적 지수밸브와 역류방지장치를 설치하지 않는다.

111 정수과정에서 전염소처리의 목적과 거리가 먼 것은?

① 철과 망간의 제거
② 맛과 냄새의 제거
③ 트리할로메탄의 제거
④ 암모니아성 질소와 유기물의 처리

112 비교회전도(N_s)의 변화에 따라 나타나는 펌프의 특성곡선의 형태가 아닌 것은?

① 양정곡선 ② 유속곡선
③ 효율곡선 ④ 축동력곡선

113 취수시설의 침사지설계에 관한 설명 중 틀린 것은?

① 침사지 내에서의 평균유속은 10~15cm/min를 표준으로 한다.
② 침사지의 체류시간은 계획취수량의 10~20분을 표준으로 한다.
③ 침사지의 형상은 장방형으로 하고, 길이는 폭의 3~8배를 표준으로 한다.
④ 침사지의 유효수심은 3~4m를 표준으로 하고, 퇴사심도는 0.5~1m로 한다.

114 정수방법 선정 시의 고려사항(선정조건)으로 가장 거리가 먼 것은?

① 원수의 수질
② 도시발전상황과 물 사용량
③ 정수수질의 관리목표
④ 정수시설의 규모

115 하수처리계획 및 재이용계획의 계획오수량에 대한 설명 중 옳지 않은 것은?

① 계획 1일 최대 오수량은 1인 1일 최대 오수량에 계획인구를 곱한 후 공장폐수량, 지하수량 및 기타 배수량을 더한 것으로 한다.
② 계획오수량은 생활오수량, 공장폐수량 및 지하수량으로 구분한다.
③ 지하수량은 1인 1일 최대 오수량의 20% 이하로 한다.
④ 계획시간 최대 오수량은 계획 1일 평균오수량의 1시간당 수량의 2~3배를 표준으로 한다.

116 오수 및 우수의 배제방식인 분류식과 합류식에 대한 설명으로 틀린 것은?

① 합류식은 관의 단면적이 크기 때문에 폐쇄의 염려가 적다.
② 합류식은 일정량 이상이 되면 우천 시 오수가 월류할 수 있다.
③ 분류식은 별도의 시설 없이 오염도가 높은 초기 우수를 처리장으로 유입시켜 처리한다.
④ 분류식은 2계통을 건설하는 경우 합류식에 비하여 일반적으로 관거의 부설비가 많이 든다.

117 먹는 물의 수질기준에서 탁도의 기준단위는?

① ‰(permil)
② ppm(parts per million)
③ JTU(Jackson Turbidity Unit)
④ NTU(Nephelometric Turbidity Unit)

118 접합정(junction well)에 대한 설명으로 옳은 것은?

① 수로에 유입한 토사류를 침전시켜서 이를 제거하기 위한 시설
② 종류가 다른 관 또는 도랑의 연결부, 관 또는 도랑의 굴곡부 등의 수두를 감쇄하기 위하여 그 도중에 설치하는 시설
③ 양수장이나 배수지에서 유입수의 수위 조절과 양수를 위하여 설치한 작은 우물
④ 수압관 및 도수관에 발생하는 수압의 급격한 증감을 조정하는 수조

119 부영양화로 인한 수질변화에 대한 설명으로 옳지 않은 것은?

① COD가 증가한다.
② 탁도가 증가한다.
③ 투명도가 증가한다.
④ 물에 맛과 냄새를 발생시킨다.

120 혐기성 소화공정의 영향인자가 아닌 것은?

① 온도　② 메탄함량
③ 알칼리도　④ 체류시간

제4회 정답 및 해설

01	02	03	04	05	06	07	08	09	10	11	12	13	14	15	16	17	18	19	20
②	②	①	③	④	③	①	③	③	③	④	②	③	③	③	③	①	④	②	③
21	22	23	24	25	26	27	28	29	30	31	32	33	34	35	36	37	38	39	40
②	③	②	②	④	②	④	①	①	③	③	③	③	③	③	③	④	④	①	①
41	42	43	44	45	46	47	48	49	50	51	52	53	54	55	56	57	58	59	60
①	④	④	①	③	③	②	②	①	②	④	①	②	②	④	③	①	②	①	④
61	62	63	64	65	66	67	68	69	70	71	72	73	74	75	76	77	78	79	80
③	②	②	②	④	④	④	①	④	③	④	①	④	④	④	①	④	④	④	③
81	82	83	84	85	86	87	88	89	90	91	92	93	94	95	96	97	98	99	100
④	③	③	④	④	②	②	②	②	①	③	②	③	④	③	②	③	③	②	②
101	102	103	104	105	106	107	108	109	110	111	112	113	114	115	116	117	118	119	120
③	①	①	②	③	③	④	①	③	④	③	②	①	②	④	③	④	②	③	②

제1과목 응용역학

1 라미의 정리 이용

$$\frac{W}{\sin 120^\circ} = \frac{R_a}{\sin 150^\circ}$$

$$\therefore R_a = \frac{W}{\sqrt{3}} = 0.577W$$

2

$$y = \frac{G_x}{A} = \frac{\frac{\pi D^2}{4} \times \frac{D}{2} - \frac{\pi D^2}{16} \times \frac{D}{4}}{\frac{\pi D^2}{4} - \frac{\pi D^2}{16}}$$

$$= \frac{7}{12}D = \frac{7}{12} \times 60 = 35\text{cm}$$

[별해] 바리뇽의 정리 이용

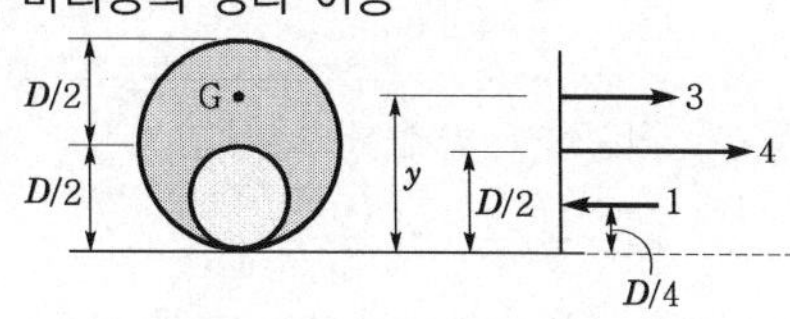

$$3y = 4 \times \frac{D}{2} - 1 \times \frac{D}{4}$$

$$\therefore y = \frac{7}{12}D = \frac{7}{12} \times 60 = 35\text{cm}$$

3 도심에 대한 단면 2차 모멘트는 최소값이 되며 0은 아니다.

4 $m = \frac{1}{\nu}$

$$\therefore G = \frac{E}{2(\nu+1)} = \frac{E}{2\left(\frac{1}{m}+1\right)} = \frac{mE}{2(m+1)}$$

5 $\Delta l = \frac{PL}{EA} = \frac{1 \times 2}{1 \times 10^3} = 0.002\text{m} = 2\text{mm}$

6 분담하중(P)

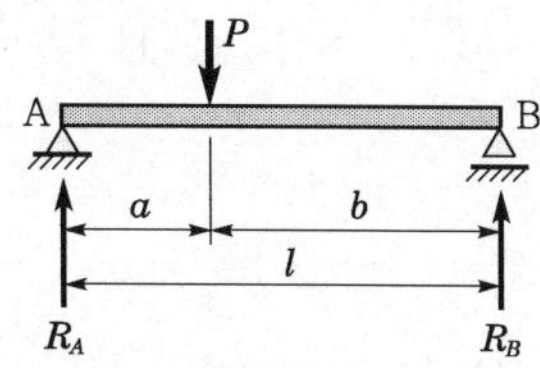

축강성(EA)=일정, $P \propto l$

$$\therefore R_A = \frac{Pb}{l} = \frac{P \times 2l}{3L} = \frac{2}{3}P$$

$$R_B = \frac{Pa}{l} = \frac{Pl}{3l} = \frac{1}{3}P$$

7 $N=3B-J=3\times8-1=23$차
여기서, B : 폐합 Box수
J : 고정 0, 힌지 1, 롤러 2

8

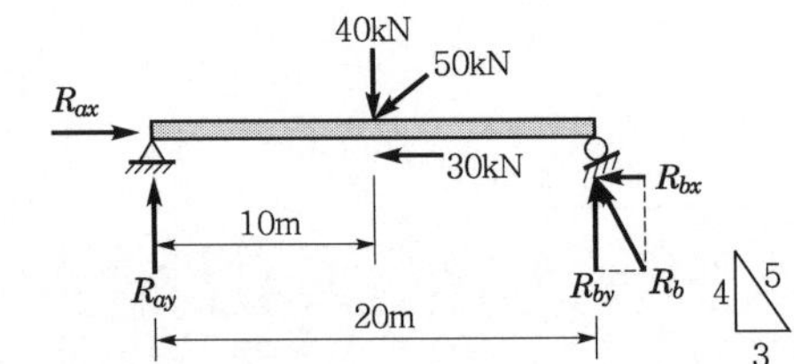

㉠ $\Sigma M_A=0(\oplus)$, $40\times10-R_{by}\times20=0$
$\therefore R_{by}=20\text{kN}$

㉡ $R_b=\dfrac{5}{4}R_{by}=\dfrac{5}{4}\times20=25\text{kN}$

㉢ $R_{bx}=\dfrac{3}{5}R_b=\dfrac{3}{5}\times25=15\text{kN}$

㉣ $\Sigma F_X=0(\rightarrow\oplus)$, $R_{ax}-30-15=0$
$\therefore R_{ax}=45\text{kN}(\rightarrow)$

9 ㉠ 합력의 크기 : $R=P+P=2P$
㉡ 합력의 위치
$Rx=Pe$
$\therefore x=\dfrac{Pe}{R}=\dfrac{Pe}{2P}=\dfrac{e}{2}$

$|M_{\max}|$ 발생조건은 합력과 가까운 하중과의 2등분점이 보의 중앙과 일치할 때 큰 하중점 아래에서 발생한다.

〈첫 번째 P 아래서 $M_{\max}$ 발생〉

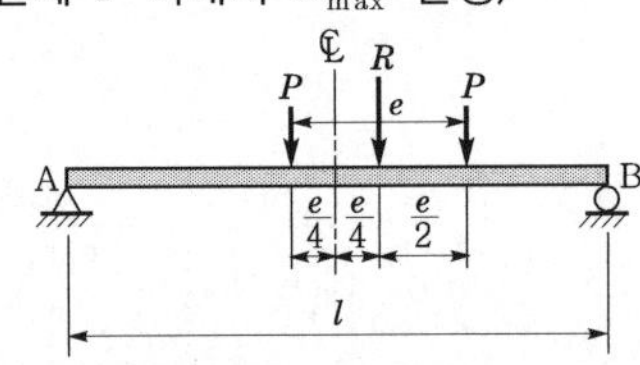

〈두 번째 P 아래서 $M_{\max}$ 발생〉

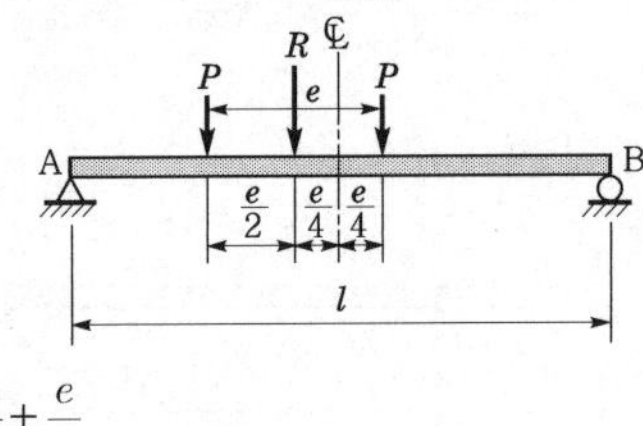

$\therefore \dfrac{1}{2}\pm\dfrac{e}{4}$

10 $\delta_{(1)}=\dfrac{P(2l)^3}{3EI}=\dfrac{8Pl^3}{3EI}$, $\delta_{(2)}=\dfrac{Pl^3}{3EI}$

$U_{(1)}=\dfrac{1}{2}\times P\times\dfrac{8Pl^3}{3EI}=8\times\dfrac{P^2l^3}{6EI}$

$U_{(2)}=\dfrac{1}{2}\times P\times\dfrac{Pl^3}{3EI}=\dfrac{P^2l^3}{6EI}$

$\therefore U_{(1)}:U_{(2)}=8:1$

11 ㉠ $\Sigma M_B=0(\oplus)$
$R_A\times12-12\times3=0$
$\therefore R_A=3\text{kN}$
㉡ $\Sigma M_C=0(\oplus)$
$-H_A\times8+3\times6=0$
$\therefore H_A=2.25\text{kN}$

12 $I=\dfrac{b\times(2h)^3}{12}=\dfrac{8bh^3}{12}$

$y=\dfrac{h}{2}$

$\therefore \sigma=\left(\dfrac{M}{I}\right)y=\dfrac{12M}{8bh^3}\times\dfrac{h}{2}=\dfrac{3M}{4bh^2}$

13 $I=\dfrac{\pi D^4}{64}$

$Z=\dfrac{I}{y}=\dfrac{\pi D^3}{32}$

$\therefore \sigma_{\max}=\left(\dfrac{M}{I}\right)y=\dfrac{M}{Z}=\dfrac{M}{\pi D^3/32}=\dfrac{32M}{\pi D^3}$

14 $e_x=e_y=\dfrac{D}{8}$(핵거리)

$\therefore D=2e_x=\dfrac{D}{4}$

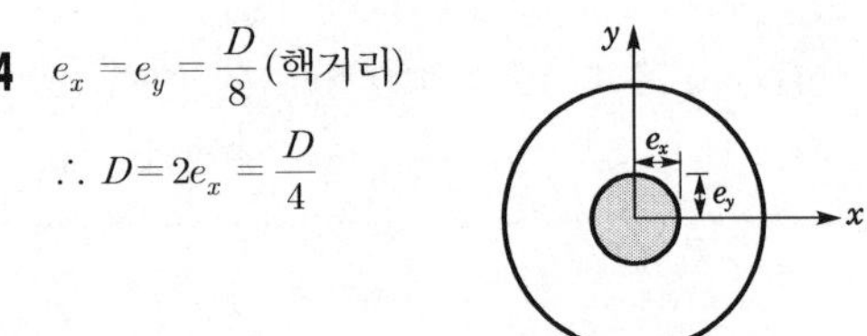

15 $\Sigma M_C=0(\oplus)$
$V\times4+5\times3=0$
$\therefore V=-3.75\text{kN}$(압축)

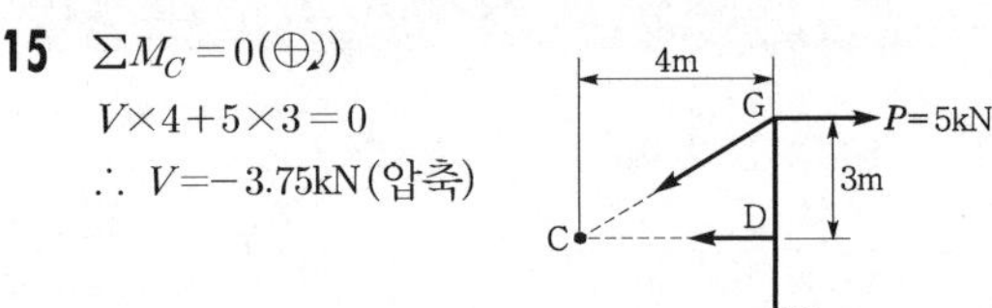

16 ㉠ $120\times d=40\times6$
$\therefore d=2\text{m}$

㉡ $x=\dfrac{l}{2}-\dfrac{d}{2}=\dfrac{20}{2}-\dfrac{2}{2}=9\text{m}$

㉢ $M_{\max}=\dfrac{R}{l}\left(\dfrac{l-d}{2}\right)^2$
$=\dfrac{120}{20}\times\left(\dfrac{20-2}{2}\right)^2$
$=486\text{kN}\cdot\text{m}$

17 ㉠ 집중하중 P에 대한 최대 처짐
$\delta_P=\dfrac{Pl^3}{48EI}=\dfrac{(wl)l^3}{48EI}=\dfrac{wl^4}{48EI}$

㉡ 등분포하중 w에 의한 최대 처짐
$\delta_w=\dfrac{5wl^4}{384EI}$

$\therefore \dfrac{\delta_P}{\delta_w}=\dfrac{8}{5}=1.6$배

18 $\theta_B = \dfrac{wL^3}{6EI}$

19 공액보에서 처짐각 이용

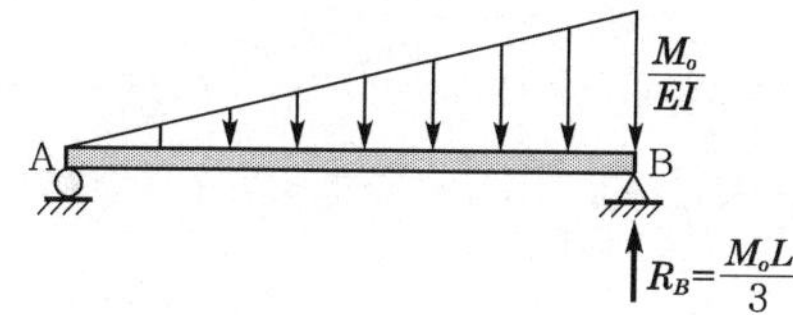

$$\theta_b = \frac{S_B}{EI} = \frac{R_B}{EI} = \frac{M_oL}{3EI}$$

$$\therefore \theta_a = \frac{M_oL}{6EI}$$

20 $M_A = -\left(\dfrac{Wl^2}{12} + \dfrac{Pab^2}{l^2}\right)$

$$= -\left(\frac{3\times10^2}{12} + \frac{10\times6\times4^2}{10^2}\right)$$

$$= -34.6\text{kN}\cdot\text{m}$$

제2과목 측량학

21 $\dfrac{\Delta A}{A} = 2\dfrac{\Delta l}{l}$

$$\frac{0.5}{1{,}600} = 2\times\frac{\Delta l}{40}$$

$$\therefore \Delta l = 6.25\text{mm}$$

22 지각변동의 관측, 항로 등의 측량은 측지측량으로 한다.

23 $C_h = -\dfrac{L}{R}H = -\dfrac{500}{6{,}370{,}000}\times326.42 = -0.0256\text{m}$

24 GPS의 구성요소
㉠ 우주부문 : 전파신호 발사
㉡ 사용자부문 : 전파신호 수신, 사용자위치 결정
㉢ 제어부문 : 궤도와 시각 결정을 위한 위성의 추적 및 작동상태 점검

25 지오이드란 평균해수면으로 전 지구를 덮었다고 가정할 때의 가상적인 곡면이다.

26 GSIS는 위성을 이용한 위치결정시스템이 아니며 국토계획, 지역계획, 자원개발계획, 공사계획 등의 계획은 성공적으로 수행하기 위해 그에 필요한 각종 정보를 컴퓨터에 의해 종합적, 연계적으로 처리하는 정보처리체계이다.

27 사변형 삼각망은 조건식의 수가 많아 시간과 비용이 많이 소요되나 가장 정밀한 측량성과를 얻을 수 있다.

28 $\dfrac{\Delta V}{V} = 3\dfrac{\Delta L}{L}$, $\dfrac{0.6}{3{,}000} = 3\times\dfrac{\Delta L}{L}$

$$\therefore \frac{\Delta L}{L} = \frac{1}{15{,}000}$$

29 $H = 2(dh + dL\tan\alpha) = 2\times(0.2 + 0.3\times\tan60°)$
$= 1.5\text{m}$

30 ① 곡률반지름 R, 곡선길이 L, 매개변수 A와의 관계식은 $RL = A^2$이다.
② 곡률이 곡선장에 비례하는 곡선이다.
④ 곡선반지름과 곡선길이와 매개변수가 같은 점 ($R = L = A$)을 클로소이드 특성점이라고 한다.

31 지형도의 이용법
㉠ 종 · 횡단면도 제작
㉡ 저수량 및 토공량 산정
㉢ 유역면적의 도상 측정
㉣ 등경사선 관측
㉤ 터널의 도상 선정
㉥ 노선의 도상 선정

32 평균유속 산정방법
㉠ 1점법(V_m)= $V_{0.6}$
㉡ 2점법(V_m)= $\dfrac{1}{2}(V_{0.2} + V_{0.8})$
㉢ 3점법(V_m)= $\dfrac{1}{4}(V_{0.2} + 2V_{0.6} + V_{0.8})$

33 ㉠ 면적 $= 37.8\times28.9 = 1{,}092.42\text{m}^2$
㉡ L_o(가로) $= 37.8\times\left(1+\dfrac{0.047}{30}\right) = 37.859\text{m}$
L_o(세로) $= 28.9\times\left(1+\dfrac{0.047}{30}\right) = 28.945\text{m}$
$\therefore A_o = 37.859\times28.945 = 1{,}095.83\text{m}^2$
㉢ 면적 최대 오차 $= 1{,}095.83 - 1{,}092.42 = 3.41\text{m}^2$

34 ㉠ ∠AOB + ∠BOC − ∠AOC=0이어야 한다.
21°36′28″ +63°18′45″ −84°54′3″ =+37″
이므로 ∠AOB, ∠BOC에는 (−)보정을 ∠AOC에는 (+)보정을 한다.
㉡ 경중률 계산

$$P_1 : P_2 : P_3 = \frac{1}{N_1} : \frac{1}{N_2} : \frac{1}{N_3} = \frac{1}{2} : \frac{1}{3} : \frac{1}{6}$$
$$= 15 : 10 : 5$$

㉢ ∠AOC의 최확값

$$\angle AOC = 84°54'37'' + \frac{5}{15+10+5}\times36 = 84°54'43''$$

35 UTM좌표계상 우리나라는 51구역과 52구역에 위치하고 있다.

36 $\overline{\text{HC}} = \dfrac{50}{\cos 20°} \times (53.21 - 50) \times \cos 20° = 3.02\text{m}$

37 표척의 영눈금오차는 레벨을 세우는 횟수를 짝수로 해서 관측하여 소거한다.

38 편각$(\delta) = \dfrac{L}{R}\left(\dfrac{90°}{\pi}\right) = \dfrac{20}{600} \times \dfrac{90°}{\pi} = 57'18''$

39 양차 $= \dfrac{D^2}{2R}(1-K) = \dfrac{2^2}{2 \times 6{,}370} \times (1-0.14) = 0.27\text{m}$

40 구심오차는 도상의 측점과 지상의 측점이 동일 연직선상에 있지 않음으로써 발생한다.

제3과목 수리수문학

41 누가우량곡선
㉠ 누가우량곡선의 경사가 급할수록 강우강도가 크다.
㉡ 자기우량계에 의해 측정된 우량을 기록지에 누가우량의 시간적 변화상태를 기록한 것을 누가우량곡선이라 한다.

42 Froude의 상사법칙 : 중력이 흐름을 주로 지배하고 다른 힘들은 영향이 작아서 생략할 수 있는 경우의 상사법칙으로 수심이 비교적 큰 자유표면을 가진 개수로 내 흐름, 댐의 여수토흐름 등이 해당된다.

43 상류로 흐르는 수로에 댐, weir 등의 수리구조물을 만들면 수리구조물의 상류에 흐름방향으로 수심이 증가하는 수면곡선이 나타나는데, 이러한 수면곡선을 배수곡선이라 한다.

44 베르누이의 정리를 이용하여 오리피스의 이론유속을 유도할 수 있다.
$V = \sqrt{2gh}$

45 단위도의 가정 : 일정 기저시간가정, 비례가정, 중첩가정

46 $E = 9.8\dfrac{Q(H + \Sigma h_L)}{\eta}$
$20{,}000 = 9.8 \times \dfrac{Q \times (150+10)}{0.88}$
$\therefore\ Q = 11.22\text{m}^3/\text{s}$

47 $M = B,\ w_1 V_1 = w_2 V_2$
$0.92 \times V = 1.025 \times V_2$
$\therefore\ V_2 = \dfrac{0.92}{1.025} V = 0.9V$

48 $Q = 0.2778CIA = 0.2778 \times 0.8 \times 80 \times 4 = 71.12\text{m}^3/\text{s}$

49 유효강수량 : 지표면유출과 복류수유출을 합한 직접유출에 해당하는 강수량

50 ㉠ $h_c = \left(\dfrac{\alpha Q^2}{gb^2}\right)^{\frac{1}{3}} = \left(\dfrac{1 \times 16^2}{9.8 \times 1^2}\right)^{\frac{1}{3}} = 2.97\text{m}$
㉡ $C = \dfrac{1}{n}R^{\frac{1}{6}} = \dfrac{1}{n}h_c^{\frac{1}{6}} = \dfrac{1}{0.02} \times 2.97^{\frac{1}{6}} = 59.95$
㉢ $I_c = \dfrac{g}{\alpha C^2} = \dfrac{9.8}{1 \times 59.95^2} = 2.73 \times 10^{-3}$

51 ㉠ $R_e \le 2{,}000$이면 층류이다.
㉡ $2{,}000 < R_e < 4{,}000$이면 층류와 난류가 공존한다(천이영역).
㉢ $R_e \ge 4{,}000$이면 난류이다.

52 주어진 단면적과 수로의 경사에 대하여 경심이 최대 혹은 윤변이 최소일 때 최대 유량이 흐르고, 이러한 단면을 수리상 유리한 단면이라 한다.

53 노즐에서 사출되는 실제 유량과 실제 유속
㉠ $Q = Ca\sqrt{\dfrac{2gh}{1-\left(\dfrac{Ca}{A}\right)^2}} = C\dfrac{\pi d^2}{4}\sqrt{\dfrac{2gh}{1-C^2\left(\dfrac{d}{D}\right)^4}}$
$= \dfrac{\pi d^2}{4}\sqrt{\dfrac{2gh}{1-\left(\dfrac{d}{D}\right)^4}}$
㉡ $V = C_v\sqrt{\dfrac{2gh}{1-\left(\dfrac{Ca}{A}\right)^2}}$

54 $Q = 1.84b_o h^{\frac{3}{2}} = 1.84(b - 0.1nh)h^{\frac{3}{2}}$
$= 1.84 \times (2.5 - 0.1 \times 2 \times 0.4) \times 0.4^{\frac{3}{2}} = 1.126\text{m}^3/\text{s}$

55 단위유량도의 이론은 다음과 같은 가정에 근거를 두고 있다.
㉠ 유역특성의 시간적 불변성 : 유역특성은 계절, 인위적인 변화 등으로 인하여 시간에 따라 변할 수 있으나, 이 가정에 의하면 유역특성은 시간에 따라 일정하다고 하였다. 실제로는 강우 발생 이전의 유역의 상태에 따라 기저시간은 달라질 수 있으며, 특히 선행된 강우에 따른 흙의 함수비에 의하여 지속시간이 같은 강우에도 기저시간은 다르게 될 수 있으나 이 가정에서는 강우의 지속시간이 같으면 강도에 관계없이 기저시간은 같다고 가정하였다.

ⓛ 유역의 선형성 : 강우 r, $2r$, $3r$, …에 대한 유량은 q, $2q$, $3q$, …로 되는 입력과 출력의 관계가 선형관계를 갖는다.

ⓒ 강우의 시간적, 공간적 균일성 : 지속시간 동안의 강우강도는 일정하여야 하며, 또는 공간적으로도 강우가 균일하게 분포되어야 한다.

56 $Q=1.84(B-0.1nh)h^{\frac{3}{2}}$

$=1.84(B-0.1\times 2\times h)h^{\frac{3}{2}}$

$=1.84(B-0.2h)h^{\frac{3}{2}}$

57 특별상사법칙

㉠ Reynolds의 상사법칙은 점성력이 흐름을 주로 지배하는 관수로흐름의 상사법칙이다.

ⓛ Froude의 상사법칙은 중력이 흐름을 주로 지배하는 개수로 내의 흐름, 댐의 여수토흐름 등의 상사법칙이다.

58 ㉠ $h_L=f\dfrac{l}{D}\dfrac{V^2}{2g}$

$5=f\times\dfrac{50}{0.2}\times\dfrac{5^2}{2\times 9.8}$

$\therefore\ f=0.016$

ⓛ $U^*=V\sqrt{\dfrac{f}{8}}=5\sqrt{\dfrac{0.016}{8}}=0.22\text{m/s}$

59 미소진폭파

㉠ 파장에 비해 진폭 또는 파고가 매우 작은 파

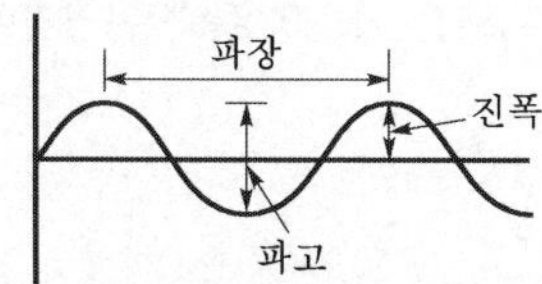

ⓛ 가정

- 물은 비압축성이고 밀도는 일정하다.
- 수저는 수평이고 불투수층이다.
- 수면에서의 압력은 일정하다(풍압은 없고 수면차로 인한 수압차는 무시한다).
- 파고는 파장과 수심에 비해 대단히 작다.

60 에너지선은 기준수평면에서 $\dfrac{V^2}{2g}+\dfrac{P}{w}+Z$의 점들을 연결한 선이다. 따라서 동수경사선에 속도수두를 더한 점들을 연결한 선이다.

제4과목 철근콘크리트 및 강구조

61 흙에 접하여 콘크리트를 친 후 영구적으로 흙에 묻혀 있는 콘크리트 : 75mm

62 압축측 연단에서 콘크리트의 극한변형률은 0.0033으로 가정한다.

63 $M_u=1.4M_D=1.4\times 200=280\text{kN}\cdot\text{m}$

$M_u=1.2M_D+1.6M_L=1.2\times 200+1.6\times 400$

$=880\text{kN}\cdot\text{m}$

$\therefore\ M_u=880\text{kN}\cdot\text{m}$(큰 값)

64 $\rho_b=\eta(0.85\beta_1)\left(\dfrac{f_{ck}}{f_y}\right)\left(\dfrac{660}{660+f_y}\right)$

$=1.0\times 0.85\times 0.80\times\dfrac{29}{300}\times\left(\dfrac{660}{660+300}\right)=0.045$

65 $\lambda_\Delta=\dfrac{\xi}{1+50\rho'}=\dfrac{2.0}{1+50\times 0.01}=1.3333$

66 $A_{sf}=\dfrac{\eta(0.85f_{ck})t_f(b-b_w)}{f_y}$

$=\dfrac{1.0\times 0.85\times 21\times 100\times(800-200)}{400}$

$=2{,}677.5\text{mm}^2$

67 $V_u\le\dfrac{1}{2}\phi V_c=\dfrac{1}{2}\phi\left(\dfrac{1}{6}\lambda\sqrt{f_{ck}}\,b_w d\right)$

$\therefore\ d=\dfrac{12V_u}{\phi\lambda\sqrt{f_{ck}}\,b_w}=\dfrac{12\times 108{,}000}{0.75\times 1.0\sqrt{24}\times 400}$

$=881.82\text{mm}$

68 $V_u\le\dfrac{1}{2}\phi V_c=\dfrac{1}{2}\phi\left(\dfrac{1}{6}\lambda\sqrt{f_{ck}}\,b_w d\right)$

$\therefore\ b_w d=\dfrac{12V_u}{\phi\lambda\sqrt{f_{ck}}}=\dfrac{12\times 50{,}000}{0.75\times 1.0\sqrt{28}}=151{,}186\text{mm}^2$

69 $T_{cr}=0.33\sqrt{f_{ck}}\left(\dfrac{{A_{cp}}^2}{p_{cp}}\right)$

$=0.33\times\sqrt{28}\times\dfrac{(250\times 500)^2}{2\times(500+250)}$

$=18{,}189{,}540\text{N}\cdot\text{mm}=18.2\text{kN}\cdot\text{m}$

70 $l_{db}=\dfrac{0.25d_b f_y}{\lambda\sqrt{f_{ck}}}=\dfrac{0.25\times 28.6\times 350}{1.0\sqrt{28}}$

$=472.93\text{mm}\ge 0.043d_b f_y$

$\therefore\ l_{db}\fallingdotseq 473\text{mm}$(큰 값)

여기서, $0.043d_b f_y=0.043\times 28.6\times 350=430.43\text{mm}$

71 $a=\dfrac{f_y A_s}{\eta(0.85f_{ck})b}=\dfrac{350\times1,548}{1.0\times0.85\times28\times300}=75.88\text{mm}$

$c=\dfrac{a}{\beta_1}=\dfrac{75.88}{0.80}=94.85\text{mm}$

$\therefore\ \varepsilon_t=\left(\dfrac{d_t-c}{c}\right)\varepsilon_{cu}=\left(\dfrac{450-94.85}{94.85}\right)\times0.0033=0.012$

72 ㉠ $16d_b=16\times31.8=508.8\text{mm}$

㉡ 48×띠철근지름$=48\times9.5=456\text{mm}$

㉢ 400mm

∴ 400mm(최소값)

73 ㉠ $M=\dfrac{wl^2}{8}=\dfrac{27\times18^2}{8}=1,093.5\text{kN}\cdot\text{m}$

㉡ $Z=\dfrac{I}{y}=\dfrac{bh^2}{6}=\dfrac{0.55\times0.852}{6}=0.0662\text{m}^3$

㉢ $f=\dfrac{P}{A}\mp\dfrac{Pe}{I}y\pm\dfrac{M}{I}y$일 때

- $f_{상}=\dfrac{P}{A}-\dfrac{Pe}{Z}+\dfrac{M}{Z}$
$=\dfrac{3,300}{0.55\times0.85}-\dfrac{3,300\times250}{0.0662}+\dfrac{1,093.5}{0.0662}$
$=11,114.7\text{kPa}\fallingdotseq11.11\text{MPa}$
- $f_{하}=\dfrac{P}{A}+\dfrac{Pe}{Z}-\dfrac{M}{Z}$
$=\dfrac{3,300}{0.55\times0.85}+\dfrac{3,300\times250}{0.0662}-\dfrac{1,093.5}{0.0662}$
$=3,010.48\text{kPa}\fallingdotseq3\text{MPa}$

74 뒷부벽식 옹벽의 뒷부벽은 T형보의 복부로 보고 설계한다.

75 $u=\dfrac{8Ps}{l^2}=\dfrac{8\times1,400\times0.4}{18^2}=13.83\text{kN/m}$

76 $\Delta f_p=E_p\varepsilon_p=E_p\dfrac{\Delta l}{l}=200,000\times\dfrac{0.4}{2,000}=40\text{MPa}$

77 모든 하중은 연직하중으로서 슬래브판 전체에 등분포되어야 한다.

78 $M=\dfrac{wl^2}{8}=\dfrac{40\times8^2}{8}=320\text{kN}\cdot\text{m}$

$f=\dfrac{P}{A}-\dfrac{M}{I}y=\dfrac{P}{bh}-\dfrac{6M}{bh^2}=0$

$\therefore\ P=\dfrac{6M}{h}=\dfrac{6\times320}{0.5}=3,840\text{kN}$

79 강구조 연결설계기준(허용응력설계법)

리벳의 지름(mm)	리벳구멍의 지름(mm)
$\phi<20$	$d=\phi+1.0$
$\phi\geq20$	$d=\phi+1.5$

∴ 리벳구멍의 지름$(d)=\phi+1.5=22+1.5=23.5\text{mm}$

80 $w=d-\dfrac{p^2}{4g}=24-\dfrac{65^2}{4\times80}=10.8\text{mm}$

㉠ $b_n=360-2\times24=312\text{mm}$

㉡ $b_n=360-24-10.8-24=301.2\text{mm}$

㉢ $b_n=360-2\times24-2\times10.8=290.4\text{mm}$

$\therefore\ b_n=290.4\text{mm}$(최소값)

$\therefore\ A_n=b_n t=290.4\times13=3,775.2\text{mm}^2$

제5과목 토질 및 기초

81 ㉠ $\gamma_d=\dfrac{W_s}{V}=\dfrac{1,700}{1,000}=1.7\text{g/cm}^3$

㉡ $\gamma_d=\dfrac{G_s}{1+e}\gamma_w$

$1.7=\dfrac{2.65}{1+e}\times1$

$\therefore\ e=0.56$

82 건조측에서 다지면 면모구조가, 습윤측에서 다지면 이산구조가 된다.

83 $K=C_v m_v\gamma_w=C_v\left(\dfrac{a_v}{1+e_1}\right)\gamma_w$

$=1.92\times10^{-3}\times\dfrac{2.86\times10^{-2}}{1+0.8}\times1$

$=3.05\times10^{-5}\text{cm/s}$

84 극한지지력은 기초의 폭과 근입깊이에 비례한다.

85 ㉠ $\theta=45°+\dfrac{\phi}{2}$

$50°=45°+\dfrac{\phi}{2}$

$\therefore\ \phi=10°$

㉡ $q_u=2c\tan\left(45°+\dfrac{\phi}{2}\right)$

$0.1=2c\times\tan\left(45°+\dfrac{10°}{2}\right)$

$\therefore\ c=0.042\text{MPa}$

86 $K=D_s^{\ 2}\dfrac{\gamma_w}{\mu}\dfrac{e^3}{1+e}C$

87 다짐에너지를 증가시키면 최적함수비는 감소하고, 최대 건조단위중량은 증가한다.

88 $F=\gamma_w\Delta hA$

89 ㉠ $\sigma = 9.8 \times h + 18 \times 3 = 9.8h + 54$

㉡ $u = 9.8 \times 7 = 68.6\text{kN/m}^2$

㉢ $\bar{\sigma} = \sigma - u = 9.8h + 54 - 68.6 = 0$

$\therefore\ h = 1.49\text{m}$

90 ㉠ $M = Pe$

$45 = 300 \times e$

$\therefore\ e = 0.15\text{m}$

㉡ $e = 0.15\text{m} < \dfrac{B}{6} = \dfrac{1.2}{6} = 0.2\text{m}$ 이므로

$q_{\max} = \dfrac{Q}{BL}\left(1 + \dfrac{6e}{B}\right) = \dfrac{300}{1.2 \times 1.5} \times \left(1 + \dfrac{6 \times 0.15}{1.2}\right)$

$= 291.7\text{kN/m}^2$

91 $K_v = \dfrac{H}{\dfrac{h_1}{K_{v1}} + \dfrac{h_2}{K_{v2}} + \dfrac{h_3}{K_{v3}}}$

$= \dfrac{1{,}050}{\dfrac{600}{0.02} + \dfrac{150}{2 \times 10^{-5}} + \dfrac{300}{0.03}}$

$= 1.393 \times 10^{-4}\text{cm/s}$

92 유선망의 특징

㉠ 각 유로의 침투유량은 같다.

㉡ 인접한 등수두선 간의 수두차는 모두 같다.

㉢ 유선과 등수두선은 서로 직교한다.

㉣ 유선망으로 되는 사각형은 정사각형이다.

㉤ 침투속도 및 동수구배는 유선망의 폭에 반비례한다.

93 Rod길이가 길어지면 rod변형에 의한 타격에너지의 손실 때문에 해머의 효율이 저하되어 실제의 N값보다 크게 나타난다.

94 ㉠ $\tau = c = 66.3\text{kN/m}^2$

㉡ $L_a = r\theta = 12.1 \times \left(89.5° \times \dfrac{\pi}{180°}\right) = 18.9\text{m}$

㉢ $M_r = \tau\gamma L_a = 66.3 \times 12.1 \times 18.9 = 15{,}162.1\text{kN}\cdot\text{m}$

㉣ $M_D = We = (A\gamma)e = 70 \times 19.4 \times 4.5 = 6{,}111\text{kN}\cdot\text{m}$

㉤ $F_s = \dfrac{M_r}{M_D} = \dfrac{15{,}162.1}{6{,}111} = 2.48$

95 $F_s = \dfrac{5.7c}{\gamma H - \dfrac{cH}{0.7B}}$

$= \dfrac{5.7 \times 24}{17.31 \times 8 - \dfrac{24 \times 8}{0.7 \times 5}}$

$= 1.636$

96 ㉠ $Se = wG_s$

$1 \times e = wG_s$

$\therefore\ G_s = \dfrac{e}{w}$

㉡ $i_c = \dfrac{G_s - 1}{1+e} = \dfrac{\dfrac{e}{w} - 1}{1+e} = \dfrac{\dfrac{e-w}{w}}{1+e} = \dfrac{e-w}{w(1+e)}$

97 Meyerhof의 극한지지력공식은 Terzaghi의 극한지지력공식과 유사하면서 형상계수, 깊이계수, 경사계수를 추가한 공식이다.

98 ㉠ 부마찰력이 발생하면 지지력이 크게 감소하므로 말뚝의 허용지지력을 결정할 때 세심하게 고려한다.

㉡ 상대변위속도가 클수록 부마찰력이 크다.

99 ㉠ 강성기초

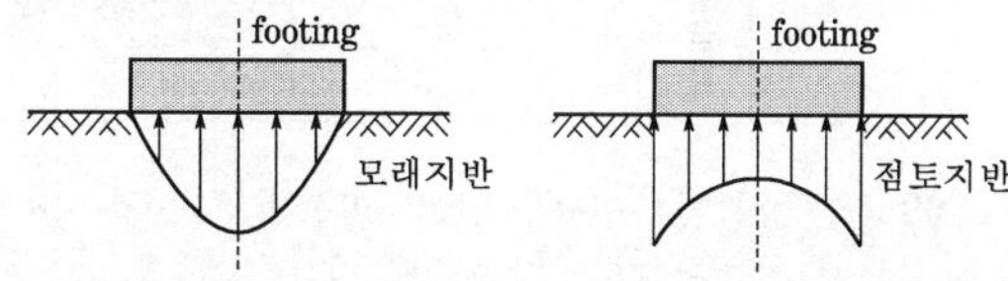

㉡ 휨성기초

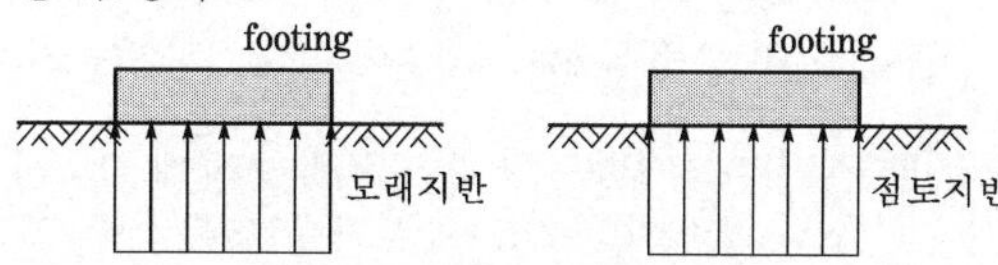

100 연속기초이므로 $\alpha = 1.0,\ \beta = 0.5$이다.

㉠ $q_u = \alpha c N_c + \beta B \gamma_1 N_\gamma + D_f \gamma_2 N_q$

$= 1 \times \dfrac{148.6}{2} \times 5.14 + 0 + 1.2 \times 19.2 \times 1$

$= 404.9\text{kN/m}^2$

㉡ $q_a = \dfrac{q_u}{F_s} = \dfrac{404.9}{3} = 135\text{kN/m}^2$

제6과목 상하수도공학

101 ① 도수는 자연유하식으로 한다.

② 도수로는 관수로를 택한다.

④ 송수는 펌프압송식으로 한다.

102 $V_0 = \dfrac{Q}{A} = \dfrac{h}{t}$

$\dfrac{450\text{m}^3/\text{day}}{A} = \dfrac{4\text{m}}{12\text{hr}}$

$\therefore\ A = 56.25\text{m}^2$

103 펌프의 흡입구경

$D=146\sqrt{\frac{Q}{V}}$ [mm]

104 THM은 염소의 과다주입으로 인하여 발생한다.

105 수리상 유리한 단면은 $h=\frac{b}{2}$이므로

$$\therefore R_h=\frac{bh}{b+2h}=\frac{b\times\frac{b}{2}}{b+2\times\frac{b}{2}}=\frac{\frac{b^2}{2}}{2b}=\frac{b}{4}=\frac{28}{4}=7\text{m}$$

106 $N_s=N\frac{Q^{1/2}}{H^{3/4}}=1,160\times\frac{8^{1/2}}{4^{3/4}}=1,160$

107

경사	매설 깊이	거내 속도	집수공		
			유입 속도	지름	면적당 개수
1/500	5m	1m/s	3cm/s	10~20mm	20~30개/m^2

108 ② 황산알루미늄(=명반=황산반토) : 정수처리공정에서 가장 많이 사용하는 응집제
③ 황산 제1철 : 철염류로 폐수처리과정에 사용
④ PAC : 응집제로서 가격이 비싸 잘 사용하지 않음

109 장시간 포기법은 잉여슬러지량을 크게 감소시키기 위한 방법으로 BOD-SS부하를 아주 작게, 포기시간을 길게 하여 내생호흡상으로 유지되도록 하는 활성슬러지변법이다.

110 급수관을 지하층 또는 2층 이상에 배관할 경우에는 각 층마다 지수밸브와 함께 진공파괴기 등의 역류방지밸브를 설치하고, 배관이 노출되는 부분에는 적당한 간격으로 건물에 고정시킨다.

111 전염소처리를 하여도 THM은 발생한다.

112 펌프의 특성곡선은 양정, 효율, 축동력과 토출량의 관계를 나타낸 곡선이다.

113 상수침사지 내에서의 평균유속은 2~7cm/s이다.

114 정수방법의 선정 시 고려사항은 수질목표를 달성하는 것이다. 도시의 발전상황과 물 사용량의 고려는 배수시설과 보다 연관성이 있다.

115 계획시간 최대 오수량은 계획 1일 최대 오수량의 1시간당 수량의 1.3~1.8배를 표준으로 한다.

116 초기 우수를 처리장으로 유입시켜 처리하는 방식은 합류식이다.

117 탁도의 기준단위는 NTU이다.

118 접합정(junction well)은 종류가 다른 관 또는 도랑의 연결부, 관 또는 도랑의 굴곡부 등의 수두를 감쇄하기 위하여 그 도중에 설치하는 시설이다.

119 부영양화가 되면 조류가 발생하여 투명도는 저하된다.

120 메탄은 혐기성 소화공정을 통하여 발생하는 부산물이다.

제5회 실전 모의고사

제1과목 응용역학

1 다음 그림과 같은 구조물에 하중 W가 작용할 때 P의 크기는? (단, $0° < \alpha < 180°$이다.)

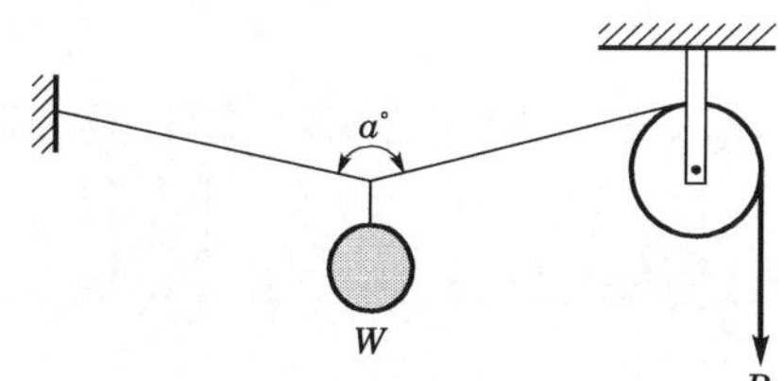

① $P=\dfrac{W}{2\cos\dfrac{\alpha}{2}}$ ② $P=\dfrac{W}{2\cos\alpha}$

③ $P=\dfrac{W}{\cos\dfrac{\alpha}{2}}$ ④ $P=\dfrac{2W}{\cos\dfrac{\alpha}{2}}$

2 다음 도형의 도심축에 관한 단면 2차 모멘트를 I_g, 밑변을 지나는 축에 관한 단면 2차 모멘트를 I_x라 하면 I_x/I_g값은?

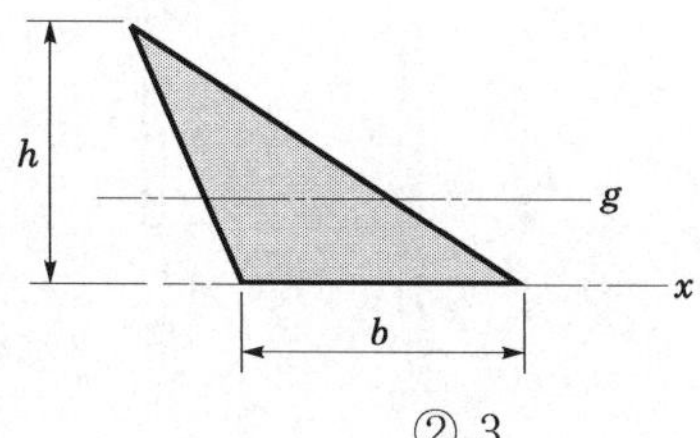

① 2 ② 3

③ 4 ④ 5

3 다음 그림과 같은 4분원 중에서 빗금 친 부분의 밑변으로부터 도심까지의 위치 y는?

① 116.8mm

② 126.8mm

③ 146.7mm

④ 158.7mm

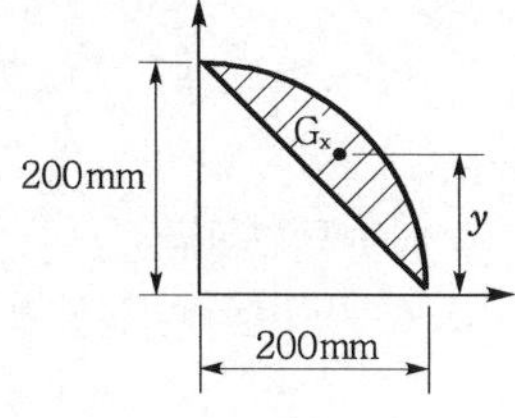

4 다음 중 탄성계수를 옳게 나타낸 것은? (단, A : 단면적, l : 길이, P : 하중, Δl : 변형량)

① $\dfrac{P\Delta l}{Al}$ ② $\dfrac{Al}{P\Delta l}$

③ $\dfrac{Al}{l\Delta l}$ ④ $\dfrac{Pl}{A\Delta l}$

5 강재에 탄성한도보다 큰 응력을 가한 후 그 응력을 제거한 후 장시간 방치하여도 얼마간의 변형이 남게 되는데, 이러한 변형을 무엇이라 하는가?

① 탄성변형 ② 피로변형

③ 소성변형 ④ 취성변형

6 다음과 같은 부재에서 길이의 변화량 ΔL은 얼마인가? (단, 보는 균일하며 단면적 A와 탄성계수 E는 일정하다고 가정한다.)

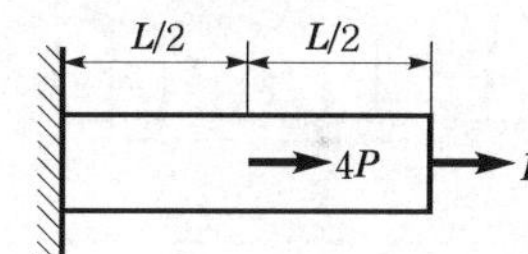

① $\dfrac{PL}{EA}$ ② $\dfrac{1.5PL}{EA}$

③ $\dfrac{3PL}{EA}$ ④ $\dfrac{5PL}{EA}$

7 다음 그림에서 지점 A의 반력을 구한 값은?

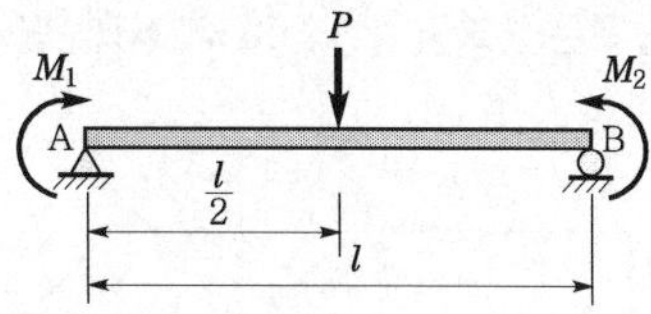

① $R_A=\dfrac{P}{3}-\dfrac{M_2-M_1}{l}$

② $R_A=\dfrac{P}{3}+\dfrac{M_1-M_2}{l}$

③ $R_A=\dfrac{P}{2}-\dfrac{M_2+M_1}{l}$

④ $R_A=\dfrac{P}{2}+\dfrac{M_2-M_1}{l}$

8 다음 그림과 같이 단순보에 이동하중이 작용하는 경우 절대 최대 휨모멘트는?

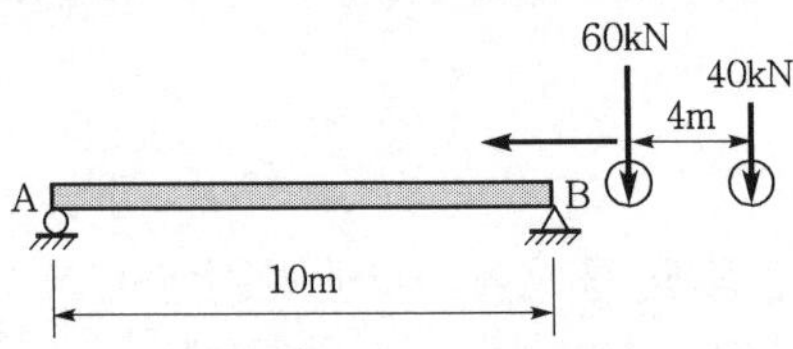

① 176.4kN·m ② 167.2kN·m
③ 162.0kN·m ④ 125.1kN·m

9 다음 그림과 같은 내민보에서 D점에 집중하중 5kN가 작용할 경우 C점의 휨모멘트는?

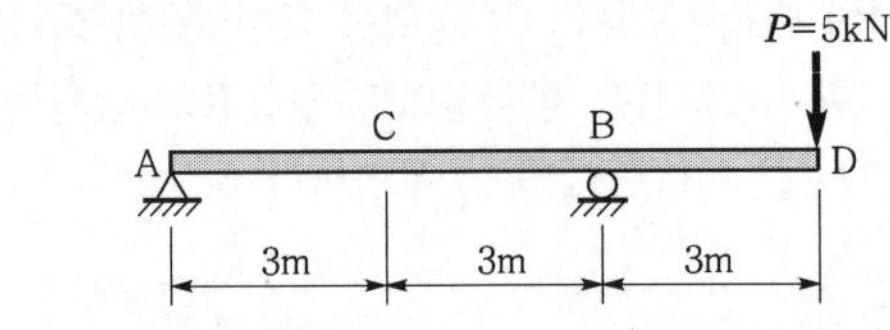

① −2.5kN·m ② −5kN·m
③ −7.5kN·m ④ −10kN·m

10 다음 보의 중앙점 C의 전단력의 값은?

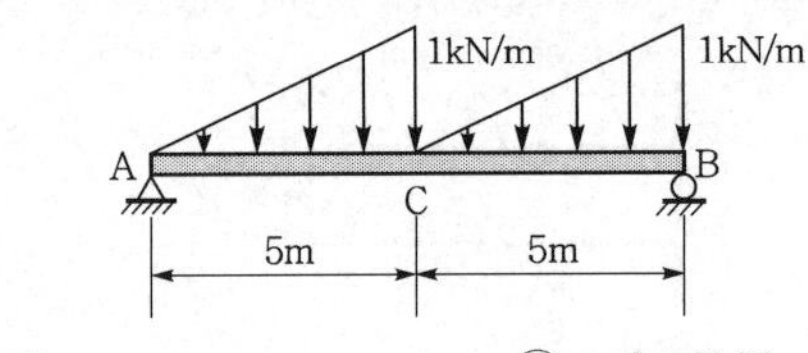

① 0 ② −0.22kN
③ −0.42kN ④ −0.62kN

11 똑같은 휨모멘트 M을 받고 있는 두 보의 단면이 <그림 1> 및 <그림 2>와 같다. <그림 2>의 보의 최대 휨응력은 <그림 1>의 보의 최대 휨응력의 몇 배인가?

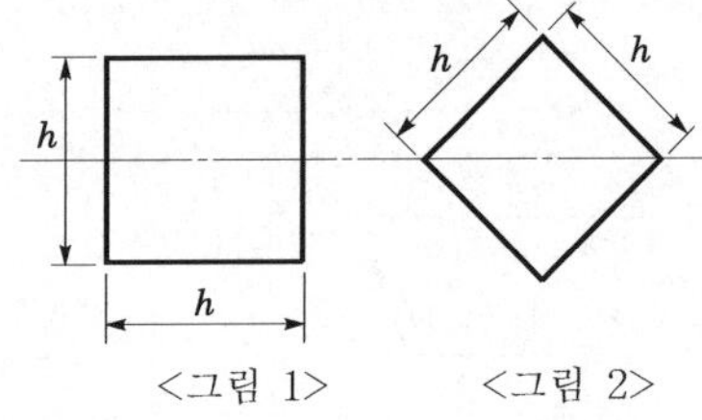

<그림 1> <그림 2>

① $\sqrt{2}$ 배 ② $2\sqrt{2}$ 배
③ $\sqrt{5}$ 배 ④ $\sqrt{3}$ 배

12 다음 그림과 같은 3활절아치에서 D점에 연직하중 20kN가 작용할 때 A점에 작용하는 수평반력 H_A는?

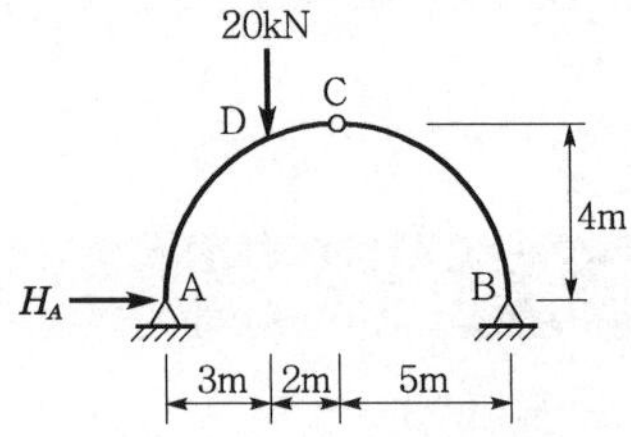

① 5.5kN ② 6.5kN
③ 7.5kN ④ 8.5kN

13 다음 그림과 같은 단순보에서 최대 휨응력값은?

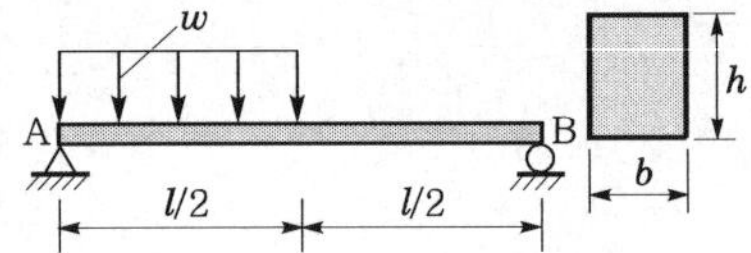

① $\dfrac{3wl^2}{4bh}$ ② $\dfrac{3wl^2}{8bh}$

③ $\dfrac{27wl^2}{32bh^2}$ ④ $\dfrac{27wl^2}{64bh^2}$

14 단면과 길이가 같으나 지지조건이 다른 다음 그림과 같은 2개의 장주가 있다. 장주 (a)가 30kN의 하중을 받을 수 있다면 장주 (b)가 받을 수 있는 하중은?

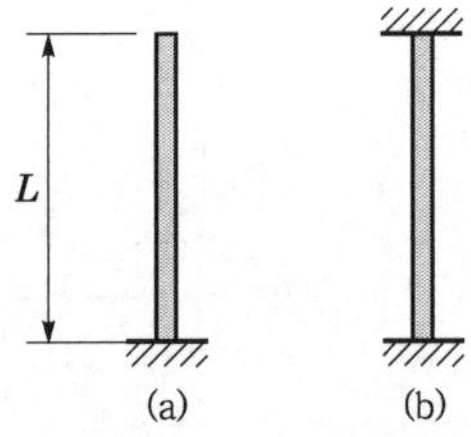

① 120kN ② 240kN
③ 360kN ④ 480kN

15 다음 중 처짐을 구하는 방법과 가장 관계가 먼 것은?

① 3연모멘트법
② 탄성하중법
③ 모멘트면적법
④ 탄성곡선의 미분방정식 이용법

16 다음 그림과 같은 정정트러스에서 D_1부재($\overline{AC}$)의 부재력은?

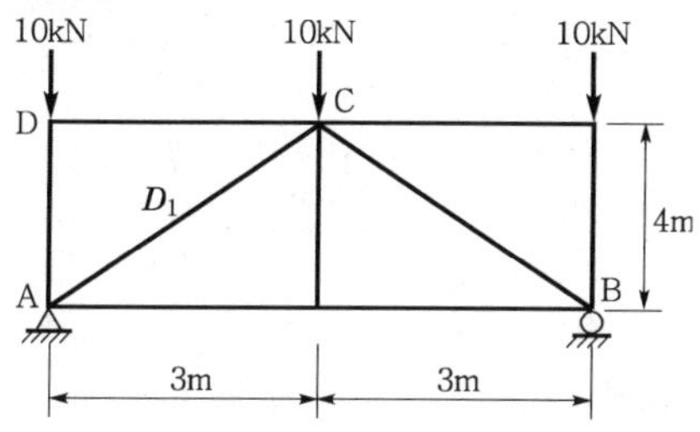

① 6.25kN(인장) ② 6.25kN(압축)
③ 7.5kN(인장) ④ 7.5kN(압축)

17 다음 그림과 같은 보에서 휨모멘트에 의한 탄성변형에너지를 구한 값은? (단, EI는 일정하다.)

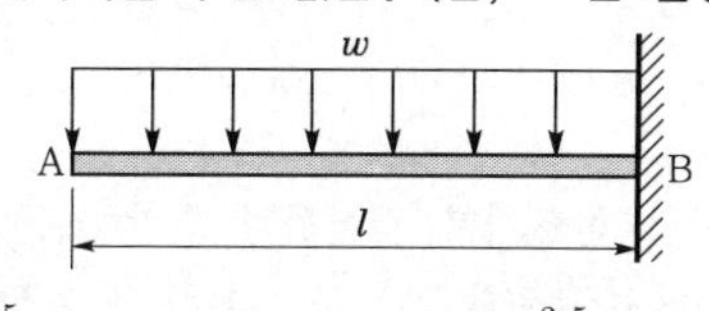

① $\dfrac{w^2l^5}{8EI}$ ② $\dfrac{w^2l^5}{24EI}$
③ $\dfrac{w^2l^5}{40EI}$ ④ $\dfrac{w^2l^5}{48EI}$

18 다음 그림과 같은 보의 지점 A에 10kN · m의 모멘트가 작용하면 B점에 발생하는 모멘트의 크기는?

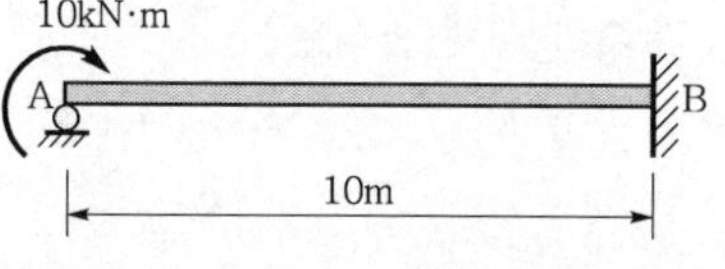

① 1kN · m ② 2.5kN · m
③ 5kN · m ④ 10kN · m

19 다음 구조물에서 하중이 작용하는 위치에서 일어나는 처짐의 크기는?

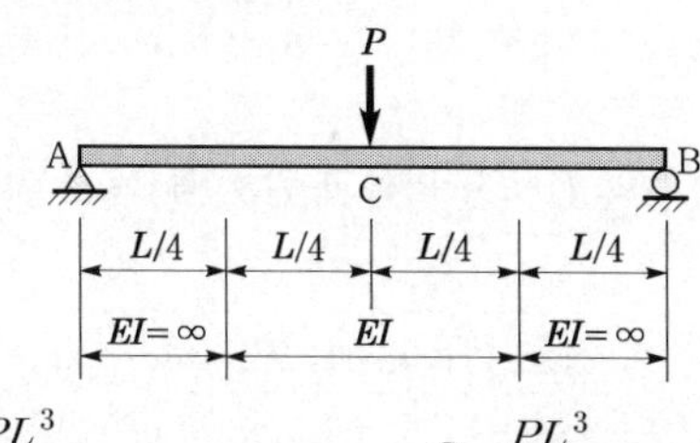

① $\dfrac{PL^3}{48EI}$ ② $\dfrac{PL^3}{96EI}$
③ $\dfrac{6PL^3}{384EI}$ ④ $\dfrac{7PL^3}{384EI}$

20 다음 그림과 같은 단순보의 지점 B에 모멘트 M이 작용할 때 보에 최대 처짐(δ_{max})이 발생하는 위치 x와 최대 최짐은? (단, EI는 일정하다.)

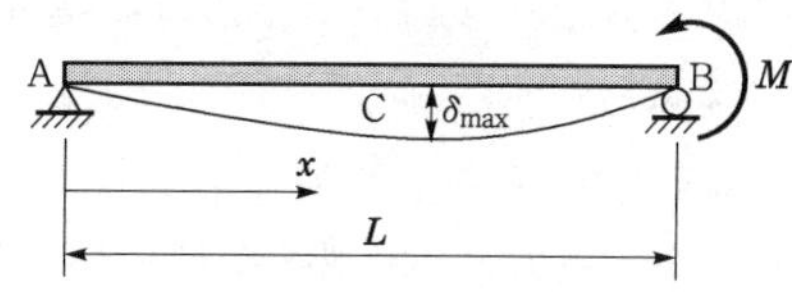

① $x = \dfrac{\sqrt{3}}{3}L$, $\delta_{max} = \dfrac{\sqrt{3}}{27}\dfrac{ML^2}{EI}$

② $x = \dfrac{\sqrt{3}}{2}L$, $\delta_{max} = \dfrac{\sqrt{3}}{18}\dfrac{ML^2}{EI}$

③ $x = \dfrac{\sqrt{3}}{3}L$, $\delta_{max} = \dfrac{\sqrt{3}}{18}\dfrac{ML^2}{EI}$

④ $x = \dfrac{\sqrt{3}}{2}L$, $\delta_{max} = \dfrac{\sqrt{3}}{27}\dfrac{ML^2}{EI}$

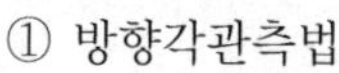

제2과목 측량학

21 수평각관측방법에서 다음 그림과 같이 각을 관측하는 방법은?

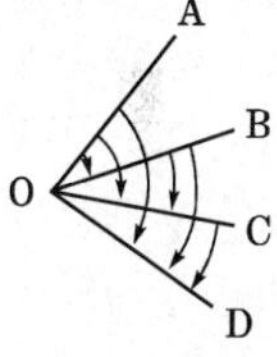

① 방향각관측법
② 반복관측법
③ 배각관측법
④ 조합각관측법

22 하천측량에 대한 설명 중 옳지 않은 것은?

① 하천측량 시 처음에 할 일은 도상조사로서 유로상황, 지역면적, 지형지물, 토지이용상황 등을 조사하여야 한다.
② 심천측량은 하천의 수심 및 유수 부분의 하저사항을 조사하고 횡단면도를 제작하는 측량을 말한다.
③ 하천측량에서 수준측량을 할 때의 거리표는 하천의 중심에 직각방향으로 설치한다.
④ 수위관측소의 위치는 지천의 합류점 및 분류점으로서 수위의 변화가 뚜렷한 곳이 적당하다.

23 등고선의 성질에 대한 설명으로 옳지 않은 것은?

① 동일 등고선상의 모든 점은 기준면으로부터 같은 높이에 있다.
② 지표면의 경사가 같을 때는 등고선의 간격은 같고 평행하다.
③ 등고선은 도면 내 또는 밖에서 반드시 폐합한다.
④ 높이가 다른 두 등고선은 절대로 교차하지 않는다.

24 수준측량에 관한 설명으로 옳은 것은?

① 수준측량에서는 빛의 굴절에 의하여 물체가 실제로 위치하고 있는 곳보다 더욱 낮게 보인다.
② 삼각수준측량은 토털스테이션을 사용하여 연직각과 거리를 동시에 관측하므로 레벨측량보다 정확도가 높다.
③ 수평한 시준선을 얻기 위해서는 시준선과 기포관축은 서로 나란하여야 한다.
④ 수준측량의 시준오차를 줄이기 위하여 기준점과의 구심작업에 신중을 기하여야 한다.

25 수준측량에서 발생할 수 있는 정오차에 해당하는 것은?

① 표척을 잘못 뽑아 발생되는 읽음오차
② 광선의 굴절에 의한 오차
③ 관측자의 시력 불완전에 의한 오차
④ 태양의 광선, 바람, 습도 및 온도의 순간변화에 의해 발생되는 오차

26 완화곡선에 대한 설명으로 틀린 것은?

① 단위 클로소이드란 매개변수 A가 1인, 즉 $RL=1$의 관계에 있는 클로소이드이다.
② 완화곡선의 접선은 시점에서 직선에, 종점에서 원호에 접한다.
③ 클로소이드의 형식 중 S형은 복심곡선 사이에 클로소이드를 삽입한 것이다.
④ 캔트(cant)는 원심력 때문에 발생하는 불리한 점을 제거하기 위해 두는 편경사이다.

27 지리정보시스템(GIS) 데이터의 형식 중에서 벡터형식의 객체자료유형이 아닌 것은?

① 격자(cell) ② 점(point)
③ 선(line) ④ 면(polygon)

28 다음 그림과 같은 도로 횡단면도의 단면적은? (단, 0을 원점으로 하는 좌표(x, y)의 단위 : m)

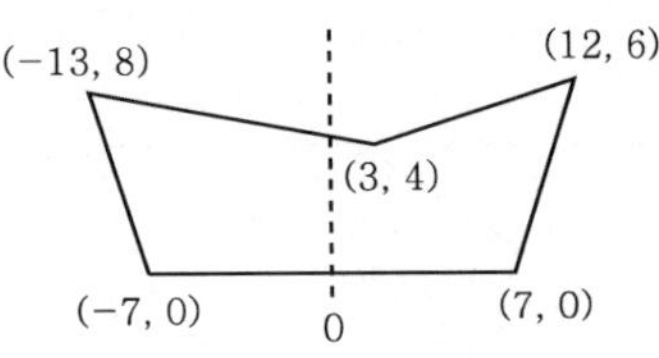

① $94m^2$ ② $98m^2$
③ $102m^2$ ④ $106m^2$

29 평탄지를 1 : 25,000으로 촬영한 수직사진이 있다. 이때의 초점거리 10cm, 사진의 크기 23cm×23cm, 종중복도 60%, 횡중복도 30%일 때 기선고도비는?

① 0.92 ② 1.09
③ 1.21 ④ 1.43

30 대단위 신도시를 건설하기 위한 넓은 지형의 정지공사에서 토량을 계산하고자 할 때 가장 적당한 방법은?

① 점고법 ② 비례중앙법
③ 양단면평균법 ④ 각주공식에 의한 방법

31 표준 길이보다 5mm가 늘어나 있는 50m 강철줄자로 250m×250m인 정사각형 토지를 측량하였다면 이 토지의 실제 면적은?

① $62,487.50m^2$ ② $62,493.75m^2$
③ $62,506.25m^2$ ④ $62,512.52m^2$

32 정확도 1/5,000을 요구하는 50m 거리측량에서 경사거리를 측정하여도 허용되는 두 점 간의 최대 높이차는?

① 1.0m ② 1.5m
③ 2.0m ④ 2.5m

33 A와 B의 좌표가 다음과 같을 때 측선 AB의 방위각은?

A점의 좌표=(179,847.1m, 76,614.3m)
B점의 좌표=(179,964.5m, 76,625.1m)

① 5°23′15″ ② 185°15′23″
③ 185°23′15″ ④ 5°15′22″

34 어느 각을 관측한 결과가 다음과 같을 때 최확값은? (단, 괄호 안의 숫자는 경중률)

73°40′12″(2), 73°40′10″(1), 73°40′15″(3), 73°40′18″(1), 73°40′09″(1), 73°40′16″(2), 73°40′14″(4), 73°40′13″(3)

① 73°40′10.2″ ② 73°40′11.6″
③ 73°40′13.7″ ④ 73°40′15.1″

35 단곡선 설치에 있어서 교각 $I=60°$, 반지름 $R=200$m, 곡선의 시점 B.C = No.8 + 15m일 때 종단현에 대한 편각은? (단, 중심말뚝의 간격은 20m이다.)

① 0°38′10″ ② 0°42′58″
③ 1°16′20″ ④ 2°51′53″

36 지형을 표시하는 방법 중에서 짧은 선으로 지표의 기복을 나타내는 방법은?

① 점고법 ② 영선법
③ 단채법 ④ 등고선법

37 수심이 H인 하천의 유속을 3점법에 의해 관측할 때 관측위치로 옳은 것은?

① 수면에서 $0.1H$, $0.5H$, $0.9H$가 되는 지점
② 수면에서 $0.2H$, $0.6H$, $0.8H$가 되는 지점
③ 수면에서 $0.3H$, $0.5H$, $0.7H$가 되는 지점
④ 수면에서 $0.4H$, $0.5H$, $0.6H$가 되는 지점

38 GNSS측량에 대한 설명으로 옳지 않은 것은?

① 3차원 공간계측이 가능하다.
② 기상의 영향을 거의 받지 않으며 야간에도 측량이 가능하다.
③ Bessel타원체를 기준으로 경위도좌표를 수집하기 때문에 좌표정밀도가 높다.
④ 기선 결정의 경우 두 측점 간의 시통에 관계가 없다.

39 완화곡선 중 클로소이드에 대한 설명으로 틀린 것은?

① 클로소이드는 나선의 일종이다.
② 매개변수를 바꾸면 다른 무수한 클로소이드를 만들 수 있다.
③ 모든 클로소이드는 닮은꼴이다.
④ 클로소이드 요소는 모두 길이의 단위를 갖는다.

40 삼각측량을 위한 기준점성과표에 기록되는 내용이 아닌 것은?

① 점번호 ② 천문경위도
③ 평면직각좌표 및 표고 ④ 도엽명칭

제3과목 수리수문학

41 폭이 b인 직사각형 위어에서 접근유속이 작은 경우 월류수심이 h일 때 양단 수축조건에서 월류수맥에 대한 단수축 폭(b_o)은? (단, Francis공식 적용)

① $b_o = b - \dfrac{h}{5}$ ② $b_o = 2b - \dfrac{h}{5}$
③ $b_o = b - \dfrac{h}{10}$ ④ $b_o = 2b - \dfrac{h}{10}$

42 A저수지에서 200m 떨어진 B저수지로 지름 20cm, 마찰손실계수 0.035인 원형관으로 0.0628m^3/s의 물을 송수하려고 한다. A저수지와 B저수지 사이의 수위차는? (단, 마찰손실, 단면급확대 및 급축소손실을 고려한다.)

① 5.75m ② 6.94m
③ 7.14m ④ 7.45m

43 폭 4.8m, 높이 2.7m의 연직직사각형 수문이 한쪽 면에서 수압을 받고 있다. 수문의 밑면은 힌지로 연결되어 있고 상단은 수평체인(chain)으로 고정되어 있을 때 이 체인에 작용하는 장력(張力)은? (단, 수문의 정상과 수면은 일치한다.)

① 29.23kN
② 57.15kN
③ 7.87kN
④ 0.88kN

체인 물 2.7m 힌지

44 3차원 흐름의 연속방정식을 다음과 같은 형태로 나타낼 때 이에 알맞은 흐름의 상태는?

$$\frac{\partial u}{\partial x} + \frac{\partial v}{\partial y} + \frac{\partial w}{\partial z} = 0$$

① 비압축성 정상류 ② 비압축성 부정류
③ 압축성 정상류 ④ 압축성 부정류

45 레이놀즈(Reynolds)수에 대한 설명으로 옳은 것은?

① 중력에 대한 점성력의 상대적인 크기
② 관성력에 대한 점성력의 상대적인 크기
③ 관성력에 대한 중력의 상대적인 크기
④ 압력에 대한 탄성력의 상대적인 크기

46 항만을 설계하기 위해 관측한 불규칙파랑의 주기 및 파고가 다음 표와 같을 때 유의파고($H_{1/3}$)는?

연번	파고(m)	주기(s)	연번	파고(m)	주기(s)
1	9.5	9.8	6	5.8	6.5
2	8.9	9.0	7	4.2	6.2
3	7.4	8.0	8	3.3	4.3
4	7.3	7.4	9	3.2	5.6
5	6.5	7.5			

① 9.0m ② 8.6m
③ 8.2m ④ 7.4m

47 다음 중 물의 순환에 관한 설명으로서 틀린 것은?

① 지구상에 존재하는 수자원이 대기권을 통해 지표면에 공급되고 지하로 침투하여 지하수를 형성하는 등 복잡한 반복과정이다.
② 지표면 또는 바다로부터 증발된 물이 강수, 침투 및 침루, 유출 등의 과정을 거치는 물의 이동현상이다.
③ 물의 순환과정에서 강수량은 지하수흐름과 지표면흐름의 합과 동일하다.
④ 물의 순환과정 중 강수, 증발 및 증산은 수문기상학분야이다.

48 관수로에서 관의 마찰손실계수가 0.02, 관의 지름이 40cm일 때 관내 물의 흐름이 100m를 흐르는 동안 2m의 마찰손실수두가 발생하였다면 관내의 유속은?

① 0.3m/s ② 1.3m/s
③ 2.8m/s ④ 3.8m/s

49 지하수의 투수계수에 관한 설명으로 틀린 것은?

① 같은 종류의 토사라 할지라도 그 간극률에 따라 변한다.
② 흙입자의 구성, 지하수의 점성계수에 따라 변한다.
③ 지하수의 유량을 결정하는 데 사용된다.
④ 지역특성에 따른 무차원 상수이다.

50 개수로흐름에 관한 설명으로 틀린 것은?

① 사류에서 상류로 변하는 곳에 도수현상이 생긴다.
② 개수로흐름은 중력이 원동력이 된다.
③ 비에너지는 수로 바닥을 기준으로 한 에너지이다.
④ 배수곡선은 수로가 단락(段落)이 되는 곳에 생기는 수면곡선이다.

51 Manning의 조도계수 $n=0.012$인 원관을 사용하여 $1m^3/s$의 물을 동수경사 1/100로 송수하려 할 때 적당한 관의 지름은?

① 70cm ② 80cm
③ 90cm ④ 100cm

52 부체의 안정에 관한 설명으로 옳지 않은 것은?

① 경심(M)이 무게중심(G)보다 낮을 경우 안정하다.
② 무게중심(G)이 부심(B)보다 아래쪽에 있으면 안정하다.
③ 부심(B)과 무게중심(G)이 동일 연직선상에 위치할 때 안정을 유지한다.
④ 경심(M)이 무게중심(G)보다 높을 경우 복원모멘트가 작용한다.

53 다음 중 직접유출량에 포함되는 것은?

① 지체지표하유출량 ② 지하수유출량
③ 기저유출량 ④ 조기지표하유출량

54 다음 그림과 같이 단위폭당 자중이 3.5×10^6N/m인 직립식 방파제에 1.5×10^6N/m의 수평파력이 작용할 때 방파제의 활동안전율은? (단, 중력가속도=$10.0m/s^2$, 방파제와 바닥의 마찰계수=0.7, 해수의 비중=1로 가정하며 파랑에 의한 양압력은 무시하고, 부력은 고려한다.)

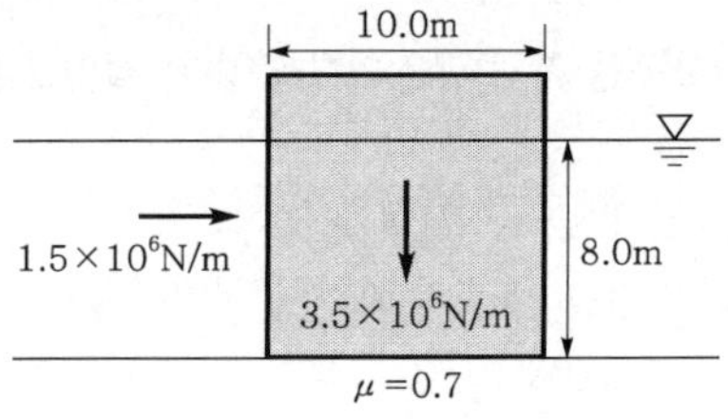

① 1.20 ② 1.22
③ 1.24 ④ 1.26

55 다음 표와 같은 집중호우가 자기기록지에 기록되었다. 지속기간 20분 동안의 최대 강우강도는?

시간(분)	5	10	15	20	25	30	35	40
누가우량(mm)	2	5	10	20	35	40	43	45

① 99mm/h ② 105mm/h
③ 115mm/h ④ 135mm/h

56 지름이 d인 구(球)가 밀도 ρ의 유체 속을 유속 V로 침강할 때 구의 항력 D는? (단, 항력계수는 C_D라 한다.)

① $\frac{1}{8}C_D\pi d^2\rho V^2$ ② $\frac{1}{2}C_D\pi d^2\rho V^2$
③ $\frac{1}{4}C_D\pi d^2\rho V^2$ ④ $C_D\pi d^2\rho V^2$

57 우물에서 장기간 양수를 한 후에도 수면강하가 일어나지 않는 지점까지의 우물로부터 거리(범위)를 무엇이라 하는가?

① 용수효율권 ② 대수층권
③ 수류영역권 ④ 영향권

58 다음 그림과 같이 높이 2m인 물통에 물이 1.5m만큼 담겨져 있다. 물통이 수평으로 4.9m/s^{2}의 일정한 가속도를 받고 있을 때 물통의 물이 넘쳐흐르지 않기 위한 물통이 길이(L)는?

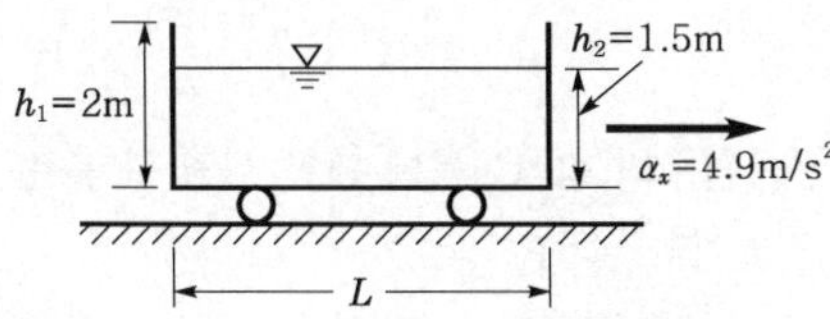

① 2.0m ② 2.4m
③ 2.8m ④ 3.0m

59 수문자료의 해석에 사용되는 확률분포형의 매개변수를 추정하는 방법이 아닌 것은?

① 모멘트법(method of moments)
② 회선적분법(convolution integral method)
③ 확률가중모멘트법(method of probability weighted moments)
④ 최우도법(method of maximum likelihood)

60 다음 물리량 중에서 차원이 잘못 표시된 것은?

① 동점성계수 : [FL^{2}T] ② 밀도 : [FL^{-4}T^2]
③ 전단응력 : [FL^{-2}] ④ 표면장력 : [FL^{-1}]

제4과목 철근콘크리트 및 강구조

61 흙에 접하거나 옥외의 공기에 직접 노출되는 현장치기 콘크리트로 D19 이상 철근을 사용하는 경우 최소 피복두께는 얼마인가?

① 20mm ② 40mm
③ 50mm ④ 60mm

62 강도설계법에서 강도감소계수 ϕ값의 규정에 어긋나는 것은?

① 휨부재(인장지배 단면) : ϕ=0.85
② 무근콘크리트 휨부재 : ϕ=0.55
③ 나선철근부재(압축지배 단면) : ϕ=0.70
④ 띠철근부재(압축지배 단면) : ϕ=0.60

63 유효깊이(d)가 450mm인 직사각형 단면보에 f_y=400MPa인 인장철근이 1열로 배치되어 있다. 중립축(c)의 위치가 압축연단에서 180mm인 경우 강도감소계수(ϕ)는?

① 0.817 ② 0.824
③ 0.835 ④ 0.847

64 다음 그림과 같은 단철근 직사각형 보를 강도설계법으로 해석할 때 콘크리트의 등가직사각형의 깊이 a는? (단, f_{ck}=21MPa, f_y=300MPa)

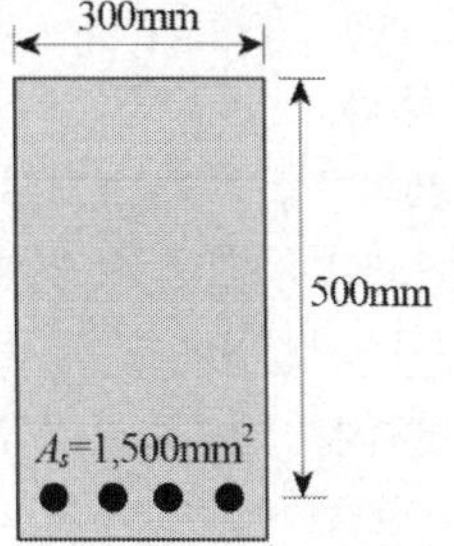

① 104mm ② 94mm
③ 84mm ④ 74mm

65 다음 그림과 같은 복철근 직사각형 단면에서 응력사각형의 깊이 a의 값은? (단, f_{ck}=24MPa, f_y=300MPa, A_s=5−D35=4,790mm^2, A_s'=2−D35=1,916mm^2)

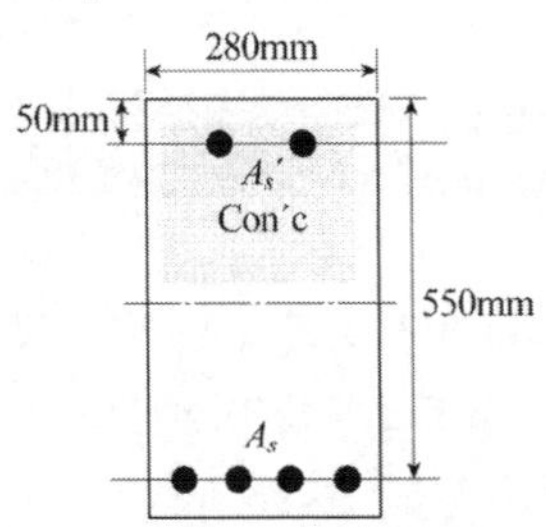

① 107mm ② 147mm
③ 151mm ④ 268mm

66 다음 그림과 같은 복철근 직사각형 보에서 공칭모멘트강도(M_n)는? (단, f_{ck}=24MPa, f_y=350MPa, A_s=5,730mm^2, A_s'=1,980mm^2)

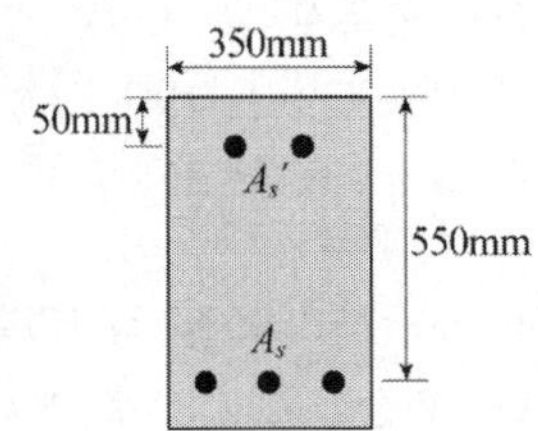

① 947.7kN · m ② 886.5kN · m
③ 805.6kN · m ④ 725.3kN · m

67 철근콘크리트구조물의 전단철근 상세기준에 대한 설명 중 잘못된 것은?

① 이형철근을 전단철근으로 사용하는 경우 설계기준항복강도 f_y는 600MPa을 초과하여 취할 수 없다.
② 전단철근으로서 스터럽과 굽힘철근을 조합하여 사용할 수 있다.
③ 주철근에 45° 이상의 각도로 설치되는 스터럽은 전단철근으로 사용할 수 있다.
④ 경사스터럽과 굽힘철근은 부재 중간 높이인 $0.5d$에서 반력점방향으로 주인장철근까지 연장된 45°선과 한 번 이상 교차되도록 배치하여야 한다.

68 철근콘크리트부재의 비틀림철근 상세에 대한 설명으로 틀린 것은? (단, p_h : 가장 바깥의 횡방향 폐쇄스터럽 중심선의 둘레(mm))

① 종방향 비틀림철근은 양단에 정착하여야 한다.
② 횡방향 비틀림철근의 간격은 $\frac{p_h}{4}$보다 작아야 하고, 200mm보다 작아야 한다.
③ 비틀림에 요구되는 종방향 철근은 폐쇄스터럽의 둘레를 따라 300mm 이하의 간격으로 분포시켜야 한다.
④ 종방향 철근의 지름은 스터럽간격의 1/24 이상이어야 하며, D10 이상의 철근이어야 한다.

69 계수전단력 V_u=200kN에 대한 수직스터럽간격의 최대값은? (단, 스터럽철근 D13 1본의 단면적은 126.7mm^2, f_{ck}=24MPa, f_y=350MPa)

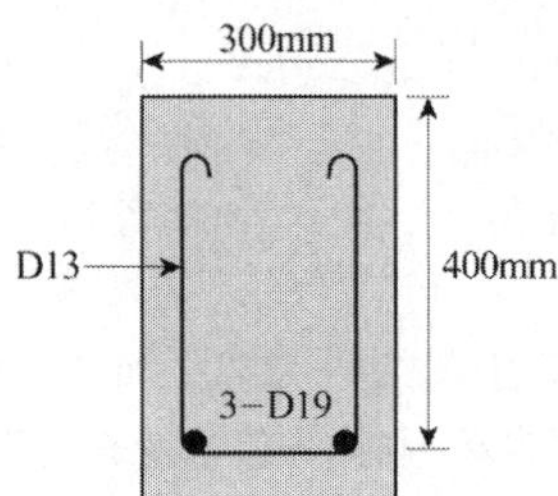

① 100mm ② 150mm
③ 200mm ④ 250mm

70 인장철근의 겹침이음에 대한 설명 중 틀린 것은 어느 것인가?

① 다발철근의 겹침이음은 다발 내의 개개 철근에 대한 겹침이음길이를 기본으로 결정되어야 한다.
② 겹침이음에는 A급, B급 이음이 있다.
③ 겹침이음된 철근량이 총철근량의 1/2 이하인 경우는 B급 이음이다.
④ 어떤 경우이든 300mm 이상 겹침이음한다.

71 뒷부벽식 옹벽은 부벽이 어떤 보로 설계되어야 하는가?

① 직사각형 보 ② T형보
③ 단순보 ④ 연속보

72 다음 그림과 같은 원형 철근기둥에서 콘크리트 구조기준에서 요구하는 최소 나선철근의 간격은? (단, f_{ck}=24MPa, f_y=400MPa, D10 철근의 공칭 단면적은 71.3mm^{2}이다.)

① 35mm
② 40mm
③ 45mm
④ 70mm

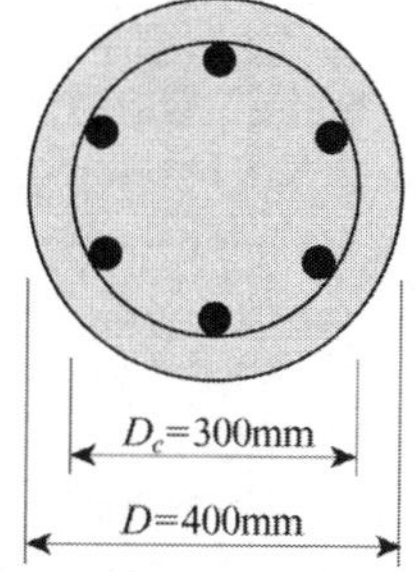

73 2방향 확대기초에서 하중계수가 고려된 계수하중 P_u(자중 포함)가 다음 그림과 같이 작용할 때 위험 단면의 계수전단력(V_u)은 얼마인가?

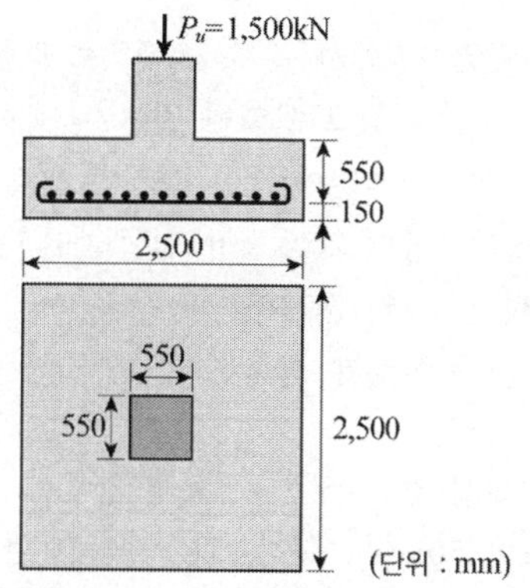

① 1,111.24kN　② 1,163.4kN
③ 1,209.6kN　④ 1,372.9kN

74 다음 단면의 균열모멘트(M_{cr})의 값은? (단, f_{ck}= 21MPa, 휨인장강도 f_r=0.63$\sqrt{f_{ck}}$)

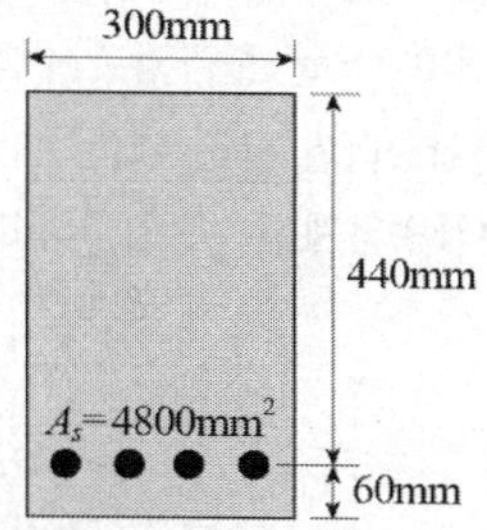

① 78.4kN · m　② 41.2kN · m
③ 36.2kN · m　④ 26.3kN · m

75 T형 PSC보에 설계하중을 작용시킨 결과 보의 처짐은 0이었으며, 프리스트레스 도입단계부터 부착된 계측장치로부터 상부 탄성변형률 ε=3.5×10^{-4}을 얻었다. 콘크리트 탄성계수 E_c=26,000MPa, T형보의 단면적 A_g=150,000mm^2, 유효율 R=0.85일 때 강재의 초기 긴장력 P_i를 구하면?

① 1,606kN　② 1,365kN
③ 1,160kN　④ 2,269kN

76 다음 그림과 같은 PSC보에 활하중(w_l) 18kN/m가 작용하고 있을 때 보의 중앙 단면 상연에서 콘크리트 응력은? (단, 프리스트레스트힘(P)은 3,375kN이고, 콘크리트의 단위중량은 25kN/m^{3}를 적용하여 자중을 선정하며, 하중계수와 하중조합은 고려하지 않는다.)

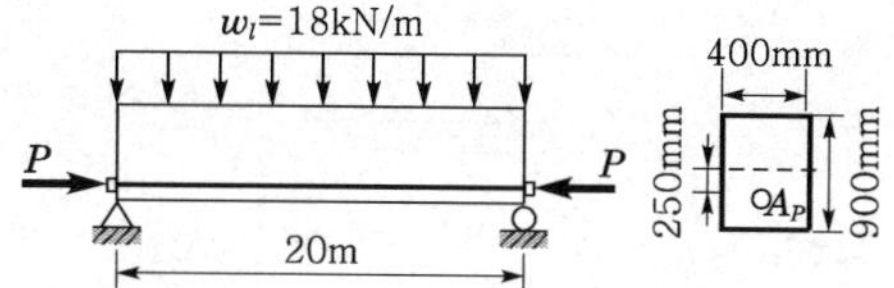

① 18.75MPa　② 23.63MPa
③ 27.25MPa　④ 32.42MPa

77 PSC부재에서 프리스트레스의 감소원인 중 도입 후에 발생하는 시간적 손실의 원인에 해당하는 것은?

① 콘크리트의 크리프
② 정착장치의 활동
③ 콘크리트의 탄성수축
④ PS강재와 시스의 마찰

78 다음 그림과 같은 단순 PSC보에 등분포하중(자중 포함) w=40kN/m가 작용하고 있다. 프리스트레스에 의한 상향력과 이 등분포하중이 비기기 위한 프리스트레스 힘 P는 얼마인가?

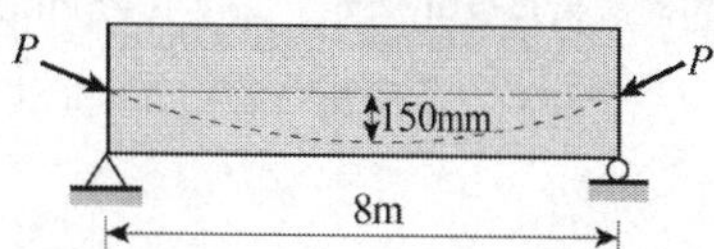

① 2,133.3kN　② 2,400.5kN
③ 2,842.6kN　④ 3,204.7kN

79 다음 그림은 지그재그로 구멍이 있는 판에서 순폭을 구하면? (단, 리벳구멍의 지름=25mm)

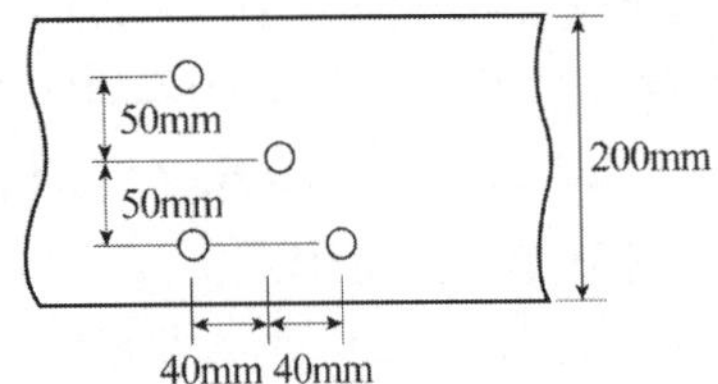

① b_n =187mm ② b_n =150mm
③ b_n =141mm ④ b_n =125mm

80 다음 그림과 같은 필릿용접에서 일어나는 응력이 옳게 된 것은?

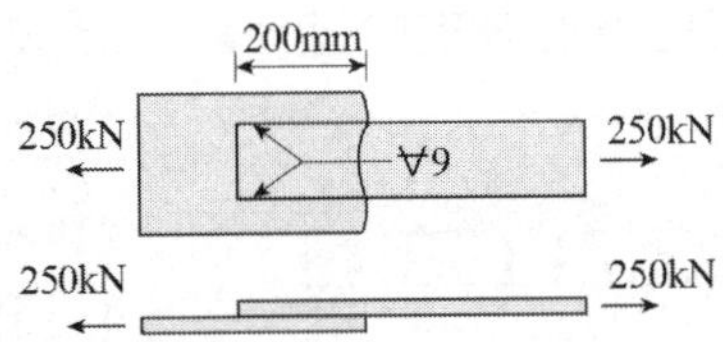

① 97.3MPa ② 98.2MPa
③ 99.2MPa ④ 109.0MPa

제5과목 토질 및 기초

81 크기가 30cm×30cm의 평판을 이용하여 사질토 위에서 평판재하시험을 실시하고 극한지지력 200kN/m^{2}을 얻었다. 크기가 1.8m×1.8m인 정사각형 기초의 총허용하중은? (단, 안전율 3을 사용)

① 900kN ② 1,100kN
③ 1,300kN ④ 1,500kN

82 4.75mm체(4번체) 통과율이 90%이고, 0.075mm체(200번체) 통과율이 4%, D_{10}=0.25mm, D_{30}=0.6mm, D_{60}=2mm인 흙을 통일분류법으로 분류하면?

① GW ② GP
③ SW ④ SP

83 포화단위중량이 18kN/m^{3}인 흙에서의 한계동수경사는 얼마인가?

① 0.84 ② 1.00
③ 1.84 ④ 2.00

84 포화된 흙의 건조단위중량이 17kN/m^{3}이고 함수비가 20%일 때 비중은 얼마인가?

① 2.66 ② 2.78
③ 2.88 ④ 2.98

85 다음 중 임의형태기초에 작용하는 등분포하중으로 인하여 발생하는 지중응력 계산에 사용하는 가장 적합한 계산법은?

① Boussinesq법 ② Osterberg법
③ Newmark영향원법 ④ 2 : 1 간편법

86 표준관입시험에서 N치가 20으로 측정되는 모래지반에 대한 설명으로 옳은 것은?

① 내부마찰각이 약 30~40° 정도인 모래이다.
② 유효상재하중이 200kN/m^{2}인 모래이다.
③ 간극비가 1.2인 모래이다.
④ 매우 느슨한 상태이다.

87 전단마찰각이 25°인 점토의 현장에 작용하는 수직응력이 50kN/m^{2}이다. 과거 작용했던 최대 하중이 100kN/m^{2}이라고 할 때 대상지반의 정지토압계수를 추정하면?

① 0.40 ② 0.57
③ 0.82 ④ 1.14

88 다음 그림과 같은 지반에서 하중으로 인하여 수직응력($\Delta\sigma_1$)이 100kN/m^2 증가되고 수평응력($\Delta\sigma_3$)이 50kN/m^2 증가되었다면 간극수압은 얼마나 증가되었는가? (단, 간극수압계수 A=0.5이고 B=1이다.)

① 50kN/m^2
② 75kN/m^2
③ 100kN/m^2
④ 125kN/m^2

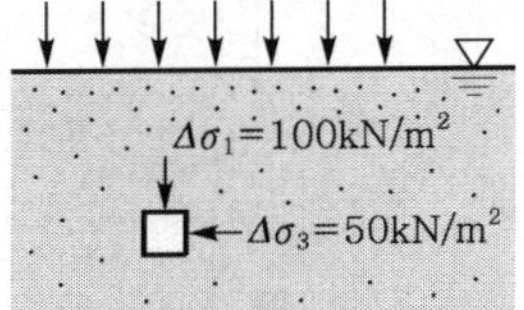

89 어떤 지반에 대한 토질시험결과 점착력 c=50kN/m^2, 흙의 단위중량 γ=20kN/m^{3}이었다. 그 지반에 연직으로 7m를 굴착했다면 안전율은 얼마인가? (단, ϕ=0)

① 1.43 ② 1.51
③ 2.11 ④ 2.61

90 다음 그림의 파괴포락선 중에서 완전포화된 점토를 UU(비압밀비배수)시험했을 때 생기는 파괴포락선은?

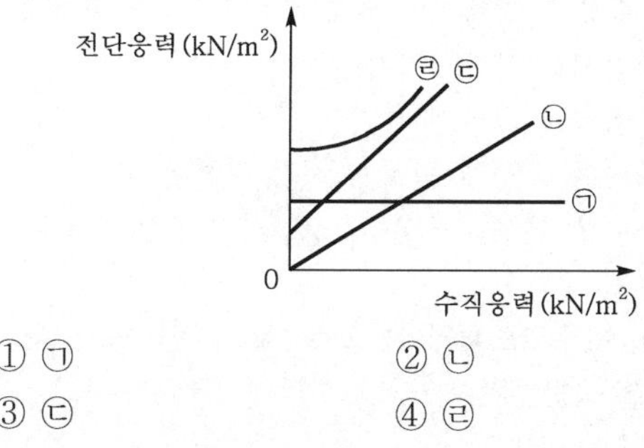

① ㉠ ② ㉡
③ ㉢ ④ ㉣

91 다음 그림과 같은 지반에 대해 수직방향 등가 투수계수를 구하면?

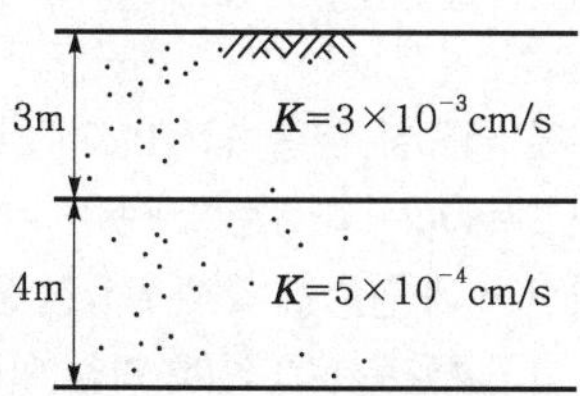

① 3.89×10^{-4}cm/s ② 7.78×10^{-4}cm/s
③ 1.57×10^{-3}cm/s ④ 3.14×10^{-3}cm/s

92 점토의 다짐에서 최적함수비보다 함수비가 적은 건조측 및 함수비가 많은 습윤측에 대한 설명으로 옳지 않은 것은?

① 다짐의 목적에 따라 습윤 및 건조측으로 구분하여 다짐계획을 세우는 것이 효과적이다.
② 흙의 강도 증가가 목적인 경우 건조측에서 다지는 것이 유리하다.
③ 습윤측에서 다지는 경우 투수계수 증가효과가 크다.
④ 다짐의 목적이 차수를 목적으로 하는 경우 습윤측에서 다지는 것이 유리하다.

93 토립자가 둥글고 입도분포가 양호한 모래지반에서 N치를 측정한 결과 N=19가 되었을 경우 Dunham의 공식에 의한 이 모래의 내부마찰각 ϕ는?

① 20° ② 25°
③ 30° ④ 35°

94 내부마찰각 ϕ=0, 점착력 c=45kN/m^2, 단위중량이 19kN/m^{3}되는 포화된 점토층에 경사각 45°로 높이 8m인 사면을 만들었다. 다음 그림과 같은 하나의 파괴면을 가정했을 때 안전율은? (단, ABCD의 면적은 70m^{2}이고, ABCD의 무게중심은 O점에서 4.5m거리에 위치하며, 호 AC의 길이는 20.0m이다.)

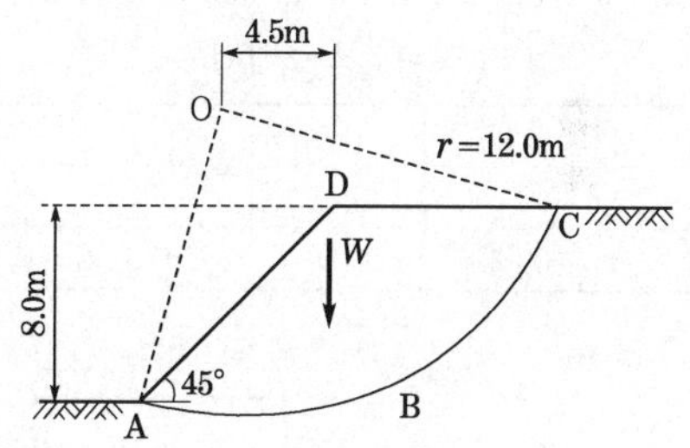

① 1.2 ② 1.8
③ 2.5 ④ 3.2

95 실내시험에 의한 점토의 강도 증가율(C_u/P) 산정방법이 아닌 것은?

① 소성지수에 의한 방법
② 비배수전단강도에 의한 방법
③ 압밀비배수 삼축압축시험에 의한 방법
④ 직접전단시험에 의한 방법

96 다음과 같은 흙을 통일분류법에 따라 분류한 것으로 옳은 것은?

- No.4번체(4.75mm체) 통과율 : 37.5%
- No.200번체(0.075mm체) 통과율 : 2.3%
- 균등계수 : 7.9
- 곡률계수 : 1.4

① GW ② GP
③ SW ④ SP

97 표준관입시험에 대한 설명으로 틀린 것은?

① 질량 63.5±0.5kg인 해머를 사용한다.
② 해머의 낙하높이는 760±10mm이다.
③ 고정piston샘플러를 사용한다.
④ 샘플러를 지반에 300mm 박아넣는데 필요한 타격횟수를 N값이라고 한다.

98 다음 그림과 같이 2m×3m 크기의 기초에 100kN/m² 의 등분포하중이 작용할 때 A점 아래 4m 깊이에서의 연직응력 증가량은? (단, 아래 표의 영향계수값을 활용하여 구하며 $m=\frac{B}{z}$, $n=\frac{L}{z}$이고, B는 직사각형 단면의 폭, L은 직사각형 단면의 길이, z는 토층의 깊이이다.)

【영향계수(I)값】

m	0.25	0.5	0.5	0.5
n	0.5	0.25	0.75	1.0
I	0.048	0.048	0.115	0.122

① 6.7kN/m²
② 7.4kN/m²
③ 12.2kN/m²
④ 17.0kN/m²

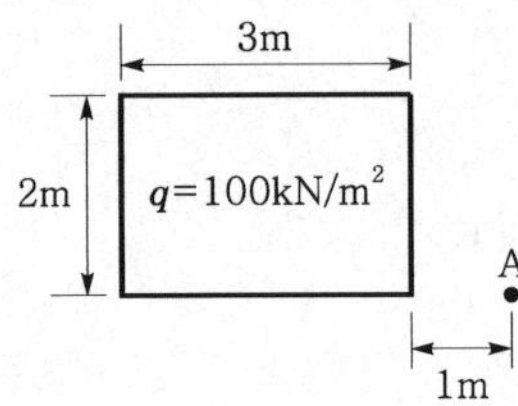

99 입경이 균일한 포화된 사질지반에 지진이나 진동 등 동적하중이 작용하면 지반에서는 일시적으로 전단강도를 상실하게 되는데, 이러한 현상을 무엇이라고 하는가?

① 분사현상(quick sand)
② 딕소트로피현상(Thixotropy)
③ 히빙현상(heaving)
④ 액상화현상(liquefaction)

100 얕은 기초의 지지력계산에 적용하는 Terzaghi의 극한지지력공식에 대한 설명으로 틀린 것은?

① 기초의 근입깊이가 증가하면 지지력도 증가한다.
② 기초의 폭이 증가하면 지지력도 증가한다.
③ 기초지반이 지하수에 의해 포화되면 지지력은 감소한다.
④ 국부전단파괴가 일어나는 지반에서 내부마찰각(ϕ')은 $\frac{2}{3}\phi$를 적용한다.

제6과목 상하수도공학

101 자연유하식인 경우 도수관의 평균유속의 최소 한도는?

① 0.01m/s ② 0.1m/s
③ 0.3m/s ④ 3m/s

102 Jar-test는 적정 응집제의 주입량과 적정 pH를 결정하기 위한 시험이다. Jar-test 시 응집제를 주입한 후 급속교반 후 완속교반을 하는 이유는?

① 응집제를 용해시키기 위해서
② 응집제를 고르게 섞기 위해서
③ 플록이 고르게 퍼지게 하기 위해서
④ 플록을 깨뜨리지 않고 성장시키기 위해서

103 하수고도처리방법으로 질소, 인 동시 제거 가능한 공법은?

① 정석탈인법
② 혐기호기 활성슬러지법
③ 혐기무산소 호기조합법
④ 연속회분식 활성슬러지법

104 송수에 필요한 유량 Q=0.7m³/s, 길이 l=100m, 지름 d=40cm, 마찰손실계수 f=0.03인 관을 통하여 높이 30m에 양수할 경우 필요한 동력(HP)은? (단, 펌프의 합성효율은 80%이며, 마찰 이외의 손실은 무시한다.)

① 122HP ② 244HP
③ 489HP ④ 978HP

105 정수장시설의 계획정수량기준으로 옳은 것은?

① 계획 1일 평균급수량
② 계획 1일 최대 급수량
③ 계획 1시간 최대 급수량
④ 계획 1월 평균급수량

106 양수량이 500m³/h, 전양정이 10m, 회전수가 1,100rpm일 때 비교회전도(N_s)는 ?

① 362 ② 565
③ 614 ④ 809

107 수중의 질소화합물의 질산화 진행과정으로 옳은 것은?

① $NH_3-N \rightarrow NO_2-N \rightarrow NO_3-N$
② $NH_3-N \rightarrow NO_3-N \rightarrow NO_2-N$
③ $NO_2-N \rightarrow NO_3-N \rightarrow NH_3-N$
④ $NO_3-N \rightarrow NO_2-N \rightarrow NH_3-N$

108 물의 맛·냄새 제거방법으로 식물성 냄새, 생선 비린내, 황화수소 냄새, 부패한 냄새의 제거에 효과가 있지만, 곰팡이 냄새 제거에는 효과가 없으며 페놀류는 분해할 수 있지만 약품냄새 중에는 아민류와 같이 냄새를 강하게 할 수도 있으므로 주의가 필요한 처리방법은?

① 폭기방법 ② 염소처리법
③ 오존처리법 ④ 활성탄처리법

109 하수관로의 접합 중에서 굴착깊이를 얕게 하여 공사비용을 줄일 수 있으며 수위 상승을 방지하고 양정고를 줄일 수 있어 펌프로 배수하는 지역에 적합한 방법은?

① 관정접합 ② 관저접합
③ 수면접합 ④ 관중심접합

110 다음 그래프는 어떤 하천의 자정작용을 나타낸 용존산소부족곡선이다. 다음 중 어떤 물질이 하천으로 유입되었다고 보는 것이 가장 타당한가?

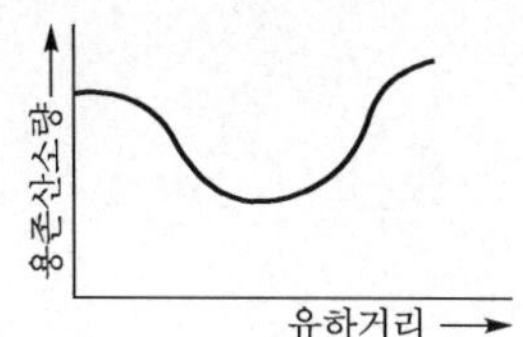

① 질산성 질소
② 생활하수
③ 농도가 매우 낮은 폐산
④ 농도가 매우 낮은 폐알칼리

111 상수원수 중 색도가 높은 경우의 유효처리방법으로 가장 거리가 먼 것은?

① 응집침전처리 ② 활성탄처리
③ 오존처리 ④ 자외선처리

112 다음과 같은 조건으로 입자가 복합되어 있는 플록의 침강속도를 Stokes의 법칙으로 구하면 전체가 흙입자로 된 플록의 침강속도에 비해 침강속도는 몇 % 정도인가? (단, 비중이 2.5인 흙입자의 전체 부피 중 차지하는 부피는 50%이고, 플록의 나머지 50% 부분의 비중은 0.9이며, 입자의 지름은 10mm이다.)

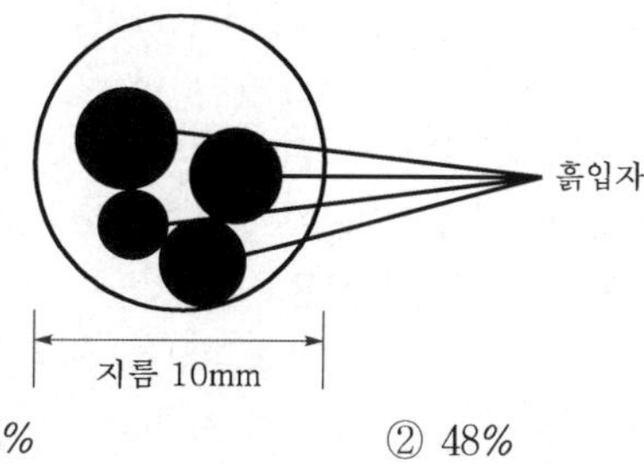

① 38% ② 48%
③ 58% ④ 68%

113 저수시설의 유효저수량 결정방법이 아닌 것은?

① 합리식
② 물수지 계산
③ 유량도표에 의한 방법
④ 유량누가곡선도표에 의한 방법

114 대장균군의 수를 나타내는 MPN(최확수)에 대한 설명으로 옳은 것은?

① 검수 1mL 중 이론상 있을 수 있는 대장균군의 수
② 검수 10mL 중 이론상 있을 수 있는 대장균군의 수
③ 검수 50mL 중 이론상 있을 수 있는 대장균군의 수
④ 검수 100mL 중 이론상 있을 수 있는 대장균군의 수

115. 다음 그림은 유효저수량을 결정하기 위한 유량누가곡선도이다. 이 곡선의 유효저수용량을 의미하는 것은?

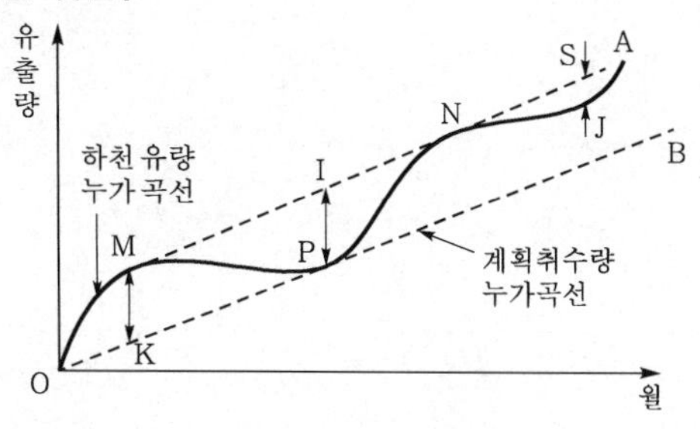

① MK ② IP
③ SJ ④ OP

116 우수가 하수관로로 유입하는 시간이 4분, 하수관로에서 유하시간이 15분, 이 유역의 유역면적이 4km^2, 유출계수는 0.6, 강우강도식 $I=\frac{6,500}{t+40}$[mm/h]일 때 첨두유량은? (단, t의 단위 : 분)

① 73.4m^3/s　② 78.8m^3/s
③ 85.0m^3/s　④ 98.5m^3/s

117 계획급수인구가 5,000명, 1인 1일 최대 급수량을 150L/인 · day, 여과속도는 150m/day로 하면 필요한 급속여과지의 면적은?

① 5.0m^2　② 10.0m^2
③ 15.0m^2　④ 20.0m^2

118 펌프의 공동현상(cavitation)에 대한 설명으로 틀린 것은?

① 공동현상이 발생하면 소음이 발생한다.
② 공동현상은 펌프의 성능저하의 원인이 될 수 있다.
③ 공동현상을 방지하려면 펌프의 회전수를 크게 해야 한다.
④ 펌프의 흡입양정이 너무 작고 임펠러의 회전속도가 빠를 때 공동현상이 발생한다.

119 원수의 알칼리도가 50ppm, 탁도가 500ppm일 때 황산알루미늄의 소비량은 60ppm이다. 이러한 원수가 48,000m^3/day로 흐를 때 6%용액의 황산알루미늄의 1일 필요량은? (단, 액체의 비중을 1로 가정한다.)

① 48.0m^3/day　② 50.6m^3/day
③ 53.0m^3/day　④ 57.6m^3/day

120 하수관로의 유속 및 경사에 대한 설명으로 옳은 것은?

① 유속은 하류로 갈수록 점차 작아지도록 설계한다.
② 관로의 경사는 하류로 갈수록 점차 커지도록 설계한다.
③ 오수관로는 계획 1일 최대 오수량에 대하여 유속을 최소 1.2m/s로 한다.
④ 우수관로 및 합류식 관로는 계획우수량에 대하여 유속을 최대 3.0m/s로 한다.

제5회 정답 및 해설

01	02	03	04	05	06	07	08	09	10	11	12	13	14	15	16	17	18	19	20
①	②	①	④	③	③	④	①	③	③	①	③	④	④	①	②	③	③	④	①
21	22	23	24	25	26	27	28	29	30	31	32	33	34	35	36	37	38	39	40
④	④	④	③	②	③	①	③	①	①	④	①	④	③	①	②	②	③	④	②
41	42	43	44	45	46	47	48	49	50	51	52	53	54	55	56	57	58	59	60
①	④	②	①	②	②	③	③	④	④	①	①	④	④	②	①	④	①	②	①
61	62	63	64	65	66	67	68	69	70	71	72	73	74	75	76	77	78	79	80
③	④	④	③	③	①	①	②	③	③	②	③	③	③	①	①	①	①	③	④
81	82	83	84	85	86	87	88	89	90	91	92	93	94	95	96	97	98	99	100
③	④	①	①	③	①	③	②	①	①	②	③	④	②	④	①	③	②	④	④
101	102	103	104	105	106	107	108	109	110	111	112	113	114	115	116	117	118	119	120
③	④	③	③	②	②	①	②	②	②	④	④	①	④	②	①	①	③	①	④

제1과목 응용역학

1

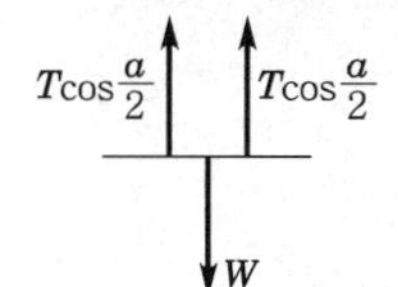

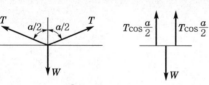

$\Sigma V=0,\ 2T\cos\frac{\alpha}{2}-W=0$

$\therefore\ T=P=\frac{W}{2\cos\frac{\alpha}{2}}=\frac{W}{2}\sec\frac{\alpha}{2}$

2 $I_g=\frac{bh^3}{36},\ I_x=\frac{bh^3}{12}$

$\therefore\ \frac{I_x}{I_g}=3$

3 $A=\frac{1}{4}\pi r^2-\frac{1}{2}r^2=\frac{1}{4}\times\pi\times200^2-\frac{1}{2}\times200^2$

$=11{,}415.9\text{mm}^2$

$G_x=\frac{\pi r^2}{4}\times\frac{4r}{3\pi}-\frac{r^2}{2}\times\frac{r}{3}$

$=\frac{\pi\times200^2}{4}\times\frac{4\times200}{3\pi}-\frac{200^2}{2}\times\frac{200}{3}$

$=1{,}333{,}333.4\text{mm}^3$

$\therefore\ y=\frac{G_x}{A}=\frac{1{,}333{,}333}{11{,}415}=116.8\text{mm}$

4 $\Delta l=\frac{Pl}{AE}$

$\therefore\ E=\frac{Pl}{A\Delta l}$

5 탄성한계를 벗어나면 하중(응력)을 제거하여도 원래의 상태로 회복되지 않는 변형을 소성변형이라 한다.

6 자유물체도(F.B.D)

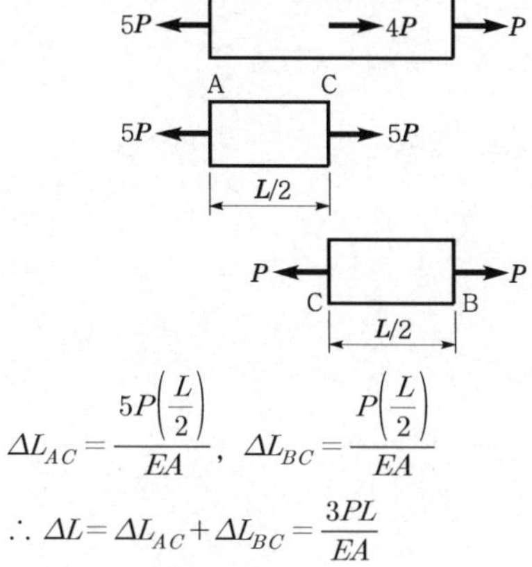

$\Delta L_{AC}=\frac{5P\left(\frac{L}{2}\right)}{EA},\ \Delta L_{BC}=\frac{P\left(\frac{L}{2}\right)}{EA}$

$\therefore\ \Delta L=\Delta L_{AC}+\Delta L_{BC}=\frac{3PL}{EA}$

7 $\Sigma M_B = 0(\oplus)$

$R_A l - P\dfrac{l}{2} + M_1 - M_2 = 0$

$\therefore R_A = \dfrac{P}{2} + \dfrac{M_2 - M_1}{l}$

8 ㉠ $100 \times d = 40 \times 4$

$\therefore d = 1.6\text{m}$

㉡ $R_A = \dfrac{R\left(\dfrac{l}{2} - \dfrac{d}{2}\right)}{l}$

$\therefore M_{\max} = R_A\left(\dfrac{l}{2} - \dfrac{d}{2}\right)$

$= \dfrac{R}{l}\left(\dfrac{l}{2} - \dfrac{d}{2}\right)^2$

$= \dfrac{100}{10} \times \left(\dfrac{10}{2} - \dfrac{1.6}{2}\right)^2 = 176.4\text{kN} \cdot \text{m}$

R=100kN
60kN
40kN
d
4m

9 ㉠ $\Sigma M_B = 0(\oplus)$

$R_A \times 6 + 5 \times 3 = 0$

$\therefore R_A = -2.5\text{kN}(\downarrow)$

㉡ $M_C = -2.5 \times 3 = -7.5\text{kN} \cdot \text{m}$

10 ㉠ $\Sigma M_B = 0(\oplus)$

$R_A \times 10 - 5 \times 1 \times \dfrac{1}{2} \times \left(5 + 5 \times \dfrac{1}{3}\right) - 5 \times 1 \times \dfrac{1}{2} \times 5$

$\times \dfrac{1}{3} = 0$

$\therefore R_A = 2.08\text{kN}$

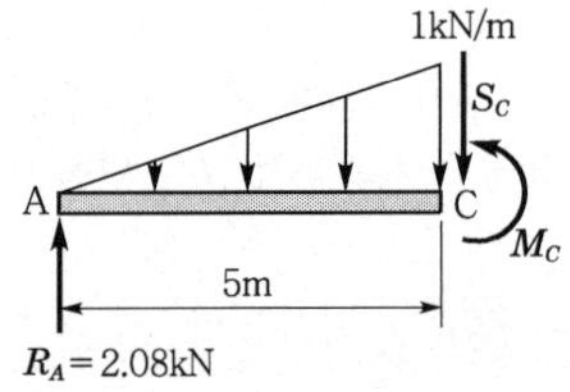

㉡ $\Sigma F_Y = 0(\uparrow \oplus)$

$R_A - \dfrac{1}{2} \times 5 \times 1 - S_C = 0$

$\therefore S_C = 2.08 - \dfrac{1}{2} \times 5 \times 1 = -0.42\text{kN}$

11 ㉠ $I_1 = \dfrac{h^4}{12}$

$Z_1 = \dfrac{\dfrac{h^4}{12}}{\dfrac{h}{2}} = \dfrac{h^3}{6}$

$\sigma_1 = \dfrac{6M}{h^3}$

㉡ $I_2 = \dfrac{\sqrt{2}h\left(\dfrac{h}{\sqrt{2}}\right)^3}{12} \times 2 = \dfrac{h^4}{12}$

$Z_2 = \dfrac{\dfrac{h^4}{12}}{\dfrac{h}{\sqrt{2}}} = \dfrac{\sqrt{2}h^3}{12}$

$\sigma_2 = \dfrac{12M}{\sqrt{2}h^3} = \dfrac{6\sqrt{2}M}{h^3}$

$\therefore \sigma_1 : \sigma_2 = \dfrac{6M}{h^3} : \dfrac{6\sqrt{2}M}{h^3} = 1 : \sqrt{2}$

12 ㉠ $\Sigma M_B = 0(\oplus)$

$R_A \times 10 - 20 \times 7 = 0$

$\therefore R_A = 14\text{kN}(\uparrow)$

㉡ $\Sigma M_C = 0(\oplus)$

$R_A \times 5 - H_A \times 4 - 20 \times 2 = 0$

$\therefore H_A = \dfrac{1}{4} \times (14 \times 5 - 20 \times 2) = 7.5\text{kN}$

13 ㉠ $\Sigma M_B = 0(\oplus)$

$R_A l - \dfrac{wl}{2} \times \dfrac{3}{4}l = 0$

$\therefore R_A = \dfrac{3}{8}wl(\uparrow)$

㉡ 최대 휨모멘트는 전단력이 0인 곳에서 생기므로

$S_x = \dfrac{3}{8}wl - wx = 0$

$\therefore x = \dfrac{3}{8}l$

㉢ $M_{\max} = R_A x - wx\left(\dfrac{x}{2}\right) = \dfrac{3}{8}wl \times \dfrac{3}{8}l - \dfrac{w}{2} \times \left(\dfrac{3}{8}l\right)^2$

$= \dfrac{9wl^2}{128}$

$\therefore \sigma_{\max} = \dfrac{M_{\max}}{Z} = \dfrac{9wl^2/128}{bh^2/6} = \dfrac{27wl^2}{64bh^2}$

14 $P_{cr} = \dfrac{n\pi^2 EI}{l^2}$에서 $P_{cr} \propto n$이므로

$P_a : P_b = n_{(a)} : n_{(b)} = \dfrac{1}{4} : 4 = 1 : 16$

$\therefore P_b = 16P_a = 16 \times 30 = 480\text{kN}$

15 3연모멘트법은 부정정구조물의 해석법이다.

16 절점법 이용

㉠ $\Sigma F_Y = 0(\downarrow \oplus)$

$\therefore F_{H1} = -10\text{kN}$(압축)

㉡ $\Sigma F_X = 0(\rightarrow \oplus)$

$\therefore F_{U1} = 0$

10kN
D
F_{U1}
F_{H1}

㉢ $\Sigma F_Y = 0(\uparrow \oplus)$

$F_{H1} + \frac{4}{5}F_{D1} + 15 = 0$

$\therefore F_{D1} = (-15 - F_{H1}) \times \frac{5}{4}$

$= (-15+1) \times \frac{5}{4}$

$= -6.25\text{kN}$(압축)

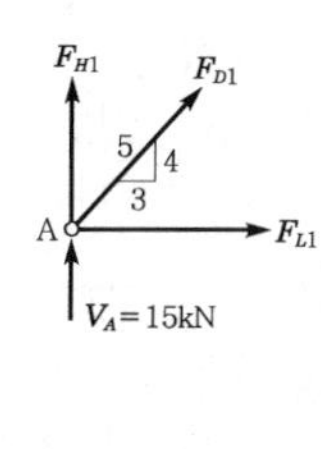

17 $\Sigma M_x = 0(\curvearrowleft\oplus)$

$-\frac{wx^2}{2} - M_x = 0$

$\therefore M_x = -\frac{wx^2}{2}$

$\therefore U = \int_0^l \frac{M_x^2}{2EI}dx$

$= \frac{1}{2EI}\int_0^l \left(-\frac{wx^2}{2}\right)^2 dx$

$= \frac{w^2}{8EI}\left[\frac{1}{5}x^5\right]_0^l = \frac{w^2 l^5}{40EI}$

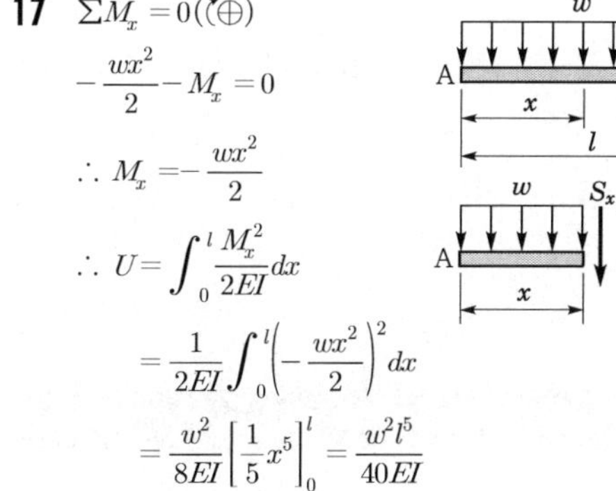

18 힌지지점 모멘트의 고정지점 A로 모멘트전달률은 $\frac{1}{2}$이다.

$\therefore M_B = \frac{1}{2}M_A = \frac{1}{2} \times 10 = 5\text{kN} \cdot \text{m}$

19

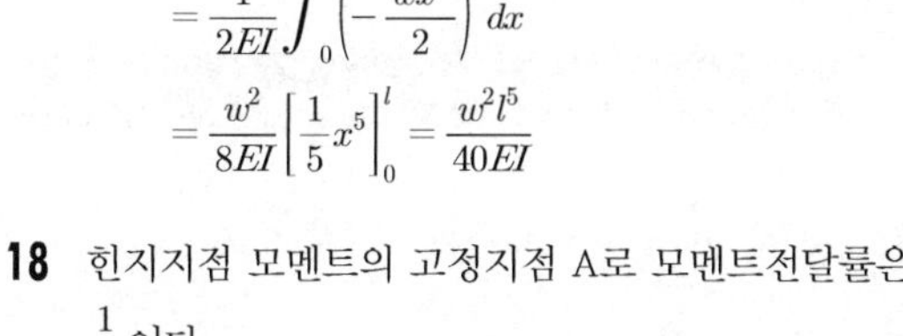

$EI = \infty$에서 탄성하중은 0이므로 중앙 $L/2$구간에 탄성하중이 작용한다.

$\Sigma M_B' = 0$

$R_A' \times L - \left(\frac{PL}{8EI} \times \frac{L}{2}\right) \times \frac{L}{2} - \left(\frac{1}{2} \times \frac{PL}{8EI} \times \frac{L}{2}\right) \times \frac{L}{2} = 0$

$\therefore R_A' = \frac{3PL^2}{64EI}$

$\Sigma M_C' = 0$

$\therefore \delta_C = M_C' = \frac{3PL^2}{64EI} \times \frac{L}{2} - \left(\frac{PL}{8EI} \times \frac{L}{4}\right) \times \left(\frac{L}{4} \times \frac{1}{2}\right)$

$- \left(\frac{1}{2} \times \frac{PL}{8EI} \times \frac{L}{4}\right) \times \left(\frac{L}{4} \times \frac{1}{3}\right)$

$= \frac{3PL^3}{128EI} - \frac{PL^3}{256EI} - \frac{PL^3}{768EI} = \frac{7PL^3}{384EI}$

20 탄성하중법 이용

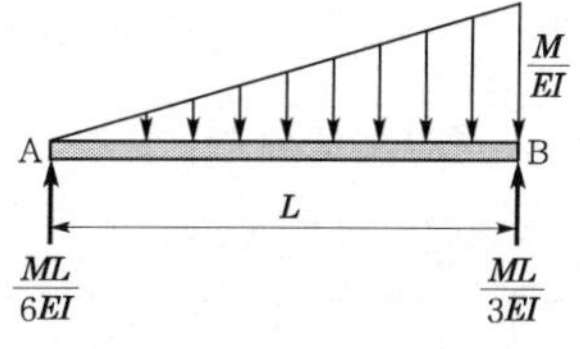

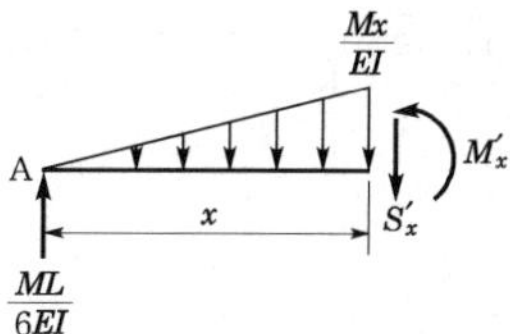

㉠ $\Sigma V = 0,\ \theta_x = S_x' = \frac{MLx}{6EI} - \frac{Mx^2}{2EIL} = 0$

$\therefore x = \frac{\sqrt{3}}{3}L$

㉡ $\Sigma M_x = 0$

$\frac{ML}{6EI} \times x - \frac{Mx}{EIL} \times x \times \frac{1}{2} \times \frac{x}{3} - M_x' = 0$

$\therefore \delta_{\max} = M_x' = \frac{MLx}{6EI} - \frac{Mx^3}{6EIL}$

$= \frac{ML}{6EI}\left(\frac{\sqrt{3}}{3}L\right) - \frac{M}{6EIL}\left(\frac{\sqrt{3}}{3}L\right)^3$

$= \frac{\sqrt{3}}{27}\frac{ML^2}{EI}$

제2과목 측량학

21 조합각관측법은 수평각관측법 중 가장 정밀도가 높으며 여러 개의 방향선의 각을 차례로 방향각법으로 관측하여 얻어진 여러 개의 각을 최소 제곱법에 의하여 최확값을 산정하는 방법이다.

22 수위관측소의 위치를 선정할 경우 지천의 합류점이나 분류점 등 수위가 변하는 곳은 가급적 피해야 한다.

23 등고선의 경우 동굴이나 절벽에서는 교차한다.

24 ① 수준측량에서는 빛의 굴절에 의하여 물체가 실제로 위치하고 있는 곳보다 더 높게 보인다.
② 토털스테이션보다는 레벨이 더 정확도가 높다.
④ 수준측량 시 시준오차를 줄이기 위해서는 전시와 후시를 같게 취하여야 한다.

25 ① 표척을 잘못 뽑아 발생되는 읽음오차 : 착오
③ 관측자의 시력 불안전에 의한 오차 : 우연오차
④ 태양의 광선, 바람, 습도 및 온도의 순간변화에 의해 발생되는 오차 : 우연오차

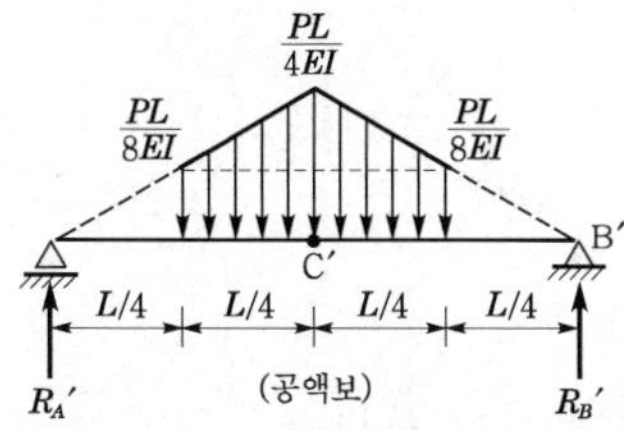

26 클로소이드의 형식 중 S형은 반향곡선 사이에 설치한다.

27 벡터자료구조는 현실 세계를 점, 선, 면으로 표현된다.

28

측점	X	Y	$(X_{i-1}-X_{i+1})Y_i$
A	−7	0	$(7-(-13))\times 0=0$
B	−13	8	$(-7-3)\times 8=-80$
C	3	4	$(-13-12)\times 4=-100$
D	12	6	$(3-7)\times 6=-24$
E	7	0	$(12-(-7))\times 0=0$
			$\Sigma=204(=2A)$ $\therefore A=102\text{m}^2$

29 $\text{기선고도비}=\dfrac{B}{H}=\dfrac{25,000\times0.23\times\left(1-\dfrac{60}{100}\right)}{25,000\times0.10}=0.92$

30 대단위 신도시를 건설하기 위한 넓은 지형의 정지공사에서 토량을 산정할 때에는 점고법이 적합하다.

31 ㉠ 표준척 보정

$L_0=250\times\left(1+\dfrac{0.005}{50}\right)=250.025\text{m}$

㉡ 정확한 면적

$A_0=250.025^2=62,512.50\text{m}^2$

32 $e=L-l=\dfrac{h^2}{2L}$

$\text{정확도}=\dfrac{e}{L}=\dfrac{\dfrac{h^2}{2L}}{L}=\dfrac{h^2}{2L^2}$

$\dfrac{h^2}{2L^2}=\dfrac{1}{5,000}$

$\therefore h=\sqrt{\dfrac{2L^2}{5,000}}=\sqrt{\dfrac{2\times50^2}{5,000}}=1\text{m}$

33 $\theta=\tan^{-1}\left(\dfrac{76,625.1-76,614.3}{179,964.5-179,847.1}\right)=5°12'22''$

34 $\alpha_0=\dfrac{2\times12''+1\times10''+3\times15''+1\times18''+1\times9''+2\times16''+2\times14''+3\times13''}{2+1+3+1+1+2+2+3}=13.7$

$\therefore$ 최확값$=73°40'13.7''$

35 ㉠ 곡선장 : $\text{C.L}=200\times60°\times\dfrac{\pi}{180°}=209.44\text{m}$

㉡ 곡선의 종점

$\text{E.C}=\text{B.C}+\text{C.L}=175+209.44=384.44\text{m}$

㉢ 종단현의 길이 : $l=384.4-380=4.44\text{m}$

㉣ 종단편각 : $\delta=\dfrac{4.44}{200}\times\dfrac{90}{\pi}=0°38'10''$

36 지형의 표시법 중 선의 굵기와 길이로 지형을 표시하는 방법을 영선법(우모법)이라 하며, 급경사는 굵고 짧게, 완경사는 가늘고 길게 표시된다.

37 하천측량에서 평균유속을 구하는 방법 중 3점법은 $0.2H$, $0.6H$, $0.8H$의 지점에서 유속을 관측하여 이를 이용하여 평균유속을 계산한다.

38 GPS에서 사용되는 좌표계는 WGS84이다.

39 클로소이드 곡선은 단위가 있는 것도 있고, 없는 것도 있다.

40 삼각측량을 위한 기준점성과표에는 측지경위도가 기록되며, 천문경위도는 기록되지 않는다.

제3과목 수리수문학

41 $b_o=b-0.1nh=b-0.1\times2\times h=b-0.2h$

42 ㉠ $V=\dfrac{Q}{A}=\dfrac{0.0628}{\dfrac{\pi\times0.2^2}{4}}=2\text{m/s}$

㉡ $H=\left(f_e+f\dfrac{l}{D}+f_o\right)\dfrac{V^2}{2g}$

$=\left(0.5+0.035\times\dfrac{200}{0.2}+1\right)\times\dfrac{2^2}{2\times9.8}$

$=7.45\text{m}$

43 ㉠ $P=wh_GA$

$=1\times\dfrac{2.7}{2}\times(4.8\times2.7)$

$=17.5\text{t}$

㉡ $h_c=\dfrac{2}{3}h=\dfrac{2}{3}\times2.7=1.8\text{m}$

㉢ $P\times(2.7-1.8)=T\times2.7$

$17.5\times(2.7-1.8)=T\times2.7$

$\therefore T=5.83\text{t}=57.17\text{kN}$

44 ㉠ 압축성 유체(정류의 연속방정식)

$\dfrac{\partial\rho u}{\partial x}+\dfrac{\partial\rho v}{\partial y}+\dfrac{\partial\rho w}{\partial z}=0$

㉡ 비압축성 유체(정류의 연속방정식)

$\dfrac{\partial u}{\partial x}+\dfrac{\partial v}{\partial y}+\dfrac{\partial w}{\partial z}=0$

45 $R_e=\dfrac{\text{관성력}}{\text{점성력}}=\dfrac{VD}{\nu}$

46 유의파고(significant wave height)
특정 시간주기 내에 일어나는 모든 파고 중 가장 높은 파고부터 $\frac{1}{3}$에 해당하는 파고의 높이들을 평균한 높이를 유의파고라 하며 $\frac{1}{3}$ 최대 파고라고도 한다.
$\therefore$ 유의파고$=\dfrac{9.5+8.9+7.4}{3}=8.6\text{m}$

47 강수량 ⇌ 유출량+증발산량+침투량+저유량

48 $h_L=f\dfrac{l}{D}\dfrac{V^2}{2g}$

$2=0.02\times\dfrac{100}{0.4}\times\dfrac{V^2}{2\times9.8}$

$\therefore\ V=2.8\text{m/s}$

49 $K=D_s{}^2\dfrac{\gamma_w}{\mu}\dfrac{e^3}{1+e}C$

50 상류로 흐르는 수로에 댐, weir 등의 수리구조물을 만들면 수리구조물의 상류에 흐름방향으로 수심이 증가하는 수면곡선이 나타나는데, 이러한 수면곡선을 배수곡선이라 한다.

51 $Q=A\dfrac{1}{n}R^{\frac{2}{3}}I^{\frac{1}{2}}$

$1=\dfrac{\pi D^2}{4}\times\dfrac{1}{0.012}\times\left(\dfrac{D}{4}\right)^{\frac{2}{3}}\times\left(\dfrac{1}{100}\right)^{\frac{1}{2}}$

$\therefore\ D=0.7\text{m}=70\text{cm}$

52 ㉠ G(무게중심)와 B(부심)가 동일 연직선상에 있으면 물체는 평형상태에 있게 되어 안정하다.
㉡ M(경심)이 G보다 위에 있으면 복원모멘트가 작용하게 되어 물체는 안정하다.

53 유출의 분류
㉠ 직접유출
- 강수 후 비교적 단시간 내에 하천으로 흘러들어가는 유출
- 지표면유출, 복류수유출, 수로상 강수

㉡ 기저유출
- 비가 오기 전의 건조 시의 유출
- 지하수유출, 지연지표하유출

54 ㉠ $B=wV=1\times(10\times1\times8)$
$=80\text{t}=80\times1{,}000\times10=8\times10^5\text{N}$
㉡ $W=M(\text{자중})-B(\text{부력})$
$=3.5\times10^6-8\times10^5=2.7\times10^6\text{N}$
㉢ $F_s=\dfrac{\mu W}{P_H}=\dfrac{0.7\times(2.7\times10^6)}{1.5\times10^6}=1.26$

55

시간(분)	5	10	15	20	25	30	35	40
우량(mm)	2	3	5	10	15	5	3	2

$\therefore\ I=(5+10+15+5)\times\dfrac{60}{20}=105\text{mm/h}$

56 $D=C_DA\dfrac{\rho V^2}{2}=C_D\times\dfrac{\pi d^2}{4}\times\dfrac{1}{2}\rho V^2$

$=\dfrac{1}{8}C_D\pi d^2\rho V^2$

57 우물에서 장기간 양수를 한 후에도 수면강하가 일어나지 않는 지점까지의 우물로부터 거리를 영향권(area of influence)이라 한다.

58 $\tan\theta=\dfrac{\alpha}{g}$

$\dfrac{2-1.5}{\frac{l}{2}}=\dfrac{4.9}{9.8}$

$\therefore\ l=2\text{m}$

59 확률분포형의 매개변수 추정법 : 모멘트법, 최우도법, 확률가중모멘트법, L-모멘트법

60 동점성계수의 단위가 cm^2/s이므로 차원은 $[L^2T^{-1}]$이다.

제4과목 철근콘크리트 및 강구조

61 흙에 접하거나 외기에 노출되는 콘크리트의 피복두께
㉠ D19 이상 : 50mm
㉡ D16 이하 : 40mm

62 압축지배 단면인 띠철근부재 : $\phi=0.65$

63 $\varepsilon_t=\varepsilon_{cu}\left(\dfrac{d_t-c}{c}\right)=0.0033\times\left(\dfrac{450-180}{180}\right)$

$=0.00495<0.005$이므로 변화구간 단면이다.

$\therefore\ \phi=0.65+0.2\left(\dfrac{\varepsilon_t-\varepsilon_y}{0.005-\varepsilon_y}\right)$

$=0.65+0.2\times\left(\dfrac{0.00495-0.002}{0.005-0.002}\right)=0.847$

64 $a=\dfrac{f_yA_s}{\eta(0.85f_{ck})b}=\dfrac{300\times1{,}500}{1.0\times0.85\times21\times300}=84\text{mm}$

65 $a=\dfrac{(A_s-A_s{}')f_y}{\eta(0.85f_{ck})b}=\dfrac{(4{,}790-1{,}916)\times300}{1.0\times0.85\times24\times280}$

$=150.95\text{mm}$

66 $a=\dfrac{(A_s-A_s')f_y}{\eta(0.85f_{ck})b}=\dfrac{(5,730-1,980)\times350}{1.0\times0.85\times24\times350}=184\text{mm}$

$\therefore\ M_n=f_y(A_s-A_s')\left(d-\dfrac{a}{2}\right)+f_yA_s'(d-d')$

$=350\times(5,730-1,980)\times\left(550-\dfrac{184}{2}\right)$

$+350\times1,980\times(550-50)\times10^{-6}$

$=947.63\text{kN}\cdot\text{m}$

67 철근의 설계기준항복강도

㉠ 휨철근 : 600MPa

㉡ 전단철근 : 500MPa

68 횡방향 비틀림철근의 간격은 $p_h/8$보다 작아야 하고, 300mm보다 작아야 한다.

69 ㉠ $V_u=\phi(V_c+V_s)$

$\therefore\ V_s=\dfrac{V_u}{\phi}-V_c=\dfrac{200}{0.75}-98=168.6\text{kN}$

여기서, $V_c=\dfrac{1}{6}\sqrt{f_{ck}}\,b_wd$

$=\dfrac{1}{6}\sqrt{24}\times300\times400$

$=97,979.59\text{N}=98\text{kN}$

㉡ $\dfrac{1}{3}\sqrt{f_{ck}}\,b_wd=\dfrac{1}{3}\times\sqrt{24}\times300\times400=196\text{kN}$

㉢ $V_s\le\dfrac{1}{3}\sqrt{f_{ck}}\,b_wd$이므로 스터럽간격은 3가지 값 중에서 최소값이다.

$\left[\dfrac{d}{2}\text{ 이하, 600mm 이하, } s=\dfrac{A_vf_yd}{V_s}\right]_{\min}$

$=\left[\dfrac{400}{2},\ 600\text{mm},\ \dfrac{127\times2\times350\times400}{189.8\times10^3}\right]_{\min}$

$=200\text{mm}$

70 ㉠ 전체 철근 중에서 겹침이음된 철근량이 1/2 이하인 경우 : A급 이음

㉡ A급 이음이 아닌 경우 : B급 이음

71 ㉠ 뒷부벽 : T형보로 설계(인장철근)

㉡ 앞부벽 : 직사각형 보로 설계(압축철근)

72 $s=\dfrac{4A_s}{D_c\rho_s}=\dfrac{4A_s}{D_c\left[0.45\left(\dfrac{D^2}{D_c^{\,2}}-1\right)\dfrac{f_{ck}}{f_y}\right]}$

$=\dfrac{4\times71.3}{300\times0.45\times\left(\dfrac{400^2}{300^2}-1\right)\times\dfrac{24}{400}}$

$=45.3\text{mm}$

73 $q_u=\dfrac{P}{A}=\dfrac{1,500}{2.5\times2.5}=240\text{kN/m}^2$

$B=t+d=0.55+0.55=1.1\text{m}$

$\therefore\ V_u=q_u(SL-B^2)=240\times(2.5\times2.5-1.1^2)$

$=1,209.6\text{kN}$

74 $M_{cr}=\dfrac{I_g}{y_t}f_r=\dfrac{I_g}{y_t}\left(0.63\lambda\sqrt{f_{ck}}\right)$

$=\dfrac{\dfrac{1}{12}\times300\times500^3}{250}\times0.63\times1.0\sqrt{21}$

$=36,087,784\text{N}\cdot\text{mm}=36.1\text{kN}\cdot\text{m}$

75 ㉠ $P_e=fA=E\varepsilon A$

$=26,000\times3.5\times10-4\times150,000$

$=1,365,000\text{N}=1,365\text{kN}$

㉡ $P_e=0.85P_i$

$\therefore\ P_i=\dfrac{P_e}{0.85}=\dfrac{1,365}{0.85}=1,605.88\text{kN}$

76 $w=w_d+w_l=(25\times0.4\times0.9)+18=27\text{kN/m}$

$M=\dfrac{wl^2}{8}=\dfrac{27\times20^2}{8}=1,350\text{kN}\cdot\text{m}$

$\therefore\ f_c=\dfrac{P}{A}-\dfrac{Pe}{I}y+\dfrac{M}{I}y$

$=\dfrac{3,375}{0.4\times0.9}-\dfrac{12\times3,375\times0.25}{0.4\times0.9^3}\times0.45$

$+\dfrac{12\times1,350}{0.4\times0.9^3}\times0.45$

$=18,750\text{kN/m}^2=18.75\text{MPa}$

77 ㉠ 도입 시 손실(즉시 손실) : 탄성변형, 마찰(포스트텐션), 활동

㉡ 도입 후 손실(시간적 손실) : 건조수축, 크리프, 릴랙세이션

78 $M=Ps=\dfrac{ul^2}{8}$

$\therefore\ P=\dfrac{ul^2}{8s}=\dfrac{40\times8^2}{8\times0.15}=2,133.33\text{kN}$

79 ㉠ $b_n=b_g-2d=200-2\times25=150\text{mm}$

㉡ $b_n=b_g-d-\left(d-\dfrac{p^2}{4g}\right)$

$=200-25-\left(25-\dfrac{40^2}{4\times50}\right)=158\text{mm}$

㉢ $b_n=b_g-d-2\left(d-\dfrac{p^2}{4g}\right)$

$=200-25-2\times\left(25-\dfrac{40^2}{4\times50}\right)=141\text{mm}$

$\therefore\ b_n=141\text{mm}$(최소값)

80 $a=0.70s=0.70\times9=6.3\text{mm}$

$l_e=2(l-2s)=2\times(200-2\times9)=364\text{mm}$

$\therefore f=\dfrac{P}{\Sigma a l_e}=\dfrac{250,000}{6.3\times364}=109.02\text{MPa}$

제5과목 토질 및 기초

81 ㉠ 정사각형 기초의 극한지지력

$q_{u(\text{기초})}=q_{u(\text{재하판})}\dfrac{B_{(\text{기초})}}{B_{(\text{재하판})}}=200\times\dfrac{1.8}{0.3}$

$=1,200\text{kN/m}^2$

㉡ $q_a=\dfrac{q_u}{F_s}=\dfrac{1,200}{3}=400\text{kN/m}^2$

㉢ $q_a=\dfrac{P}{A}$

$400=\dfrac{P}{1.8\times1.8}$

$\therefore P=1,296\text{kN}$

82 ㉠ $P_{\text{No.200}}=4\%<50\%$이고,

$P_{\text{No.4}}=90\%>50\%$이므로 모래(S)이다.

㉡ $C_u=\dfrac{D_{60}}{D_{10}}=\dfrac{2}{0.25}=8>6$

$C_g=\dfrac{{D_{30}}^2}{D_{10}D_{60}}=\dfrac{0.6^2}{0.25\times2}$

$=0.72\neq1\sim3$이므로 빈립도(P)이다.

$\therefore$ SP

83 $i_c=\dfrac{\gamma_{\text{sub}}}{\gamma_w}=\dfrac{18-9.8}{9.8}=0.84$

84 $\gamma_d=\dfrac{\gamma_w}{\dfrac{1}{G_s}+\dfrac{w}{S}}$

$17=\dfrac{9.8}{\dfrac{1}{G_s}+\dfrac{20}{100}}$

$\therefore G_s=2.66$

85 New-Mark영향원법 : 임의의 불규칙적인 형상의 등분포하중에 의한 임의의 점에 대한 연직지중응력을 구하는 방법

86 $\phi=\sqrt{12N}+(15\sim25)$

$=\sqrt{12\times20}+(15\sim25)$

$=15+(15\sim25)$

$=30\sim40°$

87 ㉠ $\text{OCR}=\dfrac{P_c}{P}=\dfrac{100}{50}=2$

㉡ $K_o=1-\sin\phi=1-\sin25°=0.58$

㉢ $K_{o(\text{과압밀})}=K_{o(\text{정규압밀})}\sqrt{\text{OCR}}=0.58\sqrt{2}=0.82$

88 $\Delta U=B\Delta\sigma_3+D(\Delta\sigma_1-\Delta\sigma_3)$

$=B[\Delta\sigma_3+A(\Delta\sigma_1-\Delta\sigma_3)]$

$=1\times[50+0.5\times(100-50)]$

$=75\text{kN/m}^2$

89 ㉠ $H_c=\dfrac{4c\tan\left(45°+\dfrac{\phi}{2}\right)}{\gamma}=\dfrac{4\times50\times\tan\left(45°+\dfrac{0}{2}\right)}{20}$

$=10\text{m}$

㉡ $F_s=\dfrac{H_c}{H}=\dfrac{10}{7}=1.43$

90 CD-test의 파괴포락선

㉠ 정규압밀점토의 파괴포락선은 좌표축원점을 지난다.

㉡ 과압밀점토는 파괴포락선이 원점을 통과하지 않으므로 c, ϕ 모두 얻어지며, 이때 파괴포락선은 곡선이 되므로 압력범위를 정하여 직선으로 가정하고 c_d, ϕ_d를 결정하여야 한다.

㉢ UU-test(S_r=100%)인 경우 같은 직경의 Mohr원이 그려지므로 파괴포락선은 ㉠이다.

91 $K_v=\dfrac{H}{\dfrac{h_1}{K_{v1}}+\dfrac{h_2}{K_{v2}}}$

$=\dfrac{300+400}{\dfrac{300}{3\times10^{-3}}+\dfrac{400}{5\times10^{-4}}}$

$=7.78\times10^{-4}\text{cm/s}$

92 습윤측으로 다지면 투수계수가 감소하고 OMC보다 약한 습윤측에서 최소 투수계수가 나온다.

93 $\phi=\sqrt{12N}+20=\sqrt{12\times19}+20=35.1°$

94 ㉠ $\tau=c+\bar{\sigma}\tan\phi=c=45\text{kN/m}^2$

㉡ $M_r=\tau r L_a=45\times12\times20=10,800\text{kN}$

㉢ $M_D=We=A\gamma_t e=70\times19\times4.5=5,985\text{kN}$

㉣ $F_s=\dfrac{M_r}{M_D}=\dfrac{10,800}{5,985}\fallingdotseq1.8$

95 강도 증가율 추정법

㉠ 비배수전단강도에 의한 방법(UU시험)

㉡ $\overline{\text{CU}}$시험에 의한 방법

㉢ CU시험에 의한 방법

㉣ 소성지수에 의한 방법

96 ㉠ $P_{No.200}=2.3\%<50\%$이고 $P_{No.4}=37.5\%<50\%$이므로 자갈(G)이다.
㉡ $C_u=7.9>4$이고 $C_g=1.4=1\sim3$이므로 양립도(W)이다.
∴ GW

97 표준관입시험은 split spoon sampler를 boring rod 끝에 붙여서 63.5kg의 해머로 76cm 높이에서 때려 sampler를 30cm 관입시킬 때의 타격횟수 N치를 측정하는 시험이다.

98 $\Delta\sigma_v=I_{(m,\ n)}q$
$=0.122\times100-0.048\times100$
$=7.4\text{kN/m}^2$

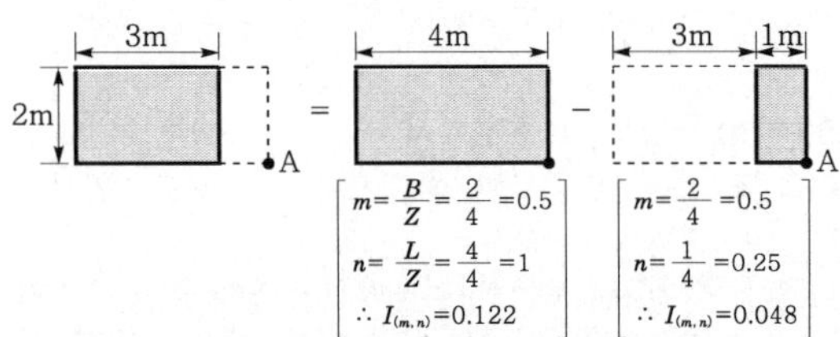

99 액화현상이란 느슨하고 포화된 모래지반에 지진, 발파 등의 충격하중이 작용하면 체적이 수축함에 따라 공극수압이 증가하여 유효응력이 감소되기 때문에 전단강도가 작아지는 현상이다.

100 국부전단파괴에 대하여 다음과 같이 강도 정수를 저감하여 사용한다.
㉠ $C'=\dfrac{2}{3}C$
㉡ $\tan\phi'=\dfrac{2}{3}\tan\phi$

제6과목 상하수도공학

101 관의 평균유속
㉠ 우수 · 합류관 : 0.8~3m/s
㉡ 오수 · 차집관 : 0.6~3m/s
㉢ 도 · 송수관 : 0.3~3m/s

102 Jar-test 시 응집제를 주입한 후 급속교반 후 완속교반을 하는 이유는 발생된 플록을 깨뜨리지 않고 크기를 성장시키기 위해서이다.

103 질소와 인 동시 제거는 A2/O법이다.

104 ㉠ $Q=AV$
$\therefore\ V=\dfrac{Q}{A}=\dfrac{0.7}{\dfrac{\pi\times0.4^2}{4}}=5.57\text{m/s}$
㉡ $h_L=f\dfrac{l}{d}\dfrac{V^2}{2g}=0.03\times\dfrac{100}{0.4}\times\dfrac{5.57^2}{2\times9.8}\fallingdotseq11.87\text{m}$
㉢ $P_p=\dfrac{13.33Q(H+\sum h_L)}{\eta}$
$=\dfrac{13.33\times0.7\times(30+11.87)}{0.8}\fallingdotseq489\text{HP}$

105 상수도시설의 설계기준은 계획 1일 최대 급수량으로 한다.

106 $N_s=N\dfrac{Q^{1/2}}{H^{3/4}}=1,100\times\dfrac{8.33^{1/2}}{10^{3/4}}=564.56$
여기서, $500\text{m}^3/\text{h}=8.33\text{m}^3/\text{min}$

107 질소화합물의 질산화과정은 $NH_3-N\rightarrow NO_2-N\rightarrow NO_3-N\rightarrow N_2$이다.

108 염소소독의 단점
㉠ 색도 제거가 안 된다.
㉡ THM이 발생한다.
㉢ 곰팡이 냄새 제거에 효과가 없다.
㉣ 바이러스 제거에 효과가 없다.

109 관저접합은 가장 나쁜 시공법이지만, 굴착깊이를 얕게 하고 토공량을 줄일 수 있어 가장 많이 시공한다. 또한 펌프의 배수지역에 가장 적합하다.

110 자정작용은 생물학적 작용이 주작용으로, DO의 영향을 가장 잘 받는다는 것을 상기하자.

111 색도 제거법에는 전염소처리, 활성탄처리, 오존처리가 있다.

112 Stokes법칙 $V_s=\dfrac{(s-1)gd^2}{18\nu}$에서 주어진 조건이 모두 같으므로 비중 s를 비교하면
$\dfrac{2.5\times0.5+0.9\times0.5}{2.5}\times100\%=68\%$

113 합리식은 우수유출량 산정식이다.

114 MPN은 100mL 중 이론상 있을 수 있는 대장균군의 수이다.

115 IP는 유효저수량 또는 필요저수량으로 종거선 중 가장 큰 것으로 정한다.

116 $t=t_1+t_2=4+15=19\text{min}$
$\therefore\ Q=\dfrac{1}{3.6}CIA=\dfrac{1}{3.6}\times0.6\times\dfrac{6,500}{19+40}\times4=73.4\text{m}^3/\text{s}$

117 $A = \frac{Q}{Vn} = \frac{750}{1 \times 150} = 5\text{m}^2$

여기서, Q=5,000인×150L/인 · day
=750,000L/day=750m^3/day

118 공동현상을 방지하려면 펌프의 회전수를 작게 하여야 한다.

119 주입량 $= \frac{CQ}{\text{순도}} = \frac{60 \times 10^{-6} \times 48{,}000}{0.06} = 48\text{m}^3/\text{day}$

120 ①, ② 하류로 갈수록 유속은 빠르게, 경사는 완만하게 한다.
③ 오수관로의 최소 유속은 0.6m/s이다.

7개년 과년도 토목기사 필기

2004. 1. 15. 초 판 1쇄 발행
2025. 2. 8. 개정증보 25판 2쇄 발행

지은이 | 박영태, 고영주, 송낙원, 송용희, 김효성, 박재성
펴낸이 | 이종춘
펴낸곳 | BM ㈜도서출판 성안당
주소 | 04032 서울시 마포구 양화로 127 첨단빌딩 3층(출판기획 R&D 센터)
10881 경기도 파주시 문발로 112 파주 출판 문화도시(제작 및 물류)
전화 | 02) 3142-0036
031) 950-6300
팩스 | 031) 955-0510
등록 | 1973. 2. 1. 제406-2005-000046호
출판사 홈페이지 | **www.cyber.co.kr**
ISBN | 978-89-315-1160-4 (13530)
정가 | 42,000원

이 책을 만든 사람들
기획 | 최옥현
진행 | 이희영
교정·교열 | 문 황
전산편집 | 오정은
표지 디자인 | 박원석
홍보 | 김계향, 임진성, 김주승, 최정민
국제부 | 이선민, 조혜란
마케팅 | 구본철, 차정욱, 오영일, 나진호, 강호묵
마케팅 지원 | 장상범
제작 | 김유석